吉安水文志

赣江中游水文水资源监测中心　组编

中国水利水电出版社
www.waterpub.com.cn
·北京·

图书在版编目（CIP）数据

吉安水文志 / 赣江中游水文水资源监测中心组编
. -- 北京 : 中国水利水电出版社, 2024.7
ISBN 978-7-5226-2482-2

Ⅰ. ①吉… Ⅱ. ①赣… Ⅲ. ①水文工作－概况－吉安
Ⅳ. ①P337.256.3

中国国家版本馆CIP数据核字(2024)第111650号

责任编辑 王若明 傅洁瑶

书　　名	**吉安水文志** JI'AN SHUIWEN ZHI
作　　者	赣江中游水文水资源监测中心　组编
出版发行	中国水利水电出版社 （北京市海淀区玉渊潭南路1号D座　100038） 网址：www.waterpub.com.cn E-mail：sales@mwr.gov.cn 电话：（010）68545888（营销中心）
经　　售	北京科水图书销售有限公司 电话：（010）68545874、63202643 全国各地新华书店和相关出版物销售网点
排　　版	中国水利水电出版社微机排版中心
印　　刷	北京印匠彩色印刷有限公司
规　　格	210mm×285mm　16开本　33.5印张　1009千字　10插页
版　　次	2024年7月第1版　2024年7月第1次印刷
定　　价	**168.00**元

← 1980 年，前排：江西省水利厅吉安地区水文站站长郝文清（右五），副站长黄长河（左四）、周振书（右三）

1996 年，江西省水利厅吉安地区水文分局局长周振书（左二）、副局长郭光庆（右三） →

← 2006 年，前排：江西省吉安市水文局局长刘建新（左六），副局长金周祥（左五）、邓红喜（右五）、李慧明（左四）

← 2011 年，前排：江西省吉安市水文局局长刘建新（左五），副局长邓红喜（左六）、李慧明（左四）、王贞荣（右四）

2012 年，江西省吉安市水文局局长周方平（左二），副局长邓红喜（右二）、王贞荣（左一）、罗晶玉（右一） →

← 2016 年，前排：江西省吉安市水文局局长周方平（左六），副局长王贞荣（右五）、罗晶玉（左五）、李凯建（右四）、康修洪（左四）

← 2017 年，江西省吉安市水文局局长李慧明（左二），副局长王贞荣（右二）、罗晶玉（左一）、康修洪（右一）

2020 年，江西省吉安市水文局局长李慧明（右一），副局长王贞荣（左二）、罗晶玉（左一）、康修洪（右三）、周国凤（右二） →

2023 年，赣江中游水文水资源监测中心主任李慧明（中），副主任陈祥（左二）、郑文龙（右二）、张纯（左一）、高宇（右一）

← 2023 年，赣江中游水文水资源监测中心主任李慧明（左二），副主任张纯（右二）、高宇(左一)

吉安市水文局局长李慧明（右一）陪同江西省水文局局长方少文（右三）到峡江水文站调研 →

← 本志主要编纂人：李慧明（左）和林清泉（右）

← 20 世纪 80 年代的赛塘水文站

20 世纪 80 年代的仙坑水文站 →

← 20 世纪 80 年代的滁洲水文站

20 世纪 80 年代的永新水文站 →

← 20 世纪 80 年代的鹤洲水文站

20 世纪 80 年代的峡江水文站 →

← 20 世纪 80 年代的彭坊水文站

↑ 吉安水文实验站

遂川水文勘测队 →

↓ 万安水文站

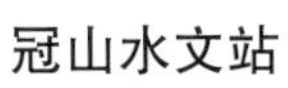

冠山水文站

东谷水文站

赛塘水文站

井冈山水文站

← 峡江水文站

↓ 上沙兰水文站

吉安水文站

新田水文站

坳下坪水文站

永新水文站

汤湖水文站

水位自动监测站

降水量自动监测站

墒情自动监测站

地下水自动监测站

20 世纪 80 年代的直立式水尺

20 世纪 80 年代的降水（蒸发）观测场

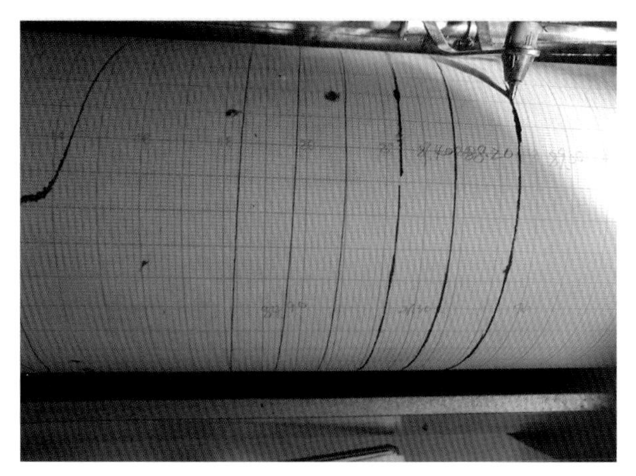

浮子式自记水位计（纸质模拟）

粒径管

机动测船

非机动测船

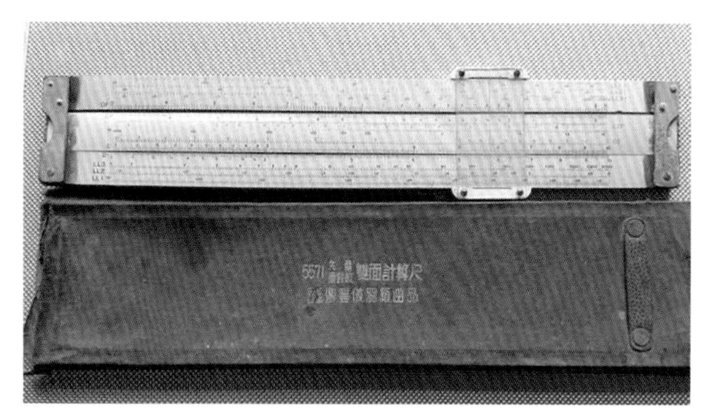

双面计算尺

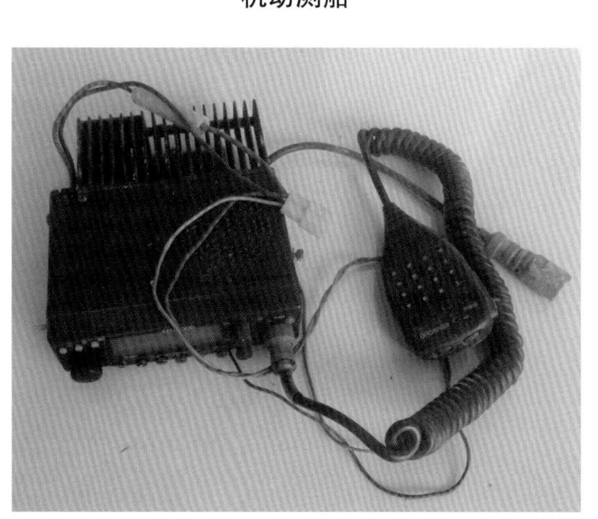

无线对讲机

缆道与绞车

铅鱼

缆道偏角器

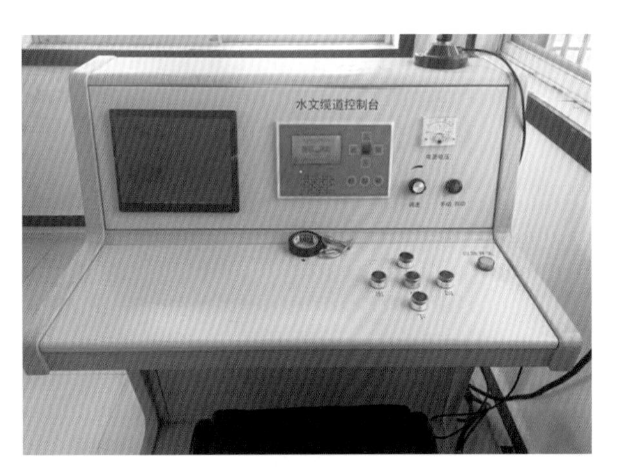

缆道操作台

直立式水尺

漂浮水面蒸发场

降水（蒸发）量观测场

↑ 浮子式自记水位计(数字全自动)

↑ 走航式 ADCP

遥控测量船 →

↑ 无人机取水质水样

浮标式 ADCP 及红外测沙仪 →

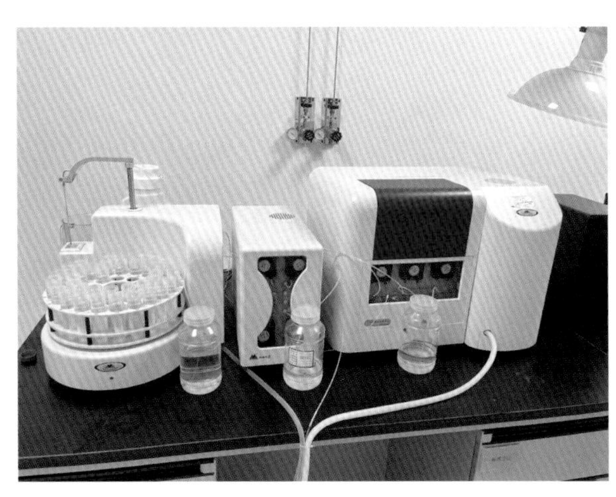

气相分子仪

移动雷达波测流系统

← 水位观测

降水量观测 →

← 水温观测

蒸发量观测 →

← 测船测流

内业计算 →

← 走航式 ADCP 测流

测船取沙 →

← 电波流速仪测流

↓ 检修降水量仪器

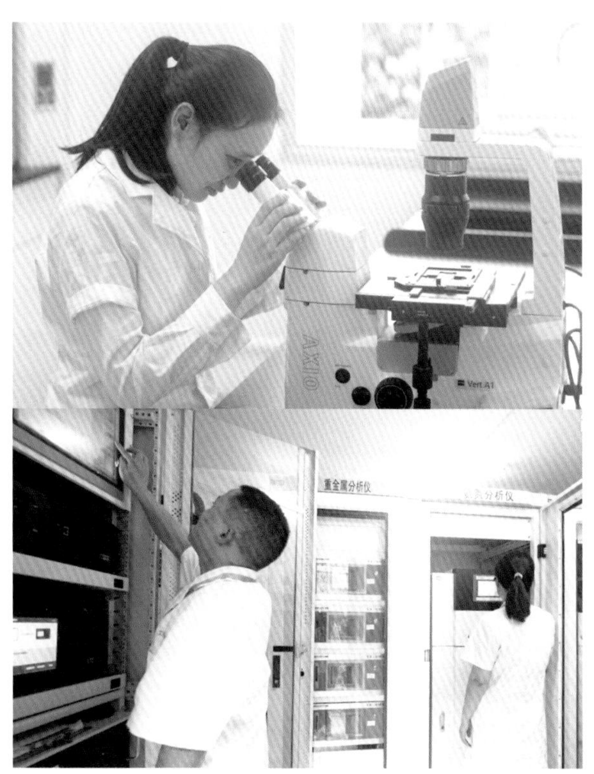

← 水质化验

↓ 水准测量

载波相位差分技术测量

检修缆道

分析预报

文体活动

技能竞赛

← 1997 年 12 月，井冈山地区水文站获全国水文战线先进单位

↓ 1984 年 12 月，峡江水文站获全国水利电力系统先进集体

← 1992 年 9 月，吉安地区水文站获 1992 年全省抗洪抢险先进集体

1996 年 4 月，吉安地区水文分局获全国水利财务会计工作先进集体 →

2002 年，吉安地区水文分局获江西省第八届（2000—2001 年度）文明单位

2002 年 3 月，上沙兰水文站获全国水利系统水文先进集体

全国水利行业技能人才培育

突出贡献奖

中华人民共和国水利部

二〇〇九年

2009 年 12 月，吉安市水文局获全国水利行业技能人才培育突出贡献奖

2022 年 1 月，吉安市水文局获全国水旱灾害防御工作先进集体

《吉安水文志》编纂委员会

（2020 年 12 月）

主　任：李慧明

副主任：王贞荣　罗晶玉　周国凤

委　员：林清泉　班　磊　刘海林　谢小华　周润根　兰发云
　　　　朗锋祥　张学亮　刘　辉　甘金华　许　毅　朱志杰
　　　　邓凌毅　刘小平

主　编：李慧明　林清泉

（2021 年 7 月）

主　任：李慧明

副主任：陈　祥　郑文龙　张　纯

委　员：林清泉　罗晶玉　周国凤　班　磊　潘书尧　朱志杰
　　　　刘　辉　龙　飞　邓凌毅　许　毅

主　编：李慧明　林清泉

（2023 年 2 月）

主　任：李慧明

副主任：陈　祥　郑文龙　张　纯　高　宇

委　员：林清泉　罗晶玉　周国凤　班　磊　潘书尧　朱志杰
　　　　刘　辉　龙　飞　邓凌毅　许　毅

主　编：李慧明　林清泉

吉安历史悠久，地沃物阜，英才辈出，文化昌盛，素有“三千进士冠华夏，文章节义金庐陵”的美誉。弹指一挥间，吉安水文旧貌换新颜，却依然在不懈奋斗中赓续红色血脉，薪火相继、砥砺前行，不断续写红土圣地新的时代荣光。盛世修志，继往开来，经全体编撰人员辛勤笔耕，《吉安水文志》终于玉成，可喜可贺！

沧桑巨变，青史凿凿。1929年，吉安水文观测站的设立，开启了吉安现代水文监测的历史。水文工作虽然开始较早，但在1955年以前一直发展缓慢，水文测站仅寥寥几处。自1956年起，因防洪工作的迫切需要，吉安水文迎来蓬勃发展，直至20世纪80年代趋于稳定。21世纪后，吉安水文开始引进各类先进水文监测仪器设备，从观测站的“一席蓑衣、一支竹篙、一条小舟”，到“数据采集立体化、监测自动化、服务智能化、管理精细化”的水文现代化，逐步实现由传统水文向现代水文、行业水文向社会水文的历史性转变，擦亮了生命水文、资源水文、生态水文“三张名片”。

水文事业是国民经济和社会发展的基础性公益事业。打开《吉安水文志》，年深岁久的吉安水文事业尽收眼底。本志内容丰富、体例严谨、详略得当，全面记录了水文环境特征、水文监测、资料与分析、情报预报、科技文化、机构队伍、行业管理、水文服务等方面取得的巨大成就和翻天覆地的变化，科学审视了吉安水文的历史变迁，真实反映了吉安水文的发展轨迹，充分展示了水文人甘于寂寞、乐于奉献、敢于创新、善于服务、精于管理的优秀品格。

通过这部志书，让我们共同见证吉安水文从小到大、从弱到强、从落后到先进，从服务防汛抗旱和水利工程建设，到全面支撑水旱灾害防御、水资源管理、水环境治理、水生态建设，助力经济社会高质量发展的艰辛历程。

我们相信，本志书的出版问世，一定会为人们了解水文、认识水文以及研究水文科学在新时代新征程经济社会发展中的地位和作用提供帮助，为江西水文事业发展留下宝贵的历史文献，也将充分发挥其存史、育人、资政的功能，为经济建设提供有价值的材料，更好地服务社会。

值此《吉安水文志》定稿付梓问世之时，谨附浅见，是为序。

江西省水文监测中心主任 方少文

2024年1月25日

盛世修志，志载盛世。在全体修志人员的努力下，历时数载，《吉安水文志》终于面世，实为吉安水文的一大盛事。

水文工作是国民经济和社会发展中一项重要的基础工作，也是一项重要的社会公益基础事业。

中国的水文研究历史悠久，早在4000多年前，我们的祖先就开始按照水文规律治水；2000多年前就逐步开始观测水位、降水、流速等。吉安水文观测始于1929年，近百年来，吉安水文人在艰苦环境下，无私奉献，经年累月坚守在深山峡谷、江河湖畔，与水位流量做伴，与孤独做伴，与狂风暴雨、洪水激流搏斗，完成各项水文要素的收集，获得大量宝贵的基础资料。在全市防洪抗旱减灾、水生态保护、水资源勘测和合理开发利用与管理保护中发挥了重要作用。尤其是作为抗洪抢险的重要非工程措施，水文工作在保护人民生命财产安全和减轻自然灾害中发挥了不可替代的作用，作出了重要贡献。

20世纪90年代，吉安地区水文站组织编写了《吉安地区水文志（1951—1990）》，该志上限为1951年，下限至1990年，但由于历史原因，《吉安地区水文志（1951—1990）》未能出版。为回顾历史，反映现实，展望未来，吉安市水文局于2020年重新启动了《吉安水文志》的修编工作。该志对《吉安地区水文志（1951—1990）》进行了补充和完善，拾遗补缺，上限从有水文观测记载的历史年代（1929年）开始，下限至2020年年底。

志书之成，是时代的产物，也是集体智慧的结晶。时任主政者决修志之议，重其事，竟其业，毕其功；编纂者更是呕心沥血、不辞辛劳。在此，谨向对《吉安水文志》给以指导、相助的单位部门、专家学者和有关人士，表示深深的谢意；向辛勤笔耕、默默奉献的全体编纂工作者，致以崇高的敬意。

“志以载道，鉴往昭来”，修编志书旨在“存史、资治、教化”。《吉安水文志》可以让我们存真求实，更好地认清吉安水文的发展，更好地了解吉安水文。我相信，吉安水文人将铭记前辈创业的艰辛，肩负起当代历史的重托，继往开来，在吉安水文发展史上谱写出新的壮丽篇章。

祝福吉安水文的明天更加美好！

赣江中游水文水资源监测中心党委书记、主任

2024年1月25日

凡　例

一、本志全面系统记述吉安市水文环境、水文监测、水文行业管理、水文服务等各方面的基本内容，力求全面系统地反映吉安水文发展建设的历史和现状。

二、本志上限从1929年开始，下限至2020年年底。根据详今略古的原则，重点记述了中华人民共和国成立后吉安水文事业发展情况。

三、本志内容由11部分组成：概述、大事记、水文环境与特征、水文监测、水文资料与分析、水文情报预报、水文科技文化、机构队伍、行业管理、水文服务、附录。各部分均以文字记述为主，有的部分还穿插必要的表格。

四、本志采取横排门类、纵述史实的志书体例，设篇、章、节。本志除概述、大事记和附录外，共8篇、31章、112节，约100万字；照片85张。

五、本志一般采用公元纪年，1949年7月以前的括注民国纪年。

六、大事记采用编年体与纪事本末相结合的体裁，原则上一事一条，以时系事，依时排序，分条列举。

七、本志中同一机构第一次出现时书写全称，用括号注明简称，如江西省水文局（以下简称省水文局）。再次出现时，则使用简称。

八、本志中水文数据及特征值，均以水文年鉴刊印的数值和水资源年报统计的数值为准。水文数据单位及取用精度，执行《水文资料整编规范》（SL 247—2012）的规定。

九、本志中水位所用基面，栋背、泰和、吉安、峡江、新干、永新、上沙兰、赛塘、新田水文（水位）站和万安水库为吴淞基面，坳下坪、仙坑、滁洲、林坑、白沙、木口、莲花、彭坊、鹤洲水文站为假定基面，其余为黄海基面。

十、本志中凡以流量或含沙量测验为主的水文测站，作水文站统计，水文站有几个测验断面的，均作一站统计；凡以水位观测为主的水文测站，作水位站统计；凡以降水量观测为主的水文测站，作雨量站统计。

十一、本志中水文站年，指水文资料数量统计时表达资料数量的单位，1站年表示1个站1年的资料，2站年表示2个站1年的资料或1个站2年的资料，即各站资料年数之和。

十二、本志一律使用规范的语体文，以第三人称记述，述而不论，寓褒贬于记述之中。

十三、本志中人物的职务、职称等冠于人名之前。

十四、本志中语言文字、标点符号、计量单位、数字等执行国家相关规定。

十五、本志资料来源于《中华人民共和国水文年鉴》、《江西省志·水文志(1985—2010)》、《吉安市水利志》、吉安市各水文测站站志，以及赣江中游水文水资源监测中心历年印发的文件、制定的办法和规定等。入志资料，均经检查核实，力求准确无误。

序一
序二
凡例

第一篇　水文环境与特征

第二篇　水　文　监　测

第三篇　水文资料与分析

第四篇　水 文 情 报 预 报

第五篇　水 文 科 技 文 化

第六篇　机　构　队　伍

第七篇　行　业　管　理

第八篇　水　文　服　务

概 述

一

吉安市位于江西省中西部，是举世闻名的革命摇篮井冈山所在地。全市南北长约218千米，东西宽约208千米，东接抚州市的崇仁县、乐安县和赣州市的宁都县、兴国县，南邻赣州市的赣县、上犹县、南康市，西连湖南省的桂东县、炎陵县、茶陵县和江西省萍乡市莲花县，北靠萍乡市芦溪县和宜春市袁州区、樟树市、丰城市及新余市渝水区、分宜县，国土总面积25271平方千米，占全省总面积的15.1%。

吉安古称庐陵、吉州。1949年6月30日成立吉安分区，1950年吉安分区改吉安区，1955年吉安区改吉安专区，1968年吉安专区改井冈山专区，1971年井冈山专区改井冈山地区，1979年井冈山地区改吉安地区，2000年吉安地区改吉安市。吉安市现辖10县2区1市（即遂川县、万安县、永新县、安福县、泰和县、吉安县、吉水县、永丰县、峡江县、新干县和吉州区、青原区以及井冈山市），共233个镇（乡、场、街道）。

吉安市位于湘赣交界部罗霄山脉东麓，属山地丘陵区，平均海拔200米。全市最高峰为遂川县西部与湖南省交界的罗霄山脉南风面，海拔2120米。地形地貌特征是东西两侧群山环抱，赣江滔滔纵贯南北，东南西向中北逐渐倾斜，构成以吉安、泰和为中心的江西最大的红岩盆地——吉泰盆地。全市山地面积占全市总面积的51%，平原与岗地占全市总面积的23%，水面约占全市总面积的4%，可概括为“七山半水两分田，半分道路和庄园”。

吉安市植被良好，生态资源丰富多样，山林总面积达173万公顷，森林覆盖率达65.5%。

全市境内河流众多，水系发达，河流均属赣江水系，全市境内流域面积大于10平方千米的河流共748条，除赣江外，流域面积大于1000平方千米的河流有遂川江、蜀水、孤江、禾水、泸水、牛吼江、乌江、同江8条。

吉安市为江西省多雨地区之一，降水主要受季风影响，其水汽主要来自太平洋西部的南海，其次是东海和印度洋的孟加拉湾。一般每年的3月中旬前后，暖湿的夏季风开始盛行，雨量逐渐增加。5—6月冷暖气流交织，极易形成静止锋，降水量猛增。7—9月受副热带高压控制，除有地方性雷阵雨及偶有台风雨外，全市雨水稀少。而在冬春季节，受来自西伯利亚及蒙古高原的干冷气团影响，降水亦较少。降水量地区分布不均匀，总的分布趋势是四周山区大于中部盆地，西部大于东部、南部、北部，山丘区大于平原区。全市多年平均年降水量1570.8毫米，年平均最大降水量为2002年2140.1毫米，年平均最小降水量为1963年1037.3毫米。

吉安市洪水过程与降水过程相对应，洪水主要发生在5—7月，发生洪水的频率平均为74%，尤以6月最多。

吉安市地处亚热带湿润季风气候区，气候温和，雨量充沛，热量丰富，雨热同季，光照充足，四季分明。具有夏冬季长，春秋季短，春寒夏热，秋干冬阴，无霜期长等气候特点。春夏之交梅雨连绵；夏季多为副热带高压控制，多偏南风；夏秋之际还受台风影响，常伴有局部暴雨。吉安市受暴雨影响常遭受洪涝灾害。全市多年平均气温17～19℃，历年各月平均气温以1月为最低，7月为最高。相对湿度70%～80%。

水资源丰富，降水量不均匀，洪水频发，易形成全市夏洪、夏涝和秋旱的自然灾害规律，而观测和分析其变化规律，使之为国民经济建设服务，则是水文工作的基本任务。

二

1929年，江西水利局在吉安赣江设立吉安观测站，开启了吉安水文站网建设的历史。1947年全区共有水文测站9站，是民国时期水文站网数量最多的一年。抗日战争期间，水文测站被迫不断裁撤，1949年4—11月，全区水文站网出现空白。1949年12月起，逐步恢复水文测站。

吉安水文站网建设，经历了恢复、调整和发展几个阶段，水文测站数量增减不定。2007年前水文测站最多的一年是1983年，共有378站。2007年起，逐步建立暴雨山洪预警系统、中小河流监测系统，水文站、水位站及雨量站逐渐增多，至2020年，全市水文站网为：水文站39个，水位站181个，雨量站572个，地下水站11个，墒情站85个，地表水水质站80个，大气降水水质站13个，水生态监测站2个。

随着经济社会发展，吉安市水文局按照社会发展、防洪抗旱、水资源管理和水环境保护等方面的需求，根据全省水文站网总体规划，对全市水文站网进行规划布局。逐步建立了布局科学、结构合理、项目齐全、功能完善的水文站网体系，基本满足全市防汛抗旱、水资源管理、水环境保护和社会经济发展的需要。

水文测验是一项长期的基础性工作，随着站网建设不断发展，水文测站测验设备也得到更新和改造。从最早的人工观测，到日记水位和降水量，再到水位、降水量观测数字化，实现了水位、降水量观测和整编的自动化，水温、蒸发量也从人工观测记录转变为自记记录。全市水文测验从常规流速仪测流转为走航式ADCP测流、ADCP在线监测、无人机监测；水质监测项目从早期的天然水化学分析提升到2020年具有5大类52个项目参数的检测能力。水文监测经过了从最初的人工观测到全自动监测、采集、传输、存储、处理和整编的跨越发展。

为满足社会发展和经济建设需要，补充水文测站定位观测的不足，吉安市水文局还开展了河流调查、暴雨调查、洪水调查、泥沙淤积调查和水质调查等工作。

三

水文资料整汇编是将水文测站的定位观测、试验研究和调查等资料，按科学方法和统一规格进行整编、审查、汇编和刊印，为国民经济建设各部门提供系统的基础水文资料。

1951年中央水利部颁发《水文资料整编方法》，水文资料整编步入规范化。1959年省水文气象局制定“在站整理，专区整验，省级审查汇编”的规定，资料整编、审查、汇编工作程序有了明确规定。各测站应将水位、降水量、蒸发量、水温等项目进行逐月整理，专区总站（分局）集中人员对各站流量、沙量定线情况及资料进行审核，次年第二季度由专区水文站将全区各站资料整编成果送交省水文气象局（省水文总站）复审、汇编刊印。

20世纪70年代中期，省水利厅制定《〈水文测验试行规范〉补充规定》（暂行稿），规定各站资料整编“大错错误率不超过万分之一，小错错误率不超过二千分之一”，对资料质量考核验收有了定量指标。吉安地区水文站对各站提出了在站整编资料宜达到出门合格的要求。1990年，吉安地区水文站提出水文资料在站整编成果质量免检要求，要求资料整编成果做到出门合格，达到免检水平。1991年吉安站资料免检试点成功，经省、地有关部门检查验收合格，并发“免检证”。

1980年前，水文资料主要以手工整编为主。随着科学技术的发展，1980年开始采用长江水利委员会水文局编制的水位、流量、沙量通编程序和降水量通编程序（使用ALGOL-60语言），但江西省不能计算，仅有部分地区能计算1980—1983年吉安地区水文站的电算整编资料，先后到汉口、北京、上海、兰州等地上机计算和打印。1986年起，吉安地区各水文站电整数据在吉安地区水文站录入，江西省水文总站将各地区水文站录入APPLE－Ⅱ微机的电算整编数据输入MC－68000微机内，进行江西省资料统一运算。1991年，水位、流量、沙量、降水量等资料均实现了电算整编。其中，水流沙、大河降水量资料采用全国通用水流沙电算程序、全国通用降水量电算程序整编，小河站降水量资料采用江西省水文局自编程序整编。电算数据录入由地区水文站完成，集中在省水文局计算。2008年，使用长江水利委员会水文局开发的“水文资料整编系统SHDP（南方片）”整编程序进行水文资料整编工作。2020年，采用由江西省水文局编制的“江西省在线水文资料整编系统”进行在线整编，江西省、吉安市水文局通过整编系统对各站资料及整编成果进行在线审查。

2010年，江西省水文资料实施专家审查制，并建立专家上岗制度。至2020年，吉安市水文局有1人被长江水利委员会水文局聘任为长江流域水文资料审查专家，有4人被江西省水文局聘任为江西省水文资料审查专家。

水文资料的存储，在1988年之前是以《中华人民共和国水文年鉴》（以下简称《水文年鉴》）纸质形式进行存储的。1988年之后，水文资料采用计算机电算整编，《水文年鉴》相应停刊。2007年按《水文资料整编规范》（SL 247—2012）要求，各项水文资料整编成果全面恢复利用印刷。1995年建立水文数据库，根据水文数据库3.0表结构格式，吉安市水文局对1994年以前的水文数据全部进行了人工录入并转存入库，1988年以后的水文资料，由于采用的是计算机整编，直接将整编数据导入数据库。至2020年，历时90多年，吉安水文观测资料累计达20342站年，数据库累计记录水文数据1000多万条。

四

吉安的水文情报始于1930年。1930年吉安观测站每日将气象观测结果分上午、下午两次，电报给中央研究院北极阁气象研究所。中华人民共和国成立后，为了防汛工作需要，从1952年开始开展水文预报，吉安站、新干站预报洪峰水位。20世纪50年代后期，全区便建立以地区水文站和各水文站进行情报预报服务为主体，广大水文站都开展情报预报的服务网。长期坚持以实时雨水情服务为主，同时结合长、中、短期水情预报服务，算水账，进行水库调度预报等，编制适合当地防汛应用的水情服务手册，将预报服务送达各级领导机关和有关部门。同时，为水库培训水文人员，编制大量水库预报图表。

水文情报预报工作，经历了人工、自动两个阶段的发展。在信息技术落后的年代，完全依靠人工操作，手动测量、报送，主要经历了人工手摇电话、程控电话、对讲机等人工设备，将雨水情信息编制成固定的电报报文向外传输。20世纪80年代前，水情信息主要靠人工手摇电话，通过地方邮电局转报报送，速度慢，效益差。1983年，引进了无线对讲机，并建立了吉水东山脑、遂川娥峰山、井冈山黄洋界中继站，水文测站可直接与地区水文站通话拍报，无须邮电部门转报，情报传递速度更快、更准。2005年，建立吉安水情分中心，报汛站水雨情信息采用计算机网络自动传输。2007年，取消人工水情拍报，雨水情信息全部采用自动传输。随着计算机技术和现代通信技术的发展，水情信息采集和传输已至实现自动化，提高水情信息传递速度和准确率，确保中央报汛站水雨情信息20分钟内传输到地市水情分中心、省和国家防汛部门。在水利专网内，通过吉安市雨水情服务系统综合服务平台等业务系统，均能快速查询实时信息及部分统计分析数据。

在服务过程中，长期坚持以实时雨水情服务为主，结合长、中、短期水情预报服务的原则，进行水库调度预报、水利工程及涉水工程施工期预报等，编制适合当地防汛抗旱应用的水情服务手册，将预报服务送达各级领导机关和有关部门。历年来，在全市历次抗洪斗争中，水文部门及时、准确提供大量水文情报预报，为各级领导组织和指挥抗洪抢险救灾工作提供了关键支持。水文情报预报已成为防汛抗旱中不可缺少的“耳目”和“参谋”。

五

水文是一门基础性应用学科。为做好各时期水文工作，加快水文事业发展，吉安市水文局高度重视水文科技工作，充分发挥科技人员的作用，结合生产和业务工作的需要，开展水文试验和重点项目研究，大力推进技术革新，开发水文科技创新产品，取得了大量应用性科研成果，在水文工作和生产中发挥了重要作用，为水利和国民经济建设提供了服务。

1959—1960年间，吉安专区水文气象总站和各水文测站先后在全区编制了县实用水文手册，涵盖了遂川、吉水、万安、峡江、莲花、永丰、泰和、安福、永新等县。其中，刊印了万安、莲花、永丰等县的手册，其内容包括：主要河流情况，水文分区、测站布设、单站补充预报参考材料、水文特征值等。1972年，井冈山地区水文站编制了《井冈山地区水文服务手册（防洪部分）》，1979年，将吉安地区各测站各项水文资料及主要气象站降水量、蒸发量观测资料进行分析，编印了《江西省吉安地区水文手册》。1986年3月编印了《吉安地区防汛抗旱水情手册》，实测资料统计至1984年。2004年，吉安市水文分局编印了《吉安水文信息手册》等，并开展了大量的分析工作，先后开展了吉安至峡江段流量演变分析、测站特性分析、水文测验方式方法分析和巡测分析、水位流量变化趋势研究分析、停间测分析、新仪器应用分析、中小河流产汇流分析等，分析成果在水文工作和生产中发挥重要作用，取得了较好的效果。

20世纪80年代，电子计算技术开始在水文测验、站网分析、资料整编、情报预报、水文分析计算、水资源评价和专题科研等方面获得广泛应用，取得了显著的成效。

为合理开发利用水资源并提供蒸发量数据，了解不同仪器蒸发的相互关系，找出不同口径蒸发器与标准蒸发器（E601型蒸发器）的折算系数。栋背、上沙兰、茅坪渡水文站先后开展了E601型蒸发器与20厘米口径蒸发器、80厘米口径套盆蒸发器蒸发量的观测试验。从2016—2018年，各站开展了E601型蒸发器与E601型自动蒸发器蒸发量比测试验，试验分析成果得到广泛的应用。其中，栋背、赛塘、新田、白沙、永新、彭坊、滁洲等7站取消水面蒸发的人工观测，全部采用了自动观测、存储和传输。

吉安市水文局先后开展了“遂川暴雨山洪灾害监测预警系统”“赣江中游防洪能力与万安水库运行调度分析”等试验分析项目。2020年，建立吉安水文实验站，开展南方地区水利枢纽库区水面线变化、河床冲淤变化、传播时间及水体蒸发变化等试验研究。

六

1956年之前，吉安水文机构相对薄弱。直到1956年11月，江西省水利厅水文总站吉安分站成立，由省水文总站领导，内设办公组、业务检查组和资料审核组，成为地区级水文管理机构，水文机构才得到加强。1959年吉安专区水文气象总站成立，1963年更名江西省水利电力厅水文气象局吉安分局，1968年井冈山专区水文气象站成立，1971年更名井冈山地区水文站，1979年随地区更名为吉安地区水文站，1980年为省水利厅派出机构，名为江西省水利厅吉安地区水文站。1993年江西省水利厅吉安地区水文站更名为江西省水利厅吉安地区水文分局，1994年增挂“吉安地区水环境监测中心”的牌子。2003年随吉安撤地设市更名为江西省水利厅吉安市水文分局，2005年更名为江西省吉安市水文局。

1989年，江西省构编制委员会同意江西省水利厅吉安地区水文站为相当于副处级事业单位。2008年9月，经中共江西省委、省人民政府批准，吉安市水文局参照《中华人民共和国公务员法》管理。截至2020年年底，全市水文职工119人，参照公务员管理106人，占总数89.1%；工勤人员13人，占总数10.9%；退休人员111人。

吉安水文体制经历了几上几下。1959年前由江西省水文总站领导；1959年下放至地方管理，吉安水文分站归吉安专署领导，全区各水文测站归所在县人民委员会领导。1962 年吉安专区水文气象总站体制上收，由江西省水电厅直接领导，江西省水文气象局直接管理。1970 年，井冈山专区水文气象站下放至地方领导，各水文、水位站先后由各县水利（电）局指定负责人，未设水文、水位站的县的雨量站直接由井冈山专区水文气象站管理。1980 年 1 月，吉安水文管理体制上收，由江西省水利局直接领导，江西省水文总站具体管理。

截至 2020 年，吉安市水文局内设机构有：机关科室 8 个（办公室、组织人事科、水情科、测资科、水资源科、水质监测科、地下水监测科、咨询服务科），水文勘测队 2 个（遂川、吉安），水文巡测中心 4 个（永新、峡江、万安、吉水），国家基本水文站 17 个，水位站 2 个。

吉安市水文局非常重视人才培养与教育。2009 年，获水利部“第六届全国水利行业人才培育突出贡献奖”。历年来，有 1 人获享受江西省人民政府特殊津贴，2 人获江西省劳动模范称号，1 人获全国五一劳动奖章，1 人获江西省五一劳动奖章。有 16 人次获江西省水文勘测技能大赛 1～3 等奖，6 人次获全国水文勘测技能大赛 1～3 等奖，3 人次获全国水文勘测技能大赛优胜奖。

吉安市水文局历来重视水文测站建设，按照“监测要素齐全、监测手段先进、监测成果优秀、成果展示充分、工作环境优美、文化底蕴深厚”的建设目标，使水文测站达到管理责任明细化、管理工作制度化、管理人员专业化、管理范围界定化、管理运行安全化、管理经费预算化、管理活动日常化、管理过程信息化、管理环境美观化、管理考核规范化等“管理十化”标准。截至 2020 年，吉安市水文局所有国家基本水文站，经江西省水文局组织的标准化管理检查验收，均达标准化管理一级标准，展示了吉安水文的良好形象。

历年来，吉安水文涌现出许多先进集体和个人，吉安市水文局和吉安水文站等单位 30 站次获得水利部或江西省委省政府表彰，38 站次获江西水利厅或吉安市委、市政府表彰；吉安一等水文站郝文清获国家表彰，29 人次获省部级以上表彰，69 人次获市厅级以上表彰。

七

在每年防汛抗旱工作中，吉安水文发挥“耳目”和“参谋”作用，通过各种服务方式，及时、准确地传送水情情报、发布洪水预报，为防灾减灾提供科学服务，社会经济效益显著。

积极开展水文测报服务。1962 年，吉安专区水文气象总站成功预报 6 月全区特大洪水，吉安专区党政领导及防汛等部门及时组织人员保卫防洪大堤，转移灾民和财产，避免了重大人员伤亡和财产损失。1982 年 6 月，吉安地区水文站及时向有关部门提供水情预报，使吉安地区贮木场停靠在禾水和赣江的木材得以加固转移，使价值 400 多万元的 3 万立方米木材免受损失。1992 年洪水，万安、峡江、新干、永丰、永新、安福 6 个县城进水，峡江和新干县城水深超过 2 米，105 国道和 6 条跨区公路中断。吉安地区水文站及时发布水情预报，为全区减免洪灾损失 1.54 亿元。1994 年中考期间，吉安县根据水文信息，作出考场不必搬迁的决定。由于水文部门水情服务及时准确，吉安地区减少直接经济损失达 1.29 亿元。1997 年吉安地区水文分局为京九铁路提供及时准确的水文情报预报服务等，全区减免洪灾损失 1.6 亿元。1998 年泰和县依据水文信息，安全转移沿赣江两岸人口 8000 人，避免直接经济损失 3000 多万元。2018 年蜀水流域发生特大洪水，吉安市水文局通过微信公众号、短信、电话、简讯和口头汇报等多种形式，积极为各级领导和防办发布洪水预警，蜀水流域遭遇特大洪水袭击未死一人，水文信息发挥了至关重要的作用。2019 年洪水，吉安市水文局共发布中小河流气象预警 2 期，洪水预估预报 2 期，暴雨山洪预警 49 期 3001 站次、中小河流洪水预警 19 期 249 站次，洪水蓝色预警 3 次、黄色预警 8 次、橙色洪水预警 2 次，水文呈阅件 6 期，发布分析预报 45 站次，接打水情咨询电话 100 余次。及时的水文预报，为各级防汛指挥部门科学调度部署抗洪抢险工作赢得了宝贵时间，争取了主动，实现了有效减灾，发挥了不可替代的作用。

积极开展水文应急监测服务。进入 21 世纪以来，吉安市水文局先后开展了 2007 年新干淦辉医药器械股份有限公司车间容器爆炸水污染突发事件水质监测，2010 年峡江原料桶被洪水冲入赣江水污染突发事件水质监测，禾水、孤江重金属镉超标水质监测，2017 年乌江河段水污染突发事件水质监测，2018 年君山湖水污染突发事件水质监测，2020 年孤江河段海州医药公司车间发生爆炸水污染突发事件水质监测等，为水源地保护和饮用水安全提供监测分析成果。2008 年抽派人员参加江西省水文应急监测突击队，赴四川参加抗震救灾应急监测，出色完成了水利部抗震救灾前方领导小组交给的各项任务。2012 年，吉安市水文局参加峡江水利枢纽大坝截流水文测报服务工作，共发布《峡江水利枢纽截流期水情公报》11 期，主要发布实时雨水情及未来三天水文预测预报。正常雨水情时每日 1 期，天气异常实行滚动预报和加报，为大坝截流提供可靠的水文技术支撑。

20 世纪 80 年代初，根据水电部水文局提出的利用水文部门的业务、技术、人才、设备优势开展有偿服务和综合经营的要求，吉安水文以市场为导向，以效益为中心，以行业脱贫职工致富，更好地为国民经济和社会发展服务为目标，积极开展技术咨询和综合经营，实行水文专业有偿服务，大力发展水文经济，服务效益显著。

截至 2020 年，吉安市基本形成覆盖全市各县（市、区）服务功能齐全、务实高效的水文服务体系，服务面延伸到所有与涉水相关的各个部门与群体。在为防汛抗旱减灾、水资源调查评价、水资源管理与保护、水环境监测评价、水生态监测和国民经济建设，特别是为水利建设服务方面，取得了显著成绩，充分展示了水文服务吉安、建设吉安的良好形象。

八

吉安水文发展与社会发展息息相关，经济越发达越需要水文，社会越进步越重视水文。

吉安水文经历了工程水文、资源水文、生态环境水文三个发展阶段，从单一为防汛抗洪服务，发展到为防汛抗旱、水资源管理和水生态环境保护等全方位服务。

然而，吉安水文还存在能力建设相对滞后、体制机制不够健全的问题，水文站网布设还不能完全满足水功能区、界河、土壤墒情、城市防洪、生态环境保护的需要；流量、泥沙尚未实现全自动监测；县域水文发展相对薄弱，个别县还没有设立国家基本水文站；地方投入有待加强；激励机制尚需完善。

最大限度地满足社会需求，是吉安水文发展的方向和动力。要努力提高水文基本业务水平和能力，增强水文服务社会功能，实现从监测服务型水文向技术服务型水文转变，从资料服务型水文向成果服务型水文转变，从行业水文向社会水文转变。需要打造先进完善的水文水资源信息监测体系，快速可靠的水文水资源传输体系，科学准确的水文水资源预测预报及分析体系，便捷高效的水文水资源信息管理、储存和提供体系。同时，积极发挥水文在防汛抗旱、水资源管理、水生态环境保护以及经济建设和社会发展中的技术支撑作用。

大 事 记

1929 年（民国 18 年）

是年　江西水利局在赣江设吉安水文观测站，观测水位，开启了吉安水文监测的历史。

1930 年（民国 19 年）

1 月　吉安水文观测站奉江西水利局函，每日将气象观测结果分上、下午两次，电报中央研究院北极阁气象研究所。吉安水文观测站是省内 5 个最早拍发气象观测的情报站（赣县、吉安、樟树、南昌和波阳）之一。

1934 年（民国 23 年）

6 月 28 日　江西水利局函扬子江水道整理委员会，请交通部电政司转饬有关县电信局，予以免费拍发水位电报。

是年　吉安水文观测站开始正式采用电报拍发水位，也是省内 5 个最早采用电报报汛的水文观测站之一。

是年　据《吉安水利志》记载："吉安大旱。禾槁赤地，小暑未到气温即达 38℃，7 月中旬达 41℃，田土龟裂，早稻收获一至四成，晚稻大多颗粒无收。"

1935 年（民国 24 年）

9 月 16 日　江西水利局印发《雨量观测方法》，对仪器安装和观测方法作出统一规定。

是年　增设龙市、永新、峡江 3 个雨量站。

1936 年（民国 25 年）

是年　增设吉水、恩江、莲花 3 个雨量站。莲花站仅观测 1 年即停测。

1937 年（民国 26 年）

是年　增设万安、遂川 2 个雨量站。全市水文测站数为水位站 1 站，雨量站 7 站。

是年　据《吉安水利志》记载："赣江大水，洪水猛涨，泛滥成灾。"

1938 年（民国 27 年）

1 月　江西水利局将吉安水文观测站改设为吉安三等测候所，观测水位、降水量、蒸发量、气象。

是月　江西水利局设立泰和雨量站，观测降水量。

6 月　江西省建设厅（以下简称省建设厅）铅印《江西省水利事业概况》，内列吉安水文观测站等站的水位、降水量、蒸发量和气象观测资料等统计图表。

是年　万安、龙市、永新渡雨量站被裁撤。

1939 年（民国 28 年）

1 月　江西水利局将吉安三等测候所扩建为二等测候所，兼测赣江水位。

4 月　泰和雨量站改为泰和水位站，观测水位、降水量。

是年　撤销遂川、恩江、峡江、新干雨量站。

1940 年（民国 29 年）

2 月　江西水利局成立“赣河支流水力测验队”，先后设吉安富田、吉水潇沧和万安南门滩水位站。然而这些站仅观测一二年即停测。

4 月　江西水利局在泸水设立安福流量站，观测水位、流量。1941 年 11 月停测。安福站是吉安水文最早监测流量的站。

5 月　江西水利局将泰和水位站改设为泰和三等测候所。

1941 年（民国 30 年）

6 月　江西水利局在禾水设立永新水位站，观测水位。

是年　开始执行中央水工试验所水文研究站制定的《水文水位测候站规范》《水文测读及记载细则》和《雨量气象测读及记载细则》。

1942 年（民国 31 年）

2 月　江西水利局在乌江设永丰水位站，观测水位。

4 月 1 日　吉安、泰和测候所奉江西省政府令，开始向重庆沙坪坝中央气象局拍发电报。

11 月　江西省建设厅将江西水利局所属的泰和三等测候所扩建为江西省气象台，兼测赣江水位，隶属省建设厅领导。

是年　安福流量站停测。

1943 年（民国 32 年）

4 月　省建设厅将原泰和三等测候所扩建的江西省气象台，移交江西水利局管理。

1944 年（民国 33 年）

4 月 18 日　江西水利局颁发《水位雨量拍报电码和规定》，定每年 4—8 月为汛期。吉安站为全省 7 个报汛站之一。

10 月　江西省气象台迁于都，泰和站停测。

1945 年（民国 34 年）

是年　永新、永丰站停测。

1946 年（民国 35 年）

9 月 1 日　江西省省务会议审定，江西水利局成立江西水利局水文总站，管理全省水文工作。吉安水文由江西水利局水文总站管理。

1947年（民国36年）

1月　江西水利局水文总站在万安县城赣江设万安水位站，观测水位、降水量。

9月　吉安二等测候所改吉安水文站，增加流量测验。1949年4月停测。

10月　江西水利局在吉安县牛吼江设南关口水位站，观测水位。

是年　江西水利局在吉水县乌江、吉安县禾水分别设吉水、永阳水文站，观测水位、流量、降水量。

是年　江西水利局在赣江、遂川江、禾水、乌江分别设峡江、遂川、永新、永丰水位站，观测水位、降水量。全市水文测站数为9站，其中水文站3站，水位站6站，是民国时期站数最多的一年。

1949年（民国38年）

1—4月　先后停测了所有水文测站，5—11月全市水文测站出现空白。

6月16日　江西省人民政府（以下简称省人民政府）成立，在省人民政府建设厅下设江西省人民政府水利局（以下简称省水利局），省水利局设水文科，主管全省水文工作。吉安水文由省水利局水文科管理。

1949年

7月16日　吉安解放，中国人民解放军进驻吉安。

11月8—18日　中央人民政府水利部（以下简称水利部）在北京召开解放区水利联席会议，副部长李葆华在“当前水利建设的方针和任务”报告中指出：“水文建设的基本方针和任务，便是探求水情变化规律，为水利建设创造基本条件。”

12月　省水利局恢复吉安水位站，观测水位、降水量、蒸发量。

1950年

2月　恢复永新水位站，观测水位、降水量。

3月　省水利局制定《江西省人民政府水利局报汛办法》，定5—8月为汛期。

4月5—7日　水利部副部长李葆华在华东第一次水文会议上说：“水文是水利的眼睛和耳朵，没有他们，就视而不见，听而不闻，所以十分重要。”

是年　恢复遂川、峡江、新干、吉水、永丰雨量站。

是年　开始执行省水利局印发的《水文测验手册》。

1951年

2月　设立安福雨量站。

4月　赣江大水，吉安站22日洪峰水位51.86米，超过警戒水位4.86米[1]，为本年最高水位。23日，《江西日报》刊登省水利局发布的水位情报，报道了赣江吉安站4月洪水水位实况。

4月24日　新干县石口村旁赣江堤决口，淹没新干、清江农田5.1万亩[2]。

5月　省水利局在吉安县禾水设天河三等水文站，观测水位、流量、含沙量等，天河站是吉安市最早监测悬移质含沙量项目的水文站。

---

[1] 1951年吉安水文站警戒水位为47.00米，1952年改为50.50米。

[2] 1亩=(10000/15)平方米≈666.67平方米。

是月　新干雨量站改新干水位站。

6 月　吉安水位站改吉安二等水文站，增加流量、含沙量测验。

11 月　恢复万安水位站。

1952 年

1 月　恢复遂川水位站，观测水位、降水量。

2 月　省水利局在吉水县乌江口设吉水三等水文站，观测水位、流量、含沙量、降水量等。同年 5 月改丁江三等水文站。

3 月　省水利局确定吉安二等水文站为中心站，分区管理水文测站业务和经费核拨工作，中心站负责人刘富安。管理水文站 7 站，水位站 8 站，雨量站 4 站。

是月　省水利局制定《水文预报拍报办法》，规定预报站水位达到警戒水位时，即开始发布预报。

4 月　省水利局首次开展水文洪水预报工作，试报赣江吉安、新干等站洪峰水位。

5 月　省水利局在禾水设永阳三等水文站，观测水位、流量、含沙量、降水量等。

是月　遂川水位站改遂川三等水文站，增加流量测验。

6 月　省水利局在泸水设固江三等水文站，观测水位、流量、含沙量、降水量等。

7 月 17—18 日　泰和、万安两县东部的缝岭、芦源一带发生罕见的山洪灾害，冲毁房屋 4095 栋，受灾人口 2 万人，死亡 38 人，受灾农田近 4 万亩，冲毁水利工程 1152 处，省人民政府检查组和中央水利部，中南水利部、工业部、农林部联合调查组到现场调查。

8 月　省水利局在吉水县渡头设孤江口三等水文站，观测水位、流量、含沙量、降水量、蒸发量。

11 月　吉安二等水文站改吉安一等水文站，刘富安为负责人。

12 月　恢复峡江水位站，观测水位、降水量、蒸发量。

是年　在泰和县、吉水县、安福县分别设马家洲、白土街、吉水、安福水位站。但这些站仅观测一年即停测。

是年　增设龙冈、宁冈雨量站。

1953 年

1 月　孤江口三等水文站、天河三等水文站、永阳三等水文站、固江三等水文站分别改为渡头水位站、天河水位站、永阳水位站、固江水位站，停测流量、含沙量。

是月　增设大汾、莲花、洋溪、安福、藤田雨量站。

2 月　遂川水文站迁移至遂川县夏溪村，改夏溪水位站，观测水位、降水量、蒸发量。

3 月 1 日　省水利局在万安县赣江设棉津水文站，观测水位、流量、含沙量、降水量等。

4 月 1 日　从 1953 年开始，汛期调整为 4 月 1 日—9 月 30 日。

4 月 29 日　水利部颁发《水文测站工作人员津贴办法》（劳福字第 42356 号），自 5 月起执行。

4 月　丁江三等水文站测流断面迁新田村，设新田二等水文站，观测水位、流量、含沙量、降水量等；丁江三等水文站改丁江水位站，观测水位。

5 月 21 日　省水利局根据水利部《水文测站工作人员津贴办法》，制定本省水文测站工作人员津贴发放办法。津贴发放办法以站为单位，依据测站所在位置条件及具体情况，划分为四个等级，自 1953 年 5 月起执行。从此，水文测站工作人员开始享受外勤补贴。

11 月　省水利局调李正顺负责吉安一等水文站工作。同月，永丰雨量站停测。

12 月 5 日　省水利局通知："1954 年降水量、蒸发量观测时制的日分界改为 19 时，和气象部门一致。”1956 年 1 月，执行《水文测站暂行规范》，改为以 8 时为日分界。

是年　全区水文在职人数 67 人。

1954 年

1 月　从 1954 年起，降水量、蒸发量观测时制的日分界改为 19 时，和气象部门一致。

是月　新田二等水文站改新田水位站，停测流量、含沙量。万安水位站停测。

5 月 12 日　永新水位站改永新雨量站，停测水位、蒸发量。

5 月　丁江水位站迁至岭背村，改岭背水位站，观测水位，作为新田站辅助水位站。1955 年 4 月撤销。

6 月　王行仁任吉安一等水文站行政站长。

是年　水利部颁发《水文资料整编方法》。

1955 年

2 月　省水利局任命郝文清为吉安一等水文站站长。

是月　水利部颁发《水文资料整编刊印办法》和《1955 年报汛办法》。

4 月　岭背水位站停测。

5 月　省水利局增任涂吉生为吉安一等水文站副站长，主管技术业务。

7 月　沙量试样用戥子称重、酒精灯烘沙包，改用天平、电烘箱。

10 月 13 日　水利部颁发《水文测站暂行规范》，从 1956 年 1 月 1 日起执行。

12 月 22 日　根据《水文测站暂行规范》要求，江西省水利厅（以下简称省水利厅）向吉安一等水文站颁发测站任务书。

是年　万安棉津站用岸锚，以一锚从一岸测至对岸，采用一锚多点法测流，摆幅宽 350 米。这是省内最早使用一锚多点法测流的站，提高工效一倍。

是年　吉安一等水文站实行计划管理，被评为本年度全国农业水利系统先进单位。

是年　由各县农场或农林单位兼办雨量观测，增设 13 个雨量观测站，这些站观测 2～3 年均已停测。

1956 年

1 月　执行《水文测站暂行规范》，降水量、蒸发量观测时制改为以 8 时为日分界。

3 月 7 日　水利部颁发《1956 年报汛办法》。

3 月　增设莲花县罗市雨量站。

4 月 30 日—5 月 10 日　全国先进生产者代表会议在北京举行。国务院授予全国先进集体 853 个，授予全国先进生产者 4703 人。吉安一等水文站站长郝文清被授予“全国先进生产者”称号。

7 月　全区少雨，干旱在 60 天左右，部分县市达 127 天。

8 月 1 日　省水利厅在万安县蜀水设立林坑水位站，观测水位。

9 月　固江水位站改为固江水文站，恢复流量、含沙量测验。

11 月 23 日　省水利厅在遂川县左溪设立南溪水位站，观测水位。

11 月　全省按行政区划设地区级水文管理机构。成立江西省水利厅水文总站吉安水文分站（以下简称吉安水文分站），成为地区级水文管理机构，分站内设办公组、业务检查组和资料审核组，管理水文站 5 站，水位站 8 站，雨量站 33 站。郝文清、涂吉生任正副站长。

12 月 10 日　吉安水文分站在永新县禾水设立洋埠水文站，观测水位、流量、降水量。

是年　全区各水文站开始承担所在县内全部或部分代办水位站和雨量站管理工作，包括仪器安装、技术指导和报表审核等任务。

是年　吉安专区第一座水文测验吊船过河索在遂川南溪水文站投产运行，跨度100米。

是年　永阳水位站改永阳水文站，恢复流量测验。增设高坪、关口、五斗江、土岭、沙村、罗汉司、拿山、白水、白沙、虹桥、窑里、桑庄12个雨量站。

1957年

1月　吉安水文分站在万安县赣江设立栋背水文站，观测水位、流量、降水量。

是月　永阳、固江水文站改上沙兰、赛塘水文站。峡江、南溪、林坑、渡头水位站改峡江、南溪、林坑、渡头水文站，增加流量测验。增设窑棚水文站、滩头水文站和蒋源滩水位站。

3月　为了贯彻水利部"水文测站实行分层负责，双重领导"的原则，省水利厅会同吉安行署向吉安水文分站颁发任务书；吉安水文分站会同水文站所在地县人民委员会共同向水文站颁发测站任务书。任务书对测站人员编制、工作范围和内容、测验项目的测记以及资料整理要求等均有明确规定。

6月28日　吉安水文分站在遂川县右溪设立山背洲水位站，观测水位。

6月　江西省人民委员会决定，全省各水文分站实行双重领导。吉安水文分站的行政领导、干部与财务工作由吉安专署领导，由吉安专署农林水办公室具体管理，业务工作仍由江西省水利厅水文总站（以下简称省水文总站）管理。1958年春与专署农林水办公室合署办公。

7月　增设泰和县杨陂山水位站、永丰县江口水位站，观测水位。

8月　增设永新县塘下水位站，观测水位，为水利工程专用站。

12月30日　增设吉安县桥东水位站，观测水位。

是年　增设泰和、左安、花溪、阜田、马埠5个雨量观测站。白土街、白水和万安等7个农场雨量站停测。

1958年

1月1日　吉安水文分站在莲花县文汇江设千坊水文站，在万安县设龙溪雨量站。

2月　万安棉津水文站开展推移质输沙率测验和颗粒分析，是全省最早开展推移质颗粒分析的站。

3月　省水利厅发出《关于水文测站管理区域划分的通知》，决定各水文分站的测站管理区域，按各专（行）署行政区域划分。至此，吉安水文分站管理吉安地区内的水文、水位、雨量站。

是月　增设莲花县高滩雨量站。

4月4日　水利电力部（以下简称水电部）颁发"全国水文资料卷册名称和整编刊印分工表"，赣江水系水文资料列《水文年鉴》第6卷第19册，吉安水文资料列《水文年鉴》第6卷第19册。

4—5月　增设社上、滁洲、鹤洲、富田、洪家园5个水文站，观测水位、流量、降水量。

6月　恢复泰和水位站，基本水尺设泰和县赣江右岸的永昌村。

8月　增设万安水库水文站，为万安水库模型实验专用站。共设5个基本断面，观测水位，断面（五）由棉津站巡测流量。

9月　吉安水文分站与江西省水利电力厅水文气象局（以下简称省水文气象局）派驻吉安的气象组合署办公。

9—11月　对吉安地区水文地理进行了查勘。共计完成洪、枯水调查181站次，沿河施测流量416次，地下水井调查153站次，土壤剖面调查194站次，河床质采样183站次，描绘（万分之一目测）1807 千米河流沿岸地形图。

是年　为小型农田水利工程规划设计需要，共布设小汇水面积站 27 处，有些站资料未刊印。

是年　恢复南关口水文站，并增设梅洲、横江、陇陂桥水位站为八里滩水利工程专用站。增设野鸡潭水文站为浒坑钨矿专用站，野鸡潭站仅观测一年便停测。

是年　高坪、遂川、永新（农）、永新、凤凰圩、新干（农）、峡江（农）7 个雨量站停测。

是年年底　吉安地区水文站网为水文站 47 站（其中小汇水站 27 站），水位站 14 站，雨量站 23 站。

1959 年

1 月 13 日　吉安专员公署下发《关于下放水文气象测站的通知》（吉专农字〔59〕第 102 号）。

1 月　恢复永新水位站，永丰县江口水位站停测。

3 月 1 日　新田水位站恢复为新田水文站。

3 月 3 日　江西省人民委员会批准江西省水利电力厅（以下简称省水电厅）《关于水文气象机构体制下放问题的报告》，全省各级水文气象台、站、哨一律下放所在专署、县领导。从此，吉安水文分站归吉安专署领导，全区各水文测站归所在县人民委员会领导。

3 月　江西省人民委员会下发《关于表彰 1958 年全省农业生产先进单位和先进生产者的决定》，授予千坊水文站杜玉根“1958 年江西省社会主义农业建设先进个人”称号。

4 月　经吉安地委农工部批示，成立吉安专区水文气象总站，总站下设行政组、水文组、气象组和水文气象服务台。郝文清任副站长，主持工作。

5 月 1 日　陇陂桥站基本水尺从左岸迁至右岸，改厚溪水位站。

5 月　棉津、栋背、林坑水文站会同万安气象站共同编制了《万安水文气象手册》。

6 月 20 日　万安栋背水文站临时工姚敏材、黄效汉测流时翻船，不幸溺水身亡。

6 月　全区大水，赣江、禾水、遂川江均超警戒水位。这次洪水过程从 6 月 10 日开始，一直到 6 月 24 日赣江才开始退水。全区 10 个县市受淹农田面积 43.59 万亩，倒塌小水库 62 座、小水陂 1349 座。

9 月　地委调派汤忠余任吉安专区水文气象总站站长，郝文清任副站长。

是月　左安雨量站改为左安水位站，加测水位。

10 月 5 日　省水文气象局发出《关于栋背、杨树坪、羊信江等流量站发生翻船及人身落水死亡事故的通报》，要求各站深刻吸取惨痛教训，确保不再发生类似事故。

10 月 18 日　增设沿桥水位站，观测水位。

11 月　省水文气象局印发了《水文资料整编汇刊工作手册》，水文资料整编汇刊执行《水文资料整编汇刊工作手册》。

是年　遂川、吉水、万安、峡江、莲花、永丰、泰和、安福、永新 9 县均编制了本县的水文实用手册。

是年　增设城下、螺滩站，寨下、于塘、鹅形、江口（莲花县）、潭家、新屋场、青原区小汇水面积站改水位站，野鸡潭、滩头水文站和天河、塘下、梅洲、蒋源滩、横江、桥东水位站停测。

是年　增设良口、高塘、沿溪、黄坑、东固、堪口 6 个雨量站，堪口站仅观测一年便停测。藤田、吉水、土岭、花溪、桑庄雨量站停测。

1960 年

1 月　杨陂山水位站改为杨陂山水文站，增测流量测验。南关口流量站改水位站。窑里雨量站改七琴雨量站。

3 月　省水电厅在泰和县石山设吉安专区农业水文试验站，开展水稻增产效益和田间蓄水对径流影响的试验研究，试验资料未作分析。

3 月　水电部颁发《水文情报预报拍报办法》，6 月起实施。

4 月　水电部颁发《水文测验暂行规范》，从 1961 年 1 月 1 日起执行。

5 月 1 日　设立吉水湖头地下水站。

7 月 1 日　设立吉水螺滩地下水站。

7 月　窑棚水文站改窑棚水位站，停测流量。

8 月 9—15 日　遂川县连降暴雨，发生特大山洪，680 个村庄受淹，冲倒民房 1491 栋，大小商店 255 栋，412 人被冲走淹死，248 人被倒房打伤，冲倒水利工程 266 座，灌田数万亩的南、北澳陂也被冲坏，影响秋灌。据 1960 年《水文年鉴》记载："1960 年 8 月 11 日观测设备被洪水全部冲毁，观测中断，观测水位系根据洪痕接测而得，洪峰水位 24.32 米。" 1970 年《水文年鉴》记载："1960 年 8 月 10 日因山洪暴发，观测中断，1961 年 1 月恢复。" 1961 年以后的水位基面高程与 1958—1960 年不同，水位相差约 10 米，但《水文年鉴》未记载基面高程差。另据 1979 年 2 月《江西省吉安地区水文手册》记载："将原水位加 10 米方与 1961 年基面相同"，故 1960 年最高水位为 34.32 米。

是年　增设城上、水东、仁和 3 个雨量站。停测 19 站小汇流面积站，停测 10 个雨量站。

是年　省水文气象局颁发《江西水文情报预报拍报办法》《水文情报预报拍报补充规定》。

是年　全区水文在职人数 71 人。

1961 年

1 月 1 日　滁洲水文站恢复水位观测，增设吉安县梁石地下水站。

1 月　全市水文工作开始执行水电部颁发的《水文测验暂行规范》。

2 月　吉安专区农业水文试验站与吉安专区农业气象实验站合并，成立吉安专区农业水文气象试验站，站址迁至吉安市禾埠桥，于年底撤销。

3 月 1 日　增设吉州竹笋巷地下水站。

3 月 13 日　增设安福县柘田雨量站。

4 月 1 日　增设泰和县下坊村地下水站。

6 月 11 日　省水文气象局预报 13 日吉安站洪峰水位可达 53 米，将超过吉安市沿江圩堤 0.5 米；吉安地区防汛部门获知预报后，立即组织人员加高加固沿江圩堤至 53.50 米。13 日，吉安站洪峰水位 52.90 米，吉安市的安全得到保障。

7 月　吉安地委增任张俊英为吉安专区水文气象总站副站长，并兼任水文气象服务台台长（1968 年秋调离）。

7 月　吉安、桥边水文站改吉安、桥边水位站，停测流量。

9 月　两次台风入侵，吉安发生特大秋汛。栋背、吉安、峡江和新干站月最高水位分别为 69.65 米、51.70 米、42.96 米（原断面）和 37.86 米，属历年同期最高水位。

是年　泰和水位站改汛期站。厚溪、寨下、鹅形、南关口、江口、永新、青原等水位站停测，五斗江、高塘、沿溪、仁和、城上、马埠等站雨量停测。

1962 年

1 月　增设新干县曾家陂雨量站。

3 月 31 日　省水电厅通知各专（行、市）署水电处和有关工程局，凡基本水文测站（包括列为基本站的工程专用站）和由省提出的专用水文、水位站，其撤销、迁移、调整和业务项目的增减，均须报省水电厅批准。

5月　经江西省精简职工减少城镇人口工作领导小组批准，吉安专区水文气象总站体制上收省水电厅直接领导，由省水文气象局直接管理，党团组织关系仍由当地管理。同年7月，吉安专区水文气象总站改名吉安水文气象总站，汤忠余任站长。

是月　水电部党组向中共中央和国务院提出《关于当前水文工作存在问题和解决意见的报告》。10月1日，中共中央和国务院批转水电部党组报告，同意：①将国家基本站网规划、设置、调整和裁撤的审批权收归水电部掌握，凡近期自行裁撤的国家基本站，均应补报水电部审批，决定是否裁撤或恢复；②将基本站一律收归省、市、自治区水电厅（局）直接领导，县、社党委应与水电厅（局）共同加强对测站职工的政治思想领导，并协助解决具体问题，保证水文站的正常工作，体制上收时，原有技术干部和仪器设备不准调动；③同意将水文测站职工列为勘测工种，其粮食定量和劳保福利，应按勘测工种人员的待遇予以调整。从此，水文测站职工享受劳保用品。

是月　窑棚水位站迁天河站观测，窑棚站停测。

6月中下旬　吉安出现两次暴雨过程，河水猛涨。

6月19日　鹤洲站洪峰水位49.37米，为历年最高水位。

6月28日　赛塘站洪峰水位64.95米，为历年最高水位。

6月29日　吉安站洪峰水位54.05米，峡江站洪峰水位44.93米，均为历年最高水位。吉安市禾埠堤溃决，淹没农田2.7万亩。

6月30日　新干站洪峰水位39.28米，新干县堤段决口63处，长3131米。

7月　完成水文气象体制上收工作，由省水文气象局直接管理，吉安专区水文气象总站改名为吉安水文气象总站，汤忠余任站长。

9月14日　水电部批复江西省1962年基本水文站网调整意见，对测站的改级和撤销提出不同意见。但由于经费短缺，对水电部建议保留的吉安水文站已改为水位站，对要求进一步分析资料后再报部审批和需征求邻省同意后再撤销的站，均在批复前已撤销。

10月　汤忠余调离，吉安水文气象总站由副站长郝文清负责。

10—12月　增设茨坪、新城、城上、砚溪、仁和、江背、大汾、良村、沙市、曲江、桐坪、井头12个雨量站。

11月16日　水利电力站印发《水文测站管理工作条例（草案）》（水电文字〔62〕第375号）。

是年　吉安水文气象总站、棉津水文站、峡江水文站及新田水文站被评为1962年度江西省工农业生产先进单位。

是年　社上水文站、沿桥、于塘、城下、螺滩、潭家、新屋场水位站停测。

是年　吉安水文气象总站预报6月大洪水。根据预报，吉安市及时组织人力保卫大堤，避免了洪灾损失；吉安地区贮木场对停靠在禾水河口的木材进行加固和部分转移，使价值400多万元的3万多立方米木材免受损失。

是年　吉安水文气象总站编印《吉安地区水文气象特征资料》。

1963年

1月　杨陂山、洪家园水文站停测，左安水位站改雨量站。

2月15—23日　江西省水文气象工作会议在吉安市召开，会议要求1963年继续深入贯彻“调整、巩固、充实、提高”八字方针和省委提出的“加强领导，依靠群众，以生产服务为纲，以农业和水利服务为重点，全面开展水文气象工作”方针。

3月4日　省水电厅党组下发《干部任免通知》（水电党发字〔63〕第006号），任命苏政财为吉安水文气象总站副站长。

3月　江西省人民委员会授予吉安水文气象总站、万安棉津水文站、吉水新田水文站、峡江水文站“全省工农业生产先进单位”。

4月11日　《江西日报》第三版以“一个先进水文站”为题，报道峡江水文站先进事迹，同版刊登峡江站测验工作照片4幅。

9月6日　吉安上沙兰水文站实测历史最小流量4.00立方米/秒，对应当时水位55.00米，历史最低水位是2020年1月21日的54.68米。

9月11日　吉水新田水文站实测历史最小流量2.35立方米/秒，对应当时水位48.71米（换算成现断面水位为48.02米），历史最低水位是2019年11月21日的47.57米。

9月12日　吉安鹤洲水文站实测历史最低水位44.13米，测验河段断流。

9月13日　江西省人民委员会《关于将水文气象总站改为水文气象分局的批复》，吉安水文气象总站改名为江西省水利电力厅水文气象局吉安分局（以下简称吉安水文气象分局），行政上受省水电厅直接领导，业务上由省水文气象局管理。郝文清任分局副局长，主持工作。

9月27日　江西省机构编制委员会（以下简称省编委）下发《关于转发水电厅对全省水文气象事业人员编制调整意见的通知》（赣编字〔63〕第223号），吉安水文气象分局人员编制定编180人。

9月　吉安水文气象分局调查1962年6月5日遂川江右溪横岭和戴圣山洪，对山洪发生情况做了详细了解和记录，并估算了横岭和戴圣的最大洪水流量。

11月6日　省水电厅发布文件（水电人字〔63〕第1580号），批复省水文气象局，吉安水文气象分局下设秘书科、水文科、气象科和水文气象服务台。

11月中旬　赣江支流遂川江、蜀水发生地区性暴雨，最大日降水量40～70毫米。11月18日，遂川夏溪站水位80.12米；19日，万安林坑站水位84.82米，均为当年最高水位。11月中旬出现年最高水位，较为少见。

1—10月　吉安地区逐月平均降水量均小于同地区同期多年平均值，大部分地区全年出现了历史上罕见的春旱、夏旱和秋旱。

是年　执行省水文气象局颁发的《江西省水文测站和水文测验人员测报工作质量评分办法》。

是年　全区年平均降水量1037.3毫米，为历年年降水量最小值。

是年　恢复龙冈、马埠、桑庄雨量站，增设良口等雨量站31站，停测拿山、柘田雨量站。

1964年

1月　吉安水位站改吉安水文站，恢复杨陂山水位站。

1—2月　增设仙人井等15个雨量站。

3月　江西省人民委员会授予吉安水文气象分局、峡江水文站“全省农业先进单位”称号。

5月　水电部颁发《水文年鉴审编刊印暂行规范》，自1965年起执行。

6月8—15日　赣南地区连降大到暴雨，赣江上、中游连续出现四次洪峰。17日，万安棉津站水位80.78米，万安栋背站水位71.43米，泰和站水位63.95米，以上各站水位，均为历年最高水位纪录。

6月11日　水电部发布文件（水电文字〔64〕第366号），通知将原规定所称的流量站，自1964年起改名为水文站。

6月17日　峡江水文站抢测洪峰流量时，测工赵明荣不幸落水身亡，时年31岁。

12月17日　江西省劳动局、省水文总站下发《关于水文部门补充60人的通知》（劳配字〔64〕第2972号）（赣文总字〔64〕第082号），补充吉安水文气象分局人员编制8人。至此，吉安水文气象分局人员定编为188人。

是年，赣江水系水文资料所在《水文年鉴》由第6卷第19册调整为第6卷第17册，吉安水文资料列《水文年鉴》第6卷第17册。

是年　省水文气象局向吉安水文气象分局各站重新颁发测站任务书，取代1957年的测站任务书。

1965年

2月　吉安专员公署授予周振书“农业科学技术先进工作者”称号。

3月25日　吉安水文站实测历史最小流量121立方米/秒，对应当时水位为42.10米。历史最低水位是2008年12月5日的41.88米。

3月　江西省人民委员会授予吉安水文气象分局“1964年全省贫下中农农业先进单位”称号。

7月23日　江西省机构编制委员会下发《关于同意水文气象编制调整问题的复函》（赣编字〔65〕第62号），调整后，吉安水文气象分局人员定编为92人。

9月　吉安水文气象分局增设政治工作办公室。

是年　吉安地区第一座虹吸式岸式自记水位测井在千坊站投产运行。

是年　执行省水文气象局汇编的《水文测验常用手册》。

是年　增设小夏等28个雨量站。

1966年

1月　天河水位站改天河雨量站。赛塘站站房位置由左岸移到右岸，水位经1年比测分析没有横比降。

2月　江西省人民委员会授予吉安水文气象分局“1965年全省贫下中农和农业先进单位”称号。

3月25日　吉安水文气象分局设立葛田水文站，观测水位、流量、降水量。

是年　峡江、鹤洲两站正式采用自记雨量计记录的降水量进行整编，这是全区最早使用自记雨量计资料整编的站。

是年　增设朗石小汇水站1站、洋淋等雨量站15站，停测雨量站黎山、良碧洲、湄湘3站。

是年年底　吉安地委调刘庭玉任吉安水文气象分局代理局长。

1967年

1月　桥边水位站停测，增设黄坳雨量站。

2月9日　成立“江西省吉安地区水文气象革命生产委员会”（吉会水气字〔67〕第005号）。

2月　峡江县人民委员会授予峡江水文站“1966年度先进单位”称号。

3月　吉安专区公署授予峡江水文站“1966年度先进单位”称号。

4月7日　水电部下发《关于做好当前水文工作几个问题的意见》（水电文字〔67〕第79号）。要求做好一切汛前准备工作，在汛期时，测站职工原则上都应回站坚守生产岗位，做好汛期水情测报工作，向各有关单位和当地群众及时提供准确的水文情报和预报；积极做好旱情测报和分析工作，支援农业生产。

4月　增设遂川县庄坑专用水文站。

5月　增设泰和县苑前专用水文站。

10月　朗石水文站停测。

是年　停测雨量站会口、瑶溪、良村3站。

1968 年

1 月 17 日　万安棉津水文站实测历史最低水位 68.69 米。

1 月　万安龙溪雨量站改下龙雨量站，安福洋陂雨量站改彭坊雨量站。

4 月 1 日　洋埠下迁约 5 千米至永新县城北门，改永新水文站，观测水位、流量。

6 月中下旬　赣南、赣中连降大雨和暴雨，有两次降水过程，赣江水系各站形成一次复峰的洪水过程。25 日，栋背站水位 70.96 米，超警戒水位 2.66 米，排历史第三水位纪录。26 日，新干站水位 39.81 米，超警戒水位 2.31 米，为历史最高水位纪录。

6 月下旬　赣江出现大洪水，在防汛抢险紧张时刻，新田和泰和两情报站，以"不给反动学术权威服务"为由，拒绝向有关部门拍发报汛电报，后经江西省防汛抗旱总指挥部（以下简称省防总）下达命令，才恢复发报。

7 月 14 日　增设胡家水位站，观测水位、降水量。

10 月　葛田水文站停测流量，改为水位站。

11 月 15 日　经井冈山专区革命委员会批准，成立井冈山专区水文气象站革命委员会（以下简称井冈山专区水文气象站革委会）。旷圣发、肖在梧任副主任。

12 月　赣江第一座高支架大跨度吊船过河索在万安栋背水文站投产运行，跨度 769.8 米。

是年　雨量站增设院背、石头洲、彭家、鸡峰 4 站，停测大岭山、白水、福华山 3 站。

1969 年

1 月　增设黄坳水文站和罗浮水位站。胡家水位站改水文站。良口、潞田、秋坪、社下、下洋洲雨量站分别改名为涧田、小坑、桐古、沙湖里、营下雨量站。

7 月 22 日，井冈山专区革命委员会政治部发布文件（井政〔69〕第 047 号），任命王培德为井冈山专区水文气象站革委会副主任，免去肖在梧井冈山专区水文气象站革委会副主任职务。

7 月　吉安地区第一座电动测流缆道在吉安赛塘水文站投产运行。

10 月　井冈山专区革命委员会任命张智为井冈山专区水文气象站革委会主任。

是年　增设营盘圩、藤田、胜利雨量站 3 站，停测关口、戴圣、彭家、日冈、流源、庙前雨量站 6 站。

1970 年

1 月　苑前水文站停测、罗浮水位站停测，吉安县双江口雨量站改前岭雨量站。

4 月　泰和水位站由汛期站改常年观测站。

6 月 8 日　江西省革命委员会抓革命促生产指挥部根据水电部军管会《关于水文体制下放的通知》精神，决定将省属各专（市）、县水文气象台站下放由各专（市）、县革命委员会领导。从此，井冈山专区水文气象站革委会下放地方领导。

8 月 6 日　省水文气象局革命委员会向水文测站发出《关于水文资料整编改革的通知》，通知对资料整编的项目和《水文年鉴》刊印的图表，做了较大幅度的调整。

9 月　井冈山专区水文系统在峡江县召开技术革新会议，峡江水文站革新成果"无线测流器"送江西省科技展览馆展出。

10 月　对地区内主要河流和其一级支流进行战备水文调查，年底完成，并编写了调查报告。

是年年底　全区水文监测站网为水文站 19 站、水位站 6 站、雨量站 110 站。监测项目有：流量（19 站）、水位（25 站）、降水量（135 站）、悬移质输沙（7 站）、悬移质颗分（3 站）、推移质输沙（1 站）、推移质颗分（1 站）、蒸发量（3 站）。

1971 年

1月　江西省革命委员会、省军区指示，水文气象机构分设。

是月　黄坳水文站上迁约 7 千米处改行洲水文站。

3月　全省水文技术革新经验交流会在上沙兰站召开。

4月　增设永新石口水文站。

5月　井冈山专区水文气象机构分设，成立井冈山地区水文站及革命领导小组（以下简称井冈山地区水文站），属井冈山地区水电局领导。井冈山地区水文站下设政办组、测验组、资料组、水文情报预报组，由张智任主任、旷圣发任副主任。

是年　增设白土街等雨量站 4 站，停测苏溪、书堂雨量站。

是年　全区平均年降水量 1088.3 毫米，较多年平均年降水量减少 31%。

1972 年

1月　增设吉安黄沙、殷富水文站，停测吉水胡家水文站。

5月　井冈山地区水文站编制《井冈山地区水文服务手册》（防洪部分）。

6月　增设永丰五石水文站。

是年　增设上圯、象形雨量站，停测安坛、欧田、陂头雨量站。

1973 年

1月1日　泰和水位站基本水尺断面下迁 580 米至上田粮库码头边。

1月　井冈山地区水文站下设机构调整为政办组、测验资料组、水文情报预报组。郝文清担任井冈山地区水文站主任、党支部书记。

2—5月　增设碧洲、苑前、高市、枫田雨量站。

3月5—17日　为探讨推移质测沙新技术，万安棉津水文站进行沙波法与吨式采样器测沙法比测，取得 15 次成果。

是年　新干七琴站迁窑里水库改窑里站。

是年　井冈山地区水文站开展洪水调查。调查万安县城至新干三湖两岸受淹农田近 600 平方千米，完成 1∶5000 地形图 333 幅。据此分县建立水位和受淹农田面积关系，并制成查算图。

1974 年

1月1日　殷富水文站改水位站，停测永丰五石水文站和窑里雨量站。

1月　由于黄沙村测流断面不能控制高水位，黄沙站上迁约 900 米至长茅段村。

4月1日　增设吉水西沙埠、钟家塘专用水位站。

4月10日　渡头水文站基本水尺断面和测流断面均下迁至渡头村下游（下迁约 1300 米）的经书庵，改渡头（二）站。

6月1日　莲花高滩雨量站迁高洲观测，改高洲雨量站。

7月1日　增设莲花言坑雨量站。

是年年初　上沙兰水文站在 40 多天的时间内，分析 19 个项目，统计近 10 万个数据，绘制 100 多张图表，初步认识上沙兰水文站的测站特性，并编写了《上沙兰站测站特性分析》。截至 1975 年年底，井冈山地区有 14 个水文站编写了测站特性分析报告。

1975年

1月1日　停测庄坑水文站和西沙埠、钟家塘水位站和莲花罗市雨量站。

1月　增设石头背、上西山、坳下坪、烟头、毛背、湖陂、东江、良田、洋源9个小汇水站。上西山站因8月洪水冲毁断面，年底被撤销。

4月　水电部颁发《水文测验试行规范》，自1976年1月1日起执行。

8月1日　富田水文站迁至白云山水库大坝下游，改白云山水文站，资料未刊印。

11月16日　水电部下发《关于加强水文原始资料保管工作的通知》(水电字〔75〕第46号)。

是年　增设陂头石、神前、双江、石头山4个雨量站。遂川禾源雨量站下迁约2千米至坳下坪村，改坳下坪水文站。吉安前岭雨量站下迁约1千米至冲头村，改湖陂水文站。

是年　全区水文在职人数139人。

1976年

1月　峡江水文站基本水尺断面下迁1076米，改峡江（二）站；殷富水位站下迁至东固，改东固，水文站；莲花西坑雨量站迁至黄桥，改黄桥站；安全雨量站迁至寒山，改寒山站；小龙迁至龙下，改龙下站；堆前站改堆子前站；宁冈站改龙市站。

5月1日　泰和寺下雨量站迁至湾溪，改湾溪站。

6月　水电部水利司颁发《水文测验手册》，分为第一册野外工作、第二册泥沙颗粒分析和水化学分析、第三册资料整编和审查，作为介绍水文测验和整编方法的技术参考书。

7月1日　停测吉水洋源水文站。

7月9日　永新水文站实测建站以来最高水位114.76米，超警戒水位2.26米，为本站历史第二高水位。石口站出现历史上百年一遇大洪水。

8月19日　葛田水位站基本水尺断面上迁150米，改葛田（二）站。

8月　吉安上沙兰水文站组织一次为期90天的洪水调查和测量，水准测量路线共650千米；并协助公社大队生产队测量大小渠道和排洪沟。

10月　水电部颁发《洪水调查资料审编刊印办法》。

是年　吉安地区首艘大功率测船吉安水文301号150匹马力[1]机动船投产运行，自动绞锚。

是年　增设洲子坝、三彩、白云山（坝上）、安福钱山（坪下）水文站，增设老营盘（坝上）水位站，增设平都等13个雨量站。撤销万安石头背、吉安东江、吉水洋源小江水站。

是年　井冈山地区水文站组织3人，调查禾水、遂川江大洪水和宁冈山洪暴发情况，对禾水及其支流文汇江、宁冈水、牛吼江等进行调查，测量沿河断面，推算洪峰流量。

1977年

1月　撤销万安洲子坝、吉安朗石水文站，老营盘（坝上）水位站改水文站。

是月　增设吉安大湖坵、峡江沙坊雨量站，停测万安西山弦雨量站。

3月　江西省人民委员会授予井冈山地区水文站“第三次全省农业学大寨先进单位”称号。

3—6月　设立莲花水位站，增设宝山等雨量站20站。

5月29日　万安林坑水文站实测建站以来最高水位88.89米，超警戒水位2.89米，为本站历史第三高水位。

5月　在莲花县花塘公社南门桥设立莲花水位站。

---

[1] 1马力=735瓦。

6月　发行《井冈水文》第一期，《井冈水文》（原名为《情况的反映》）。《井冈水文》主要内容是交流全区水文系统建设大寨式水文站的经验，业务、技术经验点滴体会，测站管理的工作经验，开展社会主义劳动竞赛、技术革命和技术革新等情况的期刊。

11月19日　江西省水利电力局（以下简称省水电局）发布了《关于同意迁移渡头水文站的复函》（赣水电工管字〔77〕第033号），同意迁移渡头水文站。1978年4月渡头（二）水文站上迁约36千米至吉水县白沙镇木口村，改木口水文站，渡头（二）水文站改为代办水位站。

11月　井冈山地区革命委员会任命黄长河、周振书为井冈山地区水文站副主任（后改称副站长），取消革命领导小组。

12月6—16日　水电部在长沙召开全国水文战线学大庆学大寨会议，井冈山地区水文站、上沙兰水文站被大会评为“全国水文战线先进单位”。

是年　莲花千坊水文站成立党支部，站上4名职工全部为党员。

1978年

1月　增设泰和石壁、宁冈茅坪水文站。安福彭坊雨量站迁彭坊公社甫洲村，改甫洲水文站。葛田（二）水位站改葛田雨量站。上沙兰站基本水尺断面上迁55.4米，改上沙兰（二）站；三彩基本水尺断面下迁100米，改三彩（二）站。

3月5—17日　万安棉津水文站为探讨推移质测沙新技术，进行了沙波法与吨式采样器测沙法比测，取得15次成果。

4月　增设永丰伏龙口水文站、吉水木口水文站，吉水渡头水文站改水位站。

4—7月　增设神山等26个雨量站。

9月　峡江水文站评为峡江县科学先进单位，出席了江西省科学大会。

是月　增设遂川仙坑水文站及下垅、龙脑、严塘、罗带桥配套雨量站。

10月14日　莲花千坊水文站实测本站最低水位119.69米。

11月　长办水文处、枢纽处会同省水文总站到万安水利枢纽工地现场查勘万安专用水文站站址，提出设站计划。1979年2月设立万安西门站。

12月　增设杏头水文站。

是年　上圯雨量站并入老云盘（坝上）水文站，停测下井雨量站。

是年　4—9月，井冈山地区平均降水量为同期多年平均值的69%。

1979年

1月　增设远泉水文站。烟头水文站改烟头雨量站，象形雨量站改灵丰雨量站。

2月27日　由长办汉口水文总站设立万安西门站，为万安水利枢纽专用站。

5月　设立东谷水文站，为水库专用站。

7月　井冈山地区更名为吉安地区。

8月　井冈山地区水文站随地区更名为吉安地区水文站。

8月21日　江西省水利局（以下简称省水利局）向江西省革命委员会上报《关于改变我省水文管理体制的请示报告》。

9月18日　根据1962年中共中央、国务院批准水文管理体制上收，由省、市、自治区管理的意见，省革委会向各行政公署、各市、县、井冈山、庐山革委会批转省水利局发布的《关于改变我省水文管理体制的请示报告》（赣革发〔79〕第175号），同意将各地、市、县管理的国家基本水文站、水位站、雨量站收回，由省水利局直接领导。

11月28日　省水利局印发《关于做好水文管理体制上收工作的几点意见》（赣水电政字〔79〕

第 027 号)。

12 月 12 日　省水利局又印发《关于做好水文管理体制上收工作的通知》(赣水电政字〔79〕第 030 号),要求在 12 月底前完成上收工作。

是年　增设大平山等雨量站 21 站,停测社上水文站和凉山、南坑洞、界溪雨量站。

是年　吉安地区水文站编印《江西省吉安地区水文手册》《吉安地区防汛抗旱水情手册》。

是年　吉安地区水文站黄长河、肖寄渭,吉安上沙兰水文站冯其全负责完成的《上沙兰站测站特性分析》获"1979 年江西省优秀科学技术成果奖四等奖"。

1980 年

1 月 13 日　孤江木口水文站实测本站最低水位 60.94 米。

1 月　吉安水文体制上收,吉安地区水文站更名为江西省水利厅吉安地区水文站(以下简称吉安地区水文站),由省水利局直接领导,省水文总站具体管理,其党团组织和思想政治工作,仍由当地党委领导。

是月　安福甫洲水文站改彭坊水文站,吉安湖陂、泰和老营盘(坝上)水文站改雨量站。增设万安窑头等雨量站 14 站。

2 月 13 日　省人民政府通知,江西省水利局更名为江西省水利厅(以下简称省水利厅)。

3 月 31 日　省水文总站下发《关于发送水文站、水位站任务书的通知》(赣水文字〔80〕第 027 号),省水文总站再次向大河站和区域代表站的水文、水位站颁发测站任务书。

3—6 月　增设万安弹前等雨量站 59 站。

4 月　郝文清调省水文总站任职,由副站长黄长河主持工作。

11 月 13 日　省人民政府办公厅《关于同意恢复各地区水文管理机构的批复》(赣政厅〔1980〕第 183 号)批复省水利厅,同意恢复江西省水利厅吉安地区水文站,作为省水利厅的派出机构,行政上由省水利厅直接领导,井冈山市的水文测站由吉安地区水文站管理。

11 月 19 日　根据国务院批转《国家劳动总局、地质部关于地质勘测职工野外工作津贴的报告》和水利部以及省劳动局和省地质局关于贯彻执行上述报告的联合通知精神,省水文总站发出《关于水文站勘测职工享受野外工作津贴暂行办法》,规定在偏僻山区、江河湖区从事水文野外勘测工作的职工,发给野外工作津贴,从 1980 年 7 月 24 日国务院批准之日起执行。

12 月 27 日　省水文总站印发《水文勘测工个人保护用品发放试行办法》(赣水文人字〔80〕第 069 号),从 1981 年 1 月起,根据有关规定,给水文勘测工个人发放保护用品。

12 月　全省电算整编业务学习班在吉安地区水文站举行。

是年　各站水位、流量、沙量和降水量资料,采用长办编制的电算整编程序,第一次应用 DJS-6 电子计算机整编。

是年　省水文总站编制《湿润地区小河站网规划分析方法》。

是年　停测老营盘(坝上)、三彩(二)、良田水文站,以及大湖坵等雨量站 7 站。

是年　省水文总站向大河站和区域代表站的水文、水位站颁发测站任务书。

是年　吉安地区水文站对全区集水面积内的水利工程情况进行调查,并填表登记。

是年年底　全区水文监测站网为水文站 31 站、水位站 7 站、雨量站 264 站。监测项目有:流量 31 站、水位 38 站、降水量 302 站、悬移质输沙 7 站、悬移质颗分 2 站、推移质输沙 1 站、推移质颗分 1 站、蒸发量 7 站。

1981 年

1 月　泰和沙村雨量站改小河水文站,永新毛花陇雨量站改西湖雨量站。停测石壁水文站和莲花水位站，增设遂川南屏、吉安箔竹、井冈山黄洋界、新干窑里、刘家、宁冈源塘雨量站6站。

2月24日　省水利厅《关于地、市水文站机构设置的批复》（赣水人字〔81〕第013号），同意吉安地区水文站内设人秘科、测资科、水情科。

3月中旬　在全省水文工作会议上，峡江水文站、遂川南溪水文站作经验介绍。

3月　增设沙村水文站配套雨量站企足山、中坑、中王、大水坑、油罗棚、黄龙6站。

4月　省水利电厅厅长周景山到峡江水文站检查指导工作。

是月　增设井冈山犁坪雨量站。

5月　增设吉安庙背岭雨量站。

7月　省水文总站组织在职职工报考华东水利学院开办的陆地水文专业函授，学制三年，吉安地区共录取2人。

9月22日　遂川县南部普降暴雨，流域平均降水量236毫米。23日，遂川南溪水文站实测建站以来最高水位100.36米。

9月　在一次特大暴雨中，遂川高坪雨量站观测员郭垂桂全家出动，从上午8时到深夜24时，坚持每小时观测一次降水量，直到降雨减小为止，共观测14小时降水量320毫米的宝贵资料。当时大汾总机电汛中断，他便利用其他线路将雨情电报传到湖南省桂东县邮电局，再由桂东县邮电局转到遂川县有关收报单位。

10月　吉安地区水文站李达德主持编写的《测速垂线数目对流量误差影响的初步分析》被选为省水文总站编印的技术报告，并成为水文测验技术标准研习班参考文件。

是年　吉安地区第一座钢结构测流桥在宁冈茅坪水文站投产运行。

是年　吉安地区水文站对全区未设置水文站的河流布设定点洪水调查。

1982年

1月　泰和企足山雨量站改更古地站。

3月　根据水利部水文局《关于增设不同型号蒸发器对比观测站的通知》，上沙兰、茅坪水文站进行口径20厘米蒸发皿和E601型蒸发器的蒸发对比观测，但仅茅坪站有对比观测资料。

3月中旬　在全省水文工作会议上，吉安地区水文站的《发扬实干精神，搞好水文工作——南溪水文站的先进事迹》《上沙兰站在四化建设中迈出新步伐》《一位并不平凡的人——棉津站老测工何耀纯同志的先进事迹》和遂川高坪雨量站郭垂桂的《我是怎样搞好雨量观测工作的》作为大会发言材料。

3—5月　永新水文站改永新水位站，增设安福谷陂雨量站，停测吉安神前雨量站。

6月11—19日　吉安地区连降暴雨和大暴雨，多处山洪暴发，赣江中下游水位猛涨。地委书记王书枫、副书记张彬彬、秘书长周鸿先，军分区司令员沈忠祥乘水文301号测轮到新干赣东大堤指挥防洪抢险，地区水文站副站长周振书陪同。

6月17日　禾水永新站实测历年最高水位115.21米，超警戒水位3.21米，缆道、跨河索、自记水位计房被洪水冲毁。

是日　乌江新田站实测建站以来最高水位56.44米（换算成现断面为56.19米），超警戒水位2.44米，为本站历史第二大洪水位。

6月18日　禾水上沙兰站实测历年最高水位62.58米，超警戒水位3.08米。

是日　消河安福彭坊站实测建站以来最高水位46.78米，为本站历史第二大洪水位。

6月19日　赣江新干站实测历年第二大洪水位39.60米，超警戒水位2.10米。

6月　吉安地区水文站及时向有关部门提供水情预报，使吉安地区贮木场停靠在禾水和赣江的木材得以加固转移，使价值400多万元的3万立方米木材免受损失。

是月　上沙兰水文站预报6月特大洪水，永阳供销社在接到预报后，及时抢出10万元物资。

是月　峡江水文站预报6月中旬洪水，预见期72小时。预报避免损失：县外贸公司6万多元的商品，巴邱、樟江两个竹木转运站近3600立方米木材，县商业局300吨化肥、农药，县皮革厂价值3万余元的机件材料，县香菇厂1万多瓶菌种，县采石厂20多吨水泥，县人民饭店上百个床位转移，县中学1000多名师生及时疏散。

是月　万安棉津水文站预报两次洪水，预见期18小时。根据预报，仅万安县城抢救的物资有：县农垦局的木材4万多立方米、毛竹1000多根，县商业局三个仓库的农药3万多斤❶、化肥1万多斤。

7月12日　国家防汛抗旱总指挥部办公室下发《关于保护防汛水文测报设施的通知》（中汛字〔82〕第9号）。

7月20日　省水文总站印发《江西省水文工作管理暂行条例》（赣水文站字〔82〕第091号），从8月起执行。

8月　吉安地区水文站调查禾水、乌江6月大洪水，禾水沿河调查53个洪痕，乌江沿河调查21个洪痕，泸水沿河调查7个洪痕，并分别测量断面、推算洪峰流量。

11月22日—12月11日　在省水文总站的组织下，吉安地区水文站对1962年、1964年、1968年和1982年赣江水系的棉津、栋背、吉安、峡江、林坑、上沙兰、赛塘、新田水文站的洪水资料进行分析检查，编写出《赣江1962年、1964年、1968年及1982年洪水资料合理性检查初步成果》，但成果未作最后审定。

12月　江西省人民政府授予郭光庆"江西省农业劳动模范"称号。

是年　遂川县防汛抗旱指挥部在滁州水文站设立841电台。

1983年

1月15日　吉安地区水文站印发《江西省水文工作管理暂行条例吉安地区实施细则》（吉地水文字〔83〕第003号）。

1月　增设吉水潭溪水位站。

是月　水文职工按驻地国家工作人员的公费医疗标准享受国家公费医疗待遇。

是月　峡江水文站制定一套《峡江水文站生产岗位责任制记时记分评分办法》，此套评分办法曾在全省水文系统推广。

2月28日　省水文总站下发《下达1983年度退伍军人安置计划的通知》（赣水文人字〔83〕第11号），吉安地区水文站安置退伍军人5人。

4月4—11日　在全国水文系统先进集体和先进个人代表会议上，水电部授予吉水新田水文站"全国水文系统先进集体"称号，授予郭光庆"全国水文系统先进个人"称号。吉水新田水文站邓红喜参加会议。

4月10日　省防总颁发《防汛工作纪律》（赣防总发〔1983〕第16号）。

5月12日　莲花千坊水文站实测本站最高水位125.66米。

5月　吉安地区水文站水资源组在县级农业资源调查和农业区划工作中，取得优异成绩，被吉安地区农业委员会、吉安地区农业区划办公室评为"全区农业区划先进单位"。

7月11日　《江西日报》第一版头条新闻，以《当好参谋誓夺抗灾全胜》为题，报道全省水文职工坚守岗位、日夜准确测报、当好人民可信赖的"耳目"和"参谋"。

7月19日　省水文总站印发《关于小河水文站资料整编若干规定（修订稿）》（赣水文资字〔83〕第012号）。

❶　1斤＝0.5千克。

8月　吉水县白沙乡章湖村一村民在吉水木口水文站测验河段炸鱼时，将该站测船炸沉，后在公安机关协助下，该村民赔偿测船损失。

11月　省水利厅刊印出版《江西省洪水调查资料》。

12月　黄长河调省水文总站任站长，井冈山地区水文站由副站长周振书主持工作。

是年　增设遂川等雨量站6站，停测澧溪等雨量站3站。

1984年

1月9日　水电部颁发《水利水电工程水文计算规范（试行）》(SDJ 214—83)，自1984年5月1日起实施。

1月　执行省水文总站编写的《水文测验试行规范》补充规定（整编部分试行稿），停止使用1976年11月24日省水电局颁发的《水文测验试行规范》补充规定（暂行稿）第十部分。

是月　伏龙口水文站建成首座升降式断面标志索，提高了测速垂线定位的准确度。

是月　远泉水文站改远泉（二）站。

是月　经宁冈县政府批准，为照顾家庭困难，以“三投靠”（即投靠父母、夫妻、子女）为由，同意解决茅坪水文站谢镇安妻子和一儿子“农转非”问题。

3月19日　省水文总站下发《关于颁发有关水文、水位站任务书的通知》（赣水文站字〔84〕第019号），首次向小河水文站颁发《测站任务书》。

4月11日　吉安地区水文站下发《关于同时执行“测站任务书”和“测站测验质量标准”的通知》(吉地水文业字〔84〕第14号)。

6月7日　水电部颁发《水文缆道测验规范》(SD 121—84)，自1985年1月1日起实施。

7月5日　万安棉津水文站沙样试样人员用木炭烘沙，因不慎导致木制烘箱着火，烧毁沙量室和部分仪器设备，损失约2000元。

7月9—11日　吉安地区水文系统第一届职工代表暨第三届工会会员代表大会在吉安地区水文站召开。江西省总工会吉安地区办事处主任顾庆业和副主任王忆隆出席并讲话。

9月11日　省水利厅党组印发《关于苏松茂同志任职的通知》(赣水党字〔84〕第020号)，任命周振书为吉安地区水文站站长。

9月28日　省水文总站党总支印发《关于傅绍珠等同志任职的通知》（赣水文党字〔84〕第005号)，任命李达德、郭光庆为吉安地区水文站副站长。

10月15日　省水文总站印发《关于公布第一批“以工代干”转干人员名单的通知》(赣水文人字〔84〕第063号)，吉安地区水文站鄢玉珍转为国家干部。

11月15日　省水文总站颁发《江西省水文测站质量检验标准》(赣水文站字〔84〕第117号)。标准由总则、标一（水文测验)、标二（水文情报预报)、标三（水文资料整编及原始资料站际互审）四部分组成。从1985年1月1日起执行。

11月30日　省水文总站下发《关于水文勘探职工享受野外工作津贴暂行办法的规定》(赣水文人字〔84〕第066号)。

12月10—17日　在全国水利电力系统劳动模范、先进集体代表大会上，水电部授予峡江水文站为“全国水利电力系统先进集体”称号。峡江水文站毛本聪参加了大会。

12月21日　水电部颁发《水质监测规范》(SD 127—84)，自1985年1月1日起实施。

12月26日　省水利厅批复省水文总站：从1983年7月1日起，全省水文第一线科技人员向上浮动一级工资。1985年1月26日，省水文总站通知各地市（湖）水文站执行。

是年　地区水文站颁发并执行《水文测站测验、资料、情报预报质量标准及评比办法》。省水文总站在此基础上，修改制定了《江西省水文测站质量检验标准》。

是年　对讲机联网使用，各站和地区站之间的情报传递极为迅速，较有线传递情报有它的优越性，能保证通信畅通。

是年　增设泰和高屋雨量站，停测上陂、下村、庙背岭（又名坳岭）、大坞、院背、罗家雨量站6站。

1985年

1月19日　省水文总站下发《关于开始试行〈水文测验质量标准评分办法〉的函》（赣水文站字〔85〕第004号），自1月1日起开始执行。《江西省水文测站质量检验标准》由总则、标一（水文测验）、标二（水文情报预报）、标三（水文资料整编）四部分组成。

1月　棉津、南溪水文站改水位站，停测泰和高屋、石田雨量站。

2月4日　吉安地区水文站通过文件（吉地水文业字〔85〕第02号），下发《水文测验质量指标核定表》及《水文测验评分办法》《水文测验操作补充规程》。

2月26日　吉安地区水文站印发《吉安地区水文测站岗位责任制》（吉地水文字〔85〕第05号）。

3月18日　水电部颁发《水文情报预报规范》(SD 138—85)，自1985年6月1日起实施。

7月　经宁冈县政府批准，为照顾科技人员，以“助理工程师”为由，同意解决茅坪水文站谢镇安二子一女和谢治环妻子及二子一女“农转非”问题。

9月9日　水电部颁发《水文自动测报系统规范》(SD 159—85)，自1986年1月1日起实施。

10月16日　水电部颁布《水文勘测站队结合试行办法》（水电水文字〔85〕第12号），自1986年1月1日起执行。

11月2日　吉安地区水文站下发《关于成立吉安地区水文站测量队的通知》（吉地水文党字〔85〕第13号）成立吉安地区水文站测量队，对外开展地形地籍等测量工作。

12月8日　省人民政府颁发《江西省保护水文测报设施的暂行规定》（赣府发〔1985〕第113号)，从1986年1月1日起施行。

是年　吉安地区水文站开始筹建遂川水文勘测队，队部设在遂川县城。

1986年

4月2日　省水文总站下发《关于对1985年度全省水文系统先进集体、优秀站长和先进工作者表彰的通报》（赣水文人字〔86〕第018号），林坑水文站、栋背水文站为全省水文系统先进集体，康定湘、钟本修为全省水文系统优秀站长，赵海水等20人为全省水文系统先进工作者。吉安地区水文站测量队地形测量、永丰伏龙口水文站缆道为全省水文系统单项先进。

4月下旬至9月　全区出现历史罕见少雨。4月下旬全区平均降水量不到50毫米，其中万安、泰和、遂川、井冈山等地区不足20毫米。5月全区平均降水量仅有87毫米，为正常年同期降水量的三分之一，比历史上大旱的1963年同期降水量还少60毫米，偏少41%；其中安福、永丰、新干、吉安、吉州等县（区）降水量比1963年同期偏少60%～80%。7月中旬至9月底，连续82天全市平均降水量只有165毫米，比正常年同期少148毫米，偏少47%，比1963年同期降水还偏少18%。

6月28日　水电部颁发《动船法测流规范》(SD 185—86)，自1987年1月1日起实施。

7月10日　吉安地区水文站召开第二届职工代表暨第四届工会会员代表大会，吉安地区工会办事处副主任黎石生出席并讲话。大会选举并经吉安地区工会批复同意，李达德、李正国、张以浩、毛本聪、肖袭娇（女）、胡玉明、毛远仁等7人为第四届工会委员会委员，李达德任工会主席，李正国任工会副主席。

7月　省水文总站组织在职职工报考河海大学水文系专科函授学习，学制三年，吉安地区共录取10人。

8月23日　国家计划委员会颁布《水文测验术语和符号标准》(GBJ 95—86)，自1987年7月1日起实施。

12月　中共江西省委授予吉安地区水文站副站长李达德“全省先进思想政治工作者”称号。

是月　吉安地区水文站经当地劳动人事局批准，成立劳动服务公司，直至1991年撤销。

是年　雨量站因迁站而改名4站：安福坐竹坪站改上舍站、吉水罗家站改桑园站、泰和上江改曹溪站、冠朝改墩陂站。

是年　省水文总站安排周振书前往广西桂林疗养，李宪忠前往北京疗养。

1987年

1月10日　吉安地区水文站完成《微机水文资料整编查错系统程序》，经吉安地区科委召开鉴定会审核通过。

12月23日　省水利厅印发《关于第二批开展单位申报高级工程师任职资格评审结果的通知》(赣水职改字〔87〕第045号)，经江西省工程技术系列高级技术职务任职条件评审委员会(以下简称省工程系列高评会)1987年12月12日第三次评审会议评审通过，确认李达德具备高级工程师任职资格，首创吉安水文高级技术专业职务任职资格。

是年　省水文总站安排郭桂英前往广西桂林疗养，张学铅前往陕西临潼疗养，周振书前往河北北戴河疗养，王茂海前往浙江杭州疗养。

1988年

1月1日　水电部颁发《水文年鉴编印规范》(SD 244—87)，自1988年1月1日起实施。

1月21日　《中华人民共和国水法》正式颁布，自7月1日起实施。

1月25日　省水利厅发布《关于省水文总站行政干部兼任专业技术职务的批复》(赣水职改字〔88〕第015号)，同意周振书、李达德、郭光庆等3人兼任专业技术职务。

1月　增设万安雨量站。撤销万安棉津、峡江潭溪水位站。

4月20日　省水文总站发布《汛期工作纪律(试行)》(赣水文办字〔88〕第003号)。

4月22日　省水文总站发布《各地市湖和基层测站技术岗位设置和相应规定》(赣水文职改字〔88〕第03号)。从此，吉安地区水文站机关和测站均设置了相应的技术岗位。

5月6日　水电部颁发《水面蒸发观测规范》(SD 265—88)，自1989年1月1日起实施。

5月9日　江西省测绘局发布《关于发放我省第二批〈测绘许可证〉的通知》(赣测字〔88〕第040号)，吉安地区水文站获第二批测绘许可证，并于6月1日领取了由江西省测绘局(以下简称省测绘局)颁发的《测绘许可证》(证件编号：201)。

5月21日　安福东谷水文站临时工郭新生在排除测船漂浮物时不幸落水去世。

8月9—10日　吉安地区水文系统第三届职工代表暨第五届工会会员代表大会在吉安地区水文站召开，吉安地区工会办事处副主任王亿隆、地区工会办事处组织部部长李泉生出席会议。大会选举并经吉安地区工会同意，郭光庆、李正国、邓红喜、肖袭娇(女)、刘豪贤、金周祥、胡玉明等7人为第五届工会委员会委员，郭光庆任工会主席，李正国任工会副主席。

10月　中华全国总工会授予吉安地区水文站工会副主席李正国“优秀工会积极分子”称号。

12月21日　江西省人事厅(以下简称省人事厅)发布《关于张相琼等十五位同志家属子女“农转非”的批复》(赣人专〔1988〕第144号)，栋背水文站钟本修女儿钟丽华迁入吉安市落户。

是年　从1988年开始，《水文年鉴》停刊，地区水文站保留整编资料纸质版和电子版。

是年　省水文总站安排李达德、谢镇安、尹保祥前往山东青海疗养，康汪金、肖茂典前往广东从化疗养。

1989年

1月1日　水面蒸发量观测开始执行水电部颁布的《水面蒸发观测规范》（SD 265—88），2013年修改为（SL 630—2013）。

1月18日　省水文总站党总支印发《关于程琦等同志职务任免的通知》（赣水文党字〔89〕第002号），任命李达德为江西省吉安地区水文站主任工程师。

1月20日　省编委发布《关于全省水文系统机构设置及人员编制的通知》（赣编发〔1989〕第009号）同意吉安地区水文站为相当于副处级事业单位，定事业编制195名，内设办公室、水情科、水质科、测资科、水资源科5个副科级机构，吉安、峡江、吉水新田、吉安上沙兰、万安栋背、吉安赛塘、遂川水文勘测队7个正科级水文站（队），莲花千坊副科级水文站。

2月10日　省水利厅下发《关于全省各地市水文机构设置及人员编制的通知》（赣水人字〔89〕第007号），根据省机构编制委员会《关于全省水文系统机构设置及人员编制的通知》（赣编发〔1989〕第009号）文件精神，同意吉安地区水文站为相当于副处级事业单位，定事业编制195名，其中机关47名；内设副科级科室5个，下设科级大河控制站（队）7个，副科级区域代表站1个，其他站（未定级别）13个。

2月17日　水利部水文司发出《关于全国重点水质站开展测报工作的通知》，通知指定万安站为全国重点水质站。

3月27日　水利部印发《关于加强水文测报工作的通知》（水文技〔1989〕第27号）。

4月5日　水利部授予匡康庭“全国水利系统先进财务工作者”称号。

5月3日　省水利厅党组印发《关于李书恺等同志职务任免的通知》（赣水党字〔89〕第010号），任命周振书为吉安地区水文站站长；5月11日，省水文总站党总支印发《关于傅绍珠等同志职务任免的通知》（赣水文党字〔89〕第004号），任命郭光庆、金周祥为吉安地区水文站。

5月29日　省水文总站党总支发布《关于加强干部管理明确管理权限的通知》（赣水文党字〔89〕第005号），明确全省水文系统的干部管理权限：省水文总站党总支管理地区水文站副站长、办公室主任、主任工程师、正科级单位的正职的任免事项，其他正科级单位的副职及副科级单位的正、副职干部由各地区水文站党组织任免；其中地区水文站机关内设的副科级机构的正、副职干部先报省水文总站党总支备案同意后任免。自1989年6月1日起执行。

6月28日　吉安地区劳动局发布《关于同意吉安地区水文站成立劳动服务公司的批复》（吉地劳就〔1989〕第02号），同意成立吉安地区水文站劳动服务公司。吉安地区水文站劳动服务公司隶属吉安地区水文站，吉安地区水文站任命李正国为劳动服务公司经理，负责管理此项工作，对内对外开展提供水文资料、水资源、水文计算、水质分析化验、水文仪器检修、水文测验、水文情报预报服务，以及地形地籍测量等业务。公司没有固定资产和资金，也没有固定人员，由机关科室抽调人员参加。

11月　省水文总站编印《水文年鉴编印规范（补充规定）》，从整编1990年资料起执行。

是年　增设泰和桥上雨量站，撤销大洋洲、杨陂山水位站，山背洲水位站改雨量站。

是年　省水文总站安排刘梦前往福建厦门疗养。

1990年

3月17日　省水利厅印发《关于省水文总站苏松茂等同志具备高级技术职务任职资格批复的通知》（赣水职改字〔1990〕第022号），经省工程系列高评会于1989年12月30日评审通过，认定李宪忠具备高级工程师职务任职资格。

3月　根据水利部水文司“基本水文站分级工作提纲”以及结合省内情况，省水文总站对水文系统基本水文站125站进行等级划分。划分结果显示：吉安地区一级站6站（栋背、吉安、峡江、上沙兰、赛塘、新田），二级站8站（滁洲、林坑、木口、石口、千坊、坪下、东谷、鹤洲），三级站12站（坳下坪、仙坑、行洲、沙村、伏龙口、黄沙、东固、茅坪、远泉、彭坊、毛背、杏头）。

4月21日　省水文总站印发《关于苏松茂等六位同志晋升聘任高级专业职务的通知》（赣水文职改字〔90〕第003号），聘任李宪忠为高级工程师。

4月30日　吉安上沙兰水文站罗耀驾驶站内12匹马力机动船由永阳镇返站，17时30分途经该站上比降断面时翻船，不幸落水身亡，时年50岁。

5月8日　吉安地区水文站发布《关于检发〈吉安地区水文站站务会议纪要〉的函》（吉地水文站字〔90〕第10号），决定成立技术咨询服务科（暂定名），负责全区的多种经营和技术咨询服务工作。

5月9日　国家防汛抗旱总指挥部（以下简称国家防总）印发《关于加强水文情报预报工作的意见》（国汛办字〔99〕第38号）。

5月14日　水利部印发《水文资料的密级和对国外提供水文资料的试行办法》（水文〔1990〕第1号），水文资料的密级分为机密、秘密二级。

5月15日　吉安地区水文站印发《吉安地区水文站会计达标实施细则》（吉地水文办字〔90〕第12号）。

5月　省人民政府召开全省劳动模范表彰大会，万安柏岩雨量站代办员华典礼获“江西省劳动模范”光荣称号，受到省人民政府表彰。

7月2日　建设部颁布《水位观测标准》（GBJ 138—90），自1991年6月1日起实施。

7月7日　峡江水文站向峡江县防汛抗旱指挥部呈报《关于当前防汛抗旱情况的分析》；10日，峡江县防汛抗旱指挥部将此分析转发到各乡（镇）人民政府及有关单位参照执行。峡江县委、县政府领导赞誉水文站服务工作做在实处，发挥了防汛抗旱耳目和参谋作用。

8月14—15日　吉安地区水文系统第四届职工代表暨第六届工会会员代表大会在吉安地区水文站召开，大会选举并经江西省总工会吉安地区办事处8月20日批复同意，金周祥、李正国、李笋开、张以浩、彭木生、胡玉明、江荷花（女）等7人组成吉安地区水文站工会第六届委员会，金周祥任工会主席，李正国任工会副主席。

11月　水利部授予吉安地区水文站“全国水利系统财务工作先进集体”称号，授予周振书“全国水文系统先进个人”称号。

是年年底　全区水文监测站网为水文站26站、水位站7站、雨量站265站、水质站37站。监测项目有：流量26站、水位33站、降水量298站、悬移质输沙4站、悬移质颗分2站、水温4站、蒸发量9站、水质37站。

1991年

1月14日　省水文总站印发《水文资料整编达标评分办法（试行稿）》（赣水文资字〔91〕第001号）。

2月2日　省编委向省水利厅下发《关于“江西省水文总站”更名的通知》（赣编发〔1991〕第16号），同意将江西省水文总站更名为江西省水文局（以下简称省水文局）。

2月21日　水利部颁布《降水量观测规范》（SL 21—90），自1991年7月1日起实施。

6月1日　开始执行《水位观测标准》（GBJ 138—90）。

6月　中共吉安地委授予周振书“1991年优秀领导干部”称号。

是月　省测绘局、省人事厅授予李正国“全省测绘行业先进工作者”荣誉称号。

7月1日　降水量观测开始执行水利部颁布的《降水量观测规范》(SL 21—90)。

8月10日　吉安地区水文站决定成立“吉安地区水文站咨询服务科”(吉地水文站字〔91〕第33号)。

9月8日　夏溪水位站出现有记录以来最高水位83.88米，超警戒水位2.38米。

10月15日　水利部发布《水文管理暂行办法》(水政〔1991〕第24号)，共6章34条，自发布之日起施行。

10月18日　根据省人事厅通知(赣人薪发〔1991〕第6号)精神，全省水文系统第一线凡执行向上浮动一级工资的科技人员，工作满8年的可以固定一级工资，调动工作时，其固定一级的浮动工资可作为基本工资予以介绍。

12月26日　省水利厅发布《关于省水文局内设科级领导干部职数的批复》(赣水人字〔1991〕第087号)，吉安地区水文站科级干部职数限额25名，其中正科级干部职数限额9名(地区水文站副站长2名，遂川水文勘测队队长1名，栋背、吉安、峡江、上沙兰、赛塘、新田站站长1名)。

1992年

1月　撤销永新远泉水文站及横岭、西湖配套雨量站，恢复遂川雨量站，增设遂川上洞雨量站，撤销黄坳等雨量站28站。

2月18日　省人事厅发布《关于艾汉芳等二十五位同志家属子女“农转非”的批复》(赣人专字〔1992〕第35号)，批复省水利厅，同意欧阳涵的儿子欧文林、钟本修的爱人欧桂香、王贵忠的女儿王小荣“农转非”。

2月　吉安地区水文站印发《汛前测报准备工作质量检验标准(试行)》。

3月10—12日　全省防汛暨水文工作会议在南昌召开，副省长舒惠国出席并讲话，水利部水文司副司长程渭钧到会指导。会议表彰了一批水文先进集体和个人。吉安水文系统受表彰的有吉安地区水文站、测资科、吉安水文站、莲花千坊水文站4个先进集体及刘建新等7名先进个人和华典礼等8名先进代办员。

3月下旬　全市出现早春大洪水，赣江各站洪峰水位超警戒水位1.26～2.83米。3月28日，赣江泰和站实测最高水位63.33米，超警戒水位2.33米，为本站历史第二大洪水位。

5月16日　水利部颁发《水文站网规划技术导则》(SL 34—92)，自1992年7月1日起实施。

5月18日　吉安地区水文站印发《单次测验成果质量检验标准及考核评分办法》(吉地水文测资字〔92〕第10号)。同年7月1日，省水文局向全省各地市水文站转发此文。

5月22日　水利部颁发《关于转发有关“水文专业有偿服务收费”文件的函》(水文综〔1992〕第40号)。

5月23日　全省水文系统执行省人事厅下发《关于将县以下农林水第一线科技人员浮动一级工资由满8年固定改为满5年固定的通知》(赣人薪发〔1992〕第3号)。

5月25日　吉安地区水文站发布《江西省吉安地区水文测站专业技术岗位职责》(吉地水文站字〔92〕第30号)。

6月8日　国家防汛抗旱总指挥部办公室发布《关于通报表彰赣州等水文站的通知》(国汛办〔1992〕第64号)，通报表彰吉安地区水文站、吉安水文站和峡江水文站，水文职工艰苦奋战，准确测报洪水，为减少洪水造成的损失作出贡献。

6月17日　乌江流域普降暴雨，日平均降水量129毫米，水位以0.3米/小时的速度上涨。18日上午，新田水文站作出本次洪峰水位可达55.20米预报(实况55.28米)，并及时向吉水县防汛办、乌江和丁江乡政府发布预报。据此，乌江和丁江乡党委紧急部署，迅速转移沿河两岸受淹群众，无一人一畜伤亡，为两乡减少损失15万元。

7月6日　凌晨，吉安地区水文站水资源科科长肖寄渭在宁冈出差测量时，突发疾病，不幸离世，时年57岁。

7月13日　省水文局转发有关水文专业有偿服务收费的文件。水利部5月22日转发国家物价局、财政部发布的《关于发布中央管理的水利系统行政事业性收费项目及标准的通知》。是年，省水文局制定《江西省水文局机关有偿技术服务管理办法》(试行稿)，从1993年1月1日起试行。

8月10日　建设部颁布《河流悬移质泥沙测验规范》(GB 50159—920)，为强制性国家标准，自1992年12月1日起实施。

8月13—15日　吉安地区水文站举行了一次全区水文系统勘测工技术比赛，熊春保、王贞荣、林清泉分别获综合成绩第一名、第二名、第三名。

8月24日　经考试考核和省水利厅批准，从"五大[1]"毕业生中择优聘用干部。省水文局发布《关于同意聘用龙兴等三十七位同志为干部的通知》(赣水文人字〔92〕第025号)，吉安地区水文站涂春林、肖承传、林清泉、李镇洋等4人聘用为干部。

8月31日　省防总印发《关于表彰1992年抗洪抢险先进个人的决定》(赣汛〔1992〕第026号)，李笋开、毛本聪获"1992年全省抗洪抢险先进个人"称号。

9月10日　江西省人民政府授予吉安地区水文站、吉安水文站、峡江水文站"1992年全省抗洪抢险先进集体"荣誉。

9月29日　省水文局发布《关于同意吉安地区水文站全区水文改革意见及实施方案的批复》(赣水文站字〔92〕第44号)，同意吉安地区水文站全区水文改革意见及实施方案。

10月6—12日　省水利厅、省劳动厅组织的"江西省首届水文勘测工技术比赛"分别在南昌和上饶举行。大赛分理论考试、内业操作和外业操作三部分。吉安选手熊春保、李慧明、王贞荣分别获第二名、第三名、第六名，并获省劳动厅、省水利厅颁发的水文勘测工高级工技术证书；熊春保获省水利厅、省劳动厅"1992年度江西省水文勘测工种技术能手"称号，吉安地区水文站获江西省首届水文勘测工技术比赛优胜单位。

10月　周振书享受省人民政府特殊津贴。

是月　水利部水文司授予吉安地区水文站"1991—1992年全国水利系统水质监测优良分析室"称号。

11月7日　水利部发布《重要水文站建设暂行标准》(水文〔1992〕第12号)。

11月8日　水利部、劳动部、全国总工会、共青团中央共同主办的"全国水文勘测工技术大赛"在湖南省长沙市闭幕，代表江西省水文局参赛的吉安选手熊春保获总分第十一名。

11月16日　省水利厅印发《关于傅绍珠等十三位同志具备高级工程师职务任职资格的通知》(赣水职改字〔1992〕第043号)，经省工程系列高评会1992年9月21日评审通过，郭光庆被认定具备高级工程师职务任职资格，任职资格从省工程系列高评会评审通过之日起算。

11月30日　南溪水文站实测到有记录以来最低水位94.54米。

12月1日　河流泥沙测验开始执行国家标准《河流悬移质泥沙测验规范》(GB 50159—92)。

是日　省水文局印发《关于章亮等八位同志聘任高级专业技术职务的通知》(赣水文职改字〔92〕第010号)，聘任郭光庆为高级工程师。

12月10日　吉安地区水文站发布《关于成立吉安地区水文技术咨询服务部的通知》(吉地水文

[1] "五大"毕业生：指的是1979年9月8日以后按国家规定的审批程序，经省政府或国务院有关部委批准，由国家教委(原教育部)备案或审定的广播电视大学、职工大学、职工业余大学、高等学校举办的函授大学和夜大学(分别简称电大、职大、业大、函大和夜大)的毕业生。

站字〔92〕第58号），决定成立江西省吉安地区水文技术咨询服务部。

12月19日　省水文局发布《关于成立遂川水文勘测队的批复》（赣水文字〔92〕第036号），批复吉安地区水文站，同意成立遂川水文勘测队。遂川水文勘测队为正科级事业单位，管辖遂川、万安、井冈山县、市境内的水文测站，定事业编制21人。

是年　吉安地区水文站党支部书记、站长周振书在吉安地直机关党员干部大会上，以勤政廉政为主题作了三场报告，介绍他先进事迹的录像先后在吉安电视台、省电视台《先锋篇》栏目播放。周振书多次被中共吉安地委、地直机关党委评为优秀领导干部和优秀党务工作者。

是年　省人民政府授予吉安地区水文站、吉安水文站、峡江水文站"1992年全省抗洪抢险先进集体"的荣誉称号。

1993年

1月7日　江西省遂川水文勘测队在队部（遂川县泉江镇）召开了成立大会。中共吉安地委委员、地委秘书长谢岳，吉安行署副秘书长刘少泉，省水利厅副厅长刘政民，省水利厅纪检组组长詹裕溶，省水文局局长章亮，副局长刘启文、王和声以及吉安地区水文站和遂川县党政部门有关领导出席成立大会。

1月　水库水文站石口、坪下、黄沙、东固、白云山（坝上）站及南龙、六渡等配套雨量站由水库管理，撤销桐古等雨量站6站。

2月3日　吉安地区水文站印发《吉安地区水文站财务管理办法》（吉地水文办字〔93〕第04号），旨在加强财务管理、规范会计行为、合理安排经费、杜绝违法违纪行为。

2月18日　吉安地区水文站印发《吉安地区水文站全区水文改革意见及实施方案》（吉地水文办字〔93〕第06号）。

3月2日　省人民政府向吉安地区水文站站长周振书颁发《江西省人民政府特殊津贴证书》，决定从1992年10月起发给省人民政府特殊津贴。

3月3日　吉安地区水文站党支部在1992年度"创红旗党支部"活动中取得优异成绩，中共吉安地直机关委员会授予吉安地区水文站党支部"先进党组织"称号。

3月4日　省水利厅发布《关于批准首批申领水文水资源调查评价证书的批复》（赣水水政字〔1993〕第008号），吉安地区水文站取得水文水资源调查评价乙级资格证书（资质证书编号：水文证赣乙字第006号），栋背、吉安、峡江、上沙兰、赛塘、新田、彭坊、千坊、茅坪、行洲、泰和、新干、永新等水文水位站和遂川水文勘测队取得水文水资源调查评价丙级资格证书。

3月12日　省编委办公室印发《关于省水利厅地、市水文站更名的通知》（赣编办发〔1993〕第14号），同意江西省水利厅吉安地区水文站更名为江西省水利厅吉安地区水文分局（以下简称吉安地区水文分局）。机构更名后，其隶属关系、性质、级别和人员编制均不变。

3月19日　吉安地区人事局发布《关于钟本修等六位同志家属子女"农转非"的批复》（吉地人专〔1993〕19号），同意钟本修儿子钟丽平、甘受洪儿子甘斌、欧阳涵女儿欧雪梅、谢新发妻子罗志敏、康定湘儿子康志平、刘江生妻子钟秀莲等六人"农转非"。

4月15日　省水利厅党组印发《关于黄长河等同志任职的通知》（赣水党字〔1993〕第008号），任命周振书为吉安地区水文分局局长。

5月24日　省水文局党委印发《关于郭光庆等同志职务任免的通知》（赣水文党字〔93〕第005号），任命郭光庆、金周祥为吉安地区水文分局副局长。

7月19日　建设部颁布《河流流量测验规范》（GB 50179—93），为强制性国家标准，自1994年2月1日起实施。

8月12日　省水文局发布《关于撤销渡头水位站的批复》（赣水文站字〔93〕第025号），同意从1994年1月1日撤销渡头水位站，其水情情报预报任务改由木口水文站承担。

8月31日　省水文局印发《关于王和声等八位同志聘任高级专业技术职务的通知》（赣水文职改字〔1993〕第008号），接省水利厅发布的文件（赣水职改字〔1993〕第009号），经省工程系列高评会1993年8月28日评审通过，钟本修被认定具备高级工程师职务任职资格，任职资格从评审通过之日起算。

10月6日　省水利厅印发《关于对江西省水文局〈关于各地、市、湖水文分局总工设置等问题的请示〉的批复》（赣水人字〔1993〕051号），同意吉安地区水文分局设置总工程师岗位1个，同意设置副处级调研员、科级调研员职务。同意成立水文勘测队（正科级），不增加科级干部职数。

10月18日　省水利厅党组发布文件（赣水党字〔1993〕021号），任命刘涞祥为吉安地区水文分局调研员（正处级）。

12月10日　水利部颁发《水文普通测量规范》（SL 58—93），自1994年1月1日起实施。

是年　全区在职职工182人。

1994年

1月1日　撤销渡头水位站，其水情情报预报任务改由木口水文站承担。

1月7日　省水文局下发《关于调整你分局雨量站的通知》（赣水文网字〔94〕第001号），调整、暂停观测的（面）雨量站99站。撤销行洲水文站及荆竹山、大井、茨坪、下庄配套雨量站，拿山雨量站调整到厦坪改厦坪雨量站。

1月20日　吉安地区水文分局印发《机关科室主任科长负责制》（吉地水文字〔94〕第04号），决定分局机关科室实行主任、科长负责制。

是月　伏龙口水文站建成全区第一处升降断面标志索，大大提高了测速垂线定位准确度。

2月1日　流量测验开始执行国家标准《河流流量测验规范》（GB 50179—93）。

2月17日　经考试考核和省水利厅批准，从“五大”毕业生中择优聘用干部。省水文局发布《关于同意聘用龚向民等三十三位同志为干部的通知》（赣水文人字〔94〕第002号），吉安地区水文分局李慧明、杨羽聘用为干部。

2月24日　水电部颁发《水文自动测报系统规范》（SL 61—94），替代SD 159—85，自1994年5月1日起实施。

3月1日　省防总发布文件（赣汛〔94〕第008号），对部分水文站警戒水位进行了调整。吉安地区赣江泰和水位站警戒水位由60.00米调整为60.50米，孤江木口水文站警戒水位（原未定）定为67.00米。自1994年汛期开始执行新确定的警戒水位。

3月19日　省编委办公室印发《关于省水文局增挂牌子的通知》（赣编办发〔1994〕第10号），同意吉安地区水文分局增挂“吉安地区水环境监测中心”的牌子，均为一套机构、两块牌子，不增加人员编制和提高机构规格。

4月1日　省防总下发通知：要求各级防汛指挥部重视和关心当地水文站工作，积极协助解决防汛电话等实际问题，确保汛期通信畅通；要求各县（市）政府负责协调、解决防汛专用电话进入程控网的经费问题，确保水文报汛电话4月15日前全部开通，投入正常报汛。

4月6日　省水文局下发《关于当前深化我省水文改革的意见》（赣水文办字〔94〕第005号）（以下简称《意见》）。《意见》认为，当前深化全省水文改革主要是建立水文经济构架；强化水文行业管理，加快水文法规建设；改革投资体制，增加水文投入；改革水文资料价格，开拓水文咨询服务市场；加快站队结合步伐，推进水文业务技术改革；发展水文综合经营；坚持物质文明和精神文明建设“两手抓”，坚持“两个目标”管理一起上。

4月28日　吉安地区行署下发《关于切实解决好水文站防汛电话进入程控网问题的通知》（吉

署办字〔1994〕第71号），要求邮电部门于5月前解决水文站报汛电话进入程控网问题。当年，有新干、伏龙口、永新、峡江、新田、茅坪、吉安、遂川等水文站队电话进入程控网。

5月1日14时—2日20时　吉安地区各流域普降大到暴雨，泰和站降水量高达197毫米，致使该县的冠山、坳子背两座小（2）型水库垮坝失事。

5月3日　孤江木口水文站实测本站最高水位68.33米。

6月12—18日　吉安全区平均降水量235毫米，吉安站水位达53.32米，超警戒水位2.82米，为建站后第三高水位，万安、峡江、新干、永丰、永新、安福6个县城进水，峡江和新干县城水深超过2米，105国道和6条跨区公路中断，中断最长达7天。全区受灾乡镇242个，受灾人口194.8万人，38.68万人被洪水围困，受淹农田14.27万公顷，直接经济损失超过10亿元。

6月27日　水利部印发《水文专业有偿服务收费管理试行办法》（水财〔1994〕第292号）。

6月　吉安地区水文分局全体职工坚守岗位，测报雨情、水情，及时提供雨水情信息，发布水情预报，为吉安全区减免洪灾损失1.54亿元。

9月5日　遂川县人民政府印发了《关于批转遂川水文勘测队关于要求加强水文测报设施保护的报告的通知》（遂府发〔1994〕第29号）。

11月26日　吉安水文站开始试用南京水利水文自动化研究所生产的YSW－2型压力式水位计，12月1日正式启用，结束了该站人工观测水位的历史。

是年　全区在职职工171人。

是年　按照省水文局提出的“两手抓”（抓水文业务、抓水文经济）、“两个目标”（管理目标、创收目标）一起上的工作思路，制定创收目标，抓好水文经济。该年，吉安地区水文分局制定水文经济工作目标包括：水文创收人均达800元；开展多种经营和科技咨询服务；开办种植业、养殖业、加工业、商品流通、服务行业、技术咨询、经济实体等。

是年　吉安地区水文分局水文资料整编工作获全省水文系统先进单位，创造了连续十年获全省先进单位的辉煌业绩。

是年　吉安地区水文分局水质资料整编获全省水文系统先进单位表彰。

1995年

4月12日　吉安县人民政府下发《关于切实解决好水文站和中型水库防汛电话进入程控网的通知》（吉府办字〔1995〕20号），通知各乡（镇）人民政府和有关部门，要求免收该县三个水文站程控电话集资费、改制费、进网费和附加费，并要求在5月5日前确保水文站的水情电话开通。

4月23日　水利部水文司副司长焦得生在省水利厅副厅长操香水、省水文局局长章亮、吉安市副市长胡国新等领导陪同下，到吉安地区水文分局、遂川水文勘测队、吉安水文站视察指导工作。

5月4日　中共吉安地委第14次委员会议纪要中，对吉安地区水文分局水文工作给予高度评价，并提出对吉安地区水文分局这样的好典型，宣传部门要做好总结宣传。

5月15日　省水文局党委发布《关于刘建新同志职务任免的通知》（赣水文党字〔95〕第010号），任命刘建新为吉安地区水文分局局长助理（正科级），免去其遂川水文勘测队队长职务。

5月25日　省水利厅党组成员、纪检组组长詹裕溶到遂川水文勘测队检查指导工作，吉安地区水文分局局长周振书陪同。

6月21日　省水文局党委书记、局长熊小群到吉安地区水文分局检查工作。

8月20—22日　省水文局召开各地、市（湖）水文分局局长会议，省水文局党委书记、局长熊小群提出“一干（做好本职工作）、二要（要政策、要投入）、三挣（抓好技术咨询和综合经营创收）”的工作思路。

9月8日　吉安地区行署发布文件（吉署办字〔1995〕171号），通知各县（市）政府：凡是水文系统干部因工作需要在全区范围内正常调动，其户口（含随同生活的直系亲属）迁进调入地一律免交城镇增容费。

9月14日　吉安地区水文分局制定《水毁工程申报制度》（吉地水文字〔95〕第29号）。

是年　吉安地区水文分局水文测站管理、财会管理工作，经省水文局考核评为全省水文系统第一名；思想政治工作被省永文局评为先进集体。

1996年

1月1日　设立遂川水位站。撤销伏龙口、茅坪水文站及红岭等11个配套雨量站，保留茅坪雨量站。

3月26日　省水利厅党委印发《关于熊小群等同志任职的通知》（赣水人字〔1996〕第011号），任命周振书为吉安地区水环境监测中心主任。

4月8日　省水文局任命郭光庆、金周祥为吉安地区水环境监测中心副主任。

是月　水利部授予吉安地区水文分局“全国水利财务会计工作先进集体”。

5月8日　吉安地区水文分局印发《关于检发〈局务会议纪要〉的通知》（吉地水文字〔96〕第07号），决定从1996年5月起，成立吉安地区水文分局测绘队，测绘队归口分局咨询服务科管理。

5月下旬　省水文局纪委书记王和声、委员舒国义到吉安地区水文分局检查纪检工作。

6月13日　省水文局印发《关于韩绍琳等十二位同志聘任专业技术职务的通知》（赣水文党字〔96〕第026号），根据中央和省委组织部关于领导干部进行交流的有关精神，任命刘玉山为吉安地区水文分局副局长、支部委员。刘建新调往宜春地区水文分局任职，免去其在吉安地区水文分局局长助理职务。

7月31日　吉安地区水电局发布文件（吉地水电水政字〔1996〕第85号），授权吉安地区水环境监测中心负责全区水环境监测和论证工作。

8月16—21日　吉安地区水文分局第六届职工代表暨第七届工会会员代表大会在遂川水文勘测队召开。

9月6日　省水文局发布文件（赣水文人字〔1996〕第012号），聘任周振书、谭文奇为高级工程师，任职资格从省工程系列高评会1996年6月6日评审通过之日起算。

9月12日　吉安地区水文分局印发《水文综合经营管理办法（试行）》（吉地水文字〔96〕第11号）。

11月4日　水利部发布文件（水文〔1996〕第495号），吉安赛塘水文站被列为国家重要水文站。至此，全市共有国家重要水文站6站。

12月5日　省水文局下发《关于调整沙村水文站的通知》（赣水文站字〔1996〕第031号），撤销沙村水文站及6个配套雨量站，保留沙村站降水量观测。

12月28日　夏溪水位站出现有记录以来最低水位77.88米。

是年　吉安地区水文分局水文资料整编工作被评为全省水文系统先进单位。

1997年

1月1日　沙村水文站改雨量站，撤销企足山等6个配套雨量站以及夏溪水位站。

1月14日　江西省档案局印发《关于颁发科技事业单位档案管理升级证书的通知》（赣档字〔1997〕第6号），批准颁发吉安地区水文分局省级先进档案管理升级证书。

2月5日　省委组织部发布《关于全省干部档案工作达标升级情况的通报》（赣组通〔1997〕第16号），经中共江西省委组织部评定，吉安地区水文分局获“干部档案工作三级达标单位”荣誉称号。

3月27日　省水文局（赣水文资字〔97〕第001号）发文，批复同意吉安地区水文分局改流量（沙量）整编说明书为流量（沙量）整编说明表，取消整编说明书，统一规范了全省流量、沙量整编说明，并批转全省各地水文分局执行。

4月1日　新干水位站基本水尺断面上迁140米。

4月5日　吉林省水文局韩局长一行六人，在省水文局局长熊小群等陪同下，到遂川水文勘测队考察指导工作。

4月18日　江西省防汛抗旱总指挥部办公室（以下简称省防汛办）、省水文局联合下发《关于表彰全省基层水文工作先进集体的决定》（赣汛办字〔1997〕第014号）（赣水文办字〔1997〕第020号），授予遂川水文勘测队"全省先进水文站队"称号，授予吉安地区水文分局、峡江水文站"全省水情工作先进单位"荣誉称号，授予吉水新田水文站"全省水文测验工作先进集体"荣誉称号。

5月16日　水利部颁发《水文调查规范》(SL 196—97)，自1997年6月1日起实施。

是日　省测绘局发布《关于"行政区域界线"测绘资格审查批准的通知》（赣测字〔1997〕第18号），吉安地区水文分局具有"行政区域界线"测绘资格，并领取《行政区域界线测绘资格证书》。根据江西省勘界工作领导小组办公室（赣勘办字〔1997〕第11号）发文，吉安地区水文分局承担泰（和）永（新）、泰（和）遂（川）勘界任务。

7月上旬　吉安地区水文分局对外发布预报28次，为京九铁路提供几十次及时准确的水文情报预报服务，为全区减免洪灾损失1.6亿元。

7月21日　万安县人民政府印发《关于认真做好栋背水文站水文测验设施保护工作的通知》（万府字〔1997〕第91号），同意设立万安县栋背水文站为水文测验保护区。

7月　泰和县防汛抗旱指挥部致函吉安地区水文分局，高度评价泰和水位站在"97·7"洪水中及时准确的情报预报服务，为防汛抢险决策起到了耳目和参谋作用，为泰和县避免直接经济损失1000多万元。

8月15—17日　省水文局举办"全省水文系统技工技术竞赛"，吉安选手王贞荣、熊春保分别获竞赛第一名、第二名。

8月23日—9月5日　吉安地区水文分局局长周振书参加省水文局考察团，前往吉林省考察水文测报和水文综合经营工作。

8月25日　省水利厅印发《关于杨天长等16名同志具备高级工程师任职资格的通知》（赣水职改字〔1997〕第014号），经省工程系列高评会1997年7月17日评审通过，金周祥、谢新发被认定具有高级工程师任职资格，任职资格从评审通过之日起算。

9月10日　泰和县防汛抗旱指挥部发函吉安地区水文分局："关于泰和水位站在'97·7'洪水中的评价和建议"，评价泰和水位站在防汛减灾中作出了很大贡献。

10月8—9日　北京市水文总站主任杜文成、北京市水利局倪总、廖总一行到吉安地区水文分局考察水文测报工作。

11月10—16日　劳动部、水利部在江苏省南京市举办"全国水利行业职业技能竞赛"，代表江西省水文局参赛的吉安选手熊春保、王贞荣分别获总分第四名、第七名，在总共八个单项中，熊春保获水准测量、浮标测流两个单项第一，王贞荣获缆道测速单项第一。

12月1日　吉水木口水文站与吉水县白沙镇乡镇企业管理站签订《房屋买卖及土地使用权转让协议》（以下简称《转让协议》），白沙镇乡镇企业管理所属农机修配厂的房地产全部转让给木口水文站。《转让协议》于1998年6月8日在吉水县公证处进行了公证。

是年　水利部授予吉安地区水文分局"安全生产先进单位"称号。

是年　吉安地区水文分局水文测验管理、水资源、水质监测工作均获全省水文系统先进单位。

是年　全区年平均降水量2125.3毫米，比多年平均降水量多36%。

1998年

1月7日　省水文局下发《水文测验质量检验标准》，1998年1月1日起执行。

2月11日　熊春保、王贞荣到北京参加全国水利行业技能人才表彰大会，熊春保获劳动部、水利部"全国水利行业职业技能竞赛"二等奖，王贞荣获三等奖。

2月23日　省水利厅党委印发《关于刘建新等同志职务任免的通知》（赣水党字〔1998〕第004号），任命刘建新为吉安地区水文分局局长、周振书为吉安地区水文分局助理调研员，免去周振书的吉安地区水文分局局长职务。

3月9日　省防总发出紧急通知，鉴于汛情日趋紧张，全省于3月10日进入汛期，较正常年份的4月1日"入汛"提前20天。

3月9—11日　全市出现早春洪水，赣江各站洪峰水位均超警戒水位1.26～2.46米。3月9日下午地委书记王林森莅临吉安地区水文分局机关看望和慰问水文职工。3月10日吉安地区电视台记者采访吉安水文站，并在当晚新闻节目中播出采访内容。

3月12日　泰和县防汛抗旱指挥部致函吉安地区水文分局，赞扬泰和水位站在3月中旬洪水中提供了及时准确的水情信息，特别是两次洪水预报，为县领导决策起到耳目和参谋作用，避免直接经济损失3000多万元，转移沿江两岸人口8000人。

是日　吉安地区水文分局印发《公文督查办理暂行规定》（吉地水文办发〔1998〕第09号）。

4月1日　吉安水情计算机局域网正式投入使用。

5月下旬　水利部水利信息中心副主任孙继昌一行到吉安地区水文分局和吉安水文站考察水文测报工作。

6月2日　省水利厅副厅长朱来友、省防办副主任万贻鹏等一行，到吉安地区水文分局检查指导工作。

7月20日　水利部颁发《水环境监测规范》（SL 219—98），替代《水质监测规范》（SD 127—84），自1998年9月1日起实施。

7月26日，省防总宣布从26日12时起，全省进入紧急防汛期；9月20日，省防总宣布自9月20日12时起，全省紧急防汛期结束；9月，鉴于长江、鄱阳湖洪水水位仍较高，省防总宣布延长汛期至10月10日结束。

9月1日　省水文局发布《关于同意吉水木口水文站上迁至白沙镇的批复》（赣水文站发〔1998〕第012号），同意木口水文站上迁至白沙镇，并更名为白沙水文站。

9月8—9日　省水文局副局长龙兴等一行到吉安地区水文分局、木口水文站、遂川水文勘测队考察综合经营工作。

10月12日　省水文局党委印发《关于邓红喜等同志任职的通知》（赣水文党字〔98〕第024号），任命邓红喜为吉安地区水文分局副局长。

10月中旬　省水文局局长熊小群、副局长王和声等一行到吉安地区水文分局检查水毁设施修复工作，考察综合经营工作。

11月16日　熊春保、王贞荣被省总工会评为"1998年度全省职工读书自学活动积极分子"。

11月中旬　省水文局副局长王和声到吉安地区水文分局和吉安、木口、栋背、新田、吉安上沙兰等水文站检查水文综合经营、站容站貌和水文缆道建设、水毁设施修复工作及1999年测汛准备工作。

11月27日　共青团江西省水利厅直属机关委员会授予遂川水文勘测队为水利厅直"青年文明号"荣誉称号。

11 月 28 日—12 月 2 日　省水文局在赣州地区水文分局召开全省水文测验工作会议，吉安地区水文分局评为“全省水文测验管理先进单位”。

12 月 2—6 日　省水文局副局长谭国良、通讯科科长孙杰成及省防汛办有关人员到吉安地区水文分局及遂川水文勘测队、万安、莲花、安福、永新等水文站，考察无线电通信网改造工作。

12 月 11 日　建设部颁布《水文基本术语和符号标准》（GB/T 50095—98），自 1999 年 5 月 1 日起实施。原国家标准《水文测验术语和符号标准》（GBJ 95—86）同时废止。

是日　省水利厅印发《关于同意聘任卢兵等同志专业技术职务的批复》（赣水职改办字〔1998〕第 005 号），经省工程系列高评会 1998 年 9 月 22 日评审通过，李笋开被认定具有高级工程师任职资格，任职资格从评审通过之日起算。

12 月 24 日　省水文局党委印发《关于表彰“全省’98 特大洪水水文测报有功人员”的决定》（赣水文党字〔98〕第 029 号）。吉安地区水文分局李笋开、张以浩、林清泉、康修洪 4 人受到表彰。

是年　撤销三江等 3 个雨量站。

1999 年

1 月 18 日　吉安地区水文分局印发《吉安地区水文分局精神文明建设实施办法》（吉地水文发〔1999〕第 02 号），从 1999 年 1 月 1 日起执行。

1 月 19 日　吉安地区水文分局印发《吉安地区水文分局分级管理办法》（吉地水文发〔1999〕第 03 号），从 1999 年 1 月 1 日起执行。

2 月 3 日　省人民政府印发《江西省人民政府关于加强水文工作的通知》（赣府发〔1999〕第 6 号），下发各行政公署、各省辖市人民政府、各县（市、区）人民政府、省政府各部门，要求各级政府切实加强对水文工作的领导，对水文测报设施的保护，加大对水文工作的扶持力度。

3 月 5 日　省水文局印发《关于加强水文设施保护的通知》（赣水文站发〔1999〕第 008 号）。

3 月 29 日　省水利厅在遂川水文勘测队举行厅直“青年文明号”揭牌仪式。省水利厅团工委，省水文局党委、团委，吉安地区水电局，井冈山报社，遂川县委、县政府、县直工委、遂川县水电局及吉安地区水文分局有关领导出席了挂牌仪式。

3 月　经吉安市人民政府评审，吉安地区水文分局机关 39 户家庭被授予“五好文明家庭”称号，其中周振书家庭获得“双文明家庭”称号。

4 月 1 日　吉安上沙兰、吉水新田水文站新建的双索电动缆道正式投入测汛作业。

4 月 6 日　吉安地区人事局发布《关于唐华开同志家属子女“农转非”的批复》（吉人字〔1999〕第 63 号），同意唐华开的妻子刘玉英、儿子唐亮两人“农转非”。

4 月 8 日　省水文局印发《关于表彰 1998 年度全省水文系统目标管理先进单位的决定》（赣水文办发〔1999〕第 005 号），吉安地区水文分局获“1998 年度全省水文系统目标管理先进单位”称号。

4 月 13 日　峡江县人民政府印发了《峡江县人民政府关于加强水文工作的实施意见》（峡府发〔1999〕第 06 号）。

4 月 19 日　共青团江西省水利厅直属机关委员会印发《关于命名表彰 1998 年度厅直级青年文明号的决定》（赣水直团字〔1999〕第 001 号），授予吉水白沙水文站为“1998 年度厅直级青年文明号”称号。5 月 4 日，白沙水文站站长肖和平到省水利厅参加授牌仪式。

4 月 20 日　吉安地区水文分局的计算机区域网正式投入运行。

4 月 21 日　吉安市副市长段平生到吉安水文站检查指导工作。

4 月 26 日　吉安地区水文分局与吉安电信局联合开通“168”信息服务台，号码为 16856789，以方便公众查询全区实时雨情、水情和洪水预报等信息。

5月2日　吉安地区电视台《吉安新闻》播出对吉安地区水文分局水情科和测站工作情况的采访。

5月18日　吉安地区行政公署印发了《吉安地区行政公署贯彻江西省人民政府关于加强水文工作通知的实施意见》（吉署发〔1999〕第12号）。

是日　在省防汛办支持下，吉安地区水文分局举办了一期高频对讲机网络学习班，共有28人参加，为组建全区水文报汛无线通信网打下良好基础。

5月19日　应中共吉安地委、地区行署邀请，吉安地区水文分局副局长、高级工程师郭光庆在全区领导干部《科学防汛抢险研讨班》上，向县（市）防汛指挥长作《洪水监测与洪水预报》专题报告，着重介绍水文部门在防汛减灾中的作用。

5月23日　吉安鹤洲水文站变压器电线掉落，王冬生在用竹竿挑开掉落的电线时，正在下雨，竹竿导电，导致触电身亡，时年47岁。

6月3—5日　省水文局局长熊小群到吉安地区水文分局及上沙兰、新田水文站检查水文测报、安全生产和站容站貌整顿工作。

6月22日　省水文局副局长谭国良到新田水文站检查指导工作。

6月23日　栋背水文站新建的自记水位井验收合格，这是赣江上第一座岛岸结合式自记水位井，正式投入使用。

7月下旬　省水文局副局长王和声等一行到吉安地区水文分局和上沙兰、栋背、遂川、新田等水文站（队）检查水文测报及站容站貌建设工作。

8月中旬　省水文局副局长王和声等一行到遂川水文勘测队和上沙兰、新田等水文站检查站网工作和水毁情况。

9月7—13日　省水文局副局长龙兴等一行到吉安地区水文分局、遂川水文勘测队、新田水文站、白沙水文站检查指导综合经营工作。

10月10日　吉安行署专员吕滨、副专员刘兴隆一行到吉安地区水文分局视察指导水文工作。吕滨表示，行署将一如既往关心支持水文工作，尽一切力量为水文解决一些实际问题。

是日　万安县人民政府发布《关于万安河道采砂整治的通告》，明确在栋背水文站水文测验断面上、下游各1000米以内的河道内禁止淘金、采砂作业。

10月19—21日　省水文局召开全省短期洪水预报方案审查会，审查、评比了各地市编制的短期洪水预报方案。吉安地区水文分局获评比第一名。

10月20日　省水文局副局长谭国良等一行到新田、白沙水文站检查水毁设施修复和综合经营工作。

11月23日　省水利厅印发《关于时建国等20位同志具备高级工程师专业技术职务任职资格的通知》（赣水职改字〔1999〕第005号），经省工程系列高评会1999年7月27日评审通过，王循浩、杨生苟2人被认定具备高级工程师任职资格，任职资格从评审通过之日起算。

11月29日—12月3日　省水文局在赣州市水文分局召开全省水环境监测工作会议，表彰先进，吉安地区水文分局获“1999年全省水环境监测工作先进单位”称号。

12月14日　省水文局党委下发《关于表彰全省水文系统文明站队、文明职工和水文宣传先进的决定》（赣水文党字〔99〕第028号）。吉安水文站、遂川水文勘测队获“全省水文系统文明站队”称号，刘豪贤、康定湘、刘天保获“全省水文系统文明职工”荣誉称号，吉发地区水文分局获“全省水文宣传先进集体”称号，鄢玉珍、刘福茂获“全省水文宣传先进个人”称号。

12月24—26日　省水文局在南昌市水文分局召开全省水文测验工作会议，吉安上沙兰水文站评为“1999年全省水文测验工作先进水文站”。

12 月 27 日　省防汛办、吉安地区科委组织“吉安地区水文报汛无线通信网”项目验收和鉴定会。参加验收和鉴定的有省防汛办、省水文局、吉安地区科委、无线电管理委员会、水电局、水文分局等单位的专家。专家认为：该通信网设计合理，技术先进，社会和经济效益显著，达到同类网络省内领先水平，具有应用推广价值，验收合格。

是年　吉安地区水文分局资料整编工作、水情工作、洪水预报方案汇编、水文宣传工作、水质监测工作均获全省水文系统先进单位；社会治安综合治理工作获吉安市先进单位。

2000 年

1 月 4—6 日　省水文局在景德镇市水文分局召开全省水情、通讯工作会议，吉安地区水文分局评为“1999 年全省水情工作先进单位”。

1 月　增设白沙水文站，停测杏头水文站及 3 个配套雨量站，站网统计时仍保留杏头水文站户名。

2 月 25 日　省水文局印发《关于时建国等同志聘任高级专业技术职务的通知》（赣水文职改发〔2000〕第 001 号），聘任王循浩、杨生苟为高级工程师。

4 月 1 日　木口水文站停测流量。

4 月　国家防汛抗旱总指挥部办公室明传电报《关于进一步加强中小河流防汛工作的通知》。省防总接电后，要求水文部门坚持汛期 24 小时防汛值班制度，加强暴雨洪水监测和预报，及时掌握和报告雨情、水情和工情。

6 月 14 日　水利部颁布《水文情报预报规范》（SL 250—2000），替代 SD 138—85，自 2000 年 7 月 1 日起实施。此规范于 2008 年 11 月 4 日升级为国家标准（GB/T 22482—2008），自 2009 年 1 月 1 日起实施。

6 月 30 日　吉安电视台到吉安水文站实地采访拍摄水文工作及赣江两岸 50 年来的社会变迁史。

7 月 5—8 日　省水文局副局长王和声、副总工程师张德隆到吉安地区水文分局峡江、莲花千坊、永新、吉安赛塘水文站和遂川水文勘测队检查水文测报和站容站貌建设工作。

8 月 4 日　水利部颁发《关于加强水文工作的若干意见》（水文〔2000〕第 336 号）。主要内容有：①加强水文行业管理；②理顺水文管理体制；③完善水文投入机制；④扩展水文工作内涵，加快水文现代化建设；⑤转变思路，深化水文改革。

9 月 13 日　吉安地区水文分局印发《吉安地区水文分局水文技术咨询服务实施办法》（吉地水文综经发〔2000〕第 001 号）。

9 月 30 日　省水利厅下发《关于贯彻落实水利部〈关于加强水文工作的若干意见〉的通知》，提出九条贯彻意见，要求切实加强全省水文工作。

10 月 10 日　安徽省水文局局长贺泽群、副局长韩从尚一行 11 人，在省水文局党委副书记李荣昉陪同下，到吉安地区水文分局及遂川水文勘测队、吉安上沙兰水文站考察工作和综合经营工作。

10 月 17 日　吉安市人大常委会副主任王细金一行来到吉安地区水文分局进行工作调研，并与科室负责人进行座谈。

10 月 23 日　鉴于吉安撤地设市，江西省机构编制委员会办公室印发《关于吉安等地区水文分局更名的通知》（赣编办发〔2000〕第 71 号），同意江西省水利厅吉安地区水文分局更名为江西省水利厅吉安市水文分局（以下简称吉安市水文分局），江西省吉安地区水环境监测中心更名为江西省吉安市水环境监测中心。

10 月 31 日　省发展计划委员会批复省水利厅，同意 2000 年实施吉安水文勘测队基地和测报设施建设。

11 月 18 日　更名后的江西省水利厅吉安市水文分局、江西省水利厅吉安市水环境监测中心正式挂牌，其新印章即日起正式启用。

12 月 5—7 日　省水文局在赣州市水文分局召开全省水文测验工作会议，吉安市水文分局评为“2000 年度全省水文测验先进单位”。

是年年底　全市水文监测站网为水文站 16 站、水位站 6 站、雨量站 106 站、水质站 33 站。监测项目有流量 16 站、水位 22 站、降水量 128 站、悬移质输沙 4 站、悬移质颗分 2 站、水温 4 站、蒸发量 7 站、水质 33 站。

2001 年

1 月 31 日　吉安市副市长陈志明一行来到吉安市水文分局，代表市委、市政府向全市水文职工拜年，并致以节日的问候。

1 月　省直机关工委授予遂川水文勘测队“省直青年文明号”荣誉称号。

2 月 7 日　中共吉安市直属机关工作委员会印发《关于表彰 2000 年度“井冈之星”双文明单位和家庭的决定》（吉直党发〔2001〕第 02 号），吉安市水文分局获“井冈之星”双文明单位。

2 月 10 日　吉安市水文分局印发《水文工作制度汇编》（吉市水文发〔2001〕第 2 号），分管理办法类、责任制（职责）类、质量标准类、奖惩办法类、分局机关制度类共五大类 27 项规章制度。

2 月中旬　《国家防汛指挥系统工程江西吉安水情分中心信息采集系统总体设计报告》，通过省防汛指挥系统工程项目办组织的专家评审。

2 月 20 日　吉安市水文分局（吉安市水环境监测中心）向全市各级政府部门发布了第一期《吉安市水环境状况通报》。从 2001 年开始，吉安市水环境监测中心将不定期地向各级政府及有关部门发布《吉安市水环境状况通报》，以供各级领导在部署工作和决策时参考。

2 月 26 日　省水文局印发《关于表彰 1999 至 2000 年度先进单位的通知》（赣水文发〔2001〕第 4 号），吉安市水文分局获“全省水文系统先进单位”称号。

2 月 28 日　省水利厅印发《关于张友连等 38 位同志具备高级工程师任职资格的通知》（赣水职改字〔2001〕第 02 号），经省工程系列高评会评审通过，康定湘、甘受洪、周顺元等 3 人被认定具备高级工程师任职资格，任职资格从 2000 年 11 月 14 日起算。

3 月 8 日　吉安市水文分局印发《吉安水文工作“十五”发展规划》（吉市水文发〔2001〕第 4 号）。

3 月 10 日　省水文局印发《关于表彰 1999—2000 年度全省水文系统先进办公室的通知》（赣水文办发〔2001〕第 2 号），吉安市水文分局办公室获“1999—2000 年度全省水文系统先进办公室”称号。

4 月 11 日　省水文局局长熊小群、副局长王和声等到遂川水文勘测队视察指导工作。

4 月 20 日　吉安市水文分局印发《开展水文测报质量年活动实施方案》（吉市水文发〔2001〕第 6 号），决定开展水文测报质量年活动。

5 月 2 日　长江委水文局副局长王俊、江苏省水文局陈局长在省水文局副局长龙兴陪同下，到吉安市水文分局参观考察。

5 月 9 日　水利部水文局总工程师张建云、监测处副处长郭治清一行，在省水文局局长熊小群陪同下，深入吉安市水文分局、吉安上沙兰水文站、遂川水文勘测队检查防汛水文测报准备工作。

5 月 10 日　水利厅印发《关于熊小群等同志任职的通知》（赣水人字〔2001〕第 16 号），任命刘建新为吉安市水环境监测中心主任。

5 月 17—19 日　省水文局副局长龙兴等一行到吉安市水文分局、新干水位站、峡江水文站、遂川水文勘测队检查防汛测报和综合经营工作。

6 月 19 日　中共吉安市直机关工作委员会印发《关于表彰先进基层党组织、优秀共产党员和优秀党务工作者的决定》（吉直党发〔2001〕第12号），吉安市水文分局党支部获“先进基层党组织”荣誉称号，彭木生获“优秀共产党员”称号。

6月29日　中共吉安市委印发《关于表彰先进基层党组织、优秀共产党员和优秀党务工作者的决定》（吉发〔2001〕第23号），吉安市水文分局党支部获“先进基层党组织”荣誉称号。

7月6日　水利部印发《关于加强洪涝和干旱地区水资源保护工作的通知》（水资源〔2001〕第273号）。

7月7日　遂川滁洲水文站洪峰水位29.06米，为1960年以来的最高水位，属超50年一遇的特大洪水。

7月13日　湖南省水文水资源勘测局局长詹晓安一行，在省水文局局长熊小群陪同下，到遂川水文勘测队考察指导工作。

8月13—16日　省水文局副局长王和声等一行到吉安市水文分局、毛背水文站、滁洲水文站、泰和水位站、遂川水文勘测队检查水文基层设施建设和防汛测报工作。

8月20—21日　吉安市水文分局召开第七届职工代表暨第八届工会会员代表大会，选举产生新一届工会委员会委员。

9月19日　水利部下发《关于公开提供公益性水文资料的通知》（水文〔2001〕第377号），通知指出：“地质、水文、气象、社会经济等水利工程设计的基础资料，凡不涉密的，要向社会公开，实行资料共享。”

9月21日　吉安市人民政府办公室印发《关于印发吉州大道肖家码头水文站拆迁工作协调会议纪要的通知》（吉府办字〔2001〕第185号），其中提及：“吉安水文分局所属的吉安水文站水文观测点及综合楼合二为一，在吉州大道以西原定规划选址建设。建筑面积控制在600平方米以内，由市房地产开发公司负责建设。其住宅按拆一还一、等面积对换原则由市房地产开发公司负责在二期F栋解决，不补新旧差价。超面积部分按620元/平方米标准补交差价。近期先拆除围墙，以进行冲抓施工。水文测报设施由吉安水文分局负责建设。”

9月24日　吉安市人民政府发布《关于国家防汛指挥系统工程吉安水情分中心信息采集系统建设地方配套资金的承诺函》（吉府字〔2001〕第169号），承诺为国家防汛指挥系统工程吉安水情分中心信息采集系统建设地方配套资金210.177万元。

11月20—23日　省水文局在九江市水文分局召开全省水文设施建设及测验管理工作会议，吉安上沙兰水文站评为“全省水文系统仪器设备维修应用及维护使用好的先进站队”。

12月4日　吉安市水文分局印发《吉安市水文职工福利费管理办法》（吉市水文工发〔2001〕第4号）。

12月4—7日　省水文局举办“全省第三届水文勘测工技能竞赛”，分理论考试、内业操作和外业操作5个单项，吉安选手谢小华、刘铁林分获总分第一名、第二名。

12月12日　省水文局印发《关于表彰我省水文情报预报工作先进单位的通知》（赣水文情发〔2001〕7号），吉安市水文分局获“水文情报预报工作先进单位”。

12月17日　吉安市水文分局印发《关于全市水文职工健康检查若干规定》（吉市水文发〔2001〕第19号），全市水文职工开始按规定享受健康检查。

12月18日　省水利厅精神文明建设指导委员会下发《关于表彰2000—2001年度全省水利系统精神文明建设先进集体和先进个人的决定》（赣水文明委字〔2001〕第1号）。吉安上沙兰站站长康定湘获“2000—2001年度全省水利系统精神文明建设先进个人”称号。

12月25日　吉安市水文分局印发《水文测站测报设施建设标准化意见》（吉市水文发〔2001〕第20号）。

是年　水文资料整编执行江西省《水文资料整编规范（补充规定）》。

2002年

1月1日　木口水文站停测水位，保留降水量观测。

1月10日　省水利厅印发《关于吴彬等40位同志具备高级专业技术职务任职资格的通知》（赣水职改字〔2002〕第2号），刘江生、王贵忠、金文保、王永文4人被认定具备高级工程师任职资格，任职资格2001年11月19日起算。

1月27日　吉安市副市长陈志明到吉安市水文分局，看望正在参加全市水文工作会议的、常年战斗在防汛测报一线的与会站长们。

1月29日　水利部水文局下发实施《全国重要水文站测洪报汛方案》（第一批）。

1月　为加快吉安老区水文事业发展，水利部水文局无偿赠送吉安市水文分局5台联想电脑，用于赣江、乌江、禾水等主要控制站。

3月4日　省水文局局长熊小群到吉安市水文分局检查指导工作。

3月10日　万安县人民政府颁发《关于整顿沙石矿区开采秩序的实施办法》。明确万安栋背水文站测流断面上、下游各1000米的测验河段不属于河道沙石开采区域之列。

3月10—23日　吉安市水文分局局长刘建新到北京、山东等地考察水文工作。

3月18日　水利部下发《关于表彰全国水利系统水文先进集体和先进工作者的决定》（水人教〔2002〕第87号），吉安上沙兰水文站获"全国水利系统水文先进集体"荣誉称号，李慧明获"全国水利系统水文先进工作者"称号。

3月20日　省水文局党委印发《关于同意成立吉安市水文分局党组的批复》（赣水文党字〔2002〕第8号），同意成立吉安市水文分局党组。

3月25日　省水文局下发《关于加强水文测报工作的通知》（赣水文发〔2002〕第3号）。

3月　永新水位站远程计算机工作站建成并投入使用。

4月1—8日　在水利部、劳动和社会保障部联合举办"2002年全国水文勘测工技能竞赛"中，代表江西省水文局参赛的吉安选手谢小华、刘铁林取得总分第四名和第五名，分别获二等奖和三等奖。

4月7—8日　河南省水文水资源局党委书记潘涛、副局长王靖华以及河南省信阳、南阳、驻马店、周口、漯河、许昌、洛阳、濮阳、新乡、开封、商丘等市水文水资源勘测局领导到上沙兰水文站考察指导工作。

4月11日　中共吉安市委下发《关于成立吉安市水文分局党组的通知》（吉字〔2002〕第19号），决定成立吉安市水文分局党组。

4月26日　水利部召开第二届全国水利行业技能人才表彰大会，谢小华、刘铁林2人被授予"全国水利技能大奖"称号，熊春保被授予"全国水利技术能手"称号。

6月5日　吉安市水文分局党组、市水文分局印发《精神文明建设实施办法》（吉市水文党组发〔2002〕第3号）（吉市水文发〔2002〕第9号）。

6月7日　省水文局印发《关于表彰2001年先进集体的决定》（赣水文人发〔2002〕第4号），吉安市水文分局获"全省水文系统2001年度先进集体"称号。

6月8—10日　吉林省水文水资源勘测局党委副书记李旭红等一行到吉安市水文分局考察水文工作。

6月16日　孤江白沙水文站23时30分洪峰水位90.44米，超警戒水位2.44米，为白沙站（包括木口站）历史最高洪水位，相应流量2720立方米/秒，水位最大涨率0.5米/小时，水位变幅7.34米，实测最大流速3.27米/秒；蜀水林坑水文站22时36分洪峰水位89.32米，超警戒水位3.32米，属林坑站历史第二大洪水位，相应流量1350立方米/秒，水位最大涨率0.33米/小时，水位变幅 5.68 米，实测最大流速 3.99 米/秒。

6 月 20 日　吉安市召开防汛救灾工作汇报会。副市长、市防汛抗旱指挥部总指挥陈志明充分肯定吉安水文在 6 月中旬的大洪水中表现出来的献身、负责、务实的精神，并代表市政府紧急拨款给吉安市水文分局 4 万元防汛报汛补助费。

6 月 28—30 日　全市再次普降暴雨，禾水上沙兰站、永新站，同江鹤洲站，孤江白沙站，蜀水林坑站，遂川江遂川站水位均超警戒水位。其中上沙兰站洪峰水位 61.60 米，超警戒水位 2.60 米；永新站洪峰水位 114.13 米，超警戒水位 2.13 米；鹤洲站洪峰水位 47.65 米，超警戒水位 1.15 米。

6 月　吉安市水文分局被中共江西省委、省人民政府授予“江西省第八届（2000—2001 年度）文明单位”称号。

7 月 22—23 日　长江委水文局局长岳中明等一行到吉安市水文分局考察水文工作。

7 月 29 日　吉安市水文分局郭光庆被省水利厅确认为全省第一批水库（水闸）安全鉴定专家。

8 月 8 日　吉安市水文分局印发《关于培养和引进人才的实施细则》（吉市水文发〔2002〕第 12 号）。

8 月 28 日　省水文局下发《关于成立吉安水文勘测队的批复》（赣水文人发〔2002〕第 7 号），批复吉安市水文分局，同意组建吉安水文勘测队（正科级），隶属吉安市水文分局管理。

9 月 17 日　永新县人民政府发布《关于同意划定水文监测断面保护区并设立地面标志的批复》（永府办字〔2002〕第 90 号），批复永新水文站，同意设立永新水文站水文测验保护区，并设立地面标志。

9 月 19 日　水利部颁发《水利水电工程水文计算规范》（SL 278—2002），替代《水利水电工程水文计算规范》（SDJ 214—83），自 2002 年 12 月 1 日起实施。

10 月 15 日　新疆水文水资源局党委副书记邓贵忠一行 4 人，到吉安市水文分局、上沙兰水文站考察工作。

10 月 17 日　省人事厅、省水利厅印发《关于表彰全省水利系统先进集体和先进工作者、劳动模范的决定》（赣人发〔2002〕第 50 号），其中王贞荣获“全省水利系统先进工作者”荣誉称号。

10 月 27—29 日　水利部水文局局长刘雅鸣、计财处处长陈信华、水情处处长梁家志等一行考察调研吉安、上沙兰等基层水文站（队）工作。

10 月 31 日　赣江发生百年一遇的晚秋大洪水，泰和水位站洪峰水位 63.37 米，超警戒水位 2.69 米，为历史最高洪水位；栋背水文站洪峰水位 70.99 米，超警戒水位 2.69 米，为历史第二大洪水位；吉安、峡江、新干站的洪峰水位也分别超过警戒水位 1.66 米、11.24 米和 0.36 米。

11 月 1—2 日　陕西省水文局局长郑生民一行 5 人，到吉安市水文分局考察水文工作。

11 月 6 日　中共吉安市委复函省水文局党委印发《关于刘建新等同志任职的复函》（吉干〔2002〕第 156 号），同意刘建新任吉安市水文分局党组书记，邓红喜、金周祥任党组成员。

12 月 5—7 日　省水文局在赣州市水文分局召开全省水文测验工作会议，表彰先进。吉安市水文分局获“2002 年全省水文测验先进单位”荣誉称号。

12 月 12 日　省水文局印发了《关于表彰 2002 年水情工作先进单位的通知》（赣水文情发〔2002〕第 7 号），吉安市水文分局获“2002 年度水情工作先进单位”荣誉称号。

12 月 26 日　峡江县采砂办依法对赣江段四个采砂区进行为期三年的开采权公开拍卖，明确规定买主在采砂区第 1 区段不得在水文测验河段保护范围内进行采砂作业。采砂规划规定：水文测验断面保护范围，即测验断面上、下各 1 千米。

是年　全市年平均降水量 2140.1 毫米，为历年年降水量最大值。

是年　吉安市系暴雨洪水多发年，全市 14 个水情站，除泸水赛塘水文站只出现两次接近警戒水位的洪水外，其余 13 个站均发生了超警戒水位的洪水。孤江白沙站发生了建站以来的最大洪水，蜀水林坑站发生了建站以来的第二大洪水，赣江发生了百年不遇的晚秋大洪水。在全市13个超警戒水位的站中，有2个站2次超警戒水位，8个站3次超警戒水位，林坑水文站先后发生8次超警戒水位的洪水，实属历史罕见。

2003年

1月7—10日　省水文局在南昌召开全省水资源、水质监测工作会议，表彰先进。吉安市水文分局获“2002年全省水质监测工作先进单位”荣誉称号。

1月　恢复莲花、言坑雨量站，木口水文站停测蒸发量观测。

2月13日　浙江省杭州市建德测绘大队一行4人到访吉安市水文分局，考察水文测量资质、测绘仪器设备和人员结构情况，并表示愿意长期合作。

3月3日　省水利厅党委印发《关于熊小群等同志任职的通知》（赣水党字〔2003〕第3号），任命刘建新为吉安市水环境监测中心主任。

3月11日　省水文局党委印发《关于加强干部管理工作的通知》（赣水文党字〔2003〕第06号）。对全省水文系统干部管理权限和任免材料报送注意事项作出进一步明确。明确各地市（湖）水文分局副局长、副总工程师、正科级站（队）长由省水文局党委任免。各地市（湖）水文分局正科级单位的副职及副科级单位的正副职由各地市（湖）水文分局党组织任免。要求做到民主推荐、组织考察、民意测验、任前公示。

3月13日　省防汛办主任万贻鹏在省水文局副局长谭国良、吉安市水文分局局长刘建新陪同下，到上沙兰、吉安水文站检查指导工作。

3月28日　吉安市副市长陈志明视察上沙兰水文站，察看了该站的沙量室、水位房，观看水文自动测流控制仪现场演练。吉安市水文分局局长刘建新等人陪同。

3月30日　吉安市人民政府办公室下发抄告单（吉府办抄字〔2003〕第44号），为国家防汛指挥系统工程吉安水情分中心信息采集系统项目提供地方配套资金150万元。其中，市级配套资金60万元，其余90万元由各县（市、区）分两年承担。

4月21—23日　吉安市水文分局举办“建筑基础知识培训班”，并请吉安市职工大学教师为学员讲授土木工程建筑基本知识。基层测站共17人参加此次培训。

4月22日　省水利厅厅长孙晓山一行在吉安市政府副秘书长曹秋根等人的陪同下，到吉安市水文分局进行了检查指导工作。孙晓山在检查工作时说：“我这是到水利厅工作后第一次到吉安水文分局来，虽然早闻吉安水文之名，但百闻不如一见，今天看到吉安水文的这些新气象，我更相信你们是肯办实事的，也确确实实办了实事。”

4月29日　省水文局党委印发《关于李慧明同志任职的通知》（赣水文党字〔2003〕第10号），任命李慧明为吉安市水文分局副局长，并建议任命其为中共吉安市水文分局党组成员。

5月8日　吉安市水文分局发布《关于成立吉安市井冈测绘院的批复》（吉市水文发〔2003〕第15号），批复咨询服务科，经省测绘局、吉安市工商行政管理局等有关部门审核批准，同意成立吉安市井冈测绘院（以下简称井冈测绘院），井冈测绘院隶属于吉安市水文分局，归口咨询服务科管理。

5月26日　水利部颁发《水文自动测报系统技术规范》（SL 61—2003），替代《水文自动测报系统规范》（SL 61—94），自2003年8月1日起实施。

5月　经省测绘局审核批准、吉安市工商行政管理局注册，吉安市水文分局“井冈测绘院”正式成立。“井冈测绘院”获省测绘局颁发丙级测绘证书，隶属吉安市水文分局管理，其前身为吉安市水文分局测绘队。

6月12日　共青团江西省直属机关工作委员会印发《关于重新认定省直青年文明号和命名

2002年度省直青年文明号的决定》(赣直团发〔2003〕第18号),吉安市水文分局咨询服务科荣获"2002年度省直青年文明号"。

是月是日　中共江西省纪委、省监察厅发布《关于在防汛抗洪工作中加强监督严肃纪律的规定(试行)》,自发布之日起施行。

6月18—19日　省水利厅党委书记汪普生一行在吉安市副市长陈志明、陈日武等人的陪同下,到吉安市水文分局考察指导工作。

7月1日　撤销木口水文站。

7月30日　中共吉安市委印发《关于李慧明同志任职的复函》(吉干〔2003〕第78号),同意李慧明任中共吉安市水文分局党组成员、副局长。

是月是日　省水利厅副厅长朱来友一行到万安栋背水文站看望水文职工,要求大家加强低水观测,为防汛抗旱多做贡献。

8月4日　吉安水文站新建的综合办公楼正式交付使用。

8月7日　省水文局党委副书记温世文、党办主任刘建明以及吉安市直机关工委副书记贺志公、张文山,团委书记周兆风等为吉安市水文分局咨询服务科举行省直"青年文明号"挂牌仪式。

10月9日　水利部水文局、水利部精神文明建设指导委员会印发《全国水文系统创建文明测站实施办法》(水文综〔2003〕第135号)。

11月5日　省编委办公室发布《关于调整全省水文系统人员编制的通知》(赣编办发〔2003〕第176号),对全省水文系统的人员编制进行调整。调整后,吉安市水文分局人员编制由195名调整为180名。

12月16—21日　省水文局在宜春水文分局召开2003年全省水资源工作会议,表彰先进。吉安市水文分局获"2003年全省水资源工作先进单位"荣誉称号。

12月23日　吉安市政府副市长陈志明一行到峡江水文站视察指导工作。

12月26日　吉安市水文分局"吉安水文"网站正式开通,网址为www.jasw.com。

12月31日　吉安市水文分局印发《吉安市水文分局督查工作规定》(吉市水文发〔2003〕第30号)。

是年　全市长时间持续高温、晴热少雨、蒸发量大,伏旱连秋旱后,又出现大范围严重冬旱,为历史罕见。6月1日至8月10日连续71天全市平均降水量149毫米,比正常年同期降水偏少63%。10月1日至12月31日连续92天全市平均降水量只有72毫米,比正常年同期降水偏少59%。全市降水量1088.1毫米,比多年平均降水量偏少31%。

2004年

1月1日　赛塘水文站上迁8千米改赛塘(二)站,鹤洲水文站停测流量。泰和、新干水位站自记水位井建成投产运行,正式对赣江水位进行24小时自动监测。

1月12—15日　省水文局在上饶市水文分局召开2003年全省水环境监测工作会议和全省水情工作会议,表彰先进。吉安市水文分局分别获"2003年度全省水环境监测工作先进单位"荣誉称号和"2003年度全省水情工作先进单位"荣誉称号。

1月29日　吉安市委副书记胡龙生、副市长陈志明一行到吉安市水文分局走访慰问水文科技人员。

2月2日　吉安市水文分局印发《吉安市水文分局政务公开办法》(吉市水文发〔2004〕第4号),表示政务工作将认真接受群众监督。

2月12日　省水利厅印发《关于公布水文水资源调查评价乙级资质单位的通知》(赣水资源字〔2004〕第7号),吉安市水文分局获省水利厅"水文水资源调查评价乙级资质单位"认定。

2月28日　吉安市水文分局“井冈测绘院”举行挂牌仪式，吉安市城建、国土部门有关领导亲临祝贺。

3月2日　省水文局颁发《江西省水情工作管理暂行办法》(赣水文情发〔2004〕第6号)。

5月11日　省水文局局长熊小群、副局长谭国良等一行到吉安水文站检查指导工作。

5月17日　中国科学院广州分院地理研究所教授、中国地球物理学会理事、国家天灾预测委员会常委李国琛到吉安市水文分局考察调研，并与水文科技人员座谈。

5月26—27日　省水利厅精神文明建设考察组全面考察吉安市水文分局精神文明建设工作，到吉安、上沙兰水文站了解基层水文职工工作和生活情况。

6月　遂川水位站自记水位井建成投产运行。

7月1日　吉安市水文分局党支部被吉安市直属机关作委员会评为市直先进基层党组织，王贞荣被评为市直优秀共产党员。

7月5—15日　北京市水文总站赴南方考察团一行7人到吉安市水文分局，进行为期10天的实地考察。

7月8日　省水利厅精神文明建设指导委员会发布《关于表彰2002—2003年度全省水利系统精神文明建设先进集体、先进个人的决定》(赣水文明委字〔2004〕第5号)，吉安市水文分局获“2002—2003年度全省水利系统精神文明建设先进集体”荣誉称号。

7月13日　省水利厅精神文明建设指导委员会、省水文局党委印发《江西省水文系统创建文明测站评选管理办法》(赣水文明办字〔2004〕第3号)(赣水文党字〔2004〕第22号)。

9月3日　省水利厅发布《关于“江西省吉安水文信息系统建设初步设计报告”的批复》(赣水防字〔2004〕第25号)，同意吉安水文信息系统建设初步设计，标志着吉安水文测报现代化建设拉开序幕。

10月　设立泰和澄江等固定墒情站5站。

11月19日　国家防汛抗旱指挥系统一期工程项目建设办公室在北京召开“国家防汛抗旱指挥系统一期工程江西吉安水情分中心项目建设实施方案”评审会，评审通过了“吉安水情分中心项目建设实施方案”。评审认为，该实施方案切实可行，达到了系统实施的技术要求，同意正式开始建设。

11月22日　吉安市水文分局党组印发《关于进一步加强水文工作管理的通知》(吉市水文党发〔2004〕第14号)。

11月24日　财政部、国家发展改革委下发《关于同意将水文专业有偿服务费转为经营服务性收费的复函》，同意将水文专业有偿服务费转为经营服务性收费。水文机构为党、政、军领导机关组织防汛、抢险、抗洪、救灾而提供水文情报预报，以及向社会公开提供实时报汛资料、经过整编的国家基本水文测站的基本水文资料等公益性水文资料不得收费，自2005年1月1日起执行。

是日　水利部水文局印发《水文设施工程竣工验收暂行办法》(水文计〔2004〕第197号)。

12月5日　吉安市人大常委会副主任张柒生一行到赛塘水文站进行工作调研，察看了该站的降水量观测场、自记水位计房和水文测验码头，详细了解泸水河水文特征，并对该站各项建设表示赞赏。

12月15日　受万安水电站关闸影响，万安栋背水文站实测历史最低水位61.27米，相应流量47.9立方米/秒，为历史最小流量。

2005年

1月1日　设立莲花水文站，千坊水文站改雨量站，撤销东谷水文站，并建设东谷水库自动水位监测站。

1月11日　水利部水文局副局长蔡建元一行，在省水利厅助理巡视员、省水文局党委书记熊小群陪同下，到吉安市水文分局和吉安、峡江、赛塘等水文站考察调研工作。

1月16—18日　省水文局在抚州市水文分局召开2004年全省水资源工作会议，表彰先进。吉安市水文分局获“2004年全省水资源工作先进单位”荣誉称号。

1月16—20日　省水文局在景德镇市水文分局召开2004年全省水情工作会议，表彰先进。吉安市水文分局获“2004年全省水情工作先进单位”荣誉称号。

1月27日　吉安市水文分局印发《下站检查人员工作规定》(吉市水文发〔2005〕第2号)。

2月21日　省水文局印发《关于刘玉山等同志聘任专业技术职务的通知》(赣水文职改发〔2005〕第1号)，经省工程系列高评会2004年10月23日评审通过，王贞荣、李慧明、肖晓麟、刘福茂4人被认定具备高级工程师任职资格，任职资格从评审通过之日起算。

2月25日　水利部印发《水文现代化建设指导意见》(水文〔2005〕第70号)。

3月24日　水利部水文局、水利部精神文明建设指导委员会下发《关于表彰全国文明水文站的决定》(水文综〔2005〕第59号)。吉安水文站获“全国文明水文站”荣誉称号。

4月5日　吉安市水文分局印发《关于开展“水文测报质量年”活动实施方案的通知》(吉市水文测资发〔2005〕第4号)，决定在全市水文系统开展以提高水文测、报、整、算工作质量为主题的水文测报质量年活动。

4月18日　水利部水文局副局长蔡建元一行，在省水利厅副厅长朱来友，省水利厅助理巡视员、省水文局党委书记熊小群，省水文局局长谭国良陪同下，到吉安市水文分局和吉安、峡江、赛塘等水文站检查水文测汛准备和分中心建设进展情况。

4月　吉安水文站自记水位井建成投入运行。

5月　全市暴雨洪水创历史纪录。据统计，5月全市平均降水量达485毫米，为正常年同期降水量的两倍，创历史(中华人民共和国成立以来)最高纪录。降水最多的安福县金田站达703毫米，是正常年的3.1倍。吉安站降水量为596.1毫米，是正常年的2.4倍，创该站自1931年有实测水文资料以来的最高纪录。

6月1日　吉安市政府办公室向永新县人民政府发出《关于清除永新水文站水文测验河段采砂设备的通知》(吉府办字〔2005〕第120号)，清理情况要求在6月底前书面报市政府。

6月6日　吉安市政府办公室向吉安县人民政府发出《关于清除赛塘(二)水文站水文测验河段林木及采砂设备的通知》(吉府办字〔2005〕第121号)，清理情况要求在6月底前书面报市政府。

是日　吉安市政府办公室向万安县人民政府发出《关于清除栋背水文站水文测验河段林木的通知》(吉府办字〔2005〕第122号)，清理情况要求在6月底前书面报市政府。

是日　吉安市政府办公室向吉水县人民政府发出《关于清除白沙水文站水文测验河段林木的通知》(吉府办字〔2005〕第122号)，清理情况要求在6月底前书面报市政府。

6月20日　在吉安市防汛抗旱工作会议上，市委书记弘强称赞水文说：“你们的工作非常认真，为防汛抗灾做出了贡献，谢谢你们。”市长胡长林说：“水文工作做得很好，很扎实，希望今后再接再厉，为吉安发展作出新贡献。”

6月21日　万安县顺峰乡遭遇百年不遇的特大洪灾，直接经济损失1100多万元。

7月9日　《人民长江报》刊登吉安市水文分局廖金源撰写的《用“拳头”产品开路——江西省吉安市水文分局发展水文经济纪略》，全文展示吉安水文测绘队伍以优质的服务赢得市场，活跃在省内外的英姿。

7月25日　省水利厅精神文明建设指导委员会、省水文局党委印发《关于表彰全省文明水文站的决定》(赣水文明办字〔2005〕第1号)(赣水文党字〔2005〕第23号)，吉安赛塘水文站获“全省文明水文站”荣誉称号。

8月1日　省编委办公室印发《关于江西省水利厅赣州市等九个水文分局更名的批复》（赣编办文〔2005〕第162号），同意江西省水利厅吉安市水文分局更名为江西省吉安市水文局（以下简称吉安市水文局）。

是日　中共江西省委、省人民政府授予李笋开“2005年全省防汛抗洪先进个人”称号。

8月3日　吉安市水文局印发《吉安水文网站管理办法》（吉市水文发〔2005〕第12号）。

8月13—14日　受台风“珊瑚”影响，遂川县出现大暴雨，全县受灾人口达35000人，因房屋倒塌死亡2人，直接经济损失达3200万元。

8月21日　省水文局印发《关于表彰二○○五年先进集体和先进个人的决定》（赣水文人发〔2005〕第8号），上沙兰水文站获“2005年全省水文防汛抗洪先进集体”称号，林清泉、甘金华、刘天保、胡玉明、杨羽、彭木生获“2005年全省水文防汛抗洪先进个人”称号。

8月25日　新干县人民政府发布《关于同意划定水文监测河段保护区的批复》（干府字〔2005〕第29号），批复新干水位站，同意设立新干水位站水文测验保护区。

9月8日　更名后的“江西省吉安市水文局”挂牌。

9月6—29日　吉安市水文局举办水文测报技术竞赛，全市共18人参加，李永军获一等奖，张进才、李忠国获二等奖，李镇洋、康成英、邓凌毅获三等奖。

9月　水利部水文局局长邓坚一行，在省水利厅副厅长朱来友，省水利厅助理巡视员、省水文局党委书记熊小群陪同下，到市水文局和吉安、峡江、赛塘等水文站检查指导工作。

10月9日　吉安市水文局获省水利厅“建设项目水资源论证乙级资质单位”荣誉称号。

10月14日　省人事厅、省测绘局授予熊春保“全省测绘行业先进工作者”称号。

10月　省人民政府授予王贞荣“江西省首届优秀高技能人才”称号。

11月20日　吉安县人民政府印发了《关于划定上沙兰等3座水文站水文监测保护范围的通知》（吉县府办字〔2005〕第148号），同意上沙兰、赛塘、鹤洲水文站设立水文监测保护区。

12月13日　省水文局印发《关于通报表扬水文测报质量优胜站的通知》（赣水文站发〔2005〕第24号），栋背水文站获“2005年度水文测报质量优胜站”荣誉称号。

是日　吉州区人民政府印发了《关于划定吉安水文站水文监测保护范围等事项的通知》（吉区府办字〔2005〕第74号），同意吉安水文站设立水文监测保护区。

是日　吉州区人民政府印发了《关于划定毛背水文站水文监测保护范围的通知》（吉区府办字〔2005〕第75号），同意毛背水文站设立水文监测保护区。

12月23日　青原区人民政府印发了《关于划定水文监测保护区的通知》（吉青府办字〔2005〕第158号），同意吉安水文站设立水文监测保护区。

12月26日　省水文局印发《关于表彰2005年水文测验先进单位的决定》（赣水文站发〔2005〕第26号），吉安市水文局获“2005年度全省水文测验先进单位”称号。

12月　吉安市水文局咨询服务科荣获2004年度省级“青年文明号”称号。

是年　吉安水情分中心建设自动监测水位站8站，自动监测雨量站57站。

2006年

1月　坳下坪水文站上迁3.5千米至禾源镇改坳下坪（二）站，增设永丰水位站。

1月25日　省水利厅印发《关于周放平等同志具备高级专业技术职务资格的通知》（赣水组人字〔2006〕第6号），经省工程系列高评会2005年10月24日评审通过，李春保被认定具备高级工程师任职资格，任职资格从评审通过之日起算。

2月17日　江西省水文局送审项目获得长江委水文局组织的《2006—2007长江中下游水文水

资源工程及西南诸河项目建议书》审议会议审查通过。江西省水文局送审项目包括吉安市吉安水文站测验设施新建项目和吉安市水环境监测中心实验室改建项目。

3月15日　在中共吉安市直属机关工作委员会召开的全市机关党建工作会议上，吉安市水文局分别被授予2005年度市直党建工作先进单位、市直“四好”单位、市直公民道德建设先进单位。

3月16日　省水利厅党委书记汪普生在省水文局局长谭国良、吉安市水文局局长刘建新等人的陪同下，到吉水新田水文站视察指导工作。

3月19日　水利部防汛指挥系统建设项目办公室处长刘宝军、副处长马涛一行在省水文局局长谭国良等人的陪同下，到吉安市水文局检查吉安水情分中心建设。

4月6日　吉安市水文局印发《吉安市水文发展“十一五”规划》（吉市水文发〔2006〕第4号）。

4月13日　吉安市电视台《今晚八点》栏目组记者，采访报道吉安水情分中心数据采集，吉安、赛塘水文站测洪工作情况。

4月24日　水利部颁发《声学多普勒流量测验规范》（SL 337—2006）和《水文测船测验规范》（SL 338—2006），自2006年7月1日起实施。

4月30日　吉安市水文局印发《关于开展“水文绩效考核年”活动方案的通知》（吉安市水文发〔2006〕第11号），决定在全市水文系统开展以“提高水文工作质量，提升水文管理水平，构建高效优质服务体系”为主题的水文绩效考核年活动。

5月9日　省水利厅副厅长朱来友在省水文局局长谭国良陪同下，到吉安市水文局检查指导工作，并与市水文局领导进行座谈。

5月31日　省水利厅精神文明建设指导委员会下发《关于命名全省水利系统（2003—2005年度）文明单位的决定》（赣水文明委字〔2006〕第2号），吉安市水文局获“全省水利系统（2003—2005年度）文明单位”称号。

5月　《吉安市国民经济和社会发展十一个五年规划纲要》，将吉安水文工作列入重要议事日程，这是吉安市人民政府第一次将水文工作列入五年工作规划。

6月12日　永新县防汛抗旱指挥部向吉安市水文局递交《关于〈表彰永新水位站职工〉的报告》。在6月7日洪水中，永新水位站两名职工积极主动向县委、县政府主要领导、县防汛办及各有关单位提供准确、及时的水文情报，并提前10小时发布洪水预报、为永新县防汛抢险赢得宝贵时间，有效减少洪灾损失。

6月17日　21时，禾水永新水位站实测洪峰水位114.13米，超警戒水位2.13米。吉安水情分中心刚刚安装好的自动采集系统发挥信息及时准确的作用，吉安市水文局每小时向吉安市防汛抗旱指挥部（以下简称市防总）及有关部门报告一次雨水情信息。市防总根据水文预测预报信息，指示枫渡水电厂提前泄洪，降低永新水位站水位0.80米，大大减轻永新县城的防洪压力。

6月18日　省水文局发布《关于调整水文（位）站报汛任务的紧急通知》（赣水情发〔2006〕第8号），遵照省防总指示精神，从即日起，凡承担向省防总报水位（流量）的水文（位）站每日8时均应按时报送水位（流量）。

6月20日　省编委办公室下发《关于调整省水利厅部分直属事业单位内设机构的批复》（赣编办文〔2006〕第94号）下发批复：调整内设机构，增设技术咨询服务科。调整后，吉安市水文局内设机构15个，即办公室、水情科、水资源科、水质科、测资科、技术咨询服务科，遂川水文勘测队、吉安水文勘测队，吉安、栋背、峡江、莲花、上沙兰、赛塘、新田水文站。

6月　全市出现3次较为集中的强降水过程，受其影响，全市有9个站先后出现超警戒水位洪水。赣江栋背站2日和10日洪峰水位分别超警戒水位0.82米和0.70米，泰和站分别超警戒水位0.96米和0.85米，吉安站8日超警戒水位0.22米，峡江站9日超警戒水位0.24米；遂川江（右溪）滁洲站 17 日超警戒水位 0.64 米；蜀水林坑站 8 日和 17 日洪峰水位分别超警戒水位 0.20 米和 1.49 米；禾水永新站 7 日和 17 日分别超警戒水位 1.04 米和 2.13 米，上沙兰站 8 日和 18 日分别超警戒水位 1.42 米和 1.18 米；同江鹤洲站 17 日超警戒水位 0.53 米。

7 月 4 日　省水利厅发布《关于调整省水文局等 10 个厅直事业单位内设机构的通知》（赣水组人字〔2006〕第 30 号）通知，吉安市水文局调整后的内设机构为 15 个：办公室、水情科、水资源科、水质科、测资科、技术咨询服务科、遂川水文勘测队、吉安水文勘测队、栋背站、吉安站、峡江站、上沙兰站、赛塘站、新田站、莲花站。

是日　省水利厅发布《关于调整省水利规划设计院等 22 个事业单位科级领导干部职数的通知》（赣水组人字〔2006〕第 32 号）通知，调整事业单位科级领导干部职数。调整后，吉安市水文局科级领导职数 28 名，其中正科 10 名、副科 18 名。

7 月 6 日　吉安市人大常委会副主任肖达来一行到吉安市水文局视察水文工作，仔细察看了吉安水情分中心、水质监测中心，高度肯定吉安市水文局的工作。

7 月 12 日　省水利厅助理巡视员、省水文局党委书记熊小群到吉安市水文局检查指导工作。

7 月 13 日　省水利厅精神文明建设指导委员会授予吉安市水文局"全省水利系统（2003—2005 年）文明单位"称号。

7 月 18—21 日　吉安市水文局开展水文勘测工技能竞赛。竞赛项目有缆道测流取沙、雨量计安装调试、水位计调试、浮标测量、计算机操作、水情预报、水位流量三关线定线、流速仪拆装、水准测量、水文专业综合知识内业考试等十大项，刘铁林获一等奖，康成英、刘湘民获二等奖，龙飞、潘书尧、唐晶晶获三等奖。

7 月 27 日　水利部水文局水文监测处处长朱晓源一行，在省水利厅助理巡视员、省水文局党委书记熊小群陪同下，到吉安市水文局和吉安、峡江等水文站检查指导工作。

7 月 31 日　省水文局颁发《江西旱情信息测报办法》（赣水情发〔2006〕第 10 号），遵照省防总指示精神，从即日起，凡承担向省防总报水位（流量）的水文（位）站每日 8 时均应按时报送水位（流量）。河道水情站为各水文站，旱情报送蒸发站有栋背、白沙、新田、千坊、彭坊、赛塘、滁洲 7 站，旱情报送水温站有峡江、上沙兰 2 站。

8 月 2 日　省水利厅厅长孙晓山在省水文局局长谭国良、吉安市水文局局长刘建新、遂川县委书记贺祥麟等领导陪同下，到遂川水文勘测队检查指导水文工作。

8 月 24 日　省水利厅助理巡视员、省水文局党委书记熊小群在吉安市政府副秘书长陆峰、吉安市水文局局长刘建新陪同下，到遂川水文勘测队和坳下坪水文站检查指导工作。

9 月 6—15 日　吉安市水文局局长刘建新参加水利部水文局组团，赴加拿大地表水水文业务考察访问及技术培训。

9 月 9 日　水利部颁布《降水量观测规范》（SL 21—2006），替代 SL 21—90，自 2006 年 10 月 1 日起实施。

9 月 14 日　吉安市水文局下发《关于调整坳下坪水文站野外津贴标准的通知》（吉市水文人发〔2006〕第 4 号），坳下坪站因上迁至遂川县禾源镇，野外津贴标准由原来的五等站标准调整为三等站标准，汛期每天 1.8 元，枯期每天 1.4 元，从 2006 年 8 月 1 日起执行。

9 月 25—29 日　吉安市水文局召开第八届职工代表暨第九届工会会员代表大会，产生新一届工会委员会。

10 月 12 日　安福县人民政府发布《关于要求划定水文监测河段保护范围的批复》（安府字〔2006〕第 85 号），批复彭坊水文站，同意设立彭坊水文站水文测验保护区。

10 月 19 日　河南省水文局副局长江海涛率领考察团，在省水文局副局长龙兴等陪同下，到吉安市水文局参观考察。

10月29日　第三期全国水文局领导干部理论培训班学员在南昌结束学习后，专程考察吉安市水文局水情分中心，考察江西"工程带水文"示范站——吉安水文站。

11月2日　省水文局在吉安市水文局举行咨询服务科"省级青年文明号"授牌仪式。

11月9—11日　第四届江西省水文技能竞赛在上饶弋阳水文站举行，竞赛分理论考试、内业操作计算和外业操作共9个子项。吉安选手刘铁林、潘书尧、康成英（女）综合成绩分别获第一、第二、第四名。

11月13日　吉安市水文局、遂川水文勘测队完成泰和县等20多个乡镇80多条小流域河流历史洪水调查工作。

11月15日　省水文局印发《关于表彰第四届水文技能竞赛优胜人员的通知》（赣水文人发〔2006〕第15号），第四届江西省水文技能竞赛中，吉安市水文局刘铁林获一等奖，被授予"江西省水文技能标兵"称号；潘书尧获二等奖，被授予"江西省水文技能能手"称号；康成英获三等奖，授予"江西省水文技能优秀"称号。

11月17—18日　福建省水文局党委书记石凝、局长朱伟平率领福建水文考察团一行28人，在省水文局副局长龙兴陪同下，考察吉安市水文局工作。重点考察吉安水情分中心、水环境监测中心，随后深入峡江、吉安、赛塘、新田等水文站考察指导。

11月23日　吉安市委常委吴敏一行到吉安市水文局视察指导工作，强调水文在防汛抗旱中的作用是其他单位无法替代的，赞扬水文为国家和地方经济建设作出的重要贡献。

12月11日　新田水文站缆道测流取沙自动化系统安装调试成功。

12月12日　省水文局印发《关于通报表彰水文绩效考核年活动先进站的通知》（赣水文站发〔2006〕第16号），峡江水文站获"2006年度水文绩效考核年活动先进站"荣誉称号。

12月14日　国内水文仪器知名专家——南京戴维科技有限公司总经理、教授级高工戴建国，在吉安市水文局为吉安水文工作者作水文仪器专业学术报告。

12月20日　省水文局局长谭国良等到吉水新田水文站视察指导工作。

12月22日　省水利厅党委书记汪普生等到吉水新田水文站视察指导工作。

12月27日　由安福县政府出资，吉安市水文局组织施工的首例地方水文地方办的安福水位站建成。

12月30日　吉安市副市长郭庆亮一行到吉安市水文局视察指导工作，对吉安水文为地方经济建设作出的很大贡献，特别是在防汛减灾方面显著成绩予以充分肯定。

2007年

1月19—21日　省水文局在吉安市召开全省水环境监测工作会议，表彰先进。吉安市水文分局获"2006年全省水环境监测工作先进单位"称号。

1月30日　吉安市水文局印发《吉安市水文突发事件应急预案》（吉市水文发〔2007〕第7号），预案适用于全市范围内突发性水旱灾害事件、水污染事件、安全生产事件的预防和应急处置。

1月　峡江水文站大跨度电动测流缆道投产运行，跨度450米。

是月　新田水文站下迁1.2千米改新田（二）站，南溪水位站改雨量站，停测毛背水文站及洲上等4个配套雨量站，站网统计时保留毛背水文站户名。

2月15日　省水利厅印发《江西省水文发展"十一五"规划》（赣水计财字〔2007〕第18号）。

3月19日　吉安市水文局印发《关于建立吉安市水环境监测信息网络的通知》（吉市水文质发〔2007〕第1号），决定在全市主要河流、重点城镇和工业园区的主要入河排污口聘请50多名水环境监测信息员，建立吉安市水环境监测信息网络。

3月　吉安市暴雨山洪灾害预警监测系统工程被列为吉安市2007年45项重大项目建设工程之一，工程覆盖全市13县（市、区）共25000多平方千米国土面积。在集水面积10平方千米以上小流域内，共建设自动监测雨量站513个，自动监测水位站29个，市信息处理中心1处，县（市、区）信息处理中心13处。

4月5日　吉安市水文局印发《关于开展"水文公共服务年"活动实施方案的通知》（吉市水文发〔2007〕第10号），决定在全市水文系统开展水文公共服务年活动。

4月11日　全省水文科技工作会议在抚州市水文局召开，吉安市水文局的《坚持依靠科技进步，促进水文可持续发展》在会上作了经验交流。

4月19日　吉安市委常委陈志明、市人大常委会副主任肖达来一行到吉水新田水文站视察防汛工作，看望一线水文职工。

4月22日　吉安市直机关工委副书记张文山到吉水新田水文站视察防汛抗洪工作。

4月25日　国务院颁发《中华人民共和国水文条例》，自2007年6月1日起施行。

4月　吉安市水文局利用市邮政广告开展水文宣传，邮政广告面向全市13个县（市、区），发行3万份。

5月8日　江西省新干县城下游赣江右岸2千米处的新干淦辉医药器械股份有限公司车间容器发生重大爆炸，使公司厂房（所含物品：二甲苯、金属钠、煤油、聚乙烯等）发生火灾。吉安市水环境监测中心接到新干水位站的报告后，立即启动水文突发事件应急预案，在事发地上下断面提取水样，进行水质监测分析。经科学分析，按照《地表水环境质量标准》（GB 3838—2002）评价，各水质监测断面水质均达标，表明赣江水质未受到污染。

是日　省水文局下发《关于对在山洪灾害暴雨洪水监测系统建设中表现突出的单位进行通报表扬的决定》（赣水文情发〔2007〕第5号），吉安市水文局受通报表扬。

5月14日　江西电视台都市频道"关爱母亲河"大型公益活动采访团一行8人，到吉安市水文局，对赣江中游近几年的水质、水土保持、河床变化、水文特征等进行现场采访。

5月28日　遂川暴雨山洪灾害监测预警系统所属大汾、堆子前自动监测水位站竣工验收。

5月　吉安市暴雨山洪灾害监测预警系统一期工程基本建成，建设范围为吉安市遂川县。一期工程共建设自动监测雨量站74站，建设自动监测水位站4站，人工监测雨量站22站，人工监测水位站2个。人工观测站在后来几年的水位站、雨量站建设中，逐渐改建成自动监测站。

6月1日　《中华人民共和国水文条例》开始施行。

6月4日　吉安市水文局印发《关于切实开展水文公共服务的指导意见》（吉市水文发〔2007〕第18号）。

6月8日　省水文局局长谭国良等在吉安市水文局局长刘建新陪同下，到遂川水文勘测队及仙坑水文站检查指导工作。

6月9日　遂川县普降暴雨，滁洲站洪峰水位27.71米，超警戒水位1.21米。受降水影响，遂川县多处出现山体滑坡，遂桂公路交通中断。

6月12日　吉安市委常委、吉安县委书记张和平到吉安上沙兰水文站视察防汛测报工作。

6月13日　在全市当前防汛会商会议上，吉安市委常委、市防总顾问陈志明指出：遂川县遭受"6·9"暴雨袭击的汤湖等5个乡镇虽然受灾人口3万多人，倒塌房屋500多间，但由于水文部门的暴雨山洪灾害监测预警系统的准确情报，为及时通知暴雨区群众转移赢得了时间，安全转移安置8700多人，未造成一人伤亡。

6月14日　中央电视台新闻部记者深入江西遂川县暴雨山洪重灾区——汤湖镇现场了解灾情，跟踪采访吉安市暴雨山洪灾害监测预警系统一期工程。采访内容在6月16日中央电视台新闻频道播出。

6月18日　天津市人民政府抗旱打井办公室副主任、天津市水文水资源勘测管理中心副主任、市地下水资源管理办公室副主任魏立和一行6人，到吉安市水文局参观考察水文工作。

6月29日　吉安市人民政府召开学习宣传贯彻《中华人民共和国水文条例》座谈会。副市长郭庆亮、市农办主任匡武、市法制办副主任李书品，市政府办公室、市发改委、市委编办、市财政局、市农业局、市水务局、市气象局、市国土资源局、市环保局、市林业局、市海事局、市普法办领导，市水文局领导和各科室负责人参加座谈会。市水文局党组书记、局长刘建新在会上作了《依法规范水文工作，促进水文事业健康发展》的发言。

7月9日　吉安电视台“移动星空”栏目记者来到遂川水文勘测队，采访水文工作发展过程和正在建设中的遂川暴雨山洪灾害监测预警系统，对预警系统湖塘自动监测雨量站、遂川水位站进行专题拍摄。

7月17日　省防汛办批复省水文局，同意将赣汛监测03号防汛监测船调拨给吉安水文站，投入赣江洪水测报，用于防汛水文监测工作。

7月20日　吉安电视台《今晚八点》栏目记者到吉安市水文局，采访全市五大河流水位和个市降雨情况。22日晚该台报道此次采访内容。

8月8日　吉安电视台社会生活部主任曾小文和记者等3人到吉安市水文局，现场采访全市河流径流量、水位实况和全市降雨量、蒸发量情况。

8月15—16日　新华社参考新闻编辑部记者王志伦、新华社江西分社记者郭远明专程来到吉安市水文局，深入遂川县暴雨山洪灾害易发区，采访吉安市暴雨山洪灾害监测预警系统一期工程和吉安水文站队。

是月15—16日　省水利厅副巡视员、省水文局党委书记孙新生，省水文局局长谭国良调研吉安水文工作，先后到峡江、吉水新田、吉安赛塘、吉安上沙兰和吉安水文站，重点调研退休老职工生活、青年职工思想、学习情况，以及站房改建等情况。

8月19日　受9号台风“圣帕”的影响，青原区黄沙、东固站降水量超过200毫米，东固镇政府、中小学被淹。

9月20日　泰和县人民政府发布《关于划定水文监测保护区的公告》。

9月25日　水利部水文局水资源处处长英爱文在省水文局副局长李世勤等陪同下，到吉安市水文局检查指导工作。

9月26日　吉安电视台新闻摄影记者康美权专程采访报道吉安市水文建设成果，用看得见的水文丰硕成果向党的“十七大”、新中国成立58周年献礼。电视片《吉安水文成果展》已在该台国庆期间播出。电视片反映了吉安水文测验工作60年的变迁，由初期的简陋危险作业到现在的高科技现代化智能系统。

9月29日　省编委办公室发布《关于省河道湖泊管理局增挂牌子的批复》（赣编办文〔2007〕第172号），从吉安市水文局调剂全额拨款事业编制15名至江西省河道采砂管理局，调整后，吉安市水文局全额拨款事业编制由180名调整为165名。

10月10日　省水文局印发《关于实行全年24小时水情值班制度的通知》（赣水文情发〔2007〕第11号），通知规定，即日起，市水文局水情科实行全年24小时值班。

10月12日　省防总下发《关于表彰2007年防汛抗旱先进集体和先进个人的决定》（赣汛〔2007〕第56号），吉安市水文局局长刘建新获“2007年全省防汛抗旱先进个人”称号。

10月16日　水利部印发《关于公布水文行业标志的通知》（水文综〔2007〕第190号），水文行业标志正式启用。正式启用水文行业标志是全国水文工作步入法治化、规范化的一个重要标志，也是水文发展历史上的一个新的重要的符号。

10月19日　吉安市水文局发布《关于注销吉安市水文技术咨询服务部的函》，决定从2007年

10 月 19 日起注销吉安市水文技术咨询服务部。

10 月中下旬　吉安市水文局组织职工分两批赴港澳考察。

10 月 26 日　长江水利委员会水文局局长王俊等到吉安上沙兰水文站检查指导工作。

10 月 28 日—11 月 1 日　由水利部、劳动和社会保障部、中华全国总工会联合举行的“第四届全国水文勘测工大赛决赛”在江西弋阳举行。代表江西省水文局参赛的吉安选手刘铁林、潘书尧分别获总分第一名（一等奖）、第五名（二等奖）；刘铁林获单项理论考试、水文三等水准测量单项第一名，潘书尧获电动缆道测速测深、浮标测流单项第一名。

11 月 13 日　省水文局印发《关于通报表彰我省水文选手在第四届全国水文勘测工大赛中取得优异成绩的决定》（赣水文发〔2007〕第 16 号），代表江西省水文局参赛的吉安选手刘铁林、潘书尧获表彰。

11 月 26 日　水利部颁发《水文基础设施及技术装备管理规范》（SL 415—2007）和《水文仪器报废技术规定》（SL 416—2007），自 2008 年 2 月 26 日起实施。

是日　水利部印发《关于启用国家基本水文测站标牌的通知》（水文综〔2007〕第 221 号）。

11 月 26—27 日，省防总在上犹县主持召开江西省山洪灾害预警系统（一期工程）建设验收会议。一期工程建设范围包括赣州、吉安等 13 个县（市）。通过五个多月试运行，系统运行正常，达到预期效果，同意通过验收，投入使用。

12 月 14 日　省防总印发江西省山洪灾害预警系统（一期工程）建设验收意见。

12 月 23 日　第四期全国水文局领导干部理论培训班结束后，全体学员专程到吉安革命老区，考察吉安市水文局工作。

12 月 29 日　省水文局印发《关于表彰全省测验质量成果评比优胜站的通知》（赣水文站发〔2007〕第 18 号），吉安市水文局上沙兰水文站、峡江水文站获“全省测验质量成果评比优胜站”称号。

2008 年

2 月 1—4 日　全市出现罕见冰雪。

2 月 13 日　吉安市人大农工委主任何斗龙一行到吉安市水文局看望慰问水文科技工作者。

3 月 7 日　吉安市委副书记蒋斌到吉安市水文局视察指导工作，对吉安水文为全市防汛抗旱和防灾减灾提供的服务给予充分肯定。

3 月 9 日　吉安市水文局党组印发《吉安市水文局关于开展“学习教育年”主题活动实施方案的通知》（吉市水文党发〔2008〕第 4 号），决定在全市水文系统开展以“六学”“六教”和“四项活动”为主要内容的“学习教育年”主题活动。

3 月 17 日　省编委办公室印发《关于增加水文局内设机构的批复》（赣编办文〔2008〕第 33 号），同意吉安市水文局增设“地下水监测科”和“组织人事科”等 2 个副科级内设机构，调整后内设机构 17 个。

3 月 20 日　中共吉安市直属机关工作委员会印发《关于表彰 2007 年度市直机关党建工作先进单位的决定》（吉直党发〔2008〕第 7 号），吉安市水文局党支部获“2007 年度市直机关党建工作先进单位”称号。

3 月 23 日　吉安电视台《今晚八点特别节目》播放采制吉安市水文局《珍惜水资源，科技兴水文》专题特别报道，时间长达 15 分钟，连续播出 3 次。

3 月 28 日　吉安市水文局印发《水文测验质量检验标准（标五：水文服务）》（吉市水文发〔2008〕第 7 号）。“标五：水文服务”是在原“标五：水文经济”基础上修订而成。

4 月 6 日　《国家防汛抗旱指挥系统一期工程江西省吉安水情分中心》通过国家项目办预验收。

4 月 10 日　副省长、省防总总指挥熊盛文在省水利厅厅长孙晓山、吉安市副市长郭庆亮陪同下，视察指导吉安市水文局水情分中心和吉安水文站工作，要求做好防汛测报预报服务。

4 月 24 日　吉安市普法办在市人民广场普法长廊开办《中华人民共和国水文条例》宣传专栏。

5 月 19 日—6 月 1 日　按照水利部水文局的指令，江西省组成江西水文应急抢测队，奔赴四川地震灾区参加抗震救灾抢测工作，潘书尧为应急抢测队队员。抢测队员冒着灾区余震不断，塌方、落石随时发生的危险，出色完成水利部抗震救灾前方领导小组交给的各项任务。

5 月 26 日　《井冈山报》头版刊登《我市援川水文队员首战告捷》。27—29 日，吉安电视台记者两次电话连线，采访正在四川地震灾区进行水文勘测的潘书尧。

5 月 29 日　吉安市遂川县西南部出现大暴雨、局部特大暴雨，暴雨山洪监测预警系统信息及时准确，使危险区群众 3900 多人转移到安全地带。

5 月 30 日　吉安市副市长郭庆亮一行到遂川县视察暴雨山洪灾害监测预警系统，并到遂川水文勘测队检查指导工作，看望水文职工。郭庆亮对遂川暴雨山洪灾害监测预警系统所发挥的重大作用再次予充分肯定，目前已进入防汛关键时刻，要求水文部门坚守岗位，加强值班，认真做好防汛测报工作，夺取今年防汛全面胜利。

6 月 5 日　省水文局印发《关于向江西水文赴川抗震救灾抢测队学习的通知》（赣水文党字〔2008〕第 26 号），吉安市水文局潘书尧参加了江西水文赴川抗震救灾抢测队。

6 月 11 日　省防总启动防汛Ⅱ级应急响应。

6 月 12 日　省水文局下发《关于做好防汛Ⅱ级应急响应水文测报工作的紧急通知》。

6 月 23 日　省水利厅副厅长朱来友等一行到吉安水文站视察指导工作，详细了解这次洪水测验情况。

6 月 26 日　《江西日报》《江南都市报》《信息日报》《井冈山报》《吉安晚报》以及吉安人民广播电台，联合采访吉安市水文局潘书尧入川抗震救灾先进事迹。

7 月 11 日　吉安市暴雨山洪灾害监测预警系统二期工程建设正式启动，设计建设雨量自动监测站 118 站，河道水位自动监测站 6 站，大、中型水库水位自动监测站 13 站，覆盖安福、永新、泰和 3 县区域。

7 月 17 日　水利部授予潘书尧为“全国水利抗震救灾先进个人”称号。

7 月 18 日　省水利厅副厅长文林到吉安市水文局视察指导工作，赞扬吉安水文基层建设很有特色。

7 月　吉安市暴雨山洪灾害监测预警系统二期工程基本建成，建设范围为泰和、永新、安福 3 个县。二期工程共建设自动监测雨量站 118 站（其中新建雨量站 115 站，改建雨量站 3 站），建设人工监测雨量站 26 站，建设自动监测水位站 19 站。

8 月 1 日　省编委办公室印发《关于印发〈江西省吉安市水文局（江西省吉安市水环境监测中心）主要职责内设机构和人员编制规定〉的通知》（赣编办发〔2008〕第 38 号），同意吉安市水文局（吉安市水环境监测中心）为江西省水文局管理的副处级全额拨款事业单位，设办公室、组织人事科、水情科、水资源科、水质监测科、测资科、地下水监测科、技术咨询服务科、莲花水文站 9 个副科级机构，设遂川水文勘测队、吉安水文勘测队、吉安水文站、万安栋背水文站、峡江水文站、吉安上沙兰水文站、吉安赛塘水文站、吉水新田水文站 8 个正科级机构，全额拨款事业编制 165 人，领导职数：局长 1 名（副处级），副局长 4 名（正科级）；正科 8 名，副科 25 名。

8 月 26 日　水利部水文局颁布《全国洪水作业预报管理办法（试行）》。

8 月　吉安市水环境监测中心全面启动县界水体和供水水源地水质监测，将编制《界河、供水水源地水质信息公报》。监测范围为设区市和各县（市、区）主要河流行政区界水体、主要城镇饮用水源地，涉及赣江、遂川江、蜀水、孤江、禾水、牛吼江、泸水、乌江等 8 条河流。

9月10日　省人事厅向省水利厅下发《关于江西省水文局列入参照公务员法管理的通知》（赣人字〔2008〕第228号），经中共江西省委、省人民政府批准，吉安市水文局列入参照《中华人民共和国公务员法》管理。

是日　由省水文局承担，吉安市水文局具体实施的省水利厅科技成果推广项目“声学多普勒流速剖面仪（ADCP）的推广和应用”通过了省水利厅组织的验收。

9月10—12日　省水利厅主持召开验收会，科技项目“赣江中游防洪能力与万安水库运行调度分析”“峡江大跨度水文缆道信息采集系统试验研究”通过专家验收。

9月16日　省水利厅下发《关于周世儒等同志任职的通知》（赣水组人字〔2008〕第39号），决定任命金周祥为吉安市水文局副调研员。同年12月31日省水文局党委下发《关于温珍玉等同志职务任免的通知》（赣水文党字〔2008〕第68号），免去金周祥的吉安市水文局副局长职务。

9月17日　省水文局党委印发《关于陈怡招等同志任职的通知》（赣水文人发〔2008〕第19号），任命吉安市水文局主任科员30名。

9月28日　省水利厅发布文件（赣水资源字〔2008〕第67号），公布全省水文水资源调查评价乙级资质单位名单。吉安市水文局获“全省水文、水资源调查评价乙级资质单位”称号。

10月　劳动和社会保障部授予刘铁林“全国技术能手”荣誉；水利部授予潘书尧“全国水利技能大奖”荣誉。

11月4日　国家质量监督检验检疫总局和国家标准化管理委员会发布《水文情报预报规范》（GB/T 22482—2008），自2009年1月1日起实施。《水文情报预报规范》是由原水利部标准（SL 250）升级为国家标准（GB/T 22482—2008）。

是日　国家防总与亚行“中国洪水管理战略实施研究项目”专家组成员国际咨询专家组长John porter博士、中国水利水电科学研究院教授向立云、专家组成员李娜和魏青（兼翻译）一行，赴遂川县调研暴雨山洪灾害监测预警系统。省防办副主任李世勤、省水文局副局长李国文、吉安市水文局副局长李慧明等陪同调研。

11月8日　长江委水文局局长王俊一行到吉安市水文局检查指导工作。

11月　受青原区人民政府委托，吉安市水文局编制完成《青原区水资源综合规划》。

12月4—5日　受降水偏少和万安水库调控影响，赣江泰和站最低水位52.65米、吉安站最低水位41.88米，均为历史最低水位，其他水文水位站的水位也接近历史最低值，对赣江中游沿岸城镇居民供水造成严重影响。

12月5日14时　吉安水文站实测历史最低水位41.88米，相应流量210立方米/秒。

12月31日　省水文局党委印发《关于温珍玉等同志职务任免的通知》（赣水文党字〔2008〕第68号），任命王贞荣为吉安市水文局副局长。

是年　开展了“学习教育年”活动，吉安市水文局获全省“学习教育年”活动“优秀组织奖”。

2009年

1月　设立南江、沙溪、藤田自动监测水位站。

2月1日　省水文局印发《关于表彰2008年全省水文系统学习教育年主题活动先进集体与个人的通知》（赣水文发〔2009〕第2号）。吉安市水文局获“全省水文系统学习教育年主题活动优秀组织奖”，唐晶晶获“全省水文系统学习教育年主题活动学习标兵”，刘铁林与刘丽秀、张以浩与唐晶晶获“全省水文系统学习教育年主题活动优秀师徒”；唐晶晶获“21世纪水文看我们年轻一代”演讲二等奖；罗晶玉、刘辉获“党在我心中”征文二等奖，邓世振获三等奖。

2月13日　省水文局印发《关于表彰2008年度水情工作先进单位的通报》（赣水文情发〔2009〕第3号），吉安市水文局获“2008年度全省水情工作先进单位”称号。

3 月 2 日　水利部颁布《水文缆道测验规范》(SL 443—2009)，替代 SD 121—84，自 2009 年 6 月 2 日起实施。

3 月 5 日　清晨，受雷击等影响，吉安市功阁电站所有泄洪闸门出现故障，无法开启，导致库水位急剧上涨，河水从闸门顶漫溢，库区淹没范围不断扩大。如不及时采取措施排除险情，将有可能发生溃坝，危及下游数万群众生命财产安全。吉安市水文局获悉险情后，立即组织技术人员收集库区雨水情信息，准确作出永新水位站洪峰水位、功阁电站最大入库流量预报，并及时将雨水情和预报信息向功阁电站临时排险指挥部报告。同时派出技术人员赶赴功阁电站协助排险。永新水位站和上沙兰水文站也积极参与雨水情分析和服务工作。吉安水文为功阁电站平安度险作出贡献，受到上级领导高度评价。

3 月 16 日　吉安市暴雨山洪灾害监测预警系统三期工程建设正式启动，设计建设自动雨量监测站 111 站、自动水位监测站 5 站，覆盖青原、永丰、万安、井冈山四县（市、区）区域。

3 月 23 日　河海大学研究生院副院长陈青生到吉安市水文局和吉安水文站参观考察。

3 月 25 日　吉安市水文局印发《开展“机关效能年”活动工作方案》(吉市水文发〔2009〕第 12 号)，决定 2009 年在全市水文系统全面开展机关效能年活动。从改进机关作风、提升服务水平、提高办事效率、增强干部能力入手，争创“六个一流”工作目标，规范职能管理机制，优化服务流程机制。

4 月 7 日　吉安市市长王萍到吉安市水文局视察指导工作。

4 月 21 日　吉安市水文局印发《江西省吉安市水文站网规划报告》(吉市水文发〔2009〕第 17 号)。

4 月　刘铁林获中华全国总工会“全国五一劳动奖章”，潘书尧获江西省总工会“全省五一劳动奖章”。

5 月 13 日　中共吉安市直机关工作委员会下发《关于同意吉安市科技局等单位党组织成立的批复》(吉直党组〔2009〕第 5 号)，批复中共吉安市水文局支部委员会，同意成立中共吉安市水文局总支部委员会。

5 月 15 日　省水文局印发《关于在全省水文系统开展向五一劳动奖章获得者刘铁林、潘书尧、温珍玉等学习的通知》(赣水文党字〔2009〕第 40 号)。刘铁林原为吉安市峡江水文站站长，2007 年获第四届全国水文勘测工大赛第一名，获水利部、劳动和社会保障部、中华全国总工会授予的第四届全国水文勘测工大赛一等奖，获劳动和社会保障部授予的“全国技术能手”称号，2008 年 12 月任南昌市水文局副局长，2009 年 4 月获“全国五一劳动奖章”；潘书尧为吉安市遂川水文勘测队副队长，2007 年获第四届全国水文勘测工大赛第五名，获水利部、劳动和社会保障部、中华全国总工会授予的第四届全国水文勘测工大赛二等奖，获水利部授予的“全国水利技能大奖”称号，2009 年 4 月获“全省五一劳动奖章”。

5 月　新增万安弹前等自动监测水位站 5 站。

6 月 1 日　吉安市水文局印发《吉安市水文局公务员考核实施办法》(吉市水文人发〔2009〕第 5 号)。

6 月 2 日　中共吉安市委组织部复函省水文局党委发布《关于王贞荣同志任职的复函》(吉组干函〔2009〕第 31 号)，同意王贞荣任吉安市水文分局党组成员。

6 月 3 日　中共吉安市水文局总支部委员会成立。

6 月 20 日　省防总副总指挥、省水利厅党委书记、厅长孙晓山，副厅长罗小云一行，到吉安市水文局检查指导水文防汛测报及水文服务工作。吉安市水务局局长刘建荣和吉安市水文局局长刘建新等陪同。

6 月 24 日　省水文局批复吉安市水文局《关于同意吉安水文站应用多普勒流速剖面仪进行常规

流量测验的批复》（赣水文站发〔2009〕第 24 号），同意吉安水文站应用多普勒流速剖面仪进行常规流量测验。

6 月 26 日　中共吉安市直机关工作委员会印发《关于表彰优秀共产党员、优秀党务工作者的决定》（吉直党发〔2009〕第 12 号），李笋开获“优秀共产党员”称号。

6 月 30 日　吉安市劳动竞赛委员会印发《关于表彰 2008 年度全市经济技术创新竞赛活动先进集体和先进个人的决定》（吉竞字〔2009〕第 1 号），刘铁林获“经济技术创新竞赛十佳能手”称号，潘书尧获“经济技术创新先进个人”称号。

7 月 4 日　河海大学水文水资源学院党委书记许圣斌带领研究生团，到吉安市水文局开展社会实践活动。

7 月 28 日　水利部下发《关于进一步加强水文工作的通知》（水文〔2009〕第 379 号），强调要牢固树立“大水文”发展理念，提出“统筹规划、突出重点、适度超前、全面发展”的 16 字发展方针，努力建设适应时代发展的民生水文、科技水文、现代水文。

7 月　设立吉福地下水监测站。

8 月 11 日　吉安市水文局印发《水文宣传管理办法》（吉市水文办发〔2009〕第 5 号）。

8 月 13 日　省水文局下发《关于同意调拨赣汛监测 01、02、03 号船的通知》（赣水文站发〔2009〕第 30 号），赣汛监测 03 号船调吉安水文站。

8 月 24 日　贵州省水文水资源局考察团一行 8 人到吉安市水文局参观考察。

8 月 25—29 日　省水利厅审计组对国家防汛抗旱指挥系统一期工程吉安水情分中心信息采集系统建设项目进行竣工财务决算审计。9 月 10 日，项目通过竣工验收。该项目于 2004 年启动，实行中央报汛站和地方报汛站同时建设。

8 月　完成暴雨山洪灾害监测预警系统三期工程基本完成，建设范围为井冈山市、青原区、万安县、永丰县 4 个县（市、区）。三期工程共建设自动监测雨量站 111 站，建设自动监测水位站 8 站。

9 月 10 日　“国家防汛抗旱指挥系统一期工程江西省吉安水情分中心”项目建设，通过竣工验收。

9 月 29 日　水利部颁布《水文年鉴汇编刊印规范》（SL 460—2009），替代 SD 244—87，自 2009 年 12 月 29 日起实施。

10 月 25 日　由全国七大流域水文机构和各省（自治区、直辖市）水文局组成的考察团，到吉安水文站参观考察水文工作。

11 月　增设万安百嘉等固定墒情站 10 站。

12 月 7 日　水利部水文局党委副书记卢良梅在省水文局党委副书记温世文、吉安市水文局局长刘建新陪同下视察遂川水文勘测队、遂川水位站和上沙兰水文站。

12 月 16 日　第六届全国水利行业技能人才评选表彰活动颁奖大会在北京举行。水利部授予吉安市水文局“全国水利行业技能人才培育突出贡献奖”称号，吉安市水文局局长刘建新出席颁奖大会，并领取获奖证书和奖牌。

是年　增设安村水库自动监测雨量站 11 站，冰灾重建雨量站 1 站（七琴站）。

2010 年

1 月 26 日　吉安市政府信息公开工作领导小组办公室印发《关于 2009 年度全市政府信息公开工作考核结果的通报》（吉市信公办字〔2010〕第 1 号），吉安市水文局获“2009 年度信息公开工作优秀单位”称号。

1 月 29 日　水利部颁布《河流泥沙颗粒分析规程》（SL 42—2010），替代 SL 42—92，自 2009 年

4月29日起实施。

1月　设立井冈山等水位站9站。

2月5日　省水文局印发《关于表彰全省水文系统机关效能年先进单位、先进集体和“十佳职工”的决定》（赣水文人发〔2010〕第3号），吉安市水文局获“全省水文系统机关效能年活动先进单位”荣誉称号，遂川水文勘测队获“全省水文系统机关效能年活动先进集体”称号，赛塘水文站刘天保获“全省水文系统机关效能年活动‘十佳职工’”荣誉称号。

2月9日，吉安市水文局印发《关于开展创业服务年活动实施方案的通知》（吉安水文发〔2010〕第4号），决定2010年在全市水文系统全面开展创业服务年活动。

3月20日　省防总印发《江西省防汛抗旱总指挥部防汛抗旱应急响应工作规程》（赣汛〔2010〕第22号）。

是日　吉安市副市长郭庆亮到青原区察看指导防汛救灾工作，听取吉安市水文局局长刘建新对吉安市雨水情工作汇报，充分肯定吉安水文在防汛预警中所发挥的重要作用。

3月21日　吉安市人大常委会副主任肖达来到吉安市水文局，就做好全市当前防汛抗灾工作进行调研，了解目前防汛水文测报和水文服务工作情况。

3月22日　吉安市委书记周萌到万安县罗塘堤和万安水库督查防汛工作。吉安市水文局局长刘建新陪同，并向周萌书记汇报全市雨水情和水文防汛工作。

3月23日　吉安市水文局局长刘建新到省峡江枢纽办汇报工作。吉安水文积极高效的水文服务受到省峡江枢纽办领导的好评。

3月26日　吉安市水文局机关职工为青海玉树地震灾区捐款7950元。

3月31日　省水文局印发《关于表彰2009年优秀调研报告的通知》（赣水文发〔2010〕第5号），刘建新和邓红喜撰写的《大水文在这里起步》获一等奖，甘金华撰写的《关于如何加强水情分中心、暴雨山洪预警系统建设管理的调查报告》获二等奖，王贞荣撰写的《如何依法实施水文监测资料的汇交、共享、审查制度及有偿服务》、李慧明和李云撰写的《加强水资源管理、提高吉安市水资源利用效率》、李笋开撰写的《关于我市水情分中心及暴雨山洪监测系统基层站遥测设备维护管理的调研报告》、解建中和肖和平撰写的《新田站在探索“大水文发展与实践”中加强测站建设、科学管理职工队伍、拓展服务项目》、林清泉撰写的《加强测站整编做好水文服务》、张学亮撰写的《大水文发展思路的探索与实践》获三等奖。

4月6日　吉安市水文局编制的第一个江西省县级水资源综合规划报告——《吉安市青原区水资源综合规划报告》通过评审。

4月8日　吉安市水文局印发《深入推进全市水文系统创业服务年活动实施方案与先进评比办法》（吉市水文发〔2010〕第8号），其中包括《吉安市水文局水文技术能手竞赛方案》《吉安市水文局创业服务年活动深化机关作风建设优化政务环境工作方案》《吉安市水文局创业服务年活动宣传工作方案》《吉安市水文局创业服务年活动先进集体和先进个人评比办法》4个活动方案。

4月9日　吉安市政府市长王萍在全市防汛工作会议上，对吉安市水文局良好的服务意识和高水平的专业技术队伍给予高度评价，充分肯定水文信息的及时、准确以及为全市防汛减灾作出的突出贡献。

4月16日　吉安市水文局下发《关于增加泰和等7个陆上水面蒸发量观测站的通知》（吉市水文测资发〔2010〕第7号），决定从2010年5月1日起，增加泰和、吉州、峡江、新干、井冈山、永丰、莲花等7个陆上水面蒸发量观测站，蒸发量观测仪器均采用20厘米口径蒸发皿。其中泰和、峡江、新干、莲花4站为自办站，吉州站暂设于市局院内，由地下水科负责观测；井冈山站设于井冈山市龙市镇，为代办站，由永新站管理；永丰站设于永丰县藤田镇，为代办站，由新田站管理。

5月5—9日　根据吉安市人民政府“十二五”规划编制领导小组部署，吉安市水文局完成了

《吉安市水文发展“十二五”规划》初稿的编撰，并装订成册，于5月31日上交成果。

5月19日　吉安县人民政府复函吉安市水文局，同意在吉安县设立吉安水文巡测基地，并安排建设用地。然而因经费等问题，后未建设。

5月21日　吉安市人大常委会副主任肖达来率调研组到吉安上沙兰水文站调研水文工作，吉安市水文局局长刘建新等陪同调研。

5月28日　吉安市水文局印发《2010年安全生产年活动实施方案》（吉市水文人发〔2010〕第5号）。

5月31日　住房和城乡建设部颁布《水位观测标准》（GB/T 50138—2010），自2010年12月1日起实施。原《水位观测标准》（GBJ 138—90）同时废止。

是日　吉安市水文局编制完成《吉安市水文发展“十二五”规划》，并将其上报吉安市政府。

6月19—21日　乌江吉水新田水文站连续出现2次超警戒水位洪水，其中21日出现超50年一遇的特大洪水，21日11时洪峰水位56.69米，超警戒水位3.19米，为1953年建站以来的最大洪水。

6月20日　峡江县有1823个装有甲苯等化学原料的原料桶被洪水冲入赣江，对下游10余个市县500余万人的饮水安全构成威胁。吉安市水环境监中心立即启动水质Ⅰ级应急响应，开展沿江城市供水水源地应急跟踪监测，及时上报监测结果，解除下游沿江群众饮水恐慌。

6月27日　吉安市委书记周萌一行到吉安市水文局指导防汛工作，称赞在这次抗洪抢险过程中，水文部门立了大功。

6月　洪水期间，吉安市副市长、市防汛抗旱指挥部总指挥郭庆亮看望吉安水文站职工。

7月1日　中共吉安市吉州区委、区人民政府向吉安市水文局赠送“携手并肩，抗洪救灾”锦旗。

7月2日　吉安市委书记周萌对《吉安机关党建》第8期刊登《赣江两岸党旗红——记先进基层党组织市水文局党总支》作出批示，肯定吉安市水文局党建工作的成绩。

7月6日　《吉安机关党建》第11期刊登《沧海横流，方显英雄本色——吉安市水文局抗击“10·6”洪水纪实》。

7月8日　吉安市人民政府致函省水利厅，商请省水利厅对吉安市水文局给予记功奖励。

7月19日　吉安市财政局、吉安市水利局下拨吉安市水文局20万元的特大防汛补助费。

7月　吉安市委、市政府办公室印发《关于加强暴雨山洪灾害监测预警系统管理切实落实运行维护经费的通知》（吉办字〔2010〕第114号），对系统的管理和运行维护提出了明确要求，核定了市本级和相关县（市、区）应当承担的经费，自动监测站点运行维护费每站年1680元，并要求每年4月底前将上一年度的运行维护经费足额拨付到位。

8月5日　省水利厅下发表彰决定。吉安市水文局兰发云、肖和平、李慧明、班磊获“江西省水利厅2010年抗洪先进个人”称号。

8月11日　省水文局印发《关于表彰2010年江西省水文局抗洪先进个人的决定》（赣水文人发〔2010〕第14号），潘书尧、肖忠英、刘天保、许毅、熊春保、肖海宝、肖根基、刘辉等8人获“2010年抗洪先进个人”称号。

8月17日　《吉安晚报》在辉煌巡礼特别报道栏目《十年吉安》，用两个版面刊登《吉安市水文局大水文探索与实践》，报道分五个方面，翔实记录吉安市水文局近十年发展历程。

9月10日　吉安市水环境监测中心在例行监测中发现孤江青原区值夏河段重金属镉（Cd）含量异常。立即加强监测，认真分析，查明为上游一工业园排污所致。

9月20日　新干水位站站长肖和平获新干县《第二届“感动新干”道德模范》称号。

10月9日　按照省水文局统一部署，吉安市水文局组成湖流监测小组，进入鄱阳湖进行湖流与水质监测。

10月31日　省水利厅举行“省市县三级防汛会商视频系统”启动仪式。系统具有远程防汛会商等功能，极大地提高了整个防汛抗旱异地指挥系统的运行效率。

11月10日　水利部水文局气象处处长戚建国、南京水利科学研究院教授级高工顾颖、倪深海，山西省水文水资源勘测局吕梁分局副局长薛玉详等一行，到吉安市水文局检查指导工作。

12月3日　青海省水文水资源勘测局党委书记胡朝永一行，到吉安水文站考察指导工作。省水文局党委副书记温世文、吉安市水文局局长刘建新等陪同。

12月9日　省水文局印发《关于表彰2010年度全省水情工作先进单位的决定》（赣水文情发〔2010〕第7号），吉安市水文局获“2010年度全省水情工作先进单位”荣誉称号。

是年年底　全市水文监测站网为水文站15站、水位站27站、雨量站380站、地下水站1站、墒情站15站、水质站47站。监测项目有：流量13站（毛背、杏头停测）、水位40站、降水量420站、悬移质输沙4站、悬移质颗分2站、水温4站、蒸发量7站、地下水1站、墒情15站、水质47站。

2011年

1月12日　吉安市政府信息公开工作领导小组印发《关于对2010年度全市政府信息公开工作考核结果的通报》（吉市信公办字〔2011〕第2号），吉安市水文局获良好单位。

1月26日　省水文局副局长李国文等在吉安市水文局局长刘建新等陪同下，到鹤洲水文站检查指导工作，看望慰问职工。

1月30日　省水文局印发《关于表彰2010年度全省水文系统创建水文技术服务“两个典型”的决定》（赣水文人发〔2011〕第1号），吉安市水文局水质应急监测获“加强‘一湖清水’保护工作中创建典型”先进集体，李慧明、李笋开获“防汛抗旱和应急水文测报中创建典型”先进个人，邓红喜获“加强‘一湖清水’保护工作中创建典型”先进个人，王贞荣、周润根获“服务经济社会建设中创建典型”先进个人。

1月31日　吉安市人口与计划生育领导小组印发《关于表彰2010年度市直机关计划生育工作先进单位的决定》（吉市计生领字〔2011〕第2号），吉安市水文局被评为达标单位。

1月　设立顺峰、曲岭水位站，恢复行洲水文站，大汾、沙溪、藤田水位站升级为中小河流水文站。

2月18日　水利部颁发《水文监测环境和设施保护办法》（水利部令〔2011〕第43号），自2011年4月1日起施行。

2月25日　吉安市直属机关工会工作委员会印发《关于表彰2010年度市直机关先进工会的决定》（吉直工发〔2011〕第2号），吉安市水文局工会获“2010年度市直机关工会工作先进单位”称号。

3月10日　中共吉安市委、市人民政府印发《关于表彰2010年度市直新农村建设帮扶先进单位的通报》（吉字〔2011〕第16号），吉安市水文局获“2010年度市直单位社会主义新农村建设帮扶工作先进单位”称号。

3月11日　吉安市水文局印发《吉安市水文局开展发展提升年活动实施方案》（吉市水文党发〔2011〕第7号），决定在2011年全市水文系统开展以“全面发展、跨越提升”为主题的发展提升年活动。

3月24日　吉安市人民政府召开全市技术表彰大会。吉安市水文局的“峡江大跨度水文缆道信息采集系统试验研究”获“吉安市科学技术进步奖”二等奖，证书号为J-2010-2-01-D01。

4月　吉安水文勘测队成立，队部设吉安市吉州区城区（吉安水文站），吉安水文站办公楼为吉安水文勘测队办公楼，负责管理吉州区、青原区、吉安县、吉水县、永丰县和新干县的水文工作。

是月　吉安市水文局和北京金水燕禹科技有限公司的技术人员共同努力，顺利完成吉安市水文局吉安中心站和栋背、吉安、峡江、仙坑、林坑、白沙、赛塘、新田8个遥测站“卫星小站”建设安装任务。经安装调试，入网正常。“卫星小站”具有系统功能强大、覆盖范围广、组网机动灵活、抗御雨雪冰冻和水毁能力强等优点，可与地面通信网实现天地一体互为补充备份，是解决水文信息传输和应急抢险通信的重要手段。

是月　设立泰和地下水监测站。

5月4日　吉安市社会治安综合治理委员会印发《关于表彰2010年度全市社会治安综合治理目标管理先进县（市、区）、先进单位、先进工作者和平安乡镇（街道）的决定》（吉综治发〔2011〕第2号），吉安市水文局获“2010年度全市社会治安综合治理目标管理先进单位”荣誉称号。

5月11日　吉安市水文局下发《关于注销吉安市井冈测绘院的通知》（吉市水文发〔2011〕第12号），因吉安市水文局列入参照《中华人民共和国公务员法》管理，决定注销井冈测绘院。

5月15日　水利部水文局党委副书记杨燕山在井冈山干部学院参加培训后，到吉安市水文局检查指导工作。

5月24日　共青团吉安市委印发《关于表彰全市五四红旗团委、五四红旗团支部（总支）的决定》（吉团发〔2011〕第07号），吉安市水文局团支部获“2010年度全市五四红旗团支部”荣誉称号。

6月15日　江西省普法教育工作领导小组印发《关于表彰全省“五五”普法教育工作先进集体和先进个人的决定》（赣普法字〔2011〕第3号），吉安市水文局蒋胜龙获“全省‘五五’普法教育工作先进个人”称号。

6月17日，吉安市水文局印发《档案管理办法》（吉市水文发〔2011〕第18号）。

6月22日　省水利厅直机关党委下发《关于表彰2010年度厅直机关先进党支部、优秀共产党员、优秀党务工作者的决定》（赣水直党字〔2011〕第9号），吉安市水文局王贞荣获“2010年度厅直机关优秀党务工作者”称号。

6月23日　水利部水文局印发《水文标识应用指南》（水文计〔2011〕第101号）。

6月24日　中共吉安市直机关工作委员会印发《关于表彰先进基层党组织、优秀共产党员、优秀党务工作者的决定》（吉直党发〔2011〕第9号），吉安市水文局机关第一党支部获“先进基层党组织”荣誉称号，林清泉获“优秀共产党员”称号，彭柏云获“优秀党务工作者”称号。

6月　遂川水文勘测队副队长潘书尧获得江西献血工作协调小组颁发的“无偿献血奉献奖”银奖称号。2006—2011年，潘书尧无偿献血达4000毫升。

7月1日　省水文局党委下发《关于表彰2010年度先进党支部、优秀共产党员和优秀党务工作者的决定》（赣水文党字〔2011〕第29号），吉安市水文局邓凌毅获“2010年度优秀共产党员”荣誉称号。

7月7日，吉安水文勘测队党支部召开第一次党员大会，选举产生中共吉安水文勘测队第一届支部委员会。

7月12日　《中国水利报》“民生水利”周刊第57期《一线故事》栏目刊登吉安市水文局刘福茂撰写的《一条水文信息　助三千群众转危为安》，报道吉安水文的防汛故事。

7月22日　永新水文巡测基地举行成立揭牌仪式。江西省水文局党委书记谭国良，吉安市人民政府副秘书长焦四元，永新县委书记刘洪，永新县委副书记、县长孙劲涛，永新县委常委段晶明，永新县人民政府副县长郭栌，南昌市水文局副局长吴星亮，吉安市水文局党组书记、局长刘建新等领导出席了永新水文巡测基地成立揭牌仪式。

8月16—18日　吉安军分区2011年情报侦察骨干集训队开展封闭式训练，吉安市水文局班磊、刘福茂应邀到集训队授课。

8月19日　福建省水文水资源勘测漳州分局党支部的16名共产党员，在党支部副书记、副局长赖福坤，组织委员、副局长王水源的带领下，到吉安考察水文工作。

8月18—21日　吉安市水文局24名党员，在局党组书记、局长刘建新率领下，到陕西省考察水文工作。

8月下旬　吉安市水文局测资科林清泉参加珠江流域2010年度水文年鉴资料审查验收工作。

8月　完成暴雨山洪灾害监测预警系统四期工程（吉安、吉水、莲花、峡江、新干5县）自动监测雨量站建设，共建成自动监测雨量站89站，其中新建雨量站87站，改造雨量站2站。

9月21日　吉安市总工会、吉安市劳动竞赛委员会印发《关于表彰2011年吉安市“工人先锋号”的决定》（吉工字〔2011〕第61号），吉安市水文局水情科获吉安市“工人先锋号”荣誉称号。

9月26日　水利部水文局印发《中小河流水文监测系统建设技术指导意见》（水文测〔2011〕第179号）。

9月　中共江西省直机关工委主办的《风范》第9期刊登《江西水文系统一面旗》，报道吉安市水文局党建工作。

是月　由吉安市水环境监测中心按月编制的《吉安水质信息》，从2011年第9期起更名为《吉安市水资源质量公报》。其内容除反映县（市、区）界水体断面及供水水源地水质状况外，增加了全市大中型水库水质状况及富营养化评价。

10月17日　吉安市水文局印发《江西省吉安市水文发展“十二五”规划》（吉市水文发〔2011〕第24号）。

是日　吉安市水文局发布《关于成立江西省吉安市中小河流水文监测系统建设项目部的通知》（吉市水文发〔2011〕第25号），经市水文局局务会研究决定，成立江西省吉安市中小河流水文监测系统建设项目部，项目部主任由市水文局局长刘建新担任。

10月18日　吉安市人民政府副市长肖玉兰在市政府副秘书长焦四元、市政府办公室农业科副科长罗彩燕陪同下，到吉安市水文局检查指导工作。

10月20日　省水文局党委书记谭国良在省水文局人事、科教等部门负责人的陪同下，到吉安市水文局检查指导工作。

10月21日　江西省发展改革委员会批复省水利厅《关于江西省中小河流水文监测系统建设工程实施方案的批复》（赣发改农经字〔2011〕第2307号），同意建设江西省中小河流水文监测系统工程。吉安市水文局建设内容包括改建水文站15站（新田、永新、上沙兰、鹤洲、遂川、滁洲、大汾、莲花、行洲、井冈山、彭坊、白沙、沙溪、林坑、藤田）；新建水位站31站（永丰、沿陂、寮塘、章庄、泰山、岸上、安塘、樟山、阜田、金江、戈坪、神政桥、曲岭、窑头、顺峰、涧田、柏岩、寨下、苑前、苏溪、汗江、坳南、龙源口、夏溪、堎尾、沙田、严田、下江边、寨头、盐丰、千坊）；改建水位站1站（文陂）。

10月31日　吉安市水文局与省峡江水利枢纽工程建设总指挥部签署了技术服务合同，签字仪式在峡江县举行。省水文局副局长李国文、吉安市水文局局长刘建新、省峡江水利枢纽工程建设总指挥吴义泉等领导出席。依据合同，吉安市水文局负责完成峡江水利枢纽工程施工期水文测验及水情服务工作。

10月25—28日　吉安市水文局召开第九届职工代表暨第十届工会会员代表大会。

10月　吉安市水文局编制完成《江西省吉安市水文水资源监测预报能力建设规划》。

11月2日　吉安市水文局印发《关于加快我市水文改革发展的实施细则》（吉市水文办发〔2011〕第7号）。

11月7日　江西省中小河流水文监测系统建设领导小组办公室发布《关于印发江西省中小河流水文监测系统建设二级项目部组成人员的通知》（赣中小河流办发〔2011〕第2号），江西省中小河流水文监测系统建设吉安市项目部主任刘建新，副主任王贞荣，成员康修洪、刘和生、朱志杰、黄剑、罗晶玉、彭柏云。

11 月 18 日　吉安市人大常委会副主任邓近有在市人大常委会农业和农村工作委员会副主任胡品南、刘降生的陪同下，到吉安市水文局调研水文工作。

11 月 26 日　江西省计算机用户协会印发《关于对“第二届江西省优秀信息主管评选”结果公告的通知》（赣计用字〔2011〕第 30 号），吉安市水文局李笋开获“第二届江西省优秀信息主管”称号。

11 月　第五届江西省水文勘测工技能大赛在吉安市举行，吉安市水文局获团体第一名，吉安选手唐晶晶、冯毅、龙飞分别获综合成绩第三名、第四名、第五名，3 人均获省水利厅授予的“江西省水文技术能手”荣誉称号。

12 月 15 日　省水利厅印发《关于表彰第五届江西省水文勘测工技能大赛获奖单位和个人的决定》（赣水人事字〔2011〕第 81 号），吉安市水文局获团体奖第一名，吉安选手唐晶晶获综合成绩二等奖，冯毅、龙飞获综合成绩三等奖。

12 月 19 日　吉水县人民政府印发了《关于划定新田水文站和白沙水文站水文测验保护范围的通知》（吉水县府办字〔2011〕称 340 号），同意新田、白沙水文站设立水文测验保护范围区。至此，全市各县水文站、水位站均已取得当地政府“关于同意设立水文测验保护区”的批文。

12 月 26 日　吉安市水文局印发《吉安市水文局科技工作管理办法》（吉市水文测资发〔2011〕第 9 号）和《吉安市水文局仪器设备管理制度》（吉市水文测资发〔2011〕第 10 号）。

是年　建设遂川山背洲等自动监测水位站 16 站、中小河流自动监测雨量站 70 站（其中新建雨量站 22 站，改建雨量站 48 站）；冰灾重建水位站 1 站（吉水螺田站）。新增南车水库等大中型水库水质监测站 48 站。

2012 年

1 月 19 日　省水文局印发《2011 年度全省水文测验绩效考核会议纪要》（赣水文站发〔2011〕第 1 号），峡江水文站获“2011 年度全省水文测验绩效考核优胜站”称号。

1 月　设立西溪、新江、东谷、龙门中小河流水文站，顺峰水位站升级为中小河流水文站，增设后河等自动监测水位站 12 站。

2 月 3 日　吉安市政府信息公开工作领导小组办公室印发《关于对 2011 年度全市政府信息公开工作考核结果的通报》（吉市信公办字〔2012〕第 3 号），吉安市水文局获“2011 年度政府信息公开工作优秀单位”称号。

2 月 16 日　吉安市人口和计划生育领导小组印发《关于表彰 2011 年度市直机关计划生育工作先进单位的决定》（吉市计生领字〔2012〕第 2 号），吉安市水文局获表彰。

2 月 17 日　省水文局印发《关于表彰 2011 年度全省水情工作先进单位的通知》（赣水文情发〔2012〕第 3 号），吉安市水文局获“2011 年度全省水情工作先进单位”称号。

2 月 21 日　吉安市政府信息公开工作领导小组办公室发布《关于对 2011 年度全市政府信息公开工作先进单位和先进个人进行表彰的决定》（吉市信公字〔2012〕第 1 号），吉安市水文局被授予先进集体（二等奖）。

3 月 1 日 8 时至 9 日 8 时　8 天内全市平均降水量达 121 毫米，全市 9 个县（市、区）45 个乡（镇）104 站的降水量超过 150 毫米，并以新干县桃溪乡徐家站的 228 毫米为最大，其次为桂川站 195 毫米。受降雨和万安水库泄洪影响，吉安市出现罕见旱汛，赣江和同江出现超警戒水位洪水。同江鹤洲站 5 日 12 时洪峰水位 47.04 米，超警戒水位 0.54 米；赣江栋背站 7 日 21 时洪峰水位 68.78 米，超警戒水位 0.48 米；泰和站 8 日 2 时洪峰水位 62.12 米，超警戒水位 0.62 米；吉安站

8日16时洪峰水位50.62米，超警戒水位0.12米；峡江站9日5时洪峰水位41.69米，超警戒水位0.19米；新干站和其他支流水位均上涨，禾水上沙兰站、消河彭坊站、泸水赛塘站、乌江新田站、文汇江莲花站均出现不同程度的洪水过程。

3月8日　早上，吉安市水文局局长刘建新陪同市委常委郭庆亮到吉安站视察赣江洪水情势，详细了解吉安水文站雨量、水位、流量等情况。下午，市人民政府副市长肖玉兰在市水利局副局长王力平等陪同下，到吉安水文勘测队检查指导水文防汛工作。

3月9日　省水文局批复吉安市水文局《关于同意停用虹吸式雨量计和人工雨量器观测设备的批复》（赣水文站发〔2012〕第5号），同意吉安市水文局停用所有虹吸式雨量计。

3月23日　刘建新调省水文局任职，省水利厅党委下发《关于胡建民等同志职务任免的通知》（赣水党字〔2012〕第20号），任命周方平为吉安市水文局局长、吉安市水环境监测中心主任，免去刘建新的吉安市水文局局长、吉安市水环境监测中心主任职务。

是日　省水利厅党委下发《关于曾清勇等同志职务任免的通知》（赣水党字〔2012〕第22号），任命周方平为中共吉安市水文局党组书记，免去刘建新的中共吉安市水文局党组书记职务。

3月　停用所有虹吸式雨量计和国家基本代办降水量站人工雨量器的降水量观测，所有降水量观测采用翻斗式雨量计自动监测，实现了降水量观测全自动记录、存储和传输。

4月1日　省水利厅印发《关于通报表扬全省水文先进集体和先进个人的决定》（赣水人事字〔2012〕第22号），吉安市水文局获"全省水文先进集体"荣誉称号，水情科科长李笋开、新田水文站站长解建中获"全省水文先进个人"称号。

4月5日　省水文局印发《2011年度全省水文资料复审、验收工作会议纪要》（赣水文资发〔2012〕第4号），吉安市水文局2011年度资料工作取得成绩优异获表彰。

4月9日　水利部精神文明委员会发布《水文专业从业人员行为准则（试行）》（水精〔2012〕第6号）其中包括"爱岗敬业、履职尽责；团结协作、开拓进取；精通业务、严细求实；认真测报、真实准确；科学预报、及时可靠；诚实守信、甘于奉献"等内容。

4月12日　吉安市中小河流水文监测系统建设项目稽查工作会在吉安市水文局召开，会议由水利部政法司副巡视员、水利部特派员、稽查组组长李崇兴主持，与会人员包括水利部稽查组成员、特派员助理田双喜，黄委水文局副局长马永来，河南省商丘市水利局副局长李化德，水利部松辽委计划处副处长曲丽缓，内蒙古自治区水利厅副处长问善永，江西省水文局副局长李国文、建设管理处处长省项目部副主任洪全祥、监察室副调研员章斌、项目部技术处处长熊海源，吉安市水文局局长周方平，以及省项目部、市项目部、市防汛办、市水利局质检站、江西省水利工程监理公司、江西省水利规划设计院、河南地矿（集团）工程建设有限公司、南京水利水文自动化研究所项目负责人等。

4月14日　水长江委党组成员、纪检组长陈飞到吉安水文站检查防汛工作。省防总秘书长、省水利厅副厅长罗小云，吉安市副市长肖玉兰等陪同检查。

4月25日　在2012年全市机关党的工作会议上，吉安市水文局党总支被中共吉安市直属机关工作委员会授予"2011年度党建工作先进单位"荣誉称号。

4月　设立罗田等自动监测水位站4站。

5月13日　吉安市水文局副局长王贞荣参加全市防汛形势分析和工作部署会，详细介绍了全市13个县（市、区）近期降雨情况，并通报了全市五大江河及主要支流的洪水趋势。

5月16日　吉安市委、市政府办公室印发《关于落实水文自动监测系统运行维护经费的通知》（吉办字〔2012〕第112号），对未落实的县（市、区），要按吉安市委、市政府办公室《关于加强暴雨山洪灾害监测预警系统管理切实落实运行维护经费的通知》（吉办字〔2010〕第114号）的要求，在5月底前落实并足额拨付给吉安市水文局。

5月17日　吉安市水文局荣获“吉安市2010—2011年度文明单位”光荣称号，受到吉安市委、市政府表彰。

5月18日　吉安市社会治安综合治理委员会印发《关于表彰2011年度全市社会治安综合治理目标管理先进县（市、区）、先进单位和平安乡镇（街道）、平安单位的决定》（吉综治发〔2012〕第1号），吉安市水文局获“2011年度全市社会治安综合治理目标管理先进单位”称号。

5月27日　水利部水文局副局长梁家志、长江委水文局局长王俊、水利部水文局监测处处长朱晓原、水情处处长孙春鹏、长江委水文局办公室主任王辉一行，在省水文局局长谭国良等陪同下，到林坑水文站检查指导防汛测报工作。

5月31日　新疆维吾尔自治区水文水资源局党委委员、组织人事处处长纪新元，伊犁州水文水资源勘测局党组书记、副局长马慧民，吐鲁番市水文水资源勘测局党组书记、副局长李会平，昌吉市水文水资源勘测局党组成员、副局长艾尼瓦尔·依不拉音一行到吉安考察水文工作。

6月21日8时至25日8时　全市平均降水量达123毫米，有12个县（市、区）121个乡（镇）349站出现降水量超过100毫米的大暴雨，其中位于暴雨中心的永丰、吉水、青原、泰和、万安、遂川等6个县（区）共有43个乡（镇）111个站的降水量超过200毫米，最大的永丰县中村镇百义际站达295毫米。受降雨影响，赣江、蜀水、孤江、乌江发生超警戒水位洪水。赣江栋背站25日17时洪峰水位68.98米，超警戒水位0.68米；泰和站25日23时洪峰水位61.29米，超警戒水位0.79米；吉安站25日7时洪峰水位51.26米，超警戒水位0.76米；峡江站25日19时洪峰水位42.36米，超警戒水位0.86米；新干站26日3时洪峰水位36.96米。蜀水万安林坑站23日21时和25日5时洪峰水位分别达86.50米和87.06米，分别超过警戒水位0.50米和1.06米；孤江吉水白沙站24日1时洪峰水位88.88米，超警戒水位0.88米；乌江吉水新田站24日14时和25日10时洪峰水位分别达53.53米和53.63米，分别超警戒水位0.03米和0.13米。赣江其他支流水位均出现不同程度的洪水过程。

6月25日　水利部水文局印发《中小河流水文监测系统建设技术指导意见实施细则》（水文测〔2012〕第98号），自发布之日起实施。

6月29日　在吉安市庆祝中国共产党成立91周年大会以及市直属机关工委召开的纪念建党91周年暨创先争优表彰大会上，吉安市水文局党总支荣获“全市创先争优先进基层党组织”称号，机关第二党支部荣获市直创先争优“先进基层党组织”称号，陈怡招、彭柏云2人分别荣获市直创先争优“优秀共产党员”和“优秀党务工作者”称号。

7月6日　省水文局副局长平其俊、水情处处长李慧明到吉安市水文局检查指导工作。

7月23日　吉安市人民政府办公室下发《关于落实全市中小河流水文监测系统水文站点建设用地的通知》（吉府办明〔2012〕第101号），要求“各县（市、区）人民政府、井冈山管理局负责落实本辖区范围内水文站建设用地，并协调解决施工建设中的供水供电问题。市、县国土部门负责协调落实水文站建设的用地指标问题，及时办理征地手续”。

7月24日　省水利厅水利工程建设稽查专员沈有巨一行，在江西省中小河流水文监测系统项目部主任叶青等陪同下，到吉安对中小河流水文监测系统建设检查指导工作。

7月25日　省水文局印发《江西省水文测验工作考核办法》（赣水文监测发〔2012〕第7号）。本办法测验质量考核内容以2012年1月1日为起点，自2012年8月1日开始执行。

8月2日　省水文局发布《关于峡江水利枢纽三期截流工程水文测报实施方案的批复》（赣水文科发〔2012〕第20号），同意吉安市水文局编制的《峡江水利枢纽三期截流工程水文测报实施方案》。

8月8日　省编委办公室发布文件（赣编办文〔2012〕第152号），同意江西省吉安市水环境监测中心更名为江西省吉安市水资源监测中心。

8月17日　省水利厅党委下发《关于吴星亮等同志职务任免的通知》（赣水党字〔2012〕第38号），任命周方平为吉安市水资源监测中心主任。

8月22—29日　峡江水利枢纽工程三期围堰截流，吉安市水文局监测队员认真测报，为大坝合龙、大江截流提供准确及时的水文技术支撑。

9月8日　吉安市人民政府办公室抄告单（吉府办抄字〔2012〕第136号），批复吉安市水文局在拆除老办公楼后，在院内选址新建吉安市水文预测预报中心。

9月10日　省水文局党委印发《关于罗晶玉等同志职务任免的通知》（赣水文党字〔2012〕第41号），任命罗晶玉为吉安市水文局副局长。

9月12日　省水利厅党委下发《关于袁秀琪等同志任职的通知》（赣水人事字〔2012〕第61号），任命邓红喜为吉安市水文局副调研员。

9月19日　吉安市直属机关工会工作委员会印发《关于吉安市水文局工会补选委员的批复》（吉直工组〔2012〕第6号），同意免去李慧明吉安市水文局工会委员、主席职务；补选罗晶玉（女）为吉安市水文局工会委员并任工会主席。李慧明调省水文局任职。

9月中旬　吉安市水文局编制完成《吉安市水文科技发展规划（2013—2020年）》。

9月26日　江西省发展改革委员会《关于江西省中小河流水文监测系统建设工程2012年度新建水文站实施方案的批复》（赣发改农经字〔2012〕第2108号）批复省水利厅，同意实施江西省中小河流水文监测系统建设工程2012年度新建水文站建设。吉安市水文局建设内容有：新建东谷、西溪、新江、砚溪、龙门水文站。

10月17日　水利部水文局印发《关于加强水文文化建设的指导意见》（水文综〔2012〕第166号）。

是日　西藏自治区山南水文分局同仁一行9人到井冈山考察学习，吉安市水文局局长周方平陪同。

是日　省水文局党委下发《关于龚向民等同志免职的通知》（赣水文党字〔2012〕第48号），免去邓红喜的吉安市水文局副局长职务。

10月19日　水利部颁布《水文资料整编规范》（SL 247—2012），替代SL 247—1999，自2013年1月19日起实施。

10月26日　水利部公布了《国家重要水文站名录》（水利部公告〔2012〕第67号），吉安市有栋背、吉安、峡江、上沙兰、赛塘、新田6站列国家重要水文站。

10月31日　贵州省安顺市水文局考察团到吉安水文勘测队、吉安水文站、赛塘水文站考察水文工作，吉安市水文局局长周方平陪同。

11月6日　省水文局党委下发《关于龙飞等同志职务任免的通知》（赣水文人发〔2012〕第19号），任命吉安市水文局主任科员15名，原副主任科员自然免除。

11月7—9日　吉安市水文局举办业务技术培训班，测站业务骨干、局机关45岁以下职工共32人参加培训。

是月　吉安市水文局编制《水文技术规范汇编》，共汇编了国家规范、部颁规范等常用规范共21个，人手一册，供水文职工系统学习。

12月5日　省水利厅水资源处副处长傅敏、省水文局副局长胡建民一行，到吉安市水文局专题调研水资源管理保护工作开展情况。

12月6日　省水利厅副厅长罗小云在莲花县副县长许盛丰陪同下，到莲花水文站检查指导工作。

12月10日　省水文局副局长李国文等一行到吉安市寨下、苏溪、坳南、龙源口、岸上、彭坊检查指导中小河流水文监测系统建设工作。吉安市水文局局长周方平等陪同。

12 月 26 日　吉安市直属机关工会工委印发《关于表彰 2012 年度市直机关工会先进集体和个人的决定》（吉直工发〔2012〕6 号），吉安市水文局工会获“2012 年度市直机关先进工会组织”荣誉，工会副主席周国凤获“2012 年市直机关优秀工会工作者”称号，甘金华获“2012 年市直机关优秀工会积极分子”称号。

12 月 27 日　省水利厅印发《关于加强水文工作的决定》（赣水办字〔2012〕第 158 号）。决定的主要内容有：①加快水文监测预报基础设施建设；②规范水利水电工程水文监测设施建设管理；③建立多渠道的水文投入机制；④加强水文行业管理和行政执法；⑤推进水文科技创新；⑥深化水文管理体制机制改革；⑦建立挂点联系制度；⑧探索建立干部双向交流制度；⑨加强水文队伍建设；⑩加强水文宣传工作。

12 月 28 日　省防总下发《关于统一全省各市县平均（面）降雨量计算方法的通知》（赣汛〔2012〕第 33 号）。全省平均（面）降雨量计算站 1085 站，吉安市 164 站。

是年　建设中小河流水文监测系统雨量站 113 站，其中新建雨量站 76 站，改建雨量站 37 站。

2013 年

1 月 5 日　吉安市市长胡世忠在吉安市第三届人民代表大会第三次会议上作政府工作报告，赞扬吉安水文服务工作。

1 月 14 日　省水文局印发《关于印发〈2012 年全省水文测验绩效考核会议纪要〉的通知》（赣水文监测发〔2013〕第 2 号），吉安市水文局获“2012 年度水文测验工作先进单位”称号，峡江水文站获“2012 年度水文测验工作优胜站”荣誉。

1 月 16 日　吉安市普法教育工作领导小组印发《关于表彰 2011—2012 年度普法教育工作先进单位的决定》（吉市普法发〔2013〕第 1 号），吉安市水文局获“普法教育工作先进单位”称号。

1 月 18 日　省水文局印发《关于表彰 2012 年度全省水情工作先进单位的通知》（赣水文情发〔2013〕第 1 号），吉安市水文局获“2012 年度全省水情工作先进单位”称号。

1—2 月　设立井冈山下七等自动监测水位站 6 站。

2 月 18 日　水利部颁布《水文站网规划技术导则》（SL 34—2013），替代 SL 34—92，自 2013 年 5 月 18 日起实施。

2 月 20 日　省水文局副局长李国文到吉安检查指导中小河流水文监测系统建设工作。

3 月 1 日　吉安市社会主义新农村建设领导小组印发《关于表彰 2012 年度市直美丽乡村建设帮扶优秀和达标单位的通报》（吉新村字〔2013〕第 1 号），吉安市水文局被评为优秀单位。

4 月 1 日　永新县人民政府发布《关于无偿划拨龙门水文站用地手续的复函》，“同意按征地、报批等成本价格 5 万元/亩对项目实施划拨供地”。

4 月 9 日　省水文局党委下发《关于黄国新等同志职务任免的通知》（赣水文党字〔2013〕第 13 号）任命李凯建、康修洪 2 人为吉安市水文局副局长。

是月　江西省人力资源和社会保障厅授予王贞荣、唐晶晶、冯毅 3 人“江西省技术能手”荣誉称号。

是月　设立万安大蓼等自动监测雨量站 7 站。

5 月 15 日　全国水文站长培训班学员到吉安水文站检查指导工作，吉安市水文局副局长罗晶玉陪同。

5 月 17 日　吉安市社会管理综合治理委员会印发《关于表彰 2012 年度全市社会管理综合治理目标管理先进县（市、区）、先进单位的决定》（吉综治发〔2013〕第 1 号）和《关于嘉奖 2012 年度全市社会管理综合治理目标管理先进县（市、区）、先进单位综治责任人的决定》（吉综治发〔2013〕第 2 号），吉安市水文局获“2012 年度全市社会管理综合治理目标管理先进单位”称号；原吉安市水文局局长刘建新、吉安市水文局局长周方平、副局长邓红喜受嘉奖。

5月19日　永丰县人民政府发布《关于办理永丰县鹿冈水文站项目用地供地手续的复函》（永府字〔2013〕第11号），“同意为永丰县鹿冈水文站办理划拨国有土地使用权证”。

5月31日　万安栋背水文站召开庆祝《中华人民共和国水文条例》颁布实施6周年座谈会，万安县委农工部、县财政局、县水利局、万安电视台、百嘉镇政府等领导和吉安市水文局副局长罗晶玉参加座谈。

6月4日　江西省发展和改革委员会发布《关于批复江西省中小河流水文监测系统建设工程2013—2014年度新建水文站实施方案的函》（赣发改农经字〔2013〕第1118号），批复江西省中小河流水文监测系统建设项目部，同意实施江西省中小河流水文监测系统建设工程2013—2014年度新建水文站建设。吉安市水文局建设内容有：新建冠山、曲岭、长塘、黄沙、汤湖、中龙、小庄、桥头、沙坪、南洲、罗田、潭丘、鹿冈水文站。

是日　江西省发展和改革委员会发布《关于批复江西省中小河流水文监测系统建设工程水文巡测基地建设实施方案的函》（赣发改农经字〔2013〕第1119号），批复江西省中小河流水文监测系统建设项目部，同意实施江西省中小河流水文监测系统建设工程水文巡测基地建设。吉安市水文巡测基地建设内容有：新建吉安市水文巡测基地、吉安县水文巡测基地，改建遂川水文巡测基地。

6月19—23日　吉安市水文局与南京水利水文自动化研究所、奥地利SOMMER环境技术公司合作，开展中小河流新型水文测验技术研究，在遂川坳下坪水文站进行SOMMER RQ30非接触式雷达监测系统（以下简称RQ30）的试验和培训工作。

7月4日　吉安市人民政府发布《关于对吉安市水文局实行省水利厅和吉安市人民政府双重管理的复函》，复函省水利厅，同意吉安市水文局实行江西省水利厅和吉安市人民政府双重管理体制。

7月22日　吉安市房屋安全鉴定站发布《房屋安全鉴定书》（吉市房鉴字〔2013〕第031号），认定吉安市水文局办公楼为“综合评判后认定该房屋的安全等级为C级，属局部危房”。

8月5日　省防总颁发《江西省水情预警发布实施办法（试行）》（赣汛〔2013〕第21号）。

8月6日　省水文局印发《江西省水文系统人事工作管理暂行规定》（赣水文人发〔2013〕第11号）。

9月6日　珠江委水文局副局长刘智森一行到遂川水文勘测队检查指导工作，详细了解坳下坪水文站RQ30新仪器的相关情况。吉安市水文局局长周方平陪同。

11月12日　长江水利委员会水文局印发《关于聘任长江流域及西南诸河水文年鉴审查专家的通知》（水文监测〔2013〕420号），聘任林清泉为长江流域及西南诸河水文年鉴资料审查专家。

11月13日　峡江水文站实测历史最小流量122立方米/秒，对应当时水位为33.58米。

11月15日　吉安市水文局印发《关于严肃工作纪律的通知》（吉市水文人发〔2013〕第12号）。

11月26日　江西省峡工水利枢纽工程建设总指挥部与吉安市水文局签订“协议书”，因峡工水利枢纽工程建设淹没和影响峡江、吉安、新田水文站设施和观测功能，江西省峡工水利枢纽工程建设总指挥部一次性补偿峡江、吉安、新田水文站改建费用268万元。

11月　吉安水文数据库率先通过省水文局专家组的验收。

12月10日　省水文局发布《江西省水文局基层水文站（队）管理办法》（赣水文办发〔2013〕第16号），自发布之日起实施。

12月16日　水利部颁布《水面蒸发观测规范》（SL 630—2013）替代SD 265—88和《水环境监测规范》（SL 219—2013）替代SL 219—98；两规范自2014年3月16日起实施。

12月24日　省水文局局长谭国良在吉安市水文局召开峡江水利枢纽工程建设水文服务座谈会。省水利厅副厅长、峡江水利枢纽工程建设指挥部临时党委书记文林，吉安市副市长肖玉兰，峡江水利枢纽工程建设指挥部总指挥吴义泉，副总指挥杨罗女，省水文局党委书记、副局长祝水贵，省防总稽查专员平其俊，吉安市水利局局长彭金平，省水文局水情处处长李慧明，吉安市水文局局长周方平，副局长王贞荣、罗晶玉等参加座谈。

是年　设立遂川岭下等自动监测雨量站19站。

2014年

1月6日　省水文局印发《2013年度全省水文测验绩效考核会议纪要》（赣水文监测发〔2014〕第1号），吉安水文站获“2013年度全省水文测验绩效考核优胜站”荣誉称号。

1月8日　江西省人民政府颁发《江西省水文管理办法》，自2014年4月1日起施行。

1月20日　吉安市水文局下发《吉安市水文局关于调整水文管理区域的通知》。调整后，全市划分为遂川水文勘测队、吉安水文勘测队、永新水文巡测基地、栋背水文站、峡江水文站、新田水文站、新干水位站7个片区，“市局—勘测队—测站”三级管理模式初步形成。

1月25日　吉安市水文局被吉安市总工会授予“模范职工之家”荣誉称号。

1月　设立沙坪、南洲、汤湖、长塘、冠山、鹿冈、潭丘、中龙、桥头9处中小河流水文站。遂川、永新、鹤洲、曲岭、罗田等水位站升级为中小河流水文站。

2月18日　吉安市直属机关工会工作委员会发布《关于表彰2013年度市直机关工会先进集体的决定》（吉直工发〔2014〕第1号），吉安市水文局工会获“2013年度先进基层工会”称号。

2月19日　省水文局批复吉安市水文局《关于ADCP作为栋背水文站常规测验方法的批复》（赣水文监测发〔2014〕6号），同意栋背水文站应用多普勒流速剖面仪（ADCP）进行常规流量测验。

2月20日　水利部印发《水文基础设施项目建设管理办法》（水文〔2014〕第70号），自发布之日起实施。

是日　省水文局印发《关于表彰2013年全省水情工作先进单位的通知》（赣水文情发〔2014〕第3号），吉安市水文局获“2013年全省水情工作先进单位”称号。

3月6日　吉安市直属机关工作委员会发布《关于表彰2013年度党建工作先进单位、“四好”单位的决定》（吉直党字〔2014〕第5号），吉安市水文局党总支荣获“2013年度党建目标管理先进单位”称号。

3月　设立黄沙、小庄水文站。

4月1日　《江西省水文管理办法》开始施行。

4月30日　省水文局下发《关于加强水文应急监测工作的通知》（赣水文监测发〔2014〕第14号）。通知要求各市水文局要成立应急抢测队和应急监测专家组，将应急监测队的建设作为常态化管理。

5月7—8日　福建水文立法调研组一行，在省水文局副局长余泽清、政策法规处处长徐港、建设管理处副处长陈福春的陪同下，到吉安调研水文立法工作。

5月8—9日　省水文局副局长李世勤一行到上沙兰、永新、彭坊、赛塘等站检查指导吉安市中小河流水文监测系统建设等工作。

5月21日　吉安市普降暴雨，局部大暴雨，全市有8个县（市、区）33个乡（镇）69个站的降水量超过100毫米。受其影响，赣江及各江河水位迅速急涨，部分河流出现超警戒水位。同江鹤洲站22日8时洪峰水位47.06米，超警戒水位0.56米；禾水永新站22日15时洪峰水位112.29米，超警戒水位0.29米；上沙兰站23日2时洪峰水位59.49米，超警戒水位0.49米；蜀水林坑站22日18时洪峰水位88.33米，超过警戒2.33米；泸水赛塘站26日0时洪峰水位65.64米，超警戒水位0.64米。

5月22日　省水利厅总工程师张文捷在省水文局党委副书记詹耀煌、吉安市水文局局长周方平等陪同下到吉安队、新田站检查指导工作。

5月30日　仙溪水仙坑站洪峰水位达29.49米，创下历史最高纪录。

6月4日　吉安市委副书记肖洪波，在市委副秘书长孙纪新的陪同下，到吉安市水文局走访慰问。

6月5日　省水土保持监督监测站站长钟应林，在省水文局党委副书记詹耀煌陪同下调研吉安水文工作。吉安市水文局局长周方平等陪同调研。

6月17—22日　吉安市普降大到暴雨。19日8时至20日8时，全市平均降雨量69毫米，共10个县（市、区）44个乡镇88个雨量站降雨量超过100毫米，全市最大降雨量为青原区东固畲族乡街上站达188毫米。21日8时至22日8时，全市平均降雨量47毫米，其中35站降雨量超过100毫米，5站降雨量超过150毫米，最大降雨量为遂川县雩田镇茂园站167.5毫米。受强降雨影响，全市各江河水位迅猛上涨，赣江吉安站23日0时洪峰水位49.5米，洪水涨幅5米；峡江站23日4时洪峰水位40.98米，洪水涨幅4.5米；禾水、泸水、乌江、孤江水位涨幅3.5～4.5米，禾水上沙兰站、泸水赛塘站洪峰水位接近警戒水位；同江鹤洲站两次超警戒，分别为超警戒1.04米、0.42米。

6月30日　吉安市直属机关工作委员会发布《关于表彰党建工作先进典型的决定》（吉直党发〔2014〕第2号），孙立虎获"优秀共产党员"称号，彭柏云获"优秀党务工作者"称号。

7月15日　新干县人民政府发布《关于新干县防洪工程建设影响新干水位站搬迁重建事项的回复函》，回复吉安市水文局，"一、县水位站办公用房由我县按规划要求建设，并给予同等面积置换，房屋产权证及土地证由我县免费办理"。

7月21日　水利部印发《加快推进城市水文工作的指导意见》（水文资〔2014〕第125号）。

7月31日—8月2日　省水文局局长祝水贵等一行到吉安市水文局及基层站队调研。

8月4日　省编委办公室发布文件（赣编办文〔2014〕第78号），从吉安市水文局划转6名全额拨款事业编制到省水利工程质量安全监督局。调整后，吉安市水文局全额拨款事业编制由165名调整为159名。

8月中旬　吉安市水文局测资科科长林清泉参加长江流域及西南诸河2013年度水文年鉴资料审查验收工作。

9月10日　水利部颁布《水文测量规范》（SL 58—2014），替代《水文普通测量规范》（SL 58—93），自2014年12月10日起实施。

9月18日　省水文局局长祝水贵到永丰县检查永丰水文巡测基地建设，吉安市水文局局长周方平陪同。

10月18日　西藏自治区山南水文分局同仁在省水文局总工刘建新、科技处副调研员胡魁德陪同下到吉安考察指导水文工作。

11月11日　省水文局副局长李国文等一行到吉安市水文局检查指导山洪灾害调查评价工作。

11月12日　省水文局发布《关于表彰全省水文宣传暨文化建设先进集体和先进个人的通知》（赣水文办发〔2014〕11号），潘书尧、刘海林获先进个人称号。

12月2日　住房和城乡建设部颁布《水文基本术语和符号标准》（GB/T 50095—2014），自2015年8月1日起实施。原《水文基本术语和符号标准》（GB/T 50095—98）同时废止。

是年　增设万安桂江等自动监测水位站11站。

是年　水利部对吉安市水文局进行了安全生产监督管理考核，考核成绩为优秀。

2015年

1月7日　吉安市水文局印发《吉安市水文局基层测站标准化管理实施方案》（吉市水文发

〔2015〕第1号）。

1月27日　吉安市委、市政府办公室印发《关于2014年度市直社区建帮扶优秀单位的表彰通报》（吉办字〔2015〕第14号），对2014年度市直社区共建帮扶优秀单位表彰通报。吉安市水文局获“市直社区共建帮扶优秀单位”称号。

1月　井冈山水位站升级为中小河流水文站。

是月　水利部水文局印发《中小河流水文监测系统测验指导意见》（水文测〔2015〕第7号）。

2月5日　水利部颁发《水文调查规范》（SL 196—2015），替代SL 196—97，自2015年5月5日起实施。

3月2日　省水利厅厅长罗小云率省防总、省水文局等单位领导到莲花水文站检查指导工作。萍乡市副市长聂小葵、莲花县委书记夏兴、县长刘乡等领导陪同检查。

3月5日　水利部颁发《水文自动测报系统技术规范》（SL 61—2015），替代SL 61—2003，自2015年6月5日起实施。

3月26日　水利部颁发《受工程影响水文测验方法导则》（SL 710—2015），自2015年6月26日起实施。

3月29日　在全省2014年度水文资料复审验收工作总结会上，吉安市水文局被评为全省水文资料先进单位。

3月31日　江西省防汛办发布《关于调整部分江河水文（水位）站警戒水位的批复》（赣汛〔2015〕第13号）。吉安市部分水文（水位）站警戒水位调整如下：赣江泰和站，由60.5米调整为61.0米；赣江吉水站，由47.0米调整为48.0米；遂川江滁州站，由26.5米调整为27.0米；蜀水林坑站，由86.0米调整为86.5米；禾水永新站，由112.0米调整为112.5米；禾水上沙兰站，由59.0米调整为59.5米；同江鹤洲站，由46.5米调整为47.5米。

4月1日　中共吉安市直机关工作委员会印发《关于表彰2014年度党建工作先进单位的决定》（吉直党字〔2015〕第8号），吉安市水文局党总支荣获“2014年度党建目标管理优秀单位”称号。

是月　吉安市水文局制定《机关科室岗位责任制质量标准与考核办法》，主要内容有三部分：考德、考勤、考绩。

4月7日　吉安市水文局下发《关于遂川等站进行流量测验的通知》（吉市水文测资发〔2015〕3号），要求从2015年5月1日起，遂川、永新、鹤洲、藤田、沙溪、大汾、行洲等7站增加流量测验。

5月13—14日　省水文局局长祝水贵、副局长余小林、调研员龙兴一行深入鹤洲、井冈山、莲花、龙门，赛塘、彭场、吉安等站队，吉安市、吉安县巡测基地选址等地，实地了解中小河流水文监测系统建设开展情况，以及水文防汛测报和水文服务工作。

5月18—19日　吉安市发生大范围强降雨过程，局部出现暴雨、大暴雨。受赣江上游大暴雨和万安水库泄洪影响，赣江吉安段各站水位均大幅上涨。栋背站21日23时30分洪峰水位68.83米，超警戒水位0.53米，涨幅3.87米；泰和站22日6时洪峰水位60.43米，涨幅3.95米；吉安站22日16时50分洪峰水位50.12米，涨幅4.10米；峡江站22日23时洪峰水位40.79米，涨幅4.28米；新干站23日8时洪峰水位35.31米，涨幅4.16米。

5月21日　吉安市委副书记、市长王少玄一行，到泰和水位站检查指导水文防汛工作。泰和县委书记廖晓军、县长李军陪同检查。

6月9—10日　省水文局调研员龙兴一行，到遂川水文勘测队和上沙兰水文站实地调研测站规范化建设工作。

6月10日8时至11日8时　吉安市中北部普降大到暴雨，局部大暴雨。受强降雨影响，文汇江、同江、孤江、泸水、禾水、乌江、赣江水位迅速上涨，赣江吉安站12日0时洪峰水位49.10米，涨幅

3.28 米；乌江新田站 12 日 3 时洪峰水位 54.95 米，超警戒水位 1.45 米，涨幅 4.30 米；禾水上沙兰站 12 日 8 时洪峰水位 59.02 米，涨幅 2.54 米。

6 月 23 日　省水文局印发《关于通报表扬 2014 年度全省水文系统安全生产监督管理工作先进单位的通知》（赣水文发〔2015〕第 4 号），通报表扬吉安市水文局。

6 月 26 日　住房和城乡建设部颁布《河流悬移质泥沙测验规范》（GB/T 50159—2015），自 2016 年 3 月 1 日起实施。原《河流悬移质泥沙测验规范》（GB 50159—92）同时废止。

7 月 24 日　吉安市直机关纪工委书记王荣兰率市委调研督查组到吉安市水文局督查“机关联系服务基层、干部联系服务群众”工作。

8 月 3 日　省水文局印发《江西省水文执法巡查制度》（赣水文政法〔2015〕第 2 号）。制度规定，市水文机构每季至少组织 1 次执法巡查，勘测队和驻测站每月至少开展 1 次执法巡查。

8 月中旬　吉安市水文局测资科科长林清泉参加长江流域及西南诸河 2014 年度水文年鉴资料审查验收工作。

8 月 27 日　住房和城乡建设部颁布《河流流量测验规范》（GB 50179—2015），自 2016 年 5 月 1 日起实施。原《河流流量测验规范》（GB 50179—93）同时废止。

9 月 7 日　新疆维吾尔自治区克州水文局局长努尔拉率考察组一行 3 人在省水文局水情处副处长刘贡的陪同下到吉安市水文局及吉安水文勘测队、吉安水文站考察。

9 月 16 日　国家计量认证水利评审组专家周品在省水文局副局长余泽清、水资源处处长李梅的陪同下到吉安市水资源监测中心进行复查换证评审。吉安市水资源监测中心主任周方平等陪同检查评审。

9 月 21 日　水利部颁布《降水量观测规范》（SL 21—2015），替代 SL 21—2006，自 2015 年 12 月 21 日起实施。吉安市水文局测资科科长林清泉是《降水量观测规范》（SL 21—2015）的主要编写人员。

9 月　建设涧田等中小河流水位站 30 站，其中新建 26 站，改建 4 站。

10 月 18 日　省水文局印发《江西省水文测站规范化建设指导意见》（赣水文办发〔2015〕第 11 号）。

11 月 9—17 日，全市普降大到暴雨，累计降雨达 174 毫米。点最大降雨量为永丰县君埠乡山岭站 342.5 毫米，全市出现罕见冬汛。受降雨、万安水库、石虎塘航电枢纽泄洪共同影响，全市江河水位迅速上涨，达到中高水位以上。其中，赣江吉安站 11 月 18 日 4 时洪峰水位 50.86 米，超警戒水位 0.36 米，涨幅 6.23 米，是 1935 年建站以来冬季最大洪水；孤江白沙站 17 日 14 时洪峰水位 87.79 米，涨幅 4.60 米，离警戒水位仅差 0.21 米，为本年最大洪水；乌江新田站 17 日 20 时洪峰水位 52.79 米，涨幅 3.33 米。

11 月 10—13 日　西藏自治区山南水文分局副局长尼玛旦增一行 10 人在省水文局总工刘建新、副调研员胡魁德陪同下，考察吉安、峡江、上沙兰等水文站。

12 月 3 日　吉安市水利局、市财政局联合发文，转发《江西省水利厅　江西省财政厅关于〈转发国家防汛抗旱总指挥部办公室财政部农业司关于印发山洪灾害防治非工程措施运行维护指南通知〉的通知》（吉水利防办字〔2015〕第 317 号），重新核定了全市各县（市、区）承担的水文自动监测系统运维费标准，由原来的每站年 1680 元提高到每站年 2680 元，并将 2012 年以后新建水文自动监测站点的运维费，列入当地财政预算。

12 月 31 日　水利部颁布《水文巡测规范》（SL 195—2015），替代 SD 195—97，自 2016 年 3 月 31 日起实施。

12 月　设立吉安澧田等固定墒情站 5 站，万安沙坪等移动墒情站 31 站。

是年　全市各水文站开展测验方式方法分析，完成了《吉安市水文测验方式方法分析报告》和

《吉安市水文巡测方案》。其中《吉安市水文巡测方案》，成为全国水文监测改革试点范例，在水利部水文局《关于深化水文监测改革指导意见》讨论会上作了经验交流和讨论。与会人员指出，水文监测改革就是要解放生产力，调整生产关系，提高工作效益，改善工作和生活环境，更好地为地方经济建设服务。江西省吉安市水文局的改革试点，是一个成功的范例，具有很好的借鉴作用。

2016年

1月22日　省水文局发布《江西省水文局关于吉安市水文巡测方案的批复》（赣水文监测发〔2016〕第3号），同意《吉安市水文巡测方案》从2016年1月1日起开始试行。

1—2月　增设吉安官田等移动墒情站34站。

2月3日　吉安市水文局下发《吉安市水文局关于调整水文管理区域的通知》，成立永丰水文巡测基地。调整后，全市划分为遂川水文勘测队、吉安水文勘测队、永新水文巡测基地和永丰水文巡测基地4个片区。

2月14日　吉安市水文局下发《吉安市水文局关于开展水文巡测工作的通知》，在全省率先全面开展水文巡测。

2月15日　吉安市政府发布文件，对市中心城区创建国家卫生城市表现突出的单位和个人进行表扬，吉安市水文局获良好单位。

2月24日　吉安市社会治安综合治理委员会（以下简称吉安市综治委）发布文件，通报2015年度全市社会治安综合治理目标管理考核结果，吉安市水文局获全市社会治安综合治理目标管理优秀单位称号。

2月29日　吉安市委、市政府办公室发布文件，通报2015年度绩效考核考评结果，吉安市水文局获良好单位。

3月3日　吉安市水文局工会获“2015年度市直机关工会先进集体”称号。

3月20—23日　受暴雨和万安水库泄洪影响，赣江水位急剧上涨，赣江栋背站22日16时洪峰水位69.78米，涨幅4.09米，超警戒水位1.58米；泰和站22日21时洪峰水位61.57米，涨幅3.72米，超警戒水位0.57米；吉安站24日11时洪峰水位51.88米，涨幅5.37米，超警戒水位1.38米。

3月22日　省水文局发布《关于建立水文水资源人才库的通知》（赣水文科发〔2016〕第1号），吉安市水文局有21人编入江西省水文水资源人才库。

是日　省水文局发布《关于建立水文水资源专家库的通知》（赣水文科发〔2016〕第2号），吉安市水文局有25人编入江西省水文水资源专家库。

4月5日　中共吉安市直机关工作委员会发布《关于表彰2015年度党建工作先进单位的决定》（吉直党字〔2016〕第10号），中共吉安市水文局党总支获“2015年度党建目标管理优秀单位”称号。

4月14日　吉安市水文局荣获“2015年度全市创建国家森林城市良好单位”称号。

4月中旬　全省水文监测改革动员大会在吉安召开，吉安市水文局做了典型发言。

5月12—13日　水利部水文局局长邓坚率检查组先后到吉安队，永新、永丰基地，汗江、上沙兰、吉安、新田、冠山、罗田、峡江等站，实地察看了测站站容站貌、测验仪器设备、防汛备汛、安全生产以及中小河流水文监测系统在建工程建设等工作情况。长江委水文局局长王俊和省水利厅厅长罗小云参加检查。吉安市政府副市长王大胜、省水文局局长祝水贵、吉安市水文局局长周方平等陪同。

5月19—21日　受强降雨影响，赣江吉安站接近警戒水位（差0.05米）、峡江站水位超警戒水位0.01米；支流同江、禾水、泸水、乌江均发生超警戒水位洪水。

5月20日　省水文局纪委书记章斌一行来吉安就吉安市、吉安县水文巡测基地购房事宜进行谈判。

5月21日　古巴全国水资源委员会代表团一行在省水文局总工刘建新的陪同下，实地考察了上沙兰站、坳下坪站、遂川队、吉安站等站队，吉安市水文局局长周方平等陪同考察。

6月6日　中铁十七局集团有限公司昌赣客专CCZQ-6标项目经理部委托吉安市水文局编制的《吉水赣江特大桥施工期防洪应急预案》通过专家审查。

6月20日　吉安市水文局与吉安市鼎盛房产公司签订吉安市、吉安县巡测基地购生产用房合同。吉安市、吉安县水文巡测基地生产用房位于吉州区吉州大道盛鼎时代公馆1号楼7楼、8楼，2019年4月取得不动产证。

7月26日　水利部印发《关于深化水文监测改革的指导意见》（水文〔2016〕第275号）。

8月29—30日　吉安市水文局举办全市水文技能竞赛，龙飞、冯毅、颜照亮、黄剑、陈晨、罗德辉分别获综合成绩第一至第六名。

9月21日　共青团江西省直机关工作委员会发布《关于命名2014—2015年度省直青年文明号的决定》（赣直团字〔2016〕第8号），吉安市水文局测资科荣获2014—2015年度省直机关“青年文明号”称号。

10月10—14日　第六届江西省水文技能竞赛在赣州市坝上举行。吉安选手龙飞获竞赛一等奖（第一名），刘午凤、冯毅获三等奖（分别获第四名、第五名）。龙飞获计算机操作、浮标测流、翻斗式雨量计安装调试、三等水准测量、卫星定位（GNSS）测量五个单项第一；刘午凤获流速仪拆装单项第一；冯毅获测船测深、取沙单项第一。

10月29日　河南省水文水资源局副局长岳利军一行5人，在省水文局总工刘建新等陪同下，到吉安考察指导水文监测改革工作。

11月9—12日　吉安市水文局召开第十届职工代表暨第十一届工会会员代表大会。

11月14日　吉安市政府副市长王大胜到吉安市水文局调研。

11月下旬　吉安市水文局代表江西省水文局接受水利部水文局水文测验成果质量检查，这是水利部水文局首次对基层测站开展测验检查。12月27日，水利部水文局发布《关于通报2016年水文测验成果质量检查评定结果的通知》（水文测〔2016〕第201号），江西省水文局水文测验成果质量为优秀。

12月12日　原吉安市水文局副调研员、副局长、高级工程师金周祥因病逝世，享年66岁。

12月20日　省编委办公室发布文件（赣编办文〔2016〕第185号），将吉安市水文局事业编制名额划出4名至江西省农业水利水电局。调整后，吉安市水文局全额拨款事业编制为155名。

2017年

1月7—8日　新疆维吾尔自治区克州水文局党组副书记王书峰率考察组一行6人到吉安市水文局考察水文工作。

1月11日　省水文局副局长李文君陪同黄委水文勘测设计规划编制组成员到吉安市水文局调研全省水文事业发展规划。

1月　增设莲花邑田水位站。

3月1日　吉安市综治委印发《关于表彰2016年度全市社会治安综合治理目标管理先进集体的决定》（吉综治发〔2017〕第1号），吉安市水文局荣获“市直优秀单位”称号。

3月15—16日　省水文局党委副书记、副局长方少文深入吉安市水文局及吉安水文勘测队、永新水文巡测基地、莲花水文站、上沙兰水文站进行调研指导。

3月24日　吉安市水文局召开职工大会。省水文局党委副书记、副局长方少文到会宣布任职决定。李慧明任吉安市水文局局长，周方平任吉安市水文局副调研员。

3月　江西省人力资源和社会保障厅及共青团江西省委员会授予龙飞“江西省青年岗位能手”称号，江西省人力资源和社会保障厅授予龙飞“江西省技术能手”称号。

4月6日　水利部颁发《水文测站考证技术规范》（SL 742—2017），自2017年7月6日起实施。

4月7日　吉安市水文局制定了《吉安市水情预警发布实施办法（试行）》，并报市防办。

4月8日　省水文局副局长李文君等一行就水文科技工作到吉安市水文局调研。

4月16日　省水文局调研员龙兴、副调研员刘玉山、水文监测处处长刘铁林一行，到吉安市赛塘、长塘两站调研水文测验工作。吉安市水文局局长李慧明等陪同调研。

4月17日　吉安市水文局荣获“2016年度机关党建工作目标管理考评先进单位”称号。

4月23日　天津水文水资源勘测中心总工程师王得军一行到吉安市水文局考察测站管理工作。

4月24日　省水文局建管处处长洪全祥陪同南京水利科学研究院一行到吉安市水文局调研测站设施建设标准化工作。

5月1日　吉安市水文局微信公众号“吉安水文”正式上线，开设了“水情信息”“水情预警”等栏目。

5月5日　省水文局副局长方少文一行到遂川队及所属坳下坪站、仙坑站实地调研，了解该队巡测模式及各站水文特征、测验条件、新仪器设备使用情况，以及站队环境、测验成果、规范化建设等情况，并在遂川队部组织召开了职工座谈会。吉安市水文局局长李慧明等陪同调研。

5月15日　永丰基地负责人肖和平受到吉安市政府发文表彰，荣获全市“百名优秀村第一书记”称号。

是日　吉安市水文局选派峡江站胡木根入驻永新县在中乡在中村担任驻村第一书记，开展美丽乡村和贫困村帮扶工作。

是日　吉安市水文局被井冈山管理局、中共井冈山市委、井冈山市人民政府授予井冈山脱贫攻坚工作“特别贡献奖”。

6月9日　省水文局党委发布《关于班磊等同志任职的通知》（赣水文人发〔2017〕第17号），任命吉安市水文局主任科员13名。

6月14日　省水文局调研员龙兴、副调研员刘玉山、水文监测处处长刘铁林一行，到吉安市水文局机关、遂川水文勘测队、仙坑水文站和中小河流水文站汤湖站调研水文测验工作。吉安市水文局局长李慧明等陪同调研。

6月25—29日　全市普降暴雨至大暴雨，大暴雨中心主要集中在吉安市中北部，南部相对偏少，全市平均降水量151毫米，其中吉水县200毫米最大，吉州区180毫米次之，吉安县179毫米第三，点最大降水量为安福县洋溪镇南安站254毫米。有13县（市、区）201站降雨量大于100毫米，受降雨影响，赣江及支流禾水、泸水、乌江、同江、蜀水出现超警戒水位洪水，中小河流水位涨幅在1～5米不等。赣江吉安站29日12时洪峰水位50.73米，超警戒水位0.23米；峡江站17时洪峰水位41.85米，超警戒水位0.35米；蜀水林坑站28日18时洪峰水位86.63米，超警戒水位0.13米；同江鹤洲站29日3时洪峰水位47.74米，超警戒水位0.24米；乌江新田站29日3时洪峰水位54.73米，超警戒水位1.23米；泸水赛塘站9时洪峰水位65.92米，超警戒水位0.92米；禾水上沙兰站13时洪峰水位60.71米，超警戒水位1.21米。

6月27日　省水利厅党委发布《关于李慧明等同志职务任免的通知》（赣水党字〔2017〕33号），经2017年3月17日厅党委决定，李慧明任吉安市水文局党组书记、周方平任吉安市水文局副调研员。免去周方平的吉安市水文局局长、中共吉安市水文局党组书记、吉安市水资源监测中心主任职务。

7月2日　文汇江莲花站洪峰水位97.14米，创下历史最高纪录。

7月13日　水利部水文局印发《水文测验质量检查评定办法（试行）》（水文测〔2017〕第88号）。8月11日，省水文局印发《江西省水文测验质量检查评定办法（试行）》（赣水文监测发〔2017〕第18号）。同年10月，吉安市水文局代表江西水文接受部水文局组织的全国水文测验质量检查评定，成绩获优秀。

7月13—14日　省水文局调研员龙兴、监测处处长刘铁林，到吉安局水文局机关、莲花水文站调研水文测验工作。

7月14日　省水文局副局长李世勤一行到吉安局水文局检查指导水文基础设施建设工作。

7月25日　省水利厅党委发布《关于朱嘉俊等同志职务任免的通知》（赣水党字〔2017〕第42号），3月17日决定任命李慧明为吉安市水文局局长、吉安市水资源监测中心主任。

8月4日　省水文局副局长李国文、人事处处长邱启勇等到吉安市水文局专题调研水文系统内设机构改革工作，市局领导、各科室和水文基层站队负责人代表参加调研座谈会。

8月5日　省水利厅印发《全面推行水利工程标准化管理实施方案》（赣水建管字〔2017〕第91号），确定吉安上沙兰水文站为省水利厅考核试点单位，要求在2018年12月底前完成考核评价，达一级工作标准。

8月11日　省水文局印发《江西省水文测验质量检查评定办法（试行）》（赣水文监测发〔2017〕第18号）。

8月15日　吉安市水文局局长李慧明、副局长王贞荣应邀参加省水利厅重大科研项目《赣江中下游防洪系统联合优化调度方案研究》课题研讨会。

9月上旬　吉安市水文局测资科科长林清泉参加长江流域及西南诸河2016年度水文年鉴资料审查验收工作。

9月30日　省水文局印发《江西省水文资料管理办法（试行）》（赣水文资发〔2017〕第11号），规定“各设区市水文局必须向省局书面申请授权后才能提供本辖区内的水文资料”。

10月10—30日　代表江西水文参加全国水文勘测技能大赛的选手及天津市水文总站、西藏自治区山南水文分局以及海委水文局的3名选手在吉安、峡江、上沙兰等水文站进行赛前集训。

10月18—19日　水利部水文局水文测验质量检查专家组到吉安市水文局检查水文测验工作。省水文局调研员刘玉山、水文监测处处长刘铁林、吉安市水文局副局长康修洪陪同检查。

10月　增设安福羊狮慕雨量站和青原天玉等地下水监测站9站。

11月1日　吉安市水文局举办水情业务技术培训班。特邀水利部情报预报中心主任周国良、博士尹志杰现场授课。市水文局领导，各站、队、基地主要负责人，参与水情预报方案编制工作人员，全市水文系统35岁及以下职工50余人参加培训学习。

11月3日　省水文局印发《2017年水文测验质量检查情况通报》（赣水文监测发〔2017〕第23号），吉安市水文局水文测验质量排名前列（第一名）。

11月6日　江西省人民政府网站整改抄告单（赣府公开办抄字〔2017〕第10号），吉安市水文局网站（http：//www.jasw.com.cn/news/index.html）列入整改中。2019年1月，吉安市水文局网站停办，其网站信息纳入江西省水文局网站。

11月18日　吉安市水文局机关搬迁至吉州区吉州大道盛鼎时代公馆1号楼7、8层办公（借用吉安市、吉安县水文巡测基地办公房），市水文局水质科仍留竹笋巷原办公楼办公。

11月21日　江西省港航建设投资有限公司与吉安市水文局签订“新干、峡江水文站专项补偿协议书”，因新干航电枢纽建设影响新干、峡江水文站观测功能，江西省港航建设投资有限公司一次性补偿新干、峡江水文站改建费用237.05万元。

11月25日　西藏自治区山南水文分局副局长尼玛旦增率考察组一行到上沙兰站考察学习，吉安市水文局副局长王贞荣陪同考察。

11月29日　省水文局副局长方少文、余小林等一行，深入吉安市水文局新干、峡江、新田等水文站调研水文测验工作。吉安市水文局局长李慧明等陪同调研。

11月　第六届全国水文勘测技能大赛在重庆举行。代表江西水文参赛的吉安选手龙飞获大赛优胜奖（第28名）。

12月19日　省水文局印发《江西省水文局“5515人才工程”实施办法（试行）》（赣水文人发〔2017〕第34号）。

12月21日　省水文局发布《关于各市（湖）局设立纪检（监察）室的通知》（赣水文人发〔2017〕第37号），经省水文局党委研究，决定在吉安市水文局内部设立监察室。监察室挂靠办公室，定编2人（主任1名、监察员1名），人员独立，专职负责纪检监察工作。

2018年

1月2日　吉安市直机关工委书记方字慕一行到吉安市水文局调研机关党建工作。

1月15日　吉安市水文局党组、市水文局印发修订后的《吉安市水文局党政工作规则》（吉市水文党发〔2018〕第2号）。

1月24日　孤江白沙站最低水位81.82米，创历史最低水位纪录。

2月7日　省水文局调研员龙兴一行到吉安市水文局开展水文在线资料整编测试检查工作。

2月22日　吉安市水文局下发《关于调整内设机构的通知》（吉市水文发〔2018〕第2号），成立吉水、峡江、万安水文巡测中心，永新水文巡测基地更名永新水文巡测中心。调整后，全市划分为遂川、吉安水文勘测队和永新、吉水、峡江、万安水文巡测中心6个片区。永丰水文巡测基地被撤销。

2月27—28日　省水利厅副厅长徐卫明和省防汛办副主任李小强组成汛前准备工作检查组，在省水文局副局长李世勤、水文监测处处长刘铁林、建设管理处处长洪全祥的陪同下，到吉安市峡江、上沙兰、新田等水文站、中小河流水文站井冈山站、山洪水位站水边站实地检查指导汛前准备工作。吉安市水文局局长李慧明等陪同检查。

2月28日　蜀水林坑水文站实测历史最低水位82.80米，相应流量0.543立方米/秒。

3月25—26日　吉安市水文局举办洪水预报方案编制培训班，特邀省局水情处副处长陈家霖等水情预报专家现场授课，水情科、勘测队、巡测中心水情人员参加培训。

5月2日　吉安市水文局党组发布《关于给予林清泉等同志表彰的决定》（吉市水文党发〔2018〕第9号），给予林清泉、兰发云、孙立虎3人记三等功。

5月3日　江西赣江井冈山航电枢纽有限责任公司与吉安市水文局签订“赣江井冈山航电枢纽专业项目设施复（改）建补偿协议书”，因赣江井冈山航电枢纽影响栋背、遂川水文站观测功能，江西赣江井冈山航电枢纽有限责任公司一次性补偿栋背、遂川水文站改（迁）建费用714.3万元。

5月7日　江西省吉安职业技术学院16水利工程班举办了主题为“行动起来，减轻身边的灾害风险”班会活动。邀请吉安市水文局防灾专家讲授防灾减灾专题知识。这是吉安市水文局广泛开展防汛减灾进农村、进社区、进校园宣传活动的一次实际行动。

5月14日　吉安市水文局获“第九届市级文明单位”称号，受到吉安市委、市政府表彰。

5月　吉安市水文局制定《吉安市水文应急预案》。该应急预案包括《吉安市防汛抗旱水文测报应急预案》《吉安市水文局水污染事件水文应急预案》《吉安市水文局生产安全事故应急预案》三个应急预案及各预案的年度实施方案。

6月8日　蜀水大水，万安林坑水文站洪峰水位90.95米，超警戒水位4.45米，超历史实测最高水位1.63米，创下历史最高水位纪录，水文测桥及自记水位计房（缆道房）被淹1米多，测桥及缆道测流机电被冲毁。堎尾水位站自记水位计房被淹，水位观测仪器被毁。新江水文站遥测雷达波测流缆索被冲垮，观测码头及河岸护坡被冲毁。蜀水沿江两岸通信、电力、交通中断，损失严重。

6月28日　吉安市水文局印发了《吉安市水文局水文资料整编工作改革实施方案》（吉市水文测资发〔2018〕第16号），资料整编工作采用即时整编，资料整编工作方式发生了根本转变。

7月24—25日　省水文局副局长李世勤、水文监测处处长刘铁林、计财处处长陈祥一行，到吉安市水文局开展水文发展不平衡不充分专题调研工作。

7月31日　水利部水文局发布的《全国洪水作业预报管理办法》（办水文〔2018〕第152号），对2008年《全国洪水作业预报管理办法（试行）》进行了修订，自发布之日起实施。

7月31日—8月2日　省水利厅副厅长徐卫明、省防汛办常务副主任李小强、省防汛办综合科科长蒋卫东一行，到吉安水文基层站队调研水文监测改革工作。省水文局副局长方少文、李国文等陪同。

9月7—8日　吉安市水文局举办了吉安水文勘测技能竞赛，刘午凤获综合成绩一等奖，郭文峰、杨晨获综合成绩二等奖，丁吉昆、罗德辉，谢储多获综合成绩三等奖。其中刘午凤获得理论考试、内业计算、三等水准测量、浮标法流量监测四个单项第一，丁吉昆获得电波流速仪法流量监测、溃口测量两个单项第一，谢储多获得遥控船ADCP法流量监测单项第一。

9月上旬　吉安市水文局测资科科长林清泉参加长江流域及西南诸河2017年度水文年鉴资料审查验收工作。

9月13日　省水文局党委副书记方少文带队，并特邀北京师范大学水科学研究院院长章四龙教授到吉安市水文局调研水文信息化建设工作。

10月1日　受井冈山航电枢纽建设影响，栋背水文站将上迁至万安县城，更名为万安水文站，10月1日正式开展水位观测工作。

10月17日　万安县人民政府办公室印发《栋背水文站迁建用地现场协调会会议纪要》（万府办字〔2018〕第314号）。9月20日上午，万安县委副书记、县长刘军芳主持召开栋背水文站迁建用地现场协调会，会议原则同意栋背水文站迁建至水电站大坝下游约5千米处的五丰镇内。会议现场确定水文站水位房、测船码头、水尺等监测设施建于万安赣江大桥下游约1000米处（赣江左岸滨江公园广场），办公场所用地定于万安赣江大桥下游约1250米处（老鄱塘码头旁），具体四址由万安县住建局、县国土资源局、县水文巡测中心、万安县五丰镇政府现场勘定。

10月中旬　江西省“振兴杯”水利行业职业技能竞赛暨第七届全省水文勘测技能大赛在抚州举行。刘午凤、郭文峰分别获一等奖、二等奖（第一名、第二名），刘午凤获电波流速仪测流单项第一。吉安市水文局获勘测技能大赛优秀组织奖。

10月31日　万安县人民政府办公室抄告单（万府办抄字〔2018〕第1137号）给万安县国土资源局，同意在万安赣江大桥下游约1250米处（老鄱塘码头旁）附近选址建设万安水文站，面积为2300平方米，以国有划拨方式供地。

11月6日　省水利厅直机关党委副书记占任生一行到吉安市水文局调研党建工作。

11月7日　省水文局党委委员、纪委书记章斌带队到吉安水文扶贫点——永新县在中乡在中村督查脱贫攻坚工作，吉安市水文局局长李慧明参加并接受省局督查。

11月21日　省水利厅人事处处长戴金华、省水文局人事处处长邱启勇一行到吉安市水文局与市局领导班子成员谈心、谈话。

11月26—28日　吉安市水文局局长李慧明参加由水文局组织的赴中国水利水电科学研究院、北京师范大学、相关公司开展的水情调研活动。

12月18日　北京艾力泰尔信息技术股份有限公司与吉安市水文局签订合同，由北京艾力泰尔信息技术股份有限公司承接“吉安市水库预报及调度系统”的研发。“吉安市水库预报及调度系统”由洪水预报软件系统、水库调度软件系统、水雨情监视系统和纳雨能力分析软件系统组成。研发经费120.8万元。

12月21日　省水文局副局长李国文先后到上沙兰水文站、永新巡测中心实地调研非汛期工作情况。吉安市水文局局长李慧明陪同调研。

12月28日　省水文局发布《关于公布首批“5515人才工程”人选名单的通知》(赣水文人发〔2018〕第32号),罗晶玉、班磊荣入全省水文中坚人才,龙飞、潘书尧荣入全省水文专业技术人才(水文测验专业人才),王贞荣荣入全省水文专业技术人才(水情专业人才),唐晶晶荣入全省水文专业技术人才(水资源专业人才),冯毅、刘午凤、郭文峰荣入水文高技能人才。

12月11日　上沙兰站标准化管理工作通过了省水利厅测站标准化管理建设考核验收,达一级标准。赛塘站标准化管理工作通过了省水文局测站标准化管理建设考核验收,达一级标准。

12月17日　省水文局发布《突发性水污染事件应急监测技术标准(试行)》(赣水文发〔2018〕第12号)。

是年　省水文局恢复颁发《测站任务书》。《测站任务书》由市水文局编制,报省水文局审核后颁发实施。

是年　增设水位自动监测站32站,降水量自动监测站20站。

2019年

3月27日　吉安市水文局印发《青年职工水文业务技能培训工作方案》(吉市水文人发〔2019〕第7号)。对全市水文系统35周岁及以下青年职工,全部进行分期培训,培训内容主要有水文业务知识与操作技能、井冈山与水文精神等红色教育,全面提升水文业务知识和技术水平。

3月　吉安市委、市政府相关部门先后发布文件,对市直单位2018年度工作进行表彰通报。吉安市水文局2018年社会治安综合治理工作、计划生育工作荣获优秀,绩效管理工作荣获良好。

4月4日　省水文局印发《关于2018年度水文工作考核结果的通报》(赣水文发〔2019〕第8号),吉安市水文局获综合成绩考核第一名,获水文监测、水情服务、建设管理、通信信息化、党建工作、人事工作、和谐平安建设、班子建设和民主测评、省局党委评价等九个单项第一名。

4月8日　吉安市水文局印发《吉安市水文局重大舆情事件应急处置方案》(吉市水文办发〔2019〕第5号)。

4月19日　吉安市水文局印发《关于成立水文专业技术团队的通知》(吉市水文人发〔2019〕第9号)。决定组建“水文监测、水情、水资源、水生态、水文信息化”5个水文专业技术团队,提升行业管理能力,逐步培养和造就一批优秀的水文行业领军人才,形成技术领军人才、骨干人才、基础人才的人才梯队。

是日　吉安市水文局印发《关于成立义务消防员队伍的通知》(吉市水文办发〔2019〕第6号),决定成立义务消防员队伍,这是吉安市水文局首次组建的一支义务消防员队伍。

4月　刘午凤、郭文峰2人均获江西省人力资源和社会保障厅及共青团江西省委员会授予的“江西省青年岗位能手”、江西省人力资源和社会保障厅授予的“江西省技术能手”荣誉称号。

5月5日　吉安市水文局局务会决定,机关年轻中层干部、“5515人才工程”人选、青年党员参与防汛值班。

5月9日　湖南省水文局党委书记、局长郭世民率考察组一行到吉安市水文局机关、上沙兰水文站、井冈山水文站实地调研监测改革和文化建设。省水文局调研员刘建新、吉安市水文局局长李慧明等相关领导陪同调研。

5月10日　省水利厅印发《关于给予谢元鉴等同志表彰的决定》(赣水人事字〔2019〕第

11号)，给予李慧明记三等功。

5月17日　省水利厅副厅长蔡勇一行到吉安市水文局调研基层水文和党建工作，水利厅直机关党委专职副书记龚晓明，省水政监察总队长詹耀煌，省水文局党委委员、纪委书记章斌，吉安市水文局局长李慧明等陪同调研。

5月23日　吉安市水文局党组发布《关于给予周国凤等同志表彰的决定》(吉市水文党发〔2019〕第2号)，给予周国凤、谢小华、刘午凤3人记三等功。

5月31日　水利部颁发《水文基础设施及技术装备管理规范》(SL/T 415—2019)，替代SL 415—2007和SL 416—2007，自2019年8月31日起实施。

6月6—10日　吉安市普降大暴雨，多地特大暴雨。全市平均降雨量216毫米，12县(市、区)422站超过200毫米，其中7县(区)135站超过300毫米，6县(区)26站超过400毫米。受强降雨影响，吉安市各江河水位快速上涨，吉安各级河流均发生超警戒水位洪水，赣江及其一级支流禾水、泸水、乌江、孤江、蜀水、同江、消河8条河、13个水文站、发生14站次超警戒水位洪水。

6月9日　消河彭坊站出现洪峰水位46.93米的大洪水，创下历史最高纪录；孤江白沙站洪峰水位89.97米，为历史第二大纪录。

6月10日　泸水赛塘站洪峰水位67.45米，为迁站以来的最大洪水，属本站历史第二大洪水，站院受淹。

6月11—15日　罗晶玉、龙飞2人到江西省水利职业学院参加省水利厅2019年第一期优秀年轻干部培训班。

6月21日　省水利厅印发《江西省主要江河洪水编号规定(试行)》(赣水防字〔2019〕第18号)。规定当吉安水文站水位达到或超过50.50米应进行洪水编号；对于复式洪峰，当两峰间隔大于12小时且水位明显回涨并达到编号标准时，按出现洪峰的时间顺序分别编号。

6月21—23日　全市普降暴雨，局部大暴雨。受强降雨影响，吉安市各江河水位快速上涨，同江出现超警戒水位洪水，是1970年以来最大洪水。

6月　江西省妇女联合会授予刘午凤“江西省巾帼建功标兵”称号。

7月7—9日　吉安市出现强降雨过程，大暴雨中心主要集中在安福、永新、吉安县至永丰、峡江、新干一带。全市平均降雨量171毫米，其中永新县244毫米最大，峡江县236毫米次之，安福县233毫米第三，共9县(市、区)325站降雨超过200毫米，笼罩面积9400平方千米。受上游来水及降雨影响，除遂川江、孤江外，赣江干流吉安城区至峡江县河段、蜀水、泸水、禾水、乌江、同江均出现超警戒水位洪水过程，且多条河流出现连续2～3个洪水过程，赣江2019第4号洪水在中游形成。

7月31日　水利部水文司副司长魏新平、处长余达征、处长高俊杰组成的调研组到上沙兰水文站调研水文监测、预测预报，以及水文现代化建设等工作。省水文局副局长李国文、水文监测处处长刘铁林、吉安市水文局局长李慧明等陪同。

9月2日　由省水文局局长方少文、省水利厅政法处副处长苏立群、省水文局办公室主任汪凤琴、政法处欧飞军组成的调研组到吉安开展《江西省水文管理办法》执法监督调研工作。吉安市政府办副秘书长、市水利局和市水文局主要负责人及相关人员参加座谈会。

9月6日　吉安市水文局党组印发《中共吉安市水文局党组选拔任用干部工作议事规则》(吉市水文党发〔2019〕第18号)。

9月6—30日　吉安市水文局副局长王贞荣赴西藏自治区水文分局开展水文勘测技能技术援助。

9月9—11日　吉安市水文局副局长康修洪一行3人到长江水利委员会水文局长江三峡水文水资源勘测局调研水文气象综合试验场及漂浮水面蒸发观测场建设工作。

9月10日　省水利厅、省发展和改革委员会印发《江西省水文事业发展规划(2017—2035年)》(赣水规计字〔2019〕第21号)。

是日　省水文局印发《江西省中小河流水文测站测验指导意见》（赣水文监测发〔2019〕第23号）。

9月15—21日　省水文局举办全省水文系统水文测报中心负责人暨优秀年轻干部管理能力提升培训班，吉安市水文局共11人参加培训。

9月17日　水利部印发《水文现代化建设技术装备有关要求》（办水文〔2019〕第199号）。

9月22日　省水利厅发布《关于〈江西省水文监测改革实施方案〉的批复》（赣水防字〔2019〕第20号），将吉安市划分为7个水文监测区，吉安市水文局管理的莲花县区域内水文测站全部纳入萍乡测区范围，归属宜春水文局管理。

9月27日　省水文局党委印发《关于熊忠文等同志职务任免的通知》（赣水文党字〔2019〕第37号），经2019年8月2日省水文局党委研究决定，并经省水利厅批复（赣水人事字〔2019〕第26号）同意，任命周国风为吉安市水文局副局长、吉安市水资源监测中心副主任。

9月30日　水利部颁发《水文应急监测技术导则》（SL/T 784—2019），从2019年12月30日起实施。

10月8—10日　第八届江西省水文勘测技能大赛在南昌举行。丁吉昆获综合成绩第一名，谢储多获综合成绩第四名；丁吉昆获测船测深取沙、地形测量、内业操作考试三个单项第一名，吉安市水文局获团体总分第二名。

10月17日　赣江峡江水文站实测历史最低水位33.46米，相应流量236立方米/秒。

10月23日　新干、永新水位站实测历史最低水位分别为27.75米和107.40米。

10月25日　省水文局印发《江西省水文监测改革实施方案》（赣水文人发〔2019〕第18号）。

11月5日　吉安市水文局副局长康修洪到新疆维吾尔自治区克州水文水资源勘测局指导帮助撰写岸线规划项目，历时40天。

11月13日　水利部颁发《水利安全生产标准化通用规范》（SL/T 789—2019），从2020年2月13日起实施。

11月20日　省水文局党委印发《关于熊忠文等同志任职的通知》（赣水文党字〔2019〕第45号），任命周国风为中共吉安市水文局党组成员。

是日　西藏自治区山南水文分局考察组一行到吉安市水文局考察交流工作。

11月21日　乌江新田水文站实测历史最低水位47.57米，相应流量3.06立方米/秒。

12月9日　彭坊水文站实测历史最低水位41.81米，相应流量0.265立方米/秒。

12月11日　吉安市委常委、副市长范圣权到吉安市水文局调研水文工作，先后到市局机关、吉安水文勘测队实地查看了解情况，看望水文职工。吉安市水文局局长李慧明陪同调研。

12月12日，省水文局发布《关于吉安市水文局监测新技术评估报告的批复》（赣水文监测发〔2019〕30号），同意峡江站浮标式ADCP、遂川站固定三探头雷达波可用于常规测验，同意栋背、赛塘、新田、白沙、永新、彭坊、滁州等7站取消水面蒸发人工观测，采用自动蒸发观测。从此，全市国家基本蒸发站蒸发量观测全部采用自动观测、存储和传输。

是日　滁州水文站实测历史最低水位23.63米，相应流量1.54立方米/秒。

12月13日　泸水赛塘水文站实测历史最低水位59.57米，相应流量3.20立方米/秒（为历史最小流量）。

12月17日　江西省峡江水利枢纽工程管理局与吉安市水文局签订《吉安水文实验站用地协议》。江西省峡江水利枢纽工程管理局同意将吉安水文实验站建设用地约15亩无偿给吉安市水文局使用。

12月18—19日　江西省首届水文预报技术竞赛在南昌举行，吉安市水文局罗德辉获三等奖。

12月26日　吉安市水文局党组印发《吉安市水文局工作规则（试行）》（吉市水文党发〔2019〕第25号）和《中共吉安市水文局党组工作规则（试行）》（吉市水文党发〔2019〕第25号），从

2020年1月1日起执行。

是月　《吉安市水库预报及调度系统》通过验收。

2020年

1月2日　省水利厅发布《关于我省国家基本水文站站网调整的批复》（赣水防字〔2020〕第1号），遂川、永新、井冈山专用水文站升级为国家基本水文站，栋背水文站迁万安县城更名为万安水文站，撤销毛背、杏头水文站。至此，全市国家基本水文站为17站。

1月8日　省水文局发布《关于吉安市水文局万安水文站建设方案的批复》（赣水文建管发〔2020〕第1号），基本同意实施万安水文站建设方案，根据水利部长江水利委员会发布的《关于赣江井冈山水电站建设对水文站影响的批复》（长许可〔2012〕第244号），在满足国家基本水文站网布设的要求下，将栋背水文站迁建至万安水电站下游5千米的万安县五丰镇。基本同意建设方案提出的任务与规模。

1月18日　省水利厅任命周方平为吉安市水文局四级调研员（职级套转），免去吉安市水文局副调研员职级。

1月21日　根据《中华人民共和国公务员法》，省水文局发布《关于罗辉等同志职级套转的通知》（赣水文人发〔2020〕第4号），任命吉安市水文局二级主任科员34名（职级套转），原任主任科员自然免除。

是日　省水文局党委书记、局长方少文一行到峡江指导峡江水文站水位井改建和吉安水文实验站建设工作，慰问项目建设工作人员。

是日　禾水上沙兰水文站实测历史最低水位54.68米，相应流量5.98立方米/秒。

1月27日　吉安市水文局成立新型冠状病毒感染肺炎疫情防控工作领导小组，并要求各队、中心严格按照属地管理的原则，加强各队、中心职工的动态管理，做到联防联控、群防群控，同时将疫情防控工作作为春节值班工作的重要内容。

2月18日19时　吉安泰和石虎塘航电枢纽因受船闸闸室临水墙坍塌影响，开闸泄流。吉安市水文局迅速行动，及时准确地提供水情分析，为水库泄流提供技术支撑。

2月21日　为探索测报中心体制下的县域水文服务，以优质的水文服务跟进地方需求，吉安市水文局党组决定，成立安福县水文机构筹备小组，筹建安福水文测报分中心。

2月25日　赣江泰和水位站实测历史最低水位52.48米。

3月12日　省水文局发布《关于调整“5515人才工程”人选名单的通知》（赣水文人发〔2020〕第6号），龙飞、罗晶玉、班磊荣入全省水文中坚人才，潘书尧荣入全省水文专业技术人才（水文测验专业人才），王贞荣荣入全省水文专业技术人才（水情专业人才），唐晶晶荣入全省水文专业技术人才（水资源专业人才），丁吉昆、冯毅、刘午凤、郭文峰、侯林丽荣入水文高技能人才。

3月25日　原吉安市水文局副调研员、副局长邓红喜因病逝世，享年65岁。

3月　增加水库水位自动监测站51站，降水量自动监测站27站。

4月3日　吉安市水文局召开了专题会议，会议主要内容为：一是根据省水利厅发布的《关于〈江西省水文监测改革实施方案〉的批复》，对基层水文机构作了更名，统一称为“江西省×××水文测报中心”；二是成立了吉安城区水文测报中心和吉安水文测报中心筹备小组，力争5月1日前完成筹备工作。

是日　吉安市水文局党组会议决定，成立安福水文测报分中心，即日起运行。安福水文测报分中心负责安福县境内的水文工作。

4月7日　吉安市委副书记、市长王少玄，市委常委、副市长范圣权，副市长李克坚到吉安水文站调研水文防汛工作，并对水文部门进一步做好防汛测报提出了具体期望相关要求。

4 月 23 日　省水文局党委委员、纪委书记章斌一行到吉安市水文局督导 2020 年重点工作及创新工作开展情况。

4 月 24 日　吉安市水文局局长办公会议认为，由于没有足够的注册测绘类专业技术人员，不能满足保留测绘资质的要求，决定注销测绘资质。

4 月 26 日　省水文局发布《关于 2019 年度全省水文系统平安建设（综治工作）先进单位的通报》（赣水文办函〔2020〕第 5 号），吉安市水文局获 2019 年度全省水文系统平安建设（综治工作）先进单位。

4 月 29 日　吉安水文实验站实验楼土建工程正式开工。吉安水文实验站是《全国水文实验站网规划》中 56 处水文实验站之一，属中央投资项目。

4 月 30 日　吉安市平安吉安建设领导小组发布《关于表彰 2019 年度全市平安建设（综治工作）先进集体的通报》（吉平安组发〔2020〕第 4 号），吉安市水文局获 2019 年度全市平安建设（综治工作）优秀单位。

5 月 9 日　吉安市水文局发布《关于给予张学亮等同志表彰的决定》（吉市水文人发〔2020〕第 7 号），给予张学亮、许毅、周润根、郝杰、刘海林、甘金华 6 人记三等功。

5 月 14—15 日　水利部水文司检查组在吉安市水文局开展水文测报监督检查工作。

5 月 20 日　省水利厅党委印发《关于詹耀煌等同志职级任免的通知》（赣水人事字〔2020〕第 13 号），任命李慧明、周方平为吉安市水文局三级调研员。免去周方平的吉安市水文局四级调研员职级。

是日　省水利厅监督处二级调研员王安一行在井冈山市防汛办主任杨云志的陪同下到井冈山水文站督查山洪灾害防御工作。

5 月 22 日　中共吉安市水文局党总支召开全体党员大会，增补班磊为总支委员。

是日　吉安市水文局工会委员会召开职工代表大会，增补班磊为工会委员会委员。

是日　中共吉安市水文局党总支召开总支委员会议，并报吉安市直机关工委批复同意，罗晶玉不再担任总支书记职务，周国凤任总支书记，刘海林任总支专职副书记，班磊任宣传委员，其他同志分工不变。

6 月 4—5 日　省水文局党委书记、局长方少文一行至吉安水文基层测报中心调研指导水文测报工作。

6 月 5 日　吉安市委副书记杨丹一行到吉安市水文局调研防汛测报服务工作。市委副秘书长洪海波、市应急管理局副局长兼市水利局党委委员胡勤、市委办公室二科科长郭云华陪同调研。

6 月 9 日　省水文局发布《关于公布全省 2018、2019 年国家基本水文站标准化管理达标名单的通知》（赣水文建管发〔2020〕第 12 号），2018 年上沙兰、赛塘站达一级标准，2019 年吉安、仙坑、林坑、白沙、莲花、彭坊、新田、峡江站达一级标准。

7 月 11 日　全省启动防汛一级应急响应，吉安市水文局先后派出 6 人前往赣北防汛抗洪一线支援水情预报和水文测报工作。

7 月 17 日　吉安市水文局邀请吉安市直机关工委书记何新春为局机关党员干部举办了题为《从井冈山精神中汲取智慧和力量》的专题讲座。

7 月 24 日　水利部颁发《水利水电工程水文计算规范》（SL/T 278—2020），替代 SL 278—2002，自 2020 年 10 月 24 日起实施。

是日，省水文局发布《关于受井冈山航电枢纽建设影响栋背水文站迁建工程实施方案的批复》（赣水文建管发〔2020〕第 19 号），同意实施栋背水文站迁建等工程。

8 月 13 日　吉安市水文局邀请法律顾问、吉安市政协常委沈胜寒为全体员工开展“弘扬法治精神　保障人民权益”为主题的民法典知识讲座。

8 月 28 日　省水利厅党委印发《关于史小玲等同志职级晋升的通知》（赣水人事字〔2020〕第

22号），任命王贞荣、康修洪为吉安市水文局四级调研员。

9月20—24日　江西省水文局第二届水质监测技能竞赛在九江举行，大赛分理论、高锰酸盐指数测定、邻二甲苯测定三个项目的竞赛项目，吉安市水文局获团体总分排名第三名，牛自强获单项邻二甲苯测定第三名。

10月13—16日　江西省“振兴杯”水利行业职业技能大赛暨第九届全省水文勘测技能大赛在宜春高安举行。丁吉昆获综合成绩第一名，罗德辉获综合成绩第三名；丁吉昆获理论考试单项第一名，罗德辉获内业计算单项第一名，魏超强获流速仪拆装单项第一名。

10月22日　水利部部长鄂竟平签发第51号水利部令：《水文监测资料汇交管理办法》已经2020年9月8日水利部部务会议审议通过，现予公布，自2020年12月1日起施行。

10月30日　水利部颁布《水文监测监督检查办法（试行）》（水文〔2020〕第222号），本办法自印发之日起施行。

11月2日　水利部颁布《水文资料整编规范》（SL/T 247—2020）替代SL 247—2012和《水文年鉴汇编刊印规范》（SL/T 460—2020）替代SL 460—2009，两规范自2021年2月2日起实施。

11月27日　省水文局党委书记、局长方少文在省水文局党委委员、一级调研员刘建新和建设管理处处长洪全祥的陪同下来到吉安水文实验站和峡江水文站进行调研指导。

12月2日　省水利厅党委印发《关于邹崴等同志职级任免的通知》（赣水人事字〔2020〕第32号），任命李慧明、周方平为吉安市水文局二级调研员，免去李慧明、周方平为吉安市水文局三级调研员职级。

12月3日　吉安市水文局和宜春水文局在莲花水文站签订了《莲花水文站交接备忘录》，莲花水文站及莲花县水文工作从2021年1月1日起一揽子移交至宜春水文局管理。省水文局副局长李国文、总工刘建新、建管处处长洪全祥、监测处处长刘铁林、人事处蒋卫华、吉安市水文局局长李慧明、宜春水文局局长熊海源等参加签订仪式。

12月4日　吉安市水文局局长办公会议认为，吉福、峡江、泰和、藤田站20厘米口径蒸发器蒸发量观测，未纳入国家水文监测站网，且观测场地不符合规范要求，决定从2021年1月1日起，停测吉福、峡江、泰和、藤田站20厘米口径蒸发器蒸发量观测。

12月6日　省水文局印发《〈江西省水文资料整编汇编〉补充规定（暂行）》（赣水文资发〔2020〕第2号），从2021年1月1日起施行。

12月7日　省水文局发布《关于吉安市水文局万安水文站测验方案的批复》（赣水文监测发〔2020〕第13号），同意自2021年1月1日起，万安水文站按照驻测方式和要求开展水位、流量测验工作；栋背水文站停测流量项目，按照巡测方式和要求保留蒸发量、降水量、水位测验项目，采用自动监测。

12月22日　省水文局发布《关于表扬全省水文系统抗击新冠肺炎疫情先进集体和个人的通报》（赣水文人发〔2020〕第33号），吉安市水文局办公室荣获“先进集体”称号，班磊、潘书尧2人荣获“先进个人”称号。

是年年底　全市水文职工在职人员119人，其中：二级调研员2人、四级调研员2人、正科级领导10人、二级主任科员28人、副科级领导7人（二级主任科员兼任副科级领导职务的，统计在二级主任科员内）、四级主任科员15人、科员及以下42人，工勤人员13人。

是年年底　水文站网为：水文站39站（其中国家基本17站，非基本22站），水位站181站（其中国家基本2站，非基本179站），雨量站572站（其中国家基本站82站，非基本站490），地下水站11站，墒情站85站（其中固定站20站、移动站65站），水质站80站。监测项目有：流量39站、水位220站、悬移质泥沙4站、悬移质泥沙颗粒分析2站、水温4站、降水量788站、蒸发量11站、地下水11站、墒情85站、地表水水质80站、大气降水水质13站、水生态2站。

第一篇 水文环境与特征

吉安市位于江西省中西部，位于东经 113°46′～115°56′、北纬 25°59′～27°58′。全市总面积 25271 平方千米，截至 2020 年，全市常住人口总数为 4469176 人。

吉安市位于湘赣交界部罗霄山脉东麓，属山地丘陵区，平均海拔 200 米。全市山地占全市总面积的 51%，平原与岗地占全市总面积的 23%，水面约占全市总面积的 4%。境内河流众多，水系发达，江西省第一大河流赣江从南向北贯穿吉安市境内 8 个县（区）。

吉安市为江西省多雨地区之一，降水主要受季风影响，其水汽主要来自太平洋西部的南海，其次是东海和印度洋的孟加拉湾。春季有梅雨，夏季暴雨多，秋季高温易旱，冬季降水稀少，从而决定全市水文特征的变化，既有明显的规律性，又有年内分配不均、年际变化大和各地区差异大的特征。全市河川径流量变化趋势和降水量变化趋势一致，境内水资源丰富，但洪枯水时，水资源总量差异很大，地区之间极不平衡。

第一章 自然环境

第一节 地理位置

吉安市位于江西省中西部，是举世闻名的革命摇篮井冈山所在地。全市南北长约 218 千米，东西宽约 208 千米，东接抚州市的崇仁县、乐安县和赣州市的宁都县、兴国县，南邻赣州市的赣县、上犹县、南康市，西连湖南省的桂东县、炎陵县、茶陵县和江西省萍乡市莲花县，北靠萍乡市芦溪县和宜春市袁州区、樟树市、丰城市及新余市渝水区、分宜县，总面积 25271 平方千米，占全省总面积的 15.1%。

吉安市地处江西省赣江走廊中部，位于赣江中游段，是江西省内南北水陆交通要冲地区。沿着京九铁路和高速公路，向北可达长江中游经济带腹地鄱阳湖生态经济区，向东可抵长江三角洲经济圈和闽浙沿海经济发达地区，向南直通广东珠江三角洲经济发达地区。吉安市处于长江经济带和沿海经济带的辐射半径范围内。市政府驻地吉州，距省会南昌市公路里程 219 千米，距首都北京铁路里程 1800 千米。

吉安市水文局监测区域包括吉安市辖 13 个县（市、区）和萍乡市莲花县，总面积 26240 平方千米（其中吉安市总面积 25271 平方千米、莲花县总面积 969 平方千米）。

第二节 行政区划

吉安古称庐陵、吉州，在漫长的历史进程中，政区设置历经变化。1312 年（元皇庆元年）取吉阳、安成首字合称为吉安。

1949 年 5 月 22 日至 8 月 15 日，吉安境内 12 县 1 市成立各县（市）人民政府。同年 6 月 30 日成立吉安分区，8 月 27 日成立赣西南行政区。吉安分区受赣西南行政区和江西省政府双重领导，境内 12 县 1 市除新淦县属南昌分区外，均属吉安分区。

1950 年 9 月，吉安分区改吉安区。

1951 年 6 月 17 日，撤赣西南行政区，吉安区直属省政府领导。

1952 年 9 月，新淦（1957 年改称新干）县改属吉安区（1956 年 1 月，清江县亲睦乡划入新淦县）。

1953 年 1 月 7 日，吉安市改镇；11 月 28 日恢复市。

1955 年 3 月，吉安区改吉安专区。

1958 年 11 月 13 日，吉安县市合并，称吉安市；1959 年 6 月，恢复吉安县、吉安市。

1968 年 2 月，吉安专区改井冈山专区。1971 年 1 月，井冈山专区改井冈山地区。1979 年 7 月，井冈山地区改吉安地区。

1981 年 10 月，设立井冈山县；1984 年 12 月，井冈山县改井冈山市。

1992 年 6 月，莲花县划归萍乡市。

2000年5月11日，经国务院批准，撤销吉安地区，设立地级吉安市；8月18日，正式挂牌成立吉安市人民政府。同时，撤县级吉安市，成立吉州区（原吉安市老城区、樟山镇和吉安县曲湖、兴桥、长城乡属吉州区）和青原区（原吉安市河东乡、天玉镇和吉安县赣江以东的东固、富田、云校、新圩、值夏以及吉水的富滩、临江等乡镇属青原区）。并将宁冈县与井冈山市合并，组建新的县级井冈山市，直隶江西省，吉安市代管。

吉安市现辖10县2区1市（即遂川县、万安县、永新县、安福县、泰和县、吉安县、吉水县、永丰县、峡江县、新干县和吉州区、青原区以及井冈山市），共233个镇（乡、场、街道）。

第三节 自 然 地 理

吉安市地貌形态及其分布受地质构造控制明显。地层受加里东运动影响褶皱隆起，形成南北走向的紧密等斜褶皱和伴生断裂，随后受印支及燕山运动影响，使构造继承复合，喜马拉雅运动时仍不断上升，因而形成本市西部山高坡陡，河谷深切的褶皱断块低山和中山地貌。山麓边缘及其延伸地带又因印支和燕山运动影响而成开阔褶皱，高丘和中丘地貌形成。中生代早期，吉安市处于上升剥蚀期，后又经历地质运动和长期风化剥蚀以及流水的侵蚀冲刷，使地层微倾，地形波状起伏，冲沟发育，红色坡积层残积广泛分布。山地以变质岩、花岗岩为主；丘陵地区以砂岩、红砂岩为主；岗地以红砂岩、红土为主；河谷平原带则有大量河流冲积物堆积。地质构造岩性和地貌之间关系密切，具有鲜明的规律性。不同时代的地层，在其他条件相似的情况下，因岩性差别，造成风化物形状、质地和厚度的较大差异，也直接影响到土壤的结构、质地和厚度。

吉安市位于湘赣交界部罗霄山脉东麓，属山地丘陵区，平均海拔200米。全市最高峰为遂川县西部与湖南省交界的罗霄山脉南风面，海拔2120米，也为江西省的第二高峰。安福县武功山金顶海拔1918米，著名的井冈山五指峰海拔1597.6米。全市最低点是新干县三湖镇的刘家坊一带平原地区，海拔25米。峡江县以上自赣江向外扩展，地貌依次呈河漫滩、岗地、丘陵、山地等阶梯状分布。地势东、南、西部三面环山，南高北低，整个地势由南向北徐徐倾斜，以赣江干流为轴线，两岸地势低平，丘陵、小盆地众多，构成以吉安、泰和为中心的江西最大的红岩盆地（吉泰盆地）。峡江县以下，属鄱阳湖冲积平原区，地势平坦，河谷切割较浅。山地占全市总面积的51%，平原与岗地占全市总面积的23%，水面约占全市总面积的4%，可概括为“七山半水两分田，半分道路和庄园”。东西两面的高山将众多的溪流汇集成22条主要支流集中流入赣江，赣江由南向北贯穿万安、泰和、吉安、青原、吉州、吉水、峡江、新干八个县（区）。从赣江向外扩展，地貌依次呈河漫滩、岗地、丘股、山地等的阶梯状分布。

吉安市植被良好，生态资源丰富多样，山林总面积达173万公顷，森林覆盖率达65.5%。地下矿藏有煤、铁、钨等50多种，探明矿石储量12亿吨。水力资源丰富，多年平均水资源量达224.2亿立方米，可供开发的水能资源达157万千瓦。

吉安市地处亚热带湿润季风气候区，气候温和，雨量充沛，热量丰富，雨热同季，光照充足，四季分明。具有夏冬季长，春秋季短，春寒夏热，秋干冬阴，无霜期长等气候特点。春夏之交梅雨连绵；夏季多为副热带高压控制，多偏南风；夏秋之际还受台风影响，常伴有局部暴雨。吉安市受暴雨影响常遭受洪涝灾害。全市多年平均气温为17～19℃，历年各月平均气温以1月为最低，7月为最高。相对湿度为70%～80%。

第四节 水 系 河 流

全市境内河流众多，水系发达，河流均属赣江水系。

赣江是江西的母亲河，是江西省第一大河流，赣江在吉安市境内为中游段。

赣江在赣州市由章水、贡水汇流而得名，章水与贡水汇合口处是赣江中游段的起始点，正好也是万安水库的入库点。

据2011年江西省第一次水利普查成果，赣江发源于瑞金市日东乡日东林场，地处东经116°21′11.4″，北纬25°57′59.8″；河口位于永修县吴城镇望湖亭下赣、修二水交汇处，地处东经116°00′50.6″，北纬29°11′42.8″。流域面积82809平方千米，主河道长823千米，主河道纵比降0.273‰。赣州市以上为赣江上游段，河段长312千米，河道纵比降0.463‰；赣州市至新干县城为赣江中游段，河段长303千米，河道纵比降0.203‰；新干县城以下为下游段，河段长208千米，河道纵比降0.089‰。

赣江自万安县涧田乡良口进入吉安市境内，由南向北流经吉安市万安县、泰和县、吉安县、吉州区、青原区、吉水县、峡江县、新干县共6县2区，至新干县三湖镇蒋家出境。境内河道长约264千米，天然落差54米，干流吉安段区间流域面积为26251.7平方千米，占赣江流域总面积的31.7%。

赣州至万安县城间94千米，河床多礁石、险滩。自古闻名的“万安十八滩”素为舟师所忌。现已被万安水库淹没，天堑变通途，500吨航船可直抵赣州。

按赣江流域规划，本市境内赣江上现已建有万安水电站、井冈山航电枢纽、泰和石虎塘航电枢纽、峡江水利枢纽、新干航电枢纽5座大型水利工程。

按水文站网规划，本市境内赣江上现有水文水位站：万安水文站（位于万安县五丰镇，2018年设立），栋背水文站（位于万安县百嘉镇，1957年设立），泰和水位站（位于泰和县澄江镇，1939年设立），九龙水位站（位于吉安县凤凰镇，2018年设立），芳洲水位站（位于青原区值夏镇，2018年设立），永和水位站（位于吉安县永和镇，2018年设立），吉安水文站（位于吉安市吉州区，1929年设立）、吉水水位站（位于吉水县文峰镇，1950年设立），峡江水文站（位于峡江县巴邱镇，1947年2月设立）、新干水位站（新干县金川镇，1951年设立）。

流域面积大于10平方千米的河流共748条[1]，河网密度为0.4。直接汇入赣江且流域面积在10平方千米及以上的一级支流有73条、二级支流有268条、三级支流有266条、四级支流有117条、五级支流有23条、六级支流有1条。其中赣江一级支流小良河，流域面积13平方千米，河源位于赣州市赣县区湖江镇湖田村枫树下文峰山，河口位于万安县涧田乡良富村松石下，在吉安市境内长度只有310米，是在吉安市境内河流长度最短的河流。吉安市流域面积在10平方千米及以上河流各支流分布情况见表1-1-1。

表1-1-1　　吉安市流域面积在10平方千米及以上河流分布情况

河流流域面积	河流条数	其中（赣江支流条数）					
		一级支流	二级支流	三级支流	四级支流	五级支流	六级支流
10平方千米及以上	748	73	268	266	117	23	1
50平方千米及以上	152	31	72	40	9		
100平方千米及以上	71	22	32	14	3		
200平方千米及以上	42	18	17	6	1		
500平方千米及以上	18	10	7	1			
1000平方千米及以上	8	5	2	1			
3000平方千米及以上	4	3	1				

[1] 指河口位于吉安市境内的河流。

流域面积大于10平方千米河源不在吉安市境内、河口在吉安市境内的河流有49条，其中一级支流10条、二级支流15条、三级支流15条、四级支流7条、五级支流2条。

吉安市流域面积大于10平方千米河源和河口均不在吉安市境内的过境河流除赣江外，共有4条，见表1-1-2。

表1-1-2　吉安市流域面积大于10平方千米河源和河口均不在吉安市境内的过境河流情况

序号	河名	河长/千米	流域面积/平方千米	河流级别	河　源	河　口	吉安市境内河长/千米
1	袁水	276	6249	赣江—袁水	宜春市芦溪县新泉乡东江村	宜春市樟树市福城街道誉洲村	新干县 11.66
2	南安江	50	224	赣江—袁水—南安江	新余市渝水区水西镇樟村村民委员会	新余市新余渝水区新溪乡	新干县 7.44
3	枧坊河	15	38.4	赣江—袁水—南安江—枧坊河	新余市渝水区南安乡罗坊镇山田白沙村	新余市渝水区南安乡磨下	峡江县 1.65
4	龙溪河	40	149	赣江—龙溪河	宜春市樟树市店下镇石陂村	宜春市樟树市福城街道龙溪村	新干县 8.05

吉安市流域面积大于10平方千米河源在吉安市境内而河口不在吉安市境内的河流有5条，见表1-1-3。

表1-1-3　吉安市流域面积大于10平方千米河源在吉安市境内而河口不在吉安市境内的河流情况

序号	河名	河长/千米	流域面积/平方千米	河流级别	河　源	河　口	吉安市境内河长/千米
1	洞背水	8.6	21.9	赣江—禾水—湖上水—洞背水	安福县钱山乡武功山林场6石泥塘	萍乡市莲花县闪石乡江南村	安福县 0.55
2	施家水	10	13.0	赣江—禾水—湖上水—江背水—施家水	安福县钱山乡武功山林场6石泥塘	萍乡市莲花县湖上乡江背村山湾	安福县 1.67
3	锯元水	8.2	17.1	赣江—乌江—潭港水—锯元水	永丰县鹿冈乡洋坳村罗才	抚州市乐安县牛田镇傍安村锯元	永丰县 4.09
4	陂上水	10.0	17.8	赣江—乌江—万崇河—陂上水	永丰县古县镇岭下村洪家院	抚州市乐安县万崇镇池头村下村	永丰县 2.59
5	洋歧江	8.5	28.3	赣江—龙溪河—洋歧江	新干县大洋洲镇甘泉村龙潭尾	宜春市樟树市大塘村大塘	新干县 7.69

流域面积大于100平方千米的河流71条，大于200平方千米的河流42条，大于500平方千米的河流18条，大于1000平方千米的河流有遂川江、蜀水、孤江、禾水、牛吼江、泸水、洲湖水、乌江等8条，以禾水流域面积9103平方千米为最大。流域面积大于等于200平方千米的河流有以下几条。

良口水　又名五星河，也称涧田河，赣江右岸一级支流。河源位于赣州市兴国县均村乡黄田村，东经115°05′48.2″，北纬26°27′13.0″；河口位于万安县涧田乡涧田村，东经114°58′04.7″，北纬26°13′01.8″。流域面积529平方千米（其中赣州市境内363平方千米），主河长49千米（其中赣州市境内22千米），流域平均高程306米，主河道纵比降1.63‰。流域形状呈扇形，东邻平江，南毗湖江河，西入赣江，西北靠武术水，北依云亭水，范围涉及赣州市兴国、赣县和吉安市万安县。主河道流经赣州市兴国县均村乡，自五里隘进入万安县境内，经涧田乡和涧田水位站（2015年设立）、顺峰乡，于顺峰乡良口村汇入赣江（万安水库建成后在涧田乡汇入万安水库库区）。流域内大于200平方千米的一级支流有1条（白鹭水）。

白鹭水　赣江二级支流（良口水左岸一级支流），因流经赣县白鹭乡得名。河源位于赣州市兴国县永丰乡大江村，东经115°08′06.4″，北纬26°18′35.8″；河口位于万安县涧田乡涧田村，东经115°00′02.3″，北纬26°13′56.5″。流域面积201平方千米（其中赣州市境内150平方千米），主河长41千米（其中赣州市境内31千米），流域平均高程243米，主河道纵比降1.30‰。流域形状呈羽形，东邻平江支流焦田河，南毗湖江河和平江支流大都河、田村河，西靠赣江，北依良口水，范围涉及赣州市兴国、赣县和吉安市万安县。主河道流经赣州市兴国县永丰乡，自小山面进入万安县境内，经顺峰水文站（2011年设立），于顺峰乡汇入良口水（万安水库建成后在涧田乡汇入万安水库库区）。

皂口水　又称沙坪河、社坪水，赣江左岸一级支流。河源位于万安县夏造镇上造村，东经114°40′47.3″，北纬26°13′02.6″；河口位于万安县沙坪镇长桥村，东经114°54′26.7″，北纬26°19′38.5″。流域面积244平方千米，主河长46千米，流域平均高程302米，主河道纵比降1.64‰。流域形状呈羽形，东入赣江，东南靠潭背水，南毗麻桑河、攸镇河，西依金沙水、碧洲水，北邻遂川江，范围涉及万安县、赣县。主河道流经万安县夏造镇、柏岩水位站（2015年设立）、沙坪镇和沙坪水文站（2014年设立），于沙坪镇长桥村从左岸汇入赣江。

遂川江　又名泉江、龙泉江，泉江镇以上又称右溪、右溪河，赣江左岸一级支流。河源位于湖南省桂东县黄洞乡都辽村，东经114°00′17.5″，北纬26°09′12.9″；河口位于万安县罗塘乡罗塘村，东经114°42′38.0″，北纬26°30′31.9″。河源至遂川县城泉江镇为上游段，河段长155千米；遂川县城泉江镇至夏溪为中游段，河段长14千米；夏溪至河口为下游段，河段长11千米。流域面积2882平方千米（其中湖南省境内199平方千米），主河长180千米（其中湖南省境内4千米），流域平均高程511米，主河道纵比降0.98‰。流域形状呈葫芦形，东北入赣江，南依营前河、龙华江、紫阳河、麻桑河、皂口水，西毗湖南省沭水、沤江，北邻蜀水、潞田水，范围涉及湖南省桂东县，江西省上犹县、南康区、遂川县、井冈山市、万安县。主河道流经湖南省桂东县下村乡，于遂川县营盘圩乡小下村进入遂川县境内，经遂川县营盘圩、戴家铺乡、滁洲水文站（1958年设立）、井冈山市仙口水库、下七乡和下七水位站（2013年设立）、遂川县堆子前镇、大坑乡、泉江镇、山背洲水位站（1957年设立），遂川水文站（1996年设立）、枚江镇、雩田镇、夏溪水位站（1953年设立）、桂江水位站（2014年设立），于万安县罗塘乡从左岸汇入赣江。流域内大于200平方千米的一级支流有3条（大汾水、左溪河、金沙水）、二级支流有1条（桥头水）。

大汾水　赣江二级支流（遂川江右岸一级支流）。河源位于湖南省桂东县清泉镇庄川村，东经114°05′55.3″，北纬26°11′19.8″；河口位于遂川县堆子前镇鄢背村，东经114°19′04.3″，北纬26°20′49.2″。流域面积273平方千米（其中湖南省境内20平方千米），主河长46千米（其中湖南省境内10千米），流域平均高程464米，主河道纵比降3.24‰。流域形状呈树叶形，东邻左溪河，南依泉江—桥头水，西、北毗遂川江，范围涉及湖南省桂东县和江西省遂川县。主河道流经湖南省桂东县桥头乡，自洞下进入遂川县境内，经遂川县大汾镇和大汾水文站（2007年设立）、西溪乡和西溪水文站（2012年设立），于堆子前镇鄢背村从右岸汇入遂川江。

左溪河　又名左溪，又称草林河、南支河（南溪），赣江二级支流（遂川江右岸一级支流）。河源位于遂川县高坪镇茅坪村，东经114°01′07.6″，北纬25°59′54.6″；河口位于遂川县泉江镇四里街社区，东经114°30′22.9″，北纬26°19′17.6″。流域面积985平方千米（其中湖南省面积150.2平方千米），主河长94千米，流域平均高程564米，主河道纵比降1.99‰。流域形状呈羽形，东邻金沙水、麻双河，南毗营前河、龙华江、紫阳河，西靠湖南省沤江，北依大汾水、遂川江，范围涉及湖南省桂东县和江西省遂川县。主河道流经江西省遂川县高坪镇、安村水库、汤湖镇和汤湖水文站（2007年设立）、左安镇、南江乡和南江水位站（2009年设立），草林镇、草林冲电站、南澳陂、珠田乡，泉江镇，于泉江镇四里街社区汇入遂川江。

泉江—桥头水　又名桥头水、大沙水，赣江三级支流（遂川江二级支流、左溪河左岸一级支流）。河源位于湖南省桂东县桥头乡横店村，东经114°02′53.4″，北纬26°08′47.7″；河口位于遂川县南江乡南江村，东经114°19′34.6″，北纬26°11′44.3″。流域面积216平方千米（其中湖南省境内130平方千米），主河长42千米（其中湖南省境内25千米），流域平均高程617米，主河道纵比降6.55‰。流域形状呈羽形，东、南毗左溪河，西邻湖南省桂东县耒水支流上东河，北依大汾水，范围涉及湖南省桂东县和江西省遂川县。主河道流经湖南省桂东县桥头乡、清泉镇，自遂川县五石塅进入遂川县境内，经圆潭水电站、南江乡，于南江村汇入左溪河。

金沙水　又名巾石水，从河源至遂川县巾石乡沙田村叫黄石水，在沙田村加入隆木水后叫金沙水。赣江二级支流（遂川江右岸一级支流）。河源位于赣州市南康区隆木乡黄石村，东经114°36′27.9″，北纬26°10′16.1″；河口位于遂川县枚江镇邵溪村，东经114°33′44.2″，北纬26°20′23.8″。流域面积211平方千米（其中赣州市境内89平方千米），主河长35千米（其中赣州市境内6千米），流域平均高程369米，主河道纵比降3.47‰。流域形状呈羽形，东邻皂口水、碧洲水，南依麻桑河，西毗左溪河，北依遂川江，范围涉及南康区、遂川县。主河道流经赣州市南康区隆木乡黄石村向东北流至晓园，转向西北进入遂川县境内，经巾石乡竹坪村、罗文村、沙田村和沙田水位站（2015年设立）、枚江镇中团村、石牌村、枚溪村，于邵溪村从右岸汇入遂川江。

潞田水　又称罗塘河，赣江左岸一级支流。河源位于万安县潞田镇高坑村，东经114°30′56.4″，北纬26°31′58.1″；河口位于万安县罗塘乡村背村，东经114°40′53.2″，北纬26°31′40.5″。流域面积241平方千米，主河长30千米，流域平均高程169米，主河道纵比降1.62‰。流域形状呈扇形，东入赣江，南毗雩田水和遂川江，西依衙前水，北邻蜀水、建设水，范围涉及遂川县、万安县。主河道流经潞田镇和潞田水位站（2015年设立）、高坑村、大坑村、罗塘乡老港村，于罗塘乡村背村从左岸汇入赣江。

通津河　又称通津水，古称城江，赣江右岸一级支流。河源位于万安县枧头镇龙头畲族村，东经115°01′13.2″，北纬26°27′59.1″；河口位于万安县窑头镇城江村，东经114°49′36.5″，北纬26°41′25.9″。流域面积399平方千米，主河长49千米，流域平均高程232米，主河道纵比降为1.63‰。流域形状呈羽形，东依云亭水，南毗武术水，南西、西北依赣江，范围涉及万安县、泰和县。主河道流经万安县枧头镇芦源水库、龙头畲族村、芦源林场、下路村、南洲村和南洲水文站（2014年设立）、窑头镇剡溪村、八斗村、窑头水位站（2015年设立）、通津村，于窑头镇城江村从右岸汇入赣江。

蜀水　又称衙前水，赣江左岸一级支流。河源位于井冈山市井冈山自然保护区管理局大井林场，东经114°04′26.5″，北纬26°29′11.8″；河口位于泰和县澄江镇三溪村，东经114°50′27.2″，北纬26°46′58.8″。流域面积1301平方千米，主河长157千米，流域平均高程400米，主河道纵比降为1.03‰。流域形状呈羽形，东入赣江，南依遂川江、潞田水，西毗湖南省沔水，北邻禾水支流牛吼江，范围涉及井冈山市、遂川、万安、泰和县。主河道由西南向东北流经井冈山市井冈冲水库、行洲水文站（1971年设立）、黄垇乡、遂川县五斗江乡、衙前镇、双桥乡、万安县林坑水文站（1956年设立）、泰和县苏溪镇和苏溪水位站（2015年设立）、马市镇，于蜀口分二股水（澄江镇三溪村，澄江镇蜀口村委会上边村）从左岸汇入赣江。流域内大于200平方千米的一级支流有1条（大旺水）。

大旺水　又称湘洲河、新江河、右江，赣江二级支流（蜀水左岸一级支流）。河源位于井冈山市井冈山自然保护区管理局茨坪林场，东经114°11′30.4″，北纬26°34′58.1″；河口位于遂川县双桥乡双溪村，东经114°30′41.7″，北纬26°35′07.9″。流域面积324平方千米，主河长71千米，流域平均高程394米，主河道纵比降为1.69‰。流域形状呈树叶形，东、南依蜀水，西、北毗牛吼江，范围涉及井冈山市和遂川县。主河道流经井冈山市枫树坪、北坑口后进入遂川县境内，经遂川县五斗江乡车坳村、联桥村、新江乡大庄村、大旺村、和溪村，新江水文站（2012年设立）、富民村、塅尾水位站（2015年设立）、衙前镇士高村，于双桥乡双溪村从左岸汇入蜀水。

云亭水　又称珠琳江，赣江右岸一级支流。河源位于赣州市兴国县崇贤乡均福山林场，东经115°19′29.8″，北纬26°37′12.3″；河口位于泰和县塘洲镇朱家村，东经114°55′14.8″，北纬26°47′21.1″。流域面积722平方千米（其中赣州市境内66平方千米），主河长86千米（其中赣州市境内15千米），流域平均高程253米，主河道纵比降为1.09‰。流域形状呈羽形，东邻崇贤河、富田水，南毗龙山河、良口水、武术水，西依通津河，北靠仙槎水、赣江，范围涉及兴国县、泰和县。主河道流经赣州市兴国县崇贤乡龙潭口、上沔村后，自牛压岭进入泰和县境内，经老营盘镇、小庄水文站（2014年设立）、老营盘水库、上圯乡、沙村镇、冠朝水位站（2010年设立）、冠朝镇，于塘洲镇朱家村于右岸汇入赣江。

仙槎河　又称仙槎水，赣江右岸一级支流。河源位于泰和县小龙镇瑶岭村，东经115°17′01.1″，北纬26°38′00.5″；河口位于泰和县万合镇黄坑村，东经115°01′45.0″，北纬26°50′02.8″。流域面积556平方千米，主河长55千米，流域平均高程200米，主河道纵比降为1.07‰。流域形状呈扇形，东、北依富田水，南邻云亭水、西入赣江，范围涉及兴国县、泰和县、青原区。主河道流经泰和县小龙镇、中龙乡和中龙水文站（2014年设立）、灌溪镇和灌溪水位站（2010年设立）、万合镇黄坑水位站（2012年设立），于万合镇黄坑村从右岸汇入赣江。

孤江　又名泷江、消龙河、泷冈河、芦水，古称明德水，赣江右岸一级支流。河源位于赣州市兴国县工业园西岭村，东经115°32′44.8″，北纬26°31′00.5″；河口位于青原区富滩镇张家渡村，东经115°03′24.9″，北纬27°00′14.5″。河源至吉水县白沙镇南坪村为上游段，河段长95千米；南坪村至螺滩水库坝址为中游段，河段长39千米；螺滩水库坝址至河口为下游段，河段长20千米。流域面积3082平方千米（其中赣州市境内674平方千米），主河长155千米（其中赣州市境内31千米），流域平均高程220米，主河道纵比降为0.49‰。流域形状呈扇形，东邻黄陂河、乌江及其支流，南靠平江及其支流，西南邻仙槎河及其支流固陂水，西入赣江，北依乌江及其支流藤田水，范围涉及兴国县、宁都县、永丰县、泰和县、吉水县和青原区。主河道流经赣州市兴国县良村镇，自杜溪进入永丰县境内，经永丰县龙冈畲族乡和龙冈水位站（2018年设立）、潭头乡、吉水县白沙镇和白沙水文站（2000年设立）、水南镇、青原区螺滩水库、值夏镇和水北桥水位站（2018年设立），于富滩镇张家渡村从右岸汇入赣江。流域内大于200平方千米的一级支流有3条（潭头水、沙溪水、富田水）。

潭头水　又名上固水，赣江二级支流（孤江右岸一级支流）。河源位于赣州市宁都县大沽乡大沽村，东经115°46′30.1″，北纬26°42′06.3″；河口位于永丰县潭头乡潭头村，东经115°29′15.4″，北纬26°50′06.1″。流域面积246平方千米（其中赣州市境内105平方千米），主河长60千米（其中赣州市境内24千米），流域平均高程295米，主河道纵比降为1.51‰。流域形状呈羽形，东毗黄陂河，南、西依孤江，北邻沙溪水，范围涉及宁都县、永丰县。主河道流经赣州市宁都县大沽乡、自汉头进入永丰县境内，经上固乡和上固水位站（2018年设立）、潭头乡高车村潭头水位站（2010年设立）、潭头乡，于潭头村从右岸汇入孤江。

沙溪水　又名卢江、泷冈河，赣江二级支流（孤江右岸一级支流）。河源位于永丰县上溪乡礼坊畲族村，东经115°46′36.1″，北纬26°48′46.8″；河口位于吉水县白沙镇上田村，东经115°27′02.3″，北纬26°55′39.0″。流域面积551平方千米，主河长61千米，流域平均高程315米，主河道纵比降为1.90‰。流域形状呈扇形，东依梅江、乌江，南邻孤江、潭头水，西入孤江，北毗藤田水，范围涉及永丰县、吉水县。主河道流经永丰县上溪乡礼坊村、双岭村、中塅村、水源村、沙溪镇和沙溪水文站（2009年设立），北岸村、周家排村、吉水县白沙镇长埠村、庄口村、上田村，于白沙镇上田村孟江寨从右岸汇入孤江。

富田水　又名王江、富水，赣江二级支流（孤江左岸一级支流）。河源位于赣州市兴国县城岗乡白石村，东经 115°27′59.6″，北纬 26°34′26.8″；河口位于青原区值夏镇马埠村，东经 115°06′03.0″，北纬 26°59′19.7″。流域面积 789 平方千米（其中赣州市境内 205 平方千米），主河长 113 千米（其中赣州市境内 23 千米），流域平均高程 202 米，主河道纵比降为 1.07‰。流域形状呈羽形，东毗孤江，南邻平江、仙槎河，西邻赣江，北入孤江，范围涉及兴国县、泰和县、永丰县和青原区。主河道流经赣州市兴国县枫边乡社坪后进入永丰县龙冈畲族乡境内，转西北流 3.6 千米经羊石村进入青原区，再经黄沙水文站（1972 年设立）、白云山水库、富田镇陂下村，云楼村和云楼水位站（2014 年设立），新圩镇黄塘村和黄塘桥水位站（2018 年设立）、文陂镇和文陂水位站（2010 年设立）、值夏镇樟溪村和万福桥水位站（2018 年设立），于马埠村从左岸汇入孤江。

禾水　因流经永新县禾山而得名。莲花县至永新县的龙田乡称莲江或文汇江，永新县龙田乡至浬田镇双江称文汇江，双江至吉安市吉州区曲濑乡江口称禾水，于吉州区曲濑乡江口与泸水汇合后又俗称禾泸水。赣江左岸一级支流。河源位于萍乡市莲花县高洲乡黄沙村，东经 114°00′45.8″，北纬 27°24′09.6″；河口位于吉州区禾埠乡神岗山村，东经 114°59′10.3″，北纬 27°03′45.4″。从河源至莲花与永新县界为上游段，河段长 68.4 千米；莲花与永新县界至吉安县永阳镇为中游段，河段长 145.6 千米；吉安县永阳镇以下为下游段，河段长 41 千米。流域面积 9097 平方千米（其中吉安市境外 1079 平方千米），主河长 256 千米（其中萍乡市境内 73 千米），流域平均高程 269 米，主河道纵比降为 0.33‰。流域形状呈扇形，东入赣江，南邻蜀水，西毗湖南省洣水，北邻麻山水、南坑水、袁水及其支流、同江、横石水，范围涉及湖南省炎陵县，江西省莲花县、永新县、井冈山市、吉安县、泰和县、遂川县、万安县、安福县、袁州区、吉州区。主河道流经萍乡市莲花县高州乡、南岭乡和千坊水位站（1958 年设立）、莲花县城和莲花水文站（2005 年设立），自砻山口进入永新县境内，经永新县龙田乡和龙田水位站（2012 年设立）、沙市镇和沙市水位站（2010 年设立）、澧田镇双江口水位站（2012 年设立），永新县城和永新水文站（1968 年设立）、埠前镇、石桥镇、高桥楼镇和高桥楼水位站（2012 年设立）、龙江村和龙江水位站（2012 年设立）、吉安县天河镇、窑棚水位站（2018 年设立）、功阁电站、敖城镇、指阳乡和新塘水位站（2018 年设立）、永阳镇、上沙兰水文站（1952 年设立）、泰和县石山乡、吉安县横江镇和横江水位站（2012 年设立）、敦厚镇和罗家水位站（2012 年设立）、吉州区禾埠水位站（2013 年设立），于吉州区禾埠乡神冈山村从左岸汇入赣江。流域内大于 200 平方千米的一级支流有 6 条（小江河、龙源口水、溶江、龙陂水、牛吼江、泸水）、二级支流有 5 条（六七河、泰山水、东谷水、山庄水、洲湖水）、三级支流有 1 条（谷口水）。

小江河　又名宁冈水、胜业水、龙江河，赣江二级支流（禾水右岸一级支流）。河源位于井冈山市大陇镇大陇采育场，东经 114°06′46.7″，北纬 26°36′09.3″；河口位于永新县澧田镇横楼村，东经 114°09′36.4″，北纬 26°58′35.5″。流域面积 917 平方千米，主河长 91 千米，流域平均高程 435 米，主河道纵比降为 1.11‰。流域形状呈羽形，东毗龙源口水，南依牛吼江，西邻湖南省湘江，北入禾水，范围涉及湖南省炎陵县，江西省井冈山市、永新县。主河道流经井冈山市乔林水库、大陇镇、葛田镇、龙市镇和龙市水位站（2009 年设立）、古城镇、永新县梨排洲电站水库、汗江水位站（2015 年设立）、枫渡水库、芰南水库，于永新县澧田镇横楼村从右岸汇入禾水。

龙源口水　赣江二级支流（禾水右岸一级支流）。河源位于井冈山市鹅岭乡神源村，东经 114°11′20.3″，北纬 26°43′19.8″；河口位于永新县在中乡排形村，东经 114°11′45.3″，北纬 26°57′18.1″。流域面积 272 平方千米，主河长 42 千米，流域平均高程 406 米，主河道纵比降为 3.77‰。流域形状呈羽形，东邻六七河，南靠牛吼江，西毗小江河，北依禾水，范围涉及井冈山市和永新县。主河道流经永新县龙源口水库、龙源口镇和龙源口水位站（2015 年设立），于在中乡排形村洋场林场从右岸汇入禾水。

泷江　赣江二级支流（禾水左岸一级支流）。河源位于永新县龙门镇铁镜村，东经114°06′38.0″，北纬27°13′28.6″；河口位于永新县埠前镇高川村，东经114°18′24.6″，北纬27°00′17.9″。流域面积430平方千米，主河长55千米，流域平均高程280米，主河道纵比降为2.03‰。流域形状呈扇形，东毗洲湖水、龙陂水，南、西邻禾水，北邻泸水，范围涉及永新县、莲花县。主河道流经永新县龙门镇六团村、黄岗、龙门镇和龙门水文站（2012年设立）、龙湖村、沙堤村、澧田镇枧田村、弓田村、滨江村、高市乡合家村、社溪、莲洲乡和莲洲水位站（2010年设立），于埠前镇高川村从左岸汇入禾水。

龙陂水　赣江二级支流（禾水左岸一级支流）。河源位于吉安县天河镇毛田村，东经114°31′04.3″，北纬27°04′07.7″；河口位于吉安县永阳镇荷浦村，东经114°42′03.2″，北纬26°56′34.0″。流域面积231平方千米，主河长43千米，流域平均高程170米，主河道纵比降为1.74‰。流域形状呈羽形，东与禾水支流庙前水、泸水毗邻，南依禾水，西邻泷江，北靠洲湖水、泸水。全流域在吉安县境内。主河道流经吉安县天河镇毛田村、官田乡樟坑水库、田南村、官田乡所在地、安塘乡所在地、水西村和安塘水位站（2015年设立），于永阳镇荷浦村龙陂桥从左岸汇入禾水。

牛吼江　又名澹江，古称禾溪，赣江二级支流（禾水右岸一级支流）。河源位于井冈山市井冈山自然保护区管理局大井林场，东经114°07′19.8″，北纬26°35′47.7″；河口位于吉安县永阳镇成瓦村，东经114°46′29.9″，北纬26°55′38.8″。河源至泰和县碧溪镇陈家潭为上游段，称拿山河，河段长33千米，陈家潭至湛口为中游段，称六八河，河段长38千米，湛口至河口为下游段，河段长47千米。流域面积1052平方千米，主河长118千米，流域平均高程356米，主河道纵比降为1.34‰。流域形状呈羽形，东为赣江，南邻蜀水、大旺水，西毗龙源口水、小江河，北依小江河、龙源口水、禾水，范围涉及井冈山市、永新县、泰和县、吉安县、遂川县、万安县。主河道流经井冈山市罗浮水库、石市口水库、菖蒲村、厦坪镇、拿山乡和井冈山水文站（2010年设立）、泰和县碧溪镇牛牧村、石坪村和石坪水位站（2020年设立）、新居村、曲斗村、桥头镇毛家村、南车水库、湛口村、禾市镇和禾市水位站（2010年设立），于吉安县永阳镇成瓦村从右岸汇入禾水。

六七河　又名津洞水，赣江三级支流（禾水二级支流、牛吼江左岸一级支流）。河源位于永新县曲白乡上坪村，东经114°13′53.7″，北纬26°47′56.1″；河口位于泰和县桥头镇湛口村，东经114°36′59.6″，北纬26°47′07.4″。流域面积432平方千米，主河长77千米，流域平均高程324米，主河道纵比降为1.43‰。流域形状呈羽形，东南毗牛吼江，西依龙源口水，北邻禾水，范围涉及永新县、泰和县。主河道流经永新县曲白乡、白沙村、曲江村、石背村、坳南乡和坳南水位站（2015年设立）、牛田村、龙源村、泰和县桥头镇津洞村、水北村、桥头水文站（2014年设立），于桥头镇湛口村从左岸汇入牛吼江。

泸水　河源至钱山乡又称钱山水，赣江二级支流（禾水左岸一级支流）。河源位于安福县钱山乡大岭村，东经114°03′50.4″，北纬27°25′57.7″；河口位于吉州区曲濑镇腊塘村，东经114°52′07.0″，北纬27°02′38.8″。河源至社上水库为上游段，河段长50.3千米；社上水库至安福县城为中游段，河段长46.1千米；安福县城以下为下游段，河段长64.6千米。流域面积3406平方千米，主河长161千米，流域平均高程288米，主河道纵比降为0.57‰。流域形状呈扇形，东为赣江，南邻禾水及其支流，西毗禾水，北依南坑水、袁水及其支流、同江、文石水，范围涉及袁州区、莲花县、永新县、安福县、吉安县、吉州区。主河道流经安福县钱山乡坪下水文站（1976年设立）、社上水库、岩头陂水库、严田镇丁家村和横屋水位站（2018年设立）、横龙镇、安福县平都镇安福水位站（2006年设立）、钢坝水位站（2013年设立）、枫田镇、竹江乡、赛塘水文站（1952年设立）、枫田镇和枫田水位站（2016年设立）、竹江乡和竹江水位站（2016年设立）、吉安县车头村赛塘水文站（1952年设立）、浬田镇、固江镇、吉安县梅塘镇和小灌水位站（2018年设立）、吉州区兴桥镇、曲濑镇和曲濑水位站（2013年设立），于曲濑镇腊塘村从左岸汇入禾水。

泰山水 又名太山水、南沙水，赣江三级支流（禾水二级支流、泸水左岸一级支流）。河源位于安福县泰山乡文家村，东经114°14′39.5″，北纬27°33′18.7″；河口位于安福县严田镇山背村，东经114°22′17.5″，北纬27°22′23.5″。流域面积233平方千米，主河长34千米，流域平均高程541米，主河道纵比降为4.24‰。流域形状呈扇形，东、北邻东谷水，南、西毗泸水。全流域在安福县境内。主河道流经安福县泰山乡月家村、泰山村、泰山水位站（2015年设立）、上车村、严田水位站（2015年设立），于安福县严田镇山背村从左岸汇入泸水。

东谷水 又名更生水，赣江三级支流（禾水二级支流、泸水左岸一级支流）。河源位于安福县章庄乡七都林场，东经114°14′54.8″，北纬27°33′42.7″；河口位于安福县横龙镇石溪村，东经114°33′12.8″，北纬27°24′20.5″。流域面积367平方千米，主河长59千米，流域平均高程452米，主河道纵比降为2.98‰。流域形状呈羽形，东邻山庄水，南西毗泸水、泰山水，北依温汤河、南庙河，范围涉及袁州区和安福县。主河道流经安福县章庄乡三江村、白沙村、章庄乡和章庄水位站（2015年设立）、将坑村、会口村、西坑村、东谷水库、东谷水文站（1979年设立）、横龙镇、于安福县横龙镇石溪村从左岸汇入泸水。

山庄水 又名双田水，赣江三级支流（禾水二级支流、泸水左岸一级支流）。河源位于宜春市袁州区新坊采育林场涧富村，东经114°31′44.4″，北纬27°36′48.8″；河口位于安福县枫田镇水西村，东经114°39′04.9″，北纬27°23′48.1″。流域面积242平方千米（其中吉安市境外8平方千米），主河长47千米（其中宜春市境内2千米），流域平均高程224米，主河道纵比降为1.82‰。流域形状呈扇形，东邻同江，南依泸水，西毗东谷水，北靠袁水支流新坊河，范围涉及袁州区和安福县。主河道流经宜春市袁州区新坊乡黄土岭、过榛坊进入安福县境内，经安福县山庄乡双田村、秀水村、山庄乡所在地、洴溪村、连村村、新背村、平都镇岸上水位站（2015年设立），于安福县枫田镇水西村从左岸汇入泸水。

洲湖水 又名陈山水、消河，赣江三级支流（禾水二级支流、泸水右岸一级支流）。河源位于安福县彭坊乡陈山村，东经114°07′42.2″，北纬27°13′10.3″；河口位于吉安县浬田镇高峰村，东经114°41′44.8″，北纬27°13′52.5″。流域面积1103平方千米，主河长104千米，流域平均高程226米，主河道纵比降为0.91‰。流域形状呈扇形，东依泸水。南邻禾水、龙陂水，西毗溶江，北依泸水，范围涉及安福县、永新县和吉安县。主河道流经安福县彭坊乡、彭坊水文站（1977年设立）、洋门乡和洋门水位站（2018年设立）、洲湖镇和洲湖水位站（2018年设立）、甘洛乡和甘洛水位站（2010年设立）、吉安县浬田镇高陂水位站（2012年设立），于吉安县浬田镇高峰村从右岸汇入泸水。

谷口水 又名谷源水，赣江四级支流（禾水三级支流、泸水二级支流、洲湖水左岸一级支流）。河源位于安福县严田镇花桥村，东经114°25′12.0″，北纬27°18′49.6″；河口位于安福县寮塘乡社洲村，东经114°37′54.7″，北纬27°13′36.6″。流域面积205平方千米，主河长41千米，流域平均高程227米，主河道纵比降为2.20‰。流域形状呈扇形，东、北邻泸水，南、西毗洲湖水。全流域在安福县境内。主河道流从安福县严田镇出源头过寮塘乡株木江村、谷口水库、谷口村、寮塘乡和寮塘水位站（2015年设立），于寮塘乡社洲村从左岸汇入洲湖水。

文石水 又名文石河、横石水、同水，赣江左岸一级支流。河源位于吉安县大冲乡新溪村，东经114°49′17.1″，北纬27°18′23.9″；河口位于吉州区樟山镇文石村，东经115°07′00.6″，北纬27°12′09.3″。流域面积354平方千米，主河长48千米，流域平均高程89米，主河道纵比降为0.42‰。流域形状呈扇形，东入赣江，南依泸水、禾水，西邻泸水，北毗同江，范围涉及吉安县、吉州区和吉水县。主河道流经吉安县太冲乡铺下村、固江镇银湾桥水库、桐坪镇七官桥、过樟坑村进入吉州区长塘镇晏家村和长塘水文站（2014年设立）、陈家村、桥南村、裴家村、牢石村、樟山镇桥头村、陈家塘村和樟山水位站（2015年设立）、庙前村、过赤塘进入吉水县境内，经金滩镇燕坊村、过下官塘复入吉州区，过樟山镇井头村，于文石村从左岸汇入赣江。

乌江 古称濒水，赣江右岸一级支流。河源至牛田镇为上游段，称远溪水，河段长 90 千米；牛田镇至恩江镇为中游段，称恩江，河段长 40 千米；恩江镇至河口为下游段，称乌江，河段长 51.0 千米。河源位于永丰县中村乡梅仔坪村，东经 115°48′26.0″，北纬 26°51′57.2″；河口位于吉水县文峰镇城区，东经 115°07′11.1″，北纬 27°13′29.6″。流域面积 3922 平方千米（其中吉安市境外 1388 平方千米），主河长 182 千米（其中抚州市境内 66 千米），流域平均高程 220 米，主河道纵比降为 0.60‰。流域形状呈扇形，东依梅江、崇仁河、临水，南邻孤江、梅江，西入赣江，北毗沂江、宝塘水、住歧水，范围涉及乐安县、永丰县、吉水县、青原区。主河道流经永丰县中村乡、返步桥水库、进入抚州市乐安县境招携镇、牛田镇、再返回永丰县七都乡和七都水位站（2012 年设立）、永丰县城和永丰水位站（2006 年设立）、佐龙乡、八江乡、吉水县丁江镇、新田水文站（1952 年设立）、乌江镇，于吉水县文峰镇城区从右岸汇入赣江。流域内大于 200 平方千米的一级支流有 3 条（万崇河、永丰水、藤田水）。

万崇河 又名遇源河、湖坪水、塅下河，赣江二级支流（乌江左岸一级支流）。河源位于抚州市乐安县湖坪乡贺立村，东经 115°47′47.7″，北纬 27°08′17.7″；河口位于永丰县七都乡蹄洲村，东经 115°30′13.7″，北纬 27°16′48.6″。流域面积 396 平方千米（其中抚州市境内 241 平方千米），主河长 66 千米（其中抚州市境内 36 千米），流域平均高程 175 米，主河道纵比降为 0.58‰。流域形状呈羽形，东、西、北邻乌江，南毗藤田水，范围涉及乐安县、永丰县。主河道流经抚州市乐安县湖坪乡、万崇镇、自古县镇罗公市进入永丰县境内、经古县镇遇源村和遇源水位站（2018 年设立）、七都乡客田村，于七都乡蹄洲村从左岸汇入乌江。

永丰水 名麻江河，赣江二级支流（乌江右岸一级支流）。河源位于永丰县沿陂镇李山林场，东经 115°32′19.2″，北纬 27°29′44.3″；河口位于永丰县佐龙乡瑶上村，东经 115°27′02.1″，北纬 27°18′51.6″。流域面积 308 平方千米，主河长 40 千米，流域平均高程 150 米，主河道纵比降为 0.78‰。流域形状呈羽形，东毗乌江支流潭港水，南依乌江，西邻乌江支流白水门水，北靠沂江，范围涉及乐安县、永丰县。主河道流经永丰县沿陂镇苦竹坑水库、枧田村、水东村、涂家村、下袍村、沿陂镇下冷村和沿陂水位站（2015 年设立）、枧头村，于佐龙乡瑶上村从右岸汇入乌江。

藤田水 又名八藤河，古名永丰乡水，赣江二级支流（乌江左岸一级支流）。河源位于永丰县石马镇三江村，东经 115°47′04.0″，北纬 26°55′50.7″；河口位于永丰县八江乡八江村，东经 115°20′59.8″，北纬 27°12′07.5″。流域面积 782 平方千米，主河长 86 千米，流域平均高程 223 米，主河道纵比降为 0.79‰。流域形状呈扇形，东邻乌江，南毗孤江、沙溪水，西邻乌江，北依万崇河、乌江，范围涉及永丰县、吉水县。主河道流经永丰县石马镇三江村、龙湾村、高虎脑水库、店下村、石马镇所在地、陶唐乡洲上村、藤田镇和藤田水文站（2009 年设立）、秋江村、瑶田镇所在地、瑶田镇秀元村、梁坊村、古县镇和古县水位站（2012 年设立）、吉水县冠山乡坪上村、冠山乡和冠山水文站（2014 年设立）、福全村、白水镇下车村、自仓下村复入永丰县境内，经八江水位站（2018 年设立），于永丰县八江乡八江村从左岸汇入乌江。

同江 赣江左岸一级支流。河源位于新余市分宜县上村林场，东经 114°31′49.7″，北纬 27°37′34.2″；河口位于吉水县盘谷镇同江村，东经 115°03′40.1″，北纬 27°26′43.8″。流域面 947 平方千米（其中新余市境内 100 平方千米），主河长 101 千米（其中新余市境内 22 千米），流域平均高程 145 米，主河道纵比降为 0.63‰。流域形状呈羽形，东入赣江，南邻泸水、文石水，西毗袁水支流新坊河、山庄水，北邻袁水及其支流、黄金水，范围涉及分宜、安福、吉安、吉水四县。主河道流经新余市分宜县钤山镇年珠村、自赤谷乡进入安福县境内、经安福县赤谷乡、吉安县油田镇下江边水位站（2015 年设立）、排下水位站（2018 年设立）、鹤洲水文站（1958 年设立）、万福镇塘东水位站（2012 年设立）、吉水县阜田镇和阜田水位站（2015 年设立）、盘谷镇盘谷水位站（2012 年设立），于吉水县盘谷镇同江村从左岸汇入赣江。

住岐水　又名八都水，赣江右岸一级支流。河源位于峡江县马埠镇固山村，东经115°21′18.2″，北纬27°25′11.9″；河口位于吉水县八都镇金塘村，东经115°07′10.8″，北纬27°28′09.0″。流域面积319平方千米，主河长34千米，流域平均高程129米，主河道纵比降为0.87‰。流域形状呈扇形，东毗乌江支流白水门水，南临乌江，西入赣江，北邻沂江，范围涉及峡江、吉水县。主河道流经峡江县马埠镇上富、太山水库、吉水县八都镇太山村、八都镇和八都水位站（2011年设立）、毛家村、双村镇个边村、曲岭村和曲岭水文站（2011年设立）、上白沙村、中村村，于吉水县八都镇金塘村从右岸汇入赣江。

黄金水　又名黄金江、金滩水、罗田水，赣江左岸一级支流。河源位于吉安县油田镇江下村，东经114°51′48.2″，北纬27°33′01.9″；河口位于峡江县罗田镇江口村，东经115°07′13.8″，北纬27°28′17.0″。流域面积287平方千米，主河长52千米，流域平均高程152米，主河道纵比降为0.92‰。流域形状呈羽形，东入赣江，南、西依同江，北邻砚溪水，范围涉及吉安、吉水、峡江三县。主河道流经吉安县油田镇楼下、自老屋场进入峡江县境内、经万宝水库、金江乡赫里村、石峰村、城上村、金江乡和金江水位站（2015年设立）、罗田镇扁石下村、罗田镇和罗田水文站（2012年设立）、水北村、茶林洲、新江村、古井村，于峡江县罗田镇江口村从左岸汇入赣江。

砚溪水　又名盘龙江，赣江左岸一级支流。河源位于新余市渝水区良山镇白沙村，东经114°56′54.6″，北纬27°39′01.6″；河口位于峡江县巴邱镇晏家村，东经115°13′05.0″，北纬27°37′32.7″。流域面积285平方千米（其中新余市境内32平方千米），主河长39千米（其中新余市境内3千米），流域平均高程91米，主河道纵比降为0.79‰。流域形状呈羽形，东入赣江，南邻黄金水，西毗袁水，北依南安江，范围涉及渝水区和峡江县。主河道流经新余市渝水区良山镇下界头，自砚溪镇下吼川进入峡江县境内，经砚溪镇觉溪村、虹桥村、万能水库、鹏溪村、砚溪镇所在地、白下村和砚溪水位站（2014年设立）、坪头村、戈坪乡江背村戈坪水位站（2015年设立）、巴邱镇乌口水位站（2011年设立），于巴邱镇晏家村委会乌口村从左岸汇入赣江。

沂江　《太平寰宇记》称泥溪，赣江右岸一级支流。河源位于宜春市丰城市石江乡荷岭村，东经115°45′27.8″，北纬27°46′00.2″；河口位于新干县沂江乡东湖村，东经115°21′32.6″，北纬27°43′43.9″。流域面积914平方千米（其中宜春市境内28平方千米），主河长101千米（其中宜春市境内5千米），流域平均高程166米，主河道纵比降为0.45‰。流域形状呈羽形，东与宝塘水毗邻，南邻住岐水、乌江支流永丰水和白水门水，西入赣江，北靠湄湘水、狗颈水，范围涉及丰城市、新干县、峡江县。主河道流经宜春丰城市石江乡荷岭村、自蜜蜂街进入新干县境内、经城上乡山坳村、窑里水库、丰乐村、城上乡窗前村丰乐水位站（2018年设立）、竹溪村、潭丘乡和潭丘水文站（2014年设立）、中洲水位站（2018年设立）、曾家陂村、拿埠水电站、自艾家园村进入峡江县境内，经马埠镇曾安村、马埠镇所在地、夏塘村、水边镇湖洲村、水边镇和水边水位站（2011年设立）、自痕头村复进新干县境内，经沂江乡浒岗村、廖家村和沂江水位站（2011年设立）、陂头村，于沂江乡东湖村委会陈家村从右岸汇入赣江。

狗颈水　古称石口溪水，《太平寰宇记》称金水，又名溧江。赣江右岸一级支流。河源位于新干县桃溪乡黎山村，东经115°38′57.2″，北纬27°47′45.8″；河口位于新干县溧江镇石口村，东经115°25′24.0″，北纬27°51′32.2″。流域面积211平方千米，主河长36千米，流域平均高程181米，主河道纵比降为1.47‰。流域形状呈羽形，东毗清丰山溪，南依湄湘水，西入赣江，北邻赣江一级支流洋湖河。全流域在新干县境内。主河道流经新干县桃溪乡和桃溪（2018年设立）、板埠村、城头村、溧江镇沧州村、庄里村、溧江镇和溧江水位站（2011年设立）、黎溪村，于溧江镇石口村委会张家山村从右岸汇入赣江。

吉安市748条流域面积大于10平方千米的河流特性见表1-1-4。

表 1-1-4　吉安市 748 条流域面积大于 10 平方千米的河流特性

序号	河名	河长/千米	流域面积/平方千米	河流比降/‰	相对上一级河流岸别	支流级别	河源	河口
1	小良河	6.2	13.0	5.44	右	赣江—小良河	赣州市赣县区湖江镇湖田村枫树下文峰山	万安县涧田乡良富村松石下
2	良口水	49	592	1.63	右	赣江—良口水	赣州市兴国县均村乡黄田村	万安县涧田乡涧田村
3	洲坊水	5.6	10.8	14.81	右	赣江—良口水—洲坊水	万安县宝山乡狮岩村周屋	万安县宝山乡狮岩村西岭下
4	涧田水	4.7	11.4	6.25	右	赣江—良口水—涧田水	万安县涧田乡小溪村雷公岭	万安县涧田乡涧田村
5	里仁坑水	16	28.3	4.16	左	赣江—良口水—里仁坑水	赣州市赣县区白鹭乡里仁村增福安一脚踏三县	万安县涧田乡里仁村富头
6	白鹭水	41	201	1.30	左	赣江—良口水—白鹭水	赣州市兴国县永丰乡大江村	万安县涧田乡涧田村
7	连背水	11	31.7	5.00	左	赣江—良口水—白鹭水—连背水	万安县顺峰乡高坪村瑞峰山	万安县顺峰乡陂头村大龙头
8	潭背水	23	93.4	2.58	左	赣江—潭背水	赣州市赣县区沙地镇中庄村	万安县弹前乡上洛村
9	竹头下水	6.6	10.1	2.24	左	赣江—潭背水—竹头下水	万安县弹前乡旺坑村松山下	万安县弹前乡旺坑村黄家
10	林山背水	4.1	11.7	8.57	右	赣江—潭背水—林山背水	万安县弹前乡大岩村九品坑	万安县弹前乡旺坑村排子上
11	唐旨水	9.1	16.0	4.60	右	赣江—唐旨水	万安县武术乡社田村山塘尾	万安县沙坪镇长桥村晓林坑
12	武术水	27	138	3.78	右	赣江—武术水	万安县宝山乡安长村	万安县武术乡稍坑村
13	石垅坑水	22	54.1	5.98	右	赣江—武术水—石垅坑水	万安县宝山乡东坪村	万安县武术乡龙尾村
14	皂口水	46	244	1.64	左	赣江—皂口水	万安县夏造镇上造村	万安县沙坪镇长桥村
15	黄竹水	6.9	13.5	4.61	右	赣江—皂口水—黄竹水	赣州市赣县区沙地镇湖溪村三田境	万安县夏造镇黄祝村江背
16	店下水	8.6	15.2	12.28	右	赣江—皂口水—店下水	赣州市赣县区沙地镇中庄村上年坑	万安县夏造镇柏岩村
17	柏岩水	11	27.5	8.07	左	赣江—皂口水—柏岩水	万安县夏造镇流源村大合	万安县夏造镇柏岩村
18	芙坑水	9.5	16.6	17.48	左	赣江—皂口水—芙坑水	万安县夏造镇横江村山东脑	万安县沙坪镇梅团村保进寺
19	梅团水	8.9	29.5	16.09	左	赣江—皂口水—梅团水	万安县沙坪镇里加村金鹅塘	万安县沙坪镇梅团村
20	外龙水	5.4	13.0	33.45	右	赣江—皂口水—梅团水—外龙水	万安县沙坪镇外龙村大石岭	万安县沙坪镇梅团村
21	下尾水	10	25.1	5.07	右	赣江—皂口水—下尾水	万安县夏造镇柏岩村阳西田	万安县沙坪镇南阳村下尾
22	垇口水	7.0	12.5	11.04	右	赣江—垇口水	万安县武术乡新蓼村凉棚下	万安县武术乡新蓼村新文村

续表

序号	河名	河长/千米	流域面积/平方千米	河流比降/‰	相对上一级河流岸别	支流级别	河源	河口
23	下坑水	6.8	11.1	11.84	右	赣江—下坑水	万安县武术乡大蓼村大牛仚	万安县武术乡大蓼村贺仚
24	刘家水	6.1	12.9	5.87	左	赣江—刘家水	万安县五丰镇棉津村安子前	万安县五丰镇棉津村乐家坑
25	棉津水	13	62.6	4.67	左	赣江—棉津水	万安县五丰镇西元村	万安县五丰镇棉津村
26	弯内水	5.3	10.0	6.14	右	赣江—棉津水—弯内水	万安县五丰镇路口村水口峰	万安县五丰镇路口村弯内
27	石门前水	6.3	21.3	13.35	左	赣江—棉津水—石门前水	万安县五丰镇双坑村大窝里	万安县五丰镇麻溪村新棚下
28	罗家水	18	40.0	3.80	右	赣江—罗家水	万安县芙蓉镇芙蓉村枫树坪	万安县芙蓉镇芙蓉村石桥上
29	杨家水	6.5	14.2	6.42	左	赣江—杨家水	万安县五丰镇中洲村上安村南仚	万安县芙蓉镇芙蓉村曾家港
30	新塘坑水	11	28.7	0.98	右	赣江—新塘坑水	万安县芙蓉镇金塘村肖坑胜利岭	万安县芙蓉镇建丰村园下
31	遂川江	180	2882	0.98	左	赣江—遂川江	湖南省桂东县黄洞乡都辽村	万安县罗塘乡罗塘村
32	都寮水	8.7	18.8	22.68	左	赣江—遂川江—都寮水	湖南省郴州市桂东县黄洞乡青竹村	遂川县营盘圩乡大下村晒禾洲
33	秋坪水	6.7	17.3	44.54	左	赣江—遂川江—秋坪水	遂川县营盘圩乡桐古村山顶里	遂川县营盘圩乡营盘村纸背山
34	黄草河	13	25.3	34.54	右	赣江—遂川江—黄草河	湖南省郴州市桂东县寨口乡秋里村	遂川县戴家埔乡戴家埔村苏州山
35	下洞水	9.3	14.2	47.26	右	赣江—遂川江—下洞水	遂川县戴家埔乡清秀村龟子地	遂川县戴家埔乡双桥岭村双桥岭
36	阡陌水	12	34.7	32.44	左	赣江—遂川江—阡陌水	遂川县戴家埔乡阡陌村店坳湖洋顶	遂川县戴家埔乡阡陌村水打坝
37	淋洋水	16	32.6	19.44	右	赣江—遂川江—淋洋水	遂川县戴家埔乡淋洋村萝卜棚	遂川县戴家埔乡七岭村大树下
38	上洲水	8.0	14.8	54.93	左	赣江—遂川江—上洲水	遂川县戴家埔乡阡陌村凤龙顶	遂川县大汾镇滁洲村上洲
39	干坑水	4.9	12.3	17.96	右	赣江—遂川江—干坑水	遂川县大汾镇和坪村下村窝	遂川县大汾镇竹坑村干坑
40	仙顶岗水	15	87.8	27.05	左	赣江—遂川江—仙顶岗水	遂川县大汾镇上坳村	遂川县大汾镇竹坑村
41	暗垄水	13	24.7	39.09	右	赣江—遂川江—仙顶岗水—暗垄水	遂川县大汾镇高兴村南风面	遂川县大汾镇竹坑村墙背
42	竹子坪水	7.8	12.9	58.16	左	赣江—遂川江—仙顶岗水—竹子坪水	遂川县大汾镇石门岭村大竹山	遂川县大汾镇石门岭村巷子里
43	和坪水	6.6	15.0	21.18	右	赣江—遂川江—和坪水	遂川县大汾镇和坪村分水坳	遂川县大汾镇竹坑村坪坝洲
44	庄坑水	9.9	19.2	39.31	左	赣江—遂川江—庄坑水	遂川县大汾镇庄坑村赵公亭	井冈山市长坪乡仙口村仙子口
45	杨坑水	13	18.4	12.03	右	赣江—遂川江—杨坑水	遂川县西溪乡文坳村五指峰	井冈山市下七乡杨坑村塅心
46	长坪水	17	38.4	27.07	左	赣江—遂川江—长坪水	井冈山市长坪乡长坪林场江西坳	井冈山市下七乡上七村小河背

续表

序号	河名	河长/千米	流域面积/平方千米	河流比降/‰	相对上一级河流岸别	支流级别	河源	河口
47	汉头水	6.1	13.0	11.43	右	赣江—遂川江—汉头水	井冈山市下七乡汉头村五指峰	井冈山市下七乡下七村杨梅坑
48	大汾水	46	273	3.24	右	赣江—遂川江—大汾水	湖南省桂东县清泉镇庄川村	遂川县堆子前镇鄢背村
49	中村水	6.1	10.0	47.25	左	赣江—遂川江—大汾水—中村水	遂川县戴家埔乡福龙村上村	遂川县大汾镇桃坪村洞下
50	鹿坑水	9.5	37.2	16.65	左	赣江—遂川江—大汾水—鹿坑水	遂川县戴家埔乡福龙村牛塘子	遂川县大汾镇大汾村
51	洛阳水	8.0	25.3	9.23	左	赣江—遂川江—大汾水—鹿坑水—洛阳水	遂川县大汾镇双嵊村枫树崀	遂川县大汾镇大汾村鲤鱼墩
52	凉山尾水	10	23.7	6.14	左	赣江—遂川江—大汾水—凉山尾水	遂川县大汾镇螺汾村凉山尾	遂川县大汾镇寨溪村
53	廖坊水	7.3	16.6	3.31	右	赣江—遂川江—大汾水—廖坊水	遂川县西溪乡奖连村黄垅	遂川县西溪乡横昌村湾里
54	仙人井水	6.3	10.1	9.65	右	赣江—遂川江—大汾水—仙人井水	遂川县堆子前镇久渡村大船坑	遂川县堆子前镇陂田村潭背
55	堆子前水	19	73.0	5.74	左	赣江—遂川江—大汾水—堆子前水	遂川县大汾镇文溪村	遂川县堆子前镇鄢背村
56	茶洞水	7.6	14.0	16.79	左	赣江—遂川江—大汾水—堆子前水—茶洞水	遂川县西溪乡文坳村茶洞尾	遂川县西溪乡文坳村文坳
57	黄苍洲水	8.1	12.9	12.5	左	赣江—遂川江—大汾水—堆子前水—黄苍洲水	遂川县堆子前镇苍洲林场五指峰	遂川县堆子前镇堆前村四爪窝
58	集龙洞水	6.5	11.5	6.45	左	赣江—遂川江—大汾水—堆子前水—集龙洞水	遂川县堆子前镇堆前村分水坳	遂川县堆子前镇堆前村盆形
59	赤坑水	14	22.1	7.76	左	赣江—遂川江—赤坑水	遂川县大坑乡大洲村白水洞	遂川县大坑乡赤坑村窑口
60	乱坑水	9.1	10.3	12.88	左	赣江—遂川江—乱坑水	遂川县大坑乡林溪村风形	遂川县大坑乡林溪村乱坑口
61	樟木坑水	7.1	10.6	18.43	左	赣江—遂川江—樟木坑水	遂川县五斗江乡三和村樟木坑	遂川县大坑乡大坑村
62	板坑口水	8.2	10.3	12.77	左	赣江—遂川江—板坑口水	遂川县大坑乡板坑村庄公岭	遂川县大坑乡罗坊村
63	黄坑口水	5.8	12.7	11.13	左	赣江—遂川江—黄坑口水	遂川县大坑乡黄坑村茶仚	遂川县大坑乡灵潭村
64	官坑水	17	29.2	7.43	右	赣江—遂川江—官坑水	遂川县堆子前镇蒲芦村大船坑	遂川县泉江镇泽江村泽江下
65	同裕水	8.5	11.4	6.95	左	赣江—遂川江—同裕水	遂川县泉江镇洲上村桐木坑	遂川县泉江镇洲上村库下
66	湖塘水	23	57.7	5.28	右	赣江—遂川江—湖塘水	遂川县草林镇拱前村	遂川县泉江镇四农村
67	左溪河	94	985	1.99	右	赣江—遂川江—左溪河	遂川县高坪镇茅坪村	遂川县泉江镇四里街社区
68	牛栏前水	6.1	10.2	46.16	左	赣江—遂川江—左溪河—牛栏前水	遂川县高坪镇青草村上山里	遂川县高坪镇车下村牛栏前

续表

序号	河名	河长/千米	流域面积/平方千米	河流比降/‰	相对上一级河流岸别	支流级别	河源	河口
69	桃沅水	7.4	14.2	36.63	左	赣江—遂川江—左溪河—桃沅水	遂川县高坪镇卷旋村老虎鹿	遂川县高坪镇桃洞村
70	谭家湾水	10	23.2	23.67	左	赣江—遂川江—左溪河—谭家湾水	湖南省郴州市桂东县寨口乡坪界林场坪界	遂川县高坪镇水口村下村
71	小木坑水	9.3	15.1	31.73	右	赣江—遂川江—左溪河—小木坑水	遂川县高坪镇明坑村老虎山	遂川县高坪镇高坪村高坪
72	田庄坞水	9.0	19.9	39.4	左	赣江—遂川江—左溪河—田庄坞水	遂川县汤湖镇高塘村横坑子	遂川县汤湖镇横圳村狗牯脑
73	岫背水	8.4	15.6	34.29	左	赣江—遂川江—左溪河—岫背水	遂川县汤湖镇油湖村鸭脚窝	遂川县汤湖镇平溪村下坡洞
74	玕山水	9.0	19.3	22.43	右	赣江—遂川江—左溪河—玕山水	遂川县汤湖镇南屏村	遂川县汤湖镇玕山村
75	西坑水	8.3	29.1	21.29	右	赣江—遂川江—左溪河—西坑水	遂川县左安镇鹤坑村鹤坑火星顶	遂川县左安镇白云村
76	横岗水	9.9	18.0	13.11	左	赣江—遂川江—左溪河—横岗水	遂川县左安镇龙颈村老虎岩脚下	遂川县左安镇横岗村
77	洛口水	11	44.4	11.37	右	赣江—遂川江—左溪河—洛口水	遂川县左安镇曲溪村曲洞	遂川县左安镇红裕村下洛口
78	河背水	7.1	13.1	26.06	左	赣江—遂川江—左溪河—洛口水—河背水	遂川县左安镇圆溪村石门擎	遂川县左安镇下圆村浊水径
79	顺溪寺水	9.2	23.6	19.13	右	赣江—遂川江—左溪河—顺溪寺水	遂川县左安镇洋溪村筑峰顶	遂川县南江乡中顺村溪口
80	麻园水	8.3	15.4	20.66	右	赣江—遂川江—左溪河—麻园水	遂川县左安镇洋溪村大坝	遂川县南江乡南江村庄口
81	桥头水	42	216	6.55	左	赣江—遂川江—左溪河—桥头水	湖南省桂东县桥头乡横店村	遂川县南江乡南江村
82	猪母脑水	5.0	10.0	47.65	左	赣江—遂川江—左溪河—桥头水—猪母脑水	遂川县大汾镇乐天村小东坑	遂川县黄坑乡大沙村青潭角
83	黄坑水	15	42.3	6.48	左	赣江—遂川江—左溪河—桥头水—黄坑水	遂川县黄坑乡金河村河洞	遂川县黄坑乡水口村水口
84	南洞水	8.3	12.8	11.75	右	赣江—遂川江—左溪河—南洞水	遂川县南江乡石鼓村鹅峰	遂川县南江乡南洞村南江口圩
85	芳田水	5.8	11.6	14.43	右	赣江—遂川江—左溪河—芳田水	遂川县草林镇峨溪村上芳田	遂川县草林镇峨溪村
86	仙庙水	9.0	27.3	4.93	左	赣江—遂川江—左溪河—仙庙水	遂川县西溪乡廖坊村仙人井	遂川县草林镇源溪村井子脑
87	禾源水	29	129	5.17	右	赣江—遂川江—左溪河—禾源水	赣州市南康区坪市乡李岭村	遂川县草林镇冠溪村
88	落发水	8.4	16.4	29.06	左	赣江—遂川江—左溪河—禾源水—落发水	遂川县禾源镇三溪村坑尾	遂川县禾源镇三溪村富田

续表

序号	河名	河长/千米	流域面积/平方千米	河流比降/‰	相对上一级河流岸别	支流级别	河源	河口
89	洞上水	5.1	10.0	17.48	右	赣江—遂川江—左溪河—禾源水—洞上水	赣州市上犹县紫阳乡店背村上罗洞石窖里	遂川县禾源镇三溪村富田
90	洞溪水	9.8	23.5	13.84	左	赣江—遂川江—左溪河—禾源水—洞溪水	遂川县禾源镇洞溪村大西坑	遂川县禾源镇禾源村双溪口
91	大富水	9.7	17.1	10.34	左	赣江—遂川江—左溪河—禾源水—大富水	遂川县左安镇黄金村罗屋	遂川县禾源镇禾源村寨里
92	仙溪水	11	25.5	8.47	右	赣江—遂川江—左溪河—仙溪水	遂川县禾源镇严塘村严塘亭	遂川县珠田乡南村村坑口
93	马头寨水	16	55.9	9.79	右	赣江—遂川江—左溪河—马头寨水	遂川县珠田乡珠溪村	遂川县珠田乡黄塘村
94	大龙水	6.2	13.0	31.64	右	赣江—遂川江—左溪河—马头寨水—大龙水	赣州市南康区隆木乡福田村当风坳白鹤岭	遂川县珠田乡大垅村
95	瑶下水	8.7	18.2	3.44	右	赣江—遂川江—瑶下水	遂川县泉江镇龙上村	遂川县泉江安下村
96	金沙水	35	211	3.47	右	赣江—遂川江—金沙水	赣州市南康区隆木乡黄石村	遂川县枚江镇邵溪村
97	小黄沙水	7.9	12.2	9.23	左	赣江—遂川江—金沙水—小黄沙水	赣州市南康区隆木乡民丰村蛇坑凤脑山	遂川县巾石乡汤村村枪垇
98	巾石水	10	33.5	6.85	右	赣江—遂川江—金沙水—巾石水	遂川县巾石乡巾石村沙排	遂川县巾石乡界溪村高丘
99	隆木水	18	66.7	7.84	左	赣江—遂川江—金沙水—隆木水	赣州市南康区隆木乡小东村	遂川县巾石乡沙田村
100	横汾水	10	12.2	15.53	右	赣江—遂川江—金沙水—横汾水	遂川县巾石乡东坑村黄鸡仚云岭脑	遂川县枚江镇舍上村横汾
101	牛角塅水	7.9	12.6	1.60	左	赣江—遂川江—牛角塅水	遂川县泉江镇洲上村黄溪垇	遂川县枚江镇邵溪村牛角塅
102	横陂水	22	66.9	3.12	左	赣江—遂川江—横陂水	遂川县雩田镇茂园村	遂川县雩田镇堂境村
103	石锅水	18	24.2	3.46	右	赣江—遂川江—横陂水—石锅水	遂川县泉江镇大屋村下坛前	遂川县雩田镇任溪村河背
104	岭背水	23	59.3	2.06	右	赣江—遂川江—岭背水	遂川县巾石乡中石想罗溪村	遂川县雩田镇塘背村
105	雩田水	32	91.4	1.82	左	赣江—遂川江—雩田水	遂川县雩田镇大饶村	遂川县雩田镇新泽村
106	横岭水	8.1	16.8	8.11	左	赣江—遂川江—雩田水—横岭水	遂川县雩田镇横岭村沉香仚	遂川县雩田镇横岭村
107	夏溪水	7.4	15.9	1.84	左	赣江—遂川江—夏溪水	遂川县雩田镇石下村云南坑	遂川县雩田镇夏溪村
108	碧洲水	27	154	3.59	右	赣江—遂川江—碧洲水	遂川县巾石乡银村	万安县五丰镇白沂村
109	马迹水	9.9	17.0	13.08	左	赣江—遂川江—碧洲水—马迹水	遂川县巾石乡下湾村周公岭	遂川县碧洲镇珠湖村夹江口

续表

序号	河名	河长/千米	流域面积/平方千米	河流比降/‰	相对上一级河流岸别	支流级别	河源	河口
110	龙背坑水	7.1	12.9	31.34	右	赣江—遂川江—碧洲水—龙背坑水	遂川县碧洲镇白水村水口峰	遂川县碧洲镇碧洲村莲花山下
111	横坑水	7.7	13.5	20.44	右	赣江—遂川江—碧洲水—横坑水	遂川县碧洲镇丰林村马迹	遂川县碧洲镇碧洲村东方口
112	安子前水	8.3	14.9	10.32	右	赣江—遂川江—碧洲水—安子前水	遂川县碧洲镇安子前村天龙山	遂川县碧洲镇碧洲村社公背
113	白沂水	12	20.6	3.99	左	赣江—遂川江—碧洲水—白沂水	遂川县枚江镇豪溪村三石墩	万安县五丰镇白沂村
114	大岭坑水	6.2	26.6	10.37	右	赣江—遂川江—大岭坑水	万安县五丰镇东源村冲官洞	万安县五丰镇东源村油潭江
115	油潭江	6.3	17.9	1.62	左	赣江—遂川江—大岭坑水—油潭江	万安县五丰镇邓林村丙午坑下坑子	万安县五丰镇邓林村油潭江
116	奇富水	6.7	15.3	0.64	左	赣江—遂川江—奇富水	万安县五丰镇荷林村上荷林	万安县五丰镇荷林村南坝洲
117	潞田水	30	241	1.62	左	赣江—潞田水	万安县潞田镇高坑村	万安县罗塘乡村背村
118	大坑水	9.0	12.5	5.92	左	赣江—潞田水—大坑水	万安县潞田镇高坑村八斗坑	万安县潞田镇潞田村
119	大江坑水	8.5	14.5	3.59	左	赣江—潞田水—大江坑水	万安县潞田镇银塘村福禄坑	万安县潞田镇潞田村
120	高潭水	16	42.1	2.57	左	赣江—潞田水—高潭水	万安县潞田镇银塘村银塘坑	万安县潞田镇下石村灵溪
121	井下水	7.8	14.3	4.65	左	赣江—潞田水—高潭水—井下水	万安县潞田镇东村村牛岚坑凤形山	万安县潞田镇邹江村双山
122	土龙水	28	75.4	3.04	右	赣江—潞田水—土龙水	遂川县衙前镇石盘村	万安县罗塘乡老港村
123	黄陂水	9.6	17.7	2.66	左	赣江—潞田水—土龙水—黄陂水	万安县潞田镇高坑村小竹坑	万安县潞田镇寨下村黄陂
124	浇田水	15	31.0	1.50	右	赣江—潞田水—浇田水	遂川县雩田镇珊田村珊田枫木山	万安县罗塘乡老港村杨梅坑
125	晓瑞水	7.1	14.3	0.60	右	赣江—潞田水—晓瑞水	万安县五丰镇荷林村棚下	万安县罗塘乡罗塘村下雨石
126	建设水	13	53.9	1.25	左	赣江—建设水	万安县潞田镇东村村	万安县韶口乡韶口村
127	坳塘水	6.4	11.7	1.41	左	赣江—建设水—坳塘水	万安县韶口乡中舍村路边	万安县韶口乡南乾村曲江头
128	上源水	8.1	10.5	1.22	右	赣江—上源水	万安县百加镇黄南村山岗	万安县百加镇廓埠村车溪
129	南塘水	10	24.5	2.05	左	赣江—南塘水	万安县韶口乡泥塘村枫树坑	万安县韶口乡梅岗村梨园
130	廓埠水	20	59.2	1.12	右	赣江—廓埠水	万安县芙蓉镇金塘村	万安县窑头镇窑头村
131	浩级水	12	34.7	1.37	左	赣江—浩级水	万安县韶口乡畔塘村小山塘	泰和县马市镇群爱村浩溪
132	星火水	6.9	10.4	0.54	左	赣江—浩级水—星火水	万安县韶口乡石丘村山背	万安县韶口乡星火村
133	通津河	49	399	1.63	右	赣江—通津河	万安县枧头镇龙头畲族村	万安县窑头镇城江村
134	芦源水	5.0	10.8	17.05	右	赣江—通津河—芦源水	万安县枧头镇龙头村小娘庄管岭脑	万安县枧头镇龙头村芦源

续表

序号	河名	河长/千米	流域面积/平方千米	河流比降/‰	相对上一级河流岸别	支流级别	河源	河口
135	牛子仚水	5.2	10.0	17.42	左	赣江—通津河—牛子仚水	万安县枧头镇龙头村茶坑子	万安县枧头镇龙头村九洲
136	中龙水	12	19.4	6.11	左	赣江—通津河—中龙水	万安县枧头镇茅坪村黄草窝	万安县枧头镇兰田村水南
137	蕉源水	27	122	3.44	左	赣江—通津河—蕉源水	万安县枧头镇龙口村	万安县枧头镇南洲村
138	井坵水	5.4	10.2	22.34	左	赣江—通津河—蕉源水—井坵水	万安县枧头镇龙口村洋龙山凉山	万安县枧头镇龙口村湖丘
139	湖门口水	5.8	10.0	27.33	左	赣江—通津河—蕉源水—湖门口水	万安县芙蓉镇芙蓉村下坪	万安县枧头镇蕉源水库湖门口
140	坳斗水	8.6	18.4	13.18	右	赣江—通津河—蕉源水—坳斗水	万安县枧头镇蕉源村九斗埛	万安县枧头镇蕉源水库埛斗
141	村背水	7.6	10.3	3.58	右	赣江—通津河—蕉源水—村背水	万安县枧头镇横路村雷打石	万安县枧头镇南洲村富田
142	洞溪水	9.1	21.6	1.60	左	赣江—通津河—洞溪水	万安县芙蓉镇金塘村老吴下	万安县窑头镇连源村洞溪
143	八斗水	24	62.4	1.31	右	赣江—通津河—八斗水	泰和县上模乡田西村	万安县窑头镇八斗村
144	田塅水	9.3	13.8	1.95	左	赣江—通津河—八斗水—田塅水	万安县窑头镇潭口村邱家	万安县窑头镇八斗村田塅
145	高洲水	7.8	15.5	1.24	左	赣江—通津河—高洲水	万安县窑头镇横塘村正元背	万安县窑头镇田南村高洲
146	陂头水	7.2	10.0	2.04	右	赣江—通津河—陂头水	万安县窑头镇流芳村南坑牛屎岭	万安县窑头镇阳城村古坪岗
147	船头坑水	10	30.8	1.51	右	赣江—通津河—船头坑水	泰和县冠朝镇儒社村山塘	万安县窑头镇城江村船头坑
148	芫山水	8.8	13.5	1.44	左	赣江—芫山水	泰和县马市镇庆丰村坑尾村	泰和县塘洲镇坦湖村棚子里村
149	蜀水	157	1301	1.03	左	赣江—蜀水	井冈山市井冈山自然保护区管理局大井林场	泰和县澄江镇三溪村
150	大井水	7.6	17.4	28.35	左	赣江—蜀水—大井水	井冈山市大井林场八面山哨口	井冈山市大井林场井冈冲水库
151	茨坪水	12	39.2	21.65	左	赣江—蜀水—茨坪水	井冈山市茨坪林场铁坑	井冈山市朱砂林场双溪口
152	黄坳水	23	78.3	21.19	右	赣江—蜀水—黄坳水	井冈山市长坪乡长坪林场	井冈山市黄坳乡黄坳村
153	狗鱼潭水	6.4	12.1	21.30	右	赣江—蜀水—黄坳水—狗鱼潭水	井冈山市黄坳乡石角村陕西岭	井冈山市黄坳乡黄坳村黄草坑
154	蕉坑水	8.6	10.2	20.44	左	赣江—蜀水—蕉坑水	井冈山市黄坳乡黄坳村严岭嶂	井冈山市黄坳乡光裕村龙洲
155	长龙坑水	11	34.2	8.19	右	赣江—蜀水—长龙坑水	井冈山市黄坳乡石角村长	遂川县五斗江乡三和村叶家塅
156	丰田洲水	4.9	12.1	18.59	右	赣江—蜀水—长龙坑水—丰田洲水	遂川县五斗江乡三和村门坑尾	遂川县五斗江乡三和村
157	五斗江水	21	46.4	6.38	左	赣江—蜀水—五斗江水	遂川县五斗江乡庄坑口村村严岭嶂	遂川县五斗江乡五斗江村
158	庄坑水	7.7	11.9	12.86	左	赣江—蜀水—五斗江水—庄坑水	遂川县五斗江乡庄坑口村坑尾	遂川县五斗江乡五斗江村

续表

序号	河名	河长/千米	流域面积/平方千米	河流比降/‰	相对上一级河流岸别	支流级别	河源	河口
159	南坑水	11	20.7	3.96	左	赣江—蜀水—南坑水	遂川县五斗江乡南坑村磜脑	遂川县五斗江乡丰禄村杨梅洲
160	高岭水	20	37.9	6.42	右	赣江—蜀水—高岭水	遂川县五斗江乡三和村凤形	遂川县衙前镇溪口村溪口
161	衙前水	29	52.8	6.67	右	赣江—蜀水—衙前水	遂川县五斗江乡三和村	遂川县衙前镇衙前村
162	大旺水	71	324	1.69	左	赣江—蜀水—大旺水	井冈山市井冈山自然保护区管理局茨坪林场	遂川县双桥乡双溪村
163	鹅头湾水	10	14.6	17.00	右	赣江—蜀水—大旺水—鹅头湾水	遂川县五斗江乡车坳村三十六曲	遂川县五斗江乡车坳村江口
164	桥子头水	8.6	16.6	14.10	左	赣江—蜀水—大旺水—桥子头水	遂川县五斗江乡联桥村大岭下	遂川县五斗江乡联桥村联桥
165	瓦屋下水	10	13.4	9.21	左	赣江—蜀水—大旺水—瓦屋下水	遂川县五斗江乡联桥村吊楼下	遂川县新江乡大旺村
166	新江水	11	31.8	4.39	左	赣江—蜀水—大旺水—新江水	遂川县新江乡石坑村下洞坑	遂川县新江乡新江村老街
167	石屋水	19	54.0	2.57	右	赣江—蜀水—大旺水—石屋水	遂川县五斗汇乡米石村	遂川县新江乡横石村
168	礌溪水	5.4	11.1	7.89	左	赣江—蜀水—大旺水—石屋水—礌溪水	遂川县新江乡横石村大洞口	遂川县新江乡横石村桐树
169	桥头水	20	60.7	4.35	左	赣江—蜀水—桥头水	遂川县新江乡范背村	遂川县双桥乡双桥村
170	东子背水	7.9	15.7	9.83	左	赣江—蜀水—桥头水—东子背水	遂川县双桥乡潭溪村东子背	遂川县双桥乡潭溪村乌鸦境
171	坎头水	7.2	13.8	6.50	右	赣江—蜀水—桥头水—坎头水	遂川县新江乡范背村鸡公寨	遂川县双桥乡双桥村长颈头
172	谷中水	8.0	11.3	5.68	右	赣江—蜀水—谷中水	万安县高陂镇谷中村笑霞村	万安县高陂镇谷中村
173	沔坑水	5.7	11.2	7.09	左	赣江—蜀水—沔坑水	泰和县苏溪镇三居村燕头窝	万安县高陂镇沔坑村
174	高陂水	15	44.1	1.02	右	赣江—蜀水—高陂水	万安县高陂镇下东村大坑	泰和县苏溪镇上宏村
175	白土街水	12	21.7	4.49	左	赣江—蜀水—白土街水	泰和县苏溪镇三居村虎竹坪	泰和县苏溪镇上彭村下彭村
176	柳塘水	20	71.1	0.93	左	赣江—蜀水—柳塘水	泰和县禾市镇雁溪村	泰和县马市镇武溪村
177	西洲水	12	28.5	1.00	左	赣江—蜀水—柳塘水—西洲水	泰和县南溪乡南源村长溪村武山	泰和县马市镇汉溪村
178	云亭水	86	722	1.09	右	赣江—云亭水	赣州市兴国县崇贤乡均福山林场	泰和县塘洲镇朱家村
179	王山坑水	5.9	10.3	19.6	右	赣江—云亭水—王山坑水	泰和县老营盘镇五丰村彭家州	泰和县老营盘镇五丰村径口
180	老营盘水	15	36.0	7.68	左	赣江—云亭水—老营盘水	泰和县水槎乡浪川村坑口	泰和县老营盘镇老营盘村高明山
181	北坑水	7.4	17.9	6.46	右	赣江—云亭水—北坑水	泰和县老营盘镇富足村右坑	泰和县上圯乡北坑村北坑口

续表

序号	河名	河长/千米	流域面积/平方千米	河流比降/‰	相对上一级河流岸别	支流级别	河源	河口
182	苦竹坑水	4.6	11.0	7.58	右	赣江—云亭水—苦竹坑水	泰和县上圯乡石田村玉竹坪	泰和县上圯乡石田村石田
183	大石水	8.1	17.1	9.43	左	赣江—云亭水—大石水	泰和县上圯乡芫头村牛牯	泰和县上圯乡西岗村江子口
184	沔坑水	9.1	10.5	7.96	左	赣江—云亭水—沔坑水	泰和县上圯乡沔口村沔洋山	泰和县上圯乡沔口村油槽背
185	岭下水	8.4	20.4	4.06	右	赣江—云亭水—岭下水	泰和县沙村镇良村村黄竹庵	泰和县沙村镇沙村村沙坪
186	里良坑水	7.6	10.0	8.29	左	赣江—云亭水—岭下水—里良坑水	泰和县沙村镇良村村八斗尾	泰和县沙村镇良村村胡家
187	水槎水	34	136	3.67	左	赣江—云亭水—水槎水	泰和县水槎乡浪川村	泰和县沙村镇新圩村
188	枫树面水	11	31.7	15.17	左	赣江—云亭水—水槎水—枫树面水	泰和县水槎乡西阳村钟屋	泰和县水槎乡合江村合江
189	西阳水	4.0	11.3	32.47	右	赣江—云亭水—水槎水—枫树面水—西阳水	泰和县水槎乡西阳村中窝轿顶石	泰和县水槎乡西阳山林场西阳村
190	茶坑水	8.0	13.7	5.96	左	赣江—云亭水—水槎水—茶坑水	泰和县水槎乡四和村新庵前	泰和县水槎乡乐群村乐群
191	肖溪	6.3	10.5	2.33	右	赣江—云亭水—肖溪	泰和县沙村镇兴华村流水坑	泰和县沙村镇沙村村易家洲
192	井头水	5.3	11.6	4.63	右	赣江—云亭水—井头水	泰和县沙村镇坪洲村后背塅	泰和县沙村镇绵溪村巷口
193	新桥水	8.3	14.1	4.00	左	赣江—云亭水—新桥水	泰和县上模乡老居村富坑	泰和县沙村镇凰岗村黄冈
194	东村水	7.5	17.8	1.93	右	赣江—云亭水—东村水	泰和县冠朝镇社下村月冈新居	泰和县冠朝镇乌龟口
195	缝岭水	32	117	2.07	左	赣江—云亭水—缝岭水	泰和县水槎乡缝岭村	泰和县冠朝镇墩陂村
196	上模水	11	17.9	6.73	左	赣江—云亭水—缝岭水—上模水	泰和县上模乡上村村石陂子天马山	泰和县上模乡高芫村高芫
197	沙陂水	7.5	17.6	2.37	左	赣江—云亭水—缝岭水—沙陂水	泰和县上模乡上模村鸭塘	泰和县冠朝镇文塘村文塘
198	高芫水	7.9	15.7	1.49	左	赣江—云亭水—高芫水	泰和县冠朝镇村岭村大汗	泰和县冠朝镇坎头村高芫
199	官田水	7.1	19.7	2.05	右	赣江—云亭水—官田水	泰和县冠朝镇宏冈村宏冈	泰和县冠朝镇坎头村岭上
200	官桥头水	11	34.3	0.89	左	赣江—云亭水—官桥头水	泰和县塘洲镇坦湖村竹溪村	泰和县塘洲镇新坪村巷内
201	月口水	6.6	12.8	2.25	左	赣江—云亭水—官桥头水—月口水	泰和县塘洲镇坦湖村大口村	泰和县塘洲镇樟溪村
202	澄江	12	46.5	0.82	左	赣江—澄江	泰和县澄江镇黄岗村白水	泰和县澄江镇东门村塔前
203	曾家水	12	38.3	0.82	右	赣江—曾家水	泰和县冠朝镇罗溪村岭下阮家村	泰和县塘洲镇朱家村老洲
204	仙槎河	55	556	1.07	右	赣江—仙槎河	泰和县小龙镇瑶岭村	泰和县万合镇黄坑村
205	横江水	6.6	10.2	18.2	右	赣江—仙槎河—横江水	泰和县小龙镇瑶岭村杉树坳	泰和县中龙乡中龙村横坑

续表

序号	河名	河长/千米	流域面积/平方千米	河流比降/‰	相对上一级河流岸别	支流级别	河源	河口
206	合江口水	15	55.5	5.23	左	赣江—仙槎河—合江口水	泰和县中龙乡东合村	泰和县中龙乡百记村
207	亭前街水	7.4	10.8	12.37	左	赣江—仙槎河—亭前街水	泰和县中龙乡亩芫村下湾	泰和县中龙乡百记村亭前街
208	睹碑水	9.5	23.2	1.20	右	赣江—仙槎河—睹碑水	泰和县灌溪镇古坪村南溪村楼梯岭	泰和县灌溪镇睹碑村
209	雁门水	21	85.4	1.66	左	赣江—仙槎河—雁门水	泰和县灌溪镇雁门村	泰和县灌溪镇桃源村
210	田边水	10	20.7	2.66	右	赣江—仙槎河—雁门水—田边水	泰和县灌溪镇田边村下坑子村	泰和县灌溪镇阳丘村陂田
211	石古坑水	7.1	18.0	3.09	左	赣江—仙槎河—雁门水—石古坑水	泰和县灌溪镇架竹村土革巷村	泰和县灌溪镇架竹村东山
212	罗坑水	20	64.2	1.37	左	赣江—仙槎河—罗坑水	泰和县冠朝镇罗溪村	泰和县万合镇大鹏村
213	固陂水	57	199	1.89	右	赣江—仙槎河—固陂水	赣州市兴国县崇贤乡均福山林场	泰和县万合镇大鹏村
214	古溪水	7.8	10.1	0.69	左	赣江—仙槎河—固陂水—古溪水	泰和县苑前镇路溪村左家村楼	泰和县苑前镇杨溪村枧头
215	黄坊水	14	19.5	3.00	左	赣江—仙槎河—固陂水—黄坊水	泰和县苑前镇王山村木珠塘村	泰和县苑前镇黄坊村江下
216	祥云水	7.6	11.4	1.42	右	赣江—仙槎河—固陂水—祥云水	泰和县苑前镇颜家村大岭上山	泰和县苑前镇岭下村龙田
217	新严家水	9.1	10.8	1.83	右	赣江—仙槎河—固陂水—新严家水	泰和县万合镇霞山村	泰和县万合镇赤溪村新严家
218	清水河	10	24.4	0.10	左	赣江—清水河	泰和县沿溪镇狮前村浮塘	泰和县沿溪镇荷树村樟家棚
219	杨溪	22	109	1.05	左	赣江—杨溪	泰和县南溪乡锦溪村	泰和县沿溪镇潡溪村
220	山塘水	5.6	10.0	2.50	右	赣江—杨溪—山塘水	泰和县澄江镇桔园村毛家村	泰和县澄江镇桥头村石下
221	碧溪	12	32.4	2.10	左	赣江—杨溪—碧溪	泰和县澄江镇大塘村吴仙山	泰和县沿溪镇源塘村水西
222	铁溪	6.8	16.8	1.54	左	赣江—铁溪	泰和县沿溪镇风岗村早禾塘村	泰和县沿溪镇风岗村河头
223	折陂水	7.5	12.2	1.09	右	赣江—折陂水	青原区文陂乡西竺村委会北安溪	青原区值夏镇永乐村七姑岭
224	孤江	155	3082	0.49	右	赣江—孤江	赣州市兴国县工业园西岭村	青原区富滩镇张家渡村
225	君埠水	22	139	4.61	右	赣江—孤江—君埠水	赣州市宁都县大沽乡阳霁村	永丰县君埠乡杜溪村
226	武华山水	13	24.5	11.02	左	赣江—孤江—君埠水—武华山水	赣州市宁都县大沽乡阳霁村	永丰县君埠乡君埠村
227	中叶水	14	42.1	5.03	左	赣江—孤江—君埠水—中叶水	赣州市兴国县南坑乡中叶村西华山	永丰县君埠乡铁元村田背
228	寺坑水	11	21.5	4.16	左	赣江—孤江—君埠水—寺坑水	赣州市兴国县南坑乡中叶村	永丰县君埠乡杜溪村上田
229	枧田水	20	54.1	4.30	右	赣江—孤江—枧田水	永丰县君埠乡山岭村	永丰县龙冈畲族乡万功山村
230	龙王阁水	14	39.6	3.95	左	赣江—孤江—龙王阁水	永丰县龙冈乡胜丰村观音岩山	永丰县龙冈畲族乡龙冈村

续表

序号	河名	河长/千米	流域面积/平方千米	河流比降/‰	相对上一级河流岸别	支流级别	河源	河口
231	坳塘背水	6.4	15.0	6.62	右	赣江—孤江—龙王阁水—坳塘背水	永丰县龙冈畲族乡芭溪村石嵊岭	永丰县龙冈乡龙云村沙螺陂
232	石头坑水	8.9	15.2	4.03	右	赣江—孤江—石头坑水	永丰县上固乡回龙村牛牯洞	永丰县龙冈乡龙冈村凡南背村
233	兰石水	10	20.1	3.20	左	赣江—孤江—兰石水	永丰县龙冈乡毛蓝村观音岩山	永丰县龙冈乡江头村青龙咀村
234	神口水	15	42.4	4.81	左	赣江—孤江—神口水	永丰县龙冈乡教头村十字坳山	永丰县潭头乡神口村
235	石陂水	8.3	22.7	4.49	左	赣江—孤江—神口水—石陂水	青原区东固乡南龙村乌石庙子岽山	永丰县潭头乡神口村桃林
236	潭头水	60	246	1.51	右	赣江—孤江—潭头水	赣州市宁都县大沽乡大沽村	永丰县潭头乡潭头村
237	合江口水	10	36.7	12.60	右	赣江—孤江—潭头水—合江口水	永丰县沙溪镇其坑村高斜老马石山	永丰县上固乡汉下村中车
238	高枧水	10	15.0	12.71	右	赣江—孤江—潭头水—合江口水—高枧水	永丰县沙溪镇九龙村岩前村羊石山	永丰县上固乡汉下村中车
239	山坑尾水	5.2	15.4	4.86	右	赣江—孤江—潭头水—山坑尾水	永丰县沙溪镇拱江背村沙山岭山	永丰县上固乡桥背村
240	大山尾水	13	16.7	3.91	左	赣江—孤江—大山尾水	永丰县潭头乡官田村桐木坪村	永丰县潭头乡潭头村山口
241	丁坊水	17	46.2	2.82	左	赣江—孤江—丁坊水	永丰县三坊乡下坊村石门龙村	永丰县潭头乡潭头村樟树埠
242	正坑水	9.2	13.1	4.91	右	赣江—孤江—丁坊水—正坑水	永丰县三坊乡丁坊村乌仙炭山	永丰县三坊乡丁坊村江坑
243	桃原水	14	38.9	2.38	左	赣江—孤江—桃原水	永丰县三坊乡罗坊村直坑村	吉水县白沙乡南坪村大田埠
244	金盆形水	9.0	13.2	2.22	左	赣江—孤江—桃原水—金盆形水	吉水县白沙镇银田村南头院村	吉水县白沙镇南坪村双溪
245	沙溪水	61	551	1.90	右	赣江—孤江—沙溪水	永丰县上溪乡礼坊畲族村	吉水县白沙镇上田村
246	小港水	5.8	11.6	15.52	左	赣江—孤江—沙溪水—小港水	永丰县上溪乡双岭村坳上村	永丰县沙溪镇小陂山村烧鸡窝
247	上溪水	18	51.3	8.50	右	赣江—孤江—沙溪水—上溪水	永丰县上溪乡上溪村	永丰县沙溪镇中段村
248	王坑水	8.4	17.5	10.22	左	赣江—孤江—沙溪水—王坑水	永丰县沙溪镇九龙村羊石山	永丰县沙溪镇水源村横坑口
249	不塘口河	19	57.6	3.38	右	赣江—孤江—沙溪水—不塘口河	永丰县石马镇龙坊村	永丰县沙溪镇不塘口村
250	彭家地水	7.2	10.3	8.74	右	赣江—孤江—沙溪水—不塘口河—彭家地水	永丰县石马镇林潭村官山岭	永丰县石马镇林潭村唐家垄
251	杨家山水	7.5	19.8	13.89	左	赣江—孤江—沙溪水—杨家山水	永丰县沙溪镇严坑村沙子岭	永丰县沙溪镇沙溪村横垄村
252	枫树排水	5.6	14.5	3.15	左	赣江—孤江—沙溪水—枫树排水	永丰县沙溪镇拱江背村梅子坪村	永丰县沙溪镇北岸村高园脑
253	长坑水	7.6	19.8	3.86	左	赣江—孤江—沙溪水—长坑水	永丰县沙溪镇拱江背村毛家坑村	吉水县白沙镇长埠村银山

续表

序号	河名	河长/千米	流域面积/平方千米	河流比降/‰	相对上一级河流岸别	支流级别	河源	河口
254	新和水	21	67.2	1.13	右	赣江—孤江—沙溪水—新和水	吉水县螺田镇梅南村	吉水县白沙镇庄口村
255	螺田河	30	134	1.15	右	赣江—孤江—沙溪水—螺田河	永丰县藤田镇严坊村	吉水县白沙镇上田村
256	盘岭坑水	8.0	18.0	4.62	右	赣江—孤江—沙溪水—螺田河—盘岭坑水	吉水县螺田镇丰树陂村东坑	吉水县螺田镇恭溪村大水
257	万坑水	6.4	18.3	2.81	左	赣江—孤江—沙溪水—螺田河—万坑水	吉水县螺田镇龙溪村战牛排村	吉水县螺田镇螺田村小江上
258	连坑水	12	20.8	2.72	右	赣江—孤江—沙溪水—螺田河—连坑水	吉水县螺田镇丰树陂村老山坑村	吉水县螺田镇城陂村洋坑
259	桃坑水	12	17.2	1.84	左	赣江—孤江—桃坑水	吉水县白沙镇银田村裕坑村	吉水县白沙镇白沙村外固
260	大堌水	12	22.1	1.65	右	赣江—孤江—大堌水	吉水县白沙镇河口村文同江村	吉水县白沙镇河口村竹围内
261	坊口水	8.5	13.8	2.7	左	赣江—孤江—坊口水	吉水县白沙镇本滩村鄢家边村	吉水县白沙镇本滩村坊口
262	增坑水	12	53.1	1.97	右	赣江—孤江—增坑水	吉水县白沙镇青华村	吉水县白沙镇安坪村
263	东坑水	8	25.2	3.78	右	赣江—孤江—增坑水—东坑水	吉水县白沙镇飞行村宋坊村	吉水县白沙镇大龙村藕头村
264	左鸽水	6.5	11.7	5.75	右	赣江—孤江—增坑水—东坑水—左鸽水	吉水县白水镇横川村大源村	吉水县白沙镇飞行村左鸽
265	大源山水	5.5	11.3	2.29	右	赣江—孤江—大源山水	吉水县白沙镇安坪村安溪村	吉水县水南镇高中村水口
266	白果水	12	33.8	1.43	右	赣江—孤江—白果水	吉水县白水镇蝉溪村陈家	吉水县水南镇白果村白桥
267	后庄水	6	14.4	3.64	右	赣江—孤江—白果水—后庄水	吉水县丁江镇袁家村十八步	吉水县水南镇白果村白桥
268	沙田水	28	125	1.22	左	赣江—孤江—沙田水	吉水县水南镇双坑村	吉水县水南镇上车村
269	西团水	10	17.4	4.70	左	赣江—孤江—沙田水—西团水	青原区富田镇龙会村林家村	吉水县水南镇沙田村茶壶陂
270	田北水	8.4	13.1	4.85	右	赣江—孤江—沙田水—田北水	吉水县水南镇三甲吴坑村	吉水县水南镇沙田村泸陂
271	西城水	8.3	10.2	7.92	左	赣江—孤江—沙田水—西城水	吉水县水南镇西团村鸡公坪村	吉水县水南镇店背村东城
272	车田水	26	80.5	2.16	右	赣江—孤江—车田水	吉水县水南镇金城村	吉水县水南镇车田村
273	金城水	5.1	10.0	17.54	右	赣江—孤江—车田水—金城水	吉水县水南镇金城村大堌	吉水县水南镇金城村金城
274	邱陂水	7.8	13.7	4.19	右	赣江—孤江—车田水—邱陂水	吉水县水南镇带源村马子岭	吉水县水南镇邱陂村管山脚下
275	富源桥水	8	15.3	11.03	左	赣江—孤江—富源桥水	青原区富田镇水口村委会三尖峰	吉水县水南镇新居村虬门

续表

序号	河名	河长/千米	流域面积/平方千米	河流比降/‰	相对上一级河流岸别	支流级别	河源	河口
276	水月庵水	9	14.6	6.09	右	赣江—孤江—水月庵水	青原区富滩镇古富村委会分水岭	吉水县水南镇新居村水口
277	镜头水	11	24.5	1.90	右	赣江—孤江—镜头水	富滩镇施家边村镜头	青原区富滩镇作埠村
278	蜀源水	6.2	12.9	0.10	右	赣江—孤江—蜀源水	青原区富滩镇丹村蜀源	青原区富滩镇富滩村罗家埠
279	唐家边水	6.9	12.3	11.98	左	赣江—孤江—唐家边水	青原区富滩镇南团村下坑	青原区富滩镇龙塘村世德
280	茅园水	8.1	10.1	6.7	左	赣江—孤江—茅园水	青原区文陂乡开山林场三尖峰	青原区富滩镇南团村江口屋
281	富田水	113	789	1.07	左	赣江—孤江—富田水	赣州市兴国县城岗乡白石村	青原区值夏镇马埠村
282	枫边河	21	100	4.62	左	赣江—孤江—富田水—枫边河	赣州市兴国县枫边乡海丰村	青原区东固乡峰岭村
283	丰坑水	5	10.9	9.04	右	赣江—孤江—富田水—丰坑水	青原区东固乡江口村钟东固岭山	青原区东固乡江口村
284	东固水	24	118	8.14	左	赣江—孤江—富田水—东固水	赣州市兴国县崇贤乡贺堂村	青原区东固乡江口村
285	雪溪	8.4	14.5	33.07	右	赣江—孤江—富田水—东固水—雪溪	赣州市兴国县枫边乡茅坪村	青原区东固乡六渡村张家背
286	石古丘水	11	35.2	12.39	左	赣江—孤江—富田水—东固水—石古丘水	赣州市兴国县崇贤乡旱田尾	青原区东固乡殷富村高坑
287	淘金坑水	14	33.1	5.98	左	赣江—孤江—富田水—淘金坑水	青原区东固乡白云山村淘金坑村	青原区东固乡江口村龙下
288	大湖坵水	10	15.9	7.30	左	赣江—孤江—富田水—大湖坵水	青原区东固乡三彩村湛家尖山	青原区白云山林场虚拟村
289	蕉公坑水	6.9	16.1	7.16	右	赣江—孤江—富田水—蕉公坑水	青原区白云山林场姨婆街山	青原区白云山林场虚拟村长镜
290	花岩水	16	35.2	2.80	右	赣江—孤江—富田水—花岩水	青原区富田镇吴家村安仁山	青原区富田镇匡家村罗丝坑
291	北坑水	6.9	10.7	6.40	左	赣江—孤江—富田水—花岩水—北坑水	青原区富田镇北坑村安仁山	青原区富田镇北坑村罗丝坑
292	木湖水	12	27.2	4.39	左	赣江—孤江—富田水—木湖水	青原区富田镇杨家村龙坪山	青原区富田镇富田村小江边
293	横坑水	10	24.5	1.51	右	赣江—孤江—富田水—横坑水	青原区富田镇花岩村天马山	青原区富田镇王田村当沙
294	蕉芫水	15	35.4	3.86	右	赣江—孤江—富田水—蕉芫水	青原区新圩镇新圩林场三尖峰	青原区富田镇江背村江口
295	龙会水	5.7	13.9	1.90	左	赣江—孤江—富田水—蕉芫水—龙会水	青原区富田镇龙会村约坑	青原区富田镇江背村
296	猫儿水	7	12.4	4.11	右	赣江—孤江—富田水—猫儿水	青原区富田镇水口村乡城山	青原区富田镇杨渡村王田
297	中溪水	9	23.6	0.47	左	赣江—孤江—富田水—中溪水	泰和县万合镇南坑村新南塘	青原区新圩镇洋田村洋田岭村

续表

序号	河名	河长/千米	流域面积/平方千米	河流比降/‰	相对上一级河流岸别	支流级别	河源	河口
298	溧溪水	11	18.6	8.68	右	赣江—孤江—富田水—溧溪水	青原区新圩镇新圩林场小坑村	青原区新圩镇栗溪村枧溪
299	梅岗水	9.1	17.5	1.18	左	赣江—孤江—富田水—梅岗水	泰和县万合镇塘尾村榴塘村	青原区文陂乡渼陂村陂头
300	蔡坊水	14	36.8	1.69	右	赣江—孤江—蔡坊水	青原区林科所虚拟村委会花园	青原区富滩镇龙口村城上
301	姜家水	18	52.0	0.15	左	赣江—姜家水	吉安县凤凰镇土洲村	吉安县凤凰镇九龙村流芳村
302	禾水	256	9097	0.33	左	赣江—禾水	萍乡市莲花县高洲乡黄沙村	吉州区禾埠乡神岗山村
303	沐江	19	56.5	10.84	左	赣江—禾水—沐江	萍乡市莲花县良坊镇井一村	永新县龙田乡桥东村
304	文竹水	31	186	1.78	右	赣江—禾水—文竹水	永新县高溪乡九陂村	永新县龙田乡湖田村
305	北阴垅水	5.8	16.0	5.38	右	赣江—禾水—文竹水—北阴垅水	永新县文竹镇东路村西山坡	永新县高溪乡高溪村桃溪
306	梅花水	14	41.4	3.59	左	赣江—禾水—文竹水—梅花水	永新县高溪乡梅花村源头	永新县高溪乡石市村蒋家里
307	泥金水	5.9	11.0	5.03	右	赣江—禾水—文竹水—梅花水—泥金水	永新县高溪乡鄱阳村老泥金	永新县高溪乡石市村蒋家里
308	车古塘水	15	41.4	1.72	左	赣江—禾水—文竹水—车古塘水	萍乡市莲花县三板桥乡田南村	永新县文竹镇文竹村
309	沙市水	13	28.1	13.63	左	赣江—禾水—沙市水	永新县沙市镇龙楠村秋山	永新县沙市镇沙市村
310	龙楠水	7.6	11.2	12.52	右	赣江—禾水—沙市水—龙楠水	永新县沙市镇龙楠村普庆祠	永新县沙市镇龙楠村彭家
311	南城水	17	43.3	1.64	右	赣江—禾水—南城水	永新县高溪乡卸坪村西山坡	永新县里田镇洋溪村新屋
312	垄上水	5.9	10.3	7.68	右	赣江—禾水—南城水—垄上水	永新县里田镇夏幽村垄上	永新县沙市镇张南村汤排
313	里田水	7.3	10.8	1.83	左	赣江—禾水—里田水	永新县里田镇汉山村庄上	永新县里田镇下汪村
314	小江河	91	917	1.11	右	赣江—禾水—小江河	井冈山市大珑镇大陇采育场	永新县澧田镇横楼村
315	茅坪水	15	37.7	10.07	右	赣江—禾水—小江河—茅坪水	井冈山市茅坪乡神山村坑尾	井冈山市葛田乡葛田村底楼
316	洋坳水	6.8	25.4	4.94	左	赣江—禾水—小江河—洋坳水	井冈山市葛田乡洋坳村银子冲	井冈山市葛田乡树背村湾里
317	古田水	7.6	13.9	5.01	右	赣江—禾水—小江河—古田水	井冈山市茅坪乡马源村枫木山	井冈山市龙市镇石陂村竹下
318	睦村水	18	46.5	3.89	左	赣江—禾水—小江河—睦村水	井冈山市睦村乡杨桥山村	井冈山市龙市镇龙市村漕水陇
319	东源水	13	23.5	3.95	右	赣江—禾水—小江河—东源水	井冈山市荷花乡虎岭村长源亭	井冈山市古城镇排下村拱桥头
320	东上水	25	136	3.68	左	赣江—禾水—小江河—东上水	湖南省炎陵县沔渡镇瑞口村	井冈山市古城镇排下村

续表

序号	河名	河长/千米	流域面积/平方千米	河流比降/‰	相对上一级河流岸别	支流级别	河源	河口
321	瑶前水	7.2	11.6	4.18	右	赣江—禾水—小江河—东上水—瑶前水	井冈山市东上乡曲江村寨上	井冈山市东上乡席塘村陇上
322	浆山水	17	32.4	11.30	左	赣江—禾水—小江河—东上水—浆山水	井冈山市东上乡大亚山村	井冈山市坳里乡坳里村浆口
323	白竹园水	24	38.4	7.62	左	赣江—禾水—小江河—东上水—白竹园水	井冈山市东上林场七里船	井冈山市古城镇排下村木江村
324	新城水	35	198	5.33	右	赣江—禾水—小江河—新城水	井冈山市柏露乡井冈山市林场	井冈山市古城镇城边村
325	南木坪水	4.5	12.4	45.30	右	赣江—禾水—小江河—新城水—南木坪水	井冈山市柏路乡楠木坪村庵前	井冈山市柏路乡水头村
326	小源水	6.8	11.5	30.89	右	赣江—禾水—小江河—新城水—小源水	井冈山市鹅岭乡上坑村峨岭山	井冈山市鹅岭乡上坑村太阳坪
327	神源水	6.7	14.8	15.81	右	赣江—禾水—小江河—新城水—神源水	井冈山市鹅岭乡神源村峨岭山	井冈山市鹅岭乡上坑村
328	高芬水	4.6	10.2	7.82	右	赣江—禾水—小江河—新城水—高芬水	井冈山市鹅岭乡荷田村荷家源	井冈山市鹅岭乡白石村南源湾
329	金源水	7.9	15.1	5.00	左	赣江—禾水—小江河—新城水—金源水	井冈山市茅坪乡茅坪村南边村	井冈山市鹅岭乡蕉陂村台江
330	枫梓水	4.8	11.6	4.67	左	赣江—禾水—小江河—新城水—枫梓水	井冈山市新城镇桥上村旗山岭	井冈山市新城镇排头村六一亭
331	长溪水	8.7	20.4	2.96	左	赣江—禾水—小江河—新城水—长溪水	井冈山市荷花乡高陇村杨岸上	井冈山市古城镇城边村台富
332	洋坑水	12	15.8	9.15	左	赣江—禾水—小江河—洋坑水	永新县三湾乡九陇村家村天星寨山	永新县三湾乡石口村谷口
333	三湾水	41	121	3.09	左	赣江—禾水—小江河—三湾水	井冈山市东上乡东上林场2	永新县三湾乡汗江村
334	龙王陂水	9.6	13.3	10.24	左	赣江—禾水—小江河—三湾水—龙王陂水	永新县高溪乡九陂村大架岭	永新县三湾乡三湾村枫树坪

续表

序号	河名	河长/千米	流域面积/平方千米	河流比降/‰	相对上一级河流岸别	支流级别	河源	河口
335	江坑水	13	17.7	7.18	左	赣江—禾水—小江河—三湾水—江坑水	永新县高溪乡九陂村大架岭	永新县三湾乡汗江村查步
336	柞坑水	8.2	19.5	5.95	右	赣江—禾水—小江河—柞坑水	永新县龙源口镇辛田村牛岭	永新县三湾乡汗江村塘下冲
337	甑潭水	5.5	11.7	7.60	左	赣江—禾水—小江河—甑潭水	永新县三湾乡汗江村雷公坳村	永新县三湾乡汗江村先锋炉上
338	山田水	7.3	11.3	11.72	右	赣江—禾水—小江河—山田水	永新县龙源口镇辛田村姜食冲	永新县里田镇芰田村枫渡
339	江畔水	8.6	15.5	3.17	左	赣江—禾水—江畔水	永新县埠前镇三门村高车岭村	永新县里田镇草市村中洲
340	龙源口水	42	272	3.77	右	赣江—禾水—龙源口水	井冈山市鹅岭乡神源村	永新县在中乡排形村
341	洪坑水	6.7	17.1	17.6	右	赣江—禾水—龙源口水—洪坑水	永新县龙源口镇绥远山村坝源	永新县龙源口镇绥远山村高陂
342	耙陂水	12	28.8	8.19	左	赣江—禾水—龙源口水—耙陂水	井冈山市林场新城分场棋子石	永新县龙源口镇秋溪村麻陂
343	万年山水	19	86.2	6.48	右	赣江—禾水—龙源口水—万年山水	永新县曲白乡小枧村	永新县龙源口镇黄淇村
344	山背水	11	21.9	6.43	右	赣江—禾水—龙源口水—万年山水—山背水	永新县烟阁乡山背村中村	永新县龙源口镇黄淇村桥头
345	大山桥水	5.1	11.0	0.47	右	赣江—禾水—龙源口水—万年山水—山背水—大山桥水	永新县烟阁乡山背村上瑶	永新县烟阁乡厚湖村泉水塘
346	老仙水	11	28.9	7.19	左	赣江—禾水—龙源口水—万年山水—老仙水	永新县龙源口镇龙源口村老仙棚	永新县龙源口镇黄淇村沩潭
347	柞源水	6.8	10.4	4.12	左	赣江—禾水—龙源口水—万年山水—老仙水—柞源水	永新县龙源口镇四教村东塘	永新县龙源口镇南塘村雇家
348	在中水	10	27.9	4.15	左	赣江—禾水—龙源口水—在中水	永新县在中乡平分村大东	永新县在中乡宏居村江坊
349	才丰水	14	62.6	5.57	右	赣江—禾水—才丰水	永新县才丰乡七溪岭南华山分场	永新县才丰乡联合村
350	洲尾水	4.1	10.0	10.92	右	赣江—禾水—才丰水—洲尾水	永新县才丰乡七溪岭南华山分场	永新县才丰乡洲尾村江东
351	洞口水	8.1	22.1	18.54	左	赣江—禾水—才丰水—洞口水	永新县才丰乡七溪岭南华山分场	永新县才丰乡洲湖村西来庵
352	清塘水	4.8	10.4	8.60	右	赣江—禾水—清塘水	永新县才丰乡清塘村石燕村	永新县才丰乡清塘村对江
353	三月坪水	6.5	12.7	1.34	右	赣江—禾水—三月坪水	永新县禾川镇泉山村大洪山	永新县禾川镇南车村长湖圳村
354	溶江	55	430	2.03	左	赣江—禾水—溶江	永新县龙门镇铁镜村	永新县埠前镇高川村
355	禾山水	17	32.9	7.61	右	赣江—禾水—溶江—禾山水	永新县龙门镇铁镜村禾山	永新县龙门镇龙星村

续表

序号	河名	河长/千米	流域面积/平方千米	河流比降/‰	相对上一级河流岸别	支流级别	河源	河口
356	高汶水	17	44.4	4.03	右	赣江—禾水—溶江—高汶水	永新县台岭乡布淌村秋山	永新县里田镇田味村王家
357	台岭水	6.9	11.9	4.97	左	赣江—禾水—溶江—高汶水—台岭水	永新县台岭乡程佳村石脑屋	永新县台岭乡南汶村长源都
358	荷塘水	8	14.5	1.71	左	赣江—禾水—溶江—荷塘水	永新县龙门镇龙湖村上荷塘	永新县高市乡高市村陂头
359	五团水	30	70.3	2.19	左	赣江—禾水—溶江—五团水	永新县象形乡合心村	永新县莲洲乡溶溪村
360	丰源水	25	84.8	2.05	左	赣江—禾水—溶江—丰源水	永新县象形乡象形林场	永新县莲洲乡杨桥村
361	江下水	7.9	11.1	7.22	右	赣江—禾水—溶江—丰源水—江下水	永新县象形乡象形林场金桥山	永新县象形乡桥头村
362	固塘水	5.4	11.9	1.09	左	赣江—禾水—溶江—固塘水	永新县莲洲乡固塘村欧阳家	永新县莲洲乡钱溪村下埠桥
363	下谢水	7.6	11.1	3.53	右	赣江—禾水—溶江—下谢水	永新县埠前镇紫雾村虚皇山	永新县埠前镇高川村下谢
364	石桥水	19	55.7	5.66	右	赣江—禾水—石桥水	永新县才丰乡七溪岭南华山分场	永新县石桥镇长溪村
365	荷花塘水	8	16.5	9.70	右	赣江—禾水—荷花塘水	永新县石桥镇梅荷村山峰	永新县石桥镇石桥村
366	官陂水	14	42.6	1.23	左	赣江—禾水—官陂水	永新县怀忠镇市田村龙家	永新县石桥镇拿溪村龙家
367	陂头水	6.5	14.5	2.39	左	赣江—禾水—陂头水	永新县怀忠镇泉塘村大源	永新县高桥楼镇高桥楼村陂头
368	斗上水	12	26.2	12.2	右	赣江—禾水—斗上水	永新县石桥镇官田村山峰	永新县石桥镇江背村委肖家村
369	杉溪水	9	14.1	9.31	左	赣江—禾水—杉溪水	永新县高桥楼镇杉溪村兔里形	永新县高桥楼镇龙江村大沙
370	流坊水	14	41.4	4.21	左	赣江—禾水—流坊水	吉安县天河镇常林村分居窝	永新县高桥楼镇龙江村
371	龙家水	9.5	18.1	6.29	左	赣江—禾水—龙家水	吉安县天河镇田家村东区	吉安县天河镇窑棚村龙家
372	夏迳水	28	48.6	2.13	右	赣江—禾水—夏迳水	吉安县天河镇白泥村犁尖上村	吉安县敖城镇下径村坝上村
373	打鼓岭水	16	35.4	6.10	左	赣江—禾水—打鼓岭水	吉安县天河镇东坑村龙山	吉安县敖城镇消洲村敖城街
374	敖城水	18	54.8	5.14	左	赣江—禾水—敖城水	吉安县天河镇东坑村	吉安县敖城镇旷家村
375	石门水	11	33.4	4.32	左	赣江—禾水—敖城水—石门水	吉安县安塘乡广化村龙盘庵	吉安县敖城镇旷家村大陂田村
376	竹马桥水	4.9	14.1	3.20	左	赣江—禾水—敖城水—石门水—竹马桥水	吉安县敖城镇乾上村老山	吉安县敖城镇乾山村东联村
377	西演水	34	115	1.32	右	赣江—禾水—西演水	吉安县敖城镇礼溪村	吉安县敖城镇流江村

续表

序号	河名	河长/千米	流域面积/平方千米	河流比降/‰	相对上一级河流岸别	支流级别	河源	河口
378	严塘水	15	16.3	3.37	右	赣江—禾水—西演水—严塘水	吉安县敖城镇上山村上严塘	吉安县敖城镇双江村
379	南江水	26	41.8	2.87	左	赣江—禾水—西演水—南江水	永新县坳南乡坳南村垄上	吉安县敖城镇湖陂村冲头村
380	塘福水	14	37.5	1.69	右	赣江—禾水—塘福水	吉安县指阳乡苍前村镜口	吉安县指阳乡新桥村指阳村
381	石坑水	9.4	13.4	3.36	右	赣江—禾水—塘福水—石坑水	吉安县指阳乡县国营林场	吉安县指阳乡石坑村下辽
382	郭岭水	6.1	12.1	0.15	右	赣江—禾水—郭岭水	吉安县指阳乡顾礼村三塘边	吉安县指阳乡袁家村溧背
383	龙陂水	43	231	1.74	左	赣江—禾水—龙陂水	吉安县天河镇毛田村	吉安县永阳镇荷浦村
384	池边水	11	28.5	0.70	左	赣江—禾水—龙陂水—池边水	吉安县官田乡采育林场候家	吉安县官田乡官田村大塘背
385	英村水	10	20.9	3.29	左	赣江—禾水—龙陂水—英村水	吉安县官田乡英村村武华山	吉安县官田乡湖霞村谷陂
386	清江水	22	69.0	1.88	右	赣江—禾水—龙陂水—清江水	吉安县官田乡林下村	吉安县安塘乡竹恒村
387	平田水	10	15.9	6.23	左	赣江—禾水—龙陂水—清江水—平田水	吉安县官田乡林下村焦坑	吉安县安塘乡淡江村石江陂
388	横头水	8.6	17.5	2.85	右	赣江—禾水—龙陂水—清江水—横头水	吉安县敖城镇版塘村泉背村	吉安县安塘乡早桥村于家
389	赤陂水	10	23.7	1.15	右	赣江—禾水—龙陂水—赤陂水	吉安县敖城镇版塘村泉背村	吉安县安塘乡水西村
390	新塘水	9.3	11.6	1.71	左	赣江—禾水—新塘水	吉安县永阳镇南楼村石陂头	吉安县永阳镇新塘村富雅
391	牛吼江	118	1052	1.34	右	赣江—禾水—牛吼江	井冈山市井冈山自然保护区管理局大井林场	吉安县永阳镇成瓦村
392	锡坪水	5.9	11.6	37.93	左	赣江—禾水—牛吼江—锡坪水	井冈山市罗浮林场金狮面	井冈山市罗浮林场
393	桐木岭水	9.1	23.2	33.12	右	赣江—禾水—牛吼江—桐木岭水	井冈山市茨坪林场大垇	井冈山市罗浮林场窑前
394	船底水	7.1	11.3	28.52	左	赣江—禾水—牛吼江—船底水	井冈山市罗浮林场船底坑	井冈山市罗浮林场贯山
395	文水水	5.8	10.7	30.20	右	赣江—禾水—牛吼江—文水水	井冈山市长古岭林场茶子坳	井冈山市垦殖场石市口分场文水
396	丰田垄水	11	24.5	16.84	左	赣江—禾水—牛吼江—丰田垄水	井冈山市石市口分场与鹅岭乡神源村上芋垄村峨岭山	井冈山市厦坪镇菖蒲村
397	厦坪水	10	23.1	13.53	左	赣江—禾水—牛吼江—厦坪水	井冈山市厦坪林场禾桶山	井冈山市厦坪镇厦坪村皎湖洲
398	拿山水	11	22	11.47	左	赣江—禾水—牛吼江—拿山水	井冈山市拿山乡黄家禾桶山	井冈山市拿山乡沟边村蒋家

续表

序号	河名	河长/千米	流域面积/平方千米	河流比降/‰	相对上一级河流岸别	支流级别	河源	河口
399	拿山水右一	7.4	10.6	4.02	右	赣江—禾水—牛吼江—拿山水—拿山水右一	井冈山市拿山乡长路村长塘禾桶山	井冈山市拿山乡沟边村蒋家
400	沟边水	7.9	16.5	9.80	左	赣江—禾水—牛吼江—沟边水	永新县曲白乡上坪村禾桶山	井冈山市拿山乡江边村洲头
401	大湖水	17	49.0	2.26	右	赣江—禾水—牛吼江—大湖水	遂川县新江乡小湖村石垄坰山	泰和县碧溪镇牛牧村洲上尹家
402	小通水	7.5	10.1	13.32	左	赣江—禾水—牛吼江—大湖水—小通水	井冈山市厦坪镇菖蒲村缘梁山	泰和县碧溪镇太湖村坰头圩
403	高市水	9.6	20.0	7.03	右	赣江—禾水—牛吼江—高市水	泰和县雪山林场灯挂形山	泰和县桥头镇高市村大坑
404	哨江河	10	24.8	5.53	右	赣江—禾水—牛吼江—哨江河	万安县高陂镇崠上村双马岔山	泰和县桥头镇哨江村塘下
405	中朝水	8.5	15.4	16.15	右	赣江—禾水—牛吼江—中朝水	泰和县桥头镇林场五龙山	泰和县桥头镇南车村雷打石
406	六七河	77	432	1.43	左	赣江—禾水—牛吼江—六七河	永新县曲白乡上坪村	泰和县桥头镇湛口村
407	小枧水	7.8	13.4	15.10	左	赣江—禾水—牛吼江—六七河—小枧水	永新县曲白乡小枧村独立山	永新县曲白乡西村村暖水村
408	曲江水	10	17.9	5.65	右	赣江—禾水—牛吼江—六七河—曲江水	永新县曲白乡浆坑村石宜脑山	永新县曲白乡曲江村
409	双江水	14	51.9	6.36	左	赣江—禾水—牛吼江—六七河—双江水	永新县坳南乡东风林场	永新县坳南乡江口村
410	公益水	7.4	11.3	12.71	右	赣江—禾水—牛吼江—六七河—双江水—公益水	永新县曲白乡中村村义山	永新县坳南乡公益村坛家山
411	金鸡水	11	15.9	6.79	左	赣江—禾水—牛吼江—六七河—双江水—金鸡水	永新县坳南乡东风林场山峰	永新县坳南乡公益村贺家
412	小湾河	6.8	13.9	3.70	左	赣江—禾水—牛吼江—六七河—小湾河	永新县坳南乡江口村小湾	永新县坳南乡江口村
413	里陂水	22	82.3	2.52	右	赣江—禾水—牛吼江—六七河—里陂水	井冈山市拿山乡北岸村	泰和县桥头镇津洞村
414	潘塘水	5.1	14.1	0.48	右	赣江—禾水—牛吼江—六七河—里陂水—潘塘水	泰和县碧溪镇牛牧村刘岗寨山	泰和县碧溪镇泮塘村东陂垄
415	游家水	7.1	11.2	3.83	右	赣江—禾水—牛吼江—六七河—里陂水—游家水	泰和县碧溪镇陇背村云霄村	泰和县碧溪镇游家村下游家

续表

序号	河名	河长/千米	流域面积/平方千米	河流比降/‰	相对上一级河流岸别	支流级别	河源	河口
416	樟背水	11	26.0	7.23	右	赣江—禾水—牛吼江—六七河—樟背水	泰和县碧溪镇上坪村冷水坑村	泰和县桥头镇津洞村下车
417	桥头水	9.5	15.3	3.83	右	赣江—禾水—牛吼江—六七河—桥头水	泰和县桥头镇春和分场林坑村	泰和县桥头镇小山村长溪
418	茶芫水	13	23.4	2.84	左	赣江—禾水—牛吼江—六七河—茶芫水	泰和县桥头镇坂坑村樟木坳山	泰和县桥头镇黄陂村冶陂
419	芦沅水	14	27.1	3.98	右	赣江—禾水—牛吼江—芦沅水	泰和县苏溪镇燕头窝村	泰和县禾市镇桂源村龚家
420	官陂水	10	28.7	1.41	左	赣江—禾水—牛吼江—官陂水	吉安县指阳乡濑源村长岭	泰和县禾市镇国渡村田尾
421	三都水	14	72.1	0.99	右	赣江—禾水—三都水	泰和县螺溪镇三丰村	泰和县螺溪镇郭瓦村
422	栋岗水	6.8	10.2	2.10	右	赣江—禾水—三都水—栋岗水	南溪乡洲尾村独屋下村	泰和县螺溪镇集丰村曾瓦村
423	下兰溪	5.6	12.1	3.69	右	赣江—禾水—三都水—下兰溪	泰和县南溪乡南源村野猪坑	泰和县螺溪镇保全村南庄
424	建丰水	9.3	27.6	0.86	左	赣江—禾水—三都水—建丰水	泰和县禾市镇丰垅村袁瓦	泰和县螺溪镇集丰村夏潭
425	满岭水	18	51.1	0.95	右	赣江—禾水—满岭水	泰和县南溪乡锦溪村岭口村	泰和县石山乡石山村上店
426	壁江	9.8	21.0	1.90	右	赣江—禾水—壁江	泰和县石山乡良友村杏里村	吉安县横江镇南垄村鲤跃洲
427	庙前水	24	102	0.55	左	赣江—禾水—庙前水	吉安县登龙乡栋头村	吉安县横江镇良枧村
428	六车水	6.3	12.2	2.05	右	赣江—禾水—庙前水—六车水	吉安县安塘乡安塘村六安村	吉安县登龙乡田心村前江
429	郭家水	9.5	26.0	2.28	左	赣江—禾水—庙前水—郭家水	吉安县登龙乡巷口村龙须山	吉安县登龙乡田心村茂陂
430	坪田水	7.2	10.2	2.01	左	赣江—禾水—坪田水	吉安县敦厚镇县水利局金城山	吉安县横江镇范家村下棚下
431	青洲水	17	52.1	0.86	右	赣江—禾水—青洲水	泰和县澄江镇大塘村	吉安县敦厚镇店下村
432	凤凰水	6.4	13.7	1.87	右	赣江—禾水—青洲水—凤凰水	吉安县凤凰镇土洲村婆罗山	吉安县凤凰镇屋场村凤凰圩
433	苍田水	8.4	23.5	1.97	左	赣江—禾水—苍田水	吉安县敦厚镇廖家村右田村	吉安县敦厚镇南街村南街
434	泸水	161	3406	0.57	左	赣江—禾水—泸水	安福县钱山乡大岭村	吉州区曲濑镇腊塘村
435	南边山水	12	50.8	19.83	左	赣江—禾水—泸水—南边山水	安福县钱山乡柿木村	安福县钱山乡钱洲村
436	芦台水	8.3	13.5	58.84	左	赣江—禾水—泸水—南边山水—芦台水	安福县钱山乡芦台村吊岭	安福县钱山乡南山村对仔岭
437	黄珠头水	8.6	14.1	17.25	左	赣江—禾水—泸水—黄珠头水	安福县钱山乡武功山林场	安福县钱山乡保太村下垄

续表

序号	河名	河长/千米	流域面积/平方千米	河流比降/‰	相对上一级河流岸别	支流级别	河源	河口
438	文江	16	39.3	21.15	左	赣江—禾水—泸水—文江	安福县钱山乡武功山林场金顶	安福县钱山乡油市村
439	洋溪	23	132	1.40	右	赣江—禾水—泸水—洋溪	萍乡市莲花县路口镇汤坊村	安福县泰山乡社上水库
440	典坑水	9.5	11.8	29.76	右	赣江—禾水—泸水—洋溪—典坑水	萍乡市莲花县路口镇陈山村	安福县洋溪镇枧田村岭下
441	塘里水	7.4	25.7	5.10	右	赣江—禾水—泸水—洋溪—塘里水	安福县洋溪镇牌头村十八湾	安福县洋溪镇桥头村
442	社上水	5	12.1	19.31	左	赣江—禾水—泸水—社上水	安福县钱山乡严湖村鸡婆岩	安福县泰山乡社上水库
443	田心水	10	32.5	14.53	左	赣江—禾水—泸水—田心水	安福县泰山乡新水村鸡婆岩	安福县泰山乡社上水库
444	泰山水	34	233	4.24	左	赣江—禾水—泸水—泰山水	安福县泰山乡文家村	安福县严田镇山背村
445	社边水	4.8	12.2	30.48	左	赣江—禾水—泸水—泰山水—社边水	安福县章庄乡三江村大源	安福县泰山乡文家村社边
446	铜溪	7.4	20.2	31.69	右	赣江—禾水—泸水—泰山水—铜溪	安福县泰山乡文家村发云界	安福县泰山乡文家村
447	南坪水	14	26.9	27.28	右	赣江—禾水—泸水—泰山水—南坪水	安福县钱山乡武功山林场金顶	安福县泰山乡泰山村江头
448	西岭水	8.7	17.3	25.09	右	赣江—禾水—泸水—泰山水—西岭水	安福县泰山乡文家村东冲	安福县泰山乡楼下村头源
449	南沙水	13	25.1	6.51	左	赣江—禾水—泸水—泰山水—南沙水	安福县章庄乡七都林场竹山下	安福县泰山乡楼下村沙州里
450	白马田水	15	32.9	4.23	左	赣江—禾水—泸水—泰山水—白马田水	安福县浒坑镇万源村塅坪	安福县泰山乡楼下村下山背
451	龙云水	7.5	16.6	9.87	左	赣江—禾水—泸水—泰山水—龙云水	安福县严田镇龙云村香菇棚	安福县严田镇山背村龙源口
452	严田水	15	56.8	3.41	右	赣江—禾水—泸水—严田水	安福县洋溪镇里田村	安福县严田镇严田村
453	邵家水	6.8	10.0	21.56	右	赣江—禾水—泸水—严田水—邵家水	安福县严田镇严田村大源坑	安福县严田镇严田村青桥
454	西边水	8.4	13.8	19.70	右	赣江—禾水—泸水—西边水	安福县严田镇邵家村笋尖峰	安福县严田镇花桥村
455	岭溪	12	53.1	5.52	左	赣江—禾水—泸水—岭溪	安福县严田镇杨梅村	安福县严田镇江口村
456	练江	5.7	12.7	3.58	右	赣江—禾水—泸水—岭溪—练江	安福县严田镇杨梅村练江	安福县严田镇江口村上田
457	东谷水	59	367	2.98	左	赣江—禾水—泸水—东谷水	安福县章庄乡七都林场	安福县横龙镇石溪村

续表

序号	河名	河长/千米	流域面积/平方千米	河流比降/‰	相对上一级河流岸别	支流级别	河源	河口
458	塘家山水	15	41.8	22.19	左	赣江—禾水—泸水—东谷水—塘家山水	宜春市袁州区明月山风景名胜区管理局	安福县章庄乡章庄村下垄长岭
459	长岭水	6.1	11.2	24.14	左	赣江—禾水—泸水—东谷水—塘家山水—长岭水	宜春市袁州区洪江乡仰峰村大滩	安福县章庄乡章庄村长岭
460	垅上水	12	18.5	13.83	右	赣江—禾水—泸水—东谷水—垅上水	安福县章庄乡白沙村官滩峰	安福县章庄乡章庄村官沙陂
461	沙滩水	9.5	18.1	7.66	右	赣江—禾水—泸水—东谷水—沙滩水	安福县章庄乡塘溪村坡里	安福县章庄乡塘溪村沙滩
462	玉坑水	7.3	11.6	10.86	右	赣江—禾水—泸水—东谷水—玉坑水	安福县章庄乡塘溪村姜家山	安福县章庄乡塘溪村腊树下
463	将坑水	5	10.7	13.61	左	赣江—禾水—泸水—东谷水—将坑水	安福县章庄乡将坑村老山下	安福县章庄乡将坑村
464	汤溪	25	92.0	2.56	左	赣江—禾水—泸水—东谷水—汤溪	宜春市袁州区明月山采育林场年坪村	安福县章庄乡会口村
465	留田水	7.9	19.4	8.39	左	赣江—禾水—泸水—东谷水—汤溪—留田水	宜春市袁州区新坊采育林场涧富村	安福县章庄乡留田村
466	严台水	8.4	13.4	17.65	左	赣江—禾水—泸水—东谷水—汤溪—严台水	安福县山庄乡双田村黄公洞	安福县章庄乡留田村易家
467	姚家坊水	6	11.5	15.40	左	赣江—禾水—泸水—东谷水—汤溪—姚家坊水	安福县章庄乡七都林场烂泥坑	安福县章庄乡会口村姚家坊
468	原头水	7.3	15.7	14.83	右	赣江—禾水—泸水—东谷水—原头水	安福县章庄乡西坑林场鸡尖峰	安福县章庄乡会口村原头
469	刘家坊水	6.6	11.9	10.66	右	赣江—禾水—泸水—东谷水—刘家坊水	安福县章庄乡西坑林场金鸡娘	安福县章庄乡西坑村七都
470	塔沙水	9.2	17.8	14.12	左	赣江—禾水—泸水—东谷水—塔沙水	安福县横龙镇庙下村胡仙娘	安福县横龙镇庙下村塔沙
471	浮山水	14	40.5	3.46	右	赣江—禾水—泸水—浮山水	安福县平都镇十里村垄田	安福县平都镇江南村棚里
472	宣塘水	9.4	13.9	3.11	左	赣江—禾水—泸水—浮山水—宣塘水	安福县平都镇太源村	安福县平都镇冻背村

续表

序号	河名	河长/千米	流域面积/平方千米	河流比降/‰	相对上一级河流岸别	支流级别	河源	河口
473	山庄水	47	242	1.82	左	赣江—禾水—泸水—山庄水	宜春市袁州区新坊林场洞富村	安福县枫田镇水西村
474	下塘水	4.3	10.0	8.49	左	赣江—禾水—泸水—山庄水—下塘水	安福县山庄乡秀水村草棚里	安福县山庄乡秀水村下塘
475	沃川	5.8	16.0	1.30	左	赣江—禾水—泸水—山庄水—沃川	安福县山庄乡下沙村山塘下	安福县山庄乡东头村沃川
476	清溪	18	63.0	3.81	右	赣江—禾水—泸水—山庄水—清溪	安福县山庄乡严田采场	安福县山庄乡新背村
477	彭家坊水	9.7	16.3	11.86	右	赣江—禾水—泸水—山庄水—清溪—彭家坊水	安福县山庄乡高丘村砚田	安福县山庄乡高丘村巷口
478	大塘水	14	29.3	4.24	左	赣江—禾水—泸水—山庄水—大塘水	安福县山庄乡北华山林场	安福县山庄乡新背村大陂
479	瓜畲水	19	55.0	2.71	左	赣江—禾水—泸水—瓜畲水	安福县赤谷乡赤谷采育林场	安福县枫田镇梅林村车田
480	棉洲水	8.4	14.7	1.44	右	赣江—禾水—泸水—瓜畲水—棉洲水	安福县枫田镇洋田村荒沙里	安福县枫田镇车田村委会
481	洲上水	7.4	11.1	1.78	右	赣江—禾水—泸水—洲上水	安福县枫田镇上田村芙峰仙	安福县枫田镇高步村仓下
482	高塘水	11	22.8	2.41	左	赣江—禾水—泸水—高塘水	安福县枫田镇社布村园背	安福县枫田镇红元村高家
483	车江水	7.2	12.3	1.96	左	赣江—禾水—泸水—车江水	安福县枫田镇桐源村仓边	安福县枫田镇水车村车江
484	观溪	8.8	28.9	0.98	右	赣江—禾水—泸水—观溪	安福县平都镇陈坪村桥仔头	安福县竹江乡观溪村祥潭
485	蕉溪水	7.9	13.2	1.75	左	赣江—禾水—泸水—蕉溪水	安福县竹江乡小车村新樟树园	安福县竹江乡小车村黄家
486	城田水	6.7	23.2	2.14	右	赣江—禾水—泸水—城田水	安福县寮塘乡冻边村大岗下	安福县竹江乡竹李村成田
487	洲湖水	104	1103	0.91	右	赣江—禾水—泸水—洲湖水	安福县彭坊乡陈山村	吉安县浬田镇高峰村
488	由路水	8	17.1	10.33	左	赣江—禾水—泸水—洲湖水—由路水	安福县彭坊乡寄岭村肖家田	安福县彭坊乡南溪村南溪
489	深坳水	7	12.5	19.56	左	赣江—禾水—泸水—洲湖水—深坳水	安福县彭坊乡洋陂村蒸陂脑	安福县彭坊乡洋陂村东安垄
490	鹅颈水	8	14.1	14.58	左	赣江—禾水—泸水—洲湖水—鹅颈水	安福县彭坊乡坳云村蒸陂脑	安福县彭坊乡彭坊村
491	潭源水	11	14.3	3.25	右	赣江—禾水—泸水—洲湖水—潭源水	安福县彭坊乡陈山林场	安福县洋门乡高洲村槎昌

续表

序号	河名	河长/千米	流域面积/平方千米	河流比降/‰	相对上一级河流岸别	支流级别	河源	河口
492	芦溪	33	168	1.49	右	赣江—禾水—泸水—洲湖水—芦溪	永新县象形乡虎溪村	安福县洋门乡洋门村
493	沙洲水	8.8	17.0	3.30	左	赣江—禾水—泸水—洲湖水—芦溪—沙洲水	永新县芦溪乡平丰村吊鹿树	永新县芦溪乡樟桥村
494	合东水	17	48.6	1.90	右	赣江—禾水—泸水—洲湖水—芦溪—合东水	永新县象形乡石塘村长春山	永新县怀忠镇新居村竹山
495	柘溪	8.3	22.5	0.30	右	赣江—禾水—泸水—洲湖水—芦溪—合东水—柘溪	永新县芦溪乡合东村上柘溪	永新县芦溪乡中陂村
496	左坊水	8.5	20.6	1.65	右	赣江—禾水—泸水—洲湖水—芦溪—左坊水	永新县怀忠镇泉塘村洞背	安福县洋门乡彭山村陂头
497	甘溪	9.6	27.8	2.20	右	赣江—禾水—泸水—洲湖水—甘溪	安福县金田乡明月山林场	安福县金田乡江下村下田
498	新村水	7.8	12.9	7.98	右	赣江—禾水—泸水—洲湖水—新村水	安福县洋门乡乌村村佛岭	安福县金田乡钦村村湖弯
499	金田水	33	152	2.44	左	赣江—禾水—泸水—洲湖水—金田水	安福县严田镇邵家村	安福县金田乡钦村村
500	东山水	6.1	11.1	11.31	左	赣江—禾水—泸水—洲湖水—金田水—东山水	安福县金田乡蹄鸡村安背	安福县金田乡蹄鸡村东源
501	贯田水	9.2	13.9	13.32	右	赣江—禾水—泸水—洲湖水—金田水—贯田水	安福县严田镇严田村盘山	安福县金田乡蹄鸡村应上
502	西源水	13	29.0	8.89	右	赣江—禾水—泸水—洲湖水—金田水—西源水	安福县严田镇青桥村人形岭上	安福县金田乡柘田村柘田水库
503	路口水	10	17.0	8.26	左	赣江—禾水—泸水—洲湖水—金田水—路口水	安福县金田乡柘溪村王盘	安福县金田乡园背村古松岗
504	南山水	7.6	14.4	6.78	右	赣江—禾水—泸水—洲湖水—南山水	安福县洲湖镇汶源村石门	安福县洲湖镇毛田村沙洲
505	百丈水	23	51.7	4.06	左	赣江—禾水—泸水—洲湖水—百丈水	安福县洲湖镇采育林场	安福县洲湖镇石付村
506	中洲水	10	11.9	7.24	右	赣江—禾水—泸水—洲湖水—中洲水	安福县洲湖镇采育林场龙山	安福县洲湖镇王屯村黄溪滩

续表

序号	河名	河长/千米	流域面积/平方千米	河流比降/‰	相对上一级河流岸别	支流级别	河源	河口
507	花门楼水	14	32.4	2.18	左	赣江—禾水—泸水—洲湖水—花门楼水	安福县洲湖镇花车村岭下	安福县洲湖镇塘田村朱家
508	康家水	7.1	15.6	0.86	右	赣江—禾水—泸水—洲湖水—康家水	安福县甘洛乡南阜村上南阜	安福县甘洛乡石陂村赵家
509	西溪	6.4	10.0	1.54	右	赣江—禾水—泸水—洲湖水—西溪	安福县甘洛乡坪湖村下街水库	安福县甘洛乡西溪村新屋场
510	谷口水	41	205	2.20	左	赣江—禾水—泸水—洲湖水—谷口水	安福县严田镇花桥村	安福县寮塘乡社洲村
511	西坑水	8.4	29.9	6.24	右	赣江—禾水—泸水—洲湖水—谷口水—西坑水	安福县金田乡蹄鸡村安背	安福县寮塘乡株木江村社门
512	里木坑水	7.0	10.0	12.77	右	赣江—禾水—泸水—洲湖水—谷口水—里木坑水	安福县寮塘乡小水村暗蒙山	安福县寮塘乡谷口村谷口水库
513	黄塘水	14	40.7	2.72	左	赣江—禾水—泸水—洲湖水—谷口水—黄塘水	安福县平都镇十里村天台山	安福县寮塘乡社洲村黄塘
514	陂头水	17	27.6	2.44	右	赣江—禾水—泸水—洲湖水—谷口水—陂头水	安福县洲湖镇大亨村黄家	安福县寮塘乡西边村委会
515	井江	20	57.1	1.73	右	赣江—禾水—泸水—洲湖水—井江	吉安县官田乡梅花村	吉安县浬田乡历山村
516	浬田水	18	44.5	1.35	左	赣江—禾水—泸水—浬田水	安福县枫田镇桐源村峰江	吉安县浬田乡桥东村棚下
517	夹洲上水	5.7	10.0	0.96	右	赣江—禾水—泸水—夹洲上水	吉安县浬田乡沂塘村汉山	吉安县浬田乡浬田村夹洲上
518	戴家水	9.2	13.2	1.88	左	赣江—禾水—泸水—戴家水	吉安县固江镇坊下村瑶下	吉安县固江镇沿江村
519	栋头水	10	16.8	1.29	左	赣江—禾水—泸水—栋头水	吉安县固江镇坊下村上邓家	吉安县固江镇芦溪村
520	田西水	11	33.0	0.88	左	赣江—禾水—泸水—田西水	吉安县固江镇坊下村破石水库	吉州区兴桥镇东塘村东界
521	敛溪水	26	92.9	0.96	右	赣江—禾水—泸水—敛溪水	吉安县官田乡采育林场5	吉安县梅塘乡敛溪村
522	桐木水	6.4	10.7	3.97	右	赣江—禾水—泸水—敛溪水—桐木水	吉安县官田乡采育林场	吉安浬田乡濯田村桐木
523	胆源水	9.8	13.2	4.14	右	赣江—禾水—泸水—敛溪水—胆源水	吉安县官田乡观中村贺家	吉安县梅塘乡同睦村塘尾
524	东塘水	10	22.3	1.30	左	赣江—禾水—泸水—东塘水	吉州区兴桥镇袁塘村孙家	吉州区兴桥镇江下村江下

续表

序号	河名	河长/千米	流域面积/平方千米	河流比降/‰	相对上一级河流岸别	支流级别	河源	河口
525	陂边水	8.9	16.8	1.53	左	赣江—禾水—泸水—陂边水	吉州区兴桥镇袁塘村庙前	吉州区兴桥镇江下村王埠岭
526	梅塘水	18	70.1	1.26	右	赣江—禾水—泸水—梅塘水	吉安县官田乡英村村	吉安县梅塘乡小灌村
527	浔源水	6.6	10.3	5.24	左	赣江—禾水—泸水—梅塘水—浔源水	吉安县梅塘乡琵琶村坑里	吉安县乡梅塘乡琶塘村螺陂
528	小灌水	9.1	24.6	1.73	右	赣江—禾水—泸水—梅塘水—小灌水	吉安县梅塘乡裴家村上水塘	吉安县梅塘乡小灌村
529	万硕水	8.7	11.8	1.73	左	赣江—禾水—泸水—万硕水	吉州区兴桥镇秀江村宋家山	吉州区曲濑镇曲濑村
530	高沙水	8.2	20.3	1.04	左	赣江—禾水—高沙水	吉州区兴桥镇虎溪村大塘背	吉州区曲濑乡水南村
531	长流水	11	30.3	1.09	右	赣江—禾水—长流水	吉安县凤凰镇土洲村娑罗山	吉安县永和镇张巷村渡头
532	青原山水	15	35.2	3.71	右	赣江—青原山水	青原区林科所虚拟村斑鸠岭	青原区河东街道彭家
533	螺湖水	21	94.9	0.53	左	赣江—螺湖水	吉安吉州区兴桥镇袁塘村	吉州区白塘街道办事处北门村
534	溱溪桥水	8.8	23.1	0.96	左	赣江—螺湖水—溱溪桥水	吉州区长塘镇案前村	吉州区禾埠乡区溱溪桥
535	平湖水	13	45.3	1.13	右	赣江—平湖水	吉水县周岭林场	青原区天玉镇临江社区居委会
536	墨潭水	7.6	16.5	4.80	右	赣江—墨潭水	吉水县周岭林场大坑口旗岭	吉水县文峰镇城南居委会墨潭
537	文石水	48	354	0.42	左	赣江—文石水	吉安县大冲乡新溪村	吉州区樟山镇文石村
538	新塘水	9.3	19.8	2.11	左	赣江—文石水—新塘水	吉安县桐坪镇花溪村枫源	吉安县桐坪镇张家村七官桥
539	金溪	16	38.4	0.82	右	赣江—文石水—金溪	吉州区兴桥镇钓源村菰塘	吉州区长塘镇田畔村江边
540	合坪水	27	132	0.79	左	赣江—文石水—合坪水	吉安县桐坪镇大栗村	吉安吉州区长塘镇田畔村
541	优溪	7.1	12.6	2.02	右	赣江—文石水—合坪水—优溪	吉安县桐坪镇花溪村委会	吉安县桐坪镇枫冈村委会
542	苍溪	12	25.9	1.08	左	赣江—文石水—合坪水—苍溪	吉安县桐坪镇黄山村高峰山	吉州区长塘镇西村村刘家
543	店下水	7.6	17.7	2.44	左	赣江—文石水—合坪水—店下水	吉州区长塘镇李家坊村叶家坊	吉州区长塘镇庙下村江背
544	庙前水	8.6	15.7	1.81	左	赣江—文石水—庙前水	吉州区樟山镇东水村金子山	吉州区樟山镇桥头村奶奶庙
545	乌江	182	3922	0.60	右	赣江—乌江	永丰县中村乡梅仔坪村	吉水县文峰镇城区
546	新坡段水	5.6	11.2	18.71	左	赣江—乌江—新坡段水	永丰县中村乡记上村冕峰山	永丰县中村乡中村村杨梅坑
547	中村水	8.5	35.0	17.29	右	赣江—乌江—中村水	永丰县中村乡义溪村塘下村	永丰县中村乡中村村

续表

序号	河名	河长/千米	流域面积/平方千米	河流比降/‰	相对上一级河流岸别	支流级别	河源	河口
548	龙头水	8.1	14.6	23.53	左	赣江—乌江—中村水—龙头水	永丰县中村乡龙头村上阴排村	永丰县中村乡中村村增坊
549	夫坑水	12	19.3	29.62	右	赣江—乌江—夫坑水	永丰县中村乡义溪村梨树村	永丰县石马镇龙溪村瑶老上
550	南坑水	7.2	17.7	13.54	左	赣江—乌江—南坑水	永丰县石马镇张溪村张家岭	永丰县石马镇南坑村老港
551	河湖水	7.9	12.1	0.95	右	赣江—乌江—河湖水	永丰县鹿冈乡禹山村管坑	永丰县七都乡松江村仓下
552	罗家水	16	46.2	1.63	右	赣江—乌江—罗家水	永丰县鹿冈乡前村村上芳山	永丰县鹿冈乡罗家村江口
553	万崇河	66	396	0.58	左	赣江—乌江—万崇河	抚州市乐安县湖坪乡贺立村	永丰县七都乡蹄洲村
554	大塘元水	11	26.1	2.24	左	赣江—乌江—万崇河—大塘元水	永丰县古县镇岭下村李家塅	永丰县古县镇遇源村大塘源
555	园家水	8	31.7	1.62	左	赣江—乌江—万崇河—园家水	永丰县古县镇新源村王家边	永丰县古县镇遇源村水东
556	坡背水	6.9	15.3	2.44	右	赣江—乌江—万崇河—园家水—坡背水	永丰县古县镇继田村下背	永丰县古县镇遇源村坡背
557	石井头水	7.5	17.0	1.94	左	赣江—乌江—万崇河—石井头水	永丰县古县镇桥坑村石井头水	永丰县七都乡枫树村
558	永丰水	40	308	0.78	右	赣江—乌江—永丰水	永丰县沿陂镇李山林场	永丰县佐龙乡瑶上村
559	水东水	9	11.9	8.11	右	赣江—乌江—永丰水—水东水	永丰县沿陂镇李山林场金华山	永丰县沿陂镇水东村
560	院前水	6.4	13.6	5.19	右	赣江—乌江—永丰水—院前水	永丰县沿陂镇炉下村横江陂	永丰县沿陂镇炉下村茶岭
561	鹿冈水	22	94.2	1.38	左	赣江—乌江—永丰水—鹿冈水	永丰县鹿冈乡贯前村	永丰县沿陂镇下袍村
562	汪坑水	5.2	10.0	3.04	右	赣江—乌江—永丰水—鹿冈水—汪坑水	永丰县鹿冈乡高坑村上山垄	永丰县鹿冈乡高坑村汪坑
563	寨下水	9.6	12.1	2.81	左	赣江—乌江—永丰水—鹿冈水—寨下水	永丰县鹿冈乡贯前村上山背	永丰县鹿冈乡鹿冈村上头
564	江口水	17	65.9	1.25	右	赣江—乌江—永丰水—江口水	永丰县潭城乡富山村	永丰县沿陂镇江口村
565	村前水	6.6	11.5	3.39	左	赣江—乌江—永丰水—江口水—村前水	永丰县潭城乡村前村小塘	永丰县潭城乡富山村湾内
566	里上水	4.5	10.0	2.10	右	赣江—乌江—永丰水—江口水—里上水	永丰县潭城乡富山村�盖山	永丰县潭城乡辋川村黑上
567	枧头水	7.4	18.4	2.04	左	赣江—乌江—永丰水—枧头水	永丰县沿陂镇江口村下标丰	永丰县沿陂镇枧头村
568	白水门水	20	73.4	1.74	右	赣江—乌江—白水门水	永丰县潭城乡西坑村	永丰县恩江镇永丰县人民政府

续表

序号	河名	河长/千米	流域面积/平方千米	河流比降/‰	相对上一级河流岸别	支流级别	河源	河口
569	王珠亭水	11	24.0	1.43	左	赣江—乌江—白水门水—王珠亭水	永丰县潭城乡龙洲村沙罗坑	永丰县恩江镇西塘村王珠亭水
570	稜溪	13	33.1	0.64	右	赣江—乌江—稜溪	永丰县佐龙乡稜溪村丝源水库	永丰县恩江镇永丰县人民政府
571	白鹏水	21	90.6	1.21	右	赣江—乌江—白鹏水	峡江县桐林乡庙口村委会	永丰县佐龙乡香山村
572	罗珠水	8.2	12.7	2.60	左	赣江—乌江—白鹏水—罗珠水	永丰县坑田镇罗珠村源头	永丰县坑田镇罗珠村
573	马围水	13	32.7	2.91	右	赣江—乌江—白鹏水—马围水	永丰县坑田镇模源村阳岭	永丰县恩江镇花园村白鹏洲
574	回龙江	20	59.3	1.22	右	赣江—乌江—回龙江	永丰县坑田镇秋田村	永丰县佐龙乡罗富村
575	磨背水	6.5	10.8	2.68	左	赣江—乌江—回龙江—磨背水	永丰县坑田镇城头村蕉坑	永丰县坑田镇秋田村磨背
576	营前水	12	35.3	1.47	左	赣江—乌江—营前水	永丰县古县镇石井村大源	永丰县恩江镇营前村营前
577	青山水	6.9	10.7	2.43	左	赣江—乌江—营前水—青山水	永丰县古县镇石井村长坑	永丰县恩江镇营前村河源
578	野溪	16	31.8	2.01	右	赣江—乌江—野溪	永丰县佐龙乡带源九峰岭	永丰县佐龙乡罗富村坝上
579	藕塘水	9.3	11.1	1.96	右	赣江—乌江—藕塘水	永丰县佐龙乡龙潭村九峰岭	永丰县佐龙乡龙潭村藕塘
580	丰沅水	9.6	10.9	2.36	右	赣江—乌江—丰沅水	永丰县佐龙乡龙潭村九峰岭	永丰县佐龙乡龙潭村石铺
581	藤田水	86	782	0.79	左	赣江—乌江—藤田水	永丰县石马镇三江村	永丰县八江乡八江村
582	横江	5.7	10.7	16.07	右	赣江—乌江—藤田水—横江	永丰县石马镇张溪村	永丰县石马镇店下村石脑背
583	柏林水	6.8	22.5	10.33	左	赣江—乌江—藤田水—柏林水	永丰县石马镇龙坊村船坑村	永丰县石马镇柏林村早禾陂
584	谢坊水	25	82.4	4.66	右	赣江—乌江—藤田水—谢坊水	永丰县陶塘乡源南村	永丰县陶塘乡邱坊村
585	中林水	6.8	10.7	4.40	右	赣江—乌江—藤田水—谢坊水—中林水	永丰县石马镇院前村长坪	永丰县石马镇中林村月形
586	南沙水	10	20.4	11.96	右	赣江—乌江—藤田水—谢坊水—南沙水	永丰县陶塘乡源南村高龙山	永丰县陶塘乡谢坊村南石下
587	园内水	11	18.4	12.18	右	赣江—乌江—藤田水—园内水	永丰县陶塘乡娄源村楼源	永丰县陶塘乡中洲村
588	温坊水	13	56.5	2.63	左	赣江—乌江—藤田水—温坊水	永丰县官山林场	永丰县藤田镇老圩村
589	秋江	11	22.9	1.25	右	赣江—乌江—藤田水—秋江	永丰县藤田镇岭南村筱岭堈	永丰县藤田镇秋江村
590	梅坑水	13	21.2	6.38	左	赣江—乌江—藤田水—梅坑水	江永丰县藤田镇中西山村	永丰县藤田镇梅坑村姚陂
591	院背水	6.1	24.7	1.86	右	赣江—乌江—藤田水—院背水	永丰县藤田镇岭南村院背	永丰县瑶田镇三湾村孟陂

续表

序号	河名	河长/千米	流域面积/平方千米	河流比降/‰	相对上一级河流岸别	支流级别	河源	河口
592	湖西水	5.6	16.6	1.73	右	赣江—乌江—藤田水—院背水—湖西水	永丰县瑶田镇都溪村店背山	永丰县瑶田镇瑶田村清水塘
593	五团水	13	23.2	3.80	左	赣江—乌江—藤田水—五团水	永丰县古县镇上保村木坑庵	永丰县古县镇五团村田心
594	浒岭水	7.2	14.8	7.34	左	赣江—乌江—藤田水—浒岭水	吉水县冠山乡浒岭村焦坑	吉水县冠山乡坪上村油家山
595	冠山水	15	41.0	1.89	左	赣江—乌江—藤田水—冠山水	吉水县螺田镇山陂村大北坑	吉水县冠山乡冠山乡冠山村
596	杏口水	6.4	13.1	6.70	左	赣江—乌江—藤田水—冠山水—杏口水	吉水县冠山乡杏口村桥上	吉水县冠山乡桂元村下勾陂
597	院背水	17	59.4	1.11	左	赣江—乌江—藤田水—院背水	吉水县白水镇垦殖场三分场	吉水县白水镇洪桥村
598	茶口水	18	97.8	1.26	右	赣江—乌江—藤田水—茶口水	永丰县古县镇新源村	永丰县八江乡茶口村
599	龙陂水	6.7	16.0	2.28	右	赣江—乌江—藤田水—茶口水—龙陂水	吉安县固江镇古巷村鸽形	永丰县古县镇龙陂村
600	营下水	8.5	21.9	6.25	左	赣江—乌江—藤田水—茶口水—营下水	永丰县古县镇古县村宝华山	永丰县古县镇龙陂村富田
601	谷元水	4.3	10.2	3.44	左	赣江—乌江—藤田水—茶口水—营下水—谷元水	吉水县冠山乡分湖村石狮脑	永丰县古县镇营下村营下
602	丁江	18	89.7	1.21	左	赣江—乌江—丁江	吉水县丁江镇双橹村	吉水县丁江镇丁江社区居委会
603	来坑水	7.6	27.4	2.43	右	赣江—乌江—丁江—来坑水	吉水县白水镇下东营村来坑	吉水县丁江镇江口村
604	董坑水	6.4	10.7	4.39	右	赣江—乌江—丁江—董坑水	吉水县丁江镇朱坑村大董坑	吉水县丁江镇朱坑村青富塅
605	杏头水	16	28.8	1.52	右	赣江—乌江—杏头水	吉水县乌江镇冻江村老婆岭	吉水县乌江镇沙井村坪上
606	余江	8.9	16.8	2.65	右	赣江—乌江—余江	吉水县罗坑林场牛婆岭	吉水县乌江镇乌江村飞凤山
607	冻江	21	69.7	1.42	右	赣江—乌江—冻江	吉水县乌江镇冻江村	吉水县乌江镇乌江村
608	胡家水	5.5	15.0	18.43	右	赣江—乌江—冻江—胡家水	吉水县芦溪岭林场大东山	吉水县乌江镇前江村掌山里
609	大涌水	6.4	10.2	1.66	右	赣江—乌江—大涌水	吉水县芦溪岭林场李家排	吉水县乌江镇枫坪村凤形
610	下坑水	19	60.4	2.08	左	赣江—乌江—下坑水	吉水县文峰镇东螺村	吉水县乌江镇大巷村
611	鱼梁水	9.3	13.9	14.95	右	赣江—乌江—鱼梁水	吉水县乌江镇前江村大东山	吉水县乌江镇枫坪村
612	施家边水	29	158	1.18	左	赣江—乌江—施家边水	吉水县水南镇金城村	吉水县文峰镇水南背社区

续表

序号	河名	河长/千米	流域面积/平方千米	河流比降/‰	相对上一级河流岸别	支流级别	河源	河口
613	古富水	7.7	10.4	10.65	左	赣江—乌江—施家边水—古富水	青原区富滩镇古富村嵩华山	青原区富滩镇施家边村东坑
614	渡头水	8.3	18.4	5.14	左	赣江—乌江—施家边水—渡头水	青原区林科所虚拟村	青原区富滩镇施家边村渡头
615	固山水	8.3	16.9	6.40	左	赣江—乌江—施家边水—固山水	吉水县周岭林场张家棚	青原区富滩镇固山村龙背
616	村坑水	8.8	17.9	3.06	右	赣江—乌江—施家边水—村坑水	吉水县文峰镇炉村村南向毡帽山	吉水县文峰镇龙田村螺田
617	居家边水	11	21.7	6.45	右	赣江—乌江—施家边水—居家边水	吉水县文峰镇东螺村清溪庵	吉水县文峰镇葛山村湖头
618	黎洞坑水	8.3	14.0	10.27	右	赣江—黎洞坑水	吉水县芦溪岭林场马家棚东山	吉水县文峰镇文水村县政府附近
619	泥家洲水	6.4	11.1	9.50	右	赣江—泥家洲水	吉水县芦溪岭林场大东山	吉水县金滩镇南岸村泥家洲
620	胜坑水	11	18.0	5.34	右	赣江—胜坑水	吉水县醪桥镇汉坑村大坡山	吉水县醪桥镇元石村城上
621	庄山水	10	15.0	6.66	右	赣江—庄山水	吉水县醪桥镇醪桥村大陂山	吉水县醪桥镇元石村元石
622	金滩水	10	12.6	2.28	左	赣江—金滩水	吉水县金滩镇五团村	吉水县醪桥镇固洲村杨家
623	柘塘水	15	115	1.25	左	赣江—柘塘水	吉水县尚贤乡团结村	吉水县金滩镇白石村
624	湴塘水	7.6	17.0	2.12	右	赣江—柘塘水—湴塘水	吉水县尚贤乡南生村高峰山	吉水县黄桥镇云庄村大神庵
625	黄桥水	8	14.4	2.05	右	赣江—柘塘水—黄桥水	吉州区长塘镇李家坊村徐源	吉水县黄桥镇山源村中居
626	白竹溪	13	38.1	1.40	右	赣江—柘塘水—白竹溪	吉水县金滩镇坑梅村洞源	吉水县金滩镇白石村金莲庵
627	山头水	16	69.4	4.08	右	赣江—山头水	吉水县醪桥镇都陂村	吉水县醪桥镇东源村
628	江前水	13	30.5	4.33	右	赣江—山头水—江前水	吉水县双村镇高家村东山脑	吉水县醪桥镇日岗村下汗洲
629	潭西水	10	18.0	2.13	左	赣江—潭西水	吉水县枫江镇江头村西洞鹿角峰	吉水县枫江镇坳头村潭西
630	杨家塘水	8.2	12.5	2.17	左	赣江—杨家塘水	吉水县枫江镇下花园鹿角峰	吉水县盘谷镇杨家塘村
631	同江	101	947	0.63	左	赣江—同江	新余市分宜县上村林场	吉水县盘谷镇同江村
632	书山水	6.5	16.0	5.54	右	赣江—同江—书山水	安福县赤谷乡田西村下塘	安福县赤谷乡书山村
633	坑陂水	6.8	16.2	6.90	右	赣江—同江—坑陂水	安福县赤谷乡赤谷采育林场坑陂	安福县赤谷乡陂头村
634	庙前水	18	78.7	1.26	左	赣江—同江—庙前水	吉安县油田镇庙前村	吉安县油田镇油田村
635	台上水	8.7	11.8	5.93	右	赣江—同江—庙前水—台上水	吉安县油田镇盐田村上村	吉安县油田镇盐田村台上
636	河源水	8.7	17.5	4.51	左	赣江—同江—庙前水—河源水	吉安县油田镇河源村石子坑	吉安县油田镇屯山村河江庙
637	七里水	8.6	12.8	7.11	左	赣江—同江—七里水	吉安县油田镇七里村相逢亭	吉安县油田镇桥边村桥边

续表

序号	河名	河长/千米	流域面积/平方千米	河流比降/‰	相对上一级河流岸别	支流级别	河源	河口
638	观背水	14	30.2	4.55	右	赣江—同江—观背水	安福县瓜畲乡北华山林场	吉安县油田镇芳头村
639	雅泽水	14	34.0	2.45	左	赣江—同江—雅泽水	吉安县油田镇江下村相逢亭	吉安县万福镇鹤洲村社下
640	高田水	24	171	2.10	右	赣江—同江—高田水	安福县瓜畲乡北华山林场	吉安县万福镇塘东村
641	老岗水	14	55.1	1.59	右	赣江—同江—高田水—老岗水	安福县瓜畲乡瓜畲村	吉安县万福镇老冈村
642	庙头水	8.8	14.2	1.92	右	赣江—同江—高田水—老岗水—庙头水	安福县枫田镇社布村新栗山	吉安县万福镇净坑村巷口
643	坑口水	7.3	10.3	2.05	右	赣江—同江—高田水—老岗水—坑口水	安福县枫田镇社布村新栗山	吉安县万福镇堤前村曾家
644	金山水	13	65.4	1.59	右	赣江—同江—高田水—金山水	吉安县大冲乡新溪村	吉安县万福镇塘东村
645	桐沅水	8.1	11.0	3.13	左	赣江—同江—高田水—金山水—桐沅水	安福县枫田镇桐源村三家铺	吉安县大冲乡大沙村新屋场
646	森塘水	11	26.5	2.10	右	赣江—同江—高田水—金山水—森塘水	吉安县大冲乡冻头村垇上	吉安县万福镇性口村禾昌坪
647	麻陂水	5.7	10.5	2.5	左	赣江—同江—麻陂水	吉安县万福镇大杏村扶椅山	吉安县万福镇余家村
648	双园水	12	22.7	1.47	右	赣江—同江—双园水	吉安县大冲乡森塘村大院	吉安县万福镇圳上村山背
649	阜田水	17	57.2	2.03	左	赣江—同江—阜田水	吉水县阜田镇石莲村	吉水县阜田镇马山村
650	南塘水	14	40.0	0.91	右	赣江—同江—南塘水	吉安县北源乡南源村江背	吉水县枫江镇三联村上官田
651	官山院水	5.7	10.0	0.74	左	赣江—同江—南塘水—官山院水	吉安县北源乡北源村乌泥坑	吉水县阜田镇南塘村西峨背
652	枫江水	13	46.7	1.21	右	赣江—同江—枫江水	吉水县尚贤乡王家村栗下	吉水县盘谷镇枫江村委会
653	店下水	7.3	13.9	1.82	右	赣江—同江—枫江水—店下水	吉安县桐坪镇黄山村高峰山	吉水县尚贤乡华山村店下
654	客坊水	13	21.9	1.73	左	赣江—同江—客坊水	吉水县阜田镇竹园村苦珠寨	吉水县盘谷镇谌溪村客坊
655	西坑水	9.4	19.4	2.63	右	赣江—同江—西坑水	吉水县枫江镇北坑村鹿角峰	吉水县枫江镇兰田村上坝口
656	洲岭水	19	43.5	1.53	左	赣江—同江—洲岭水	吉水县阜田镇竹园村	吉水县盘谷镇老屋村
657	坛山园水	12	17.2	2.26	左	赣江—坛山园水	吉水县盘谷镇坛山园村官家	吉水县盘谷镇同江村同江
658	住岐水	34	319	0.87	右	赣江—住岐水	峡江县马埠镇固山村	吉水县八都镇金塘村
659	铜锣洲水	12	51.1	2.95	右	赣江—住岐水—铜锣洲水	吉水县八都镇竹塘村复箱峰	吉水县八都镇毛家村

续表

序号	河名	河长/千米	流域面积/平方千米	河流比降/‰	相对上一级河流岸别	支流级别	河源	河口
660	金坪水	9.9	34.7	1.84	左	赣江—住岐水—铜锣洲水—金坪水	峡江县金坪民族乡园艺分场复箱峰	吉水县八都镇毛家村永新陂
661	兰花水	16	48.1	1.55	左	赣江—住岐水—兰花水	吉水县八都镇城元村圆山	吉水县八都镇兰花村委会
662	东坊水	7.8	12.9	3.99	右	赣江—住岐水—东坊水	吉水县八都镇万石村棚下	吉水县八都镇银村村
663	林塘水	8.2	14.3	5.31	左	赣江—住岐水—林塘水	吉水县双村镇林塘村白凫岭	吉水县双村镇连城村
664	马田水	16	56.4	2.84	左	赣江—住岐水—马田水	吉水县双村镇连西村	吉水县双村镇马田村
665	桐木水	7.2	19.6	3.68	左	赣江—住岐水—马田水—桐木水	吉水县水田乡石鼓村匡秋	吉水县双村镇马田村庞家
666	黄狮水	6.1	12.5	3.43	右	赣江—住岐水—黄狮水	吉水县八都镇万石村坰上	吉水县八都镇上白沙村
667	水田水	11	32.1	1.83	左	赣江—住岐水—水田水	吉水县水田乡富塘村北华山	吉水县八都镇金塘村朱家窝里
668	黄金水	52	287	0.92	左	赣江—黄金水	吉安县油田镇江下村	峡江县罗田镇江口村
669	樟木桥水	14	18.9	3.12	左	赣江—黄金水—樟木桥水	峡江县金江乡黑虎村巴丘龙上	峡江县金江乡金滩村
670	新溪水	10	26.6	2.08	左	赣江—黄金水—新溪水	峡江县金江乡新溪村脚安跺	峡江县金江乡金滩村雷溪
671	桂林水	4.2	12.2	0.94	右	赣江—黄金水—桂林水	峡江县罗田镇桂林村下桥头	峡江县罗田镇安山村
672	石溪水	21	54.9	2.92	右	赣江—黄金水—石溪水	吉水县阜田镇竹园村	峡江县罗田镇罗田村
673	茶林洲水	5.2	10.3	2.02	左	赣江—黄金水—茶林洲水	峡江县罗田镇官洲村桐家坊	峡江县罗田镇新江村茶林洲
674	东梅水	11	16.2	4.95	右	赣江—黄金水—东梅水	峡江县罗田镇东梅村乳峰寺	峡江县罗田镇沙坊村古井
675	大巷水	6.1	11.5	7.44	右	赣江—大巷水	吉水县八都镇下白沙村坰上	吉水县八都镇下住歧村庙下
676	老屋的水	9.7	21.2	3.94	右	赣江—老屋的水	峡江县福民乡田心村生富坰上	峡江县福民乡方家村方家
677	巴邱水	4.9	11.5	2.71	左	赣江—巴邱水	峡江县巴邱镇泗汾村仙龙山	峡江县福民乡方家村
678	小枥水	13	53.2	2.81	右	赣江—小枥水	峡江县福民乡小枥村	峡江县福民乡宋家村
679	南排水	9.5	23.1	5.02	右	赣江—小枥水—南排水	峡江县福民乡娄屋得村陈家复箱峰	峡江县福民乡宋家村口里
680	泗汾水	11	25.4	1.42	左	赣江—泗汾水	峡江县巴邱镇泗汾村竹山仔	峡江县巴邱镇北门村王家
681	大坪水	8.4	12.1	2.10	左	赣江—大坪水	峡江县巴邱镇泗汾村山南	峡江县巴邱镇坳上村大坪
682	郭下水	8.6	11.3	3.35	右	赣江—郭下水	峡江县福民乡郭下村习家	峡江县巴邱镇坳上村埠头

续表

序号	河名	河长/千米	流域面积/平方千米	河流比降/‰	相对上一级河流岸别	支流级别	河源	河口
683	砚溪水	39	285	0.79	左	赣江—砚溪水	新余市渝水区良山镇白沙村	峡江县巴邱镇晏家村
684	樟家水	7.4	27.6	1.56	右	赣江—砚溪水—樟家水	峡江县砚溪镇金坊村	峡江县砚溪镇步溪村下沙
685	灼溪水	20	91.0	1.00	左	赣江—砚溪水—灼溪水	新余市渝水区良山镇下保村	峡江县戈坪乡戈坪村
686	石溪水	7.5	10.5	3.28	右	赣江—砚溪水—灼溪水—石溪水	峡江县砚溪镇灼岭村坑里	峡江县砚溪镇灼岭村岭下
687	芳洲水	10	24.9	1.58	左	赣江—砚溪水—灼溪水—芳洲水	新余市渝水区罗坊镇东边乌石头	峡江县戈坪乡芳洲村禄福
688	汀溪水	5.5	10.0	1.53	左	赣江—砚溪水—灼溪水—汀溪水	峡江县戈坪乡汀溪村南坑	峡江县戈坪乡汀溪村
689	戈坪水	11	18.1	1.29	左	赣江—砚溪水—戈坪水	峡江县戈坪乡小坑村塘下	峡江县戈坪乡戈坪村汪家
690	油陂庙水	10	16.1	2.09	右	赣江—砚溪水—油陂庙水	峡江县巴邱镇油陂庙村垇上	峡江县戈坪乡舍龙村刘家
691	坑里水	12	32.3	1.42	右	赣江—砚溪水—坑里水	峡江县罗田镇峡里村坑里	峡江县巴邱镇洲上村老的
692	枥川水	5.7	12.5	0.87	左	赣江—砚溪水—坑里水—枥川水	峡江县罗田镇神林村枥川	峡江县巴邱镇洲上村
693	西溪	9.1	20.1	1.74	右	赣江—西溪	峡江县水边镇颖溪村张家	峡江县水边镇北龙村洲头
694	象口水	18	99.6	1.00	左	赣江—象口水	新干县界埠乡洞口村	峡江县仁和镇仁和村
695	新陂桥水	8.4	14.8	2.28	右	赣江—象口水—新陂桥水	峡江县仁和镇枥坑村舍下	峡江县仁和镇新陂村朗陂
696	香城水	9.6	26.1	1.75	右	赣江—象口水—香城水	峡江县仁和镇枥坑村棚下	峡江县仁和镇大里村新村
697	凌背水	9.1	14.4	2.23	右	赣江—象口水—凌背水	峡江县仁和镇大畔村凌背	峡江县仁和镇仁和村
698	云里水	17	38.1	1.31	左	赣江—云里水	峡江县仁和镇新陂村上营	新干县界埠乡界埠乡长排村
699	刁田水	7.5	10.3	4.61	左	赣江—云里水—刁田水	峡江县仁和镇刁田村茅栗头	峡江县仁和镇官田村沙陂村
700	田港水	16	42.3	1.84	左	赣江—田港水	新干县界埠乡洞口村陂坑庵	新干县界埠乡长排村南泊
701	沂江	101	914	0.45	右	赣江—沂江	宜春市丰城市石江乡荷岭村	新干县沂江乡东湖村
702	左湖水	9.8	21.0	12.68	右	赣江—沂江—左湖水	新干县七琴镇燥石村上燥石村	新干县城上乡岗上村上左湖
703	江上水	8.6	10.1	5.64	右	赣江—沂江—江上水	新干县七琴镇东郭村烧坑庙	新干县城上乡城上村陂西
704	七琴水	19	106	2.03	右	赣江—沂江—七琴水	新干县七琴镇燥石村	新干县城上乡早市村

续表

序号	河名	河长/千米	流域面积/平方千米	河流比降/‰	相对上一级河流岸别	支流级别	河源	河口
705	棠木水	10	18.9	7.59	右	赣江—沂江—七琴水—棠木水	新干县桃溪乡黎山村才地岩山	新干县七琴镇城田村成田
706	南元水	8.0	11.1	3.17	右	赣江—沂江—七琴水—南元水	新干县七琴镇坪上村坳头村	新干县七琴镇金联村
707	夏园水	8.9	10.9	3.59	右	赣江—沂江—七琴水—夏园水	新干县七琴镇炉村村芗林寺	新干县七琴镇秋南村下澄岗
708	井下水	12	20.8	2.51	右	赣江—沂江—七琴水—井下水	新干县七琴镇井下村尖峰顶山	新干县七琴镇钱塘村炉福
709	双溪	7.7	14.3	4.20	右	赣江—沂江—双溪	新干县潭丘乡南山村源里	新干县潭丘乡中洲村
710	木元水	12	34.1	4.85	左	赣江—沂江—木元水	新干县潭丘乡蔡家村大佰垅	新干县潭丘乡庙前村赤板
711	海元水	6.1	16.2	7.22	左	赣江—沂江—木元水—海元水	新干县潭丘乡大塘村双子塆山	新干县潭丘乡庙前村马田水库
712	长田水	16	57.0	1.50	左	赣江—沂江—长田水	峡江县桐林乡张家村	新干县潭丘乡庙前村
713	流源水	6.6	19.4	4.54	右	赣江—沂江—长田水—流源水	峡江县桐林乡流源村贤华山	峡江县桐林乡长田村
714	阳团水	9.2	27.6	2.28	右	赣江—沂江—阳团水	新干县麦斜镇阳团村棚下	新干县麦斜镇晓坑村拿埠
715	东岭水	6.9	11.7	8.23	右	赣江—沂江—东岭水	新干县麦斜镇上寨村太落峰	新干县麦斜镇晓坑村安步亭
716	龚家水	6.5	11.1	5.88	左	赣江—沂江—龚家水	峡江县桐林乡张家村元头	峡江县马埠镇曾安村周家
717	幸福水	27	150	1.35	左	赣江—沂江—幸福水	峡江县马埠镇固山村	峡江县马埠镇马埠村
718	南元水	6.2	14.8	2.34	左	赣江—沂江—幸福水—南元水	峡江县水边镇分界村南元水库	峡江县马埠镇凰洲村湾得
719	棉峰水	6.2	12.7	3.21	右	赣江—沂江—幸福水—棉峰水	峡江县马埠镇芦溪村五雷峰	峡江县马埠镇芦溪村下茨
720	庙上水	20	66.5	1.91	右	赣江—沂江—幸福水—庙上水	峡江县马埠镇固山村	峡江县马埠镇朱家村
721	严家水	7.3	11.2	1.67	左	赣江—沂江—严家水	峡江县水边镇佩贝村果园	峡江县马埠镇马埠村下力
722	大坪水	9.3	24.1	8.13	右	赣江—沂江—大坪水	新干县金川镇庙前村岭上	峡江县水边镇湖洲村西元
723	太乐水	7.8	12.3	15.49	左	赣江—沂江—大坪水—太乐水	新干县麦斜镇上寨村太乐峰	峡江县水边镇湖洲村西元
724	佩贝水	20	72.7	2.23	左	赣江—沂江—佩贝水	峡江县水边镇何君村	峡江县水边镇沂溪居委会
725	武溪	9.2	19.1	4.40	左	赣江—沂江—佩贝水—武溪	峡江县水边镇何君村天石坪	峡江县水边镇颖溪村石马头
726	新村水	7.1	10.4	2.83	左	赣江—沂江—佩贝水—武溪—新村水	峡江县水边镇何君村坳上	峡江县水边镇颖溪村新村

续表

序号	河名	河长/千米	流域面积/平方千米	河流比降/‰	相对上一级河流岸别	支流级别	河源	河口
727	大洲水	10	15.3	0.42	左	赣江—沂江—大洲水	峡江县水边镇郭正村木背	新干县沂江乡跃进村牛增
728	横路水	15	62.1	1.01	右	赣江—沂江—横路水	新干县金川镇庙前村	新干县沂江乡东湖村
729	坦溪	7.2	16.8	5.53	左	赣江—沂江—横路水—坦溪	新干县沂江乡务丰村龙古山	新干县金川镇桁桥村桁桥
730	北溪	8	10.0	2.87	左	赣江—北溪	新干县界埠乡胡家脑村源头	新干县界埠乡湖田村逆口
731	湄湘水	32	188	0.84	右	赣江—湄湘水	新干县麦斜镇玉峰村	新干县金川镇塘头村
732	丘田村水	5.6	10.6	3.42	右	赣江—湄湘水—丘田村水	新干县七琴镇井下村隆堂	新干县麦斜镇丘田村丘田
733	勾城水	14	40.8	1.39	左	赣江—湄湘水—勾城水	新干县麦斜镇新街上村西坑	新干县神政桥乡庄上村玉山庵
734	高岭水	5.7	10.0	6.03	左	赣江—湄湘水—勾城水—高岭水	新干县金川镇庙前村太落峰	新干县麦斜镇上麦斜村上湖
735	淑溪	9.9	38.2	2.39	右	赣江—湄湘水—淑溪	新干县神政桥乡湖田村洲上	新干县神政桥乡神政桥村桥头
736	树溪水	6.1	13.9	3.70	左	赣江—湄湘水—淑溪—树溪水	新干县七琴镇井下村何家棚	新干县神政桥乡松溪村树溪
737	章溪	6.5	15.8	1.78	右	赣江—湄湘水—章溪	新干县神政桥乡樟树下村坑头	新干县神政桥乡桥头村张家
738	灌溪	11	22.4	1.85	右	赣江—灌溪	新干县金川镇水磨村东皂岭	新干县界埠乡坑口村城头
739	梅塘水	13	30.4	1.22	左	赣江—梅塘水	新干县界埠乡田北村雷庙	新干县界埠乡坑口村坑口
740	廖圩水	11	11.3	1.59	左	赣江—廖圩水	新干县界埠乡廖墟村廖墟林场	新干县荷浦乡古巷村庙前
741	狗颈水	36	211	1.47	右	赣江—狗颈水	新干县桃溪乡黎山村	新干县溧江镇石口村
742	横江水	7.7	12.0	14.91	左	赣江—狗颈水—横江水	新干县桃溪乡黎山村才地岩山	新干县桃溪乡桃溪村江头
743	桂川水	9.1	22.0	9.39	右	赣江—狗颈水—桂川水	新干县桃溪乡黎山村玉华山	新干县桃溪乡徐家村望丰
744	岭背水	9.6	23.0	2.99	左	赣江—狗颈水—岭背水	新干县桃溪乡岭背村路头	新干县桃溪乡徐家村洲上
745	漂沅水	6.4	13.2	9.05	右	赣江—狗颈水—漂沅水	新干县桃溪乡溧源村五垴峰	新干县桃溪乡城头村张家
746	路溪	16	45.4	3.92	左	赣江—狗颈水—路溪	新干县溧江乡溪边村溪边	新干县溧江乡黎溪村淳丰村
747	培山水	11	12.7	4.68	右	赣江—狗颈水—路溪—培山水	新干县溧江乡唐家村天光顶	新干县溧江乡黎溪村黎溪
748	金泉江	11	27.5	4.29	右	赣江—金泉江	新干县大洋洲镇谭家坊村	新干县三湖镇廖坊村田垅

第五节　城　市　内　河

后河　吉安市中心城区的一条内河，原系禾水入赣江的左河道，1957 年兴建禾埠堤，截断了禾河与左河道的天然联系，形成了吉安市内河。

后河南起禾埠大桥曾家，北止习溪桥排水闸。自南至北贯穿市中心，中间与万石湖、万泥塘、凤凰洲等大小湖塘相连，河床深浅不一，水道曲折，河道长约 8.5 千米，支流西从天华山，绕凤凰洲过太平桥，长约 5 千米，河面最宽处达 210 米（太平桥至小桥段），最窄处仅 10 米。

后河内现有水位站：后河水位站，位于吉州区后河东路复兴桥旁。

螺湖水　赣江左岸的一条支流，从北面穿进市区，于真君山南侧汇聚形成螺湖湾，经庐陵文化生态园庐陵湖，在螺湖桥处汇入赣江。2020 年，吉州区开展泸水-螺湖水水系连通及螺湖水整治工程，从泸水引水至螺湖水，使螺湖水成为吉州区内河。

螺湖水内现有景观湖（玉带湖）位于螺湖水中上游，水面面积 28 万平方米；庐陵湖处于螺湖水系的末端，水面面积（含螺湖湾）81 万平方米。

螺湖水现有水位站：螺湖水位站，位于吉州区堆花酒厂门口。

第六节　水　　库

全市水库众多，小（2）型以上水库有 1287 座，其中小（2）型水库 1054 座、小（1）型水库 182 座、中型水库 41 座、大型水库有万安水电站、井冈山航电枢纽、泰和石虎塘航电枢纽、峡江水利枢纽、新干航电枢纽、泰和老营盘水库、青原区白云山水库、南车水库、社上水库、东谷水库 10 座，其基本情况详看表 1-1-5 和表 1-1-6。

表 1-1-5　　全市 10 座大型水库基本情况

序号	水库名称	地　址	河　名	集水面积/平方千米	总库容/亿立方米	正常蓄水位/米	高程基面
1	万安水电站	万安县	赣江	36900	22.14	96.0	吴淞
2	井冈山航电枢纽	万安县	赣江	40481	2.789	67.5	黄海
3	泰和石虎塘航电枢纽	泰和县	赣江	43770	7.430	56.5	黄海
4	峡江水利枢纽	峡江县	赣江	62710	11.87	46.0	黄海
5	新干航电枢纽	新干县	赣江	64776	5.000	32.5	黄海
6	泰和老营盘水库	泰和县上圯乡	云亭水	172	1.016	158.0	黄海
7	青原区白云山水库	青原区富田镇	富田水	464	1.0769	180.0	黄海
8	南车水库	泰和县桥头镇	牛吼江	459	1.5317	160.0	黄海
9	社上水库	安福县泰山乡	泸水	427	1.707	172.0	黄海
10	东谷水库	安福县横龙镇	东谷水	345	1.214	148.0	黄海

表 1-1-6　　全市 41 座中型水库基本情况

序号	水库名称	地　址	河　名	集水面积/平方千米	总库容/万立方米	正常蓄水位/米	高程基面
1	枫渡	永新县里田镇	宁冈河	890	6050	169.5	黄海
2	龙源口	永新县龙源口镇	龙源口水	63.0	4560	320.5	黄海
3	禾山	永新县龙门镇	禾山水	23.6	1557	232.36	黄海

续表

序号	水库名称	地　址	河　名	集水面积/平方千米	总库容/万立方米	正常蓄水位/米	高程基面
4	丰源	永新县象形乡	溶江河	21.3	1540	178.86	黄海
5	洞口	永新县才丰乡	才丰水	13.5	1152	196.68	黄海
6	繁荣	永新县芦溪乡	芦溪水	21.4	1097	166	黄海
7	斗上	永新县石桥镇	斗上水	19	1060	282.2	黄海
8	白水门	永丰县潭城乡	白水门水	26.6	2130	134.44	黄海
9	返步桥	永丰县石马镇	乌江	114	2120	344.2	黄海
10	下溪	永丰县沙溪镇	沙溪水	46.7	2049	322.5	黄海
11	高虎脑	永丰县石马镇	藤田水	25.3	1700	222.5	黄海
12	窑里	新干县城上乡	沂江	74.2	3830	136.5	黄海
13	黄泥埠	新干县金川镇	横路水	17.83	1728	62.5	黄海
14	田南	新干县桃溪乡	溧江	20	1160	117	黄海
15	万宝	峡江县金江乡	黄金江	40.7	2878	134	黄海
16	幸福	峡江县马埠镇	幸福水	33.2	2045	87.75	黄海
17	蕉源	万安县枧头镇	蕉源水	82	2550	145	黄海
18	芦源	万安县枧头镇	通津河	50	1908	205	黄海
19	光明	万安县罗塘乡	土龙水	73.7	1018	82.16	黄海
20	缝岭	泰和县上模乡	缝岭水	39.3	2261	140.2	黄海
21	芦源	泰和县禾市镇	芦源水	25.2	1575	124.4	黄海
22	洞口	泰和县苑前乡	仁善河	57	1180	184.5	黄海
23	安村	遂川县汤湖镇	左溪	135	1965	430	85 黄海
24	螺滩	青原区富滩镇	孤江	2160	4530	72.5	黄海
25	天马山	青原区富田镇	富田水	471	1180	127	黄海
26	仙口	井冈山市下七乡	右溪	436	2135	305	黄海
27	井冈冲	井冈山市茨坪镇	蜀水	48	1990	727	黄海
28	罗浮	井冈山市罗浮乡	牛吼江	54	1080	425	黄海
29	灵坑	井冈山市东上乡	东上水	25.5	1007	304.4	黄海
30	官溪	吉州区长塘镇	横石水	20.5	1545	79.53	黄海
31	双山	吉水县阜田镇	阜田水	49.8	2674	69.84	黄海
32	横山	吉水县双村镇	马田水	25	1225	99.63	黄海
33	太山	吉水县八都镇	住歧水	15	1145	106	黄海
34	福华山	吉安县梅塘乡	敛溪水	43	3377	75.33	黄海
35	功阁	吉安县敖城镇	禾水	3517	3136	85	黄海
36	银湾桥	吉安县固江镇	横石水	37.4	2760	93.56	黄海
37	江口	吉安县万福镇	高田水	45	1900	74.27	黄海
38	樟坑	吉安县官田乡	龙陂水	35	1462	153.64	黄海
39	谷口	安福县寮塘镇	谷口水	104	3265	109.4	黄海
40	岩头陂	安福县严田镇	泸水	454	1815	136	黄海
41	柘田	安福县金田乡	金田水	74.62	1682	154.5	黄海

万安水电站　坝址位于赣江中游的万安县城芙蓉镇上游2千米的土桥头，左岸位于五丰镇，右岸位于芙蓉镇，坝址中心位置为东经114°47′46.7″，北纬26°26′43.9″，上游距赣州市90千米，下游距井冈山航电枢纽约35千米、距吉安市各90千米。控制流域面积36900平方千米，水位为吴淞基面。校核洪水位（10000年一遇洪水）100.7米，总库容22.14亿立方米；设计洪水位（1000年一遇洪水）100米，防洪高水位100米，正常蓄水位100米，相应库容16.16亿立方米；死水位90米，死库容5.97亿立方米。

万安水电站设计正常蓄水位100米，由于移民问题未完全解决而未达设计标准，实际运行正常蓄水位96米。

万安水电站是一座以发电为主，兼防洪、灌溉、养殖、航运、旅游等综合效益工程，是江西电力南北交换的枢纽。总装机容量53.3万千瓦，保证出力6.04万千瓦，年平均发电量15.16亿千瓦时。

井冈山航电枢纽　坝址位于赣江中游的万安县窑头镇下游约2千米，右岸位于万安县窑头镇，左岸位于万安县韶口乡与泰和县马市镇交界处，坝址中心位置为东经114°47′58.1″，北纬26°39′08.5″，上游距万安水电站约35千米、下游距泰和石虎塘航电枢纽约45千米。控制流域面积40481平方千米，水位为黄海基面。校核洪水位（1000年一遇洪水）69.63米，总容积2.789亿立方米；设计洪水位（50年一遇洪水）67.90米，正常蓄水位67.5米，相应容积2.055亿立方米；死水位67.1米，死容积1.932亿立方米。是一座以航运为主，兼有发电等综合利用效益的大型航电枢纽工程。

泰和石虎塘航电枢纽　坝址位于赣江中游的泰和县城公路桥下游26千米的石虎塘村附近，左岸位于沿溪镇，右岸位于万合镇，坝址中心位置为东经115°00′09.5″，北纬26°54′24.7″，上游距井冈山航电枢纽约45千米，下游距峡江水利枢纽约90千米。控制流域面积43770平方千米，水位为黄海基面。校核洪水位（300年一遇洪水）61.03米，总容积7.430亿立方米；设计洪水位（50年一遇洪水）59.48米，正常蓄水位56.5米，兴利容积0.085亿立方米；死水位56.2米。是一座以航运为主，兼顾发电等综合利用的低水头航电枢纽，可为万安水电站做反调节。

峡江水利枢纽　位于赣江中游的峡江县巴邱镇上游6千米处，左岸位于峡江县巴邱镇，右岸位于峡江县福民乡与吉水县双村镇交界处，坝址中心位置为地理位置东经115°08′，北纬27°31′，上游距泰和石虎塘航电枢纽约90千米，下游距新干航电枢纽约56千米。控制流域面积62710平方千米，水位为黄海基面。校核洪水位（2000年一遇洪水）49米，总容积11.87亿立方米；设计洪水位（500年一遇洪水）49米，防洪高水位49米，正常蓄水位46米，相应容积7.02亿立方米；死水位44米，死容积4.88亿立方米。是一座以防洪、发电、航运为主，兼有灌溉、供水等综合利用功能的水利枢纽工程。

新干航电枢纽　坝址位于赣江中游的新干县三湖镇上游约1.5千米处，左岸位于三湖镇，右岸位于大洋洲镇，坝址中心位置为东经115°00′09.5″，北纬26°54′24.7″，上游距峡江水利枢纽约56千米，下游距峡江水利枢纽约90千米。控制流域面积64776平方千米，水位为黄海基面。总库容5亿立方米，正常蓄水位32.5米，死水位32米。是一座以航运为主，兼顾发电等综合利用枢纽工程。

青原区白云山水库　坝址位于赣江二级支流孤江一级支流富田水上游、青原区富田镇北坑村大乌山龙头峡谷，坝址中心位置为东经115°19′10.8″，北纬26°48′12.1″，下游距孤江河口约51千米，距吉安中心城区约70千米。1978年11月建成，控制流域面积464平方千米，水位为黄海基面。校核洪水位（1000年一遇洪水）182.82米，总容积1.0769亿立方米；设计洪水位（100年一遇洪水）181.14米，防洪高水位180米，正常蓄水位180米，相应容积0.9007亿立方米；死水位162米，死容积 0.128 亿立方米。是一座以灌溉为主，兼顾发电、防洪、水产养殖等综合利用的大（2）型水库。

1988 年 12 月，在大坝下游约 7 千米处建成二级枢纽浆砌块石双曲拱坝（天马山水库），控制流域面积 471 平方千米，总库容 1180 万立方米，正常蓄水位 127 米，死水位 122 米。在天马山水库大坝下游约 900 米处建有白云山三级水库（富田水库），控制流域面积 471.6 平方千米，总库容 36.4 万立方米，正常蓄水位 90.1 米，死水位 86.7 米。

泰和老营盘水库 坝址位于赣江一级支流云亭水上游、泰和县上圯乡上游约 3.5 千米处高芫桥村附近云亭水峡谷，坝址中心位置为东经 115°08′07.9″，北纬 26°35′52.2″，下游距赣江河口约 45 千米。1983 年 5 月建成，控制流域面积 172 平方千米，水位为黄海基面。校核洪水位（5000 年一遇洪水）163.35 米，总容积 1.016 亿立方米；设计洪水位（100 年一遇洪水）160.54 米，防洪高水位 159.37 米，正常蓄水位 158.0 米，相应容积 0.768 亿立方米；死水位 141.45 米，死容积 0.211 亿立方米。是一座以灌溉为主，兼顾发电、防洪、水产养殖等综合利用的大（2）型水库。

南车水库 坝址位于赣江二级支流禾水一级支流牛吼江中游、泰和县桥头镇南车村大垄坑峡谷，坝址中心位置为东经 114°36′03.3″，北纬 26°45′54.3″，下游距禾水河口约 37 千米，距泰和县城区约 40 千米。1998 年 12 月建成，控制流域面积 459 平方千米，水位为黄海基面。校核洪水位（2000 年一遇洪水）163.16 米，总容积 1.5317 亿立方米；设计洪水位（100 年一遇洪水）160.74 米，防洪高水位 160.0 米，正常蓄水位 160.0 米，相应容积 1.233 亿立方米；死水位 142.0 米，死容积 0.281 亿立方米。是一座以灌溉为主，兼顾发电、防洪、水产养殖等综合利用的大（2）型水库。

社上水库 坝址位于赣江二级支流禾水一级支流泸水上游、安福县泰山乡社上村将军岭峡谷，坝址中心位置为东经 114°16′06.8″，北纬 27°22′50.8″，下游距禾水河口约 109 千米，距泰和县城区约 40 千米。1972 年 12 月建成，控制流域面积 427 平方千米，水位为黄海基面。校核洪水位（2000 年一遇洪水）173.85 米，总容积 1.707 亿立方米；设计洪水位（100 年一遇洪水）172.75 米，防洪高水位 172.75 米，正常蓄水位 172.0 米，相应容积 1.430 亿立方米；死水位 147.0 米，死容积 0.038 亿立方米。是一座以灌溉为主，兼顾发电、防洪、旅游、水产养殖等综合利用的大（2）型水库。

东谷水库 坝址位于赣江三级支流禾水二级支流泸水一级支流东谷水下游、安福县横龙镇，坝址中心位置为东经 114°31′33.5″，北纬 27°25′47.5″，下游距泸水河口约 4 千米，距安福县城区约 11 千米。2009 年 12 月建成，控制流域面积 345 平方千米，水位为黄海基面。校核洪水位（2000 年一遇洪水）149.19 米，总容积 1.214 亿立方米；设计洪水位（100 年一遇洪水）148.0 米，防洪高水位 148.0 米，正常蓄水位 148.0 米，相应容积 1.190 亿立方米；死水位 130.0 米，死容积 0.450 亿立方米。是一座以灌溉为主和发电为主，兼顾防洪等综合利用的大（2）型水库。

第七节 湖　泊

万安水电站、白云山水库、南车水库、社上水库分别命名为万安湖、白云湖、白鹭湖、武功湖。

万安湖 地处吉安市万安县中南部、赣州市赣县中北部，湖水涉及万安县、赣州市赣县和章贡区。控制流域面积 36900 平方千米，总容积 22.14 亿立方米，实际运行正常蓄水位（96.0 米，吴淞基面）下，湖面南北长 90 千米，东西最大宽 17 千米，相应容积 11.16 亿立方米、相应湖面面积 107.5 平方千米。湖面开阔、碧波荡漾。湖周绿树成荫的群山连绵起伏、百花争芳斗艳，远处奇峰叠翠、林木葱郁。湖边沿线形成的小岛和半岛群，远观形态万千，近看别有洞天。清澈的湖水，幽静的林间小道，一碧万顷的林海，成就了千里赣江一段美景，与雄伟的大坝、电站遥相辉映，实为旅游览胜的好去处。湖区大片区域已列为国家森林公园和江西省风景名胜区，这里空气清新，有天然氧吧之誉，泛舟水上或漫步林间，令人身心怡然。

白云湖 地处吉安市青原区东南部，湖水涉及青原区富田镇和东固畲族乡。控制流域面积464平方千米，总容积1.0769亿立方米，正常蓄水位（180.0米，黄海基面）下，湖面东西长16千米，南北最大宽3千米，相应容积9010万立方米、相应湖面面积7.53平方千米。湖面环绕78个库汊、100个大小库港半岛，湖水清滢，10个小岛点缀其间，已开发的有安乐岛、下沙洲岛。湖周青山矗立，森林茂密，层林叠翠，犹如人间仙境。湖边白云山是省级森林公园。湖尾东固山为第二次国内革命战争时期江西最早建立的革命根据地之一，是赣西南革命斗争的中心，被毛泽东称为“东井冈”。湖边白云山是省级森林公园。1931年中国工农红军反国民党第二次大围剿指挥所设在白云山主峰，是毛泽东指挥取得首战胜利的主战场，毛泽东在这里写下了《渔家傲·反第二次围剿》的光辉词篇“白云山头云欲立，白云山下呼声急……”白云湖因而得名。

白鹭湖 地处泰和县西部，湖水涉及泰和县桥头镇3个村委会。控制流域面积459平方千米，总容积1.538亿立方米，正常蓄水位（160.0米，黄海基面）下，湖面东西长28.4千米，南北最大宽1.5千米，相应容积1.23亿立方米、相应湖面面积8.9平方千米。湖水清澈，碧波万顷，九曲十八弯，大小17个湖汊形成的湖港半岛形态各异。鸟瞰湖面，但见尾大头小，两侧湖汊长短各异，更有汰州、哨江口、有孚口、高市几处宽阔湖面，状似卧龙。湖周环山，翠峰如簇，森林茂密，四季常青，碧水青山，空气清新，青山倒映，景色秀丽。泛舟湖上，湖面似风景画廊，美不胜收，有井冈山下“小桂林”之称。湖区竹柏峡谷清幽雅静，两侧奇石林立，雄伟俊秀，遍山松、杉、樟、楠、竹将满山碧染。湖中小岛卧龙峰，绿树枝叶繁茂，青翠欲滴。湖面野鸭戏水，空中白鹭飞翔，极具原始生态情趣。白鹭湖以湖光山色，林木葱茏，湖尾幽深三大原始生态特色吸引众多游客流连忘返。

白鹭湖尾间地区成湿地景观，有不少白鹭栖息，故名白鹭湖，是国家水利风景区和国家森林公园。

武功湖 地处安福县西部，湖水涉及安福县钱山、洋溪、泰山3个乡镇。控制流域面积427平方千米，总容积1.707亿立方米，正常蓄水位（172.0米，黄海基面）下，湖面东西长12千米，南北最大宽2.5千米，相应容积1.432亿立方米、相应湖面面积11.8平方千米。因坐落在武功山国家森林公园内，故名武功湖。湖区山高林密，青翠欲滴，空气清新，是国家水利风景区。湖面蜿蜒曲行，烟波浩渺，平静如镜，岛屿拥翠，人称“九曲画廊”，已开发的有桃花岛和橘岛。湖周青山含黛，翠峰如簇。明月山奇崖怪石，雾霭深幽，人称“小武陵源”。武功山金顶倒映湖中，仿佛近在咫尺，伸手可及，高山草甸、奇松怪峰、云海佛光、飞瀑温泉堪称“四绝”。蓝天、青山、碧水融为一体，构成一幅天然山水画。是游览观光，水上运动、漂流、休闲的理想场所。

第八节 堤 防

吉安市地处山区和盆地，除新干县等个别县在明清时代开始筑堤，绝大多数地方都是在中华人民共和国成立后才开始修建堤防。

1957年，原吉安市（现吉州区）兴修吉安赣江堤和禾埠堤，开启了本市江河堤防工程建设。随后，泰和、新干、吉水等县在县城边修建了低标准不完整的防洪堤（土围子），至20世纪90年代中期，才加快城市防洪工程建设，新干、吉水、泰和、万安、遂川、安福、永新等县城陆续兴建了防洪堤，确保城市经济发展和人民生命财产安全。据2015年吉安市水利局《“十二五”水利发展主

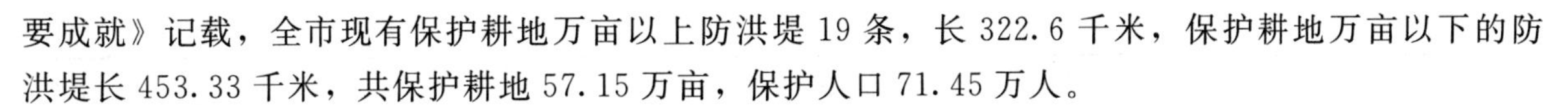

要成就》记载，全市现有保护耕地万亩以上防洪堤 19 条，长 322.6 千米，保护耕地万亩以下的防洪堤长 453.33 千米，共保护耕地 57.15 万亩，保护人口 71.45 万人。

截至 2020 年，全市建有大小（2～5 级）堤防 129 条，总堤长 668.76 千米。

根据《堤防工程设计规范》（GB 50286—2013）对堤防的划分，堤防标准分为 5 级，防洪标准大于等于 100 年一遇的为 1 级，防洪标准大于等于 50 年一遇而小于 100 年一遇的为 2 级，防洪标准大于等于 30 年一遇而小于 50 年一遇的为 3 级，防洪标准大于等于 20 年一遇而小于 30 年一遇的为 4 级，防洪标准大于等于 10 年一遇而小于 20 年一遇的为 5 级。

全市没有 1 级堤防，2 级堤防 5 条（赣东大堤新干段、吉州区赣江西堤、吉州区庐陵堤、青原区河东堤、吉州区禾埠堤），3 级堤防 13 条，4 级堤防 20 条，5 级堤防 91 条。保护耕地万亩以上堤防 21 条。吉安市 2～4 级堤防工程情况详见表 1-1-7。

表 1-1-7　　吉安市 2～4 级堤防工程情况

序号	堤防名称	所在位置	堤防起点位置	堤防终点位置	堤防长度/千米	规划防洪标准（洪水重现期）
1	赣东大堤新干段	赣江右岸	新干县溧江乡石口村	新干县大洋洲镇程家村	12.801	50
2	吉州区赣江西堤	赣江左岸	吉州区禾埠乡神岗山村	吉州区北门街道办事处北门街	7.30	50
3	吉州区庐陵堤	赣江左岸	吉州区白塘街道办事处螺川街	吉州区白塘街道办事处石溪头街	2.63	50
4	青原区河东堤	赣江右岸	青原区滨江街道办事处友谊村	青原区滨江街道办事处新桥街	6.094	50
5	吉州区禾埠堤	禾水左岸	吉州区禾埠乡新村村	吉州区禾埠乡神岗山村	7.10	50
6	万安县城防洪堤	赣江右岸	万安县芙蓉镇芙蓉村	万安县芙蓉镇建丰村	7.85	30
7	泰和县澄江堤	赣江左岸	泰和县澄江镇三溪村	泰和县澄江镇东门村	11.85	30
8	青原区梅林堤	赣江右岸	青原区河东街道办事处新生街	河东街道办事处夏家村	5.68	30
9	遂川县城防洪堤党校段	遂川江左岸	遂川县泉江镇四农村	遂川县泉江镇东路街	0.53	30
10	遂川县城防洪堤东路小区段	遂川江左岸	遂川县泉江镇东路街	遂川县泉江镇东路街	0.53	30
11	遂川县城防洪堤水岸新城段	遂川江右岸	遂川县泉江镇水南街	遂川县泉江镇水南街	2.00	30
12	遂川县城防洪堤遂川中学段	遂川江右岸	遂川县泉江镇四厢街	遂川县泉江镇四厢街	1.12	30
13	遂川县城防洪堤龙泉公园段	遂川江左岸	遂川县泉江镇银山村	遂川县泉江镇银山村	1.20	30
14	永新县城市防洪堤	禾水左岸	永新县禾川镇学背村	永新县禾川镇学背村	3.50	30
15	曲濑长乐联堤	禾水、泸水左岸	吉州区曲濑镇水南村	吉州区曲濑镇长乐村	11.00	30
16	安福县安泸南堤	泸水右岸	安福县平都镇罗家村	安福县平都镇江南村	6.06	30
17	新干县城防洪工程城北堤	湄湘水右岸	新干县金川镇湄湘街	新干县金川镇灌溪村	3.73	30

续表

序号	堤防名称	所在位置	堤防起点位置	堤防终点位置	堤防长度/千米	规划防洪标准（洪水重现期）
18	新干县城防洪工程城南堤	湄湘水左岸	新干县金川镇城南街	新干县金川镇城南街	0.91	30
19	吉安县永和堤	赣江左岸	吉安县凤凰镇九龙村	吉安县永和镇小湖村	21.19	20
20	青原区芳洲堤	赣江右岸	青原区值夏镇马埠村	青原区值夏镇永乐村	7.50	20
21	吉水县城防洪堤	赣江右岸	吉水县文峰镇文江街	吉水县文峰镇水上街	4.05	20
22	三湖联圩—新干县段	赣江左岸	新干县界埠镇湖田村	新干县荷浦乡张坊村	54.18	20
23	新干县新市隔堤	赣江右岸	新干县大洋洲镇新市村	新干县大洋洲镇新市村	0.73	20
24	遂川县城防洪堤卜村段	遂川江左岸	遂川县泉江镇卜村	遂川县泉江镇卜村	3.00	20
25	遂川县城防洪堤四农上段	遂川江左岸	遂川县泉江镇四农村	遂川县泉江镇四农村	1.20	20
26	遂川县城防洪堤四农下段	遂川江左岸	遂川县泉江镇四农村	遂川县泉江镇四农村	0.80	20
27	遂川县城防洪堤文化公园段	左溪河右岸	遂川县泉江镇西庄村	遂川县泉江镇西庄村	1.00	20
28	遂川县城防洪堤西庄段	左溪河右岸	遂川县泉江镇西庄村	遂川县泉江镇西庄村	2.50	20
29	遂川县珠田七埠桥防洪堤	马头寨水右岸	遂川县珠田乡珠田村	遂川县珠田乡黄塘村	0.50	20
30	吉安县横江堤	禾水右岸	吉安县横江镇南垄村	吉安县横江镇濠云村	9.00	20
31	吉安县敦厚防洪堤	禾水右岸	吉安县敦厚镇罗家村	吉安县敦厚镇马甫村	11.00	20
32	吉安县高塘防洪堤	禾水右岸	吉安县敦厚镇店下村	吉安县敦厚镇罗家村	7.60	20
33	安福县安泸北堤	泸水左岸	安福县平都镇凤林村	安福县平都镇渡河村	4.50	20
34	永丰县金家堤	乌江右岸	永丰县恩江镇大园街	永丰县佐龙乡龙潭村	11.725	20
35	永丰县东门下堤	乌江	恩江镇、佐龙乡		2.01	20
36	永丰县水南背堤	乌江左岸	恩江镇水南背源头下	乌江渠南干渠火电厂泄洪闸	4.25	20
37	永丰县麻江堤	永丰水	佐龙乡、沿陂镇		13.10	20
38	新干县大洲堤	沂江左岸	新干县沂江乡大洲村	新干县沂江乡廖家村	7.70	20

赣东大堤新干段 赣江东岸大堤（又称赣东大堤）和抚河西岸大堤是紧密相连的两条特等堤防，共同护卫着江西的心腹之地——赣抚平原。省会南昌，京九、浙赣铁路，樟树机场等重要城镇和设施都在其保护范围内。赣东大堤新干段位于赣江右岸，1951年10月建成，起点位于新干县溧江乡石口村，终点位于新干县大洋洲镇程家村，全长12.80千米，堤顶高程39.44～41.02米（吴淞高程），堤顶宽8米，规划防洪标准为50年一遇，堤防级别为2级，保护着新干5.05万亩土地，3.25万亩农田，2.2万人和京九铁路的安全。

吉州区赣江西堤 1957年原吉安市（现吉州区）人民政府沿赣江左岸兴建赣江防洪堤，沿禾水左岸兴建禾埠堤，共同保护吉安市中心城区。赣江西堤位于赣江左岸，1957年10月建成，起点位

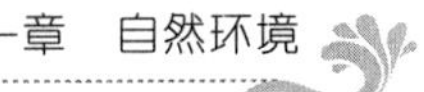

于吉州区禾埠乡神岗山村，终点位于吉州区北门街道办事处北门街，全长7.30千米，堤顶高程55.34～57.23米（吴淞高程），堤顶宽4.5～5.0米，规划防洪标准为50年一遇，堤防级别为2级。

吉州区禾埠堤　始建于1957年10月，该堤位于吉州区以南、禾水左岸，起点位于吉州区禾埠乡新村村，终点位于吉州区禾埠乡神岗山村，与吉州区赣江堤相连，全长7.10千米，堤顶高程57.50～58.17米（吴淞高程），堤顶宽4.0～5.0米，规划防洪标准为50年一遇，堤防级别为2级。

吉州区庐陵堤　始建于2011年1月，该堤位于赣江左岸，起点位于吉州区白塘街道办事处螺川街，终点位于吉州区白塘街道办事处石溪头街，全长2.63千米，堤顶高程56.22～57.00米（黄海高程），堤顶宽4.0～5.0米，规划防洪标准为50年一遇，堤防级别为2级。

青原区河东堤　位于赣江右岸，2010年10月建成，起点位于青原区滨江街道办事处友谊村，终点位于青原区滨江街道办事处新桥街，全长6.094千米，堤顶高程56.24～57.07米（吴淞高程），堤顶宽6.0～6.5米，规划防洪标准为50年一遇，堤防级别为2级。

根据2020年4月1日吉安市防汛抗旱指挥部《关于下达2020年吉安市重点水工程度汛方案的通知》（吉市防〔2020〕第11号）中“吉安市万亩以上堤防度汛方案”，全市万亩以上堤防21座（表1-1-8）。

表1-1-8　　**吉安市保护耕地万亩以上堤防工程情况**

序号	堤防名称	所在县（市、区）	所在位置	堤长/千米	保护耕地/万亩	防洪标准（洪水重现期）	
						设计	现状
1	吉州区赣江西堤	吉州区	赣江左岸	7.30	城区	50	50
2	吉州区禾埠堤	吉州区	禾水左岸	7.10	城区	50	50
3	曲濑长乐联堤	吉州区	禾水、泸水左岸	11.00	1.37	30	15
4	青原区芳洲堤	青原区	赣江右岸	7.50	1.06	10	10
5	青原区河东堤	青原区	赣江右岸	6.094	城区	50	50
6	吉安县永和堤	吉安县	赣江左岸	21.19	2.81	20	20
7	吉安县横江堤	吉安县	禾水右岸	9.00	2.19	20	20
8	同江堤	吉水县	同江两岸	5.81	4.88	10	5
9	泰和县澄江堤	泰和县	赣江左岸	11.85	2.70	30	20
10	沿溪堤	泰和县	赣江左岸	10.00	1.10	10	10
11	永昌堤	泰和县	赣江右岸、云亭水左岸	8.30	1.03	10	10
12	黄塘堤	泰和县	赣江、云亭河右岸	12.30	1.47	10	10
13	马市堤	泰和县	蜀水左岸	8.35	2.57	10	10
14	万合堤	泰和县	赣江右岸	19.14	2.44	10	10
15	沂江联圩	新干县	赣江右岸、沂江左岸	9.10	1.20	10	10
16	仁和堤	峡江县	赣江左岸	12.41	1.38	10	10
17	七都堤	永丰县	乌江左岸	11.92	1.21	10	10
18	八江堤	永丰县	乌江左岸	9.56	1.34	10	10
19	永丰县金家堤	永丰县	乌江右岸	11.73	1.64	20	10
20	枚江圩堤	遂川县	遂川江右岸	9.40	1.90	10	10
21	高桥楼圩堤	永新县	禾水左岸	12.89	1.20	10	10

第九节　排　涝　设　施

筑堤建闸，防洪兴建，是历代治水之范例。中华人民共和国成立后，随着各地兴建堤防，与之配套相应兴建涵闸、挡洪排涝设施。据统计，全市兴建排涝闸 163 座，机电排涝站 48 座。

第二章　社　会　环　境

第一节　人　　口

2000年第五次人口普查数据：吉安市常住人口总数为4360924人，其中城镇人口为955122人，城镇化率21.90%。

2010年第六次人口普查数据：吉安市常住人口总数为4810340人，其中城镇人口为1808990人，城镇化率37.61%。10年间，常住人口增加449475人，增长10.31%，城镇化率增长15.71%。

2020年第七次人口普查数据：吉安市常住人口总数为4469176人，其中城镇人口为2339591人，城镇化率52.35%。10年间，常住人口减少341164人，减少7.09%，城镇化率增长14.74%。

第二节　水利工程建设

1950年12月，遂川北澳陂枢纽工程开工建设，1953年4月完工；安福渠工程1950年冬兴建，次年6月21日建成通水；永新县官陂也于同年开工，次年冬完成。一批引水工程相继建成。

1951年7月，永丰县农场购进1台10马力煤气抽水机，在全市率先建起第一座抽水机站。随后，新干、永新等县也建了煤气抽水机站。1953—1954年，安福县甘洛乡康家村，遂川县瑶夏柏树下村，吉水县水田乡西田村又购置了20马力柴油抽水机，建起了柴油抽水机站。1953年，原吉安市白塘乡吉南大队十里庙电灌站开工兴建，为全市第一个电动抽水机站。提灌工程的兴建，使水利灌溉走上蓄、引、提相结合的道路，改善了水利条件，提高了灌溉效益。

1951年10月，兴建全市第一座小（2）型水库，即泰和县油居乡马迹塘水库，次年11月竣工。之后相续兴建安福县凤林乡示范水库、石桥乡大塘水库，永新县高桥乡西岭水库，遂川县于田乡珊田水库，新干县力江乡大塘水库，吉水县马鞍山水库等示范水库，为大兴水利奠定了基础。截至1957年年底，全市共建了62座小（2）型水库。1953年10月，兴建全市第一座小（1）型水库，即永丰县八江乡江舍村的示范水库。20世纪70年代初期，建成白云山、老云盘、社上三座大型水库。

1955年，在新干县潭丘乡璜陂村兴建全市第一座装机12千瓦的小水电站，1956年在泰和县梅陂渠道跌水上建成了装机24千瓦的白土水电站，在遂川县北澳陂跌水上建起了装机22.8千瓦的云岗水电站，拉开了全市小水电建设的序幕。

1957年，兴修吉安赣江堤和禾埠堤，开启了本市江河堤防工程建设。

20世纪50年代末至70年代，水利工程建设突飞猛进。据统计，1958—1978年，全市兴建大型水库3座、中型水库36座、小（1）型水库159座、小（2）型水库1000余座、引水工程1万余座、机电排灌站1800多座、水轮泵站300多座、堤防工程145处、小水电站690多座。有效灌溉面积达到409.8万亩，旱涝保收面积达到272.5万亩。

1990年，建成赣江上第一座水利工程万安水电站。根据赣江流域规划，在本市境内赣江上先后又建成了井冈山航电枢纽、泰和石虎塘航电枢纽、峡江水利枢纽、新干航电枢纽 4 座大型水利工程。

截至 2010 年年底，全市建成大型水库 5 座，中型水库 41 座，小（1）型水库 176 座；小（2）型水库 1040 座，各类塘坝 19403 座，总库容达 47.67 亿立方米。在赣江及其支流两岸修筑了 785.93 千米的堤防，其中万亩以上堤防 332.6 千米，千亩至万亩堤防 453.33 千米，保护人口 72 万人，保护耕地 57.15 万亩，在县城以上城镇都建起了较完整的城镇防洪工程。

据 2013 年 5 月《江西省第一次水利普查公报》（江西省水利厅、江西省统计局），全市共建水库 1284 座，总库容 58.17 亿立方米。其中大（1）型水库 2 座（万安水电站、峡江水利枢纽）、大（2）型水库 5 座（老营盘水库、白云山水库、南车水库、社上水库、东谷水库）、中型水库 41 座、小（1）型水库 182 座、小（2）型水库 1054 座。

2013 年后，又先后兴建了万安井冈山航电枢纽、泰和石虎塘航电枢纽、新干航电枢纽 3 座大型水库。

截至 2020 年年底，全市大型水库 10 座，总库容 55.84 亿立方米；中型水库 41 座，总库容达 8.70 亿立方米；小（1）型水库 182 座，总库容达 5.91 亿立方米；小（2）型水库 1054 座，总库容达 3.02 亿立方米。有力地调蓄了洪水，确保了农业灌溉用水、工业用水和人民生活用水。

第三节　社　会　经　济

2010 年，全市实现生产总值 720.53 亿元，财政总收入 88.62 亿元，农林牧渔业总产值 245.34 亿元，粮食产量 374.68 万吨，农民人均可支配收入 5569.66 元，城镇居民人均可支配收入 15546.99 元。

2015 年，全市实现生产总值 1328.52 亿元，财政总收入 219.99 亿元，实现农林牧渔业总产值 364.71 亿元，粮食产量 423.45 万吨，农村居民人均可支配收入 10355 元，城镇居民人均可支配收入 27078 元。

2020 年，全市实现生产总值 2168.83 亿元，财政总收入 307.24 亿元，农林牧渔业总产值 459.7 亿元，粮食产量 367 万吨，农村居民人均可支配收入 16491 元，城镇居民人均可支配收入 39608 元。

第三章 水 文 特 征

第一节 降 水

吉安市为江西省多雨地区之一，降水主要受季风影响，其水汽主要来自太平洋西部的南海，其次是东海和印度洋的孟加拉湾。一般每年的3月中旬前后，暖湿的夏季风开始盛行，雨量逐渐增加。5—6月冷暖气流交织，极易形成静止锋，降水量猛增。7—9月受副热带高压控制，除有地方性雷阵雨及偶有台风雨外，全市雨水稀少，而在冬春季节，受来自西伯利亚及蒙古高原的干冷气团影响，降水亦较少。

降水量分布

降水量地区分布不均匀，总的分布趋势是四周山区大于中部盆地，西部大于东部、南部、北部，山丘区大于平原区。

由于季节的差异，全年降水主要集中在3—8月。4—6月多年月平均降水量占多年年平均降水量的42.0%，3—8月多年月平均降水量占多年年平均降水量的71.1%。

由于地形的差异，全市可分为一个高值区和一个低值区。高值区最大站年降水量与低值区最小站年降水量的差可达2200毫米。

罗霄山脉高值区：该区位于井冈山市和遂川县西部地区，与湖南省界形成一狭窄的高值区。多年平均年降水量大于1700毫米，而在其中心区的小夏、营盘圩、淋洋一带，其年降水量普遍大于1800毫米，最大的是遂川县戴家铺乡上洞站多年平均年降水量达2104毫米。

吉泰盆地低值区：涧田、万安、栋背、泰和一带，多年平均年降水量均小于1500毫米。

降水量年际变化

全市历年（1956—2020年）平均年降水量1570.8毫米，年平均最大降水量为2002年2140.1毫米，年平均最小降水量为1963年1037.3毫米。全市年平均降水量大于2000毫米的年份有3年（2002年2140.1毫米、1997年2125.3毫米、1970年2035.0毫米），年平均降水量小于1100毫米的年份有3年（1963年1037.3毫米、1971年1088.3毫米、2003年1088.1毫米），具体见表1-3-1。

单站降水量

单站年降水量分布不均，历年年降水量最大值与年降水量最小值比为1.57～3.21。最大比值为1999年3.21（遂川县戴家铺乡上洞站2578.3毫米，吉水县乌江乡杏头站803.2毫米）；最小比值为2015年1.57（永丰县陶唐乡元南站2492.0毫米，泰和县泰和站1592.0毫米）。

表 1-3-1　　吉安市历年平均降水量情况

年份	年平均降水量/毫米	年份	年平均降水量/毫米	年份	年平均降水量/毫米	年份	年平均降水量/毫米	年份	年平均降水量/毫米
1956	1293.0	1969	1556.7	1982	1749.2	1995	1503.6	2008	1443.7
1957	1450.5	1970	2035.0	1983	1727.2	1996	1429.4	2009	1294.3
1958	1386.9	1971	1088.3	1984	1660.1	1997	2125.3	2010	1934.2
1959	1533.1	1972	1502.0	1985	1393.0	1998	1684.1	2011	1176.8
1960	1429.4	1973	1810.9	1986	1180.6	1999	1668.8	2012	1931.9
1961	1925.9	1974	1375.7	1987	1550.6	2000	1562.2	2013	1410.1
1962	1719.7	1975	1944.3	1988	1398.6	2001	1632.5	2014	1554.2
1963	1037.3	1976	1556.7	1989	1429.5	2002	2140.1	2015	1956.0
1964	1429.0	1977	1583.6	1990	1720.0	2003	1088.1	2016	1927.1
1965	1454.3	1978	1178.2	1991	1403.2	2004	1570.6	2017	1548.7
1966	1346.5	1979	1371.7	1992	1743.9	2005	1621.9	2018	1464.1
1967	1272.7	1980	1745.3	1993	1529.3	2006	1642.0	2019	1813.5
1968	1624.6	1981	1861.2	1994	1946.9	2007	1338.7	2020	1694.0

实测单站最大年降水量是遂川县高坪乡白沙站 3124.5 毫米（1981 年），相应年份单站最小年降水量是万安县武术乡棉津站 1416.0 毫米，最大值和最小值比值为 2.21。

实测单站最小年降水量是峡江县江背乡江背站 701.0 毫米（1971 年），相应年份单站最大年降水量是遂川县戴家铺乡七岭站 1938.0 毫米，最大值和最小值比值为 2.76。

实测单站最大月降水量是遂川县戴家铺乡七岭站 879.7 毫米（1971 年 8 月）。

区域降水量

全市各区域（按行政区划分）历年降水量为 940～2580 毫米。区域平均率降水量最大的是井冈山市 1709.3 毫米，最小的是万安县 1467.6 毫米；年平均降水量最大值是井冈山市 1997 年 2578.6 毫米，年平均降水量最小值是万安县 2003 年 943.5 毫米，具体见表 1-3-2。

表 1-3-2　　吉安市各县（市、区）历年平均降水量情况

区域名称	平均降水量				
	历年平均率降水量/毫米	年平均最大降水量		年平均最小降水量	
		降水量/毫米	年份	降水量/毫米	年份
吉州区	1526.1	2070.8	2015	979.3	1963
青原区	1532.6	2126.7	2002	980.5	1963
井冈山市	1709.3	2578.6	1997	1082.3	1963
吉安县	1500.0	2016.7	1997	1001.7	1963
吉水县	1580.7	2161.2	1997	1014.7	2003
峡江县	1544.7	2102.5	2012	1010.6	2003
新干县	1555.8	2173.9	2012	984.8	2007
永丰县	1635.4	2238.1	2015	1075.9	1971
泰和县	1577.5	2205.5	2002	961.9	2003

续表

区域名称	平均降水量				
	历年平均率降水量/毫米	年平均最大降水量		年平均最小降水量	
		降水量/毫米	年份	降水量/毫米	年份
遂川县	1595.6	2459.9	2002	1064.2	1963
万安县	1467.6	2084.2	2002	943.5	2003
安福县	1577.0	2174.7	2010	1029.9	1963
永新县	1562.3	2131.8	2002	1033.9	1963
全市	1570.8	2140.1	2002	1037.3	1963

流域降水量

吉安市境内各流域（干流赣江按栋背站以上、栋背站至峡江站、峡江站以下分为赣江干流上游、中游和下游3段，主要支流有遂川江、蜀水、孤江、禾水、乌江5条）历年降水量为920～1100毫米。流域平均降水量最大的是孤江流域1653.8毫米，最小的是赣江上游干流1443.7毫米；年平均降水量最大值是遂川江流域2002年2444.5毫米，年平均降水量最小值是赣江上游干流1986年922.3毫米，具体见表1-3-3。

表1-3-3　吉安市流域平均降水量情况

流域名称	平均降水量				
	历年平均降水量/毫米	年平均最大降水量		年平均最小降水量	
		降水量/毫米	年份	降水量/毫米	年份
遂川江	1603.7	2444.5	2002	1083.6	1971
蜀水	1573.1	2381.8	2002	990.7	1963
孤江	1653.8	2346.8	1997	1031.7	2003
禾水	1582.8	2149.8	1997	1042.3	1963
乌江	1650.2	2214.9	1997	1059.3	2003
赣江上游干流（栋背站以上）	1443.7	2090.2	2002	922.3	1986
赣江中游干流（栋背站至峡江站）	1496.7	2078.3	2002	952.6	1963
赣江下游干流（峡江站以下）	1555.5	2173.6	2012	1030.8	2007
吉安市境内流域	1570.8	2140.1	2002	1037.3	1963

暴雨

吉安市系暴雨洪水多发区。造成吉安市暴雨的一般有锋面气旋雨、台风雨和热雷雨。一次暴雨持续时间一般为2～3天，有时也往往会在几小时或十几小时内发生局部短历时大暴雨或特大暴雨。

3—8月为吉安市暴雨活跃季节，其中尤以4—6月最为集中。当台风活跃的年份，7—9月也往往会发生连续暴雨。吉安市主要暴雨区有4处，一是遂川县西南部至井冈山市茅坪、永新县三湾一线；二是万安县东部至泰和县东部、青原区东南部、永丰县南部一线；三是安福县南部至永新县北部、莲花县南部一线；四是新干县东部至永丰县北部一线，具体见表1-3-4。

表1-3-4　　吉安市单站最大短历时暴雨情况

降水历时	降水量/毫米	站　名	地　　址	出现时间
1小时	123.0	石洲	江西省泰和县桥头乡石洲村	1978年6月21日
3小时	216.0	田段	江西省吉安县永和镇周家村	2020年7月9日
6小时	316.8	弹前	江西省万安县弹前乡弹前村	1985年6月5日
12小时	434.5	田段	江西省吉安县永和镇周家村	2020年7月9日
24小时	464.5	田段	江西省吉安县永和镇周家村	2020年7月9日
3天	551.9	中王	江西省泰和县水槎乡	1996年8月1—3日
7天	635.1	界化陇	江西省莲花县神泉乡珊田村	1982年6月12—18日

可能最大暴雨

1976—1978年，全国普遍进行根据气象资料，推算24小时可能最大降水量，并绘制成全国可能最大暴雨等值线图。本市24小时可能最大降水量为680～900毫米，由西南向北东方向递增，以新干平原为最高区，井冈山、遂川山区为最低区。

第二节　径　　流

吉安市河川径流补给来源主要是降雨，属雨水补给型，冬季降雪最多年份只占年降水量1%左右。因而，河川径流量变化趋势和降水量变化趋势一致。

吉安市实测多年平均年径流量214.4亿立方米，实测多年平均年径流深848.4毫米。多年平均还原水量13.1亿立方米，多年平均天然径流量227.5亿立方米，多年平均天然年径流深900.2毫米。

径流深流域分布　吉安市多年平均年径流深900.2毫米，多年平均年径流深最大值为乌江流域961.8毫米，多年平均年径流深最小值为赣江干流上游段（栋背站以上）流域790.2毫米；遂川江、蜀水、禾水和赣江干流下游段（峡江站以下）多年平均年径流深为860～900毫米，孤江和赣江干流中游段（栋背站至峡江站）多年平均年径流深为920～930毫米。

径流深年内变化　根据吉安市各水文站多年平均月径流分配资料分析，全市各河各月各季度径流分配大致相近。最大月径流量，除赛塘站出现在5月外，其余站都出现在6月。最大月平均径流量占年平均径流量的13.5%～20.4%，最小月径流量除林坑站出现在1月，其余站都出现在12月，最小月平均径流量占年平均径流量的2.2%～3.5%，冬季（12月至次年2月）平均径流量占全年平均径流量的8.2%～11.9%，春季（3—5月）平均径流量占全年平均径流量的34.4%～43.6%，夏季（6—8月）平均径流量占全年平均径流量的34.3%～40.3%，秋季（9—11月）平均径流量占全年平均径流量的12.1%～23.0%，汛期（4—9月）平均径流量占全年平均径流量的67.3%～76.1%。全市各水文站多年平均径流量年内分配特点是季节分配不均，汛期占的比例大。多年平均径流量年内的季节变化，全市各水文站比较相近。其多年平均各月径流量占全年径流量的百分比，都从1月开始逐月上升至6月最大（赛塘5月最大），自7月开始逐月下降至12月最小。

径流深年际变化　全市历年平均年径流深为303～1432毫米，年际变化较大。全市历年平均最大年径流深为2002年1431.7毫米，全市历年平均最小年径流深为1963年303.5毫米。据1956—2020年65年资料分析，全市历年平均年径流深大于1300毫米3年，占4.6%；年径流深为1000～

1300毫米18年，占27.7%；年径流深为700～1300毫米29年，占44.6%；年径流深为500～700毫米14年，占21.5%；年径流深小于500毫米1年，占1.5%。

单站实测径流深　全市各站实测多年平均径流深为820～1250毫米，最大值为遂川滁洲站1243.7毫米，最小值为峡江站826.5毫米。

全市各站实测最大年径流深为1360～2300毫米，最大值为遂川滁洲站1973年2291.0毫米，最小值为峡江站2016年1360.7毫米。

全市各站实测最小年径流深为250～630毫米，最大值为遂川坳下坪站2009年628.4毫米，最小值为吉安鹤洲站1963年259.0毫米。

流域最大年径流量及出现时间　赣江各站最大年径流量出现在2016年，栋背、吉安、峡江等站实测年径流量分别为575.4亿立方米、774.5亿立方米、853.5亿立方米；蜀水流域最大年径流量出现在1961年，林坑站实测年径流量为16.98亿立方米；孤江流域最大年径流量出现在2002年，白沙站实测年径流量为25.91亿立方米；禾水流域各站最大年径流量出现在2019年，永新站、上沙兰站实测年径流量分别为34.49亿立方米、74.17亿立方米；乌江流域最大年径流量出现在2010年，新田站实测年径流量为52.83亿立方米。

第三节　洪　　水

吉安市的洪水主要有三大类型：一是由锋面雨产生的洪水，也是汛期洪水主要类型，其特点是：洪泛面积广，持续时间长，峰高量大，发生频次高；二是由台风雨形成的洪水，多发生于汛期后期，尤以8月较多。其特点是：来势迅猛，并伴有大风。洪水影响范围虽不大，持续时间也较短，但所造成的灾害往往非常严重；三是由小尺度的热雷雨造成的局部山洪暴发。这类洪水的特点是：一般发生在山区谷地间，往往会导致山体滑坡、泥石流等地质灾害，处于山谷的村庄、农田、工程设施等极易遭受损失。

天然状态下，一般山区河流（特别是小河站）暴雨洪水坡度陡、流速大、水位涨落快、涨落幅度大，但历时较短、洪峰形状尖瘦，传播时间较快；赣江及大中河流暴雨洪水坡度较缓、流速较小、水位涨落慢、涨幅也小，但历时长、峰形矮胖，传播时间较慢。中小河流因流域面积小，洪峰多为单峰；大江大河因为流域面积大、支流多，洪峰往往会出现多峰。随着水利工程建设不断增加，受水利工程影响，上述洪水特征已不明显。

吉安市洪水过程与降水过程相对应，洪水主要发生在5—7月，发生洪水的频率平均为74%，尤以6月最多。据统计，5月发生洪水的频率平均为24%，6月发生洪水的频率平均为37%，7月发生洪水的频率平均为13%。有些年份也出现早汛和秋汛，如1983年、1992年、1998年、2012年、2016年的3月赣江出现早汛，赣江各站均出现超警戒水位；1998年3月禾水、泸水、乌江均出现早汛，禾水永新站、上沙兰站，泸水赛塘站，乌江新田站均出现超警戒水位。2002年10月底，赣江和蜀水出现历史罕见秋汛，赣江各站和蜀水林坑站水位均超过警戒水位，其中栋背站洪峰水位为历史第二水位、泰和站洪峰水位为历史最高水位；另外，受台风影响，1970年10月蜀水林坑站、1975年10月遂川江（右溪）滁洲站、1987年10月同江鹤洲站均出现超警戒水位。2015年赣江出现了罕见的冬汛，11月18日赣江吉安站水位达50.86米，超警戒水位0.36米。

1—2月也有个别站出现过年最高水位，1998年1月鹤洲站出现47.01米年最高水位，1985年2月赛塘站原断面水位出现60.60米、鹤洲站出现46.15米年最高水位，1983年2月木口站出现65.21米年最高水位。具体见表1-3-5。

表 1-3-5　　各站年最高水位出现频率

河流	站名	年最高水位出现频率/%									资料系列/年
		3月	4月	5月	6月	7月	8月	9月	10月	11月	
赣江	栋背	14.1	7.8	28.1	37.5	4.7	4.7	1.6	1.5		64
	泰和	16.0	10.0	24.0	32.0	6.0	8.0	2.0	2.0		50
	吉安	8.4	7.0	26.8	42.3	8.5	2.8	2.8		1.4	71
	峡江	7.8	11.0	23.4	39.1	11.0	3.1	3.1		1.5	64
	新干	7.2	10.1	21.7	43.5	10.2	2.9	2.9		1.5	69
遂川江	滁洲		3.3	18.0	18.1	18.0	18.0	23.0	1.6		61
	遂川	6.0	1.5	17.9	26.9	16.4	13.4	13.4	1.5	3.0	67（含夏溪站）
蜀水	林坑		1.6	25.0	40.6	10.9	6.3	7.8	4.7	3.1	64
孤江	白沙	4.7	11.6	18.6	32.6	16.3	9.3		2.3	2.3	43（含木口站）
禾水	永新	1.9	5.7	24.5	35.8	17.0	7.5	5.7	1.9		53
	上沙兰	1.5	5.9	25.0	32.3	20.6	7.3	5.9	1.5		68
泸水	赛塘	4.4	8.8	26.5	32.3	19.1		4.4	1.5	1.5	68
乌江	新田	1.5	8.7	24.6	40.6	14.5	4.3	4.3	1.5		69
同江	鹤洲	1.6	11.3	19.4	45.2	12.9		6.4			62

第四节　水 位 与 流 量

水位

水位是指河流或其他水体自由水面离某一基面零点以上的高程，以米为单位。吉安水文测站采用的基面有吴淞基面、黄海基面和假定基面。

吴淞基面是1906年（清光绪三十二年）吴淞海关港务司署根据1871—1900年吴淞潮位已略低于实测最低水位的高程，确定为“吴淞海关零点（基面）”后正式定名为吴淞零点，即吴淞基面，广泛应用于长江流域。

黄海基面是以山东省青岛市1956年计算的黄海平均海平面高度作为全国陆地高程的起算点，可通过换算统一进行参照比较。

假定基面是为了计算水文测站水位或高程而暂时假定的水准基面。一般是在水文测站附近没有国家的水准点，而一时又不具备监测的情况下使用的水准基面。

全市各主要河流出现历史最高水位时间：

赣江的万安（棉津站、栋背站）1964年最大，泰和2002年最大；吉安、峡江1962年最大，新干1968年最大；遂川江（夏溪站）1991年最大；蜀水（林坑站）2018年最大；孤江（白沙站）2002年最大；禾水（永新站、上沙兰站）1982年最大；泸水（赛塘站）1962年最大；乌江（新田站）2010年最大；同江（鹤洲站）1962年最大。具体见表1-3-6。

流量

全市各站历年最大流量出现时间与最高水位出现时间基本一致，吉安、峡江、新田等站，受洪水涨落影响，部分年份水位流量关系为绳套曲线，根据洪水波特征，当水位流量关系为绳套曲线时，最大流量出现在最高水位之前，如吉安站1968年最高水位出现在6月26日3时53.84米，而最大流量出现在6月25日17时18800立方米/秒。

表 1-3-6 各站实测最高水位、最低水位统计情况

站名	年平均水位/米	最高水位/米	出现时间	最低水位/米	出现时间	资料系列	基面	备注
栋背	63.66	71.43	1964年6月17日	61.27	2004年12月15日	1957—2020年	吴淞	
泰和	55.81	63.37	2002年10月31日	52.48	2020年2月25日	1972—2020年	吴淞	
吉安	44.51	54.05	1962年6月29日	41.88	2008年12月5日	1950—2020年	吴淞	
峡江（二）	35.68	44.57	1962年6月29日	33.46	2019年10月17日	1957—2020年	吴淞	最高水位由原断面水位换算
新干	30.77	39.81	1968年6月26日	27.75	2019年10月23日	1952—2020年	吴淞	
遂川	95.61	101.45	1991年9月8日	94.21	2015年11月7日	2002—2020年	黄海	最高水位由夏溪站资料换算
坳下坪（二）	69.49	72.18	2006年7月26日	69.19	2009年11月5日	2006—2020年	假定	
仙坑	27.32	29.49	2014年5月30日	27.03	1979年7月15日	1979—2020年	假定	
滁洲	24.38	34.32	1960年8月11日	23.63	2019年12月12日	1961—2020年	假定	最高水位摘自《吉安地区水文手册》
林坑	83.45	90.95	2018年6月8日	82.80	2018年2月28日	1957—2020年	假定	
白沙	82.67	90.44	2002年6月16日	81.82	2018年1月24日	2000—2020年	假定	
永新	109.30	115.21	1982年6月17日	107.40	2019年10月23日	1969—2020年	吴淞	
上沙兰（二）	55.92	62.58	1982年6月18日	54.68	2020年1月21日	1953—2020年	吴淞	
莲花	93.25	97.14	2017年7月2日	92.53	2013年8月13日	2005—2020年	假定	
赛塘（二）	61.10	68.15	1962年6月28日	59.57	2019年12月13日	1953—2020年	吴淞	最高水位由原断面水位换算
彭坊	42.18	46.93	2019年6月9日	41.81	2019年12月9日	1978—2020年	假定	
新田（二）	49.00	56.69	2010年6月21日	47.57	2019年11月21日	1952—2020年	吴淞	水位进行了换算
鹤洲	44.72	49.37	1962年6月19日	44.13	1963年9月12日	1959—2020年	假定	

各站实测年最大流量、最小流量统计情况见表1-3-7。

表1-3-7　各站实测年最大流量、最小流量统计情况

站名	年平均流量/(立方米/秒)	最大流量/(立方米/秒)	出现时间	最小流量/(立方米/秒)	出现时间	资料系列
栋背	1059	15300	1964年6月17日	47.9	2004年12月15日	1957—2020年
吉安	1490	19600	1962年6月29日	121	1965年3月25日	1950—2020年
峡江	1640	19900	1968年6月26日	122	2013年11月13日	1957—2020年
坳下坪	2.74	221	2006年7月26日	0.265	2009年2月13日	2006—2020年
仙坑	0.514	62.8	2014年5月30日	0.018	1986年8月29日	1979—2020年
滁洲	12.4	740	2001年7月7日	1.00	2014年12月24日	1959—2020年
林坑	28.4	1930	2018年6月8日	0.100	2015年1月10日	1957—2020年
白沙	43.6	2720	2002年6月16日	0.24	2004年10月29日	2000—2020年
上沙兰	143	4400	1982年6月18日	4.00	1963年9月6日	1953—2020年
莲花	17.4	647	2017年7月2日	0.086	2010年11月17日	2005—2020年
赛塘	82.6	3060	1982年6月19日	3.20	2019年12月13日	1953—2020年
彭坊	3.65	478	1982年6月18日	0.054	1978年12月26日	1978—2020年
新田	103	3940	2010年6月21日	2.35	1963年9月11日	1953—2020年

第五节　泥　　沙

泥沙在河流水流作用下具有两种运动形式：一种是沿河底滑动、滚动或跳跃（称为推移质）；另一种是被水流挟带随水流悬浮前进（称为悬移质）。

悬移质泥沙

根据全市河流悬移质泥沙实测资料分析，随着水土流失治理进程的加快和水利工程影响，河流含沙量呈逐年减少趋势。

赣江吉安站1956—2020年实测多年平均含沙量为0.133千克/立方米，多年平均输沙率为195.1千克/秒，多年平均输沙量为615.8万吨、多年平均输沙模数为110吨/平方千米。沙量变化过程为：1956—1989年平均含沙量为0.205千克/立方米、平均输沙率为292.1千克/秒、平均输沙量为921.4万吨、平均输沙模数为164吨/平方千米；1990—1995年平均含沙量为0.103千克/立方米、平均输沙率为171.6千克/秒、平均输沙量为542.5万吨、平均输沙模数为96.4吨/平方千米；1996—2020年平均含沙量为0.051千克/立方米、平均输沙率为80.6千克/秒、平均输沙量为254.4万吨、平均输沙模数为45.3吨/平方千米。

赣江峡江站1958—2020年实测多年平均含沙量为0.133千克/立方米，多年平均输沙率为221.4千克/秒，多年平均输沙量为699.0万吨，多年平均输沙模数为112吨/平方千米。沙量变化过程为：1958—1989年平均含沙量为0.196千克/立方米、平均输沙率为315.4千克/秒、平均输沙量为996.0万吨、平均输沙模数为160吨/平方千米；1990—1995年平均含沙量为0.107千克/立方米、平均输沙率为199.1千克/秒、平均输沙量为628.8万吨、平均输沙模数为100吨/平方千米；1996—2020年平均含沙量为0.059千克/立方米、平均输沙率为106.4千克/秒、平均输沙量为

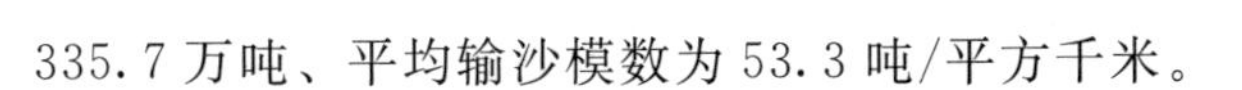

335.7万吨、平均输沙模数为53.3吨/平方千米。

禾水上沙兰站1958—2020年实测多年平均含沙量为0.069千克/立方米，多年平均输沙率为10.5千克/秒，多年平均输沙量为33.2万吨，多年平均输沙模数为63.1吨/平方千米。上沙兰站历年含沙量变化不大，除1982出现极大值（年平均含沙量达0.274千克/立方米）外，大部分年份年平均含沙量在0.100千克/立方米以下。

乌江新田站1963—2020年实测多年平均含沙量为0.130千克/立方米，多年平均输沙率为14.0千克/秒，多年平均输沙量为44.1万吨，多年平均输沙模数为126吨/平方千米。沙量变化过程为：1963—1976年平均含沙量为0.107千克/立方米、平均输沙率为9.93千克/秒、平均输沙量为31.3万吨、平均输沙模数为89.6吨/平方千米；1977—2002年平均含沙量为0.151千克/立方米、平均输沙率为17.3千克/秒、平均输沙量为54.5万吨、平均输沙模数为156吨/平方千米；2003—2020年平均含沙量为0.117千克/立方米、平均输沙率为12.4千克/秒、平均输沙量为39.0万吨、平均输沙模数为112吨/平方千米。

各站历年输沙量特征值、含沙量特征值以及输沙模数特征值详见表1-3-8～表1-3-10。

表1-3-8　　各站历年输沙量特征值

站名	多年平均输沙量/万吨	年最大输沙量/万吨	出现年份	年最小输沙量/万吨	出现年份	资料系列	备　注
吉安	615.8	1559	1973	101	2011	1956—2020年	1961—1963年无资料
峡江	699.0	1900	1961	85.6	2011	1958—2020年	
上沙兰	33.2	174	1982	3.62	2011	1958—2020年	
新田	44.1	101	2010	8.34	1963	1963—2020年	

表1-3-9　　各站历年含沙量特征值

站名	年平均含沙量/(千克/立方米)	最大年平均含沙量/(千克/立方米)	出现年份	最小年平均含沙量/(千克/立方米)	出现年份	资料系列	备　注
吉安	0.133	0.265	1980	0.033	2014	1956—2020年	1961—1963年无资料
峡江	0.133	0.268	1968	0.028	2011	1958—2020年	
上沙兰	0.069	0.274	1982	0.013	2008	1958—2020年	
新田	0.130	0.191	2010	0.064	2011	1963—2020年	

表1-3-10　　各站历年输沙模数特征值

站名	年平均输沙模数/(吨/平方千米)	年最大输沙模数/(吨/平方千米)	出现年份	年最小输沙模数/(吨/平方千米)	出现年份	资料系列	备　注
吉安	110	277	1973	18.0	2011	1956—2020年	1961—1963年无资料
峡江	112	308	1961	13.6	2011	1958—2020年	
上沙兰	63.1	331	1982	6.89	2011	1958—2020年	
新田	126	289	2010	23.9	1963	1963—2020年	

悬移质泥沙粒径

泥沙中数粒径是指小于某粒径的沙重百分数为50%的粒径（即大于和小于该粒径的泥沙重量各占一半）。赣江吉安站多年平均中数粒径为0.015毫米，变化过程为：1970—1992年多年平均中数粒径为0.019毫米，最大为0.043毫米（1989年）；1993—2013年多年平均中数粒径为0.012毫米，最大为0.017毫米（2006年）；2014—2020年年平均中数粒径均为

0.009～0.011 毫米。

乌江新田站多年平均中数粒径为 0.023 毫米，变化过程为：1973—1982 年多年平均中数粒径为 0.014 毫米，最大为 0.020 毫米（1977 年）；1983—2013 年多年平均中数粒径为 0.029 毫米，最大为 0.061 毫米（2008 年）；2014—2020 年年平均中数粒径均为 0.010～0.014 毫米。

泥沙平均粒径为粒径组上下限粒径几何平均值。赣江吉安站多年平均粒径为 0.040 毫米，变化过程为：1970—1992 年多年平均粒径为 0.050 毫米，最大为 0.072 毫米（1983 年）；1993—2013 年多年平均粒径为 0.037 毫米，最大为 0.058 毫米（1997 年）；2014—2020 年年年平均粒径均为 0.015～0.021 毫米。

乌江新田站多年平均中数粒径为 0.023 毫米，变化过程为：1973—1982 年多年平均中数粒径为 0.049 毫米，最大为 0.066 毫米（1977 年）；1983—2013 年多年平均中数粒径为 0.055 毫米，最大为 0.079 毫米（2008 年）；2014—2020 年多年平均中数粒径均为 0.016～0.024 毫米。

实测最大悬移质泥沙粒径为万安县棉津站 1982 年 2.62 毫米。具体详见表 1-3-11。

表 1-3-11　　各站历年悬移质泥沙粒径特征值

站名	历年最大粒径/毫米	年平均中数粒径					资料系列
		历年平均/毫米	最大/毫米	出现年份	最小/毫米	出现年份	
吉安	1.55	0.015	0.043	1989	0.005	1994	1970—2020 年
新田	1.94	0.023	0.061	2008	0.008	1974	1973—2020 年

推移质泥沙

据《江西水文志》记载，1971—1990 年，经过对万安水库四个入库水文站 20 年推沙的观测、试验研究资料分析，得出多年平均推移质输沙量为 571 万吨。

第六节　蒸　　发

蒸发分陆地蒸发和水面蒸发，水面蒸发量观测全市各站采用蒸发器型式，有口径 20 厘米蒸发皿和口径 80 厘米蒸发器以及 E601 型蒸发器三类。分析时，按全国统一要求，采用 E601 型蒸发器观测值为标准，其他型号蒸发器（皿）观测资料，均经折算改正。

陆地蒸发量

陆地蒸发量是指流域内水体蒸发、土壤蒸发和植物散发的总和。根据全市各水文站资料，用水量平衡方法分析，以平均年降水量和平均年径流深差值表示平均年陆地蒸发量。全市陆地蒸发量为 610～810 毫米。总趋势是山区小于丘陵，丘陵小于盆地、平原，符合影响陆地蒸发相关要素的地区分布规律。

水面蒸发量

水面蒸发量是反映当地蒸发能力的指标。全市各站实测多年平均水面蒸发量为 560～1160 毫米，均以 1 月为最小，以后逐月增大，至 7 月为最大，以后转为逐月变小，全市呈单峰型。水面蒸发量大小分布规律是山区小于丘陵，丘陵小于平原，中部大于周围。具体详见表 1-3-12。

表 1-3-12　　各县（市、区）历年平均水面蒸发量

区域名称	代表观测站	平均水面蒸发量					资料系列
		历年平均水面蒸发量/毫米	年最大水面蒸发量		年最小水面蒸发量		
			水面蒸发量/毫米	年份	水面蒸发量/毫米	年份	
吉州区	吉福、赛塘	835.1	1063.1	1991	626.7	1997	1980—2020 年
青原区	白沙、木口	805.2	1015.2	2003	609.5	2000	1980—2020 年
井冈山市	井冈山、龙市	662.1	871.6	1988	428.4	2017	1980—2020 年
吉安县	赛塘	835.1	1063.1	1991	626.7	1997	1980—2020 年
吉水县	新田、白沙	815.8	1025.9	1983	609.5	2000	1979—2020 年
峡江县	峡江	735.7	994.6	2020	526.5	1997	1980—2020 年
新干县	新干	750.4	900.7	2013	602.9	1997	1980—2020 年
永丰县	永丰	740.8	862.6	2003	582.2	2012	1980—2018 年
泰和县	泰和	717.5	866.7	2019	562.4	1993	1980—2020 年
遂川县	滁洲	643.1	806.5	2003	547.8	2015	1979—2020 年
万安县	栋背	893.6	1056.8	2010	783.4	1982	1979—2020 年
安福县	彭坊	710.8	874.5	1986	537.4	1997	1980—2020 年
永新县	永新	948	1178.8	1986	711.9	2010	1980—2020 年
莲花	莲花、千坊	762.7	1065.5	2009	635.9	1997	1981—2020 年

注：部分水面蒸发量数据摘录气象资料。

第七节　水　资　源

水资源是基础性的自然资源和战略性的经济资源，是经济社会发展的重要支撑，也是生态与环境的重要控制因素，同时也是一个国家综合国力的重要组成部分。

水资源分区

全省分 8 个二级区，吉安市境内均属鄱阳湖水系二级区。

全省分 16 个三级区，吉安市境内分属 3 个三级区内。

赣江上游区三级区：栋背站以上境内区域，区域计算面积 4026 平方千米。

赣江中游区三级区：栋背站至峡江站境内区域，区域计算面积 19137 平方千米。

赣江下游区三级区：峡江站以下境内区域，区域计算面积 2108 平方千米。

地表水资源量

地表水资源量是指河流、湖泊、冰川等地表水体中，由当地降水形成，可以逐年更新的动态水量，用天然河川径流量表示。地表水资源量通过分区实测径流加还原水量而得。

实测水量　全市实测水量多年平均值 214.4 亿立方米，其中赣江上游区 32.5 亿立方米，赣江中游区 164.2 亿立方米，赣江下游区 17.7 亿立方米。

还原水量　由于人类活动改变了流域下垫面条件，入渗、径流、蒸发等水平衡要素发生一定变化，从而造成径流增减。河道外引用消耗水量不断增加，许多水文站实测径流已不能代表天然状况，需将水文站以上受地表水开发利用影响而增减的水量进行还原。

径流还原主要是反映水文站下垫面条件下的天然年径流，所以测站以上只对农业耗水量、大型和中型水库蓄水变量、工业及城市生活用水耗水量（只统计地表水部分）、跨流域引水量按历年逐月进行还原。水库渗漏、分洪水量以及跨流域引水量未考虑。

全市还原水量多年平均值13.1亿立方米，其中赣江上游区（栋背站以上境内面积）1.5亿立方米，赣江中游区（栋背站至峡江站境内面积）10.5亿立方米，赣江下游区（峡江站以下境内面积）1.1亿立方米。

出入境水量　赣江穿吉安而过，赣江干流吉安段区间流域面积为26251.7平方千米，多年平均入境水量342.7亿立方米，多年平均出境水量553.3亿立方米。

地表水资源量　全市多年平均年地表水水资源量227.5亿立方米，其中赣江上游区34.0亿立方米，赣江中游区174.7亿立方米，赣江下游区18.8亿立方米。全市平均每平方千米90.0万立方米，多年平均年径流深900.2毫米。

地下水资源量

地下水资源量仅限于与大气降水和地表体有直接水力联系浅层地下水，即埋藏相对较浅、由潜水与当地潜水具有较密切水力联系的弱承压水组成地下水。

评价分区　地下水资源量评价类型区划分的目的是确定各个具有相似水文地质特征的均衡计算区。均衡计算区是选取有关水文及水文地质参数值和进行各项补给量、排泄量及地下水资源量计算的最小单元。分为一般山丘区和山间平原区两大区域，吉安市位于一般山丘区域。

山丘区地下水资源量计算　山丘区地下水资源量计算采用水均衡法，即：总排泄量＝总补给量。

总排泄量＝河川基流量＋河床潜流量＋山前侧向补给量＋未计入河川径流量山前泉水出露总量＋潜水蒸发量＋浅层地下水实际开采量的净消耗量。

河川基流量是水文站控制的测流断面处地下水排泄量中最主要的一项，在地下水总排泄量中所占比重极大。其余各项所占比重甚少，故忽略不计。所以总排泄量≈河川基流量≈降水入渗补给量。

地下水资源量　全市多年平均年地下水资源量49.5亿立方米，其中赣江上游区8.6亿立方米，赣江中游区37.1亿立方米，赣江下游区3.8亿立方米。

水资源总量

水资源总量是指当地降水形成的地表和地下产水量，即地表径流量与降水入渗补给量之和，也称区域产水量。由于地表水与地下水的相互转化，在地表水资源量与地下水资源量的分析计算中，有一部分水量在地表水资源量中计算了，又在地下水资源量中计算。因此，只有扣除所有重复计算量后，再将地表水与地下水资源量相加，才能得到实际意义上的水资源总量。

区域水资源总量为地表水资源量加地下水资源量扣除地表水与地下水相互转化的重复计算量。

全市多年平均年水资源量277.04亿立方米，其中赣江上游区42.6亿立方米，赣江中游区211.8亿立方米，赣江下游区22.6亿立方米。

各县（市、区）多年平均年水资源量见表1-3-13。

表 1-3-13　　各县（市、区）多年平均年水资源量

区域名称	多年平均年水资源量/亿立方米			区域名称	多年平均年水资源量/亿立方米		
	地表水资源量	地下水资源量	水资源总量		地表水资源量	地下水资源量	水资源总量
吉州区	3.75	0.85	4.60	永丰县	25.69	5.23	30.92
青原区	7.99	1.83	9.82	泰和县	24.17	4.94	29.11
井冈山市	11.16	2.71	13.87	遂川县	27.34	6.48	33.82
吉安县	19.29	4.09	23.38	万安县	15.93	4.26	20.19
吉水县	24.40	4.80	29.20	安福县	25.26	5.42	30.68
峡江县	11.64	2.38	14.02	永新县	19.80	4.26	24.06
新干县	11.14	2.25	13.39	全市	227.54	49.50	277.04

第八节　水　环　境

赣江吉安段在万安县涧田乡良口入境，纵贯市区中部，流经万安、泰和、吉安、青原、吉州、吉水、峡江、新干等县（区），在新干县三湖镇蒋家出境，境内河段长达264千米，布设水质监测断面21个。根据《地表水环境质量标准》（GB 3838—2002），采用单因子评价法进行水质评价，对赣江（吉安境内）、遂川江、蜀水、孤江、禾水及乌江等主要河流进行水质评价。根据所监测数据，2000年以来，各主要江河水质总体良好，基本维持在Ⅱ～Ⅲ类。

2008年起，对13个县（市、区）主要供水水源地的水质监测成果表明，水质均达到合格；市、县（市、区）界水体18个监测断面的水质监测成果表明，均优于Ⅲ类水标准。

2010年，对全市5座大型水库和41座中型水库进行普查，水质基本较好。部分水库由于水产养殖造成总磷、总氮超标。水质优于或达到Ⅲ类标准的占52.2%，劣于Ⅲ类水的占47.8%；富营养化程度为中度营养化的占52.2%，富营养化程度为富营养化的占47.8%。

2020年，按照单因子评价法进行水质评价，赣江吉安段全年期水质维持在Ⅱ～Ⅲ类。

遂川江：赣江左岸一级支流，主河道长180千米，其中吉安市境内176千米，布设水质监测断面6个，全年期水质优于Ⅲ类水。

蜀水：赣江左岸一级支流，主河道长157千米，布设水质监测断面3个，全年期水质维持在Ⅱ～Ⅲ类水。

孤江：赣江右岸一级支流，主河道长155千米，其中吉安市境内124千米，布设水质监测断面4个，全年期水质维持在Ⅱ～Ⅲ类水。

禾水：赣江左岸一级支流，主河道长256千米，其中吉安市境内183千米，布设水质监测断面8个，全年期水质维持在Ⅱ～Ⅲ类水。

乌江：赣江右岸一级支流，主河道长182千米，其中吉安市境内116千米，布设水质监测断面7个，全年期水质维持在Ⅱ～Ⅲ类水。

第九节　洪涝与干旱

洪涝

吉安市是个多山地区，东南西三面环山，赣江自南向北纵贯全境，赣江及支流的冲积平原形成吉泰盆地，又与广东、福建、浙江的南海、东海靠近。吉安市主要受东南季风和副热带高压气候影响，4—6 月常常是南北气流（即西南暖湿气流与西伯利亚的干寒气流）交汇，形成地面静止锋。静止锋锋面雨持续时间长，又常常南北来回摆动，引发较大范围的洪涝灾害。除此之外，成灾地点、范围、洪水频次，会因暴雨的类型、地形、洪水遭遇叠加等各种因素影响而更为突出。

据统计，从 3—9 月都有可能出现大暴雨，总雨量约占年雨量的 68.3%，故称之为汛期。尤其以 4—6 月为最多，约占年雨量的一半，称之为主汛期。24 小时最大暴雨一般为 150～250 毫米，以吉安县永和镇田段站 2020 年 7 月 9 日 464.5 毫米为最大，连续三日大暴雨一般为 250～350 毫米，以泰和县水槎乡中王站 1996 年 8 月 1—3 日 551.9 毫米为最大。4—6 月多为地面静止锋型暴雨，降雨范围大，持续时间长，容易形成大面积的洪涝灾害。8—9 月都是台风型暴雨。强度大、历时短、范围小。赣江及五大支流在汛期，水位起伏频繁、变幅很大，经常会发生赣江洪峰与支流洪峰叠加现象。若暴雨中心在赣州和吉安市南部反复移动，洪峰叠加和洪峰延时加长更为严重。在峡江县巴邱镇上游，两岸高山，河面狭窄，洪水宣泄不畅，加大洪涝灾害程度。

干旱

旱灾是吉安市主要灾害之一，它具有空间广泛性和时间上的多发性，一次旱灾往往殃及数十县，所谓水灾一线，旱灾一片。旱灾出现有明显的季节性，7—9 月主要受副热带高压脊控制，日照强，气温高，蒸发量大，降水量少，常造成伏旱，甚至伏秋连旱。旱期较短有 20～30 天，一般 40～60 天，伏秋连旱可达 80～90 天，有时个别地方甚至超过 100 天。如 1963 年、1966 年、1968 年、1978 年、1983 年、1988 年都出现了伏秋连旱，旱期超过 90 天，尤其是 1963 年和 1978 年旱期高达 110 天，历史罕见。全市有时也有春旱和冬旱，造成的危害相对较小。全市也出现过夏涝秋旱现象，如 1968 年就是先大涝、后大旱，6 月 26 日吉安站出现了历史第二大洪水（水位为 53.84 米，流量为 18800 立方米/秒，警戒水位持续时间为 152 小时），7 月 11 日后近百日无雨，又遭大旱。中华人民共和国成立以来所出现较典型的旱情年份主要有 1963 年、1978 年、1986 年、1998 年、2003 年、2007 年和 2019 年。

干旱指数是反映各地气候干湿程度的指标，它是蒸发能力与降水量的比值（蒸发能力为 E601 蒸发量）。当干旱指数大于 1 时，该地区蒸发能力超过降水量，偏于干旱；当干旱指数小于 1 时，该地区蒸发能力小于降水量，气候较为湿润。

通过对 7—9 月干旱程度的分析研究，7—9 月干旱指数，大部分区域为 0.66～1.53，最大是泰和站（7 月为 1.53）和吉安站（7 月为 1.46），即 7—9 月易出现干旱现象。

全市各站多年平均干旱指数均小于 0.7，全市均属湿润地区。各地的干旱指数大部分区域为 0.4～0.6。全市多年平均干旱指数为 0.5，以万安县 0.61 为最高，以井冈山市 0.39 为最低。总趋势是山区小于丘陵，丘陵又小于盆地、平原，符合影响干旱指数相关要素的地区分布规律。

全市 1980—2005 年多年平均干旱指数比 1956—1979 年系统性偏小，它与水面蒸发量密切相关，水面蒸发量受观测场地、仪器的安装和仪器的材料、质量以及观测方法的影响，因此多年平均年干旱指数也系统偏小。

吉安市 7—9 月的气候，主要受太平洋副高压的控制，气温高，蒸发量大，降水量少，又是农作物的灌溉季节，因此对 7—9 月干旱程度的分析研究十分必要。7—9 月多年平均干旱指数的地区分布：全市除井冈山和滁洲两站外，其他各站均大于 0.66。7—9 月干旱指数，井冈山和滁洲两站为 0.36～0.49，其他各站为 0.66～1.53，最大是泰和站（7 月为 1.53）和吉安站（7 月为 1.46），即 7—9 月易出现干旱现象。总趋势是中部平原盆地大于四周山区。

第四章　水　旱　灾　害

第一节　洪　水　灾　害

吉安市以山区和丘陵为主，流域坡降大，植被良好，表土松散肥沃，同时雨量充沛，是暴雨山洪及地质灾害的多发区。据资料统计，自中华人民共和国成立以来，全市发生大范围严重洪涝灾害的年份有 15 年，占总年数的 21%。其中比较典型的有 1962 年、1968 年、1982 年、1994 年、2010 年和 2019 年暴雨洪水，不同程度的局部洪涝和暴雨山洪几乎年年都有发生。

1962 年暴雨洪水

1962 年 5 月下旬至 6 月下旬，全区先后发生了 3 次接踵而来且一次比一次更大的洪水。

第一次暴雨洪水降水主要集中在 5 月 26—27 日，主要雨区位于本区的东部、西部和北部地区，泰和以上的南部地区雨量偏小。本次暴雨日雨量最大为莲花县高州站 122 毫米，两日雨量最大为新田站 181 毫米。受降水影响，赣江峡江、禾水上沙兰、泸水赛塘、孤江渡头、乌江新田等站均出现了超过警戒水位的大洪水。其中赛塘和新田站洪峰水位分别超过警戒水位 1.92 米和 2.29 米，均为建站以来第四大洪水。

第二次暴雨洪水降水主要集中在 6 月 16—20 日，其中 16 日最大最集中。暴雨笼罩范围扩大到整个赣江的中上游区，暴雨中心在赣州地区的会昌一带。全区平均三日最大雨量达 143 毫米，5 日最大雨量达 196 毫米。本次暴雨日雨量最大为吉安县赛塘站 132 毫米，连续三日最大雨量为鹤洲站 263 毫米。受降水影响，全区主要河流控制站均出现超警戒水位，赣江栋背站水位 70.42 米，超过警戒水位 2.12 米，洪峰流量 12500 立方米/秒；吉安站水位 53.04 米，超警戒水位 2.54 米，洪峰流量 15100 立方米/秒；峡江站水位 44.42 米，超警戒水位 2.92 米，洪峰流量 17400 立方米/秒；其他主要支流控制站分别出现了超过警戒水位 0.42～1.68 米的洪水，警戒水位以上洪水持续时间栋背 88 小时、吉安 112 小时、峡江 146 小时、上沙兰 46 小时、赛塘 43 小时、夏溪 48 小时。其中峡江站为建站以来第三大洪水，鹤洲站为建站以来最大洪水。

第三次暴雨洪水降水主要集中在 6 月 22—27 日，其中 26 日和 27 日暴雨量最大最集中。暴雨范围涉及吉、赣两地市，暴雨中心位于上游的石城、瑞金一带，全区以莲花、吉水较大。暴雨强度与第二次洪水接近。全区三日最大暴雨量为 131 毫米，连续五日最大暴雨量为 176 毫米。最大日雨量、最大三日降雨量均为莲花县千坊站，降雨量分别为 135 毫米和 219 毫米。

由于第二次洪水尚未退落，土壤已经饱和，江河底水偏高，使这次洪水显得峰高量大，水势凶猛。赣江栋背站水位 70.65 米，超警戒水位 2.35 米，洪峰流量 13200 立方米/秒；吉安站水位 54.05 米，超警戒水位 3.55 米，洪峰流量 19600 立方米/秒；峡江站水位 44.93 米，超警戒水位 3.43 米，洪峰流量 19100 立方米/秒；禾水上沙兰、泸水赛塘、乌江新田站水位分别超警戒水位 2.81 米、2.95 米和 1.24 米，洪峰流量分别为 3300 立方米/秒、2660 立方米/秒和 1720 立方米/秒。警戒水位以上洪水持续时间栋背 172 小时、吉安 176 小时、峡江 192 小时、上沙兰 49 小时、赛塘

40 小时、新田 36 小时。本次洪水，吉安、峡江、赛塘站为建站以来最大洪水。

第一次洪水全区有 10 个县（市）受灾，永丰、安福、吉水三县受灾严重。恩江、八江、丁江、乌江及浒坑、钱山一带被洪水猛烈冲击，以致决堤倒堤，冲倒冲毁很多房屋、农田等。本次洪水，受灾大队 1431 个，受灾人口 36.1 万人，受淹农田面积 74.58 万亩，冲坏水利工程 5048 座，圩堤决堤 1080 处，倒塌房屋 1475 间，死亡 33 人。

第二次洪水全区 14 个县（市）全部受灾，泰和、吉安、吉水、峡江、新干五县受灾严重。吉安地区东部、西部、中部雨量大，局部山洪暴发，加之赣江上游洪水猛烈下泄，以致赣江及蜀水、禾水、泸水、孤江、乌江、同江等支流水位急剧上涨，上起泰和，下至新干沿江 125 千米堤防普遍告急，许多村庄被洪水围困，受淹耕地达 110 余万亩。特别是新干县赣东大堤张家渡段于 6 月 20 日溃决 120 余米，从石中桥至永太（纵约 7.5 千米）一带，全部村庄、农田被淹，损失惨重，整个在三湖区几乎全部淹没，水漫接近屋顶。本次洪水，受灾大队 3097 个，受灾人口 94.2 万人，受淹农田面积 133.5 万亩，冲坏水利工程 1007 座，圩堤决堤 136 处，倒塌房屋 11758 间，死亡 84 人。

在第二次洪水尚未退落，渍涝尚未完全排除，沿江圩堤和各地水库塘坝尚来不及修复的情况下，紧接着又出现了第三次洪水。赣江吉安、峡江站洪峰创建站以来最高纪录，沿江滨河一带洪水泛滥。万安县城内外一片汪洋，老街可行船；泰和县城浸在水中；遂川县城水深 1.5 米；市城区被赣江、禾水洪水包围，沿河大堤多处冲毁，部分街道被淹，平地水深 2～3 米；禾埠大堤也于 6 月 28 日漫决，大量洪水涌进市城区，中山路水深 2.5 米；新干张家渡决堤，有 8 个村庄全部冲毁。当时交通阻断，电信出险，水围群众四处呼救。

由于三次洪水接踵而来，尤为第三次洪水期间，正是早稻杨花灌浆，棉花结蕾孕包，红薯、芝麻、花生、西瓜等各种作物发育成长的关键时刻，受灾减产十分严重。据不完全统计，这三次水灾全区受灾计 356 个公社（占总数的 77.9%），18903 个生产队（占总数的 58.3%），灾民近 25 万户（占总数的 47.2%），超过 111 万人。受淹耕地（按单位面积一次受灾统计）约达 151.7 万亩（占当时总耕地的 24.1%）。其中无收 77.4 万亩。淹死 119 人，伤 215 人。冲倒冲坏各种水利工程 24831 座（条），桥梁 5280 座，毁坏公路路基、路面 365 千米，倒塌住房 4938 栋，损失耕牛 214 头，猪 1049 头，农具 22209 件，商品粮、口粮、种谷 719 万斤，食油 1.9 万余斤，木材 28662 立方米，毛竹 20 多万根。此外在电信器材、航运设备以及各种日用商品、生产生活资料等方面的损失也十分严重。

1968 年暴雨洪水

1968 年 6 月中旬和下旬，全区先后出现了两次暴雨洪水。暴雨笼罩面积为赣江中、上游，大暴雨带在北纬 26°～27°，尤以宁都附近更大。

第一次暴雨洪水降雨从 6 月 14—20 日，吉安地区暴雨主要集中在 6 月 15—17 日，全区平均一日和连续三日、五日最大雨量分别为 61 毫米、107 毫米和 178 毫米。一日最大于 100 毫米的有洋溪、夏溪等 11 站，最大为洋溪的 144 毫米。连续三日量大于 200 毫米的有滁洲等 4 站。由于赣江中上游普遍出现暴雨，致使江河水位急剧上涨。栋背站水位 70.32 米，超警戒水位 2.02 米，洪峰流量 12100 立方米/秒；吉安站水位 52.51 米，超警戒水位 2.01 米，洪峰流量 13500 立方米/秒；峡江站水位 43.60 米，超警戒水位 2.10 米，洪峰流量 15000 立方米/秒。警戒水位以上洪水持续时间：栋背 98 小时，吉安 98 小时，峡江 116 小时。

第二次暴雨洪水主要在赣江中上游区。吉安地区暴雨主要集中在 6 月 21—25 日。全区平均最大一日、三日、五日雨量分别为 44 毫米、97 毫米和 124 毫米。日雨量大于 100 毫米有沙溪、白沙站，三日雨量大于 200 毫米有沙溪站，为 213 毫米。本次洪水全区雨量并不很大，但因经过前次洪水，各河底水高，同时赣江上游洪水猛烈下泄，并与各支流洪峰同时在赣江遭遇，所以赣江仍显峰

高量大。栋背站水位 70.96 米，超警戒水位 2.66 米，洪峰流量 13900 立方米/秒；吉安站水位 53.84 米，超警戒水位 3.34 米，洪峰流量 18600 立方米/秒；峡江站达 44.91 米，超过警戒水位 3.41 米，洪峰流量 19700 立方米/秒。新干站水位 39.81 米，为建站以来最大，吉安、峡江站为第二，棉津、栋背站为第三。警戒水位以上洪水持续时间：栋背 136 小时，吉安 152 小时，峡江 172 小时。

据不完全统计，本次暴雨洪水，全区农田受淹面积达 113.9 万亩。其中：水稻 95.5 万亩，包括无收 31.2 万亩，减产五成以上达 23.6 万亩；棉花 6.7 万亩，有 5.5 万亩无收；其他作物无收的有 5.7 万亩。受淹乡 223 个，生产队 9115 个，计 96742 户，达 40.9 万人。毁坏农田 2.4 万亩，公路桥 407 座，冲坏公路 48 千米，受淹公路达 267 千米。损坏水库 293 座，圩堤 12150 米，水轮泵站 71 座，排灌站 97 座。倒塌住房 3937 间，死亡 48 人，家畜 381 头，损失木材 5332 立方米，毛竹 8 万多根，损失粮食 19.5 万斤。

1982 年暴雨洪水

1982 年 6 月暴雨过程有两大特点：其一，暴雨沿吉安地区中部及北部呈东西带状，南北范围狭窄（即集中在北纬 27°附近约 100 千米范围内），且以东西两端雨量最大。东部暴雨中心位于永丰至抚州的乐安一带，次降雨量在 450 毫米以上，最大为乐安的寨头达 533 毫米。西部暴雨中心位于吉安地区井冈山、永新、莲花三县交界处一带，次降雨量在 500 毫米以上，其中莲花的介化垄和永新的沙市分别达 640 毫米和 639 毫米。暴雨带的南北两侧雨量迅速递减，如泰和县一般均在 200 毫米左右，遂川、万安等地大部分地区均在 100 毫米以下，而赣州地区的西南部，少数站不足 10 毫米。其二暴雨持续时间长，强度大。6 月 11 日开始降雨，6 月 13 日中部和西部地区普遍下了大到暴雨，永新的沙市和花溪日雨量分别达 141 毫米和 101 毫米，禾水首先开始猛涨。此后连续 5 天，全区暴雨连续不断，西部还出现特大暴雨。持续 6 天之久的全区性大到暴雨过程，中华人民共和国成立后尚属罕见。据统计，这次暴雨过程日雨量大于 100 毫米的有安福等 23 站，占统计站数的 82%，其中安福县城多达 214 毫米。连续三日最大雨量大于 200 毫米的有界化垄等 14 站，占统计站数的一半。其中界化垄多达 421 毫米。次洪水暴雨总量达 400 毫米以上的有界化垄、沙市等 13 站，占统计站数的 46%。除南部的万安、遂川、泰和、井冈山较少外，其他各县均超过历史同期纪录。其中永新、莲花雨量分别为历史同期雨量的 5.1 倍和 4.8 倍。而雨量又主要集中在 13—18 日这 6 天内。特别是 6 月 17—18 日两天，井冈山、永新、莲花三先后出现特大暴雨。永新丰源水库三小时雨量达 136.7 毫米。井冈山白竹园 17 日 3 时至 18 日 3 时 24 小时雨量达 344.8 毫米，莲花县三板桥 18 日雨量达 273 毫米，其中 8—11 时半短短三个半小时雨量多达 171 毫米，相当于莲花县正常年 6 月雨量的 70%。

由于暴雨量大而且高度集中，加之 6 月上旬全区已降了大雨，前期土壤基本饱和，降雨几乎全部形成径流和积水，致使禾水、泸水、乌江、同江等支流水位急剧上涨。并迅速超过警戒水位。禾水上沙兰站水位 62.58 米，超警戒水位 3.08 米，洪峰流量达 4400 立方米/秒；乌江新田站原断面水位 56.44 米，超警戒水位 2.44 米，洪峰流量 3280 立方米/秒；泸水赛塘站原断面水位 64.21 米，超警戒水位 2.21 米，洪峰流量 3040 立方米/秒。警戒水位以上洪水持续上沙兰 156 小时、新田 102 小时、赛塘 124 小时。同时赣江吉安、峡江、新干等站也出现了超过警戒水位 2 米以上的洪水。本次洪水，永新、上沙兰站为建站以来的最大洪水，新干、新田、彭坊站为建站以来的第二大洪水，赛塘站为建站以来的第三大洪水。

1982 年 6 月中旬的特大暴雨，导致全区大部分地区山洪暴发，洪水泛滥，永新、安福、莲花、永丰、吉水、峡江、新干等县城先后受淹，部分地方受淹水深达 2～3 米。尤以永新县城严重，当时整个县城一片汪洋，交通堵塞，电信中断，商店进水，损失十分惨重。据不完全统计，本次洪水全区农田受淹面积达206万亩，冲毁耕地达15.1万亩，损失粮食1亿零300多万斤。冲坏小(2)型水库9座，圩堤473处（总长93.1千米），塘坝1535座，水陂4615座，水电站57座，机电泵站304座，渠道585千米，渡槽127座。灾民达30万余户，超过154万人，其中有71人死亡，680人受伤，倒塌房屋7726栋，牛栏厕所10万多间，淹死或冲走耕牛859头，生猪5148头，还有大批鱼苗和成鱼被冲走。由于洪水来势凶猛，有的倒房户家产被冲洗一光，有的村庄被冲为平地，当时全区有8万人无家可归。另外，这次水灾给工业战线造成的损失430多万元，粮食、商业等部门经济损失740多万元，畜牧水产系统损失2080多万元，社队企业损失700多万元，冲走国家木材15900多立方米。

1994年暴雨洪水

1994年6月中旬，因受中层切变线和地面静止峰的共同影响。吉安地区出现了一次全区性暴雨洪水过程。这次降雨的主要特点是：雨量多、强度大、笼罩面广、持续时间长，自6月21日开始，全市大部分地区出现了大到暴雨，局部大暴雨，13日雨强继续加大。北部地区出现大暴雨，13日峡江县城日雨量多达186毫米，吉安县鹤洲站也达178毫米；14—17日，大范围降水持续不断，暴雨笼罩面也自北向南一直延伸到赣江上游的赣州地区全境。据统计，自6月12—17日，全区平均降水量235毫米，以新干、峡江两县大部，安福、吉安两县北部降雨最集中。总量均在300毫米以上，最多的峡江县城418毫米，其次是新干县城的397毫米，降雨较少的南部地区也都在150毫米以上。这样长时间大强度大范围的持续暴雨过程，在吉安地区历史上也属少见。

受持续暴雨影响，赣江及各主要支流控制站的水位自6月13日开始急剧猛涨，并且先后全部超过警戒水位，赣江栋背站水位70.11米、超警戒水位1.81米，洪峰流量11700立方米/秒；吉安站水位53.32米、超警戒水位2.82米，洪峰流量17300立方米/秒；峡江站水位44.04米、超警戒水位2.54米，洪峰流量17900立方米/秒。禾水上沙兰、泸水赛塘、乌江新田三大主要支流控制站洪峰水位分别为61.14米、63.59米和54.99米，分别超警戒水位2.14米、1.59米和0.99米，洪峰流量分别为2670立方米/秒、2440立方米/秒和2060立方米/秒。警戒水位以上洪水持续栋背191小时、吉安191小时和峡江232小时，上沙兰、赛塘、新田三站分别长达99小时、78小时和54小时，这种情况在吉安地区历史上也是不多见的，本次洪水，赣江吉安、新干站为建站以来第三大洪水，峡江站为建站以来第四大洪水，同江鹤洲站为第二大洪水。

本次洪水，全区受灾乡镇242个，受灾人口194.8万人，受淹农田214万亩，直接经济损失超过10亿元。

2010年暴雨洪水

2010年6月，受北方冷空气和西南暖湿气流影响，吉安市发生了大范围持续暴雨洪水过程，暴雨强度之大，覆盖范围之广。据实测水文资料统计，自6月17—25日，全市平均降水量达312毫米，比正常年6月的总降水量还多33%，其中泰和、安福、吉安、吉州、青原、吉水、永丰等7个县（区）的降水量比正常年6月的总降水量还多42%～68%不等。全市13个县（市、区）有108个乡（镇）的降水量超过300毫米，处于暴雨中心的永丰、吉水、青原、安福、永新、井冈山等6个县（市、区）有28个乡（镇）的降水量超过400毫米，最大为永丰县城达491毫米，相当于该站正常年6月份总降水量的1.9倍，实为历史罕见。

受强降水和万安水库调洪影响（万安水库6月18日9时最大下泄流量8000立方米/秒），各主要河流先后多次出现超警戒水位以上洪水。乌江新田站19日12时和21日11时洪峰水位分别超警戒水位0.36米和3.19米，其中21日洪峰水位56.69米，为1953年建站以来最大洪水，比1982年历史最大洪水还高0.50米，经频率计算，乌江新田站6月21日洪水为超50年一遇特大洪水。泸水赛塘站19日7时30分、20日23时和25日7时洪峰水位分别超警戒水位1.02米、0.44米和1.79米。禾水上沙兰站19日10时30分、21日8时、24日7时和25日15时洪峰水位分别超警戒水位0.12米、1.50米、0.83米和0.95米。禾水永新站20日17时和25日6时洪峰水位分别超警戒水位1.03米和0.42米。同江鹤洲站19日3时、20日15时和24日21时洪峰水位分别超警戒水位0.37米、0.57米和2.11米。蜀水林坑站18日19时、19日11时、20日19时、23日6时和23日23时洪峰水位分别超警戒水位2.07米、0.49米、1.18米、0.18米和0.75米。赣江栋背站18日19时30分、21日0时、23日18时和26日18时洪峰水位分别超警戒水位0.45米、0.37米、0.69米和0.55米；泰和站19日4时、21日2时、24日3时和27日4时洪峰水位分别超警戒水位0.84米、0.80米、1.11米和0.50米；吉安站19日20时、21日11时和24日22时洪峰水位分别超警戒水位1.73米、2.64米和2.05米，其中21日11时洪峰水位达53.14米，洪峰流量16200立方米/秒，为建站以来第五大洪水；吉水站21日15时洪峰水位51.28米，超警戒水位4.28米，仅比历史最高水位（1962年6月29日水位51.52米）低0.24米；峡江站21日22时和25日14时洪峰水位分别超警戒水位2.55米和2.09米，其中21日22时的洪峰水位达44.05米，相应洪峰流量15700立方米/秒，为建站以来第三大洪水；新干水位站21日23时和25日17时洪峰水位分别超警戒水位1.80米和1.36米。其中21日23时的洪峰水位达39.30米，为建站以来第四大洪水。

2010年暴雨洪水，造成永丰、吉水两县城受淹，吉水县城内涝最大水深达1.3米，永丰八江镇街上水深1.3m左右，吉水丁江镇老街上水深有1.0m左右，吉水乌江镇老街区淹没深度最大达2.8m深；受灾人口21万余人，农作物受灾面积27.7万亩，倒塌民房530余间，万亩圩堤七都堤、八江堤决口10处长638米，万亩以下圩堤决口45处长1.7千米，冲毁大小渠道上千处总长约22.12千米，冲毁塘坝23座，冲毁水陂224座，损坏各类灌溉设施280余处，损坏水电站2座，造成直接经济损失达1.64亿元。吉州区受灾人口67241人，农作物受灾面积5975公顷，倒塌房屋1165间，曲濑镇长乐堤泸水水位差0.5m左右漫堤，长明村委会内涝较为严重，禾埠乡王家村委会受禾泸水涨水及赣江水顶托影响，洪水浸泡近10天，最深4.5米，直接经济损失3.6892亿元。青原区受灾人口113004人，农作物受灾面积59200公顷，倒塌房屋1082间，冲毁塘坝6座，损坏堤防8处长25.56千米，停产工矿企业29家，直接经济损失2.9936亿元。吉安县受灾人口20.52万人，倒塌房屋共计1680间，部分小流域山洪暴发，山洪冲毁、淹没了大量的农田和农作物，洪灾直接经济损失2.8564亿元。峡江县受灾人口9.74万人，农作物受灾面积1.64万公顷，绝收2472.4公顷，倒塌住房257间，农村公路、桥梁、电力、通信、水利等设施损毁严重，直接经济损失达8.72亿元。永新县受淹乡镇23个，受灾人口20.52万人，倒塌房屋1558间，农作物受灾面积达6596公顷，毁坏护堤94座，损坏水闸10座，冲毁塘坝17座，造成交通、供电、通信中断，直接经济损失达0.8645亿元。

据不完全统计，全市有128个乡镇受淹，157.6万人受灾，紧急转移安置受灾群众27.4万人次；农作物受灾面积13.6万公顷，绝收3.85万公顷，毁坏耕地2622.6公顷，倒塌房屋11356间，农村公路、桥梁、电力、通信、水利等设施损毁严重。直接经济损失达31.99亿元，其中农业经济损失14.16亿元。

2018年蜀水特大洪水

受西风槽和第4号台风“艾云尼”外围环流共同影响，6月7日，遂川、井冈山出现强降雨，暴雨中心位于遂川县的五斗江、大坑、新江、衙前等四乡镇，平均降水量分别为284毫米、234毫米、229毫米、200毫米。短历时最大降雨集中在五斗江乡境内，以庄坑站雨量为最大，6小时雨量120毫米，12小时雨量193毫米，24小时雨量227毫米。受其影响，蜀水林坑站水位猛涨，18小时水位涨幅达6.91米。6月8日7时30分，蜀水林坑站洪峰水位90.95米，为本站设站以来的最大洪水，超警戒水位 4.45 米，超本站记录洪水位 1.63 米（历史实测最高水位 89.32 米，2002 年 6 月 16 日），仅次于 1884 年的调查洪水 91.23 米，是 1884 年以来的一次特大洪水，洪峰流量 1930 立方米/秒，经频率计算，蜀水林坑站 6 月 8 日洪水为超 50 年一遇的特大洪水。受持续降雨影响，9 日 7 时林坑站水位复涨，16 时 15 分洪峰水位 87.48 米，超警戒水位 0.98 米，洪峰流量 772 立方米每秒，涨幅 1.05 米。

蜀水支流大旺水新江站（中小河流水文站）6 月 7 日洪峰水位 178.14 米，比设站时调查历年最高水位 175.10 米高出 3.04 米。

本次洪水，蜀水林坑站水文测桥及自记水位计房（缆道房）被淹 1 米多，测桥及缆道测流机电被冲毁。堎尾水位站自记水位计房被淹，水位观测仪器被毁。新江水文站遥测雷达波测流缆索被冲垮，观测码头及河岸护坡被冲毁。蜀水沿江两岸 103 个村庄受淹，通信、电力、交通中断，损失严重。

降雨及洪水过程造成 29.6 万人受灾，受灾严重地区主要集中在万安、泰和、遂川、永丰、青原等地。因灾死亡 3 人（其中泰和县苏溪镇大江大河洪水死亡 1 人，万安县沙坪镇暴雨山洪死亡 2 人），紧急转移人口 5.05 万人，倒塌房屋 1849 间，直接经济损失达 7.67 亿元。

2019 年暴雨洪水

受高空槽、低层切变线、西南急流共同影响，2019 年 6 月 6 日 13 时至 10 日 8 时，全市出现暴雨过程，局部大暴雨。大暴雨中心主要集中在中西部的安福县、永新县、吉安县、吉州区、青原区至吉水县、永丰县一带。全市平均降雨量 216 毫米，比多年同期均值（25.2 毫米）偏多 756%。降雨最多的是吉州区 406 毫米，比多年均值（23.5 毫米）偏多 1630%，降雨最少的是遂川县 80.2 毫米，比多年均值（26.1 毫米）偏多 206%。点最大降雨为吉安县官田乡梅花站 518 毫米，其次为永新县怀忠镇泉塘站 484 毫米，第三为吉州区罗湖站 471 毫米。全市共有 422 站超过 200 毫米，笼罩面积 14000 平方千米，其中 7 县（区）135 站超过 300 毫米，笼罩面积 4890 平方千米；6 县（区）26 站超过 400 毫米，笼罩面积 740 平方千米。

受强降雨影响，除遂川江外，赣江及其他主要支流控制站水位均超警戒水位。赣江吉安站 6 月 10 日 11 时 50 分洪峰水位 53.21 米，超警戒水位 2.71 米，为 1995 年以来最大洪水，历史排位第四；吉水站 10 日 12 时 15 分洪峰水位 50.49 米，超警戒水位 2.49 米；峡江站 10 日 18 时 5 分洪峰水位 43.55 米，超警戒水位 2.05 米；新干站 10 日 22 时 25 分洪峰水位 37.84 米，超警戒水位 0.34 米。孤江白沙站 9 日 22 时洪峰水位 89.97 米，超警戒水位 1.97 米，为 2003 年以来最大洪水，历史排位第二。乌江新田站 10 日 0 时洪峰水位 55.94 米，超警戒水位 2.44 米，为 2011 年以来最大洪水，历史排位第五。泸水赛塘站 10 日 5 时 35 分洪峰水位 67.45 米，超警戒水位 2.45 米，为 1963 年以来最大洪水，历史排位第二。禾水上沙兰站 10 日 5 时 55 分洪峰水位 61.50 米，超警戒水位 2 米；永新站 9 日 17 时 20 分洪峰水位 113.55 米，超警戒水位 1.05 米。同江鹤洲站 9 日 18 时 45 分洪峰水位 48.05 米，超警戒水位 0.55 米。蜀水林坑站 9 日 17 时 10 分洪峰水位 87.54 米，超警戒水位 1.04 米。洲湖水彭坊站 9 日 14 时 10 分洪峰水位 46.93 米，超历史纪录 0.15 米（1982 年 6 月 18 日 46.78 米）。暴雨区内中小河流水位涨幅最高为藤田水冠山站，达 5.68 米。

7 日 3 时至 9 日 23 时全市普降暴雨，局部大暴雨，降雨过程由北向南逐步扩散，大暴雨中心主要集中在西部和北部。全市平均降雨量 171 毫米，其中永新县 244 毫米最大，峡江县 236 毫米次之，安福县 233 毫米第三。点最大降雨为安福县瓜畲乡神坑水库站 394 毫米，第二为安福县泰山乡金顶站 372 毫米，第三为安福县洋溪镇田心水库站 366 毫米。全市共 814 站降雨量超过 50 毫米，笼罩面积 24619 平方千米，占全市国土面积 98%，其中 9 县（市、区）325 站超过 200 毫米，笼罩面积 9377 平方千米，6 县（市）26 站超过 300 毫米，笼罩面积 699 平方千米。

12日22时至14日23时全市平均降雨量56毫米，暴雨中心主要集中在西部。其中永新县95毫米最大，峡江县77毫米次之，吉安县75毫米第三。点最大降雨为吉水县双山水库站156毫米，第二为永新县澧田镇枫渡水库站146毫米，第三为永新县三湾乡何树坪站133毫米。全市共484站降雨量超过50毫米，笼罩面积14823平方千米，占全市国土面积59%，其中8县（区）60站超过100毫米，笼罩面积1346平方千米。

受7月强降雨影响，全市各主要支流（除遂川江、孤江外）控制站水位均超警戒水位。其中，赣江栋背站、吉安站、吉水站、峡江站各发生1次超警戒水位洪水，禾水永新、上沙兰站出现3次超警戒水位洪水过程，泸水赛塘站、乌江新田站、同江鹤洲站出现2次超警戒水位洪水过程，蜀水林坑站出现1次超警戒水位洪水过程。

7月7—9日暴雨洪水过程：赣江吉安站10日16时30分洪峰水位52.3米，超警戒水位1.8米；吉水站10日16时50分洪峰水位49.44米，超警戒水位1.44米；峡江站10日20时洪峰水位42.9米，超警戒水位1.4米。禾水永新站8日2时洪峰水位113.48米，超警戒水位0.98米，随后在9日3时5分、9日23时20分出现两次复涨，洪峰水位分别为113.0米、113.11米，超警戒水位0.5米、0.61米；禾水上沙兰站8日18时5分洪峰水位60.8米，超警戒水位1.3米，水位稍退后于10日7时复涨至洪峰水位61.6米，超警戒水位2.1米；泸水安福站9日15时25分洪峰水位79.95米，超警戒水位0.95米；赛塘站8日5时50分洪峰水位65.3米，超警戒水位0.3米，随后水位降至警戒水位以下后重新上涨，10日3时洪峰水位67.15米，超警戒水位2.15米。乌江新田站8日10时5分洪峰水位54.41米，超警戒水位0.91米，随后退水至警戒水位以下复涨，10日6时洪峰水位54.49米，超警戒水位0.99米；同江鹤洲站8日1时10分洪峰水位48.74米，超警戒水位1.24米，水位略有下降后重新上涨，9日14时洪峰水位48.69米，超警戒水位1.19米；蜀水林坑站9日22时25分洪峰水位87.67米，超警戒水位1.17米。暴雨区内中小河流水位涨幅最高为吉安县小灌站，达6.7米。

12—14日暴雨洪水过程：受降雨及上游来水共同影响，赣江栋背站15日21时55分，洪峰水位68.71米，超警戒水位0.41米；禾水上沙兰站在经历前一次超警过程后，退水至警戒水位以下出现第三次复涨，14日6时40分洪峰水位59.61米，超警戒水位0.11米。暴雨区内中小河流水位涨幅最高为永新县高桥楼站，达3.93米。

2019年洪水特点：一是持续时间长、影响范围广。集中降雨时间长达5日，两次强降雨过程中，7日3时至9日23时，全市共814站降雨量超过50毫米，笼罩面积24619平方千米，占全市国土面积98%，其中9县（市、区）325站超过200毫米，笼罩面积9377平方千米，6县（市）26站超过300毫米，笼罩面积699平方千米；12日22时至14日23时，全市共484站降雨量超过50毫米，笼罩面积14823平方千米，占全市国土面积59%，其中8县（区）60站超过100毫米，笼罩面积1346平方千米。二是强降雨集中、累计雨量大。两次暴雨过程，降雨集中，累计雨量大。全市平均降雨量分别为171毫米和56毫米，尤其是7日3时至9日23时强降雨过程，降雨过程由北向南逐步扩散，其中永新县244毫米最大，点最大降雨为安福县瓜畲乡神坑水库站394毫米。1小时最大降雨量66毫米，24小时降雨量重现期达65年。三是雨区重叠，时间间隔短。两次强降雨过程时间间隔短，落区重叠，特别是永新、安福等县，仅间隔3日，连续遭遇7日3时至9日23时及12日22时至14日23时两次强降雨过程，累计雨量大，时间短。四是超警河流多、超警次数多。除遂川江外，赣江、蜀水、禾水、泸水、乌江、同江共6河10站超警戒水位，其中禾水、泸水、乌江、同江出现2～3次。此次洪水覆盖面广，超警站数多，超警次数多，多条江河均出现多次复涨现象，在有观测资料记载以来实属罕见。

据不完全统计，孤江流域受灾人数6000余人，倒塌房屋21栋，淹没农田8800余亩，绝收4357亩，冲毁桥梁14座，冲毁水陂28座，冲毁灌溉渠道13000余米，溃坝13座。洲湖水流域安福县 19 个乡镇受灾，受灾人口 117600 余人，倒塌房屋 209 间，农作物受灾面积 10102 公顷，成灾面积 4699 公顷，绝收面积 3048 公顷，交通、通信、供电中断，直接经济损失达 4.0609 亿元。文汇江流域莲花县受灾人口 36149 人，倒塌民房 169 间，农作物受灾面积 1711 公顷，损坏堤防 96 处长度 2.15 千米，冲毁塘坝 72 座，损坏灌溉设施 340 处，冲毁农村公路 38.65 千米，冲毁桥梁 76 座，共造成直接经济损失 1.0856 亿元。

据不完全统计，全市 13 个县（市、区）共 111 万人受灾，紧急转移安置 14.47 万人，农作物受灾面积 81.84 千公顷（其中绝收面积 23.27 千公顷），直接经济损失达 41.68 亿元。

其他部分年份洪水灾害情况

1952 年　7 月 17—18 日，泰和、万安两县东部的缝岭、芦源一带发生罕见的山洪灾害，冲毁房屋 4095 间，受灾人口 2 万人，死亡 38 人，受灾农田近 4 万亩，冲毁水利工程 1152 处。

1958 年　7 月 26 日 2—10 时，降暴雨 204.5 毫米，万安县等 16 个乡（镇）山洪暴发，山洪使泰和、吉安、新干等 5 县受灾，冲毁房屋 863 间，死亡 4 人，受灾农田 70 万亩，冲毁水利上工程 1134 处。

1960 年　8 月 9—12 日，遂川县普降大暴雨，山洪暴发。七岭、戴家铺、黄坳、堆前、大汾等 5 个公社发生泥石流，山上和沿河两岸的房屋全部冲走。本次山洪，受灾村庄 680 个，受灾人口 5.62 万人，冲倒民房 1491 栋，死亡 412 人，受灾农田 16.06 万亩，冲毁水库水陂等 3351 座。

1964 年　6 月中下旬，吉安地区连降暴雨，赣江连续出现 2～3 次洪水，万安棉津水文站出现历史最高水位 80.78 米，超警戒水位 3.28 米；万安栋背水文站出现 71.43 米的历史最高水位，超警戒水位 4.13 米。泰和、吉安、峡江水位均超警戒水位，警戒水位以上持续时间：棉津 89 小时、栋背 262 小时、泰和 242 小时、吉安 226 小时、峡江 222 小时。由于洪水凶猛，万安韶口、泰和万合、吉安白沙圩堤漫堤决口。万安、泰和、吉水、峡江（现巴邱镇）浸水，深 1～3 米。万安 19 个公社、103 个大队、441 个生产队大部分村庄被洪水包围，沿江两岸一片汪洋。永丰恩江堤（江口段）决口。一些中型水库启动设备失灵，大坝出险，渠道崩坍，公路被淹，桥梁冲坏，运输通信中断，汛情紧急。本次洪水，全区有万安、泰和、吉安、吉水、峡江、新干、遂川、永丰、永新、安福等全县受灾，受灾村庄 2774 个，受灾人口 59.32 万人，冲倒民房 4916 间，死亡 28 人，受灾农田 116.11 万亩，冲毁水库水陂等 4308 座、圩堤决口 759 处。

1969 年　8 月 10 日前后，全区从南至北普降大暴雨，赣江吉安和峡江站、禾水上沙兰站、孤江渡头站、乌江新田站、文汇江千坊站均超警戒水位。本次洪水，全区有万安、泰和、吉安、吉水、莲花、永新、永丰等全县受灾，受灾村庄 2843 个，受灾人口 22.82 万人，倒塌房屋（含牛栏厕所）6781 间，死亡 67 人，受灾农田 68.56 万亩，冲毁水库水陂等 1241 座、圩堤决口 551 处。

1970 年　9 月，遂川县普降大暴雨，月降水量最多的为洋淋站 937.3 毫米。本次暴雨，使遂川县 26 个公社中有 24 个公社山洪暴发，受灾村庄 1008 个，受灾人口 4.84 万人，倒塌房屋 890 间，死亡 8 人，受灾农田 7.34 万亩，冲毁水利工程 386 座。

1975 年　5 月中下旬，全区从北到南普降大到暴雨，赣江各站、禾水上沙兰站、乌江新田站均超警戒水位。本次洪水，全区有 12 个县受灾，受灾村庄 2869 个，受灾人口 20 万人，倒塌房屋 1059 间，死亡 5 人，受灾农田 49.6 万亩，绝收 19 万亩，冲毁水利工程 102 座。

1976 年　7 月 9 日，原宁冈县降暴雨 310 毫米，山洪暴发，龙江、郑溪两河洪水猛涨，宁冈县城水深 2 米，砻市、古城一片泽国。全县有 10 个公社（镇）69 个大队、453 个生产队、5.35 万人受灾。受灾农田 9.85 万亩，绝收 1.2 万亩，倒塌小水库 3 座，山塘 74 座，水陂 331 座，冲坏水电站 25 座，高压线 12 千米。50%以上灌溉设施遭破坏，85%的电力设施损坏。县城一个多月没有电灯照明，工厂停工，交通、邮电中断。全县损失达 160 万元。

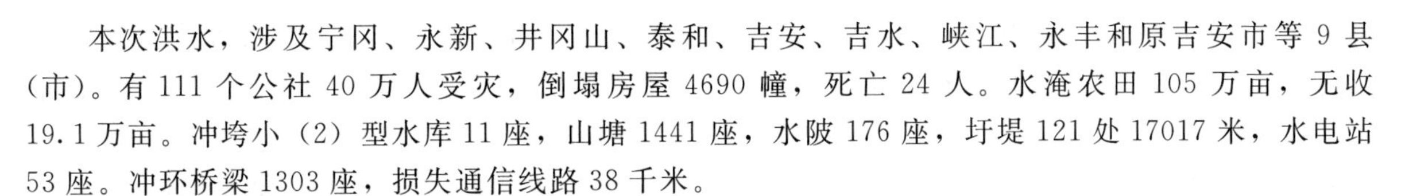

本次洪水，涉及宁冈、永新、井冈山、泰和、吉安、吉水、峡江、永丰和原吉安市等9县（市）。有111个公社40万人受灾，倒塌房屋4690幢，死亡24人。水淹农田105万亩，无收19.1万亩。冲垮小（2）型水库11座，山塘1441座，水陂176座，圩堤121处17017米，水电站53座。冲环桥梁1303座，损失通信线路38千米。

8月10—11日，万安、遂川两县连降暴雨。万安棉津2天降水量182毫米，蕉沅水库107毫米，棉津、社坪、枫林、枧头、柏岩等5个公社山洪暴发。冲毁农田1700亩，水陂167座，圩堤决口21处，冲坏水电站1座。遂川县10日晚上起受13号台风影响，出现大暴雨，巾石、碧州、梅江、珠田、瑶下等5个公社的降水量普遍达120毫米，县城降水量80毫米。共倒塌房屋300幢，死亡3人，冲毁农田1万亩。昌赣、遂碧公路被坏，冲坏桥梁14座，交通中断2天，倒塌山塘27座、水陂454座，电站2座，损坏高压线14千米。

1977年 6月17—21日，全区普降大到暴雨，赣江及其支流出现“端阳水”。洪水刚过，26日至30日，全区又一次降水过程，各江河水位复涨。6月洪水，全区有12个县受灾，受灾村庄5340个，受灾人口49.97万人，倒塌房屋1297间，死亡22人，受灾农田98万亩，冲毁山塘、水陂等水利工程1504座。

1981年 4月上中旬，赣江及遂川江、禾水、乌江涨大水，赣江棉津、泰和、吉安、峡江、新干等水文站超警戒水位0.51～2.07米，禾水上沙兰站超警戒水位2.4米，乌江新田站超警戒水位2.0米，遂川江夏溪站超警戒水位0.41米。本次洪水，全区有12个县受灾，受灾村庄8102个，受灾人口68.2万人，倒塌房屋792间，死亡18人，受灾农田45.92万亩，冲毁山塘、水陂等水利工程177座，圩堤决堤5条1万米。

1989年 6月28日至7月3日，全区大范围内连降大到暴雨，赣江泰和站、蜀水林坑站、孤江木口站、禾水上沙兰站、泸水赛塘站、乌江新田站、同江鹤洲站均超警戒水位。本次洪水，全区13个县（市）受灾，受灾人口70.4万人，倒塌房屋3208间，死亡9人，受灾农田122.36万亩，冲坏堤防272处，新干县江子口万亩圩堤溃决。

2002年 6月中下旬至7月初，全市连续两次普降大暴雨，部分地区降大暴雨或特大暴雨。赣江及五大支流水位全部超警戒水位，其中孤江、蜀水发生了超历史洪水（蜀水2018年水位再创新高）。9月份遂川发生强降雨，造成山体滑坡，10月底，出现历史上罕见的秋汛，造成严重的洪涝灾害。全市13个县（市、区）的227个乡、269.68万人受灾，倒塌房屋30916间，死亡59人，受灾农田380万亩，绝收114万亩，冲毁塘坝1984座，55座水库和175.09千米堤防不同程度受损。

第二节 干 旱 灾 害

中华人民共和国成立以来所出现较典型的旱情年份主要有1963年、1978年、1986年、1998年、2003年、2007年和2019年。

1963年旱情

1963年旱情是从1962年秋季开始的，一直持续到1963年10月，历时10多个月。1962年7—9月，全区降水量比历年同期平均降水量减少44%。1963年全区平均年降水量1037.3毫米，比多年平均降水量1570.8毫米偏少34.0%。年降水量之少列1951年以来（近70年来）之首，而万安、永新、吉安、峡江等县降水更少，均为860～900毫米，即比正常年偏少38%～43%。夏秋降水分布看：4—6月全区平均降水量只有361毫米，比正常年同期少308毫米，偏少46%，夏季降水之少也居历年之首；7—9月全区平均降水量218毫米，比正常年同期少144毫米，偏少40%，秋季降水之少列1967年以来（近55年来）第二位，仅比历史最少的1998年同期多17毫米。其中万安、井冈山、吉安、吉水、峡江、新干等县降水更少，这些县均比正常年同期降水偏少135～215毫米不等，即偏少46%～68%。

1963年由于降水特少，江河水位严重偏低，赣江各站年最高水位比各自警戒水位低3.1～5.23米不等，各主要支流控制站也比各自警戒水位低1.18～2.69米不等。鹤洲站出现历史最低水位，上沙兰站最低水位为建站以来第2位，其他站比历史最低水位略偏高。上沙兰、新田站出现历史最小流量，赛塘站最小流量为建站以来第2位，其他站比历年最小流量略偏大。全区年径流量62.4亿立方米，比正常年少137.2亿立方米，偏少69%。

1963年由于连续10个月降水一直显著偏少，加之1962年秋冬干旱，大部分地区出现了历史上罕见的春旱、夏旱和接踵而来的秋旱，尤其在水稻播种、插秧、孕穗结实的几个关键时期，降水更少，水库干涸，山泉断流，万安、永新、泰和和吉安等县的许多地方连人畜饮用水都十分困难，受旱面积之大，干旱时间之长，旱情之严重是近60多年来所没有过的。据了解，1963年因旱导致同江吉安县油田河段、沂江峡江县水边河段9月出现断流，全区农田受灾面积达428万多亩，占当时总耕地面积的66.6%。其中仅粮食作物一项减产八成以上乃至无收的特重灾147.3万亩，重灾90.7万亩，轻灾92.9万亩；减产粮食4.42亿斤，占计划产量的27.2%；成灾生产队21600多个，其中特重灾队2500多个，重灾队8700多个，轻灾队10400多个；成灾人口近144万，其中特重灾16万多人，重灾57万多人，轻灾10.7万多人，有少数生产队几乎全年无收。另外，严重的旱情也给工业及其他国民经济部门造成了严重损失。

1978年旱情

1978年自4月份开始有偏旱现象，而真正的干旱期是从6月开始，并一直持续到年底，历时7个多月。全区年平均降水量为1178.2毫米，比正常年少392.6毫米，偏少25.0%，仅比历史最少年降水量的1963年多140.9毫米。其中泰和、安福、莲花、吉水、新干等县比正常年少430～660毫米不等，即偏少30%～43%不等。4—6月全区平均降水量533毫米，比正常年同期降水少136毫米，偏少20%，其中安福、吉水、永丰、峡江、新干等县比正常年少216～334毫米，即偏少30%～45%不等；7—9月全区平均降水量223毫米，比正常年同期降水少139毫米，偏少78%，比历史最少的1956年只多38毫米，比大旱的1963年只多5毫米，其中万安、泰和、安福、吉安、吉水、新干等县比正常年同期少123～189毫米不等，即偏少42%～66%。

受降水偏少影响，大部分河流水位偏枯，除泰和以上南部地区有少数站年最高水位略高于警戒水位外，其他河流年最高水位均低于警戒水位0.80～1.76米不等。赣江各站及泸水赛塘站年最低水位高于历史最低水位0.70～1.24米，其他各站均接近历年最低水位。全区年径流量为132.8亿立方米，比正常年少66.8亿立方米，即偏少33%。

1978年的干旱发生在早稻抽穗扬花期。来势猛、范围广、气温高、持续时间长，是1963年以来的最大一次旱灾。全区农田受旱面积达390多万亩，占当时总耕地面积的67%，其中早稻受旱面积达240多万亩，占实种面积的一半多。自8月中旬起，许多塘库干涸，溪水断流，相当部分村庄人畜饮用水都很困难，致使晚秋作物再次受旱达150多万亩，其中二晚有122万亩基本无收。

1986年旱情

1986年先后出现了两次严重干旱期。第一次发生在4月下旬至5月底，也正是早稻插秧、生长发育的关键期，第二次发生在7月中旬至9月底，亦即晚秋作物的生长孕穗结实的关键期。而在这两个农业生产的关键性季节，全区降水显著偏少。据资料统计，4月下旬全区平均降水量不到50毫

米，其中万安、泰和、遂川、井冈山等县不足20毫米。紧接着5月出现了全区性历史罕见的少雨，该月全区平均降水量仅有87毫米，为正常年同期降水的三分之一，比历史上大旱的1963年同期降水还少60毫米，偏少41%，其中安福、永丰、新干、吉安、吉州等县（区）降水比大旱的1963年同期还少110～150毫米不等，即偏少60%～80%。7月中旬至9月底，连续82天全区平均降水量只有165毫米，比正常年同期少148毫米，偏少47%，比大旱的1963年同期降水还偏少18%，其中莲花、永新、安福、吉安、吉水、新干等县比正常年同期降水偏少5～6成，比大旱的1963年偏少4～5成。

1986年全区各站年最高水位均未达到警戒水位，其中赣江的吉安、峡江、新干等站均比警戒水位低2米以上。年最低水位除赣江各站及泸水、遂川江外，其他河流各站均接近历年最枯水位。全区年径流量72.5亿立方米，比正常年少127.1亿立方米，偏少64%。

1986年由于长时间出现少雨高温天气，以致各类水库塘坝蓄水严重不足，整个汛期，全区小（1）型以上水库的蓄水量只有正常年的一半，小（2）型水库的蓄水量只有正常年的30%，到8月底，全区大中型水库的蓄水量只有2.8亿立方米，比正常年少2.13亿立方米，其中10座大中型水库已降到死水位，其余大部分小（1）型、小（2）型水库和塘坝基本干涸。全年受旱时间长达近半年，为历史上少见。受干旱袭击致使全区早稻受旱面积达117万亩，晚稻受旱面积达222.5万亩，使粮食产量受到严重减产。

1998年旱情

1998年7—8月，全区出现了历史上少见的严重干旱，其主要特点是：降水少，气温高，持续时间长，受旱范围大。据统计，7—8月全区平均降水量只有140毫米，比正常年同期少135毫米，偏少49%。降水之少居历史同期第二位。它比历史同期最少的1962年仅多15毫米，比大旱的1963年同期还少16毫米。从降水的时程分配看，除7月下旬较正常年偏多13%以外，其他各旬降水均较正常年同期显著偏少，其中：7月上旬偏少73%，中旬偏少42%，8月上旬偏少48%，中旬偏少77%，下旬偏少57%。从降水的空间分布看，全区以峡江以上沿赣江两岸地区及南部的泰和县，万安县东部和南部，遂川县东南部，以及安福南部，永新西南部，宁冈县等地最少，这些地区两个月的总降水量均在100毫米以内。且以万安县的涧田和柏岩为最少，2个月的降水量均只有39毫米，实属历史罕见。

自6月29日开始出现高温天气，一直持续到8月27日，历时59天。其中8月24日出现的最高气温达39.4℃。7月和8月气温高于35℃的天数分别达17天和26天，8月月平均气温达30.7℃，为历史同期最高值。

由于长时间少雨高温，全区各河水位迅速退落。至8月下旬，各站水位已接近历史最低值。其中：赣江的栋背、吉安、峡江站的最低水位仅比历史最低值高出0.40米、0.80米和0.77米，上沙兰、赛塘、新田等主要支流控制站的最低水位仅比历史最低水位高出0.21米、0.18米和0.51米。全区各类水库的蓄水量比正常年同期少蓄6亿立方米，偏少58%。

7—8月，由于降水少和出现较长时间高温炎热天气，导致全区出现严重干旱。部分溪水断流，大部分小型水库塘坝基本干涸，大面积农田开裂。受干旱袭击，全区农田受旱面积达187万亩，约占总耕地面积的35%，全区13个县（市）普遍受灾。有近26万人口饮用水发生严重困难。

2003年旱情

2003年干旱的主要特点是：降水之少历史少见，高温时间之长历史少见，干旱范围之大历史少见，造成的损失之重历史少见。

经统计，自6月1日至8月10日连续71天全市平均降水量只有149毫米，比正常年同期降水少 249 毫米，偏少 63%，其中：吉安县的赛塘、峡江县的马埠、青原区的白云山、永新县的沙市、吉水县的白沙等站连续 71 天的降水量不足 100 毫米，比正常年同期偏少 76%～80%不等，且以马埠站的 82 毫米为最少。从空间分布看，则以中至北部地区降水更少。6 月上旬至 8 月上旬降水之少排自 1952 年有实测资料以来第一位，它比历史上最少的 1978 年同期降水（173 毫米）还少 24 毫米，为近 70 年来的最低值。

6 月下旬以后，不仅降水显著偏少，而且出现了历史罕见的长时间高温酷热天气。据了解，自 6 月下旬至 8 月上旬，日最高气温超过 35℃的高温天气持续了 40 多天，其中超过 40℃的高温酷热天气也达 10 多天，实为历史少见。7 月全市平均水面蒸发量达 158 毫米，比正常年同期多 32 毫米，偏多 25%，其中吉水县的白沙站，遂川县的滁州站及莲花的千坊站 7 月的水面蒸发量分别达 187 毫米、126 毫米和 159 毫米，蒸发量之大均排有实测资料以来第一位，万安县的栋背站为 191 毫米，排有实测资料以来第二位。

受长时间高温少雨天气影响，各江河水库水位自 6 月中旬开始一直处于持续退落态势，截至 8 月上旬，全市先后有 210 多条中小河流出现断流，有近 300 座小型水库已经干枯，大型水库蓄水严重不足，各江河水位均接近历史最低水位。

据有关部门统计，2003 年全市 13 个县（市、区）均出现大旱情，受灾乡（镇）达 222 个，受灾农田面积达 327 万亩，有近 60 万人口及 45 万头牲畜因干旱而出现饮用水困难，全市因旱灾而造成的直接经济损失达 7.3 亿元。

2007 年旱情

2007 年旱情的主要特点是：旱情发生早，持续时间比较长，影响范围大，旱情比较严重。

2007 年 6 月下旬至 8 月上旬，吉安市一直处于高温少雨期，从而导致出现大范围严重的夏旱伏旱连秋旱。据实测资料统计，自 6 月 21 日至 8 月 10 日，连续 50 天全市平均降水量仅有 115 毫米，比正常年同期少 120 毫米，偏少 51%。其中以西北部的新干、峡江、吉州、青原 4 县（区）全部及永新、安福、吉安、永丰、吉水 5 县大部和泰和、万安两县沿赣江两岸地区降水更少，这些地区连续 50 天的降水量一般均在 80 毫米以下，即比正常年同期降水偏少 65%～90%不等。尤为吉安、泰和、安福三站自 7 月 1 日至 8 月 10 日连续 40 天的降水量分别仅有 10 毫米、6 毫米和 29 毫米，降水之少均排中华人民共和国成立以来第一位。

由于长时间降水严重偏少，加之出现持续高温天气，加大了土壤和水面蒸发，致使旱情不断加剧蔓延。据统计，自 7 月初至 8 月上旬，全市出现日最高气温超过 35℃的高温天气近 30 天。7 月全市平均蒸发量达 140 毫米，比该月降水量还多 94 毫米。各江河水库水位日渐退落，其中各主要支流控制站先后出现的最低水位均接近历史最低值。

受少雨和高温天气影响，全市有 90 多条小河断流，197 座小型水库干涸，农作物受旱面积 231 万亩，有 22 万人饮水发生困难。

2019 年旱情

2019 年 7 月 21 日至 12 月 19 日，全市平均降水量 132 毫米，比多年同期均值（451 毫米）偏少 71%，降水量偏少为有记录以来第一位。降水分布南多北少，遂川县 225 毫米最多，比多年同期均值偏少 64%，井冈山市 221 毫米第二，比多年同期均值偏少 65%，万安县 155 毫米第三，比多年同期均值偏少 63%，峡江县降水量 66 毫米最少，比多年同期均值偏少 83%。

受 7 月下旬晴多少雨影响，各江河水位持续降低，来水量减少，多条河流出现历史新低水位。赣江峡江站 10 月 17 日 16 时 45 分水位 33.46 米，低于历史最低水位（33.54 米）0.08 米；新干站 10 月 23 日 17 时 20 分水位 27.75 米，低于历史最低水位（27.87 米）0.12 米。禾水永新站 10 月

23 日 23 时 45 分水位 107.40 米，低于历史最低水位（107.79 米）0.39 米；上沙兰站 10 月 19 日 10 时 45 分水位 54.88 米，低于历史最低水位（55.00 米）0.12 米。泸水赛塘站 12 月 13 日 3 时 45 分水位 59.57 米，低于历史最低水位（59.76 米）0.19 米，实测最小流量 3.20 立方米/秒，小于历史最小流量（3.30 立方米/秒）0.10 立方米/秒。右溪滁洲站 12 月 12 日 17 时 5 分水位 23.63 米，低于历史最低水位（23.77 米）0.14 米。乌江新田站 11 月 21 日 5 时 15 分水位 47.57 米，低于历史最低水位（47.76 米）0.19 米。洲湖水彭坊站 12 月 9 日 8 时 20 分水位 41.81 米，低于历史最低水位（41.82 米）0.01 米。

12 月 20 日 8 时，右溪滁洲站水位高于多年同期水位，赣江干流的泰和站、吉安站、新干站因受石虎塘航电枢纽、峡江水利枢纽及新干航电枢纽蓄水影响，水位较多年同期水位高，其余各站水位均低于多年同期水位，其中，赣江峡江站、遂川江遂川站、禾水永新站、上沙兰站、泸水赛塘站、乌江新田站相差最大，低于多年同期水位达 0.59～1.64 米不等。

7 月 21 日至 12 月 19 日，全市 6 大支流遂川江、蜀水、禾水、泸水、孤江、乌江总来水量 23.5 亿立方米（按主要水文站统计），比多年同期均值（32.3 亿立方米）少 8.8 亿立方米，偏少 27%。

12 月 20 日 8 时，全市 7 座大型水库总蓄水量为 15.9 亿立方米，比 7 月 21 日（20.0 亿立方米）减少 4.1 亿立方米，蓄水量持续减少，从分布看，赣江干流水库蓄水量约减少 1.1 亿立方米，而老营盘、白云山、南车、社上水库蓄水量减少较多，约减少 2.85 亿立方米。

7 月 21 日至 12 月 19 日，全市平均蒸发能力为 494.9 毫米，蒸发能力是降水量（132 毫米）的 3.7 倍，日平均蒸发能力 3.3 毫米，万安县栋背站蒸发量 545.8 毫米最大，遂川县滁洲站 349.3 毫米最小。

根据 12 月 20 日 8 时土壤墒情分析，由于 18 日、19 日全市普降小到中雨，土壤含水量相应有所增加，但除醪桥、白塘、荷浦站适墒外，其他站点还是缺墒，多数站缺墒程度在严重以上，其中澧田、乌江、雩田、沂江、中西、恩江等站土壤相对湿度小于 30%，洲湖、富滩、苏溪、水边、高桥楼站土壤相对湿度为 30%～40%。全市平均土壤相对湿度约为 39.8%。

其他部分年份干旱灾害情况

1950 年　7 月洪水过后全区大旱，有 10 个县（市）受旱受灾，受旱农田 105.15 万亩，其中颗粒无收 7.65 万亩。

1953 年　6 月中旬至 8 月中旬全区大旱，有 12 个县（市）受旱受灾，许多河塘干涸，水源断流，受旱农田 235.58 万亩。

1956 年　夏秋全区大旱，吉水、吉安、峡江、新干、安福、万安、泰和、永丰 8 县旱情在 120 天以上，其他县旱情为 40～50 天。受旱农田 510.35 万亩，占播种面积的 83%，其中颗粒无收 208.47 万亩。

1966 年　8—10 月降水稀少，吉泰盆地各县 8 月降水量不到 20 毫米，最少的吉水县只有 1 毫米。全区受灾面积 199 万亩，成灾面积 145 万亩。

1971 年　全年降水偏少，年降水量接近 1963 年，夏秋出现大旱。全区受灾面积达 165 万亩，万安、泰和、吉安、吉水、峡江、新干、永丰、永新灾情较重。

1988 年　6 月中旬至 8 月中旬，连续 2 个月降水稀少，全区出现大旱，受灾面积 305 万亩，成灾面积 199 万亩。

1991 年　4—7 月降水比特大干旱年的 1963 年还偏少 38 毫米，比 1978 年少 218 毫米。加之高温蒸发，水库蓄水严重不足，塘库干涸，溪水断流，受旱农田 303 万亩，42 万人饮水困难。

2004 年　9 月 21 日至 10 月 31 日，全市平均降水量只有 3 毫米，比正常年同期偏少 97%。赣江栋背站、泰和站、吉安站、新干站，孤江白沙站、遂川江遂川站、泸水赛塘站出现建站来最低水位（除栋背站外，其他站在2004年以后均出现了新的最低水位），禾水永新站、上沙兰站、乌江新田站接近历史最低水位。赣江通航能力降低，全市农作物受旱面积91.8万亩，13.86万人饮水困难。

2007年　6月降水后直至8月下旬，久晴无雨，全市出现50年一遇旱灾，受旱农作物面积200多万亩，46.8万人饮水困难，农业损失近10亿元。

第二篇 水文监测

早期的水文站网建设，主要以防洪、水利工程建设为主要对象。随着经济社会发展，吉安市水文局按照社会发展、防洪抗旱、湖泊研究、水资源管理和水环境保护等方面的需求，根据江西省水文站网总体规划，对全市水文站网进行规划布局。逐步建立了布局科学、结构合理、项目齐全、功能完善的水文站网体系，基本满足全市防汛抗旱、水资源管理、水环境保护和社会经济发展的需要。

从人工观测、日记水位和降水量到水位、降水量观测数字化，实现了水位、降水量观测和整编的自动化。流量测验从常规流速仪测流到走航式 ADCP 测流、ADCP 在线监测；流速信号从人工记数到流量测验自动计算和成果直接打印。水文数据的采集经过了从最初的人工观测到自动监测、采集、传输、存储、处理和整编的跨越发展。

为满足社会发展和经济建设需要，补充水文测站定位观测的不足，全市还开展了河流调查、暴雨调查、洪水调查、泥沙淤积调查和水质调查等工作。

第一章 水 文 站 网

第一节 站 网

根据《水文基本术语和符号标准》(GB/T 50095—2014)定义，水文站网即“在一定地区或流域内，按一定原则，用一定数量的各类水文测站所构成的水文资料收集系统的总称”。

1929年，江西水利局在赣江设立吉安水文观测站，开启了吉安水文站网建设的历史，全市水文站网仅有1站。

1935—1938年先后设立龙市、永新、峡江、吉水、恩江、莲花、万安、遂川雨量站。

1938年1月，设立泰和雨量站，观测降水量。

抗日战争期间，各雨量站被裁撤，截至1939年年底仅保留吉安、泰和水位站。

1940年4月，江西水利局在泸水设立安福流量站，观测水位、流量，安福流量站是站网建设中最早的流量站，至1941年11月停测。

1941—1947年，先后设立万安、峡江、遂川、永新、南关口水位站和永阳、吉水水文站。1947年全区共有水文测站9站，其中水文站3站，水位站6站，是民国时期水文站网数量最多的一年。

1949年3月，水文测站全部停测。4—11月，全区水文站网出现空白。

1949年12月，省水利局恢复吉安水位站，观测水位、降水量、蒸发量。

20世纪50年代初期，全市水文站的布设，主要考虑防洪的迫切需要，缺乏整体规划。部分站在条件不具备的情况下，采取巡回测流方式，巡测资料难以满足水文资料整编的要求；加以观测方法和时间不统一；且有的设站目的不明确，测流断面迁移频繁；有的站设立不久即撤销，如蜀水马家洲站，仅设站一个月便撤销。截至1952年年底，全区有水文站7站，水位站8站，雨量站5站。

1956年，省水利厅水文总站进行第一次站网规划，全省划分水文分区。在各水文分区，按集水面积大小以直线（集水面积5000平方千米以上）和区域代表（集水面积5000平方千米以下）原则布站。分别在万安县蜀水设立林坑水位站、遂川县左溪设立南溪水位站、永新县禾水设立洋埠水文站，固江水位站改固江水文站、永阳水位站改永阳水文站，并增设高坪等雨量站12站。

1958年，增设小汇水面积站27站，该年共有水文站47站，是吉安历史上水文站数最多的一年。

20世纪60年代初期，为贯彻水利部“调整、巩固、充实、提高”的方针，水文测站有所减少，小汇水面积站逐步改水位站或撤销，截至1963年年底，全区实有水文站14站（棉津、栋背、峡江、滁洲、南溪、林坑、渡头、富田、洋埠、上沙兰、千坊、赛塘、新田、鹤洲）、水位站6站（吉安、泰和、新干、夏溪、山背洲、天河）、小汇水面积站仅保留1站（吉安县桥边站）、雨量站60站。

1964年，江西省水文气象局进行第二次水文站网规划。截至1967年，全区有水文站19站、水位站5站、雨量站114站。

1968—1974年间，水文站在18～22站、水位站在6～9站、雨量站在110～116站范围内变动，站网总数基本保持稳定。

1975年，江西省水文总站进行第三次水文站网规划，着重分析规划小河水文站。

1976年，在“大站带小站，委托群众办”的设小河水文站的思想指导下，省水文总站革委会开始在部分大中河水文站附近，增设群众代办小河水文站7站，请当地人员代为观测水位，由水文站巡测流量。1976—1979年，逐步增加了一些小河水文站、水库水文站和雨量站。截至1979年，全区共有水文站35站、水位站7站、雨量站195站。

1980年开始整顿站网、新设、调整、充实和撤销了部分水位、水文站。20世纪80年代中期，水文站网较为稳定，布局更趋合理。截至1983年年底，全区水文站网数为水文站30站（其中小河站12站）、水位站9站、雨量站270站。

1980—1991年间，水文站在26～31站、水位站在7～12站、雨量站在262～270站范围内变动，水文站网处于相对稳定阶段。

1992—2000年间，逐年对水文站网进行了精减，特别是雨量站精减较大。如1994年1月7日，省水文局下发《关于调整你分局雨量站的通知》（赣水文网字〔94〕第001号），调整暂停观测的面雨量站共99站。截至2000年，水文站由26站减为16站、水位站由7站减为6站、雨量站由265站减为106站。

2001—2006年间，水文站网数基本保持稳定，变化不大。

2007—2016年间，先后在全市辖区和萍乡市莲花县开展了山洪灾害预警建设和中小河流水文监测系统建设，使全市水文站网得到大规模扩充和完善，水文、水位、雨量站总数由2006年的141站扩充到691站。

2018年以来，逐步将全市各县水库水位站、降水量站监测设备纳入水文系统维护管理，水文监测站网再次扩大。

2018年11月7日，水利部办公厅印发《关于推进部分专用水文测站纳入国家基本水文站网管理工作的通知》（办水文〔2018〕第250号）。通知要求优化调整国家基本水文站网，将满足国家基本水文测站条件的专用水文测站，纳入国家基本水文站网管理。

2020年1月2日，根据《江西省水利厅关于我省国家基本水文站站网调整的批复》（赣水防字〔2020〕第1号），遂川、永新、井冈山中小河流水文站升级为国家基本水文站，栋背水文站迁万安县城更名为万安水文站，撤销毛背、杏头水文站。至此，全市国家基本水文站为17站，分别是栋背、吉安、峡江（二）、遂川、坳下坪（二）、仙坑、滁洲、林坑、白沙、永新、上沙兰（二）、莲花、井冈山、赛塘（二）、彭坊、新田（二）、鹤洲。

截至2020年，全市水文站网为：水文站39站（其中国家基本17站，非基本22站），水位站181站（其中国家基本2站，非基本179站），雨量站572站（其中国家基本站82站，非基本站490站），地下水站11站，墒情站85站（其中固定站20站，移动站65站），水质站80站。监测项目有：流量39站、水位220站、悬移质泥沙4站、悬移质泥沙颗粒分析2站、水温4站、降水量788站、蒸发量11站（其中国家基本站8站，非基本站3站）、地下水11站、墒情85站、地表水水质80站、大气降水水质13站、水生态2站。

历年各类水文站网数量详见表2-1-1。

表2-1-1　　历年各类水文站网数量（按监测要素统计）

年份	监测项目/站											
	流量	水位	降水量	悬移质输沙	悬移质颗分	推移质输沙	推移质颗分	蒸发量	水温	水质水化学	地下水	墒情
1929—1930		1										
1931—1934		1	1					1				

续表

年份	监测项目/站											
	流量	水位	降水量	悬移质输沙	悬移质颗分	推移质输沙	推移质颗分	蒸发量	水温	水质水化学	地下水	墒情
1935		1	3									
1936		1	6									
1937		1	7									
1938		1	5					1				
1939		2	2					1				
1940	1	6	6					1				
1941	1	7	7					1				
1942—1944		4	4					1				
1945		1	1					1				
1946		1	1					1				
1947	3	9	9					2				
1948	3	9	9					2				
1949		1	1					2				
1950	2	3	7					1				
1951	2	5	10	2				1				
1952	7	15	20	5				1				
1953	3	13	21	3				4				
1954	2	11	20	2				11				
1955	2	10	32	2				10				
1956	5	13	47	2				10				
1957	12	22	52	4				4				
1958	47	61	59	7	1	1	1	1	4	3		
1959	39	57	56	7	1	1	1	1	4	4		
1960	18	37	56	7	1	1	1	5	5	4	2	
1961	17	31	44	6				4	5	4	6	
1962	16	24	52	3				3	4	4	4	
1963	14	21	81	6				1	3	3	3	
1964	15	22	97	8					3	3	3	
1965	15	22	125	8					3	3	3	
1966	17	23	139	8	1				3	3	3	
1967	19	24	138	7	3				3	3	1	
1968	18	25	139	6	3				3	3	1	
1969	20	27	138	7	3				3	3	1	
1970	19	25	135	7	3				3	3	1	
1971	20	26	137	8	3				3	3		
1972	22	28	138	7	3	1	1		3	3		
1973	22	28	142	7	3	1	1		3	3		

续表

年份	监测项目/站											
	流量	水位	降水量	悬移质输沙	悬移质颗分	推移质输沙	推移质颗分	蒸发量	水温	水质水化学	地下水	墒情
1974	20	29	145	7	3	1	1		3	6		
1975	26	33	150	7	3	1	1		3	6		
1976	28	35	163	7	3	1	1		4	6		
1977	27	35	183	7	3	1	1		4	6		
1978	33	41	217	7	3	1	1	1	4	6		
1979	35	42	237	7	3	1	1	5	5	8		
1980	30	38	302	7	3	1	1	7	5	8		
1981	31	37	305	7	3	1	1	9	5	8		
1982	30	37	305	6	3	1	1	9	5	8		
1983	30	39	309	5	3	1	1	9	5	8		
1984	29	39	304	5	3	1	1	9	5	7		
1985	27	39	302	4	2			9	3	不详		
1986	27	39	302	4	2			9	3	不详		
1987	27	39	301	4	2			9	4	不详		
1988	26	36	299	4	2			9	4	37		
1989	26	33	298	4	2			9	4	37		
1990	26	33	298	4	2			9	4	37		
1991	26	33	298	4	2			9	4	37		
1992	25	32	269	4	2			9	4	37		
1993	21	27	256	4	2			8	4	37		
1994	20	25	153	4	2			8	4	34		
1995	20	25	153	4	2			8	4	34		
1996	18	24	141	4	2			8	4	33		
1997	17	22	134	4	2			7	4	33		
1998	17	22	131	4	2			7	4	33		
1999	17	22	131	4	2			7	4	33		
2000	16	22	128	4	2			7	4	33		
2001	16	22	128	4	2			7	4	33		
2002	16	21	128	4	2			7	4	34		
2003	16	21	130	4	2			7	4	34		
2004	16	22	130	4	2			7	4	34		5
2005	15	27	141	4	2			7	4	34		5
2006	15	29	141	4	2			8	4	35		5
2007	15	30	190	4	2			7	4	40		5
2008	15	30	305	4	2			7	4	57		5
2009	15	33	422	4	2			7	5	47	1	15
2010	15	42	422	4	2			14	5	47	1	15

续表

年份	监测项目/站											
	流量	水位	降水量	悬移质输沙	悬移质颗分	推移质输沙	推移质颗分	蒸发量	水温	水质水化学	地下水	墒情
2011	19	62	537	4	2			14	5	95	2	15
2012	20	78	626	4	2			14	5	96	2	15
2013	20	85	653	4	2			13	5	96	2	15
2014	39	110	672	4	2			13	5	96	2	15
2015	41	137	689	4	2			13	5	103	2	51
2016	41	137	689	4	2			13	4	117	2	85
2017	41	138	690	4	2			13	4	115	11	85
2018	41	171	729	4	2			13	4	115	11	85
2019	39	169	727	4	2			11	4	115	11	85
2020	39	221	787	4	2			11	4	80	11	85

第二节　站　网　规　划

第一次水文基本站网规划

1956年5月，省水利厅根据水利部1956年2月召开的全国水文工作会议布置开展水文基本站网规划工作精神，进行第一次水文基本站网规划。1957年6月，提出《江西省水文基本站网规划报告》，并上报水利部；8月20日，水利部批复《江西省水文基本站网规划报告》。

大河控制站　采用“直线”原则，即满足沿河长任何地点各种径流特征值的内插。规划时，凡流域面积大于5000平方千米的河流，其上下游相邻的两个水文站之间有适当间距，下游站所增加的区间径流量，不小于上游站径流量的10%～15%。同时，结合水量平衡，洪水演算、最大洪峰流量和洪水总量的变率等径流特征，以及水文预报需要和测验河段的选择等因素综合考虑。根据规划原则，全区大河控制站为：国家基本水文站4站（栋背、吉安、峡江、上沙兰），专用水文站1站（棉津站）。

区域代表站　区域代表站又称中等河流站。采用“区域”原则，即在某一水文分区内，按照所布设的测站能够采用水文资料移用方法对无资料或资料系列短的河流，内插出一定精度的各种水文特征值。规划时，凡流域面积200～5000平方千米的河流，以径流量等值线图所显示的径流分布为主，参考降水、地形，地质、土壤、植被和流域分界等因素考虑。根据规划原则，全区区域代表站为：国家基本水文站13站（南溪、滁洲、林坑、渡头、富田、千坊、洋埠、窑棚、社上、赛塘、洪家园、滩头、鹤洲），专用水文站2站（野鸡潭、南关口）。

小河站　采用“站群”原则，即在一个地区布设一群站，通过对比方法，寻求一种或多种因素对径流的影响情况和计算方法，以移用到无资料的小河流上，主要满足建设小型水利工程的需要。小河站集水面积在200平方千米以下，按照暴雨的分布和自然地理因素的不同，均匀分布在各水文区，以能勾绘小河站的径流特征值等值线图为原则。本次规划共建小汇水面积站27站。

水位站　基本水位站网规划原则有三点：①为配合水文情报、预报需要，掌握洪水沿河长的演变；②为推求鄱阳湖蓄量变化情况和研究水网区的水量平衡；③按基本流量站网“直线”原则应布设流量站的河段，但没有适宜的设站断面而改为设水位站。综合以上原则，规划基本水位站 8 站（泰和、新干、夏溪、山背洲、天河、桥东、新田、江口）。同时，为八里滩水利工程建设设立 6 个专用水位站（梅洲、蒋源滩、陇陂桥、横江、塘下、杨陂山）。

泥沙站 基本泥沙站网规划原则有五点：①在大河的干流上以能掌握沿河长的泥沙变化情况，尽可能布设在较大支流汇合口后的转折处；②以满足面上的均匀分布，便于绘制泥沙特征值等值线图；③为了计算沙量平衡的需要；④水土流失严重的地区；⑤尽量利用集水面积在 1000 平方千米以上的流量站。综合以上原则，规划泥沙站 8 站（棉津、栋背、吉安、峡江、南溪、渡头、上沙兰、赛塘）。

雨量站 基本雨量站网规划原则有四点：①同一水文区内，山区布站密度较大（达 250 平方千米/站），并照顾垂直高度变化对雨量的影响，平原地区密度较小（达 500 平方千米/站）；②支流密度较大，干流密度较小；③面上的均匀分布；④尽量保留已设雨量站中观测质量较好和资料系列较长的站。综合以上原则，规划雨量站 59 站（含水文、水位站降水量观测项目）。

蒸发站 基本蒸发站网规划原则有两点：①根据早稻、晚稻需水季节（4—9 月）和干旱季节（8 月）的蒸发量，用抽站法勾绘等值线图，误差率小于 10%的站予以精简，以控制整个面上蒸发量和干旱季节蒸发量的变化情况；②考虑面上分布的均匀性和场地的代表性，尽量保留资料系列较长的站。蒸发站均作为水文站的观测项目，不独立设站。综合以上原则，规划蒸发站 6 站（棉津、吉安、峡江、南溪、洋埠、窑棚）。

截至 1958 年年底，全区水文站网为：水位站 14 站，水文站 47 站（其中小汇水面积站 27 站），雨量站 24 站。监测项目为水位 61 站、流量 47 站、悬移质泥沙 8 站（棉津、栋背、吉安、峡江、南溪、渡头、上沙兰、赛塘）、推移质泥沙 1 站（棉津）、泥沙颗粒分析 1 站（棉津）、水温 4 站（棉津、峡江、渡头、洋埠）、降水量 59 站、蒸发量 6 站（棉津、吉安、峡江、南溪、洋埠、窑棚）、水化学 4 站（棉津、峡江、渡头、洋埠）。

第二次基本站网验证和调整规划

1964 年 4 月，水利电力部水文局在北京开办水文基本站网分析研究研习班，研习班讨论用实测资料对站网进行验证的方法，重点是研究基本流量站网和基本雨量站网，要求各地进行站网分析验证和修订站网调整充实规划。9 月，省水文气象局组织力量进行第二次基本站网验证和调整规划，目的是利用 1956 年以后增加的水文资料，检验首次站网规划和 1964 年已设站网的合理性。1965 年 7 月完成了规划工作，并于 9 月 25 日向水电部报送了《江西省水文基本站网调整规划》。

此次站网验证和调整规划仍以首次站网规划的原则为指导，贯彻"以工业为主导，以农业为基础"的方针，并结合水利工程布局进行规划。

大河控制站 按首次站网规划"直线"原则，增加 1956 年以后的资料进行综合分析，以年径流量的内插允许相对误差在±(10%～15%)，次洪水量和洪峰流量在±20%以及枯水流量在±(20%～25%）为检验标准，检验首次站网规划和 1964 年已设站网的合理性。结果表明首次站网规划是合理的。集水面积大于 5000 平方千米的大河控制水文站保持不变，仍为 5 站，并将棉津专用水文站改为基本水文站。

区域代表站 仍按首次站网规划的"区域"原则，根据全省水文分区情况划分为 14 个区。吉安专区处在全省水文分区Ⅵ区（遂川江）、Ⅶ区（禾水、乌江、孤江、蜀水）范围内。鉴于 100 平方千米的河流可建大型水库工程，乃将区域代表站的下限面积由 200 平方千米下延至 100 平方千米。区域代表站面积级分为 100～500 平方千米、500～1000 平方千米、1000～3000 平方千米，以年径流量、次洪水量、洪峰流量和最小径流量四要素进行综合分析，通过分析检验，认为首次站网规划基本合理。经规划和调整，截至1967年年底，区域代表站为11站（南溪、滁洲、林坑、渡头、富田、洋埠、葛田、千坊、赛塘、新田、鹤洲）。

小河站 1958—1960年期间，小汇水面积站在几次大洪水实测后，基本全部撤销。截至1967年年底，全区小河站仅保留3个专用水文站（庄坑、苑前、朗石）。

雨量站 根据暴雨分区情况，全省划分为7个区，吉安专区处在全省暴雨分区第Ⅸ区（赣江中游和袁水流域）和第Ⅶ区（赣江上游地区、章水和遂川江流域）范围内，从满足面上控制各种暴雨密度和满足降水径流关系分析的需要考虑，确定总布站数。本次规划雨量站为138站（含水文、水位站降水量观测项目）。

截至1967年年底，全区水文站网为：水位站5站、水文站19站、雨量站114站。监测项目为水位24站、流量19站、悬移质泥沙7站（棉津、吉安、峡江、南溪、渡头、洋埠、新田）、推移质泥沙1站（棉津）、泥沙颗粒分析1站（棉津）、水温3站（棉津、峡江、赛塘）、降水量138站、蒸发量3站（遂川、宁冈、吉安）、水化学3站（棉津、峡江、赛塘）。

第三次站网调整充实规划

1976年3月，省水文总站进行第三次站网调整充实规划，10月，提出规划意见。随后，1977年和1980年，对规划意见，又做过部分调整。

大河控制站 此次规划，仍按“直线”原则，因南方湿润区河流的径流量较大，将原大河站的集水面积起点由5000平方千米改为3000平方千米。因此，赛塘水文站（3073平方千米）、新田水文站（3496平方千米）划为大河水文站范畴，全区大河控制站数为7站（棉津、栋背、吉安、峡江、上沙兰、赛塘、新田）。

区域代表站 全区规划区域代表站12站（南溪、滁洲、林坑、木口、黄沙、永新、石口、千坊、石壁、坪下、东谷、鹤洲）。

小河站 为加快获取小河水文站的资料，按集水面积分级规划了五级布站，包括集水面积小于3平方千米、3～10平方千米、10～30平方千米、30～100平方千米和100～200平方千米。

全区小河站分级布设情况见表2-1-2。

表2-1-2 全区小河站分级布设情况

集水面积/平方千米	<3	3～10	10～30	30～100	100～200
站名（及集水面积/平方千米）		杏头（5.80）	仙坑（18.1）	毛背（39.3）	坳下坪（105）
		远泉（7.00）	三彩（19.3）	良田（44.5）	行洲（112）
		洲坝子（9.98）	烟头（19.4）	朗石（83.1）	彭坊（122）
			洋源（20.7）	东固（93.1）	伏龙口（146）
			茅坪（24.0）	湖陂（97.5）	

截至1980年，保留小河水文站10站（杏头、远泉、仙坑、茅坪、毛背、东固、坳下坪、行洲、彭坊、伏龙口）。

雨量站 在雨量站网规划中，邀请江西师范学院参与，并统计分析全省历年出现暴雨的地区、暴雨量、暴雨频次等资料，仍沿用暴雨分区和布站密度规划雨量站。全省划分16个暴雨区，吉安地区位于第Ⅸ（遂川江、禾水、泸水中上游）、ⅩⅢ（遂川江、孤、蜀、禾等水的下游和赣江相应河段的西岸）、ⅩⅣ（孤江中上游、清丰山区上游和乌江流域）区内，基础暴雨分区特征情况见表2-1-3。

表 2-1-3　　基础暴雨分区特征情况

暴雨分区	范　围	地形和降水情况
Ⅸ	遂川江、禾水、泸水中上游	为罗霄山脉的东坡，由西南向东北倾斜，一般高程 300～600 米，遂川江上游，最高点 1628 米，平均年降水量 1500～1700 毫米
XⅢ	遂川江、孤、蜀、禾等水的下游和赣江相应河段的西岸	基本上为吉泰平原，一般高程 100 米左右，平均年降水量 1400～1500 毫米
XⅣ	孤江中上游、清丰山区上游和乌江流域	位于云山的西侧，一般高程 100～500 米，最高点 1252 米，平均年降水量 1600～1700 毫米

截至 1980 年年底，全区水文站网为：水位站 8 站、水文站 30 站、雨量站 264 站。监测项目为水位 38 站、流量 30 站、悬移质泥沙 7 站（棉津、吉安、峡江、南溪、永新、上沙兰、新田）、推移质泥沙 1 站（棉津）、悬移质泥沙颗粒分析 3 站（棉津、吉安、新田）、推移质泥沙颗粒分析 1 站（棉津）、水温 5 站（棉津、峡江、上沙兰、赛塘、鹤洲）、降水量 301 站、蒸发量 6 站（滁洲、栋背、木口、上沙兰、彭坊、新田）、水化学 8 站（棉津、吉安、峡江、永新、上沙兰、赛塘、新田、鹤洲）。

第四次水文站网发展规划

1984 年，省水文总站遵照水电部水文局 1982 年 12 月在南昌召开的全国水文站网技术经验交流会议的要求和水电部水文局水文站字〔83〕第 111 号文“请报送站网分析整顿和编制站网调整发展规划工作进行情况的通知”精神，进行了第四次水文站网发展规划。1986 年 7 月，制定《江西省水文站网发展规划》。

大河控制站　鉴于棉津水文站位于万安电站大坝内将被淹没，予以撤销，全区大河控制站改为 6 站（栋背、吉安、峡江、上沙兰、赛塘、新田）。

区域代表站　由 1980 年的 12 站调整为 8 站。

小河站　基本维持原状 11 站不变（1980 年 10 站，1981 年增加了沙村站）。

雨量站　配套雨量站：小河水文站的配套雨量站，应用江西省雨量站网密度试验公式计算：

$$N_s=0.918F^{0.307}\times H^{0.112}\times T^{-0.222}$$

式中　N_s——站数；

F——集水面积，平方千米；

H——流域平均高程，米；

T——时段，小时。

1988 年流域面积小于 200 平方千米的小河水文站 11 站，配套站为 49 站。

坳下坪 7 站：大平山、三溪、下落发、深坳、长境、黄溪、黄背。

仙坑 4 站：下垅、龙脑、严塘、罗带桥。

行洲 4 站：荆竹山、大井、茨坪、下庄。

沙村 6 站：企足山、中坑、中王、大水坑、油罗棚、黄龙。

伏龙口 7 站：秤勾湾、红岭、曹坊、梁方山、水浆、上溪、茶坑。

东固 2 站：六渡、贺堂（其中贺堂站属赣州市兴国县辖区）。

茅坪 4 站：神山、坝上、半江山、源塘。

远泉 2 站：横岭、毛花陇。

彭坊 7 站：龙下、坪江头、官田、炎里、老洲、由路、深坳。

毛背 4 站：洲上、兴桥、项家、桃林。

杏头 3 站：发源、大路下、新棚下。

面雨量站：基本维持原状，仅在面上作适当调整，以保持站网的相对稳定。

截至1988年年底，全区水文站网为：水位站10站、水文站26站、雨量站263站、水质监测站26站。监测项目为水位36站、流量26站、悬移质泥沙4站（吉安、峡江、上沙兰、新田）、悬移质泥沙颗粒分析2站（吉安、新田）、水温4站（峡江、上沙兰、赛塘、鹤洲）、降水量299站、蒸发量8站（滁洲、栋背、木口、茅坪、千坊、上沙兰、彭坊、新田）、水质36站。

吉安市水文站网规划

2009年4月21日，吉安市水文局印发了《吉安市水文站网规划报告》（吉市水文发〔2009〕第12号）（以下简称《站网规划》）。规划现状水平年为2007年，规划近期水平年为2010年，规划远期水平年为2020年。

《站网规划》的目标是：

（1）建立布局科学、结构合理、项目齐全、任务明确、经济高效、功能完善的水文站网体系。

（2）掌握流域内不同河流的水文特征、暴雨洪水特征、城市水文特征、水环境特征、山洪灾害特征和水土流失变化特征等水资源量和质的变化规律，满足经济社会对水文信息的要求。

（3）基本满足江河治理，防汛抗旱，防灾减灾，城市防洪，暴雨山洪灾害防治，水生态环境保护与供水安全、突发性水事件预警，水资源合理开发、科学利用，和谐社会建设的需要。

（4）站网密度基本满足《水文站网规划技术导则》的要求。

2007年现状水平年站网为：

水文站21站，其中基本站16站：栋背、吉安、峡江、上沙兰、赛塘、新田、滁洲、林坑、白沙、莲花、鹤洲、坳下坪、仙坑、彭坊、毛背（已停测）、杏头（已停测），专用站5站：小庄、黄沙、东固、石坪、坪下。

水位站16站，其中基本站5站：泰和、新干、遂川、南溪（已停测）、永新，专用站11站：万安水库、老云盘、白云山、南车、社上、东谷、返步桥、安福、永丰、大汾、堆子前。

雨量站179站，其中基本站111站，专用站68站（遂川县山洪站）。

墒情监测站5站：泰和文田、吉水醪桥、新干荷浦、永新高桥楼、永丰藤田。

水质监测站27站。

监测项目为流量21站，水位37站、悬移质泥沙4站（吉安、峡江、上沙兰、新田），悬移质泥沙颗粒分析2站（吉安、新田），水温4站（峡江、上沙兰、赛塘、鹤洲），降水量208站，蒸发量7站（滁洲、栋背、白沙、永新、赛塘、彭坊、新田），墒情5站，水质37站。

规划后站网：

增设小江河龙市水文站，遂川、永新水位站增加流量测验项目，设立吉水、南江、冠朝、灌溪、沙溪、文陂、禾埠桥、千坊、沙市、莲洲、禾市、井冈山、甘洛、藤田、塘东、水边、三湖17个专用水位站，规划后监测水位55站，监测流量24站。

遂川、白沙、赛塘3站增加悬移质泥沙监测项目，规划后共有监测悬移质泥沙7站。

新田站增加水温监测项目，规划后共有监测水温5站。

恢复或增设碧洲、茨坪、行洲、街上、龙市、枫树坪、墩厚、塘背、甘洛、青原、桐坪、梅仔坪、中村、百义际、石马、社下、阜田、八都、南泥坪、沙坊、郭下、水东、金联、中洲、水边、三湖等雨量站26站，规划后共有雨量站205站。

增设泰和、吉州、峡江、新干、永丰、井冈山等县（市、区）蒸发量站6站，规划后共有蒸发量站13站。

设立万安、泰和、吉安、吉州、青原、新干、遂川、永新、敦厚、莲花、井冈山、安福、永丰、水边、白沙等地下水站15站。

增设五丰、芙蓉、百嘉、窑头、泉江、枚江、雩田、巾石、苏溪、新城、古城、凤凰、永阳、澧田、烟阁、怀忠、洋溪、洋门、平都、竹江、白塘、陂上、永乐、古富、乌江、潭头、沿陂、恩江、金江、巴邱、仁和、水边、沂江、路口、珊田、升坊、庙下等37个墒情站，规划后共有墒情站42站。

规划增加万安水库等水质站48站，调整水质站4站（永新红卫桥调整为袍陂、安福枫林桥调整为安福水厂、永丰大桥调整为香山、永昌渡口调整为泰和大桥），撤销水质站5站（万安南门、吉安一水厂、习溪桥、罗湖口、吉安造纸厂），规划后监测水质80站。

水情分中心建设规划

2001年2月，《国家防汛指挥系统工程江西吉安水情分中心信息采集系统总体设计报告》通过省防汛指挥系统工程项目办组织的专家评审。

2003年3月30日，吉安市人民政府办公室下发抄告单，为国家防汛指挥系统工程吉安水情分中心信息采集系统项目提供地方配套资金150万元。其中，市级配套资金60万元，其余90万元由各县（市、区）分两年承担。

2004年11月19日，“国家防汛抗旱指挥系统一期工程江西吉安水情分中心项目建设实施方案”通过“国家项目办”审查。建设内容包括水文测验设施设备的更新改造，报汛通信设备的更新改造和水情分中心的系统集成。

2008年4月6日，“国家防汛抗旱指挥系统一期工程江西省吉安水情分中心”通过国家项目办预验收；2009年9月10日，项目通过竣工验收。

吉安水情分中心建设共包括自动监测水位站20站，自动监测雨量站57站，市局水情分中心1处。实现雨量、水位的自动监测、电子数字存储、自动发送传输及自动报警。实现数据自动采集、长期自记、固态存储、数据化自动传输，10分钟内完成水情信息收集，20分钟内上传至国家防汛抗旱总指挥部。

山洪灾害预测预警系统建设规划

吉安市山洪灾害预警系统工程建设，主要包括以下内容：水位雨量测验设施设备建设、报汛通信设施设备建设、信息接收中心设施设备建设、维护保障系统建设等。同时通过建设山洪灾害基础数据库，完善山洪灾害防御预案，构建山洪灾害易发区预警响应体系。此外，还开发山洪灾害预警信息服务平台，为山洪灾害预警提供决策依据。

山洪灾害预警系统一期工程　2007年吉安市山洪灾害预警系统一期工程建设，建设范围主要是遂川县，建设范围总面积3102平方千米，涉及乡镇23个，小流域84个。工程共建设吉安水情分中心数据接收系统、自动雨量站68站，辅助雨量站22站，自动水位站2站，工程总概算203.11万元。

山洪灾害预警系统二期工程　2008年吉安市山洪灾害预警系统二期工程建设，建设范围主要是安福、泰和、永新三县，建设范围总面积达7653平方千米，涉及乡镇64个，小流域210个。工程共建自动监测雨量站118站，自动监测水位站19站。

山洪灾害预警系统三期工程　2009年吉安市山洪灾害预警系统三期工程建设，建设范围主要是万安县、永丰县、青原区、井冈山市，建设范围总面积达6954平方千米，涉及乡镇51个，小流域210个。工程共建自动监测雨量站111站，自动监测水位站5站。

山洪灾害预警系统四期工程　2011年吉安市山洪灾害预警系统四期工程建设，建设范围主要是吉安、吉水、峡江、新干县和萍乡市莲花县，建设范围总面积达8091平方千米，涉及乡镇55个，小流域254个。工程共建自动监测雨量站89站，自动监测水位站18站。

中小河流水文监测系统建设工程

2011 年吉安市中小河流水文监测系统建设工程，涉及吉安市 13 个县（市、区）和萍乡市莲花县，2012 年 2 月开工建设，2015 年 2 月全部竣工验收。建设内容主要是：断面桩、断面界桩和保护标志、基线标、水准点、测验码头、进站道路、观测道路、护坡、护岸等测验河段基础设施；水位观测平台、水尺、接地系统等水位观测设施；水文缆道、缆道机房、水文测桥等流量测验设施；降水蒸发观测设施；生产用房以及院墙，交通道路、站院硬化、绿化等其他设施。工程建设站点主要有：改建新田、永新、上沙兰、鹤洲、遂川、滁洲、大汾、莲花、行州、井冈山、彭坊、白沙、沙溪、林坑、藤田等 15 处水文站，新建永丰、沿陂、寮塘、章庄、泰山、岸上、安塘、樟山、阜田、金江、戈坪、神政桥、曲岭、窑头、顺峰、涧田、柏岩、寨下、苑前、苏溪、汗江、坳南、龙源口、夏溪、塅尾、沙田、严田、下江边、寨头、盐丰、千坊、文陂等 32 处水位站。

2012 年吉安市中小河流水文监测系统建设工程，涉及吉安市 13 个县（市、区）和萍乡市莲花县，建设内容主要是进一步完善降水量观测站点的布设，改造维护现有雨量站监测设施设备和观测环境。全市建设自动监测雨量站 113 站，其中新建雨量站 76 站，改建雨量站 37 站。

截至 2012 年年底，全市水文站网为：水位站 58 站、水文站 20 站、雨量站 549 站、地下水站 2 站、墒情站 15 站、水质站 86 站。监测项目为水位 78 站、流量 20 站、悬移质泥沙 4 站（吉安、峡江、上沙兰、新田）、悬移质泥沙颗粒分析 2 站（吉安、新田）、水温 5 站（峡江、上沙兰、赛塘、新田、鹤洲）、降水量 627 站、蒸发量 7 站（滁洲、栋背、白沙、永新、赛塘、彭坊、新田）、地下水站 2 站（吉福、泰和）、墒情 15 站、水质 96 站。

水文试验站和水文实验站建设

吉安专区农业水文试验站　为结合当地农业生产，研究田间蓄水对水稻增产效益和对径流的削减情况，以及稻田养鱼对农渔业增产的水文条件，在 1960 年 3 月，勘定泰和县石山设吉安专区农业水文试验站。

试验站属丘陵地带，在土壤、地形和气象等方面有一定的代表性，植被情况一般，农作物以水稻为主，只种一季早稻和冬季作物。选定一个有水库的山垄为稻田养鱼试验区，集水面积约 0.6 平方千米，有稻田 150 亩，以 30 亩作为稻田养鱼和不同水深对水稻生长情况的对比观测；选定一个没有水库的小流域为田间蓄水对径流削减过程的试验区，集水面积约 0.7 平方千米，流域分水线明显，流域内有稻约 200 亩（梯田），水塘 7 口、8 口。两个试验区均将田埂加高至 0.4 米，利用吉安县永阳附近的桥边小汇水面积站作为不加高田埂对径流削减过程的对比试验流域。

试验研究项目：①田间不同水深时，水温的变化规律和对水稻生长的影响；②田间不同水深时，土壤温度的变化规律和对水稻生长的影响；③地下水对作物的影响；④土壤含水量的变化规律；⑤双季稻的灌溉措施；⑥稻田养鱼措施。

观测项目：①灌溉试验：各小区水深、代表区水温、地温，风向风速、相对湿度和物候观测；②需水量试验：水深、水温、蒸发量和物候观测；③土壤含水量观测；④地下水观测。

1961 年 2 月，吉安专区农业水文试验站和吉安专区农业气象试验站合并，在吉安市禾埠成立吉安专区农业水文气象试验站。试验站成立后，曾进行过一些试验，但由于人员少，缺乏经验，经费不足，以及 1962 年 6 月大洪水导致圩堤决口，场地被淹，仪器损坏，无法开展工作；于 7 月撤销，资料未整理分析。

吉安水文实验站　吉安水文实验站位于赣江右岸峡江水利枢纽大坝下游 900 米处峡江水利枢纽院内。2010 年，省水文局规划建设吉安水文实验站，列入水利部水文局《全国水文实验站网规划（2010）》的 56 处国家水文实验站之一。

2013 年 12 月，国家发展改革委、水利部下发《关于印发全国水文基础设施建设规划（2013—2020 年）的通知》，部署吉安水文实验站重点建设、优先实施。

2017 年 12 月 22 日，江西省发展和改革委员会发布《关于〈江西省水文实验站（2018—2020 年）建设项目实施方案〉的批复》（赣发改农经〔2017〕第 1444 号），批复同意吉安水文实验站建设项目实施方案。

2019 年 9 月，启动了 36 处冲淤监测断面和 6 处水位监测断面的查勘和建设，2020 年 3 月基本建成。

2019 年 12 月 17 日，省峡江水利枢纽工程管理局与吉安市水文局签订《吉安水文实验站用地协议》，省峡江水利枢纽工程管理局无偿划拨土地约 15 亩用于吉安水文实验站建设。

2020 年 4 月 29 日，启动吉安水文实验站水文气象综合实验场、实验楼及附属设施工程的建设，同年 10 月底基本完成建设任务，11 月 20 日完成合同工程完工验收。

吉安水文实验站计划于 2021 年初开始试运行。

吉安水文实验站研究项目：通过开展峡江水利枢纽库区水文要素的监测分析，研究南方地区水利枢纽库区水面变化、河床冲淤、洪水传播时间及大型水体水面蒸发。

监测项目：在峡江水利枢纽库区和下游河道布设冲淤断面 40 处，监测河道泥沙冲淤变化情况；结合冲淤断面在峡江水利枢纽库区河道布设水位监测断面 6 处，监测库区水面线变化情况；建设 25 米×25 米大型水文气象综合观测场和漂浮水面蒸发观测场，监测降水量、蒸发量、气温、气压、风速、风向、辐射、湿度、地温、墒情等。

第二章 水文测验

水文测验是一项长期的基础性工作，通过定位观测、巡回测验和水文调查等方式，收集各项水文要素资料。民国时期的水文测验，按民国政府有关部门颁发的《水文测量队施测方法》《水文水位测候站规范》《水文测读及记载细则》和《雨量气象测读及记载细则》等技术文件和规范执行。中华人民共和国成立后，执行水利（水电）部先后颁发的《水文测验报表格式和填制说明》《水文测验报表格式和填制说明》《水文测站暂行规范》《水文测验暂行规范》《水文测验试行规范》《水文测验手册》和国家标准、部颁标准、规范、规定等，以及省水文总站（省水文气象局）制定规范的补充规定、《测站任务书》《江西省水文测站质量检验标准》和《江西省水文测站质量检查评定办法》。通过规范、规定、标准的贯彻，仪器设备的改进和测验技术的提高等一系列措施，水文测验工作逐步走向正规化、标准化，成果质量得到提高。

各类水文测站根据不同的建站目的、任务，分别开展降水量、水位、流量、蒸发量、泥沙、水质、水温、气象等相应的水文要素监测，吉安市水文局还组织开展了流域、河段水文调查和勘测，积累了连续、系统、可靠的水文资料。

自 20 世纪 90 年代，全市水文系统开始兴建水文自动测报系统，应用遥测、通信和计算机等先进技术，实现了水文数据自动采集、存储和传输。

水文测验采用的时制，1949 年以前为中原时区标准时。1950 年改为北京标准时，但 1955 年的降水量和蒸发量观测，均为地方平均太阳时。观测记录均以 24 小时法记载。

各测验项目最早观测时间和站名详见表 2－2－1。

表 2－2－1　　各测验项目最早观测时间和站名

项　目	最早观测时间	站　名	所在河流	备　注
水位	1929 年	吉安观测站	赣江	
降水量	1931 年 1 月	吉安观测站	赣江	吉安站站志记载
蒸发量	1931 年 1 月	吉安观测站	赣江	
气象	1938 年	吉安观测站	赣江	
流量	1940 年 4 月	安福流量站	泸水	
悬移质含沙量	1951 年 5 月	天河三等水文站	禾水	
悬移质输沙率	1951 年 5 月	天河三等水文站	禾水	
比降	1952 年 7 月	吉安水文站	赣江	吉安站站志记载
悬移质泥沙颗粒分析	1958 年 1 月	棉津水文站	赣江	
推移质输沙率	1958 年 1 月	棉津水文站	赣江	
推移质泥沙颗粒分析	1958 年 1 月	棉津水文站	赣江	
水温	1958 年 1 月	棉津、峡江、渡头	赣江、孤江	
水化学	1958 年 1 月	棉津、峡江	赣江	
地下水	1960 年 5 月	螺滩地下水站		

测验设施设备最早使用时间和站名详见表2－2－2。

表2－2－2　　测验设施设备最早使用年份和站名

设　施　设　备	最早使用年份	站　名	所在河流	备　　注
第一座水文测验吊船过河索	1956	南溪	左溪	跨度100米
第一座虹吸式岸式自记水位测井	1965	千坊	文汇江	
第一套虹吸式自记雨量计	1966	峡江、鹤洲		以正式整编时间计
第一座高支架大跨度吊船过河索	1969	栋背	赣江	高度36米、跨度880米
第一座电动测流缆道	1969	赛塘	泸水	
第一艘大功率水文测船	1976	吉安	赣江	水文301号、150马力
第一座钢结构测流桥	1981	茅坪	茅坪水	
第一套翻斗式自记雨量计	2005	吉安等57站	赣江	吉安水情分中心建设57站
第一座大跨度测流缆道	2007	峡江	赣江	跨度450米
第一套走航式ADCP	2007	吉安	赣江	以正式整编时间计

第一节　降水量观测

据《水文年鉴》记载，吉安站最早观测降水量时间是1931年（民国20年）1月，吉安站是全市最早观测降水量的站。

仪器设备

民国时期，使用白铁皮制作的雨量器，口径20厘米，也有20.32厘米的，详情无法考证。1949—1956年，采用白铁皮制作的雨量器，口径20.32厘米，器口离地面高0.7米，雨量筒内有承雨管，用木制量雨尺测记降水量。

1955年，棉津、新田等少数站改用20厘米口径铜边刀口雨量器，1957年其他站全部改用20厘米口径铜边刀口雨量器。雨量器器口离地面高2.0米，装有防风圈。1958年各站均改用20厘米口径铜边刀口标准雨量器，器口离地面高0.7米，无防风圈，雨量筒内有储水瓶，用量杯测记降水量。

1966年开始试用SJ1型虹吸式自记雨量计（日记式）。据《水文年鉴》记录，1966年仅有峡江、鹤洲两站采用自记雨量计记录降水量进行整编，其他站均采用人工观测资料。1967年，棉津、栋背、新田、峡江、鹤洲5站采用自记资料整编。

1975年，全区水文站和水位站都配备了自记雨量计，之后雨量站也逐步配备自记雨量计。截至1982年，自记雨量站达84.6%。

2005年，吉安水情分中心建设，建设自动监测雨量站57站，采用翻斗式自记雨量计（又称遥测雨量器）和固态存储器收集降水量数据，逐步实现降水量的自动监测。

2007—2010年，随着吉安市山洪灾害预警系统工程和中小河流水文监测系统建设工程的进行，降水量观测仪器全部采用翻斗式自记雨量计替代虹吸式自记雨量计。降水量观测实现了自动记录、存储和传输，并每日8时通过人工观测日降水量进行校核。

2012年3月9日，江西省水文局批复吉安市水文局的《关于同意停用虹吸式雨量计和人工雨量器观测设备的批复》（赣水文站发〔2012〕第5号），同意吉安市水文局停用所有虹吸式雨量计。同月，停用所有虹吸式自记雨量计和代办站人工降水量观测，降水量观测全部采用翻斗式自记雨量计进行自动监测。从此，实现了降水量观测的全自动记录、存储和传输。

截至2020年，共有788站观测降水量站，全部采用翻斗式自记雨量计进行自动监测、全自动记录、存储和传输。

观测场地

中华人民共和国成立前，吉安水文站的雨量器安装在吊楼上，其他情况不详。从1950年起，各水文站均设有观测场，观测场一般选择在四周空旷、平坦、避开局部地形地物的影响处。四周障碍物和雨量器的距离不少于障碍物顶部和仪器器口高差的两倍，观测场四周围以栅栏，高度为1.2～1.5米。观测场地面积的大小以安装仪器互不影响便于观测为原则。设一种观测仪器时，场地面积不小于4米×4米。设两种观测仪器时，不小于4米×6米。雨量器器口一般离地面高0.7米，1955年改为离地面高2米，装有防风圈。1958年卸去防风圈，雨量器器口恢复为离地面高0.7米。自记雨量计的器口高度一般为仪器本身高度，约1.2米。

城镇水文站和水位站限于客观条件，观测场不能达到标准。代办雨量站的观测场四周均未建栅栏。同时要考虑代办员观测的方便，观测场更难符合规定。

1991年，水利部颁发《降水量观测规范》（SL 21—90）。为贯彻执行《降水量观测规范》，1993年，省水文局印发了《关于检发“降水量观测场整顿改造意见”的通知》（赣水文站字〔93〕第018号），对不符合要求的观测场进行了全面整顿改造。

2008年开始建设山洪灾害预警系统工程，大部分雨量站采用杆式观测场，部分雨量站采用房顶观测场。

截至2020年，全市19个基本水文站和水位站中，建有12米×12米标准观测场的有8站（栋背、滁洲、白沙、永新、井冈山、赛塘、新田、彭坊），建有4米×6米标准观测场的有5站（泰和、仙坑、上沙兰、莲花、鹤洲），建有4米×4米标准观测场的有2站（峡江、林坑），采用杆式观测场的有3站（吉安、新干、坳下坪），采用房顶观测场的有1站（遂川）。

观测方法

最早的降水量观测依靠人工观测，观测频次一般为1～4段制。安装自记雨量计后，能完整地记录降水量变化全过程，提高了资料质量。1966年，开始使用自记雨量计观测降水量。采用自记雨量计记录降水量时，一般每日8时进行校对日降水量和检查降水量仪器，暴雨时增加校对和检查次数。

人工观测降水量　民国时期为人工定时观测，降水量以9时为日分界，直至1953年为止。

1954—1955年，采用北京时间19时为日分界，和气象部门一致。

1956年1月，执行《水文测工站暂行规范》，改为以8时为日分界，但在1961年5—9月及1962年4—9月，以每日6时为日分界。

中华人民共和国成立初期的人工观测都测记降水量及其起讫时间，并加测降水强度变化。自1952年开始，水文站和水位站昼夜测记降水量及其起讫时分，并根据降水强度变化及时分段加测。1954年起安装降雨警铃，降雨一开始便发出铃声，提示观测人员进行观测。

从1956年开始，雨量站多采用定时观测（每日8时），汛期为4段制，非汛期为2段制，暴雨时进行加测。1966年，采用虹吸式自记雨量计后，一般是每年3—10月采用自记记录，11月至次年2月采用人工观测，当自记仪器出现故障时，采用人工观测。

2012年3月9日，省水文局批复吉安市水文局的《关于同意停用虹吸式雨量计和人工雨量器观测设备的批复》（赣水文站发〔2012〕第5号），同意吉安市水文局从2012年起停用所有虹吸式雨量计和国家基本代办雨量站人工雨量器的降水量观测，所有降水量观测采用翻斗式雨量计自动监测，实现了降水量观测的全自动记录、存储和传输。当自记仪器出现故障时，自办站采用人工观测，其他站采用邻站插补。

自办站人工观测还要求准确测记冰雹粒径和积雪深度（把雨量器内积雪融化后换算成降水深）。1977年以前，测记雾、露、霜量，1978年以后仅测记初霜和终霜日期。

虹吸式自记雨量计记录降水量（纸质记录）　每日8时必须按时换纸或移笔（量虹吸量），每张纸记录不得超过5天。自记起讫时间自办站、小河站及其小河配套雨量站为3月1日—10月31日，其他站为3月15日—10月31日，冰冻、霜冻期除外。雨量仪器存在器差或自记记录的雨量误差和时间误差超过《降水量观测规范》（SL 21）规定，应对降水量记录进行订正。当自记仪器发生故障时，则进行人工观测，观测频次为汛期4段制，非汛期2段制，暴雨期加密观测。2012年3月，省水文局批复吉安市水文局的《关于同意停用虹吸式雨量计和人工雨量器观测设备的批复》（赣水文站发〔2012〕第5号），同意停用虹吸式雨量计。

翻斗式自记雨量计记录降水量（数值记录，又称遥测记录）　自2005年开始，逐步采用翻斗雨量计、固态存储器收集并传递降水量数据。每日8时自办站必须对遥测记录进行检查对照并确认数据的真实性。固态存储应定期取数，确保自记数据不丢失。每次取回的数据应及时进行处理并进行对照检查，对缺测或有问题的数据采用自记、人工或邻站对照插补，并补充完善数据库。

2012年，停用虹吸式自记雨量计和代办人工观测后，全年采用翻斗式自记雨量计记录降水量。自办站应每天对遥测数据进行监视，当自记仪器出现故障或数据异常时，自办站采用人工观测，其他站采用邻站插补。

代办雨量站降水量观测　代办雨量站的委托当地城乡居民、农民、小学教师、当地邮电所和乡村干部代办观测业务。每年汛前，自办站都会对代办员进行一次业务培训，代办人员一般都能认真学习业务，努力工作，克服困难，完成任务。如1981年9月，遂川县大暴雨，高坪雨量站代办员郭重桂和他的女儿，从上午9时至次日凌晨1时，严密注视自记雨量计的运转情况，在历时16小时内，雨量计正常虹吸32次，降水量达326毫米，圆满地观测到暴雨全过程。

但也有些站由于代办员经常更换、业务生疏、代办费相对偏低，代办员本身工作（生产）繁忙等，迟测、漏测现象时有发生。

2012年，所有代办雨量站均安装了翻斗雨量计，停用虹吸式自记雨量计，停止了代办观测，由代办观测转为仪器看管。

技术标准

1929年（民国18年），江西水利局印发《水文测量队施测方法》，内分水位观测，流量测量、含沙量测验、雨量测量、蒸发量观测和其他各项气象观测等篇章，是省内最早的水文技术文件。

1935年（民国24年）9月16日，江西水利局印发《雨量观测方法》，对雨量器等的安装和观测方法作出统一规定。

1941年（民国30年），执行中央水工试验所水文研究站制定《雨量气象测读及记载细则》。

1954年，执行水利部颁布的《气象观测暂行规范（地面部分）》。降水量、蒸发量观测时制的日分界改为19时，和气象部门一致。

1956年1月，执行《水文测工站暂行规范》，降水量、蒸发量观测改为以8时为日分界。

1958年，执行水利部水文局颁发《降水量观测暂行规范》。

1975年，执行水利电力部颁发的《水文测验试行规范》和《水文测验手册》第一册“野外工作”。

1991年11月11日，执行水利部颁发的《降水量观测规范》（SL 21—90）。

2006年10月1日，执行水利部颁发的《降水量观测规范》（SL 21—2006），替代SL 21—90。

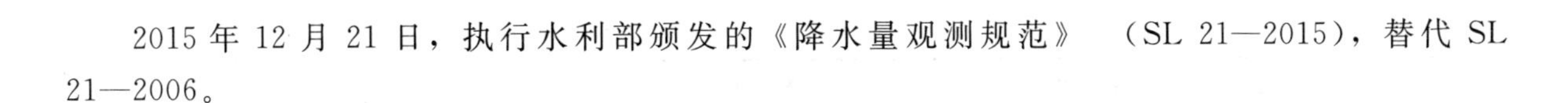

2015年12月21日，执行水利部颁发的《降水量观测规范》（SL 21—2015），替代SL 21—2006。

第二节 水位观测

1929年，江西水利局在赣江中游设立吉安观测站，用于观测水位。吉安站是最早观测水位的站，也是吉安市最早的水文测站。

仪器设备

在20世纪60年代前，各站采用木质靠桩直立式木质水尺（1953年吉安站采用砖砌靠桩），水尺板用宽10～12厘米，厚2～3厘米的平直杉木板制成，1厘米或2厘米为一格，由测站自行刻划、油漆，作为水尺板测记水位。20世纪60年代初，逐步改建钢筋混凝土结构的水尺靠桩，使用工厂生产1厘米一格的搪瓷水尺板测记水位。20世纪80年代开始，部分新设站用槽（角）钢夯入河床做水尺靠桩，在靠桩露出地面部分装上搪瓷水尺板。有的站安装静水设备，以消除较大风浪引起的水面波动，提高观测精度。

1965年12月，全区第一座浮子式自记水位计井在千坊站建成投产。20世纪70年代，大规模兴建自记水位计井，先后有栋背、林坑、上沙兰、新田等16站兴建了浮子式自记水位计井。自记水位计台属永久性建筑物，以岛岸结合式为主，小河水文站多系岸式。自记仪器主要采用上海气象仪器厂生产的HCJ型日记水位计和重庆水文仪器厂生产的SW40型日记水位计（纸质模拟型）。

为实现水位的全自动化监测、存储和传输，2010年以后，纸质浮子式水位逐步换成数码浮子式，有部分站还采用雷达式水位计、气泡式水位计和压力式水位计。但数码浮子式水位计是水文站中水位监测的主要仪器，在全市39个水文站中，有37站为浮子式水位计，占水文站总数的94.9%。

截至2020年年底，在全市39个水文站和181个水位站中，水位观测全部采用自记水位计自动监测，其中，浮子式水位计有121站，占55.0%，雷达式水位计有60站，占27.3%，气泡式水位计有29站，占13.2%，压力式水位计有10站占4.5%。

全市自记水位计井开始使用时间详见表2-2-3。

表2-2-3　　全市自记水位计井开始使用时间

站　名	自记水位计井开始使用时间	自记水位计井进水方式	备　　注
千坊	1965年12月	虹吸式	
永新	1970年1月	虹吸式	
林坑	1972年3月	直通式	1971年12月建成
鹤洲	1972年7月	直通式	
上沙兰	1973年1月	直通式	1970年11月建成
赛塘	1973年1月	直通式	1971年11月建成
南溪	1974年3月	直通式	
滁洲	1976年冬	直通式	
彭坊	1978年4月	直通式	
仙坑	1978年9月	直通式	
栋背	1979年1月	直通式	1978年10月建成
新田	1979年1月	直通式	

续表

站　名	自记水位计井开始使用时间	自记水位计井进水方式	备　　注
远泉	1979年1月	直通式	1979年1月设站
毛背	1979年1月	直通式	
伏龙口	1979年1月	直通式	1978年10月建成
坳下坪	1979年1月	直通式	
杏头	不详		1979年1月设站
木口	1979年5月	直通式	
茅坪	1979年冬	直通式	
峡江	1982年1月	虹吸式	1981年12月建成
行洲	1981年1月	直通式	1972年建成后几年未使用
沙村	1983年4月	虹吸式	1982年10月建成
白沙	2000年1月	直通式	
泰和	2004年1月	直通式	
新干	2004年1月	直通式	
遂川	2004年6月	直通式	
莲花	2005年1月	虹吸式	
吉安	2005年4月	虹吸式	1994年12月开始采用压力式自记水位计记录水位

观测方法

基本水尺水位观测　最早的水位观测依靠人工观测，观测频次根据洪水情况而定。安装自记水位计后，能完整地记录水位变化全过程，提高了资料质量。使用自记水位计观测水位时，一般每日定时进行校测和检查，水位涨落急剧时，适当增加校测和检查次数，超出规范允许误差时，则进行订正。

人工观测水位　1929年（民国18年）至1930年（民国19年），每日8时、16时观测2次。1931年（民国20年）后，每日6时、12时、18时（或7时、12时、17时）观测3次；冬枯季也有时每日8时、16时观测2次。

自1950年起，每日按照原观测次数外，洪水期每日9时、16时各加测一次；冬枯季每日7时、12时、17时观测3次；1952年汛期（4—9月），每日除按定时观测外，当出现洪峰和洪谷时，白天0.5～1小时观测一次，晚上1～2小时观测一次。1956年贯彻执行《水文测站暂行规范》后，每日8时、20时定时观测，为配合报汛，另增加定时观测。此外，各站以掌握水位变化全过程为原则进行观测。

20世纪80年代，吉安地区水文站制定了《水文测站质量检验标准》。人工水位观测除每日8时、20时定时观测外，月年最高、最低水位必须准确测记，洪峰洪谷各不少于2个以上平点（最先和最后出现的平点必测），且两次间隔时间赣江站不得超过2小时、小河站0.1～0.5小时、其他站0.5～1小时，受水利工程影响的峰谷间隔赣江站不得超过1小时，其他站不得超过0.5小时。洪水涨落水面根据各站洪水特征，一般是赣江站和上沙兰站高水2～4小时观测一次，中水3～6小时观测一次；小河站高水0.1～0.2小时观测一次，中水0.5小时观测一次；其他站高水0.5～1小时观测一次，中水1～2小时观测一次。

人工观测水位，虽然简单，却很艰苦，特别是大洪水时期，观测次数增多，更为劳累，也很危险。1962 年 6 月下旬，洪水进入吉安市区，观测人员被困在河岸边的小船上坚持观测水位十多个小时，直至洪水退落后方返站。

纸质自记记录水位 每日 8 时更换记录纸，调整仪器，校测井外水位；20 时检查仪器运转情况，在洪水季节，适当增加校测和检查仪器运转情况的次数。若自记水位与校核水位相差超过 2 厘米，一日内时间误差超过 10 分钟，进行误差订正。当自记水位仪器出现故障时，按人工观测要求观测水位。

数码自记记录水位 每日 8 时、20 时校对水位和检查仪器运转情况，洪水期增加校对和检查次数。当自记水位仪器出现故障时，按人工观测要求观测水位。

比降水尺水位观测 比降水尺的设置与基本水尺相同，水面比降以万分率（10^{-4}）计。

从 1964 年开始，按照水文站任务书规定：在测流开始和终了时观测比降水尺水位，洪水期适当加测，并观测年最高水位时的比降。

20 世纪 80 年代，按照水文测站测验质量检验标准，各站比降水尺水位观测，每年高水观测不少于 15 次，中水观测不少于 10 次，部分站低水观测不少于 5 次，超历史洪水观测洪水全过程。2010 年 10 月，省水文局印发《江西省水文局水文测验质量核定标准》，各站比降水尺水位观测调整为每年高水观测不少于 10 次，中水观测不少于 5 次。

2015 年，为适应水文巡测需要，吉安市水文局组织各站进行了一次测验方式方法分析。栋背、白沙、上沙兰、赛塘、彭坊站水位糙率关系较好，然而，在其他站点水位糙率关系毫无规律，比降观测意义不大。比降水尺水位观测仅保留栋背、白沙、上沙兰、赛塘、彭坊和莲花站，每年高水观测 5 次，中水观测 3 次，其他站比降水尺停止观测。停测站也有些站保留了高水比降水尺，备作超历史洪水应急使用。

地下水位观测 1960 年 5 月，设立第一个地下水站（吉水富滩站），开始地下水位观测。

20 世纪的地下水位观测，主要是人工观测，利用不干涸的民用井，每日早晨在居民汲水前，以胶皮线或伸缩性较小有尺寸的绳索，一头系重物，测出井口固定点至井水面的距离，算出地下水位高程，作为当日的地下水位。

2009 年 7 月 1 日，建立第一个地下水自动监测站（吉州区吉福站，位于吉安市水文局院内），观测地下水位、水温、水质。监测使用的监测仪器主要有：WSH－2 浮子式水位传感器、2.5L 深水水质采样器、JWB/P 水温传感器。

截至 2020 年，全市地下水站 11 站（吉州区吉福、桥南小学站，青原区天玉、值夏站，遂川县遂川站，泰和县泰和、小溪站，峡江县巴邱站，永新县永新站，永丰县永丰站，井冈山市茨坪站），均为全自动监测。

技术标准

1929 年（民国 18 年），江西水利局印发《水文测量队施测方法》，内分水位观测，流量测量、含沙量测验、雨量测量、蒸发量观测和其他各项气象观测等篇章，是省内最早的水文技术文件。

1941 年（民国 30 年），执行中央水工试验所制定的《水文水位测候站规范》和《水文读记及记载细则》。

1961 年 1 月 1 日，执行水电部颁发《水文测验暂行规范》（水位及水温观测）。

1975 年，执行水利电力部颁发《水文测验试行规范》和《水文测验手册》第一册“野外工作”。

1992 年 11 月 25 日，执行建设部颁发《水位观测标准》（GBJ 138—90），并于 2010 年 12 月 1 日停止使用。

2006 年 3 月 1 日，执行水利部颁发《地下水监测规范》（SL 183—2005）。

2010年12月1日，执行住房和城乡建设部、国家质量监督检验检疫总局颁发的《水位观测标准》（GB/T 50138—2010），GBJ 138—90同时废止。

第三节　流　量　测　验

据《水文年鉴》记载，1940年4月，江西水利局在泸水设立安福流量站，观测水位、流量等，直至1941年11月停测。安福流量站是吉安水文最早监测流量的站。

1947年8月，江西水利局在乌江设吉水水文站，观测水位、流量，至1949年1月停测。同年9月，吉安二等测候所改吉安水文站，增加流量测验，至1949年4月停测。10月，江西水利局在禾水设永阳水文站，观测水位、流量，至1949年2月停测。

1949年2月至1951年4月，全区无流量测验站。

1951年5月，省水利局在吉安县禾水设天河三等水文站，观测水位、流量等。同年6月，吉安水位站改吉安二等水文站，增加流量测验。

1952年，设立吉水三等水文站（5月改丁江三等水文站）、永阳三等水文站、遂川三等水文站、固江三等水文站、孤江口三等水文站，进行水位、流量测验。

1953年1—2月，孤江口三等水文站改渡头水位站、天河三等水文站改天河水位站、永阳三等水文站改永阳水位站、固江三等水文站改固江水位站、遂川三等水文站迁移至遂川县夏溪村改夏溪水位站，停测流量。

1953年3—4月，省水利局在万安县赣江设棉津水文站，观测水位、流量等。丁江三等水文站改新田二等水文站。

1954年1月，新田二等水文站改新田水位站，停测流量。

1956年，恢复固江水文站和永阳水文站，恢复流量测验。同年，增设洋埠水文站，观测水位、流量。

1957年，增设栋背、峡江、南溪、林坑、窑棚、渡头、滩头7个水文站，进行水位、流量测验。

1958年，增设滁洲等站及小汇水面积站，该年流量测验站达47站，是吉安历史上流量测验站数最多的一年。

1959年，部分水文站及小汇水面积站逐渐撤销，1960年保留水文站18站。

1960—1974年，流量测验站数平均在18站，最多的年份是1972年和1973年22站，最少的年份是1963年14站。

1975—1992年，流量测验站数平均在28站左右，最多的年份是1979年34站，最少的年份是1992年25站。

1993—2013年，流量测验站数平均在17站左右，最多的年份是1993年21站，最少的年份是2005—2010年15站。

2014—2020年，流量测验站稳定在39站，其中国家基本站17站，非基本站（中小河流站）22站，站名见表2-2-4。

流量测验是艰苦的体力劳动，汛期为了抢测整个洪水过程的流量，往往是早饭后上船，至傍晚测完回站做饭，有的携带干粮上船，大洪水时甚至要冒生命危险。1964年6月17日，峡江站水位超过警戒线1米，在中泓测流时，由于水深流急，木船急剧颠翻，测工赵明荣落水，不幸身亡。1977年5月29日，林坑站出现88.89米的洪峰水位，三人抢测洪峰，因大漂浮物冲翻船而漂流1千米远才先后上岸，一人轻伤，二人重伤住院。

表 2-2-4　　　　2020 年水文站统计

国家基本站		序号	站名	非基本站		序号	站名	序号	站名
序号	站名	9	白沙	序号	站名	26	小庄	35	藤田
1	栋背	10	永新	18	顺峰	27	中龙	36	冠山
2	吉安	11	上沙兰	19	沙坪	28	黄沙	37	曲岭
3	峡江	12	莲花	20	汤湖	29	龙门	38	罗田
4	遂川	13	井冈山	21	大汾	30	桥头	39	潭丘
5	坳下坪	14	赛塘	22	西溪	31	东谷		
6	仙坑	15	彭坊	23	南洲	32	长塘		
7	滁洲	16	新田	24	行洲	33	沙溪		
8	林坑	17	鹤洲	25	新江	34	鹿冈		

仪器设备

测船　是流量测验中渡河的主要工具。1953 年前，流量测验主要是临时租用民船，吉安站中低水租木船，高水租航运局汽轮。1953 年起配置木质测船，棉津站 1953 年配有载重 4 吨木质测船，吉安站 1954 年配有载重 2.5 吨木质测船（同时租用公路段机动船用于高水测流）。此后各站均根据水流特性，配备了不同载重量级的水文测船。

1964 年起，开始配置机动测船，吉安站于 1964 年配置 20 马力和 80 马力机动船各 1 艘，1976 年又配置 1 艘 150 马力机动船，自动绞锚，并安装可控硅测流。棉津、峡江站在 1972 年各配置了 1 艘 20 马力机动船。20 世纪 80 年代，栋背、上沙兰、新田站也均配置了机动船。

1961 年 4 月，全区第一座跨河手摇测流缆道在滁洲水文站正式运行，解决了测流渡河的难题。从此，测船渡河测流方式逐渐被缆道测流方式所替代。

截至 2020 年，除赣江栋背、吉安、峡江三站保留测船外，其他站均不再使用测船，全市测船总数为 8 艘。栋背站有非机动钢板船 2 艘，吉安站有 80 马力机动船 1 艘（赣水文 03）、20 马力机动船 1 艘（赣吉水文 01）、85 马力快艇 2 艘（赣水文 17、赣水文 18），峡江站有 24 马力机动船 1 艘（赣水文 19）、85 马力快艇 1 艘（防汛 8 号）。

全市各水文站初期测船配置情况详见表 2-2-5。

表 2-2-5　　　　全市各水文站初期测船配置情况

站名	初期测船配置时间	测船类型	备　注
棉津	1953 年 3 月	木质、非机动	1972 年 4 月装配 20 马力机动船
吉安	1954 年	木质、非机动	1964 年配置 20 马力和 80 马力机动船，1976 年配置 150 马力机动船
上沙兰	1956 年 1 月	木质、非机动	1982 年配置 12 匹马力钢板机动船
赛塘	1956 年 9 月	木质、非机动	
南溪	1956 年 11 月	木质、非机动	
栋背	1957 年 1 月	木质、非机动	1971 年 3 月配置非机动铁板船，1985 年 4 月配置 12 马力机动船
峡江	1957 年 1 月	木质、非机动	1972 年 2 月配置 20 马力木质机动船，1983 年配置 40 匹马力钢板机动船
林坑	1957 年 1 月	木质、非机动	
洋埠	1957 年 1 月	木质、非机动	
渡头	1957 年 2 月	木质、非机动	

续表

站名	初期测船配置时间	测船类型	备注
滁洲	1958年4月	木质、非机动	
新田	1959年3月	木质、非机动	1982年配置3马力钢板机动船，1983年改12马力钢板机动船
鹤洲	1959年	木质、非机动	
千坊	1964年冬	木质、非机动	
永新	1968年4月	木质、非机动	
木口	1978年4月	木质、非机动	
伏龙口	1979年6月	木质、非机动	
沙村	1981年4月	木质、非机动	
白沙	2000年4月	12马力钢板机动船	

水文绞车 主要用于升降悬吊流速仪测流工作。1955年前，无水文绞车，靠手提绳索悬吊流速仪施测流速。

1955年，吉安站利用自行车三角架改装成绞车，解决了人力手提绳索的问题，减轻了工作强度。随后，上沙兰、林坑、洋埠站也采用自行车二角架改装成绞车。

1956年，吉安、棉津站使用自制铁质绞车，随后，栋背、渡头站也开始使用铁质绞车。同年，南溪站自制天平式木质绞车，随后，峡江、渡头、鹤洲、洋埠站也使用木质绞车。

从1957年起，棉津、栋背、吉安、峡江、永新、上沙兰、赛塘、新田等站开始使用南京水工生产的绞车（50千克定向铁绞车）。

1964年起，各站陆续配备了南京水工仪器厂生产的50千克级和100千克级水文绞车，能水平旋转360度，并装有计数器。

吊船过河索 是测流工作中跨越河流的重要设备。1956年，南溪站首先架起了吊船过河索，两岸为木质支柱，跨度100米，解决了人力撑船的困难，缩短了测流时间。随后，各站纷纷建造了吊船过河索。

1958年，林坑站架设吊船过河索，右岸为混凝土地锚，左岸固定在大樟树上。然而，在1961年经荷负试验中被拉垮，1962年重新架设，两岸均采用钢筋混凝土地锚。

1965年11月，全区第一座大跨度吊船过河索在峡江站建成，横跨赣江，跨度734米，两岸采用钢筋混凝土地锚。

1969年10月，全区最大跨度的吊船过河索在栋背站建成，横跨赣江，跨度880米，主索直径20.5毫米，左岸为钢筋混凝土地锚，右岸为钢支架，钢支架高度36米。

1983年1月，全区最后一座吊船过河索在棉津站竣工，横跨赣江，跨度600米。至此，全区先后建造了17座吊船过河索。

1969年5月，全区第一座跨河测流缆道在赛塘水文站正式运行，从此测船渡河测流方式逐渐被缆道测流方式所替代，测船逐渐被淘汰，吊船过河索也相应被废除。

截至2020年，全市仅有栋背水文站还在使用吊船过河索，其他站吊船过河索已废除。

全市各水文站初期使用吊船过河索情况见表2-2-6。

水文缆道 是进行流量测量的重要设备。1961年4月，全区第一座简易缆道在滁洲站建成，缆道两岸为木质支柱，绞车为木轮，使用到1966年2月。1969年年底，开始架设浙江式无偏角缆道（悬杆缆道），主索直径20.5毫米，跨度105米，两岸为木质支柱。1982年，又架设了一座高水无偏角缆道，主索直径16.0毫米，跨度110米，左岸为钢支架，右岸为钢筋混凝土地锚。2010年2月，缆道改造，重建缆道房和缆道，缆道主索直径16.0毫米，跨度30米，左岸为钢支架，右岸为钢筋混凝土地锚。

表 2-2-6　　全市各水文站初期使用吊船过河索情况

站名	开始使用吊船过河索时间	支架、支柱、地锚材质	主索直径/毫米	跨度/米
南溪	1956 年	两岸为木质支柱	12.0	100
林坑	1958 年	右岸为混凝土地锚，左岸固定在大樟树上	16.0	147
渡头	1961 年	两岸为木质支柱	16.5	160
上沙兰	1964 年	两岸钢筋混凝土支柱	18.5	270
赛塘	1964 年	两岸钢筋混凝土支柱	18.5	280
滁洲	1964 年	两岸为木质支柱	20.0	120
鹤洲	1965 年 1 月	两岸钢筋混凝土支柱	12.0	100
峡江	1965 年 11 月	两岸为混凝土地锚	18.5	734
新田	1965 年	两岸为混凝土地锚	20.0	250
千坊	1966 年 11 月	左岸为混凝土地锚，右岸为钢筋混凝土支柱	15.5	120
永新	1968 年年底	两岸钢筋混凝土支柱	18.5	160
栋背	1969 年 10 月	右岸为钢支架、左岸为混凝土地锚	20.5	880
东谷	1977 年	两岸为混凝土地锚	18.5	180
伏龙口	1979 年 5 月	两岸为混凝土地锚	15.5	67
木口	1980 年	两岸钢筋混凝土支柱	16.5	147
沙村	1981 年 5 月	两岸为混凝土地锚	15.5	75
棉津	1983 年 1 月	右岸为钢支架、左岸为混凝土地锚	18.5	600

1969 年 5 月 19 日，全区第一座电动水文缆道在赛塘站建成，主索直径 18.5 毫米，跨度 280 米，缆道两岸为钢支架，是一座手摇、半机械化水文缆道。1983 年，改为了可控硅控制，实现了缆道测流自动化。2004 年 1 月，赛塘站基本水尺断面上迁 8 千米，改为赛塘（二）水文站，重新架设电动缆道，主索直径 15.5 毫米，跨度 190 米，缆道两岸为钢支架。

1972 年 5 月，行洲站架设了手摇测流缆道，主索直径 15.5 毫米，跨度 60 米，缆道两岸为钢筋混凝土地锚。1984 年 4 月建拉偏索，减小缆道悬索偏角。1994 年行洲站停测，2011 年恢复行洲水文站为中小河流水文站，但未建水文缆道。

1972 年 11 月，千坊站架设手摇测流缆道，主索直径 15.5 毫米，跨度 120 米，缆道左岸为地锚，右岸水泥杆支柱。在此之前，千坊站还使用过简易缆道，具体情况不详。

1972 年，永新站架设手摇测流缆道，1974 年开始使用，1978 年改造为电动缆道，但在 1982 年 6 月被大洪水冲毁。1982 年 4 月永新水文站改为水位站，2014 年 1 月永新水位站升级为中小河流水文站，重新架设电动缆道，主索直径 16.0 毫米，跨度 220 米，两岸均为钢支架。

1975 年 4 月，坳下坪站架设手摇缆道，主索直径 7.7 毫米，跨度 46.3 米，两岸为钢筋混凝土地锚。2006 年 1 月，坳下坪站上迁约 3.5 千米至遂川县禾源镇，改为坳下坪（二）水文站，重新架设缆道，主索直径 12.5 毫米，跨度 30 米，两岸为钢支架。

1978 年，木口站架设手摇测流缆道，主索直径 15.5 毫米，跨度 135.9 米，两岸为木质支柱。1980 年改水泥杆支柱，1985 年又改为手摇电动两用。

1979 年 1 月，林坑站架设手摇测流缆道，1981 年改手摇电动两用缆道，主索直径 15.5 毫米，跨度 117 米，两岸为钢筋混凝土地锚。2010 年 10 月缆道上迁 50 米重新架设，主索直径 12.5 毫米，跨度 80 米，左岸为钢支架，右岸为水泥杆支柱。

1979 年 1 月，杏头站架设手摇测流缆道，主索直径 14.0 毫米，跨度 32 米，右岸为木质支柱，左岸为钢筋混凝土地锚。1983 年撤销缆道，改用测桥测流。

1979 年，鹤洲站架设手摇电动两用测流缆道，主索直径 12.0 毫米，跨度 70 米，缆道为两岸为水泥杆支柱。2014 年缆道改造，保留手摇电动两用，主索直径 16.0 毫米，跨度 90 米，两岸为钢支架。

1981 年 1 月，东谷站架设手摇测流缆道，主索直径 18.5 毫米，跨度 180 米，缆道左岸为钢支架，右岸为地锚。2005 年 1 月东谷站停测，2015 年在断面下游约 500 米处恢复东谷水文站为中小河流水文站，重新架设电动缆道，主索直径 16.0 毫米，跨度 67 米，两岸为钢支架。

1998 年 5 月，全区第一座测流、取沙双索电动缆道在上沙兰站建成，两岸为水泥杆支柱。2013 年 12 月缆道改造，主索直径 18.0 毫米，跨度 330 米，两岸为钢支架。

2007 年 1 月，全市第一座横跨赣江的大跨度电动缆道在峡江站建成，缆道主索 18.5 毫米，跨度 450 米，铅鱼载重 300 千克，缆道左岸为钢支架，高度 67 米，右岸为钢筋混凝土地锚，也是全省范围内首个大跨度水文缆道。2011 年，"峡江大跨度水文缆道信息采集系统试验研究"科技项目获吉安市人民政府颁发的"吉安市科学技术奖"二等奖。

2014—2017 年期间，共建中小河流水文站水文缆道 11 座，缆道包括手摇、电动和手摇电动两用等三种类型，除冠山站缆道跨度大于 100 米外，其他站缆道跨度均小于 100 米。

2017 年 4 月，全市最后一座水文缆道在汤湖站竣工完成。

历年来，由于站网调整，有些站撤销，水文缆道也相应废除，截至 2020 年年底，全市 39 个水文站中，有水文缆道 24 座（峡江、坳下坪、仙坑、滁洲、林坑、白沙、永新、上沙兰、莲花、赛塘、彭坊、新田、鹤洲、汤湖、中龙、小庄、桥头、黄沙、长塘、东谷、冠山、鹿冈、罗田、潭丘），其中电动或手摇电动两用缆道 13 座，占 54.2%。

全市各水文站最初使用水文缆道情况见表 2-2-7。

表 2-2-7　　全市各水文站最初使用水文缆道情况

站名	开始使用缆道时间	缆道类型	两岸支柱类型	主索直径/毫米	跨度/米
滁洲	1961 年 4 月	手摇	两岸为木质支柱	16.0	105
赛塘	1969 年 5 月	手摇电动两用	两岸为钢支架	18.5	280
行洲	1972 年 5 月	手摇	两岸为钢筋混凝土地锚	15.5	60
千坊	1972 年 11 月	手摇	左岸为地锚，右岸为水泥杆	15.5	120
永新	1974 年	手摇	两岸为钢支架	18.5	180
坳下坪	1975 年 4 月	手摇	两岸为钢筋混凝土地锚	7.7	46.3
毛背	1975 年 4 月	手摇	两岸为水泥杆支柱	10.0	40
仙坑	1978 年 8 月	手摇	两岸为地锚	16.0	60
彭坊	1978 年 11 月	手摇电动两用	左岸为钢支架，右岸为地锚	15.5	79
木口	1978 年	手摇	两岸为木质支柱	15.5	135.9
鹤洲	1979 年	手摇电动两用	两岸为水泥杆支柱	12.0	70
林坑	1979 年 1 月	手摇	两岸为钢筋混凝土地锚	15.5	117
杏头	1979 年 1 月	手摇	右岸为木支柱，左岸为钢筋混凝土地锚	14.0	32
伏龙口	1979 年 1 月	手摇	左岸为地锚，右岸为水泥杆	12.5	64.3
东谷	1981 年 1 月	手摇	左岸为钢支架，右岸为地锚	18.5	180
沙村	1985 年 5 月	手摇电动两用	两岸为地锚	15.0	75
上沙兰	1998 年 5 月	电动	两岸为水泥杆支柱	15.5	224

续表

站名	开始使用缆道时间	缆道类型	两岸支柱类型	主索直径/毫米	跨度/米
新田	1999年	电动	两岸为水泥杆支柱	18.5	250
白沙	2000年4月	手摇电动两用	两岸为钢支架	15.5	125
莲花	2005年1月	电动	两岸为钢支架	15.0	110
峡江	2007年1月	电动	左岸为钢支架，右岸为钢筋混凝土地锚	18.5	450
黄沙	2014年3月	手摇	两岸为钢支架	16.0	55
长塘	2014年3月	手摇	两岸为钢支架	16.0	40
中龙	2014年3月	手摇	两岸为钢支架	16.0	40
小庄	2014年3月	手摇	两岸为钢支架	16.0	65
桥头	2014年3月	手摇	两岸为钢支架	16.0	85
冠山	2015年1月	手摇电动两用	两岸为钢支架	15.5	155
鹿冈	2016年1月	手摇	两岸为钢支架	15.5	40
潭丘	2016年	手摇电动两用	两岸为钢支架	16.0	100
汤湖	2017年4月	电动	两岸为钢支架	16.0	65
罗田	2017年	手摇电动两用	两岸为钢支架	16.0	45

测桥　20世纪70年代后期，对河面较窄的小河水文站，在断面上架设测桥，解决小河站渡河测流问题。

1977年，茅坪站设站时架设木质测桥，1982年5月改建为钢架测桥，测桥下边缘装有简便悬杆投放行车，备以装置投放流速仪之用。

1979年，远泉站在设站时架设木质测桥，测桥跨度5.6米。1984年年底改建为钢架测桥。

1979年，杏头站在设站时架设木质测桥，测桥跨度4.5米。1983年4月改建为钢架测桥，测桥上装有过桥行车，测流时，在室内手摇绞车操作悬杆悬吊流速仪施测。

茅坪、远泉、杏头3站于2000年前撤销，2000年后全市没有水文站使用测桥。

测流建筑物　20世纪80年代初期，对断面不稳定、测流不方便、水位流量关系不好的小河水文站，采取整治河床、兴建测流建筑物的办法，改变测流方法和水位流量关系。

1980年11月，杏头站兴建测流槽，测流槽为三角形，顶角153度，槽长8米，宽14.85米。

1981年年底，远泉站兴建枯水测流槽，测流槽为矩形，槽长6米、宽0.5米、深0.33米。1984年年底加高测流槽两岸，使槽深达0.41米。茅坪站兴建测流槽，测流槽为U形，长6米，宽10米，因收缩部分引起流速紊乱，1982年12月经整治近似矩形。

茅坪、远泉、杏头3站于2000年前撤销，2000年后全市水文站不再使用测流建筑物。

浮标投放器　20世纪80年代，对河面不太宽的水文站，架设浮标投放器，便于高水投放浮标，对高水测洪起到一定作用。随着流速仪测流条件的日益改善，浮标投放器使用效率大为降低。

1984年冬，伏龙口水文站架设了浮标投放器。

1985年，千坊水文站架设了浮标投放器。

1996年1月1日撤销伏龙口水文站，2005年1月1日撤销千坊水文站。2005年1月后，全市水文站不再使用浮标投放器。

流速仪及在线测流仪器　1958年前，使用旋杯式流速仪，1958年增加旋桨式流速仪（LS25－1型）和旋杯式流速仪（55型）同时使用。20世纪60年代，增加LS68型旋杯式流速仪，20世纪70年代，增加LS68－2型低流速仪和LS20型浅水使用的流速仪。2000年后，多用LS25－3A型旋桨式流速仪。吉安、赛塘、鹤洲、永新站配有可控硅装置的缆道或机动测船，使用直读流速仪。

2006年，全市引进的第一台走航式声学多普勒流速仪（走航式ADCP）在吉安站运行。ADCP仪器作为一种高科技水文测量仪器，测流时间短、性能稳定，减轻测流劳动强度，提高流量测验的自动化水平，为洪水准确预报赢得时间。

2012年，遂川队、吉安队和永新巡测基地各配置手持电波流速仪一套，首次使用非接触式流速测量仪器，极大提高了流量测验的安全性。

2014年，仙坑站引进一套非接触式移动雷达波测流仪，经过一年的比测试验，测验精度较高，2015年测验成果正式用于整编、刊印。

2015年，吉安站安装定点式声学多普勒流速仪（浮标式ADCP）一台，实现在线测流，但在流量测验试验中存在问题较多，无法正常使用。2017年改用水平式ADCP。

2016年，中小河流水文站龙门、新江站安装远程控制移动式雷达波，中龙站安装单探头旋转雷达波，实现远程控制测量。然而，新江站的移动式雷达波在2018年的蜀水大洪水中被冲毁，中龙站的单探头旋转雷达波经比测分析，效果欠佳，不能用于正常测验。

2017年，峡江站引进了一台浮标式声学多普勒流速剖面仪（浮标式ADCP），遂川站安装固定三探头雷达波测湖系统，实现在线测流。经比测分析，两站测验精度较好，可用于常规测验。

2019年，引进无人机携带电波流速仪测流，测验方法正在探索中。

截至2020年年底，全市自动化测流仪器有走航式ADCP 23台，便携式ADCP 6台，水平式ADCP 1套，浮标式ADCP 1套，固定雷达波2套，移动雷达波7套，手持电波流速仪5套，无人机测流9套。

铅鱼 质量有8千克、15千克、30千克、50千克、75千克、100千克、150千克、200千克、250千克和300千克10种规格。有时两个铅鱼串联起来使用。20世纪50年代前期，徒手提放仪器测深测速时，一般使用8千克铅鱼，使用木质绞车时，常使用15千克、30千克的铅鱼。水文绞车取代木质绞车后，则使用30千克、50千克、75千克的铅鱼，低水流速时也使用15千克铅鱼。水文缆道投产后，由开始的15千克、30千克、50千克，进而增至75千克、100千克，电动缆道高水用150千克。赛塘站高水使用过200千克铅鱼，峡江站现使用300千克铅鱼，创使用铅鱼的最重纪录。

救生设备、雨具 1955年，上饶地区梅港水文站就地取材，制成简便竹筒救生衣，在全省水文站中得到推广。根据梅港水文站经验，20世纪50年代至60年代初期，各站自行仿制竹筒救生衣，初步解决了洪水期测船上工作人员安全生产问题。雨具仅有斗笠和蓑衣，测流工作非常艰苦。当时的顺口溜"戴斗笠，穿蓑衣，身背竹筒救生衣"，反映了水文站艰苦的创业精神。

随着国家经济条件改善，雨伞取代斗笠，蓑衣逐步改用油布雨衣、橡胶雨衣。20世纪60年代开始，陆续添置木棉救生衣、泡沫救生衣和充气式橡胶救生衣，救生设备大为改善，外业人员均配备救生设备。

测验方式

1993年以前，各站以固守断面进行水文测验。

1993年，遂川水文勘测队成立，开始了水文巡测的探索。但由于当时水文巡测条件不具备，勘测队的成立虽然解决了职工家属及子女看病、上学、就业等问题，稳定了职工队伍，但未能解决水文巡测问题，因此水文测验还是以固守断面为主。

2016年1月，省水文局发布的《关于吉安市水文巡测方案的批复》（赣水文监测发〔2016〕第3号），同意吉安市水文局从2016年起试行全面巡测。然而，由于人员素质和设施设备不到位，2017年各基本水文站主汛期全部以驻测为主。

2018 年，吉安市水文局积极探索降雨洪水过程监测和巡测结合的新模式。在进一步解放思想，创新思维的指导下，探索创新测验方式。按照“巡测优先、驻巡结合、应急补充”的原则，实现降雨洪水过程巡测，稳步推进水文监测改革。

到了 2020 年，水文巡测条件基本成熟，全市各站全面实行巡测。

测验方法

垂线布设 分测深垂线和测速垂线，一般来说，测深垂线的数量多于测速垂线，或与之相同。在 1955 年之前，平水时的测速垂线一般为 5～8 线，洪水时期增加至 11～13 线；从 1956 年开始，基本上按《水文测验暂行规范》规定的垂线数，如棉津站为 20～22 线；吉安站为 17～27 线。从 1957 年起，各站均按《水文测验暂行规范》精测法的规定布设测速垂线，测深垂线则为双倍测速垂线。到了 1960 年以后，测深与测速垂线又相同。在 20 世纪 60—70 年代，棉津、栋背、吉安、峡江、林坑、上沙兰、新田站，经用多年精测法资料分析后，按《水文测验暂行规范》常测法的规定布设测速垂线数。受冲淤影响的站，测深垂线数则不精简。

固定垂线后，受水位涨落影响，两岸测速垂线至水边距离无法固定，应根据规范要求进行垂线补充和转移。

1994 年 2 月 1 日，开始执行《河流流量测验规范》（GB 50179—93）。1997 年，各站经分析，常规法流量测验以多线少点为主。从 1998 年开始，大中河站测速垂线不少于 15 条，小河站不少于 10 条。

垂线位置的确定 在 20 世纪 50 年代中期以前，各站多用经纬仪或小平板仪测量起点距，测深测速垂线不固定。1956 年起逐步采用固定垂线，大河站一般采用岸上标杆辐射线法（简称辐射杆）确定垂线位置，而中小河站则采用标志索或量距索来确定。

棉津站 1956 年起使用辐射杆，吉安站 1955—1956 年采用六分仪，后用经纬仪，并于 1969 年改用辐射杆，峡江站 1958 年起使用辐射杆，上沙兰站 1959 年起使用辐射杆，栋背站 1965 年起使用辐射杆。从 1981 年起，使用辐射杆的大河站，同时使用经纬仪进行校对。

使用测桥的测站，在测桥上设置起点距标志，以便在测流时，可直接观读。而在小河站，低水时涉水测量，可使用皮尺或测绳直接丈量。

缆道投入运行后，缆道站采用缆道计数器确定起点距。

测深方法 在 1953 年之前，通常采用测深锤或测深杆法测深，但这种方法只能测到中水位以下的水深。

随着测船上安装绞车，开始采用铅鱼测深。测船悬吊铅鱼测深，一般采用手感铅鱼触底，确定河底位置，通过测船绞车计数器记录水深，能测到较大的水深，但高水位时仍借用水深。

安装缆道后，有河底信号测深装置的站，采用缆道铅鱼测深，通过水面和水底信号计算水深。没有河底信号测深装置的，中低水位时采用手感铅鱼触底确定河底位置，通过缆道计数器记录水深，高水位时借用水深。

进入 21 世纪后，吉安、峡江等大河站采用超声波测深仪测深。

采用走航式 ADCP 测验仪器的站，由走航式 ADCP 实测水深。采用非接触式测验仪器的站，借用水深。

测速方法 在 1952 年以前，中、低水位级均用流速仪法，高水位和枯水位级的测次极少。1953 年以后，高水时各站均用水面浮标法，中、低水位级仍采用流速仪法。1956 年以后，部分站在低枯水位时采用积深浮标法。

1955 年，万安棉津站首次采用岸锚，以一锚从一岸测至对岸，采用一锚多点法测流，摆幅宽 350 米。这是省内最早使用一锚多点法测流的站，提高工效一倍。之后，吉安站采用一锚多点法测流历时从 8 小时减为 4 小时，峡江站采用后也提高了工效一倍。

20 世纪 60 年代，各站均使用流速仪法测速，当水位涨落急剧，且测次分布不能满足要求时，则采用连续测流法或分线测流法。部分站低、枯水位采用深水浮标法，当水深小于 0.16 米时，用水面浮标法。20 世纪 70 年代，引入 LS68－2 型低速流速仪和 LS20 型浅水使用的流速仪。

2006 年起，吉安站开始同时使用流速仪法和走航式 ADCP 测流。2015 年，大中河站均配备了走航式 ADCP，同时也继续使用流速仪法和走航式 ADCP 测流。

2012 年，遂川队、吉安队和永新巡测基地各配置一套手持电波流速仪，使用非接触式流速测量仪器，测量水面流速。

2014 年，仙坑站开始使用流速仪法和非接触式移动雷达波测流。

2015 年，吉安站使用浮标式 ADCP 实现在线测流，但在流量测验试验中问题较多，无法正常使用。因此，2017 年改用水平式 ADCP。

2016 年，中小河流水文站龙门站和新江站使用远程控制移动式雷达波，中龙站使用单探头旋转雷达波，实现远程控制测量。然而，新江站的移动式雷达波在 2018 年的蜀水大洪水中被冲毁，中龙站的单探头旋转雷达波经比测分析，效果欠佳，不能用于正常测验。

2017 年，峡江站开始使用浮标式 ADCP，遂川站开始使用固定三探头雷达波，实现在线测流。经分析，两站测验精度较好。2019 年 12 月 12 日，省水文局发布的《关于吉安市水文局监测新技术评估报告的批复》（赣水文监测发〔2019〕第 30 号），同意峡江站浮标式 ADCP、遂川站固定三探头雷达波可用于常规测验。

2019 年，引进无人机携带电波流速仪测流，其测验方法正在探索中。

测点位置　在 1953 年之前，各站通常采用相对水深 0.6 一点法测速。1954 年后，开始采用相对水深 0.2 和 0.8 二点法，或相对水深 0.2、0.6 和 0.8 三点法。从 1956 年起，采用二点法、三点法或五点法，但五点法的较少。

1970 年之后，大多数缆道站采用水面一点法或相对水深 0.6 一点法，很少使用多点法。1982 年后，各站的测点数量普遍增多，当水位涨落急剧时，采用分线多点法。

1994 年 2 月 1 日，开始执行《河流流量测验规范》（GB 50179—93）。2017 年，各站经分析发现，常规法流量测验以多线少点为主。从 1998 年开始，流速测点均采用相对水深 0.6 一点法，大中河站的测速垂线一般为 15～20 条，小河站测速垂线一般为 10 条。精测法（三点法或五点法）一年仅需测 3～5 次。

测速的转数和历时　在 1953 年之前，固定仪器转数为每测点历时 7～30 秒。从 1954 年开始，固定转数调整为每测点历时 30～90 秒。1956 年起，一律采用分组记录（记载流速信号和相应历时）每测点历时大于 120 秒。

自 1960 年起，仍采用分组记录，测速历时为 100 秒；在测量洪峰流量或水位变化急剧时，历时不少于 60 秒。

从 1976 年起，只记总转数和总历时，历时不少于 100 秒，在测量洪峰流量、水位变化急剧或漂浮物甚多时，可缩短至 50 秒，但在个别垂线点上不少于 20 秒。对于集水面积小于 10 平方千米的小河站，测点历时一般不少于 50 秒，洪水时不少于 20 秒。

自 1994 年以来，常规法流量测验以多线少点为主，经分析，每测点测速历时不少于 100 秒。在水位变化急剧或漂浮物甚多时，测速历时应不少于 60 秒。

1994 年起，流速仪法测速历时记录恢复分组记录，各组时间误差应小于 10%。

一次测流的总历时，应保证在本次测流的起讫时间内，水位涨落差不应超过平均水深的 10%，水深较小和涨落急剧的河流，不应超过平均水深的 20%。

悬索偏角测记改正　自 1956 年起，采取加重铅鱼的方法来减小垂线悬索偏角。

自1959年起，棉津站开始以船舷刻度测记来改正测深悬索的偏角，1970年，新田站也开始使用船舷刻度测记来改正测深悬索偏角。

1982年，峡江站和新田站开始利用绞车上的悬索量角器进行垂线悬索偏角的测记和改正，确保最大垂线悬索偏角控制在35度内，超过35度时，应加重铅鱼或其他方法来减小偏角。从1983年起，各站普遍开始了这项工作。

缆道站通常使用自制的木质量角器悬挂于悬索之上端，测记其偏角，但进行偏角改正的站较少。对于水流急速、偏角较大的站，如滁洲、行洲等站，会架设缆道拉偏索来减小缆道悬索偏角。

测次　民国期间测次很少，最少的全年测次在10次以下。20世纪50年代初期，吉安站每隔7～10天测流一次。1952年，全年测次吉安站35次、遂川站19次、天河站20次。

1953—1958年，全年测次在100次以上，测次最多的是吉安站305次（1954年），测次最少的是林坑站102次（1958年）。

1959—1963年，各站测次大量减少，大部分站全年测次在100次以下，测次最多的是滁洲站138次（1963年），测次最少的是赛塘站19次（1959年）。

1964—1972年，各站全年测次逐渐增加，平均测次为100次左右，测次最多的是千坊站151次（1964年）。

1973—1989年，各站全年测次基本上都大于100次，大中河站平均测次为150次左右，测次最多的是赛塘站305次（1973年），测次最少的是林坑站93次（1989年）。小河站平均测次为130次左右。

1990年，林坑站经精简测次分析，全年测次精简为35次左右，减少流量测次70%左右，极大减轻了工作量。并经停间测分析，从1995年起进行间测，停2年测1年。2002年，林坑站出现大洪水，洪峰水位89.32米（为当时的最大洪水，现排历史第二大洪水），超出停间测分析洪水范围水位88.40米，恢复流量测验。经加入2002年洪水分析，省水文局2003年6月12日批复《“关于要求提高林坑水文站停测流量水位标准的请示”的批复》（赣水文站发〔2003〕第9号），同意林坑水文站流量测验停3年测1年。2011年，测流缆道改建于基本水尺断面处，流速仪测流断面上迁50米与基本水尺断面重合，恢复流量测验，水位流量关系未发生变化，2013年继续实行停3年测1年。2018年，林坑站出现超历史特大洪水，洪峰水位90.95米，再次恢复流量测验，2019年，经增加历史最大洪水再次分析，从2020年起停3年测1年，并根据《水文巡测方案》（SL 195—2015）“实行间测的水文站，检测年份可每年检测3次以上”要求，停测年份每年检测3次。

2012年，峡江水利枢纽大坝合龙，受峡江水利枢纽影响，吉安站水位流量关系紊乱，无法用水位流量关系法整编，于是采用连实测流量过程线法整编，增加了流量测验频次。根据《河流流量测验规范》（GB 50179）的要求，连实测流量过程线法应“有较多的流量测次，并能控制流量变化过程”，为满足规范要求，吉安站增加了流量测验频次。2015年，总测次达311次，为全市测站年测次最多。

2016年，全市各水文站进行了测验方式方法分析，流量测次从平均100次减少到55次，减少流量测次45%，极大减轻了流量测验工作量。

精简前后流量测次对照见表2-2-8。

表2-2-8　　精简前后流量测次对照

站　名	2010—2015年平均测次	2016—2020年平均测次	减少测次百分数/%
栋背	77.8	31.0	60.2
峡江	109.2	65.6	39.9
坳下坪	116.8	41.8	64.2

续表

站　名	2010—2015年平均测次	2016—2020年平均测次	减少测次百分数/%
仙坑	117.7	41.8	64.8
滁洲	98.5	50.0	49.2
白沙	92.0	53.2	42.2
上沙兰	106.3	58.6	44.9
莲花	93.2	70.2	24.7
赛塘	102.8	71.8	30.2
彭坊	72.5	43.8	39.6
新田	112.2	73.0	34.9
平均	99.9	54.6	45.0

注：吉安站受回水影响未分析；林坑站已分析实行间测，2016年不再分析。

技术标准

1929年（民国18年），江西水利局印发《水文测量队施测方法》，内分水位观测，流量测量、含沙量测验、雨量测量、蒸发量观测和其他各项气象观测等篇章，是省内最早的水文技术文件。

1950年以前，执行省水利局编写的《水文测验手册》。

1953年10月，水利部水文局综合全国各地水文测验工作经验和意见，并吸收苏联经验，编写《流速仪测量》《浮标测量》《含沙量测验》和《断面布设和测量》等水文测验技术参考文件，并印发各水文站参考。

1956年6月，执行水利部水文局颁发的《水文测站暂行规定》，直至1960年6月停止使用。

1961年1月1日，执行水电部颁发的《水文测验暂行规范》，直至1976年1月停止使用。

1962年12月12日，省水文气象局颁发《江西省水文测站和水文测验人员测报工作质量评分办法》，从1963年1月起执行。

1965年，执行省水文气象局汇编的《水文测验常用手册》。

1976年，执行水电部颁发的《水文测验试行规范》和省水电局颁发的《水文测验试行规范》补充规定（暂行稿），原颁发的各项水文测验和资料整编方面的技术规定同时作废。

1985年1月1日，执行水电部颁发的《水文缆道测验规范》（SD 121—84），直至2009年6月2日停止使用。

1985年1月1日，执行省水文总站制定的《江西省水文测站质量检验标准》，标准由总则、标一（水文测验）、标二（水文情报预报）、标三（水文资料整编及原始资料站际互审）四部分组成。

1987年1月，执行水电部颁发的《动船法测流规范》（SD 185—86）和《比降-面积法测流规范》（SD 174—85）。《动船法测流规范》（SD 185—86）于2006年7月1日停止使用，《比降-面积法测流规范》（SD 174—85）于2011年7月12日停止使用。

1994年2月1日，执行建设部颁发的《河流流量测验规范》（GB 50179—93），直至2016年5月1日停止使用。

1997年6月1日，执行水利部颁发的《水文调查规范》（SL 196—97）和《水文巡测规范》（SL 195—97）。《水文调查规范》（SL 196—97）于2015年5月5日停止使用，《水文巡测规范》（SL 195—97）于2016年3月31日停止使用。

1998年1月1日，执行省水文局制定的《水文测验质量检验标准》。

2003年8月1日，执行水利部颁发的《水文自动测报系统技术规范》（SL 61—2003）。

2006年7月1日，执行水利部颁发的《声学多普勒流量测验规范》(SL 337—2006）和《水文测船测验规范》(SL 338—2006)。《水文测船测验规范》(SL 338—2006）替代《动船法测流规范》(SD 185—86)。

2009年6月2日，执行水利部颁发的《水文缆道测验规范》（SL 443—2009)，替代SD 121—84。

2010年10月，执行《江西省水文局水文测验质量核定标准》。

2011年7月12日，执行水利部颁发的《水工建筑物与堰槽测流规范》(SL 537—2011)，替代《比降-面积法测流规范》(SD 174—85)。

2015年1月，执行水利部水文局颁发的《中小河流水文监测系统测验指导意见》。

2015年5月5日，执行水利部颁发的《水文调查规范》(SL 196—2015)，替代SL 196—97。

2015年6月5日，执行水利部颁发的《水文自动测报系统技术规范》(SL 61—2015)，替代SL 61—2003。

2015年6月26日，执行水利部颁发的《受工程影响水文测验方法导则》(SL 710—2015)。

2016年3月31日，执行水利部颁发的《水文巡测规范》(SL 195—2015)，替代SL 195—97。

2016年5月1日，执行住房和城乡建设部颁发的《河流流量测验规范》(GB 50179—2015)，GB 50179—93同时废止。

2017年4月6日，执行水利部颁发的《水文测站考证技术规范》(SL 742—2017)。

2017年7月1日，执行水利部水文局颁发的《水文测验质量检查评定办法（试行)》。

2019年9月30日，执行水利部颁发的《水文应急监测技术导则》(SL/T 784—2019)。

第四节 悬移质泥沙测验

据《水文年鉴》记载，1951年5月，省水利局在吉安县禾水设天河三等水文站，观测水位、流量、含沙量等，天河站是吉安市最早监测沙量项目的站。1953年1月，天河站改水位站，停测流量、含沙量。

吉安站于1951年6月水位站改二等水文站，增加流量、含沙量测验。1961年7月再次改为水位站，停测流量、泥沙。在1964年1月重新恢复水文站，恢复流量、沙量测验。

1952年2月设立吉水三等水文站（1953年改为新田二等水文站)，观测水位、流量、含沙量等。1954年1月新田二等水文站改为新田水位站，停测流量、含沙量。1959年3月新田水位站改新田水文站，1963年恢复含沙量测验。

永阳站于1952年6月增加含沙量测验。1953年1月，永阳站改为水位站，停测流量、含沙量。1957年1月，永阳站改上沙兰水文站，1958年1月恢复含沙量测验，直至1962年停测；1963年恢复含沙量测验，直至1967年停测；1971年再次恢复含沙量测验。

固江站于1952年8月增测含沙量，1953年1月停测流量、含沙量。1956年9月恢复流量、含沙量测验。1957年1月，固江站改赛塘流量站，1962年1月停测含沙量。

渡头站于1952年8月开展流量、含沙量等项目测验。1953年1月停测流量、含沙量。1957年改流量站，恢复流量、含沙量测验，直至1971年停测含沙量。

1953年3月，设立棉津二等水文站，观测水位、流量、含沙量，1985年停测流量、含沙量。

南溪站于1957年5月增测含沙量，1959年8月停测；1964年1月恢复含沙量测验，1982年9月停测。

1958年栋背、峡江、林坑、鹤洲站增测含沙量，鹤洲站于1960年1月停测含沙量，栋背、林坑站于1962年1月停测含沙量。

洋埠站 1964 年增测含沙量，直至 1968 年停测。

永新站 1969 年增测含沙量，但在 1982 年 4 月停测。

截至 2020 年，全市悬移质泥沙测验站有吉安、峡江、上沙兰、新田 4 站。

仪器设备

采样器 在 1955 年之前，没有正规的采样器，用普通酒瓶作为采样器。

1955 年，吉安站首先使用南京水工仪器厂生产的能盛 1～2 升水样容积的横式采样器。1956 年泥沙站，普遍配备横式采样器。

1975 年，永新站缆道测沙时，使用重庆水文仪器厂生产的 IJQ－1 型积时式采样器。

2002 年，新田站缆道测沙时，采用皮囊积时式采样器。

截至 2020 年，全市 4 个泥沙站所使用的采样仪器分别是：吉安站和峡江站采用横式采样器，上沙兰站和新田站使用瓶式采样器。

水样容器 从 1951 年至 1954 年，使用的是酒瓶作为水样容器；1955 年开始配备 1300 毫升的玻璃瓶；到了 20 世纪 60 年代中期，开始配备有容积刻度的玻璃瓶。

水样处理器具 水样处理均采用过滤法。在 1951 年及 1952 年，使用毛边纸或草纸进行过滤；然后用酒精灯烘干滤纸，并用百分之一克的戥子称重。从 1953 年起，开始改用定性滤纸过滤；1955 年起开始自制木炭烘箱烘干；1956 年起开始使用千分之一克的天平称重；1957 年仿制自动过滤架，并在同年吉安站配备万分之一克的电动天平及电气烘箱。1965 年，棉津站和新田站配备万分之一克的天平，1979 年，新田站配备电气烘箱。到了 2020 年，各站均采用自动过滤架，定性滤纸进行过滤，电烘箱进行烘干，并使用万分之一克的电子天平进行称重。

测验方法

断沙测验垂线和测点 断面平均含沙量（简称断沙）测验，在 1951 年一般为 3 线一点法。在水面宽约 1/4、1/2、3/4 处布设垂线，相对水深 0.6 处取样；1952 年垂线均匀分布 5 条，仍用一点法；1955 年末开始采用二点法或三点法。

1956 年开始执行《水文测站暂行规范》，按精测法规定，不同水深分别用一点法、二点法、三点法和五点法，有时用 2∶1∶1 定比混合法 [2015 年《河流悬移质泥沙测验规范》（GB/T 50159—2015），将按一定容积比例采样的“定比混合法”和按采样历时比例采样的“垂线混合法”合并统称为“垂线混合法”]。此时全区两个测沙站，棉津站布设 6 条垂线，吉安站布设 7～11 条垂线。1957 年后设立的栋背站和峡江站布设 7 条垂线；其他支流站布设 5 条垂线。

峡江站 1964 年取样垂线由 7 条增至 9～10 条，采用定比混合法取样；2007 年又增至 21 条，改为相对水深 0.6 一点法取样。经分析，从 2009 年起，峡江站采用相对水深 0.2 一点法测沙，测沙垂线 21 条，换算关系：相对水深 0.6 含沙量＝1.04×相对水深 0.2 处的含沙量。

新田站 1981 年 6 月取样垂线由 5 条增至 7 条，2007 年增至 10 条，2009 年增至 15～20 条。

上沙兰站 2001 年取样垂线由 6 条增至 8～12 条。

截至 2020 年，各站取样垂线及方法为：吉安站 8 条垂线，相对水深 0.2 和相对水深 0.8 选点；峡江站 21 条垂线，相对水深 0.2 一点；上沙兰站 9 条垂线，相对水深 0.6 一点全断面混合；新田站 19 条垂线，相对水深 0.6 一点积深全断面混合。

单沙测验垂线和测点 相应单位含沙量（简称单沙）测验，单沙垂线在断沙垂线中选择 1～2 条，经分析个别站选 3 条。

吉安站 1958—1961 年以及 1964—1982 年为 1 条垂线；1956 年、1957 年以及 1983—2010 年为 2 条垂线，固定 2 线定比混合；2011 年以后为 3 条垂线，固定 3 线垂线混合。

峡江站2006年固定1线定比混合，2007年固定1线，相对水深0.2一点，2010年固定2线，相对水深0.2一点混合。

上沙兰站2003年以前固定1线定比混合，2004年及以后固定一线，相对水深0.6一点。

新田站在1984年前1条垂线；1984—2006年固定2线定比混合，2007年固定3线，相对水深0.0一点，2008年固定1线，相对水深0.0一点，2009年固定3线，相对水深0.0一点，2010年及以后固定3线，相对水深0.6一点。

2016年，吉安站引进一套泥沙浊度仪进行单沙测沙试验，因成果太差而无法使用。

断沙测次　吉安站1951年6—12月七个月共测8次，1952年全年测次31次。1953年吉安站、1954年棉津站全年断沙测次均为98次，为全市年断沙测次之最。1955年及以前的泥沙资料均未整编刊印。

1956—1958年，各站断沙测次一般为60～80次，以棉津站1957年89次为最多。

1959—1962年，断沙测次大幅度减少，全区各站年平均测次为27次，以峡江站1961年64次为最多，峡江站1959年14次为最少。

1963—1966年，断沙测次略有增加，全区各站年平均测次为35次，以渡头站1966年50次为最多，棉津站1963年20次为最少。

1967—1968年，是断沙测次最少时期，全区各站年平均测次为22次，以吉安站和渡头站1966年30次为最多，棉津站1967年、峡江站1968年16次为最少。

1969—1972年，断沙测次再次回升，全区各站年平均测次为27次，以棉津站1972年49次为最多，永新站1971年18次为最少。

1973年，各站断沙测次普遍增多，最多为南溪站80次，最少为新田站47次。

1974年以后，断沙测次趋于稳定。1974—1997年，全市各站年平均测次基本稳定在40次左右。

1998年1月1日，执行省水文局制定的《水文测验质量检验标准》。《水文测验质量检验标准》要求，各站断沙年测次不少于30次，其中汛前汛后各不少于2次、五点法测次高水各不少于2次、含沙量小于等于0.05千克/立方米的测次不少于2次。

2010年，对《水文测验质量检验标准》进行了修订，吉安、峡江、上沙兰站断沙年测次不少于25次，新田站断沙年测次不少于30次。

2016年，全市各水文站进行了测验方式方法分析并试行开展巡测，吉安、峡江站年断沙测次不少于20次，上沙兰、新田站断沙实行间测。

上沙兰站停3年测1年，停测期间只测单沙，采用历年综合单沙断沙关系线推求断沙，推沙公式：断沙＝1.000×单沙；校测年断沙不少于10次；当含沙量大于1.19千克/立方米时，恢复断沙测验。

新田站停3年测1年，停测期间只测单沙，采用历年综合单沙断沙关系线推求断沙，推沙公式：断沙＝1.000×单沙；校测年断沙不少于10次；当含沙量大于0.889千克/立方米时，恢复断沙测验。

单沙测次　1956年全区2个测沙站的年测次分别为：棉津站205次，吉安站147次。

1957年按《测站任务书》要求，年单沙测次不少于160次，当年棉津站测次360次，吉安站测次278次。截至1966年，各站年测次为300次左右，以新田站1964年473次为最多，峡江站1959年448次位居第二；林坑站1959年164次为最少。

1967—1972年，各站单沙测次为200次左右，以吉安站1970年373次为最多，棉津站1968年118次为最少。

1973年单沙测次猛增，以上沙兰站941次为最多，位居全省年单沙测次第一位，新田站359次为最少，峡江、永新等站均在600次以上。

1974—1997年，年测次基本稳定在400次左右，最多的为吉安站1985年829次，位居全省历年来第三位，其他站各年大部分站在600次以上，吉安、峡江站1983年在700次以上；最少测次也接近300次。

1998年1月1日，执行省水文局制定的《水文测验质量检验标准》。《水文测验质量检验标准》要求，吉安、峡江、新田站全年单沙总测次不少于350次、上沙兰站全年单沙总测次不少于300次。

2010年，对《水文测验质量检验标准》进行了修订，吉安、峡江、新田站全年单沙总测次不少于300次、上沙兰站全年单沙总测次不少于280次。

2018年，省水文局对水文站颁发《测站任务书》。《测站任务书》取消了对单沙测次年总测次数量要求，全年单沙测次要求为：①大于或等于0.05千克/立方米的月最大含沙量必须实测。②年最大含沙量必须实测。③在每一次较大洪水过程中，峰谷附近不少于1次，涨落水面不少于14次。④含沙量较大时期（含沙量不小于0.1千克/立方米），每天不少于1次，含沙量变化剧烈时，应增加测次。⑤含沙量一般时期（含沙量为0.05～0.1千克/立方米），2次取样间隔时间不大于7天。⑥含沙量较少时期（含沙量小于0.05千克/立方米），2次取样间隔时间不大于15天。

技术标准

1929年（民国18年），江西水利局印发《水文测量队施测方法》，内有含沙量测验篇章，是省内最早的水文技术文件。

1956年，执行《水文测站暂行规范》。

1961年1月1日，执行水电部颁发的《水文测验暂行规范》，直至1976年1月停止使用。

1976年，执行水电部颁发的《水文测验试行规范》。

1992年12月1日，执行国家技术监督局建设部颁发的《河流悬移质泥沙测验规范》（GB 50159—92）。

2016年3月1日，执行住房和城乡建设部国家质量监督检验检疫总局颁发的《河流悬移质泥沙测验规范》（GB/T 50159—2015），GB 50159—92同时废止。

第五节　推移质泥沙测验

全市仅有棉津水文站开展了推移质泥沙测验。

1958年，棉津站增加推移质泥沙测验，1961年停测；1972年5月恢复，直至1985年4月停测。

仪器设备

1958—1961年，使用苏联波里亚柯夫采样器，器口口门不易紧贴河床，上提时，水流会将已取得的沙样冲出。1972年，使用顿式采样器，器口口门也不能紧贴河床，口门处淘刷严重，成果失真。1978年2月，广州中山大学老师黄进在棉津站进行了为期2周的沙波法与顿式采样器测验的比较试验，顿式采样器进口流速比天然流速大24%。

测验方法

推移质输沙率（简称推沙）测验在测流断面上进行，推沙垂线与断沙相同，单位推移质垂线与单沙相同。测次主要分布在洪水期，并适当注意在水位级和时程上的合理分布，按任务书规定全年测次不少于30次。

1978年2月17日，井冈山地区水文站发布《关于下达用“沙波法”测验泥沙推移量的通知》(井地水文字〔78〕第11号)，决定棉津和吉安水文站采用“沙波法”开展泥沙推移量测验，要求在4月上旬拿出初步成果。棉津站原推移质测验方法仍继续使用，并进行对比观测试验。

据棉津站1972—1984年资料统计：多年平均率测次为24次，最多为1972年及1973年都是31次，最少为1983年18次。

鉴于推移质泥沙测验仪器和设备存在问题，测验条件和资料质量差，在《水文年鉴》中仅刊布实测推移质输沙率成果表。

第六节　泥沙颗粒级配分析

1958年，棉津站开展悬移质泥沙颗粒级配分析（简称悬颗）和推移质泥沙颗粒级配分析（简称推颗），当时只是取样，寄至省水文气象局分析，1961年停测。1965年棉津、吉安、新田三站开展悬颗分析工作，由于配合的分析仪器不足，某些设备不符合要求，成果质量差，直至1970年起，资料才整理刊布。

棉津站1973年增加推颗分析工作，1984年停止推颗分析工作，1985年停止悬颗分析工作。

2014年开始执行水利部颁发的《河流泥沙颗粒分析规程》(SL 42—2010)，采用激光粒度仪法进行颗粒级配分析。

截至2020年，全市仅有吉安、新田2站进行悬颗分析工作。

仪器设备

分析仪器　悬颗采用粒径计法，1965年配置口径不规则的玻璃管，1970年配置标准粒径计。自2014年开始采用激光粒度仪法。推颗采用分析筛。

水样处理器具　接沙杯为特制瓷器小杯，悬颗和推颗的烘干及称重设备与断沙用的设备相同。

分析用水　吉安站用自制蒸馏水，棉津、新田站用无盐水。

测验方法

垂线和测点　悬颗与断沙、单沙同步进行测验，垂线和测点相同；推颗与推沙同步进行测验，垂线和测点相同。

悬颗测次　悬颗测次主要分布在较大洪水期、较大洪峰和洪峰转折处，平水期分布少数测次，以控制泥沙颗粒级配过程为原则。

悬移质断面平均含沙量颗粒分析测次，自1972年起，年测次都在10次以上，最多为吉安站1985年23次，最少为新田站1971年4次，1970年及1971年测次较少，除棉津站1971年12次外，其余站点都在10次以下。

悬移质单样含沙量颗粒分析测次，1972年以后一船都在50次左右，最多为棉津站1979年125次，最少为新田站1971年6次，1971—1972年测次较少，一般在30次左右。

1998年1月1日，执行省水文局制定的《水文测验质量检验标准》。检验标准要求，吉安、新田站断颗年测次不少于15次，其中汛前、汛后各不少于1次；单颗年测次不少于80次。

2010年，对《水文测验质量检验标准》进行了修订，吉安、新田站单颗年测次不少于60次。

2016年，新田站断颗实行间测，停3年测1年，停测断颗期间，只测单颗，采用历年综合单颗断颗关系线推求断颗，推求断颗公式：单颗小于50%时，断颗＝1.030×单颗，单颗不小于50%时，断颗＝0.970×单颗＋3.000；校测年断颗不少于10次；恢复输沙率测验时期，同步恢复断颗测验。

2018年，根据《测站任务书》要求，吉安站断颗年测次不少于15次，单颗年测次不少于50次。新田站断颗实行间测，校测年断颗不少于10次，单颗每年不少于50次。

推颗测次　棉津站推颗测次，1980年9次，1983年8次，其他年都在10次以上，最多的为1973年16次。

分析方法

在2014年以前，全市采用粒径管法进行分析。分析的粒径为：0.007毫米、0.010毫米、0.025毫米、0.050毫米、0.100毫米、0.250毫米、0.500毫米、1.00毫米、2.00毫米、5.00毫米。

2010年4月29日，水利部颁发了《河流泥沙颗粒分析规程》(SL 42—2010)，分析的粒径为：0.002毫米、0.004毫米、0.008毫米、0.016毫米、0.031毫米、0.062毫米、0.125毫米、0.250毫米、0.500毫米、1.00毫米、2.00毫米、4.00毫米。

2014年开始采用激光粒度仪法进行颗粒级配分析，由于当时全市没有激光粒度仪分析仪器，吉安、新田站取样浓缩后，自带水样到省水文局进行分析。2017年4月，吉安站引进了一台激光粒度仪法，不再带水样去省水文局分析。新田站取样浓缩后，自带水样到吉安站进行分析。

技术标准

1929年（民国18年），江西水利局印发《水文测量队施测方法》，内有含沙量测验篇章，是省内最早的水文技术文件。

1961年，执行水电部颁发的《水文测验暂行规范》。

1965年，执行水电部颁发的《泥沙颗粒分析》，1976年1月1日停止使用。

1976年，执行水电部颁发的《水文测验手册》第二册“泥沙颗粒分析与水化学分析”，《水文测验试行规范》配套使用。

1994年1月1日，执行水利部颁发的《河流泥沙颗粒分析规程》(SL 42—92)。

2010年4月29日，执行水利部颁发的《河流泥沙颗粒分析规程》(SL 42—2010)。

第七节　蒸发量观测

吉安站于1931年（民国20年）1月开始观测，至1934年（民国23年）停测。1938年（民国27年）恢复观测，至1949年（民国38年）3月停测。1949年12月再次恢复观测，至1954年5月停测。

永阳站于1948年（民国37年）1月开始观测，至1949年（民国38年）3月停测。

1952年增加蒸发量观测的站有峡江站（1964年1月停测）、渡头站（1957年4月停测）、上沙兰站（1957年4月停测）、吉水站（1952年2月开始，同年5月迁丁江）。

1953年增加蒸发量观测的站有固江站（1957年3月停测）。1953年4月丁江站迁至新田站观测，至1958年1月停测。

1954年增加蒸发量观测的站有棉津站，至1962年12月停测。

1957年4月洋埠站增加蒸发量观测，至同年12月停测。

1964—1977年，全区无蒸发量观测站。

1978年彭坊、白云山站增加蒸发量观测。

1979年滁洲、栋背、木口、上沙兰、新田等站增加蒸发量观测。

1981年茅坪、千坊站增加蒸发量观测。

1993年，白云山、木口、上沙兰站停测蒸发量，1997年茅坪站停测蒸发量。

2007年，永新站增加蒸发量观测，千坊站停测蒸发量。

为满足各县均有蒸发站的要求，2010年5月，吉安市水文局决定增加泰和、峡江、新干、莲花、井冈山龙市、永丰藤田、吉州吉福站（7站均未列入国家基本蒸发站网）20厘米口径蒸发器蒸发量观测。其中，龙市、藤田站为请人代办观测，吉福站由吉安市水文局地下水科人员兼职观测。至此，全市各县均有蒸发量观测站。

2013年，新干县防洪堤及沿江路改造建设，新干站无降水量观测场，停测蒸发量。

2019年1月，龙市蒸发站迁井冈山站。

2020年12月3日，吉安市水文局和宜春水文局在莲花水文站签订了《莲花水文站交接备忘录》，从2021年1月1日起，莲花县各项水文工作由宜春水文局负责管理，莲花站蒸发量观测归宜春水文局负责。

2020年12月4日，吉安市水文局局长办公会议认为，吉福、峡江、泰和、藤田站20厘米口径蒸发器蒸发量观测，未纳入国家水文监测站网，且观测场地不符合规范要求，决定从2021年1月1日起，停测吉福、峡江、泰和、藤田站20厘米口径蒸发器蒸发量观测。

2021年1月1日起，全市共有蒸发量观测站8站（栋背、滁洲、白沙、永新、塞塘、彭坊、新田、井冈山），均为国家基本蒸发站（E601型自动蒸发器）。

仪器设备

蒸发量观测采用蒸发器（皿），其口径历年不一，民国时期有口径20.35厘米、68厘米和80厘米三种规格。1952年开始，全区统一使用口径80厘米的蒸发器。1978年开始蒸发量观测统一采用E601型蒸发器，观测场与雨量观测场同，由于地形限制，未能按1988年颁发的《水面蒸发观测规范》（SD 265—88）的要求设置观测场。20世纪90年代，对观测场逐步进行改造，蒸发量观测场基本符合12米×12米的要求。

2014年10月，滁洲、白沙、永新、彭坊、吉福5站安装徐州市伟思水务科技有限公司研发的一代蒸发在线监测设备传感器（简称E601型自动蒸发器）FFZ-01Z。

2016年3月，栋背、赛塘、新田3站安装徐州市伟思水务科技有限公司研发的二代E601型自动蒸发器FFZ-01。至此，全市各国家基本蒸发站全部安装了E601型自动蒸发器，开展了水面蒸发自动测报技术比对试验。

2019年1月，井冈山站增加蒸发量观测项目，采用E601型自动蒸发器在线监测蒸发量。

观测方法

每日观测一次，各时期其日分界的时间与降水量日分界的时间相同。1953年之前以9时为日分界；1954—1955年，采用北京时间19时为日分界，和气象部门一致；1956年1月，执行《水文测工站暂行规范》，改为以8时为日分界，但在1961年5—9月及1962年4—9月以每日6时为日分界。

暴雨时，蒸发量有时偏大，有时为负值，则改正为0.0；结冰期间，停止观测，待结冰融化后，观测结冰期间的总蒸发量。

为探求不同类型蒸发器观测资料的关系，上沙兰、茅坪、栋背站开展了不同类型的蒸发仪器的蒸发量对比观测。

1982年3月，上沙兰站开展E601型蒸发器与20厘米口径蒸发器蒸发量对比观测，1983年1月又增加E601型蒸发器与80厘米口径套盆蒸发器蒸发量对比观测，同年全部停测。

1982年3月，茅坪站开展E601型蒸发器与20厘米口径蒸发器蒸发量对比观测，至1993年

1 月停测 20 厘米口径蒸发器蒸发量，1997 年停测 E601 型蒸发器蒸发量。

1983 年 1 月，栋背站开展 E601 型蒸发器与 20 厘米口径蒸发器和 80 厘米口径套盆蒸发器蒸发量对比观测，2016 年 1 月停测 80 厘米口径套盆蒸发器蒸发量。

1992 年，栋背、茅坪站提交了《不同型号蒸发器对比观测资料分析报告》。同年 10 月 29 日，省水文站发布《关于不同型号蒸发器对比观测资料分析报告的批复》（赣水文站字〔92〕第 045 号），同意茅坪水文站从 1993 年 1 月 1 日起停测 20 厘米口径蒸发器蒸发量对比观测。栋背水文站继续进行 E601 型蒸发器与 20 厘米口径蒸发器和 80 厘米口径套盆蒸发器蒸发量对比观测。

2016—2018 年，各站开展了 E601 型蒸发器与 E601 型自动蒸发器蒸发量比测试验分析，2019 年 10 月提交了《水面蒸发自动测报技术比对试验研究报告》。2019 年 12 月 12 日，省水文局印发《关于吉安市水文局监测新技术评估报告的批复》（赣水文监测发〔2019〕第 30 号），批复同意，栋背、赛塘、新田、白沙、永新、彭坊、滁洲等 7 站取消水面蒸发人工观测，采用自动蒸发观测。从此，全市国家基本蒸发站蒸发量观测全部采用自动观测、存储和传输。

E601 型蒸发器蒸发量观测　每月换水一次，每日 8 时准点测记，每次观读 2 次，2 次读数误差不大于 0.2 毫米时取平均值，采用前后 2 日读数差计算日蒸发量。

日降水量大于 50 毫米时在降水开始前和降水停止时加测器内水面高度并同时测记降水量。

20 厘米口径蒸发器蒸发量观测　每日 8 时在 20 厘米口径蒸发器内固定存放 20 毫米深水量，采用前后 2 日的水量差计算日蒸发量。

80 厘米口径套盆蒸发器蒸发量观测　每日 8 时在 80 厘米口径套盆蒸发器内固定水面高度，采用前后 2 日的水面高度差计算日蒸发量。

E601 型自动蒸发器蒸发量监测　每日对网络数据进行监视，发现异常及时处理。仪器故障期间采用人工观测。

技术标准

1929 年（民国 18 年），江西水利局印发《水文测量队施测方法》，内有蒸发量观测和其他各项气象观测等篇章，是省内最早的水文技术文件。

1954 年，蒸发量观测时制的日分界改为北京时间 19 时，和气象部门一致。1956 年 1 月，执行水电部颁发的《水文测站暂行规范》，改为以 8 时为日分界。

1976 年，执行水电部颁发的《水文测验手册》第一册“野外工作”蒸发量观测部分。

1989 年 1 月 1 日，执行水利部颁发的《水面蒸发观测规范》（SD 265—88）。

2013 年 12 月 16 日，水利部颁发《水面蒸发观测规范》（SL 630—2013），从 2014 年 3 月 16 日起执行，替代 SD 265—88。

第八节　水　温　观　测

全市进行了水温观测的站共 9 站。

据《水文年鉴》记载，1958 年 1 月，棉津、峡江、渡头 3 站增加水温观测项目，是最早进行水温观测的站。

1959 年，洋埠站增测水温。

1960 年，杨陂山站增测水温，至 1962 年停测水温。

1963 年 1 月，赛塘站增测水温，渡头、洋埠站停测水温。

1976 年，上沙兰站增测水温。

1979 年，鹤洲站增测水温。

1985 年，棉津、鹤洲站停测水温。

1987 年，鹤洲站恢复水温观测，直至 2016 年停测。

2009 年 5 月，新田站增加水温观测。

截至 2020 年，全市有峡江、上沙兰、赛塘、新田 4 站观测水温。

仪器设备

观测用刻度 0.1～0.2℃框式水温表，然而水温表在使用过程中未进行检定。

观测方法

在基本水尺断面靠近岸边水流畅通处观测，选址时要求附近无泉水，工业废水和生活用水流入。当水深大于 1 米时，水温计放在水面以下 0.5 米处，水深不大于 1 米时，水温计放在半深处。水温计放入水中的时间不少于 5 分钟。

1975 年前，每日 8 时、20 时观测 2 次；1976 年起，每日 8 时观测 1 次。

从 1983 年起，观测水温的站，在不同季节（1 月、4 月、7 月、10 月或 2 月、5 月、8 月、11 月）各选择连续 3～4 日进行逐时水温观测，并在 1988 年对观测资料进行了分析，分析 8 时水温与日平均水温、8 时水温与特征值水位水温，以及河长与水温变化的关系，编写了分析报告。

1988 年起，恢复每日 8 时观测 1 次。

技术标准

1941 年（民国 30 年），江西水利局转发给各站执行中央水工试验所制定的《雨量气象测读及记载细则》。

1961 年 1 月 1 日，执行水电部颁发的《水文测验暂行规范》，共四册：《基本规定》《水位及水温观测》《流量测验》和《泥沙测验》。

1976 年，执行水电部颁发的《水文测验手册》第一册“野外工作”水温观测部分。

第九节　气　象　观　测

1938 年（民国 27 年），吉安候测所开始气象观测，观测项目有：气温（包括极端气温）、湿度、风向、风力、气压、天气状况，直至 1949 年停测。1952 年 1 月恢复气象观测，1954 年 5 月再次停测气象。

新田站于 1952 年 2 月增加气象观测，1954 年 4 月停测气象。1966 年恢复气象观测，1969 年 1 月再次停测气象。

1952 年 4 月，天河、永新站加测气象，1953 年 5 月天河站停测气象，1954 年 5 月永新站停测气象。

渡头站于 1952 年 8 月增测气温，1958 年 2 月 28 日停测气温。

峡江站于 1952 年 12 月增测气象，1964 年 1 月停测气象。

夏溪站于 1953 年 4 月增测气象，1957 年停测气象。

棉津站于 1953 年增测气象，1962 年 12 月底停测气象。

上沙兰站于 1954 年 8 月增测气象，1956 年 12 月停测气象。

新干站于 1955 年 1 月增测气象，同年底停测气象。

南溪站于 1957 年 5 月增测气象，1962 年 12 月停测气象。

1965 年，滁洲、林坑、富田、赛塘站增测气象，1968 年富田、赛塘站停测气象，1969 年滁洲、林坑站停测气象。

从1970年至1973年，仅测气温，之后所有站点停止了气象要素观测。

仪器设备

吉安测候所（后改为吉安水文站）仪器设备较为完备，包括大号空盒气压表、福丁水银气压表自记气压计、自记温度计、自记湿度计、乔唐式日照计，最高、最低温度表，干湿球温度表，风向仪和测方镜。

其他站通常使用的气象仪器为：干湿球温度表，风向标。

林坑、渡头站仅观测气温，仅有温度表。

2016年3月，栋背、赛塘、新田3站安装徐州市伟思水务科技有限公司研发的二代E601型自动蒸发器FFZ-01，配套设备有气象监测设备，但未能使用。

观测方法

与降水量、蒸发量同步观测。

技术标准

1932年（民国21年），执行中央研究院、气象研究所颁发的《设立测候所办法》和《观测规则》的有关规定。

1944年（民国33年），中央气象局颁发《全国气象局观测实施办法》。

1947年（民国36年），全国水利委员会印发《气象测验要点》。

1954年，执行水利部颁布的《气象观测暂行规范（地面部分）》。

第十节 墒情监测

历年来，墒情站一直由省水文局直接管理。

仪器设备

固定墒情站监测采用固定墒情监测仪SSXY-SQ-2，移动墒情监测采用移动墒情监测仪便携式SSXY-SQ-2。

监测方法

吉安市水文局主要对固定（自动）墒情站进行墒情数据监视，发现数据异常或仪器故障，及时通知省水文局，由省水文局安排进行维护、修理。

根据土壤干旱情况，开展移动墒情站点的墒情监测。

截至2020年，全市墒情站85站（其中自动站20站、人工站65站）。

技术标准

2007年6月1日，执行水利部颁发的《土壤墒情监测规范》(SL 364—2006)。

2010年1月1日，执行农业部颁发的《农田土壤墒情监测技术规范》(NY/T 1782—2009)。

2016年2月19日，执行水利部颁发的《土壤墒情监测规范》 (SL 364—2015)，替代SL 364—2006。

第三章 水质监测与分析

第一节 水质站点

1958年，棉津、峡江、渡头站增加水化学取样监测项目，这是最早进行水质监测的站。

1959年，洋埠站增加水化学取样监测项目，1963年停测。

1963年，赛塘站增加水化学取样监测项目。

1974年，吉安、上沙兰、永新站增加水化学取样监测项目。

1979年，鹤洲、新田站增加水化学取样监测项目。

1980年，彭坊站增加水化学取样监测项目。

1981年，省水文总站进行水质监测站网规划，分基本站、辅助站和自然背景值站三种类型。

1982年，设立万安、泰和、吉水、新干、遂川、茨坪、天河、宁冈、安福、永丰等10站为水质监测辅助站，棉津站因撤站停测。

1985年，水质站列入全国水质监测站网，更新全区水质监测站点21个，并将原来的水化学站和水质监测站全部更名为水质站，其中：基本水质站7个，栋背、吉安、林坑、木口、上沙兰、赛塘、新田站；辅助水质站12个，遂川、行洲、永新、莲花、宁冈、安福、永丰、万安、泰和、吉水、峡江、新干站；自然背景值水质站2个，伏龙口、茅坪站。

1988年新增吉安水厂等16站，水质监测站点达37个。

1989年万安河段栋背列入全国重点监测河段，1990年茅坪自然背景值站作为区域代表被列入全国背景值站。

1994—2006年，水质监测站点稳定在33～35个。

2007年，水质监测站点逐年增加，至2016年，水质监测站点达117个，为历年最多的一年。之后逐渐减少，2018年水质监测站点为115个。

2019—2020年，栋背、吉安、上沙兰、赛塘、新田等16个监测站列入国家重点水质站，水质监测站点（地表水）为80个，增加大气降水站12个，地下水站11个，水生态站2个；建设水质自动站1个，水中VOC在线自动监测站1个。

第二节 取样方法

取样断面 基本站的取样点在水文站基本水尺断面或流速仪测流断面，而辅助站则在对照断面和控制断面。

取样位置 一般在取样断面中泓水面下0.5米水深处，并在现场添加保护剂。在1962年之前，样品寄送至省水文气象局化验室进行化验，自1962年起则寄送至吉安水文气象总站水质化验室进行化验。

取样设备 1958年使用换气式采样器，之后改用水质采样器。

取样频次 在1980年之前，天然水化学站每月取样一次，每年第一次洪水过程（涨幅在1米以上）增加测次；水质站每两月取样一次。

1980—1982年，天然水化学站按水位级取样，即赣江站每变幅1米，支流站每变幅0.5米分布一测次，如当月15日没取水样，还应加取。基本水质站每月15日取样一次，辅助站每2个月取样一次（一般为单数月的15日取样）。

从1983年起，天然水化学站和基本水质站改为每月中旬取样一次，辅助站取样频次未变。1982年7月至1984年12月赣江支流站每月5日取样一次，赣江主流站取样频次未变。

1985年，水化学站和水质监测站统称水质站，各站每月15日取样。

1989年4月起改每月10日取样。

从2012年起改每月上旬取样。

第三节 分析机构与设备

1962年以前，吉安水文气象总站没有水质化验室，各站取水样后，寄送至省水文气象局化验室进行化验。自1962年起，取样样品寄送至吉安水文气象总站水质化验室进行化验。

1962年，吉安水文气象总站内设水质化验室，负责全区各站水化学水样化验。该化验室占地面积40平方米，配备有常规玻璃分析器，万分之一天平，25型pH酸度计和电烘箱。

1980年，新建一个面积200多平方米的化验室。20世纪80年代末期，该化验室配置了一部分新仪器设备：电冰箱、721分光光度计、生化培养箱、生物培养箱、显微镜、BOD差压计、751紫外光光度计、冷原子荧光测录仪、超级恒温槽、空调机、电导仪、数显酸度计和PC-1500微机等。

1989年1月20日，省编委办发布《关于全省水文系统机构设置及人员编制的通知》（赣编发〔1989〕第009号），同意江西省水利厅吉安地区水文站升级为相当于副处级事业单位，并将水质化验室更名为水质科，成为副科级机构。

1990年，水质科配置了原子吸收分光光度计。

1994年3月19日，省编委办印发《关于省水文局增挂牌子的通知》（赣编办发〔1994〕第10号），同意成立“吉安地区水环境监测中心”。2000年10月23日，鉴于吉安撤地设市，省编委办印发《关于吉安等地区水文分局更名的通知》（赣编办发〔2000〕第71号），同意江西省吉安地区水环境监测中心更名为江西省吉安市水环境监测中心。2012年8月8日，省编委办发布文件（赣编办文〔2012〕第152号），同意江西省吉安市水环境监测中心更名为江西省吉安市水资源监测中心。

吉安市水资源监测中心是具有独立法人资格的公益性事业单位，隶属于江西省水资源监测中心。1998年通过国家计量认证水利评审组的监督检查，并获得国家计量认证合格证书。

2012年起，该中心的仪器设备等硬件水平大幅提升，配置气质联用仪、流动注射仪、ICP、气相色谱仪、离子色谱仪、原子荧光分光光度仪、便携式多参数水质监测仪、快速毒素测定仪、COD快速测定仪、高锰酸盐指数自动测定仪、电子显微镜等新仪器新设备。

截至2020年，该中心的水质监测设备共计75台（套），固定资产近1200万元。该中心具备对地表水、地下水、饮用水、大气降水、污水及再生水等五大类52个参数的检测能力。

第四节 分析化验项目

在1974年以前，开展了水温、色度、pH值、NH_4^+、NO_2^-、NO_3^-、Fe、COD、DO、Ca、Mg、K+Na、Cl^-、SO_4^{2-}、CO_3、HCO_3^-总碱度、总硬度等分析项目。

1974年起，增加了挥发酚、氰化物、砷、六价铬等毒物分析项目。

1985年起，陆续增加电导率、氧化还原电位、BOD、细菌总数、大肠杆菌、悬浮物、总磷、总氮、碘化物等分析项目。

1990年，增加对汞、重金属等项目的分析。

1998年，首次通过国家计量认证考核获得国家计量认证合格证书。

2004年7月、2009年10月、2012年11月和2015年9月通过国家计量认证复查换证评审，获得中国国家认证认可监督管理委员会颁发的计量认证合格证书。

截至2020年，具备对地表水、地下水、饮用水、大气降水、污水及再生水等五大类52个参数的检测能力。

第五节　技　术　标　准

1961年，执行《水化学资料整编方法》。

1962年，执行《水化学成分测验》。

1976年6月，执行水利电力部颁发的《水文测验手册》第二册“泥沙颗粒分析和水化学分析”。

1985年1月1日，执行水利部颁发的《水质监测规范》（SL 127—84）。1998年9月1日，执行水利部颁发的《水环境监测规范》（SL 219—98），替代SL 127—84。2014年3月16日，执行水利部颁发的《水环境监测规范》（SL 219—2013），替代SL 219—98。

1992年3月1日，执行国家技术监督局、国家环境保护局颁发的《水质　采样样品的保存和管理技术规定》（GB/T 12999—91）、《水质　采样技术指导》（GB 12998—91）和《水质　采样方案设计技术规定》（GB 12997—91）。2009年11月1日，执行环境保护部颁发的《水质　采样样品的保存和管理技术规定》（HJ 493—2009）、《水质　采样技术指导》（HJ 494—2009）和《水质　采样方案设计技术规定》（HJ 495—2009），替代GB/T 12999—91、GB 12998—91和GB 12997—91。

1994年5月1日，执行水利部颁发的《地表水资源质量标准》（SL 63—94），2020年5月7日，水利部关于废止《水电新农村电气化规划编制规程》等87项水利行业标准的公告（2020年第4号），公告发布之日起停止执行《地表水资源质量标准》（SL 63—94）。

1995年5月1日，执行水利部颁发的《水质分析方法》（SL 78～94—94）和《水环境检测仪器与试验设备校（检）验方法》（SL 144—95）。2008年9月17日，执行水利部颁发的《水环境检测仪器及设备校验方法》（SL 144.1～11—2008），替代SL 144—95。

1997年5月1日，执行水利部颁发的《水质采样技术规程》（SL 187—96）。

2004年11月30日，执行水利部颁发的《水利质量检测机构计量认证评审准则》（SL 309—2004）。2008年2月26日执行《水利质量检测机构计量认证评审准则》（SL 309—2007），替代SL 309—2004。2014年3月16日执行《水利质量检测机构计量认证评审准则》（SL 309—2013），替代SL 309—2007。

2005年9月1日，执行水利部颁发的《基础水文数据库表结构及标识符标准》（SL 324—2005）。2020年3月19日，执行水利部颁发的《水文数据库表结构及标识符》（SL/T 324—2019），替代SL 325—2005。

2007年11月20日，执行水利部颁发的《地表水资源质量评价技术规程》（SL 395—2007）。

第四章 水 文 调 查

第一节 水文地理调查

1958年9—12月，吉安水文分站组织6个调查组，进行了全区水文地理调查。调查组分赴禾水、泸水、遂川江、蜀水、孤江、乌江、同江、良口水、通津水、皂口水、云亭水、仙槎水、固陂水、横石水、黄金水、佳歧水、沂江水、湄湘水、狗颈水及五大支流和蜀水的二级支流等集水面积在200平方千米以上河流，主要调查流域自然地理、地貌地质、流域特征、河道情况、洪枯水流量、流域内的水利设施及水文气象站点布设概况，共调查洪枯水181站次，土壤剖面194站次，地下水井153站次，施测流量416站次，河床质采样183站次，描绘目测万分之一的1807千米河流沿岸地形图。

根据外业收集的资料，除流量、河床颗粒级配各项调查表以及河道地形素描图采取随时整理分析外，其他如地形素描图的修整、水位流量关系的分析、调查报告的编写等，均在调查后集中人力进行内业整理，洪痕流量按曼宁公式估算，河床糙率值根据目估河段情况按有关糙率表选取，圩堤缺口流量按不规则的堰流公式计算，最终整理成调查报告13本，最终形成《江西省吉安专区小河（200平方千米以上）水文调查报告合订本（初稿）上册》，于1958年12月由省水利电力厅水文气象局吉安水文分站刊印出版。

1960年，组织了4个调查组，分赴永新、莲花、遂川、吉水、安福、泰和、永丰、宁冈、吉安、峡江等县，对遂川江、蜀水、孤江、禾水、泸水、乌江、良口水、皂口水、通津水、云亭水等河流的流域地形、河道概况、径流特征等方面进行调查。本次调查集水面积200平方千米以上的河流9条，200平方千米以下的河流40条，总河长752.3千米，实测河床纵坡长476.9千米。调查洪水93处，枯水流量204处，土壤剖面89处，目测描绘万分之一河道地形图111幅。本次调查资料，整理成调查报告9本，最终形成《江西省吉安专区小河（200平方千米以下）水文调查报告合订本（初稿）下册》，于1961年12月由吉安专区水文气象总站刊印出版。

1980年，对全区水文站集水面积内的水利工程情况进行了一次调查，填表登记。

1983年，对小河水文站集水面积内的植被情况，逐站重新实地调查核实。

1980年和1983年的调查资料，经分析整理后，都保留原始调查资料存档，未刊印。

第二节 战备水文调查

1970年10—12月，吉安水文气象站进行了战备水文调查，全区各水文站都组织了调查组，人手不够的吉安水文气象站派人协助。本次调查主要对万安良口至新干蒋家河段及部分无水文站的河流（赣江五大一级支流及赣江二级支流）进行水文调查，目的在于摸清流域内自然地理情况、河道情况、河流夹沙、水文特征等，调查估算了洪水、常水和枯水的水位、流速、流量、平均水深、河宽等资料，还调查了桥梁、码头、渡口、通航、通车等情况，形成了《赣江中上游水文调查报告》。

第三节　洪　水　调　查

历史洪水调查

据《江西省洪水调查资料》（第一辑　长江流域第 17 册）记载，对吉安水文测站历史洪水进行了多次调查，共调查水文测站 20 站，调查到最早的历史洪水是新田站 1816 年，水位 56.84 米，流量 3920 立方米/秒（资料质量评价供参考）。

1956 年，长委会二勘队、吉安水文分站对棉津、吉安、新干、赛塘、新田等站进行了历史洪水调查。

1958 年，吉安水文分站对南溪、林坑、渡头、上沙兰、千坊等站进行了历史洪水调查。

1965 年 10—11 月，长办水文处对棉津、吉安、峡江、新干、夏溪、林坑、渡头、上沙兰、赛塘、新田等站进行了历史洪水调查。

1978 年，吉安地区水电科研所调查了东谷站的历史洪水。

1981 年，吉安地区水文站对木口、千坊、鹤洲等站进行了历史洪水调查。

1983 年 11 月，省水利厅将上述历史洪水调查成果，刊印于《江西省洪水调查资料》（第一辑　长江流域第 17 册）中。主要水文测站调查成果见表 2-4-1～表 2-4-8（带 * 为实测值）。

表 2-4-1　　**赣江历史洪水调查成果**

断面位置	调查年份	水位/米	流量/(立方米/秒)	可靠程度	备注
棉津站	1915	83.54	21000	较可靠	
	1922	81.36	16300	较可靠	
	1964	80.78*	15200*	可靠	
	1949	80.42	14300	供参考	
吉安站	1915	55.10	23000	较可靠	
	1876	54.43	20800	供参考	
	1899	54.10	19800	供参考	
	1962	54.05*	19600*	可靠	
峡江站	1915	45.29	21400	较可靠	
	1876	45.28	21300	供参考	
	1962	44.93*	19100*	可靠	
	1968	44.91*	19900*	可靠	
	1924	44.41	18200	较可靠	
新干站	1876	40.16	19300	供参考	
	1915	40.02	18900	供参考	
	1962	39.83	18500	供参考	
	1968	39.81*	18400*	可靠	
	1964	39.10	16800	可靠	

注：表内水位为吴淞基面。

表 2-4-2　　**遂川江历史洪水调查成果**

断面位置	调查年份	水位/米	流量/(立方米/秒)	可靠程度	备注
南溪站	1918	95.96	1150	较可靠	断面位置为遂川江一级支左溪
	1924	95.78	1060	较可靠	
夏溪站	1915	84.23	3600	供参考	
	1952	83.89	3190	较可靠	

续表

断面位置	调查年份	水位/米	流量/(立方米/秒)	可靠程度	备注
夏溪站	1964	83.41	2670	较可靠	
	1961	83.35	2600	较可靠	

注：表内水位南溪站为假定基面，夏溪站为吴淞基面。

表 2-4-3　　蜀水历史洪水调查成果

断面位置	调查年份	水位/米	流量/(立方米/秒)	可靠程度	备注
林坑站	1884	91.23	2680	供参考	
	1918	90.19	2120	较可靠	
	1952	90.03	2040	可靠	

注：表内水位为假定基面。

表 2-4-4　　孤江历史洪水调查成果

断面位置	调查年份	水位/米	流量/(立方米/秒)	可靠程度	备注
木口站	1876	72.07	3250	供参考	
	1969	70.03	3060	较可靠	
	1980	67.80*	1410*	可靠	
渡头站	1881	69.44	4120	较可靠	
	1876	68.30	3450	供参考	
	1899	66.88	2650	供参考	
	1915	66.77	2570	较可靠	
	1969	66.09*	2230*	可靠	

注：表内水位木口站为假定基面，渡头站为吴淞基面。

表 2-4-5　　禾水历史洪水调查成果

断面位置	调查年份	水位/米	流量/(立方米/秒)	可靠程度	备注
千坊站	1826	129.67	2240	较可靠	
	1857	125.90	985	较可靠	
	1977	125.38*	869*	可靠	
	1931	124.91	728	较可靠	
	1920	124.56	642	较可靠	
上沙兰站	1899	62.60	4110	较可靠	
	1915	62.08	3610	较可靠	
	1955	62.02*	3560*	可靠	
	1949	61.82	3360	较可靠	
赛塘站	1901	65.46	3590	较可靠	断面位置为禾水一级支泸水
	1962	64.95*	3150	可靠	
	《水文年鉴》刊印赛塘站 1962 年最大流量 2660 立方米/秒，未考虑漫滩部分				
	1937	64.70	2950	较可靠	
东谷站	1937		1560	较可靠	断面位置为禾水二级支东谷水
	1962		694	较可靠	

注：表内水位千坊站为假定基面，上沙兰、赛塘站为吴淞基面，东谷站为黄海基面。

表 2-4-6　　乌江历史洪水调查成果

断面位置	调查年份	水位/米	流量/(立方米/秒)	可靠程度	备注
新田站	1816	56.84	3920	供参考	
	1876	56.36	3420	供参考	
	1962	56.29	3350	较可靠	
	1915	56.08	3120	供参考	
	1929	55.92	2960	较可靠	

注：表内水位为吴淞基面。

表 2-4-7　　同江历史洪水调查成果

断面位置	调查年份	水位/米	流量/(立方米/秒)	可靠程度	备注
鹤洲站	1937	50.50	978	较可靠	
	1980	48.28*	410*	可靠	

注：表内水位为假定基面。

表 2-4-8　　云亭水历史洪水调查成果

断面位置	调查年份	水位/米	流量/(立方米/秒)	可靠程度	备注
老营盘站	1969	120.26	935	较可靠	
	1881	120.06	880	供参考	

注：表内水位为黄海基面。

当年洪水调查

1955 年 7 月 18 日，泰和、万安两县暴发山洪，江西省人民政府检查组和中央水利部以及中南水利部、工业部、农林部联合调查组到现场调查。调查报告称："18 日 5 时，大雨倾盆，6—7 时，万安、兴国、泰和三县交界的桂山、鹅公山、绵羊山、鸭鸡山、龙尖山、大凹山、天湖山等地发生山崩 60 余处"。缝岭、芦源于 18 日 6 时涨水，9 时达到最高，11 时开始退水，水位涨幅 2～4 米，最高达 8 米，这次山洪共冲倒房屋 801 栋，毁坏房屋 869 栋，导致 5108 户受灾，造成 38 人死亡，受灾农田 39989 亩，其中 4672 亩无法恢复，冲毁水利工程 1152 座。联合调查组认为：发生山洪的主要原因是连续降水使山土含水量饱和后，在局部地区发生特大暴雨，其次与陡峻的山坡地形有关。

从 1958 年 4—9 月，全区设立各小汇水站进行定点洪水调查。1960 年 8 月上旬至中旬，遂川右溪上游受较强台风影响，降了一次大暴雨，导致关口、代圣一带山洪暴发，680 个村庄受淹，1491 栋民房被冲毁，412 人死亡，266 座水利工程被毁。同年 10 月，南京地理研究所一名教授、省水文总站和吉安水文气象分局到现场考察，并对山崩状况拍了照片。1963 年和 1966 年又先后对该次山洪发生地带进行了洪水调查，并在 1966 年完成《遂川县右溪洪水调查报告》。

1962 年 6 月 5 日，遂川江右溪横岭和戴圣（现为戴家铺）发生山洪。1963 年 9 月，吉安水文气象分局由 3 人组成调查组进行了调查，对山洪发生情况做了详细了解并记录，并估算了横岭和戴圣的最大洪水流量。

1966 年完成对同江流域进行调查，完成《鹤洲站水文调查报告》。

在 1973—1975 年的每年枯水季节，井冈山地区水文站组织力量，调查万安县城至新干县三湖公社两岸受淹农田面积近 600 平方千米，完成五千分之一地形图 333 幅。据此，分县建立水位和受淹农田面积之间的关系，并制成了查算图。

1976 年的洪水调查主要包括禾水、遂川江发生的大洪水，宁冈县山洪暴发以及石口站 7 月 6 日出现历史上百年一遇的洪水。吉安地区水文站组织了 3 人调查组对禾水及其支流文汇江、宁冈水、牛吼江等进行了调查，测量了沿河断面，并推算了洪峰流量。

1981年，对全区未设立水文站的河流，布设定点洪水调查，1982年增加至5处，1983年增至10处。

1982年8月，对禾水、乌江出现的“82·6”（1982年6月）大洪水，各有关站组织了两个调查组进行调查。禾水组由千坊、永新、上沙兰3站组成；乌江组由新田、木口2站组成。在禾水沿河共调查了53个洪痕；乌江沿河调查了21个洪痕，泸水沿河调查了7个洪痕，并分别测量了断面及推算了洪峰流量。

2000年对井冈山、厦坪、宁冈、龙市进行了水文调查。

2002年对孤江流域进行了调查，并完成了《孤江流域“02·6”特大暴雨洪水分析》。

2009年8月4日18时5分至21时50分，遂川县局部地区突发强降水天气，全县普降短时大到暴雨。此次暴雨致使遂川县大坑、汤湖、高坪、大汾、营盘圩、戴家埔、泉江、南江、黄坑、堆子前、雩田等11个乡镇、165个行政村不同程度受灾。全县受灾人口15.8万人，紧急转移安置人口3.2万人。暴雨山洪冲毁公路10千米、涵洞5座，公路塌方5.6万立方米；损毁农作物1961公顷、河堤420米，灾害造成全县房屋倒塌1536栋，导致3人死亡。2009年8月11日受吉安市水文局委托，遂川水文勘测队组成遂川县“8·4”暴雨山洪调查组，赴此次暴雨重灾区大坑乡进行暴雨洪水调查，编制了《遂川县“8·4”暴雨洪水调查报告》。

2010年6月17—25日，乌江流域出现大范围的大暴雨，其中永丰县恩江雨量站过程降水量达397毫米，相当于该站正常年6月总降水量的1.9倍。这场大暴雨强度大、覆盖范围广、过程降水总量多，实属历史罕见。连续降水致使乌江吉水新田水文站水位超警戒2次，其中6月21日11时洪峰水位达56.69米（吴淞基面），超警戒3.19米，为该站自1953年建站以来的最大洪水，比1982年历史最大洪水还高0.50米。在这次大暴雨洪水中，乌江流域的永丰县七都乡车头堤、八江乡艾家堤、黄家堤等出现决堤。2010年7月，吉安市水文局成立“10·6”洪水调查小组，对乌江流域进行调查，调查河长70余千米，实测断面11处，并推算了各断面洪峰流量，编制了《乌江流域“10·6”洪水调查报告》。

2014年5月29—31日，遂川县珠田乡仙溪水流域发生强降水过程，仙坑水文站出现29.49米（假定基面）的超历史水位。暴雨洪水发生后，吉安市水文局和遂川水文勘测队组成调查组，赴仙溪水流域进行调查，推算出仙坑水文站最大洪峰流量，编制了《遂川县仙溪水流域“2014·5”暴雨洪水调查报告》。

2018年6月8日，受西风槽和第4号台风“艾云尼”外围环流共同影响，蜀水林坑站发生超有水文记录以来历史洪水，洪峰水位90.95米，超历史最高洪水1.63米（历史实测最高洪水89.32米，2002年6月16日），超警戒水位4.45米，仅次于历史调查最大洪水1884年的91.23米。洪水过后，吉安市水文局及时组织技术人员对蜀水洪水进行调查。

2019年6月6—10日，安福、莲花县境内普降大到暴雨至大暴雨，安福县平均降水量达274毫米，其中安福县彭坊雨量站过程降水量达368毫米；莲花县平均降水量高达258毫米，其中莲花县良坊镇言坑雨量站过程降水量达330毫米。这场暴雨导致彭坊水文站出现超历史洪水，莲花水文站出现超建站以来第二大洪水。吉安市水文局测资科及永新水文巡测基地相关人员组成洪水调查小组，开展了对洲湖水和文汇江流域的洪水进行调查，编制了《洲湖水流域洪水调查报告》和《文汇江流域洪水调查报告》。同年主汛季结束后，吉安市水文局还组织人员对蜀水、孤江、禾水、泸水、乌江流域2019年的洪水进行了调查。

2019年12月，吉安市水文局根据2018年和2019年的洪水调查成果，汇编了《赣江流域蜀水、禾水、泸水、乌江洪水调查报告》，共分为上、下两册。

第四节 圩堤缺口及淹没区调查

1962年6月下旬，赣江支流禾水、泸水发生大洪水，禾水下游禾埠桥地段发生圩堤溃口。吉安

水文气象总站当年组织3人调查组，在12月7—14日进行历时8天调查访问。

此次调查共测量圩堤缺口断面7处，总长为569.9米，总面积为1226平方米。调查漫堤总长为3000米，并根据所获调查资料，测量了吉安市区内和禾埠桥附近的洪痕高程，估算了圩堤缺口总流量和漫堤流量。

1973—1975年的每年枯季，地区站组织力量，调查了万安县城至新干县三湖两岸受淹农田近600平方千米，完成五千分之一地形图333幅。据此，分县建立了水位和受淹农田面积之间的关系，并制成了查算表。

2010年6月17—25日，受北方冷空气和西南暖湿气流影响，全市发生了大范围持续暴雨洪水过程，暴雨强度之大，覆盖范围之广，洪峰水位之高，洪水次数之多以及高水持续时间之长均为历史罕见。持续的强降水导致赣江及各主要支流连续出现超警戒水位，新田水文站出现超历史洪水，吉水、峡江、新干等地受淹严重，各主要圩堤险情频发。同年7月，吉安市水文局成立了“10·6”洪水调查小组，对禾水及泸水的曲濑长乐联圩堤、同江的同江堤、赣江的梅林堤、仁和堤及珊湖联围堤共5条防洪堤的基本数据及受淹情况展开调查，编制了《吉安市主要圩堤“10·6”洪水调查报告》。

第五节　山洪灾害调查

山洪灾害调查评价的主要目的是通过大量调查测量，获取全市山洪灾害的区域分布、人口分布等情况，掌握山洪灾害防治区内的水文气象、地形地貌、社会、经济、历史山洪灾害、涉水工程、山洪沟等基本情况的基础信息。对调查数据进行整理、从而分析得到小流域暴雨洪水特性、现状防洪能力、危险区等级、预警指标等成果。通过山洪灾害调查评价工作，对全市的山洪灾害情况有更详细的了解和掌握，基本摸清了防治区和危险区的分布，为吉安市山洪灾害区域预警、预案编制、转移路线、临时安置、防灾意识普及、群策群防等工作提供科学、全面、详细的信息支撑。

根据《江西省年度山洪灾害防治项目实施方案（2013—2015年）》，吉安市各县（市、区）山洪灾害调查评价工作将在2013年和2014年两个年度内实施，即安福县、遂川县、永丰县、新干县属2013年度实施项目，吉水县、井冈山市、永新县、泰和县、万安县、吉州区、青原区、吉安县、峡江县属2014年度实施项目。

2012年，受省水文局委托，吉安市水文局开展了遂川县、永丰县、安福县3个县的山洪灾害调查工作，并编制完成了《遂川县山洪灾害调查评价报告》《永丰县山洪灾害调查评价报告》和《安福县山洪灾害调查评价报告》。2012年12月5日，上述3个报告通过了省水文局组织省防办、吉安市防办、相关县防办的专家审查。2012年度的新干县山洪灾害调查评价工作由南昌市水文局负责完成。

2014年，吉安市水文局开展了万安县、泰和县、吉水县、永新县和井冈山市5个县（市）山洪灾害调查评价工作，2014年度的吉州区、青原区、吉安县和峡江县4个县（区）的山洪灾害调查评价项目由江西省水利科学研究院负责调查。

峡江县、吉安县、吉水县、井冈山市的调查评价报告于2017年8月完成，泰和县、万安县、永新县、安福县、遂川县、新干县、永丰县的调查评价报告于2018年1月完成，吉州区、青原区的调查评价报告于2018年2月完成。

由吉安市水文局负责调查的2014年度萍乡市莲花县山洪灾害调查评价项目，于2016年6月完成《萍乡市莲花县山洪灾害调查评价报告》。

2015 年 9 月 20 日，吉安市水文局抽调技术骨干组成 2 个调查组，赴新余市渝水区开展山洪灾害调查评价外业调查工作。

2016 年 6 月，吉安市水文局编制完成了《萍乡市莲花县山洪灾害调查评价报告》。

2019 年 10 月，由北京七兆科技有限公司汇总全市各县（市、区）山洪灾害调查评价成果，汇编成《吉安市山洪灾害调查评价报告》和《吉安市山洪灾害调查评价图表集》。同年 11 月 25 日，《吉安市山洪灾害调查评价报告》通过了省水文局组织的审查验收。

第三篇 水文资料与分析

水文资料整编刊印是将水文测站的定位观测、实验研究和调查等项资料，按科学方法和统一图表格式进行整编、审查、汇编和刊印，为国民经济建设各部门提供基本系统的水文资料。

水文资料整编工作主要分在站整编、资料审查、资料复审验收、资料汇编几个阶段。

吉安水文资料，自1929年（民国18年）起，至2020年，历时90多年，水文观测资料累计达20342站年，数据库累计记录水文数据1000多万条。

民国时期和中华人民共和国成立初期，由于水文观测资料质量差和管理不规范等原因，资料未整编或遗失，资料难以找到。目前的水文资料，仅来源于《中华人民共和国水文年鉴》。

20世纪60年代，省水文气象局要求实行“随测算、随分析、随整理、随发报”的“四随”工作方法，提出“项目完整，图表齐全，考证清楚，方法正确，规格统一，数字无误，资料合理，说明完备，表面整洁，字迹清晰”的资料整编要求。

20世纪70年代，执行在站整编，原始资料及整编成果测站之间互审，地区站审查，省水文总站复审汇编的制度。

20世纪80年代，开始应用电子计算机整编水文资料，极大减轻了人工计算工作量。

20世纪90年代，建立水文数据库。

1995年12月，省水文局表彰吉安地区水文分局连续10年（1985—1994年）获全省水文资料整编工作先进单位。

2008年起，全省统一使用长江水利委员会水文局开发的“水文资料整编系统SHDP（南方片）”整编程序进行水文资料整编工作。

2010年，全省水文资料实行专家审查制，并建立专家上岗制度。2010年4月13日，省水文局发布《关于聘任第一批江西省水文资料审查、评定专家的通知》（赣水文资发〔2010〕第3号），聘任林清泉为第一批江西省水文资料审查、评定专家。

2013年11月12日，长江水利委员会水文局发布《关于聘任长江流域及西南诸河水文年鉴审查专家的通知》（水文监测〔2013〕第420号），聘任林清泉为长江流域资料审查专家。

2015年3月3日，省水文局发布《关于聘任第三批江西省水文资料审查、评定专家的通知》（赣水文资发〔2015〕第1号），聘任唐晶晶、刘金霞为江西省水文资料审查、评定专家。

2019年1月3日，省水文局发布《关于聘任江西省水文资料审查、评定专家的通知》（赣水文资发〔2019〕第2号），聘任林清泉、刘金霞、刘丽秀为江西省水文资料审查、评定专家。

2020年，采用在线资料进行整编、审查。

第一章　水　文　资　料

1959年，吉安专区水文气象总站内设水文组，负责全区水文资料整编、审查工作。

1971年，井冈山地区水文站内设资料组（1973年改测验资料组、1981年改测资科），负责全区水文资料整编、审查及管理工作。

第一节　测　站　编　码

1986年以前，水文测站为满足水情拍报需要，各站都有测站站号。1960年水利电力部颁发的《水文情报预报拍报办法》规定，测站站号由五位数字组成，第1位数字为流域固定标志号（长江流域为6），第2位数字为水系标志号（赣江水系为8），第3～5位数字为测站顺序号，按先干后支、自上而下的原则编列。吉安市全境所有河流均属长江流域赣江水系，棉津水文站为赣江水系赣江第一站，站号为68000。

1986年，水利电力部水文局颁发《全国水文测站编码试行办法》。

1987年，根据《全国水文测站编码试行办法》要求，完成了全市水文测站的编码工作。

水文测站编码分为两类：一类为水位、水文站测站编码，另一类为降水量、水面蒸发量测站编码。水位、水文站编码按河流采用“自上而下、先干后支”的原则编制，降水量、水面蒸发量测站编码按河流采用“自上而下、逢支插入”的方法编制。

水文测站编码采用8位码，其代表意义如下：

第1位是流域码，长江流域为6。

第2、3位是水系码，赣江水系为23。

第4位是测站类型码，水文和水位站为0～1，降水量和蒸发量站为2～5，地下水站为6～7，水质站为8～9，墒情站为A。

第5～8位是测站编号代码。

根据编码原则和全省水文编码资源分配情况，吉安市水文测站编码范围为：

水文和水位站：赣江干流为62301150～62301950，赣江支流为62306800～62310600；

降水量和蒸发量站：62328450～62338205。

2010年，水利部对《全国水文测站编码试行办法》进行了规范化，同年11月10日，颁发了《水文测站代码编码导则》（SL 502—2010），从2011年2月10日起实施。

第二节　测　站　考　证

考证资料是整编的重要内容和组成部分，为保证资料使用的可靠性、一致性、代表性提供考证依据。考证内容主要有：测站沿革考证，测站测验河段及附近河流情况考证，断面及主要测验设施布设情况考证，测站基面、水准点考证，水库、堰闸工程指标考证，对水文站以上（区间）主要水利工程基本情况考证，陆上（漂浮）水面蒸发场的沿革、附近地势以及场地周围障碍物的变动考证。以上考证内容在测站设站第一年应编制有关图表并刊印，公历逢5年份应重新编制全部考证图表并刊印，如遇有测站迁移或测验断面、测验河段有较大改变者；测站特性受断面上下游水利工程和其他人类活动影响有较大变化者；基本水尺断面或中高水测流断面迁移，超出原来刊印的图幅范围者；引据水准点、基面水准点、基面或测验设施有重大变动者；测站性质改变，如水位站改为水文站者；水文站以上（区间）水利工程有较大变动者；水文站以上集水区界限有较大变动者；陆上水面蒸发场迁移或仪器、场地有较大变动者中的任何一种情况，还应适时编制刊印。此外，水文、水位、水库、堰闸站每年在资料整编时，必须对测站水尺零点高程进行考证，但成果不刊印。

民国时期及其以前的考证资料不全，不少站完全没有考证资料。设站单位自行保存观测资料，有的残缺不全，有的在移交过程中遗失。

1947年（民国36年）开始，有部分考证资料，但也残缺不全，或填写不清楚，甚至前后矛盾。

1988—2005年，《水文年鉴》停止刊印，2005年前的最后一次刊印考证资料是1985年。

2006年，《水文年鉴》全面恢复刊印。

根据《水文资料整编规范》（SL 247—1999）的规定，公历逢5年份，应重新编制测验河段平面图。2006年，市水文局对各水文水位站测验河段进行了一次全面测绘，绘制了测验河段平面图，但考证资料未编制刊印。

2016年，根据省水文局统一安排，吉安市水文局对2015年国家基本水文站测站情况进行了一次全面考证，考证资料在《水文年鉴》中未刊印，但省水文局汇编刊印了《2015年江西省基本水文站考证资料》。

刊印的考证资料有：站说明表、测验河段平面位置图、水文站以上（区间）主要水利工程基本情况表、水文站以上（区间）主要水利工程分布图、陆上（漂浮）水面蒸发场说明表及平面图。

第三节　资　料　整　编

整编方法

民国时期，全国未制定统一的资料整编技术规定，从未进行过系统整编。

1938年（民国27年），江西水利局曾整编过吉安站1929年（民国18年）至1937年（民国26年）的水位和降水量资料。

1949年（民国38年）4月，江西水利局组织整编水位、降水量、蒸发量和流量资料，整编方法甚为简单，计算逐日平均值，均采用算术平均法。整编流量资料，则不论测站特性，一律采用对数法。

1950年，省水利局编印《水文测验手册》，其中对资料整理提出了具体规定，1951年7月，中央水利部颁发《水文资料整编方法》。从此，水文资料整编步入规范化。

1953年10月至1954年2月，省水利局首次抽调一、二等水文站人员集中南昌，学习《水文资料整编方法》，同时提出，要针对不同测站特性使用不同的整编方法的要求，从而结束单纯使用对数法整编流量资料的历史，为普及使用新的整编方法打下基础。

1954年起，各站资料集中在南昌进行资料整编。

1955年、1956年全区各项资料，年终由各水文站抽调1人集中在吉安一等水文站（吉安分站）进行整编，次年春由吉安一等站（分站）送交省水文总站审查汇编刊印。

1956年4—6月，长委会会同省水利厅各抽调大批技术人员组成资料整编组，将民国时期全省各站水文资料及1950—1953年全省各站水位、流量、沙量资料进行整编；同年7—12月，省水文总站又组织人员整编了1950—1953年降水量、蒸发量资料。

1957 年年底，各流量站派员携带本站及属站资料集中到吉安分站进行资料整编工作。

1958 年 5 月，由吉安分站派员将全区 1957 年整编资料成果送交省水文总站审查汇编，并由吉安分站负责完成本区内全部成果的打字任务。

从 1959 年起，贯彻省水文气象局提出的“在站整理，专区整验，省级审查汇编”的规定，各测站对水位、降水量、蒸发量、水温等项目进行逐月整理，专区总站（分局）每年大汛过后（一般 8 月或 9 月）集中各测站人员进行流量、沙量资料定线审线及在站整理资料的审核工作。年终或次年初再次集中进行全年资料整编及综合对照审查工作，次年第二季度由专区水文站将上年的全区各站资料整编成果送交省水文气象局（省水文总站），复审、汇编刊印。

20 世纪 60 年代中期，贯彻省水气象提出资料整编工作的要求，加强在站整理工作。

20 世纪 70 年代中期，省水利厅在制定的《〈水文测验试行规范〉补充规定》（暂行稿）中，规定各站资料整编“大错错误率不超过万分之一，小错错误率不超过二千分之一”。地区水文站要求各测站做到在站资料整编并互审，地区水文站审查，在站整编资料达到“出门合格。”

1978 年 9 月，省水文总站在南昌开办电子计算机整编水文资料学习班，第一次培训各地区（市、湖）水文站电算整编技术人员，并采用宜春地区贾村和石上站资料进行试算。从此，开启了电算整编研究工作。

从 1980 年开始，凡集水面积在 200 平方千米及其以下的小河水文站和配套雨量站的资料，按部水文局 1979 年 7 月颁发的《湿润区小河站水文测验补充技术规定（试行稿）》和省水文总站制定的有关补充规定进行整编。为配合资料分析需要，降水量摘录表采用一表多站格式编制、刊印。

1980 年 8 月，部水文局在北京召开“全国水文资料电算整编座谈会”。根据座谈会精神，省水文总站确定 1980 年赣江水系各站的水位、流量、沙量和降水量资料使用电子计算机整编，采用长江水利委员会水文局编制的水位、流量、沙量通编程序和降水量通编程序（使用 ALGOL-60 语言），使用 DJS-6 计算机。

1980 年 12 月至 1981 年 1 月，省水文总站集中赣江水系各水文站和有关地市水文站资料整编人员 73 人，在吉安地区水文站开办电子计算机整编水文资料业务学习班，学习电算业务。同时，编制 1980 年赣江水系各站水位，流量、沙量和降水量资料的电算报表。经 1981 年 3 月去长办上机试算，吉安地区水文站初算合格率为 100%。初算成果，符合《水文测验试行规范》的质量标准要求，也符合部水文局制定的“采用电子计算机整编水文资料的质量标准和要求”。

1980—1983 年的电算整编资料，先后到汉口、北京、上海、兰州等地上机计算和打印。

1982 年 11 月，省水文总站购置 1 台 MC-68000 高档 16 位微型机，经调试，1983 年 8 月，投产使用。1984 年，开始在省水文总站使用 MC-68000 微型机整编，结束了到外省去整编计算的历史。

1985 年，吉安地区水文站配置 1 台 APPLE-Ⅱ微机，并举办了一期 APPLE-Ⅱ微机学习班。

1986 年起，全区各站电整数据在吉安地区水文站录入，省水文总站将地区水文站录入 APPLE-Ⅱ微机的电算整编数据输入 MC-68000 微机内，进行全省资料统一运算。

1987 年 8 月，省水文总站制定《江西省水文资料电算整编试行规定》，从整编 1987 年资料时开始执行。

1990 年 7 月 15 日，吉安地区水文站印发《水文资料在站整编成果质量免检条例》（吉地水文测资字〔90〕第 09 号），从 1990 年 1 月 1 日起施行。要求资料整编成果做到出门合格，达到免检水平。

1991 年 1 月 14 日，省水文总站印发《水文资料整编达标评分办法（试行稿）》（赣水文资字〔91〕第 001 号）。

1991 年，水位、流量、沙量（水位、流量、沙量简称水流沙）、降水量等资料均实现了电算整编。其中，水流沙、大河降水量资料采用全国通用水流沙电算程序、全国通用降水量电算程序整编，小河站降水量资料采用省水文局自编程序整编。电算数据录入由地区水文站完成，集中在省水文局计算。

1991年，吉安站资料免检试点成功，经省、地有关部门检查验收合格，发给了“免检证”。

1992年，全省开展在站资料整编免检试点。同年3月25日，吉安地区水文站检发《水文资料在站整编成果质量免检条例》（吉地水文测资字〔92〕第03号），决定从1992年1月1日起，除吉安站外，免检试行站扩大到栋背、峡江、千坊、彭坊、鹤州五站。

1995年起，全区电算资料录入和计算工作吉安地区水文分局完成。同年起，林坑站流量施行间测，停2年测1年（2003年改停3年测1年），采用历年水位流量关系综合线整编。

1997年3月27日，江西省水文局发布文件（赣水文资字〔97〕第001号），批复同意吉安地区水文分局改流量（沙量）整编说明书为流量（沙量）整编说明表，取消整编说明书，统一规范了全省流量、沙量整编说明，并批转全省各地水文分局执行。

1997年，吉安地区水文分局开发了颗分资料整编程序。

2000年，遂川水文勘测队配置了计算机，队属各站整编数据录入及计算在队部进行，其他站整编数据录入及计算在市水文局进行。

2001年，水流沙电算资料采用JXSLS程序计算，大小河站降水量资料均采用JXJSL程序计算。小河站降水量摘录表仍按一表多站形式整编，拼表采用PB5程序，在摘录期内若出现缺测、合并时，要求参照邻近站资料进行插补、分列处理。

2002年，采用赣州地区水文分局黄武开发的水流沙整编程序进行整编计算。

2008年，全省统一使用长江水利委员会水文局开发的“水文资料整编系统SHDP（南方片）”整编程序进行水文资料整编工作。

各站断面平均含沙量采用单沙断沙关系曲线法整编。2011—2013年峡江站受上游峡江水利枢纽施工影响，2012年吉安站受上游石虎塘航电枢纽施工影响，断面平均含沙量采用比例系数过程线法整编。

各站流量采用水位流量关系曲线法整编。2012年峡江水利枢纽截流合龙后，吉安站受回水影响，从2013年开始，吉安站受回水期采用连实测流量过程线法整编。

2013年3月22日，省水文局下发《关于调整泥沙颗分工作任务的通知》（赣水文监测发〔2013〕第7号），2013年悬移质泥沙颗分采用粒径计法和激光法两种方法进行分析，粒径计法各站按常规方法分析，激光法吉安各站将水样浓缩后送省水文局分析。

2014年2月14日，省水文局下发《关于采用激光法进行悬移质泥沙颗分工作的通知》（赣水文监测发〔2014〕第5号）。自2014年1月1日起，悬移质泥沙颗分采用激光法进行分析、整编，取消粒径计法分析方法。

2015年，采用抚州市水文局蔡云峰编制的定线程序，进行计算机定线、打印。定线程序具有直接读取实测流量成果数据、摘录水位流量关系线流量结点、进行“三检”和计算定线系统误差及标准差的功能，消除了人为点图、读数、摘录结点的误差，极大提高了定线精度和定线效率。

2016年，全市各水文站进行了测验方式方法分析并试行巡测，上沙兰、新田站断沙实行间测，新田站断颗实行间测，采用历年综合线整编。

上沙兰站断沙停3年测1年，停测期间只测单沙，采用历年综合单沙断沙关系线整编，推沙公式：断沙＝1.000×单沙。

新田站断沙停3年测1年，停测期间只测单沙，采用历年综合单沙断沙关系线整编，推沙公式：断沙＝1.000×单沙。

新田站断颗停3年测1年，停测断颗期间，只测单颗，采用历年综合单颗断颗关系线整编，推求断颗公式：单颗小于50％时，断颗＝1.030×单颗；单颗大于或等于50％时，断颗＝0.970×单颗＋3.000。

2017年5月8日，吉安市水文局印发了《吉安市水文局关于开展水文资料月整编工作的通知》（吉市本文测资发〔2017〕第7号），开始了资料月整编试点工作，资料工作真正做到日清月结，在水文资料整编改革上迈出重要一步。同年10月，江西省在线水文资料整编系统在吉安市水文局试点运行。

2018年6月28日，吉安市水文局印发了《吉安市水文局水文资料整编工作改革实施方案》（吉市水文测资发〔2018〕第16号），将资料整编的工作方式正式转变为即时整编，资料整编工作方式发生了根本转变。全面试用在线整编软件，各项在线数据各站做到次月3日前完成上月的所有数据的下载和导入，实测数据做到及时录入。按资料整编工作要求及时间节点，完成“日清月结”、“三道工序”（即初作、一校、二校）、“四随”（即随测、随算、随整理、随分析）等各项工作。市水文局并制定了一月一通报工作制度，每月对资料整编工作情况进行通报。

2020年，全面采用由省水文局编制的“江西省在线水文资料整编系统”进行在线整编。

资料审查

民国时期，各测站资料均寄省水文总站审核，主要是审核其计算方法及数值是否正确无误，也作简单合理性检查。

1950—1952年，各站观测资料，经过计算校核，直接报送省水利局水文科审核。

1953年，各站原始记录报表，逐月寄送吉安一等水文站审核。

1956年，按照《水文测验暂行规范》的规定进行审核。

1957年，各站资料经吉安水文分站审核后，汇总各站资料中存在的问题，逐月发出资料审核通报。

从1959年起，各水文、水位站执行资料在站整理制度，水位、水温、降水量和蒸发量等资料逐月在站整理，做到日清月结；流量、沙量资料，水文站除在测验过程中实行“四随”工作方法外，并分阶段定出水位流量关系曲线和单沙断沙关系曲线。吉安专区水文气象总站每年分两次集中审查，一次在汛后，一次在年底至次年初。同时，进行全年资料的综合性检查。对降水量资料，从面降水量分布，暴雨走向，检查分析代办站资料的合理性，逐站填制审核意见表与资料质量评定书。

1962年3月14日，吉安专区水文气象总站下发《关于恢复水文资料逐月审查工作的通知》（水气字〔62〕第092号）。要求各项原始资料、整编成果和计算分析图表，于次月7日前寄吉安专区水文气象总站审查。

1967—1972年，地区水文站人员不定期下站抽审部分资料，除年底一次外，汛后一次资料审查不再集中在地区水文站审查。

1973年起，地区水文站组织测站之间开展资料互审，审核意见表一式二份分别寄送地区水文站与被审测站。

1974年10月30日，井冈山地区水文站印发了《水文资料在站整编成果验收暂行办法》（井地水文字〔74〕第024号）。验收暂行办法规定，从1974年起，地区水文站不再进行集中全区各站到地区水文站进行全年资料整编工作，而由各站负责完成各项水文资料在站整编和各项资料在站整编成果的验收任务。验收办法采用测站轮流验收后，再上交地区站复验。

1980年4月15日，吉安地区水文站印发《关于水文原始资料互审的审核要求》（吉地水文字〔80〕第19号）。

1992年3月25日，吉安地区水文站印发《水文资料在站整编成果质量免检条例》（吉地水文测资字〔92〕第03号)，决定在从1992年1月1日起，对栋背、峡江、千坊、彭坊、鹤洲五站整编成果质量试行免检。

2000年以后，测站逐步配置计算机，整编数据录入及计算逐步在测站进行。各站年底交纸质资料和磁盘数据到市水文局复核审查。

2004年，资料审查工作主要采用集中审查和日常性审查相结合的方式进行，日常性审查主要是平时对测站的原始资料及逐月完成的各项电算加工表进行的审查，集中审查则是由市水文分局组织各测站资料工作骨干对辖区内的各项资料整编成果进行一次全面系统的审查，一般安排在次年1月中旬进行，历时10～15天。其间，主要工作为对原始资料进行抽审、对各项电算加工表进行全面审查、电算逐日平均水位表与测站填制的逐日平均水位表对照检查、电算逐日降水表与测站填制的逐日降水表对照检查、点绘逐时流量过程线并与水位过程线进行对照检查、点绘逐时断沙过程线并与单沙过程线进行对照检查，相邻站成果合理性对照检查、上下游成果合理性的合理性检查、水位流量关系线审查、单断沙关系线审查以及电算数据的录入、电算整编成果的计算和打印等。

为检查整编资料的合理性，在市水文分局年度资料审核期间，开展上下游水量平衡分析和上下游沙量过程线的对照工作，同时确定当年洪水摘录时间。

2010年，全省水文资料审查实行专家审查制，并建立专家上岗制度。

2020年起，“江西省在线水文资料整编系统”正式推广应用，市水文局通过整编系统对各站资料进行在线初步审查，年底待各站上交全部资料后再系统审查。

资料复查

《水文年鉴》出版后，个别使用部门对《水文年鉴》内的某些数据提出过疑问和意见；在编制实用水文手册、水文预报方案和资料供应中，也发现个别站的成果不合理；特别是随着测站资料系列的增长，对测站特性有进一步的认识，原整编成果需作必要的修正。为此，1957年7月，省水文总站组织人员对长江流域鄱阳湖区1950—1956年刊布有逐日平均流量表的水文站进行过一次全面的复查。审查方法有：①利用区域的径流特征；②利用测站多年的测站特性规律；③利用上下游站或邻近站资料进行合理性检查；④利用水文预报方法进行检查。审查时，应用几种方法互相印证。

复查发现的错误，省水文气象局1959年1月刊印有《1950—1956年长江流域鄱阳湖区水文资料流量刊布成果更正资料》。

从1958年进行水文调查开始，至20世纪80年代，赣江上下游站之间常出现有水量不平衡的情况，部分时段，上游站的径流量大于下游站。在悬移质输沙率方面，也有赣江下游站的年输沙量小于上游站的情况，以上存在问题，均须进一步查找原因。

1982年11月22日至12月11日，省水文总站组织吉安等地区水文站和省水文总站人员，对1962年、1964年、1968年和1982年赣江水系的棉津、栋背、吉安、峡江、石上、外洲、林坑、上沙兰、赛塘和新田等站的洪水资料进行分析检查，着重检查赣江干流吉安及其以下各站成果，编写出《赣江1962年、1964年、1968年及1982年洪水资料合理性检查初步成果》。检查意见认为：外洲、峡江和吉安站1962年年最大流量以应用修改值为宜；须进一步研究峡江站1962年、1968年部分流量测次的计算问题和赛塘站1962年水位流量关系曲线的高水延长问题；吉安站1968年资料应考虑漫滩流量再确定水位流量关系曲线；渡头站1962年、1968年次洪水径流深大于流域平均降水深等问题，均须进一步研究。

此次检查后，对《水文年鉴》原刊布数值是否需要修改以及如何修改，未作最后审定。以上情况，供使用这些站的历史资料时，作进一步研究。

2000年以来，对数据库进行了系统纠错复查，不仅纠正了许多人工录入上的错误，也修正了许多年鉴上的刊印错误，提高数据库的数据质量。

技术标准

民国时期，全国未制定统一的资料整编技术规定。

1950年，省水利局编印《水文测验手册》，其中对资料整理提出了具体规定。

1951年7月，水利部颁发《水文资料整编办法》。

1953年，水利部颁发《水文资料整编成果表式和填制说明》。

1955年，水利部颁发《水文测站暂行规范》，1956年1月实施。

1959年，省水电厅水文气象局编印《水文资料整编汇刊工作手册》。

1960年，水利电力部颁发《水文测验暂行规范》，1961年1月实施。

1964年8月，水利电力部颁发《水文年鉴审编刊印暂行规范》，1965年实施。

1975年，水利电力部颁发《水文测验试行规范》，1976年1月实施。

1976年，水利电力部出版《水文测验手册》（第三册“资料的整编和审查”）。

1979年7月，水利部水文局颁发《湿润区小河站测验补充技术规定（试行稿）》。

1981年，小河水文站资料按部水文局1979年7月颁发的《湿润区小河站水文测验补充技术规定（试行稿）》执行。省水文总站1982年制定《关于小河水文站资料整编若干规定》作为补充文件，1983年修改成《关于小河水文站资料整编若干规定（修订稿）》。

1984年11月，省水文总站印发《江西省水文测站质量检验标准》（标三：资料整编）。

1987年8月，省水文总站制定《江西省水文资料电算整编试行规定》，从整编1987年水文资料时执行。

1988年1月，水利电力部颁发《水文年鉴编印规范》（SD 244—87）。

1990年，省水文总站印发《水文资料整编达标评分办法（试行稿）》，包括：①达标评分标准；②达标评分办法；③其他三部分。

1991年1月17日，省水文总站印发《资料达标评分办法》（赣水文资字〔91〕第001号）。

1991年11月15日，省水文总站印发《有关资料整编的若干规定》（赣水文资字〔91〕第010号）。

1997年，省水文局印发《〈水文年鉴编印规范〉补充规定》和《水文资料整编质量达标评分办法》。

1999年12月17日，水利部颁发《水文资料整编规范》（SL 247—1999），取代《水文年鉴编印规范》（SD 244—87），2000年1月1日起实施。

2001年，省水文局印发《〈水文资料整编规范〉补充规定》，1997年制定的《〈水文年鉴编印规范〉补充规定》停止使用。

2009年9月29日，水利部颁发《水文年鉴汇编刊印规范》（SL 460—2009），替代《水文年鉴编印规范》（SD 244—87），12月29日起实施。同年，省水文局印发《江西省水文资料质量评定办法》。

2012年10月19日，水利部颁发《水文资料整编规范》（SL 247—2012），替代SL 247—1999，2013年3月19日起实施。

2014年12月，省水文局印发《〈水文年鉴汇编刊印规范〉补充规定》，从2015年1月起执行。

2020年11月2日，水利部颁发《水文资料整编规范》（SL/T 247—2020）和《水文年鉴汇编刊印规范》（SL/T 460—2020），分别替代SL 247—2012和SL 460—2009，从2021年2月2日起实施。

2020年12月，省水文局印发《江西省水文资料整编汇编补充规定》，从2021年1月起执行。2001年《〈水文资料整编规范〉补充规定》和2014年《〈水文年鉴汇编刊印规范〉补充规定》即行废止。

第四节　水　文　年　鉴

1958年以前，水文年鉴未分卷册，江西省水文资料以《长江流域鄱阳湖区水文资料》专册刊印。1929—1949年的水位、流量、含沙量，降水量和蒸发量各以一个专册刊印，共三册。1950—1953年资料综合为二册，第一册为水位、流量和含沙量；第二册为降水量和蒸发量。1954—1956年，均以一册刊印全年资料。1957年，又以二册刊印，第一册为水位，地下水位，水温、流量，悬移质输沙率和推移质输沙率；第二册为降水量和蒸发量。

1958年4月，水电部颁发“全国水文资料卷册名称和整编刊印分工表”以及“全国水文资料刊印封面、书脊和索引图格式样本”。刊印封面为“中华人民共和国水文年鉴”，鄱阳湖区水文资料在《水文年鉴》中的编号为第6卷第19册、第20册。第19册刊印全省水位、地下水位、水温、流量、泥沙、颗粒分析和水化学资料及已刊布资料的更正和补充；第20册刊印全省降水量和蒸发量资料及已刊布资料的更正和补充。1958年水文年鉴第19册、第20册分二册刊印。

1959—1963年，为了方便服务起见，将《水文年鉴》第19册、第20册各以分册和合订本两种形式刊印，第19册、第20册各分为赣江水系上游区、中游区、下游区、抚河水系，信江水系、饶河水系，修水水系和湖泊水网区八个分册刊印。吉安地区水文资料，刊印在赣江水系上游区内。

1964年，水利部水文局调整《水文年鉴》卷册划分，鄱阳湖区水文资料在《水文年鉴》中的编号改为第6卷第17册和第18册，第17册刊印赣江水系各站资料；第18册刊印抚河、信江、饶河、修水和湖区水系各站资料。吉安地区水文资料，刊印在《水文年鉴》第17册内。

从1980年起，水文年鉴第6卷第17册、第18册各分成两个分册，每一册的第一分册刊印水位、地下水位、水温、流量、泥沙、颗粒分析和水化学资料；每一册的第二分册刊印降水量和蒸发量资料。集水面积等于和小于200平方千米小河水文站，单独刊印《江西省小河站水文资料》专册。

1988年，《水文年鉴》停刊。

2007年7月20日，水利部下发《关于全面恢复水文年鉴汇编刊印的通知》，从2007年起，全面恢复《水文年鉴》刊印（2007年刊印2006年资料）。

2009年，水利部颁发《水文年鉴汇编刊印规范》（SL 460—2009）。为满足规范规定的页码要求，水文资料按《水文资料整编规范》整编，汇编刊印时摘录表只刊印主要的洪水过程和降水过程，其他成果保存在水文数据库中。

2015年起，省水文局逐年刊印《江西省水文年鉴》（非基本站水文资料）。

2016年，省水文局刊印《2015年江西省基本水文站考证资料》专册。

《水文年鉴》刊印内容主要项目有水位、流量、沙量、颗分、水温、降水量、水面蒸发量等。

第五节　水 文 数 据 库

1988年之前，水文资料以《水文年鉴》（纸质）形式进行存储。1988年之后，水文资料采用计算机电算整编，《水文年鉴》相应停刊。

1994年11月28日，吉安地区水文分局成立数据库领导小组，由分管副局长郭光庆任组长，正式启动水文数据库建库工作。利用吉安水文数据库，存储水文资料。

从1995年开始，根据水文数据库3.0表结构格式，对1931—1994年的水文数据全部进行了人工录入并转存入库，其中人工录入1931—1986年《水文年鉴》数据达13700余页。由于当时时间紧，任务重，人员少，人工录入的数据质量不高，错误较多。1988年以后的水文资料，因采用的是计算机整编，直接将整编数据导入数据库。

1995年数据库操作平台建立在基于DOS操作系统和Foxpro数据库。由于计算机及操作系统的不断更新和升级换代，水文资料数据库容量的不断增加以及社会发展对水文资料数据要求的不断提高，原有的数据库应用系统已无法满足现今社会各界对水文数据资料的需求。2005年水文数据库应用系统移植到基于Windows操作系统和SQL Server 2000数据库平台上，并建立了水文数据库检索查询系统。

2005年9月1日，执行水利部颁发的《基础水文数据库表结构及标识符标准》（SL 324—2005）。

2006年，开始了水文数据库纠错工作，但进度较慢。纠错方法主要采用景德镇水文局蒋志兵、抚州水文局蔡云峰编制的查错程序。逐日表与摘录表及有关相联表项的检查，采用计算机编制软件进行对照检查，实测成果表类全部打印进行人工校对。

2010年，省水文局被列入国家基础水文数据库建设试点单位，根据省水文局部署，加快了水文数据库纠错工作进度。并按《基础水文数据库表结构及标识符标准》（SL 324—2005）要求，将水文数据库3.0表结构转换成《基础水文数据库表结构及标识符标准》4.0表结构，实现了国家基础水文数据库无缝对接，所有资料项均全部进行了转换。

2013年12月18—19日，省水文局组织专家组对"吉安市水文数据库"纠错情况进行验收。专家组采取全验和抽验相结合的方式进行检查，认为"吉安市水文数据库"数据项目完整、数据齐全，纠错方法基本合理，特征值无差错，抽样检查一般数据录入错误率为0.59/10000小于1/10000，数据质量符合省水文局制定的"江西省水文基础数据库检查验收办法"的要求。"吉安市水文数据库"纠错率先在全省通过验收。

2019年12月19日，水利部发布《水文数据库表结构及标识符》（SL/T 324—2019），2020年3月19日实施，替代SL 324—2005。

截至2020年，吉安市水文局已建立国家基本水文站水文数据库和非国家基本水文站水文数据库，整编资料录入数据库的站数有水位256站、流量102站、悬移质输沙率12站、悬移质泥沙颗粒级配分析2站、水温9站、降水量996站、水面蒸发量43站。各类水文资料累计达20342站年（水位2360站年、流量1372站年、含沙量335站年、水温243站年、降水量15432站年、水面蒸发量600站年），数据库累计记录水文数据1000多万条。

推移质泥沙整编资料未入数据库，部分水位站、水文站1949年前的资料未能刊印、入库。

数据库中水文资料站年数统计见表3-1-1。

表3-1-1　水文资料站年数统计

资料分类	参加统计站数	表　名	资料站年数	备　注
水位	256	逐日平均水位表及月年统计	2360	含非基本站581站年
		洪水水位摘录表	360	
流量	102	逐日平均流量表及月年统计	1372	含非基本站86站年
		实测流量成果表	1300	
		实测大断面成果表	1119	
		洪水水文要素摘录表	1221	
悬移质输沙率	12	逐日平均含沙量表及月年统计	335	
		逐日平均悬移质输沙率表及月年统计	178	
		实测悬移质输沙率成果表	229	
		洪水含沙量摘录表	331	

续表

资料分类	参加统计站数	表　名	资料站年数	备　注
悬移质泥沙颗粒级配分析	2	实测悬移质颗粒级配成果表	22	从2010年起计
		实测悬移质单样颗粒级配成果表	22	从2010年起计
		月年平均悬移质颗粒级配成果表	22	从2010年起计
水温	9	逐日水温表及月年统计	243	
降水量	996	逐日降水量表及月年统计	15432	含非基本站4980站年
		降水量摘录表	9571	
		各时段最大降水量表（1）	2684	
		各时段最大降水量表（2）	7581	
		日时段最大降水量表	10449	
水面蒸发量	43	逐日水面蒸发量表及月年统计	600	

第六节　资　料　管　理

民国时期及其以前的资料，由设站单位自行保管，因缺测停测及保管不善，资料分散，残缺不全。

1950—1957年，水文观测的原始资料集中在江西省水利厅水文总站保管。

1958年，省水利厅决定：1950年以后各站资料及整编底稿下交各分站管理。因此，除民国时期的原始资料、1950年后出版的《水文年鉴》和部分水化学原始资料集中省水文总站保管外，其他原始资料和整编底稿，分散至各地水文分站保管。

1962年，吉安专区水文气象总站将1961年及以前的资料由印刷厂装订成册，分类编目，购置资料箱储存，建立技术资料档案管理制度，指定人员兼职管理。

1963年6月，水电部检发《关于水利工程水文资料的刊布及水文年鉴保密等级的规定》，将原定《水文年鉴》机密级改为内部资料。

1964年，吉安水文分局被评为吉安专区技术资料档案管理先进单位。

1974年，水电部发出《关于加强水文原始资料保管工作的通知》，指出水文原始资料是水文观测的第一性资料，是国家的宝贵财富，是广大水文职工长年累月辛勤劳动的果实，必须珍惜爱护，认真保管。通知指出：①水文原始资料，属永久保存的技术档案材料；②水文原始资料，应集中在省、市、自治区总站保管，要有必要的水文资料仓库。

1975年，根据省水文总站要求，水文资料按水系、按站、按项目、分年序装订、造册，填写登记表，永久保管。从此，保管工作得到加强。

1980年，地区水文站办公大楼竣工，建有50多平方米地下室专门保存资料，并备有排风扇1台，吸湿机2台等设备。

1986年2月，省水文总站根据省水利厅发布的《关于文电资料密级划分的试行规定》，结合省内实际情况，制定《水文部门文电资料密级划分试行规定》，印发全省执行。试行规定将全省水文文电资料划分为“绝密”“机密”“秘密”三级，并提出各级文电资料的范围和管理措施。

1986年10月23日，水利部颁发《水文资料的密级和对国外提供的试行规定》。

1988年，配有专业技术职务的档案管理员专人管理。

1988年，《水文年鉴》停刊，水文资料由以往单一的纸介质存储方式（刊印《水文年鉴》）转变为纸介质与电子文档并存方式。纸介质成果为打印机打印成果，省水文总站、地区水文站各保存1

套，对应的电子文档省水文总站、地区水文站保存各不少于 2 套。原始资料、整编底稿及电算加工表底稿等均由地区水文站保存。

1995 年，建立水文数据库，存储水文资料。

2020 年，根据吉安市档案局、吉安市档案馆发布的《关于开展档案移交进馆专项行动的通知》，水文资料（纸介质）移交吉安市档案馆管理。

第二章 统计与分析

第一节 水文手册

1959—1960年期间，吉安专区水文气象总站和各水文测站先后编制了《遂川县水文实用手册》《吉水县水文实用手册》《万安县水文实用手册》《峡江县水文实用手册》《莲花县水文实用手册》《永丰县水文实用手册》《泰和县水文实用手册》《安福县水文实用手册》《永新县水文实用手册》。正式刊印的有《万安县水文实用手册》《莲花县水文实用手册》《永新县水文实用手册》。实用手册内容主要有：主要河流情况，水文分区、测站布设、单站补充预报参考材料、水文特征值等。

1972年，井冈山地区水文站编制了《井冈山地区水文服务手册（防洪部分）》（1975年5月油印本），所用的资料是根据全区各主要测站1971年以前的实测成果，并结合调查资料进行统计分析，编制各种洪水要素表和附图，其篇章主要有：地理位置及河流概况，全区水文特性分析；水文情报预报工作及几种简易预报方法的介绍。

1979年，将全区各测站各项水文资料及主要气象站降水量、蒸发量观测资料进行分析，编制了《江西省吉安地区水文手册》（正副两本），于同年12月刊印。

正本篇章有：①自然地理；②水文概况；③流域特征值量计；④来水量计算；⑤设计洪水计算；⑥枯水及泥沙；⑦可能最大洪水。

附表有：主要站历年降水量、蒸发量，径流量、输沙量的特征值表；中小河流洪水调查成果表：小面积站推理公式参数综合成果表；暴雨点面折算减系数查用表。

附图有：多年降水量（各项特征值）的各种等值线图；可能最大24小时点暴雨等值线图；多年平均每平方公里最小5天降水量等值线图及其变差系数 C_V 等值线图；可能最大降雨点面关系图；年最大24小时暴雨均值等值线图及其变差系数 C_V 等值线图；多年平均蒸发量等值线图；多年平均悬移质侵蚀模数分布图。

副本列有：①各站逐年各月降水量统计表；②各站逐年最大一日、三日最大暴雨统计表；③各站逐年短历时最大暴雨统计表；④各站逐年各月蒸发量统计表；⑤各站逐年各月水位特征值统计表；⑥各站逐年各月流量特征值统计表；⑦各站逐年悬移质泥沙统计表。

1986年3月，编制刊印了《吉安地区防汛抗旱水情手册》，实测资料统计至1984年。

2004年，市水文分局编印了《吉安水文信息手册》，主要内容有：水位站、水文站、雨量站、蒸发量站、水质站、大中型水库、重要堤防基本情况，各监测要素历年特征值统计，各站历年最高水位、最大流量频率统计。手册仅供内部使用。

2020年6月，吉安市水文局对各站防汛功能及洪水频率进行了分析，编印了《吉安市各水文（位）站防汛功能梳理》，供内部使用。

第二节 特征值统计

中华人民共和国成立以后，进行了三次多年水文特征值统计工作。

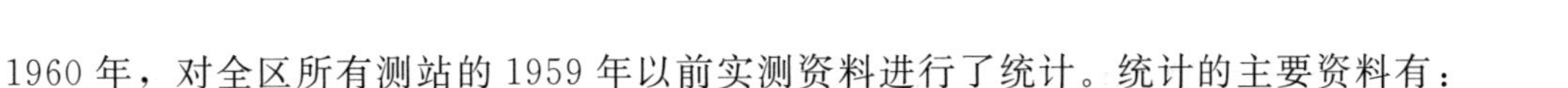

1960 年，对全区所有测站的 1959 年以前实测资料进行了统计。统计的主要资料有：

水位：月（年）平均水位、月（年）最高水位、月（年）最低水位等统计。

流量：月（年）平均流量、月（年）最大流量、月（年）最小流量、月径流分配等统计。

沙量：月（年）断面平均含沙量、月（年）最大断面平均含沙量、月（年）最小断面平均含沙量、含沙量月分配、月（年）最大日平均输沙率、年输沙量、年输沙模数等统计。

降水量：月（年）降水总量、降水日数、最大月降水总量、最小月降水总量、最大一次降水量、最大一次降水强度、连续（3 日、7 日、15 日、30 日）最大降水量，最长连续降水日数及最长连续无雨日数等统计。

蒸发量：月（年）蒸发总量、月最大蒸发量、月最小蒸发量，最大一日蒸发量、最小一日蒸发量、蒸发量月分配、连续四个月最大蒸发量、4—7 月和 7—10 月蒸发总量及占年总量的百分比等统计。

统计资料编印成油印本——《吉安地区各站历年水文特征值表》。

1964 年，对全区各测站 1960—1963 年实测资料进行了统计，统计资料有：

水位：月（年）平均水位、年最高水位、年最低水位的统计。

流量：月（年）平均流量、年最大流量、年最小流量的统计。

沙量：月（年）断面平均含沙量、月（年）最大断面平均含沙量、月（年）最小断面平均含沙量、月（年）最大日平均输沙率、年输沙量、年输沙模数等统计。

降水量：月（年）降水总量、降水日数、最大月降水总量、最小月降水总量、最大一日降水量（雨量站的降水量未统计）的统计。

蒸发量：月（年）蒸发总量、月最大蒸发量、月最小蒸发量，最大一日蒸发量、最小一日蒸发量的统计。

1968 年，对全区各测站 1964—1967 年实测资料进行了统计，统计资料内容同 1964 年。

1964 年、1968 年的统计资料均未刊印，仅留存底稿。

第三节　水　文　分　析

吉安至峡江段流量演变分析

1958 年，进行赣江水文调查时，发现吉安至峡江段的枯水期流量，不是随集水面积的增大而增加。在审查 1958 年赣江上下游站流量资料整编成果时，吉安站枯水期的流量大于峡江站，为此，吉安地区水文气象总站研究了这一河段流量演变情况。

1959 年 12 月，在吉安至峡江 60 千米河段中，增设测流断面。在吉安站下游 24 千米处，增设朱仙桥断面；再往下 21 千米增设同江湾断面；支流乌江上有新田站。在各断面上，分别进行 15 次的流量测验，采用水位流量关系曲线法［方法（一）］和连实测流量过程线法［方法（二）］两种整编方法，分别推求吉安、朱仙桥、同江湾和峡江 4 处 12 天的总水量和平均流量。流量整编成果对照见表 3-2-1。

表 3-2-1　　流量整编成果对照

站名	吉安站		朱仙桥站		同江湾站		峡江站	
整编方法	方法（一）	方法（二）	方法（一）	方法（二）	方法（一）	方法（二）	方法（一）	方法（二）
12 天总水量/亿立方米	4.71	4.69	4.86	4.87	5.16	5.12	4.94	4.87
平均流量/(立方米/秒)	454	452	469	470	498	494	476	470

从表 3-2-1 中看，峡江站的平均流量大于吉安站的平均流量。当时的分析认为吉安、朱仙桥和峡江三站的流量基本上是合理的，但同江湾断面的流量偏大，仍存在不合理之处。分析指出，主要原因是同江湾断面的流向测验误差较大。

自 1959 年以来，在审理赣江上下游站流量资料整编成果时，有些年份仍存在部分时间的水量不平衡。

1983 年，吉安地区水文站结合水资源调查计算，进行了进一步研究。经过资料分析，发现存在以下问题：①流量偏角的系统误差，吉安站 1979 年前未作流向偏角改正，当水位达 44.46 米时，误差可达 0.8%；②垂线布设不当引起的误差，当峡江站水位达 35.61 米时，成果偏小可达 0.16%，这是由于垂线布设不足引起的误差。根据对吉安站 7 次资料和峡江站 5 次资料的分析，平均误差分别为－1.1%和－1.2%。当时建议：①继续搜集精测法资料进行分析；②采用新安江四水源模型以马斯京根法进行吉安至峡江段的流量演算；③从地质条件找原因。然而，该研究工作未进一步深入下去。

从《水文年鉴》刊印的资料来看，历年来基本上每年都有部分月或个别月峡江站的月平均流量小于吉安站与新田站的月平均流量之和。因此，赣江吉安至峡江段水量不平衡的矛盾，仍需要进一步分析和研究。

测站特性分析

1974 年年初，上沙兰水文站开展测站特性分析，把历年各项水文资料进行了统计分析。

上沙兰站的测站特性分析内容包括：①流量特性分析，包括断面稳定性、测站控制要素、流向、流速等分析；②沙量特性分析，涉及历年输沙月分配，单沙与断沙关系的稳定性、测点含沙量在垂线上的分布及其系数，单沙取样垂线位置及取样时机等；③精简分析，包括测深测速垂线的精简、流量简测法分析，输沙取样方法的精简及流量测次的精简分析。

经过 40 多天的时间，上沙兰站统计了近 10 万个数据、绘制了 100 多张图，编制完成了《上沙兰站测站特性分析》，初步揭示出上沙兰站的测站特性，并将分析成果油印装订成册。

《上沙兰站测站特性分析》（课题负责人：吉安地区水文站肖寄渭；上沙兰水文站冯其全），获 1979 年江西省科研成果四等奖。

1975 年，全区有 14 站开展了不同程度的部分项目的测站特性分析，并编写了测站特性分析报告（底稿），但未刊印。

1984 年，省水文总站检发《关于检发流速系数分析注意事项的函》（赣水文站字〔84〕第 106 号）。

1986 年，地安地区水文站组织栋背、吉安、峡江、新田、赛塘五站开展了流速系数分析，主要分析各测速垂线水面流速、相对水深 0.2 位置流速、相对水深 0.6 位置流速与垂线平均流速的关系。

1987 年 2 月 16 日，省水文总站发布《关于栋背、吉安、峡江、新田等水文站流速系数的批复》（赣水文站字〔87〕第 07 号），认为栋背、吉安、峡江、新田四站分析的误差值在规定范围内，同意栋背、吉安、峡江、新田四站的流速系数分析结论。建议赛塘站补充分析后再报省水文总站审批。

栋背、吉安、峡江、新田四站分析结论为：相对水深 0.6 位置流速系数均为 1.0；相对水深 0.2 位置流速系数栋背、吉安、峡江站为 0.89，新田站为 0.88；水面流速系数吉安站为 0.88。

1992 年，栋背、茅坪站开展了 20 厘米口径蒸发器、80 厘米口径套盆蒸发器与 E601 型蒸发器资料对比分析工作，多年平均月蒸发系数 K 分析成果见表 3-2-2。

表 3-2-2　　多年平均月蒸发系数 *K* 的分析成果

内容	K				备注
	栋背站		茅坪站		
	20 厘米口径	80 厘米口径	20 厘米口径	80 厘米口径	
变化范围	0.65～0.90	0.78～1.11	0.66～0.79	0.67～1.04	分析资料年份 1983—1990 年
变幅	0.25	0.33	0.13	0.37	
年平均	0.76	0.87	0.71	0.78	

1992 年 10 月 29 日，省水文局下发了《关于不同型号蒸发器对比观测资料分析报告的批复》（赣水文站字〔92〕第 045 号）。批复指出，开展对比观测的目的主要是为了推求折算系数，解决历史蒸发资料的应用问题，此目的已基本达到。自 1993 年 1 月 1 日起，茅坪站停测 20 厘米口径蒸发器和 80 厘米口径套盆蒸发器与 E601 型蒸发器资料对比观测。为了检验 1983—1992 年对比观测期间观测资料的代表性和多年平均月、年蒸发量折算系数（K20、K80）的稳定性，栋背站三种不同型号蒸发器的对比观测继续进行，不予停止。

1997 年，各站依据《河流流量测验规范》（GB 50179—93），对流量测速垂线进行了分析，常规法流量测验从少线多点（二点法或三点法）改为以多线少点（0.6 一点法）为主。从 1998 年开始，大中河站测速垂线不少于 15 条，小河站不少于 10 条。

1999 年 11 月 22 日至 12 月 10 日，吉安、峡江等 8 个水文站分析了本水文站近十年的全部水文资料，提出了本站的水文特性并建立了一定的模型，为将来吉安水文勘测队巡测方案的确定提供了科学依据。

2006 年 5 月，吉安市水文局下发《关于组织水文测站开展流速系数分析的通知》（吉安水文测资发〔2006〕第 5 号），组织栋背、吉安、峡江、滁洲、林坑、上沙兰、彭坊、仙坑 8 站进行了一次流速系数分析或补充分析。2007 年 12 月 28 日，吉安市水文局向省水文局提交了《关于要求审批栋背等水文站流速系数的请示》（吉市水文字〔2007〕第 25 号）。

2008 年，峡江站对单沙采样 0.2 一点法进行分析。从 2009 年起，峡江站采用 0.2 一点法测沙，测沙垂线 21 条，换算关系：相对水深 0.6 含沙量＝1.04×相对水深 0.2 处的含沙量。

水文测验方式方法分析和巡测分析

2013 年 9 月 26 日，省水文局下发《关于开展水文测验方式方法分析的通知》（赣水文监测发〔2013〕第 22 号）。

2014 年，吉安市水文局组织全市 12 个水文站开展水文测验方式方法分析。2015 年 5 月形成《吉安市水文测验方式方法分析报告》，报告分上、下册，约 80 万字。报告分析的主要内容有：

（1）测站控制条件及其转移论证：断面稳定性分析、比降糙率分析。

（2）流量测验方法分析：测速垂线代表性分析。

（3）水位流量关系变化规律与处理方法：历年水位流量关系综合分析、当年水位流量关系分析、水位流量关系单值化处理分析、水位流量概化模型分析、高水水位流量关系线延长分析。

（4）泥沙测验方式方法分析：输沙率间测分析、断颗间测分析。

（5）蒸发分析：不同蒸发器相关系数分析。

（6）测验方式方法的确定：综合各种分析结论，提出各站测验方式方法。

在测验方式方法分析的基础上，全面开展了各巡测基地（勘测队）、测站的水文巡测分析，于 2015 年 12 月形成《吉安市水文巡测方案》合订本共 28 万余字，《吉安市水文测验方式方法分析报告》作为《吉安市水文巡测方案》主要附件。

巡测方案的主要内容有：基本情况、站网与测验方案、巡测时机、巡测路线、巡测要求基地应急监测、资料和水情及服务工作、资源配置、保障措施等。

2016 年 1 月，省水文局下发《关于吉安市水文巡测方案的批复》（赣水文监测发〔2016〕第 3 号），同意吉安市水文局从 2016 年起试行全面巡测。

吉安市水文局在全省首个编制《吉安市水文巡测方案》，开展水文巡测，成为全国水文监测改革试点范例。《吉安市水文巡测方案》在 2015 年水利部水文局的《关于深化水文监测改革指导意见》讨论会上作了经验交流和讨论。与会人员指出，水文监测改革就是要解放生产力，调整生产关系，提高工作效益，改善工作和生活环境，更好地为地方经济建设服务。江西省吉安市水文局的改革试点，是一个成功的范例，并具有很好的借鉴作用。

水位流量变化趋势研究分析

2010 年，江西省出现鄱阳湖流域性大洪水，省水文局组织开展赣江、抚河、信江主要河段的水位流量关系分析研究。吉安市水文局负责赣江中游吉安、峡江站水位流量关系分析研究，分析成果列入《赣江、抚河、信江水位流量关系分析研究》。

2016 年，省水文局组织开展江西五河干流水位流量变化趋势研究。吉安市水文局负责对赣江栋背、吉安、峡江三站水位流量变化趋势研究分析，研究的内容主要有：赣江栋背、吉安、峡江三站的水沙特性分析、断面冲淤变化分析、水位流量关系分析、洪水频率分析、保证率水位和流量分析，分析成果刊印于《江西五河干流水位流量变化趋势研究》中。

《江西五河干流水位流量变化趋势研究》（课题分析成员：吉安市水文局林清泉），获 2018 年度赣鄱水利科学技术奖三等奖。

停间测分析

1994 年，林坑站进行了停间测分析，分析最高水位 88.89 米，符合间测要求。同年 12 月 13 日，省水文局下发《关于“林坑水文站流量间测分析报告”的批复》（赣水文站字〔94〕第 31 号），同意林坑水文站从 1995 年 1 月 1 日起流量测验实行停 2 年测 1 年，流量实行间测期间采用历年综合水位流量关系线整编，当水位超过 88.30 米时恢复测验。

2001 年 6 月 12 日，省水文局下发《关于林坑等水文站巡测分析报告的批复》（赣水文站发〔2001〕第 6 号），同意林坑水文站“在原停 2 年测 1 年的基础上实行停 3 年测 1 年方案，停测年内，当出现超过分析水位 88.40 米时和发现断面控制条件发生变化应立即恢复常规测验”；同意毛背小河水文站“自 2002 年起可实行停 2 年测 1 年的间测方案，当水位超过 54.40 米，应及时收集高洪流量资料，以便更好推算暴雨洪水关系”。

2002 年，林坑站出现大洪水，洪峰水位 89.32 米，超出停间测分析洪水范围水位 88.89 米，恢复流量测验。经加入 2002 年洪水分析，省水文局在 2003 年 6 月 12 日下发《“关于要求提高林坑水文站停测流量水位标准的请示”的批复》（赣水文站发〔2003〕第 9 号），同意林坑水文站流量测验停 3 年测 1 年，停测水位由原来的 88.40 米提高 89.30 米。

2015 年，上沙兰站进行了断沙停间测分析，新田站进行了断沙和断颗停间测分析，分析水位、沙量范围内符合间测要求。经省水文局《关于吉安市水文巡测方案的批复》（赣水文监测发〔2016〕第 3 号），同意从 2016 年起，上沙兰站断沙、新田站断沙和断颗实行间测。

上沙兰站断沙实行间测，停 3 年测 1 年，停测期间只测单沙，采用历年综合单沙断沙关系线推求断沙，推沙公式：断沙＝1.000×单沙；校测年断沙不少于 10 次；当含沙量大于每小时 1.19 千克/立方米，恢复断沙测验。

新田站断沙实行间测，停 3 年测 1 年，停测期间只测单沙，采用历年综合单沙断沙关系线推求断沙，推沙公式：断沙＝1.000×单沙；校测年断沙不少于10次；当含沙量大于每小时0.889千克/立方米，恢复断沙测验。

新田站断颗实行间测，停3年测1年，停测断颗期间，只测单颗，采用历年综合单颗断颗关系线推求断颗，推求断颗公式：单颗小于50%时，断颗＝1.030×单颗，单颗大于或等于50%时，断颗＝0.970×单颗＋3.000；校测年断颗不少于10次；恢复输沙率测验时期，同步恢复断颗测验。

2018年，林坑站出现超历史特大洪水，洪峰水位90.95米，再次恢复流量测验。随后在2019年，经增加历史最大洪水的再次分析后，确定从2020年起继续实行停3年测1年测验方案，采用历年综合水位流量关系线整编。

新仪器应用分析

2006年，全市引进的第一台走航式声学多普勒流速仪（走航式ADCP）在吉安站运行。经多年资料对比分析，2009年6月24日，省水文局下发《关于同意吉安水文站应用多普勒流速剖面仪进行常规流量测验的批复》（赣水文站发〔2009〕第24号），同意吉安水文站应用多普勒流速剖面仪进行常规流量测验。

2011年，吉安市水文局对虹吸式自记雨量计与翻斗式自记雨量计进行了分析，并制定了当翻斗式自记雨量计出现故障时的应急方案。2012年3月9日，省水文局下发《关于同意停用虹吸式雨量计和人工雨量器观测设备的批复》（赣水文站发〔2012〕第5号），同意吉安市水文局停用所有虹吸式自记雨量计和代办雨量站人工雨量器观测。从此，所有降水量观测采用翻斗式自记雨量计自动监测，实现了降水量观测全自动记录、存储和传输。

2013年，栋背站对多普勒流速剖面仪（走航式ADCP）流量测验进行了分析。2014年2月19日，省水文局下发《关于ADCP作为栋背水文站常规测验方法的批复》（赣水文监测发〔2014〕第6号），同意栋背水文站应用多普勒流速剖面仪（ADCP）进行常规流量测验。

2017年，为配合省水文局开展水面蒸发自动测报技术比对试验研究工作，永新站开展了水面蒸发自动测报比测分析，分析成果列入省水文局《水面蒸发自动测报技术比对试验研究》中。

2019年，吉安市水文局组织全市各站开展水文监测新技术评估分析，形成《吉安市水文局监测新技术评估报告》。同年12月12日，省水文局下发《关于吉安市水文局监测新技术评估报告的批复》（赣水文监测发〔2019〕第30号），同意峡江站浮标式ADCP、遂川站固定三探头雷达波可用于常规测验，同意栋背、赛塘、新田、白沙、永新、彭坊、滁洲等7站取消水面蒸发人工观测，采用自动蒸发观测。从此，全市国家基本蒸发站蒸发量观测全部采用自动观测、存储和传输。

中小河流产汇流分析

1999年，为优化小河站网，提高站网整体功能，根据省水文局工作安排，按照省水文局统一的产汇流分析方法，仙坑、坳下坪、杏头、毛背等站进行了产汇流分析。

2004年，滁洲、林坑、木口、千坊、鹤洲等站进行了产汇流分析，并提交了单站产汇流分析报告。

第四篇 水文情报预报

吉安市降水丰沛，但其时空分布不均，常发生夏洪秋旱或旱涝交替，水旱灾害频发。冬季受西伯利亚冷高压控制，冷空气南下，夏季则受副高影响，呈现冬冷、春寒、夏热、秋干的特点。春末夏初梅雨连绵，盛夏伏秋多旱，时有台风影响。4—6月为多雨天气，主要由西南方向输送水汽的锋面雨为主。副高稳定在北纬16°～25°，脊线长轴约呈东西向，中高空时有东西向切变线，高空冷空气南下与副高相通形成冷锋锋面，该锋区常在本市境内作南北方向摆动，强盛时形成静止锋。西南暖湿气流带来西太平洋大量水汽，形成降雨。7—9月，副高北抬至北纬27°以北，全市为西风带。常受台风影响，有时形成东南方向输送水汽为主的台风雨。干旱的成因与当年大气环流演变，副高压进退情况紧密关联。吉安市除了常见的伏秋旱外，也出现冬春旱，有的年份还发生春旱连伏旱，甚至出现自春到冬长年连旱的特大旱年。

水文情报预报是掌握雨情、水情，分析和预测未来水文情势变化的一门科学，对防汛抗旱，合理利用水资源，保护人民生命财产安全和减免灾害损失等方面，起着非常重大的作用。

吉安市水文情报工作始于1930年（民国19年），吉安观测站每日将气象观测结果分上、下午两次，电报中央研究院北极阁气象研究所。

吉安市水文预报工作始于1952年，吉安站、新干站试报洪峰水位，是吉安市开展水文预报工作的第一年。

情报预报站，开始布设在各大中河流中下游，随着防汛抗旱、水利水电建设和工农业生产发展的需要，逐步向各河中上游延伸。随着通信技术的不断完善，预报方法不断更新，预报的范围不断扩大。每年汛期，特别是大水年，市水文局及测站水情工作人员与广大水文测站职工相互配合，密切监视雨情和水情，及时准确发布情报和预报，为防汛抗旱减灾，发挥着“耳目”和“参谋”作用。

水文情报预报工作，经历了人工和自动两个阶段的发展。在信息技术落后的年代，完全依靠人工操作，手动测量、报送，主要通过人工手摇电话、程控电话、对讲机等设备，将雨水情编制成固定的电报报文向外传输。自2005年开始，随着水情分中心的建设，各报汛站逐步实现了监测自动化，雨水情信息通过终端设备自动采集，并依托移动通信网络传输，中心站接收、处理、存储等，完全自动化。而后随着暴雨山洪、中小河流等一批批项目的建设，目前所有雨水情站均实现了自动采集，雨水情信息通过信息交换系统，实现中央、省、市的数据共享、同步。在水利专网内，通过吉安市雨水情服务系统、江西水文信息综合服务平台等业务系统，均能快速查询实时信息及部分统计分析数据。同时，对大量水文数据进行综合分析预测，进一步提高防汛抗旱、水资源和水工程服务等与水有关的信息资源开发应用能力与水平。

第一章 水文情报

第一节 水雨情拍报

拍报任务

1950—1955年，每年汛前，由省水利局下达报汛任务，各报汛站按报汛任务报汛。

1956年开始，省防总每年3月向各报汛站下达报汛任务，用“报汛任务一览表”的形式，规定各情报站的拍报项目、拍报段次和拍报标准，并对报汛任务作出具体规定。

1960年7月，省水文气象局根据省委农村工作部的指示，向各专（行）、市总站和县水文气象服务站发出《关于组织拍发公社雨情、旱情汇报电报的紧急通知》，要求每逢1日、6日上午9时前，将县（市）所属各公社五日内的降水量和旱情汇总，按规定的电码型式编列，向省水文气象局拍报。

1967年3月31日，省水文气象局发布文件（水气台情字〔67〕第89号），通知向长江流域办公室拍发雨量电报的站，拍报任务和标准由原每日一段一次日降水量10毫米，改为每日一段一次日降水量1毫米。

1979年9月3日，省防总下达《关于布置一九七九年十月至一九八〇年三月发报任务的通知》（赣防总字〔79〕第047号）。发报水位和雨量的站有吉安站，发报雨量（日、旬、月）的站有峡江、新干、恩江、吉水、泰和、棉津、南溪、宁冈、永新、千坊等10站。

20世纪80年代，省防总每年下发“报汛任务一览表”和“××年报汛任务的若干规定”。

1989年报汛任务的若干规定包括：①降水量拍报一律按“四舍五入”不计小数和“不累计计算”的拍报方法执行。②凡有旬、月降水量拍报任务的单位，每月逢1日、11日、21日必须按时拍报旬、月降水量；旬、月降水量等于0的也要拍报，不列天气状况。但日、时段水量小于1毫米，不必列报。③为了及时掌握水情变化过程，在拍报段次内，虽未到测报时间，但水位涨幅已达到或超过1米时，应随时主动向省内各收报单位加报。④起涨和洪峰应立即加报。但当洪峰在中低水位以下，且涨幅小于0.5米时，洪峰水位不加报。⑤凡是有起报标准的站，当水位达到或超过起报水位时，第一次发报应附报本次涨水的起涨水位，以便能绘出完整的水位过程线。⑥凡拍报水情的站，不论枯季（10月至次年3月）有无拍报任务，但当水位超过加报水位时，一律按汛期要求向省内各收报单位拍报水情。⑦遇特殊水情、雨情（特大暴雨、洪水、灾害性山洪，重大分洪缺口以及严重工程险情等）时，应及时向各收报单位加报。凡拍报雨情的站（包括向中央无雨情拍报任务的站），日水量大于100毫米时，应向国家防汛指挥部（电报挂号：北京5222）发报，并列报和续报本次过程的逐日水量，直至本次过程降水终止。拍报时段内3小时水量超过50毫米时（水量要达到或超过50毫米，时间要到3小时，正点拍报）应向省、地收报单位拍发暴雨加报电报。⑧凡规定有拍报风向、风力项目的站，当水位达到或超过加报水位，风力达到5级时，应随时加报（水位、风向、风力）。以后风力每增加或减小一级加报一次，应附报当时的水位，直到风力减小到

5级以下和水位下降到加报水位以下，才能停报。⑨凡向省内拍报实测、相应流量的站，4月1日至7月31日，应按布置的要求进行拍报，8月1日以后当水位达到或超过警戒水位时，应报实测、相应流量，直到水位下降到警戒水位以下停报。⑩为配合掌握特殊水情和预报，临时需要增加测报段次时，均由省、地区进行预约，省负责省内，地、市负责本地、市范围内的情报预约。凡是跨地区预约时，一律通过省防总或地区代为预约（预约电报只发到水文站或自办水位站）。当收到预约电报时，应及时通知本站所辅导的报汛站一律按四级八段八次，不累计计算向预约单位发报。⑪为了不断提高预报精度和服务质量，省、地（市）、站之间要加强预报会商。凡是有水情预报任务的，当预报洪峰水位达到或超过警戒水位时，必须向有预报要求的各收报单位拍发水情预报电报。⑫7月（大汛）以后，有关收报单位可视需要直接通知有关报汛站，降低拍报标准，停止或恢复发报。

1990年5月9日，国家防总办公室下发《关于加强水文情报预报工作的意见》（国汛办字〔90〕第38号）。

2002年3月20日，省水文局下发《关于要求各报汛站日降雨总量达到或超过25毫米加报的通知》（赣水文情发〔2002〕第3号），要求全省有雨量报汛任务的各报汛站从即日起至3月31日，当日降水总量达到或超过25毫米时即向省水情中心拍报日雨量信息。3月31日以后各报汛站降水量拍报按报汛任务书执行。非报汛站在日降水量大于200毫米、水文（位）站发生超历史的洪水位、水库开闸泄洪、溃口等重要雨水情均应及时上报。

2004年开始，每年7月1日至10月31日有旱情情况下，各蒸发站需向市水文局报日蒸发量，再由市水文局转报省水文局。根据省水文局要求，相关河流报枯水实测流量。

2005年，根据水利部水文局、省防总的要求：时段内连续3小时降水量达到或超过50毫米、水文（位）站水位接近或达到警戒水位时，测站应及时向市水文局报告，市水文局水情值班人员应及时向省水文局报告；日降水量在100毫米以上、山洪灾害异常、站点水位接近或超警戒水位时，测站向市水文局报告、市水文局应及时向省水文局报告，水情值班人员还应及时向主要领导、同级防汛部门报告。每日8时情报必须在20分钟内入网，中央报汛站、水库站点情报30分钟内入网，其他报汛站必须在45分钟内全部入网，及时将水情信息传送到省水文局。

同年，随着吉安水情分中心的建成，雨水情信息的采集、接收、处理、存储等实现自动化，水情数据在水利专网传输，通过水情处理软件（RWIS）编码、译码、分发、发送、接收入库。

2011年开始，采用全国统一的水情数据交换软件（HYITS），实现数据的快速、高效传输。

2012年，根据省防总下达的河道水文水位站报汛任务一览表，吉安市水文局具有报汛任务的站点为：

河道水文站10站（栋背、吉安、峡江、白沙、上沙兰、新田、滁洲、林坑、赛塘、鹤洲），河道水位站7站（泰和、新干、遂川、永新、吉水、永丰、安福），雨量站报汛站35站（章庄、厦坪、莲花、大汾、曲江、赤谷、马埠、涧田、柏岩、沙溪、沙市、左安、彭坊、古县、鹿冈、沙村、花溪、高坪、茅坪、藤田、天河、新江、龙冈、金田、高洲、路口、洋溪、万安、墩厚、青原、水边、梅仔坪、返步桥、百义际、中村）。

2018年3月19日，省防总下发《关于下达2018年防汛抗旱水情信息报送任务的通知》（赣汛〔2018〕第11号），其要求包括以下几点。

1. 一般报汛报旱规定

（1）各站须按照报汛报旱任务书及其承担的观测任务及时报送信息，不得随意减少报汛、报旱要素和段次。

（2）各自动监测站水位、水量报送要求：水位每小时整点报送，原则上当水位产生2厘米以上变幅，需要实时报送；水量实时报送，原则上产生0.5毫米以上降水时按每隔5分钟报送。

（3）当发生大洪水、特大洪水或大旱、特大旱情时，要及时报送水情、旱情以及阶段性总结材料。

（4）当河道内发生重大突发事件（如严重水质污染、山体滑坡严重阻塞河道等）时，各有关单位要迅速了解和掌握情况，采取有效措施，并及时将有关情况报省水利厅和省水文局。

（5）核定报送河道、闸坝、水库、墒情等站点的基础信息及防汛抗旱特征值（含洪水频率信息），特别是要及时确定并报送中小河流等新建站点的防汛特征值。

（6）更新报送河道、闸坝、水库等站点的水位流量多年均值信息、旬月年极值系列信息。

2. 特定报汛报旱要求

（1）各报汛站信息报送须在20分钟内入网。

（2）吉安、上沙兰、赛塘、林坑、白沙、新田、峡江、栋背等站点相应流量和实测流量的报送工作。报汛时采用的水位流量关系应根据实测流量及时修正。部分已确定水位流量关系的中小河流水文站需报送相应流量。

（3）各水文（位）站发生超警戒洪水时，要及时向省、市水文局水情处（科）报送洪峰水位、峰现时间、洪峰流量等。

（4）全年报送旬、月水量的报汛站除承担逐日报汛任务外，还需及时报送旬、月水量。

（5）吉安站每月1日、11日、21日需及时报送水位、流量旬、月平均值。

（6）汛期发布洪水作业预报的站点，要依据相关规定及时发布水文预报信息。省水文局、各设区市水文局和水文测站之间要加强汛情会商和预报，并及时向各级防汛、水利部门报送预报分析成果。当水情达到作业预报标准时，每天至少发布一次依据8时信息所制作的洪水预报，并根据洪水发展及时发布滚动预报；每次水文预报制作和发布应在2小时内完成。

（7）为了掌握特殊水情以及预报的需要，临时需要增加测报段次时，均由省、设区市进行预约，省水文局负责省内、外的情报预约，各地水文局负责设区市范围内的情报预约，各级水文部门收到预约时，应及时按要求向预约单位报汛。

（8）各报汛站出现超历史极值时，要及时报送历史极值水量、水位、流量等。

（9）为满足抗旱工作的需要，7月1日至10月31日，各蒸发站应报送日蒸发信息。市水文局应根据旱情的发展，适时启动相关河段的水量监测，并及时报送蒸发量、枯水流量等常规旱情信息。

（10）当水位低于枯警水位时，水文站3天报一次实测流量。

（11）遇抗旱等特殊需要，根据上级要求预报江河湖水位流量过程。

报汛执行

20世纪50年代中后期，报汛站认真执行报汛任务，工作积极负责。同时，上级对报汛工作抓得很紧。汛期每个月都总结一次报汛工作的经验，表扬好人好事，吸取工作中的教训，指出不足之处，印发给报汛站予以鼓励，起到鞭策作用，提高了情报质量。

1957年，为配合泉港工程施工需要，规定吉安站水位在45.00米即开始向赣江下游干支流有关站发报。同年10月30日，吉安站洪峰水位46.39米，由于人员调动，工作交代不清，洪峰过后，吉安站仍未向樟树、肖公庙和省水利厅发报，导致泉港工地受到洪水威胁。因抢救不及，倒虹管围堰漫溢，被迫停工半个月。

1959年以后，情报质量有所下降。1963年5月，中央防汛总指挥部向各省（自治区、直辖市）及流域防汛指挥部以及省（自治区、直辖市）人民委员会发出“关于汛期水文工作急需解决的几个问题”的电报，列举水文测报中存在的六个问题。各站采取有效措施后，测报质量有所好转。

1963 年 9 月，省水文气象局颁发《水情工作质量评定试行办法（草）》。

20 世纪 60 年代中后期，错报、缺报、迟报和漏报的现象趋于严重。

20 世纪 80 年代中后期，由于雨量站代办费偏低，代办观测员工作积极性不高，甚至有些代办观测员不愿意从事代办观测工作，造成经常出现缺测、迟报、漏报和错报等情况。

1990 年 4 月 24 日，吉安地区水文站重新颁发《防汛岗位责任制》（吉地水文站字〔90〕第 09 号）。

1990 年 5 月 9 日，国家防总颁发《关于加强水文情报预报工作的意见》（国汛办字〔90〕第 38 号）。

1994 年，提高了代办津贴，调动了代办员工作积极性。同时，每年加强对代办员的培训，代办情报质量有所提高。

2000 年以来，全市 99%以上水情信息都能在省防总规定的时间内入网，水文情报错情率控制在 0.1‰以内。

2003 年 6 月 12 日，中共江西省纪委、江西省监察厅联合颁发《关于在防汛抗洪工作中加强监督严肃纪律的规定（试行）》，自发布之日起施行。

2004 年 3 月 2 日，省水文局颁发《江西省水情工作管理暂行办法》（赣水文情发〔2004〕第 6 号）。

2006 年 6 月 18 日，省水文局发布了《关于调整水文（位）站报汛任务的紧急通知》（赣水情发〔2006〕第 8 号），遵照省防总指示精神，从即日起，凡承担向省防总报水位（流量）的水文（位）站每日 8 时均应按时报送水位（流量）。

2006 年 7 月 31 日，省水文局颁发《江西旱情信息测报办法》（赣水情发〔2006〕第 10 号），遵照省防总指示精神，从即日起，凡承担向省防总报水位（流量）的水文（位）站每日 8 时均应按时报送水位（流量）。

2007 年 10 月 10 日，省水文局印发《关于实行全年 24 小时水情值班制度的通知》（赣水情发〔2007〕第 11 号）。通知规定，即日起，市水文局水情科实行全年 24 小时值班制度。

2007 年，全市实现报汛站自动采集、固态存储、网络传输现代化、测汛报汛服务一体化。同年，水利部水文局开始统计各省、市水文情报到报率，吉安市水文局历年水文情报到报率都在 98%以上。

2008 年 7 月 17 日，省水文局下发文件（赣水情发〔2008〕第 7 号），转发《江西省主要江河洪峰编号规定（试行）》。

2010 年 3 月 20 日，省防总印发《江西省防汛抗旱总指挥部防汛抗旱应急响应工作规程》（赣汛〔2010〕第 22 号）。

2018 年 6 月，蜀水林坑站发生特大洪水，自记水位仪器房被淹，蜀水沿江两岸交通、通信、电力中断，驻站人员立即采取应急措施，采用人工观测水位、卫星电话报送信息等方法，及时将水文数据报送省、市有关部门。

拍报办法与规范

1944 年（民国 33 年）前，报汛办法不详。

1944 年（民国 33 年），江西水利局制定《水位雨量拍报电码和规定》及其说明，每份电报由二组电文组成，每组电文由四个数码组成。第一组为水位值；第二组首位用英文字母表示水位涨落差值，后三个数字为降水量值。

1946年（民国35年），国民政府行政院水利委员会颁发全国统一的报汛办法。

1948年（民国37年），报汛电报仍由四个数码组成一组电文，规定观测后半小时内送至当地电台（局）拍发。

1950年，按照江西省人民政府水利局拟订四个数码一组的报汛办法，向省内拍报；按照长江水利委员会及华东水利部拟订的报汛方法，向长江水利委员会及华东水利部拍报。一个报汛站同时执行两套报汛办法，极为不便；6月9日，水利部和邮电部联合颁发《报汛电报拍发规则》，对报汛电报的传递时限、收费标准等作了统一规定；6月13日，水利部颁发《报汛办法》共21条，对水情拍报有关问题作了具体规定。

1951年，执行水利部颁发《报汛办法》，报汛电码有观测时间组、水位组、流量组、雨量组、开始降雨时间组和站名代表电码组，每组电文改用5位阿拉伯数字组成。

1952年2月，全区各情报站执行水利部颁布的《报汛办法》和江西省水利局颁布的《水文预报拍报办法》。

1954年2月，水利部修改补充1951年颁布的《报汛办法》并重新颁发，并对情报站进行了站号编码。省水利局结合省内情况制定补充规定，1955年、1956年，不断修正报汛办法。

1957年3月，水利部颁发《1957年报汛办法》，省水文总站结合省内情况，将拍报雨量的规定分为自办站和代办站两种报汛办法，效果显著。

1958年，水电部颁发《水情电报拍报办法（初稿）》。

1960年3月，水电部颁发《水文情报预报拍报办法》，江西省先后颁发《江西省水文情报预报拍报暂行办法》《水文情报预报拍报补充规定》。9月9日，省水文气象局综合前阶段各地拍报雨情旱情情况，制定了《江西雨情旱情拍报电报暂行办法》，颁发各地执行。

1964年12月，水电部对报汛办法作了修订，把它作为《水文情报预报服务规范》的附录先行颁发执行，附录二是《水文情报预报拍报办法》，附录三是《降水量、水位拍报办法》，从1965年4月起执行。《水文情报预报拍报办法》后经多次修改，一直使用到2006年。

1997年3月6日，水利部水文司、水利信息中心下发《〈水文情报预报拍报办法〉补充规定的通知》，水文情报预报拍报办法按补充规定执行。

2005年10月21日，水利部颁布《水情信息编码标准》（SL 330—2005），自2006年3月1日起实施。电码格式由原《水文情报预报拍报办法》5位码改为《水情信息编码标准》8位码。

2007年，取消人工拍报，水位、降水量信息全部采用自动传输，实测流量采用人工录入网络传输。

2011年4月12日，水利部颁布《水情信息编码》（SL 330—2011），替代《水情信息编码标准》（SL 330—2005），自2011年7月12日起实施。

报汛时间

1944年（民国33年），报汛时间为每年的4月1日至8月31日。

1949—1952年，为每年的5月1日至8月31日。

1953年开始，为每年的4月1日至9月30日。

拍报段次

民国时期，情报站每日上、下午两次将观测结果向上级有关单位发报。

1950年，省水利局规定每日8时发报一次。

1951年，省水利局规定水位在报汛水位以下，各情报站每日只报8时水位和9时的日降水量；水位在报汛水位以上时加报一次；水位陡涨时随时加报；3小时内降水量超过30毫米随时加报。

1952年，制定各水情站警戒水位。警戒水位既是防汛标准，也是拍报水位的标准。警戒水位以上拍报段次，一般涨水面每隔2小时一次，退水面每隔3小时发报一次。

1954年，降水量、蒸发量观测时制的日分界改为19时，以便和气象部门一致。各水情站在洪水过程中实行9时和21时两段两次加报，洪峰、谷另行加报。特殊水情时采用四段四次（9时、15时、21时、3时）加报，警戒水位以上随时加报。

1956年1月，执行水利部颁发的《水文测站暂行规范》，降水量、蒸发量观测时制改为以8时为日分界。四段四次拍报时间为8时、14时、20时、2时。

1957年起，每日8时为定时发报时间，涨水每日二段二次（8时、20时），涨落急剧时四段四次（14时、20时、2时、8时）；降水量时段加报标准为10毫米（用降水量作预报的河流）或15毫米，时段水量未达到标准向下一时段累积，直至达到标准时发报。

1960年起，降水量拍报分段不累计。

1965年起，各河干流水文站及靠近县城的水文、水位站，每旬的第一天列报旬降水量，每月的1日列报上月总降水量。

1963年起，按照省防总规定，降水量拍报标准为：拍报段次为四段四次，加报标准为5毫米，拍报日水量标准为1毫米。在一个时段内若3小时降水量超过50毫米时，随时拍发暴雨加报电报；发生雹情时，在降雹停止后立即拍发降雹的历时、粒径及其降水量的雹情电报；凡是有降水量拍报任务的站，当日降水量达100毫米，一律向中央防总拍报。水位拍报标准为：中低水位以下每日8时拍报一次；中低水位至加报水位，涨水面每日四段四次，退水面每日二段二次拍报，加报水位至警戒水位，涨水面每隔3小时，退水面每隔6小时发报一次；警戒水位以上，涨水面每隔2小时一次，退水面每隔3小时发报一次，当一次洪水变幅超过0.5米时，必须拍报洪峰及起涨水位。

1989年5月27日，省防总下发《关于增加每天5时拍报雨情水情的通知》（赣防总发〔1989〕第037号）。通知要求，自6月1日起，增加5时日降水量（昨日5时至今日5时的降水量）、水情每天增加5时水位拍报。吉安地区增加5时拍报的站：

（1）每日5时降水量拍报的站：吉安、峡江、吉水新田、莲花千坊、宁冈茅坪、井冈山行洲水文站，泰和、新干、永新水位站，万安、遂川、永丰、安福平都雨量站。

（2）每日5时水位拍报的站：吉安水文站、新干水位站。

2005年，部分水文站增加6时报汛任务。凡有6时报汛任务的站，每日6时、8时情报在20分钟内入网，中央报汛站、水库站点情报30分钟内入网，其他报汛站在45分钟内全部入网，并将水情信息传送到省水文局和流域机构的水情中心及水利部水利信息中心。

2007年后，取消人工拍报，水位、降水量信息自动传输，实测流量通过人工录入网络传输。报汛要求如下：

（1）各报汛站信息报送须在20分钟内入网。

（2）所有水文（位）站每日必须及时复核遥测水位数据，栋背、吉安、峡江、林坑、白沙、上沙兰、赛塘、新田等站应报送相应流量和实测流量。已确定水位流量关系的中小河流水文站需报送相应流量。

（3）当本站发生超警戒洪水时，要及时向省、市水文局报送洪峰水位、峰现时间、洪峰流量等。

（4）全年报送旬、月水量的报汛站除承担逐日报汛任务外，还需及时报送旬、月水量。

（5）全年报送水位、流量旬月特征值的报汛站，全年每月1日、11日、21日需及时报送旬、月平均值。

（6）汛期发布洪水作业预报的站点，要依据相关规定及时发布水文预报信息。省水文局、市水文局和水文测站之间要加强汛情会商和预报，并及时向各级防汛、水利部门报送预报分析成果。当水情达到作业预报标准时，每天至少发布一次依据8时信息所制作的洪水预报，并根据洪水发展及时发布滚动预报；没有达到作业预报标准时，每周一和周四各发布一次依据8时信息所制作的水文预报；每次水文预报制作和发布应在2小时内完成。

（7）各报汛站出现超历史极值时，要及时报送历史极值水量、水位、流量等。

（8）根据抗旱工作需要，7月1日至10月31日蒸发站应报送日蒸发信息。根据旱情的发展，适时启动相关河段的水量监测，并及时报送蒸发量、枯水流量等常规旱情信息。

（9）当水位低于枯警水位时，水文站三天报一次实测流量。

第二节　报汛报旱站点

1957年以前，凡承担报汛任务的水文测站，称为报汛站。从1957年开始，报汛站又称情报站。吉安水文观测站是全市最早的报汛站，也是民国时期全市仅有的一处报汛站。

1930年（民国19年）1月，吉安水文观测站每日上、下午两次向中央研究院北极图气象研究所拍发观测情报。

1934年（民国23年），吉安水文观测站向交通部扬子江水道整理委员会拍发水位电报，抗日战争时期一度停报。

1942年（民国31年），江西省水利局遵照省政府3月31日令，转吉安、泰和气象电报，比照军事一等急电免费拍至重庆中央气象局。

1944年（民国33年），吉安站由省水利局列为情报站。

1949年4月，吉安站停测。

1949年12月，恢复吉安站报汛。

1950年，全区仍只有吉安站一站报汛。

1951—1956年，报汛站逐渐增至19站。

1957—1958年，站网布设增加，情报站也随之增至30站。

1961年和1962年，进行了一些调整，1963年以后又有所增加，截至1965年，全市共有情报站52站，另外有4个水库站向省防总报汛。

1966年，增加3站，撤销1站，共有情报站54站，另外有7座水库站报汛。

1967年，撤销11站，共有情报站43站，另外有8座水库站报汛。

1976年，共有情报站47站，水库情报站34站。

1990年，全区共有情报站53站，水库情报站34站。

2005年，吉安水情分中心建设完成，全市建成自动雨量报汛站57站，自动监测水位报汛站8站。

2007年，取消人工报汛，各情报站水雨情信息全部采用自动传输、自动报汛。

2007—2010年，随着吉安市山洪灾害预警系统工程建设、中小河流水文监测系统工程建设，水位、降水量观测采用自动记录、存储和传输，所有水位、雨量站均转为情报站，自动报汛。

2012年，根据省防总下达的河道水文水位站报汛任务一览表，吉安市水文局报汛站点为：

河道水文站报汛10站（栋背、吉安、峡江、白沙、上沙兰、新田、滁洲、林坑、赛塘、鹤洲），其中栋背、吉安、峡江、白沙、上沙兰、新田6站为中央报汛站。

河道水位站报汛7站（泰和、新干、遂川、永新、吉水、永丰、安福），其中泰和、永新2站为中央报汛站。

雨量站报汛35站（章庄、厦坪、莲花、大汾、曲江、赤谷、马埠、涧田、柏岩、沙溪、沙市、左安、彭坊、古县、鹿冈、沙村、花溪、高坪、茅坪、藤田、天河、新江、龙冈、金田、高洲、路口、洋溪、万安、墩厚、青原、水边、梅仔坪、返步桥、百义际、中村），其中章庄、厦坪、莲花3站为中央报汛站。

水库报汛站6站（老营盘水库、社上水库、白云山水库、南车水库、万安水电厂、返步桥水库），其中老营盘水库、社上水库、白云山水库、南车水库、万安水电厂为中央报汛站。

2018年3月19日，省防总下发《关于下达2018年防汛抗旱水情信息报送任务的通知》（赣汛〔2018〕第11号），吉安市水文局报汛站点为：

河道水文站报汛11站（栋背、吉安、峡江、白沙、上沙兰、新田、莲花、滁洲、林坑、赛塘、鹤洲），其中栋背、吉安、峡江、白沙、上沙兰、新田、莲花7站为中央报汛站。

河道水位站报汛8站（泰和、新干、遂川、永新、吉水、永丰、安福、鹿冈），其中泰和、永新、鹿冈3站为中央报汛站。

雨量站报汛177站，其中中央报汛站2站（章庄、井冈山）。

面雨量站报汛171站。

大型水库报汛站7站（万安水库、峡江水利枢纽、石虎塘航电枢纽、白云山水库、社上水库、老营盘水库、南车水库），均为中央报汛站。

中型水库报汛站41站，其中白水门水库、高虎脑水库、枫渡水库、缝岭水库、窑里水库、返步桥水库、横山水库为中央报汛站。

小（1）型水库报汛站182站。

2018年7月1日至10月31日报送蒸发量站7站（栋背、白沙、新田、永新、彭坊、赛塘、滁洲）。

2020年3月25日，省水利厅下发《关于下达2020年防汛抗旱水情信息报送任务的通知》（赣水防字〔2020〕第5号），吉安市水文局报汛站点为：

河道水文站报汛33站，其中中央报汛站13站（万安、吉安、峡江、白沙、上沙兰、新田、莲花、滁洲、林坑、赛塘、鹤洲、永新、井冈山），省级重点报汛站1站（遂川），中小河流报汛站19站（大汾、冠山、鹿冈、曲岭、沙溪、潭丘、藤田、中龙、行洲、黄沙、罗田、南洲、桥头、沙坪、顺峰、汤湖、西溪、新江、长塘）。

河道水位站报汛8站，其中中央报汛站3站（泰和、章庄、彭坊），省级重点报汛站5站（新干、遂川、永丰、安福、吉水）。

雨量站报汛177站，其中中央报汛站24站（中村、吉安、白云山水库、上沙兰、赛塘、新田、峡江、新干、沙溪、返步桥水库、南坪、藤田、泰和、老营盘水库、沙村、禾市、遂川、滁洲、万安、栋背、林坑、社上水库、彭坊、永新）。

面雨量站报汛171站，其中中央报汛站22站（万安、栋背、泰和、吉安、峡江、新干、遂川、滁洲、林坑、老营盘水库、沙村、沙溪、白云山水库、永新、上沙兰、社上水库、赛塘、新田、返步桥水库、南坪、禾市、彭坊）。

大型水库报汛站8站（万安水库、峡江水利枢纽、石虎塘航电枢纽、白云山水库、社上水库、老营盘水库、南车水库、东谷水库），均为中央报汛站。

中型水库报汛站41站，均为中央报汛站。

小（1）型水库报汛站182站，其中中央报汛站65站。

2020年7月1日至10月31日报送蒸发量站7站。

截至2020年年底，全市水位自动测报站221站，降水量自动测报站787站。

第三节　情　报　传　递

1934 年（民国 23 年），由情报站凭证向电信局发拍。

1944 年（民国 33 年），报汛用无线电报向江西水利局报告。

1950 年，邮电部门将水情电报列为 R 报类，汛期优先传递。水情信息通过邮电局电报传至各有关单位。

凡是确定发报的水文（位）站均装有专设电话，雨量站列为情报站的尽可能借用当地机关单位的电话，为解决情报站至当地邮电局（所）的通信问题，陆续架设专线的有 24 站，线路共长 128.8 千米，后来全部由原来的木质电杆更新为水泥电杆。

20 世纪 50—90 年代，主要通过电话专线、电台以及电传等方式进行水情信息的传递和处理。

1980 年，地区水文站安装了机械电传机。

1982 年 6 月，峡江站出现大洪水，报汛电话被冲毁，县委、县防汛指挥部下令邮电局在 6 小时内修好，确保了峡江站水情电报的及时传递。

1983 年，省水文总站下拨吉安地区 16 套 XB－C301 无线对讲机，分别设置于赣江各站及主要支流控制站。并建立了吉水东山脑、遂川娥峰山、井冈山黄洋界中继站，水文测站可直接与地区水文站通话拍报，无须邮电部门转报，情报传递速度更快、更准。

1984 年，启用录音电话，可在向提供电报预报的部门和单位通话时录音，并能收录天气预报。

1985 年，开始正式联网报汛，同时全区各级水利防汛部门，也先后购置无线电台共 80 多部用于水情通信，地区防总与 14 个县（市）的防汛指挥机构，各大型水库及绝大多数中型水库之间已形成了无线电通信网络。

1988 年，更新为电子电传机。

2000 年，水情信息通过水文部门无线高频网收发，水情值班人员接完报后，录入计算机，再通过网络发往国家防总、长江水利委员会防汛抗旱总指挥部、省防总、省水文局等地。

2005 年，建立吉安水情分中心，报汛站水雨情信息采用计算机网络自动传输。

2007 年，取消人工水情拍报，水雨情信息全部采用自动传输。实测流量采用人工录入，网络传输。

2009 年，暴雨山洪灾害监测预警系统建成并投入使用，全市所有水雨情信息均通过宽带网传输和信息处理。

2010 年以后，水文系统已逐步形成一个水情报汛网络，初步建立一套比较健全的水文情报工作体制，能够满足全市雨水情监测和预报的需要。随着计算机技术和现代通信技术的发展，水情信息采集和传输实现自动化，提高水情信息传递速度和准确率，确保中央报汛站水雨情信息 20 分钟内传输到地市水情分中心，30 分钟内传输到省和国家防汛部门，实现所有报汛站自动采集、固态存储、网络传输的现代化测汛报汛服务一体化。

2011 年 4 月，吉安市水文局和北京金水燕禹科技有限公司技术人员共同努力，顺利完成吉安市水文局吉安中心站和栋背、吉安、峡江、仙坑、林坑、白沙、赛塘、新田 8 个遥测站“卫星小站”建设安装任务，经安装调试，入网正常。“卫星小站”具有系统功能强大、覆盖范围广、组网机动灵活、抗御雨雪冰冻和水毁能力强等优点，可与地面通信网实现天地一体互为补充备份，是解决水文信息传输和应急抢险通信的重要手段。

2017 年 6 月，为吉安队、遂川队、永新中心、栋背站、上沙兰站、新田站、峡江站和市水文局应急抢测队配备了9部卫星电话，确保在应急情况下能与外界联系，发送水雨情信息。

2018年4月28日，吉安市水文局制定了《卫星电话使用管理办法》（吉市水文情发〔2018〕第5号）。

2020年10月，吉安市水文局再次购置10部卫星电话，为基本水文（位）站各配置了1部卫星电话。

第二章 水文预报

水文情报预报始终是水文服务的重点，自20世纪50年代后期开始，全市便逐步建立以地区水文站和各基层水文测站进行情报预报服务网为主体的，并广泛开展情报预报的服务工作。在服务过程中，长期坚持以实时雨水情服务为主，长、中、短期水情预报服务相结合的原则，进行水库调度预报，水利工程及涉水工程施工期预报等，编制适合当地防汛抗旱应用的水情服务手册，将预报服务送达各级领导机关和有关部门。同时，为水库培训水情人员，编制水库预报方案等。

在全市历次抗洪斗争中，水文部门及时、准确提供大量水文情报预报，为各级领导组织和指挥抗洪抢险救灾取得主动权。水文预报成为防汛抗旱中不可缺少的“耳目”和“参谋”。

第一节 短期预报

预报任务

洪水预报任务每年由省防总下达，省水文局也会根据需要下达洪水作业预报任务。从2019年起由省水利厅下达。

2006年5月11日，省水文局下发《关于下达洪水作业预报任务的通知》（赣水文情发〔2006〕第5号）。洪水作业预报任务的站有栋背、吉安、峡江、林坑、白沙、上沙兰、赛塘、新田、泰和、新干、遂川、永新等12站。

2017年，为满足地方防汛需求，吉安市水文局开展小河水文站、中小河流水文（位）站洪水预报预警工作。

2020年，栋背、泰和、吉安、吉水、峡江、新干、滁洲、遂川、林坑、白沙、莲花、永新、上沙兰、赛塘、彭坊、永丰、新田、鹤洲站，以及47个大中型水库站等均编制了预报方案，并开展洪水作业预报。

预报方案编制

1952年4月，省水文气象局首次开展水文洪水预报工作，试报赣江吉安、新干等站洪峰水位。

1958年9月，省水文气象局根据当年3月全国水文预报工作会议提出的“水文预报下放”的精神，布置各水文分站和流量站开展水文预报业务。

1959年，吉安水文分站和部分水文站开始开展水文洪水预报工作。预报方法有降水与水位总涨差、上下游水位相关、降水与径流、合成流量等。同时编制了棉津、吉安、新干、洋埠、上沙兰、赛塘、渡头、新田、林坑等站预报方案。

20世纪60年代，用单位线等方法编制与修订原有预报方案。

20世纪70年代，采用“湿润地区蓄满产流”方法、$P-P_a-R$相关图等方法编修各站预报方案。

20世纪80年代以后，随着水文资料系列延长，洪水发生次数增多，流域水文特性的变异，对各站预报方案不定期进行新编或修订。

截至1990年，赣江的栋背、泰和、吉安、吉水、峡江、新干等站及蜀水、遂川江、禾泸水、孤江、乌江、同江等主要支流控制站，还有枫渡、社上、白云山、老云盘等四大水库站都编有预报方案，共计16处，遍及9县（市），预报河段总长达390千米。

2017年，为贯彻落实省水利厅厅长罗小云等领导对省水文局发布的《关于提升水文服务防汛能力调研报告》的指示精神，进一步提升水文服务防汛能力，积极探索水文在服务防汛体系中的新思路、新方法，吉安市水文局再次对各站洪水预报方案进行了一次大的修编，站点涉及栋背、泰和、吉安、吉水、峡江、新干、滁洲、遂川、林坑、白沙、莲花、永新、上沙兰、赛塘、彭坊、永丰、新田、鹤洲等18站。

经统计，采用合成流量法编制预报方案的站有：栋背、吉安、峡江。

采用上下游流量水位相关法编制预报方案的站有：栋背、泰和、吉水、峡江、新干、上沙兰等站。

采用流域平均降水、起涨水位、洪峰水位相关法编制预报方案的站有：滁洲、遂川、林坑、莲花、永新、上沙兰、彭坊、赛塘、白沙、永丰、新田、鹤洲等站。

采用降雨径流（$P-P_a-R$）相关法编制预报方案的站有：上沙兰、赛塘、新田、林坑、白沙等站。

采用单位线法编制预报方案的站有：林坑、白沙、木口、上沙兰、赛塘、新田、鹤洲等站。

为满足地方防汛需求，吉安市水文局还编制了各小河水文站及中小河流水文（位）站洪水预估预警方案，制定了《吉安市水情预警发布实施办法（试行）》，开展了小河水文站、中小河流水文（位）站洪水预估预警工作。

2017—2019年，吉安市水文局每年举办洪水预报方案编制培训班，特邀水利部水文预报中心博士尹志杰、省水文局水情处副处长陈家霖等水情预报专家现场授课，水情科、勘测队、巡测中心水情人员参加培训。

2018年10月，新建了吉安市水库预报及调度系统，编制了48座大中型水库的新安江模型方案、降水径流方案（经验单位线或地貌单位线）等，各站方案不少于2套。

2020年，对原有的18站预报方案进一步修编，白沙、上沙兰、赛塘、新田站新增新安江模型预报方案。

预报精度

洪峰水位的预报误差一般在0.3米以内，洪水预见期遂川江、蜀水、孤江、禾水、泸水、乌江等主要赣江支流控制站一般可达8～24小时，赣江干流站最长可达2～3天。

1982年6月18日，禾水上沙兰站出现历史特大洪水，预报洪峰水位62.60米，实测洪峰水位62.58米，预报误差0.02米。

1982年6月17日，乌江新田站出现大洪水，预报洪峰水位56.60米，实测洪峰水位56.44米，预报误差0.16米。本次洪水为乌江新田站历史第二大洪水。

1982年6月19日，泸水赛塘站出现大洪水，预报洪峰水位64.00米，实测洪峰水位64.21米，预报误差0.21米。本次洪水为泸水赛塘站历史第三大洪水。

2018年6月8日，蜀水林坑站出现历史特大洪水，预报洪峰水位90.80米，实测洪峰水位90.95米，预报误差0.15米。

2019年6月10日，泸水赛塘站出现迁站以来的最大洪水，预报洪峰水位67.50米，实测洪峰水位67.45米，预报误差0.05米。本次洪水为泸水赛塘站历史第二大洪水。

2019年6月10日，孤江白沙站出现历史第二大洪水，预报洪峰水位89.60米，实测洪峰水位

89.97 米，预报误差 0.37 米。

2019 年 7 月 10 日，禾水上沙兰站洪水，预报洪峰水位 61.50 米，实测洪峰水位 61.59 米，预报误差 0.09 米。本次洪水超警戒水位 2.09 米，排禾水上沙兰站历史洪水第八位。

全市各站 2017—2020 年警戒水位以上洪水预报成果见表 4-2-1。

表 4-2-1　　全市各站 2017—2020 年警戒水位以上洪水预报成果

序号	站名	预报值		实测值		洪水预见期/小时	预报误差	
		预报洪峰出现时间	预报洪峰水位/米	实测洪峰出现时间	实测洪峰水位/米		时间/小时	水位/米
1	林坑	2017-6-28 17：00	86.5	2017-6-28 18：00	86.63	8	1	0.13
2	永新	2017-6-29 02：00	113.0	2017-6-29 00：00	112.88	24	2	0.12
3	新田	2017-6-29 06：00	54.8	2017-6-29 02：00	54.72	14	4	0.08
4	赛塘	2017-6-29 06：00	65.9	2017-6-29 08：00	65.92	10	2	0.02
5	上沙兰	2017-6-29 12：00	60.8	2017-6-29 13：00	60.71	20	1	0.09
6	峡江	2017-6-29 12：00	41.9	2017-6-29 17：00	41.85	17	5	0.05
7	吉安	2017-6-29 18：00	50.9	2017-6-29 12：00	50.73	14	6	0.17
8	鹤洲	2017-7-1 03：00	47.6	2017-7-1 04：00	47.67	14	1	0.07
9	林坑	2018-6-8 07：00	90.8	2018-6-8 07：30	90.95	2.5	0.5	0.15
10	新田	2018-7-7 20：00	54.0	2018-7-7 22：00	54.21	23	2	0.21
11	上沙兰	2019-6-8 07：00	61.0	2019-6-8 07：00	61.25	16	0	0.25
12	赛塘	2019-6-8 08：00	66.0	2019-6-8 09：00	66.35	11	1	0.35
13	永新	2019-6-9 15：00	113.5	2019-6-9 17：00	113.54	11	2	0.04
14	林坑	2019-6-9 18：00	87.5	2019-6-9 18：00	87.53	4	0	0.03
15	白沙	2019-6-10 00：00	89.6	2019-6-9 22：00	89.97	7	2	0.37
16	上沙兰	2019-6-10 02：00	61.7	2019-6-10 06：00	61.48	24	4	0.22
17	赛塘	2019-6-10 06：00	67.5	2019-6-10 06：00	67.45	5	0	0.05
18	峡江	2019-6-10 20：00	43.7	2019-6-10 19：00	43.54	10	1	0.16
19	新干	2019-6-11 01：00	38.3	2019-6-11 00：00	37.84	9	1	0.46
20	栋背	2019-6-11 20：00	70.1	2019-6-11 23：00	69.91	8	3	0.19
21	鹤洲	2019-6-23 06：00	48.7	2019-6-23 06：00	48.75	4	0	0.05
22	新田	2019-7-8 12：00	54.5	2019-7-8 10：00	54.44	10	2	0.06
23	上沙兰	2019-7-8 14：00	60.6	2019-7-8 17：00	60.77	9	3	0.17
24	永新	2019-7-9 22：00	113.2	2019-7-10 00：00	113.10	10	2	0.1
25	赛塘	2019-7-9 22：00	67.2	2019-7-10 03：00	67.15	17	5	0.05
26	林坑	2019-7-9 22：00	87.7	2019-7-9 23：00	87.66	3	1	0.04
27	上沙兰	2019-7-10 04：00	61.5	2019-7-10 07：00	61.59	10	3	0.09
28	新田	2019-7-10 06：00	54.5	2019-7-10 06：00	54.49	6	0	0.01
29	吉安	2019-7-10 18：00	52.5	2019-7-10 16：00	52.29	8	2	0.21
30	峡江	2019-7-11 00：00	43.0	2019-7-10 20：00	42.90	24	4	0.1
31	上沙兰	2019-7-14 10：00	59.7	2019-7-14 08：00	59.60	11	2	0.1
32	滁洲	2019-8-25 23：00	27.2	2019-8-25 23：00	27.17	2	0	0.03
33	赛塘	2020-7-10 09：00	66.0	2020-7-10 08：40	66.21	6.7	0.3	0.21

续表

序号	站名	预报值		实测值		洪水预见期/小时	预报误差	
		预报洪峰出现时间	预报洪峰水位/米	实测洪峰出现时间	实测洪峰水位/米		时间/小时	水位/米
34	新田	2020-7-10 12：00	55.5	2020-7-10 10：00	55.54	6	2	0.04
35	上沙兰	2020-7-10 15：00	61.5	2020-7-10 14：00	61.23	10	1	0.27

预报规范

1952年2月，省水利局制定《水文预报拍报办法》，规定预报站水位达到警戒水位时，即拍发预报电报。

1960年6月，执行水电部颁发的《水文情报预报拍报办法》。

1963年9月，省水文气象局颁发《水情工作质量评定试行办法（草）》，要求各有关站试行。

1973年，省水文总站根据全国《水文情报预报服务暂行规范》及《水文情报、预报拍报办法》，制定《江西省水文情报、预报规定》（试行稿），并在全省颁布执行。

1985年3月18日，水电部颁发《水文情报预报规范》（SD 138—85），自1985年6月1日起实施。

1997年3月6日，水利部水文司、水利信息中心下发《〈水文情报预报拍报办法〉补充规定的通知》。

2000年6月14日，水利部颁布《水文情报预报规范》（SL 250—2000），替代SD 138—85，自2000年7月1日起实施。

2005年10月21日，水利部颁布《水情信息编码标准》（SL 330—2005），自2006年7月31日起实施。

2006年7月31日，全省执行省水文局制定的《江西旱情信息测报办法》。旱情信息报送工作自8月15日开始。

2008年5月26日，水利部水文局颁布的《全国洪水作业预报管理办法（试行）》。

2008年11月4日，水利部部颁标准《水文情报预报规范》（SL 250—2000）升级为国家标准。国家质量监督检验检疫总局和国家标准化管理委员会发布《水文情报预报规范》（GB/T 22482—2008），自2009年1月1日起实施。

2011年4月12日，水利部颁布《水情信息编码》（SL 330—2011），替代《水情信息编码标准》（SL 330—2005），自2011年7月12日起实施。

2013年2月1日，国家防总颁发《水情预警发布管理办法（试行）》（国汛〔2013〕第1号）。

2013年8月5日，省防总颁发《江西省水情预警发布实施办法（试行）》（赣汛〔2013〕第21号）。

2018年7月31日，水利部水文局发布的《全国洪水作业预报管理办法》（办水文〔2018〕第152号），对2008年《全国洪水作业预报管理办法（试行）》进行了修订，自发布之日起实施。

第二节　中长期预报

1965年起，采用水文要素历史演变法和简单的要素相关法等方法，开展洪水展望分析工作。

1973年，运用数理统计、概率分析法，如简化分波（周期叠加），逐步回归、多元回归、平稳时间序列和自然正交等方法试做赣江、乌江、禾水控制站的洪水长期预报。

20 世纪 70 年代初期起，省水文总站每年汛期前召开地、市水文站和部分主要水文测站参加全省中长期水文预报讨论会，互相交流预报方法经验，商讨本年洪水展望。

1985 年起，洪水展望分析采用电子计算机进行分析和计算。

进入 21 世纪后，吉安市水文局采用数理统计、趋势分析、相似相关、分析气象相关因子等方法，应用前期水文特征值及汛前多种异常气候因子进行数理统计分析，对历史资料进行分析与探讨。结合水文实测的水量、蒸发、河道水位、流量等特征资料，运用水文学原理及水文变化规律综合分析，利用前期环流、前期海温特征、前期降水、太阳活动及其他天文地球物理因素建立相关预报，并每年汛前对当年汛期降水及洪水作出展望。

吉安市水文局每年汛前均参加由市防总举办的全市防汛工作会商会，介绍洪水展望分析情况，供有关部门参考。

各水文勘测队和主要水文站，每年都会进行洪水展望分析，与吉安市水文局会商后，参加当地县防办举办的防汛会商会，介绍洪水展望分析情况，供当地有关部门参考。

第三章　水　情　服　务

1959年，吉安水文分站和部分水文站开始开展水文洪水预报服务工作，吉安水文分站汛期每日用书面材料向当地领导和有关单位提供情报预报。

1959年5月，棉津、栋背、林坑水文站会同万安气象站共同编制了《万安水文气象手册》。遂川、吉水、峡江、莲花、永丰、泰和、安福、永新等县均编制了县实用水文手册。

1963年起，吉安水文气象分局、峡江水文站不定期编发水情简报。

1972年5月，井冈山地区水文站编制《井冈山地区水文服务手册》(防洪部分)。

1979年，井冈山地区水文站编印《江西省吉安地区水文手册》《吉安地区防汛抗旱水情手册》。

1962年6月，预报吉安站大洪水，吉安市根据预报及时组织人力保卫大堤，从而确保了安全，避免了洪灾损失；吉安地区贮木场对停靠在禾水河口的木材进行了加固和部分转移，使价值400多万元的3万立方米木材未受损失。

1982年6月，预报棉津站洪水，预报误差0.1米，预见期18小时，根据预报仅万安县城抢救的物资，省农垦局的木材4万多立方米和毛竹1000多根；商业局三个仓库的农药3万多斤，化肥1万多斤。

1982年6月，预报峡江站洪水，误差0.1米，预见期72小时，此次预报避免的损失有：县外贸公司6万元的商品。巴邱、樟江两竹木转运站近3600立方米木材；县商业局300吨化肥，农药、皮革厂价值3万余元的机件材料；香菇厂1万多瓶菌种，采石厂20多吨水泥，人民饭店上百个床位，还有县中1000多名师生得以及时疏散。

1984年11月，棉津水文站参加万安水电站大坝右岸一期围堰截流水文监测服务工作。

1994年5月上旬，赣江上游洪水暴涨，吉安地区水文分局分析了上游洪水和本地区各江河水情后，向地委、行署和地区防办建议，在赣江上游洪峰未到之前，万安水库提前加大泄流，腾空一定库容调蓄洪水，降低下游洪峰水位。地委领导立即采纳这一建议，要求水库加大泄流，腾出一定库容调蓄洪水，结果使万安水库以下赣江水位削减近1米，大大减轻了洪水灾害损失。

2000年3月，遂川水文勘测队分别同遂川草林冲水电有限责任公司、遂川县发电公司签订水情服务协议。

2012年7月，吉安市水文局编制了《峡江水利枢纽三期截流工程水文测报实施方案》，经省水文局审查通过。8月，吉安市水文局和峡江水文站投入大量人力和设备，参加峡江水利枢纽大坝截流水文测报服务工作，共发布了11期《峡江水利枢纽截流期水情公报》，主要发布实时雨水情及未来三天水文预测预报。正常雨水情时每日一期，天气异常实行滚动预报和加报，为大坝截流提供可靠的水文技术支撑。

2013年2月1日，国家防总颁发《水情预警发布管理办法（试行)》(国汛〔2013〕第1号)。同年8月5日，省防总颁发《江西省水情预警发布实施办法（试行)》(赣汛〔2013〕第21号)，市水文局开始发布水情预警，站点包括吉安、峡江2站。

2017年4月7日，吉安市水文局制定了《吉安市水情预警发布实施办法（试行)》，站点包括万安、泰和、吉安、吉水、峡江、新干、遂川、林坑、白沙、永新、上沙兰、赛塘、新田、滁洲、鹤

洲 14 站，并开始提供中小河流洪水预估预警服务。

2017 年 5 月 1 日，开通“吉安水文”微信公众号，向各级防汛办及有关领导等推送水情及预警信息。

2018 年 4 月，对全市辖区内的雨量站点，结合距离、方位等因素，梳理出遥测雨量站的相应参照站点，为每站提供至少 3 个参照站，以便在该站点出现故障时，可依据相应参照站的雨量进行预警、防范，为防汛工作加了一层保险。

2018 年 8 月，为泰和县大鹏村洪水淹没区安装视频监控。

2020 年 9 月，对全市 23 处县级水源地展开调查，核实水厂名称、经纬度及其他各项基础信息，掌握水源地取水断面与参证站点水位高差关系，为用水安全做好服务。

历年来，吉安市水文局一直为峡江水利枢纽，井冈山、石虎塘、新干航电枢纽的建设和运行提供水雨情技术服务；为泰和南车、老营盘水库专用水文站指导开展水文测验、水文资料整编工作；为枫渡电站、东谷水库、返步桥电站、功阁电站、仙口水库等大中型水库安装、维护水位和降水量观测设备；为抚吉高速大桥、吉安大桥、新井冈山大桥、神岗山大桥等涉水建设工程及京九铁路吉安工务段开展水情信息服务，为各级水库提供水雨情技术服务。

第四章 信息服务系统

第一节 吉安市水文信息服务系统

吉安市水文信息服务系统由吉安市水文局于2011年自行研发（主要研发人：班磊）。

吉安市水文信息服务系统主要由数据查询、天气形势、预估预报和水情服务四个子系统组成。

数据查询子系统：该系统通过实时水情查询显示功能，使水情人员可以方便地看到最新的降水、河道、水库实时水雨情等；通过告警检索功能，可以方便地检索全市各站点的降暴雨、大暴雨和特大暴雨情况，以及各江河水库的水位是否超警戒水位或超汛期限制水位情况。

天气形势子系统：该系统包括云图显示、原始云图、实时雨量、任意时段雨量、雨量距平、历史雨量、时段雨量列表和干旱监视等功能模块。该系统集成度高、功能齐全，应用先进的图像处理及地理信息系统技术，具有稳定可靠、易于维护、操作简捷方便等优点，能满足各级水利部门对雨情气象信息的需求。

预估预报子系统：该系统包括经验预报方案，用于对未来洪水进行预估预报。该系统自动化程度高，并具有各种方法独立运行、综合比较、互相验证、合理选用的特点。

水情服务子系统：该系统通过自动分析各站实时雨水情，能自动生成雨水情简报，及时为各级防汛部门提供服务。

第二节 中小河流洪水及山洪灾害气象预警系统

2018年，吉安市水文局联合市气象局共同研发了中小河流洪水及山洪灾害气象预警系统，在降水前，由气象局负责提供未来最大6小时精细化降水数值预报及图像产品，市水文局负责制作未来中小河流洪水及山洪灾害风险预警文字、图像信息，依据未来雨量的大小、频率，提供Ⅰ～Ⅳ级不同级别的预警，提请当地注意做好短历时强降水可能引发的中小河流洪水及山洪灾害。当预警级别达到Ⅱ级及以上时，依据气象局的资源，预警信息可在市电视台的天气预报节目中播报，使水情服务工作得到提升。

第三节 暴雨山洪精准预警云平台

2020年，吉安市水文局联合吉安市移动公司开发了暴雨山洪精准预警云平台，平台具有站点管理、预警发送、预警管理、预警统计及系统配置等功能。当某地雨量站1小时降水量达到30毫米，或3小时累计降水量达到50毫米，或12小时累计降水量达到80毫米时，启动预警发布（可人工干预），指示该雨量站所对应的移动基站，向该基站所覆盖一定距离范围内的手机终端发送预警信息，达到“点对点”式精准预警，使预警信息能快速传递、接收，基本达到人人知晓，彻底解决信息传

递“最后一公里”问题。目前，该系统运行正常，对山洪易发区、景区等人员密集区的预警效果良好。

第四节　吉安水情分中心

吉安水情分中心建设工程，主要由水文测验设施设备建设与改造，水情报汛通信，分中心计算机网络集成三部分组成，是国家防汛指挥系统工程的基础部分。

分中心将实现雨量、水位自动监测，长期自记和固态存储的功能，提高数据传输和资料整编的自动化程度。水情报汛采用超短波为主，程控电话、卫星小站、移动电话等三种信道之一作为备用信道的组网方案，具备了自报方式和召测方式自动切换，流量、泥沙、蒸发量等其他水文要素人工置数等功能。并按照水文情报预报拍报办法进行数据转发，确保水情信息在 20 分钟内传递到水情分中心和省水情中心，30 分钟内传递到国家水情信息中心。分中心的计算机网络及应用系统具备了不同信道的数据接收、处理，数据库的管理，信息查询和服务，水文预报与会商等功能。

2001 年 2 月中旬，《国家防汛指挥系统工程江西吉安水情分中心信息采集系统总体设计报告》通过省防汛指挥系统工程项目办组织的专家评审。

2003 年 3 月 30 日，吉安市人民政府办公室下发抄告单，为国家防汛指挥系统工程吉安水情分中心信息采集系统项目提供地方配套资金 150 万元。其中，市级配套资金 60 万元，其余 90 万元由各县（市、区）分两年承担。

2004 年 11 月 19 日，国家防汛抗旱指挥系统一期工程项目建设办公室在北京召开“国家防汛抗旱指挥系统一期工程江西吉安水情分中心项目建设实施方案”评审会，吉安水情分中心项目建设第一个通过“国家项目办”审查。

2005 年，吉安水情分中心建设基本完成。吉安水情分中心共建设自动监测水位站 8 站，自动监测雨量站 57 站。完成分中心的计算机网络及应用系统建设。全面实现雨量、水位自动监测、电子数字存贮、自动发送传输及自动报警。实现数据自动采集、长期自记、固态存储、数据化自动传输，10 分钟内完成水情信息收集，20 分钟内上传至国家防汛抗旱总指挥部。

第五节　暴雨山洪灾害监测预警系统

暴雨山洪灾害监测预警系统主要由暴雨山洪监测系统、山洪灾害应急体系、山洪灾害预警响应体系及省、市、县三级监测预警计算机网络等四个部分组成。

2007 年 3 月，《吉安市暴雨山洪灾害预警监测系统工程》被列为吉安市 2007 年的 45 项重大项目建设工程之一，工程覆盖全市 13 县（市、区）共 25000 多平方千米的面积和萍乡市莲花县。在集水面积 10 平方千米以上小流域内，共建设自动监测雨量站 513 个，自动监测水位站 29 个，市信息处理中心 1 处，县（市、区）信息处理中心 13 处。基本覆盖全市山洪地质灾害重点地区，实现了山洪灾害监测、预警、响应一体化。

一期暴雨山洪灾害监测预警系统

2007 年 5 月，吉安市暴雨山洪灾害监测预警系统一期工程建设基本完成。一期工程建设范围主要是吉安市遂川县，新建自动雨量站 74 站，人工监测雨量站 22 站，自动水位站 4 站，人工监测水位站 2 个。

二期暴雨山洪灾害监测预警系统

2008 年 7 月，吉安市暴雨山洪灾害监测预警系统二期工程建设基本完成。二期工程建设范围为吉安市安福、泰和、永新 3 个县，涉及面积 7653 平方千米。二期工程新建自动监测雨量站 118 站（其中：泰和县 36 站、永新县 38 站、安福县 44 站），人工监测雨量站 26 个（其中：泰和县 6 站、永新县 10 站、安福县 10 站），自动监测水位站 19 站（其中：泰和县 6 站、永新县 9 站、安福县 4 站）。

三期暴雨山洪灾害监测预警系统

2009 年 8 月，吉安市暴雨山洪灾害监测预警系统三期工程建设基本完成。三期工程建设范围为吉安市永丰县、万安县、青原区、井冈山市 4 个县（市、区），涉及面积 6956 平方千米。三期工程新建自动监测雨量站 111 站（其中：永丰县 37 站、万安县 23 站、青原区 16 站、井冈山市 35 站），自动监测水位站 8 个（其中：永丰县 5 站、青原区 1 站、井冈山市 2 站）。

四期暴雨山洪灾害监测预警系统

2011 年 8 月，吉安市暴雨山洪灾害监测预警系统四期工程建设基本完成。四期工程建设范围为吉安市吉安、吉水、峡江、新干县和萍乡市莲花县共 5 个县，涉及面积 8091 平方千米。四期工程新建自动监测雨量站 89 站（其中：吉安县 28 站、吉水县 22 站、峡江县 21 站、新干县 7 站、莲花县 11 站），自动监测水位站 18 站（其中：吉安县 4 站、吉水县 4 站、峡江县 3 站、新干县 5 站、莲花县 2 站）。

五期至七期暴雨山洪灾害监测预警系统

2013 年及以后，由省水利厅招标建设吉安市暴雨山洪灾害监测预警系统第五期至第七期，建设站点不详。

第六节　中小河流监测预警系统

2010 年 10 月 10 日，国务院出台了《关于切实加强中小河流治理和山洪地质灾害防治的若干意见》（国发〔2010〕第 31 号），明确提出了加强中小河流治理和山洪地质灾害防治的总体要求、工作重点和保障措施。

2011 年 6 月 17 日，水利部规划计划司和水文局在北京联合组织召开了全国中小河流水文监测系统建设前期工作会议，部署中小河流水文监测系统建设项目前期工作程序、时间进度以及相关要求。

2011 年 6 月 21 日，江西省中小河流水文监测系统建设工作会议在南昌召开，会议确定了江西省中小河流水文监测系统建设工作总体规划建设任务。依据《水文设施工程初步设计报告编制规程》（报批稿）及《水文基础设施建设及技术装备标准》等规程规范，由江西省水利规划设计院牵头，江西省水文局及吉安市、抚州市水文局协作，编制完成了赣江流域中游《江西省中小河流水文监测系统建设工程实施方案》。

2011 年 10 月 15 日，省水利厅下发《关于江西省中小河流水文监测系统建设项目部的批复》（赣水建管字〔2011〕第 210 号），批复省水文局，同意省水文局组建“江西省中小河流水文监测系统建设项目部”。

2011 年 10 月 17 日，吉安市水文局发布《关于成立江西省吉安市中小河流水文监测系统建设项目部的通知》（吉市水文发〔2011〕第25号），经吉安市水文局局务会研究决定，成立江西省吉安市中小河流水文监测系统建设项目部，项目部主任由吉安市水文局局长刘建新担任。

2011年11月7日，江西省中小河流水文监测系统建设领导小组办公室印发《关于印发江西省中小河流水文监测系统建设二级项目部组成人员的通知》（赣中小河流办发〔2011〕第2号），江西省中小河流水文监测系统建设吉安市项目部主任刘建新，副主任王贞荣，成员康修洪、刘和生、朱志杰、黄剑、罗晶玉、彭柏云。

2011年10月21日，江西省发展和改革委员会下发《关于江西省中小河流水文监测系统建设工程实施方案的批复》（赣发改农经字〔2011〕第2307号），批复省水利厅，同意建设江西省中小河流水文监测系统工程。吉安市水文局建设内容有：改建水文站15站（新田、永新、上沙兰、鹤洲、遂川、滁洲、大汾、莲花、行洲、井冈山、彭坊、白沙、沙溪、林坑、藤田）；新建水位站31站（永丰、沿陂、寮塘、章庄、泰山、岸上、安塘、樟山、阜田、金江、戈坪、神政桥、曲岭、窑头、顺峰、涧田、柏岩、寨下、苑前、苏溪、汗江、坳南、龙源口、夏溪、塅尾、沙田、严田、下江边、寨头、盐丰、千坊）；改建水位站1站（文陂）。

2012年9月26日，江西省发展和改革委员会下发《关于江西省中小河流水文监测系统建设工程2012年度新建水文站实施方案的批复》（赣发改农经字〔2012〕第2108号），批复省水利厅，同意实施江西省中小河流水文监测系统建设工程2012年度新建水文站建设。吉安市水文局建设内容有：新建东谷、西溪、新江、砚溪、龙门水文站。

2013年6月4日，江西省发展和改革委员会下发《关于批复江西省中小河流水文监测系统建设工程2013—2014年度新建水文站实施方案的函》（赣发改农经字〔2013〕第1118号），批复江西省中小河流水文监测系统建设项目部，同意实施江西省中小河流水文监测系统建设工程2013—2014年度新建水文站建设。吉安市水文局建设内容有：新建冠山、曲岭、长塘、黄沙、汤湖、中龙、小庄、桥头、沙坪、南洲、罗田、潭丘、鹿冈水文站。

2013年6月4日，江西省发展和改革委员会下发《关于批复江西省中小河流水文监测系统建设工程水文巡测基地建设实施方案的函》（赣发改农经字〔2013〕第1119号），批复江西省中小河流水文监测系统建设项目部，同意实施江西省中小河流水文监测系统建设工程水文巡测基地建设。吉安市水文巡测基地建设内容有：新建吉安市水文巡测基地、吉安县水文巡测基地，改建遂川水文巡测基地。

第七节　水库预报及调度系统

2018年12月，北京艾力泰尔信息技术股份有限公司与吉安市水文局签订合同，由北京艾力泰尔信息技术股份有限公司承接《吉安市水库预报及调度系统》的研发。研发经费1208000元。

《吉安市水库预报及调度系统》由洪水预报软件系统、水库调度软件系统、水雨情监视软件系统和纳雨能力分析软件系统组成。

洪水预报软件系统：该系统功能强、适用广，符合《水文情报预报规范》（GB/T 22482—2008）的相应要求，基本能满足吉安市大中型水库运行管理的洪水预报需求。

水库调度软件系统：该系统根据流域洪水预报、历史洪水、不同频率的设计洪水数据以及水情测报的实时数据，在水调数据管理系统和洪水调度模型的基础上，实现利用水库的蓄泄能力对入库洪水进行蓄泄控制、拦蓄洪水、削减洪峰、防止或减少洪水灾害，基本能满足水库防洪调度需求。

水雨情监视软件系统：该系统能实时监视各站水雨情情况，根据监视数据，生成各中心、测站的预警参数和指标体系组合的预警模型，并且能结合实时水雨情、预报成果等数据进行及时准确的分析，给出相应的预警信息。

纳雨能力分析软件系统：该系统能根据水库当前水位，计算水库在水位达到汛限水位时还可接纳的降水量。纳雨能力每小时进行一次计算。通过分析纳雨能力的大小来评估可能发生洪涝灾害的潜在性，以确保水库正常运转，并且分析水库在汛期的泄洪能力，以及在非汛期的补水调度能力。

2019 年 6 月，“吉安市水库预报及调度系统”初步完成，进入系统试运行阶段。

2019 年 6—7 月，受高空槽、低层切变线、西南急流的因素共同影响，吉安市普降暴雨，各河流多次超过警戒水位。吉安市水文局成功运用该预报系统，为各类水库提供水情预报，使各类水库能及早做好腾空库容进行调蓄洪水的准备，取得了非常好的效果。

2019 年 12 月，“吉安市水库预报及调度系统”通过验收。

目前，“吉安市水库预报及调度系统”应用良好，在水库防汛调度中发挥着重要作用。

第八节　中国洪水预报系统

洪水预报系统采用水利部水文局开发研制的“中国洪水预报系统”。

由水利部水文局开发研制的“中国洪水预报系统”，是根据国家防汛指挥系统工程设计的要求，结合全国各地实际情况，在全国统一的实时水雨情数据库、客户端/服务器环境基础上开发而成。该系统采用规范、标准、先进的软硬件平台，设计为模块化、开放性结构，能方便快速构建多种类型的预报方案。该系统具有先进性和实用性，功能强大。该系统由水利部水文局于 1998 年开始研发，2000 年投入运行，经多次修改、完善、升级后，在全国得到广泛应用。

2001 年，江西省水文局开始应用该系统。

2010 年，吉安市水文局开始使用该系统进行洪水预报。其应用方式是将已编制的洪水预报方案植入系统，并利用该系统提供的平台进行洪水预报作业。对于没有洪水预报方案的区域，可利用该系统构建临时洪水预报方案，用于洪水作业预报。

2012 年 7 月，在峡江水利枢纽三期截流工程水文测报服务中，吉安市水文局应用该预报系统，为峡江水利枢纽三期截流工程提前预报未来三天水情，取得了非常好的效果。

目前，该系统在吉安市洪水预报应用中使用效果良好，有效提高了洪水预报的精度及时效性，在全市的防洪减灾工作中发挥重要作用。

第九节　墒情监测及信息管理系统

2010 年，省水文局建立江西省墒情监测及信息管理系统。该系统是江西省墒情监测及信息管理的综合业务系统，充分利用信息技术和现有国内外墒情监测研究成果，实现江西省墒情信息自动采集、传输、集中管理和信息共享，实现江西省抗旱数据综合统计查询和自动上报以及抗旱工作会商管理，建立起抗旱工作会商平台。通过整合现有雨水情资料，实现抗旱信息综合管理、抗旱数据的查询、分析和预测，并将结果以点分布图、等值线、面分布图、统计图等方式生动直观地显示出来，为抗旱决策提供依据。

系统采用 B/S 与 C/S 结构相结合，以气象信息、水雨情信息、墒情信息、社会经济数据库、旱情统计数据库、超文本信息库、组织机构信息及地理空间信息库为基础，地理信息系统为平台，通过 WEB 服务，利用浏览器实现抗旱水雨情信息、墒情信息及地理空间信息的查询、分析、显示和用户交互，满足抗旱信息管理需要。

根据系统建设功能要求分为两大部分：土壤墒情遥测系统和旱情信息管理系统。土壤墒情遥测系统主要涉及土壤含水率监测网络分布；旱情信息管理系统从内容上可划分为信息接收处理系统、专用数据库管理系统、地理信息系统和决策及会商管理系统。

第五章　洪　旱　年

第一节　警　戒　水　位

根据国家标准《基本术语和符号标准》(GB/T 50095—2014)，“警戒水位”即为“可能造成防洪工程或防护区出现险情的河流和其他水体的水位”。

民国时期，警戒水位称为危险水位。

20世纪50年代初期，危险水位改称警戒水位。

1951年，吉安站警戒水位为47.0米。据《吉安水利志》记载，“1951年4月22日，吉安洪水位51.86米，超过警戒水位47.0米的4.86米”。

1952年，各报汛站分析确定了警戒水位。各站警戒水位为：棉津站77.5米、吉安站50.5米、峡江站41.5米、新干站37.5米、上沙兰站59.0米、赛塘62.0米、新田站54.0米。

20世纪50年代中后期，先后设立了栋背、夏溪、南溪、滁洲、渡头、千坊等站，并确定了警戒水位。各站警戒水位为：栋背站60.5米、夏溪站81.5米、南溪站99.5米、滁洲站26.5米、渡头站64.0米、千坊站121.0米。

1957年，设立万安栋背水文站，确定警戒水位为60.5米。1963年经复核，因基本水准点原测高程有误，从1963年起，栋背站警戒水位确定为68.3米。

由于河床冲淤变化、防洪堤修建、测验断面变动等原因，省防总和市防总根据实际情况对有关报汛站警戒水位进行了多次调整。

1994年3月1日，省防总下发《关于调整部分水文水位站警戒水位的通知》(赣汛〔1994〕第008号)，对部分水文站警戒水位进行了调整。吉安地区赣江泰和水位站警戒水位由60.00米调整为60.50米，孤江木口水文站警戒水位（原未定）定为67.00米。自1994年汛期开始执行新确定的警戒水位。

1996年5月28日，省水文局下发《关于遂川水位站警戒水位的复函》(赣水文情字〔96〕第03号)批复吉安地区水文分局，同意遂川水位站警戒水位定为99.00米，作为内部报汛使用，待遂川县防办报省防办批复后正式使用。

2003年3月28日，市防总下发《关于对〈调整部分水文（位）站警戒水位报告〉回复函》(吉市防〔2003〕第12号)，批复吉安市水文分局，同意吉水水位站警戒水位由47.0米调整到48.0米、吉水白沙水文站警戒水位定为87.5米、遂川水位站警戒水位由99.0米调整到98.5米。调整后的警戒水位从2003年汛期开始执行。

2005年12月5日，吉安县防汛抗旱指挥部下发《关于赛塘（二）水文站确定警戒水位的批复》(吉县防汛字〔2005〕第20号)，批复吉安赛塘水文站，同意赛塘（二）水文站警戒水位确定为65.00米（吴淞基面），自2006年起，赛塘站按赛塘（二）水文站水情报汛。

2006年1月16日，安福县防汛抗旱指挥部下发《关于赛塘（二）水文站确定警戒水位的请示的批复》(安防字〔2006〕第2号)，批复吉安赛塘水文站，同意赛塘（二）水文站警戒水位确定为

65.00 米。

2006 年 1 月 23 日，市防总下发《关于赛塘（二）水文站确定警戒水位的批复》（吉市防〔2006〕第 5 号），批复吉安市水文局，同意赛塘（二）水文站警戒水位确定为 65.00 米。

2008 年 6 月 6 日，省防总下发《关于水文（位）站警戒水位调整的批复》（赣汛〔2008〕第 36 号），吉安赛塘水文站因断面上迁，警戒水位由 62.0 米调整为 65.0 米；吉水新田水文站因断面下迁，警戒水位由 54.0 米调整为 53.5 米；永丰水位站因断面下迁，警戒水位由 65.3 米调整为 65.0 米。

2015 年 3 月 31 日，省防汛办下发《关于调整部分江河水文（位）站警戒水位的批复》（赣汛〔2015〕第 13 号）。吉安市部分水文（位）站警戒水位调整如下：赣江泰和站由 60.5 米调整为 61.0 米；赣江吉水站由 47.0 米调整为 48.0 米；遂川江滁洲站由 26.5 米调整为 27.0 米；蜀水林坑站由 86.0 米调整为 86.5 米；禾水永新站由 112.0 米调整为 112.5 米；禾水上沙兰站由 59.0 米调整为 59.5 米；同江鹤洲站由 46.5 米调整为 47.5 米。

吉安市 2020 年各站警戒水位详见表 4-5-1。

表 4-5-1　　吉安市 2020 年各站警戒水位

序号	站　名	站　类	所　在　地	所在河流	警戒水位/米	基　面
1	栋背	水文	万安县百嘉镇	赣江	68.3	吴淞
2	泰和	水位	泰和县澄江镇	赣江	61.0	吴淞
3	吉安	水文	吉州区沿江路	赣江	50.5	吴淞
4	吉水	水位	吉水县文峰镇	赣江	48.0	吴淞
5	峡江（二）	水文	峡江县巴邱镇	赣江	41.5	吴淞
6	新干	水位	新干县金川镇	赣江	37.5	吴淞
7	遂川	水文	遂川县泉江镇	遂川江	99.0	黄海
8	滁洲	水文	遂川县大汾镇	遂川江（右江）	27.0	假定
9	林坑	水文	万安县高陂镇	蜀水	86.5	假定
10	白沙	水文	吉水县白沙镇	孤江	88.0	假定
11	永新	水文	永新县禾川镇	禾水	112.5	吴淞
12	上沙兰（二）	水文	吉安县永阳镇	禾水	59.5	吴淞
13	安福	水位	安福县平都镇	泸水	79.0	黄海
14	赛塘（二）	水文	吉安县浬田镇	泸水	65.0	吴淞
15	永丰	水位	永丰县恩江镇	乌江	65.0	黄海
16	新田（二）	水文	吉水县乌江镇	乌江	53.5	吴淞
17	鹤洲	水文	吉安县油田镇	同江	47.5	假定

第二节　洪 水 等 级 划 分

根据国家标准《水文基本术语和符号标准》（GB/T 50095—2014），“重现期大于或等于 50 年的洪水”为特大洪水，“重现期大于或等于 20 年，小于 50 年的洪水”为大洪水，“重现期大于或等于 5 年，小于 20 年的洪水”为中等洪水，“重现期小于 5 年的洪水”为小洪水。

2020 年 6 月，吉安市水文局对各站防汛功能及洪水频率进行了分析，编印了《吉安市各水文（位）站防汛功能梳理》，各站频率见表 4-5-2。

表 4-5-2　各站最高水位及频率水位

序号	站　名	历年最高水位/米	频率水位/米		备　注
			50 年一遇	20 年一遇	
1	栋背	71.43	71.74	71.03	
2	泰和	63.37	63.90	63.21	
3	吉安	54.05	54.20	53.40	频率分析加调查洪水
4	峡江（二）	44.57	45.13	44.28	频率分析加调查洪水
5	新干	39.81	40.07	39.27	
6	坳下坪（二）	72.18	72.82	72.35	
7	仙坑	29.49	29.53	29.33	
8	滁洲	34.32	29.04	28.60	
9	林坑	90.95	90.70	89.77	频率分析加调查洪水
10	白沙	90.44	91.74	90.59	
11	永新	115.21	115.20	114.54	
12	上沙兰（二）	62.58	62.42	61.88	频率分析加调查洪水
13	莲花	97.14	97.91	97.45	
14	赛塘（二）	68.15	68.12	67.45	频率分析加调查洪水
15	彭坊	46.93	46.95	46.37	
16	新田（二）	56.69	56.60	55.97	频率分析加调查洪水
17	鹤洲	49.37	49.55	49.06	

根据《吉安市各水文（位）站防汛功能梳理》，遂川江（右溪）滁洲站 1960 年和 2001 年、泸水赛塘站 1962 年、禾水永新站和上沙兰站 1982 年、乌江新田站 2010 年、蜀水林坑站 2018 年洪水位为超 50 年一遇洪水位，属特大洪水。

第三节　洪　水　年

1915 年（民国 4 年）赣江洪水

1915 年（民国 4 年）7 月上旬，连日大雨，赣江发生特大洪水。

万安县城被淹，县城东城楼、天主堂侧墙倒塌。良口、武术当江石桥倾斜，棉津、通津石桥冲毁，罗塘、百嘉临江之店铺一卷而空。田禾尽被淹没。全县倒塌住宅和淹死人员难以悉数，损失惨重，哀声遍野。

泰和县城被淹，北门城上可以通船。倒塌房屋 4 万多间，冲毁良田 60 多万亩，淹毙牲畜 8000 余头，人员 100 余人。

吉安坊廓、儒林、永福、纯化四乡受灾严重，淹没早中稻田 48 多万亩，损失约 240 万元。

吉水县城高处水进厅楼，低处水漫屋顶，矮屋多被冲塌，李家潭石官寨对面一小村被冲毁，葛山水漫恩本堂（现小学处），水南街及同江、住歧一带沿河村庄被洪水淹没。人畜伤亡甚多，大半农田颗粒无收。

峡江、新干县沿江一带水浸屋顶，非常罕见。

据《江西省洪水调查资料》（第一辑　长江流域第 17 册）记载，本次特大洪水，万安棉津水文站洪峰水位 83.54 米，流量 21000 立方米/秒；吉安水文站洪峰水位 55.10 米，流量 23000 立方米/

秒；峡江水文站洪峰水位 45.29 米，流量 21400 立方米/秒；均为历史最大洪水。新干水位站洪峰水位 40.02 米，流量 18900 立方米/秒，仅次于 1876 年洪水。

1924 年（民国 13 年）赣江洪水

据《吉安水利志》记载，1924 年（民国 13 年），赣江中下游大水。新干以下的洪水超过了 1915 年，为 1876 年以来最大洪水。吉安入夏以来，阴雨弥月。6 月 20 日起，又复大雨倾盆，兼旬不至，溪水河流同时增长。峡江县境水口狭小，尾闾难泄。上游赣江暨泸、禾、富、泷诸江之水，复日丛汇，至 28 日、29 日、30 日，水势涨高数丈，吉安永阳一带水灾严重。遍地皆成泽国。加之风狂雨急，洪涛汹涌，圩堤庐舍，冲塌甚多，生命财产损失无数，人民身在水中，奔避无所，登屋抱树，哀声震天。洪水过新干时，压城内 1915 年水迹。水退后，沙留田地，半成沙洲，禾苗化为乌有，早稻绝收。

1931—1934 年（民国 20—23 年）洪水

《吉安专区解放前历年水旱灾害情况》记载了从“吉安府誌”“庐陵县誌”及“吉安县誌”所记载吉安专区从东晋时期（公元 318 年）至 1937 年（民国 26 年）共一千六百十九年中发生过的水旱自然灾害情况。

据 1963 年 9 月 20 日吉安专区防汛抗旱指挥部印发的《吉安专区解放前历年水旱灾害情况》记载：“公元 1931 年（民国 20 年）全区水灾严重”“公元 1933—1934 年（民国 22—23 年）春大旱，6 月沿江涨水，新干峡江淹地万余亩。”

1960 年遂川江洪水

1960 年 8 月 9—12 日，遂川县普降大暴雨，山洪暴发。七岭、戴家铺、黄坳、堆前、大汾等 5 个公社发生泥石流，导致山上和沿河两岸的很多房屋被冲走。本次山洪，受灾村庄 680 个，受灾人口 5.63 万人，冲倒民房 1491 栋，死亡 409 人，伤 246 人，受灾农田 16.06 万亩，冲毁水库水陂等 3351 座。

据 1960 年《水文年鉴》记载，滁洲水文站“1960 年 8 月 11 日观测设备被洪水全部冲毁，观测中断，观测水位系根据洪痕接测而得，洪峰水位 24.32 米”。1970 年《水文年鉴》记载，滁洲水文站“1960 年 8 月 10 日因山洪暴发，观测中断。1961 年 1 月恢复”。1961 年以后的水位基面高程与 1958 年至 1960 年的数据有所不同，高程相差约 10 米，但《水文年鉴》未记载基面高程差。另据 1979 年 2 月《江西省吉安地区水文手册》记载，滁洲水文站“将原水位加 10 米方与 1961 年基面相同”，故 1960 年最高水位为 34.32 米，为历史最高水位，属超 50 年一遇特大洪水。

1961 年全区洪水

1961 年，4 月、6 月、8 月、9 月均出现警戒水位洪水。赣江各站、蜀水林坑站、禾水上沙兰站全年出现 5 次超警戒水位洪水，遂川江夏溪、乌江新田站、同江鹤洲站全年出现 3 次超警戒水位洪水。

赣江万安棉津站 4 月 21 日洪峰水位 80.05 米，为该站实测历史第二大洪水，超警戒水位 2.55 米，洪峰流量 12800 立方米/秒，警戒水位以上洪水持续时间 55 小时。6 月 4 日洪峰水位 77.48 米，低于警戒水位 0.02 米。6 月 7 日洪峰水位 78.60 米，超警戒水位 1.10 米，洪峰流量 10300 立方米/秒，警戒水位以上洪水持续时间 35 小时。6 月 13 日洪峰水位 79.30 米，超警戒水位 1.80 米，洪峰流量 11500 立方米/秒，警戒水位以上洪水持续时间 41 小时。8 月 28 日洪峰水位 78.84 米，超警戒水位 1.34 米。9 月 16 日洪峰水位 78.24 米，超警戒水位 0.74 米。

赣江万安栋背站 4 月 22 日洪峰水位 70.88 米（已换算成与 1963 年以后的基面高程一致，下同），为该站实测历史第四大洪水，超警戒水位 2.58 米，洪峰流量 13900 立方米/秒，警戒水位以上洪水持续时间 46 小时。6 月 4 日洪峰水位 68.83 米，超警戒水位 0.53 米，洪峰流量 8470 立方米/秒，警戒水位以上洪水持续时间 32 小时。6 月 7 日洪峰水位 69.82 米，超警戒水位 1.52 米，洪峰流量 10800 立方米/秒，警戒水位以上洪水持续时间 48 小时。6 月 13 日洪峰水位 70.49 米，超警戒水位 2.19 米，洪峰流量 12800 立方米/秒，警戒水位以上洪水持续时间 65 小时。8 月 29 日，洪峰水位 69.98 米，超警戒水位 1.68 米，洪峰流量 10300 立方米/秒。9 月 16 日洪峰水位 69.65 米，超警戒水位 1.45 米。

赣江吉安站 4 月 23 日洪峰水位 52.24 米，超警戒水位 1.74 米，洪峰流量 13200 立方米/秒，警戒水位以上洪水持续时间 91 小时。6 月 8 日洪峰水位 50.97 米，超警戒水位 0.47 米，洪峰流量 10600 立方米/秒，警戒水位以上洪水持续时间 34 小时。6 月 13 日洪峰水位 52.90 米，超警戒水位 2.40 米，洪峰流量 14700 立方米/秒，警戒水位以上洪水持续时间 95 小时。8 月 29 日洪峰水位 51.03 米，超警戒水位 0.53 米。9 月 16 日洪峰水位 51.70 米，超警戒水位 1.20 米。

赣江峡江站 4 月 23 日洪峰水位 43.12 米，超警戒水位 1.62 米，洪峰流量 13200 立方米/秒，警戒水位以上洪水持续时间 104 小时。6 月 8 日洪峰水位 41.85 米，超警戒水位 0.35 米，洪峰流量 10600 立方米/秒，警戒水位以上洪水持续时间 30 小时。6 月 14 日洪峰水位 44.08 米，超警戒水位 2.58 米，洪峰流量 16300 立方米/秒，警戒水位以上洪水持续时间 117 小时。8 月 30 日洪峰水位 41.99 米，超警戒水位 0.49 米，洪峰流量 10100 立方米/秒，警戒水位以上洪水持续时间 41 小时。9 月 16 日洪峰水位 42.96 米，超警戒水位 1.46 米，洪峰流量 12800 立方米/秒。

遂川江夏溪站 6 月 12 日洪峰水位 83.42 米，超警戒水位 1.92 米；8 月 27 日洪峰水位 83.17 米，超警戒水位 1.67 米；9 月 11 日 82.82 米，超警戒水位 1.32 米。

蜀水林坑站 4 月 19 日洪峰水位 86.19 米，超警戒水位 0.19 米。6 月 11 日洪峰水位 86.82 米，超警戒水位 0.82 米；6 月 29 日洪峰水位 87.36 米，超警戒水位 1.36 米；8 月 27 日洪峰水位 87.58 米，超警戒水位 1.58 米；9 月 13 日洪峰水位 87.90 米，超警戒水位 1.90 米。

禾水上沙兰站 4 月 20 日洪峰水位 60.94 米，超警戒水位 1.94 米；6 月 2 日洪峰水位 59.88 米，超警戒水位 0.88 米；6 月 11 日洪峰水位 60.86 米，超警戒水位 1.86 米；7 月 30 日洪峰水位 59.02 米，超警戒水位 0.02 米；8 月 28 日洪峰水位 59.63 米，超警戒水位 0.63 米；9 月 14 日洪峰水位 59.94 米，超警戒水位 0.94 米。

泸水赛塘站 4 月 20 日洪峰水位 62.82 米，超警戒水位 0.82 米；6 月 2 日洪峰水位 62.53 米，超警戒水位 0.53 米；6 月 11 日 6 洪峰水位 63.23 米，超警戒水位 1.23 米。

乌江新田站 4 月 20 日洪峰水位 54.21 米，超警戒水位 0.21 米；6 月 12 日洪峰水位 54.71 米，超警戒水位 0.71 米；9 月 15 日洪峰水位 54.12 米，超警戒水位 0.12 米。

同江鹤洲站 4 月 19 日洪峰水位 47.88 米，超警戒水位 1.38 米；6 月 1 日洪峰水位 47.80 米，超警戒水位 1.30 米；6 月 10 日洪峰水位 48.04 米，超警戒水位 1.54 米；9 月 15 日洪峰水位 46.63 米，超警戒水位 0.13 米。

1962 年全区洪水

1962 年 5 月下旬至 6 月下旬，全区先后发生了 3 次大洪水。

第一次洪水出现在 5 月下旬。

赣江峡江站洪峰水位 42.28 米，超警戒水位 0.78 米；禾水上沙兰站洪峰水位 59.24 米，超警戒水位 0.24 米；泸水赛塘站洪峰水位 63.92 米（原断面水位，换算成现断面为 67.12 米），为本站第四大洪水，超警戒水位 1.92 米；乌江新田站洪峰水位 56.29 米（原断面水位，换算成现断面为

56.04米），为本站第四大洪水，超警戒水位2.29米。

第二次洪水出现在6月中旬。

6月17日，赣江万安棉津站洪峰水位78.67米，超警戒水位1.17米，洪峰流量11000立方米/秒，警戒水位以上洪水持续时间69小时；万安栋背站洪峰水位70.42米，超过警戒水位2.12米，洪峰流量12500立方米/秒，警戒水位以上洪水持续时间88小时。6月18日，吉安站洪峰水位53.04米，超警戒水位2.54米，洪峰流量15100立方米/秒，警戒水位以上洪水持续时间122小时。6月19日，峡江站洪峰水位44.42米，为本站第三大洪水，超警戒水位2.92米，洪峰流量17400立方米/秒，警戒水位以上洪水持续时间146小时；新干站洪峰水位39.11米，超警戒水位1.61米，警戒水位以上洪水持续时间106小时。

遂川江夏溪站6月17日洪峰水位82.37米，超过警戒水位0.87米，警戒水位以上洪水持续时间48小时。

蜀水林坑站6月17日洪峰水位86.00米，与警戒水位持平。

禾水上沙兰站6月19日洪峰水位59.46米，超警戒水位0.46米，洪峰流量1530立方米/秒，警戒水位以上洪水持续时间46小时。

泸水赛塘站6月19日洪峰水位63.68米，超警戒水位1.68米，洪峰流量1980立方米/秒，警戒水位以上洪水持续时间43小时。

乌江新田站6月18日洪峰水位54.66米，超警戒水位0.66米，洪峰流量1720立方米/秒，警戒水位以上洪水持续时间24小时。

同江鹤洲站6月18日洪峰水位49.37米，为本站历史最大洪水，超警戒水位2.87米，洪峰流量404立方米/秒，警戒水位以上洪水持续时间109小时。

第三次洪水出现在6月下旬。

6月30日，赣江万安棉津站洪峰水位79.62米，为该站历史第四大洪水，超警戒水位2.12米，洪峰流量12900立方米/秒，警戒水位以上洪水持续时间154小时；万安栋背站洪峰水位70.65米，超过警戒水位2.35米，洪峰流量13200立方米/秒，警戒水位以上洪水持续时间72小时；吉安站洪峰水位54.05米，为本站历史最大洪水，超警戒水位3.55米，洪峰流量19600立方米/秒，警戒水位以上洪水持续时间176小时；峡江站洪峰水位44.93米（原断面水位，换算成现断面为44.57米），为该站历史最大洪水，超警戒水位3.43米，洪峰流量19100立方米/秒，警戒水位以上洪水持续时间192小时；新干站洪峰水位39.28米，为本站第五大洪水，超警戒水位1.78米，警戒水位以上洪水持续时间168小时。

蜀水林坑站6月28日洪峰水位87.60米，超警戒水位1.60米，洪峰流量923立方米/秒。

禾水上沙兰站6月28日洪峰水位61.81米，为本站历史第四大洪水，超警戒水位2.81米，洪峰流量3300立方米/秒，警戒水位以上洪水持续时间49小时。

泸水赛塘站6月28日洪峰水位64.95米（原断面水位，换算成现断面为68.15米），为本站历史最大洪水，超警戒水位2.95米，洪峰流量2660立方米/秒（据《江西省洪水调查资料》记载，《水文年鉴》刊印赛塘站1962年最大流量2660立方米/秒，未考虑漫滩部分，调查流量为3150立方米/秒），警戒水位以上洪水持续时间40小时。经频率计算，泸水赛塘站6月28日洪水属超50年一遇特大洪水。

乌江新田站6月28日洪峰水位55.24米（原断面水位，换算成现断面为56.04米），超警戒水位1.24米，洪峰流量1720立方米/秒，警戒水位以上洪水持续时间36小时。

1964年全区洪水

1964年6月中下旬，吉安地区连降暴雨。

赣江万安棉津站6月17日3时出现第一个洪峰水位80.78米，为本站历史最大洪水，超警戒水位3.28米，洪峰流量15200立方米/秒，警戒水位以上洪水持续时间89小时。21日23时出现第二个超警戒水位的洪峰水位77.82米，超警戒水位0.32米，警戒水位以上洪水持续时间15小时。23日14时又出现第三个超警戒水位的洪峰水位78.01米，超警戒水位0.51米，警戒水位以上洪水持续时间69小时。

赣江万安栋背站6月17日9时出现第一个洪峰水位71.43米，为该站历年最高洪水位，超警戒水位3.13米，洪峰流量15300立方米/秒，警戒水位以上洪水持续时间99小时。23日15时出现第二个超警戒水位的洪峰水位69.66米，超警戒水位1.36米，警戒水位以上洪水持续时间94小时。

赣江泰和站6月17日洪峰水位63.95米，超警戒水位2.95米，为本站历年最高洪水位。

赣江吉安站6月18日10时出现第一个洪峰水位52.41米，超警戒水位1.91米。洪峰过后，水位一直持续在警戒水位以上。6月20日6时出现第二个洪峰水位52.73米，超警戒水位2.23米；6月23日14时又出现第三个洪峰水位52.74米，超警戒水位2.24米；整个洪水过程，警戒水位以上洪水持续时间226小时。

赣江峡江站6月20日17时出现第一个洪峰水位44.16米，超警戒水位2.66米。洪峰过后，水位一直持续在警戒水位以上。6月24日5时出现第二个洪峰水位43.80米，超警戒水位2.30米；整个洪水过程，警戒水位以上洪水持续时间233小时。

赣江新干站6月20日20时出现第一个洪峰水位39.04米，超警戒水位1.54米。洪峰过后，水位一直持续在警戒水位以上。6月24日12时出现第二个洪峰水位38.60米，超警戒水位1.10米；整个洪水过程，警戒水位以上洪水持续时间195小时。

蜀水林坑站6月19日15时洪峰水位87.11米，超警戒水位1.11米，警戒水位以上洪水持续时间14小时。

禾水上沙兰站6月20日0时洪峰水位60.33米，超警戒水位1.33米，警戒水位以上洪水持续时间28小时。6月23日7时又出现第二个超警戒水位的洪峰水位60.47米，超警戒水位1.47米，警戒水位以上洪水持续时间61小时。

乌江新田站6月20日9时洪峰水位55.28米，超警戒水位1.28米，警戒水位以上洪水持续时间36小时。

1968年赣江洪水

1968年6月，全区先后出现了两次洪水。

第一次洪水出现在6月上旬。

全区暴雨主要集中在6月15—17日，全区平均1日和连续3日、5日最大雨量分别为61毫米、107毫米和178毫米。1日雨量大于100毫米的有洋溪、夏溪等11站，最大为洋溪的144毫米。连续3日雨量大于200毫米的有滁洲等4站。由于赣江中上游普遍出现暴雨，致使江河水位急剧上涨。万安棉津站6月20日洪峰水位79.26米，超警戒水位1.76米，洪峰流量11800立方米/秒，警戒水位以上洪水持续时间58小时。万安栋背站水位70.32米，超警戒水位2.02米，洪峰流量12100立方米/秒，警戒水位以上洪水持续时间98小时。吉安站水位52.51米，超警戒水位2.01米，洪峰流量13500立方米/秒，警戒水位以上洪水持续时间98小时。峡江站水位43.60米，超警戒水位2.10米，洪峰流量15000立方米/秒。警戒水位以上洪水持续时间116小时。

第二次洪水出现在6月下旬。

全区平均最大1日、3日、5日雨量分别为44毫米、97毫米、124毫米。日雨量大于100毫米有沙溪、白沙站，3日雨量大于200毫米有沙溪站，为213毫米。本次洪水全区雨量并不很大，但因经过前次洪水，各河底水高，同时赣江上游洪水猛烈下泄，并与各支流洪峰同时在赣江遭遇，所以赣江仍显峰高量大。万安棉津站洪峰水位 79.75 米，为本站历史第三大洪水，超警戒水位 2.25 米，洪峰流量 12800 立方米/秒，警戒水位以上洪水持续时间 116 小时。万安栋背站洪峰水位 70.96 米，为该站历史第三大洪水，超警戒水位 2.66 米，洪峰流量 13900 立方米/秒，警戒水位以上洪水持续时间 136 小时。吉安站洪峰水位 53.84 米，为该站历史第二大洪水，超警戒水位 3.34 米，洪峰流量 18600 立方米/秒，警戒水位以上洪水持续时间 152 小时。峡江站洪峰水位 44.91 米（原断面水位，换算成现断面为 44.55 米），为该站历史第二大洪水，超过警戒水位 3.41 米，洪峰流量 19700 立方米/秒，警戒水位以上洪水持续时间 172 小时。新干站洪峰水位 39.81 米，超警戒水位 2.31 米，为建站以来最大洪水。

其他各主要支流站洪峰水位超警戒水位为 0.5～1.6 米。

1976 年禾水洪水

1976 年 7 月 9 日，永新、宁冈一带普降暴雨，原宁冈县降水量达 310 毫米，山洪暴发。禾水永新水文站洪峰水位 114.76 米，为建站以来第二大洪水，超警戒水位 2.76 米，洪峰流量 2910 立方米/秒，警戒水位以上洪水持续时间 31 小时。7 月 10 日，禾水上沙兰水文站洪峰水位 61.85 米，超警戒水位 2.85 米，为建站以来第三大洪水，洪峰流量 3370 立方米/秒，警戒水位以上洪水持续时间 51 小时。

1982 年全区洪水

1982 年 6 月中旬，全区出现强降水过程，东部暴雨中心位于永丰至抚州的乐安一带，次降水量在 450 毫米以上，最大为乐安的寨头达 533 毫米。西部暴雨中心位于吉安地区井冈山、永新、莲花三县交界处一带，次降水量在 500 毫米以上，其中莲花的介化垄和永新的沙市分别达 640 毫米和 639 毫米。

6 月 19 日，赣江吉安站洪峰水位 52.66 米，超警戒水位 2.16 米，洪峰流量 14500 立方米/秒；峡江站洪峰水位 43.96 米，超警戒水位 2.46 米，洪峰流量 16500 立方米/秒；新干站洪峰水位 39.60 米，为本站历史第二大洪水，超警戒水位 2.10 米。

蜀水林坑站 6 月 17 日洪峰水位 86.85 米，超警戒水位 0.85 米，洪峰流量 636 立方米/秒。

禾水永新站 6 月 17 日洪峰水位 115.21 米，为本站历史最大洪水，超警戒水位 2.71 米；禾水上沙兰站 6 月 18 日洪峰水位 62.58 米，为本站历史最大洪水，超警戒水位 3.08 米，洪峰流量达 4400 立方米/秒，警戒水位以上洪水持续时间 156 小时。经频率计算，本次洪水，禾水永新站、上沙兰站均属超 50 年一遇特大洪水。

泸水赛塘站 6 月 19 日洪峰水位 64.21 米（原断面水位，换算现断面水位为 67.41 米），为本站历史第三大洪水，超警戒水位 2.21 米，洪峰流量 3040 立方米/秒，警戒水位以上洪水持续时间 124 小时。

乌江新田站 6 月 17 日洪峰水位 56.44 米（原断面水位，换算断面水位为 56.19 米），为本站历史第二大洪水，超警戒水位 2.44 米，洪峰流量 3280 立方米/秒，警戒水位以上洪水持续时间 102 小时。

消河彭坊站 6 月 18 日洪峰水位 46.78 米，为本站第二大洪水，洪峰流量 478 立方米/秒，为本站历史最大流量。

1991 年遂川江洪水

1991 年 9 月 4—8 日，吉安地区西南部出现暴雨，局部特大暴雨，次降水量均在 150 毫米以上，位于暴雨中心的遂川县高坪站日降水量达 278 毫米，连续两日降水量达 400 毫米，连续三日降水量

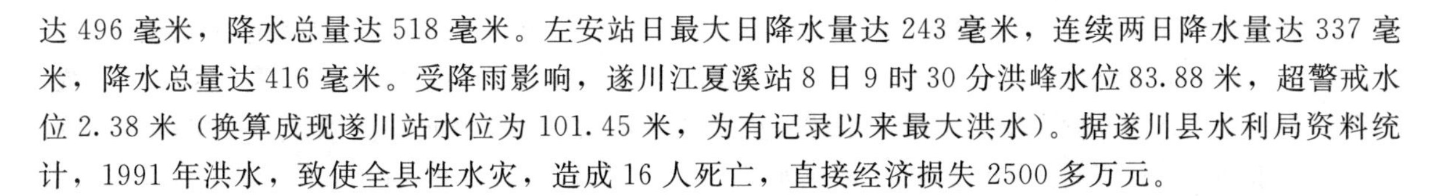

达 496 毫米，降水总量达 518 毫米。左安站日最大日降水量达 243 毫米，连续两日降水量达 337 毫米，降水总量达 416 毫米。受降雨影响，遂川江夏溪站 8 日 9 时 30 分洪峰水位 83.88 米，超警戒水位 2.38 米（换算成现遂川站水位为 101.45 米，为有记录以来最大洪水）。据遂川县水利局资料统计，1991 年洪水，致使全县性水灾，造成 16 人死亡，直接经济损失 2500 多万元。

1994 年全区洪水

1994 年 6 月中旬，因受中层切变线和地面静止峰的共同影响。吉安地区出现了一次全区性暴雨洪水过程。北部地区出现大暴雨，13 日峡江县城日雨量多达 186 毫米，吉安县鹤洲站也达 178 毫米。6 月 12—17 日，全区平均降水量 235 毫米，以新干、峡江两县大部，安福、吉安两县北部降水最集中，总量均在 300 毫米以上，最多的峡江县城 418 毫米，其次是新干县城的 397 毫米。

受持续暴雨影响，赣江及各主要支流控制站的水位先后全部超过警戒水位。

赣江栋背站洪峰水位 70.11 米，超警戒水位 1.81 米，洪峰流量 11700 立方米/秒；泰和站洪峰水位 62.84 米，为本站第五大洪水位，超警戒水位 2.34 米；吉安站洪峰水位 53.32 米，为本站第三大洪水位，超警戒水位 2.82 米，洪峰流量 17300 立方米/秒；峡江站洪峰水位 44.04 米，为本站第四大洪水位，超警戒水位 2.54 米，洪峰流量 17900 立方米/秒；新干站洪峰水位 39.50 米，为本站第三大洪水位，超警戒水位 2.00 米。警戒水位以上洪水持续时间泰和站 210 小时、栋背站 191 小时、吉安站 191 小时、峡江站 232 小时、新干站 122 小时。

禾水永新站洪峰水位 113.27 米、超警戒水位 1.27 米；上沙兰站洪峰水位 61.14 米、超警戒水位 2.14 米，洪峰流量 2810 立方米/秒。警戒水位以上洪水持续时间永新站 57 小时、上沙兰站 99 小时。

泸水赛塘站洪峰水位 63.59 米（原断面水位，换算现断面为 66.79 米）、超警戒水位 1.59 米，洪峰流量 2440 立方米/秒，警戒水位以上洪水持续时间 78 小时。

乌江新田站洪峰水位 55.22 米（原断面水位，换算现断面为 54.97 米）、超警戒水位 1.22 米，洪峰流量 2030 立方米/秒，警戒水位以上洪水持续时间 54 小时。

同江鹤洲站洪峰水位 49.34 米，为本站第二大洪水位，超警戒水位 2.84 米，洪峰流量 703 立方米/秒，警戒水位以上洪水持续时间 35 小时。

2001 年遂川江（右溪）特大洪水

2001 年 7 月，受台风“尤特”影响，遂川江（右溪）滁洲站上游流域各雨量站 7 月 5—7 日平均降水 254.5 毫米，降水主要集中在 7 月 6 日。7 月 6 日，滁洲站上游流域各雨量站均出现大暴雨，其中小夏、营盘墟、上洞、洋淋等站出现特大暴雨，以上洞站日雨量 305.0 毫米为最多。受其影响，滁洲站 7 月 7 日 0 时 06 分出现洪峰水位 29.06 米，洪峰流量 740 立方米/秒，水位涨幅 4.42 米，实测最大流速 5.09 米/秒，超警戒水位 2.06 米，警戒水位以上持续时间 17 小时。经分析计算，滁洲站 7 月 7 日洪峰水位为 1960 年以来的最大洪水，属超 50 年一遇的特大洪水。

2002 年全市洪水

6 月中下旬，全市普降大暴雨，部分地区特大暴雨。赣江及五大支流水位全部超警戒水位，其中孤江、蜀水发生了超历史洪水（蜀水林坑站 2018 年的水位再次超过了 2002 年）。

赣江栋背站 6 月 19 日洪峰水位 69.68 米，超警戒水位 1.38 米，洪峰流量 10000 立方米/秒；泰和站 6 月 19 日洪峰水位 62.17 米，超警戒水位 1.67 米；吉安站 6 月 17 日洪峰水位 52.32 米，超警戒水位 1.82 米，洪峰流量 13900 立方米/秒；峡江站 6 月 18 日洪峰水位 43.13 米，超警戒水位 1.63 米，洪峰流量 14800 立方米/秒；新干站 6 月 18 日洪峰水位 38.32 米，超警戒水位 0.82 米。

7月1日，遂川江（右溪）滁洲站洪峰水位28.61米，超警戒水位1.61米；遂川站洪峰水位99.51米，超警戒水位0.51米。9月12日晚，以遂川堆子前为中心，草林、西溪、大坑、上坑、堆子前等乡镇出现大暴雨、特大暴雨，山体发生犹如剥皮般的山体滑坡。导致山边房屋基本倒塌。据遂川县水利局统计资料显示，2002年的洪水造成36人死亡，南、北澳陂引水干渠主线漫堤，县城段缺口10多处，直接经济损失高达3.10亿元。

蜀水林坑站6月16日洪峰水位89.32米，为本站第二大洪水，超警戒水位3.32米，超1977年最高水位0.43米，洪峰流量1360立方米/秒。水位最大涨率0.33米/小时，水位涨幅7.23米，实测最大流速3.99米/秒。

孤江白沙站6月16日洪峰水位90.44米，为本站最高洪水位，超警戒水位2.44米，洪峰流量2720立方米/秒。水位最大涨率0.50米/小时，水位涨幅5.68米，实测最大流速3.09米/秒。

禾水上游（文汇江）千坊站6月26日洪峰水位122.58米，超警戒水位1.58米；禾水永新站6月30日洪峰水位114.13米，超警戒水位2.13米；上沙兰站7月1日洪峰水位61.60米，超警戒水位2.60米，洪峰流量3040立方米/秒。

乌江新田站6月17日洪峰水位56.12米，超警戒水位2.12米，洪峰流量3050立方米/秒，水位涨幅6.6米。

10月底，赣江出现历史上罕见的秋汛。10月30日，蜀水林坑站洪峰水位86.80米，超警戒水位0.80米，洪峰流量598立方米/秒。赣江受上游来水及万安水库调洪影响，10月31日，栋背站洪峰水位70.99米，为本站历史第二大洪水位，超警戒水位2.69米，洪峰流量13200立方米/秒；泰和站洪峰水位63.37米，为本站第二大高洪水位，超警戒水位2.87米。11月1日，吉安站洪峰水位52.16米，超警戒水位1.66米，洪峰流量13500立方米/秒；峡江站洪峰水位42.74米，超警戒水位1.24米，洪峰流量13700立方米/秒；11月2日，新干站洪峰水位37.86米，超警戒水位0.36米。上沙兰、赛塘、新田等站也有不同程度的洪水，但均未超警戒水位。

2010年全市洪水

2010年6月中下旬，吉安市发生了大范围持续暴雨洪水过程，6月17—25日，全市平均降水量达312毫米，比正常年6月的总降水量还多33%，处于暴雨中心的永丰、吉水、青原、安福、永新、井冈山等6个县（市、区）有28个乡（镇）的降水量超过400毫米，最大为永丰县城达491毫米，相当于该站正常年6月总降水量的1.9倍。受其影响，各主要河流先后多次出现超警戒水位以上大洪水。

赣江栋背站6月18日19时30分、21日0时、23日18时和26日18时洪峰水位分别超警戒水位0.45米、0.37米、0.69米和0.55米；泰和站6月19日4时、21日2时、24日3时和27日4时洪峰水位分别超警戒水位0.84米、0.80米、1.11米和0.50米；吉安站6月19日20时、21日11时和24日22时洪峰水位分别超警戒水位1.73米、2.64米和2.05米，其中21日11时洪峰水位达53.14米，洪峰流量16200立方米/秒，为建站以来第五大洪水；吉水站6月21日15时洪峰水位51.28米，超警戒水位4.28米，仅比历史最高水位（1962年6月29日水位51.52米）低0.24米；峡江站6月21日22时和25日14时洪峰水位分别超警戒水位2.55米和2.09米，其中21日22时的洪峰水位达44.05米，相应洪峰流量17200立方米/秒，为建站以来第三大洪水；新干水位站6月21日23时和25日17时洪峰水位分别超警戒水位1.80米和1.36米。其中21日23时的洪峰水位达39.30米，为建站以来第四大洪水。

蜀水林坑站6月18日19时、19日11时、20日19时、23日6时和23日23时洪峰水位分别超警戒水位2.07米、0.49米、1.18米、0.18米和0.75米。

禾水永新站6月20日17时和25日6时洪峰水位分别超警戒水位1.03米和0.42米；上沙兰站

6 月 19 日 10 时 30 分、21 日 8 时、24 日 7 时和 25 日 15 时洪峰水位分别超警戒水位 0.12 米、1.50 米、0.83 米和 0.95 米。

泸水赛塘站 6 月 19 日 7 时 30 分、20 日 23 时和 25 日 7 时洪峰水位分别超警戒水位 1.02 米、0.44 米和 1.79 米。

乌江新田站 6 月 19 日 12 时和 21 日 11 时洪峰水位分别超警戒水位 0.36 米和 3.19 米，其中 21 日洪峰水位 56.69 米，为 1953 年建站以来最大洪水，比 1982 年洪水还高 0.50 米。经频率计算，6 月 21 日洪水属超 50 年一遇特大洪水。

同江鹤洲站 6 月 19 日 3 时、20 日 15 时和 24 日 21 时洪峰水位分别超警戒水位 0.37 米、0.57 米和 2.11 米。

2014 年仙溪水小流域大洪水

2014 年 5 月 30 日遂川仙溪水流域发生大暴雨，19—20 时，流域内下垅雨量站 1 小时降水量 93.5 毫米、龙脑雨量站 1 小时降水量 96.5 毫米，流域内 1 小时平均降水量 66.1 毫米。下游仙坑水文站（流域面积 18.1 平方千米）30 日 20 时 45 分洪峰水位 29.49 米，为本站历史最大洪水，洪峰流量 62.8 立方米/秒，最大流速 3.50 米/秒。

2018 年蜀水特大洪水

受西风槽和第 4 号台风“艾云尼”外围环流共同影响，6 月 7 日，遂川、井冈山出现强降水，暴雨中心位于遂川县的五斗江、大坑、新江、衙前等四乡（镇），平均降水量分别为 284 毫米、234 毫米、229 毫米、200 毫米。短历时最大降水集中在五斗江乡境内，以庄坑站雨量为最大，6 小时雨量 120 毫米，12 小时雨量 193 毫米，24 小时雨量 227 毫米。受其影响，蜀水林坑站水位猛涨，18 小时水位涨幅达 6.91 米。6 月 8 日 7 时 30 分，蜀水林坑站洪峰水位 90.95 米，为本站设站以来的最大洪水，超警戒水位 4.45 米，超本站记录洪水位 1.63 米（历史实测最高水位 89.32 米，2002 年 6 月 16 日），仅次于 1884 年的调查洪水 91.23 米，是 1884 年以来的一次特大洪水，洪峰流量 1930 立方米/秒，经频率计算，6 月 8 日洪水属超 50 年一遇特大洪水。受后期持续降水影响，9 日 7 时林坑站水位复涨，16 时 15 分洪峰水位 87.48 米，超警戒水位 0.98 米，洪峰流量 772 立方米每秒，涨幅 1.05 米。

蜀水支流大旺水新江站（中小河流水文站）6 月 7 日洪峰水位 178.14 米，比设站时调查历年最高水位 175.10 米高出 3.04 米。

据遂川县水利局资料统计，此次暴雨灾害过程共导致全县 11.57 万人受灾，倒塌房屋 1485 间，农作物受灾面积 8.82 万亩，造成直接经济损失 3.27 亿元，无人员死亡。

2019 年全市洪水

2019 年，全市出现 3 次洪水过程。全市平均年径流量 347.3 亿立方米，为吉安市历年最大年径流量。

第一次洪水出现在 6 月上旬。

受高空槽、低层切变线、西南急流共同影响，6 日 13 时至 10 日 8 时，全市出现暴雨过程，局部大暴雨。大暴雨中心主要集中在中西部的安福县、永新县、吉安县、吉州区、青原区至吉水县、永丰县一带。此间全市平均降水量 216 毫米，是多年同期均值（25.2 毫米）的 7.6 倍。降水最多的是吉州区 406 毫米，是多年均值（23.5 毫米）的 16.3 倍。受强降水影响，除遂川江外，赣江及其他主要支流控制站水位均超警戒水位。

6 月 9 日，蜀水林坑站洪峰水位 87.54 米，超过警戒水位 1.04 米；孤江白沙站洪峰水位 89.97 米，超警戒水位 1.97 米，为 2003 年以来最大洪水，历史排位第二；禾水永新站洪峰水位 113.55 米，超警戒水位 1.05 米；同江鹤洲站洪峰水位 48.05 米，超警戒水位 0.55 米；洲湖水彭坊站洪峰水位 46.93 米，为历史最高水位，超历史水位记录 0.15 米（1982 年 6 月 18 日 46.78 米）。

6 月 10 日，赣江吉安站洪峰水位 53.21 米，超警戒水位 2.71 米，为 1995 年以来最大洪水，历史排位第四；吉水站洪峰水位 50.49 米，超警戒水位 2.49 米；峡江站洪峰水位 43.55 米，超警戒水位 2.05 米；新干站洪峰水位 37.84 米，超警戒水位 0.34 米。乌江新田站洪峰水位 55.94 米，超警戒水位 2.44 米，为 2011 年以来最大洪水，历史排位第五。泸水赛塘站洪峰水位 67.45 米，超警戒水位 2.45 米，为 1963 年以来最大洪水，历史排位第二。禾水上沙兰站洪峰水位 61.50 米，超警戒水位 2.0 米。

各中小河流水文、水位站均有不同程度的洪水，其中藤田水冠山水文站洪水涨幅达 5.68 米。

第二次洪水出现在 7 月上旬。

受 7 月强降水影响，全市各主要支流（除遂川江、孤江外）控制站水位均超警戒水位。其中，赣江栋背、吉安、吉水、峡江站各发生 1 次超警戒水位洪水，禾水永新、上沙兰站出现 3 次超警戒水位洪水过程，泸水赛塘站、乌江新田站、同江鹤洲站出现 2 次超警戒水位洪水过程，蜀水林坑站出现 1 次超警戒水位洪水过程。

乌江新田站 8 日 10 时 5 分洪峰水位 54.41 米，超警戒水位 0.91 米，随后退水至警戒水位以下复涨，10 日 6 时洪峰水位 54.49 米，超警戒水位 0.99 米。

同江鹤洲站 8 日 1 时 10 分洪峰水位 48.74 米，超警戒水位 1.24 米，水位略有下降后重新上涨，9 日 14 时洪峰水位 48.69 米，超警戒水位 1.19 米。

禾水永新站 8 日 2 时洪峰水位 113.48 米，超警戒水位 0.98 米，随后在 9 日 3 时 5 分、9 日 23 时 20 分出现两次复涨，洪峰水位分别为 113.0 米、113.11 米，超警戒水位 0.5 米、0.61 米。

禾水上沙兰站 8 日 18 时 5 分洪峰水位 60.8 米，超警戒水位 1.3 米，水位稍退后于 10 日 7 时复涨至洪峰水位 61.6 米，超警戒水位 2.1 米。

泸水赛塘站 8 日 5 时 50 分洪峰水位 65.3 米，超警戒水位 0.3 米，随后水位降至警戒水位以下后重新上涨，10 日 3 时洪峰水位 67.15 米，超警戒水位 2.15 米。

9 日，蜀水林坑站洪峰水位 87.67 米，超警戒水位 1.17 米；泸水安福站洪峰水位 79.95 米，超警戒水位 0.95 米。

10 日，赣江吉安站洪峰水位 52.3 米，超警戒水位 1.8 米；吉水站洪峰水位 49.44 米，超警戒水位 1.44 米；峡江站 10 日 20 时洪峰水位 42.9 米，超警戒水位 1.4 米。

暴雨区内中小河流水位涨幅最高为吉安县小灌站，达 6.7 米。

第三次洪水出现在 7 月中旬。

12—14 日，受降水及上游来水共同影响，赣江栋背站 15 日 21 时 55 分，洪峰水位 68.71 米，超警戒水位 0.41 米；禾水上沙兰站在经历前一次超警过程后，退水至警戒水位以下出现第三次复涨，14 日 6 时 40 分洪峰水位 59.61 米，超警戒水位 0.11 米。暴雨区内中小河流水位涨幅最高为永新县高桥楼站，达 3.93 米。

第四节　枯水年、干旱年

根据国家标准《基本术语和符号标准》（GB/T 50095—2014），枯水年是指“年降水量或年河川径流量显著小于正常值的年份”；干旱是指“由于降水稀少等自然因素以及人为原因，对农业、工业、畜牧业、生活及环境等正常用水造成缺水以致受害的现象”。

1934 年（民国 23 年）全区大旱

1934 年（民国 23 年）6 月 16 日后，百日少雨；7—9 月，吉安降水仅 165 毫米，为历年最少。

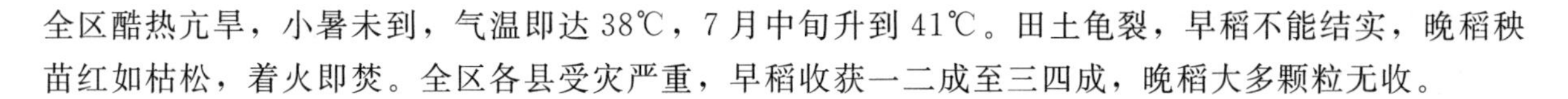

全区酷热亢旱，小暑未到，气温即达38℃，7月中旬升到41℃。田土龟裂，早稻不能结实，晚稻秧苗红如枯松，着火即焚。全区各县受灾严重，早稻收获一二成至三四成，晚稻大多颗粒无收。

1963年全区大旱

1963年全区平均年降水量1037.3毫米，比多年平均降水量1570.8毫米偏少34.0%，为吉安历年最小年降水量之首，而万安、永新、吉安、峡江等县降水更少，均为860～900毫米，即比正常年偏少38%～43%。4—6月全区平均降水量只有361毫米，比正常年同期少308毫米，偏少46%，为吉安历年夏季最小降水量之首；7—9月全区平均降水量218毫米，比正常年同期少144毫米，偏少40%，为吉安历年秋季最小降水量第二位，仅比历史最少的1998年同期多17毫米。

由于降水量严重偏少，江河水位严重偏低，年径流量比正常年偏少。全区年径流量66.61亿立方米，为吉安市历年最小年径流量，比多年平均径流量214.4亿立方米偏少68.9%。

赣江万安棉津站年最高水位72.95米，比警戒水位低4.55米；年径流量103.8亿立方米，比多年平均年径流量偏少65.0%。

赣江万安栋背站年最高水位65.21米，比警戒水位低3.09米；年径流量117.3亿立方米，比多年平均年径流量偏少64.7%。

赣江吉安站年最高水位45.97米，比警戒水位低4.53米。

赣江峡江站年最高水位37.24米，比警戒水位低4.26米；年径流量166.2亿立方米，比多年平均年径流量偏少67.8%。

蜀水林坑站年最高水位84.82米，比警戒水位低1.18米；年径流量2.954亿立方米，比多年平均年径流量偏少66.9%。

禾水上沙兰站年最高水位57.76米，比警戒水位低1.24米；年径流量13.71亿立方米，比多年平均年径流量偏少69.7%。

泸水赛塘站年最高水位60.58米，比警戒水位低1.42米；年径流量8.544亿立方米，比多年平均年径流量偏少67.1%。

乌江新田站年最高水位51.31米，比警戒水位低2.69米；年径流量9.474亿立方米，比多年平均年径流量偏少70.9%。

同江鹤洲站年最高水位45.85米，比警戒水位低0.65米。9月12日，鹤洲站出现历史最枯水位44.13米。

1971年全区大旱

1971年全区平均年降水量1088.3毫米，比多年平均降水量1570.8毫米偏少30.7%，排全区历年最小年降水量第三位（与2003年全市平均年降水量1088.1毫米持平）。全区年径流量121.4亿立方米，比多年平均径流量214.4亿立方米偏少43.4%。受降水偏少影响，赣江及主要支流年最高水位均在警戒水位以下。

赣江万安棉津站年最高水位73.33米，比警戒水位低4.17米；年径流量161.4亿立方米，比多年平均年径流量偏少45.5%。

赣江万安栋背站年最高水位65.58米，比警戒水位低2.72米；年径流量182.0亿立方米，比多年平均年径流量偏少45.2%。

赣江吉安站年最高水位46.93米，比警戒水位低3.57米；年径流量258.7亿立方米，比多年平均年径流量偏少44.9%。

赣江峡江站年最高水位38.33米，比警戒水位低3.17米；年径流量277.2亿立方米，比多年平均年径流量偏少46.4%。

蜀水林坑站年最高水位 85.69 米，比警戒水位低 0.31 米；年径流量 6.151 亿立方米，比多年平均年径流量偏少 31.1%。

禾水上沙兰站年最高水位 58.53 米，比警戒水位低 0.47 米；年径流量 27.24 亿立方米，比多年平均年径流量偏少 39.9%。

泸水赛塘站年最高水位 60.24 米，比警戒水位低 1.76 米；年径流量 16.64 亿立方米，比多年平均年径流量偏少 36.0%。

乌江新田站年最高水位 52.03 米，比警戒水位低 1.97 米；年径流量 15.84 亿立方米，比多年平均年径流量偏少 51.4%。

1974 年全区干旱

1974 年全区平均年降水量 1375.7 毫米，比多年平均降水量 1570.8 毫米偏少 12.4%。全区年径流量 144.0 亿立方米，比多年平均径流量 214.4 亿立方米偏少 32.8%。受降水偏少影响，赣江及主要支流年最高水位均在警戒水位以下。

赣江万安棉津站年最高水位 75.96 米，比警戒水位低 1.54 米；年径流量 243.2 亿立方米，比多年平均年径流量偏少 17.9%。

赣江万安栋背站年最高水位 67.81 米，比警戒水位低 0.49 米；年径流量 267.9 亿立方米，比多年平均年径流量偏少 19.4%。

赣江吉安站年最高水位 49.19 米，比警戒水位低 1.31 米；年径流量 355.0 亿立方米，比多年平均年径流量偏少 24.2%。

赣江峡江站年最高水位 40.31 米，比警戒水位低 1.19 米；年径流量 377.5 亿立方米，比多年平均年径流量偏少 27.0%。

蜀水林坑站年最高水位 86.16 米，比警戒水位高 0.16 米；年径流量 6.762 亿立方米，比多年平均年径流量偏少 24.2%。

禾水上沙兰站年最高水位 58.53 米，比警戒水位低 0.47 米；年径流量 28.51 亿立方米，比多年平均年径流量偏少 37.0%。

泸水赛塘站年最高水位 61.43 米，比警戒水位低 0.57 米；年径流量 15.13 亿立方米，比多年平均年径流量偏少 41.8%。

乌江新田站年最高水位 52.10 米，比警戒水位低 1.90 米；年径流量 19.58 亿立方米，比多年平均年径流量偏少 39.9%。

1978 年全区大旱

1978 年全区年平均降水量为 1178.2 毫米，比正常年少 392.6 毫米，偏少 25.0%，仅比历史最少年降水量的 1963 年多 140.9 毫米，其中泰和、安福、莲花、吉水、新干等县比正常年少 430～660 毫米不等，即偏少 30%～43%不等。4—6 月全区平均降水量 533 毫米，比正常年同期降水量偏少 20%，其中安福、吉水、永丰、峡江、新干等县比正常年少 216～334 毫米，即偏少 30%～45%不等；7—9 月全区平均降水量 223 毫米，比正常年同期降水少 139 毫米，偏少 78%，比历史最少的 1956 年只多 38 毫米，比大旱的 1963 年只多 5 毫米，其中万安、泰和、安福、吉安、吉水、新干等县比正常年同期少 123～189 毫米不等，即偏少 42%～66%。

受降水偏少影响，大部分河流水位偏枯，除泰和以上南部地区年最高水位略高于警戒水位外，其他河流年最高水位均低于警戒水位。全区年径流量 121.2 亿立方米，比多年平均径流量 214.4 亿立方米偏少 43.5%。

赣江万安棉津站年最高水位 77.24 米，比警戒水位低 0.26 米；吉安站年最高水位 49.71 米，

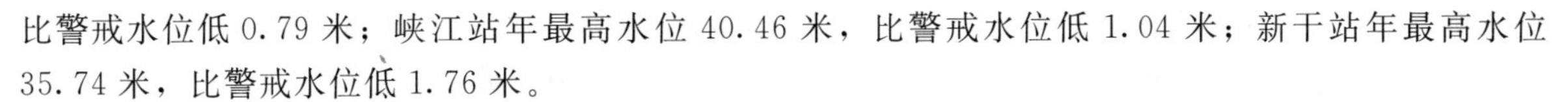

比警戒水位低 0.79 米；峡江站年最高水位 40.46 米，比警戒水位低 1.04 米；新干站年最高水位 35.74 米，比警戒水位低 1.76 米。

禾水永新站年最高水位 111.44 米，比警戒水位低 0.56 米；上沙兰站年最高水位 59.02 米，比警戒水位高 0.02 米。

泸水赛塘站年最高水位 60.24 米，比警戒水位低 1.76 米。

乌江新田站年最高水位 52.55 米，比警戒水位低 1.45 米。

1986 年全区大旱

1986 年全区平均年降水量 1180.6 毫米，比多年平均降水量 1570.8 毫米偏少 24.8%。全年先后出现了两次严重干旱期。

第一次发生在 4 月下旬至 5 月底，4 月下旬全区平均降水量不到 50 毫米，其中万安、泰和、遂川、井冈山等县不足 20 毫米。紧接着 5 月出现了全区性历史罕见的少雨，该月全区平均降水量仅有 87 毫米，为正常年同期降水的三分之一，比历史上大旱的 1963 年同期降水还少 60 毫米，偏少 41%，其中安福、永丰、新干、吉安、吉州等县（区）降水比大旱的 1963 年同期还少 110～150 毫米不等，即偏少 60%～80%。

第二次发生在 7 月中旬至 9 月底，连续 82 天全区平均降水量只有 165 毫米，比正常年同期少 148 毫米，偏少 47%，比大旱的 1963 年同期降水还偏少 18%，其中莲花、永新、安福、吉安、吉水、新干等县比正常年同期降水偏少 5～6 成，比大旱的 1963 年偏少 4～5 成。

1986 年全区各站年最高水位均未达到警戒水位，全区年径流量 133.3 亿立方米，比多年平均年径流量 214.4 亿立方米偏少 37.8%。

赣江万安棉津站年最高水位 75.87 米，比警戒水位低 1.63 米。

赣江万安栋背站年最高水位 67.40 米，比警戒水位低 0.90 米；年径流量 232.0 亿立方米，比多年平均年径流量偏少 30.2%。

赣江吉安站年最高水位 48.24 米，比警戒水位低 2.26 米；年径流量 314.0 亿立方米，比多年平均年径流量偏少 33.1%。

赣江峡江站年最高水位 39.46 米，比警戒水位低 2.04 米；年径流量 337.0 亿立方米，比多年平均年径流量偏少 34.8%。

蜀水林坑站年最高水位 85.92 米，比警戒水位低 0.08 米；年径流量 6.310 亿立方米，比多年平均年径流量偏少 29.3%。

禾水上沙兰站年最高水位 58.81 米，比警戒水位低 0.19 米；年径流量 28.7 亿立方米，比多年平均年径流量偏少 36.6%。

泸水赛塘站年最高水位 61.11 米，比警戒水位低 0.89 米；年径流量 17.0 亿立方米，比多年平均年径流量偏少 34.6%。

乌江新田站年最高水位 53.91 米，比警戒水位低 0.09 米；年径流量 21.3 亿立方米，比多年平均年径流量偏少 34.7%。

1998 年全区大旱

1998 年全区平均年降水量在多年平均降水量以上，干旱主要出现在 7—8 月。

6 月 29 日开始出现高温天气，一直持续到 8 月 27 日，历时 59 天。其中 8 月 24 日出现的最高气温达 39.4℃。7 月和 8 月气温高于 35℃的天数分别达 17 天和 26 天，8 月月平均气温达 30.7℃，为历史同期最高值。

7—8 月全区平均降水量只有 140 毫米，比正常年同期少 135 毫米，偏少 49%。降水之少居历史同期第二位。它比历史同期最少的1962年仅多15毫米，比大旱的1963年同期还少16毫米。其中：7月上旬偏少73%，中旬偏少42%，8月上旬偏少48%，中旬偏少77%，下旬偏少57%。降水以峡江以上沿赣江两岸地区及南部的泰和县，万安县东部和南部，遂川县东南部，以及安福南部，永新西南部，宁冈县等地最少，这些地区两个月的总降水量均在100毫米以内。且以万安县的涧田和柏岩为最少，2个月的降水量均只有39毫米，实属历史罕见。

2003年全市大旱

2003年全市平均年降水量1088.1毫米，比多年平均年降水量1570.8毫米偏少30.7%，排吉安历年最小年降水量第二位。全市年径流量159.4亿立方米，比多年平均径流量214.4亿立方米偏少25.7%。

2003年干旱主要出现在6—8月。6月1日至8月10日连续71天全市平均降水量只有149毫米，比正常年同期降水少249毫米，偏少63%，其中：吉安县的赛塘、峡江县的马埠、青原区的白云山、永新县的沙市、吉水县的白沙等站连续71天的降水量不足100毫米，比正常年同期偏少76%～80%不等，且以马埠站的82毫米为最少。6月上旬至8月上旬总降水量之少排自1952年有实测资料以来第一位，比历史上最少的1978年同期降水（173毫米）还少24毫米，为近70年来的最低值。

6月下旬至8月上旬，日最高气温超过35度的高温天气持续了40多天，其中超过40℃的高温酷热天气也达10多天，实为历史少见。7月全市平均水面蒸发量达158毫米，比正常年同期多32毫米，偏多25%，其中吉水县的白沙站，遂川县的滁洲站及莲花的千坊站7月的水面蒸发量分别达187毫米、126毫米和159毫米，蒸发量之大均排有实测资料以来第一位，万安县的栋背站为191毫米，排有实测资料以来第二位。

2007年全市大旱

2007年全市平均年降水量1338.7毫米，比多年平均降水量1570.8毫米偏少14.8%；平均年径流量170.9亿立方米，比多年平均径流量214.4亿立方米偏少20.3%。

2007年旱情出现在6月下旬至8月上旬。6月21日至8月10日，全市一直处于高温少雨期，连续50天全市平均降水量仅有115毫米，比正常年同期少120毫米，偏少51%。其中以西北部的新干、峡江、吉州、青原4县（区）全部及永新、安福、吉安、永丰、吉水5县大部和泰和、万安两县沿赣江两岸地区降水更少，这些地区连续50天的降水量一般均在80毫米以下，即比正常年同期降水偏少65%～90%不等。尤为吉安、泰和、安福三站自7月1日至8月10日连续40天的降水量分别仅有10毫米、6毫米和29毫米，降水之少均排中华人民共和国成立以来第一位。

7月初至8月上旬，全市出现日最高气温超过35度的高温天气近30天。7月全市平均蒸发量达140毫米，比该月降水量还多94毫米。各江河水库水位日渐退落，其中各主要支流控制站先后出现的最低水位均接近历史最低值，全市有90多条小河流出现断流。

2011年全市大旱

2011年1—5月，全市降水持续偏少，导致出现春夏连旱现象。一季度全市平均降水量只有202毫米，比正常年同期偏少36%，为自1977年以来同期最少。4月全市平均降水量只有66毫米，比正常年同期偏少67%，为自1951年有实测资料以来同期最少。5月全市平均降水量只有116毫米，比正常年同期偏少50%。7月下旬至8月中旬，全市平均降水量只有81毫米，比正常年同期偏少42%。2011年全市平均年降水量1176.8毫米，比多年平均降水量1570.8毫米偏少25.1%；平均年径流量113.8亿立方米，比多年平均径流量214.4亿立方米偏少46.9%。7月21日至12月

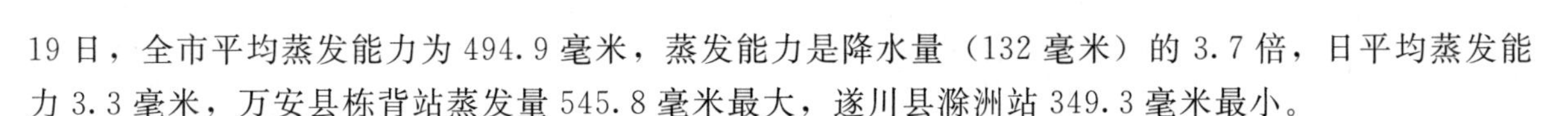

19 日，全市平均蒸发能力为 494.9 毫米，蒸发能力是降水量（132 毫米）的 3.7 倍，日平均蒸发能力 3.3 毫米，万安县栋背站蒸发量 545.8 毫米最大，遂川县滁洲站 349.3 毫米最小。

由于降水偏少，部分河流水位接近或低于历史同期最低水位，赣江及各主要支流年最高水位均在警戒水位以下，新干站年最高水位比警戒水位低 4.54 米。各站年径流量偏少，新田站年径流量比多年平均年径流量偏少达 53.4%。

赣江万安栋背站年最高水位 66.64 米，比警戒水位低 1.66 米；年径流量 212.6 亿立方米，比多年平均年径流量偏少 36.0%。

赣江泰和站年最高水位 58.16 米，比警戒水位低 2.34 米。

赣江吉安站年最高水位 47.01 米，比警戒水位低 3.49 米；年径流量 287.8 亿立方米，比多年平均年径流量偏少 38.6%。

赣江峡江站年最高水位 38.25 米，比警戒水位低 3.25 米；年径流量 301.5 亿立方米，比多年平均年径流量偏少 41.7%。

赣江新干站年最高水位 32.96 米，比警戒水位低 4.54 米。

遂川江遂川站年最高水位 96.60 米，比警戒水位低 2.40 米。

蜀水林坑站年最高水位 85.35 米，比警戒水位低 0.65 米；年径流量 5.308 亿立方米，比多年平均年径流量偏少 40.5%。

孤江白沙站年最高水位 85.16 米，比警戒水位低 2.84 米；年径流量 6.23 亿立方米，比多年平均年径流量偏少 56.5%。

禾水上沙兰站年最高水位 56.66 米，比警戒水位低 2.34 米；年径流量 25.84 亿立方米，比多年平均年径流量偏少 42.9%。

泸水赛塘站年最高水位 63.15 米，比警戒水位低 1.85 米；年径流量 12.97 亿立方米，比多年平均年径流量偏少 50.1%。

乌江新田站年最高水位 50.80 米，比警戒水位低 2.70 米；年径流量 15.19 亿立方米，比多年平均年径流量偏少 53.4%。

同江鹤洲站年最高水位 46.11 米，比警戒水位低 0.39 米。

2019 年全市大旱

2019 年全市年平均降水量和年平均径流量均在多年平均值以上，干旱主要出现在 7 月下旬以后。7 月 21 日至 12 月 19 日，全市平均降水量 132 毫米，比多年同期均值（451 毫米）偏少 71%，降水量之少为有记录以来第一位。其中，降水量最多的是遂川县 225 毫米，比多年同期均值偏少 64%；降水量最少的是峡江县 66 毫米，比多年同期均值偏少 83%。

受下半年晴热少雨影响，各江河水位持续降低，多条河流出现历史最低水位或历史第二低水位。

赣江峡江站 10 月 17 日出现历史最低水位 33.46 米；新干站 10 月 23 日出现历史最低水位 27.75 米，比 2017 年最低水位 27.87 米低 0.12 米。

禾源水坳下坪站 10 月 2 日出现历史最低水位 69.17 米，比 2009 年最低水位 69.19 米低 0.02 米。

遂川江（右溪）滁洲站 12 月 12 日出现历史最低水位 23.63 米，比 2014 年最低水位 23.77 米低 0.14 米。

蜀水林坑站 10 月 26 日出现历史第二低水位 82.82 米，仅比 2018 年历史最低水位 82.80 米高 0.02 米。

禾水永新站 10 月 23 日出现历史最低水位 107.40 米，比 2018 年最低水位 107.79 米低 0.39 米；

上沙兰站 10 月 19 日出现历史最低水位 54.88 米，比 2018 年和 1963 年最低水位 55.00 米低 0.12 米。

泸水赛塘站 12 月 13 日出现历史最低水位 59.57 米，比 2014 年最低水位 59.76 米低 0.19 米。

乌江新田站 11 月 21 日出现历史最低水位 47.57 米，比 2018 年最低水位 47.76 米低 0.19 米。

消河彭坊站 12 月 9 日出现历史最低水位 41.81 米，比 2015 年最低水位 41.82 米低 0.01 米。

文汇江莲花站 11 月 14 日出现历史第二低水位 92.63 米，比 2013 年历史最低水位 92.53 米高 0.10 米。

第五篇 水文科技文化

吉安市水文局高度重视科技工作，组织水文资料整理分析，承担水文科研项目，开展水文试验和重点项目研究，开发水文科技创新产品，取得大量应用性科研成果，在水文工作和生产中发挥重要作用，为水利和国民经济建设提供服务。

吉安水文文化内涵丰富，主要体现在精神文明创建和水文宣传等方面，大力营造“求实、团结、进取、奉献”的工作氛围，展示水文职工爱岗敬业、积极向上的精神风貌，以良好过硬的思想政治素质，圆满完成各项水文工作任务。

吉安市水文局和吉安、峡江、上沙兰、新田水文站曾获全国先进单位称号，市水文局多次获市级文明单位称号，市水文局服务科获2005年省级青年文明号，遂川水文勘测队、市局测资科获省直级青年文明号。市水文局多项科研成果获赣鄱水利科学技术奖三等奖及吉安市科学技术进步二等奖和三等奖。

第一章　科　技　活　动

第一节　科技发展规划

2012年8月10日，省水文局下发《关于做好水文科技发展规划（2013—2020年）编制工作的通知》（赣水文科发〔2012〕第19号）。2013年5月13日，印发了《江西省科技发展规划（2013—2020年）编制大纲》（赣水文科发〔2013〕第7号）。

2012年9月15日，根据省水文局的统一部署，吉安市水文局集中精力进行《吉安市水文科技发展规划（2013—2020年）》的编制工作，于9月中旬完成了《吉安市水文科技发展规划（2013—2020年）》（以下简称《水文科技发展规划》）的编制工作，并呈报省水文局审查（吉市水文字〔2012〕第20号）。

《水文科技发展规划》基本原则：服从国家和省市水文科技发展规划原则；与地方经济社会发展规划一致性原则；充分认识经济社会发展对水文需求的前瞻性原则；有利于大水文发展的技术先进原则；有利于吉安市水文发展的可操作性原则。

《水文科技发展规划》目标

1. 近期（到2015年）目标

（1）建立布局科学、结构合理、项目齐全、任务明确、经济高效、功能完善的水文站网体系，全面实现雨量、水位信息采集、传输和资料整编的自动化，基本满足江河治理、防汛抗旱减灾、城镇防洪、山洪地质灾害防治、水生态环境保护、供水安全、突发性水事件预警、水资源合理开发利用、经济社会发展等对水文信息的需求。

（2）紧抓经济社会发展机遇，根据地域特点、测站分布、测站特性、便于管理的原则，调整水文勘测队基地建设思路。到2015年，新建2个县级水文巡测基地（吉安、新干水文巡测基地），完善吉安、遂川水文勘测队，永新水文巡测基地，基本实现水文站队结合。

（3）完善水文通信网络建设，为全市水文系统信息共享平台提供网络基础，初步形成网络系统应急响应与容灾备份体系，完善安全管理规章制度。到2015年，建成市级水文预测预报中心，借助数字摄影、测绘、载波相位差分技术、地理信息系统、全球定位系统等设备和技术采集水文水资源基础数据，通过微波、超短波、光缆、卫星等快捷传输方式，建立面向雨情、水情、水质、水资源、水生态环境等应用主题的特征信息数据库；构建数字化数据库管理平台和虚拟环境，建立统一数据交换、共享、应用、服务平台；构建不同层级、不同种类用户的具有个性化服务、功能比较完备的水文业务应用系统；建成统一的技术标准和安全可靠的保障体系。

2. 远期（到2020年）目标

完善站网体系，建立完善的巡测、应急监测、预测预报体系；建成完善的水文信息采集、传输、卫星接收系统和水文服务与信息共享平台；初步实现吉安水文现代化，有效发挥吉安水文科技支撑作用。

3.《水文科技发展规划》重点领域

水文综合观测分析体系研究；变化环境下水文循环演变机理研究；水文预测预报及不确定性分析研究；水资源监测、评价和管理研究；水环境和水生态保护研究；信息技术应用；水文技术标准化；水文科技推广应用。

第二节 科技合作与交流

2003年6月，吉安市水文局与南京水利水文自动化研究所开展“峡江大跨度水文缆道信息采集系统试验研究”，2007年在峡江水文站正式启用。

2007年11月，水利部水文局联合清华大学、河海大学、江西省水文局、吉安市水文局承担“遂川暴雨山洪灾害监测预警系统”课题研究。该课题选择赣江支流遂川江流域（2895平方千米）为研究对象。2009年5月通过水利部水文局组织的专家验收。

2013年6月，吉安市水文局与水利部南京水利水文自动化研究所、奥地利SOMMER公司合作，引进奥地利SOMMER公司RQ30多探头非接触式雷达测流系统（以下简称RQ30）在遂川县坳下坪水文站进行数据采集试验。2016年，由省水利厅立项，吉安市水文局承担，在彭坊水文站开展“SOMMER RQ30非接触式雷达监测系统的应用”课题试验。2018年5月，该试验课题通过省水利厅验收。

2017年，由吉安市水文局承担、吉安市防汛抗旱指挥部办公室协作完成了《峡江水利枢纽运行对赣江吉安中心城区河段水文规律影响研究》。通过分析峡江水利枢纽运行前后对吉安中心城区河段水文规律的影响，为研究水利工程建设对防汛抗旱和水资源保护的影响评价、水文规律变化、河长制、水资源论证工作积累经验，为水资源保护和实现水利工程运行管理与防汛抗旱以及生态环境保护协调发展提供科学依据，同时为吉安城市建设和百里赣江风光带建设提供相应的技术支持。2018年12月，该研究课题通过省水利厅验收。

2018年11月20日，吉安市水文局与南昌工程学院实习基地、科技合作举行签约仪式。吉安市水文局党组书记李慧明和南昌工程学院水利与生态工程学院副院长杨文利分别代表吉安市水文局与南昌工程学院签订《实践教学基地协议书》《科技合作协议书》。

2020年12月3日，井冈山大学生命科学学院院长黄族豪、副院长贺根和一行四人到吉安市水文局进行科技合作事宜座谈。

第二章 试验研究

第一节 蒸发试验

蒸发试验目的是为合理开发利用水资源提供蒸发量数据。主要是为了了解不同仪器蒸发量之间的相互关系，找出不同口径蒸发器与标准蒸发器（E601型蒸发器）的折算系数。

1982年3月，上沙兰站开展E601型蒸发器与20厘米口径蒸发器蒸发量对比观测，1983年1月又增加E601型蒸发器与80厘米口径套盆蒸发器蒸发量对比观测，并于同年全部停测。

1982年3月，茅坪站开展E601型蒸发器与20厘米口径蒸发器蒸发量对比观测，至1993年1月停测20厘米口径蒸发器蒸发量，1997年停测E601型蒸发器蒸发量。

1983年1月，栋背站开展E601型蒸发器与20厘米口径蒸发器和80厘米口径套盆蒸发器蒸发量对比观测，2016年1月停测80厘米口径套盆蒸发器蒸发量。

1990年8月6日，省水文总站下发《关于开展不同型号蒸发仪器对比观测资料分析的通知》（赣水文站字〔90〕第034号）。

1990年12月，万安栋背水文站分析编制了《栋背站不同口径蒸发器对比分析》，找出不同口径蒸发器的换算关系，该成果经省水文总站审查通过。

1992年10月29日，省水文局下发《关于不同型号蒸发器对比观测资料分析报告的批复》（赣水文站字〔92〕第045号），从1993年1月1日起，茅坪站停测20厘米蒸发器蒸发量观测，栋背站仍继续观测。

从2016年至2018年，各站开展了E601型蒸发器与E601型自动蒸发器蒸发量比测试验分析，2019年10月提交了《水面蒸发自动测报技术比对试验研究报告》。2019年12月12日，省水文局印发《关于吉安市水文局监测新技术评估报告的批复》（赣水文监测发〔2019〕第30号），批复同意栋背、赛塘、新田、白沙、永新、彭坊、滁洲等7站取消水面蒸发人工观测，改为采用自动蒸发观测。自此，全市国家基本蒸发站蒸发量观测全部采用自动观测、存储和传输。

第二节 峡江大跨度水文缆道信息采集系统试验研究

峡江水文站设立于1957年，位于峡江县巴邱镇，是赣江中游主要的控制站，也是国家重要水文站，集水面积62724平方千米，高水水面宽410米。该站开展了大跨度水文缆道正常运行和自动化信息采集试验研究，对推动大江大河的水文测报自动化具有重要意义。

2001年，峡江水文站测流取沙缆道新技术工程项目由南京水利水文自动化研究所向水利部水文局申请立项。2003年6月，省水文局批准将测流断面下迁至基本水尺断面（区间无支流加入），新建峡江水文站测流取沙缆道工程，并进行大跨度水文缆道试验。该工程于2004年12月完工，2005年1月至2006年4月进行了缆道测流取沙系统的安装调试。2007年在峡江水文站正式启用，成为全省范围内首个大跨度（450米）水文缆道。

这项试验项目属水文水资源测报应用技术领域。其主要研究内容包括：大跨度水文缆道布设形式；缆道主索、牵引索、绞车及铅鱼的选用；缆道控制系统和信息采集系统研制；缆道测深、测宽、测流的比测试验研究等。

峡江大跨度缆道采用 EKL－3A 型全自动水文缆道信息采集系统，该系统是南京水利水文自动化研究所最新研发的缆道控制系统。该系统采用 PLC（程序逻辑控制器）替代原有大量的继电器控制方式，从而大大减少了硬件故障点。此外，该系统采用了工业控制系统中常用的数据采集卡替代了原有的测算仪和测速仪，从而提高了铅鱼定位精度和流速仪计数精度。还采用了变频器的串口通信方式替代了原有的变频器模拟量控制方式，实现了完全意义上的全自动控制。

EKL－3A 型全自动水文缆道信息采集系统主要由水文绞车、交流变频器、数据采集卡、PLC（程序逻辑控制器）、光栅增量编码传感器、水下信号源、编码式音频无线接收设备、计算机系统等部分组成。通过计算机进行全自动或手动控制水文信息采集，最终可自动生成标准的断面流量测验报表。

通过试验研究，峡江大跨度缆道能满足施测 50 年一遇以上洪水要求，并且各项测验指标符合《水文缆道测验规范》要求，具有推广应用价值。

峡江大跨度缆道试验研究的成功填补了国内大跨度缆道自动采集系统的空白，提高了水文信息采集的速度和精度，为全省甚至全国大跨度缆道信息采集系统的建设提供了从软件到硬件一整套先进的技术，同时也能够与水文自动报汛网连接。

该成果获得了 2010 年度吉安市人民政府“吉安市科学技术进步奖”的二等奖。

第三节　遂川暴雨山洪灾害监测预警系统

2007 年 11 月，水利部水文局联合清华大学、河海大学，由省水文局承担、吉安市水文局参与的《遂川暴雨山洪灾害监测预警系统》课题研究。课题选择江西赣江支流遂川江流域（2895 平方千米）为研究对象。2009 年 5 月通过水利部水文局组织的专家验收。

试验研究内容如下。

（1）中小河流水文站网布设方法。采用抽站法、流域水文模型法、雨量站网密度修正经验公式法等方法分析典型流域合理雨量站网密度，提出适合于中小流域山洪预警的雨量站网布设原则和方法。

（2）以水文学理论为主要基础的分布式水文模拟技术。提出考虑土壤饱和度的动态临界雨量指标、遂川江流域各控制水文站在不同时期土壤饱和度条件下不同时段的临界雨量，分别建立警戒流量推理公式和汇流时间的推理公式，计算遂川江流域内不同控制点的暴雨山洪响应时间（山洪预警时间）。

（3）山洪预警预测分布式水文模型建立及模拟。以水文学理论为主要基础的分布式水文模拟技术，分别建立适合中小流域山洪预报的分布式物理机制水文模型 GBHM 和基于概念的分布式水文模型 XIN3GRID。此外，还基于 DEM 建立流域地貌单位线及基于地貌单位线建立山洪预报方法。

（4）基于流域地理信息的山洪预警预报原型系统，实现山洪预报、山洪预警、信息查询、预警发布等基本功能。以 3″（约 90 米分辨率）DEM、30′（约 1 千米）土地利用和土地覆盖（LULC）等为基础资料、WebGIS 为工具、分布式水文模型为基础、分布式仿真模拟技术为手段，计算机网络为依托，构建中小河流山洪预警预报系统，实现分布式水文模型和地貌单位线中小流域的应用，解决了资料短缺山丘区的山洪预报预警问题，达到科学预报、及时预警、有效减少山洪灾害损失的目的。

第三章　科　研　成　果

第一节　科　研　项　目

1998年以来，吉安市水文局完成水文科研项目情况见表5-3-1。

表5-3-1　　完成水文科研项目情况

年份	项　目　名　称	承担单位	下达单位	完成时间
1998	吉安市水文报汛无线通信网	吉安市水文局	江西省防汛抗旱总指挥部办公室	1999年12月
1999	猪—沼—果综合开发应用	吉安地区水文分局	江西省水利厅	不详
2000	赣江吉安段河床泥沙演变规律探讨	吉安市水文分局	江西省水利厅	不详
2003	峡江大跨度水文缆道信息采集系统	吉安市水文分局	江西省水利厅	2004年12月
2004	赣江中游防洪能力与万安水库运行调度分析	吉安市水文分局	江西省水利厅	2006年6月
2005	声学多普勒流速剖面仪的推广和应用	吉安市水文局	江西省水利厅	2006年12月
2008	水文缆道测沙自控仪	吉安市水文局	江西省水利厅	2010年12月
2016	SOMMER RQ30非接触式雷达监测系统的应用	吉安市水文局	江西省水利厅	2017年7月
2017	峡江水利枢纽运行对赣江吉安中心城区河段水文规律影响研究	吉安市水文局	江西省水利厅	2018年12月

第二节　创 新 与 应 用

峡江大跨度水文缆道信息采集系统

2003年7月立项，2004年12月验收。该项目利用峡江水文站大跨度缆道进行水位、水深、水面宽、流速、泥沙水样等水文信息自动采集系统试验，是解决大江大河水文站应用大跨度缆道进行水文信息自动采集的技术探索，试验长度760米，水面宽550米。填补国内大跨度缆道自动采集系统空白，提高水文信息采集速度和精度，为全省甚至全国大跨度缆道信息采集系统建设提供从软件到硬件一整套先进技术，并可与水文自动报汛网连接。此举是水文测验发展趋势，应用前景广泛。

该系统智能化水平高，硬件、软件设计合理，便于实际操作，接口技术稳定，对测深测速取沙控制自如，接收信号准确无误。自动完成测流成果打印，成果精度符合《河流流量测验规范》要求，可作为今后水文自动报汛网的一级检测装置。经济指标方面，减轻职工劳动强度，可提高洪水期恶劣天气时船翻人亡等重大安全事故发生；提高测验精度，为各级政府防汛抗旱决策提供更准确、更及时的科学依据；取代现有机动测船，每年可节省维修、油耗、船检等费用数万元。该成果获得了2010年度吉安市科技进步奖二等奖。

声学多普勒流速剖面仪的推广和应用

2005年5月，省水文局与吉安市水文局在吉安水文站开始重点推广试验，实测流量200余次，2006年12月进行声学多普勒流速剖面仪（以下简称ADCP）测流成果验收。引进全省第一台美国RDI公司的ADCP，并与常规流速仪进行比测，分析其误差来源和精度。分析泥沙、流速流向、断面形态影响测流成果的相关技术问题，找出适应全省的应用方法，为走航式ADCP在全省各类水文站的推广应用取得经验。该技术提高水文测报工作的现代化程度，减轻劳动强度，解决洪水测报中存在的问题，提高水文测报效率，特别适合国家一、二类水文站及河道宽深的水文站使用。

SOMMER RQ30非接触式雷达监测系统的应用

2016年1月立项，吉安市水文局承担，2017年7月验收。2013年6月，吉安市水文局与水利部南京水利水文自动化研究所、奥地利SOMMER公司合作，在遂川县坳下坪水文站安装应用RQ30，收集相关资料数据。2016年1月将RQ30移用至安福彭坊水文站，并作为科研项目申报省水利厅批准立项。非接触式雷达波表面流速测流法是水利部《中小河流水文监测系统建设技术指导意见》推荐的河道流量测验方法之一，是一种全新的全天候流速流量自动测验技术，高流测验时其他技术无法替代，国外研发成功这种应用产品，前景广阔，可作为常规水文测验技术的补充或替代，也是水文测验的发展趋势，国内开展此项工作的研究和应用目前很少，江西省更是空白。RQ30监测系统利用彭坊水文站小河流域进行水位、流速等水文信息自动采集试验，试验水面宽54米。RQ30监测系统可以实现对河道流量、流速、水位等水文信息的实时监测，并及时掌握河流流量状况，实现了洪水期流量的实时信息查询与预警；实现了用户查询实时流量情况和历史流量情况；水位监测数据误差能在0.001米以内；流速可测量到最低0.2米/秒；在断面稳定的情况下，高流速情况下，流量数据误差控制在1%之内，在低流速情况下，数据误差控制在3%，极低流速情况下，数据控制在8%之内。在线监测解决了人工监测的人力、财力、物力消耗问题，提高了测量数据的密度和精度，减少了洪水期人员测量的风险，为山区洪水监测提供现代化技术手段。该成果获得了2019年度赣鄱水利科学技术奖三等奖。

赣江中游防洪能力与万安水库运行调度分析

2005年6月立项，2006年6月完成。本项目属水文情报预报、水文水利计算、水库洪水调度、防洪影响评价及水资源管理等应用技术领域。主要研究赣江中游的防洪能力、暴雨洪水规律以及如何优化万安水库的运行方式和洪水调度方案等问题。开展赣江中游防洪能力与万安水库运行调度分析研究，其目的一是为了摸清赣江中游暴雨洪水特征及沿江两岸主要河道实际行洪能力及安全泄量；二是分析论证万安水库现行的运行方式及洪水调度规则的可行性，以进一步优化万安水库的运行调度方案；三是了解警戒水位以上不同水位下沿江两岸城镇、村庄、交通干线、工矿企（事）业、农田等受淹情况，为今后防洪减灾决策、流域防洪规划以及江河综合治理提供基础性资料。本项目研究成果已成功应用于实际工作中，可应用于南方其他河流及水库的水文预报、水文水利计算、水库洪水调度及流域暴雨洪水规律分析等，并取得了显著的社会效益。该成果获得了2012年度赣鄱水利科学技术奖三等奖。

吉安市水文巡测方案

2015 年，吉安市水文局组织各站开展水文测验方式方法分析，形成了《吉安市水文测验方式方法分析报告》和《吉安市水文巡测方案》编制。报告 80 余万字，分为上、下两册。主要的分析内容包括：

（1）测站控制条件及其转移论证：包括断面稳定性分析和比降糙率分析。

（2）流量测验方法分析：涉及测速垂线代表性分析。

（3）水位流量关系变化规律与处理方法：包括历年水位流量关系综合分析、当年水位流量关系分析、水位流量关系单值化处理分析、水位流量概化模型分析以及高水水位流量关系线延长分析。

（4）泥沙测验方式方法分析：包括输沙率间测分析和断颗间测分析。

（5）蒸发分析：涉及不同蒸发器相关系数的分析。

（6）测验方式方法的确定：在综合各种分析结论的基础上，提出了各站的测验方式方法。

基于这些分析，吉安市水文局编制了《吉安市水文巡测方案》，将《吉安市水文测验方式方法分析报告》作为其主要附件。这个方案成为全国水文监测改革的试点，在水利部水文局《关于深化水文监测改革指导意见》的讨论会上进行了经验交流和讨论。与会人员指出，水文监测改革的目标是解放生产力、调整生产关系、提高工作效益、改善工作和生活环境，更好地为地方经济建设服务。江西省吉安市的改革试点被认为是一个成功的范例，具有很好的借鉴作用。

2016 年 1 月，省水文局下发《关于吉安市水文巡测方案的批复》（赣水文监测发〔2016〕第 3 号），同意吉安市水文局从 2016 年起试行全面巡测。经过 2 年的试行和探索，吉安市水文局积累了丰富的巡测经验。2018 年，吉安市水文局全面实行了巡测，使得吉安的水文监测方式发生了历史转变。

第三节　科技（论文）成果

1974 年年初，上沙兰水文站在 40 多天的时间内，分析了 19 个项目，统计了近 10 万个数据，绘制了 100 多张图表，初步认识了上沙兰站的测站特性，并撰写了《上沙兰站测站特性分析》。该报告经江西省科学技术委员会审查，于 1979 年获得省科研成果四等奖。截至 1975 年年底，井冈山地区已有 14 个水文站编写了测站特性分析报告。

1975 年 9 月，井冈山地区水文站黄长河撰写的《试用抵偿河长法精简流量测次》在华东区水文协作上进行交流，并被评为优秀论文。

1976 年 2 月，井冈山地区水文站黄长河撰写的《井冈山地区可能最大洪水图解法》获得省水利学会"优秀论文奖"。

1979 年 9 月，《江西水利科技》第 3 期刊登井冈山地区水文站黄长河、李笋开撰写的《井冈山地区可能最大洪水图解法》，该论文获得了吉安地区科学技术协会优秀论文奖。

1979 年，吉安地区水文站黄长河、肖寄渭、吉安上沙兰水文站冯其全负责完成的《上沙兰站测站特性分析》获得了"1979 年江西省优秀科学技术成果奖四等奖"。

1980 年，吉安地区水文站李笋开撰写的《沙坡法与坑测法、器测法的比测》参加长江片推移质测验技术交流会交流，并被纳入会议纪要。

1981 年 10 月，吉安地区水文站李达德主持编写的《测速垂线数目对流量误差影响的初步分析》被选为省水文总站编印的技术报告，并被选为水文测验技术标准研习班参考文件。

1982 年 11 月，吉安地区水文站谭文奇撰写的《井冈山县水资源调查评价工作报告》被编入《井冈山县业区划报告》，并获得了吉安地区农业区划办的奖励。

1986年，吉安地区水文站李云撰写的《PC－1500微机在洪水作业预报中的应用》获得了吉安市科学技术协会的“优秀学术论文三等奖”。

1987年1月10日，吉安地区水文站的《微机水文资料整编查错系统程序》经吉安地区科委召开的鉴定会通过。

1987年6月16日，吉安地区水文站李达德撰写的《吉安地区地表水资源的初步分析》获得了吉安市科学技术协会的“自然科学优秀学术论文三等奖”。

1987年12月，吉安地区水文站刘福茂撰写的《万安县南部“85·6”暴雨洪水分析》在省水利学会上进行交流。

1990年，吉安县土地管理局和吉安地区水文站周振书等完成的《吉安县城地籍测量成果》获得了国家土地管理局的“科技应用成果奖三等奖”。

1992年6月24日，吉安地区水文站刘洪波、周振书、刘建新、刘豪贤完成的《应用微机对水文资料录入数据查错程序》获得了“1992年江西省水利厅科技成果奖三等奖”。

1994年6月，吉安地区水文分局周顺元等撰写的《江西省安福县水资源开发利用现状分析》为安福县水资源开发利用提供了科学依据，并获得了全省水文系统优秀成果奖。

1999年12月27日，省防汛办和吉安地区科委组织了《吉安地区水文报汛无线通信网》项目的验收和鉴定会。参加验收和鉴定的有省防汛办、省水文局、吉安地区科学技术管理委员会、地区无线电管理委员会、地区水电局、地区水文分局等单位的专家。专家认为：该通信网设计合理，技术先进，社会和经济效益显著，达到同类网络省内领先水平，具有应用推广价值，并且验收合格。

2001年1月20日，吉安市水文分局刘建新、李笋开、肖晓麟等参与组建的吉安市水文报汛无线通信网，获得吉安市人民政府“吉安市2000年度科学技术进步三等奖”。

2003年12月，吉安市水文分局李春保撰写的《赣江中游乌江“02·6”暴雨洪水分析》、李慧明撰写的《赣江中游沿江城镇防洪现状分析》、王贞荣撰写的《江西蜀水流域“02·6”暴雨洪水分析》、肖晓麟撰写的《江西赣江2002年10月暴雨洪水分析》获得优秀论文奖，并编入《江西省第一期水利行业专业技术人员高级研修班学员论文集》（省人事厅、省水利厅）。

2005年8月，吉安市水文局李春保撰写的《赣江中游区降水与高程关系分析》、李永军撰写的《吉安1963年、1978年、1986年三大旱年旱情分析》被收录进《江西省第二期水利行业专业技术人员高级研修班学员论文集》（省人事厅、省水利厅）。其中，李春保撰写的《赣江中游区降水与高程关系分析》获得优秀论文奖。

2006年2月，《水利发展研究》第2期刊登吉安市水文局邓红喜撰写的《加快水文立法进程，促进水文事业发展》。

2006年3月，《中国水利教育与人才》第3期刊登吉安市水文局邓红喜撰写的《培育水文技术人才队伍的思考》。

2006年12月，《中国水利教育与人才》第6期刊登吉安市水文局刘福茂撰写的《发扬传统、坚持特色、狠抓培训、提高素质》。

2007年1月18日，吉安市水文局邓红喜撰写的《加强机关效能监察　促进水文事业发展》编入《江西省水利系统纪检监察论文选》，获得优秀论文奖。

2007年，《中国水利教育与人才》第6期刊登吉安市水文局邓红喜撰写的《加强职工教育，打造素质水文职工队伍》。

2007年，吉安市水文局刘福茂撰写的《遂川江流域暴雨山洪灾害及防御对策》获得“2003—2007水利水电水文水资源科技信息网优秀论文”。

2008年6月，《人民长江报》刊登吉安市水文局李笋开、杨羽、肖晓麟撰写的《吉安市山洪灾害特征与水情站网合理布设初探》。

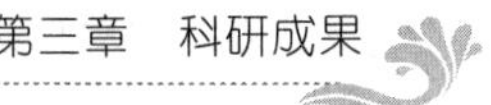

2008 年 10 月 24 日，在全国水利水电水文水资源科技信息网第六届网员代表大会上，吉安市水文局刘福茂撰写的《遂川流域暴雨洪水灾害和防御对策》被评为“2003—2007 年期间全国水利水电水文水资源科技信息网优秀论文”。

2008 年 12 月 11 日，中国水利职工政治工作研究会水利学组下发《关于表彰 2008 年度优秀论文的决定》（水文政研〔2008〕第 5 号），吉安市水文局蒋胜龙撰写的《先进典型成长中的人文环境》获得“2008 年度优秀论文三等奖”。

2009 年 10 月，东南大学出版社出版的《水文水资源技术与实践》（水利科学丛书），收录了吉安市水文局谢小华撰写的《基于无因次单位线法的滚动预报与程序实现》，此论文在 11 月全国水文水资源科技信息网华东组 2009 年工作、学习交流会上被评为“优秀论文”。

2010 年 2 月，《中国水利教育与人才》第 2 期刊登吉安市水文局邓红喜撰写的《吉安水文人才培养问题探讨》。

2010 年 10 月，吉安市水文局周国凤、彭柏云撰写的《现代水文事业发展与人才培养》被收录进由省水利厅、南昌工程学院、省水利学会合编的《2010 年促进中部崛起专家论坛——鄱阳湖生态经济区建设与现代水利专题论坛论文集》。同时，该论文也收录于由中国科学技术学会、中国工程院、江西省人民政府编辑的《服务发展方向转变，促进中部科学崛起——2010 年促进中部崛起专家论坛文集》。

2010 年，吉安市水文局邓红喜撰写的《水文文化建设的思考》获得中国水利职工政研会地域学组第二组“2010 年度优秀思想政治工作研究成果优秀奖”，同时该作者的《加快机关效能监察，促进水文事业发展》获得省水利学会优秀论文奖。

2011 年，江西省水利学会编辑的《江西省水利学会优秀学术论文集》（2005—2011 年）收录了吉安市水文局邓红喜、唐晶晶撰写的《加快水文立法进程，促进水文事业发展》，此论文获得省水利学会优秀学术论文三等奖。

2013 年，吉安市水文局刘建新、李笋开等撰写的《赣江中游防洪能力与万安水库运行调度分析》，获得了 2012 年度赣鄱水利科学技术奖三等奖。

2015 年，《中国水利教育与人才》第 3 期刊登吉安市水文局罗晶玉撰写的《吉安市水文局职工思想动态与队伍建设初探》。

2015 年，中国水利学会《2015 学术年会论文集》收录了吉安市水文局罗晶玉、周方平撰写的《锻造吉安水文文化，践行社会主义核心价值观》。

2016 年，省水文局组织开展了《江西五河干流水位流量变化趋势研究》。吉安市水文局负责对赣江栋背、吉安、峡江三站水位流量变化趋势进行研究分析，其成果刊印于《江西五河干流水位流量变化趋势研究》（课题分析成员：吉安市水文局林清泉）中。该研究获得了 2018 年度赣鄱水利科学技术奖三等奖。

2019 年 8 月，《Microchemical Journal》刊登了吉安市水文局侯林丽、肖莹洁、吴蓉撰写的全英文论文《ZnMOF－74 responsive fluorescence sensing platform for detection of Fe3＋》。

2019 年 9 月，2019 IEEE 第 14 届国际电子测量与仪器学术会议发表黄剑撰写的全英文论文《Design and evaluation of an FFT－based space－time image velocimetry（STIV）for time－averaged velocity measurement》。

2019 年，吉安市水文局黄剑、王贞荣、刘金霞、班磊、丁超、嵇海祥撰写的《赣江中游防洪能力与万安水库运行调度分析》，获得了 2019 年度赣鄱水利科学技术奖三等奖。

2020 年 12 月，中国科技核心期刊《人民长江》刊登了吉安市水文局李慧明、侯林丽、徐鹏撰写的《不同水质指数法在峡江水库水质评价中的应用》。

中国水利学会 2020 年学术年会论文集（第一分册），收录了吉安市水文局李慧明、侯林丽、徐鹏撰写的《不同水质指数法在峡江水库水质评价中的应用》。

第四节　科技成果获奖情况

科技成果获奖情况详见表5-3-2。

表5-3-2　　科技成果获奖情况统计

获奖项目	获奖名称及等级	获奖单位及人员	授奖单位	授奖时间
上沙兰站测站特性分析	1979年江西省优秀科学技术成果奖四等奖	吉安地区水文站黄长河、肖寄渭，吉安上沙兰水文站冯其全	江西省人民政府	1979年
吉安县城地籍测量成果	科技应用成果奖三等奖	吉安县土地管理局和吉安地区水文站周振书等	国家土地管理局	1990年
应用微机对水文资料录入数据查错程序	1992年江西省水利厅科技成果奖三等奖	吉安地区水文站刘洪波、周振书、刘建新、刘豪贤	江西省水利厅	1992年5月
吉安市水文报汛无线通信网	吉安市2000年度科学技术进步三等奖	吉安市水文分局刘建新、李笋开、肖晓麟等	吉安市人民政府	2001年1月
基于嵌入式系统与USB接口的水位监测仪研制	吉安市2007年度科学技术进步奖三等奖	吉安市水文局刘建新、李笋开、肖晓麟、杨羽	吉安市人民政府	2007年12月
峡江大跨度水文缆道信息采集系统试验研究	2010年吉安市科技进步奖二等奖	吉安市水文局刘建新、康修洪、刘和生等	吉安市人民政府	2011年2月
赣江中游防洪能力与万安水库运行调度分析	2012年度赣鄱水利科学技术奖三等奖	吉安市水文局刘建新、李笋开等	赣鄱水利科学技术奖奖励委员会	2013年1月
水文缆道测沙自控仪	2012年度赣鄱水利科学技术奖三等奖	吉安市水文局	赣鄱水利科学技术奖奖励委员会	2017年10月
江西五河干流水位流量变化趋势研究	2018年度赣鄱水利科学技术奖三等奖	吉安市水文局林清泉及省水文局资料处等	赣鄱水利科学技术奖奖励委员会	2018年12月
SOMMER RQ30非接触式雷达监测系统的应用	2019年度赣鄱水利科学技术奖三等奖	吉安市水文局黄剑、王贞荣、刘金霞、班磊、丁超、嵇海祥	赣鄱水利科学技术奖奖励委员会	2019年11月

第四章　水　文　文　化

开展水文文化系列活动，丰富职工精神食粮，营造良好工作氛围，弘扬“求实、团结、进取、奉献”的水文精神；水文职工爱岗敬业，无私奉献，以积极向上的精神风貌，以良好过硬的思想政治素质，保证水文各项任务的完成。

2012年10月17日，水利部水文局印发《关于加强水文文化建设的指导意见》（水文综〔2012〕第166号）。

2013年4月9日，吉安市水文局印发《吉安市水文局水文文化建设实施意见》（吉市水文发〔2013〕第5号）。实施意见指出，力求通过5年的努力，培育全市水文干部职工良好的文化品格，把水文行业精神内化为价值追求、外化为自觉行为，积极投身当前水文改革发展的伟大实践，促进水文事业又好又快地发展。主要建设内容包括：①全面加强吉安水文思想道德建设，大力弘扬“甘于寂寞、乐于奉献、敢于创新、善于服务”的水文精神；②进一步加大文化基础设施建设力度，努力改善、完善办公条件及配套设施，不断提高职工生活水平和生活质量；③搞好水文文化宣传载体建设，将吉安水文信息网和《吉安水文》打造成吉安水文文化建设的重要名片；④积极开展水文文化建设活动，塑造测站和谐统一的精神面貌，营造浓厚的水文文化气氛；⑤开展岗位练兵，提高职工综合素质；⑥开展内容丰富、形式多样的活动，培育集体观念、增强集体荣誉；⑦加强文化人才培养，建设一支品位高、观念新的水文文化培育队伍，培养一批专业特长明显、结构合理的水文文化建设团队，打造一支素质高、能力强的水文文化实践队伍；⑧开展先进表彰和文明单位创建活动，树立、宣传具有时代特征和水文特色的先进集体和人物，弘扬水文先进典型，塑造水文先进模范形象，引导干部职工向身边的先进典型学习。

第一节　水文文化建设近远期规划

2014年12月30日，吉安市水文局制定了《吉安水文文化建设近远期规划》（吉市水文发〔2014〕第6号）。

《吉安水文文化建设近远期规划》的工作目标包括：①建设一支政治可靠、业务过硬、作风正派、工作有力的水文队伍。②营造一种团结融洽、蓬勃向上、奋发有为、风清气正、干事创业的工作氛围。③建立和完善各项规章制度、工作规范、行为准则，促进水文各项工作制度化、规范化。④进一步改进服务方式，拓宽服务领域，完善服务职能，提高服务质量，提升水文形象。

《吉安水文文化建设近远期规划》的主要内容包括：①精神文化建设。提炼水文核心价值观，坚持不懈地抓好学习教育，使学习成为职工的一种政治责任、一种精神追求，一种生活方式，引导职工树立正确的职业道德观，提升干部职工的精神境界，树立责任意识、服务意识、奉献意识。②制度文化建设。加强制度建设，及时完善修订制度，增强制度执行力，形成以制度办事，用制度管人，充分发挥干部职工工作积极性和主动性。③形象文化建设。广泛宣传吉安水文工作的创新成果和突出成就、先进事迹和模范人物，坚持正面宣传，发挥水文文化的激励作用，弘扬积极向上的进取精神，提升水文形象，扩大水文知名度。④安全文化建设。加强从业人员安全生产知识和技能培训，进一步提高安全防范意识和自救互救能力，确保作业安全和信息安全。⑤和谐文化建设。广泛宣传身边的典型人物和典型事迹，弘扬正气，自觉抵制歪风邪气，不断增进水文干群关系，进一步提升吉安水文的战斗力、凝聚力、创造力。⑥廉政文化建设。坚持“清贫不等于清廉”的水文廉政观，以廉洁自律为准则，以服务群众为宗旨，开展廉政教育，强化廉政意识，引导和激励水文职工特别是领导干部自重、自省、自警、自励，洁身自好。

《吉安水文文化建设近远期规划》的重点工程包括：①践行一种精神——“甘于寂寞，乐于奉献，敢于创新，善于服务”的江西水文精神。②倡导一个理念——拓展水文化建设理念，大力推进水文化建设。③抓好一个文化建设项目——测站标准化建设。④办好一本内刊——《吉安水文》。⑤建好一个网站——吉安水文信息网站。⑥做好一本宣传册——《吉安水文画册》。⑦学唱一首歌——《江西水利之歌》。⑧完善一个专题片——《吉安水文形象展示片》。⑨执行好一本管理制度——《吉安水文工作制度汇编》。⑩开展好一个讲堂——道德讲堂。

第二节　精神文明创建活动

创建活动

20 世纪 80 年代，吉安水文就开展了创建精神文明活动。

1985 年 8 月 28 日，吉安地区水文站印发《关于建设精神文明单位的通知》（吉地水文人秘字〔85〕第 21 号），号召各站（科）创建文明单位，基本条件是：环境整洁优美；主动开展科技咨询服务；单位秩序井然；团结互助成风；思想工作活跃；文化生活丰富；生产持续发展。

1987 年 2 月 28 日，吉安地区水文站印发《创建文明站（科）先进单位及考核办法》（吉地水文站字〔87〕第 03 号），开展了创建文明站（科）活动。

1991 年 4 月 19 日，吉安地区水文站印发《关于开展发扬水文精神活动的决定》（吉地水文站字〔91〕第 12 号），决定在全区水文职工中广泛深入持久地开展发扬水文精神的活动。

决定指出，“求实、团结、进取、奉献”的水文精神和“艰苦奋斗、无私奉献、严细求实、团结开拓”的水文光荣传统，是全区广大水文职工在长期的治水斗争中培育的、具有强烈的时代精神，是水文职工共同遵循的行业精神和职业道德，是取得水文工作成就的宝贵精神力量。充分认识、继承和发扬“求实、团结、进取、奉献”的水文精神和“艰苦奋斗、无私奉献、严细求实、团结开拓”的水文光荣传统，是新时期社会主义现代化建设的需要，是建设社会主义精神文明和物质文明的需要，是改造客观世界和改造自己主观世界，培育造就有理想、有道德、有文化、有纪律的社会主义水文职工的需要。

1997 年 3 月 7 日，吉安地区水文分局机关 10 户“文明家庭”、29 户“五好家庭”获吉安市人民政府授予的“文明家庭”和“五好家庭”证书。

1997 年 6 月，省水文局党委制定下发《全省水文系统精神文明建设“九五”规划》（赣水文党字〔97〕第 018 号）。

根据《全省水文系统精神文明建设“九五”规划》，吉安市水文分局全面开展了以争创“文明单位”和“青年文明号”为主要内容的精神文明创建活动，着力培育“求实、团结、进取、奉献”的水文精神，树立水文新形象。

1998 年 11 月 27 日，共青团江西省水利厅直属机关委员会授予遂川水文勘测队为水利厅直“青年文明号”荣誉称号。

1999 年 1 月 18 日，吉安地区水文分局印发《吉安地区水文分局精神文明建设实施办法》（吉地水文发〔1999〕第 02 号）。开展创“文明单位”“文明家庭”“青年文明号”和争当“文明职工”活动，使水文精神进一步得到弘扬，增强水文职工的竞争力。成立精神文明建设领导小组，局长任精神文明建设领导小组组长，主管行政副局长任副组长。

1999年3月，吉安地区水文分局机关39户家庭获吉安市人民政府“五好文明家庭”，其中周振书家庭获“双文明家庭”。

1999年4月19日，共青团江西省水利厅直属机关委员会印发《关于命名表彰1998年度厅直级青年文明号的决定》（赣水直团字〔1999〕第001号），授予吉水白沙水文站为“1998年度厅直级青年文明号”称号。

1999年12月14日，省水文局党委下发《关于表彰全省水文系统文明站队、文明职工和水文宣传先进的决定》（赣水文党字〔99〕第028号）。吉安水文站、遂川水文勘测队获“全省水文系统文明站队”称号，刘豪贤、康定湘、刘天保获“全省水文系统文明职工”称号。

1999年，中共吉安市委、市人民政府授予吉安地区水文分局“市级文明单位”荣誉称号。

2000年，中共吉安市委、市人民政府授予吉安市水文分局“市级文明单位”荣誉称号。

2001年1月，省直机关工委授予遂川水文勘测队“省直青年文明号”荣誉称号。

2001年2月7日，中共吉安市直属机关工作委员会下发《关于表彰2000年度“井冈之星”双文明单位和家庭的决定》（吉直党发〔2001〕第02号），吉安市水文局获“井冈之星”双文明单位。

2001年12月18日，省水利厅精神文明建设指导委员会下发《关于表彰2000—2001年度全省水利系统精神文明建设先进集体和先进个人的决定》（赣水文明委字〔2001〕第1号）。吉安上沙兰站站长康定湘被授予“2000—2001年度全省水利系统精神文明建设先进个人”称号。

2001年，中共吉安市委、市人民政府授予吉安市水文分局“井冈之星”双文明单位。

2002年6月5日，吉安市水文分局党组印发《精神文明建设实施办法》（吉市水文党组发〔2002〕第3号、吉市水文发〔2002〕第9号）。

2002年6月，中共江西省委、省人民政府授予吉安市水文分局“江西省第八届（2000—2001年）文明单位”。中共江西省直机关工委授予吉安市水文分局咨询服务科“省直级青年文明号”称号。

2003年6月12日，共青团江西省直属机关工作委员会印发《关于重新认定省直青年文明号和命名2002年度省直青年文明号的决定》（赣直团发〔2003〕第18号），吉安市水文分局咨询服务科获“2002年度省直青年文明号”称号。

2003年10月9日，水利部水文局、水利部文明办印发的《全国水文系统创建文明测站实施办法》（水文综〔2003〕第135号）。

2004年7月8日，省水利厅精神文明建设指导委员会发布《关于表彰2002—2003年度全省水利系统精神文明建设先进集体、先进个人的决定》（赣水文明委字〔2004〕第5号），吉安市水文分局获得了“2002—2003年度全省水利系统精神文明建设先进集体”称号。

2004年7月13日，省水利厅精神文明建设指导委员会、省水文局党委印发《江西省水文系统创建文明测站评选管理办法》（赣水文明办字〔2004〕第3号、赣水文党字〔2004〕第22号）。

2005年3月24日，水利部水文局、水利部精神文明建设指导委员会下发《关于表彰全国文明水文站的决定》（水文综〔2005〕第59号）。吉安水文站获得了“全国文明水文站”称号。

2005年7月25日，省水利厅精神文明建设指导委员会、省水文局党委印发《关于表彰全省文明水文站的决定》（赣水文明办字〔2005〕第1号、赣水文党字〔2005〕第23号），吉安赛塘水文站获得了“全省文明水文站”称号。

2005年，水利部水文局、水利部文明办授予吉安水文站“全国文明水文站”称号。江西省创建“青年文明号”活动组委会授予吉安市水文局咨询服务科“省级青年文明号”称号。

2006年5月31日，省水利厅精神文明建设指导委员会下发《关于命名全省水利系统（2003—

2005 年度）文明单位的决定》（赣水文明委字〔2006〕第 2 号），吉安市水文局获得了“全省水利系统（2003—2005 年度）文明单位”称号。

2010 年 6 月 10 日，吉安市水文局印发《关于成立吉安市水文局创先争优活动领导小组的通知》（吉市水文党发〔2010〕第 16 号），吉安市水文局党组书记、局长刘建新任组长。7 月 26 日，印发《吉安市水文局创先争优活动实施方案》（吉市水文党发〔2010〕第 11 号），在全市水文系统开展创先争优活动。

2012 年 3 月 6 日，水利部水文局、水利部文明办印发《全国文明水文站创建管理暂行办法》，原《全国水文系统创建文明测站实施办法》同时废止。

2012 年 10 月 17 日，水利部印发《关于加强水文文化建设的指导意见》（水文综〔2012〕第 166 号），提炼出“求实、团结、奉献、进取”的水文行业精神。指导意见指出：大力弘扬“求实、团结、奉献、进取”的水文行业精神，不断培育和展示水文职工“特别能吃苦、特别能忍耐、特别负责任、特别能奉献”的精神风貌，教育引导水文职工树立正确的人生观、价值观。

2012 年 12 月 26 日，吉安市水文局党组印发《建立健全创先争优长效机制的实施意见》（吉市水文党组发〔2012〕第 23 号）。

2015 年 3 月 3 日，省水利厅厅长孙晓山心系江西水文工作，提出发扬“甘于寂寞、乐于奉献、敢于创新、善于服务”的 16 字新水文精神，赋予江西水文事业改革发展新任务、新动力，指明江西水文团结奋斗的新目标、新征程。

“甘于寂寞”，诠释了水文作为一门自然科学，不断探索研究大自然演变规律的根本属性和客观要求；“乐于奉献”，浓缩了水文团队爱国家、爱人民、爱事业、爱生活的光荣历史和可贵品格；“敢于创新”，破解了当今水文加快发展，全面实现现代化的关键节点；“善于服务”，阐明了水文依法服务、规范服务，推进水文事业可持续发展的哲学观点和基本方略。

2016 年 9 月 21 日，共青团江西省直机关工作委员会发布《关于命名 2014—2015 年度省直青年文明号的决定》（赣直团字〔2016〕第 8 号），吉安市水文局测资科荣获 2014—2015 年度省直机关“青年文明号”称号。

2018 年，省水文局党委根据江西水文工作管理实际，在 16 字水文精神上增加“精于管理”。即江西水文精神为“甘于寂寞、乐于奉献、敢于创新、善于服务、精于管理”。

2020 年，中共吉安市委、市人民政府授予吉安市水文局“吉安市文明单位”称号。

创建成果

1998—2000 年，全市水文系统共荣获地厅级及以上文明单位 15 次，厅直级以上“青年文明号”6 次，文明个人 38 人次。

第三节　水文测站标准化建设

水文测站标准化建设，就是按照“监测要素齐全、监测手段先进、监测成果优秀、成果展示充分、工作环境优美、文化底蕴深厚”的建设目标，使水文测站达到管理责任明细化、管理工作制度化、管理人员专业化、管理范围界定化、管理运行安全化、管理经费预算化、管理活动日常化、管理过程信息化、管理环境美观化、管理考核规范化等“管理十化”。

2007 年 10 月 16 日，水利部印发《关于公布水文行业标志的通知》（水文综〔2007〕第 190 号），水文行业标志正式启用。正式启用水文行业标志是全国水文工作步入法治化、规范化、标准化的一个重要标志，也是水文发展历史上的一个新的重要的符号。

2007 年 11 月 26 日，水利部印发《关于启用国家基本水文测站标牌的通知》（水文综〔2007〕

第 221 号），规范了国家基本水文测站标牌。

2015 年 1 月 7 日，吉安市水文局印发《吉安市水文局基层测站标准化管理实施方案》（吉市水文发〔2015〕第 1 号），启动了基层测站标准化管理建设。

2015 年 10 月 18 日，省水文局印发《江西省水文测站规范化建设指导意见》（赣水文办发〔2015〕第 11 号）。指导意见指出，要通过推进基层水文测站的站容站貌、制度管理、文化建设等三个方面的规范化建设，提高江西水文在新的形势下的管理水平，提升江西水文的新形象，增强江西水文基层的凝聚力。

2017 年 8 月 1 日，江西省人民政府办公厅印发《江西省人民政府办公厅关于全面推行水利工程标准化管理的意见》（赣府厅发〔2017〕第 56 号）。意见指出：水利工程标准化管理是指水利工程管理责任主体在管理责任、制度建设、安全运行、维修养护、环境保护、教育培训、监督检查、考核评价等各个环节及关键节点，应按照规定的管理标准，实行规范的痕迹化管理，达到标准化管理规定的等级标准，实现水利工程运行安全、效益持续发挥的良性运行目的。

2017 年 8 月 5 日，省水利厅印发《全面推行水利工程标准化管理实施方案》（赣水建管字〔2017〕第 91 号）。吉安上沙兰水文站为省水利厅考核试点单位，要求在 2018 年 12 月底前完成考核评价，达一级工作标准。

2017 年 11 月 29 日，省水文局印发《关于加快水文测站标准化建设的通知》（赣水文建管发〔2017〕第 37 号），并制定了《江西省水文局关于水文测站标准化建设的意见》。意见指出，水文测站标准化建设从 2017 年开始，力争用 3 年左右的时间，基本实现全省范围内水文站、水位站、雨量站标准化的目标。

2018 年 3 月 27 日，省水文局印发了《江西省水文站标准化管理考核评价标准（试行）》和《江西省水文站标准化管理操作手册编制指南（试行）》（赣水文建管发〔2018〕第 7 号）。

2018 年 4 月 28 日，吉安市水文局制定《吉安市水文局国家基本水文站标准化管理实施方案》，并上报省水文局（吉市水文字〔2018〕第 9 号）。

2018 年 8 月 2 日，省水文局印发《国家基本水文站标准化管理考核督查工作方案》（赣水文建管发〔2018〕第 15 号）。

2018 年 9 月 12 日，省水利厅水利工程标准化管理办公室印发《关于在全省水利工程标准化管理工作中推行“六步法”的通知》（赣水建管便函〔2018〕第 195 号），提出了“理清管理事项、确定管理标准、规范管理程序、科学定岗定员、建立激励机制、严格考核评价”六步法工作要求，全力推进水利工程标准化管理。

2018 年 11 月 13 日，省水文局下发《江西省水文测站标识标牌标准应用指南》（赣水文建管发〔2018〕第 19 号），制定了江西省水文测站界桩（牌）、标识标牌标准，对水文测站站牌、公告片、断面标志桩、界桩（牌）的文字内容、制作方法等作了明确规定。要求各水文测站按标识标牌标准，统一现有的水文测站标识标牌。

2018 年 12 月 11 日，上沙兰水文站通过省水利厅标准化管理检查验收，达一级管理标准；赛塘水文站通过省水文局标准化管理检查验收，达一级管理标准。

2018 年 12 月 28 日，省水文局印发《江西省水文局关于发布 2019—2020 年国家基本水文站工程标准化管理名录的通知》（赣水文建管发〔2018〕第 23 号）。按通知要求，国家基本水文站吉安、峡江、新田、莲花、白沙、林坑 6 站 2019 年年底前达到一级标准站，彭坊、仙坑 2 站 2019 年年底前达到二级标准站；栋背、滁洲 2 站 2020 年年底前达到一级标准站，坳下坪、鹤洲 2 站 2020 年年底前达到二级标准站。

2019 年 4 月 26 日，省水利厅办公室印发《关于 2019 年全省水利工程标准化管理工作的指导意见》（赣水办建管字〔2019〕第 6 号）。

2019 年 12 月，吉安、峡江、新田、莲化、林坑、白沙、仙坑、彭坊等 8 站通过了省水文局组织的标准化管理检查验收，均达一级标准站。

2020 年 1 月 2 日，省水利厅下发《关于我省国家基本水文站站网调整的批复》（赣水防字〔2020〕第 1 号），遂川、永新、井冈山专用水文站升级为国家基本水文站。从此，遂川、永新、井冈山站纳入标准化管理创建站。

2020 年 4 月 1 日，省水文局印发《江西省水文局关于 2020 年国家基本水文站标准化管理工作的指导意见》《江西省国家基本水文站标准化管理评价标准（试行）》《江西省国家基本水文站标准化管理评价验收办法（试行）》（赣水文建管发〔2019〕第 12 号）。指导意见指出，列入 2020 年标准化管理名录内的国家基本水文站，应在 2020 年 12 月底前全面完成标准化管理创建工作，由各类水文（位）站调整优化为国家基本水文站的力争达标。根据 2020 年标准化管理名录，国家基本水文站栋背站（大河控制站）2020 年年底前达到一级标准站，滁洲、鹤洲、遂川、永新等站（区域代表站）2020 年年底前达到二级标准站，坳下坪、井冈山站（小河站）2020 年年底前达到三级标准站。

2020 年 6 月 9 日，省水文局下发《关于公布全省 2018 年、2019 年国家基本水文站标准化管理达标名单的通知》（赣水文建管发〔2020〕第 12 号），2018 年上沙兰、赛塘站达一级标准，2019 年吉安、峡江、新田、莲化、林坑、白沙、仙坑、彭坊等 8 站达一级标准。

2020 年 11 月，吉安市水文局创建标准化管理站，通过了省水文局组织的标准化管理检查验收，均达一级标准站。至此，吉安市水文局所有国家基本水文站均达标准化管理一级标准。

第四节　水　文　宣　传

水文宣传主要采取电视广播、报刊、广告、宣传横幅、水文网站、上街摆放宣传展板、散发宣传材料、回答市民咨询等多种方式，向各级党政领导宣传、向社会宣传。

水文内刊

1964 年，江西省水利电力厅水文气象局吉安分局编制《情况反映》，主要内容有专论、新人新事、站讯等，这是吉安水文最早的水文内部刊物。

1977 年 5 月 18 日，井冈山地区水文站编制《关于请示发行〈井冈水文〉特刊的报告》，向井冈山地区革命委员会政治部宣传组请示，将《情况反映》改为《井冈水文》，作为吉安水文的内部刊物。《井冈水文》主要内容是交流全区水文系统建设大寨式水文站的经验，业务、技术经验点滴体会，测站管理的工作经验，开展社会主义劳动竞赛、技术革命和技术革新等情况的反映。

1977 年 6 月，发行《井冈水文》第一期。

1983 年 1 月，《井冈水文》更名为《水文工作简报》。《水文工作简报》的主要栏目有：综合报道、简讯、技术引进、好人好事等。《水文工作简报》每月至少 1 期，1987 年全年共出刊 14 期，1989 年全年共出刊 17 期。

1991 年《水文工作简报》刊印至第 7 期，从第 8 期开始，更名为《吉安水文》。

《吉安水文》以弘扬“宣传科学理论，传播先进技术，塑造美好心灵，弘扬水文精神，丰富水文生活”的办刊宗旨，成立编辑小组，建立通讯员队伍，制定奖励措施，编辑防汛抗旱专辑；栏目分设，内容丰富，一般全年出刊 4～10 期。《吉安水文》主要栏目有：动态报道、测站通讯、科技荧屏、新风赞、知识窗、七彩虹、法纪镜头、警钟长鸣、简讯、思想火花等。

2018 年 7 月，依据 2015 年 2 月 10 日发布的《内部资料性出版物管理办法》（国家新闻出版广电总局令第 2 号），《吉安水文》停刊。

水文网站

2003 年 12 月 26 日，吉安市水文分局“吉安水文”网站正式开通，网址为 www.jasw.com。

“吉安水文”网站主要内容包括首页、水文概况、单位职能、领导介绍、雨水情查询、水环境、水资源、在线会商、留言板等，版面新颖、栏目众多、内容丰富，体现了水文特色，是水文对外宣传和服务的重要渠道。

2004 年 6 月 1 日，省水文局下发《关于开通江西水文网站的通知》（赣水文讯发〔2004〕第 1 号），“江西水文”网站正式开通。

2005 年 8 月 3 日，吉安市水文局印发《吉安水文网站管理办法》（吉市水文发〔2005〕第 12 号）。

2014 年 7 月 9 日，省水文局印发《江西省水文局网站管理办法（试行）》（赣水文办发〔2014〕第 6 号）。

2017 年 5 月 1 日，吉安市水文局微信公众号“吉安水情信息”正式上线，开设了“水情信息”“水情预警”等栏目。吉安水情信息微信公众号是一个推送暴雨山洪灾害预警、中小河流洪水预报预警，提请相关单位加强防范的实用平台。通过该公众号，社会各界可以了解全市每日雨水情情况，随时随地查询全市各县（市、区）雨水情动态。全市各县（市、区）、乡（镇）等 2000 多人关注该微信公众号。

2017 年 11 月 6 日，江西省政府网站整改抄告单（赣府公开办抄字〔2017〕第 10 号），吉安市水文局网站（http：//www.jasw.com.cn/news/index.html）列入整改中。

2019 年 1 月，吉安市水文局网站停办，其网站信息纳入江西省水文局网站。

水文宣传作品

1990 年以前，新闻机构刊登吉安水文报道为数不多，之后逐年增多。吉安水文通过加大水文对外宣传力度，加强与新闻机构联系，省、市、县新闻媒体经常刊登播发吉安水文工作和典型事迹。

现摘录部分刊登的水文宣传作品。

1990 年，吉安电视台、江西电视台《先锋篇》栏目播放吉安地区水文站党支部书记、站长周振书勤政廉政事迹录像。

1995 年 5 月 15 日，《井冈山报》刊登《无言的感召——来自地区水文分局的启示》。

1998 年 3 月 10 日，吉安电视台记者采访吉安水文站，并在当晚吉安新闻节目中播出采访内容。

1998 年，河海大学《成人教育专辑》刊登刘福茂撰写的《井冈山下擒龙人》。

1999 年 1 月 30 日，《井冈山报》《吉安晚报》刊登刘福茂撰写的《我区江河水位进入历史枯水期》。此报道还在吉安电视台“新闻节目”中播放。

1999 年 5 月 2 日，吉安地区电视台“吉安新闻”播出采访吉安地区水文分局水情科和测站工作情况。

1999 年 5 月 19 日，应中共吉安地委、地区行署邀请，吉安地区水文分局副局长、高级工程师郭光庆在全区领导干部《科学防汛抢险研讨班》上，向县（市）防汛指挥长作《洪水监测与洪水预报》专题报告，着重介绍水文部门在防汛减灾中的作用。

2000 年 6 月 30 日，吉安电视台到吉安水文站实地采访拍摄水文工作及赣江两岸 50 年来的社会变迁史。

2001 年 2 月，省水文局表彰 2000 年全省水文好新闻。刘福茂撰写的《鄱阳湖分蓄洪区数字化测图成果达国内先进水平》（刊登于 2000 年 9 月 8 日《人民长江报》）获得了 2000 年全省水文好新闻三等奖。

2002年1月9日，省水文局党委《关于表彰2000年、2001年全省水文宣传先进集体和先进个人的决定》（赣水文党字〔2002〕第4号），廖金源撰写的《乌江行》（刊登于《江西水文》第2期）、苏达纯和孙立虎撰写的《敲起水资源匮乏的警钟》（刊登于《江西水文》第9期）获得了2001年《江西水文》好作品三等奖。

2002年3月8日，吉安电视台播放吉安水文为国民经济建设搞好测绘服务的新闻。

2003年1月16日，《中国水利报》刊登《禾水河畔创一流——记全国水利系统先进集体吉安上沙兰水文站》。

2003年1月23日，《人民长江报》刊登《禾水河畔结硕果——记全国水利系统先进集体吉安上沙兰水文站》。

2003年2月，省水文局表彰水文宣传好作品。邓红喜撰写的《危难之外显身手历尽艰辛缚苍龙——吉安水文人抗击"02·6特大洪水纪实"》获得了《江西水文》好作品二等奖。

2004年2月，省水文局表彰2003年全省水文宣传好作品。邓红喜撰写的《加强职工教育，促进水文事业发展》（刊登于《水利职工教育》2003年第3期）获得了全省水文好新闻二等奖。邓红喜撰写的《加强职工教育，促进智力开发》获得了《江西水文》好作品一等奖。

2005年2月，省水文局表彰2004年全省水文宣传好作品。《江河潮》第3期刊登吉安市水文分局刘福茂撰写的《访谈录》（刊登于《江河潮》2004年第3期）获得了2004年全省水文好新闻二等奖。罗嗣藻撰写的《赣江洪水四猛涨》（刊登于《人民长江报》2004年6月1日）获得了2004年全省水文好新闻三等奖。邓红喜撰写的《发展水文事业必须加快水文立法进程》获得了《江西水文》好作品三等奖。

2005年7月9日，《人民长江报》刊登吉安市水文分局廖金源撰写的《用"拳头"产品开路——江西省吉安市水文分局发展水文经济纪略》，全文展示吉安水文测绘队伍以优质的服务赢得市场，活跃在省内外的英姿。此新闻获得了2005年全省水文好新闻三等奖。

2005年，《江河潮》第3期刊登吉安市水文局邓红喜撰写的《危难之外显身手——吉安水文人抗击"05·5纪实"》，此新闻获得了2005年全省水文好新闻三等奖。

2006年3月，省水文局表彰2005年全省水文宣传好作品。吉安市水文局廖金源撰写的《用"拳头"产品开路》（刊登于《人民长江报》2005年7月9日）、邓红喜撰写的《危难之处显身手》（刊登于《江河潮》2005年第3期）获得了全省水文好新闻三等奖。

2006年4月13日，吉安市电视台"今晚八点"栏目组记者，采访报道吉安水情分中心数据采集，吉安、赛塘水文站测洪工作情况。

2006年6月8日，吉安市电视台《今晚八点》栏目组记者采访报道吉安水文站，现场拍摄水文职工防汛测报实况。

2006年9月14日，中国水利文学艺术协会下发《关于"人水和谐"（朗诵文本）诗歌征文评奖结果的通知》（水文协〔2006〕第19号），吉安市水文局冯毅创作的《我自豪，我是水文人》获得了"优秀奖"。

2007年1月，省水文局表彰2006年全省水文宣传好作品。吉安市水文局邓红喜撰写的《深情演绎水上奇迹》（刊登于《江河潮》2006年第4期），获得了2006年全省水文好新闻三等奖。邓红喜撰写的《天赋＋勤奋助他问鼎》获得了2006年《江西水文》好作品三等奖。

2007年6月16日，中央电视台报道吉安市暴雨山洪灾害监测预警系统一期工程的减灾效益情况。

2007年8月15—16日，新华社江西分社记者采访报道吉安市暴雨山洪灾害监测预警系统一期工程。

2008年3月23日，吉安电视台播放了采制吉安市水文局的《珍惜水资源，科技兴水文》专题报道。

2008年3月，省水文局表彰2007年全省水文宣传好作品。邓红喜撰写的《天赋＋勤奋助他问鼎》（刊登于《江河潮》2007年第4期）获得了2007年全省水文好新闻二等奖。刘福茂撰写的《打造现代化的水文站网》（刊登于2007年3月3日《人民长江报》）获得了2007年全省水文好新闻三等奖。

2008年5月26日，《井冈山报》头版刊登《我市援川水文队员首战告捷》。27日至29日，吉安电视台记者两次电话连线，采访正在四川地震灾区进行水文勘测的潘书尧。

2008年6月26日，《江西日报》《江南都市报》《信息日报》《井冈山报》《吉安晚报》、吉安人民广播电台，联合采访吉安市水文局潘书尧入川抗震救灾的先进事迹。

2008年7月3日，新华社江西分社记者采访报道遂川县暴雨山洪监测预警系统建设、运行和维护管理情况。

2009年4月13日，省水文局发布《关于表彰2008年全省水文宣传热心撰稿人、好新闻、好作品的通知》（赣水文人发〔2009〕第10号）。潘书尧撰写的《抗震救灾系列报道》（刊登于《江西水利信息》）获得了2008年全省水文好新闻特等奖，邓红喜撰写的《吉安510万建山洪灾害预警系统》（刊登于《人民长江报》）获得了2008年全省水文好新闻二等奖。蒋胜龙撰写的《国家防汛抗旱指挥系统一期工程江西省吉安水情分中心通过预验收》获得了《江西水文》好作品新闻类三等奖。邓红喜撰写的《共产党员》获得了《江西水文》好作品文艺类三等奖。

2009年12月9日，邓红喜创作的《渐行渐远的水情拍报声》荣获中国水利文协“放歌水利，心系民生”文学作品创作主题征文活动散文类三等奖。

2010年3月21日，省水文局下发通知（赣水文发〔2010〕第3号），表彰2009年水文宣传好作品。蒋胜龙撰写的《吉安水文争创水文技术能手活动稳步推进》获得了新闻类二等奖；康茂英撰写的《一个华丽转身　四篇精品文章》获得了论文类三等奖；邓红喜撰写的《渐行渐远的水情拍报声》获得了文艺类一等奖，李文军、蒋胜龙撰写的《我们的女站长》获得了文艺类二等奖。

2010年3月，吉安市水文局邓红喜撰写的《渐行渐远的水情拍报声》获得了水利部办公厅、中国水利报社举办的“见证水利60年”征文二等奖。

2010年6月，《吉安机关党建》内刊第8期刊载《赣江两岸党旗红——记先进基层党组织市水文局党总支》一文，市委书记周萌对该文作重要批示：“市水文局在这次抗洪抢险中所做出的积极贡献，更证明了加强基层党组织建设的重要”。

2010年7月6日《吉安机关党建》第11期刊登《沧海横流，方显英雄本色——吉安市水文局抗击“10·6”洪水纪实》，全面报道吉安市水文干部职工与“10·6”特大洪水展开殊死搏斗的英雄壮举。

2010年8月17日《吉安晚报》在“十年吉安”辉煌巡礼特别报道栏目中，用两个版面刊登了《吉安市水文局大水文探索与实践》，报道分五个方面，全面记录了吉安市水文局近十年的发展历程。

2010年12月，在水利部安监司主办、中国水利文协承办的“民生水利与安全发展”有奖征文活动中，吉安水文勘测队副队长唐晶晶撰写的《以人为本，安全发展》获得了优秀奖。

2011年3月4日，省水文局印发《关于表彰2010年江西水文宣传好作品和热心撰稿人的通知》（赣水文党办发〔2011〕第1号）。袁锦文、蒋胜龙撰写的《水利部授予吉安市水文局“全国水利行业技能人才培育突出贡献奖”称号》（刊登于《江西水文》第一期）获得了《江西水文》好作品新闻类三等奖；邓红喜《吉安水文人才问题探讨》（刊登于《中国水利教育与人才》）获得了《江西水文》好作品论文类二等奖；邓凌毅、刘海林撰写的《足迹》（刊登于《江西水文》第十二期）获得了《江西水文》好作品文艺类二等奖，颜照亮撰写的《又是一年螺蛳肥》（刊登于《江西水文》第九期）获得了《江西水文》好作品文艺类三等奖。

2011 年 7 月 12 日，《中国水利报》“民生水利”周刊第 57 期一线故事栏目刊登了吉安市水文局刘福茂撰写的《一条水文信息　助三千群众转危为安》，报道了吉安水文的防汛故事。

2011 年 9 月，中共江西省直机关工委主办的《风范》第 9 期刊登《江西水文系统一面旗》，报道了吉安市水文局党建工作。

2014 年 12 月 21 日，省水利厅印发《关于全省首次节水征文活动评选结果的通报》（赣水资源函〔2014〕21 号），饶伟撰写的《谈节约用水的法制基础与困境》获得了三等奖，林柳枝撰写的《伯母家的污水桶》获得了优秀奖。

2015 年 11 月 23 日，省水文局印发《关于表彰“精彩——水文视界”摄影比赛获奖作品的通知》（赣水文办发〔2015〕第 13 号），王文艺的《哥俩》、唐晶晶的《洪峰之上的水文孤舟》获得了水文工作类二等奖，刘海林的《山洪灾害调查》获得了三等奖；王文艺的《炊烟》获得了非水文工作类三等奖。

2016 年 3 月 29 日，中国水利信息网刊登《吉安水文测报赣江超警戒洪水图片报道》。

2016 年 4 月 20 日，《吉安晚报》刊登班磊撰写的《万安发布洪水蓝色预警》。

2016 年 10 月 20 日，《吉安晚报》首席记者贺晓梅的报道《吉安水文人收获满满》，报道了吉安水文在第六届江西省水文勘测技能大赛上取得的优异成绩。

2016 年 11 月 13 日，《井冈山报》刊登刘海林撰写的《吉安水文获省技能大赛佳绩》。

2018 年 9 月 13 日，《中国水利报》肯定吉安水文贯彻落实地方性法规，刊登刘福茂撰写的吉安水文《发挥行业优势　保护“一库清水”》。

2018 年 11 月 12 日，省水文局下发《关于公布 2018 年全国水利安全生产知识网络竞赛获奖名单的通知》（赣水文安监函〔2015〕第 4 号），吉安市水文局获得了“优秀组织奖”。

2018 年，吉安市水文局罗晶玉撰写的《让初心照进历史》，刊登于 2018 年《江河潮》第 3 期。

2019 年 5 月 21 日，《中国水利报》刊登吉安市水文局刘军华撰写的《召之即来　来之能战　战之必胜》。

2019 年 6 月 18 日，《中国水利报》刊登吉安市水文局林柳枝、刘海林撰写的《红土地上水文人的“高考”——江西吉安水文抗击“6·7”洪水纪实》。

2019 年 7 月 2 日，《中国水利报》刊登吉安市水文局罗晶玉撰写的《洪水中的逆行者——江西吉安水文人全力迎战大洪水》。

2019 年 11 月 15 日，“礼赞新中国　奋进新世代”——全省水利职工摄影作品展上，王文艺的《霞》获得了一等奖。

第六篇 机构队伍

吉安市的水文观测，起始于1929年。水文测站由江西省水利局直接领导。1952年3月，省水利局确定，吉安二等水文站定为中心站，履行管理测站职责。1956年11月，成立江西省水利厅水文总站吉安分站，内设办公组、业务检查组和资料审核组，成为地区级水文管理机构。1989年1月，省编委同意吉安地区水文站为相当于副处级事业单位。2008年9月，经中共江西省委、省人民政府批准，吉安市水文局正式职工全部参照《中华人民共和国公务员法》管理。

第一章 体 制 机 构

第一节 市 级 机 构

吉安市水文局

1952年以前，吉安地区未设水文管理机构，水文测站由江西省水利局直接领导。

1952年3月，省水利局确定，吉安二等水文站定为中心站，分区管理水文测站业务和经费核拨工作，中心站负责人刘富安。同年11月，吉安二等水文站改吉安一等水文站，按水系划分原则，对管理范围进行了调整。

1953年11月，省水利局调李正顺负责吉安一等水文站工作。

1954年6月，王行仁任吉安一等水文站行政站长。

1954年12月，省水利局报经省编制委员会批复，水文站的干部理论学习、思想教育，由行署具体领导，干部材料、人事关系和业务部署，由省水利局掌握。

1955年2月，省水利局任命郝文清为吉安一等水文站站长。同年5月，增任涂吉生为吉安一等水文站副站长，主管技术业务。

1956年7月，江西省水利厅水文总站成立。同年11月，吉安一等水文站改为江西省水利厅水文总站吉安分站，成为地区级水文管理机构，内设办公组、业务检查组和资料审核组，郝文清、涂吉生任正副站长。

1957年6月，江西省人民委员会发出“关于加强各级水文测站领导和水文人员管理的通知”，吉安水文分站实行双重领导，即分站的行政领导、干部管理与财务工作由吉安专署领导，由吉安专署农林水办公室具体管理，业务工作仍由省水文总站管理。

1958年3月，江西省水利厅发出“关于水文测站管理区域划分的通知”，决定各分站的测站管理区域，按各专（行）署行政区域划分，仍设立吉安水文分站。同年5月，江西省水文气象局成立。9月，吉安水文分站与省水文气象局派驻吉安的气象组合署办公。

1959年3月，江西省人民委员会批准省水电厅《关于水文气象机构体制下放问题的报告》，全省各级水文气象站、台、哨一律下放所在专署、县领导。从此，吉安水文分站归吉安专署领导，全区各水文测站归所在县人民委员会领导。同年4月，经吉安地委农工部批示，成立吉安专区水文气象总站，总站下设行政组、水文组、气象组和水文气象服务台，1960年又将组改为科、室（秘书科、资料室、气象台站管理科、水情预报科）。郝文清任吉安专区水文气象总站副站长，主持工作。同年9月，吉安地委任命汤忠余为吉安专区水文气象总站站长。

1961年7月，吉安地委增任张俊英为吉安专区水文气象总站副站长，并兼任水文气象服务台台长。

1962年5月，经江西省精简职工减少城镇人口工作领导小组批准，吉安专区水文气象总站体制上受省水电厅直接领导，由省水文气象局直接管理，党团组织关系仍由当地管理。同年7月，吉安专区水文气象总站改名吉安水文气象总站，汤忠余任站长。同年10月，汤忠余调离，吉安水文气象总站由副站长郝文清主持工作。

1963年3月4日，省水电厅党组下发《干部任免通知》（水电党发字〔63〕第006号）任命苏政财任吉安水文气象总站副站长。

1963年9月13日，江西省人民委员会下发《关于将水文气象总站改为水文气象分局的批复》，吉安水文气象总站更名为江西省水利电力厅水文气象局吉安分局，行政上受省水电厅直接领导，业务上由省水文气象局管理。郝文清、苏政财任分局副局长，由郝文清主持工作。

1963年9月27日，省编委下发《关于转发水电厅对全省水文气象事业人员编制调整意见的通知》（赣编字〔63〕第223号），吉安水文气象分局人员编制由原170人调整为180人（含气象人员编制）。

1963年11月6日，省水电厅下发文件（水电人字〔63〕第1580号）批复省水文气象局，吉安水文气象分局下设秘书科、水文科、气象科和水文气象服务台。

1964年1月1日，全省水文工作收归水利电力部领导，启用“水利电力部江西省水文总站”（以下简称省水文总站）印章。

1964年12月12日，省水文总站下发《关于下达水文人员编制的通知》（水气人行字〔64〕第041号），吉安水文气象分局水文人员编制定编99人，其中机关32人，测站67人。

1964年12月17日，省劳动局、省水文总站下发《关于水文部门补充60人的通知》（劳配字〔64〕第2972号）（赣文总字〔64〕第082号），补充吉安水文气象分局人员编制8人。

1965年9月，吉安水文气象分局增设政治工作办公室。

1966年年底，地委调刘庭玉任吉安分局代理局长（1969年秋调离）。

1967年2月9日，成立“江西省吉安地区水文气象革命生产委员会”（吉会水气字〔67〕第005号）。

1968年11月15日，经吉安专区革命委员会批准，成立井冈山专区水文气象站革命委员会（井水气革字〔68〕第001号），由旷圣发、肖在梧任副主任，旷圣发主持工作。

1969年7月22日，井冈山专区革命委员会政治部下发文件（井政〔69〕第047号），任命王培德为井冈山专区水文气象站革委会副主任，免去肖在梧的井冈山专区水文气象站革委会副主任职务。同年10月，任命张智为井冈山专区水文气象站革委会主任。

1970年6月8日，江西省革命委员会抓革命促生产指挥部下发《关于水文气象体制下放的通知》（赣部计字〔70〕第096号），根据水电部军管会关于水文体制下放的通知精神，决定将省属各专（市）、县水文气象台站革委会下放由各专（市）、县革命委员会领导。从此，井冈山专区水文气象站下放地方领导，各水文、水位站先后由各县水利（电）局指定负责人，未设水文、水位站的县的雨量站直接由井冈山专区水文气象站革委会管理。

1971年1月，根据江西省革命委员会、省军区指示，水文气象机构分设。同年5月，井冈山专区水文气象机构分设，成立井冈山地区水文站，属井冈山地区水电局领导。井冈山地区水文站下设政办组、测验组、资料组、水文情报预报组，由张智任主任、旷圣发任副主任。

1971年9月27日，井冈山地区革命委员会抓革命促生产指挥部下发《关于同意成立“井冈山地区水文站”的批复》（井生〔1971〕第77号），同意成立“井冈山地区水文站”，由地区水利电力局领导和管理。

1973年1月，井冈山地区水文站下设机构调整为政办组、测验资料组、水文情报预报组。郝文清任井冈山地区水文站主任。

1977年11月，井冈山地区革命委员会任命黄长河、周振书为井冈山地区水文站副主任，取消革命领导小组。

1979年7月，井冈山地区更名为吉安地区。同年8月，井冈山地区水文站随地区更名为吉安地区水文站。

1979年9月18日，省革委会向各行政公署、各市、县、井冈山、庐山革委会批转省水利局下发《关于改变我省水文管理体制的请示报告》（赣革发〔79〕第175号），同意将各地、市、县管理的国家基本水文站、水位站、雨量站收回，由省水利局直接领导。12月12日，省水利局印发《关于做好水文管理体制上收工作的通知》（赣水电政字〔79〕第030号），要求在12月底前完成水文管理体制上收工作。

1980年1月，吉安水文管理体制上收，吉安地区水文站更名为江西省水利厅吉安地区水文站，由省水利局直接领导，省水文总站具体管理，其党团组织和政治思想教育，仍由当地党委领导。

1980年2月13日，省政府通知，江西省水利局改名江西省水利厅。

1980年4月，郝文清调任省水文总站副站长，吉安地区水文站由副站长黄长河主持工作。

1980年11月13日，省政府办公厅下发《关于同意恢复各地区水文管理机构的批复》（赣政厅〔1980〕第183号），批复省水利厅同意恢复吉安地区水文站作为省水利厅的派出机构，行政上由省水利厅直接领导，井冈山市的水文测站由吉安地区水文站管理。

1981年2月24日，省水利厅下发《关于地、市水文站机构设置的批复》（赣水人字〔81〕第013号），同意吉安地区水文站下设人秘科、测资科、水情科。

1983年12月，黄长河调任省水文总站任职，吉安地区水文站由副站长周振书主持工作。

1984年9月11日，省水利厅党组下发《关于苏松茂等同志任职的通知》（赣水党字〔84〕第020号），任命周振书为吉安地区水文站站长。9月28日，省水文总站党总支下发《关于傅绍珠等同志任职的通知》（赣水文党字〔84〕第005号），任命李达德、郭光庆2人为吉安地区水文站副站长。

1985年11月2日，成立吉安地区水文站测量队，对外开展地形地籍等测量工作。

1989年1月18日，省水文总站党总支下发《关于程琦等同志职务任免的通知》（赣水文党字〔89〕第002号），任命李达德为吉安地区水文站主任工程师。

1989年1月20日，省编委印发《关于全省水文系统机构设置及人员编制的通知》（赣编发〔1989〕第009号），同意吉安地区水文站为相当于副处级事业单位，定事业编制195名，内设办公室、水情科、水质监测科、测资科、水资源科5个副科级机构，吉安、峡江、吉水新田、吉安上沙兰、万安栋背、吉安赛塘、遂川水文勘测队7个正科级水文站（队），莲花千坊1个副科级水文站，其他站（未定级别）13个［吉水木口、杏头、吉安鹤洲、泰和沙村、吉州毛背、安福彭坊、永丰伏龙口、井冈山（原宁岗县）茅坪、永新远泉水文站和泰和、新干、永新、遂川夏溪水位站］。

1989年2月10日，省水利厅下发《关于全省各地市水文机构设置及人员编制的通知》（赣水人字〔89〕第007号），根据之前公布的文件（赣编发〔1989〕第009号）精神，同意吉安地区水文站为相当于副处级事业单位，定事业编制195名，其中机关47名；内设副科级科室5个，下设科级大河控制站（队）7个，副科级区域代表站1个，其他站（未定级别）13个。

1989年5月3日，省水利厅党组下发《关于李书恺等同志职务任免的通知》（赣水党字〔89〕第010号），任命周振书为吉安地区水文站站长。5月11日，省水文总站党总支下发《关于傅绍珠等同志职务任免的通知》（赣水文党字〔89〕第004号），任命郭光庆、金周祥2人为吉安地区水文站副站长。

1989年5月29日，省水文总站党总支下发《关于加强干部管理明确管理权限的通知》（赣水文党字〔89〕第005号），明确全省水文系统的干部管理权限：省水文总站党总支管理地区水文站副站长、办公室主任、主任工程师、正科级单位的正职的任免事项，其他正科级单位的副职及副科级单位的正、副职干部由各地区水文站党组织任免；其中地区水文站机关内设的副科级机构的正、副职干部先报省水文总站党总支备案同意后任免。自 1989 年 6 月 1 日起执行。

1989 年 6 月 28 日，吉安地区劳动局下发《关于同意吉安地区水文站成立劳动服务公司的批复》（吉地劳就〔1989〕第 02 号），同意吉安地区水文站成立劳动服务公司。

1990 年 5 月 8 日，吉安地区水文站下发《关于检发〈吉安地区水文站站务会议纪要〉的函》（吉地水文站字〔90〕第 10 号）。决定成立技术咨询服务科（暂定名），负责全区的多种经营和技术咨询服系工作。

1991 年 2 月 2 日，省编委向省水利厅下发《关于"江西省水文总站"更名的通知》（赣编发〔1991〕第 16 号），同意将江西省水文总站更名为江西省水文局。

1991 年 8 月 10 日，吉安地区水文站印发《关于启用咨询服务科印章的函》（吉地水文站字〔91〕第 33 号），决定成立吉安地区水文站咨询服务科。

1992 年 6 月 17 日，省水利厅下发《关于周振书同志任职的通知》（赣水党字〔1992〕第 012 号），任命周振书为吉安地区水文站支部委员会书记。

1992 年 7 月 6 日凌晨，吉安地区水文站水资源科科长肖寄渭在宁冈出差测量时突发疾病，不幸离世，享年 57 岁。

1992 年 12 月 10 日，吉安地区水文站发布《关于成立吉安地区水文技术咨询服务部的通知》（吉地水文站字〔92〕第 58 号），决定成立吉安地区水文技术咨询服务部。

1992 年 12 月 19 日，省水文局下发《关于成立遂川水文勘测队的批复》（赣水文字〔92〕第 036 号），批复吉安地区水文站，同意成立遂川水文勘测队。遂川水文勘测队为正科级事业单位，管辖遂川、万安、井冈山县、市境内的水文测站，定事业编制 21 人。

1992 年 12 月 26 日，省水利厅下发《关于省水文局内设科级领导干部职数的批复》（赣水人字〔1991〕第 087 号），规定吉安地区水文站科级干部职数限额 25 名，其中正科级干部职数限额 9 名（地区水文站副站长 2 名，遂川水文勘测队队长，栋背、吉安、峡江、上沙兰、赛塘、新田站站长）。

1993 年 1 月 1 日，吉安地区水文站发布《关于启用"江西省水利厅吉安地区水文站咨询服务科"和"吉安地区水文技术咨询服务部"印章的通知》（吉地水文办字〔92〕第 03 号），决定成立"吉安地区水文站咨询服务科"和"吉安地区水文技术咨询服务部"，自 1993 年 1 月 1 日启用印章。

1993 年 3 月 12 日，省编委办公室印发《关于省水利厅地、市水文站更名的通知》（赣编办发〔1993〕第 14 号），同意江西省水利厅吉安地区水文站更名为江西省水利厅吉安地区水文分局。机构更名后，其隶属关系、性质、级别和人员编制均不变。同年 4 月 15 日，省水利厅党组下发《关于黄长河等同志任职的通知》（赣水党字〔1993〕第 008 号），任命周振书为吉安地区水文分局局长。同年 5 月 24 日，省水文局党委下发《关于郭光庆等同志职务任免的通知》（赣水文党字〔93〕第 005 号），任命郭光庆、金周祥 2 人为吉安地区水文分局副局长。

1993 年 10 月 6 日，省水利厅下发《关于对江西省水文局〈关于各地、市、湖水文分局总工设置等问题的请示〉的批复》（赣水人字〔1993〕第 051 号）批复省水文局，同意吉安地区水文分局设置总工程师岗位 1 个，同意设置副处级调研员、科级调研员职务。

1993 年 10 月 18 日，省水利厅党组下发文件（赣水党字〔1993〕第 021 号），任命刘涞祥为吉安地区水文分局调研员（正处级）。1995 年调离。

1995 年 5 月 15 日，省水文局党委发布《关于刘建新同志职务任免的通知》（赣水文党字〔95〕第 010 号），任命刘建新为吉安地区水文分局局长助理（正科级），免去其遂川水文勘测队队长职务。

1996 年 5 月 8 日，吉安地区水文分局印发《关于检发〈局务会议纪要〉的通知》（吉地水文字〔96〕第 07 号）。决定从 1996 年 5 月起，成立吉安地区水文分局测绘队。

1996年6月13日，省水文局党委发布《关于刘玉山等同志职务任免的通知》（赣水文党字〔96〕第026号），根据中央和省委组织部关于领导干部进行交流的有关精神，任命刘玉山为吉安地区水文分局副局长、支部委员。同时，刘建新调往宜春地区水文分局任职，免去其吉安地区水文分局局长助理职务。

1998年2月23日，省水利厅党委下发《关于刘建新等同志职务任免的通知》（赣水党字〔1998〕第004号），任命刘建新为吉安地区水文分局局长、周振书为吉安地区水文分局助理调研员，免去周振书的吉安地区水文分局局长职务。同年10月12日，省水文局党委下发文件（赣水文党字〔98〕第024号），任命邓红喜为吉安地区水文分局副局长。

1999年，“吉安地区水文分局劳动服务公司”改名为“吉安地区水文分局技术咨询服务科”，为地区水文分局内设机构（未定级别）。

2000年3月21日，省水利厅党组发布《关于周振书同志免职的通知》（赣水党字〔2000〕第05号），免去周振书在吉安地区水文分局担任助理调研员职务，并退休。

2000年10月23日，鉴于吉安撤地设市，省编委办公室印发《关于吉安等地区水文分局更名的通知》（赣编办发〔2000〕第71号），同意将江西省水利厅吉安地区水文分局更名为江西省水利厅吉安市水文分局。

2000年10月31日，省发展计划委员会批复省水利厅，同意2000年实施吉安水文勘测队基地和测报设施的建设。

2001年5月10日，水利厅发布《关于熊小群等同志任职的通知》（赣水人字〔2001〕第16号），任命刘建新为吉安市水环境监测中心主任。

2002年3月20日，省水文局党委下发《关于同意成立中共吉安市水文分局党组的批复》（赣水文党字〔2002〕第8号），批复吉安市水文分局，同意成立吉安市水文分局党组。同年4月11日，中共吉安市委发布《关于成立吉安市水文分局党组的通知》（吉字〔2002〕第19号），决定成立吉安市水文分局党组。同年11月6日，中共吉安市委复函省水文局党委《关于刘建新等同志任职的复函》（吉干〔2002〕第156号），同意刘建新任吉安市水文分局党组书记，邓红喜、金周祥2人任党组成员。

2003年1月2日，省水文局党委发布《关于郭光庆同志免职的通知》（赣水文党字〔2003〕第01号），免去郭光庆在吉安市水文分局担任副局长职务，并退休。

2003年3月11日，省水文局党委下发《关于加强干部管理工作的通知》（赣水文党字〔2003〕第06号）。对全省水文系统干部管理权限和任免材料报送注意事项作出进一步明确。明确各地市水文分局副局长、副总工程师、正科级站（队）长由省水文局党委任免。各地市水文分局正科级单位的副职及副科级单位的正副职由各地市水文分局党组织任免。要求做到民主推荐、组织考察、民意测验、任前公示。

2003年4月29日，省水文局党委发布《关于李慧明同志任职的通知》（赣水文党字〔2003〕第10号），任命李慧明为吉安市水文分局副局长，并提名为中共吉安市水文分局党组成员。同时，免去其遂川水文勘测队的队长职务。

2003年5月8日，吉安市水文分局下发《关于成立吉安市井冈测绘院的批复》（吉市水文发〔2003〕15号），经省测绘局、吉安市工商行政管理局审核批准，吉安市水文分局“井冈测绘院”正式成立，并获得了省测绘局颁发的丙级测绘证书。“井冈测绘院”的前身为吉安市水文分局测绘队。

2003年7月30日，中共吉安市委发布《关于李慧明同志任职的复函》（吉干〔2003〕第78号），同意李慧明任中共吉安市水文分局党组成员、副局长。

2003年11月5日，省编委办公室印发《关于调整全省水文系统人员编制的通知》（赣编办发〔2003〕第176号），对全省水文系统的人员编制进行调整。调整后，吉安市水文分局人员编制由195名调整为180名。

2004 年 2 月 12 日，省水利厅发布《关于公布水文水资源调查评价乙级资质单位名单的通知》（赣水资源字〔2004〕第 7 号），吉安市水文分局获得省水利厅授予的“水文水资源调查评价乙级资质单位”称号。

2004 年 2 月 28 日，吉安市水文分局的“井冈测绘院”举行了挂牌仪式，吉安市城建和国土部门有关领导亲临祝贺。

2005 年 8 月 1 日，省编委办公室印发《关于江西省水利厅赣州市等九个水文分局更名的批复》（赣编办文〔2005〕第 162 号），同意江西省水利厅吉安市水文分局更名为江西省吉安市水文局。

2005 年 9 月 8 日，更名后的“江西省吉安市水文局”挂牌。

2006 年 6 月 20 日，省编委办公室下发《关于调整省水利厅部分直属事业单位内设机构的批复》（赣编办文〔2006〕第 94 号）批复：调整内设机构，增设技术咨询服务科为副科级机构。调整后，吉安市水文局内设机构 15 个，其中正科级 8 个（遂川水文勘测队、吉安水文勘测队和吉安、栋背、峡江、上沙兰、赛塘、新田水文站）、副科级 7 个（办公室、水情科、水资源科、水质监测科、测资科、技术咨询服务科和莲花水文站）。

2006 年 7 月 4 日，省水利厅发布《关于调整省水文局等 10 个厅直事业单位内设机构的通知》（赣水组人字〔2006〕第 30 号），吉安市水文局调整后的内设机构为 15 个：办公室、水情科、水资源科、水质监测科、测资科、技术咨询服务科、遂川水文勘测队、吉安水文勘测队、栋背站、吉安站、峡江站、上沙兰站、赛塘站、新田站、莲花站。

2006 年 7 月 4 日，省水利厅发布《关于调整省水利规划设计院等 22 个事业单位科级领导干部职数的通知》（赣水组人字〔2006〕第 32 号），调整事业单位科级领导干部职数。调整后，吉安市水文局科级领导职数 28 名，其中正科 10 名、副科 18 名。

2007 年 9 月 29 日，省编委办公室下发《关于省河道湖泊管理局增挂牌子的批复》（赣编办文〔2007〕第 172 号），从吉安市水文局调剂全额拨款事业编制 15 名至江西省河道采砂管理局，调整后，吉安市水文局全额拨款事业编制由 180 名调整为 165 名。

2007 年 10 月 19 日，吉安市水文局下发《关于注销吉安市水文技术咨询服务部的函》，决定从 2007 年 10 月 19 日起注销吉安市水文技术咨询服务部。

2008 年 3 月 17 日，省编委办公室下发《关于增加水文局内设机构的批复》（赣编办文〔2008〕第 33 号），同意吉安市水文局增设“地下水监测科”和“组织人事科”等 2 个副科级内设机构，调整后内设机构 17 个。

2008 年 8 月 1 日，省编委办公室印发《江西省吉安市水文局（江西省吉安市水环境监测中心）主要职责内设机构和人员编制规定》（赣编办发〔2008〕第 38 号），吉安市水文局（吉安市水环境监测中心）为江西省水文局管理的副处级全额拨款事业单位。

主要职责：负责执行《中华人民共和国水文条例》和国家地方有关水文法律法规的组织实施与监督检查；负责全市水文行业管理；归口管理全市水文监测、预报、分析与计算、水资源调查评价、水环境监测和水文资料审定、裁决；负责全市防汛抗旱水旱情信息系统、水文数据库、水资源监测评价管理服务系统的开发建设和运行管理，向本级人民政府防汛抗旱指挥机构、水行政主管部门提供汛情、旱情实时水文信息；承担全市范围内江河、湖、库洪水预测预报，水生态环境、城市饮用水监测评价工作，以及水文测报现代化、信息化和新技术的推广应用工作。

内设机构：设办公室、组织人事科、水情科、水资源科、水质监测科、测资科、地下水监测科、技术咨询服务科及莲花水文站 9 个副科级机构和遂川水文勘测队、吉安水文勘测队、吉安水文站、万安栋背水文站、峡江水文站、吉安上沙兰水文站、吉安赛塘水文站、吉水新田水文站 8 个正科级机构。

人员编制：全额拨款事业编制 165 名；领导职数为局长 1 名（副处级）、副局长 4 名（正科级）、正科8名，副科25名。

2008年9月10日，江西省人事厅发布《关于江西省水文局列入参照公务员法管理的通知》（赣人字〔2008〕第228号），经省委、省政府批准，吉安市水文局正式职工全部参照《中华人民共和国公务员法》管理。

2008年9月16日，省水利厅下发《关于周世儒等同志任职的通知》（赣水组人字〔2008〕第39号）决定，任命金周祥为吉安市水文局副调研员。同年12月31日省水文局党委下发《关于温珍玉等同志职务任免的通知》（赣水文党字〔2008〕第68号），免去金周祥的吉安市水文局副局长职务。

2008年9月17日，省水文局党委发布《关于陈怡招等同志任职的通知》（赣水文人发〔2008〕第19号），任命吉安市水文局主任科员30名。

2008年9月28日，省水利厅下发文件（赣水资源字〔2008〕第67号），公布全省水文水资源调查评价乙级资质单位名单。吉安市水文局获得"全省水文、水资源调查评价乙级资质单位"称号。

2008年10月28日，省水文局发布《关于同意周国凤等同志任职备案的通知》（赣水文人发〔2008〕第35号），同意任职备案吉安市水文局副主任科员8名。

2008年12月31日，省水文局党委发布《关于温珍玉等同志职务任免的通知》（赣水文党字〔2008〕第68号），任命王贞荣为吉安市水文局副局长。

2009年6月2日，中共吉安市委组织部复函省水文局党委《关于王贞荣同志任职的复函》（吉组干函〔2009〕31号），同意王贞荣任吉安市水文分局党组成员。

2009年6月20日，省水文局党委发布《关于王贞荣同志任职的通知》（赣水文党字〔2009〕第45号），经函商吉安市委同意，王贞荣任吉安市水文局党组成员。

2010年11月1日，省水利厅发布《关于邓镇华、金周祥同志免职的通知》（赣水人事字〔2010〕第46号），免去金周祥的吉安市水文局副调研员职务，并退休。

2011年5月11日，吉安市水文局下发《关于注销吉安市井冈测绘院的通知》（吉市水文发〔2011〕第12号），因吉安市水文局列入参照《中华人民共和国公务员法》管理，决定注销井冈测绘院。"井冈测绘院"在吉安市工商行政管理局注销。

2012年3月23日，省水利厅党委下发《关于胡建民等同志职务任免的通知》（赣水党字〔2012〕第20号），任命周方平为吉安市水文局局长。免去刘建新的吉安市水文局局长职务，刘建新调往省水文局任职。

2012年3月23日，省水利厅党委下发《关于曾清勇等同志职务任免的通知》（赣水党字〔2012〕第22号），任命周方平为中共吉安市水文局党组书记，免去刘建新的中共吉安市水文局党组书记职务。

2012年9月8日，吉安市人民政府办公室抄告单（吉府办抄字〔2012〕第136号），同意吉安市水文局在拆除老办公楼后，在院内选址新建吉安市水文预测预报中心。

2012年9月10日，省水文局党委下发《关于罗晶玉等同志职务任免的通知》（赣水文党字〔2012〕第41号），任命罗晶玉为吉安市水文局副局长；免去李慧明吉安市水文局副局长职务，李慧明调省水文局任职。9月12日，省水利厅党委下发《关于袁秀琪等同志任职的通知》（赣水人事字〔2012〕第61号），任命邓红喜为吉安市水文局副调研员。

2012年10月17日，省水文局党委下发《关于龚向民等同志免职的通知》（赣水文党字〔2012〕第48号），免去邓红喜的吉安市水文局副局长职务。

2012年11月6日，省水文局党委下发《关于龙飞等同志职务任免的通知》（赣水文人发〔2012〕第19号），任命吉安市水文局龙飞等15名副主任科员晋升为主任科员。

2013年4月，省水文局党委下发《关于黄国新等同志职务任免的通知》（赣水文党字〔2013〕第13号），2013年1月13日中共江西省水文局党委会研究，并报经省水利厅批复，李凯建、康修洪 2 人为吉安市水文局副局长。

2013 年 7 月 4 日，吉安市人民政府下发《关于对吉安市水文局实行省水利厅和吉安市人民政府双重管理的复函》，复函省水利厅，同意吉安市水文局实行省水利厅和吉安市人民政府双重管理体制。

2014 年 8 月 4 日，省编委办公室下发文件（赣编办文〔2014〕第 78 号），将 6 名全额拨款事业编制从吉安市水文局划转至省水利工程质量安全监督局。调整后，吉安市水文局全额拨款事业编制由 165 名调整为 159 名。

2016 年 12 月 20 日，省编委办公室下发文件（赣编办文〔2016〕第 185 号），将吉安市水文局事业编制名额划出 4 名至江西省农业水利水电局。划转后，吉安市水文局全额拨款事业编制由 159 名调整为 155 名。

2017 年 6 月 9 日，省水文局党委下发《关于班磊等同志任职的通知》（赣水文人发〔2017〕第 17 号），任命吉安市水文局班磊等 13 名副主任科员晋升为主任科员。

2017 年 6 月 27 日，省水利厅党委发布《关于李慧明等同志职务任免的通知》（赣水党字〔2017〕第 33 号），经 2017 年 3 月 17 日厅党委决定，李慧明任吉安市水文局党组书记、周方平任吉安市水文局副调研员。并免去周方平的吉安市水文局局长、中共吉安市水文局党组书记、吉安市水资源监测中心主任职务。

2017 年 7 月 25 日，省水利厅党委发布《关于朱嘉俊等同志职务任免的通知》（赣水党字〔2017〕第 42 号），经 2017 年 3 月 17 日厅党委决定，李慧明任吉安市水文局局长、吉安市水资源监测中心主任。

2017 年 12 月 21 日，省水文局发布《关于各市（湖）局设立纪检（监察）室的通知》（赣水文人发〔2017〕第 37 号），经省水文局党委研究，决定在吉安市水文局内部设立监察室。监察室挂靠办公室，定编 2 人（主任 1 名、监察员 1 名），人员独立，专职负责纪检监察工作。

2018 年 2 月 26 日，省水文局党委发布《关于李凯建同志职务任免的通知》（赣水文党字〔2018〕第 11 号），免去李凯建的吉安市水文局副局长、吉安市水资源监测中心副主任职务，李凯建调往宜春水文局任职。

2019 年 2 月 15 日，吉安市水文局发布《关于内设机构和人员调整的函》（吉市水文人函〔2019〕第 1 号），决定设立市局机关内的技术办公室。技术办公室在局长领导下负责水文局重大技术问题的组织论证、协调、处理工作。总技术负责人列为局长办公会议和局务会成员。

2019 年 9 月 27 日，省水文局党委下发《关于熊忠文等同志职务任免的通知》（赣水文党字〔2019〕第 37 号），经 2019 年 8 月 2 日省水文局党委研究决定，并经省水利厅的批复（赣水人事字〔2019〕第 26 号）同意，周国凤任吉安市水文局副局长。

2019 年 11 月 20 日，省水文局党委下发《关于熊忠文等同志任职的通知》（赣水文党字〔2019〕第 45 号），任命周国凤为中共吉安市水文局党组成员。

2020 年 1 月 18 日，省水利厅任命周方平为吉安市水文局四级调研员（职级套转），并免去吉安市水文局副调研员职级。

2020 年 5 月 20 日，省水利厅党委下发《关于詹耀煌等同志职级任免的通知》（赣水人事字〔2020〕第 13 号），任命李慧明、周方平 2 人为吉安市水文局三级调研员。并免去周方平的吉安市水文局四级调研员职级。

2020 年 8 月 28 日，省水利厅党委下发《关于史小玲等同志职级晋升的通知》（赣水人事字〔2020〕第 22 号），任命王贞荣、康修洪 2 人为吉安市水文局四级调研员。

2020 年 12 月 2 日，省水利厅党委下发《关于邹崴等同志职级任免的通知》（赣水人事字〔2020〕第 32 号），任命李慧明、周方平 2 人为吉安市水文局二级调研员。并免去李慧明、周方平的吉安市水文局三级调研员职级。

2020年12月3日，吉安市水文局和宜春水文局在莲花水文站签订了《莲花水文站交接备忘录》，从2021年1月1日起，莲花县各项水文工作由宜春水文局负责管理。

2020年吉安市水文局领导班子成员如下。

李慧明：男，党组书记、局长、二级调研员。

周方平：男，二级调研员（借调赣州市水文局工作）。

王贞荣：男，党组成员、副局长、四级调研员。

罗晶玉：女，党组成员、副局长。

康修洪：男，副局长、四级调研员。

周国风：男，党组成员、副局长。

吉安市水文局历任领导班子见表6-1-1。

表6-1-1　　吉安市水文局历任领导班子

机构名称	姓　名	职　务	任　期	备　注
吉安二等水文站	刘富安	负责人	1952年3—11月	
吉安一等水文站	刘富安	负责人	1952年11月至1953年11月	
吉安一等水文站	李正顺	负责人	1953年11月至1954年5月	
吉安一等水文站	王行仁	站　长	1954年6月至1955年2月	
吉安一等水文站	郝文清	站　长	1955年2月至1956年10月	
	涂吉生	副站长	1955年5月至1956年10月	
江西省水利厅水文总站吉安分站	郝文清	站　长	1956年11月至1959年4月	
	涂吉生	副站长	1956年11月至1959年4月	
吉安专区水文气象总站	郝文清	副站长	1959年4—9月	主持工作
吉安专区水文气象总站	汤忠余	站　长	1959年9月至1962年7月	
	郝文清	副站长	1959年9月至1962年7月	
	张俊英	副站长	1961年7月至1962年7月	
吉安水文气象总站	汤忠余	站　长	1962年7—10月	
	郝文清	副站长	1962年7—10月	
吉安水文气象总站	郝文清	副站长	1962年10月至1963年9月	主持工作
	苏政财	副站长	1963年3—9月	
江西省水利电力厅水文气象局吉安分局	郝文清	副局长	1963年9月至1966年12月	主持工作
	苏政财	副局长	1963年9月至1965年2月	
江西省水利电力厅水文气象局吉安分局	刘庭玉	局　长	1966年12月至1968年11月	
	郝文清	副局长	1966年12月至1968年11月	
井冈山专区水文气象站革命委员会	旷圣发	副主任	1968年11月至1969年9月	主持工作
	肖在梧	副主任	1968年11月至1969年9月	
	王培德	副主任	1969年8—9月	
井冈山专区水文气象站革命委员会	张　智	主　任	1969年10月至1971年1月	
	旷圣发	副主任	1969年10月至1971年1月	
	肖在梧	副主任	1969年10月至1971年1月	
	王培德	副主任	1969年10月至1972年9月	
井冈山地区水文站	张　智	主　任	1971年1月至1973年1月	
	旷圣发	副主任	1971年1月至1973年1月	

续表

机构名称	姓名	职务	任期	备注
井冈山地区水文站（1979年8月随地区更名为吉安地区水文站）	郝文清	主任	1973年1月至1980年1月	
	旷圣发	副主任	1973年1月至1977年10月	
	黄长河	副主任	1977年11月至1980年1月	
	周振书	副主任	1977年11月至1980年1月	
江西省水利厅吉安地区水文站	郝文清	主任	1980年1—4月	
	黄长河	副主任	1980年1—4月	
	周振书	副主任	1980年1—4月	
江西省水利厅吉安地区水文站	黄长河	副站长	1980年4月至1983年12月	主持工作
	周振书	副站长	1980年4月至1983年12月	
江西省水利厅吉安地区水文站	周振书	副站长	1983年12月至1984年9月	主持工作
江西省水利厅吉安地区水文站	周振书	站长	1984年10月至1993年2月	
	李达德	副站长	1984年10月至1989年1月	
	郭光庆	副站长	1984年10月至1993年2月	
	金周祥	副站长	1989年3月至1993年2月	
江西省水利厅吉安地区水文分局	周振书	局长	1993年3月至1998年2月	
	郭光庆	副局长	1993年3月至1998年2月	
	金周祥	副局长	1993年3月至1998年2月	
	刘玉山	副局长	1996年6月至1998年2月	
	刘建新	局长助理	1995年5月至1996年6月	
江西省水利厅吉安地区水文分局	刘建新	局长	1998年3月至2000年9月	
	郭光庆	副局长	1998年3月至2000年9月	
	金周祥	副局长	1998年3月至2000年9月	
	邓红喜	副局长	1998年10月至2000年9月	
江西省水利厅吉安市水文分局	刘建新	局长	2000年10月至2005年7月	
	郭光庆	副局长	2000年10月至2003年1月	
	金周祥	副局长	2000年10月至2005年7月	
	邓红喜	副局长	2000年10月至2005年7月	
	李慧明	副局长	2003年4月至2005年7月	
江西省吉安市水文局	刘建新	局长	2005年8月至2012年2月	
	金周祥	副局长	2005年8月至2008年12月	
	邓红喜	副局长	2005年8月至2012年2月	
	李慧明	副局长	2005年8月至2012年2月	
	王贞荣	副局长	2009年1月至2012年2月	
江西省吉安市水文局	周方平	局长	2012年3月至2017年3月	
	邓红喜	副局长	2012年3—10月	
	王贞荣	副局长	2012年3月至2017年3月	
	罗晶玉	副局长	2012年9月至2017年3月	
	李凯建	副局长	2013年4月至2017年3月	
	康修洪	副局长	2013年4月至2017年3月	

续表

机构名称	姓　名	职　务	任　期	备　注
江西省吉安市水文局	李慧明	局　长	2017年3月—	
	王贞荣	副局长	2017年3月—	
	罗晶玉	副局长	2017年3月—	
	李凯建	副局长	2017年3—11月	
	康修洪	副局长	2017年3月—	
	周国风	副局长	2019年8月—	

吉安市水资源监测中心

1994年，成立江西省吉安地区水环境监测中心（以下简称吉安地区水环境监测中心）。

1994年3月19日，省编委办公室印发《关于省水文局增挂牌子的通知》（赣编办发〔1994〕第10号），同意吉安地区水文分局增挂“吉安地区水环境监测中心”的牌子，均为一套机构、两块牌子，不增加人员编制和提高机构规格。

1996年3月26日，省水利厅党委印发《关于熊小群等同志任职的通知》（赣水人字〔1996〕第011号），任命周振书为吉安地区水环境监测中心主任。

1996年4月8日，省水文局任命郭光庆、金周祥为吉安地区水环境监测中心副主任。

1996年7月31日，吉安地区水电局发布文件（吉地水电水政字〔1996〕第85号），授权吉安地区水环境监测中心负责全区水环境监测和论证工作。

1998年2月，周振书任吉安地区水文分局助理调研员，刘建新接任吉安地区水环境监测中心主任。

1998年，吉安地区水环境监测中心通过国家资质认定考核，获得国家资质认定合格证书。

2000年10月23日，鉴于吉安撤地设市，省编委办公室印发《关于吉安等地区水文分局更名的通知》（赣编办发〔2000〕第71号），同意江西省吉安地区水环境监测中心更名为江西省吉安市水环境监测中心（以下简称吉安市水环境监测中心）。

2001年2月20日，吉安市水文分局（吉安市水环境监测中心）向全市各级政府部门发布了第一期《吉安市水环境状况通报》。

2001年4月10日，省水文局党委印发《关于周方平等同志任职的通知》（赣水文党字〔2001〕第007号），任命郭光庆、金周祥、邓红喜3人为吉安市水环境监测中心副主任。

2001年5月10日，省水利厅发布《关于熊小群等同志任职的通知》（赣水人字〔2001〕第16号），任命刘建新为吉安市水环境监测中心主任。

2003年3月3日，省水利厅党委发布《关于熊小群等同志任职的通知》（赣水党字〔2003〕第3号），任命刘建新为吉安市水环境监测中心主任。

2003年3月3日，省水文局党委发布《关于白雪等同志任职的通知》（赣水文党字〔2003〕第04号），根据《产品质量检验机构计量认证/审查认可（验收）评审准则》对被审单位“组织管理”的要求，彭柏云任吉安市水环境监测中心技术负责人兼质量负责人。

2007年3月19日，吉安市水文局印发《关于建立吉安市水环境监测信息网络的通知》（吉市水文质发〔2007〕第1号），决定在全市主要河流、重点城镇和工业园区的主要入河排污口聘请50多名水环境监测信息员，建立吉安市水环境监测信息网络。

2007年7月11日，省水文局党委发布《关于刘旗福等同志任职的通知》（赣水文党字〔2007〕第38号），任命金周祥、邓红喜、李慧明3人为吉安市水环境监测中心副主任。

2007 年 10 月 10 日，省水利厅党委发布《关于谭国良等同志任职的通知》（赣水党字〔2007〕第 42 号），任命刘建新为吉安市水环境监测中心主任。

2007 年 12 月 4 日，省水文局（水环境监测中心）下发《关于任命邢久生等同志为检测报告授权签字人的通知》（赣水环监发〔2007〕第 7 号），任命邓红喜（第一人）、彭柏云（第二人）为吉安市水环境监测中心检测报告授权签字人。

2009 年 4 月 20 日，省水文局党委发布《关于李梅等同志职务任免的通知》（赣水文党字〔2009〕第 26 号），根据国家认证认可监督管理委员会《实验室资质认定评审准则》要求，孙立虎任吉安市水环境监测中心技术负责人兼质量负责人，免去彭柏云的吉安市水环境监测中心技术负责人兼质量负责人职务。

2011 年 6 月 27 日，省水文局（水环境监测中心）印发《关于任命邢久生等同志为检测报告授权签字人的通知》（赣水文环监发〔2011〕第 7 号），任命李慧明（第一人）、孙立虎（第二人）为吉安市水环境监测中心检测报告授权签字人。

2011 年 6 月 27 日，省水文局（水环境监测中心）印发《关于聘任邢久生等同志为内审员的通知》（赣水文环监发〔2011〕第 8 号），聘任吉安市水文局李慧明、孙立虎为江西省水环境监测中心内审员。

2012 年 3 月 23 日，省水利厅党委下发《关于胡建民等同志职务任免的通知》（赣水党字〔2012〕第 20 号），任命周方平为吉安市水环境监测中心主任。免去刘建新的吉安市水环境监测中心主任职务，刘建新调往省水文局任职。

2012 年 5 月 22 日，省水文局（水资源监测中心）印发《关于侯林丽等同志职务任免的通知》（赣水文源监发〔2012〕第 4 号），任命侯林丽为吉安市水环境监测中心质量负责人，免去孙立虎的吉安市水环境监测中心质量负责人职务。

2012 年 8 月 8 日，省编委办公室发布文件（赣编办文〔2012〕第 152 号），同意江西省吉安市水环境监测中心更名为江西省吉安市水资源监测中心（以下简称吉安市水资源监测中心）。

2012 年 8 月 17 日，省水利厅党委印发《关于吴星亮等同志职务任免的通知》（赣水党字〔2012〕第 38 号），任命周方平为吉安市水资源监测中心主任。

2012 年 8 月 20 日，省水文局发布《关于杨小明等同志任职的通知》（赣水文人发〔2012〕第 8 号），任命邓红喜、王贞荣为吉安市水资源监测中心副主任，孙立虎为吉安市水资源监测中心技术负责人，侯林丽为吉安市水资源监测中心质量负责人。

2014 年 4 月 5 日，省水文局发布《关于黄国新等同志职务任免的通知》（赣水文人发〔2014〕第 9 号），任命罗晶玉、李凯建、康修洪 3 人为吉安市水资源监测中心副主任。

2015 年 2 月 26 日，省水文局发布《关于韩伟等同志职务任免的通知》（赣水文人发〔2015〕第 1 号），免去邓红喜的吉安市水资源监测中心副主任职务。

2017 年 6 月 27 日，省水利厅党委印发《关于李慧明等同志职务任免的通知》（赣水党字〔2017〕第 33 号），3 月 17 日决定任命李慧明为吉安市水文局党组书记、任命周方平为吉安市水文局副调研员。免去周方平的吉安市水文局局长、中共吉安市水文局党组书记、吉安市水资源监测中心主任职务。

2017 年 7 月 25 日，省水利厅党委印发《关于朱嘉俊等同志职务任免的通知》（赣水党字〔2017〕第 42 号），3 月 17 日决定任命李慧明为吉安市水文局局长、吉安市水资源监测中心主任。

2018 年 2 月 26 日，省水文局党委发布《关于李凯建同志职务任免的通知》（赣水文党字〔2018〕第 11 号），免去李凯建的吉安市水文局副局长、吉安市水资源监测中心副主任职务，李凯建调往宜春水文局任职。

2019 年 2 月 22 日，吉安市水资源监测中心发布《关于设立监测业务室等的通知》（吉水文源发

〔2019〕第1号），决定：设立监测业务室，徐鹏任监测业务室负责人；设立质量保证室，肖莹洁任质量保证室负责人；设立分析检测室，邹武任分析检测室负责人；设立行政服务室，吴蓉任行政服务室负责人。

2019年9月27日，省水文局党委印发《关于熊忠文等同志职务任免的通知》（赣水文党字〔2019〕第37号），经2019年8月2日省水文局党委研究决定，并经省水利厅的文件（赣水人事字〔2019〕第26号）批复同意，任命周国凤为吉安市水资源监测中心副主任。

2020年5月28日，省水文局发布文件（赣水文人发〔2020〕第17号），公布郎锋祥、侯林丽为首席水质检测评价员。

吉安市水资源监测中心实验室总面积1100平方米，拥有电感耦合等离子体发射光谱仪、气相色谱-质谱联用仪、气相分子吸收光谱仪、离子色谱仪、连续流动分析仪等仪器设备。主要从事水质水生态监测及第三方检测工作，负责本辖区内江河湖库的水质水生态检测工作，参与辖区内重大突发水污染、水生态事件的应急监测处置。

吉安市水资源监测中心历任主要领导见表6-1-2。

表6-1-2　　吉安市水资源监测中心历任主要领导

机构名称	姓　名	职　务	任　期	备　注
吉安地区水环境监测中心	周振书	主任	1994年3月至1998年2月	1994年3月成立
	刘建新	主任	1998年3月至2000年10月	
吉安市水环境监测中心	刘建新	主任	2000年11月至2012年2月	
	周方平	主任	2012年3—7月	
吉安市水资源监测中心	周方平	主任	2012年8月至2017年2月	
	李慧明	主任	2017年3月—	

机关科室

1959年4月，成立吉安专区水文气象总站，总站机关设行政组、水文组、气象组和水文气象服务台。

1963年11月6日，省水电厅发布文件（水电人字〔63〕第1580号），批复省水文气象局，吉安水文气象分局机关设秘书科、水文科、气象科和水文气象服务台。

1965年9月，吉安分局机关增设政治工作办公室。

1971年5月，井冈山地区水文站机关设政办组、测验组、资料组、情报组。

1973年1月，机关科室调整，测验组和资料组合并为测验资料组。调整后为政办组、测验资料组、水文情报预报组。

1981年2月24日，省水利厅发布《关于地、市水文站机构设置的批复》（赣水人字〔81〕第013号），同意吉安地区水文站机关设立人秘科、测资科、水情科3个科。

1985年11月，成立吉安地区水文站测量队，对外开展地形地籍等测量工作。

1989年1月20日，省编委发布《关于全省水文系统机构设置及人员编制的通知》（赣编发〔1989〕第009号），同意吉安地区水文站机关内设立办公室、水情科、水质监测科、测资科、水资源科5个副科级科室。

1989年6月28日，吉安地区劳动局发布《关于同意吉安地区水文站成立劳动服务公司的批复》（吉地劳就〔1989〕第02号），同意吉安地区水文站成立劳动服务公司。

1990年5月8日，吉安地区水文站下发《关于检发〈吉安地区水文站站务会议纪要〉的函》（吉地水文站字〔90〕第10号），决定成立技术咨询服务科（暂定名）。

1991年8月10日，吉安地区水文站下发《关于启用咨询服务科印章的函》（吉地水文站字

〔91〕第33号），决定成立“吉安地区水文站咨询服务科”。

1996年5月8日，吉安地区水文分局印发《关于检发〈局务会议纪要〉的通知》（吉地水文字〔96〕第07号）。决定从1996年5月起，成立吉安地区水文分局测绘队。

2003年5月，经省测绘局审核批准、吉安市工商行政管理局注册，吉安市水文分局“井冈测绘院”正式成立。“井冈测绘院”获省测绘局颁发丙级测绘证书，隶属吉安市水文分局管理，其前身为吉安市水文分局测绘队。

2006年6月20日，省编委办公室下发《关于调整省水利厅部分直属事业单位内设机构的批复》（赣编办文〔2006〕第94号），批复：调整内设机构，增设技术咨询服务科为副科级机构。调整后，机关科室为办公室、水情科、水质监测科、测资科、水资源科、技术咨询服务科6个。

2008年3月17日，省编委办公室下发《关于增加水文局内设机构的批复》（赣编办文〔2008〕第33号），同意吉安市水文局机关增设“地下水监测科”和“组织人事科”等2个副科级内设机构。调整后机关科室为办公室、测资科、水情科、水资源科、水质监测科、技术咨询服务科、地下水监测科、组织人事科8个。

2011年5月11日，吉安市水文局下发《关于注销吉安市井冈测绘院的通知》（吉市水文发〔2011〕第12号），因吉安市水文局列入参照《中华人民共和国公务员法》管理，决定注销井冈测绘院。

2017年12月21日，省水文局发布《关于各市（湖）局设立纪检（监察）室的通知》（赣水文人发〔2017〕第37号），经省水文局党委研究，决定在吉安市水文局内部设立监察室。监察室挂靠办公室，定编2人（主任1名、监察员1名），人员独立，专职负责纪检监察工作。

1984年以前，机关科室负责人情况不详。1984年以后，历年机关科室主要负责人见表6-1-3。

表6-1-3　　1984年以来机关科室主要负责人

科　室	姓　名	职　务	任职时间	备　注
人秘科	肖寄渭	科长	1984年12月至1986年6月	1981年2月设立人秘科，1989年1月改办公室
	邓红喜	科长	1986年6月至1989年1月	
办公室	邓红喜	主任	1989年1月至1997年5月	1989年1月设立办公室
	彭柏云	负责人	1997年5月至1998年1月	水质监测科科长兼
	彭柏云	主任	1998年1月至2001年1月	
	李　云	主任	2001年1月至2005年2月	
办公室	陈怡招	主任	2005年2月至2009年2月	
	熊春保	主任	2009年2月至2011年4月	
	刘　辉	主任	2011年4月至2019年2月	
	刘海林	副主任	2019年2—9月	
	班　磊	主任	2019年9月—	
测资科	龙康联	科长	1984年12月至1986年6月	1981年2月设立测资科
	肖寄渭	科长	1986年6月至1989年1月	
	刘建新	科长	1989年1月至1992年4月	
	陈怡招	科长	1992年5月至2005年2月	
	孙立虎	科长	2005年2月至2009年2月	
测资科	康修洪	科长	2009年2月至2013年7月	
	林清泉	科长	2013年7月至2020年2月	
	兰发云	科长	2020年2月—	

续表

科　室	姓　名	职　务	任职时间	备　　注
水情科	李笋开	科长	1984 年 12 月至 2012 年 8 月	1981 年 2 月设立水情科
	谢小华	副科长	2012 年 8 月至 2013 年 3 月	
	班　磊	副科长	2013 年 3 月至 2016 年 3 月	
	班　磊	科长	2016 年 3 月至 2018 年 2 月	
	谢小华	副科长	2018 年 2 月至 2020 年 5 月	
	谢小华	科长	2020 年 5 月—	
水资源科	肖寄渭	科长	1989 年 1 月至 1992 年 7 月	1989 年 1 月设立水资源科
	王永文	负责人	1992 年 7 月至 1993 年 8 月	
	王永文	副科长	1993 年 8 月至 1999 年 3 月	
	李　云	科长	1999 年 3 月至 2001 年 1 月	
	孙立虎	科长	2001 年 1 月至 2005 年 2 月	
	李　云	科长	2005 年 2 月至 2019 年 2 月	
	周润根	负责人	2019 年 2 月至 2020 年 2 月	地下水科科长兼
	周润根	科长	2020 年 2 月—	
水质监测科	彭柏云	科长	1989 年 1 月至 1998 年 1 月	1989 年 1 月设立水质监测科
	孙立虎	副科长	1998 年 2 月至 2001 年 1 月	
	彭柏云	科长	2001 年 1 月至 2009 年 2 月	
	孙立虎	科长	2009 年 2 月至 2018 年 8 月	
	朗锋祥	负责人	2018 年 8 月—	
组织人事科	彭柏云	科长	2009 年 2 月至 2014 年 5 月	2008 年 8 月设立人事科
	周国风	科长	2014 年 5 月至 2019 年 8 月	
	刘海林	负责人	2019 年 8 月至 2020 年 7 月	办公室副主任兼
	刘海林	科长	2020 年 7 月—	
地下水监测科	陈怡招	科长	2009 年 2 月至 2013 年 7 月	2008 年 8 月设立地下水科
	匡康庭	副科长	2013 年 7 月至 2014 年 5 月	
	林清泉	负责人	2014 年 5 月至 2015 年 3 月	测资科科长兼
	罗良民	副科长	2015 年 3 月至 2016 年 3 月	
	周润根	科长	2016 年 3 月至 2020 年 2 月	
	周润根	负责人	2020 年 2 月—	水资源科科长兼
技术咨询服务科	李正国	负责人	1990 年 5 月至 1999 年 4 月	1990 年 5 月设立服务科
	王贞荣	科长	1999 年 4 月至 2006 年 4 月	
	熊春保	副科长	2006 年 4 月至 2009 年 2 月	
	兰发云	科长	2009 年 2 月至 2020 年 2 月	
	刘小平	科长	2020 年 5 月—	
劳动服务公司	李正国	经理	1989 年 6 月至 1999 年 4 月	1989 年 6 月成立
水文技术咨询服务部	李正国	主任	1992 年 12 月—不详	1992 年 12 月成立
吉安地区水文站测量队	李正国	队长	1985 年 11 月至 1988 年 12 月	
	涂春林	队长	1988 年 12 月至 1996 年 5 月	

续表

科　室	姓　名	职　务	任职时间	备　注
吉安地区水文分局测绘队	涂春林	队长	1996年5月—不详	
吉安市井冈测绘院	王贞荣	院长	2003年5月至2006年4月	2003年5月成立
	熊春保	副科长	2006年4月至2009年4月	
	兰发云	院长	2009年4月至2011年5月	2011年5月销注
监察室	孙立虎	主任	2018年7月—	挂靠办公室，人员独立

截至2020年年底，吉安市水文局机关内设科室有办公室、组织人事科、测资科、水情科、水资源科、水质监测科、地下水监测科、技术咨询服务科、监察室。其主要职能为：

办公室职能：①负责机关行政公文起草，行政公文收发、传阅，政府信息公开，行政公章管理工作，公文（含党内公文）制发；②负责文书档案、财务财产档案、科技档案和图书资料档案立卷、归档、管理和保密工作；③负责全市水文宣传，机关政治理论学习，法制教育、社会治安综合治理和计划生育工作；④负责全市水文系统精神文明建设，组织协调精神文明建设活动的创建工作；⑤组织协调全市水文系统水行政执法工作；⑥负责全市测站行政管理，组织制定工作计划和总结，检查考核测站管理工作质量；⑦负责全市财务财产管理和财务审计工作，制定全市财务财产工作计划和管理制度，管理器材、设备等财产物资；⑧负责全市水文系统职工医疗保险管理工作；⑨负责机关后勤服务，办公用品，水电，车辆，院内环境管理和机关一般性工程建设、修缮等工作；⑩负责接待和会务工作；⑪负责局务会、局长办公会议决定、决议事项的督办，科室工作协调；⑫完成上级下达的其他工作任务。

组织人事科职能：①负责局党组、党总支日常工作，党内公文起草、收发、传阅，指导各站队（基地）党群工作，负责局党组、党总支会议决定、决议事项的督办，党内公章管理工作；②负责机关党员教育、管理，承办组织发展工作，指导本系统共青团、工会和妇女工作；③负责纪检监察、信访和党风廉政建设工作；④承办全市水文系统机构编制和人事管理工作；⑤负责全市水文系统劳动工资、保险、福利、人事档案管理和劳动保护、安全生产工作；⑥承办全市水文系统干部考察、培养、选拔及人员考核、奖惩、晋升、调整、招录工作；⑦负责全市水文系统公务员和工勤人员的专业技术培训和教育；⑧承办全市水文系统专业技术人员职称评定、工人技术等级考评及水文职业技能鉴定管理工作；⑨负责全市水文系统退休人员管理，承办职工伤、残、亡相关工作；⑩完成上级下达的其他工作任务。

测资科职能：①组织、管理、指导全市水文测验、资料工作，督促、检查、考核各项测验、资料工作质量，解决测验、资料工作中的技术问题；②负责全市水文资料收集、整理、审查、汇交工作，承办水文资料数据库入库、更新、维护、管理工作；③负责水文资料审定和资料服务工作；④指导站队（基地）水文调查工作，审查和汇总调查成果；⑤负责全市水文测验仪器、器材和测验、资料报表计划安排及调配；⑥负责全市水文基本站网规划、调整、建设、改造工作，指导站队（基地）测验设施建设和设备维护保养；⑦负责全市水文测验设施设备灾害性损毁情况的收集、整理、上报并组织修复；⑧负责水文测验新仪器、新技术的引进、推广和科研工作；⑨归口管理全市水文科技工作；⑩完成上级下达的其他工作任务。

水情科职能：①负责全市水情站网规划、建设和管理；②负责全市水情报汛通信设施设备、数据采集系统、水情网络设备规划、建设和管理；③负责全市暴雨山洪灾害监测系统遥测设备的维护和管理；④负责全市雨情、水情、旱情及暴雨山洪等信息的接收、处理和转发；⑤负责全市水文预报工作管理，负责江河、水库和涉水工程水文预报方案的编制、修订、审查、汇编，负责水文预

报、预报会商、预报信息发布；⑥负责全市水情业务技术指导、管理、培训及检查考核工作；⑦编制全市水旱突发事件应急预案并组织实施；⑧负责全市水情科研及水情新技术、新设备的引进和推广；⑨负责全市水情社会化服务体系建设和水情服务工作；⑩完成上级下达的其他工作任务。

水资源科职能：①负责全市水资源调查、评价工作；②负责编制《中国水资源公报（吉安市部分）》，协助市水行政主管部门编制《吉安市水资源公报》；③承办建设项目水资源论证工作；④指导站队（基地）水资源调查、评价及水资源论证工作；⑤完成上级下达的其他工作任务。

水质监测科职能：①负责全市水环境监测与管理工作，承担全市水功能区、取水口、入河排污口、行政边界、饮用水水源地、地下水及涉水工程等水质监测、调查与评价工作；②协助市水行政主管部门审定水域纳污能力，提出限制排污总量意见，参与全市重大水污染事故调查和仲裁；③负责全市水质监测站网规划、建设与管理，编制突发性水污染事件应急预案并组织实施；④负责水环境监测科研工作和全市水环境监测资料的审查、汇总、归档及数据库建设管理工作；⑤负责对编制重要规划、重点项目建设和水资源管理等应用水环境监测资料和评价结果的审查；⑥负责吉安市水资源监测中心的日常工作，编制实验室年度质控工作计划和管理体系内部审核计划并组织实施，完成实验室仪器设备的验收、登记、建档及周期检定工作；⑦负责全市《水资源质量公报》《吉安水质信息》的编制发布工作；⑧指导站队（基地）水资源监测工作；⑨完成上级下达的其他工作任务。

地下水监测科职能：①负责全市地下水、墒情监测站网规划、调整、建设和管理工作；②组织、管理、指导站队（基地）地下水、墒情监测工作；③负责全市地下水、墒情监测资料的收集、整理、审查、汇交、归档、信息编制，负责地下水、墒情监测资料数据库建设和管理工作；④负责地下水、墒情科研工作和新仪器、新技术的引进、推广、应用；⑤负责地下水、墒情监测资料的审定及地下水开发利用纠纷的技术鉴定；⑥协助市水行政主管部门监督管理地下水污染防治工作；⑦完成上级下达的其他工作任务。

技术咨询服务科职能：①组织、管理、协调、指导全市水文服务工作；②制定全市水文服务工作管理办法；③督促、检查全市水文服务工作开展情况，考核水文服务工作质量；④归口管理机关水文技术服务工作；⑤完成上级下达的其他工作任务。

监察室职能：①监督所在单位党组织、领导干部、行政监察对象遵守党章党规党纪、贯彻执行党的路线方针政策等情况；②监督所在单位党组织和领导班子及其成员、其他领导干部维护党的纪律，贯彻执行民主集中制及“三重一大”事项情况；③协助所在单位党组织抓好党风廉政建设和反腐败工作；④调查中层以下干部（含中层）和行政监察对象违反党纪政纪的案件；⑤受理对所在单位党员干部、行政监察对象的检举、控告和监督对象的申诉；⑥承办上级纪检监察机关和所在单位党组织交办的其他事项。

第二节　水文勘测队与巡测中心

1985年，吉安地区水文站开始筹建遂川水文勘测队，队部设遂川县城。开启了吉安地区水文勘测队建设的序幕。

1988年，省水文总站发布文件（赣水文网字〔88〕第025号），规划吉安地区水文站设立吉安、遂川两个水文勘测队。

1988年9月，吉安地区水文站发布《关于请求增设永新水文勘测队的报告》（吉地水文测资字〔88〕第23号），要求增设永新水文勘测队。

1988年10月12日，省水文总站发布《关于在吉安地区增设一个勘测队的通知》（赣水文网字〔88〕第062号），同意吉安地区水文站增设永新水文勘测队，管辖安福、宁冈、莲花、永新四个县所属水文站，勘测队基地设在永新水位站。

1989 年 1 月 20 日，省编委下发《关于全省水文系统机构设置及人员编制的通知》（赣编发〔1989〕第 009 号），同意吉安地区水文站为相当于副处级事业单位，遂川水文勘测队为正科级单位。

1992 年 12 月 19 日，省水文局下发《关于成立遂川水文勘测队的批复》（赣水文字〔92〕第 036 号），批复吉安地区水文站，同意成立遂川水文勘测队。遂川水文勘测队为正科级事业单位，管辖遂川、万安、井冈山县（市）境内的水文测站，定事业编制 21 人。

1993 年 1 月，遂川水文勘测队成立。遂川水文勘测队是吉安地区成立的第一个水文勘测队，队部设遂川县城。

2000 年 10 月 31 日，省发展计划委员会批复省水利厅，同意组建吉安市吉安水文勘测队。

2002 年 8 月 28 日，省水文局下发《江西省水文局关于成立吉安水文勘测队的批复》（赣水文人发〔2002〕第 7 号），批复吉安市水文分局，同意组建吉安水文勘测队（正科级）。

2006 年 6 月 20 日，省编委办公室印发《关于调整省水利厅部分直属事业单位内设机构的批复》（赣编办文〔2006〕第 94 号），调整内设机构，遂川水文勘测队、吉安水文勘测队为正科级单位。

2009 年 2 月 6 日，吉安市水文局下发《吉安市水文局关于调整泰和县、井冈山市水文工作管理的通知》（吉市水文发〔2009〕第 9 号）。泰和县境内的水文工作由遂川水文勘测队，井冈山市境内的水文工作由永新水位站管理。

2010 年，吉安市水文局规划在吉安县建立吉安水文巡测基地。5 月 19 日，吉安县人民政府复函吉安市水文局，同意在吉安县设立吉安水文巡测基地，并安排建设用地。因经费等问题，一直未建设。

2011 年 4 月，吉安市水文局印发《关于组建江西省吉安水文勘测队的通知》（吉市水文发〔2011〕第 8 号），根据《江西省水文局关于成立吉安水文勘测队的批复》（赣水文人发〔2002〕第 7 号）的精神，决定组建吉安水文勘测队。同月，吉安水文勘测队成立，队部设吉安市吉州区沿江路 190 号吉安水文站，吉安水文站综合楼为吉安水文勘测队办公楼。勘测队负责水文监测区域和水文服务区域为吉州区、青原区、吉安县、吉水县、永丰县、新干县。

2011 年 4 月，吉安市水文局印发《关于组建江西省永新水文巡测基地的通知》（吉市水文发〔2011〕第 9 号），经报请省水文局同意，决定组建永新水文巡测基地。同年 7 月 22 日，永新水文巡测基地成立，基地设于永新县禾川镇，现永新水文站办公楼为基地办公楼。基地负责水文监测区域和水文服务区域为永新县、莲花县、安福县和井冈山市禾水流域。

2013 年 6 月 5 日，江西省发展和改革委员会发布《关于批复江西省中小河流水文监测系统建设工程水文巡测基地建设实施方案的函》（赣发改农经字〔2013〕第 1119 号），同意新建吉安市水文巡测基地、吉安县水文巡测基地，改建遂川水文巡测基地。

吉安市水文巡测基地（市级巡测基地）担负着吉安市的井冈山市和泰和、吉水、安福、永丰、永新、万安、峡江等 7 县 1 市的水文（位）站点的水文防汛、测报任务。巡测范围区内有 22 个水文站、54 个水位站、528 个雨量站、2 个地下水位站、15 个墒情站和 6 个河道站。

吉安县水文巡测基地（县级巡测基地）担负着吉安县、吉州、青原等 2 区 1 县的水文（位）站点的水文防汛、测报任务。巡测范围区有 6 个水文站、10 个水位站、43 个雨量站、6 个墒情站和 4 个河道站。

吉安市水文巡测基地与吉安县水文巡测基地和吉安市水文预测预报中心同址建设，建设地点位于吉安市水文局院内。

改建遂川水文巡测基地（原遂川水文勘测队）担负着遂川县内的水文（位）站点的水文防汛、测报任务。巡测范围区有 7 个水文站、11 个水位站、124 个雨量站、9 个水质站、1 个地下水位站、

4个墒情站和1个河道站。

2014年1月20日，吉安市水文局下发《吉安市水文局关于调整水文管理区域的通知》（吉市水文发〔2014〕第2号）。调整后，全市水文管理区域划分为7个片区，初步形成了“市局—勘测队—测站”三级管理模式。7个片区的管理区域为：

遂川水文勘测队水文管理区域为遂川县、井冈山市和林坑水文站。

吉安水文勘测队水文管理区域为吉州区、青原区、吉安县和泰和县。

永新水文巡测基地水文管理区域为永新县、安福县和莲花县。

吉水新田水文站水文管理区域为吉水县和永丰县。

万安栋背水文站水文管理区域为万安县。

峡江水文站水文管理区域为峡江县。

新干水位站水文管理区域为新干县。

2016年2月3日，吉安市水文局下发《吉安市水文局关于调整水文管理区域的通知》（吉市水文发〔2016〕第1号），成立永丰水文巡测基地。调整后，全市划分为遂川水文勘测队、吉安水文勘测队、永新水文巡测基地和永丰水文巡测基地4个片区。4个片区管理区域为：

遂川水文勘测队水文管理区域为遂川县和万安县。

吉安水文勘测队水文管理区域为吉州区、青原区、吉水县、峡江县、吉安县和泰和县。

永新水文巡测基地水文管理区域为井冈山市、永新县、安福县和莲花县。

永丰水文巡测基地水文管理区域为永丰县和新干县。

2016年6月20日，吉安市水文局与吉安市鼎盛房产公司签订吉安市、吉安县水文巡测基地购生产用房合同。吉安市、吉安县水文巡测基地，位于吉州区吉州大道盛鼎时代公馆1号楼7、8楼，于2019年4月取得不动产证。由于吉安市、吉安县水文巡测基地一直未正式组建，2017年11月，吉安市水文局机关借用吉安市、吉安县水文巡测基地办公房办公。

2018年1月27日，吉安市水文局下发《吉安市水文局关于调整部分水文站管理区域的通知》（吉市水文发〔2018〕第1号），从1月1日起，万安栋背水文站从遂川水文勘测队划出，独立管理万安县境内除林坑水文站以外的水文工作，而林坑水文站仍由遂川水文勘测队管辖；峡江水文站从吉安水文勘测队划出，独立管理峡江县境内水文工作。

2018年2月22日，吉安市水文局下发《吉安市水文局关于调整内设机构的通知》（吉市水文发〔2018〕第2号），从2018年3月1日起，成立吉水、峡江、万安水文巡测中心，永新水文巡测基地更名永新水文巡测中心，永丰水文巡测基地自然撤销。调整后，全市划分为遂川、吉安水文勘测队和永新、吉水、峡江、万安水文巡测中心6个片区。6个片区管理区域为：

遂川水文勘测队负责遂川县水文工作，管辖万安县林坑水文站。

吉安水文勘测队负责吉州区、青原区、吉安县和泰和县水文工作。

永新水文巡测中心负责永新县、安福县、莲花县和井冈山市水文工作。

吉水水文巡测中心负责吉水县、永丰县水文工作。

峡江水文巡测中心负责峡江县、新干县水文工作。

万安水文巡测中心负责万安县水文工作。

2019年9月10日，省水利厅、省发展和改革委员会发布文件（赣水规计字〔2019〕第21号），印发了《江西省水文事业发展规划（2017—2035年）》。规划基准年为2017年，近期水平年为2020年，中期水平年为2025年，远期水平年为2035年。

规划提出，推进县域水文机构建设。规划将现有水文巡测基地和部分具备条件的水文站更名为县水文局。吉安市具备条件的有：吉安市城区水文局（管辖吉州区、青原区），遂川县水文局，永新县水文局（管辖永新县、安福县），莲花县水文局，井冈山市水文局（管辖井冈山市、泰和县），永丰县水文局（管辖永丰县、新干县），峡江县水文局，吉安县水文局。中远期规划新建万安县水文局、吉水县水文局、安福县水文局、泰和县水文局、新干县水文局。

因机构改革，截至2020年年底，县域水文机构建设未能实施。

2019年9月22日，省水利厅发布《关于〈江西省水文监测改革实施方案〉的批复》（赣水防字〔2019〕第20号），吉安市水文局划分7个水文监测区，吉安市水文局管理的莲花县区域内水文测站全部纳入萍乡测区范围，归属宜春水文局管理。7个测区及范围如下。

吉安城区水文测报中心：测区范围为吉州区、青原区。

遂川水文测报中心：测区范围为遂川县。

吉水水文测报中心：测区范围为吉水县、永丰县。

峡江水文测报中心：测区范围为峡江县、新干县。

万安水文测报中心：测区范围为万安县、泰和县。

吉安水文测报中心：测区范围为吉安县、安福县。

井冈山水文测报中心：测区范围为永新县、井冈山市。

2020年2月21日，为探索测报中心体制下的县域水文服务，吉安市水文局召开局党组会议，成立安福县水文机构筹备小组，筹建安福水文测报分中心。

2020年4月3日，吉安市水文局党组会议决定，根据《江西省水文监测改革实施方案》，决定对基层水文机构进行更名。吉安水文勘测队更名为吉安城区水文测报中心、遂川水文勘测队更名遂川水文测报中心、吉水水文巡测中心更名为吉水水文测报中心、峡江水文巡测中心更名为峡江水文测报中心、万安水文巡测中心更名为万安水文测报中心、永新水文巡测中心更名为井冈山水文测报中心。成立吉安城区水文测报中心和吉安水文测报中心筹备小组，力争5月1日前完成筹备工作。后因水文机构改革，7个测报中心一直未能挂牌实施。

2020年4月3日，吉安市水文局党组会议决定，成立安福水文测报分中心，即日起运行。安福水文测报分中心负责安福县的水文工作。

2020年4月21日，吉安市水文局专题会会议决定，按吉安城区水文测报中心及吉安水文测报中心从5月1日起正式运行抓好各项筹备工作。后因水文机构改革，吉安城区水文测报中心及吉安水文测报中心未运行。

由于2020年水文系统正处在机构改革进行时期，截至2020年年底，测报中心一直未能挂牌实施，实际运行的还是2个水文勘测队（遂川、吉安水文勘测队）和4个水文巡测中心（永新、吉水、峡江、万安水文巡测中心）。

遂川水文勘测队

1985年，吉安地区水文站开始筹建遂川水文勘测队，队部设遂川县城。

1988年，省水文总站发布文件（赣水文网字〔88〕第025号），规划吉安地区水文站设立吉安、遂川两个水文勘测队。

1989年1月20日，省编委下发《关于全省水文系统机构设置及人员编制的通知》（赣编发〔1989〕第009号），同意吉安地区水文站为相当于副处级事业单位，遂川水文勘测队为正科级单位。

1989年7月30日，省水文总站党总支印发《关于邓红喜等同志职务任免的通知》（赣水文党字〔89〕第022号），决定任命谭文奇为遂川水文勘测队队长。同年8月10日，吉安地区水文分局党支部印发《关于张以浩等同志任职的通知》（吉地水文党字〔89〕第05号），任命王循浩为遂川水文勘测队副队长。

1992年4月18日，省水文局党委印发《关于刘建新等同志职务任免的通知》（赣水文党字

〔92〕第14号)，决定任命刘建新为遂川水文勘测队队长，免去谭文奇的遂川水文勘测队队长职务。

1992年12月19日，省水文局下发《关于成立遂川水文勘测队的批复》（赣水文字〔92〕第036号)，批复吉安地区水文站，同意成立遂川水文勘测队。遂川水文勘测队为正科级事业单位，管辖遂川、万安、井冈山县（市）境内的水文测站，定事业编制21人。

1993年1月7日，江西省遂川水文勘测队成立。管理遂川县、原井冈山市行政区域（不含宁冈县）和万安林坑水文站的水文监测工作。管理水文站网有水文站5站（滁洲、坳下坪、仙坑、行洲、林坑)，水位站2站（夏溪、南溪)，雨量站44站、水质站4站（行洲、遂川大桥、遂川泉江大桥、林坑)。监测项目有流量5站、水位7站、降水量55站、蒸发量1站、水质3站。

1993年7月29日，中共遂川县直属机关委员会下发《关于选举遂川水文勘测队党支部委员会的批复》（遂直批〔1993〕第43号)，同意刘建新、谭文奇、王循浩等3人组成支部委员会，刘建新任书记，谭文奇任副书记，王循浩任委员。

1994年10月27日，吉安地区水文分局党支部下发《关于李慧明同志任职的通知》（吉地水文党字〔94〕第06号)，任命李慧明为遂川水文勘测队副队长。

1994—1996年，中共遂川县直机关委连续三年授予遂川水文勘测队党支部“先进基层党组织”称号。

1995年4月，刘建新调到吉安市水文局任职，遂川水文勘测队由副队长王循浩主持工作。

1996年5月8日，吉安地区水文分局发布《关于将万安栋背水文站划归遂川水文勘测队管辖的通知》（吉地水文字〔96〕第06号)，栋背水文站及万安县水文工作划归遂川水文勘测队管理，为遂川水文勘测队下属单位，原正科机构不变。

1996年6月，中共遂川县委授予遂川水文勘测队党支部“1995年度先进基层党组织”称号。

1996年8月1日，省水文局党委下发《关于李慧明等同志职务任免的通知》（赣水文党字〔96〕第030号)，任命李慧明为遂川水文勘测队队长。

1997年4月，江西省防汛办、省水文局授予遂川水文勘测队“全省先进水文站（队)”荣誉称号。

1998年11月，共青团江西省水利厅直属机关委员会授予遂川水文勘测队为水利厅直“青年文明号”荣誉称号。

1999年，省水文局党委授予遂川水文勘测队“全省水文系统文明站队”荣誉称号。

2001年1月，省直机关工委授予遂川水文勘测队“省直青年文明号”荣誉称号。

2003年1月16日，吉安市水文分局党组印发《关于张学亮等同志职务任免的通知》（吉市水文党发〔2003〕第2号)，任命兰发云为遂川水文勘测队副队长。

2003年4月，李慧明调到吉安市水文局任职，遂川水文勘测队由副队长王循浩主持工作。

2005年2月7日，省水文局党委印发《关于陈怡招等同志职务任免的通知》（赣水文党字〔2005〕第5号)，决定任命张学亮为遂川水文勘测队队长。

2007年10月，吉安市防汛抗旱指挥部授予遂川水文勘测队“2007年全市防汛抗旱先进单位”称号。

2009年2月6日，吉安市水文局下发《吉安市水文局关于调整泰和县、井冈山市水文工作管理的通知》（吉市水文发〔2009〕第9号)，泰和县境内的水文工作由遂川水文勘测队，井冈山市境内的水文工作由永新水位站管理。调整后，遂川水文勘测队水文管理区域为遂川县、万安县和泰和县。管理水文站网有水文站5站、水位站7站、雨量站158站、墒情站4站、水质站7站。监测项目有流量5站、水位12站、降水量170站、蒸发量2站、墒情4站、水质7站。

2009年2月8日，吉安市水文局党组下发《关于龙飞等同志职务任免的通知》（吉市水文党发〔2009〕第3号)，任命潘书尧为遂川水文勘测队副队长，免去兰发云的遂川水文勘测队副队长职务，兰发云调往吉安市水文局工作。2014 年栋背站划出遂川水文勘测队后，潘书尧主持栋背站工作，不再担任遂川水文勘测队副队长职务。

2010 年 2 月，省水文局授予遂川水文勘测队“全省水文机关效能年活动先进集体”荣誉称号。

2011 年 7 月，中共遂川县直机关工委授予遂川水文勘测队党支部“先进基层党组织”荣誉称号。

2012 年 2 月 12 日，省水文局授予遂川水文勘测队“全省先进水文站（队）”荣誉称号。同日，吉安市水文局党组下发《关于罗浩等同志职务任免的通知》（吉市水文党发〔2012〕第 3 号），任命李镇洋为遂川水文勘测队副队长。

2014 年 1 月 20 日，吉安市水文局下发《吉安市水文局关于调整水文管理区域的通知》（吉市水文发〔2014〕第 2 号）。全市水文管理区域划分为 7 个片区，初步形成了“市局—勘测队—测站”三级管理模式。遂川水文勘测队为 7 个片区之一，水文管理区域为遂川县、井冈山市和林坑水文站。管理水文站网有水文站 10 站、水位站 11 站、雨量站 133 站、地下水站 1 站、墒情站 1 站、水质站 13 站。监测项目有流量 10 站、水位 21 站、降水量 154 站、蒸发 1 站、地下水 1 站、墒情 1 站、水质 13 站。

2014 年 6 月，中共遂川县直机关工委授予遂川水文勘测队党支部“十佳基层党组织”荣誉称号。

2016 年 2 月 3 日，吉安市水文局下发《吉安市水文局关于调整水文管理区域的通知》（吉市水文发〔2016〕第 1 号），成立永丰水文巡测基地。调整后，全市划分为遂川水文勘测队、吉安水文勘测队、永新水文巡测基地和永丰水文巡测基地 4 个片区。遂川水文勘测队水文管理区域为遂川县和万安县。管理水文站网有水文站 13 站、水位站 13 站、雨量站 127 站、墒情站 12 站、水质站 15 站。监测项目有流量 13 站、水位 26 站、降水量 153 站、蒸发量 2 站、墒情 12 站、水质 15 站。

2016 年 2 月 15 日，吉安市水文局党组印发《关于潘书尧等同志职务任免的通知》（吉市水文党发〔2016〕第 2 号），决定任命潘书尧兼任遂川水文勘测队副队长，原任职务继续保留。

2018 年 1 月 27 日，吉安市水文局下发《吉安市水文局关于调整部分水文站管理区域的通知》（吉市水文发〔2018〕第 1 号），从 1 月 1 日开始，万安栋背水文站独立管理万安县境内除林坑水文站以外的水文工作，万安林坑水文站仍由遂川水文勘测队管辖。遂川水文勘测队调整后为管理遂川县境内水文工作，管辖万安县林坑水文站。管理水文站网有水文站 9 站、水位站 8 站、雨量站 90 站、地下水站 1 站、墒情站 6 站、水质站 7 站。监测项目有流量 9 站、水位 17 站、降水量 107 站、蒸发量 1 站、地下水 1 站、墒情 6 站、水质 7 站。

2018 年 3 月 15 日，吉安市水文局党组印发《关于各内设机构暂任管理人员的函》（吉市水文人函〔2018〕第 1 号），在领导干部选拔组织程序未完成前，决定暂任命周小莉、刘书勤为遂川水文勘测队副负责人。

2019 年 9 月 30 日，吉安市水文局党组印发《关于周小莉等同志任职的通知》（吉市水文党发〔2019〕第 21 号），任命周小莉、魏超强为吉安市水文局遂川水文勘测队副队长。

截至 2020 年年底，遂川水文勘测队管理水文站网有水文站 9 站（基本站 5 站：遂川、滁洲、坳下坪、仙坑、林坑，非基本站 4 站：大汾、西溪、汤湖、新江），水位站 10 站，雨量站 92 站，地下水站 1 站，墒情站 6 站，水质站 5 站。监测项目有流量 9 站、水位 19 站、降水量 111 站、蒸发量 1 站、地下水 1 站、墒情 6 站、地表水水质 5 站、大气降水水质 1 站。

2020 年，遂川水文勘测队领导班子成员如下。

张学亮：男，队长。

李镇洋：男，副队长。

周小莉：女，副队长。

魏超强：男，副队长。

遂川水文勘测队历任主要负责人见表 6-1-4。

表 6-1-4　　遂川水文勘测队历任主要负责人

姓 名	行政职务	任职时间	备 注
谭文奇	队长	1989 年 7 月至 1992 年 4 月	筹建期
刘建新	队长	1992 年 4 月至 1995 年 4 月	
王循浩	副队长	1995 年 4 月至 1996 年 8 月	
李慧明	队长	1996 年 8 月至 2003 年 4 月	
王循浩	副队长	2003 年 4 月至 2005 年 2 月	
张学亮	队长	2005 年 2 月—	

吉安水文勘测队

1988 年，省水文总站发布文件（赣水文网字〔88〕第 025 号），规划吉安地区水文站设立吉安、遂川两个水文勘测队。

2000 年 10 月 31 日，江西省发展计划委员会发布《关于江西省 2000 年水文站队结合建设项目和年度计划的批复》（赣计农字〔2000〕第 125 号），批复省水利厅，同意 2000 年实施吉安水文勘队的基地和测报设施建设。

2002 年 8 月 28 日，省水文局下发《关于成立吉安水文勘测队的批复》（赣水文人发〔2002〕第 7 号），批复吉安市水文分局，同意组建吉安水文勘测队（正科级），隶属吉安市水文分局管理。

2006 年 6 月 20 日，省编委办公室印发《关于调整省水利厅部分直属事业单位内设机构的批复》（赣编办文〔2006〕第 94 号），调整内设机构，吉安水文勘测队为正科级单位。

2011 年 4 月 28 日，吉安市水文局印发《关于组建江西省吉安水文勘测队的通知》（吉市水文发〔2011〕第 8 号），根据《江西省水文局关于成立吉安水文勘测队的批复》（赣水文人发〔2002〕第 7 号）的精神，正式组建吉安水文勘测队。

2011 年 4 月，吉安水文勘测队成立，队部设吉安市吉州区城区（吉安水文站），吉安水文站办公楼为吉安水文勘测队办公楼。管理吉州区、青原区、吉安县、吉水县、永丰县和新干县水文工作。管理水文站网有水文站 8 站（吉安、上沙兰、赛塘、新田、白沙、藤田、沙溪和已停测的毛背站），水位站 13 站（鹤洲、新干、溧江、沂江、文陂、白云山水库、珠源水库、曲岭、八都、螺田、永丰、潭头、返步桥水库），雨量站 149 站，地下水站 1 站（吉福），墒情站 8 站［吉安、吉州、吉水、吉水（二）、新干、新干（二）、永丰、永丰（二）］，水质站 42 站。监测项目有流量 9 站、水位 22 站、降水量 171 站、悬移质输沙 3 站、悬移质颗分 2 站、蒸发量 6 站、水温 4 站、地下水 1 站、墒情 8 站、水质 42 站。

2011 年 4 月 26 日，省水文局党委印发《关于熊春保等同志职务任免的通知》（赣水文党字〔2011〕第 16 号），任命熊春保为吉安水文勘测队队长。

2011 年 4 月 29 日，吉安市水文局党组印发《关于谢小华等同志职务任免的通知》（吉市水文党发〔2011〕第 8 号），任命唐晶晶为吉安水文勘测队副队长，2012 年因工作调动而不再担任吉安水文勘测队副队长职务。

2012 年 2 月 12 日，吉安市水文局党组印发《关于罗洁等同志职务任免的通知》（吉市水文党发〔2012〕第 3 号），任命罗洁为吉安水文勘测队副队长。

2014 年 1 月 20 日，吉安市水文局下发《吉安市水文局关于调整水文管理区域的通知》（吉市水文发〔2014〕第 2 号）。全市水文管理区域划分为 7 个片区，初步形成了“市局—勘测队—测站”三级管理模式。吉安水文勘测队为 7 个片区之一，监测范围为吉州区、青原区、吉安县和泰和县。

管理水文站网有水文站 10 站、水位站 22 站、雨量站 109 站、地下水站 2 站、墒情站 4 站、水质站 28 站。监测项目有流量 10 站、水位 32 站、降水量 140 站、悬移质输沙 2 站、悬移质颗分 1 站、蒸发量 3 站、水温 3 站、墒情 4 站、水质 28 站。

2016 年 2 月 3 日，吉安市水文局下发《吉安市水文局关于调整水文管理区域的通知》（吉市水文发〔2016〕第 1 号）。调整后，全市划分为遂川水文勘测队、吉安水文勘测队、永新水文巡测基地和永丰水文巡测基地 4 个片区。吉安水文勘测队水文管理区域为吉州区、青原区、吉水县、峡江县、吉安县和泰和县，管理区域国土面积 9922 平方千米，占吉安市国土总面积 25271 平方千米的 39.3%。管理水文站网有水文站 17 站（管理国家重要水文站 5 站，占全市 6 个国家重要水文站的 83.3%）、水位站 38 站、雨量站 169 站、地下水站 2 站、墒情站 35 站、水质站 46 站。监测项目有流量 17 站、水位 55 站、降水量 222 站、悬移质输沙 4 站、悬移质颗分 2 站、蒸发量 5 站、水温 4 站、地下水 2 站、墒情 35 站、水质 46 站。

2016 年 2 月 15 日，吉安市水文局党组印发《关于潘书尧等同志职务任免的通知》（吉市水文党发〔2016〕第 2 号），决定任命解建中、李永军、许毅兼任吉安水文勘测队副队长，原任职务继续保留。2018 年成立峡江水文巡测中心后，许毅主持峡江中心工作，不再兼任吉安水文勘测队副队长职务。

2018 年 1 月 27 日，吉安市水文局下发《吉安市水文局关于调整部分水文站管理区域的通知》（吉市水文发〔2018〕第 1 号），从 1 月 1 日起，峡江水文站独立管理峡江县境内的水文工作。调整后，吉安水文勘测队管理范围为泰和县、吉安县、青原区、吉州区、吉水县的水文工作。

2018 年 2 月 22 日，吉安市水文局下发《吉安市水文局关于调整内设机构的通知》（吉市水文发〔2018〕第 2 号），成立吉水、峡江、万安水文巡测中心，吉安水文勘测队管理范围调整为吉州区、青原区、吉安县和泰和县。管理水文站网有水文站 10 站、水位站 40 站、雨量站 110 站、地下水站 6 站、墒情站 28 站、水质站 29 站。监测项目有流量 10 站、水位 50 站、降水量 159 站、悬移质输沙 2 站、悬移质颗分 1 站、蒸发量 2 站、水温 2 站、墒情 22 站、水质 29 站。

2018 年 3 月 15 日，吉安市水文局党组印发《关于各内设机构暂任管理人员的函》（吉市水文人函〔2018〕第 1 号），在领导干部选拔组织程序未完成前，决定暂任命冯毅为吉安水文勘测队副负责人。

2019 年 2 月 15 日，吉安市水文局党组印发《关于各内设机构暂任管理人员的函》（吉市水文人函〔2019〕第 1 号），任命刘辉为吉安水文勘测队主要负责人，主持吉安水文勘测队全面工作。熊春保调往吉安市水文局技术办公室工作。

2019 年 9 月 30 日，吉安市水文局党组印发《关于周小莉等同志任职的通知》（吉市水文党发〔2019〕第 21 号），任命罗良民、杨晨为吉安市水文局吉安水文勘测队副队长。

截至 2020 年年底，吉安水文勘测队管理水文站网有水文站 9 站（基本站 4 站：吉安、上沙兰、赛塘、鹤洲，非基本站 5 站：小庄、中龙、黄沙、桥头、长塘），水位站 50 站，雨量站 109 站，地下水站 6 站，墒情站 28 站，水质站 24 站。监测项目有流量 9 站、水位 59 站、降水量 166 站、悬移质输沙 2 站、悬移质颗分 1 站、蒸发量 1 站、水温 2 站、地下水 6 站、墒情 22 站、地表水水质 24 站、大气降水水质 3 站、水生态 1 站。

2020 年吉安水文勘测队领导班子成员如下。

刘　辉：男，主要负责人（吉安水文站站长）。

李永军：男，副队长（赛塘水文站站长）。

罗　洁：女，副队长。

罗良民：男，副队长。

杨　晨：女，副队长（借调市局办公室工作）。

冯　毅：男，副负责人。

吉安水文勘测队历任主要负责人见表 6-1-5。

表 6-1-5　　吉安水文勘测队历任主要负责人

姓　名	行政职务	任职时间
熊春保	队长	2011 年 4 月至 2019 年 2 月
刘　辉	主要负责人	2019 年 2 月—

永新水文巡测中心

永新水文巡测中心的前身是永新水文站，永新水文站沿革见本章“第三节水文测站”。

1988 年 9 月，吉安地区水文站发布《关于请求增设永新水文勘测队的报告》（吉地水文测资字〔88〕第 23 号），要求增设永新水文勘测队。

1988 年 10 月 12 日，省水文总站下发《关于在吉安地区增设一个勘测队的通知》（赣水文网字〔88〕第 062 号）。同意吉安地区水文站增设永新水文勘测队，管辖安福、宁冈、莲花、永新四个县所属水文站，勘测队基地设永新水位站。

2009 年 2 月 6 日，吉安市水文局下发《吉安市水文局关于调整泰和县、井冈山市水文工作管理的通知》（吉市水文发〔2009〕第 9 号），井冈山市境内的水文工作由永新水位站管理。从此，永新水位站开始履行水文勘测队的职能。

2011 年 4 月 28 日，吉安市水文局印发《关于组建江西省永新水文巡测基地的通知》（吉市水文发〔2011〕第 9 号），经报请省水文局同意，决定组建永新水文巡测基地。基地设于永新县禾川镇永新水位站，永新水位站办公楼为基地办公楼。基地负责水文监测区域和水文服务区域为永新、莲花、安福县和井冈山市禾水流域。

2011 年 4 月 29 日，吉安市水文局党组印发《关于谢小华等同志任职的通知》（吉市水文党发〔2011〕第 8 号），任命甘金华为永新水文巡测基地主任，龙飞、刘小平为副主任。

2011 年 7 月 22 日，永新水文巡测基地成立。江西省水文局党委书记谭国良，吉安市人民政府副秘书长焦四元，永新县委书记刘洪，永新县委副书记、县长孙劲涛，永新县委常委段晶明，永新县人民政府副县长郭栌，南昌市水文局副局长吴星亮，吉安市水文局党组书记、局长刘建新等领导出席了永新水文巡测基地成立揭牌仪式。

永新水文巡测基地成立后，负责永新县、莲花县、安福县和井冈山市禾水流域的水文监测，管理水文站网为水文站 2 站（莲花、彭坊），水位站 14 站（永新、沙市、莲洲、枫渡水库、繁荣水库、井冈山、仙口水库、罗浮水库、龙市、安福、甘洛、社上水库、东谷水库、岩头陂水库），雨量站 150 站，墒情站 2 站（永新、安福），水质站 29 站。监测项目为流量 3 站、水位 17 站、降水量 167 站、蒸发量 3 站、墒情 2 站、水质 29 站。

2014 年 1 月 20 日，吉安市水文局下发《吉安市水文局关于调整水文管理区域的通知》（吉市水文发〔2014〕第 2 号），全市水文管理区域划分为 7 个片区，初步形成了“市局—勘测队—测站”三级管理模式。永新水文巡测基地为 7 个片区之一，水文管理区域为永新县、安福县和莲花县。管理水文站网为水文站 5 站、水位站 21 站、雨量站 140 站、墒情站 2 站、水质站 19 站。监测项目为流量 5 站、水位 26 站、降水量 166 站、蒸发量 3 站、墒情 2 站、水质 19 站。

2016 年 2 月 3 日，吉安市水文局下发《吉安市水文局关于调整水文管理区域的通知》（吉市水文发〔2016〕第 1 号）。调整后，永新水文巡测基地水文管理区域为井冈山市、永新县、安福县和莲花县。管理水文站网为水文站 7 站、水位站 35 站、雨量站 179 站、墒情站 23 站、水质站 39 站。监测项目为流量 7 站、水位 32 站、降水量 211 站、蒸发量 3 站、墒情 23 站、水质 39 站。

2018 年 2 月 22 日，吉安市水文局下发《吉安市水文局关于调整内设机构的通知》（吉市水文发〔2018〕第 2 号），从 3 月 1 日起，永新水文巡测基地更改永新水文巡测中心，管辖区域未变。

2018年3月15日，吉安市水文局党组印发《关于各内设机构暂任管理人员的函》（吉市水文函〔2018〕第1号）在领导干部选拔组织程序未完成前，决定暂任命丁吉昆为永新水文巡测中心副负责人。

2020年4月，安福水文测报分中心成立，隶属于吉安水文测报中心管理，安福县水文工作由安福水文测报分中心管理。永新水文巡测基地水文管理区域为井冈山市、永新县和莲花县。由于吉安水文测报中心尚未组建，暂由吉安市水文局直接管理，其间水文监测信息由分中心收集报永新水文测报中心汇总上报吉安市水文局。

截至2020年年底，永新水文巡测中心管理水文站网为水文站5站（基本站3站：永新、莲花、井冈山，非基本站2站：行洲、龙门），水位站30站，雨量站141站，地下水站2站，墒情站16站，水质站17站。监测项目为流量5站、水位35站、降水量176站、蒸发量2站、地下水2站、墒情16站、地表水水质17站、大气降水水质4站。

2020年永新水文巡测中心领导班子成员如下。

甘金华：女，主任。

龙　飞：男，副主任。

刘小平：男，副主任。

丁吉昆：男，副负责人。

永新水文巡测中心历任主要负责人见表6-1-6。

表6-1-6　　永新水文巡测中心历任主要负责人

机构名称	姓　名	行政职务	任职时间
永新水文巡测基地	甘金华	主任	2011年4月至2018年2月
永新水文巡测中心	甘金华	主任	2018年2月—

峡江水文巡测中心

峡江水文巡测中心的前身是峡江水文站，峡江水文站沿革见本章“第三节水文测站”。

2014年1月20日，吉安市水文局下发《吉安市水文局关于调整水文管理区域的通知》（吉市水文发〔2014〕第2号），全市水文管理区域划分为7个片区，初步形成了“市局—勘测队—测站”三级管理模式。峡江水文站为7个片区之一，许毅任站长，刘丽秀任副站长，管理峡江县的水文工作。管理水文站网有水文站2站、水位站5站、雨量站26站、墒情站1站、水质站5站。监测项目为流量2站、水位7站、降水量34站、悬移质输沙1站、蒸发量1站、水温1站、墒情1站、水质5站。

2016年2月3日，吉安市水文局下发《吉安市水文局关于调整水文管理区域的通知》（吉市水文发〔2016〕第1号），调整后，全市划分为遂川水文勘测队、吉安水文勘测队、永新水文巡测基地和永丰水文巡测基地4个片区，峡江水文站归吉安水文勘测队管理。2月15日，吉安市水文局党组印发《关于潘书尧等同志职务任免的通知》（吉市水文党发〔2016〕第2号），许毅兼任吉安水文勘测队副队长。

2018年1月27日，吉安市水文局下发《吉安市水文局关于调整部分水文站管理区域的通知》，峡江水文站独立管理峡江县境内的水文工作。

2018年2月22日，吉安市水文局下发《吉安市水文局关于调整内设机构的通知》（吉市水文发〔2018〕第2号），从3月1日起，成立峡江水文巡测中心，中心设峡江县巴邱镇（峡江水文站），峡江水文站办公楼为峡江水文巡测中心办公楼。负责峡江县、新干县的水文工作。管理水文站网有水文站3站（峡江、罗田、潭丘），水位站16站（乌口、象口、水边、峡江坝上、峡江坝下、砚溪、金江、戈坪、新干、溧江、沂江、江仔口、神政桥、丰乐、中洲、桃溪)，雨量站56站，地下水站1站（巴邱），墒情站13站（峡江、巴邱、福民、罗田、桐林、砚溪、新干、新干二、大洋洲、界埠、麦斜、七琴、桃溪)，水质站11站（峡江水文站、峡江大桥、江口朱家、万宝水库、幸福水库、新干车头、抽水机站、大洋洲、新干水厂、田南水库、窑里水库)。监测项目为流量3站、水位19站、降水量74站、悬移质输沙1站、蒸发量1站、水温1站、地下水1站、墒情13站、水质11站。

2018年3月15日，吉安市水文局党组印发《关于各内设机构暂任管理人员的函》（吉市水文人函〔2018〕第1号)，在领导干部选拔组织程序未完成前，决定暂任命许毅为峡江水文巡测中心负责人，主持中心全面工作；暂任命刘丽秀为峡江水文巡测中心副负责人。

截至2020年年底，峡江水文巡测中心管理水文站网为水文站3站（基本站1站：峡江，非基本站2站：罗田、潭丘)，水位站21站，雨量站55站，地下水站1站，墒情站12站，水质站10站。监测项目为流量3站、水位24站、降水量77站、沙悬移质输沙1站、水温1站、地下水1站、墒情13站、地表水水质10站、大气降水水质2站、水生态1站。

2020年峡江水文巡测中心领导班子成员如下。

许　毅：男，负责人（峡江水文站站长)。

刘丽秀：女，副负责人（峡江水文站副站长)。

峡江水文巡测中心历任主要负责人见表6-1-7。

表6-1-7　峡江水文巡测中心历任主要负责人

姓　名	行政职务	任职时间
许　毅	负责人	2018年2月—

万安水文巡测中心

万安水文巡测中心的前身是万安栋背水文站，万安栋背水文站沿革见本章“第三节水文测站”。

2014年1月20日，吉安市水文局下发《吉安市水文局关于调整水文管理区域的通知》（吉市水文发〔2014〕第2号)。全市水文管理区域划分为7个片区，初步形成了“市局—勘测队—测站”三级管理模式。万安栋背水文站为7个片区之一，潘书尧任站长管理万安县（林坑水文站除外）的水文工作。管理水文站网有水文站4站、水位站1站、雨量站40站、墒情站1站、水质站6站。监测项目有流量4站、水位5站、降水量45站、蒸发量1站、墒情1站、水质6站。

2016年2月3日，吉安市水文局下发《吉安市水文局关于调整水文管理区域的通知》（吉市水文发〔2016〕第1号)，调整后，全市划分为遂川水文勘测队、吉安水文勘测队、永新水文巡测基地和永丰水文巡测基地4个片区，万安栋背水文站归遂川水文勘测队管理。2月15日，吉安市水文局党组印发《关于潘书尧等同志职务任免的通知》（吉市水文党发〔2016〕第2号)，潘书尧兼任遂川水文勘测队副队长。

2018年2月22日，吉安市水文局下发《吉安市水文局关于调整内设机构的通知》（吉市水文发〔2018〕第2号)，从3月1日起，成立万安水文巡测中心，中心设万安县城开发路，借用万安县水利局办公楼办公。万安水文巡测中心负责万安县境内水文工作（林坑水文站仍由遂川水文勘测队管理)，管理水文站网为水文站4站（栋背、顺峰、社坪、南洲)，水位站10站（万安、五丰、顺峰、涧田、黄竹、柏岩、弹前、桂江、潞田、窑头)，雨量站36站，墒情站4站（万安、宝山、沙坪、枧头)，水质站7站（栋背水文站、万安大桥、嵩阳大桥、万安水库、蕉源水库、芦源水库、坑口)。监测项目有流量4站、水位14站、降水量48站、蒸发量1站、墒情4站、水质7站。

2018年3月15日，吉安市水文局党组印发《关于各内设机构暂任管理人员的函》（吉市水文人函〔2018〕第1号），在领导干部选拔组织程序未完成前，决定暂任命潘书尧为万安水文巡测中心负责人，主持中心全面工作；暂任命魏华为万安水文巡测中心副负责人。

2018年4月，潘书尧借调到鄱阳湖水文局工作，吉安市水文局委派刘书勤主持万安水文巡测中心工作。

2018年8月，刘书勤借调到省水利厅纪检组干部轮巡，吉安市水文局党组委派朱志杰主持万安水文巡测中心工作。

2020年3月30日，吉安市水文局党组印发《关于各内设机构暂任管理人员的函》（吉市水文人函〔2020〕第1号），决定暂任命张缗为万安水文巡测中心副负责人。

截至2020年年底，万安水文巡测中心管理水文站网为水文站4站（基本站1站：栋背，非基本站3站：顺峰、社坪、南洲），水位站11站，雨量站36站，墒情站6站，水质站5站。监测项目为流量4站、水位15站、降水量51站、蒸发量1站、墒情6站、地表水水质5站、大气降水水质1站。

2020年万安水文巡测中心领导班子成员如下。

朱志杰：男，负责人（市局测资科副科长）。

魏　华：男，副负责人（借调市水文局扶贫工作）。

张　缗：男，副负责人。

万安水文巡测中心历任主要负责人见表6-1-8。

表6-1-8　万安水文巡测中心历任主要负责人

姓　名	行政职务	任职时间
潘书尧	负责人	2018年3月至2019年4月
刘书勤	负责人	2019年4月至2020年8月
朱志杰	负责人	2020年8月—

吉水水文巡测中心

吉水水文巡测中心的前身是吉水新田水文站，吉水新田水文站沿革见本章“第三节水文测站”。

2014年1月20日，吉安市水文局下发《吉安市水文局关于调整水文管理区域的通知》（吉市水文发〔2014〕第2号）。全市水文管理区域划分为7个片区，初步形成了“市局—勘测队—测站”三级管理模式。吉水新田水文站为7个片区之一，管理吉水县和永丰县的水文工作。管理水文站网有水文站8站、水位站7站、雨量站84站、墒情站4站、水质站19站。监测项目有流量8站、水位15站、降水量99站、沙悬移质输沙1站、悬移质颗分1站、蒸发量3站、水温1站、墒情4站、水质19站。

2016年2月3日，吉安市水文局下发《吉安市水文局关于调整水文管理区域的通知》（吉市水文发〔2016〕第1号），调整后，全市划分为遂川水文勘测队、吉安水文勘测队、永新水文巡测基地和永丰水文巡测基地4个片区，永丰县水文工作归永丰水文巡测基地管理，新田水文站及吉水县水文工作归吉安水文勘测队管理。

2018年2月22日，吉安市水文局下发《吉安市水文局关于调整内设机构的通知》（吉市水文发〔2018〕第2号），从3月1日起，成立吉水水文巡测中心，中心设吉水县城，借用吉水县水利局办公楼办公。吉水水文巡测中心负责吉水县、永丰县的水文工作。管理水文站网有水文站8站（新田、白沙、冠山、曲岭、鹿冈、藤田、沙溪和已停测的杏头站），水位站18站（吉水、阜田、螺田、盘谷、八都、江口山洪沟、小江口、永丰、君埠、龙冈、上固、潭头、遇元、沿陂、八江、七都、返步桥水库、下溪水库），雨量站81站，地下水站1站（永丰），墒情站15站［吉水、吉水

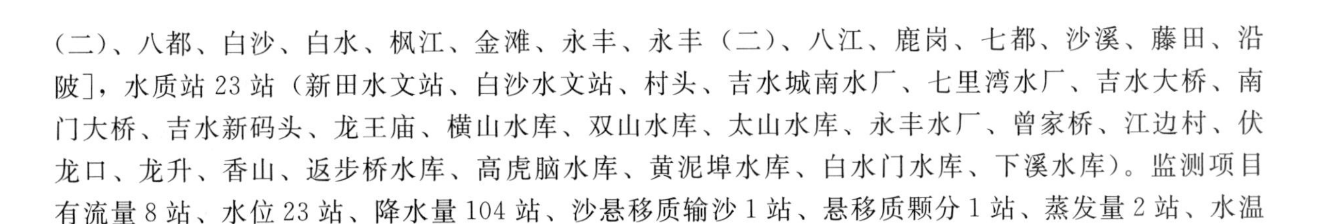

（二）、八都、白沙、白水、枫江、金滩、永丰、永丰（二）、八江、鹿岗、七都、沙溪、藤田、沿陂]，水质站23站（新田水文站、白沙水文站、村头、吉水城南水厂、七里湾水厂、吉水大桥、南门大桥、吉水新码头、龙王庙、横山水库、双山水库、太山水库、永丰水厂、曾家桥、江边村、伏龙口、龙升、香山、返步桥水库、高虎脑水库、黄泥埠水库、白水门水库、下溪水库）。监测项目有流量8站、水位23站、降水量104站、沙悬移质输沙1站、悬移质颗分1站、蒸发量2站、水温1站、地下水1站、墒情15站、水质23站。

2018年3月15日，吉安市水文局党组印发《关于各内设机构暂任管理人员的函》（吉市水文人函〔2018〕第1号），在领导干部选拔组织程序未完成前，决定暂任命兰发云为吉水水文巡测中心负责人，主持中心全面工作；邓凌毅、蒋胜龙暂为吉水水文巡测中心副负责人。

2019年2月15日，吉安市水文局党组印发《关于各内设机构暂任管理人员的函》（吉市水文人函〔2019〕第1号），任命邓凌毅为吉水水文巡测中心负责人，主持中心全面工作。兰发云调吉安市水文局技术办公室工作。

截至2020年年底，吉水水文巡测中心管理水文站网为水文站7站（基本站2站：新田、白沙，非基本站5站：冠山、曲岭、鹿冈、藤田、沙溪），水位站28站，雨量站79站，地下水站1站，墒情站15站，水质站13站。监测项目为流量7站、水位25站、降水量114站、沙悬移质输沙1站、悬移质颗分1站、蒸发量2站、水温1站、地下水1站、墒情15站、地表水水质13站、大气降水水质2站。

2020年吉水水文巡测中心领导班子成员如下。

邓凌毅：男，负责人（新田水文站站长）。

蒋胜龙：男，副负责人。

吉水水文巡测中心历任主要负责人见表6-1-9。

表6-1-9　吉水水文巡测中心历任主要负责人

姓　名	行政职务	任 职 时 间
兰发云	负责人	2018年3月至2019年2月
邓凌毅	负责人	2019年2月—

安福水文测报分中心

2020年2月21日，为探索测报中心体制下的县域水文服务，以优质的水文服务跟进地方需求，吉安市水文局党组会议决定，成立安福县水文机构筹备小组。

2020年4月3日，吉安市水文局党组会议决定，成立安福水文测报分中心（内设机构，未定级别），并于4月3日正式运行。该中心设在安福县城，办公地点为借用安福县水利局办公楼。

安福水文测报分中心隶属于吉安水文测报中心管理。由于吉安水文测报中心尚未组建，暂由吉安市水文局直接管理，期间水文监测信息由分中心收集报永新水文测报中心，再由永新水文测报中心汇总上报吉安市水文局。

安福水文测报分中心负责安福县的水文工作，管理水文站网有水文站2站（彭坊、东谷），水位站31站，雨量站60站，墒情站7站（寮塘、严田、横龙、瓜畲、洋溪、安福、洲湖），水质站6站（安福水厂、东谷水库、谷口水库、社上水库、岩头陂水库、柘田水库）。监测项目有流量2站、水位33站、降水量93站、蒸发量1站、墒情7站、水质6站。

分中心负责人：刘小平（技术咨询服务科科长）。

新干水位站

2014年1月20日，吉安市水文局下发《吉安市水文局关于调整水文管理区域的通知》（吉市水文发〔2014〕第2号)。调整后,全市水文管理区域划分为7个片区,初步形成了"市局—勘测队—测站"三级管理模式。新干水位站为7个片区之一,管理新干县的水文工作。管理水文站网有水文站1站、水位站5站、雨量站32站、水质站4站、墒情站1站。监测项目有流量1站、水位6站、降水量37站、水质4站、墒情1站。

2016年2月3日,吉安市水文局下发《吉安市水文局关于调整水文管理区域的通知》(吉市水文发〔2016〕第1号),调整后,全市划分为遂川水文勘测队、吉安水文勘测队、永新水文巡测基地和永丰水文巡测基地4个片区,新干水位站及新干县水文工作归永丰水文巡测基地管理。

2018年2月22日,吉安市水文局下发《吉安市水文局关于调整内设机构的通知》(吉市水文发〔2018〕第2号),成立峡江水文巡测中心,同时永丰水文巡测基地被撤销,新干水位站及新干县水文工作归峡江水文巡测中心管理。

永丰水文巡测基地

2016年2月3日,吉安市水文局下发《吉安市水文局关于调整水文管理区域的通知》(吉市水文发〔2016〕第1号),成立永丰水文巡测基地。基地设永丰县城,负责新干县、永丰县的水文工作。管理水文站网有水文站4站、水位站10站、雨量站79站、水质站8站、墒情站2站。监测项目有流量4站、水位14站、降水量93站、水质8站、墒情2站。

2016年2月15日,吉安市水文局党组下发《关于肖和平同志任职的通知》(吉市水文党发〔2016〕第3号),决定任命肖和平为永丰水文巡测基地负责人,主持基地全面工作。

2018年2月22日,吉安市水文局下发《吉安市水文局关于调整内设机构的通知》(吉市水文发〔2018〕第2号),调整后,全市划分为遂川、吉安水文勘测队和永新、吉水、峡江、万安水文巡测中心6个片区。永丰水文巡测基地自然撤销,永丰县水文工作归吉水水文巡测中心管理,新干县水文工作归峡江水文巡测中心管理。

第三节 水 文 测 站

根据国家标准《基本术语和符号标准》(GB/T 50095—2014)"水文测站"是"为经常收集水文数据而在流域内的河、渠、湖、库或地表上设立的各种水文观测场所的总称。按其作用,水文测站由国家基本水文测站和各类专用水文测站组成"。

1929年,江西水利局在赣江中游设立吉安观测站,开启了吉安水文监测的历史。吉安观测站是吉安市最早的水文测站。

1931年,吉安站观测降水量,这是有资料记载中最早观测降水量的站。

1935—1938年,先后设立龙市、永新、峡江、吉水、恩江、莲花、万安、遂川雨量站8站,莲花站仅观测一年便停测。

1938年1月,江西水利局将吉安观测站改设为吉安三等测候所,观测水位、降水量、蒸发量、气象。同月,设立泰和雨量站,观测降水量。

1939年1月,江西水利局将吉安三等测候所扩建为二等测候所。同年4月,泰和雨量站改为泰和水位站。受抗日战争影响,各雨量站被裁撤,年底仅保留吉安、泰和水位站。

1940年2月,江西水利局成立"赣河支流水力测验队",先后设吉安富田、吉水潇沧和万安南门滩水位站。这些站,仅观测一二年即停测。4月,江西水利局在泸水设立安福流量站,观测水位、流量,至1941年11月停测。安福流量站是吉安水文最早监测流量的站。5月,江西水利局将泰和水位站改设为泰和三等测候所。

1941年6月,江西水利局在禾水设立永新水位站;1942年6月,在乌江设永丰水位站,观测

水位。永新、永丰水位站至1945年停测。

1942年11月，省建设厅将江西水利局所属的泰和三等测候所扩建为江西省气象台，隶属省建设厅领导；1943年4月移交江西水利局管理；1944年10月，江西省气象台迁至于都，泰和站停测。

1946年9月1日，江西水利局成立江西水利局水文总站，管理全省水文工作。吉安水文测站归江西水利局水文总站管理。

1947年1月，中央水利实验处江西省水文总站在万安县城赣江设万安水位站，开始观测水位、降水量，直至1949年2月停测。同年9月，吉安二等测候所改吉安水文站，并增加流量测验，至1949年4月停测。

1947年，江西水利局先后设赣江峡江、遂川江遂川、禾水永新、牛吼江南关口水位站，观测水位、降水量；设禾水永阳、乌江吉水水文站，观测水位、流量、降水量；这些站均在1949年1至4月停测。

1947年全区共有水文测站9站，其中水文站3站，水位站6站，是民国时期站数最多的一年。

1949年1—3月，水文测站逐渐停测。4—11月，全区水文测站出现空白。

1949年12月，江西省水利局恢复吉安水位站，观测水位、降水量、蒸发量。

1950年，省水利局恢复永新水位站，遂川等5个雨量站。

1951年5月，省水利局在吉安县禾水设天河三等水文站，观测水位、流量、含沙量等，天河站是全市最早监测含沙量项目的站。6月，吉安水位站改吉安二等水文站，增加流量、含沙量测验。

1952年1月，省水利局恢复遂川水位站，观测水位、降水量，5月改遂川三等水文站，增加流量测验。2月设吉水三等水文站，5月改丁江三等水文站。5—8月，设永阳三等水文站、固江三等水文站、孤江口三等水文站。11月，吉安二等水文站改吉安一等水文站。12月，恢复峡江水位站。同年，省水利局曾先后在泰和县、吉水县、安福县分别设马家洲、白土街、吉水、安福水位站。但这些站仅观测一年便停测。截至年底，全区有水文站7站，水位站8站，雨量站5站。

1953年1月，孤江口三等水文站、天河三等水文站、永阳三等水文站、固江三等水文站分别改为渡头水位站、天河水位站、永阳水位站、固江水位站，停测流量、含沙量。2月，遂川水文站迁移至遂川县夏溪村，改夏溪水位站。3月1日，省水利局在万安县赣江设棉津水文站。4月，丁江三等水文站测流断面迁新田村，设新田二等水文站，观测水位、流量、含沙量、降水量等；丁江三等水文站改丁江水位站，观测水位。

1954年1月，新田二等水文站改新田水位站，停测流量、含沙量。5月，永新水位站改永新雨量站；丁江水位站迁至岭背村，改岭背水位站，观测水位，作为新田站辅助水位站，1955年4月撤销。截至年底，仅保留水文站2站（棉津和吉安站）。

1955年，由各县农场或农林单位兼办雨量观测，增设13个雨量观测站，然而这些站都在观测2～3年后停测。

1956年，设立万安林坑水位站、遂川南溪水位站、永新洋埠水文站，固江水位站改固江水文站、永阳水位站改永阳水文站，并增设高坪等雨量站12站。

1957年，设立万安栋背水文站，并在遂川县、泰和县、永丰县、永新县、吉安县分别设立山背洲、杨陂山、江口、塘下、桥东水位站。

1958年，增设莲花千坊、遂川滁洲、吉安鹤洲、富田、安福社上、永丰洪家园水文站；增设万安水库水文站，为万安水库模型试验专用站，共设5个基本断面，观测水位，断面（五）由棉津站巡测流量，但万安水库站资料未刊印；增设安福野鸡潭水文站，为安福浒坑钨矿专用站；恢复泰和水位站；增设吉安梅洲、横江、陇陂桥水位站，为八里滩水利工程专用站；恢复泰和南关口水位站为专用水文站（由于禾水支流上的八里滩水利工程缓建，1960年1月停止观测）。

另外，1958年为小型农田水利工程规划设计需要，共布设小汇水面积站27站，有些站资料未刊印。27站小汇水面积站为：万安县6站（易塘村、下黄南、寨下、上坑、鹅形、于塘），遂川县4站（马龙、冲子坡、竹坑、岭下），泰和县2站（大湖村、胡家），永新县2站（合田、排形），吉安县5站（新屋场、桥边、含口、青原山、潭家），安福县1站（火曹垄），永丰县1站（五团），吉水县2站（高陂、束村），新干县1站（庙前），峡江县1站（姚家），莲花县2站（江口、柿树下），小汇水面积站测到整个汛期几次较大洪水资料。1958年是吉安历史上水文站数最多的一年，该年共有水文站47站（其中小汇水面积站27站）。

20世纪60年代初期，小汇水面积站逐步改水位站或撤销，截至1963年年底，全区实有水文站14站（棉津、栋背、峡江、滁洲、南溪、林坑、渡头、富田、洋埠、上沙兰、千坊、赛塘、新田、鹤洲），水位站6站（吉安、泰和、新干、夏溪、山背洲、天河），小汇水面积站仅保留1站（吉安县桥边站），雨量站60站。

20世纪70年代，逐步增加了一些小河水文站、水库水文站和雨量站。

1970年，在赣江三级支流（赣江—乌江—泷江—胡家水）胡家水上，设立了全市流域面积最小的水文站——胡家水文站。胡家水文站集水面积仅5.48平方千米，只观测了2年，1972年1月被撤销。

截至1979年，全区共有水文站35站、水位站7站、雨量站195站。

1980—1991年间，水文站在26～31站、水位站在7～12站、雨量站在262～270站范围内变动，水文测站处于相对稳定阶段。

1992—2000年间，逐年对水文站网进行了精减，特别是雨量站精减较大，截至2000年，水文站由26站减为16站、水位站由7站减为6站、雨量站由265站减为106站。

2001—2006年间，水文测站基本保持稳定，变化不大。

2007年以后，先后开展了山洪灾害预警建设和中小河流水文监测系统建设，使全市水文测站数大规模增加，水文、水位、雨量站总数由2006年的141站扩充到691站。

2013年5月，根据《江西省中小河流水文监测系统建设工程2013—2014年度新建水文站实施方案》，建设中小河流水文站冠山、曲岭、长塘、黄沙、汤湖、中龙、小庄、桥头、沙坪、南洲、罗田、潭丘、鹿冈站共13站。2014年基本完成各站建设。

2018年以来，逐步将全市各县所设水位站、水库水位站、降水量站监测设备纳入水文系统维护管理，水文测站数量再次扩大。

2018年11月7日，水利部办公厅印发《关于推进部分专用水文测站纳入国家基本水文站网管理工作的通知》（办水文〔2018〕第250号）。通知要求优化调整国家基本水文站网，将满足国家基本水文测站条件的专用水文测站，纳入国家基本水文站网管理。

2020年1月2日，水利厅下发《江西省水利厅关于我省国家基本水文站站网调整的批复》（赣水防字〔2020〕第1号），遂川、永新、井冈山中小河流水文站升级为国家基本水文站，撤销毛背、杏头水文站。至此，全市国家基本水文站为17站。

截至2020年年底，全市水文站39站（其中国家基本17站、非基本22站），在建水文站1站（万安水文站），水位站181站（其中国家基本2站、非基本179站），雨量站572站（其中国家基本站82站、非基本站490），地下水站11站，墒情站85站（其中固定站20站、移动站65站），水质站80站。监测项目有：流量39站、水位220站、悬移质泥沙4站、悬移质泥沙颗粒分析2站、水温4站、降水量788站、蒸发量11站、地下水11站、墒情85站、地表水水质80站、大气降水水质13站、水生态2站。

国家基本水文站（17站）

（1）栋背水文站。于1957年1月设立，位于江西省万安县百嘉镇栋背村，东经114°41′36″，北纬 26°34′01″，基本水尺断面设于长江流域赣江水系赣江中游，属大河控制站，国家基本水文站、国家重要水文站。集水面积 40231 平方千米，至河口距离 333 千米。观测水位、流量、降水量。水位基面为吴淞基面，吴淞基面与黄海基面的换算关系为：黄海基面＝吴淞基面－0.972 米。

据 1965 年《水文年鉴》记载，“因基本水准点原测高程有误，1957—1962 年水位，水位均应普加 7.747 米”。

1958 年 1 月 1 日，增测含沙量，至 1962 年 1 月 1 日停测。

1964 年 2 月，省水文气象局授予栋背水文站“省水文气象系统‘五好先进单位’”荣誉称号。

1968 年，开始采用虹吸式自记雨量计观测记录降水量。

1978 年 12 月，建成岸式自记水位计测井，于 1979 年 1 月开始采用自记水位计观测记录水位。

1979 年 1 月 1 日，增测水面蒸发量（E601 型蒸发器）。

1983 年，增加 20 厘米口径蒸发器进行对比观测，至 2020 年停止对比观测。

1983 年，增加 80 厘米口径套盆蒸发器进行对比观测，至 2016 年停止对比观测。

1984 年 1 月，增加水质监测。

1986 年 4 月，省水文总站授予栋背水文站“1985 年度全省水文系统先进集体”荣誉称号。

1989 年 1 月 20 日，省编委下发《关于全省水文系统机构设置及人员编制的通知》（赣编发〔1989〕第 009 号），同意江西省水利厅吉安地区水文站为相当于副处级事业单位，万安栋背水文站为正科级水文站。

1996 年 5 月 8 日，吉安地区水文分局下发《关于将万安栋背水文站划归遂川水文勘测队管辖的通知》（吉地水文字〔96〕第 06 号），栋背水文站即日起划归遂川水文勘测队管理，为遂川水文勘测队下属单位，原正科机构不变。

2005 年 12 月，在全省水文测报质量评比中获得“2005 年度全省水文测报质量评比优胜站”（第一名）的荣誉称号。

2012 年 10 月 26 日，水利部公布了《国家重要水文站名录》（水利部公告第 67 号），栋背水文站列国家重要水文站。

2014 年 1 月，吉安市水文局调整水文管理区域，栋背水文站隶属吉安市水文局管理，履行水文巡测中心职能。

2018 年 2 月，成立万安水文巡测中心，栋背水文站隶属万安水文巡测中心管理。

2018 年，在栋背水文站下游约 14 千米处兴建井冈山航电枢纽。航电枢纽建成后，对栋背水文站监测功能影响极大。

截至 2020 年，栋背水文站的测验项目有：水位、流量、降水量、蒸发量、水质。

实测最高水位 71.43 米（1964 年 6 月 17 日），最低水位 61.27 米（2004 年 12 月 15 日）；实测最大流量 15300 立方米/秒（1964 年 6 月 17 日），最小流量 47.9 立方米/秒（2004 年 12 月 15 日）。实测最大年降水量 2078.2 毫米（2002 年），最小年降水量 741.6 毫米（1963 年）。实测最大年蒸发量（E601 型蒸发器）1056.8 毫米（2010 年），最小年蒸发量 783.4 毫米（1982 年）。

栋背水文站历年主要负责人见表 6－1－10。

表 6－1－10　　栋背水文站历年主要负责人

姓　名	职　务	任职时间	备　注
谢章治	负责人	1957 年 1—12 月	
钟庆光	负责人	1958 年 1 月至 1967 年 7 月	
许士尧	负责人	1967 年 8 月至 1971 年 4 月	
刘祥铭	负责人	1971 年 5 月至 1979 年 7 月	行政干部

续表

姓　名	职　务	任职时间	备　注
刘世运	站长	1979年8月至1985年1月	
钟本修	站长	1985年8月至1996年8月	
林清泉	副站长	1996年8月至2006年2月	
李永军	副站长	2006年2月至2013年3月	
潘书尧	站长	2013年3月至2019年9月	
刘书勤	副站长	2019年9月—	

（2）吉安水文站。位于江西省吉安市吉州区沿江路190号，东经114°58′54″，北纬27°05′58″，基本水尺断面设于长江流域赣江水系赣江中游，属大河控制站，国家基本水文站、国家重要水文站。集水面积56223平方千米，至河口距离240千米。水位基面为吴淞基面，吴淞基面与1985国家高程基准的换算关系为：85基准＝吴淞基面－1.498米。

1929年，江西水利局在赣江中游设立吉安观测站（断面位置不详）。

1931年，基本水尺断面位于吉安市古南镇回龙桥，并开始观测降水量。

1938年1月，江西水利局将吉安观测站改设为吉安三等测候所，观测水位、降水量、蒸发量、气象。

1939年1月，江西水利局将吉安三等测候所扩建为二等测候所。

1947年，将基本水尺断面下迁约2千米的吉安市东朱紫巷，同年9月，吉安二等测候所改吉安水文站，增测流量。1949年4月停止观测。

1949年12月，由江西省水利局恢复吉安水位站，观测水位、降水量、蒸发量。

1951年6月，吉安水位站改吉安二等水文站，并将基本水尺断面上迁1千米处的吉安市大里巷码头，并增测流量、含沙量。

1952年1月，增测气象，至1954年5月停止观测。

1952年3月，省水利局确定吉安二等水文站为中心站。

1952年11月，吉安二等水文站改吉安一等水文站。

1955年6月，在下游约7千米处的石矶下设吉安（石矶下）站测流断面，作为吉安站辅助流量断面。

1956年5月，增测回龙桥断面水位，至1957年7月停测。

1958年7月，增测朱紫巷断面水位，至1960年7月停测。

1961年7月1日，水文站改水位站，停测流量、含沙量、降水量。

1962年6月29日，出现历史最高水位54.05米，推算最大流量19600立方米/秒。

1964年1月1日，恢复吉安水文站，观测水位、流量、含沙量，而降水量、蒸发量资料由吉安气象台提供；1972年3月1日恢复降水量观测，1974年11月4日因建房屋停测降水量；1986年1月1日恢复降水量观测。

1967年，增测悬移质泥沙颗粒分析。

1972年3月，开始采用虹吸式自记雨量计观测记录降水量。

1974年1月，增测水化学。

1989年1月20日，省编委下发《关于全省水文系统机构设置及人员编制的通知》（赣编发〔1989〕第009号），同意江西省水利厅吉安地区水文站为相当于副处级事业单位，吉安水文站为正科级水文站。

1994年4月1日，毛背水文站划归吉安水文站管理，为吉安水文站属站。

2005年4月，自记水位井投入运行；2006年1月，基本水尺断面上迁30米至自记水位井处。

2009年6月24日，省水文局发布《关于同意吉安水文站应用多普勒流速剖面仪进行常规流量

测验的批复》（赣水文站发〔2009〕第24号），同意吉安水文站应用多普勒流速剖面仪进行常规流量测验。

2011年，成立吉安水文勘测队，吉安水文站隶属吉安水文勘测队管理。

2012年10月26日，水利部公布了《国家重要水文站名录》（水利部公告第67号），吉安水文站列国家重要水文站。

截至2020年，吉安水文站的测验项目有：水位、流量、悬移质输沙率、悬移质泥沙颗粒分析、降水量、水质。

实测最高水位54.05米（1962年6月29日），最低水位41.88米（2008年12月5日）；实测最大流量19600立方米/秒（1962年6月29日，推算值），最小流量121立方米/秒（1965年3月25日）。实测年最大断面平均含沙量3.35千克/立方米（1969年），实测最大年输沙量1559万吨（1973年），最小年输沙量101万吨（2011年）。实测最大年降水量2183.1毫米（1953年），最小年降水量893.0毫米（2011年）。

吉安水文站历年主要负责人见表6-1-11。

表6-1-11　　吉安水文站历年主要负责人

姓　名	职　务	任职时间	备　注
王锡祚	负责人	1946年10月至1949年7月	
冯长桦	负责人	1951年6—7月	1949年12月至1951年5月代办
刘赞惠	负责人	1951年8月至1952年2月	
刘富安	负责人	1952年3—10月	
钟光庆	负责人	1956年1月至1957年12月	1952年11月至1955年12月吉安一等水文站兼管
罗嗣藻	负责人	1958年1月至1959年2月	
黄长河	负责人	1959年2月至1961年7月	
王万塘	负责人	1964年1月至1968年5月	1961年8月至1963年12月吉安地区水文气象总站兼管
龙友云	负责人	1968年5月至1970年8月	
李清海	负责人	1970年9月至1981年4月	
唐茀生	站长	1981年5月至1985年1月	
金周祥	站长	1985年1月至1988年10月	
余道生	站长	1988年10月至1999年3月	
张以浩	站长	1999年3月至2009年11月	
唐晶晶	副站长	2009年11月至2011年4月	
冯　毅	副站长	2011年4月至2018年3月	
李永军	副队长	2018年3月至2019年9月	赛塘站站长兼
刘　辉	站长	2019年9月—	

历年来，吉安水文站多次受到水利部、省人民政府、省水利厅表彰，1992年江西省人民政府授予“全省抗洪抢险先进集体”荣誉称号，2005年水利部文明办、水利部水文局授予“全国文明水文站”荣誉称号。

吉安水文站历年获奖情况见表6-1-12。

表6-1-12　　吉安水文站历年获奖情况

序号	单位名称	荣誉称号	授奖时间	授奖单位
1	吉安一等水文站	全国农业水利先进集体	1956年	全国农业水利先进单位表彰大会
2	吉安水文站	先进集体	1983年	中共吉安地委、地区行署

续表

序号	单位名称	荣誉称号	授奖时间	授奖单位
3	吉安水文站	先进集体	1984年	江西省水文总站
4	吉安水文站	全省水文系统先进水文站	1992年3月	江西省水利厅
5	吉安水文站	1992年全省抗洪抢险先进集体	1992年9月	江西省人民政府
6	吉安水文站	通报表彰	1992年	国家防汛抗旱总指挥部办公室
7	吉安水文站	全省水文系统文明站队	1999年	江西省水文局党委
8	吉安水文站	2002年、2003年全省水文宣传先进单位	2004年2月	江西省水文局党委
9	吉安水文站	先进基层党组织	2005年6月	中共吉州区直机关工委
10	吉安水文站	全国文明水文站	2005年	水利部水文局、水利部文明办
11	吉安水文站	2004年、2005年全省水文宣传先进集体	2006年2月	江西省水文局党委
12	吉安水文站	先进基层党组织	2008年7月	中共吉州区直机关工委
13	吉安水文站	全省水文测验绩效考核优胜站	2013年	江西省水文局

（3）峡江水文站。位于江西省峡江县巴邱镇南门，东经115°09′02″，北纬27°32′47″，基本水尺断面设于长江流域赣江水系赣江中游，属大河控制站，国家基本水文站、国家重要水文站。集水面积62724平方千米，至河口距离174千米。水位基面为吴淞基面，吴淞基面与1985国家高程基准的换算关系为：85基准＝吴淞基面－2.059米。

1947年2月，设立峡江水文站，水尺位于峡江县城义渡局门前河边，观测水位、降水量，6月增测蒸发量。1949年4月停止观测。

1952年12月，恢复峡江水位站，观测水位、降水量、蒸发量、气象。

1957年1月1日，在断面上游1千米处增设水文站，观测水位、流量。

1958年，撤销峡江水位站，将降水量、蒸发量迁至峡江水文站，同时增测水温、悬移质泥沙、水化学。1964年1月停测蒸发量。

1964年，流速仪测流断面设于基本水尺断面下游216米。

1966年，开始采用虹吸式自记雨量计观测记录降水量。

1976年1月，基本水尺断面下迁1076米，基本水尺由赣江右岸迁至赣江左岸，改为峡江（二）水文站，流速仪测流断面仍在原断面。经分析，上下断面水位相关关系为：

峡江站水位在36.00米以上时，$Z_{峡江(二)}=0.96\times Z_{峡江}+1.44$。

峡江站水位在36.00米以下时，$Z_{峡江(二)}=Z_{峡江}$。

1981年12月，建成岸式自记水位计测井，1982年1月开始采用自记水位计观测记录水位。

1983年1月，峡江水文站制定一套《峡江水文站生产岗位责任制记时记分评分办法》，此套评分办法曾在全省水文系统推广。

1989年1月20日，省编委下发《关于全省水文系统机构设置及人员编制的通知》（赣编发〔1989〕第009号），同意江西省水利厅吉安地区水文站为相当于副处级事业单位，峡江水文站为正科级水文站。

2000年10月27日，省水文局下发《关于“要求将峡江水文站流速仪测流断面下迁至基本水尺断面的请示”的批复》（赣水文站发〔2000〕第013号），同意将峡江水文站流速仪测流断面下迁至基本水尺断面。

2007年1月1日，流速仪测流断面下迁860米，与基本水尺断面重合。

2010年5月1日，增测水面蒸发量（20厘米口径蒸发器），至2020年年底停测。

2012年10月26日，水利部公布了《国家重要水文站名录》（水利部公告第67号），峡江水文

站列国家重要水文站。

2016年2月，吉安市水文局调整水文管理区域，峡江水文站隶属吉安水文勘测队管理。

2018年，成立峡江水文巡测中心，峡江水文站隶属峡江水文巡测中心管理。

截至2020年，峡江水文站的测验项目有：水位、流量、悬移质输沙率、降水量、蒸发量、水温、水质。

实测最高水位44.93米（1962年6月29日，原断面水位，换算成现断面为44.57米），最低水位33.46米（2019年10月17日）；实测最大流量19900立方米/秒（1968年6月26日），最小流量122立方米/秒（2013年11月13日）。实测年最大断面平均含沙量1.86千克/立方米（1985年），实测最大年输沙量1900万吨（1961年），最小年输沙量85.6万吨（2011年）。实测最大年降水量2237.9毫米（1953年），最小年降水量919.2毫米（1963年）。

峡江水文站历年主要负责人见表6-1-13。

表6-1-13　　峡江水文站历年主要负责人

姓　名	职　务	任职时间	备　注	姓　名	职　务	任职时间	备　注
赵明荣	负责人	1952年12月至1953年12月		杨海根	站长	1981年1月至1984年9月	
钟安仁	负责人	1954年1月至1955年12月		毛本聪	负责人	1984年10月至1985年1月	
杨建尧	负责人	1956年1—12月		邓红喜	站长	1985年1月至1986年6月	
唐弗生	站长	1957年1月至1966年12月		毛本聪	站长	1986年6月至1989年7月	
甘辉迈	负责人	1967年1—12月		陈怡招	站长	1989年7月至1992年4月	
李象福	负责人	1968年1月至1971年12月		肖忠英	站长	1992年4月至2005年2月	
陈尚业	站长	1972年1月至1973年10月	行政干部	刘铁林	站长	2005年8月至2008年12月	
李象福	负责人	1973年11月至1976年10月		许　毅	副站长	2008年12月至2013年3月	
吴思道	站长	1976年10月至1979年9月	行政干部	许　毅	站长	2013年3月—	
陈恩美	站长	1979年10月至1980年12月	行政干部				

历年来，峡江水文站多次受到水利部、省人民政府、省水文局表彰，1963年江西省人民委员会授予“全省工农业生产先进单位”荣誉称号，1964年江西省人民委员会授予“全省农业先进单位”荣誉称号，1984年水电部授予“全国水利电力系统先进集体”荣誉称号，1992年江西省人民政府授予“全省抗洪抢险先进集体”荣誉称号。

峡江水文站历年获奖情况见表6-1-14。

表6-1-14　　峡江水文站历年获奖情况

序号	单位名称	荣誉称号	授奖时间	授奖单位
1	峡江水文站	全省水文气象站标兵单位	1960年4月	江西省水文气象局
2	峡江水文站	全省工农业生产先进单位	1963年3月	江西省人民委员会
3	峡江水文站	省水文气象系统“五好先进单位”	1964年2月	江西省水文气象局
4	峡江水文站	1963年全省农业先进单位	1964年3月	江西省人民委员会
5	峡江水文站	全县先进单位	1965年	峡江县人民委员会
6	峡江水文站	1966年度先进单位	1967年2月	峡江县人民委员会
7	峡江水文站	1966年度先进单位	1967年3月	吉安专员公署
8	峡江水文站	峡江县科学先进单位	1978年	峡江县革命委员会
9	峡江水文站	先进单位	1979年	中共峡江县委、县革命委员会
10	峡江水文站	全省水文系统先进集体	1983年3月	江西省水文总站

续表

序号	单位名称	荣誉称号	授奖时间	授奖单位
11	峡江水文站	1983年先进单位	1984年3月	中共吉安地委、地区行署
12	峡江水文站	全省水文系统先进集体	1984年3月	江西省水文总站
13	峡江水文站	全国水利电力系统先进集体	1984年12月	水利电力部
14	峡江水文站	通报表彰	1992年6月	国家防汛办
15	峡江水文站	1992年全省抗洪抢险先进集体	1992年9月	江西省人民政府
16	峡江水文站	全省水情工作先进集体	1997年4月	江西省防汛办、省水文局
17	峡江水文站	2000年、2001年全省水文宣传先进站队	2002年1月	江西省水文局党委
18	峡江水文站	2002年、2003年全省水文宣传先进单位	2004年2月	江西省水文局党委
19	峡江水文站	2006年度水文绩效考核年活动先进站	2006年11月	江西省水文局
20	峡江水文站	全省水文测验质量成果评比优胜站	2007年12月	江西省水文局
21	峡江水文站	全省水文测验绩效考核先进单位	2011年	江西省水文局
22	峡江水文站	全省水文测验绩效考核优胜站	2012年	江西省水文局

（4）滁洲水文站。于1958年4月设立，位于江西省遂川县大汾镇牛牯石村，东经114°08′21″，北纬26°21′18″，基本水尺断面设于长江流域赣江水系赣江一级支流遂川江上游（又名右溪），属区域代表站，国家基本水文站。集水面积289平方千米，至河口距离（至左溪与右溪交汇处，原左溪与右溪交汇处以下称遂川江，交汇处以上分为左溪和右溪）93千米。观测水位、流量、降水量。水位基面为假定基面，假定基面与1985国家高程基准的换算关系为：85基准＝假定基面＋313.242米。

据1960年《水文年鉴》记载，“1960年8月11日观测设备被洪水全部冲毁，观测中断，观测水位系根据洪痕接测而得，洪峰水位24.32米”。1970年《水文年鉴》记载，“1960年8月10日因山洪暴发，观测中断。1961年1月恢复”。1961年以后的水位基面高程与1958—1960年不同，水位相差约10米，但《水文年鉴》未记载基面高程差。另据1979年2月《江西省吉安地区水文手册》记载，“将原水位加10米方与1961年基面相同”，故1960年最高水位为34.32米。

1961年1月，恢复水位观测，1962年1月恢复流量测验。1965年增测气象，至1969年停测。1970年恢复气温观测，至1973年停测。1979年1月增测水面蒸发量。

1965年，中共遂川县委、县人民委员会授予滁洲水文站“水文服务工作先进集体”荣誉称号。

1993年，成立遂川水文勘测队，滁洲水文站隶属遂川水文勘测队管理。

截至2020年，滁洲水文站的测验项目有：水位、流量、降水量、蒸发量。

实测最高水位29.06米（2001年7月7日，因1961年以前的高程系统与现高程系统不同，1960年8月最高水位未统计，据1979年2月《江西省吉安地区水文手册》记载，“将原水位加10米方与1961年基面相同”，故1960年最高水位为34.32米），最低水位23.63米（2019年12月12日）；实测最大流量740立方米/秒（2001年7月7日），最小流量1.00立方米/秒（2014年12月24日）。实测最大年降水量2595.0毫米（1973年），最小年降水量1241.0毫米（1963年）。实测最大年蒸发量（E601型蒸发器）806.5毫米（2003年），最小年蒸发量547.8毫米（2015年）。

滁洲水文站历年主要负责人见表6-1-15。

（5）遂川水文站。位于江西省遂川县泉江镇东路小区，东经114°30′43″，北纬26°19′28″，基本水尺断面设于长江流域赣江水系赣江一级支流遂川江，属区域代表站，国家基本水文站。集水面积2123平方千米，至河口距离39千米。水位基面为黄海基面，黄海基面与1985国家高程基准的换算关系为：85基准＝黄海基面＋0.030。

表 6-1-15　　　　滁洲水文站历年主要负责人

姓　名	职　务	任职时间	备　注	姓　名	职　务	任职时间	备　注
王文俊	负责人	1958 年 8 月至 1959 年 12 月		孙扬晋	站长	1971 年 8 月至 1979 年 12 月	行政干部
贺裕隆	负责人	1960 年 1 月至 1964 年 8 月		张书含	负责人	1980 年 1 月至 1981 年 9 月	
曾昭椿	负责人	1964 年 9 月至 1965 年 3 月		张书含	副站长	1981 年 10 月至 1984 年 12 月	
刘世运	负责人	1965 年 4—7 月		王偱浩	站长	1985 年 1 月至 1987 年 1 月	
李象福	负责人	1965 年 8 月至 1969 年 8 月		李镇洋	站长	1987 年 1 月至 1993 年 1 月	
徐开生	负责人	1969 年 9 月至 1971 年 7 月					

注：自 1993 年滁洲水文站由遂川水文勘测队管理后，市局未再任命站长（负责人）。

1947 年 1 月，设立遂川水位站，基本水尺断面位于遂川县城乐善石桥处，观测水位。同年 2 月加测降水量，同年 5 月加测蒸发量。1949 年 4 月遂川水位站停测。

1951 年 1 月，恢复为遂川雨量站，观测降水量，同年 9 月停测。

1952 年 1 月，恢复遂川水位站，观测水位、降水量。同年 5 月改遂川三等水文站，加测流量，同年 7 月加测蒸发量。1953 年 2 月下迁至遂川县雩田镇夏溪村改夏溪水位站，遂川水文站停测。

1982 年，恢复为遂川雨量站，观测降水量，至 1986 年停测。

1992 年，恢复为遂川雨量站。

1995 年 7 月 6 日，省水文局下发《关于同意将夏溪水位站迁至遂川县城的批复》（赣水文站字〔95〕第 11 号），同意夏溪水位站迁遂川县城，设立遂川水位站。

1996 年，恢复遂川水位站，隶属遂川水文勘测队管理，1 月 1 日正式观测水位。

2014 年 1 月，遂川水位站升级为中小河流水文站，改为遂川水文站。

2020 年 1 月 2 日，水利厅下发《江西省水利厅关于我省国家基本水文站站网调整的批复》（赣水防字〔2020〕第 1 号），遂川水文站升级为国家基本水文站。

截至 2020 年，遂川水文站的测验项目有：水位、流量、降水量。

实测最高水位 99.51 米（2002 年 7 月 1 日），最低水位 94.21 米（2015 年 11 月 7 日）；实测最大年降水量 2327.9 毫米（2002 年），最小年降水量 823.9 毫米（1971 年，《水文年鉴》刊印气象站的资料）。

另据遂川江夏溪站记载，1991 年 9 月 8 日 9 时 30 分洪峰水位 83.88 米，超警戒水位 2.38 米，换算成现遂川水文站水位为 101.45 米，为有记录以来最大洪水。

（6）坳下坪水文站。位于江西省遂川县禾源镇禾源村，东经 114°25′34″，北纬 26°11′08″，基本水尺断面设于长江流域赣江水系赣江三级支流（赣江—遂川江—左溪—禾源水）禾源水，属国家基本水文站，小河水文站。集水面积 86.4 平方千米，至河口距离 14 千米。水位基面为假定基面，假定基面与 1985 国家高程基准的换算关系为：85 基准＝假定基面＋209.807 米。

1975 年 1 月，设立坳下坪水文站，站址位于江西省遂川县禾源镇坳下坪村，观测水位、流量、降水量。

1985 年 9 月 7 日，吉安地区水文站下发《关于坳下坪水文站改为代办站的通知》（吉地水文业字〔95〕第 24 号），坳下坪水文站改由南溪水文站管理，代办观测。

1993 年，成立遂川水文勘测队，坳下坪水文站隶属遂川水文勘测队管理，仍为代办站。

2003 年 1 月 8 日，省水文局发布《关于〈关于要求将坳下坪水文站测流断面上迁至遂川县禾源镇的请示〉的批复》（赣水文站发〔2003〕第 2 号），同意坳下坪水文站上迁至遂川县禾源镇附近，并更名为坳下坪（二）水文站。

2006 年 1 月，坳下坪水文站上迁约 3.5 千米至遂川县禾源镇，更名为坳下坪（二）水文站，集水面积由105平方千米改为86.4平方千米。由遂川水文勘测队负责驻站值守，结束代办观测。

截至2020年，坳下坪水文站的测验项目有：水位、流量、降水量。

由于坳下坪水文站与坳下坪（二）水文站水位未建立相关关系，水位特征值分开统计。坳下坪水文站实测最高水位61.76米（2005年8月14日），最低水位56.95米（1976年8月19日），实测最大流量379立方米/秒（2005年8月14日），最小流量0.159立方米/秒（2003年8月3日）；坳下坪（二）水文站最高水位72.18米（2006年7月26日），最低水位69.16米（2020年1月24日）；实测最大流量221立方米/秒（2006年7月26日），最小流量0.265立方米/秒（2009年2月13日）。实测最大年降水量2498.4毫米（2002年），最小年降水量1112.1毫米（2003年）。

（7）仙坑水文站。于1978年9月设立，位于江西省遂川县珠田乡山坳村，东经114°28′03″，北纬26°15′02″，基本水尺断面设于长江流域赣江水系赣江三级支流（赣江—遂川江—左溪—仙溪水）仙溪水，属国家基本水文站，小河水文站。集水面积18.1平方千米，至河口距离2千米。观测水位、流量、降水量。水位基面为假定基面，假定基面与1985国家高程基准的换算关系为：85基准＝假定基面＋121.420米。

1978年9月至1982年2月，仙坑水文站为南溪水文站属站，代办观测，长年聘请代办员：黄兰生。1982年2月改为国家基本水文站，为常年值守站，结束代办观测。

1993年，成立遂川水文勘测队，仙坑水文站隶属遂川水文勘测队管理。

截至2020年，仙坑水文站的测验项目有：水位、流量、降水量。

实测最高水位29.49米（2014年5月30日），最低水位27.08米（2007年7月20日）；实测最大流量62.8立方米/秒（2014年5月30日），最小流量0.018立方米/秒（1986年8月29日）。实测最大年降水量2591.1毫米（2002年），最小年降水量1085.2毫米（1986年）。

仙坑水文站历年主要负责人见表6-1-16。

表6-1-16　　仙坑水文站历年主要负责人

姓　名	职　务	任职时间	姓　名	职　务	任职时间
康定彬	负责人	1982年3月至1984年3月	肖忠英	站长	1985年1月至1987年1月
孙立虎	负责人	1984年4—12月	王循浩	站长	1987年1月至1993年1月

注：自1993年仙坑水文站由遂川水文勘测队管理后，市水文局未再任命站长（负责人）。

（8）林坑水文站。于1956年8月1日设立为水位站，位于江西省万安县高陂镇林坑村，东经114°36′07″，北纬26°39′57″，基本水尺断面设于长江流域赣江水系赣江一级支流蜀水中游，为水库工程专用站，1964年改为属区域代表站，国家基本水文站。集水面积994平方千米，至河口距离47千米。观测水位，水位基面为假定基面，假定基面与1985国家高程基准的换算关系为：85基准＝假定基面＋8.777米。

1957年1月，改流量站，增测流量、降水量，流速仪测流断面设于基本水尺断面下游50米处。2011年测流缆道改建于基本水尺断面处，流速仪测流断面上迁50米与基本水尺断面重合。

1958年，增测单沙，至1962年停测。1965年增测气象，至1969年1月停测。

1986年4月，省水文总站授予林坑水文站“1985年度全省水文系统先进集体”荣誉称号。

1993年，成立遂川水文勘测队，林坑水文站隶属遂川水文勘测队管理。

1994年12月13日，省水文局下发《关于“林坑水文站流量间测分析报告”的批复》（赣水文站字〔94〕第31号），同意林坑水文站从1995年1月1日起流量测验实行停2年测1年，当水位超过88.30米时恢复测验。

2001年6月12日，省水文局下发《关于林坑等水文站巡测分析报告的批复》（赣水文站发〔2001〕第6号），同意“在原停2年测1年的基础上实行停3年测1年方案，停测年内，当出现超

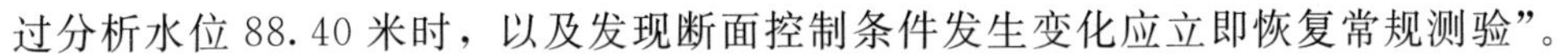

过分析水位 88.40 米时，以及发现断面控制条件发生变化应立即恢复常规测验”。

2002 年，水位出现建站以来的最高水位 89.32 米，超出分析水位范围 88.40 米，重新进行了分析。

2003 年 6 月 12 日，省水文局下发《“关于要求提高林坑水文站停测流量水位标准的请示”的批复》（赣水文站发〔2003〕第 9 号），批复吉安市水文分局，同意林坑站继续实行停 3 年测 1 年的方案，停测水位由原来的 88.40 米提高到 89.30 米。

2011 年，流速仪测流断面上迁 50 米，与基本水尺断面重合，恢复流量测验。

2018 年，林坑站出现超历史特大洪水，洪峰水位 90.95 米，恢复流量测验；2019 年，经增加历史最大洪水分析，从 2020 年起停 3 年测 1 年，并根据《水文巡测方案》（SL 195—2015）“实行间测的水文站，检测年份可每年检测 3 次以上”要求，停测年份每年检测 3 次。

截至 2020 年，林坑水文站的测验项目有：水位、流量、降水量、水质。

实测最高水位 90.95 米（2018 年 6 月 8 日），最低水位 82.80 米（2018 年 2 月 28 日）；实测最大流量 1930 立方米/秒（2018 年 6 月 8 日），最小流量 0.100 立方米/秒（2015 年 1 月 10 日）。实测最大年降水量 2047.3 毫米（2002 年），最小年降水量 939.6 毫米（2003 年）。

林坑水文站历年主要负责人见表 6-1-17。

表 6-1-17　　林坑水文站历年主要负责人

姓　名	职　务	任职时间	备　注	姓　名	职　务	任职时间	备　注
周正通	负责人	1956 年 8—12 月		蔡镇邦	负责人	1974 年 1 月至 1975 年 2 月	
胡筱春	负责人	1957 年 1 月至 1958 年 3 月		虞林康	站长	1975 年 3 月至 1985 年 1 月	
刘　梦	负责人	1958 年 4 月至 1968 年 11 月		康定湘	站长	1985 年 2 月至 1989 年 9 月	
蔡镇邦	站长	1968 年 12 月至 1970 年 7 月		杨生苟	站长	1989 年 9 月至 1990 年 4 月	
郭寅恒	站长	1970 年 8 月至 1973 年 12 月	行政干部	林清泉	站长	1990 年 4 月至 1993 年 1 月	

注：自 1993 年林坑水文站由遂川水文勘测队管理后，市局未再任命站长（负责人）。

（9）白沙水文站。1998 年 9 月 1 日，省水文局下发《关于同意吉水木口水文站上迁至白沙镇的批复》（赣水文站发〔1998〕第 012 号），同意木口水文站上迁至白沙镇，并更名为白沙水文站。

1999 年 1 月，由木口水文站上迁约 9 千米而改名白沙水文站，站址位于江西省吉水县白沙镇白沙街，东经 115°25′52″，北纬 26°57′19″，基本水尺断面设于长江流域赣江水系赣江一级支流孤江中游，属区域代表站，国家基本水文站。集水面积 1573 平方千米，至河口距离 64 千米。观测水位、水质，水位基面为假定基面，假定基面与 1985 国家高程基准的换算关系为：85 基准＝假定基面＋1.927 米。

1999 年 1 月 1 日，正式观测水位。

1999 年，共青团江西省水利厅直属机关委员会授予白沙水文站为水利厅直属机关“青年文明号”称号。

2000 年 4 月 1 日，增测流量、降水量，2003 年 1 月 1 日增测蒸发量。

2011 年 4 月，成立吉安水文勘测队，白沙水文站隶属吉安水文勘测队管理。

2014 年，白沙水文站隶属新田水文站管理。

2016 年，白沙水文站再次划归吉安水文勘测队管理。

2018 年，成立吉水水文巡测中心，白沙水文站隶属吉水水文巡测中心管理。

截至 2020 年，白沙水文站的测验项目有：水位、流量、降水量、蒸发量、水质。

根据 2003 年 3 月省水文局印发《关于〈关于要求停测木口站水位观测的请示〉的批复》（赣水文站发〔2003〕第 5 号），批复白沙水文站与木口（二）水文站水位相关关系为：

木口（二）水文站水位在 64.0 米以下时，$Z_{白沙}=0.7519\times Z_{木口(二)}+36.28$。

木口（二）水文站水位在64.0米以上时，$Z_{白沙}=0.9394\times Z_{木口(二)}+24.28$。

实测最高水位90.44米（2002年6月16日），最低水位81.82米（2018年1月24日）；实测最大流量2370立方米/秒（2002年6月16日），最小流量0.240立方米/秒（2004年10月29日）。实测最大年降水量2303.7毫米（2002年），最小年降水量913.4毫米（2003年）。实测最大年蒸发量（E601型蒸发器）1017.0毫米（2003年），最小年蒸发量751.9毫米（2015年）。

白沙水文站历年主要负责人见表6-1-18。

表6-1-18　白沙水文站历年主要负责人

姓　名	职　务	任职时间	备　注	姓　名	职　务	任职时间	备　注
肖和平	站长	2000年1月至2005年1月		罗　洁	站长	2008年2月至2011年4月	
罗良民	站长	2005年1月至2007年3月		颜照亮	站长	2011年4月至2012年8月	
许　毅	站长	2007年3月至2008年2月					

注：2012年8月以后，白沙站由勘测队（或巡测中心）实行巡测管理，市局未再任命站长（负责人）。

（10）莲花水文站。于1977年5月设立水位站，位于江西省莲花县花塘公社南门桥，东经113°58′，北纬27°08′，基本水尺断面设于长江流域赣江水系赣江一级支流禾水上游（又名文汇江），水位基面为黄海基面，至1981年1月停测。

2002年7月24日，省水文局下发《关于〈关于莲花水文站建设方案请示〉的批复》（赣水文站发〔2002〕第4号），同意千坊水文站下迁到莲花县，并更名为江西省莲花水文站。

2002年9月4日，吉安市水文分局印发《关于组建江西省莲花水文站的通知》（吉市水文发〔2002〕第13号）。根据上级批复，莲花千坊水文站下迁至莲花县城，并更名为江西省莲花水文站，为副科级事业单位，核定人员编制9人。

2005年1月1日，莲花水文站正式开展水位、流量测验。

莲花水文站位于江西省莲花县琴亭镇东门，东经113°57′32″，北纬27°07′48″，基本水尺断面设于长江流域赣江水系赣江一级支流禾水上游（又名文汇江），属区域代表站，国家基本水文站。集水面积550平方千米，至河口距离49千米（至文汇江与小江河交汇处，原文汇江与小江河交汇处以下称禾水，交汇处以上分为文汇江和小江河）。观测水位、流量、降水量，水位基面为假定基面，假定基面与黄海基面的换算关系为：黄海基面＝假定基面＋69.361米。

2006年6月20日，省编委办公室印发《关于调整省水利厅部分直属事业单位内设机构的批复》（赣编办文〔2006〕94号），调整内设机构，调整后，莲花水文站为副科级水文站。

2010年5月1日，增测水面蒸发量（20厘米口径蒸发器），至2020年年底停测。

2011年，成立永新水文巡测基地，莲花水文站隶属永新水文巡测基地管理。

2020年12月3日，吉安市水文局和宜春水文局在莲花水文站签订了《莲花水文站交接备忘录》，从2021年1月1日起，莲花县各项水文工作由宜春水文局负责管理。

截至2020年，莲花水文站的测验项目有：水位、流量、降水量、蒸发量。

实测最高水位97.14米（2017年7月2日），最低水位92.53米（2013年8月13日）；实测最大流量647立方米/秒（2017年7月2日），最小流量0.086立方米/秒（2010年11月17日）。实测最大年降水量2165.0毫米（2019年），最小年降水量1060.5毫米（2011年）。

莲花水文站历年主要负责人见表6-1-19。

（11）永新水文站。位于江西省永新县禾川镇北门，东经114°14′45″，北纬26°57′23″，基本水尺断面设于长江流域赣江水系赣江一级支流禾水中游，属区域代表站，国家基本水文站。集水面积2640平方千米，至河口距离141千米。水位基面为吴淞基面，吴淞基面与1985国家高程基准的换算关系为：85基准＝吴淞基面－1.798米。

表 6-1-19　　莲花水文站历年主要负责人

姓　名	职　务	任职时间	备　注	姓　名	职　务	任职时间	备　注
张学亮	站长	2003年1月至2005年1月		冯　毅	站长	2008年2月至2009年2月	
刘小平	副站长	2005年1月至2006年2月		龙　飞	站长	2009年2月至2019年9月	
龙　飞	副站长	2006年2月至2008年2月					

注：2019年9月以后，莲花站由永新巡测中心实行巡测管理，市局未再任命站长（负责人）。

1941年6月，设立永新水位站，具体位置不详，至1941年1月停测。

1947年1月，恢复永新水位站，位于永新县禾川镇，东经114°12′，北纬26°57′，基本水尺设永新县南关桥，观测水位。8月加测降水量，9月加测蒸发量，10月停测蒸发量，11月停测降水量。1948年4月停测。

1949年2月，恢复永新水位站，观测水位、降水量，至同年4月停测。

1950年2月，恢复永新水位站，观测水位、降水量、蒸发量。

1952年4月，加测气象，至1954年5月停测。

1954年5月，永新水位站改永新雨量站，停测水位、蒸发量、气象。

1958年1月，永新雨量站停测。

1968年4月，上游洋埠水文站受袍陂工程影响，下迁约5千米至永新县北门，设立测流断面，并更名为永新水文站，观测水位、流量。

1969年，增测含沙量、降水量，1974年增测水化学。

1982年4月，经省水文总站下发文件（赣水文站字〔82〕第028号），批复同意永新水文站改为永新水位站，停测流量、含沙量。

1984年3月，省水文总站授予永新水位站“全省水文系统先进集体”荣誉称号。

2006年4月17日，省水文局批复吉安市水文局《关于“要求将莲花千坊水文站的蒸发观测项目搬迁至永新水位站的请示”的批复》（赣水文站发〔2006〕7号），同意将千坊站蒸发观测项目搬迁至永新站。同年7月1日，增加水面蒸发量观测。

2011年，成立永新水文巡测基地，永新水位站隶属永新水文巡测基地管理。

2014年1月，永新水位站升级为中小河流水文站，改为永新水文站。基本水尺断面上迁100米与测流缆道断面重合。

2020年1月2日，水利厅下发《江西省水利厅关于我省国家基本水文站站网调整的批复》（赣水防字〔2020〕第1号），永新水文站升级为国家基本水文站。

截至2020年，永新水文站的测验项目有：水位、流量、降水量、蒸发量。

实测最高水位115.21米（1982年6月17日），最低水位107.40米（2019年10月23日）。实测最大年降水量2097.6毫米（1953年），最小年降水量1019.5毫米（2009年）。实测最大年蒸发量（E601型蒸发器）926.8毫米（2013年），最小年降水量711.9毫米（2010年）。

永新水文站历年主要负责人见表6-1-20。

表 6-1-20　　永新水文站历年主要负责人

姓　名	职　务	任职时间	备　注	姓　名	职　务	任职时间	备　注
贺裕隆	负责人	1968年12月至1975年9月		戴荣龙	负责人	1983年1月至1985年12月	
旷丰元	站长	1975年10月至1979年12月	行政干部	罗章柏	站长	1986年1月至1994年1月	
龙康联	负责人	1980年1—7月		谢自志	站长	1994年1月至2007年7月	
李正国	负责人	1980年8—12月		甘金华	站长	2007年7月至2011年4月	
周顺元	副站长	1980年12月至1982年12月					

注：2011年4月，成立永新巡测中心，永新水文站归永新巡测中心管理，市局不再任命站长（负责人）。

（12）上沙兰水文站。位于江西省吉安县永阳镇上沙兰村，东经114°47′32″，北纬26°56′17″，基本水尺断面设于长江流域赣江水系赣江一级支流禾水下游，属大河控制站，国家基本水文站、国家重要水文站。集水面积5257平方千米，至河口距离38千米。水位基面为吴淞基面，吴淞基面与1985国家高程基准的换算关系为：85基准＝吴淞基面－1.317米。

1947年10月，设立永阳水文站，水尺设永阳镇左岸文昌祠门前，观测水位、流量，1949年3月停止观测。

1952年5月，在原断面下游约5千米处上沙兰村设为永阳三等水文站，观测水位、流量。同年6月增加含沙量、降水量、蒸发量观测。

1953年1月，改永阳水位站，停测流量、含沙量。

1954年8月，增测气象观测，至1956年12月停测。

1956年1月，恢复永阳水文站，恢复流量测验。

1957年1月，永阳水文站改上沙兰水文站，同年3月停测蒸发量。

1958年1月，恢复含沙量测验，至1962年停测；1963年恢复含沙量测验，至1967年停测；1971年再次恢复含沙量测验。

1966年，开始采用虹吸式自记雨量计观测记录降水量。

1972年，建成岛岸结合式自记水位计测井，1973年1月开始采用自记水位计观测记录水位。

1974年3月，增测水温、水化学。

1977年，水电部授予上沙兰水文站"全国水文战线先进单位"荣誉称号。

1978年1月，基本水尺断面上迁55.4米，与自记水位计重合，改上沙兰（二）水文站。

1989年1月20日，省编委下发《关于全省水文系统机构设置及人员编制的通知》（赣编发〔1989〕第009号），同意江西省水利厅吉安地区水文站为相当于副处级事业单位，吉安上沙兰水文站为正科级水文站。

1995年6月30日，省水文局下发《关于同意上沙兰水文站测流断面迁移报告的批复》（赣水文站字〔95〕第010号），同意上沙兰水文站测流断面迁移。

因在上沙兰站院内兴建水文测流缆道，2000年1月将基本水尺断面和流速仪测流断面上迁73.8米，与水文测流缆道断面重合。

2002年3月，水利部授予上沙兰水文站"全国水利系统水文先进集体"荣誉称号。

2011年，成立吉安水文勘测队，上沙兰水文站隶属吉安水文勘测队管理。

2012年10月26日，水利部公布了《国家重要水文站名录》（水利部公告第67号），上沙兰水文站列国家重要水文站。

2015年，经分析，并经省水文局印发《关于吉安市水文巡测方案的批复》（赣水文监测发〔2016〕第3号）批复同意，从2016年起，输沙率测验实行间测，停3年测1年，停测年份只测单沙，采用历年综合单沙断沙关系线推求断沙，推沙公式为：断沙＝1.000×单沙。

截至2020年，上沙兰水文站的测验项目有：水位、流量、悬移质输沙率、降水量、水质。

实测最高水位52.58米（1982年6月18日），最低水位54.68米（2020年1月20日）；实测最大流量4400立方米/秒（1982年6月18日），最小流量4.00立方米/秒（1963年9月6日）。实测年最大断面平均含沙量2.32千克/立方米（1976年），实测最大年输沙量174万吨（1982年），最小年输沙量3.62万吨（2011年）。实测最大年降水量2018.9毫米（2002年），最小年降水量887.7毫米（1963年）。

上沙兰水文站历年主要负责人见表6-1-21。

表 6-1-21　　上沙兰水文站历年主要负责人

姓　名	职　务	任职时间	姓　名	职　务	任职时间
黄盛朴	负责人	1952 年 2 月至 1965 年 1 月	杨生苟	站长	1988 年 10 月至 1989 年 7 月
罗章柏	代负责人	1965 年 2 月至 1968 年 12 月	康定湘	站长	1989 年 7 月至 2005 年 2 月
龙家福	负责人	1969 年 1 月至 1970 年 5 月	肖忠英	站长	2005 年 2 月至 2011 年 4 月
冯其全	站长	1970 年 6 月至 1980 年 10 月	罗良民	副站长	2011 年 4 月至 2012 年 8 月
蔡镇邦	站长	1980 年 10 月至 1981 年 6 月	颜照亮	副站长	2012 年 8 月至 2013 年 3 月
彭木生	站长	1981 年 7 月至 1985 年 1 月	蒋胜龙	副站长	2013 年 3 月至 2014 年 1 月
旷人忠	站长	1985 年 1 月至 1988 年 10 月	肖秋福	负责人	2014 年 1—10 月

注： 2014 年 11 月至 2019 年 8 月，由吉安队指派人员管理，市局未任命站长（负责人）。

历年来，上沙兰水文站多次受水利部、省水利厅、省水文局表彰，1977 年水电部授予“全国水文战线先进单位”荣誉称号，2002 年水利部授予“全国水利系统水文先进集体”荣誉称号。

上沙兰水文站历年获奖情况见表 6-1-22。

表 6-1-22　　上沙兰水文站历年获奖情况

序号	单位名称	荣誉称号	授奖时间	授奖单位
1	上沙兰水文站	先进单位	1973 年	吉安县革命委员会
2	上沙兰水文站	先进单位	1977 年	吉安县革命委员会
3	上沙兰水文站	全国水文战线先进单位	1977 年 12 月	水利电力部
4	上沙兰水文站	1981 年度测站竞赛评比先进集体	1982 年 3 月	江西省水利厅
5	上沙兰水文站	1999 年全省水文测验工作先进水文站	1999 年 12 月	江西省水文局
6	上沙兰水文站	全国水利系统水文先进集体	2002 年 3 月	水利部
7	上沙兰水文站	全省水文防汛抗洪先进集体	2005 年 8 月	江西省水文局
8	上沙兰水文站	全省水文测验质量成果评比优胜站	2007 年 12 月	江西省水文局

（13）井冈山水文站。2010 年 1 月设立夏坪水位站，属山洪灾害预警建设工程水位站，隶属永新水文巡测基地管理。

2017 年 3 月，夏坪水位站升级为中小河流水文站，改名为井冈山水文站，自记水位井也从右岸迁移至左岸。

井冈山站位于江西省井冈山市拿山镇胜利村，东经 114°18′19″，北纬 26°44′25″，基本水尺断面设于长江流域赣江水系赣江二级支流（赣江—禾水—牛吼江）牛吼江上游（又名拿山河）。集水面积 167 平方千米，至河口距离 85 千米。观测水位、降水量，水位基面为假定基面，假定基面与 1985 国家高程基准的换算关系为：85 基准＝假定基面＋129.343 米。

2020 年 1 月 2 日，水利厅下发《江西省水利厅关于我省国家基本水文站站网调整的批复》（赣水防字〔2020〕第 1 号），井冈山水文站升级为国家基本水文站。同年，增加自记水面蒸发量观测。

（14）赛塘水文站。位于江西省吉安县浬田乡车头村，东经 114°42′44″，北纬 27°13′20″，基本水尺断面设于长江流域赣江水系赣江二级支流（赣江—禾水—泸水）泸水下游，属大河控制站，国家基本水文站、国家重要水文站。集水面积 3004 平方千米，至河口距离 31 千米。水位基面为吴淞基面，吴淞基面与 1985 国家高程基准的换算关系为：85 基准＝吴淞基面－4.630 米。

1952 年 6 月，设为固江三等水文站，站址位于江西省吉安县固江镇花杏村，观测水位、流量；同年 7 月增测降水量，8 月增测含沙量。

1953 年 1 月，固江三等水文站改固江水位站，停测流量、含沙量；同年 6 月增测蒸发量。

1956 年 9 月，固江水位站改固江水文站，恢复流量、含沙量测验。

1957 年 1 月，固江水文站改赛塘流量站，同年 3 月停测蒸发量。

1962 年 1 月，停测含沙量。

1963 年 1 月，增测水温、水化学。

1966 年 1 月，站房和基本水尺位置由左岸迁至右岸，水位经 1 年比测分析没有横比降。同年 3 月开始采用虹吸式自记雨量计观测记录降水量。

1972 年，建成岛岸结合式自记水位计测井，1973 年 1 月开始采用自记水位计观测记录水位。

1989 年 1 月 20 日，省编委《关于全省水文系统机构设置及人员编制的通知》（赣编发〔1989〕第 009 号）同意江西省水利厅吉安地区水文站为相当于副处级事业单位，吉安赛塘水文站为正科级水文站。

1993 年 1 月，增测水面蒸发量。

2002 年 12 月 25 日，省水文局发布《关于〈关于要求将赛塘站迁至吉安浬田乡的请示〉的批复》（赣水文站发〔2002〕13 号），批复吉安市水文分局，同意赛塘站上迁吉安浬田乡，并更名为赛塘（二）水文站。赛塘站水位观测项目继续保留，报省局批准后方可停止观测。

2004 年 1 月 1 日，基本水尺断面上迁 8 千米，改为赛塘（二）水文站，集水面积由 3073 平方千米改为 3004 平方千米，观测项目与原赛塘水文站相同。赛塘水文站继续保留水位观测。

2005 年 12 月 23 日，省水文局下发《关于撤销赛塘站水位观测的批复》（赣水文站发〔2005〕第 25 号），同意赛塘水文站自 2006 年 1 月 1 日起撤销水位观测项目。

经分析，两站水位传播时间采用均 1.6 小时，上下断面水位相关关系为：

赛塘水文站水位小于 57.60 米时，$Z_{赛塘(二)}=0.5624\times Z_{赛塘}+28.462$。

赛塘水文站水位为 57.60～58.20 米时，$Z_{赛塘(二)}=0.8694\times Z_{赛塘}+10.782$。

赛塘水文站水位大于 58.20 米时，$Z_{赛塘(二)}=1.0053\times Z_{赛塘}+2.8591$。

2005 年，江西省水利厅文明办、省水文局党委授予赛塘水文站“全省文明水文站”荣誉称号。

2005 年 12 月 23 日，省水文局下发《关于撤销赛塘水文站水位观测的批复》（赣水文站发〔2005〕第 25 号），同意赛塘水文站 2006 年 1 月 1 日起撤销水位观测项目，赛塘站的报讯任务全部由赛塘（二）站承担。

2006 年 2 月，江西省水文局党委授予赛塘水文站“2004 年、2005 年全省水文宣传先进集体”荣誉称号。

2011 年，成立吉安水文勘测队，赛塘水文站隶属吉安水文勘测队管理。

2012 年 10 月 26 日，水利部公布了《国家重要水文站名录》（水利部公告第 67 号），赛塘水文站列国家重要水文站。

截至 2020 年，赛塘水文站的测验项目有：水位、流量、降水量、蒸发量、水温、水质。

实测最高水位 64.95 米（1962 年 6 月 28 日，原断面水位，换算成现断面为 68.15 米），最低水位 59.57 米（2019 年 12 月 13 日）；实测最大流量 3060 立方米/秒（1982 年 6 月 19 日），最小流量 3.20 立方米/秒（2019 年 12 月 13 日）。实测最大年降水量 2224.4 毫米（1953 年），最小年降水量 979.6 毫米（2003 年）。实测最大年蒸发量（E601 型蒸发器）891.6 毫米（2008 年），最小年蒸发量 626.6 毫米（1997 年）。

赛塘水文站历年主要负责人见表 6-1-23。

（15）彭坊水文站。1977 年 11 月设立甫洲水文站，1980 年 4 月改名为彭坊水文站，位于江西省安福县彭坊乡甫洲村，东经 114°19′42″，北纬 27°13′55″，基本水尺断面设于长江流域赣江水系赣江三级支流（赣江—禾水—泸水—洲湖水）洲湖水上游（又名消河、陈山水），属国家基本水文站，小河水文站。集水面积 122 平方千米，至河口距离 20 千米（至消河与芦溪水交汇处，原消河与芦

溪水交汇处以下称洲湖水，交汇处以上分为消河和芦溪水）。观测水位、流量、降水量、蒸发量。水位基面为假定基面，假定基面与1985国家高程基准的换算关系为：85基准＝假定基面＋82.027米。

表6-1-23　　　　赛塘水文站历年主要负责人

姓　名	职　务	任职时间	备　注	姓　名	职　务	任职时间	备　注
曾　涛	负责人	1952年6—12月		罗国保	站长	1981年1月至1984年1月	
江家汉	负责人	1953年1—6月		肖仁慧	副站长	1985年2月至1987年1月	
肖茂典	负责人	1953年7月至1955年4月		肖忠英	站长	1987年1月至1992年4月	
黄长河	负责人	1955年5月至1959年2月		肖仁慧	副站长	1992年4月至1999年3月	
肖茂典	负责人	1959年2月至1960年9月		刘天保	站长	1999年3月至2011年4月	
黄进文	负责人	1960年9月至1962年4月		罗　洁	副站长	2011年4月至2012年2月	
王笃安	负责人	1962年5月至1968年7月		蒋胜龙	副站长	2012年2月至2013年3月	
欧阳汝琦	站长	1968年8月至1980年12月		李永军	站长	2013年3月至2018年3月	

注：根据吉安勘测队安排，从2018年4月起，抽调李永军到队部工作，赛塘站负责人由勘测队临时安排。

2011年，成立永新水文巡测基地，彭坊水文站隶属永新水文巡测基地管理。

2020年，成立安福水文测报分中心，彭坊水文站隶属安福水文测报分中心管理。

截至2020年，彭坊水文站的测验项目有：水位、流量、降水量、蒸发量。

实测最高水位46.93米（2019年6月9日），最低水位41.81米（2019年12月9日）；实测最大流量478立方米/秒（1982年6月18日），最小流量0.090立方米/秒（1979年1月7日）。实测最大年降水量2303.8毫米（1994年），最小年降水量1217.4毫米（2003年）。实测最大年蒸发量（E601型蒸发器）874.5毫米（1986年），最小年蒸发量537.4毫米（1997年）。

彭坊水文站历年主要负责人见表6-1-24。

表6-1-24　　　　彭坊水文站历年主要负责人

姓　名	职　务	任职时间	备　注	姓　名	职　务	任职时间	备　注
王锦顺	负责人	1977年11月至1980年10月		冯　毅	站长	2007年3月至2008年2月	
彭木生	副站长	1980年11月至1981年6月		旷人忠	站长	2008年2月至2009年2月	
王锦顺	负责人	1981年7月至1983年1月		刘　辉	站长	2009年2月至2011年4月	
周顺元	站长	1983年2月至2004年2月		刘小平	站长	2011年4月至2014年5月	
唐德安	站长	2004年2月至2007年3月		黄峰春	站长	2014年5月—	

（16）新田水文站。位于江西省吉水县乌江镇乌江街，东经115°16′32″，北纬27°13′01″，基本水尺断面设于长江流域赣江水系赣江一级支流乌江下游，属大河控制站，国家基本水文站、国家重要水文站。集水面积3499平方千米，至河口距离22千米。水位基面为吴淞基面，吴淞基面与1985国家高程基准的换算关系为：85基准＝吴淞基面－1.412米。

1947年8月，在吉水县城南门渡口上游设立吉水水文站，至1949年2月停测。

1952年2月，在吉水县乌江口设为吉水三等水文站，观测水位、流量、含沙量、降水量、蒸发量、气象。同年5月将断面迁移至吉水县上约20千米的丁江村，改为丁江三等水文站，观测水位、流量、含沙量、降水量、蒸发量，流速仪测流断面位于丁江村下游约2千米的岭背村。

1953年4月，流速仪测流断面迁移至丁江村下游约3千米的新田村，改为新田二等水文站，观测水位、流量、含沙量、降水量、蒸发量、气象。为求得新田站水位与丁江站水位的相互关系，原丁江三等水文站改为丁江水位站，观测水位。

1954 年 1 月，新田二等水文站改为新田水位站，停测流量、含沙量，同年 4 月停测气象，1957 年 3 月停蒸发量观测。

1954 年 5 月，丁江水位站迁移至岭背村，改为岭背水位站，观测水位，作为新田站辅助水位站，至 1955 年 4 月撤销。

1959 年 3 月，新田水位站改新田水文站，恢复流量测验，1963 年恢复含沙量测验，1966 年增测颗分、气象；1969 年 1 月停测气象。

1961 年 1 月，增测地下水，至 1963 年 12 月停测。

1963 年 3 月，江西省委员会授予新田水文站“全省工农业生产先进单位”荣誉称号。

1978 年 8 月，恢复蒸发量观测，1979 年 1 月增测水化学。

1989 年 1 月 20 日，省编委下发《关于全省水文系统机构设置及人员编制的通知》（赣编发〔1989〕第 009 号），同意江西省水利厅吉安地区水文站为相当于副处级事业单位，吉水新田水文站为正科级水文站。

2005 年 5 月 31 日，省水文局发布《关于将新田水文站测流断面下迁至吉水县乌江镇的批复》（赣水文站发〔2005〕第 8 号），同意将新田水文站基本水尺断面兼流速仪测流断面下迁至乌江镇下车村附近河段，并更名为新田（二）水文站，观测项目不变。

2007 年 1 月，新田水文站基本水尺断面下迁 1200 米至乌江街，改为新田（二）水文站，集水面积由 3496 平方千米改为 3499 平方千米。经分析，上下断面水位相关关系为：

新田水文站水位在 55.65 米以上时，$Z_{新田(二)}=0.9615\times Z_{新田}+1.921$。

新田水文站水位在 55.65 米以下时，$Z_{新田(二)}=1.0682\times Z_{新田}-4.017$。

2009 年 5 月 1 日，增加水温观测。

2011 年，成立吉安水文勘测队，新田水文站隶属吉安水文勘测队管理。

2012 年 10 月 26 日，水利部公布了《国家重要水文站名录》（水利部公告第 67 号），新田水文站列国家重要水文站。

2014 年 1 月，吉安市水文局调整水文管理区域，新田水文站隶属吉安市水文局管理，履行水文巡测中心职能。

2015 年，经分析，并经省水文局《关于吉安市水文巡测方案的批复》（赣水文监测发〔2016〕第 3 号），批复同意从 2016 年起，新田站输沙率测验实行间测，停 3 年测 1 年，停测年份只测单沙，采用历年综合单沙断沙关系线推求断沙，推沙公式为：断沙＝1.000×单沙。

经分析，并经省水文局《关于吉安市水文巡测方案的批复》（赣水文监测发〔2016〕第 3 号），批复同意从 2016 年起，新田站断颗测验实行间测，停 3 年测 1 年，停测年份只测单颗，采用历年综合单颗断颗关系线推求断颗，推求断颗公式为：

单颗小于 50%时，断颗＝1.030×单颗；单颗大于 50%时，断颗＝0.970×单颗＋3.000。

2016 年 2 月，吉安市水文局调整水文管理区域，新田水文站再次划归吉安水文勘测队管理。

2018 年，成立吉水水文巡测中心，新田水文站隶属吉水水文巡测中心管理。

截至 2020 年，新田水文站的测验项目有：水位、流量、悬移质输沙率、悬移质泥沙颗粒分析、降水量、蒸发量、水温、水质。

实测最高水位 56.69 米（2010 年 6 月 21 日），最低水位 47.57 米（2019 年 11 月 21 日）；实测最大流量 3940 立方米/秒（2010 年 6 月 21 日），最小流量 2.35 立方米/秒（1963 年 9 月 11 日）。实测年最大断面平均含沙量 1.63 千克/立方米（1993 年），实测最大年输沙量 101 万吨（2010 年），最小年输沙量 8.34 万吨（1963 年）。实测最大年降水量 2422.6 毫米（1953 年），最小年降水量 948.3 毫米（1963 年）。实测最大年蒸发量（E601 型蒸发器）1077.6 毫米（1956 年），最小年蒸发量 530.3 毫米（1994 年）。

新田水文站历年主要负责人见表 6－1－25。

表 6－1－25　　　　　　　　　　新田水文站历年主要负责人

姓　名	职　务	任职时间	备　注	姓　名	职　务	任职时间	备　注
程永建	负责人	1952 年 2—5 月		金文保	站长	1987 年 1 月至 1988 年 10 月	
刘振茂	负责人	1956 年 6 月—不详	任职结束月分不详	谭文奇	站长	1988 年 10 月至 1989 年 7 月	
君承嵩	负责人	1956—1968 年	任职起止月份不详	宁志厚	站长	1989 年 7 月至 2001 年 1 月	
薛正平	负责人	1968 年至 1970 年 10 月	任职开始月份不详	李春保	站长	2001 年 1 月至 2009 年 2 月	
陈文桃	负责人	1970 年 10 月至 1974 年 12 月		解建中	站长	2009 年 2 月至 2018 年 3 月	2018 年 3 月至 2019 年 8 月起由吉水水文巡测中心管理
罗嗣藻	负责人	1975 年 1 月至 1982 年 2 月					
邓红喜	站长	1982 年 3 月至 1985 年 1 月					
朱生行	站长	1985 年 1 月至 1987 年 1 月		邓凌毅	站长	2019 年 9 月—	

历年来，新田水文站多次受上级表彰，1963 年江西省人民委员会授予“全省工农业生产先进单位”荣誉称号，1983 年水利力部授予“全国水文系统先进集体”荣誉称号。

新田水文站历年获奖情况见表 6－1－26。

表 6－1－26　　　　　　　　　　新田水文站历年获奖情况

序号	单位名称	荣誉称号	授奖时间	授奖单位
1	新田水文站	全省工农业生产先进单位	1963 年 3 月	江西省人民委员会
2	新田水文站	省水文气象系统“五好先进单位”	1963 年	江西省水文气象局
3	新田水文站	全省水文系统先进集体	1983 年 3 月	江西省水文总站
4	新田水文站	全国水文系统先进集体	1983 年 4 月	水利电力部
5	新田水文站	全省水文测验工作先进集体	1997 年 4 月	江西省防汛办、省水文局

（17）鹤洲水文站。于 1958 年 5 月设立，位于江西省吉安县油田镇下江边村，东经 114°48′54″，北纬 27°27′08″，基本水尺断面设于长江流域赣江水系赣江一级支流同江中下游，属区域代表站，国家基本水文站。集水面积 374 平方千米，至河口距离 48 千米。观测水位、流量、降水量，水位基面为假定基面，假定基面与 1985 国家高程基准的换算关系为：85 基准＝假定基面＋14.753 米。

1958 年 5 月，设立时的单沙测验，至 1960 年 1 月 1 日停测。

1963 年，增测地下水位，至 1965 年 1 月停测。

1975 年，吉安县革命委员会授予鹤洲水文站“先进单位”。

2003 年 12 月 29 日，省水文局下发《“关于要求停测鹤洲水文站水文测验工作的请示”的批复》（赣水文站发〔2003〕第 16 号），批复吉安市水文分局，同意鹤洲站从 2004 年 1 月 1 日起停测流量，保留水位、降水量观测。

2011 年 4 月，成立吉安水文勘测队，鹤洲水文站隶属吉安水文勘测队管理。

2015 年 1 月，按中小河流水文站流量测验要求，恢复流量测验。

2016 年 1 月，停测水温观测项目。

截至 2020 年，鹤洲水文站的测验项目有：水位、流量、降水量。

实测最高水位 49.37 米（1962 年 6 月 19 日），最低水位 44.13 米（1963 年 9 月 12 日）；实测最大年降水量 2128.8 毫米（1997 年），最小年降水量 910.8 毫米（1963 年）。

鹤洲水文站历年主要负责人见表 6－1－27。

表 6-1-27 鹤洲水文站历年主要负责人

姓名	职务	任职时间	备注	姓名	职务	任职时间	备注
王笃安	负责人	1958 年 6 月至 1962 年 10 月		刘美典	站长	1972 年 6 月至 1985 年 1 月	行政干部
黄进文	负责人	1962 年 10 月至 1969 年 8 月		罗国保	站长	1985 年 1 月至 2004 年 2 月	
肖茂典	负责人	1969 年 8 月至 1972 年 5 月					

中小河流水文站（22 站）

（1）顺峰水文站。于 2011 年设立顺峰水位站，2012 年升级为中小河流水文站，隶属万安水文巡测中心管理。

顺峰站位于江西省万安县顺峰乡陂头屋村，东经 115°01′58″，北纬 26°11′55″。基本水尺断面设于长江流域赣江水系赣江二级支流白鹭水（赣江—良口水—白鹭水），集水面积 154 平方千米，至河口距离 9 千米，万安水电站蓄水后，河口直入万安水电站库区。

观测项目：水位、流量、降水量。水位基面为假定基面，假定基面与 1985 国家高程基准的换算关系为：85 基准＝假定基面－0.209 米。

（2）沙坪水文站。于 2014 年 1 月设立，属中小河流水文站，隶属万安水文巡测中心管理。

沙坪站位于江西省万安县沙坪镇沙坪街，东经 114°49′06″，北纬 26°18′00″。基本水尺断面设于长江流域赣江水系赣江一级支流皂口水，集水面积 183 平方千米，至河口距离 12 千米。

观测项目：水位、流量、降水量。水位基面为假定基面，假定基面与 1985 国家高程基准的换算关系为：85 基准＝假定基面－0.532 米。

（3）大汾水文站。于 1953 年 1 月设立大汾雨量站，是国家基本雨量站。2007 年 5 月，设立大汾水位站，2011 年升级为中小河流水文站，隶属遂川水文勘测队管理。

大汾站位于江西省遂川县大汾镇大汾街，东经 114°12′09″，北纬 26°15′11″。基本水尺断面设于长江流域赣江水系赣江二级大汾水［赣江—遂川江（又名右溪）—大汾水］中游，集水面积 79.8 平方千米，至河口距离 31 千米。

观测项目：水位、流量、降水量。水位基面为假定基面，假定基面与 1985 国家高程基准的换算关系为：85 基准＝假定基面－8.791 米。

（4）西溪水文站。于 2007 年 5 月设立西溪雨量站，作为暴雨山洪灾害监测预警系统一期工程雨量站。2012 年设立西溪水文站，属中小河流水文站，隶属遂川水文勘测队管理。

西溪站位于江西省遂川县西溪乡青塘村，东经 114°16′44″，北纬 26°17′21″。基本水尺断面设于长江流域赣江水系赣江二级［赣江—遂川江（又名右溪）—大汾水］大汾水中下游，集水面积 197 平方千米，至河口距离 18 千米。

观测项目：水位、流量、降水量。水位基面为假定基面，假定基面与 1985 国家高程基准的换算关系为：85 基准＝假定基面＋0.642 米。

（5）汤湖水文站。于 2007 年 5 月设立汤湖雨量站，作为暴雨山洪灾害监测预警系统一期工程雨量站。2014 年设立汤湖水文站，属中小河流水文站，隶属遂川水文勘测队管理。

汤湖站位于江西省遂川县汤湖镇汤湖街，东经 114°12′29″，北纬 26°05′28″。基本水尺断面设于长江流域赣江水系赣江二级（赣江—遂川江—左溪）左溪上游，集水面积 228 平方千米，至河口距离 65 千米。

观测项目：水位、流量、降水量。水位基面为假定基面，假定基面与 1985 国家高程基准的换算关系为：85 基准＝假定基面－0.060 米。

（6）南洲水文站。于 2015 年 1 月设立，属中小河流水文站，隶属万安水文巡测中心管理。

南洲站位于江西省万安县枧头镇南洲村，东经 114°51′38″，北纬 26°33′45″。基本水尺断面设于长江流域赣江水系赣江一级支流通津水下游，集水面积 107 平方千米，至河口距离 21 千米。

观测项目：水位、流量、降水量。水位基面为假定基面，假定基面与 1985 国家高程基准的换算关系为：85 基准＝假定基面－0.278 米。

（7）行洲水文站。于 1971 年 1 月设立，位于江西省井冈山市黄坳乡利洲村，东经 114°12′44″，北纬 26°30′40″，基本水尺断面设于长江流域赣江水系赣江一级支流蜀水上游，属小河水文站，国家基本水文站。集水面积 112 平方千米，至河口距离 127 千米。观测水位、降水量，水位基面为假定基面。1972 年 1 月增测流量。

1994 年 1 月 13 日，省水文局下发《关于调整小河站网的通知》（赣水文网字〔94〕第 002 号），行洲水文站水文观测项目到 1994 年 2 月 1 日 8 时止停测。

2011 年，中小河流监测系统建设，恢复行洲水文站为中小河流水文站，观测水位、流量、降水量，水位基面为假定基面，假定基面与 1985 国家高程基准的换算关系为：85 基准＝假定基面＋0.841 米。因水准点被毁，恢复后的行洲水文站高程系统与原高程系统不一致。

2011 年，成立永新水文巡测基地，行洲水文站隶属永新水文巡测基地管理。

1971—1993 年，实测最高水位 42.49 米（1984 年 8 月 30 日），最低水位 39.555 米（1992 年 11 月 28 日）；实测最大流量 370 立方米/秒（1984 年 8 月 30 日），最小流量 0.28 立方米/秒（1992 年 11 月 28 日）。实测最大年降水量 2478.4 毫米（1973 年），最小年降水量 1333.1 毫米（1989 年）。

（8）新江水文站。于 1965 年 1 月设立新江雨量站，作为国家基本雨量站。2012 年设立新江水文站，属中小河流水文站，隶属遂川水文勘测队管理。

新江站位于江西省遂川县新江乡村前村，东经 114°24′51″，北纬 26°39′01″。基本水尺断面设于长江流域赣江水系赣江二级支流大旺水（赣江—蜀水—大旺水），集水面积 171 平方千米，至河口距离 28 千米。

观测项目：水位、流量、降水量。水位基面为假定基面，假定基面与 1985 国家高程基准的换算关系为：85 基准＝假定基面－0.267 米。

2018 年 6 月 7 日，大旺水发生特大洪水，新江站洪峰水位 178.14 米，相应流量 426 立方米/秒，雷达波测流缆索被冲垮。

（9）小庄水文站。于 2014 年 3 月设立，属中小河流水文站，隶属吉安水文勘测队管理。

小庄站位于江西省泰和县老营盘镇小庄村，东经 115°12′07″，北纬 26°33′24″。基本水尺断面设于长江流域赣江水系赣江一级支流云亭水上游，集水面积 110 平方千米，至河口距离 58 千米。

观测项目：水位、流量、降水量。水位基面为假定基面，假定基面与 1985 国家高程基准的换算关系为：85 基准＝假定基面＋0.102 米。

（10）中龙水文站。于 2014 年 1 月设立，属中小河流水文站，隶属吉安水文勘测队管理。

中龙站位于江西省泰和县中龙乡百记村，东经 115°10′23″，北纬 26°42′29″。基本水尺断面设于长江流域赣江水系赣江一级支流仙槎水上游，集水面积 122 平方千米，至河口距离 31 千米。

观测项目：水位、流量、降水量。水位基面为 1985 国家高程基准。

（11）沙溪水文站。于 1964 年 1 月设立，作为国家基本雨量站。2009 年 1 月，设立沙溪水位站，2011 年 1 月升级为中小河流水文站，隶属吉安水文勘测队管理。

沙溪站位于江西省永丰县沙溪镇沙溪村，东经 115°35′41″，北纬 26°53′29″。基本水尺断面设于长江流域赣江水系赣江二级支流沙溪水（赣江—孤江—沙溪水）中游，集水面积 259 平方千米，至河口距离 24 千米。

观测项目：水位、流量、降水量。水位基面为假定基面，假定基面与 1985 国家高程基准的换算关系为：85 基准＝假定基面－1.308 米。

(12) 黄沙水文站。位于江西省青原区东固畲族乡茅段村，东经 115°27′24″，北纬 26°43′50″，基本水尺断面设于长江流域赣江水系赣江二级支流富田水（赣江—孤江—富田水）上游，属中小河流水文站。集水面积 202 平方千米，至河口距离 84 千米。观测水位、流量、降水量，水位基面为黄海基面，黄海基面与 1985 国家高程基准的换算关系为：85 基准＝黄海基面－0.132 米。

1972 年 1 月 1 日，由白云山水电工程指挥部在黄沙村设立黄沙水文站，为白云山水库入库站，观测水位、流量、降水量。由于黄沙村测流断面不能控制高水，1973 年 12 月中旬，由黄沙村上迁约 900 米至长茅段村，至 1993 年 1 月停测。

2014 年，中小河流监测系统建设，恢复黄沙水文站，属中小河流水文站。

截至 1992 年，实测最高水位 205.02 米（1976 年 7 月 9 日），最低水位 200.37 米（1991 年 7 月 21 日）；实测最大流量 340 立方米/秒（1976 年 7 月 9 日），最小流量 0.018 立方米/秒（1989 年 12 月 15 日）。实测最大年降水量 2127.9 毫米（1992 年），最小年降水量 1098.7 毫米（1978 年）。

(13) 龙门水文站。于 2012 年设立，属中小河流水文站，隶属永新水文巡测中心管理。

龙门站位于江西省永新县龙门镇龙门村，东经 114°08′40″，北纬 27°04′38″。基本水尺断面设于长江流域赣江水系赣江二级支流溶江（赣江—禾水—溶江）上游，集水面积 69.1 平方千米，至河口距离 29 千米。

观测项目：水位、流量、降水量。水位基面为假定基面，假定基面与 1985 国家高程基准的换算关系为：85 基准＝假定基面－0.054 米。

(14) 桥头水文站。于 1978 年 4 月设立桥头雨量站，作为国家基本雨量站。2014 年 1 月设立桥头水文站，属中小河流水文站，隶属吉安水文勘测队管理。

桥头站位于江西省泰和县桥头镇石昌村，东经 114°32′21″，北纬 26°47′20″。基本水尺断面设于长江流域赣江水系赣江三级支流（赣江—禾水—牛吼江—六七河）六七河，集水面积 418 平方千米，至河口距离 17 千米。

观测项目：水位、流量、降水量。水位基面为假定基面，假定基面与 1985 国家高程基准的换算关系为：85 基准＝假定基面＋7.255 米。

(15) 东谷水文站。位于江西省安福县横龙镇东谷村，东经 114°32′00″，北纬 27°25′05″，基本水尺断面设于长江流域赣江水系赣江三级支流东谷水（赣江—禾水—泸水—东谷水），属中小河流水文站。集水面积 358 平方千米，至河口距离 3.9 千米。

观测项目：水位、流量、降水量。水位基面为黄海基面，黄海基面与 1985 国家高程基准的换算关系为：85 基准＝黄海基面＋0.459 米。

1979 年 5 月设立，为东谷水库专用站，观测水位、流量、降水量，至 2005 年 1 月停测。

2012 年，中小河流监测系统建设，重建东谷水文站，属中小河流水文站，观测水位、流量、降水量，隶属安福水文测报分中心管理。

东谷水文站基本水尺断面设于原基本水尺断面下游约 500 米处，上下断面水位未建立相关关系。

截至 2004 年，实测最高水位 90.94 米（1982 年 6 月 15 日），最低水位 86.03 米（1987 年 1 月 15 日）；实测最大流量 675 立方米/秒（1982 年 6 月 15 日），最小流量 0.400 立方米/秒（1979 年 12 月 12 日）。实测最大年降水量 2080.2 毫米（1997 年），最小年降水量 1038.8 毫米（1966 年）。

(16) 长塘水文站。于 2014 年 1 月设立，属中小河流水文站，隶属吉安水文勘测队管理。

长塘站位于江西省吉州区长塘镇陈家村，东经 114°56′22″，北纬 27°13′36″。基本水尺断面设于长江流域赣江水系赣江一级支流横石水，集水面积 97.8 平方千米，至河口距离 24 千米。

观测项目：水位、流量、降水量。水位基面为假定基面，假定基面与 1985 国家高程基准的换算关系为：85 基准＝假定基面＋0.278 米。

（17）鹿冈水文站。于 1966 年 1 月设立鹿冈圩（又名鹿冈）雨量站，作为国家基本雨量站。2014 年 1 月设立鹿冈水文站，属中小河流水文站，隶属吉水水文巡测中心管理。

鹿冈站位于江西省永丰县鹿冈乡鹿冈街，东经 115°37′28″，北纬 27°24′40″。基本水尺断面设于长江流域赣江水系赣江三级支流鹿冈水（赣江—乌江—永丰水—鹿冈水），集水面积 59.3 平方千米，至河口距离 8 千米。

观测项目：水位、流量、降水量。水位基面为假定基面，假定基面与 1985 国家高程基准的换算关系为：85 基准＝假定基面＋0.043 米。

（18）藤田水文站。于 1953 年 1 月设立藤田雨量站，作为国家基本雨量站。2009 年 1 月设立藤田水位站，2011 年 1 月升级为中小河流水文站，隶属吉水水文巡测中心管理。

藤田站位于江西省永丰县藤田镇田心村，东经 115°39′27″，北纬 27°04′31″。基本水尺断面设于长江流域赣江水系赣江二级支流藤田水（赣江—乌江—藤田水）上游，集水面积 250 平方千米，至河口距离 59 千米。

观测项目：水位、流量、降水量。水位基面为假定基面，假定基面与 1985 国家高程基准的换算关系为：85 基准＝假定基面－1.141 米。

（19）冠山水文站。于 2014 年 1 月设立，属中小河流水文站，隶属吉水水文巡测中心管理。

冠山站位于江西省吉水县冠山乡冠山街，东经 115°26′44″，北纬 27°06′02″。基本水尺断面设于长江流域赣江水系赣江二级支流藤田水（赣江—乌江—藤田水）下游，集水面积 558 平方千米，至河口距离 25 千米。

观测项目：水位、流量、降水量。水位基面为假定基面，假定基面与 1985 国家高程基准的换算关系为：85 基准＝假定基面＋0.339 米。

（20）曲岭水文站。于 2011 年 1 月设立曲岭水位站，2014 年 1 月升级为中小河流水文站，隶属吉水水文巡测中心管理。

曲岭站位于江西省吉水县双村镇曲岭村，东经 115°12′02″，北纬 27°25′50″。基本水尺断面设于长江流域赣江水系赣江一级支流住岐水，集水面积 243 平方千米，至河口距离 11 千米。

观测项目：水位、流量、降水量。水位基面为假定基面，假定基面与 1985 国家高程基准的换算关系为：85 基准＝假定基面＋2.059 米。

（21）罗田水文站。于 2012 年 4 月设立罗田水位站，2014 年 1 月升级为中小河流水文站，隶属峡江水文巡测中心管理。

罗田站位于江西省峡江县罗田镇罗田村，东经 115°03′11″，北纬 27°32′29″。基本水尺断面设于长江流域赣江水系赣江一级支流黄金水，集水面积 210 平方千米，至河口距离 18 千米。

观测项目：水位、流量、降水量。水位基面为假定基面，假定基面与 1985 国家高程基准的换算关系为：85 基准＝假定基面＋0.016 米。

（22）潭丘水文站。于 2014 年 1 月设立，属中小河流水文站，隶属峡江水文巡测中心管理。

潭丘站位于江西省新干县潭丘乡潭丘村，东经 115°35′54″，北纬 27°37′50″。基本水尺断面设于长江流域赣江水系赣江一级支流沂江上游，集水面积 269 平方千米，至河口距离 71 千米。

观测项目：水位、流量、降水量。水位基面为假定基面，假定基面与 1985 国家高程基准的换算关系为：85 基准＝假定基面－0.672 米。

在建水文站（1 站）

万安水文站　根据《江西省赣江流域规划报告》，拟在栋背水文站下游建设赣江井冈山电站（后改赣江井冈山航电枢纽），受其影响，栋背水文站需迁建。

2012 年 7 月，长江水利委员会水文局编制了《赣江井冈山电站建设对水文站影响评价报告》。

2012 年 11 月 5 日，水利部长江水利委员会行政许可决定《关于赣江井冈山水电站建设对水文站影响的批复》(长许可〔2012〕第 244 号)，批复了《赣江井冈山电站建设对水文站影响评价报告》，同意将栋背水文站迁建至万安水电站下游 5 千米处的万安县五丰镇。

2012 年 7 月，吉安市水文局编制了《受井冈山电站建设影响栋背水文站迁建方案论证报告》，迁建费用 714.3 万元。2018 年 5 月 3 日，江西赣江井冈山航电枢纽有限责任公司与吉安市水文局签订“赣江井冈山航电枢纽专业项目设施复（改）建补偿协议书”，因赣江井冈山航电枢纽影响栋背、遂川水文站观测功能，江西赣江井冈山航电枢纽有限责任公司一次性补偿栋背、遂川水文站改（迁）建费用 714.3 万元。

2018 年 9 月 21 日，吉安市水文局印发《关于开展万安水文站水位观测的通知》(吉市水文测资发〔2018〕第 19 号)，万安水文站从 2018 年 10 月 1 日起，开展水位观测工作。基本水尺断面暂设于赣江左岸滨江公园广场（万安赣江大桥下游约 1000 米）处。

2018 年 10 月 17 日，万安县人民政府印发《栋背水文站迁建用地现场协调会会议纪要》(万府办字〔2018〕第 314 号)，2018 年 9 月 20 日上午，万安县委副书记、县长刘军芳主持召开栋背水文站迁建用地现场协调会，会议原则同意栋背水文站迁建至水电站大坝下游约 5 千米处的五丰镇内。会议现场确定水文站水位房、测船码头、水尺等监测设施建于万安赣江大桥下游约 1000 米处（赣江左岸滨江公园广场），办公场所用地定于万安赣江大桥下游约 1250 米处（老鄱塘码头旁），具体地址由县住建局、县国土资源局、县水文巡测中心、五丰镇政府现场勘定。

2018 年 10 月 31 日，万安县人民政府办公室抄告单（万府办抄字〔2018〕第 1137 号）给万安县国土资源局，同意在万安赣江大桥下游约 1250 米处（老鄱塘码头旁）附近选址建设万安水文站，面积为 2300 平方米，以国有划拨方式供地（后实际用地 2265.5 平方米）。

2020 年 1 月 2 日，省水利厅发布《关于我省国家基本水文站站网调整的批复》（赣水防字〔2020〕第 1 号)，栋背水文站迁万安县五丰镇并更名为万安水文站，为国家基本水文站。

2020 年 1 月 8 日，省水文局发布《关于吉安市水文局万安水文站建设方案的批复》(赣水文建管发〔2020〕第 1 号)，基本同意实施万安水文站建设方案，并根据水利部长江水利委员会发布的《关于赣江井冈山水电站建设对水文站影响的批复》(长许可〔2012〕第 244 号)，在满足国家基本水文站网布设的要求下，将栋背水文站迁建至万安水电站下游 5 千米的万安县五丰镇。基本同意建设方案提出的任务与规模。

2020 年 2 月 24 日，吉安市水文局党组会议决定，成立万安水文站建设项目部，由市水文局党组成员、副局长周国凤任主任。

2020 年 6 月，吉安市水文局完成《栋背水文站迁移并更名调整技术论证报告》。

2020 年 7 月 24 日，省水文局下发《关于受井冈山航电枢纽建设影响栋背水文站迁建工程实施方案的批复》(赣水文建管发〔2020〕的 19 号)，同意实施栋背水文站迁建等工程。

2020 年 12 月 7 日，省水文局下发《关于吉安市水文局万安水文站测验方案的批复》(赣水文监测发〔2020〕第 13 号)，同意自 2021 年 1 月 1 日起，万安水文站按照驻测方式和要求开展水位、流量测验工作；栋背水文站停测流量项目，按照巡测方式和要求保留蒸发量、降水量、水位测验项目，并采用自动监测。

国家基本水位站（2 站）

(1) 泰和水位站。位于江西省泰和县澄江镇上田村，东经 114°52′04″，北纬 26°47′11″，基本水尺断面设于长江流域赣江水系赣江中游，属国家基本水位站。集水面积 42233 平方千米，至河口距离 301 千米。水位基面为吴淞基面，吴淞基面与黄海基面的换算关系为：黄海基面＝吴淞基面－1.413 米。

1938 年 1 月，设立泰和雨量站，1939 年 4 月改泰和水位站，具体位置不详，观测水位、降水量。

1940 年 5 月，江西水利局将泰和水位站改设为泰和三等测候所。

1942 年 11 月，省建设厅将江西水利局所属的泰和三等测候所扩建为江西省气象台，兼测赣江水位，隶属省建设厅领导。1943 年 4 月移交江西水利局管理。

1944 年 10 月，江西省气象台迁往于都，泰和站停测。

1958 年 6 月，恢复泰和水位站，基本水尺设于泰和县赣江右岸的永昌市，至 1962 年 5 月停测（其中 1960 年观测中断）。

1964 年，恢复泰和水位站为汛期水位站，6 月 17 日观测最高水位 63.95 米。1965 年将站址上迁至泰和县赣江左岸的上田码头，1970 年 4 月改为全年观测站。1964—1969 年汛期水位资料中断不全，未刊印。

1973 年 1 月 1 日，基本水尺断面下迁 580 米至上田粮库码头边，1986 年 1 月 1 日基本水尺断面上迁 80 米。

2009 年 2 月，吉安市水文局调整水文管理区域，泰和水位站隶属遂川水文勘测队管理。

2010 年 5 月 1 日，增测水面蒸发量（20 厘米口径蒸发器），至 2020 年年底停测。

2014 年，吉安市水文局调整水文管理区域，泰和水位站隶属吉安水文勘测队管理。

截至 2020 年，泰和水位站的测验项目有：水位、降水量、蒸发量。

实测最高水位 63.95 米（1964 年 6 月 17 日），刊印最高水位 63.37 米（2002 年 10 月 31 日），最低水位 52.48 米（2020 年 2 月 25 日）；实测最大年降水量 2371.2 毫米（2002 年），最小年降水量 821.5 毫米（1986 年）。

（2）新干水位站。位于江西省新干县金川镇沿江路 4 号，东经 115°23′18″，北纬 27°45′42″，基本水尺断面设于长江流域赣江水系赣江中游，属国家基本水位站。集水面积 64552 平方千米，至河口距离 139 千米。水位基面为吴淞基面，吴淞基面与黄海基面的换算关系为：黄海基面＝吴淞基面－2.127 米。

1951 年 4 月，由江西省人民政府水利局设新干雨量站，观测降水量，同年 5 月改新干水位站，加测水位。

1953 年 3 月，增测蒸发量，至 1957 年 3 月停测。

1955 年 1 月，增测气象，至年底停测。

1988 年 10 月 14 日，经省水文总站下发《关于新干水位站水尺断面迁移的报告的批复》（赣水文站字〔88〕第 049 号），批复同意新干水位站水尺断面上迁约 200 米至站房处。

1997 年 1 月 17 日，经省水文局下发《关于新干水位站基本水尺断面上迁的批复》（赣水文站字〔1997〕第 005 号），批复同意新干站基本水尺断面上迁 140 米，4 月 1 日开始进行上下断面水位对比观测。2004 年 1 月，基本水尺断面下迁 15 米，与自记水位计断面重合。

2010 年 5 月 1 日，增测水面蒸发量（20 厘米口径蒸发器），至 2013 年停测。

2011 年 4 月，成立吉安水文勘测队，新干水位站隶属吉安水文勘测队管理。

2014 年 1 月，吉安市水文局调整水文管理区域，新干水位站隶属吉安市水文局管理，履行水文巡测中心职能。

2016 年 2 月，成立永丰水文巡测基地，新干水位站隶属永丰水文巡测基地管理。

2018 年 2 月，成立峡江水文巡测中心，撤销永丰水文巡测基地，新干水位站隶属峡江水文巡测中心管理。

截至 2020 年，新干水位站的测验项目有：水位、降水量。

实测最高水位 39.81 米（1968 年 6 月 26 日），最低水位 27.75 米（2019 年 10 月 23 日）；实测

最大年降水量2215.0毫米（1953年），最小年降水量875.0毫米（1978年）。

已撤销站（22站）

已撤销水文（水位）站较多，观测资料系列短则一二年，长则几十年，长短不一。观测资料系列大于10年的有下列22站。

（1）棉津水文站。于1953年3月由江西省人民政府水利局设为棉津二等水文站，位于江西省万安县武术乡南洲坪村，东经114°52′，北纬26°23′，基本水尺断面设于长江流域赣江水系赣江中游，属大河控制站，专用水文站。集水面积36818平方千米，至河口距离364千米。观测水位、流量、含沙量、降水量、蒸发量、气象。水位基面为吴淞基面，吴淞基面与黄海基面的换算关系为：黄海基面＝吴淞基面－0.777米。

1958年1月，增测推移质输沙率、水温、水化学；1961年停测推移质输沙率；1962年12月底停测气象（保留岸温）；1967年增测悬移质颗粒分析；1972年5月恢复推移质输沙率测验。

1963年3月，江西省人民委员会授予棉津水文站“全省工农业生产先进单位”荣誉称号。

1964年2月，省水文气象局授予棉津水文站“省水文气象系统‘五好先进单位’”荣誉称号。

1966年，开始采用虹吸式自记雨量计观测记录降水量。

受万安水电站建设（围堰合龙）影响，经省水文总站下发的文件（赣水文网字〔85〕第023号），批复自1985年4月1日起保留水位、降水量观测，其他项目停测。

1987年8月28日，省水文总站下发《关于“请批撤销棉津水文站的报告”的批复》（赣水文站字〔87〕第46号），同意1988年1月撤销棉津水文站。

受万安水电站蓄水影响，1988年1月棉津水文站撤销。

1953—1987年，实测最高水位80.78米（1964年6月17日），最低水位68.69米（1968年1月17日）；实测最大流量15200立方米/秒（1964年6月17日），最小流量78.8立方米/秒（1965年3月25日）。实测最大年降水量2004.4毫米（1961年），最小年降水量767.8毫米（1986年）。

（2）山背洲水位站。现位于江西省遂川县泉江镇泽江大桥，东经114°26′42″，北纬26°22′18″，基本水尺断面设于长江流域赣江水系赣江一级支流遂川江（又名右溪），属中小河流水位站。集水面积1002平方千米，至河口距离（至左溪与右溪交汇处，原左溪与右溪交汇处以下称遂川江，交汇处以上分为左溪和右溪）16千米。观测水位、降水量，水位基面为黄海基面（RTK测定）。

山背洲水位站于1957年6月28日设立，位于原江西省遂川县泉江盆珠乡山背洲村，东经114°29′，北纬26°21′，属国家基本水位站，观测水位，水位基面为假定基面。

1980年，增测降水量，1989年1月停测水位，1994年1月停测降水量。

2009年，暴雨山洪灾害监测预警系统一期工程重建山背洲水位站，基本水尺断面位于原断面上游约5千米的泽江村泽江大桥。

现山背洲水位站与原山背洲水位站采用基面不同，水位未建立相关关系，特征值分开统计。1957—1993年，实测最高水位96.87米（1960年8月11日），最低水位91.47米（1961年12月6日）；实测最大年降水量1690.4毫米（1984年），最小年降水量1054.4毫米（1986年）。

（3）夏溪水位站。现位于江西省遂川县雩田镇行头村，东经114°37′54″，北纬26°25′06″，基本水尺断面设于长江流域赣江水系赣江一级支流遂川江，属国家基本水位站。集水面积2642平方千米，至河口距离22千米。观测水位、降水量，水位基面为黄海基面（RTK测定）。

夏溪水位站于1953年2月设立，位于江西省遂川县雩田镇夏溪村，东经114°38′，北纬26°26′，基本水尺断面设于长江流域赣江水系赣江一级支流遂川江下游，属国家基本水位站，至河口距离20千米。观测水位、降水量、蒸发量，水位基面为吴淞基面，吴淞基面与黄海基面的换算关系为：黄海基面＝吴淞基面－0.724米。

1953年4月，加测气象，1957年停测蒸发量、气象。

1995年7月6日，省水文局下发《关于同意将夏溪水位站迁至遂川县城的批复》（赣水文站字〔95〕第11号），同意夏溪水位站迁遂川县城。1997年1月，夏溪水位站停测，迁往遂川县城（即遂川水位站）。

2015年，中小河流建设，重建夏溪水位站，属中小河流水位站，水尺断面位于原断面上游约2千米的遂川县雩田镇行头村，东经114°37′54″，北纬26°25′06″。观测水位、降水量。水位基面为黄海基本（RTK测定）。恢复后的夏溪水位站与原夏溪水位站因位置不同、基面不同，两站之间水位未建立相关关系。

实测最高水位83.88米（1991年9月8日），最低水位77.88米（1996年12月28日）；实测最大年降水量1883.7毫米（1953年），最小年降水量843.9毫米（1963年）。

（4）南溪水文站。位于江西省遂川县珠田乡梁头村，东经114°28′，北纬26°16′，基本水尺断面设于长江流域赣江水系赣江二级支流左溪（赣江—遂川江—左溪）下游，属区域代表站，国家基本水文站。集水面积910平方千米，至河口距离12千米。水位基面为假定基面，假定基面与黄海基面的换算关系为：黄海基面＝假定基面＋21.602米。

南溪水文站于1956年11月23日设立，观测水位。

1957年1月1日，增测流量、降水量。

1957年4月，增测水面蒸发量，至1962年12月停测。

1957年5月，增测悬移质输沙率、气象，1959年8月停测悬移质输沙率，1962年12月停测气象。

1958年3月，上游约800米处南奥陂建成后，1959年增设坝上、右渠道闸下、闸下（一）、闸下（二）断面进行观测，至1961年12月31日停测。

1962年1月，将基本水尺断面上迁至南奥陂上游约500米处，观测水位、流量、降水量。

1964年1月，恢复悬移质输沙率，至1982年9月停测。

1978年，遂川县革命委员会授予南溪水文站“水文服务先进集体”荣誉称号。

1982年3月，江西省水利厅授予南溪水文站“1981年度测站竞赛评比先进集体”荣誉称号。

1982年7月，基本水尺断面上游约1500米兴建遂川草林冲电站，受电站影响，1982年9月停测悬移质输沙率。

1984年10月29日，省水文总站下发《关于南溪等站调整问题的批复》（赣水文站字〔84〕第113号），同意南溪水文站改水位站。

1985年1月，南溪等停测流量，改为南溪水位站，观测水位、降水量。

2006年12月27日，省水文局下发《关于停测南溪水位站请示的批复》（赣水文站发〔2006〕第19号），同意南溪水位站停测水位，南溪站降水量及流域内配套雨量站仍保留。

2007年1月，南溪水位站停测水位，保留降水量观测，改为南溪雨量站。

实测最高水位100.36米（1981年9月23日），最低水位94.54米（1992年11月30日）；实测最大流量1840立方米/秒（1970年9月3日），最小流量0.71立方米/秒（1984年12月16日）。实测最大年降水量2526.3毫米（2002年），最小年降水量938.2毫米（1971年）。

（5）沙村水文站。于1956年7月设立沙村雨量站，位于江西省泰和县高陇乡沙村。1981年1月设立沙村水文站，沙村雨量站并入沙村水文站进行降水量观测。

沙村水文站位于江西省泰和县高陇乡石江口村，东经115°03′36″，北纬26°37′06″，基本水尺断面设于长江流域赣江水系赣江二级支流水槎水（赣江—云亭水—水槎水），属小河水文站，国家基本水文站。集水面积128平方千米。观测水位、降水量，水位基面为假定基面。1981年4月增测流量。

根据小河水文站站网优化原则，1996年12月5日，经省水文局发布的《关于调整沙村水文站的通知》（赣水文站字〔1996〕第031号），批复同意撤销沙村水文站及6个配套雨量站，保留沙村站降水量观测。

1997年1月1日，撤销沙村水文站，改为沙村雨量站。

实测最高水位14.42米（1984年8月22日），最低水位10.955米（1996年1月2日）；实测最大流量349立方米/秒（1996年8月3日），最小流量0.15立方米/秒（1987年2月11日）。实测最大年降水量2389.1毫米（2002年），最小年降水量915.6毫米（1963年）。

（6）木口水文站。于1978年4月9日设立，位于江西省吉水县白沙乡朋江村，东经115°25′，北纬26°59′，基本水尺断面设于长江流域赣江水系赣江一级支流孤江中下游，属区域代表站，国家基本水文站。集水面积1690平方千米，至河口距离55千米。观测水位、降水量，水位基面为假定基面。

1979年5月，因兴建了自记水位计房，将基本水尺断面下迁20米与自记水位计断面重合，改木口（二）水文站。同年6月1日增加流量测验和蒸发量观测。1985年6月增加水质监测。

1996年，省水文局授予木口水文站"全省水文综合经营先进水文站"荣誉称号。

1998年9月1日，省水文局下发《关于同意吉水木口水文站上迁至白沙镇的批复》（赣水文站发〔1998〕第012号），同意木口水文站上迁至白沙镇，并更名为白沙水文站。

2000年1月因木口水文站上迁约9千米至白沙镇，改白沙水文站，木口站观测项目逐步停测。2000年4月1日停测流量，2002年1月1日停测水位，2003年1月1日停测蒸发量，2003年7月1日停测降水量。至此，木口水文站被撤销。

2003年3月25日，省水文局下发《关于〈关于要求停止木口站水位观测的请示〉的批复》（赣水文站发〔2003〕第5号），同意2003年7月1日撤销木口（二）水文站，木口（二）水文站与白沙水文站水位相关关系为：

木口（二）水文站水位在64.0米以下，白沙水文站水位在84.8米以下，$Z_{白沙}=0.7519\times Z_{木口(二)}+36.28$。

木口（二）水文站在水位64.0米以上，白沙水文站水位在84.8米以上，$Z_{白沙}=0.9394\times Z_{木口(二)}+24.28$。

实测最高水位68.33米（1994年5月3日），最低水位60.94米（1980年1月13日）；实测最大流量1830立方米/秒（1994年5月3日），最小流量1.31立方米/秒（1986年10月7日）。实测最大年降水量2310.0毫米（2002年），最小年降水量1136.2毫米（1986年）。

（7）渡头水文站。位于江西省吉水县富滩乡渡头村，东经115°10′，北纬27°01′，基本水尺断面设于长江流域赣江水系赣江一级支流孤江下游，属区域代表站，国家基本水文站。集水面积2160平方千米，至河口距离20千米。水位基面为吴淞基面。

1952年8月，省水利局在吉水县渡头设孤江口三等水文站，观测水位、流量、含沙量、降水量、蒸发量、气温。

1953年1月，改名渡头水位站，停测流量、含沙量。

1957年，改流量站，恢复流量、含沙量测验。同年4月，停测蒸发量，并将流速仪测流断面上迁180米。

1958年2月28日，停测气温。同年6月，增测水化学，至1962年11月停测。

1964年1月1日，将基本水尺断面上迁180米与流速仪测流断面重合。

1971年，停测含沙量测验，同年10月开始在基本水尺断面上游约300米处兴建螺滩电站大坝。受工程影响，1972年8月9日将测流断面下迁150米。

因上游螺滩电站大坝严重影响测验河段，1974年4月10日将基本水尺断面和测流断面均下迁

约 1300 米至渡头村下游的经书庵，改渡头（二）水文站，观测水位、流量、降水量。渡头站保留水位观测至 1975 年 1 月 1 日停测。

1977 年 11 月 19 日，省水利电力局发布《关于同意迁移渡头水文站的复函》（赣水电工管字〔77〕第 033 号），同意迁移渡头水文站。1978 年 4 月，渡头（二）水文站上迁约 36 千米至吉水县白沙镇木口村，改木口水文站，渡头（二）水文站改为代办水位站。

1977 年，吉水县革命委员会授予渡头水文站“农业学大寨先进单位”荣誉称号。

1982 年 3 月，江西省水利厅授予渡头水文站“1981 年度测站竞赛评比先进集体”荣誉称号。

1984 年 3 月，省水文总站授予渡头水文站“全省水文系统先进集体”荣誉称号。

1993 年 8 月 12 日，省水文局发布《关于撤销渡头水位站的批复》（赣水文站字〔93〕第 025 号），同意从 1994 年 1 月 1 日 8 时起撤销渡头水位站，其水情情报预报任务改由木口水文站承担。

由于渡头水文站与渡头（二）水文站水位未建立相关关系，水位特征值分开统计。渡头水文站实测最高水位 66.09 米（1969 年 8 月 10 日），最低水位 58.05 米（1957 年 9 月 14 日），实测最大流量 2230 立方米/秒（1969 年 8 月 10 日），最小流量 0.16 立方米/秒（1976 年 1 月 20 日）；渡头（二）水文站最高水位 63.43 米（1992 年 7 月 7 日），最低水位 56.66 米（1986 年 1 月 8 日）；实测最大年降水量 2245.4 毫米（1953 年），最小年降水量 939.0 毫米（1963 年）。

（8）伏龙口水文站。位于江西省永丰县水浆乡伏龙口村，东经 115°38′36″，北纬 26°56′18″，基本水尺断面设于长江流域赣江水系赣江二级支流沙溪水（赣江—孤江—沙溪水），属小河水文站，国家基本水文站。集水面积 146 平方千米。观测水位、流量、降水量，水位基面为假定基面。

伏龙口水文站于 1978 年 4 月设立，观测降水量。1979 年 1 月加测水位、流量。1985 年 4 月增加水质监测，定为水质背景值站。

1984 年 1 月，伏龙口站建成全区第一处升降断面标志索，大大提高了测速垂线定位准确度。

1995 年 12 月，经省水文局下发的文件（赣水文站字〔95〕第 23 号），批复同意于 1996 年 1 月 1 日撤销伏龙口水文站及配套雨量站。

实测最高水位 45.49 米（1994 年 6 月 17 日），最低水位 41.95 米（1992 年 11 月 7 日）；实测最大流量 252 立方米/秒（1994 年 6 月 17 日），最小流量 0.07 立方米/秒（1995 年 12 月 6 日）。实测最大年降水量 2200.7 毫米（1992 年），最小年降水量 1246.3 毫米（1986 年）。

（9）富田水文站。位于江西省吉安市青原区富田镇富田村，东经 115°15′，北纬 26°49′，基本水尺断面设于长江流域赣江水系赣江二级支流富田水（赣江—孤江—富田水），属区域代表水文站，国家基本水文站。集水面积 477 平方千米，至河口距离 51 千米。观测水位、流量、降水量，水位基面为假定基面。

富田水文站于 1958 年 2 月设立，观测水位、流量、降水量。

1965 年 1 月，增测气象，至 1968 年停测。

1972 年 7 月，增测富田（左渠）站水位、流量。

1975 年 8 月 1 日，撤销富田水文站，上迁至白云山水库大坝下游，改为白云山水文站。

实测最高水位 98.38 米（1969 年 8 月 9 日），最低水位 92.23 米（1974 年 12 月 21 日）；实测最大流量 1270 立方米/秒（1969 年 8 月 9 日），最小流量 0.082 立方米/秒（1974 年 12 月 21 日）。实测最大年降水量 1967.8 毫米（1970 年），最小年降水量 945.2 毫米（1971 年）。

（10）东固水文站。于 1959 年设立东固雨量站，1976 年 1 月设立东固水文站，东固雨量站并入东固水文站进行降水量观测。

东固水文站位于江西省吉安市青原区东固畲族乡木江口村，东经 115°23′36″，北纬 26°43′36″，基本水尺断面设于长江流域赣江水系赣江三级支流东固水（赣江—孤江—富田水—东固水），属小河水文站，水库专用水文站。集水面积 93.1 平方千米，至河口距离 6.2 千米。观测水位、流量、降水量，水位基面为黄海基面。

东固水文站于 1976 年 1 月 1 日由白云山水电工程管理局设立，系白云山水库入库站。观测水位、流量、降水量，同时观测东固渠道断面的水位、流量。

1979 年及以后的水位与 1979 年以前的水位不一致，据 1979 年《水文年鉴》记载，“新老高程相差 90.14 米”。

1993 年 1 月，撤销东固水文站。

实测最高水位 188.75 米（1976 年 7 月 9 日），最低水位 186.125 米（1991 年 7 月 24 日）；实测最大流量 165 立方米/秒（1990 年 6 月 8 日），最小流量 0.090 立方米/秒（1985 年 2 月 2 日）。实测最大年降水量 2216.0 毫米（1970 年），最小年降水量 999.9 毫米（1963 年）。

（11）千坊水文站。于 1958 年 1 月 1 日设立，位于江西省莲花县南岭乡千坊村，东经 113°58′13″，北纬 27°12′07″，基本水尺断面设于长江流域赣江水系赣江一级支流禾水（又名文汇江）上游，属区域代表站，国家基本水文站。集水面积 390 平方千米，至河口距离 58 千米（至文汇江与小江河交汇处，原文汇江与小江河交汇处以下称禾水，交汇处以上分文汇江和小江河）。观测水位、流量、降水量，水位基面为假定基面。

1973 年、1978 年，中共莲花县委、县革委授予千坊水文站“先进单位”荣誉称号。

1989 年 1 月 20 日，省编委下发《关于全省水文系统机构设置及人员编制的通知》（赣编发〔1989〕第 009 号），同意江西省水利厅吉安地区水文站为相当于副处级事业单位，莲花千坊水文站为副科级事业单位。

1992 年 3 月，江西省水利厅授予千坊水文站“全省水文系统先进水文站”荣誉称号。

2005 年 1 月，千坊水文站下迁至莲花县城，千坊水文站改雨量站，观测降水量、蒸发量。2007 年 1 月，停测蒸发量观测项目。

2015 年，千坊雨量站改为千坊水位站，属中小河水位站。

实测最高水位 125.66 米（1983 年 5 月 12 日），最低水位 119.69 米（1978 年 10 月 14 日）；实测最大流量 1100 立方米/秒（1983 年 5 月 12 日），最小流量 0.34 立方米/秒（1993 年 2 月 3 日）。实测最大年降水量 2182.2 毫米（1970 年），最小年降水量 1066.5 毫米（1971 年）。

（12）洋埠水文站。于 1956 年 12 月 10 日由江西省水利厅在洋埠设立，位于江西省永新县禾川镇忠义潭村，东经 114°12′，北纬 26°57′，基本水尺断面设于长江流域赣江水系赣江一级支流禾水，集水面积 2364 平方千米，至河口距离 110 千米。观测水位、流量、降水量，水位基面为吴淞基面。

1964 年，增测含沙量。

因受下游袍陂拦河坝顶托影响，1968 年 4 月 1 日下迁约 5 千米的永新县城北门外，改永新水文站。洋埠站观测至 1968 年年底。

实测最高水位 119.79 米（1968 年 7 月 8 日），最低水位 112.45 米（1963 年 9 月 4 日）；实测最大流量 2200 立方米/秒（1962 年 6 月 28 日），最小流量 0.129 立方米/秒（1965 年 9 月 4 日）。实测最大年降水量 2185.6 毫米（1961 年），最小年降水量 885.2 毫米（1963 年）。

（13）天河水位站。于 1951 年 5 月由江西省人民政府水利局设为天河三等水文站，位于江西省吉安县天河镇，东经 114°25′，北纬 26°57′，基本水尺断面设于长江流域赣江水系赣江一级支流禾水，至河口距离 80 千米。观测水位、流量、含沙量、降水量、蒸发量，水位基面为吴淞基面。

1952 年 4 月，加测气象。

1953 年 1 月，改天河水位站，观测水位、降水量。

根据《水文年鉴》刊印资料分析，天河站于1957—1961年无降水量资料，1959—1961年无水位资料，原因不详。

1966年，停测水位，改天河雨量站，列入国家基本雨量站，观测至今。

实测最高水位92.03米（1955年5月29日），最低水位82.54米（1963年9月6日）；实测最大年降水量2241.2毫米（1975年），最小年降水量976.4毫米（1963年）。

（14）葛田水文站。于1966年3月25日由江西省水利电力厅水文气象局吉安分站设立，位于江西省宁冈县葛田乡葛田村，东经113°59′，北纬26°40′，基本水尺断面设于长江流域赣江水系赣江二级支流小江河（赣江—禾水—小江河），属区域代表站。集水面积113平方千米，至河口距离69千米。观测水位、流量、降水量，水位基面为假定基面。

1968年10月，改为代办水位站，观测水位、降水量。

1976年9月20日，基本水尺上迁150米，改葛田（二）站。

1978年，停测水位，改葛田雨量站，观测降水量。

1992年1月，撤销葛田雨量站。

实测最高水位50.43米（1976年7月9日），最低水位47.67米（1967年8月24日）；实测最大年降水量2250.2毫米（1970年），最小年降水量1156.9毫米（1967年）。

（15）石口水文站。位于江西省永新县三湾乡石口村，东经114°00′，北纬26°49′，基本水尺断面设于长江流域赣江水系赣江二级支流（赣江—禾水—小江河）小江河，属区域代表站，专用水文站。集水面积639平方千米，至河口距离40千米。水位基面为黄海基面。

1971年5月1日，由天河电厂设立石口水文站，作为枫渡水电站入库专用站。观测水位、流量、降水量。

据《水文年鉴》记载，从1984年起，石口水文站改为石口（二）水文站，但断面变动情况未详细记载。

1992年1月，石口水文站停测。

实测最高水位194.56米（1976年7月9日，调查值），最低水位（河干，1983年10月1日）；实测最大流量735立方米/秒（1983年6月20日），最小流量0立方米/秒（河干，1983年10月1日）。实测最大年降水量2049.6毫米（1982年），最小年降水量1254.3毫米（1986年）。

（16）茅坪水文站。位于江西省井冈山市（原宁冈县）茅坪乡茅坪村，东经114°02′42″，北纬26°39′54″，基本水尺断面设于长江流域赣江水系赣江三级支流茅坪水（赣江—禾水—小江河—茅坪水），属小河水文站，国家基本水文站。集水面积24平方千米。观测水位、流量、降水量，水位基面为假定基面。

茅坪水文站于1978年1月1日设立，观测水位、流量、降水量。

1981年4月1日，增测水面蒸发量。

1985年，增加水质监测，定为水质背景值站。

1996年，省水文局发布文件（赣水文站字〔96〕第008号），通知茅坪水文站自1996年3月1日起撤销，流域内四处配套雨量站（即神山、半江山、坝上、源塘）同时撤销。

1996年3月1日，撤销茅坪水文站，改为茅坪雨量站，保留降水量观测。

根据统计《水文年鉴》资料，本站水位资料在《水文年鉴》中仅刊印10年资料，故不统计水位特征值。

实测最大流量35.6立方米/秒（1982年6月17日），最小流量0.10立方米/秒（1983年11月29日）。实测最大年降水量2618.3毫米（1997年），最小年降水量1195.4毫米（2009年）。

（17）远泉水文站。于1979年1月设立，位于江西省永新县在中乡远泉村，东经114°07′12″，北纬26°54′42″，基本水尺断面设于长江流域赣江水系赣江三级支流远泉水（赣江—禾水—龙源口水—远泉水），属国家基本水文站、小河水文站。集水面积 7.00 平方千米，至河口距离 6 千米。观测水位、流量、降水量，水位基面为假定基面。

1984 年，进行河段整治，基本水尺断面上迁 7.4 米，改远泉（二）水文站。

1992 年 1 月，远泉水文站撤销。

实测最大流量 23.9 立方米/秒（1982 年 6 月 17 日），最小流量 0.019 立方米/秒（1980 年 8 月 4 日）。实测最大年降水量 1969.8 毫米（1982 年），最小年降水量 1146.1 毫米（1986 年）。因《水文年鉴》中未刊印小河站水位，故不统计水位特征值。

（18）杨陂山水位站。位于江西省泰和县禾市镇杨陂山村，东经 114°41′，北纬 26°49′，基本水尺断面设于长江流域赣江水系赣江二级支流牛吼江（赣江—禾水—牛吼江），属国家基本水位站。集水面积 968 平方千米，至河口距离 21 千米。观测水位、降水量，水位基面为假定基面。

杨陂山水位站于 1957 年 7 月设立，为八里滩水利工程专用站，观测水位，同年 12 月停测。

1958 年 5 月，恢复水位观测，1960 年改流量站，增测流量、降水量。

1961 年 1 月 1 日，增测水温，至年底停测。

1962 年，停测水位、流量。1964 年 1 月 1 日恢复水位观测，改代办水位站，观测水位、降水量。至 1989 年 1 月停测。

实测最高水位 47.24 米（1976 年 7 月 9 日），最低水位 41.39 米（1986 年 1 月 14 日）；实测最大年降水量 2080.6 毫米（1970 年），最小年降水量 970.2 毫米（1986 年）。

（19）坪下水文站。位于江西省安福县钱山乡坪下村，东经 114°11′，北纬 27°20′，基本水尺断面设于长江流域赣江水系赣江二级支流泸水（赣江—禾水—泸水），属小河水文站，专用水文站。集水面积 203 平方千米，至河口距离 129 千米。观测水位、流量、降水量，水位基面为假定基面。

坪下水文站于 1976 年 1 月 1 日由社上水库设立，为社上水库入库站，观测水位、流量、降水量。

1993 年 1 月，坪下水文站停测。

根据数据库资料，坪下水文站 1988 年及以后的水位与 1988 年前的水位不一致，换算关系不详；1976—1978 年实测流量资料质量较差，只刊印实测流量成果表，未整编逐日表。故不统计特征值。

（20）朗石水文站。于 1966 年由江西省水电厅水文气象局吉安分局设为小汇水站，位于江西省吉安县田心公社朗石村，东经 114°48′，北纬 26°58′，基本水尺断面设于长江流域赣江水系赣江三级支流田心水（赣江—禾水—泸水—田心水），属小河水文站，专用水文站。集水面积 83.1 平方千米，至河口距离 6.0 千米。观测水位、流量、降水量，水位基面为假定基面。

该站于 1977 年 1 月被撤销。资料刊印年份：水位和降水量 1967—1976 年，流量 1969—1976 年。

实测最高水位 58.59 米（1972 年 6 月 15 日），最低水位 54.66 米（1972 年 1 月 19 日）；实测最大流量 104 立方米/秒（1976 年 7 月 9 日），最小流量 0.019 立方米/秒（1972 年 1 月 29 日）。实测最大年降水量 1732.9 毫米（1970 年），最小年降水量 858.2 毫米（1971 年）。

（21）毛背水文站。位于江西省吉州区兴桥乡毛背村，东经 114°56′12″，北纬 27°07′54″，基本水尺断面设于长江流域赣江水系赣江一级支流罗湖水，属小河水文站，国家基本水文站。集水面积 39.3 平方千米，至河口距离 10 千米。观测水位、流量、降水量，水位基面为吴淞基面，吴淞基面与黄海基面的换算关系为：黄海基面＝吴淞基面－1.768 米。

1974 年 11 月，设立为代办小汇水站，观测水位、流量。1975 年 4 月增测流量。1976 年 1 月增测降水量。

1994 年 4 月 1 日，毛背水文站划归吉安水文站管理，为吉安水文站属站。

2006年12月25日，省水文局发布《关于停测吉安毛背水文站请示的批复》（赣水文站发〔2006〕第20号），同意毛背水文站自2007年1月1日起水位、流量、降雨量测验项目停止观测，其流域内4个配套雨量站（洲上、兴桥、项家、桃林站）同时停止观测。

2007年1月，毛背水文站停测所有观测项目，但站网统计时保留毛背水文站户名。

2020年1月2日，水利厅下发《江西省水利厅关于我省国家基本水文站站网调整的批复》（赣水防字〔2020〕第1号），撤销毛背水文站。

1975—2006年，实测最高水位54.72米（1977年6月27日），最低水位50.72米（1978年9月24日）；实测最大流量97.4立方米/秒（1977年6月27日），最小流量0立方米/秒（1976年7月9日）。实测最大年降水量2014.7毫米（1997年），最小年降水量1032.1毫米（1978年）。

（22）杏头水文站。于1978年12月设立，位于江西省吉水县乌江乡杏头村，东经115°17′54″，北纬27°16′30″，基本水尺断面设于长江流域赣江水系赣江二级支流杏头水（赣江—乌江—杏头水），属小河水文站，国家基本水文站。集水面积5.80平方千米，观测水位、流量、降水量，水位基面为假定基面。

1995—1999年，降水量观测时间为汛期4—6月。

2000年1月，停测所有观测项目，但站网统计时保留杏头水文站户名。2012年中小河流雨量站建设，恢复杏头雨量站，全自动测记降水量。

2020年1月2日，水利厅发布《江西省水利厅关于我省国家基本水文站站网调整的批复》（赣水防字〔2020〕第1号），撤销杏头水文站（保留杏头雨量站）。

1979—1999年，实测最大流量76.9立方米/秒（1997年9月1日），最小流量0.007立方米/秒（1990年7月29日）。实测最大年降水量2067.6毫米（1992年），最小年降水量1285.5毫米（1991年）。

第四节　水文试验站和水文实验站

吉安专区农业水文试验站

1960年3月11日，经吉安地委农村工作领导小组批复同意，吉安专区水文气象总站在泰和县石山设立吉安专区农业水文试验站。

试验站属丘陵地带，在土壤、地形和气象等方面具有一定的代表性。植被情况一般，农作物以水稻为主，只种一季早稻和冬季作物。选定一个有水库的山垄为稻田养鱼试验区，集水面积约0.6平方千米，有稻田150亩，其中以30亩作为稻田养鱼和不同水深对水稻生长情况的对比观测；选定一个没有水库的小流域为田间蓄水对径流削减过程的试验区，集水面积约0.7平方千米，流域分水线明显，流域内有稻约200亩（梯田），以及水塘七八口。两个试验区均将田埂加高至0.4米，并利用吉安县永阳附近的桥边小汇水面积站作为不加高田埂对径流削减过程的对比试验流域。

试验研究项目：①田间不同水深时，水温的变化规律以及对水稻生长的影响；②田间不同水深时，土壤温度的变化规律以及对水稻生长的影响；③地下水对作物的影响；④土壤含水量的变化规律；⑤双季稻的灌溉措施；⑥稻田养鱼措施。

观测项目：①灌溉试验：各小区水深、代表区水温、地温，风向风速、相对湿度和物候观测；②需水量试验：水深、水温、蒸发量和物候观测；③土壤含水量观测；④地下水观测。

1961年2月，吉安专区农业水文试验站和吉安专区农业气象试验站合并，在吉安市禾埠成立吉安专区农业水文气象试验站。尽管试验站成立后进行过一些试验，但由于人员不足，经验不足，以及经费不足等原因，以及1962年6月的大洪水，造成圩堤决口，场地被淹，仪器损坏，无法继续开展工作。

因此，1962年7月，吉安专区农业水文试验站被撤销，相关资料未整理分析。

吉安水文实验站

吉安水文实验站（原名为峡江水文实验站）位于赣江右岸峡江水利枢纽大坝下游约900米，处峡江水利枢纽院内，东经115°08′04.6″，北纬27°31′31.1″。

2010年3月，省水文局规划建设峡江水文实验站，并完成了《峡江水文实验站规划论证报告》。规划峡江水文实验站设于峡江水文站，其目的主要是利用先进的技术和设备，系统解决大跨度水文缆道测流、测沙、测深及自动化信息采集等问题。

2010年，峡江水文实验站列入水利部水文局《全国水文实验站网规划（一期）》55处国家水文实验站之一。峡江水文实验站实验（观测）项目为“南方片新仪器设备实验”，试验目的类型为Ⅳ类。

2011年9月，吉安市水文局编制完成《江西省吉安市水文发展“十二五”规划》，规划建设峡江水文实验站，投资估算350.24万元。

2011年10月，吉安市水文局编制完成《江西省吉安市水文水资源监测预报能力建设规划》，规划建设峡江水文实验站，投资估算350万元。

2012年，峡江水文实验站改名吉安水文实验站。

2013年12月5日，国家发展改革委、水利部下发《关于印发全国水文基础设施建设规划（2013—2020年）的通知》（发改农经〔2013〕第2457号），部署吉安水文实验站重点建设、优先实施。

2017年12月25日，江西省发展改革委下发《关于〈江西省水文实验站（2018—2020年）建设项目实施方案〉的批复》（赣发改农经〔2017〕第1444号），批复同意吉安水文实验站建设项目实施方案。

2019年9月4日，峡江县人民政府下发《关于吉安水文实验站建设项目报建工作的回复函》，回复吉安市水文局，在峡江水文站桔园建吉安水文实验站，实际可建面积仅有5017.5平方米（约7.5亩）。

2019年9月，启动了36处冲淤监测断面和6处水位监测断面的查勘和建设，2020年3月基本建成。

2019年12月，吉安水文实验站建设地址更改至峡江水利枢纽进门左侧地块。12月17日，江西省峡江水利枢纽工程管理局与吉安市水文局签订《吉安水文实验站用地协议》，省峡江水利枢纽工程管理局无偿划拨土地约15亩用于吉安水文实验站建设。

2020年1月14日，省水文局下发《关于吉安市水文局吉安水文实验站实验楼及水文气象综合观测场建设方案的批复》（赣水文建管发〔2020〕第4号），基本同意吉安水文实验站实验楼和综合实验场建设用地变更至峡江水利枢纽进门左侧地块。基本同意吉安水文实验站实验楼和综合实验场的总体布局和初步设计方案。

2020年4月29日，启动吉安水文实验站水文气象综合实验场、实验楼及附属设施工程的建设。同年11月底主体工程完工，12月10日通过了合同验收。

吉安水文实验站计划2021年初开始试运行。

试验研究项目：研究南方地区水利枢纽库区水面变化、上下游河床冲淤变化、水体流速、流态及水体蒸发变化监测与试验体系，为分析研究库区及其下游河床水沙运动规律、库区水循环规律、库区水面线规律、大型水体水面蒸发规律提供资料和技术支撑，为全国南方湿润地区水利工程安

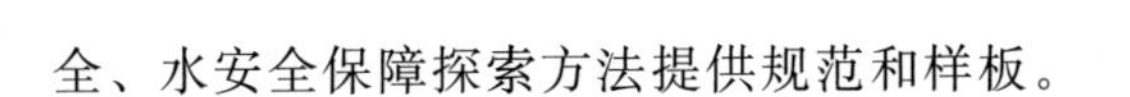

全、水安全保障探索方法提供规范和样板。

监测项目：在峡江水利枢纽库区和下游河道布设冲淤断面40处，监测河道泥沙冲淤变化情况；结合冲淤断面在峡江水利枢纽库区河道布设水位监测断面6处，监测库区水面线变化情况；建设25米×25米大型水文气象综合观测场和漂浮水面蒸发观测场，监测降水量、蒸发量、气温、气压、风速、风向、辐射、湿度、地温等。

第二章 职 工 队 伍

第一节 人 员 管 理

人员引进

民国时期，全区水文队伍情况不详，中华人民共和国成立后，水文站的人员配备，根据集水面积、河面宽度、测验项目以及测验设施配置而定。

20世纪50年代，人员配备一般情况是：大河站6～8人，区域代表站3～4人，报汛水位站配有1名专职人员，雨量站均委托当地人员代办。1950—1956年，水文测站少，全区职工为25～40人。1957年、1958年大量增建水文测站，职工由1956年的31人增加到1958年的65人。

20世纪60年代中期开始，赣江主流站棉津、吉安、峡江站先后配置了机动测轮。因此，这些测站的人员配备有所增加。1964年后，继续增建一些测站，截至1967年年底全区职工增为96人。“文化大革命”时期的1968年、1969年，一批水文技术人员下放农村劳动，全区职工减至84人。

1963年9月27日，省编委下发《关于转发水电厅对全省水文气象事业人员编制调整意见的通知》（赣编字〔63〕第223号），吉安水文气象分局人员编制定编180人（含气象人员编制）。

1964年12月12日，省水文总站下发《关于下达水文人员编制的通知》（水气人行字〔64〕第041号），吉安水文气象分局水文人员编制定编99人，其中机关32人，测站67人。

1964年12月17日，省劳动局、省水文总站下发《关于水文部门补充60人的通知》（劳配字〔64〕第2972号）（赣文总字〔64〕第082号），补充吉安水文气象分局人员编制8人。

1965年7月23日，江西省编制委员会下发《关于同意水文气象局编制调整问题的复函》（赣编字〔65〕第62号），复函省水利电力厅，同意水文气象局编制调整，调整后，吉安水文气象分局编制为92人。

1970年7月，水文管理体制下放后，各县调入行政管理人员担任水文站站长，同时还调入非水文专业工人。截至1970年年底，全区职工增至131人，其中工人由1969年的12人增至37人。1971年水文气象机构分设，全区水文职工为139人。1972年、1973年，下放农村劳动的干部，大部分调回，全区职工增至151人。

1975年，增建一批小河水文站，同时遵照省革命委员会指示，对没有水文站的县，建立了水文站，年底全区职工增至166人。

20世纪80年代，人员配备一般情况是：赣江主流控制站8～12人，以吉安站18人为最多；一级支流控制站5～8人，区域代表站4～5人，小河站3～5人。

1980年1月，水文管理体制上收归省水利局领导，各县水文站行政站长和非水文专业工人大部分调离。1980年年底全区职工减为153人。

1981—1983年，全区补员、调入退伍军人，分配江西水利技工学校毕业生，截至1983年年底，全区职工总人数达207人，为历年在职职工人数最多的一年。此后，在职职工人数有所减少并逐年

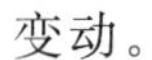

变动。

1988年年底，全区在职职工为188人。

1989年1月20日，省编委下发《关于全省水文系统机构设置及人员编制的通知》（赣编发〔1989〕第009号），同意江西省水利厅吉安地区水文站为相当于副处级事业单位，定事业编制195名。1989年年底，全区职工总人数为188人，缺编7人。

2001年12月17日，吉安市水文分局印发《关于培养和引进人才的若干意见》（吉市水文发〔2001〕第18号），从2002年1月1日起执行。

2002年8月8日，吉安市水文分局印发《关于培养和引进人才的实施细则》（吉市水文发〔2002〕第12号）。

2003年11月5日，省编委办公室下发《关于调整全省水文系统人员编制的通知》（赣编办发〔2003〕第176号），对全省水文系统的人员编制进行调整。调整后，江西省水利厅吉安市水文分局人员编制由195名调整为180名。2004年年底，全市职工总人数为139人，缺编41人。

2007年9月29日，省编委办公室下发《关于省河道湖泊管理局增挂牌子的批复》（赣编办文〔2007〕第172号），从吉安市水文局调剂全额拨款事业编制15名至江西省河道采砂管理局，调整后，吉安市水文局全额拨款事业编制由180名调整为165名。2007年年底，全市职工总人数为130人，缺编35人。

2014年8月4日，省编委办公室下发文件（赣编办文〔2014〕第78号），从吉安市水文局划转6名全额拨款事业编制到省水利工程质量安全监督局。调整后，吉安市水文局全额拨款事业编制由165名调整为159名。2014年年底，全市职工总人数为135人，缺编24人。

2016年12月20日，省编委办公室下发文件（赣编办文〔2016〕第185号），将吉安市水文局事业编制名额划出4名至江西省农业水利水电局。划转后，吉安市水文局全额拨款事业编制由159名调整为155名。2016年年底，全市职工总人数为139人，缺编16人。

2006—2007年，实行公开考试招录毕业生10人；2008—2018年，参照公务员考试录用规定，经考试共招录63人（其中2014年未招录人员）；2019—2020年，水文机构改革，未招录人员。

为解决人员不足问题，经省水文局同意，吉安市水文局采用劳务派遣方式，聘用了一些后勤保障工种人员（如司机、船员、炊事员、门卫、测站看护员等）。

截至2020年年底，全市水文职工119人，参照公务员管理106人，占总数89.1%；工勤人员13人，占总数10.9%；退休人员111人。

1988—2020年人员定编增减情况见表6-2-1。

表6-2-1　　1988—2020年人员定编增减情况

年份	人员定编/人	增加人员/人		减少人员/人		年末人员/人
		招录	工作调入	退休	工作调出或其他	
1988	不详					188
1989	195					188
1990	195	2		1	2	187
1991	195					187
1992	195	7			5	189
1993	195		1	6	2	182
1994	195			8	1	173
1995	195	2		9	2	164
1996	195		2	9	4	153

续表

年份	人员定编/人	增加人员/人		减少人员/人		年末人员/人
		招录	工作调入	退休	工作调出或其他	
1997	195			3	1	149
1998	195		1	4	3	143
1999	195	9		3	1	148
2000	195	2		5		145
2001	195	2		3		144
2002	195	2		4	2	140
2003	195	4		1		143
2004	180	3		5	2	139
2005	180	5		4	1	139
2006	180	4		8	2	133
2007	180	1		3	1	130
2008	165	3		4	2	127
2009	165	4	3	6	4	124
2010	165	3	1	2	1	125
2011	165	3		1	3	124
2012	165	10	2	4	4	128
2013	165	13	2	3		140
2014	165			3	2	135
2015	159	8		6	1	136
2016	159	9		6		139
2017	155	8	1	3	3	142
2018	155	5		10	2	135
2019	155		1	7	1	128
2020	155		2	9	2	119

人员职务结构

1970年以前，人员职务结构不详。

1970年年底，全区在职职工131人，其中干部94人，占71.8%；工人37人，占28.2%。

1980年年底，全区在职职工153人，其中干部109人，占71.2%；工人44人，占28.8%。

1984年10月15日，省水文总站印发《关于公布第一批“以工代干”转干人员名单的通知》(赣水文人字〔84〕第063号)，吉安地区水文站鄢玉珍转为国家干部。

1990年年底，全区在职职工187人，其中干部98人，占52.4%；工人89人，占47.6%。

1992年8月24日，经考试考核和省水利厅批准，从“五大”毕业生中择优聘用干部。省水文局下发《关于同意聘用龙兴等三十七位同志为干部的通知》(赣水文人字〔92〕第025号)，吉安地区水文站涂春林、肖承传、林清泉、李镇洋等4人聘用为干部。

1994年2月17日，经考试考核和省水利厅批准，从“五大”毕业生中择优聘用干部。省水文局下发《关于同意聘用龚向民等三十三位同志为干部的通知》(赣水文人字〔94〕第002号)，吉安地区水文站李慧明、杨羽2人聘用为干部。

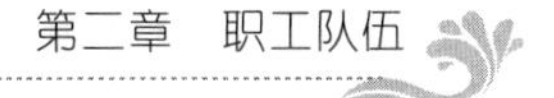

2000年年底，全市在职职工145人，其中干部72人，占49.7%；工人73人，占50.3%。

2007年年底，全市在职职工130人，其中干部65人，占50.0%；工人65人，占50.0%。

2008年开始参照公务员管理。年底，全市在职职工127人，参公管理人员79人、工勤人员48人。参公管理人员中行政领导13人（副处级1人、正科级8人、副科级4人），非领导职务66人（副调研员1人、主任科员29人、副主任科员14人、科员21人、办事员1人）。

2010年年底，全市在职职工125人，参公管理人员80人、工勤人员45人。参公管理人员中行政领导12人（副处级1人、正科级7人、副科级4人），非领导职务68人（主任科员27人、副主任科员12人、科员26人、新录人员3人）。

2019年年底，全市在职职工128人，参公管理人员112人、工勤人员16人。其中：

副处级领导1人：局长李慧明。

副调研员1人：周方平。

正科级领导12人：副局长王贞荣、罗晶玉、康修洪、周国凤，吉安勘测队队长熊春保，遂川勘测队队长张学亮，栋背水文站站长潘书尧、吉安水文站站长刘辉、峡江水文站站长许毅、上沙兰水文站站长龙飞、赛塘水文站站长李永军、新田水文站站长邓凌毅。

主任科员：34人。

副科级领导6人（主任科员兼副科级领导职务的，统计在主任科员内）：吉安勘测队副队长杨晨、遂川勘测队副队长魏超强、栋背水文站副站长刘书勤、峡江水文站副站长丁吉昆、上沙兰水文站副站长朱俊伟、新田水文站副站长蒋胜龙。

副主任科员：15人。

科员及以下人员43人，工勤人员16人。

2008—2019年人员职务结构见表6-2-2。

表6-2-2　　2008—2019年人员职务结构

年份	年末人数/人	参公管理人员/人							工勤人员/人
		副处级		正科级		副科级		科员及以下	
		领导职务	副调研员	领导职务	主任科员	领导职务	副主任科员		
2008	127	1	1	8	29	4	14	22	48
2009	124	1	1	7	27	4	12	26	46
2010	125	1		7	27	4	12	29	45
2011	124	1		6	27	7	11	29	43
2012	128	1	1	5	39	4	16	20	42
2013	140	1	1	10	34	5	16	33	40
2014	135	1	1	10	34	2	23	26	38
2015	136	1		10	30	2	23	34	36
2016	139	1		10	29	3	23	42	31
2017	142	1	1	10	42		17	43	28
2018	135	1	1	8	40		17	47	21
2019	128	1	1	12	34	6	15	43	16

注：主任科员兼副科级领导职务时，按主任科员统计。

根据《中华人民共和国公务员法》（2018年12月29日第十三届全国人民代表大会常务委员会第七次会议修订）第十九条“综合管理类公务员职级序列分为：一级巡视员、二级巡视员、一级调研员、二级调研员、三级调研员、四级调研员、一级主任科员、二级主任科员、三级主任科员、四级主任科员、一级科员、二级科员”。2020 年，省水利厅、省水文局对职级重新进行了任命。

2020 年 1 月 21 日，省水文局印发《关于罗辉等同志职级套转的通知》（赣水文人发 2020〕第 4 号），任命吉安市水文局二级主任科员 34 名（职级套转）。

2020 年 4 月 1 日，省水文局印发《关于姜伟平等同志职级任免的通知》（赣水文人发〔2020〕第 12 号），任命周丽萍为吉安市水文局一级主任科员；7 月 1 日，省水文局印发《关于黄祥旻等同志职级任免的通知》（赣水文人发〔2020〕第 22 号），任命康修洪、王贞荣、赵连生、邓世振、林清泉、李云、谢小龙 7 人为吉安市水文局一级主任科员。其中，周丽萍、赵连生、邓世振、林清泉、李云、谢小龙 6 人于年内退休。

2020 年 5 月 20 日，省水利厅党委印发《关于詹耀煌等同志职级任免的通知》（赣水人事字〔2020〕第 13 号），任命李慧明、周方平为吉安市水文局三级调研员。

2020 年 8 月 28 日，省水利厅党委印发《关于史小玲等同志职级晋升的通知》（赣水人事字〔2020〕第 22 号），任命王贞荣、康修洪为吉安市水文局四级调研员。

2020 年 12 月 2 日，省水利厅党委印发《关于邹崴等同志职级任免的通知》（赣水人事字〔2020〕第 32 号），任命李慧明、周方平为吉安市水文局二级调研员。

2020 年年底，全市水文职工 119 人，参公管理人员 106 人，工勤人员 13 人，其中：

二级调研员 2 人：李慧明（兼任局长）、周方平。

三级调研员：暂无。

四级调研员 2 人：王贞荣（兼任副局长）、康修洪（兼任副局长）。

正科级领导 10 人：副局长罗晶玉、周国凤，吉安水文勘测队队长熊春保，遂川水文勘测队队长张学亮，栋背水文站站长潘书尧、吉安水文站站长刘辉、峡江水文站站长许毅、上沙兰水文站站长龙飞、赛塘水文站站长李永军、新田水文站站长邓凌毅。

一级主任科员：暂无。

二级主任科员：28 人。

副科级领导 7 人（一级、二级主任科员兼任副科级领导职务的，统计在一级、二级主任科员内）：服务科科长刘小平、吉安勘测队副队长杨晨、遂川勘测队副队长魏超强、栋背水文站副站长刘书勤、峡江水文站副站长丁吉昆、上沙兰水文站副站长朱俊伟、新田水文站副站长蒋胜龙。

三级主任科员：暂无。

四级主任科员：15 人（职级套转）。

科员及以下 42 人，工勤人员 13 人。

文化学历结构

20 世纪 70 年代中期以前，全区水文职工没有大学毕业生，以高中及以下学历为主要力量。

20 世纪 70 年代后期，分配了 3 名大学本科毕业生和一批中专毕业生。

20 世纪 80 年代开始，各大专院校恢复函授大学招生，水文职工通过参加函授大学学习，来提高自己的文化、业务和学历水平。

20 世纪 80 年代，分配了 1 名大学本科毕业生和一批中专毕业生，有 17 人报考参加华东水利学院（1985 年改名“河海大学”）陆地水文专业大专函授班学习，并取得毕业证书，全市水文职工的文化程度明显提升。这批毕业生，成为水文队伍中的主要技术骨干。截至 1989 年年底，通过国家分配和参加函授学习，全市具有本科学历 4 人、大专学历 17 人、中专学历 58 人。

20 世纪 90 年代，分配了 2 名大学本科毕业生、1 名大学专科毕业生和一批中专毕业生。有 3 人参加函授本科学习，2 人参加函授专科学习，5 人参加职工中专学习，均取得相应的学历证书。

2000—2010 年，分配、招录大学本科毕业生 13 名、大学专科毕业生 8 名和一批中专毕业生。

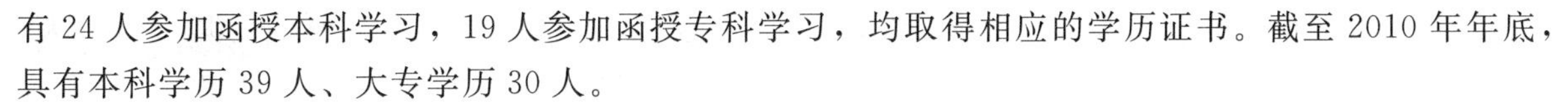

有 24 人参加函授本科学习，19 人参加函授专科学习，均取得相应的学历证书。截至 2010 年年底，具有本科学历 39 人、大专学历 30 人。

2011—2020 年，招录研究生毕业生 4 人，大学本科毕业生 34 名、大学专科毕业生 9 名。有 16 人参加函授本科学习，2 人参加函授专科学习，均取得相应的学历证书。

截至 2020 年年底，具有本科及以上学历 89 人（占职工总人数的 74.8%）、大专学历 17 人。有 10 人获得硕士学位、44 人获得学士学位。

1988 年年底，全区在职职工 188 人，其中本科学历 4 人、大专学历 7 人、中专学历 68 人、高中学历 27 人、初中及以下学历 82 人。

1989 年年底，全区在职职工 188 人，其中本科学历 4 人、大专学历 17 人、中专学历 58 人、高中学历 27 人、初中及以下学历 82 人。

1990 年年底，全区在职职工 187 人，其中本科学历 4 人、大专学历 17 人、中专学历 58 人、高中学历 27 人、初中及以下学历 81 人。

1995 年年底，全区在职职工 164 人，其中本科学历 7 人、大专学历 15 人、中专学历 61 人、高中学历 22 人、初中及以下学历 59 人。

2000 年年底，全市在职职工 145 人，其中本科学历 9 人、大专学历 20 人、中专学历 59 人、高中学历 18 人、初中及以下学历 39 人。有 2 人获得学士学位。

2005 年年底，全市在职职工 139 人，其中本科学历 11 人、大专学历 39 人、中专学历 45 人、高中学历 11 人、初中及以下学历 33 人。有 2 人获得学士学位。

2010 年年底，全市在职职工 125 人，其中本科学历 39 人、大专学历 30 人、中专学历 20 人、高中学历 9 人、初中及以下学历 27 人。有 14 人获得学士学位。

2015 年年底，全市在职职工 136 人，其中硕士研究生学历 3 人，本科学历 66 人、大专学历 26 人、中专学历 12 人、高中学历 8 人、初中及以下学历 21 人。有 5 人获得硕士学位、31 人获得学士学位。

截至 2020 年年底，全市在职职工 119 人，其中硕士研究生学历 4 人、本科学历 85 人、大专学历 17 人、中专学历 4 人、高中学历 2 人、初中及以下学历 7 人。有 10 人获得硕士学位、44 人获得学士学位。

男女比例结构

1988 年，全区男女职工比例为男职工 168 人，占 89.4%；女职工 20 人，占 10.6%。

2008 年，吉安水文参照公务员法管理以来，采取公开考试、平等竞争、择优录取的办法招入人员，女职工逐渐增多。1988—2020 年，女职工从占比 10.6%上升到 32.8%。2020 年，女职工约占职工总数的 1/3。

1988 年年底，全区在职职工 188 人，其中男职工 168 人，占 89.4%；女职工 20 人，占 10.6%。

1990 年年底，全区在职职工 187 人，其中男职工 166 人，占 88.8%；女职工 21 人，占 11.2%。

1995 年年底，全区在职职工 164 人，其中男职工 147 人，占 89.6%；女职工 17 人，占 10.4%。

2000 年年底，全市在职职工 145 人，其中男职工 127 人，占 87.6%；女职工 18 人，占 12.4%。

2005 年年底，全市在职职工 139 人，其中男职工 117 人，占 84.2%；女职工 22 人，占 15.8%。

2010年年底，全市在职职工125人，其中男职工100人，占80.0%；女职工25人，占20.0%。

2015年年底，全市在职职工136人，其中男职工97人，占71.3%；女职工39人，占28.7%。

2020年年底，全市在职职工119人，其中男职工80人，占67.2%；女职工39人，占32.8%。

年龄结构

1988年以前的职工年龄结构不详。

按30岁以下、30～39岁、40～49岁、50岁及以上四个年龄段结构划分，1988—1990年，各年龄段职工比例均为20%～30%，各年龄结构基本平衡。

20世纪90年代中期开始，年龄结构逐渐出现不平衡，所占比例出现大于40%或小于15%的情况。比例相差较大的年份有：1995年，30岁以下职工偏少仅19人、占11.6%，30～39岁职工偏多有69人、占42.1%；2005年，30岁以下职工26人、占18.7%，40～49岁职工人数占45.3%；2020年，30～39岁职工51人、占42.9%，40～49岁职工16人、占13.4%。

1988年年底，全区在职职工188人，其中30岁以下53人、占28.2%；30～39岁46人、占24.5%；40～49岁50人、占26.6%；50岁及以上39人、占20.7%。

1990年年底，全区在职职工187人，其中30岁以下47人、占25.1%；30～39岁51人、占27.3%；40～49岁43人、占23.0%；50岁及以上46人、占24.6%。

1995年年底，全区在职职工164人，其中30岁以下19人、占11.6%；30～39岁69人、占42.0%；40～49岁37人、占22.6%；50岁及以上39人、占23.8%。

2000年年底，全市在职职工145人，其中30岁以下18人、占12.4%；30～39岁39人、占26.9%；40～49岁50人、占34.5%；50岁及以上38人、占26.2%。

2005年年底，全市在职职工139人，其中30岁以下26人、占18.7%；30～39岁18人、占13.0%；40～49岁63人、占45.3%；50岁及以上32人、占23.0%。

2010年年底，全市在职职工125人，其中30岁以下29人、占23.2%；30～39岁15人、占12.0%；40～49岁35人、占28.0%；50岁及以上46人、占36.8%。

2015年年底，全市在职职工136人，其中30岁以下36人、占26.5%；30～39岁31人、占22.8%；40～49岁17人、占12.5%；50岁及以上52人、占38.2%。

2020年年底，全市在职职工119人，其中30岁以下25人、占21.0%；30～39岁51人、占42.9%；40～49岁16人、占13.4%；50岁及以上27人、占22.7%。

专业技术职称结构

20世纪50年代，全区仅有工程师1人、技术员（相当现今助理工程师）5～6人，大多数为助理技术员（相当现今技术员）。

20世纪60—70年代，职称评定工作基本中断。

1980年2月，省水文总站成立“江西省水文总站科技干部技术职称评定委员会”，在全省水文系统进行技术职称评定工作。

工程师、高级工程师职称评定，由省水利厅职称改革领导小组下达评审指标，省水文局评审推荐，上报江西省水利厅工程技术系列中级技术职务任职条件评审委员会（以下简称省水利厅工程系列中评会）和省工程系列高评会评审；初级专业技术职务由省水文局工程系列初级专业技术职务评审委员会（以下简称省水文局工程系列初评会）评审，并报省水利厅审核批准。全省水文系统专业技术职务由省水文局统一聘任。

1981年10月6日，中共江西省水文总站总支部委员会、省水文总站科技干部技术职称评定委员会下发《关于李述忠等八十七名同志任助理工程师和技术员职称的通知》（赣水文党字〔81〕第016号）（赣水文技评字〔81〕第001号），吉安地区水文站谢治寰、王明先、陆汝华、罗金姑、张鉴柱、康汪金、王茂海、罗国纲、孙乾元、杨生苟、王敏迅、康定湘12人评定晋升助理工程师，王循浩经考试和考核合格确定为助理工程师，李笋开、金周祥经考试和考核合格确定为技术员。

1983年1月27日，省水利厅印发《关于李书恺等同志晋升为工程师的通知》（赣水文党字〔1983〕第003号），同意李宪忠、周振书、郭光庆3人从1982年12月31日起晋升为工程师。

1983年2月23日，中共江西省水文总站总支部委员会发布《关于谢镇安、周伟影等同志晋升助理工程师职称的通知》（赣水文党字〔83〕第002号），吉安地区水文站谢镇安、熊桂英从1983年1月起晋升为助理工程师。

1987年12月9日，省水利厅发布文件（赣水职改字〔87〕第061号），经省水利厅工程系列中评会1987年12月7日评审通过，谢新发、虞林康、肖金秀、苏达纯、金周祥、钟本修、罗耀、孙乾元、谭文奇、刘豪贤、陈晰泉、王循浩、李笋开等13人具备工程师任职资格。

1987年12月23日，省水利厅印发《关于第二批开展单位申报高级工程师任职资格评审结果的通知》（赣水职改字〔87〕第045号），经省工程系列高评会1987年12月12日第三次评审会议评审通过，李达德具备高级工程师任职资格，首创吉安水文高级技术专业职务任职资格。

1988年1月27日，省水利厅发布文件（赣水职改字〔88〕第019号），经省水利厅工程系列中评会1988年1月22日评审通过，李正国、王明先、王敏迅、罗国保、康定湘、王贵忠、王宽祥、杨生苟等8人具备工程师职务任职资格。

1988年3月31日，省水利厅发布文件（赣水职改字〔88〕第038号），经江西省水利厅会计系列初级专业技术职务评审委员会（以下简称省水利厅会计系列初评会）1987年9月26日评审通过，匡康庭符合会计员任职资格。经江西省档案系列初级专业技术职务评审委员会1987年12月12日评审通过，鄢玉珍符合管理员任职资格。

1988年5月12日，省水利厅发布文件（赣水职改字〔88〕第064号），批复省水文总站：

同意周振书、郭光庆、李宪忠、谢章治、陈晰泉、刘豪贤、苏达纯、肖金秀、钟本修、谢新发、罗耀、虞林康、李笋开、金周祥、王循浩、孙乾元、谭文奇、李正国、王明先、王敏迅、罗国保、康定湘、王贵忠、王宽祥、杨生苟等25人聘任工程师职务。

同意罗嗣藻、肖茂典、杨建尧、刘梦、刘世运、肖寄渭、罗万象、郭桂英、毛本聪、周志国、宁正伟、谢治寰、周顺元、彭木生、欧阳汝琦、罗章柏、戴荣龙、唐弗生、尹保祥、甘辉迈、黄良柱、宁志厚、余道生、张以浩、许士尧、金文保、甘受洪、刘江生、欧阳涵、周华新、张书含、肖晓麟、康修洪、刘天保、何建华、彭柏云、陈怡招、刘和生、肖忠英、谢德明、邓红喜、刘福茂、曾宪裕、唐德安、刘湘民、孙立虎、李云、肖仁慧、旷人忠、李春桂、刘培祥、曾绍锦、胡定渭、张学铅、龙家福等55人聘任助理工程师职务。

同意江荷花、康定彬、周景昆、徐开生、旷一龙、唐华开、冯奇亮、李春保、吴兴仕、金志刚、兰发云等11人聘任技术员职务。

同意鄢玉珍聘任档案管理员职务。

同意匡康庭聘任会计员职务。

同意谢章治晋升确定工程师职务、曾广生确定助理工程师职务，2人已到退休年龄，不参加聘任。

1988年6月6日，省水利厅印发《关于江西省水文总站副系列专业技术人员任职条件评审结果的通知》（赣水职改字〔88〕第080号），经江西省水利厅厅经济系列初级专业技术职务评审委员会1988年5月31日评审通过，江荷花符合助理经济师任职资格。

1988年7月9日，省水利厅印发《关于江西省水文总站中级专业技术职务任职条件评审结果的通知》(赣水职改字〔88〕第109号)，经省水利厅工程系列中评会1988年3月23日评审通过，谢镇安具备工程师职务任职资格。经省水利厅工程系列中评审会1988年6月10日评审通过，肖茂典、刘梦、肖寄渭、罗万象、毛本聪、罗嗣藻等6人具备工程师任职资格。

1988年6月29日，省水文总站印发《关于晋升聘任“助理级”专业技术职务的通知》(赣水文职改字〔88〕第006号)，晋升聘任或确定全区“助理级”专业技术职务如下：

1983年8月以前具有助理工程师任职资格19人：曾广生、杨建尧、刘世运、张鉴柱、郭桂英、康汪金、周志国、宁正伟、谢治环、周顺元、彭木生、欧阳汝琦、罗章柏、戴荣龙、唐苐生、王茂海、尹保祥、甘辉迈、罗国纲。

经省水文总站工程系列初评会1987年11月20日评审通过，余道生、金文保、刘建新、甘受洪、刘培祥、张学铅、李云、邓红喜、刘和生、彭柏云、张以浩、旷人忠、陈怡招、康修洪、肖忠英、许士尧、黄进文、胡贱生等18人具备助理工程师任职资格。

经省水文总站工程系列初评会1988年1月15日评审通过，欧阳涵、龙家福、胡定渭、周华新、张书含、刘湘民、谢德明、李春桂、孙立虎、曾宪裕、肖仁慧、黄良柱、何建华、唐德安、刘天保、宁志厚、刘福茂、肖晓麟、刘江生、曾绍锦等20人具备助理工程师任职资格。

以上人员的任职资格从相应级评委会评审通过之日起算。

1988年6月30日，省水文总站印发《关于晋升聘任“员级”专业技术职务的通知》(赣水文职改字〔88〕第007号)，晋升聘任或确定“员级”专业技术职务如下：

1983年8月以前具有技术员任职资格4人：康定彬、周景昆、徐开生、旷一龙。

经省水利厅会计系列初评会1987年9月26日评审通过，匡康庭具有会计员任职资格。

经省水文总站工程系列初评会1987年11月20日评审通过，李春保、冯奇亮2人具备技术员任职资格。

经省水文总站工程系列初评会1988年1月15日评审通过，吴兴仕、金志刚、唐发开、兰发云等4人具备技术员任职资格。

以上人员的任职资格从相应级评委会评审通过之日起算。

1988年6月30日，省水文总站发布《关于工人编制人员晋升聘任专业技术职务的通知》(赣水文职改字〔88〕第008号)，经省水文总站工程系列初评会1988年5月27日评审通过，万荣彬、肖承传2人具备助理工程师任职资格，涂春林、肖平、谢小龙3人具备技术员任职资格。任职资格均从相应级评委会评审通过之日起算。聘任专业技术职务后，不因此改变其工人身份，聘任期间享受相应级职务专业技术干部的待遇。

1989年12月29日，省水利厅印发《关于省水文总站工程、会计系列中级职务任职评审结果的通知》(赣水职改字〔89〕第045号)，经省水利厅工程系列中评审会1989年12月25日评审通过，甘受洪、郭桂英、杨建尧、唐苐生、罗章柏、周志国、欧阳涵、刘江生、尹保祥、宁正伟、谢治环等11人具备工程师职务任职资格。

1990年2月9日，省水文总站印发《程时长、胡立平等同志聘任中、初级专业技术职务的通知》(赣水文职改字〔90〕第01号)，经省水文总站工程系列初评会1989年12月22日评审通过，唐发开具备助理工程师职务任职资格。

1990年3月17日，省水利厅印发《关于省水文总站苏松茂等同志具备高级技术职务任职资格批复的通知》(赣水职改字〔1990〕第022号)，经省工程系列高评会1989年12月30日评审通过，李宪忠具备高级工程师职务任职资格。

截至1990年年底，全区共有高级工程师2人(李达德、李宪忠)，工程师38人，助理工程师47人(含助理经济师1人)，技术员22人(含会计员2人、图书管理员1人)。

1991年6月10日，省水文局发布《关于聘任初级专业技术职务的通知》(赣水文职改字〔91〕

第001号），同意王永文聘任助理工程师职务，任职资格从见习期满之日起算；同意胡凤翔、李慧明、王贞荣、王晓春、林清泉、熊春保、张学亮、杨羽8人聘任技术员职务和刘红缓聘任会计员职务，任职资格从1990年8月1日起算。

1992年11月15日，省水利厅印发《关于省水文局刘治纯等十九位同志具备中级专业技术职务任职资格的通知》（赣水职改字〔1992〕第042号），经省水利厅工程系列中评会1992年8月15日评审通过，张以浩、余道生、金文保、彭木生等4人具备工程师职务任职资格，任职资格从省水利厅工程系列中评会评审通过之日起算。

1992年11月16日，省水利厅印发《关于傅绍珠等十三位同志具备高级工程师职务任职资格的通知》（赣水职改字〔1992〕第043号），经省工程系列高评会1992年9月21日评审通过，郭光庆具备高级工程师职务任职资格，任职资格从省工程系列高评会评审通过之日起算。

1992年12月5日，省水文局印发《聘任会计系列初级技术职务的通知》（赣水文职改字〔92〕第012号），经省水利厅会计系列初评会1992年8月20日评审通过，匡康庭聘任助理会计师，任职资格从评审通过之日起算。

1993年5月27日，省水利厅印发《关于江西省水利厅图书资料系列初评会通过涂细莲等四位同志具备助理馆员职务任职资格的通知》（赣水职改字〔1993〕第008号），经省水利厅图书资料系列初评会1993年5月15日评审通过，鄢玉珍聘任助理馆员，任职资格从评审通过之日起算。

1993年5月27日，省水利厅印发《关于江西省水利厅工程系列中评会通过宗来水等四十位同志具备工程师职务任职资格的通知》（赣水职改字〔1993〕第009号），经省水利厅工程系列中评会1993年5月22日评审通过，周顺元聘任工程师，任职资格从评审通过之日起算。

1993年8月31日，省水文局印发《关于王和声等八位同志聘任高级专业技术职务的通知》（赣水文职改字〔1993〕第008号），接省水利厅发布的文件（赣水职改字〔1993〕第009号），经省工程系列高评会1993年8月28日评审通过，钟本修具备高级工程师职务任职资格，任职资格从省工程系列高评会评审通过之日起算。

1993年9月22日，省水文局印发《关于邢九生等同志任职资格和聘任专业技术职务的通知》（赣水文职改字〔1993〕第005号），同意聘任刘铁林、廖书文、谢小华、潘书尧4人技术员职务，任职资格从见习期满之日起算。

1993年10月10日，省水文局印发《关于徐镇璇等同志任职资格和聘任专业技术职务的通知》（赣水文职改字〔1993〕第006号），经省水文局工程系列初评会1993年6月5日评审通过，并报省水利厅审核批准，同意聘任涂春林、谢小龙、李春保、兰发云、胡凤翔、李慧明、王贞荣、王晓春、林清泉、熊春保、张学亮、杨羽、肖忠英、旷人忠、李云等15人晋升助理工程师职务，任职资格从评审通过之日起算。

1995年3月3日，省水利厅印发《关于江西省水利厅工程系列中评会通过许瑛等八十六位同志具备工程师职务任职资格的通知》（赣水职改字〔1995〕第001号），经省水利厅工程系列中评会1995年1月20日评审通过，刘建新、康修洪、刘福茂、肖晓麟、万荣彬5人具有工程师任职资格，任职资格从评审通过之日起算。

截至1995年年底，全区共有高级工程师2人（郭光庆、钟本修），工程师37人，助理工程师44人（含助理经济师1人、助理会计师1人、助理馆员1人），技术员6人（含会计员1人）。

1996年6月5日，省水文局印发《关于熊墨香等同志任职资格和聘任专业技术职务的通知》（赣水文职改字〔1996〕第002号），经省水文局工程系列初评会1996年1月31日评审通过，并报省水利厅审核批准，同意聘任康定彬助理工程师职务，同意聘任李永军、许毅、赵连生、李星、王红5人技术员职务，任职资格从评审通过之日起算。

1996年6月5日，省水文局印发《关于刘筱琴等三十二位同志聘任专业技术职务的通知》（赣水文职改字〔1996〕第003号），接省水利厅发布的文件（赣水职改字〔1996〕第001号），同意聘任彭柏云、陈怡招、刘和生、唐华开、何建华、肖仁慧、王永文等7人工程师职务，任职资格从省水利厅工程系列中评会1996年2月9日评审通过之日起算。

1996年9月6日，省水文局印发《关于韩绍琳等十二位同志聘任专业技术职务的通知》（赣水文职改字〔1996〕第006号），接省水利厅发布的文件（赣水职改字〔1996〕第012号），同意聘任周振书、谭文奇高级工程师职务，任职资格从省工程系列高评会1996年6月6日评审通过之日起算。

1997年3月25日，省水利厅印发《关于周云水等四十六位同志具备中级技术职务任职资格的通知》（赣水职改字〔1997〕第006号），经省水利厅工程系列中评会1996年2月9日评审通过，张鉴柱、戴荣龙、龙家福、刘培祥、许士尧、李云6人具有工程师任职资格，任职资格从评审通过之日起算。

1997年8月25日，省水利厅印发《关于杨天长等十六位同志具备高级工程师任职资格的通知》（赣水职改字〔1997〕第014号），经省工程系列高评会1997年7月17日评审通过，金周祥、谢新发具有高级工程师任职资格，任职资格从评审通过之日起算。

1998年9月28日，省水文局印发《关于吴健等同志聘任初级专业技术职务的通知》（赣水文职改发〔1998〕第003号），经省水文局工程系列初评会1998年9月24日评审通过，并报省水利厅职改办审核备案，同意聘任谢小华、刘铁林、潘书尧、廖书文4人助理工程师职务，任职资格从评审通过之日起算。

1998年10月16日，省水利厅印发《关于洪全祥等五十八位同志具备中级技术职务任职资格的通知》（赣水职改字〔1998〕第008号），经省水利厅工程系列中评会1998年10月14日评审通过，李慧明、王贞荣、林清泉、熊春保、旷人忠、张学亮、杨羽、李春保、胡凤翔、王晓春等10人具备工程师任职资格，任职资格从评审通过之日起算。

1998年12月11日，省水利厅印发《关于同意聘任卢兵等同志专业技术职务的批复》（赣水职改办字〔1998〕第005号），经省工程系列高评会1998年9月22日评审通过，李笋开具有高级工程师任职资格，任职资格从评审通过之日起算。

1998年12月24日，省水文局印发《关于卢兵等同志聘任专业技术职务的通知》（赣水文职改字〔1998〕第005号），经省图书系列中评会1998年9月28日评审通过，同意聘任鄢玉珍图书馆员职务，任职资格从评审通过之日起算。

1999年8月24日，省水利厅印发《关于朱积军等七十六位同志具备工程师技术职务任职资格的通知》（赣水职改字〔1999〕第001号），经省水利厅工程系列中评会1999年8月17日评审通过，刘天保、宁志厚、黄良柱、李春桂、肖承传、张书含6人具备工程师任职资格，任职资格从评审通过之日起算。

1999年11月23日，省水利厅印发《关于时建国等二十位同志具备高级工程师专业技术职务任职资格的通知》（赣水职改字〔1999〕第005号），经省工程系列高评会1999年7月27日评审通过，王循浩、杨生苟2人具备高级工程师任职资格，任职资格从评审通过之日起算。

2000年9月26日，省水文局印发《关于喻中文等同志聘任初级专业技术职务的通知》（赣水文职改发〔2000〕第005号），经考核同意周润根聘任助理工程师职务，刘小平、康成英、唐晶晶、罗良民4人聘任技术员职务，罗晶玉聘任会计员职务，廖金源聘任助理馆员职务；任职资格均自见习期满之日起算。

2000年11月6日，省水文局印发《关于尚学文等同志聘任初级专业技术职务的通知》（赣水文职改发〔2000〕第006号），经省水文局初级专业职务认定委员会审核认定，并报省水利厅职改办审核，同意聘任王红、许毅、李永军、李星、赵连生助理工程师职务，同意聘任周国凤图书资料管理员职务。任职资格均从 2000 年 9 月 23 日认定之日起算。

2000 年 12 月 22 日，省水利厅印发《关于尧正德等六十六位同志具备中级专业技术职务任职资格的通知》（赣水职改字〔2000〕第 003 号），经省水利厅工程系列中评会 2000 年 12 月 15 日评审通过，邓红喜、肖忠英 2 人具备工程师任职资格，任职资格从评审通过之日起算。

截至 2000 年年底，全市共有高级工程师 10 人，工程师 46 人（含图书馆员 1 人），助理工程师 19 人（含助理会计师 1 人、助理馆员 1 人），技术员 6 人（含会计员 1 人、图书管理员 1 人）。

2001 年 2 月 28 日，省水利厅印发《关于张友莲等三十八位同志具备高级工程师任职资格的通知》（赣水职改字〔2001〕第 02 号），经省工程系列高评会评审通过，康定湘、甘受洪、周顺元 3 人具备高级工程师任职资格，任职资格从 2000 年 11 月 14 日起算。

2001 年 11 月 1 日，省水文局印发《关于关兴中等同志聘任初级专业技术职务的通知》（赣水文职改发〔2001〕6 号），经考核，同意金波、刘丽秀聘任技术员职务，任职资格自见习期满之日起算。

2001 年 12 月 3 日，省水文局印发《关于孙立虎等同志聘任专业技术职务的通知》（赣水文职改发〔2001〕第 8 号），经省水利厅工程系列中评会 2001 年 10 月 26 日评审通过，孙立虎具备工程师任职资格，任职资格从评审通过之日起算。

2002 年 1 月 10 日，省水利厅印发《关于吴晓彬等四十位同志具备高级专业技术职务任职资格的通知》（赣水职改字〔2002〕第 2 号），刘江生、王贵忠、金文保、王永文 4 人具备高级工程师任职资格，任职资格 2001 年 11 月 19 日起算。

2002 年 9 月 26 日，省水文局印发《关于李雪萍等同志聘任初级专业技术职务的通知》（赣水文职改发〔2002〕第 4 号），经考核，同意陈艳华、温巍聘任技术员职务，任职资格自见习期满之日起算。

2003 年 2 月 13 日，省水文局印发《关于杨志逍等同志聘任专业技术职务的通知》（赣水文职改〔2003〕第 2 号），经省水利厅工程系列中评会 2002 年 9 月 9 日评审通过，唐德安、曾宪裕、刘湘民 3 人具备工程师任职资格，任职资格从评审通过之日起算。

2003 年 2 月 13 日，省水文局印发《关于刘登平等同志聘任专业技术职务的通知》（赣水文职改〔2003〕第 3 号），经省水文局初级专业职务认定委员会审核认定，并报省水利厅职改办审核，同意聘任匡康庭助理工程师职务，同意聘任周丽萍技术员职务，任职资格均从 2002 年 12 月 11 日认定之日起算。同意聘任罗晶玉助理会计师职务，任职资格从上级职称部门发证之日起算（2002 年 9 月）。

2003 年 11 月 28 日，省水文局印发《关于艾舒玮等二十三位同志聘任初级专业技术职务的通知》（赣水文职改发〔2003〕第 1 号），经考核，同意颜照亮、罗洁聘任技术员职务，任职资格自见习期满之日起算。

2004 年 3 月 1 日，省水文局印发《关于刘爱樟等同志聘任专业技术职务的通知》（赣水文职改发〔2004〕第 2 号），经省水利厅工程系列中评会 2003 年 9 月 24 日评审通过，谢小华具备工程师任职资格，任职资格从评审通过之日起算。

2004 年 9 月 16 日，省水文局印发《关于简正美等十七位同志聘任初级专业技术职务的通知》（赣水文职改发〔2004〕第 3 号），经考核同意李瑜晗、徐鹏聘任助理工程师职务，同意冯毅聘任技术员职务，任职资格自见习期满之日起算。

2004 年 11 月 12 日，省水文局印发《关于廖金源等同志聘任专业技术职务的通知》（赣水文职改发〔2004〕第 4 号），同意廖金源聘任图书资料馆员职务，任职资格从 2003 年 11 月 2 日起算。

2004 年 12 月 31 日，省水文局印发《关于匡康庭等同志聘任专业技术职务的通知》（赣水文职改发〔2004〕第 5 号），同意匡康庭、周润根聘任工程师职务，任职资格从 2004 年 10 月 13 日起算。同意康成英、周丽萍、刘小平、唐晶晶、罗良民、温巍聘任助理工程师职务，任职资格从 2004 年

12月19日起算。同意罗秋珍、黄逢春聘任技术员职务，任职资格从2004年12月19日起算。

2005年2月21日，省水文局印发《关于刘玉山等同志聘任专业技术职务的通知》（赣水文职改发〔2005〕第1号），经省工程系列高评会2004年10月23日评审通过，王贞荣、李慧明、肖晓麟、刘福茂4人具备高级工程师任职资格，任职资格从评审通过之日起算。

2005年12月9日，省水文局印发《关于邓燕青等二十九位同志聘任初级专业技术职务的通知》（赣水文人发〔2005〕第11号），经考核，同意龙飞、章倍思聘任技术员职务，同意肖爱斌聘任会计员职务，任职资格自见习期满之日起算。

2005年12月23日，省水文局印发《关于李永军等同志聘任专业技术职务的通知》（赣水文人发〔2005〕第12号），同意李永军聘任工程师职务，任职资格从2005年9月26日起算。同意金波、刘丽秀、袁锦文聘任助理工程师职务，同意甘金华、邓凌毅聘任技术员职务，任职资格均从2005年9月3日起算。

截至2005年年底，全市共有高级工程师13人，工程师37人（含图书馆员1人），助理工程师22人（含助理会计师1人、助理馆员1人），技术员11人（含会计员1人）。

2006年1月25日，省水利厅印发《关于周放平等同志具备高级专业技术职务资格的通知》（赣水组人字〔2006〕第6号），经省工程系列高评会2005年10月24日评审通过，李春保具备高级工程师任职资格，任职资格从评审通过之日起算。

2006年12月5日，省水文局印发《关于岳昌海等同志聘任专业技术职务的通知》（赣水文职改发〔2006〕第4号），同意冯毅、陈艳华聘任助理工程师职务，同意何有凡、李晓萍聘任技术员职务，任职资格均从2006年11月19日评审通过之日起算。

2006年12月14日，省水文局印发《关于熊能等同志聘任初级专业技术职务的通知》（赣水文职改发〔2006〕第6号），经考核，同意周小莉、班磊聘任助理工程师职务，同意郝杰、邹晓焰、陈辰聘任技术员职务，任职资格自见习期满之日起算。

截至2007年年底，全市共有职工130人，具有专业技术职务77人，其中高级工程师8人、工程师30人、助理工程师26人（含助理会计师1人、助理图书馆员1人）、技术员13人（含会计员1人）。

2008年9月，经中共江西省委、省政府批准，吉安市水文局列入参照《中华人民共和国公务员法》管理。参照管理单位要参照公务员法及其配套政策法规的规定，全面实施录用、考核、职务任免等各项公务员管理制度；不实行事业单位专业技术职务等人事管理制度。从2008年起，全省水文系统停止对专业技术职称的评审及聘任工作。

1980—2007年，工程系列中全市共有23人晋升高级工程师专业技术职务，92人晋升工程师专业技术职务，99人晋升助理工程师专业技术职务，53人晋升技术员专业技术职务。其他系列中有2人晋升图书馆员，2人晋升助理会计师，1人晋升助理经济师，3人晋升助理馆员，4人晋升会计员，2人晋升图书管理员。

1988—2007年，专业技术人员所占比例历年均在50%～60%。专业技术人员人数最多的年份是1990年和1991年109人，占总人数的58.3%。比例最大的一年是2004年85人，占总人数的61.2%；比例最小的一年是1999年78人，占总人数的52.7%。

1988—2007年专业技术职务结构见表6-2-3。

表6-2-3　1988—2007年专业技术职务结构

年份	年末人数/人	专业技术职务人员/人				技术人员合计/人	技术人员占总人数比例/%	其他人员/人
		高级工程师	工程师	助理工程师	技术员			
1988	188	1	30	56	14	101	53.7	87
1989	188	2	40	46	13	101	53.7	87

续表

年份	年末人数/人	专业技术职务人员/人				技术人员合计/人	技术人员占总人数比例/%	其他人员/人
		高级工程师	工程师	助理工程师	技术员			
1990	187	2	38	47	22	109	58.3	78
1991	187	2	38	47	22	109	58.3	78
1992	189	3	40	43	19	105	55.6	84
1993	182	4	37	54	8	103	56.6	79
1994	173	3	36	49	7	95	54.9	78
1995	164	2	37	44	6	89	54.3	75
1996	153	4	43	29	10	86	56.2	67
1997	149	6	40	27	10	83	55.7	66
1998	143	7	47	20	6	80	55.9	63
1999	148	9	50	14	5	78	52.7	70
2000	145	10	46	19	6	81	55.9	64
2001	144	13	41	18	8	80	55.6	64
2002	140	12	41	16	10	79	56.4	61
2003	143	12	42	15	12	81	56.6	62
2004	139	15	39	20	11	85	61.2	54
2005	139	13	37	22	11	83	59.7	56
2006	133	8	32	26	14	80	60.2	53
2007	130	8	30	26	13	77	59.2	53

注：1. 2008年起，参照公务员法管理，停止对专业技术职称的评审及聘任工作。
2. 本表工程系列中人员均包含相应职务的其他系列人员（如技术员中包含会计员等）。

1980—2007年专业技术职务历年晋升情况见表6-2-4。

表6-2-4　　1980—2007年专业技术职务历年晋升情况

年份	专业技术职务晋升人数/人									
	高级工程师	工程师	图书馆员	助理工程师	助理会计师	助理经济师	助理馆员	技术员	会计员	管理员
1987年以前		4		19				4		
1987	1	13		16				2	1	1
1988		15		22		1		6		
1989	1	11		1						
1990				1				8	1	
1991										
1992	1	4			1					
1993	1	1		12			1	4		
1994										
1995		5								
1996	2	13		1				6		
1997	2									
1998	1	10	1	4						

续表

年份	专业技术职务晋升人数/人									
	高级工程师	工程师	图书馆员	助理工程师	助理会计师	助理经济师	助理馆员	技术员	会计员	管理员
1999	2	6		1						
2000	3	2		6			1	4	1	1
2001	4	1						2		
2002		3		1	1			3		
2003		1	1				1	3		
2004	4	2		8				5		
2005	1	1		3				3	1	
2006				4				5		
2007										
合计	23	92	2	99	2	1	3	55	4	2

注：2008年起，参照公务员法管理，停止对专业技术职称的评审及聘任工作。

1988—2007年高级工程师任职情况见表6-2-5。

表6-2-5　　1988—2007年高级工程师任职情况

姓　名	任职资格起算时间	文　　号
李达德	1987年12月12日	省水利厅（赣水职改字〔87〕第045号）
李宪忠	1989年12月30日	省水利厅（赣水职改字〔1990〕第022号）
郭光庆	1992年9月21日	省水利厅（赣水职改字〔1992〕第043号）
钟本修	1993年8月28日	省水利厅（赣水职改字〔1993〕第109号）
周振书	1996年6月6日	省水利厅（赣水职改字〔1996〕第012号）
谭文奇	1996年6月6日	省水利厅（赣水职改字〔1996〕第012号）
金周祥	1997年7月17日	省水利厅（赣水职改字〔1997〕第014号）
谢新发	1997年7月17日	省水利厅（赣水职改字〔1997〕第014号）
李笋开	1998年9月22日	省水利厅（赣水职改办字〔1998〕第005号）
王循浩	1999年7月27日	省水利厅（赣水职改字〔1999〕第005号）
杨生荀	1999年7月27日	省水利厅（赣水职改字〔1999〕第005号）
康定湘	2000年11月14日	省水利厅（赣水职改字〔2001〕第02号）
甘受洪	2000年11月14日	省水利厅（赣水职改字〔2001〕第02号）
周顺元	2000年11月14日	省水利厅（赣水职改字〔2001〕第02号）
刘江生	2001年11月19日	省水利厅（赣水职改字〔2002〕第2号）
王贵忠	2001年11月19日	省水利厅（赣水职改字〔2002〕第2号）
金文保	2001年11月19日	省水利厅（赣水职改字〔2002〕第2号）
王永文	2001年11月19日	省水利厅（赣水职改字〔2002〕第2号）
王贞荣	2004年10月23日	省水文局（赣水文职改发〔2005〕第1号）
李慧明	2004年10月23日	省水文局（赣水文职改发〔2005〕第1号）
肖晓麟	2004年10月23日	省水文局（赣水文职改发〔2005〕第1号）
刘福茂	2004年10月23日	省水文局（赣水文职改发〔2005〕第1号）
李春保	2005年10月24日	省水利厅（赣水组人字〔2006〕第6号）

工人技师

1991年11月6日，省水文局发布《关于聘任初级专业技术职务的通知》（赣水文人字〔1991〕第031号），根据省水利厅《关于同意赵海水等七位同志晋升为工人技师的通知》（赣水技师字〔1991〕第002号）的规定，同意从1991年9月13日起，聘用赵海水为船舶轮机技师，聘用袁志亨为水文勘测技师。

1993年12月13日，省水文局发布文件（赣水文人字〔1993〕第010号），同意从1993年11月22日起聘用毛远仁为水文勘测技师。

1998年3月13日，省水文局印发《关于聘任汪际远等八位同志为工人技师的通知》（赣水文人发〔1998〕第004号），经省人事厅（赣人字〔1997〕287号）以及（赣人字〔1998〕55号）的规定，审核批准同意聘用李人发为船舶驾驶技师职务。

2002年6月28日，省水文局印发《关于刘宣文等同志聘任工人技师的通知》（赣水文人发〔2002〕第5号），根据省人事厅（赣人字〔2002〕第28号）的规定，同意聘任万秋如、付德鉴为工作技师，资格从2001年9月30日起算。

2010年7月5日，省水文局发布文件（赣水文人发〔2010〕第10号），根据省人力资源和社会保障厅（赣人社字〔2010〕第264号）的规定，同意聘任肖和平为技师职务，资格从2009年9月30日起算。

2013年3月1日，省水文局发布文件（赣水文人发〔2013〕第2号），根据《江西省人力资源和社会保障厅关于对参加2010—2011年度机关事业单位工勤人员晋升岗位等级职业技能考核鉴定合格人员颁发职业资格证书的通知》（赣人社字〔2012〕418号），同意聘任袁锦文为工人技师职务，资格自2011年9月30日起算。

2013年6月，李纪灿、李文军、谢自志、梁奇淮、肖铁光、王祥珍、郭远洪、黄福权8人经考试考核合格，取得工人技师资格。7月1日，获江西省人力资源和社会保障厅颁发的水文勘测工技师资格证。因名额有限未聘用。

第二节　教　育　培　训

参加培训学习是提高职工理论水平、业务技能和管理能力的有效措施。历年来，吉安水文多次派员参加水利部、长江水利委员会水文局、省水利厅、省水文局等单位举办的各类业务培训。

2000年7月10日，吉安地区水文分局印发《关于职工参加成人教育有关规定的通知》（吉地水文发〔2000〕第007号）。

2013年5月13日，吉安市水文局印发《吉安市水文局水文业务学习培训实施方案》（吉市水文人发〔2013〕第8号）。

2014年10月21日，吉安市水文局印发《职工继续教育管理办法》（吉市水文人发〔2014〕第13号）。

2017年2月4日，吉安市水文局编制了《吉安市水文局教育培训实施方案》（吉市水文发〔2017〕第1号）。

2018年7月18日，吉安市水文局制定了《吉安市水文局干部职工学习制度》（吉市水文人发〔2018〕第23号）。

2019年3月27日，吉安市水文局印发《青年职工水文业务技能培训工作方案》（吉市水文人发〔2018〕第7号）。对全市水文系统35周岁及以下青年职工，全部进行分期培训，培训内容主要有水文业务知识与操作技能、井冈山与水文精神等红色教育，旨在全面提升水文业务知识和技术水平。

参加水利部等单位举办的短期培训班

20世纪60年代，有6人参加水利部在扬州水利学校举办的全国水文干部培训班学习。

1983年10月，旷人忠参加水利部举办的“泥沙测验理论研习班”，学期2个月。

1984年7月，李正国参加水利部在扬州水利学校举办的第二期水资源培训班。

1986年10月，李春保参加在河海大学举办的“消光颗分法培训班”，学期1个月。

1987年10月，万荣彬参加水利部在河海大学举办的“水质资料应用技术培训班”，学期1个月。

1991年9月，金周祥参加水利部举办的“水文分站（勘测大队）站（队）长岗位培训班”，学期2个半月。

1991年12月，刘建新参加水利部举办的“站队结合技术管理研讨班”，学期1个月。

1993年4月，彭柏云参加水利部黄委举办的“玻璃量器检定员培训班”，获“计量检定员证书”。

1999年11月，李慧明参加水利部举办的“水利系统生态技术培训班”。

2001年4月，刘福茂参加《人民长江报》在湖南举办的通讯员培训班。

2003—2015年，水利部举办多期“建设项目水资源论证培训班”，吉安市水文局有10余人参加，并取得上岗培训合格证书。

2005年9月，在南昌举办“第二期全国水文局长领导干部理论培训班”，吉安市水文局局长刘建新参加培训。

2006年9月，龙飞参加水利部在扬州举办的“首期全国水文水资源专业进修班”，学期3个月。

2007年7月，刘福茂参加水利部在山东青岛举办的“全国水利系统新闻宣传培训班”。

2008年10月，唐晶晶参加水利部举办的“全国水文站长培训班”，肖晓麟参加中国水利教育协会在南昌举办的“防汛抢险与减灾技术研讨班”。

2010年10月，肖晓麟参加在广西北海举办的“遥测设备安装与维修培训班”。

2011年9月，孙立虎参加水利部在秦皇岛市举办的水质分析新技术应用培训班。谢小龙参加水利部在深圳市举办的2011年度第二期水利行业实验室资质认定评审准则宣贯培训班，并取得水利行业内审员资格证书。

2013年9月，邹武和肖莹洁参加水利部主办的“水利部计量认证/审查认可内审员考核培训”；同年11月，肖晓麟参加中国水利协会在吉林省长春举办的“防汛抗洪减灾技术与管理培训班”。

2014年7月，邹武参加珠江流域水环境监测中心主办的“流动分析检测技术及水质监测质量控制培训”。

2014年9月，周方平到宁波参加全国水利行业2014年第三期实验室资质认定评审准则宣贯培训班学习。

2016年7月，邹武参加中国国家认证认同监督管理委员会主办的“实验室设备管理员培训”；8月，肖莹洁参加国家认监委主办的“检验检测机构质量监控方法培训”；10月，林清泉参加长江水利委员会水文局在银川举办的“内陆水体边界测量原理与技术培训班”。

2017年6月，毛艳参加国家认监委主办的“检验检测机构资质认定/认可内审员培训”；9月，肖莹洁参加国家认监委主办的“实验室认可持续培训”。

2018年3月，毛艳参加国家认监委主办的“检验检测机构资质认定/认可体系文件编写培训班”；10月，刘午凤、郭文峰2人参加水利部在湖北省襄阳举办的“全国水文勘测工技能示范班”学习。

2019年6月，龙飞参加水利部在湖北省武汉举办的“水利高级技师培训班”，并取得培训合格证。

2020年11月，丁吉昆参加水利部在四川省成都举办的“水利高技能人才研修班”。

参加省水利厅举办的短期培训班

1953年10月15日至次年2月16日，吉安一等站及所属各测站共10余人，分两批参加省水利局举办的枯季集训，集训内容：检查思想、工作和生活作风，学习《水文资料整编方法》等业务技术。通过集训，提高水文职工的政治思想和业务水平。

1954年10月22日至次年2月，省水利局举办水文人员枯季集训班，全区5人参加学习。学习政治和业务技术，开展批评和自我批评，以解决职工间存在的不团结现象。集训后期，结合进行1954年资料整编工作。通过集训，加强职工的组织纪律性，提高技术干部业务水平。

1955年10—12月，省水利局集中主要水文技术干部，进行了为期两个月的《水文测站暂行规范》（水利部颁发）学习，地区站和测站均派员参加学习，以便系统掌握规范的主要精神实质和各项技术规定。

1959年9月，4人到玉山水文气象训练班学习约半年。

1959年9月，省水电厅在玉山县开办水文干部训练班，全市有4人参加学习，1960年春节前结业，分配至水文测站工作。

1995年10月，匡康庭到赣州参加省水利厅举办的“新会计制度培训班”。

2014年9月，罗晶玉到南京参加2014年全省水利系统水文化骨干培训班。

2015年，省水利厅在南昌举办的水行政执法培训班，各站站长、科长及相关执法人员参加培训，并取得执法证。

2018年10月，有3人到新余参加全省水利系统综治信访维稳干部培训班。

2019年6月，罗晶玉、龙飞2人到江西省水利职业学院参加江西省水利厅2019年第一期优秀年轻干部培训班。

参加省人事厅举办的短期培训班

2007—2020年，凡参照公务员法考试招录的人员，均参加了省人事厅“省直单位新考录公务员初任培训班”，每次培训时间约为10天。

参加省档案局举办的短期培训班

2016年4月，黄剑参加江西省档案局举办的“全省档案人员上岗培训”，经考试考核合格，获江西省档案局颁发的上岗合格证。

参加省水文局举办的短期培训班

1958年冬，省水文气象局集中各水文测站及地区站的大部分技术人员，学习水文计算和水文预报方法。

1964年10月，省水文气象局在省水利电力学校举办“水文气象轮训班”，主要学习《钢筋混凝土的吊船过河索设计参考文件（初稿）》及吊船过河索设计等，学期6个月。全区有19人参加培训学习。

1973年10月，省水文总站在奉新县举办水文水利计算研习班，地区站派员参加学习，学期20天，学习内容为中小型水利工程水文水利计算和水文手册的应用。同时，并在奉新县举办水文仪器检修研习班，地区站派员参加学习，学习内容为钟表修理、自记水位计和雨量计的检修以及水平仪和经纬仪的检修校正等。

1975 年，省水文总站先后举办了以下 3 个学习班：①7 月举办了水源污染监测水化学习班，地区站派员参加，学期 5 个星期；②8 月举办了长期水文预报学习班，地区站和测站均派员参加，学习长期水文预报数理统计方法，学期 20 天；③12 月举办了电子基础学习班，地区站和部分测站派员参加，学期 1 个月。

1978 年 9 月 4—28 日，省水文总站在南昌举办电子计算机整编水文资料学习班，地区站派员参加。

1979 年 2 月，省水文总站在南昌举办水文电测仪器学习班，地区站派员参加，学期 30 天。学习内容：电工原理基础和电路分析方法，半导体电路基础，脉冲电路基础。

1980 年 12 月，省水文总站在吉安地区站举办电算整编业务学习班，学习 DJS－6 电子计算机整编知识，地区站和测站都派员参加，学期 34 天。

1981—1983 年，省水文总站委托江西省水利技工学校举办了多期水文职工训练班，对水文职工的文化、业务技术进行培训补课，以提高水文职工的文化水平和业务技术能力。全市有 70 人次参加了培训学习。

1982 年，省水文总站先后举办了水文基本设施施工和水文电测仪器培训班，小河站资料汇编和分析方法学习班，地区站均派员参加。

1984 年 7 月，省水文总站在南昌举办第一期 PC－1500 电子计算机培训班，刘建新、肖茂典、刘洪波参加培训，学期 15 天；同年 12 月，省水文总站受部水文局委托，在南昌举办水电部水文局微机研习班，地区站资料整编技术人员参加，学期两个多月。学习内容：福建和省水文总站协作的水位、流量、沙量程序，熟悉 MC－68000 微型机操作。

1985 年 8 月 31 日至 9 月 27 日，省水文总站在南昌举办第一期微机电算整编研习班，地区站派员参加，学期 28 天，学习内容：①FORTRAN 语言程序设计和使用 MC－68000 微机操作；②学习 FORTRAN－77 通编水、流、沙程序和数据加工方法等。同年 10 月，又在吉安举办计算机使用学习班，地区站 6 人参加，学期 4 天。

1988 年 10 月 25 日至 1989 年 1 月 28 日，省水文总站在南昌第二期工人中级技术培训班，对年龄在 40 岁以下、具有高中毕业（或初中毕业）的水文站测工进行培训。吉安地区有 12 人参加培训。

1991 年 9 月，省水文局举办第一期水文测站站（队）长岗位培训班，主要学习《资料电算整编》《情报预报服务》等相关水文课程，测站站长参加了培训学习。

1998 年 5 月，按照省人事厅和省水利厅工人考核委员会要求，省水文局组织全省水文系统水文勘测工、水质化验工、船工等 3 个工种，符合晋升等级的中级工、初级工进行培训，地区水文分局均派部分工人参加。

2003 年 10 月，省水文局在宜春举办会计人员计算机知识培训班，罗晶玉、匡康庭参加培训。

2003 年 11—12 月，省水文局在赣州连续举办两期 2003 年全省水文系统科级干部测站站长暨“三个代表”培训班，开设 15 门课程，测站站（队）长共 16 人参加了培训学习。

2004 年 11 月 30 日至 12 月 6 日，省水文局举办“全省第四期水文测站站长培训班”，开设 16 门课程，测站站（队）长参加了培训学习。

2007 年 7 月，省水文局在吉安市举办“全省水文资料整编培育班”，测资科资料人员及部分测站资料人员参加。

2008 年 3 月，省水文局举办“参照公务员法管理培训班”，主要学习有关文件，讨论制定全省水文系统“三定方案”。吉安市水文局局长、人事科科长参加培训。同年 11 月，为配合“学习教育年”主题活动开展，省水文局举办全省水文系统青年水文站长培训班，有 2 人参加了培训。

2010 年 11 月，省水文局在吉安市举办“全省河流泥沙颗粒分析规程培育班”，测资科资料人员及泥沙站资料人员参加了培训。本次培训主要学习水利部 2010 年颁发的《河流泥沙颗粒分析规程》

(SL 42—2010)，掌握泥沙颗粒分析及颗分整编方法。

2016—2018年，省水文局（水资源监测中心）举办多期“水资源监测技术培训”，共有9人参加了培训。

2017年11月，省水文局在南昌工程学院举办科级干部管理能力提升培训班。培训内容主要是领导干部品行修养及应急决策指挥能力、突发事件的风险评估能力提升，水文事业发展，生态文明试验区及河长制建设等。全市有副局长、站（队）长、科长（主任）共12人参加培训。

2018年10月至2019年1月，有8人参加省水文局在扬州大学举办的水文水资源专修培训班。

2019年9月15—21日，省水文局举办全省水文系统测报中心负责人暨优秀年轻干部管理能力提升培训班，省水文局党委书记、局长方少文出席开班仪式并作动员讲话，方少文要求全体学员：一要提高政治站位，在学懂上下功夫；二要坚持知行合一，在弄通上下功夫；三要主动担当作为，在做实上下功夫。按照教学安排，努力学习，学有所得、学有所获、学有所成。全市有副局长、站（队）长、科长（主任）共11人参加培训。

2019年9月，有2人参加省水文局在清华大学举办的“第一期干部管理能力提升培训班”；10月，有6人参加省水文局在扬州大学举办的“水文水资源研修培训班”；11月，有4人参加省水文局在清华大学举办的“第二期干部管理能力提升培训班”。

2020年4月，省水文局（水资源监测中心）举办“安捷伦气质联用仪集中上岗培训”，有1人参加了培训，并取得上岗证。

参加地方举办的短期培训班

1984年，有10人参加吉安地区科技委员会举办的微型电子计算机培训班学习。

参加大专院校学习

20世纪50年代，有1人选送到扬州水利学校学习，学期4年；有2人选送到华东水利学院学习水情预报方法，学习1学期；有2人选送到华东水利学院学习水文模型试验和水质监测技术。

20世纪60年代，先后有10人次到江西水利电力学校水文干部训练班进修学习。

20世纪70年代，有6人选送到华东水利学院进行学习。

20世纪80年代初期，有7人选送到华东水利学院进行学习，有1人选送到成都科技大学进修水质分析技术学习，有1人选送到北京华北水利水电学校研究学院英语加强班学习，有1人选送到江西省水利学校进修电子计算机技术学习，有1人选送到江西水利学校进修水工建筑物学习，有1人选送到江西大学举办的短期水质分析研习班学习。

1987年，有6人参加江西省水电职工中专学校培训班学习。1988年，有10人参加江西省水电职工中专学校培训班学习。

1987年11月至1989年1月期间，省水利技工学校开办两期“中级水文技术工人培训班”，培训对象为水文技术岗位上的2～5级工、年龄在40岁以下、具有初中以上文化程度，经过技术补课或初级技术培训合格的工人，全区有32人次参加培训。

1990年，由省水利技工学校承办的“水文技师资格证书培训班”，全区有10人参加培训并获结业证书。

函授学习

1966年以前，有5人参加华东水利学院陆地水文函授班学习，学期3年，其中2人毕业，3人肄业。

20世纪80年代开始，各大专院校恢复函授大学招生，水文职工通过参加函授大学学习，来提高自己的文化、业务和学历水平。参加的函授大学主要有：河海大学（1985年前名为“华东水利学院”)、中央广播电视大学、南昌工程学院、南昌大学、江西财经大学等。

20 世纪 80 年代，全区先后有 28 人考取河海大学函授班学习，其中陆地水文全科目学习，学制 3 年，毕业的 17 人；单科水文测验、水文计算的 8 人，课程学完毕业；水化分析毕业的 3 人。

20 世纪 90 年代，有 3 人参加函授本科学习，2 人参加函授专科学习，5 人参加职工中专学习，均取得相应的学历证书。

2000—2010 年，有 24 人参加函授本科学习，19 人参加函授专科学习，均取得相应的学历证书。

2011—2020 年，有 16 人参加函授本科学习，2 人参加函授专科学习，均取得相应的学历证书。

自 1980 年以来，共有 79 人参加了各大专院校的函授学习，并取得了相应的毕业证书。罗晶玉、周润根、徐鹏、刘海林、刘金霞、吴蓉 6 人获得硕士学位，李春保、冯毅、肖爱斌、周小莉、张缙 5 人获得学士学位。

第三节 技 能 竞 赛

1992 年，自全国举办首届水文勘测工技能竞赛开始，截至 2020 年，省水利厅、省劳动厅和省水文局共举办了 9 届全省水文勘测工技能竞赛，为全国水文勘测工技能竞赛选拔优秀选手。吉安选手在历届全省水文勘测工技能竞赛中，均取得了较好的成绩，并代表江西省水文局参加全国大赛。

全省水文勘测工技能竞赛

全省首届水文勘测工技术比赛 1992 年 10 月 6—12 日，省水利厅、省劳动厅共同组织“江西省首届水文勘测工技术比赛”分别在南昌和上饶举行。全省水文系统 16 名选手参加比赛，分理论考试、内业操作和外业操作三部分。吉安选手熊春保、李慧明、王贞荣分别获第二名、第三名、第六名，3 人均获省劳动厅、省水利厅颁发的水文勘测工高级工技术证书，熊春保被省水利厅、省劳动厅授予“1992 年度江西省水文勘测工种技术能手”荣誉称号，吉安地区水文站获全省首届水文勘测工技术比赛优胜单位奖。

全省第二届水文技工技术竞赛 1997 年 8 月 15—17 日，省水文局举办“全省水文系统技工技术竞赛”，吉安选手王贞荣、熊春保分别获竞赛第一名、第二名。

全省第三届水文勘测工技能竞赛 2001 年 12 月 4—7 日，省水文局举办“全省第三届水文勘测工技能竞赛”，分理论考试、内业操作和外业操作等 5 个单项。吉安选手谢小华、刘铁林分别获总分第一名、第二名。

全省第四届水文勘测工技能竞赛 2006 年 11 月 9—11 日，第四届江西省水文勘测工技能竞赛在上饶弋阳水文站举行，竞赛分理论考试、内业操作计算和外业操作共 9 个子项。吉安选手刘铁林、潘书尧、康成英（女）分别获总分第一名（一等奖）、第二名（二等奖）、第四名（三等奖）。省水文局授予刘铁林“江西省水文技能标兵”荣誉称号，授予潘书尧“江西省水文技能能手”荣誉称号，授予康成英“江西省水文技能优秀”荣誉称号。

全省第五届水文勘测工技能竞赛 2011 年 11 月，第五届江西省水文勘测工技能竞赛在吉安市举行。吉安选手唐晶晶、冯毅、龙飞分别获综合成绩第三名（二等奖），获综合成绩第四、五名（三等奖），3 人均获江西省水利厅授予的“江西省水文技术能手”荣誉称号。吉安市水文局获团体第一名。2013 年 1 月，江西省人力资源和社会保障厅授予唐晶晶、冯毅“江西省技术能手”荣誉称号。

全省第六届水文勘测工技能竞赛 2016 年 10 月，第六届江西省水文勘测工技能竞赛在赣州市坝上举行。吉安选手龙飞、刘午凤、冯毅分别获综合成绩第一名（一等奖）、第四名（三等奖）、第五名（三等奖）。龙飞获计算机操作、浮标测流、翻斗式雨量计安装调试、三等水准测量、卫星定位（GNSS）测量五个单项第一名；刘午凤获流速仪拆装单项第一名。2017 年 3 月，江西省人力资源和社会保障厅及共青团江西省委员会授予龙飞“江西省青年岗位能手”荣誉称号，江西省人力资源和社会保障厅授予龙飞“江西省技术能手”荣誉称号。

全省第七届水文勘测工技能竞赛 2018年10月，江西省“振兴杯”水利行业职业技能竞赛暨第七届全省水文勘测技能大赛在抚州举行。吉安选手刘午凤、郭文峰分别获第一名、第二名（一等奖、二等奖）。刘午凤获电波流速仪测流单项第一名，吉安市水文局获勘测技能大赛优秀组织奖。2019年4月，刘午凤、郭文峰均获江西省人力资源和社会保障厅及共青团江西省委员会授予的“江西省青年岗位能手”、江西省人力资源和社会保障厅授予的“江西省技术能手”荣誉称号。2019年6月，江西省妇女联合会授予刘午凤“江西省巾帼建功标兵”荣誉称号。

全省第八届水文勘测工技能竞赛 2019年10月9—10日，第八届江西省水文勘测技能大赛在南昌举行。吉安选手丁吉昆获综合成绩第一名（一等奖），谢储多获综合成绩第四名（三等奖）；丁吉昆获测船测深取沙、地形测量、内业操作考试三个单项第一名，吉安市水文局获团体总分第二名。

全省第九届水文勘测工技能竞赛 2020年10月13—16日，江西省“振兴杯”水利行业职业技能大赛暨第九届全省水文勘测技能大赛在宜春高安举行。吉安选手丁吉昆获综合成绩第一名（一等奖），罗德辉获综合成绩第三名（二等奖）；丁吉昆获理论考试单项第一名，罗德辉获内业计算单项第一名，魏超强获流速仪拆装单项第一名。

历届全省水文勘测工技能竞赛获奖情况见表6-2-6。

表6-2-6 历届全省水文勘测工技能竞赛获奖情况

姓名	荣誉称号	授奖年份	授奖单位
熊春保	江西省首届水文勘测工技术比赛第二名	1992	江西省水利厅
李慧明	江西省首届水文勘测工技术比赛第三名	1992	江西省水利厅
王贞荣	江西省首届水文勘测工技术比赛第六名	1992	江西省水利厅
王贞荣	第二届全省水文系统勘测工竞赛第一名	1997	江西省水利厅
熊春保	第二届全省水文系统勘测工竞赛第二名	1997	江西省水利厅
谢小华	全省第三届水文勘测技能大赛第一名	2001	江西省水利厅
刘铁林	全省第三届水文勘测技能大赛第二名	2001	江西省水利厅
刘铁林	第四届江西省水文技能竞赛第一名	2006	江西省水文局
潘书尧	第四届江西省水文技能竞赛第二名	2006	江西省水文局
康成英	第四届江西省水文技能竞赛第四名	2006	江西省水文局
唐晶晶	第五届全省水文勘测工技能大赛第三名	2011	江西省水利厅
冯 毅	第五届全省水文勘测工技能大赛第四名	2011	江西省水利厅
龙 飞	第五届全省水文勘测工技能大赛第五名	2011	江西省水利厅
龙 飞	第六届全省水文勘测技能大赛第一名	2016	江西省水利厅
刘午凤	第六届全省水文勘测技能大赛第四名	2016	江西省水利厅
冯 毅	第六届全省水文勘测技能大赛第五名	2016	江西省水利厅
刘午凤	江西省“振兴杯”水利行业职业技能竞赛暨第七届全省水文勘测技能大赛第一名	2018	江西省水利厅
郭文峰	江西省“振兴杯”水利行业职业技能竞赛暨第七届全省水文勘测技能大赛第二名	2018	江西省水利厅
丁吉昆	第八届江西省水文勘测技能大赛第一名	2019	江西省水利厅
谢储多	第八届江西省水文勘测技能大赛第四名	2019	江西省水利厅

续表

姓名	荣誉称号	授奖年份	授奖单位
丁吉昆	江西省“振兴杯”水利行业职业技能大赛暨第九届全省水文勘测技能大赛第一名	2020	江西省水利厅
罗德辉	江西省“振兴杯”水利行业职业技能大赛暨第九届全省水文勘测技能大赛第三名	2020	江西省水利厅

全国水文勘测工技能大赛

首届全国水文勘测工技术大赛　1992年11月8日，水利部、劳动部、全国总工会、共青团中央共同主办的“全国水文勘测工技术大赛”在湖南长沙市闭幕。代表江西省水文局参赛的吉安选手熊春保获总分第十一名。

第二届全国水利行业职业技能竞赛　1997年11月中旬，劳动部、水利部举办的“全国水利行业职业技能竞赛”在江苏南京举行，代表江西省水文局参赛的吉安选手熊春保、王贞荣分别获总分第四名、第七名；在8个单项中，熊春保获水准测量、浮标测流两个单项第一名，王贞荣获缆道测流单项第一名。1998年2月11日，熊春保、王贞荣到北京参加全国水利行业技能人才表彰大会，熊春保获劳动部、水利部“全国水利行业职业技能竞赛二等奖”，王贞荣获三等奖。2002年，水利部授予熊春保“全国水利技术能手”荣誉称号。

第三届全国水文勘测工技能竞赛　2002年4月1—8日，水利部、劳动和社会保障部联合举办的“第三届全国水文勘测工技能竞赛”在湖北襄樊举行，代表江西省水文局参赛的吉安选手谢小华、刘铁林取得总分第四名（二等奖）和第五名（三等奖），分别获二等奖和三等奖，2人均获水利部“全国水利技能大奖”。

第四届全国水文勘测工大赛　2007年10月28日至11月1日，水利部、劳动和社会保障部、中华全国总工会联合举办的“第四届全国水文勘测工大赛决赛”在江西弋阳举行，代表江西省水文局参赛的吉安选手刘铁林、潘书尧分别获总分第一名（一等奖）和第五名（二等奖）；刘铁林获单项“理论考试”“水文三等水准测量”第一名，潘书尧获单项“电动缆道测速测深”“浮标测流”第一名。2008年10月，刘铁林获劳动和社会保障部“全国技术能手”，潘书尧获水利部“全国水利技能大奖”。2010年12月，吉安市水文局被水利部授予“第六届全国水利行业人才培育突出贡献奖”。

第五届全国水文勘测工大赛　2012年10月，第五届全国水文勘测技能大赛在广西南宁举行。代表江西省水文局参赛的吉安选手潘书尧获大赛第19名（优胜奖）。

第六届全国水文勘测工大赛　2017年11月，第六届全国水文勘测技能大赛在重庆举行。代表江西省水文局参赛的吉安选手龙飞获大赛第28名（优胜奖）。

历届全国水文勘测工技能大赛获奖情况见表6-2-7。

表6-2-7　历届全国水文勘测工技能大赛获奖情况

姓名	荣誉称号	授奖年份	授奖单位
熊春保	全国首届水文勘测工技术大赛第十一名	1992	水利部、劳动部、全国总工会、共青团中央
熊春保	全国水利行业职业技能竞赛第四名	1998	水利部、劳动和社会保障部
王贞荣	全国水利行业职业技能竞赛第七名	1998	水利部、劳动和社会保障部
谢小华	第三届全国水利行业职业技能竞赛水文勘测工第四名	2002	第三届全国水利行业职业技能竞赛组织委员会
刘铁林	第三届全国水利行业职业技能竞赛水文勘测工第五名	2002	第三届全国水利行业职业技能竞赛组织委员会
刘铁林	第四届全国水文勘测工大赛第一名	2007	水利部、劳动和社会保障部、全国总工会
潘书尧	第四届全国水文勘测工大赛第五名	2007	水利部、劳动和社会保障部、全国总工会
潘书尧	第五届全国水文勘测技能大赛第十九名	2012	水利部
龙　飞	第六届全国水文勘测技能大赛第二十八名	2017	水利部

第三章 党 团 组 织

第一节 党 组 织

按照干部管理权限，水文基层党组织的主要负责人均由省水利厅党组（党委）或驻地市（县）委组织部任免。

1955年，吉安水文系统只郝文清一名党员，归吉安专署党支部管理。

1956—1957年，由吉安地区招待所、地区干部休养所、地区保育院、吉安气象站、吉安水文分站、地区兽医站等六单位组成党支部，郝文清任支部书记。

1958年冬，首次成立中共吉安专区水文气象总站党支部。20世纪90年代后，先后成立了遂川水文勘测队党支部、吉安水文勘测队党支部、万安栋背水文站党支部，这些党支部均归地方党组织管理。

1958年，吉安水文分站党组织生活，划归吉安专署农林水办公室党总支。9月，吉安水文分站与省水文气象局派驻吉安的气象组合署办公后，成立中共吉安专区水文气象总站党支部，郝文清任支部书记。

1959年4月，机构体制下放后，吉安专区水文气象总站党支部进行改组，支部书记为郝文清。1962年7月，机构体制上收，吉安水文气象总站党支部又进行改组，支部书记仍为郝文清。

1966年11月，吉安地委派刘廷玉代理吉安水文气象分局局长兼党支部书记。

1969年10月，成立吉安专区水文气象站革命委员会党支部，张智任支部书记。

1970年6月15日，井冈山专区革命委员会抓革命促生产指挥部直属单位整党建党领导小组发布《关于同意井冈山专区水文气象站临时党支部增补二名支委的批复》（井党字〔70〕第011号），同意井冈山专区水文气象站临时党支部增补两名支委，张智任井冈山专区水文气象站临时党支部书记，黄长河任委员。

1971年5月，水文气象机构分设。同年7月27日，井冈山地区革命委员会直属党的核心小组发布《关于成立中共井冈山地区水文站党支部的通知》，决定成立井冈山地区水文站党支部，由张智、旷圣发、黄长河等三人组成，张智任支部书记。

1973年3月16日，井冈山地区直属机关党的核心小组发布《关于同意改选"中共井冈山地区水文站支委会"的批复》（直政〔1973〕第6号），同意改选"中共井冈山地区水文站支委会"，支部委员会由郝文清、郑玲瑞、黄长河3人组成，郝文清任支部书记。党员10人。

1976年4月，井冈山地区水文站党支部改组，郝文清任支部书记，李达德任副书记，党员11人。

1980年10月，"中共井冈山地区水文站支委会"更名为"中共吉安地区水文站支委会"，黄长河任吉安地区水文站党支部书记，党员15人。

1983年年底，黄长河调往省水文总站工作后，周振书兼任党支部书记。

1984年11月，吉安地区水文站党支部改选。经11月5日中共吉安地区直属机关委员会下发

《关于党支部改选的报告批复》（地直党字〔1984〕第43号），吉安地区水文站党支部由周振书、李达德、郭光庆、肖寄渭、甘辉迈等5人组成，周振书任支部书记，李达德为副书记。党员15人。

1986年12月，吉安地区水文站党支部改选，周振书继任支部书记，李达德为副书记，党员17人。

1990年3月，吉安地区水文站党支部再次改选，仍由周振书、李达德继任正、副书记，截至1990年年底，吉安地区水文站有党员16人（全区有党员50人）。

1992年6月17日，省水利厅下发《关于周振书同志任职的通知》（赣水党字〔1992〕第012号），周振书任中共江西省水利厅吉安地区水文站支部委员会书记。

1993年1月，遂川水文勘测队成立，并成立遂川水文勘测队党支部。经中共遂川县直属机关工作委员会7月29日印发《关于选举遂川水文勘测队党支部委员会的批复》（遂直批〔1993〕第43号），批复同意刘建新、谭文奇、王循浩等3人组成支部委员会，刘建新任书记，谭文奇任副书记，王循浩任委员。

1994年12月30日，省水利厅发布文件（赣水党字〔1994〕第022号），任命周振书为中共吉安地区水文分局支部委员会书记。

1996年6月13日，省水文局党委印发《关于刘玉山等同志职务任免的通知》（赣水文党字〔96〕第026号），任命刘玉山为吉安地区水文分局副局长、支部委员。

1998年7月28日，中共吉安地区直属机关工作委员会印发《关于地区粮食局等单位党组织换届改选、补选报告的批复》（吉直党组〔1998〕第14号），批复吉安地区水文分局，同意中共吉安地区水文分局党支部委员会由刘建新、郭光庆、金周祥、彭柏云、李笋开5人组成，刘建新任支部书记。

2001年6月7日，省水文局党委下发中共吉安市水文分局支部委员会改选情况的批复（赣水文党字〔2001〕第10号），刘建新任支部书记。6月14日，中共吉安市直属机关工作委员会下发《关于井冈山报社等单位党组织选举结果报告的批复》（吉直党组〔2001〕第22号），批复吉安市水文分局支部委员会，同意吉安市水文分局支部委员会由刘建新、郭光庆、金周祥、邓红喜、李云5人组成，刘建新任书记。

2001年，中共吉安市委授予吉安市水文分局党支部“先进基层党组织”荣誉称号。

2002年2月20日，省水文局党委下发《关于同意成立中共吉安市水文分局党组的批复》（赣水文党字〔2002〕第8号），批复吉安市水文分局党支部，同意成立吉安市水文分局党组。

2002年4月11日，中共吉安市委发布《关于成立吉安市水文分局党组的通知》（吉字〔2002〕第19号），决定成立吉安市水文分局党组。11月6日，中共吉安市委下发《关于刘建新等同志任职的复函》（吉干〔2002〕第156号），复函省水文局党委，同意刘建新任吉安市水文分局党组书记，邓红喜、金周祥任党组成员。

吉安市水文分局党组下设吉安水文分局支部委员会。

2004年6月，吉安水文分局支部委员会改选，选举并经吉安市直机关工作委员会7月8日下发文件（吉直党组〔2004〕第20号），批复同意金周祥、邓红喜、李慧明、李云、陈怡招5人为新一届支部委员会委员。金周祥任支部书记，邓红喜任纪检委员，李慧明任保卫委员兼管保密、统战工作，李云任宣传委员，陈怡招任组织委员兼管工青妇工作。

2007年6月，吉安水文分局支部委员会改选，选举邓红喜、李慧明、陈怡招、周国凤、李云等5人为新一届支部委员会委员。邓红喜任支部书记，李慧明任纪检委员，陈怡招任宣传委员，周国凤任组织委员兼管工青妇工作，李云任保卫委员兼管保密、统战工作。

2009年5月13日，中共吉安市直机关工作委员会下发《关于同意吉安市科技局等单位党组织成立的批复》（吉直党组〔2009〕第5号），批复中共吉安市水文局支部委员会，同意成立中共吉安市水文局总支委员会，下设三个支部委员会：中共吉安市水文局机关第一支部委员会、吉安市水文局机关第二支部委员会和吉安市水文局机关退休干部党支部。

2009年7月8日，中共吉安市直机关工作委员会下发《关于市烟草专卖局等单位党组织补选、换届选举结果报告的批复》（吉直党组〔2009〕第13号），同意中共吉安市水文局总支委员会由邓红喜、李慧明、王贞荣、彭柏云、熊春保、陈怡招、周国凤等7人组成，邓红喜任书记，李慧明任副书记；中共吉安市水文局机关第一支部委员会由彭柏云、熊春保、孙立虎、周国凤、罗晶玉等5人组成，彭柏云任书记；中共吉安市水文局机关第二支部委员会由陈怡招、李笋开、兰发云、林清泉、周润根等5人组成，陈怡招任书记；李正国任中共吉安市水文局机关退休干部支部书记，彭木生任中共吉安市水文局机关退休干部支部副书记。

2011年6月24日，中共吉安市直机关工作委员会印发《关于表彰先进基层党组织、优秀共产党员、优秀党务工作者的决定》（吉直党发〔2011〕第9号），吉安市水文局机关第一党支部获先进基层党组织，林清泉获优秀共产党员，彭柏云获优秀党务工作者。

2011年6月，中共吉安市委授予吉安市水文局党组“全市先进基层党组织”荣誉称号。

2011年6月，经吉州区直机关工委批准，同意将吉安水文站党支部变更为吉安水文勘测队党支部。

2011年7月1日，中共吉安市直机关工作委员会印发《关于市国税局机关党委等党组织补选、换届选举结果报告的批复》（吉直党组〔2011〕第6号），同意补选刘辉为中共吉安市水文局总支委员会委员；补选刘辉为中共吉安市水文局机关第一支部委员会委员。

2011年7月7日，吉安水文勘测队党支部召开第一次党员大会，选举熊春保、唐晶晶、肖海宝、肖忠英、解建中等5人为中共吉安水文勘测队第一届支部委员会。熊春保任书记。

2012年3月23日，省水利厅党委下发《关于曾清勇等同志职务任免的通知》（赣水党字〔2012〕第22号），任命周方平为中共江西省吉安市水文局党组书记，免去刘建新的中共江西省吉安市水文局党组书记职务。刘建新调到省水文局任职。

2014年，经万安县直机关工作委员会批准同意，成立中共万安栋背水文站党支部，潘书尧任书记。

2016年4月5日，中共吉安市直机关工作委员会印发《关于表彰2015年度党建工作先进单位的决定》（吉直党字〔2016〕第10号），中共吉安市水文局党总支获“2015年度党建目标管理优秀单位”荣誉称号。

2017年6月27日，省水利厅党委任命李慧明为中共吉安市水文局党组书记、周方平为吉安市水文局副调研员。

2018年10月，各基层水文测站党支部上收吉安市水文局党总支管理。同年11月5日，经吉安市直机关工作委员会下发《关于同意中共吉安市水文局成立并更名基层支部的批复》（吉直党组〔218〕第73号），调整如下：

中共吉安市水文局机关第一支部委员会更名为中共吉安市水文局第一支部委员会。

中共吉安市水文局机关第二支部委员会更名为中共吉安市水文局第二支部委员会。

中共吉安水文勘测队支部委员会更名为中共吉安水文局第三支部委员会。

中共遂川水文勘测队支部委员会更名为中共吉安水文局第四支部。

中共万安栋背水文站支部委员会更名为中共吉安水文局第五支部。

中共吉安市水文局机关退休干部支部委员会更名为中共吉安市水文局退休干部支部委员会。

增设中共吉安水文局第六支部（即永新巡测中心党支部）。

2020年6月9日，为落实省水文局党委“把支部建在测报中心上”的工作要求，经吉安市直机关工作委员会2020年6月9日下发批复（吉直党组〔2020〕第13号），同意增设吉安市水文局第七支部（万安）和第八支部（峡江），由市水文局党总支管理。至此，各巡测中心均成立了党支部。

2020年8月31日，经吉安市直机关工作委员会下发《关于同意市水文局第三党支部设置调整的批复》(吉直党组〔2020〕第13号),同意中共吉安水文局第三支部委员会设置调整为中共吉安水文局第三支部。

截至2020年年底,调整后全市共建9个党支部,正式党员71人、预备党员5人。

中共吉安市水文局第一支部委员会(办公室、人事科、水资源科),支部书记刘海林,正式党员6人、预备党员1人。

中共吉安市水文局第二支部委员会(测资科、地下科、水情科、水质监测科、监察室),支部书记周润根,正式党员7人、预备党员1人。

中共吉安市水文局第三支部(遂川水文勘测队支部),支部书记张学亮,正式党员5人、预备党员1人。

中共吉安水文局第四支部(吉安水文勘测队支部),支部书记刘辉,正式党员7人。

中共吉安水文局第五支部(吉水水文巡测中心支部),支部书记邓凌毅,正式党员5人。

中共吉安水文局第六支部(永新水文巡测中心支部),支部书记甘金华,正式党员4人、预备党员1人。

中共吉安水文局第七支部(万安水文巡测中心支部),支部书记刘书勤,正式党员5人、预备党员1人。

中共吉安水文局第八支部(峡江水文巡测中心支部),支部书记许毅,正式党员5人。

中共吉安市水文局第九支部委员会(退休党员支部),支部书记彭柏云,正式党员27人。

中共吉安市水文局党组

2002年3月20日,省水文局党委下发《关于同意成立吉安市水文分局党组的批复》(〔2002〕赣水文党字第8号),同意成立吉安市水文分局党组。

2002年4月11日,中共吉安市委下发《关于成立吉安市水文分局党组的通知》(吉字〔2002〕第19号),决定成立吉安市水文分局党组。

2002年11月6日,中共吉安市委复函省水文局党委下发《关于刘建新等同志任职的复函》(吉干〔2002〕第156号),同意刘建新任吉安市水文分局党组书记,邓红喜、金周祥任党组成员。

2003年7月30日,中共吉安市委复函省水文局党委下发《关于李慧明同志任职的复函》(吉干〔2003〕第78号),增任李慧明为吉安市水文分局党组成员。

2009年6月2日,中共吉安市委组织部复函省水文局党委下发《关于王贞荣同志任职的复函》(吉干〔2009〕第31号),同意王贞荣任吉安市水文局党组成员。

2009年6月20日,省水文局党委下发《关于王贞荣同志任职的通知》(赣水文党字〔2009〕第45号),经函商中共吉安市委同意,同意王贞荣任吉安市水文局党组成员。

2012年刘建新调到省水文局任职。3月23日,省水利厅党委下发《关于曾清勇等同志职务任免的通知》(赣水党字〔2012〕第22号),决定任命周方平为中共江西省吉安市水文局党组书记,免去刘建新的中共江西省吉安市水文局党组书记职务。

2013年2月19日,省水文局党委下发《关于宋亮生等同志任职的通知》(赣水文党字〔2013〕第6号),决定任命罗晶玉为中共江西省吉安市水文局党组成员。

2017年6月27日,省水利厅党委下发《关于李慧明等同志职务任免的通知》(赣水党字〔2017〕第33号),3月17日决定任命李慧明为中共吉安市水文局党组书记、任命周方平为吉安市水文局副调研员。

2019年11月20日,省水文局党委下发《关于熊忠文等同志任职的通知》(赣水文党字〔2019〕第45号),决定任命周国凤为中共江西省吉安市水文局党组成员。

历届党组书记、成员见表6-3-1。

表 6-3-1 历届党组书记、成员

党组织名称	姓 名	职 务	任职时间	备 注
中共吉安市水文分局党组	刘建新	党组书记	2002 年 11 月至 2005 年 8 月	2002 年成立党组
	金周祥	党组成员	2002 年 11 月至 2005 年 8 月	
	邓红喜	党组成员	2002 年 11 月至 2005 年 8 月	
	李慧明	党组成员	2003 年 7 月至 2005 年 8 月	
中共吉安市水文局党组	刘建新	党组书记	2005 年 9 月至 2012 年 3 月	2012 年调往省水文局任职
	金周祥	党组成员	2005 年 9 月至 2010 年 10 月	
	邓红喜	党组成员	2005 年 9 月至 2012 年 3 月	
	李慧明	党组成员	2005 年 9 月至 2012 年 3 月	2012 年调往省水文局任职
	王贞荣	党组成员	2009 年 6 月至 2012 年 3 月	
中共吉安市水文局党组	周方平	党组书记	2012 年 3 月至 2017 年 3 月	
	邓红喜	党组成员	2012 年 3 月至 2015 年 6 月	
	王贞荣	党组成员	2012 年 3 月至 2017 年 3 月	
	罗晶玉	党组成员	2013 年 2 月至 2017 年 3 月	
中共吉安市水文局党组	李慧明	党组书记	2017 年 3 月—	
	王贞荣	党组成员	2017 年 3 月—	
	罗晶玉	党组成员	2017 年 3 月—	
	周国风	党组成员	2019 年 11 月—	

中共吉安市水文局总支部委员会

2009 年 5 月 13 日，中共吉安市直机关工作委员会印发《关于同意吉安市科技局等单位党组织成立的批复》（吉直党组〔2009〕第 5 号），批复中共吉安市水文局支部委员会，同意成立中共吉安市水文局总支部委员会，下设三个支部委员会：中共吉安市水文局机关第一支部委员会、吉安市水文局机关第二支部委员会和吉安市水文局机关退休干部党支部。

2009 年 6 月 3 日，吉安市水文局召开中共吉安市水文局总支部委员会成立大会。

2009 年 6 月 30 日，吉安市水文局召开党总支第一届委员会选举大会，七名同志当选第一届党总支委员。同年 7 月 8 日，中共吉安市直属机关工作委员会下发文件（吉直党组〔2009〕第 13 号），批复吉安市水文局总支部委员会，同意第一届总支部委员会由邓红喜、李慧明、王贞荣、彭柏云、熊春保、陈怡招、周国风等 7 人组成，邓红喜任总支部书记，李慧明任副书记，王贞荣任纪检委员，彭柏云任组织委员，熊春保任宣传委员，陈怡招任统战委员，周国风任群工委员（兼管保密工作）。

2011 年 7 月 1 日，中共吉安市直机关工作委员会下发《关于市国税局机关党委等党组织补选、换届选举结果报告的批复》（吉直党组〔2011〕第 6 号），同意补选刘辉为中共吉安市水文局总支委员会委员。

2012 年，吉安市水文局总支部委员会换届选举，经中共吉安市直属机关工作委员会 10 月 31 日下发《关于中共吉安市水文局总支委员会及下属支部委员会换届选举结果报告的批复》（吉直党组〔2012〕第 46 号），批复同意总支部委员会由邓红喜、彭柏云、罗晶玉、周国风、刘辉、王贞荣、周润根等 7 人组成，邓红喜任书记，彭柏云任副书记（专职）。

2013 年 9 月 6 日，经中共吉安市直属机关工委下发文件（吉直党组〔2015〕第 59 号），批复同意中共吉安市水文局总支委员会委员分工相应调整为：罗晶玉任总支书记，彭柏云任总支副书记（专职），王贞荣任总支纪检委员，周国风任总支组织委员兼群工委员，刘海林任总支宣传委员，刘辉任总支统战委员，周润根任总支保卫保密委员。

2015 年，吉安市水文局总支部委员会换届选举，经中共吉安市直属机关工作委员会 11 月 8 日下发《关于吉安市水文局党总支及所属各党支部换届选举结果报告的批复》（吉直党组〔2015〕第 35 号），批复同意总支部委员会由罗晶玉、周国凤、刘辉、周润根、李文军、刘海林、邓凌毅等 7 人组成，罗晶玉任书记，周国凤任副书记。

2018 年 12 月，吉安市水文局总支部委员会换届选举，经中共吉安市直属机关工作委员会批复同意，总支部委员会由罗晶玉、周国凤、刘辉、李佩、刘海林、周润根、郎锋祥等 7 人组成，罗晶玉任书记，周国凤任副书记（专职），刘辉任纪检委员，李佩任组织委员，刘海林任宣传委员，周润根任保密保卫委员，郎锋祥任青年委员。

2020 年 5 月 22 日，中共吉安市水文局党总支召开全体党员大会，按照《中国共产党章程》和《中国共产党基层组织选举工作暂行条例》有关规定，大会选举班磊为总支委员。补选结束后，召开总支委员会议，会议决定罗晶玉不再担任总支书记职务，选举周国凤任总支书记，刘海林任总支专职副书记，班磊任宣传委员，其他同志分工不变（即刘辉任纪检委员，李佩任组织委员，周润根任保密保卫委员，郎锋祥任青年委员）。

2020 年 6 月 9 日，中共吉安市直机关工委下发文件（吉直党组〔2020〕第 15 号），批复同意班磊当选为中共吉安市水文局总支部委员会委员，周国凤当选为书记，刘海林当选为副书记。

历届总支部委员见表 6－3－2。

表 6－3－2　　历届总支部委员会

党组织名称	姓　名	职　务	任职时间	备　注
中共吉安市水文局总支部委员会	邓红喜	书记	2009 年 5 月至 2013 年 9 月	2009 年成立党总支
	李慧明	副书记	2009 年 5 月至 2012 年 10 月	
	彭柏云	副书记	2012 年 10 月至 2013 年 9 月	
	彭柏云	委员	2009 年 5 月至 2012 年 10 月	
	王贞荣	委员	2009 年 5 月至 2013 年 9 月	
	熊春保	委员	2009 年 5 月至 2012 年 10 月	
中共吉安市水文局总支部委员会	陈怡招	委员	2009 年 5 月至 2012 年 10 月	
	周国凤	委员	2009 年 5 月至 2013 年 9 月	
	刘　辉	委员	2011 年 7 月至 2013 年 9 月	
	罗晶玉	委员	2012 年 10 月至 2013 年 9 月	
	周润根	委员	2012 年 10 月至 2013 年 9 月	
中共吉安市水文局总支部委员会	罗晶玉	书记	2013 年 9 月至 2020 年 5 月	
	彭柏云	副书记	2013 年 9 月至 2015 年 11 月	
	周国凤	副书记	2015 年 11 月至 2020 年 5 月	
	周国凤	委员	2013 年 9 月至 2015 年 11 月	
	王贞荣	委员	2013 年 9 月至 2015 年 11 月	
	刘　辉	委员	2013 年 9 月至 2020 年 5 月	
	周润根	委员	2013 年 9 月至 2020 年 5 月	
	刘海林	委员	2013 年 9 月至 2020 年 5 月	
	李文军	委员	2015 年 11 月至 2018 年 12 月	
中共吉安市水文局总支部委员会	邓凌毅	委员	2015 年 11 月至 2018 年 12 月	
	李　佩	委员	2018 年 12 月至 2020 年 5 月	
	郎锋祥	委员	2018 年 12 月至 2020 年 5 月	

续表

党组织名称	姓　名	职　务	任职时间	备　注
中共吉安市水文局总支部委员会	周国凤	书记	2020 年 5 月—	
	刘海林	副书记	2020 年 5 月—	
	刘　辉	委员	2020 年 5 月—	
	周润根	委员	2020 年 5 月—	
	李　佩	委员	2020 年 5 月—	
	郎锋祥	委员	2020 年 5 月—	
	班　磊	委员	2020 年 5 月—	

第二节　共青团组织

1958 年年底，地区水文气象机构合并后，经团地委批准，开始成立吉安专区水文气象总站团支部。但因体制两次下放和两次上收，团支部曾经几次改组。

1982 年 10 月，恢复吉安地区水文站团支部。

1986 年 6 月 10 日，共青团吉安地委组织部下发文件（吉团组批字〔1986〕第 6 号），批复吉安地区水文站团支部，同意刘洪波、李晓萍、孙立虎 3 人组成团支部委员会，刘洪波任支部书记。

1990 年，全市团员 35 人，团支部书记匡康庭。

2000 年，全市团员 15 人。

2001 年 4 月 27 日，共青团吉安市水文分局支部委员会换届选举，经共青团吉安市直属机关工作委员会 5 月 8 日下发《关于吉安市水文分局团支部换届选举报告的批复》（吉直团组〔2001〕第 4 号），同意共青团吉安市水文分局支部委员会由周国凤、罗晶玉、廖金源等 3 人组成，周国凤任支部书记。

2005 年 5 月 9 日，共青团吉安市水文分局支部委员会换届选举，经共青团吉安市直属机关工作委员会批复同意，共青团吉安市水文分局支部委员会由周国凤、邓凌毅、金波等 3 人组成，周国凤任支部书记。

2009 年 5 月，共青团吉安市水文分局支部委员会改选，经共青团吉安市直属机关工作委员会 5 月 25 日下发《关于吉安市水文局团支部改选报告的批复》（吉直团组〔2009〕第 3 号），同意共青团吉安市水文分局支部委员会由邓凌毅、金波、蒋胜龙等 3 人组成，邓凌毅任支部书记。

2010 年，全市团员 22 人。

2011 年 5 月 24 日，共青团吉安市直属机关工作委员会印发《关于表彰全市五四红旗团委、五四红旗团支部（总支）的决定》（吉团发〔2011〕第 07 号），授予吉安市水文局团支部“五四红旗团支部”荣誉称号。

2012 年，共青团吉安市水文局支部委员会改选，经共青团吉安市直属机关工作委员会 7 月 31 日印发《关于吉安市水文局团支部改选报告的批复》（吉直团组〔2012〕第 1 号），同意共青团吉安市水文局支部委员会由邓凌毅、陈佳、彭磊等 3 人组成，邓凌毅任支部书记。

2015 年，共青团吉安市水文局支部委员会改选，经共青团吉安市直属机关工作委员会 5 月 18 日印发《关于吉安市水文局团支部改选结果报告的批复》（吉直团组〔2015〕第 1 号），同意共青团吉安市水文局支部委员会由朱志杰、魏超强、肖莹洁等 3 人组成，朱志杰任支部书记，肖莹洁任组织委员，魏超强任宣传委员。

2016 年 9 月 21 日，共青团江西省直属机关工作委员会印发《关于命名 2014—2015 年度省直青年文明号的决定》（赣直团字〔2016〕第8号），吉安市水文局测资科荣获2014—2015年度省直机关“青年文明号”称号。

2016年10月27日，共青团吉安市直属机关工作委员会印发《关于表彰2015年度“全市优秀共青团员”“全市优秀共青团干部”“全市五四红旗团委（团支部）”的决定》（吉团字〔2016〕第28号），肖旭获“全市优秀共青团员”荣誉称号。

2019年4月28日，共青团江西省水文局委员会印发《关于表彰2017—2018年度全省水文系统先进基层团组织优秀共青团员及优秀共青团干部的决定》（赣水文团字〔2019〕第5号），表彰肖莹洁为全省水文系统优秀共青团干部，万嘉欣、刘午凤为全省水文系统优秀共青团员。

2019年，共青团吉安市水文局支部委员会换届选举，经共青团吉安市直属机关工作委员会8月26日下发《关于吉安市水文局团支部改选结果的批复》（吉直团组〔2019〕第1号），同意共青团吉安市水文局支部委员会由黄剑、刘午凤、郭敏等3人组成，黄剑任支部书记。

截至2020年年底，全市共有团员18人。

历届团支部书记见表6-3-3。

表6-3-3　　历届团支部书记

团支部书记	任职时间	团支部书记	任职时间
刘洪波	1986年6月—	邓凌毅	2009年6月至2015年5月
匡康庭	1990年，其他时间不详	朱志杰	2015年5月至2019年8月
周国风	2001年5月至2009年5月	黄　剑	2019年8月—

第四章　工　会　组　织

1956年成立机关工会，拥有会员50多人。

“文化大革命”期间，工会活动工作停顿，会员会费停交，工会活动取消，工会组织处于瘫痪状态。

1979年4月26日，井冈山地区水文站向地区工会筹备领导小组递交《关于恢复地区水文站机关工会的报告》（井地水文字〔79〕第20号），决定恢复机关工会，建立临时工会领导班子。恢复后的工会临时领导成员：郝文清任主席，谢章治任副主席，黄长河任生产委员，郑玲瑞任福利组织委员，肖寄渭任宣传委员。

1981年，吉安地区水文站工会评为吉安地区先进基层工会。

1984年7月9—11日，吉安地区水文系统第一届职工代表暨第三届工会会员代表大会在吉安地区水文站召开。

1984年，吉安地区水文站工会评为吉安地区先进基层工会、职工之家。

1985年12月3日，吉安地区水文系统第二届职工代表大会在吉安地区水文站召开。

1985年，吉安地区水文站工会评为吉安地区先进基层工会。

1986年7月10日，吉安地区水文站召开第三届职工代表暨第四届工会会员代表大会。大会选举并经吉安地区工会批复同意，李达德、李正国、张以浩、毛本聪、肖袭娇（女）、胡玉明、毛远仁等7人为第四届工会委员会委员，李达德任工会主席，李正国任工会副主席。

1988年3月，吉安地区工会授予吉安地区水文站工会先进职工之家。

1988年8月9—10日，吉安地区水文系统第四届职工代表暨第五届工会会员代表大会在吉安地区水文站召开。大会选举并经吉安地区工会同意，郭光庆、李正国、邓红喜、肖袭娇（女）、刘豪贤、金周祥、胡玉明等7人为第五届工会委员会委员，郭光庆任工会主席，李正国任工会副主席，邓红喜任劳保委员、刘豪贤任宣传委员、肖袭娇任女工委员、金周祥任组织委员、胡玉明任生产委员。

1988年10月，中华全国总工会授予吉安地区水文站工会副主席李正国“优秀工会积极分子”荣誉称号。

1990年8月14—15日，吉安地区水文系统第五届职工代表暨第六届工会会员代表大会在吉安地区水文站召开。8月20日，江西省总工会吉安地区办事处印发《关于吉安地区水文站工会第六届委员会选举结果的批复》（吉地工组〔1990〕第40号），金周祥、李正国、李笋开、张以浩、彭木生、胡玉明、江荷花（女）等7人组成吉安地区水文站工会第六届委员会，金周祥任工会主席，李正国任工会副主席。

1994年3月，经吉安地直机关工会工作委员会评定：吉安地区水文分局工会被评为“1993年工会工作目标管理达标工会”称号，分局办公室工会小组荣获吉安地区工会办事处“先进基层工会小组”称号。

1996年8月16—21日，吉安地区水文分局第六届职工代表暨第七届工会会员代表大会在遂川水文勘测队召开，选举产生了第七届工会委员会。10月25日，吉安地区直属机关工会工作委员会下发《关于吉安地区水文分局工会换届选举工会委员的批复》（吉地直工字〔1996〕第17号），同意金周祥、李正国、邓红喜、彭木生、张以浩、肖和平、杨羽（女）等7人为吉安地区水文分局工会委员，金周祥任工会主席，李正国任工会副主席。

2001年8月20—21日，吉安市水文分局召开第七届职工代表暨第八届工会会员代表大会。大会选举并经9月5日吉安市直属机关工会工作委员会下发《关于吉安市水文分局工会换届选举的批复》（吉直工组〔2001〕第12号），批复同意邓红喜、陈怡招、李云、刘铁林、杨羽（女）、解建中、彭木生等7人为第八届工会委员会委员。邓红喜任工会主席，陈怡招任工会副主席，李云任宣传文体委员，刘铁林任生产委员，杨羽任女工委员，解建中任组织委员，彭木生任劳保福利委员。

2006年9月25—29日，吉安市水文局召开第八届职工代表暨第九届工会会员代表大会，大会选举并经吉安市直属机关工会工作委员会批复同意，邓红喜、李笋开、陈怡招、杨羽（女）、周国凤、张学亮、李春保等7人为第九届工会委员会委员，邓红喜任主席，李笋开任副主席。

2011年2月25日，吉安市直属机关工会工作委员会印发《关于表彰2010年度市直机关先进工会的决定》（吉直工发〔2011〕第2号），吉安市水文局工会获“2010年度市直机关工会工作先进单位”荣誉称号。

2011年9月21日，吉安市总工会、吉安市劳动竞赛委员会印发《关于表彰2011年吉安市“工人先锋号”的决定》（吉工字〔2011〕第61号），吉安市水文局水情科获吉安市“工人先锋号”荣誉称号。

2011年10月25—28日，吉安市水文局召开第九届职工代表暨第十届工会会员代表大会。大会选举并经11月3日吉安市直属机关工会工作委员会发布《关于吉安市水文局工会换届选举结果的批复》（吉直工组〔2011〕第14号），同意李慧明、周国凤、刘辉、熊春保、李文军（女）、兰发云、李春保等7人为第十届工会委员会委员。李慧明任工会主席，周国凤任工会副主席，刘辉任宣传文体委员，李文军任女工委员，兰发云任劳保福利委员，李春保任组织委员，熊春保任生产委员。

2012年9月19日，吉安市直属机关工会工作委员会下发《关于吉安市水文局工会补选委员的批复》（吉直工组〔2012〕第6号），同意免去李慧明吉安市水文局工会委员、主席职务；补选罗晶玉（女）为吉安市水文局工会委员、并任工会主席。李慧明调往省水文局任职。

2012年12月26日，吉安市直属机关工会工作委员会印发《关于表彰2012年度市直机关工会先进集体和个人的决定》（吉直工发〔2012〕第6号），吉安市水文局工会获“2012年度市直机关先进工会组织”荣誉称号，工会副主席周国凤获“2012年市直机关优秀工会工作者”荣誉称号，甘金华获“2012年市直机关优秀工会积极分子”荣誉称号。

2014年2月18日，吉安市直属机关工会工作委员会印发《关于表彰2013年度市直机关工会先进集体的决定》（吉直工发〔2014〕第1号），吉安市水文局工会获“2013年度先进基层工会”荣誉称号。

2016年11月，吉安市水文局召开第十届职工代表暨第十一届工会会员代表大会，大会选举并经吉安市直属机关工会工作委员会批复同意，罗晶玉（女）、周国凤、刘辉、周润根、甘金华（女）、陈佳（女）、唐晶晶（女）等7人为第十一届工会委员会委员。罗晶玉任主席，周国凤任副主席，唐晶晶任宣传文体委员，陈佳任女工委员，刘辉任劳保福利委员，周润根任组织委员，甘金华任生产委员。

2020年5月22日，吉安市水文局工会委员会召开职工代表大会，增补班磊为工会委员会委员。

2020年6月2日，吉安市直属机关工会工作委员会下发《关于吉安市人大、机关事务管理局、井冈山报社等5个单位工会换届选举（补选）结果报告的批复》（吉直工组〔2012〕第6号），同意周国凤任吉安市水文局工会委员会主席，班磊任副主席。因工作职责调整，罗晶玉不再担任工会主席职务。

历届工会委员会主席、副主席见表 6-4-1。

表 6-4-1　历届工会委员会主席、副主席

姓　名	职　务	任职时间	备　注
郝文清	主席	1979 年 4 月—不详	临时工会委员会
谢章治	副主席	1979 年 4 月—不详	
—	—	—	第一、二届工会委员会不详
谢章治	主席	1984 年 7 月至 1986 年 7 月	第三届工会委员会
李正国	副主席	1984 年 7 月至 1986 年 7 月	
李达德	主席	1986 年 7 月至 1988 年 8 月	第四届工会委员会
李正国	副主席	1986 年 7 月至 1988 年 8 月	
郭光庆	主席	1988 年 8 月至 1990 年 8 月	第五届工会委员会
李正国	副主席	1988 年 8 月至 1990 年 8 月	
金周祥	主席	1990 年 8 月至 2001 年 9 月	第六、七届工会委员会
李正国	副主席	1990 年 8 月至 2001 年 9 月	
邓红喜	主席	2001 年 9 月至 2011 年 10 月	第八、九届工会委员会
陈怡招	副主席	2001 年 9 月至 2006 年 9 月	
李笋开	副主席	2006 年 9 月至 2011 年 10 月	
李慧明	主席	2011 年 10 月至 2012 年 9 月	第十届工会委员会
罗晶玉	主席	2012 年 9 月至 2016 年 11 月	
周国凤	副主席	2011 年 10 月至 2016 年 11 月	
罗晶玉	主席	2016 年 11 月至 2020 年 6 月	第十一届工会委员会
周国凤	副主席	2016 年 11 月至 2020 年 6 月	
周国凤	主席	2020 年 6 月—	
班　磊	副主席	2020 年 6 月—	

第七篇 行业管理

吉安市水文局在省水利厅和吉安市人民政府的领导下，认真贯彻执行水利部、省水利厅、省水文局确定的各时期水文工作方针，贯彻落实《中华人民共和国水文条例》《江西省水文工作管理办法》，以及水利部、省水利厅、省水文局和地方人民政府有关加强水文工作的“通知”和“意见”精神，履行水文工作职责，切实加强水文行业管理。

加强水文行政管理，制定目标管理等相关制度，完成水文承担的各时期工作任务，吉安市水文局多年被评为“全省目标管理先进单位”。

加强水文业务管理，认真按照国家和水利部技术标准和规范规定，全力抓好水文测验、水文情报预报、水文资料、水资源调查评价和水环境监测等工作，为防汛抗旱减灾、水资源管理、水环境保护、水利工程和国民经济建设提供水文技术支撑。

第一章　工作方针与规范

第一节　工　作　方　针

吉安水文工作方针，按照水利部提出的各时期水文工作方针开展工作。1993年后，省水文局结合全省水文实际情况，提出了各时期全省水文工作方针，吉安水文同时执行省水文局的水文工作方针。

1951年水利部发出关于水文建设方针：探求水情变化规律，为水利建设创造必备的水文条件。水文测验、资料整编分析和水文试验研究，是互相关联、互相影响的环节，必须密切配合。要求开展洪水预报；加强水文测验特别是汛期测验；整编刊印以往资料；培训干部，建立制度，充实设备，提高技术。

1953—1957年，水利部提出第一个五年计划时期的水文工作方针："为生产服务，为地方服务，为水利建设服务"。任务是：积极增设水文测站；加强检查管理，全面贯彻规范、提高测验质量；大力进行水文资料的调查收集整理工作，加强资料整编；加强水文情报预报。

1956年1月，水利部部长傅作义在全国水利会议上指出：在基本建设方面所要采取的重要措施之一是要加强水文工作。要求限期建成基本站网；加强观测工作，提高成果质量；大力进行资料整编；编写全国主要河流基本情况；加强水情工作，扩大预报范围，以适应防洪防旱工作的需要。

1957年11月，水利部副部长冯仲云在全国水文测验技术交流会议上指出：今后的水文工作方针任务应该是发展和巩固并重，更好地为水利建设和其他国民经济建设服务。要加强水文分析工作，基层水文测站也要做，这样可以提高测验和整编质量，直接得出可用的研究成果，并且培养了干部。

1958年4月，水电部提出水文工作的总方针：积极发展，加强研究，全面服务。水电部副部长冯仲云在全国水文工作跃进会议上指出：广大水文测站要面向群众，为群众服务，内容包括普及水文预报；小型水利水电工程的水文勘测；简单的水文计算；指导群众兴办水文工作；远程勘测及研究人类活动对水文规律的影响。

1959年1月，全国水文工作会议又提出水文工作方针：以全面服务为纲，以水利、电力和农业为重点，国家站网和群众站网并举，社社办水文，站站搞服务，并指出，首先要使服务全面，也就是除了大中河流以外，还要供给众多小河流的水文资料和情报、预报；除了关心水利水电工程的规划设计，还要为已经完成的许多工程的管理运用服务；同时还要注意直接为农业生产和其他国民经济部门服务；还要去指导群众性水文工作。服务的范围、项目和内容都要大大增加和扩大。

1960年年初，水利部提出，水文工作必须高举毛泽东思想红旗，坚决贯彻总路线，大搞群众性的水文工作，大搞技术革新和技术革命运动，为水利化更大的跃进当好尖兵。

1962年5月，水电部召开水文工作座谈会，总结1958年以来水文工作的成绩，指出前一阶段所提的"社社办水文，站站搞服务"等口号不切合实际，提出近期水文工作方针：巩固调整站网，加强测站管理，提高测报质量。

1963年2月，江西“全省水文气象工作会议”要求：1963年继续深入贯彻“调整、巩固、充实、提高”八字方针和省委提出“加强领导，依靠群众，以生产服务为纲，以农业和水利服务为重点，全面开展水文气象工作”方针。

1965年12月，水电部提出第三个五年计划期间的水文工作要点（草案）。指出水文工作的任务是：掌握江河水文情况，认识洪涝干旱等水文规律，为水利建设和其他国民经济建设服务。并指出，水文现象非常复杂，要认识它的规律，必须积累一定数量的、长期的、连续的、准确的水文资料。积累资料，是服务的前提；服务，是积累资料的目的。水文部门既要保证为长远需要积累资料，又要积极为当前生产服务。“三五”期间水文工作方针是：发扬大庆精神，狠抓基层建设，开展技术革命，提高测报质量，更好地为水利建设和其他国民经济建设服务。

“文化大革命”期间尤其是初期，水文工作受到干扰破坏，一度陷于瘫痪状态或半瘫痪状态，规章制度松弛，测报质量下降；中后期，广大水文干部、职工排除干扰，水文工作得以维持并取得成绩。

1972年12月，水电部发出《对当前水文工作的几点意见》，提出六点改进意见：加强思想和政治路线教育；做好水文服务工作；把测报工作提高到第一位；加强管理；建立和健全规章制度；大搞技术革新。

1974年12月，水电部召开全国水文和水源保护工作会议，这是“文化大革命”以来水文方面的第一次全国性会议。会议要求：水文工作一定要当好水利的尖兵，在水源保护方面，要当好“哨兵”，水利部门和流域机构应做到不仅要管水量、沙量，还要管水质。

1977年12月，水电部提出积极建设大庆大寨式水文站，加快水文队伍革命化、水文技术现代化的步伐，为水利水电和其他国民经济建设的新跃进当好尖兵。将“测报准确及时，资料完整可靠”和“积极开展水文服务，抓好面上的群众水文工作”都列入了大庆大寨式水文站的标准。提出的任务包括：调整充实水文站网，提高测报质量，做好服务和水质监测，大搞技术革新和技术革命，全面加强水文科学研究工作。

1980年，水利部提出要加强水文前期工作，加速水文和水资源保护站网建设。

1981年2月，水利部提出在国民经济调整时期的水文工作任务为“巩固调整站网、加强分析研究、提高管理水平、抓好职工培训，为当前生产做好服务，并为今后水利和国民经济发展做好准备”。

1983年5月，全国水利工作会议上提出，水文工作要有步骤地发展水文站网，水文管理体制要坚持上收到省，各地可结合具体情况逐步推广站队结合；要进行水文技术改造；各地对水文经费要给予必要保证；要加强水文科研，开展多方面的服务工作。

1985年1月，贯彻全国水利改革精神，水电部确定水文改革主要是转轨变型，全面服务，实行各类经济承包责任制，实现技术革新，讲究经济实效，推行站队结合，开展技术咨询和多种经营。

1988年1月，《中华人民共和国水法》正式颁布。是年3月，水电部提出在今后一段时期内，水文工作的中心是贯彻《中华人民共和国水法》，全面服务。钱正英部长提出“国家站网精干、设备先进、经费保证、人员稳定”的水文工作模式。

1989年，王守强副部长在部分省和流域机构水文负责人座谈会指出，水文部门要进一步理顺体制，提高测报质量，深化改革。对水文工作模式归纳为“站网优化、分级管理、技术先进、精兵高效、站队结合、全面服务”的二十四字模式。

1990年11月，水利部部长杨振怀在全国水文系统先进集体、先进个人表彰大会上提出：水利是基础产业，水文是水利的基础，整个水利系统要加强前期工作，水文是重点；科技兴水，进行现代化技术改造，要从水文开始。加强队伍建设，关心职工生活，特别是解决基层的住房问题，要优先考虑水文基层职工。要求各级领导统一思想认识，关心和重视水文工作。水利部副部长王守强在

会议总结时讲，振兴水文一靠水文职工努力工作，二靠各级领导关心和支持。

1991年7月2日，水利部发布文件《关于贯彻‘八五’纲要，全国要加强水文工作的通知》（水文〔1991〕7号），提出要开始建设水文监测自动化系统，进一步完善水文信息网络，为国民经济发展提供优质水文服务。

1993年，省水文局提出：深化水文改革，一手抓水文业务达标，一手抓人员分流创收，主动进行水文服务的工作方针。

1994年，省水文局提出：深化水文改革，坚持“两手抓”（水文业务、水文经济）、“两个目标”（管理、创收）一起上的工作方针。

1996年，按照水利部提出的“九五”期间水文的总目标：“深化水文改革，理顺管理体制，科技振兴水文，强化经营管理，提高测报水平，搞好社会服务”的要求开展工作。是年，省水文局提出“一干（做好本职工作），二要（政策、投入），三挣（技术咨询、综合经营、分流创收）”的工作方针。

1998年，省水文局提出“立足水文保防汛，跳出水文求发展”的工作方针。

1999年，继续按照“立足水文保防汛，跳出水文求发展”的工作方针，一手抓水文测报业务达标，一手抓综合经营科技咨询创收。同时提出“一干（做好本职工作），二要（政策、投入），三宣传（向领导宣传、社会宣传、职工宣传），四围绕（围绕防汛抗旱、围绕水资源管理、围绕水环境保护、围绕水利建设）”的工作方针。

2000年，继续按照“立足水文保防汛，跳出水文求发展”的工作方针，一手抓测、报、整、算全面达标，一手抓综合经营科技咨询创收。

2001年，继续按照“立足水文保防汛，跳出水文求发展”的工作方针，坚持一手抓物质文明建设，一手抓精神文明建设。

2002年，继续按照“立足水文保防汛，跳出水文求发展”的工作方针，一手抓物质文明建设，一手抓精神文明建设，积极开展科技咨询和水文综合经营。

2003年，继续按照“立足水文保防汛，跳出水文求发展”的工作方针，与时俱进，真抓实干，把水文发展作为第一要务。

2006年，继续按照“立足水文保防汛，跳出水文求发展”的工作方针，树立科学发展观，以人为本，贯彻“更全、更准、更新”的发展要求，提高测报水平，拓宽服务领域。

2007年，省水文局提出“植根水利，服务社会，急水利所急，想社会所想，坚定不移地走大水文发展之路”的工作方针，努力构建“生命水文、资源水文、生态水文”三大水文服务体系。

2008年，继续按照“植根水利，服务社会，急水利所急，想社会所想，坚定不移地走大水文发展之路”的工作方针，加强水文能力建设、形象建设和队伍建设“三大建设”，构建“生命水文、资源水文、生态水文”三大水文服务体系。

2009年7月，水利部下发《关于进一步加强水文工作的通知》，要求牢固树立“大水文观”发展理念，明确提出“统筹规划、突出重点、适度超前、全面发展”的十六字发展方针，努力建设适应时代发展的民生水文、科技水文、现代水文。

2010年，省水文局围绕江西水利中心工作和经济社会发展大局，坚持大水文发展思路，构筑两座大堤、建设两个基地、树立两个典型。

第二节　工　作　规　范

吉安水文工作主要是执行国家水利等有关部门统一颁发（发布）的关于水文工作的规范、规定、办法及细则，以及省水文局制定工作规范、实施细则及办法等，内容包括测验、报汛、整编、水质、水资源等。

2007年4月25日，国务院发布《中华人民共和国水文条例》，该条例是水文工作的行政法规，于2007年6月1日起实施。

2014年1月8日，江西省人民政府颁发《江西省水文管理办法》。

主要工作法规，主要国家标准，主要行业标准以及江西省水文技术标准详见表7-1-1至表7-1-4。

表7-1-1　　主要工作法规

发文机关	文件标题	颁布时间	实施时间	备注
国务院	《中华人民共和国防汛条例》	1991年7月2日	1991年7月2日	国务院令第86号，2005年、2011年修正
国务院	《中华人民共和国水文条例》	2007年4月25日	2007年6月1日	国务院令第86号，2013年、2016年、2017年修正
国务院	《中华人民共和国抗旱条例》	2009年2月26日	2009年2月26日	国务院令第552号
水利部	《水文测站调整、撤销、移交管理办法》	1958年2月		
水电部	《全国径流实验站网规划（草案）》	1958年2月		
水电部	《水文实验站暂行管理办法》	1958年3月		
水电部	《区域水文手册提纲》	1958年4月		
水电部	《水文测站管理工作条例（草案）》	1962年1月		
水电部	《水文站网审批程序暂行规定》	1965年5月		
国务院	《关于测量标志保护条例》	1984年1月		
水电部	《关于拍发水情报实行收费的暂行办法》	1985年4月27日	1985年5月1日	
水电部	《水文勘测站队结合试行办法》	1985年10月16日	1986年1月1日	2016年5月31日废止
江西省人民政府	《江西省保护水文测报设施的暂行规定》	1985年12月8日	1986年1月1日	
水电部	《水文测验仪器设备的配置和管理暂行规定》	1987年9月12日		
江西省人民政府	《江西省防汛工作暂行规定》	1990年7月28日		
水利部	《水文管理暂行办法》	1991年10月15日	1991年10月15日	水政〔1999〕第24号
水利部	《水文、水资源调查评价资格认证管理暂行办法》	1992年3月		
水利部水文司	《水文站队结合建设标准》《水文站队结合管理试行办法》	1992年		1992年13号文
水利部	《水利部水文设备管理规定（暂行）》	1993年1月30日		2016年5月31日废止
水利部	《水文专业有偿服务收费管理试行办法》	1994年6月27日	1994年7月1日	水财〔1994〕第292号，2014年7月25日废止
水利部水文司	《水文资料存贮及供应改革措施和服务办法》	1994年12月12日		
水利部	《水文基础设施建设实施意见》	1999年1月26日		
江西省人民政府	《关于加强水文工作的通知》	1999年2月3日		赣府发〔1999〕第6号
水利部	《重大水污染事件报告暂行办法》	2000年7月3日	2003年7月3日	
水利部	《关于加强水文工作的若干意见》	2000年8月2日		

续表

发文机关	文　件　标　题	颁布时间	实施时间	备　注
水利部	《水文基本建设投资计划管理办法》	2002年12月1日	2002年12月1日	
水利部 水文局	《水文设施工程竣工验收暂行办法》	2004年11月24日		水文计〔2004〕第197号
水利部	《全国水情工作管理办法》	2005年4月12日	2005年4月21日	
水利部 水文局	《全国洪水作业预报管理办法（试行）》 《全国洪水作业预报管理办法》	2008年5月26日 2018年7月31日	2008年5月26日 2018年7月31日	办水文〔2018〕第152号
水利部	《水利行业实验室资质认定评审员管理细则》	2010年6月23日	2010年6月23日	
水利部	《水文监测环境和设施保护办法》	2011年2月18日	2011年4月1日	水利部令第43号，2015年修正
水利部	《水文站网管理办法》	2011年12月2日	2012年2月1日	水利部令第44号
水利部精神文明委员会	《水文专业从业人员行为准则（试行）》	2012年4月9日		水精〔2012〕第6号
江西省 人民政府	《江西省水文管理办法》	2014年1月8日	2014年4月1日	江西省人民政府令第209号
水利部	《水文设施工程验收管理办法》	2014年7月25日	2014年7月25日	水文〔2014〕第248号
水利部 水文局	《中小河流水文监测系统测验指导意见》	2015年1月		水文测〔2015〕第7号
水利部	《关于深化水文监测改革的指导意见》	2016年7月26日		水文〔2016〕第275号
水利部 水文局	《水文测验质量检查评定办法（试行）》	2017年7月13日		水文测〔2017〕第88号
水利部 办公厅	《水文现代化建设技术装备有关要求》	2019年9月16日		办水文〔2019〕第199号
水利部	《特定飞检工作规定（试行）》	2019年4月28日		水监督〔2019〕第123号
水利部	《水文监测资料汇交管理办法》	2020年10月22日	2020年12月1日	水利部令第51号
水利部	《水文监测监督检查办法（试行）》	2020年10月30日	2020年10月30日	水文〔2020〕第222号

表7-1-2　　主要国家标准

标准名称	发布时间	实施时间	标准编号
《水文情报预报规范》	1985年3月18日 2000年6月14日 2008年11月4日	1985年6月1日 2000年7月1日 2009年1月1日	1985年制定SD 138—85（行业标准） 2000年修改为SL 250—2000（行业标准） 2008年修改为GB/T 22482—2008
《水位观测标准》	1990年7月2日 2010年5月1日	1991年6月1日 2010年12月1日	1990年制定GBJ 138—90 2010年修改为GB/T 50138—2010
《水质采样样品的保存和管理技术规定》	1991年1月25日 2009年9月27日	1992年3月1日 2009年11月1日	1991年制定GB/T 12999—91 2009年修改为HJ 493—2009
《水质采样技术指导》	1991年1月25日 2009年9月27日	1992年3月1日 2009年1月1日	1991年制定GB 12998—91 2009年修改为HJ 494—2009
《水质采样方案设计技术规定》	1991年1月25日 2009年9月27日	1992年3月1日 2009年11月1日	1991年制定GB 12997—91 2009年修改为HJ 495—2009
《河流悬移质泥沙测验规范》	1992年7月24日 2015年6月26日	1992年12月1日 2016年3月1日	1992年制定GB 50159—92 2015年修改为GB/T 50159—2015
《河流流量测验规范》	1993年7月19日 2015年8月27日	1994年2月1日 2016年5月1日	1993年制定GB 50179—93 2015年修改为GB 50179—2015

续表

标准名称	发布时间	实施时间	标准编号
《地下水质量标准》	1993年12月30日 2017年10月14日	1994年10月1日 2018年5月1日	1993年制定GB/T 14848—93 2017年修改为GB/T 14848—2017
《防洪标准》	1994年6月2日 2014年6月23日	1995年1月1日 2015年5月1日	1994年制定GB 50201—94 2014年修改为GB 50201—2014
《水文测验术语和符号标准》 《水文基本术语和符号标准》	1986年8月23日 1998年12月11日 2014年12月2日	1987年7月1日 1999年5月1日 2015年8月1日	1986年制定GBJ 95—86 1994年修改为GB/T 50095—98 2014年修改为GB/T 50095—2014
《水资源公报编制规程》	2009年4月24日	2009年9月01日	2009年制定GB/T 23598—2009
《水域纳污能力计算规程》	2010年9月26日	2011年1月1日	2010年制定GB/T 25173—2010
《水资源术语》	2014年7月8日	2015年1月19日	2014年制定GB/T 30943—2014
《地下水监测工程技术规范》	2014年10月9日	2015年8月1日	2014年制定GB/T 51040—2014
《建设项目水资源论证导则》	2017年12月29日	2018年4月1日	2017年制定GB/T 35580—2017

表7-1-3　　主要行业标准（部颁标准）

标准名称	发布时间	实施时间	标准编号及备注
《报汛办法》	1950年6月		
《水文测验报表格式和填制说明》	1951年6月		1952年、1954年及1955年曾作修订
《水文资料整编办法》	1951年7月		1954年修订
《水文测站暂行规范》	1955年10月	1956年1月	
《水情电报拍报办法（初稿）》	1958年2月		
《降水量观测暂行规范》	1958年8月		
《水文情报预报拍报办法》	1960年3月	1960年6月	
《水文测验暂行规范》	1960年4月	1961年1月	
《水化学资料整编方法》	1961年		
《水化学成分测验》	1962年		
《水文年鉴审编刊印暂行规定》	1964年8月	1965年	
《降水量、水位拍报办法》	1964年12月	1965年6月	
《泥沙颗粒分析》	1965年	1965年	
《水文测验试行规范》	1975年4月	1976年1月1日	
《水文测验手册第一册》	1976年6月		第一册“野外工作”
《水文测验手册第二册》	1976年6月		第二册“泥沙颗粒分析和水化学分析”
《水文测验手册第三册》	1976年6月		第三册“资料的整编和审查”
《洪水调查资料审编刊印办法》	1976年10月		
《水库水文泥沙观测试行办法》	1977年		
《湿润地区小河站水文测验补充技术规定（试行稿）》	1979年7月		
《水利水电工程设计洪水计算规范》	1979年8月 1993年3月11日 2006年9月9日	1993年12月20日 2006年10月1日	1979年制定SDJ 22—79 1993年制定SL 44—93 2006年修改为SL 44—2006
《水利水电工程水文计算规范》	1984年1月9日 2002年9月19日 2020年7月24日	1984年5月1日 2002年12月1日 2020年10月24日	1983年制定SDJ 214—83 2002年修改为SL 278—2002 2020年修改为SL/T 278—2020

续表

标 准 名 称	发布时间	实施时间	标准编号及备注
《水文缆道测验规范》	1984年6月7日 2009年3月2日	1985年1月1日 2009年6月2日	1984年制定SD 121—84 2009年修改为SL 443—2009
《水质监测规范》 《水环境监测规范》	1984年12月21日 1998年7月20日 2013年12月16日	1985年1月1日 1998年9月1日 2014年3月16日	1984年制定SL 127—84 1998年修改为SL 219—98 2013年修改为SL 219—2013
《水文自动测报系统规范》 《水文自动测报系统技术规范》	1985年9月19日 1994年2月24日 2003年5月26日 2015年3月5日	1986年1月1日 1994年5月1日 2003年8月1日 2015年6月5日	1985年制定SD 159—85 1994年修改为SL 61—94 2003年修改为SL 61—2003 2015年修改为SL 61—2015
《动船法测流规范》 《水文测船测验规范》	1986年6月28日 2006年4月24日	1987年1月1日 2006年7月1日	1986年制定SD 185—86 2006年修改为SL 338—2006
《比降面积法测流规范》	1986年7月1日	1986年7月1日	1985年制定SD 174—85，1991年制定SL 24—91，1992年制定SL 20—92。2011年制定《水工建筑物与堰槽测流规范》(SL 537—2011)，替代上述3个规范
《堰槽测流规范》	1991年12月31日	1992年3月1日	
《水工建筑物测流规范》	1992年5月6日	1992年7月1日	
《水工建筑物与堰槽测流规范》	2011年4月12日	2011年7月12日	
《水文年鉴编印规范》 《水文年鉴汇编刊印规范》	1988年1月1日 2009年9月29日 2020年11月2日	1988年1月1日 2009年12月29日 2021年2月2日	1987年制定SD 244—87 2009年修改为SL 460—2009 2020年修改为SL/T 460—2020
《水面蒸发观测规范》	1988年5月6日 2013年12月16日	1989年1月1日 2014年3月16日	1988年制定SD 265—88 2006年修改为SL 630—2013
《降水量观测规范》	1991年2月21日 2006年9月9日 2015年9月21日	1991年7月1日 2006年10月1日 2015年12月21日	1990年制定SL 21—90 2006年修改为SL 21—2006 2015年修改为SL 21—2015
《水文站网规划技术导则》	1992年5月16日 2013年2月18日	1992年7月1日 2013年5月18日	1992年制定SL 34—92 2013年修改为SL 34—2013
《河流泥沙颗粒分析规程》	1993年5月31日 2010年1月29日	1994年1月1日 2010年4月29日	1992年制定SL 42—92 2010年修改为SL 42—2010
《河流推移质泥沙及床沙测验规程》	1993年5月31日	1994年1月1日	1992年制定SL 43—92
《水文普通测量规范》 《水文测量规范》	1993年12月10日 2014年9月10日	1994年1月1日 2014年12月10日	1993年制定SL 58—93 2014年修改为SL 58—2014
《地表水资源质量标准》	1994年3月28日	1994年5月1日	1994年制定SL 63—94
《小型水力发电站水文计算规范》	1994年4月5日	1994年5月1日	1994年制定SL 77—94
《水质分析方法》	1995年5月1日	1995年5月1日	1994年制定SL 78～94—1994
《水环境检测仪器与试验设备校(检)验方法》 《水环境检测仪器及设备校验方法》	1995年6月10日 2008年6月17日	1995年5月1日 2008年9月17日	1995年制定SL 144—95 2008年修改为SL 144.1～11—2008
《地下水监测规范》	1996年10月31日	1996年12月1日	1996年制定SL/T 183—96 2005年修改为SL/T 183—2005
《水质采样技术规程》	1997年2月13日	1997年5月1日	1996年制定SL 187—96
《水文巡测规范》	1997年5月12日 2015年12月31日	1997年6月1日 2016年3月31日	1997年制定SL 195—97 2015年修改为SL 195—2015
《水文调查规范》	1997年5月16日 2015年2月5日	1997年6月1日 2015年5月5日	1997年制定SL 196—97 2015年修改为SL 196—2015
《江河流域规划编制规范》	1997年6月24日	1997年7月1日	1996年制定SL 201—97

续表

标准名称	发布时间	实施时间	标准编号及备注
《水资源评价导则》	1999年4月9日	1999年5月15日	1999年制定SL/T 238—99
《水文资料整编规范》	1999年12月17日 2012年10月19日 2020年11月2日	2000年1月1日 2013年1月19日 2021年2月2日	1999年制定SL 247—1999 2012年修改为SL 247—2012 2020年修改为SL/T 247—2020
《水道观测规范》	2000年12月12日 2017年4月6日	2000年12月30日 2017年7月6日	2000年制定SL 257—2000 2017年修改为SL 257—2017
《水文基础设施建设及技术装备标准》	2002年7月15日	2002年10月1日	2002年制定SL 276—2002
《地表水和污水监测技术规范》	2002年12月25日	2003年1月1日	2002年制定HJ/T 91—2002
《地下水超采区评价导则》	2003年5月12日	2003年8月1日	2003年制定为SL 286—2003
《水利质量检测机构计量认证评审准则》	2004年11月30日 2007年11月26日 2013年12月16日	2004年11月30日 2008年2月26日 2014年3月16日	2004年制定SL 309—2004 2007年修改为SL 309—2007 2013年修改为SL 309—2013
《建设项目水资源论证导则》	2005年5月12日 2013年12月5日	2005年5月12日 2014年3月5日	2005年制定SL/Z 322—2005 2013年修改为SL 322—2013
《实时雨水情数据库表结构与标识符标准》	2005年5月20日	2005年9月1日	2005年制定SL 323—2005
《基础水文数据库表结构及标识符标准》	2005年5月30日	2005年9月1日	2005年制定SL 324—2005 2005年制定SL 325—2005 2012年制定SL 586—2012 2014年制定SL 437—2014 2019年制定《水文数据库表结构及标识符》（SL/T 324—2019），替代上述4个标准
《水质数据库表结构及标识符》	2005年6月20日	2005年9月1日	
《地下水数据库表结构及标识符》	2012年7月11日	2012年10月11日	
《土壤墒情数据库表结构及标识符》	2014年5月9日	2014年8月9日	
《水文数据库表结构及标识符》	2019年12月19日	2020年3月19日	
《水情信息编码标准》 《水情信息编码》	2005年10月21日 2011年4月12日	2006年3月1日 2011年7月12日	2005年制定SL 330—2005 2011年修改为SL 330—2011
《声学多普勒流量测验规范》	2006年4月24日	2006年7月1日	2006年制定SL 337—2006
《水库水文泥沙观测规范》	2006年4月24日	2006年7月1日	2006年制定SL 339—2006
《水域纳污能力计算规程》	2006年10月23日	2006年12月1日	2006年制定SL 348—2006
《地下水监测站建设技术规范》	2007年2月2日	2007年5月2日	2006年制定SL 360—2006
《土壤墒情监测规范》	2007年3月1日 2015年11月19日	2007年6月1日 2016年2月19日	2006年制定SL 364—2006 2015年修改为SL 364—2015
《水资源监控管理数据库表结构及标识符标准》	2007年7月14日	2007年10月14日	2007年制定SL 380—2007
《水位观测平台技术标准》	2007年7月14日	2007年10月14日	2007年制定SL 384—2007
《水文数据GIS分类编码标准》	2007年7月14日	2007年10月14日	2007年制定SL 85—2007
《地表水资源质量评价技术规程》	2007年8月20日	2007年11月20日	2007年制定SL 395—2007
《实时水情交换协议》	2007年10月8日	2008年1月8日	2007年制定SL/Z 388—2007
《水文基础设施及技术装备管理规范》	2007年11月26日	2008年2月26日	2007年制定SL 415—2007 2007年制定SL 416—2007 2019年制定SL 415—2019，替代上述2个规范
《水文仪器报废技术规定》	2007年11月26日	2008年2月26日	
《水文基础设施及技术装备管理规范》	2019年5月31日	2019年8月31日	
《水环境监测实验室安全技术导则》	2007年11月26日	2008年2月26日	2007年制定SL/Z 390—2007

续表

标准名称	发布时间	实施时间	标准编号及备注
《水资源供需预测分析技术规范》	2008年7月22日	2008年10月22日	2008年制定 SL 429—2008
《水文测站代码编制导则》	2010年11月10日	2011年2月10日	2010年制定 SL 502—2010
《城市水文监测与分析评价技术导则》	2014年7月3日	2014年10月3日	2014年制定 SL/Z 572—2014
《受工程影响水文测验方法导则》	2015年3月26日	2015年6月26日	2015年制定 SL 710—2015
《水文测站考证技术规范》	2017年4月6日	2017年7月6日	2017年制定 SL 742—2017
《水文应急监测技术导则》	2019年9月30日	2019年12月30日	2019年制定 SL/T 784—2019
《水利安全生产标准化通用规范》	2019年11月13日	2020年2月13日	2019年制定 SL/T 789—2019

表7-1-4　江西省水文技术标准（江西省水文局发布）

标准名称	发布时间	实施时间	标准编号
《县级水资源月报编制标准（试行）》	2017年6月30日	2017年9月1日	2017年制定 JXSW 01—2017
《水资源存量及变动表编制标准（试行）》	2019年1月31日	2019年3月1日	2019年制定 JXSW 01—2019
《县级水资源公报编制标准（试行）》	2019年1月31日	2019年3月1日	2019年制定 JXSW 02—2019
《江西省水文统一数据资源库数据库标准（试行）》	2020年12月1日	2021年3月1日	2020年制定 JXSW 04—2020
《江西省水文监测数据通信规约实施细则（试行）》	2020年12月1日	2021年3月1日	2020年制定 JXSW 05—2020
《江西省水文业务应用软件开发规范（试行）》	2020年12月1日	2021年3月1日	2020年制定 JXSW 06—2020

第二章　政　策　法　规

中华人民共和国成立后，水利部及有关部门和江西省政府陆续制定颁发了加强水文工作的规定、办法、意见和通知，特别是《中华人民共和国水文条例》的实施，明确了水文的法律地位，规范了水文行业管理，为水文发展提供了法律保障。

《关于当前水文工作存在问题和解决意见的报告》

1962年5月，水电部召开全国水文工作座谈会，制定了“巩固调整站网，加强测站管理，提高测报质量”的水文工作方针。会后，水电部党组向中共中央和国务院提出《关于当前水文工作存在问题和解决意见的报告》。10月1日，中共中央和国务院批转水电部党组报告。同意：①将国家基本站网规划、设置、调整和裁撤的审批权收归水电部掌握，凡近期自行裁撤的国家基本站，均应补报水电部审批，决定是否裁撤或恢复；②将基本站一律收归省、市、自治区水电厅（局）直接领导，县、社党委应与水电厅（局）共同加强对测站职工的政治思想领导，并协助解决具体问题，保证水文站的正常工作，体制上收时，原有技术干部和仪器设备不准调动；③同意将水文测站职工列为勘测工种，其粮食定量和劳保福利，应按勘测工种人员的待遇予以调整。从此，给水文测站发放劳保用品和驻站外勤费。

《江西省保护水文测报设施的暂行规定》

1985年12月8日，江西省人民政府印发了《江西省保护水文测报设施的暂行规定》（以下简称《暂行规定》），共七条。“暂行规定”明确：水文是国家建设中一项重要的基础工作。水文观测的测验河段、观测场地和仪器、设备、过河设施、通信线路、测量标志等，均属水文测报设施，应严加保护。任何单位或个人不得损毁、侵占或擅自移动。严禁在水文站已征用的水文测验场地修路、取土、建窑、建房。不准进行任何妨碍水文测报的活动，不得干预、阻挠水文工作人员执行公务。对认真保护水文测报设施的有功单位和个人，水利主管部门应当给予奖励。本规定自1986年1月1日起施行，解释权授予省水利厅。

《关于加强水文工作意见的函》

1987年4月25日，经国务院同意，国家计划委员会、财政部、水利电力部联合发布《关于加强水文工作意见的函》（水电水文字〔87〕第2号）。该函对水文工作的特点和作用作出明晰准确的权威界定，即：水文是对水的数量和质量在时间和空间上变化状况和规律进行勘测、研究的一门学科；水文工作是水利电力及一切与水资源有关联的国民经济建设所必需的前期工作和基础工作；是防汛抗旱、水资源规划、开发、管理、运用和保护的“耳目”和“尖兵”。全国防洪和水资源问题非常突出，因此，水文工作十分重要。水文工作与气象、地质等工作性质和特点基本相同，是国家的一项社会公益基础事业。

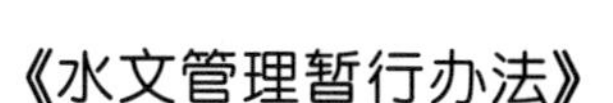

《水文管理暂行办法》

1991年10月15日，水利部颁发《水文管理暂行办法》（以下简称《办法》）。《办法》共6章34条。该《办法》指出：水文是对水的数量和质量在时间和空间上的动态变化和分布规律进行长期持续监测、研究的一项专业工作，它不仅是水利部门的一项重要基础工作，也是为防洪决策提供依据和为整个国民经济生产建设服务，具有社会公益性的基础工作。随着国民经济的发展，加强对水文工作的行业管理，已经成为各级水行政主管部门的重要任务。

《办法》针对水文工作存在的主要问题提出解决办法：一是建立水文工作资格认证制度；二是建立水文数据和成果审定制度；三是水文工作要有全面规划；四是明确水文经费渠道；五是加强站网管理；六是保护测报设施。

《关于加强水文工作的通知》

1999年2月3日，江西省人民政府下发《关于加强水文工作的通知》（赣府发〔1999〕第6号）（以下简称《通知》）。《通知》指出，水文工作是国民经济和社会发展中一项重要的基础工作，一切与水利水资源有关的国家公益事业和国民经济建设都有赖于它提供科学依据。水文工作在防洪减灾、水环境监测以及水资源分析评价、开发利用、管理保护等方面发挥了重要作用。仅在20世纪90年代以来，水文部门提供及时、准确的水文情报预报，即为全省减少洪涝灾害经济损失130多亿元，对国民经济和社会发展作出了很大的贡献。

针对全省水文普遍存在测报设施陈旧落后和老化失修、测洪能力低、“站队结合”基地建设进展缓慢、资金投入渠道单一、水文职工工作生活条件较差等问题，严重影响水文工作开展等情况，省政府要求各级人民政府和省政府各部门：①明确水文部门管理职能，切实加强对水文工作的领导；②加强对水文测报设施的保护；③加大对水文工作的扶持力度；④努力改善水文职工的工作和生活条件。

《贯彻落实江西省人民政府关于加强水文工作通知的实施意见》

1999年5月7日，吉安地区行政公署印发《贯彻落实江西省人民政府关于加强水文工作通知的实施意见》（以下简称《实施意见》）。《实施意见》指出，水文工作是国民经济和社会发展中一项重要的基础工作，也是一项重要的社会公益基础事业。长期以来，水文工作在全区防洪减灾、水环境监测、水资源勘测和合理开发利用、管理保护中发挥了重要作用。尤其是作为抗洪抢险的重要非工程措施，水文工作在保护人民生命财产安全和减轻自然灾害中发挥了不可替代的作用，作出了重要贡献。

为贯彻落实省政府加强水文工作的通知精神，《实施意见》提出了以下四点意见：一是提高对水文部门管理职能的认识，切实加强对水文工作的领导；二是加大对水文工作的扶持力度，使水文工作更好地为全区经济建设和防汛减灾服务；三是加强对水文测报设施的保护；四是切实关心和改善水文职工的工作和生活条件。

《关于加强水文工作的若干意见》

2000年8月2日，水利部下发《关于加强水文工作的若干意见》（水文〔2000〕第336号）（以下简称《若干意见》）。《若干意见》指出：水文是保障国民经济建设和社会发展中一项重要的基础工作。目前，全国已建成各类水文站点3万多处，形成了水位、流量、雨量、水质、地下水、蒸发、泥沙等项目齐全、布局比较合理的水文站网；造就了一支具有较高技术水平、敬业爱岗、无私奉献的水文专业队伍，总数超过3万多名；每年收集6亿多条水文水资源数据，积累了大量宝贵的水文资料。历年来，水文部门为各级政府防汛指挥机构的正确决策、合理调度和抗洪抢险工作提供科学依据，取得巨大的社会效益和经济效益；在水利规划设计、水资源开发利用管理和保护等方面发挥着十分重要的作用。

《若干意见》指出：水文工作还存在着很多急需加强的地方，与国民经济和社会的持续健康发展的要求尚不相适应，还存在一些亟待解决的问题。一是一些省、自治区、直辖市水文行业管理职能不够明确，以致一些不具备水文资格的单位各自从事水文业务活动，重复设站，造成国家资源的浪费，损害了水文资料的权威性，影响了水资源的统一管理。二是目前还有部分省、自治区、直辖市的地市级水文机构的规格与承担的任务不相适应，在组织协调工作方面有较大的困难，影响了水文工作在经济建设和社会发展中充分发挥作用。三是水文经费投入不足，水文基础设施标准不高，站队结合、开展巡测滞后，现代化水平低。四是水文服务领域不宽，站网发展不平衡，水质监测、地下水监测工作薄弱，很不适应建设现代化水利的要求。为此，水利部要求各级水行政主管部门：加强水文行业管理；理顺水文管理体制；完善水文投入机制；扩展水文工作内涵，加快水文现代化建设；转变思路，深化水文改革。

《中华人民共和国水文条例》

2007 年 4 月 25 日，国务院总理温家宝签署国务院第 496 号令，2007 年 6 月 1 日起实施《中华人民共和国水文条例》（以下简称《水文条例》)。《水文条例》共 7 章 47 条。

《水文条例》明确了水文的法律地位。《水文条例》指出：“水文事业是国民经济和社会发展的基础性公益事业。”因而从法规的高度确立了水文工作的法律地位，明确了水文工作的基础性和公益性质，这将有助于各级政府和社会各界从法律高度理解水文工作的重要性，有助于各级政府加强对水文工作的领导和支持，有利于为水文工作营造良好的外部环境，推动水文事业健康稳定发展，促进水文工作在政府决策、经济社会发展和社会公众服务中基础性、公益性作用和功能的充分发挥。

《水文条例》规范了水文行业管理。主要表现在以下方面：一是加强水文规划，把各部门的水文站网纳入统一水文事业发展规划，确保水文站网的科学布局，防止重复建设；二是强化从业资质论证管理，杜绝不具备工作条件的单位擅自从事水文工作；三是规范水文信息的采集，严格标准规范的执行，确保水文监测资料的成果质量；四是做好水文监测资料的汇交，提高水文信息的共享程度，使宝贵的水文信息资源得到充分有效利用；五是做好水文监测资料使用的审查工作，确保其完整、可靠和一致。

《水文条例》明确了水文投入机制。《水文条例》针对水文投入机制不完善、水文投入渠道较为单一、水文投入严重不足等突出问题，以法规的形式对水文投入机制进行了明确。一是明确规定了县级以上人民政府加强水文工作的职责，将水文事业纳入本级国民经济和社会发展规划，所需经费纳入本级财政预算，将水文事业作为国民经济和社会发展的有机组成部分；二是将水文基础设施作为建设工程对待，纳入国家固定资产投资项目建设程序；三是强调为基础工程设施提供服务的水文站网的建设和运行管理经费，分别纳入工程建设概算和运行管理经费；四是明确了水文测站受工程建设影响的赔偿原则，迁建和改建费用由建设单位承担。

《水文条例》强化了水文监测环境、设施的保护。水文水资源监测环境遭受破坏、毁损的现象时有发生，不仅浪费了国家大量财力，也严重影响了正常的水文水资源监测秩序。随着交通、通信等基础设施的快速发展，水文水资源监测环境遭破坏的现象更是呈上升趋势。《水文条例》的颁布实施，为有效查处违法行为，为水文水资源监测工作的正常开展提供法律保障。

《关于进一步加强水文工作的通知》

2009 年 7 月 18 日，水利部下发《关于进一步加强水文工作的通知》（以下简称《通知》)，

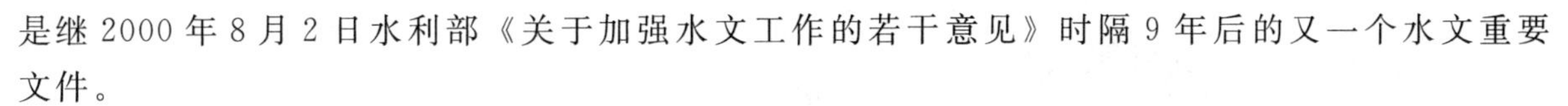

是继2000年8月2日水利部《关于加强水文工作的若干意见》时隔9年后的又一个水文重要文件。

《通知》主要内容：①转变观念，提高认识，牢固树立“大水文”发展理念；②完善法制，理顺体制，努力健全水文发展的保障机制；③统筹规划，加大投入，着力提高水文现代化水平；④立足水利，面向社会，充分发挥水文基础支撑作用；⑤加强领导，强化措施，全面推进水文又好又快发展。

《通知》对水文工作提出了很高的定位，强调水文基础支撑作用更加突出，水文已经从行业水文发展成为水文行业。《通知》的指导思想对全国水文工作提出了更高的要求，要求牢固树立“大水文观”的发展理念，明确提出“统筹规划、突出重点、适度超前、全面发展”的16字发展方针，指出水文工作的四个着力点，提出达到“四个转变”的发展目标，要求各级水文采取有效措施，推进水文事业全面发展，努力建设适应时代发展的民生水文、科技水文、现代水文。

《水文监测环境和设施保护办法》

2011年，水利部颁发《水文监测环境和设施保护办法》（以下简称《设施保护办法》），《设施保护办法》共20条，自2011年4月1日起施行。

《设施保护办法》明确了水文监测环境和设施保护的具体标准，为划定水文监测保护河段和水文监测设施周围环境保护范围提供了依据。水文监测河段周围环境保护范围为：沿河纵向以水文基本监测断面上下游各一定距离为边界，不小于500米，不大于1000米；沿河横向以水文监测过河索道两岸固定建筑物外20米为边界，或者根据河道管理范围确定。水文监测设施周围环境保护范围为：以监测场地周围30米、其他监测设施周围20米为边界。在水文测站上下游各20千米（平原河网区上下游各10千米）河道管理范围内，新建、改建、扩建下列工程影响水文监测的，建设单位应当采取相应措施，在征得对该水文测站有管理权限的流域管理机构或者水行政主管部门同意后方可建设。

《江西省水利厅关于加强水文工作的决定》

2012年，省水利厅印发了《江西省水利厅关于加强水文工作的决定》，提出了加强水文工作的具体措施，动员全省水利系统支持水文工作，破解水文发展难题，助推水文跨越发展，全面提升江西水文支撑保障能力。

《江西省水文管理办法》

2013年12月30日第17次江西省人民政府常务会议审议通过，2014年1月8日江西省人民政府令第209号公布的《江西省水文管理办法》（以下简称《管理办法》），自2014年4月1日起施行。《管理办法》共28条。

《管理办法》明确了水文事业是国民经济和社会发展的基础性公益事业，县级以上人民政府应当加强对水文工作的领导，将水文事业纳入本级国民经济和社会发展规划，加快水文现代化建设，充分发挥水文工作在政府决策、经济社会发展和社会公众服务中的作用。

此外，《管理办法》明确了设区的市、县（市、区）人民政府应当关心和支持水文工作，对水文为地方服务所需的运行、维护经费予以补助，对水文现代化建设的不断发展、监测站点不断增加、监测运行费用不足等问题提供了保障。

另外，《管理办法》明确了水文水资源监测设施依法受到保护、水文水资源监测环境依法受到保护。县级人民政府应当按照标准划定和公布水文水资源监测环境保护范围。

地方政府有关水文政策文件

1994 年 9 月 5 日，遂川县人民政府印发了《关于批转遂川水文勘测队关于要求加强水文测报设施保护的报告的通知》（遂府发〔1994〕第 29 号）。

1999 年 4 月 13 日，峡江县人民政府印发了《峡江县人民政府关于加强水文工作的实施意见》（峡府发〔1999〕第 06 号）。

1999 年 5 月 17 日，吉安地区行署下发《贯彻江西省人民政府关于加强水文工作通知的实施意见》（吉署发〔1999〕第 12 号）。

1997—2011 年期间，吉安市其他各县（市、区）人民政府办公室均印发了“关于划定水文监测河段保护区的通知”。

第三章 业 务 管 理

吉安市水文局按照技术标准和规范，不断加强各项业务管理，抓好工作目标管理，全力抓好水文测验、水文情报预报、水文资料、水资源调查评价和水环境监测等工作，为防汛抗旱减灾、水资源管理、水环境保护、水利工程和国民经济建设提供水文技术支撑。

第一节 资 质 证 书

水文、水资源调查评价资质证书

1992年3月，水利部颁发《水文、水资源调查评价资格认证管理暂行办法》，规定凡从事此项工作的单位必须经过资格认证，取得“水文、水资源调查评价证书”。证书分甲、乙、丙三级，甲级证书由水利部审查颁发，乙、丙级证书由流域机构或省一级水利部门审查颁发。

1993年3月4日，省水利厅发布《关于批准首批申领水文水资源调查评价证书的批复》（赣水水政字〔1993〕第008号），吉安地区水文站取得水文水资源调查评价乙级资格证书，栋背、吉安、峡江、上沙兰、赛塘、新田、彭坊、千坊、茅坪、行洲、泰和、新干、永新等水文（位）站和遂川水文勘测队取得水文水资源调查评价丙级资格证书。

2004年2月12日，省水利厅发布《关于公布水文水资源调查评价乙级资质单位名单的通知》（赣水资源字〔2004〕第7号），吉安市水文分局获省水利厅颁发的“水文水资源调查评价乙级资质单位”认定。

2008年9月28日，省水利厅发布文件（赣水资源字〔2008〕第67号），公布全省水文水资源调查评价乙级资质单位名单。吉安市水文局获省水利厅颁发的“全省水文、水资源调查评价乙级资质单位”认定。

建设项目水资源论证资质

2003年，水利部颁发《水文水资源调查评价资质和建设项目水资源论证资质管理办法（试行）》（以下简称《办法》），该《办法》自2003年5月1日起施行。水利部1992年3月14日发布的《水文、水资源调查评价资格认证管理暂行办法》同时被废止。

《办法》规定，从事建设项目水资源论证的单位，应当按照本《办法》的规定，取得《建设项目水资源论证资质证书》，并在规定的业务范围内开展工作。建设项目水资源论证资质按照申请单位的技术条件和承担业务范围不同，分为甲、乙两个等级。取得建设项目水资源论证甲级资质的单位，可以在全国范围内承担各等级建设项目的水资源论证工作。取得建设项目水资源论证乙级资质的单位，可以在全国范围内承担地表水日取水规模4万立方米以下或地下水日取水规模1万立方米以下的各类建设项目水资源论证工作。水利部负责全国建设项目水资源论证资质审批的组织实施和监督管理，并对资质证书的发放实行总量控制。《建设项目水资源论证资质证书》由水利部统一印制。

2005年10月9日，省水利厅发布文件（赣水资源字〔2005〕第20号），批准并公布，吉安市水文局获得了“建设项目水资源论证乙级资质单位”认定。

2016年1月14日，吉安市水文局获得中国水利水电勘测设计协会颁发的《水资源论证资质证书》（乙级），证书编号：水论证360215517。

实验室国家级计量认证资质

1994年3月19日，省编委办印发《关于省水文局增挂牌子的通知》（赣编办发〔1994〕第10号），同意吉安地区水文分局增挂“吉安地区水环境监测中心”的牌子，实行两块牌子一套人马。

1998年，国家计量认证水利评审组，按照JJG 1021—90规范和JJG（SL）1001—94规程规定的评审内容和评审方法要求，逐条进行检查，并分别进行现场操作考核、计量法规与业务基础知识的闭卷考试和座谈口试等，全部考核合格，正式通过国家级计量认证，获得《中华人民共和国计量认证合格证书》。

2004年7月、2009年10月、2012年11月和2015年9月均通过国家计量认证复查换证评审，评审组认为：吉安市水资源监测中心组织机构健全，质量体系及其文件符合准则要求，质量体系运行正常有效，法律文件齐全，能够确保检测工作的独立性和公正性；仪器设备配备率100%，完全具备申请项目（地表水、地下水、饮用水、大气降水、污水及再生水等五大类52个参数）的检测能力；检测人员持证上岗，均能胜任检测工作。

2012年8月8日，省编委办下发文件（赣编办文〔2012〕152号），同意江西省吉安市水环境监测中心更名为江西省吉安市水资源监测中心。

吉安市水资源监测中心通过国家级计量认证，不仅在自身建设、技术能力、执法观念和管理水平等方面上了新台阶，而且标志着向社会提供水环境数据，用于产品质量评价、成果鉴定，作为公证数据，具有法律效力。

测绘证书

1985年11月，成立吉安地区水文站测量队，对外开展地形地籍等测量工作。

1988年5月9日，江西测绘局下发《关于发放我省第二批〈测绘许可证〉的通知》（赣测字〔88〕第040号），吉安地区水文站获第二批测绘许可证。6月1日，吉安地区水文站领取了由省测绘局颁发的《测绘许可证》（证件编号：201）。

1997年5月6日，省测绘局发布《关于“行政区域界线”测绘资格审查批准的通知》（赣测字〔1997〕第18号），吉安地区水文分局具有“行政区域界线”测绘资格，并领取《行政区域界线测绘资格证书》。

2003年5月，经省测绘局、吉安市工商行政管理局审核批准，市水文分局在吉安市工商行政管理局注册成立吉安市井冈测绘院，并获省测绘局颁发的“测绘资质证书”（丙级）。

2008年，开始吉安市水文局参照《中华人民共和国公务员法》管理，市水文局下发文件（吉市水文发〔2011〕第12号），决定注销井冈测绘院。2011年5月11日，“井冈测绘院”在吉安市工商行政管理局注销。

2014年10月28日，吉安市水文局获得江西省测绘地理信息局颁发的“测绘资质证书”（丙级），证书编号：丙测资字3620043。

2020年4月24日，吉安市水文局局长办公会议认为，由于没有足够的注册测绘类专业技术人员，不能满足保留测绘资质的要求，决定注销测绘资质。

第二节 目 标 管 理

测站任务书

1955年12月22日，根据水利部《水文测站暂行规范》的要求，省水利厅向吉安一等水文站颁发《测站任务书》，从1956年1月1日起执行。其他各站的任务书则由吉安一等水文站颁发。

1957年3月，为了贯彻水利部“水文测站实行分层负责，双重领导”的原则，省水利厅会同吉安行署向吉安水文分站颁发《任务书》；吉安水文分站会同水文站所在地县人民委员会共同向水文站颁发《测站任务书》。任务书对测站人员编制、工作范围和内容、测验项目的测记以及资料整理要求等均有明确规定。

1963年12月25日，省水文气象局印发《关于颁发水文站任务书的通知》（水气业字〔63〕第167号），向吉安水文气象分局各站重新颁发《测站任务书》，取代1957年的《测站任务书》，1964年1月1日起执行。

1980年3月31日，省水文总站发布《关于发送水文站、水位站任务书的通知》（赣水文字〔81〕第017号），省水文总站再次向大河站和区域代表站的水文、水位站颁发《测站任务书》。

1984年3月19日，省水文总站首次向小河水文站颁发《测站任务书》。

1985年7月1日，省水文总站下发文件（赣水文质字〔85〕第006号），下达《全省水质监测站任务书》。

2018年，省水文局再次向水文站颁发《测站任务书》。《测站任务书》由市水文局编制，省水文局审查、批准、颁发。

测验质量标准

1962年12月12日，省水文气象局印发《江西省水文测站和水文测验人员测报工作质量评分办法》，从1963年1月起执行。

1963年9月3日，省水文气象局印发《水情工作质量评定试行办法（草）》。

1984年，吉安地区水文站制定了《水文测站测验、资料、情报预报质量标准和评分办法》，浮动30%的野外津贴与工作质量挂钩，开始使责、权、利有机地结合起来。各测站也开始建立职工个人岗位责任制。同年11月，省水文总站制定了《江西省水文测站质量检验标准》，自1985年1月1日起执行。

1985年1月，省水文总站印发《水文测验质量评分办法》，对水文测验、情报预报、资料整编作了严格的评分要求。

1991年1月，省水文总站印发《水文资料整编达标评分办法（试行稿）》。

1998年1月，省水文局印发《水文测验质量检验标准》。

2005年5月，省水文局印发《江西省水文局资料质量考核评比办法》。

2010年5月，省水文局印发《江西省水文资料质量评定办法》。

2010年10月，省水文局印发《江西省水文局水文测验质量核定标准》。

2017年7月13日，水利部水文局下发文件（水文测〔2017〕88号），颁发《水文测验质量检查评定办法（试行）》。评定办法规定质量评定等级标准分为：优秀、良好、合格和较差4个档次，主要检查市水文局和测站的测验管理、测站管理、测验成果质量等，并综合评定。

2017年8月11日，省水文局下发文件（赣水文监测发〔2017〕18号），印发《江西省水文测验质量检查评定办法（试行）》。

2017年、2018年吉安市水文局连续两年代表江西水文接受水利部水文局水文测验质量检查，连续两年测验质量综合评定均获优秀等级。

工作目标管理

1993年，省水利厅在全省水利系统实行年度工作目标管理。

1994年，省水文局在全省水文系统实行年度工作目标管理。考核采取百分制，按照评分、奖分、扣分、考核办法，按累计积分高低评出目标管理先进单位。市水文分局按照省水文局下达的年度管理目标开展工作，全面完成目标管理任务，取得积极成效。

省水文局实行目标管理考核共6年，1999年后，省水文局没有向地区水文分局下达管理目标。6年来，吉安地区水文分局有3年获“全省目标管理先进单位”荣誉称号。

1994年12月，省水文局授予吉安地区水文分局“全省目标管理先进单位”荣誉称号。

1996年4月26日，省水文局下发《关于表彰1995年度目标管理先进单位的通知》（赣水文办字〔1996〕第014号），吉安地区水文分局获“1995年度目标管理先进单位”荣誉称号。

1999年4月，省水文局印发《水文系统1999年度管理工作考核评比办法》。同月，省水文局授予吉安地区水文分局“1998年全省水文系统目标管理先进单位”荣誉称号。

2017年，省水文局在全省水文系统实行年度工作综合考核。考核项目为水文业务、行业管理、领导班子建设、奖励评分四大类，考核方式采用日常考核和现场考核相结合。

2018年7月30日，省水文局发布《关于表彰2017年度考核先进单位的通知》（赣水文发〔2018〕第8号），吉安市水文局综合得分90.073分，综合排名第四名，其中水文测验、人事工作、和谐平安建设3个单项第一名。

2019年4月8日，省水文局发布《关于2018年度水文工作考核结果的通报》（赣水文发〔2019〕第8号），吉安市水文局综合得分958.68分，综合排名第一名，其中水文测验、水情服务、建设管理、通信信息化、党建工作、人事工作、和谐平安建设、班子建设及民主测评、省局党委评价9个单项第一名。

2020年3月28日，省水文局发布《关于2019年度水文工作考核结果的通报》（赣水文办发〔2020〕第3号），吉安市水文局综合得分964.96分，综合排名第二名，其中水情服务、水文科技、财务管理3个单项第一名。

2021年3月26日，省水文监测中心发布《关于全省水文系统2020年度工作考核结果的通报》（赣水文发〔2021〕第3号），吉安市水文局综合得分964.50分，综合排名第三名，其中纪检监察、班子考核、领导评议3个单项第一名。

第四章 行 政 管 理

第一节 综 合 管 理

1977年5月13日，井冈山地区水文站印发《水文测验质量暂行标准》（井地水文字〔77〕第19号）。暂行标准共分四个部分：①总的要求；②测验质量标准；③原始资料质量标准；④整编成果质量标准。

1978年2月28日，井冈山地区水文站制定《井冈山地区水文站测报、资料工作质量暂行标准》（井地水文字〔78〕第13号）。暂行标准主要有三大类：①测验质量标准，②资料工作质量标准，③情报预报工作质量标准。同年5月18日，印发《〈井冈山地区水文站测报、资料工作质量暂行标准〉鉴定办法（试行）》（井地水文字〔78〕第30号）。

1979年2月25日，井冈山地区水文站印发《井冈山地区水文测站技术档案》（井地水文字〔79〕第9号），要求各站建立水文测站技术档案。

1982年7月20日，省水文总站印发了《江西省水文工作管理暂行条例》（赣水文站字〔82〕第091号），8月起执行。

1983年1月15日，吉安地区水文站印发《江西省水文工作管理暂行条例吉安地区实施细则》（吉地水文字〔83〕第003号）。

1983年，吉安地区水文站制定了《水文测站测验、资料、情报预报岗位责任制》，开始试行水文测站岗位责任制，进行质量评定。

1984年，吉安地区水文站制定了《水文测站测验、资料、情报预报质量标准和评分办法》，浮动30%的野外津贴与工作质量挂钩，开始使责、权、利有机地结合起来。各测站也开始建立职工个人岗位责任制。

1984年4月11日，吉安地区水文站下发《关于同时执行“测站任务书”和“测站测验质量标准”的通知》（吉地水文业字〔84〕第14号）。

1984年11月，省水文总站在吉安地区水文站制定的质量标准和评分办法基础上，修改制定了《江西省水文测站质量检验标准》，标准由总则、标一（水文测验）、标二（水文情报预报）、标三（水文资料整编及原始资料站际互审）四部分组成。11月15日，用文件（赣水文站字〔84〕第117号），印发全省各地区水文站，从1985年1月1日起执行。

1984年，吉安地区水文站又增加制定了《水文测站管理岗位责任制》和《吉安地区水文测站管理质量检验标准》，明确了考勤、考德、站务管理、安全生产等质量标准及评分办法，从1985年试行。

1985年1月19日，省水文总站下发《关于开始试行〈水文测验质量标准评分办法〉的函》（赣水文站字〔85〕第004号）。

1985年2月4日，吉安地区水文站下发文件（吉地水文业字〔85〕第02号），印发《水文测验质量指标核定表》及《水文测验评分办法》《水文测验操作补充规程》。

1985年2月26日，吉安地区水文站印发《吉安地区水文测站岗位责任制》（吉地水文字〔85〕第05号）。

1985年4月，吉安地区水文站制定《机关科室岗位责任制质量标准与考核办法》，主要考核内容有三部分：①考德；②考勤；③考绩。

1986年，吉安地区水文站修改《吉安地区水文测站管理质量检验标准》，把测船、缆道、过河索管理纳入站务管理考核内容，并制定《吉安地区水文站科室岗位责任制》。

1987年2月28日，吉安地区水文站印发《关于颁发〈测站岗位责任制〉及〈创建文明站（科）先进单位及考核办法〉的通知》（吉地水文站字〔87〕第03号），将创建文明站（科）纳入考核。同日，印发《关于印发〈测站职工个人岗位责任制〉的通知》（吉地水文站字〔87〕第04号），《测站职工个人岗位责任制》的主要内容是计工时、考工效、查质量。

1987年，吉安地区水文站制定《站长负责制》，明确了站长的工作职责、工作权限与奖惩办法。

1988年，吉安地区水文站推出"目标管理责任制"，科室、测站与地区站签订《目标管理责任书》，实行二级考核，二级奖惩，重奖重罚。

工作目标：①及时、准确、优质、高效地完成各项水文工作任务。站队（基地）工作质量按照"水文测验""水文情报预报""水文资料整编""测站管理""水文服务"五项质量检验标准及考核办法评定，三等及以上为达标，否则为未达标（不合格，下同）。科室工作质量按照"科室岗位工作考核办法"评定，三等及以上为达标，否则为未达标。②确保安全生产无事故。③确保社会治安综合治理无事故。④确保水文服务及时到位。

1988年，吉安地区水文站制定《防汛岗位岗位责任制》。

1988年1月，吉安地区水文站制定《吉安地区水文站测站仪器测具定额管理办法》。

1988年4月22日，省水文总站印发《各地市湖和基层测站技术岗位设置和相应规定》（赣水文职改字〔88〕第03号）。

吉安地区水文站机关及测站技术岗位设置如下：

（1）办公室：①规划、计划岗；②财务会计岗；③出纳岗；④国有资产管理岗；⑤文秘岗；⑥水文宣传岗；⑦电子政务管理岗；⑧档案管理岗；⑨后勤保障岗；⑩汽车驾驶岗。

（2）组织人事科：①党务工作岗；②人事工作岗；③劳动工资岗；④安全生产岗。

（3）水情科：①水文情报岗；②水文预报岗；③水情信息服务岗；④遥测设备管理岗；⑤水情网络管理岗。

（4）水资源科：①水资源调查评价岗；②水资源管理岗。

（5）测资科：①水文测验管理岗；②设施设备管理岗；③站网建设管理岗；④资料整编岗；⑤水文数据库管理岗；⑥科技管理岗。

（6）水质监测科：①监测质量保证岗；②水质检验岗；③仪器设备管理岗；④信息系统管理岗。

（7）地下水监测科：①监测管理岗；②设备管理岗（网络信息管理）。

（8）技术咨询服务科：水文服务管理岗。

（9）水文测站：①综合技术管理岗；②水文测验岗；③资料整编岗；④水文情报预报岗；⑤水文服务岗；⑥属站管理岗。

1989年3月28日，吉安地区水文站下发《水文测站测验质量指标核定表》（吉地水文测资字〔89〕第05号）。

1989年6月9日，吉安地区水文站印发《关于加强和改善我区水文宣传工作的意见》（吉地水文人秘字〔89〕第19号）。

1990年4月14日，吉安地区水文站印发《吉安地区水文站综合经营及咨询服务管理办法》（吉

地水文站字〔90〕第07号)。

1990年7月15日，吉安地区水文站印发《水文资料在站整编成果质量免检条例》(吉地水文测资字〔90〕第09号)，从1990年1月1日起施行。要求资料整编成果做到出门合格，达到免检水平。

1991年1月25日，吉安地区水文站印发《吉安地区水文站各级领导安全生产工作职责》(吉地水文站字〔91〕第01号)。

1992年5月18日，吉安地区水文站印发《单次测验成果质量检验标准及考核评分办法》(吉地水文测资字〔92〕第10号)，首次将单次测验成果质量纳入考核。同年7月1日，省水文局向全省各地市水文站转发此文。

1992年5月25日，吉安地区水文站印发《江西省吉安地区水文测站专业技术岗位职责》(吉地水文站字〔92〕第30号)。

1992年5月30日，万安栋背水文站制定《万安栋背水文站专业技术岗位职责试行办法》(吉地水文测资字〔92〕第12号)。7月22日，吉安地区水文站向全区各站转发。

1993年2月18日，吉安地区水文站印发《吉安地区水文站全区水文改革意见及实施方案》(吉地水文办字〔93〕第06号)。

1993年9月14日，吉安地区水文分局印发《全区水文职工公费医疗管理办法》(吉地水文办字〔93〕第20号)。

1993年9月，吉安地区水文分局制定汇编《吉安地区水文分局机关行政事务管理制度》，汇编制度分14类共25项。

1994年1月20日，吉安地区水文分局印发《机关科室主任科长负责制》(吉地水文字〔94〕第04号)，吉安地区水文分局决定，分局机关科室实行主任、科长负责制。

1994年4月26日，吉安地区水文分局制定《水文测验原始资料测站自审办法(试行)》，自1994年1月1日起施行。

1995年2月22日，吉安地区水文分局印发《吉安地区水文改革意见及其有关规定》(吉地水文字〔95〕第04号)。

1995年3月9日，吉安地区水文分局印发《吉安地区水文专业技术人员业绩考核办法》(吉地水文办字〔95〕第04号)。

1995年3月31日，吉安地区水文分局印发《站科目标管理承包责任制》(吉地水文字〔95〕第07号)。

1995年6月8日，吉安地区水文分局制定《吉安地区水文工作信息报告制度》(吉地水文办字〔95〕第09号)。

1995年9月14日，吉安地区水文分局制定《水毁工程申报制度》(吉地水文字〔95〕第29号)。

1996年9月12日，吉安地区水文分局印发《水文综合经营管理办法(试行)》(吉地水文字〔96〕第11号)。

1998年3月12日，吉安地区水文分局印发《公文督查办理暂行规定》(吉地水文办发〔1998〕第09号)。

1999年1月18日，吉安地区水文分局印发《吉安地区水文分局精神文明建设实施办法》(吉地水文发〔1999〕第02号)，从1999年1月1日起执行。

1999年1月19日，吉安地区水文分局印发《吉安地区水文分局分级管理办法》(吉地水文发〔1999〕第03号)，从1999年1月1日起执行。

2001年2月10日，吉安市水文分局印发《水文工作制度汇编》(吉市水文发〔2001〕第2号)。

《水文工作制度汇编》分管理办法类、责任制（职责）类、质量标准类、奖惩办法类、分局机关制度类共五大类27项规章制度。

2001年12月17日，吉安市水文分局印发《关于全市水文职工健康检查若干规定》（吉市水文发〔2001〕第19号），全市水文职工开始按规定享受健康检查。

2001年12月25日，吉安市水文分局印发《水文测站测报设施建设标准化意见》（吉市水文发〔2001〕第20号）。

2002年6月5日，吉安市水文分局党组印发《精神文明建设实施办法》（吉市水文党组发〔2002〕第3号）（吉市水文发〔2002〕第9号）。

2003年12月31日，吉安市水文分局印发《吉安市水文分局督查工作规定》（吉市水文发〔2003〕第30号）。

2004年2月2日，吉安市水文分局印发《吉安市水文分局政务公开办法》（吉市水文发〔2004〕第4号），表示政务工作将认真接受群众监督。

2004年11月22日，吉安市水文分局党组印发《关于进一步加强水文工作管理的通知》（吉市水文党发〔2004〕第14号）。通知主要有六个方面的内容：水文测报工作、职工思想政治工作、党建工作、创建文明站队、年轻职工教育和培养、行政事务和咨询服务管理工作。

2005年1月27日，吉安市水文分局印发《下站检查人员工作规定》（吉市水文发〔2005〕第2号）。

2005年8月3日，吉安市水文局印发《吉安水文网站管理办法》（吉市水文发〔2005〕第12号）。

2007年1月30日，吉安市水文局印发《吉安市水文突发事件应急预案》（吉市水文发〔2007〕第7号）。预案适用于全市范围内突发性水旱灾害事件、水污染事件、安全生产事件的预防和应急处置。

2008年3月28日，吉安市水文局印发《水文测验质量检验标准（标五：水文服务）》（吉市水文发〔2008〕第7号）。“标五：水文服务”是在原“标五：水文经济”的基础上修订而成。

2009年6月1日，吉安市水文局印发《吉安市水文局公务员考核实施办法》（吉市水文人发〔2009〕第5号）。吉安市水文局于2008年9月经省委省政府批准列入参照《中华人民共和国公务员法》管理。

2009年8月11日，吉安市水文局印发《水文宣传管理办法》（吉市水文办发〔2009〕第5号）。

2011年11月2日，吉安市水文局印发《关于加快我市水文改革发展的实施细则》（吉市水文办发〔2011〕第7号）。

2011年12月26日，吉安市水文局印发《吉安市水文局科技工作管理办法》（吉市水文测资发〔2011〕第9号）和《吉安市水文局仪器设备管理制度》（吉市水文测资发〔2011〕第10号）。

2012年11月，吉安市水文局编制《水文技术规范汇编》，共汇编国家规范、部颁规范等常用规范共21个，人手一册，供水文职工系统学习。

2013年11月15日，吉安市水文局印发《关于严肃工作纪律的通知》（吉市水文人发〔2013〕第12号）。

2017年2月4日，吉安市水文局印发《吉安市水文局教育培训实施方案》（吉市水文发〔2017〕第1号）。

2018年1月15日，吉安市水文局、市水文局党组印发《吉安市水文局党政工作规则（试行）》（吉市水文党发〔2018〕第2号），从2018年1月1日起执行。

2018年5月，吉安市水文局对《吉安市水文突发事件应急预案》进行了修订完善，制定了《吉安市水文应急预案》。应急预案包括《吉安市防汛抗旱水文测报应急预案》《吉安市水文局水污染事

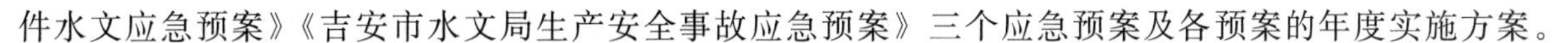

件水文应急预案》《吉安市水文局生产安全事故应急预案》三个应急预案及各预案的年度实施方案。

2019年12月30日，吉安市水文局印发《吉安市水文局合同管理办法》《吉安市水文局水文设施工程建设管理办法》和《吉安市水文局水文设施工程验收管理办法》（吉市水文发〔2019〕第18号），规范了水文设施工程验收和合同管理工作。

第二节　财　务　管　理

吉安市水文局财务管理职能由办公室负责，主要职能包括：拟订全市水文事业发展规划，编制年度投资计划，组织编制全市水文系统年度部门预算与决算，指导测站财务及资产管理。

全市水文系统认真贯彻执行国家有关财务管理制度，坚持勤俭办事业的方针，建立健全财务管理各项规章制度，合理编制单位财务预算，加强国有资产管理。

1978年6月15日，井冈山地区水文站颁发《井冈山地区水文测站业务经费管理暂行规定》（井地水文字〔78〕第43号）。暂行规定明确水文测站为报账单位，测站不保存原始单据。

1980年7月30日，省水文总站发布《关于印发〈江西省水文总站计划财务工作管理暂行规定〉的通知》（赣水文业字〔80〕第076号），自9月1日起试行。

1985年11月19日，财政部颁发《关于国家机关、企业、事业单位工作人员差旅费开支的规定》（财文字〔85〕第613号）。

1988年5月16日，省水文总站制定《江西省水文总站财务管理暂行规定》，自6月1日起执行。

1990年5月15日，吉安地区水文站印发《吉安地区水文站会计达标实施细则》（吉地水文办字〔90〕第12号）。

1990年，吉安地区水文站获得水利部颁发的“全国水利系统财务工作先进集体”荣誉称号。

1993年2月3日，吉安地区水文站印发《吉安地区水文站财务管理办法》（吉地水文办字〔93〕第04号），规定从1993年1月1日起各水文站队为财务核算单位，财务工作实行“自主经营，独立核算，自负盈亏，自我管理”的财务核算办法，并明确了地区站、测站财务管理职责。《吉安地区水文站财务管理办法》是水文系统加强财务管理、规范会计行为、合理安排经费、杜绝违法违纪行为的规范性文件。

1993年9月14日，吉安地区水文分局印发《全区水文职工公费医疗管理办法》（吉地水文办字〔93〕第20号）。

1996年4月，水利部授予吉安地区水文分局“全国水利系统财务工作先进集体”荣誉称号。

1997年7月17日，财政部印发《关于发布〈事业单位会计制度〉的通知》（财预字〔1997〕第288号），自1998年1月1日起执行。

2003年2月18日，省水文局印发《江西省水文局财务管理暂行规定》（赣水文财发〔2003〕第3号），要求各分局尽快制定适应本单位的财务报账实施细则，并报省水文局备案。

2003年4月8日，吉安市水文分局制定《吉安市水文分局财务管理实施细则》（吉市水文财发〔2003〕第4号）。

2005年12月6日，吉安市水文分局制定《吉安市水文财务管理办法》（吉市水文发〔2005〕第16号）。

2007年6月29日，江西省财政厅印发《江西省省直机关和事业单位差旅费管理办法》（赣财行〔2007〕第74号），本办法自2007年7月1日起施行。

2007年12月9日，吉安市水文局印发《吉安市水文局差旅费报销暂行规定》（吉市水文发〔2007〕第28号），从2008年1月1日起执行。

2010年7月15日，省水文局印发《江西省水文局行政事业单位收款收据管理办法》（赣水文计财发〔2010〕第25号）。

2010年7月19日，吉安市财政局、吉安市水利局下拨吉安市水文局20万元特大防汛补费。

2012年2月7日，财政部印发《事业单位财务规则》（财政部令　第68号），自2012年4月1日起施行。

2012年7月9日，省水文局印发《江西省水文局机关财务用款实施细则（试行）》（赣水文计财发〔2012〕第23号）。

2012年12月6日，财政部印发《事业单位会计准则》（财政部令　第72号），自2013年1月1日起施行。

2012年12月19日，财政部修订发布了《事业单位会计制度》（财会〔2012〕第22号），自2013年1月1日起施行。1997年7月17日财政部印发的《事业单位会计制度》（财预字〔1997〕第288号）同时废止。

2014年2月24日，江西省财政厅印发《江西省省直机关差旅费管理办法》（赣财行〔2014〕第14号），本办法自发布之日起施行。2007年6月29日发布的《江西省财政厅关于印发〈江西省省直机关和事业单位差旅费管理办法〉的通知》（赣财行〔2007〕第74号）同时废止，其他有关差旅费管理规定与本办法相抵触的，以本办法为准。

2014年9月12日，依据省财政厅发布的文件（赣财行〔2014〕第14号），吉安市水文局印发《吉安市水文局差旅费管理办法》（吉市水文财发〔2014〕第2号），从2014年9月1日起执行。

2016年10月21日，吉安市水文局印发《吉安市水文局差旅费报销管理办法》（吉市水文办发〔2016〕第4号）。

2017年9月26日，江西省财政厅印发《关于明确和调整省直机关差旅费有关管理规定的通知》（赣财行〔2017〕第25号），从2017年10月1日起施行。

2017年10月24日，财政部下发《关于印发〈政府会计制度——行政事业单位会计科目和报表〉的通知》（财会〔2017〕第25号），自2019年1月1日起执行。

2018年2月23日，省水文局发布《关于各市（湖）局内设财务室、信息中心的通知》（赣水文人发〔2018〕第2号），经省水文局党委研究，决定在吉安市水文局内部设立财务室。财务室设在办公室，安排3人专职财务管理工作，其中负责人1名（兼稽核会计），主办会计1名、出纳1名（兼资产管理员）。

财务室主要职责：贯彻执行国家和省级预算管理、政府采购预算管理、国有资产管理，财务管理、内控管理等方针政策及法律法规，维护财经纪律；拟订、修订财务，预算管理、政府采购等财务制度并认真贯彻执行；编制年度部门预、决算，掌握预算执行进度和资金运转情况，提出资金安排意见；负责财政性资金、非财政性资金及经营性资金的收支管理；负责水文项目投资计划管理工作；配合有关部门对本单位资金的监督检查工作；负责资产的归口管理。

2018年5月18日，吉安市水文局印发《吉安市水文局差旅费报销暂行规定》（吉市水文财发〔2018〕第1号），自2018年5月1日起执行。

2018年6月11日，吉安市水文局发件文件（吉市水文财发〔2018〕第2号），成立财务工作小组，由党组书记、局长李慧明任组长。财务工作小组的主要职责是：执行省局财务领导小组的工作部署；负责本局财务重大事项的协调与部署；内控工作、预决算工作、财务管理、绩效评价、风险评估、资产管理等。

2018年9月7日，吉安市水文局印发《吉安市水文局财务报销管理办法（暂行）》（吉市水文财发〔2018〕第4号）。

2019年1月1日，执行《政府会计制度》，不再执行《事业单位会计制度》和《事业单位会计准则》。

2019年4月8日，吉安市水文局印发《吉安市水文局重大舆情事件应急处置方案》（吉市水文办发〔2019〕第5号）。

2019年12月26日，吉安市水文局印发《吉安市水文局公务卡结算实施办法（暂行）》（吉市水文财发〔2019〕第1号）。

2019年，吉安市水文局成为独立的三级预算单位，开设零余额基本账户，入国库集中支付系统。

水文经费

全市水文事业经费，由省水文局统一下拨给市水文局，部分特大防汛经费、水毁经费、基建费等专项经费，根据实际情况由上级主管部门核定下拨。

2008年以前，全市各水文测站均设立财务账号，每年的水文事业经费由市水文局核定定额，下拨测站自行掌握，超支不补。水毁经费、基建费等专项经费，由测站向市水文局申请，由市水文局核定下拨，专项专款专用。

如2005年测站经费定额办法（摘要）：驻站津贴按每人每月22天驻站天数计算，降温费、取暖费按每人每年各100元定额，人头费（含办公费、差旅费、宣教费、其他业务费等）按每人每年200元标准定额，队部设置每年按2500元定额，测站设置每站每年按大河站800元、区域代表站600元、小河站400元、雨量站400元标准定额。

2007年5月25日，吉安市财政局发布《关于下达2007年市本级财政预算支出指标的通知》（吉财〔2007〕第7号），下达吉安市水文局水文测报工作经费4万元、水文工作业务经费5万元。

2007年9月28日，吉安市财政局发布《关于下达市级地方水利建设基金的通知》（吉财农〔2007〕第30号），下达吉安市水文局市级地方水利建设基金5万元，专项用于解决吉水乌江新田水文站水文测报设施水毁修复经费补助。

2009年6月5日，吉安市财政局发布《关于下达2009年市本级财政预算支出指标的通知》（吉财〔2009〕第20号），下达吉安市水文局水文事业费5万元、水文测报经费4万元。

2008年8月10日，吉安市财政局发布《关于下达市级地方水利建设基金的通知》（吉财农〔2009〕第16号），下达吉安市水文局市级地方水利建设基金6万元，专项用于吉安上沙兰水文站水文测报设施水毁修复经费补助。

2010年7月19日，吉安市财政局、市水利局下发《关于下达特大防汛补助费的通知》（吉财农〔2011〕第52号），下达吉安市水文局中央特大防汛补助费20万元。

2010年12月28日，吉安市财政局下发《关于下达设施维护费的通知》（吉财农〔2010〕第155号），下达吉安市水文局水文设施维护费7万元。

2011年5月，根据省委办公厅、省政府办公厅印发的《关于深入开展“小金库”治理工作的实施意见》（赣办发〔2009〕第18号）和省水文局发布的《关于印发〈2011年江西省水文局“小金库”专项治理工作实施方案〉的通知》（赣水文计财发〔2011〕第16号）要求，吉安市水文局基层测站财务账号已按省局要求停用。水文测站取消财务账号后，仍实施《吉安市水文财务管理办法》，各水文测站每年的水文事业经费仍由吉安市水文局核定定额，下拨各站队自行掌握，按照“超支不增补，节约留作下年使用”的原则进行管理，并由吉安市水文局指定各站队报账员，兼职财务工作。报账员应严格执行财经纪律和财务制度，按时到市水文局报账。

2011年6月15日，吉安市财政局发布《关于下达2011年市本级财政预算支出指标的通知》（吉财〔2011〕第6号），下达吉安市水文局水文事业费5万元、水文测报经费6万元。

2011年12月22日，吉安市财政局发布《关于下达市级小农水资金的通知》（吉财农〔2011〕

第 67 号），一次性下达吉安市水文局市级小农水资金即大中型水库水质监测工作经费 2 万元。

2011 年 12 月 29 日，吉安市财政局发布《关于下达市级地方水利建设基金的通知》（吉财农〔2011〕第 36 号），下达吉安市水文局市级地方水利建设基金即大型水库水质监测经费、监测站维护费 30 万元。

2012 年 3 月 9 日，省水文局下发《关于同意停用虹吸式雨量计和人工雨量器观测设备的批复》（赣水文站发〔2012〕第 5 号），同意吉安市水文局停用所有虹吸式雨量计和国家基本代办降水量站人工雨量器的降水量观测。所有降水量观测采用翻斗式雨量计自动监测，实现了降水量观测全自动记录、存储和传输，辞退了所有雨量站代办员，从 2012 年起取消雨量站经费定额。

2012 年 5 月 14 日，吉安市财政局下发《关于下达 2012 年市本级财政预算支出指标的通知》（吉财〔2012〕第 6 号），下达吉安市水文局水文事业费 5 万元、水文测报费 6 万元。

2012 年 12 月 13 日，吉安市财政局下发《关于下达市级地方水利建设基金的通知》（吉财农〔2012〕第 25 号），下达吉安市水文局市级地方水利建设基金 30 万元，专项用于大型水库水质监测经费、监测站维护费等。

2013 年 5 月 20 日，吉安市财政局下发《关于下达 2013 年市本级追加经费指标的通知》（吉财农便〔2013〕第 12 号），同意追加吉安市水文局 2013 年山洪灾害预警平台运行工作经费 10 万元。

2013 年起，报汛站及属站费用改为雨水情自动监测站差旅费；职工降温费、取暖费等不定额，由市水文局办公室按规定向职工发放。

2014 年，根据江西省财政厅有关规定，取消职工驻站津贴，对职工发放驻站伙食补助。

2016 年，全面实行巡测，取消各类站设置费，改为基本站巡测费。

2017 年，取消测站事业经费定额，各站水文事业费开支按实际支出由市水文局核实核销。

2018 年 1 月 9 日，万安县人民政府办公室抄告单（万府办抄字〔2018〕第 19 号）给万安县财政局，下拨给万安栋背水文站用于工作经费 2 万元。

2019 年，根据江西省财政厅有关规定，取消职工驻站伙食补助，在各站队开办职工食堂。

野外工作津贴（又称驻站津贴、驻站外勤费）

1953 年 4 月 29 日，水利部颁发《水文测站工作人员津贴办法》（劳福字第 42356 号），自 5 月起执行。5 月 21 日，省水利局根据水利部《水文测站工作人员津贴办法》，制定江西省水文测站工作人员津贴发放办法。津贴发放办法以站为单位，依据测站所在位置条件及具体情况，划分为四个等级，自 1953 年 5 月起执行。从此，水文测站工作人员开始享受外勤补贴。

1962 年 5 月，水电部党组向中共中央和国务院提出《关于当前水文工作存在问题和解决意见的报告》。10 月 1 日，中共中央和国务院批转水电部党组报告。同意：①将国家基本站网规划、设置、调整和裁撤的审批权收归水电部掌握，凡近期自行裁撤的国家基本站，均应补报水电部审批，决定是否裁撤或恢复；②将基本站一律收归省、市、自治区水电厅（局）直接领导，县、社党委应与水电厅（局）共同加强对测站职工的政治思想领导，并协助解决具体问题，保证水文站的正常工作，体制上收时，原有技术干部和仪器设备不准调动；③同意将水文测站职工列为勘测工种，其粮食定量和劳保福利，应按勘测工种人员的待遇予以调整。从此，水文测站职工享受劳保用品。

据 1987 年 12 月各站编制的水文站志记载，水文测站人员从 1962 年 8 月起享受野外工作津贴，津贴标准为汛期（4—9 月）每天 0.30 元，枯期（1—3 月和 10—12 月）每天 0.15 元。

1980 年 11 月 29 日，根据国务院批转《国家劳动总局、地质部关于地质勘测职工野外工作津贴的报告》和水利部以及省劳动局和省地质局关于贯彻执行上述报告的联合通知精神，省水文总站发出《关于水文站勘测职工享受野外工作津贴暂行办法》（赣水文人字〔80〕第 059 号），规定在偏僻山区、江河湖区从事水文野外勘测工作的职工，发给野外工作津贴，从 1980 年 7 月 24 日国务院批准之日起执行。

野外工作津贴标准，根据水文测站地处条件、工作艰苦条件等共划分为九类，吉安地区列为八类区，野外工作津贴标准为：滁洲、南溪、林坑、行洲、伏龙口、远泉、仙坑、杏头、北坑、坳下坪、胡陂等站为汛期每天0.8元、枯汛每天0.7元；栋背、上沙兰、赛塘、鹤洲、茅坪、石壁、新田、彭坊、木口、千坊、毛背、良田、棉津、夏溪等站为汛期每天0.8元、枯汛每天0.6元；吉安、峡江、永新、新干等站为汛期每天0.8元、枯汛每天0.5元。

1984年11月30日，省水文总站印发《关于水文勘探工享受野外工作津贴暂行办法的规定》(赣水文人字〔84〕第066号)。野外工作津贴标准，根据各基层测站自然条件、生活条件和交通状况的差异等情况分为五等：一等汛期每天0.5元、枯期每天0.3元；二等汛期每天0.6元、枯期每天0.4元；三等汛期每天0.8元、枯期每天0.6元；四等汛期每天0.9元、枯期每天0.7元；五等汛期每天1.2元、枯期每天1.1元。

1986年5月7日，吉安市水文局发布文件(吉地水文秘字〔86〕第25号)，调整泰和站野外工作津贴，由五等调整为二等，即汛期每天0.6元、枯期每天0.4元。

1987年9月24日，省水利厅发布《关于〈野外工作津贴调整办法〉和〈野外工作津贴标准调整的实施细则〉的批复》(赣水人字〔87〕第084号)，同意省水文总站制定的《野外工作津贴调整办法》和《野外工作津贴标准调整的实施细则》，新津贴办法自1987年1月1日起执行。

1987年11月4日，吉安地区水文站发布《关于转发〈野外工作津贴标准调整的实施细则〉的通知》(吉地水文站字〔87〕第032号)，对吉安地区水文测站野外工作津贴标准作了调整。野外工作津贴标准，根据各基层测站自然条件、生活条件和交通状况的差异，将水文测站野外津贴按地区类别调整为三种：

第一种：特别艰苦、交通极不方便，汛期每日津贴标准1.80元，枯期每日津贴标准1.60元。涉及的测站有4站：永新远泉站、吉水杏头站、泰和沙村站、遂川滁洲站。

第二种：比较艰苦、生活交通不方便，汛期每日津贴标准1.10元，枯期每日津贴标准0.90元。涉及的测站有21站：万安棉津、栋背、林坑站，遂川南溪、夏溪、仙坑、坳下坪等站，吉安上沙兰、赛塘、鹤洲、毛背等站，吉水新田、木口站，永丰伏龙口等站，井冈山行洲站，安福彭坊、东谷站，宁冈茅坪等站，新干太洋洲站、莲花千坊站、峡江潭西站。

第三种：县城附近2.5千米、生活交通方便5千米左右、市区附近5千米，汛期每日津贴标准0.70元，枯期每日津贴标准0.50元。涉及的测站有5站：吉安、峡江、泰和、新干、永新等站。

1988年4月25日，省水文总站印发《关于改进野外工作津贴调整办法的通知》(赣水文人字〔88〕第028号)。1987年野外工作津贴标准执行至1988年4月30日止，恢复1984年野外工作津贴标准，并在此标准上每人每天增加0.3元。

1988年5月26日，省水文总站批复吉安地区水文站《同意“关于上报野外工作津贴调整办法和实施细则的报告”的批复》(赣水文人字〔88〕第038号)，调整后的野外工作津贴标准从1988年5月1日起执行。各站野外工作津贴标准为：

一等，汛期每天0.7元、枯期每天0.5元，测站有吉安、峡江(驻县城职工)、新干、泰和、永新。

二等，汛期每天0.8元、枯期每天0.6元，测站有毛背、峡江(驻福民乡疗坑村老站的职工)。

三等，汛期每天1.1元、枯期每天0.9元，测站有新田、赛塘、上沙兰、栋背、夏溪、沙村、茅坪、彭坊、大洋洲、仙坑、南溪。

四等，汛期每天1.2元、枯期每天1.0元，测站有行洲、伏龙口、林坑、木口、千坊、鹤洲、东谷。

五等，汛期每天1.7元、枯期每天1.5元，测站有远泉、滁洲、杏头。

2004年6月1日，省水文局下发《关于报送各水文分局基层测站水文勘探人员野外工作津贴执行标准的通知》（赣水文人发〔2004〕第3号），要求各分局按下列标准进行调整，调整后的标准自2004年1月起执行。

（1）地处市、县（县政府所在地城关镇）城地域，生活、工作条件比较好的站（队）野外工作津贴调整后标准，日均不得超过0.8元。

（2）地处乡、镇政府所在地（含属县、市区城关镇），离乡、镇政府所在地不超过2千米，生活、工作条件较好的站（队），野外工作津贴调整后标准，日均不得超过1.2元。

（3）地处乡、镇政府所在地超过2千米不到5千米，生活、工作条件不好的站（队），野外工作津贴调整后标准，日均不得超过1.6元。

（4）远离乡、镇政府所在地达5千米，地处偏僻，生活、工作条件艰苦的测站，野外工作津贴调整后标准，日均不得超过2.1元。

（5）远离乡、镇政府所在地超过5千米，但又不靠村庄，生活、工作条件特别艰苦的测站，野外工作津贴调整标准，日均最高可达3元。

2004年6月21日，省水文局发布《关于〈调整基层测站水文勘探人员野外工作津贴标准〉的批复》（赣水文人发〔2004〕第8号），同意吉安市水文分局调整基层测站水文勘探人员野外工作津贴标准。

一等站：地处市、县（县政府所在地城关镇）城地域，生活、工作条件比较好的站（队）列为一等站。野外津贴日均标准调整为0.8元，汛期与非汛期按1～0.6元调整。遂川队、吉安、新干、永新、莲花站列为一等站。

二等站：地处乡、镇政府所在地或离乡、镇政府所在地不超过2千米，生活、工作条件一般的站（队）列为二等站。野外津贴日均标准调整为1.2元，汛期与非汛期按1.4～1元调整。泰和、峡江、白沙站列为二等站。

三等站：地处农村，距乡、镇政府所在地超过2千米不到5千米，生活、工作条件不好的站（队）列为三等站，野外津贴日均标准调整为1.6元，汛期与非汛期按1.8～1.4元调整，上沙兰、赛塘、新田，彭坊站列为三等站。

四等站：地处山村，距乡、镇政府所在地达5千米，生活、工作条件艰苦的站（队）列为四等站。野外津贴日均标准调整为2.1元，汛期与非汛期按2.3～1.9元调整。栋背、毛背、南溪、仙坑站列为四等站。

五等站：地处偏僻山村，距乡、镇政府所在地超过5千米，又不靠村庄，生活、工作条件特别艰苦的站（队）列为五等站。野外津贴日均标准调整为3元，汛期与非汛期按3.2～2.8元调整。千坊、坳下坪、林坑、鹤洲、滁洲、杏头站列为五等站。

2004年7月7日，省水文局下发《关于基层测站工作人员野外工作津贴等的补充规定》（赣水文人发〔2004〕第5号），凡借调到分局机关从事与原工作岗位无直接关系的工作，离开基层测站一个月及以上的工作人员，其野外工作津贴，提高8%津贴、浮动工资、大中专毕业生定级时高定的一级工资一律停发。

2006年9月14日，吉安市水文局下发《关于调整坳下坪水文站野外津贴标准的通知》（吉市水文人发〔2006〕第4号），坳下坪站因上迁至遂川县禾源镇，野外津贴标准由原来的五等站标准调整为三等站标准，汛期1.8元，枯期1.4元，从2006年8月1日起执行。

2014年，根据江西省财政厅有关规定，取消职工驻站津贴，对职工发放驻站伙食补助。

2018年12月24日，省水文局印发《关于进一步规范工作补助工会福利津补贴等发放工作的通知》（赣水文计财发〔2018〕第25号）。

2019年，根据江西省财政厅有关规定，取消职工驻站伙食补助，在各站队开办职工食堂。

公务交通补贴（公务用车改革）

2004 年以前，全市水文系统仅吉安市水文局配有 1～4 辆公务用车。

2004 年，市水文局增置一辆水质监测车，遂川水文勘测队调配一辆巡测车，全市共有公务用车 5 辆，其中市水文局 4 辆，遂川水文勘测队 1 辆。

2004—2014 年，全市一直保持 5 辆公务车运行，其中市水文局 4 辆，遂川水文勘测队 1 辆。

2007 年 10 月 11 日，省水文局发布《关于下拨突发性水污染事件现场水质监测车购置经费的通知》（赣水文计财发〔2007〕第 26 号），下拨经费 17 万元，购置水质监测车（帕拉丁）1 辆。

2007 年 12 月 11 日，省水文局发布《关于同意购置工作用车的批复》（赣水文发〔2007〕第 18 号），同意吉安市水文局以自筹资金的方式，购买小轿车 1 辆。

2015 年，省水文局根据江西省发展和改革委员会于 2012 年 9 月 27 日发布《关于江西省中小河流水文监测系统建设工程 2012 年度新建水文站实施方案的批复》（赣发改农经字〔2012〕第 2108 号）、于 2013 年 6 月 5 日发布《关于批复江西省中小河流水文监测系统建设工程 2013—2014 年度新建水文站实施方案的函》（赣发改农经字〔2013〕第 1118 号）、《关于批复江西省中小河流水文监测系统建设工程水文巡测基地建设实施方案的函》（赣发改农经字〔2013〕第 1119 号），为吉安市水文巡测基地、吉安县水文巡测基地，遂川水文巡测基地以及东谷、西溪、桥头、罗田、长塘、中龙、小庄、沙坪、潭丘等水文站配置水文巡测车、桥测车、设备运输车等共 15 辆，2015 年年底全部配置到位。截至 2015 年年底，全市共有公务用车 19 辆。

通过市水文局调节分配，栋背、吉安、峡江、新田、吉安勘测队、遂川勘测队、永新巡测基地、永丰巡测基地均配有水文巡测车，解决了水文巡测交通问题，为水文巡测发挥了极大的作用。

2016 年 3 月 7 日，市委办公室市政府办公室发布《关于印发〈吉安市公务用车制度改革实施方案〉及配套办法的通知》（吉办字〔2016〕第 37 号）。根据文件精神，吉安市水文局从 2016 年 3 月起全员参加公车改革，发放公务交通补贴。全市水文系统仅保留公务用车 7 辆，剩余车辆上交吉安市公务用车主管部门。

根据市委办公室市政府办公室发布文件（吉办字〔2016〕第 37 号），规定参公事业单位公务交通补贴层级划分为：厅级、处级、正科级、副科级、科员及以下五个层级。公务交通补贴标准为：厅级每月 1690 元、处级每月 1040 元、正科级每月 650 元、副科级每月 550 元、科员及以下（含工勤人员）每月 500 元。

吉安市水文局全员参加公务用车改革，公务交通补贴从 2016 年 3 月开始计发。

2016 年 5 月 30 日，省水文局印发《关于加强水文监测车辆使用管理有关工作的通知》（赣水文办发〔2016〕第 12 号）。6 月 16 日，吉安市水文局制定《吉安市水文局公务用车使用管理（暂行）办法》（吉市水文办发〔2016〕第 8 号）。

2017 年 7 月 14 日，江西省公务用车制度改革领导小组文件发布《江西省公务用车制度改革领导小组关于省以下水文系统公务用车制度改革实施方案的批复》（赣车改〔2017〕第 8 号），全省水文系统共保留一般公务用车 56 辆，其中江西省吉安市水文局保留一般公务用车 7 辆（机要通信、应急公务用车 1 辆，特种专业技术用车 6 辆）。

2018 年 5 月 18 日，吉安市水文局印发《公务用车（车辆租赁）使用暂行规定》（吉市水文办发〔2018〕第 7 号）。同年 8 月 10 日，印发《公务车辆（车辆租赁）使用管理办法》（吉市水文办发〔2018〕第 9 号）。

截至 2020 年年底，全市公务用车 7 辆，其中：机要通信和应急公务用车 1 辆、市水文抢测队 1 辆、遂川勘测队 2 辆、吉安勘测队 1 辆、永新水文巡测中心 1 辆、吉水水文巡测中心 1 辆。

财务审计

吉安市水文局财务管理部门负责对各站财务情况进行审计、各测站站长的离任审计，并接受上级部门对本单位的财务审计，包括主要领导干部离任审计、项目建设专项审计和财务常规审计等。

1998 年 6 月 11 日，省水文局发布《关于吉安地区水文分局法人代表离任经济责任审计情况的报告》，对吉安地区水文分局局长周振书离任进行了审计。

2004 年 11 月，吉安市审计局对吉安市水文分局 2003 年财务情况进行了审计，并出具了《关于吉安市水文分局 2003 年度财务收支情况的审计意见》（吉安审意〔2004〕第 80 号）。评价吉安市水文分局“连续两年审计表明，你单位机关财务管理工作较好，制定的一系列财务管理制度和措施运行有效，分口把关、分级管理方式调动了广大干部职工的工作积极性和主动性”。

2005 年，吉安市水文分局对彭坊、东谷、峡江、上沙兰、白沙、莲花等水文站财务、财产执行情况及站长离任情况进行了审计，并出具了财务、财产执行情况及站长离任审计报告。

2007 年 12 月 26 日，吉安市审计局发布审计报告（吉市审报〔2007〕第 79 号），对吉安市水文局 2006 年度财务收支情况进行了审计。

2012 年 11 月 6 日，省水利厅印发《〈关于刘建新同志在任江西省吉安市水文局局长期间经济责任的审计报告〉的通知》（赣水监察字〔2012〕第 15 号）。省水文局印发《关于吉安市水文局遂川水文勘测队改（扩）建工程项目竣工决算审计报告》（赣水文审计发〔2012〕第 3 号）。

2013 年 4 月 1 日，省水文局审计处印发《关于对吉安市水文局永新水文站站房队附属设施建设工程项目竣工决算的审计报告》（赣水文审计发〔2013〕第 1 号）。

2014 年 4 月 18 日，省水文局审计处印发《关于对吉安市水资源监测中心实验室改造项目工程竣工财务决算审计的报告》。

2014 年 5 月 27 日，省水文局审计处印发《关于对吉安市水文局栋背水文站改建工程项目的审计报告》。

2014 年 10 月 29 日，省水文局审计处印发《关于对吉安市水文局吉安水文站改建工程项目工程建设的审计报告》。报告评价吉安市水文局“工程建设能执行基建程序，项目审批手续较完备，能执行国家政策和规定，建立健全组织机构，配备了有上岗证的会计人员。工程竣工财务决算报告编制较规范，内容较完整”。

2017 年 12 月 25 日，省水文局审计处印发《关于吉安市水文局 2016 年度财务收支情况的审计报告》。

2018 年 12 月 18 日，省水利厅印发《〈关于周方平同志在任江西省吉安市水文局局长期间经济责任的审计结果报告〉的通知》（赣水财审字〔2018〕第 16 号）。

2019 年 4 月 22—26 日，省水文局省局派出审计组对吉安市水文局 2015—2018 年度的水文监测设施设备运行维护资金使用情况进行了审计。8 月 7 日，江西省水文局审计处印发了吉安市水文局 2015—2018 年度的《关于吉安市水文局××年水文监测设施设备运行维护资金使用情况审计结果报告》。

2019 年 8 月 23 日，省水文局审计处印发《关于吉安市水文局 2018 年度财务审计结果报告》。

2020 年 12 月 9 日，省水文局审计处印发《关于吉安市水文局吉安林坑等三处水文监测站点水毁修复工程竣工决算审计结果报告》。

财务记账

2003 年以前，由财务人员手工登记填写记账凭证，采用算盘、计算器计算。

2003 年，开始使用局域网络版用友财务软件。

2009 年 5 月，普及使用浪潮财务软件，在财务软件中操作录入记账凭证并打印，打印总账、明

细账。使用用友和浪潮财务软件后，操作稳定，准确率高，提高工作效率。

人员薪酬

水文工作人员执行人事部制定的事业单位工作人员的工资标准。

1984 年 12 月 26 日，省水利厅批复省水文总站：从 1983 年 7 月 1 日起，全省水文第一线科技人员向上浮动一级工资。

1991 年 10 月 18 日，根据省人事厅的文件（赣人薪发〔1991〕第 6 号）的通知精神，全省水文系统第一线凡执行向上浮动一级工资的科技人员，工作满 8 年的可以固定一级工资，调动工作时，其固定一级的浮动工资可作为基本工资予以介绍。

1992 年 5 月 23 日，省人事厅发布《关于将县以下农林水第一线科技人员浮动一级工资由满 8 年固定改为满 5 年固定的通知》（赣人薪发〔1992〕第 3 号）。从满 8 年之日起计算，以后每满 5 年固定一级工资；未满 8 年但已满 5 年者，可以从通知下发之日起固定一级工资；浮动的一级工资按规定固定后，如仍在县以下水文测站工作的，可同时在此基础上继续浮动一级工资。

1994 年 8 月起，其浮动工资固定一级的时间，仍为每满 8 年固定一级，其中，1993 年 10 月 1 日工资改革时，对在 1993 年 9 月 30 日前已满 8 年，可在新套改后职务工资基础上高套一档，然后再向上浮动一档职务工资（省人事厅赣人薪发〔1994〕第 11 号）。

2008 年 9 月，吉安水文系统参照《中华人民共和国公务员法》管理，从 2008 年 10 月起，停止执行浮动一档职务工资。

2008 年，参照公务员法管理后，原执行行政职务、技术职务的干部和专业技术职务工资的工人转为公务员，其公务员身份人员的工资按照机关单位公务员的工资标准重新套改，工勤人员重新执行机关单位工人的工资标准。

第三节 资 产 管 理

固定资产

1962 年 7 月 16 日，江西省水利电力厅水文气象局下发《关于建立台站仪器档案的通知》（水气字〔62〕第 179 号），要求建立仪器财产档案，掌握仪器规格型式、出厂年月、检定时间以及复检后的质量变化情况，今后所有仪器增减变动均应记入档案。

1993 年 4 月 1 日，吉安地区水文站印发《关于作好国有资产清理登记工作的通知》（吉地水办字〔93〕第 08 号），在全区水文系统开展了一次国有资产清理登记工作。

2006 年 4 月 30 日，市水文局制定《固定资产管理办法》（吉市水文发〔2006〕第 10 号）。

2010 年 3 月 29 日，根据省水文局发布的《关于在全省水文系统开展固定资产清查工作的通知》（赣水文计财发〔2010〕第 3 号）的工作部署，吉安市水文局制定了《固定资产清查方案》（吉市水文财发〔2010〕第 2 号），成立了以局长刘建新为组长的固定资产清查领导小组。

2010 年 5 月 15 日，吉安市水文局完成固定资产清查。同月 18 日，印发《关于固定资产清查工作的报告》（吉市水文财字〔2010〕第 1 号），向省水文局报告了固定资产清查情况。

2012 年 11 月 1 日，省水文局印发《江西省水文局机关固定资产管理暂行办法》（赣水文计财发〔2012〕第 39 号）。

2016 年 6 月 5 日，根据省水利厅发布的《关于印发〈2016 年行政事业单位国有资产清查工作方案〉的通知》（赣水计财字〔2016〕第 14 号）的工作部署，吉安市水文局成立以局长周方平为组长的国有资产清理领导小组（吉市水文财发〔2016〕第 2 号）。

2016年6月12日，吉安市水文局召开专题会议，动员部署国有资产清查工作。市局领导、各科室长、国有资产清理领导小组成员，各队、基地主要负责人参加会议。

截至2020年，吉安市水文局在全市已有房屋资产12590.30平方米，自记水位计220套，自记雨量计790套，缆道25座，转子式流速仪133架，手持电波流速仪5套，声学多普勒流速仪32套，雷达波测流系统9套，自动测深仪12套，激光粒度分析仪1台，水准仪32台，全站仪13台，GPS10台，卫星电话10部，计算机199台，无人机9架，测船8艘，汽车7辆。有33站（处）安装了视频监控系统（表7-4-1）。

表7-4-1　**2020年吉安市水文局固定资产统计**

资产名称	单位	数量	资产名称	单位	数量
一、房屋	平方米	12590.30	九、雷达波测流系统	套	9
其中：1. 办公用房	平方米	2800.71	其中：1. 固定雷达波	套	2
2. 业务用房	平方米	8389.01	2. 移动雷达波	套	7
3. 其他用房	平方米	1400.58	十、自动测深仪	套	12
二、自记水位计	套	220	其中：1. 超声波测深仪	套	9
其中：1. 浮子式	套	121	2. 多波束测深仪	套	3
2. 雷达式	套	60	十一、激光粒度分析仪	台	1
3. 气泡式	套	29	十二、全站仪	台	13
4. 压力式	套	10	十三、GPS	台	10
三、自记雨量计	套	790	十四、水准仪	台	32
四、自记蒸发计	套	11	其中：1. 数字水准仪	台	5
五、缆道	座	25	2. 自动安平水准仪	台	10
其中：1. 自动测流缆道	座	5	3. 普通水准仪	台	17
2. 自动测沙缆道	座	1	十五、卫星电话	部	10
3. 手摇电动两用	座	8	十六、计算机	台	199
4. 手动缆道	座	11	其中：1. 台机	台	137
六、转子式流速仪	架	133	2. 笔记本	台	62
七、手持电波流速仪	套	5	十七、视频监控系统	站	33
八、声学多普勒流速仪	套	32	十八、无人机	架	9
其中：1. 走航式	套	23	十九、测船	艘	8
2. 便携式	套	6	其中：1. 机动船	艘	6
3. 水平式	套	1	2. 非机动船	艘	2
4. 浮标式	套	2	二十、公务车、巡测车	辆	7

划界确权

由于历史遗留问题，20世纪所建水文站、水位站，大部分都是通过与当地村民口头协商，村民同意无偿转让土地用水文站、水位站建设，没有正式的纸质证明。

2007年6月15日，吉安市水文局印发《关于办理土地使用证和房产证的通知》，在全市各站启动办理土地使用证和房产证工作。

2011年6月16日，吉安市水文局印发《关于办理水文站队基地国有土地使用权证和房屋产权证的通知》（吉市水文发〔2011〕第17号）。要求各站尽快向当地县（市、区）人民政府国土资源行政主管部门和房产管理部门提交办理国有土地使用权证和房屋产权证的申请。

2011年11月6日，吉安市水文局再次印发《关于抓紧办理国有土地使用证和房屋产权证的通知》（吉市水文办发〔2011〕第8号），成立了市水文局两证办理领导小组，负责两证办理的指导协调和督办工作。

2013年4月1日，永新县人民政府下发《关于无偿划拨龙门水文站用地手续的复函》，"同意按征地、报批等成本价格5万元/亩对项目实施划拨供地"。

2013年5月19日，永丰县人民政府发布《关于办理永丰县鹿冈水文站项目用地供地手续的复函》（永府字〔2013〕第11号），"同意为永丰县鹿冈水文站办理划拨国有土地使用权证"。

2014年11月24日，国务院颁布《不动产登记暂行条例》（国务院令第656号），自2015年3月1日起实施。在不动产登记制度实施之前取得房产证，继续有效，二者都可以作为房屋所有权归属的证明。

2018年4月16日，吉安市水文局下发文件（吉市水文办发〔2018〕第3号），成立吉安市水文局水文测站确权登记工作小组，负责协调处理登记工作中的问题，处理登记工作技术指导，督促、办理确权登记工作。

经统计，2015年3月1日前已取得房产证的单位有：吉安市水文局、遂川水文勘测队、栋背水文站、永新水文站。2015年3月1日后取得不动产证的单位有：吉安水文巡测基地、永丰水文巡测基地、莲花水文站、永丰鹿冈水文站、永新龙门水文站、遂川滁洲水文站、遂川仙坑水文站、遂川坳下坪水文站。

遂川水文站水位房产权归遂川县政府所有，遂川水文站只有使用权。

有土地转让协议的站有：大汾、汤湖、新江、井冈山。

取得土地使用证情况见表7-4-2。

表7-4-2　　取得土地使用证情况

站　　名	取证时间	土地使用证编号	使用权面积/平方米
赛塘水文站	1994年5月	吉国用（94）字第4-76号	6666.67
鹤洲水文站	1994年9月16日	吉国用（94）字第4-78号	2600
栋背水文站	1995年8月	万国用（95）字第18-04号	2185.36
林坑水文站	1996年3月	万国用（96）字第18-04号	920.78
林坑站缆道房	1996年3月	万国用（96）字第18-05号	119.25
白沙水文站	1998年8月	吉国用（98）字第2218D-011号	860
遂川水文勘测队	1998年12月	遂国用（98）字第　号	2357.5
吉安地区水文分局	1999年7月14日	吉地国用（1999）字第0354号	10135
峡江水文站	1999年7月	峡国用（99）字第01-01-0001号	2005.2
永新水文站	1999年11月	永国用（籍）字第0180号	1583.62
峡江水文站桔园	2000年7月	峡国用（2000）字第05-254号	17.2亩
永新水文站	2007年	永国用（籍）字第2007-145号	1006.2
上沙兰水文站	2011年12月12日	吉国用（2011）字第敖城022号	2414
彭坊水文站	2012年11月12日	安土国用（籍）字第101419035号	1936.72
冠山水文站	2015年	吉国用（2015）字第319号	251
新田水文站	2015年	吉国用（2015）字第320号	937

第四节　档　案　管　理

1965年，吉安水文气象分局印发《吉安地区水文气象站文书处理及文书立卷和归档工作暂行规定》。6月10日，江西省水利电力厅水文气象局转发《吉安水文气象分局印发的“吉安地区水文气象站文书处理及文书立卷和归档工作暂行规定”的函》（水气办字〔65〕第014号），认为目前水文气象站单位小、人员少，没有专职的文书工作人员，有关文书处理、档案工作的规定、制度也不健全，工作人员对文书处理和档案工作的业务不熟悉。吉安水文气象分局制定的《文书处理及文书立卷和归档工作暂行规定》很有参考作用。

1996年11月4日，吉安地区水文分局发布《关于成立“吉安地区水文分局档案达标领导小组”的通知》（吉地水文办字〔96〕第28号），决定成立吉安地区水文分局档案达标领导小组，副局长金周祥任组长，办公室主任邓红喜任副组长。

1996年11月5日，吉安地区水文分局下发《关于成立吉安地区水文分局综合档案室的通知》（吉地水文办字〔96〕第26号），决定成立吉安地区水文分局综合档案室，邓红喜任综合档案室主任，综合档案室归口办公室管理。同日，吉安地区水文分局印发《关于配备吉安地区水文分局综合档案室管理人员的通知》（吉地水文办字〔96〕第25号），对吉安地区水文分局综合档案配备了专职和兼职管理人员11人。江荷花、周国凤、鄢玉珍为专职档案管理员。

1997年1月14日，江西省档案局发布《关于颁发科技事业单位档案管理升级证书的通知》（赣档字〔1997〕第6号），批准颁发吉安地区水文分局省级先进档案管理升级证书。

1997年2月24日，经中共江西省委组织部（赣组通〔1997〕第16号）考核通报，吉安地区水文分局被评为“干部档案工作三级单位”。

截至2008年，在档案管理中，有2人晋升图书馆员、3人晋升助理图书馆员、2人晋升图书管理员。

2011年6月17日，吉安市水文局印发《档案管理办法》（吉市水文发〔2011〕第18号）。

2016年4月，黄剑参加江西省档案局举办的“全省档案人员上岗培训”，经考试考核合格，获江西省档案局颁发的上岗合格证。

2017年5月8日，省水文局印发《关于建立和完善基层站队管理档案的通知》（赣水文监测发〔2017〕第11号）。管理档案包括：操作手册、测站考证簿、设施设备管理档案、遥测站运维管理档案、业务学习和规范贯标管理档案、公文处理档案、资料管理档案、应急监测管理档案、值班日志和考勤档案等九个方面。

文书、科技管理档案

文书档案主要包括：各类收发文件和会议纪要等。科技档案主要包括：站网管理、观测记录、资料整编、水文分析与计算、水文情报、水文调查和分析成果等。

办公室负责文书档案、科技档案的立卷、归档、管理和保密工作。

1958年，省水利厅决定：1950年以后各站资料及整编底稿下交各分站管理。因此，除民国时期的原始资料、1950年以后出版的《水文年鉴》和部分水化学原始资料集中省水文总站保管外，其他原始资料和整编底稿，分散至各地水文分站保管。

1962年，吉安专区水文气象总站将1961年及以前的资料由印刷厂装订成册，分类编目，购置资料箱储存，建立技术资料档案管理制度，指定人员兼职管理。

1964年，吉安水文分局被评为吉安专区技术资料档案管理先进单位。

1974年，水电部发出《关于加强水文原始资料保管工作的通知》，指出：水文原始资料是水文观测的第一性资料，是国家的宝贵财富，是广大水文职工长年累月辛勤劳动的果实，必须珍惜爱护，认真保管。通知指出：①水文原始资料，属永久保存的技术档案材料；②水文原始资料，应集中在省、市、自治区总站保管。要有必要的水文资料仓库。

1975年，根据省水文总站要求，水文资料按水系、按站、按项目、分年序装订、造册，填写登记表，永久保管。从此，档案管理工作得到加强。

1980 年，地区水文站办公大楼竣工，建有 50 多平方米地下仓库，作为档案管理室，专门存放档案，并备有排风扇一台，吸湿机两台等设备。

1986 年 2 月，省水文总站根据省水利厅发布的《关于文电资料密级划分的试行规定》，结合省内实际情况，制定《水文部门文电资料密级划分试行规定》，印发全省执行。试行规定将全省水文文电资料划分为“绝密”“机密”“秘密”三级，并提出各级文电资料的范围和管理措施。

1987 年 12 月，鄢玉珍获图书管理员专业技术职务，档案管理正式配有专业技术职务的图书管理员专人管理，档案管理逐步走向规范化。

1990 年 5 月 14 日，水利部印发《水文资料的密级和对国外提供水文资料的试行办法》（水文〔1990〕第 1 号），水文资料的密级分为机密、秘密二级。

2015 年 4 月 22 日，省水文局印发《江西省水文科技档案管理办法》（赣水文科技发〔2018〕第 2 号）。

根据吉安市档案局、吉安市档案馆发布的《关于开展档案移交进馆专项行动的通知》，2020 年，吉安市水文局文书档案、科技档案逐步移交吉安市档案馆管理。

人事档案管理

人事档案管理采用三级管理方式：副处级以上（含非领导职务）的人事档案由省水利厅人事部门管理；副局长、办公室主任（组织人事科科长）的人事档案，由省水文局人事部门管理；其他人员人事档案由组织人事科管理。

人事档案由市水文局组织人事科建档保管，存放于人事档案室。

人事档案管理人员必须做到及时将人事档案材料进档或装入档案袋中，以备统一整理时装订成册，并做好保密工作。

人事档案管理工作，均执行江西省委组织部制定的《干部档案保管保密制度》《干部档案查借阅制度》和《干部档案工作人员职责》。

人事档案管理制度，人事档案室必须能防火、防盗，配备空调、干湿温度计，铁皮档案柜、厨，档案室和阅档室应分设。人事档案一般不得外借，如需借阅必须经单位组织人事部门领导或分管人事工作的领导批准同意；借阅档案时不得拆卸档案中的材料，阅完档案后应及时完整归还档案室保管。

1989 年 5 月 29 日，省水文总站党总支发布《关于加强干部管理明确管理权限的通知》（赣水文党字〔89〕第 005 号），明确全省水文系统的干部管理权限：省水文总站党总支管理地区水文站副站长、办公室主任、主任工程师、正科级单位的正职的任免事项，其他正科级单位的副职及副科级单位的正、副职干部由各地区水文站党组织任免；其中地区水文站机关内设的副科级机构的正、副职干部先报省水文总站党总支备案同意后任免。自 1989 年 6 月 1 日起执行。

1991 年 6 月 4 日，省水文局下发《关于加强干部档案管理和整理工作的通知》。

1997 年 2 月，经中共江西省委组织部考核，吉安地区水文分局被评为“干部档案工作三级单位”荣誉称号。

2003 年 3 月 11 日，省水文局党委下发《关于加强干部管理工作的通知》（赣水文党字〔2003〕第 06 号）。对全省水文系统干部管理权限和任免材料报送注意事项作出进一步明确。明确各地市（湖）水文分局副局长、副总工程师、正科级站（队）长由省水文局党委任免。各地市（湖）水文分局正科级单位的副职及副科级单位的正副职由各地市（湖）水文分局党组织任免。要求做到民主推荐、组织考察、民意测验、任前公示。

2003 年 7 月 7 日，省水文局下发《关于做好干部档案审核检查工作的通知》。根据通知要求，吉安市水文分局对干部档案进行了一次审核检查。

2003 年 12 月 26 日，吉安市水文分局获档案工作目标管理省二级单位。

财务管理档案

财务档案主要指会计凭证、会计账簿、财务会计报表和其他会计资料。

财务档案由办公室财会人员建档保管，存放于财务档案室。

自实行财务电算化以后，通过计算机打印输出的各类账簿、报表等文档资料，视同原手工登记的账簿、报表等会计资料进行保管。同时，计算机软件备份保管，保管期限截止于该系统停止使用或有重大更改之后的三年。

1984 年 6 月 1 日，财政部、国家档案局制发《会计档案管理办法》(财预字〔1984〕第 85 号)。8 月 21 日，省水文总站转发此办法，要求及早建立会计档案。

水情技术档案

1987 年 2 月 14 日，吉安地区水文站发布《关于建立〈测站水情技术档案〉的通知》(吉地水文情字〔87〕第 02 号)。通知要求各站建立《测站水情技术档案》。

《测站水情技术档案》的主要内容有：

(1) 有关水情业务技术规定、办法、规章制度，以及计划总结等。

(2) 各类预报方案及其附件 (包括统计分析资料图表)。

(3) 水情任务书、委托书、协议书、服务调查资料、服务卡及合同书等。

(4) 洪旱分析报告、水情科研成果、专题总结、技术报告。

(5) 反映流域自然地理景观，农林水措施、水库、闸坝、堤防、分蓄水工程等各项基本资料及其管理运用有关资料，江河湖库水文情势，水文气象特征以及历史洪、枯水调查资料。

(6) 记载大旱大涝的历史文献，大暴雨洪水分析个例，重大灾情记载，水利工程资料，主要堤防失事后的灾害调查资料等。

(7) 防汛资料、图表、水情手册等。

(8) 通信设施的有关资料。

(9) 各种水情考证资料 (统计表格由地区站统一印发)：①历年月、年最高、最低及平均水位 (本站)；②历年月、年最大、最小及平均流量 (本站)；③历年月、年降水量 (本县及其各站)；④历年连续 1 天、3 天、7 天、15 天、30 天最大降水量 (各站、本县)；⑤历年 (6 月 1 日至 10 月 20 日期间) 连续 50 天、70 天、90 天最小降水量 (本县及其各站)；⑥历年各次较大洪水在警戒水位以上的持续时间 (本站)；⑦历年综合流率表或关系线图 (本站)。

(10) 其他有关资料。

资料技术档案

1979 年 1 月 25 日，井冈山地区水文站发布《关于检发〈井冈山地区水文测站技术档案〉的通知》(井地水文字〔79〕第 9 号)。通知指出，测站技术档案的建立是全区水文工作中的一个薄弱环节，要求尽快建立和完善水文测站技术档案。

1990 年 7 月 13 日，吉安地区水文站发布《关于印发〈吉安地区水文站测站资料技术档案建档提纲〉的通知》(吉地水文测资字〔90〕第 10 号)。通知要求各站在 2～3 年内完成测站资料技术档案建档工作。

测站资料技术档案主要由文字和图表两部分组成。

文字部分：主要有概述、基本情况、考证资料、水位资料、流量资料、泥沙资料、降水量资料、蒸发量资料和水温资料等。

图表部分：主要有测站位置图、测验河段平面图、上下游水利工程图、各断面大断图、水位流量关系图等，以及各类水文特征值表等。

2017年1月12日，省水文局下发《关于建立和完善基层站队管理档案的通知》（赣水文监测发〔2017〕第11号），并附建档内容和要求。

第五节　测验河段保护

水文测验河段，即为测量水文要素，按照一定技术要求，在河流上选择对水位流量关系稳定性起控制作用，并设有相应测验设施的河段。

水文测验河段是收集水文资料的重要场所，为保护水文测验河段不受破坏，国务院、水利部、江西省人民政府、吉安市人民政府等均出台了相关法规，对保护水文测验河段（水文监测环境）作了明确规定。

《中华人民共和国水文条例》第三十一条规定："国家依法保护水文监测环境。县级人民政府应当按照国务院水行政主管部门确定的标准划定水文监测环境保护范围，并在保护范围边界设立地面标志。"

水利部发布的《水文管理暂行办法》第二十八条规定："水文测站的主管机关应根据水文测验技术标准，分别在测验河段的上下游和气象观测场周围，划定保护区，报经县或县以上人民政府批准，并在河段保护区上下界处设立地面标志。"

水利部发布的《水文监测环境和设施保护办法》第四条规定："水文监测河段周围环境保护范围：沿河纵向以水文基本监测断面上下游各一定距离为边界，不小于五百米，不大于一千米；沿河横向以水文监测过河索道两岸固定建筑物外二十米为边界，或者根据河道管理范围确定。"

《江西省保护水文测报设施的暂行规定》第二条规定："水文观测的测验河段、观测场地和仪器、设备、过河设施、通信线路、测量标志等，均属水文测报设施，应严加保护。任何单位或个人不得损毁、侵占或擅自移动。"

《江西省人民政府关于加强水文工作的通知》第二条规定："各级水文主管部门应根据水文测验技术标准，在水文测验河道的上下游和观测场周围划定保护区"。

《江西省水文管理办法》第二十三条规定："水文水资源监测环境依法受到保护。县级人民政府应当按照下列标准划定和公布水文水资源监测环境保护范围，并在保护范围边界设立地面标志：①赣江、抚河、信江、饶河、修河干流或者其他集水面积三千平方公里以上的监测河段的保护范围，以基本监测断面上下游各一千米为边界，两岸为历史最高洪水位以下的河槽区域；其他河流以基本监测断面上下游各五百米为边界，两岸为历史最高洪水位以下的河槽区域。②鄱阳湖水文水资源监测区的保护范围，以基本监测断面周围五百米为边界。③水文水资源监测场地的保护范围，以监测场地周围三十米为边界。④水文水资源监测设施的保护范围，以测验操作室、自记水位计井、水文缆道的支柱（架）、锚锭等监测设施周围二十米为边界"。

吉安地区行政公署《贯彻江西省人民政府关于加强水文工作通知的实施意见》第三条第2点规定："各水文站、队要根据水文测验技术标准和《水法》《水利部水文管理暂行办法》等法律法规的有关规定，在水文测验河段的上下游和观测场周围，经所在地的县市人民政府批准，划定保护管理范围，设立明显标志，任何单位和个人均不得在水文测验保护范围内从事有碍水文观测作业的活动"。

1992年5月2日，吉安地区水文站发布《关于检发〈水文测站测验河段及气象观测场保护区范围意见〉的函》（吉地水文测资字〔92〕第08号），要求各站依据水利部《水文管理暂行办法》要求，拟定测验河段保护范围，报当地县人民政府批准。

1994年9月，遂川县人民政府发布文件（遂府发〔1994〕第29号），在全市率先批复遂川水文勘队，“根据《中华人民共和国水法》第二十八条、二十九条和《江西省实施河道采砂收费管理办法细则》第七条规定：‘在水文测验断面的上下游各500米，用比降面积法测流的上、下游各100米以内的河段和区域、划定管理和保护范围’实行水文测验保护区；以县政府名义，设立保护标志。”

1997年7月21日，万安县人民政府印发《关于认真做好栋背水文站水文测验设施保护工作的通知》（万府字〔1997〕第91号），同意设立万安县栋背水文站水文测验保护区。

1999年4月13日，峡江县人民政府印发《峡江县人民政府关于加强水文工作的实施意见》（峡府发〔1999〕第06号）。明确“县水文站的测验、观测、报汛通信设施及标志、桩点等，任何单位和个人不得侵占，毁坏或擅自移动。根据水文测验技术标准要求，测验断面的上下游各1000米范围为水文测验河段保护区，并设立保护标志”。

1999年10月10日，万安县人民政府发布《关于万安河道采砂整治的通告》，明确在栋背水文站水文测验断面上、下游各1000米以内的河道内禁止淘金、采砂作业。

2002年3月10日，万安县人民政府颁发《关于整顿沙石矿区开采秩序的实施办法》。明确万安栋背水文站测流断面上、下游各1000米的测验河段不属于河道沙石开采区域之列。

2002年9月17日，永新县人民政府发布《关于同意划定水文监测断面保护区并设立地面标志的批复》（永府办字〔2002〕第90号），批复永新水文站“同意设立永新水文站水文测验保护区并设立地面标志”。

2005年6月1日，吉安市政府办公室向永新县人民政府发出《关于清除永新水文站水文测验河段采砂设备的通知》（吉府办字〔2005〕第120号），清理情况要求在6月底前书面报市政府。

2005年6月6日，吉安市政府办公室向吉安县人民政府发出《关于清除赛塘（二）水文站水文测验河段林木及采砂设备的通知》（吉府办字〔2005〕第121号），清理情况要求在6月底前书面报市政府。

2005年6月6日，吉安市政府办公室向万安县人民政府发出《关于清除栋背水文站水文测验河段林木的通知》（吉府办字〔2005〕第122号），清理情况要求在6月底前书面报市政府。

2005年6月6日，吉安市政府办公室向吉水县人民政府发出《关于清除白沙水文站水文测验河段林木的通知》（吉府办字〔2005〕第122号），清理情况要求在6月底前书面报市政府。

2005年8月25日，新干县人民政府发布《关于同意划定水文监测河段保护区的批复》（干府字〔2005〕第29号），批复新干水位站“同意设立新干水位站水文测验保护区”。

2005年11月20日，吉安县人民政府印发了《关于划定上沙兰等3座水文站水文监测保护范围的通知》（吉县府办字〔2005〕第148号），同意上沙兰、赛塘、鹤洲水文站设立水文监测保护区。

2005年12月13日，吉州区人民政府印发《关于划定吉安水文站水文监测保护范围等事项的通知》（吉区府办字〔2005〕第74号），同意吉安水文站设立水文监测保护区。

2005年12月13日，吉州区人民政府印发《关于划定毛背水文站水文监测保护范围的通知》（吉区府办字〔2005〕第75号），同意毛背水文站设立水文监测保护区。

2005年12月23日，青原区人民政府印发《关于划定水文监测保护区的通知》（吉青府办字〔2005〕第158号），同意吉安水文站设立水文监测保护区。

2006年10月12日，安福县人民政府发布《关于要求划定水文监测河段保护范围的批复》（安府字〔2006〕第85号），批复彭坊水文站“同意设立彭坊水文站水文测验保护区”。

2007年9月20日，泰和县人民政府发布《关于划定水文监测保护区的公告》。

2011 年 12 月 19 日，吉水县人民政府印发《关于划定新田水文站和白沙水文站水文测验保护范围的通知》（吉水县府办字〔2011〕第 340 号），同意新田、白沙水文站设立水文测验保护范围区。

截至 2011 年年底，全市 18 个国家基本水文水位站，均得到了当地县级人民政府同意在水文测验河段设立保护标志的批复。

第八篇 水文服务

水文工作通过对自然界水的数量和质量以及水生态、水环境状况在时间和空间上的分布和变化规律进行监测分析研究，积累了大量的水文资料和分析研究成果，为防汛抗旱减灾、水资源管理与保护、水利工程建设、城市规划、土地规划以及桥梁、港口、码头、招商引资等工程规划、设计、建设提供水文技术服务，并取得显著的社会和经济效益。

20 世纪 80 年代初开始，吉安水文利用业务技术和人才设备优势，积极开展技术咨询和综合经营，实行水文专业有偿服务，大力发展水文经济。

截至 2020 年，吉安水文基本形成了覆盖全市各县（市、区）、服务功能齐全完备、便捷快速的全方位、多层次、务实高效的水文服务体系。

第一章 防灾减灾服务

第一节 水文测报服务

1962年，吉安专区水文气象总站成功预报6月全区特大洪水。根据预报，吉安专区党政领导及防汛等部门，及时组织人员保卫防洪大堤，转移灾民和财产，避免了重大人员伤亡和财产损失。

1982年6月，吉安地区水文站及时向有关部门提供水情预报，使吉安地区贮木场停靠在禾水和赣江的木材得以加固转移，使价值400多万元的3万立方米木材免受损失。上沙兰水文站成功预报6月大洪水，永阳供销社在接到预报后，及时抢救出价值10万元物资。峡江水文站预报6月中旬大洪水，预见期72小时。预报避免损失：县外贸公司价值6万多元的商品，巴邱、樟江两个竹木转运站近3600立方米木材，县商业局300吨化肥、农药，县皮革厂价值3万余元的机件材料，县香菇厂1万多瓶菌种，县采石厂20多吨水泥，县人民饭店上百个床位转移，县中学1000多名师生及时疏散。万安棉津水文站预报两次大洪水，预见期18小时。根据预报，仅万安县城抢救的物资有：县农垦局的木材4万多立方米、毛竹1000多根，县商业局三个仓库的农药3万多斤、化肥1万多斤。

1992年6月17日，乌江流域普降暴雨，日平均降水量129毫米，水位以0.3米/小时速度上涨。18日上午，新田水文站作出本次洪峰水位可达55.20米预报（实况55.28米），并及时向吉水县防汛办、乌江和丁江乡政府发布预报。据此，乌江和丁江乡党委紧急部署，迅速转移沿河两岸受淹群众，无一人一畜伤亡，为两乡减少损失15万元。

1992年6月12—18日，吉安全区平均降雨235毫米，吉安站水位达53.32米，超警戒水位2.82米，为建站以来第三位洪水位，万安、峡江、新干、永丰、永新、安福六个县城进水，峡江和新干县城水深超过2米，105国道和6条跨区公路中断，中断最长达7天。吉安地区水文分局及时提供雨水情信息，发布水情预报，为全区减免洪灾损失1.54亿元。

1994年5月上旬，赣江上游水位暴涨，吉安地区水文分局分析了上游洪水和本地区各江河水情后，向地委、行署和地区防办建议，在赣江上游洪峰未到之前，万安水库提前加大泄流，腾空一定库容调蓄洪水，降低下游洪峰水位。地委领导立即采纳这一建议，要求水库加大泄洪，腾出一定库容调蓄，结果使万安水库以下赣江水位削减近1米，大大减轻了洪水灾害损失。

1994年6月14—15日，遂川江普降大雨和暴雨，水位陡涨，两岸居民心中恐慌，担心洪水淹堤。遂川水文勘测队15日18时发出了洪水不会淹堤的预报，使沿岸大多数群众及有关单位省去了不必要的财产转移，安定了人心。6月17日，禾水发生洪水，时值中考，永阳考区考场地势低，考场会不会受淹、考场要不要搬迁、中考是否能顺利进行，吉安县副县长特为这些问题到吉安上沙兰水文站调研。上沙兰水文站经反复论证分析，作出了在未来若降水不再加大的情况下，考场不必搬迁，中考可以顺利进行。该站还主动每隔2小时向考场办公室和镇政府提供水情雨情的实况，直接为考场提供服务，广大考生及其家长纷纷赞扬，领导十分满意。

在“94·5”“94·6”暴雨洪水期间，全区水文职工日夜奋战，及时分析雨水情变化，准确地向当地党政机关、防汛部门提供了全区各县市的洪水信息。据不完全统计。由于水文部门水情服务及时准确，全区减少直接经济损失达1.29亿元，得到地委、行署领导的好评。

1994年6月23日，吉安行署专员王林森在全区抗洪救灾工作会议上称："在抗洪抢险中，各部门积极配合，互相支持形成合力，保证了抗洪抢险的顺利进行。水文部门恪尽职守，发挥了重要的耳目和参谋作用。"

1994年8月12日，吉安行署副专员匡远伦在全区农业和农村工作会议上的报告中称："特别是水文部门在今年的抗洪救灾中及时提供了水文情报预报，对各级领导指挥抗洪救灾起到了很好的决策参考作用。"

据统计，1992—1994年，全区水文系统累计向当地县级以上党、政、军领导机关提供水文情报预报次数达12万余次。

1992—1994年水文情报预报服务情况见表8-1-1。

表8-1-1　　1992—1994年水文情报预报服务情况

提供水文情报预报单位	提供水文情报预报次数		
	1992年	1993年	1994年
吉安地区水文分局	8956	7969	8395
栋背站	849	650	727
泰和站	1415	1045	1302
吉安站	8047	7320	7611
峡江站	8576	7690	8091
新干站	8956	7969	8395
遂川水文勘测队	1015	1019	1130
永新站	949	933	904
上沙兰站	1347	1367	1452
赛塘站	884	894	946
鹤洲站	221	227	198
新田站	1038	1083	1044
合计	42253	38166	40195

注：本表仅统计提供给县及县级以上党、政、军领导机关、吉安地区防汛抗旱指挥部，各县防汛抗旱指挥部的数据。

1997年7月上旬，吉安地区水文分局对外发布洪水预报28次，为全区减免洪灾损失1.6亿元，其中，几十次为京九铁路提供及时准确的水文情报预报服务。

1997年9月10日，泰和县防汛抗旱指挥部致函吉安地区水文分局，高度评价泰和水位站在"97·7"洪水中及时准确的情报预报服务，为防汛抢险决策起到了耳目和参谋作用，为泰和县避免直接经济损失1000多万元。

1998年3月12日，泰和县防汛抗旱指挥部致函吉安地区水文分局，赞扬泰和水位站在3月中旬洪水中提供了及时准确的水情信息，特别是两次洪水预报，为县领导决策起到耳目和参谋作用，避免直接经济损失3000多万元，转移沿江两岸人口8000人。

1998年6月26日晚，吉安地委书记王林森给吉安地区水文分局打来电话："水文的同志辛苦了，感谢你们的大力支持，如有新的汛情随时打电话给我。"

2010年6月中旬，吉安市持续强降雨，导致全市出现1994年以来最大洪水，赣江及各支流汛情告急，并出现2次超警戒水位，防汛形势非常严峻。

在抗洪抢险的关键时刻，全体水文干部职工在各自岗位上全力奋战，发扬特别能吃苦、特别能

战斗、特别能奉献的精神和顽强拼搏、连续作战的作风，积极做好防汛水文测报和水文服务工作；市水文局局长刘建新在陪同吉安市委书记周萌视察防汛工作之余，与副局长李慧明亲自坐镇水情科，在长达8天共192个小时里，同水情科的同志一道坚守在岗位上，通宵达旦，少有休息，加强洪水预报分析，为吉安市委、市政府和各县（市、区）指挥抗洪抢险做出正确决策提供准确及时的科学依据。各水文站随时向地方政府汇报雨水情信息，及时发送水情快讯，准确的洪水预报和积极主动的服务受到各县（市、区）领导的高度评价。因吉水县城未设水文站点，根据市防总要求，吉安市水文局先后主动2次派遣水文工程技术人员驻吉水县协助抗洪抢险工作。根据市水文局水情科提供的水情信息和有关资料，准确预报赣江吉水河段洪峰水位和同江堤河段的洪水，为吉水县抗洪抢险提供准确可靠的决策依据，受到吉安市委、市政府和吉水县委县政府的高度评价。

据统计，在测报这场特大洪水过程中，全市水文网络畅通率保持在98%以上，共采集雨水情数据96万余组；对外发布各类信息48000余条次；分析预报洪水380余站次，洪水预报合格率达99%；编印吉安水情信息、水情快讯、水情呈阅件及雨水情专题材料1200余份；接打水情服务咨询电话6800余人次；向市委、市政府、市防总口头汇报雨水情、参与防洪决策100余人次。

江西省委常委、省纪委书记尚勇，吉安市委书记周萌，市委副书记、市长王萍对吉安市水文局在“10·6”洪水抗洪抢险中所发挥的重要作用给予了高度评价。

2010年6月27日，吉安市委书记周萌一行到吉安市水文局慰问水文测报工作人员，称赞在这次抗洪抢险过程中，水文部门立了大功。

2010年7月1日，中共吉安市吉州区委、区人民政府向吉安市水文局赠送“携手并肩，抗洪救灾”锦旗。

2010年7月8日，吉安市人民政府致函省水利厅，对吉安市水文局在2010年防汛减灾服务中为吉安所作出的贡献，商请省水利厅对吉安市水文局给予记功奖励。

2017年6月下旬，大暴雨接二连三袭击庐陵大地，赣江及支流同江、禾水、泸水、乌江、蜀水等同时出现超警戒洪水。面对大洪水，全市水文干部职工上下联动，相互配合，密切协作，各级领导以身作则，全市水文职工全线出击，在做好水文测验工作的同时，加大了水文服务。在吉水县乌江镇，面对洪水冲出河道，涌向农田，很多村庄也面临遭遇洪水的危险，周边群众比较恐慌。新田水文站及时做好水文服务，及时通知新田小学转移学生，耐心解答村民的电话咨询，得到当地政府和村民们的一致好评。吉安县上沙兰水文站，一面向县防总积极提供雨水情信息和滚动洪水预报，一面向永阳乡政府发出预警，提请组织下游中溪、广湖等村民提前转移，确保无一人伤亡。在冠山水文站，因洪水来得快，吉安队主动联系冠山乡党委书记、乡长，告知雨水情势和预计洪峰时间和水位。冠山乡政府领导了解情况后，迅速组织沿河近百名乡民撤离，保护了群众的生命财产安全。

据统计，本次洪水共采集数据140余万组，向社会公众发布洪水预报38站次、洪水蓝色预警6期、洪水黄色预警1期，中小河流预警7期，山洪灾害预警19期，编写呈阅件6期，会商材料2期，发送服务短信3万余条次，接打水情咨询电话100余次，不断提示沿河两岸防洪工程、涉水工程加强巡查防范。还组织应急队员到石虎塘航电枢纽现场实测下泄流量，确保工程运行安全。

2018年6月上旬，受西风槽和第4号台风“艾云尼”外围环流共同影响，6日8时至9日8时，全市普降大雨，西南部出现大到暴雨。受强降雨影响，吉安市各江河水位快速上涨，赣江一级支流蜀水出现超历史纪录特大洪水。

洪水期间，吉安市水文局通过微信公众号、短信、电话、简讯和口头汇报等多种形式，积极为各级领导和防办发布洪水预警。据统计，6月7—10日，吉安水文共发布洪水预警9次，其中红色预警2次、橙色1次、黄色2次、蓝色4次；通过微信公众号推送暴雨山洪灾害预警38期491站次，中小河流洪水预警11期，水文呈阅件4期，发布洪水预报25站次。及时的水文信息、预警、预报，为领导部署防汛减灾和群众避险赢得了时间，争取了主动，实现了有效减灾。蜀水流域此次遭遇特大洪水袭击，未死伤一人，水文信息发挥着至关重要的作用。

高效的水文服务，得到了各级领导的认可。在8日上午召开的全市防汛会商会上，市领导对水文部门优质高效的水文服务工作表示称赞。在遂川县防汛工作紧急部署会上，县委副书记刘晚如充分肯定了水文部门在防御这次大洪水所做出的成绩，称赞水文部门信息高效、服务到位。

2018年7月6日8时至8日8时，吉安普降大到暴雨，赣江一流支流乌江和孤江出现超警戒洪水。洪水期间，吉安市水文局还通过微信公众号、短信、电话、简讯和口头汇报等多种形式，积极为各级领导和防办发布洪水预警。据统计，7月6—8日，吉安水文共发布洪水蓝色预警2次；通过微信公众号推送暴雨山洪灾害预警33期1522站次，中小河流洪水预警5期，水文呈阅件2期，发布分析预报2站次，接打水情咨询电话100余次，为各级防汛相关人员及时掌握信息、布置防汛抢险救灾工作起到了很好的技术支撑作用。吉水县防汛工作人员通过该微信公众号点赞吉安水文“吉水每年的防汛压力都很大，自从加了你们吉安水文水情公众微信号后，可随时随地，查取水情信息，我们心安多了。为吉安水文点赞!”7月9日，吉安市政府副市长王大胜肯定了水文主动服务、科学服务，并感谢奋战在基层一线的水文职工。

据统计，2018年吉安市水文局共发送水文信息短信850余条，雨水情信息、雨水情快讯475期，呈阅件16期，汇报会商材料25份，水文气象预警1期，暴雨山洪灾害预警和中小河流洪水预警242期，水情预估预报483次，江河洪水预报27次，洪水预警13次，其中红色预警1次、橙色预警1次、黄色预警2次、蓝色预警9次。吉安水文用一组组水文数据、一条条水文信息为全市各级领导部署防汛抢险工作提供了强有力的技术支撑。

2019年6月6日13时至10日8时，全市普降大暴雨，多地特大暴雨，暴雨笼罩面积大，短历时降雨强度大，降雨总量多，有多个站24小时降雨量超过百年一遇。受强降雨影响，吉安市各江河水位快速上涨，吉安各级河流出现历史罕见大洪水。赣江吉安站10日12时洪峰水位53.21米，超警戒2.71米，涨幅6.70米。

此次洪水过程，正值每年一度的高考时期，7日15时，吉安市水文局发布第一个洪水蓝色预警，提请白鹭洲中学等沿河低洼地区及各相关单位和社会公众加强防范，及时避险。吉安水文站在做好水文测验的同时，派员到白鹭洲中学实地勘查，了解地形情况，收集服务资料，时刻关注白鹭洲中学的水位变化，为高考学子和游客保驾护航。

此次洪水过程，正值每年一度的传统端午节日。为了大家的安宁，全市水文人放弃端午节日与家人团聚的时间，全部到岗到位，一切以防汛为重。洪水期间，无一人讲条件，无一人请假，默默坚守在自己的岗位，密切关注雨水情，收集洪水水文数据，全力做好水文监测、预警、预报，当好防汛的“耳目”和“参谋”。

洪水期间，局长亲自坐镇水情科，与水情科人员一道，查看卫星云图、监测各站水位，科学分析研判未来水情，提升预报时效和精度。答复市政府领导、防汛部门和公众的电话咨询，尽心尽职做好水情服务。并派一名分管副局长入驻市应急局，随时汇报雨水情、洪水涨势，提供各江河预测预报。高效的水文服务，得到了各级领导的认可。

据统计，6月6—11日，吉安市水文局共发布中小河流气象预警2期，洪水预警预报2期；暴雨山洪预警49期3001站次、中小河流洪水预警19期249站次；洪水蓝色预警3次、黄色预警8次，橙色洪水预警2次，水文呈阅件6期，发布分析预报45站次，接打水情咨询电话100余次。及时的水文预报，为各级防汛指挥部门科学调度部署抗洪抢险工作赢得了宝贵时间，争取了主动，实现了有效减灾，发挥着不可替代的作用；高效的水文服务，得到了各级领导的认可，社会各界也给予吉安水文工作高度评价。

第二节　应急监测服务

2007年新干淦辉医药器械股份有限公司车间容器爆炸事件监测

2007年5月8日，新干县城下游赣江右岸2千米处的新干淦辉医药器械股份有限公司车间容器发生重大爆炸，导致公司厂房（存放有二甲苯、金属钠、煤油、聚乙烯等物品）发生火灾。吉安市水环境监测中心接到新干水位站的报告后，立即启动水文突发事件应急预案，在事发地上下断面提取水样，进行水质监测分析。经科学分析，按照《地表水环境质量标准》（GB 3838—2002）评价，各水质监测断面水质均达标，表明赣江水未受到污染。

2008年抗震救灾监测

2008年5月12日，四川汶川发生8.0级地震。按照水利部指令，5月17日，省水文局从全省水文系统抽调技术全面、年富力强的人员组建水文抢测预备队。5月19日，吉安市水文局的潘书尧参加江西水文抢测队，代表江西水文赴四川地震灾区救灾。在灾区工作期间，江西水文抢测队多次对绵竹市汉旺镇“一把刀”（因山峰陡峭而得名）堰塞湖、什邡市红白镇红松一级电厂堰塞湖、都江堰河流水量水质、德阳市东河镇河堤险段进行勘测，为抗震救灾提供了精确的水文监测数据，出色完成水利部抗震救灾前方领导小组交给的各项任务。6月1日，载誉归来。

2010年峡江原料桶被洪水冲入赣江事件监测

2010年6月20日20时，峡江县巴邱镇何家村、赣江左岸的江西驰邦药业有限公司的1823个装有甲苯等化学原料的原料桶被洪水冲入赣江，桶内装有甲苯、甲醇、二甲基甲酰胺（DMF）、三乙胺等化学原料，对下游10余个市县500余万人的饮水安全构成威胁。吉安市水环境监测中心立即启动水质Ⅰ级应急响应，开展沿江城市供水水源地应急跟踪监测，及时上报监测结果。通过监测表明，赣江水质正常，解除下游沿江群众饮水恐慌。

2010年禾水、孤江水质监测

2010年6月和9月，吉安市水文局在水质常规监测中，及时检测出赣江一级支流禾水永新与吉安县界河区、孤江青原入赣江段两处水体中重金属镉超标，吉安市水文局和市水利局立即向当地政府和有关部门汇报，加强对事发地水质检测的密度，会同环保等部门进行污染源调查并关停相关企业，使水污染事件在最短的时间内得到处理，迅速恢复了当地水质的安全，保障了当地群众的正常生产生活用水。

2012年峡江水利枢纽大坝截流监测

2012年7月，吉安市水文局编制了《峡江水利枢纽三期截流工程水文测报实施方案》。8月2日，省水文局发布《关于峡江水利枢纽三期截流工程水文测报实施方案的批复》（赣水文科发〔2012〕20号），经省水文局的审查，同意吉安市水文局编制的《峡江水利枢纽三期截流工程水文测报实施方案》。

2012年8月，水利枢纽大坝截流，吉安市水文局和峡江水文站投入大量人力和设备，参加峡江水利枢纽大坝截流水文测报服务工作，共发布《峡江水利枢纽截流期水情公报》11期，主要发布实时雨水情及未来三天水文预测预报。正常雨水情时每日一期，天气异常实行滚动预报和加报，为大坝截流提供可靠的水文技术支撑。

2017 年乌江河段水污染突发事件水质监测

2017 年 3 月上旬，吉安市水文局在水质常规监测中，发现乌江河段砷超标，市水文局迅速启动突发性水文事件应急预案，向上级和当地政府及水行政主管等部门报告，并启动组织人员赶赴污染河段，沿河布点取样监测及调查污染源。此次应急监测为吉安市及时处置水污染事件，保障人民群众安全用水，维护社会和谐稳定，提供了有力的技术支撑。由于处置及时，居民用水正常，未引起群众恐慌，网络舆情平稳。吉安市委、市政府对吉安市水文局的应急监测工作给予了高度的肯定。

3 月 11 日，吉安市委、市政府专门致信省水文局，对吉安市水文局的担当负责、快速反应、高效服务致以衷心的感谢。

2018 年君山湖水污染突发事件水质监测

2018 年 9 月，吉安县君山湖附近居民投诉该区域水质有污染现象。10 月 1 日，吉安市水文局接到市政府的工作安排，组织技术队伍第一时间赶到吉安县君山湖现场，开展水质监测和现场调查。技术人员在君山湖、西陇水库（出水流入君山湖）、井开区入河排污口、吉安县工业园立讯公司入河排污口等处共布设 7 个断面进行监测分析。并在君山湖湖区北、中、南分布 3 个监测点，利用采样船进行采样监测。

监测项目为：水温、pH 值、溶解氧、氨氮、总磷、总氮、高锰酸盐指数、氟化物、氰化物、砷、汞、挥发酚、六价铬、铅、铜、锌、镉、化学需氧量、硫酸盐、氯化物、硝酸盐氮、阴离子表面活性剂、硫化物、铁、锰、叶绿素共 26 项。根据所检项目，按照《地表水环境质量标准》（GB 3838—2002）及《地表水资源质量评价技术规程》（SL 395—2007），采用单因子评价方法（总氮不参评）进行水质评价；采用湖泊（水库）营养状态评价标准及分级方法进行营养状态评价。按照《城镇污水处理厂污染物排放标准》（GB 18918—2002）一级 B 标准，对井开区入河排污口、吉安县工业园立讯公司入河排污口进行排放标准评价。依据调查及所检项目结果分析，确定君山湖湖区 3 个点及公路桥 7 号点水质类别均符合劣Ⅴ类水标准限制，主要超标项目为氟化物。氟化物指含负价氟的有机或无机化合物，氟生成单负阴离子（氟离子 F^-）。过量的氟对人体有危害，饮用水含 2.4～5mg/L 则可出现氟骨症，本次检测君山湖库区氟化物的含量在 7.5mg/L 左右。

由于君山湖区域水质污染，吉安市水文局从 2018 年 10 月 1 日起，对该区域水质进行跟踪监测，每周监测 1 次；2019 年 12 月起改为每季度监测 1 次。从监测结果看，该区域氟化物指标，从一开始的 7.5mg/L 降到 2.2mg/L。

吉安市水文局在第一时间发现吉安县君山湖区域的超标项目为氟化物，并进行了长时间的跟踪监测，为当地政府决策和生态保护提供了技术支撑。

2020 年孤江河段海州医药公司车间发生爆炸水污染突发事件监测

2020 年 11 月 17 日，吉安市井冈山经济开发区富滩产业园吉安市海州医药化工有限公司废水蒸馏车间发生一起爆炸事故。爆炸地点距孤江直线距离约 950 米，孤江为赣江一级支流，河口位于赣江吉安饮用水源地上游，若水质被污染，将对吉安市供水产生严重影响。

吉安市水文局收到信息后，立即启动应急预案，按照水环境监测规范的要求，根据污染物传播时间，及时在富滩工业园以及上下游共布设六个水质监测断面，对孤江青原区河段进行水质监测。

本次监测，共检测 pH 值、溶解氧、氨氮、总磷、高锰酸盐指数、氟化物、氰化物、砷、汞、

硒、挥发酚、六价铬、铅、铜、锌、镉、阴离子表面活性剂、硫化物、硫酸盐、氯化物、硝酸盐氮、铁、锰等23个项目。按照《地表水环境质量标准》（GB 3838—2002）及《地表水资源质量评价技术规程》（SL 395—2007），采用单因子评价方法（总氮不参评）进行水质评价，三个断面均为Ⅱ类水。为保障人民群众安全用水，维护社会和谐稳定，提供了有力的技术支撑，受到吉安市委、市政府高度肯定。

第二章 水资源分析评价服务

水资源管理涉及水量、水质两大部分。水文部门以水资源公报、水资源质量月报以及水资源调查评价等为政府及水行政主管部门提供基础数据，并通过参与水资源调查评价、用水定额编制、水功能区划、地下水超采区划定、建设项目水资源论证、水量分配细化方案、水环境调查评价与规划、水域纳污能力核定等工作，为水资源管理提供科学决策服务。

第一节 水资源公报

1982年年初，吉安地区水文站安排人员，研究与布置了各水文（位）站开展工作，全区有棉津、栋背、吉安、峡江、新干、南溪、行洲、茅坪、永新、千坊、彭坊、伏龙口、上沙兰、赛塘、新田等站为当地农业区划提供了有关水资源的分析成果，同时组织部分测站进行1956—1979年全区水资源调查评价工作，于1984年年底完成，调查计算成果由省水文总站汇编成《江西省水资源》一书，此后根据省水文总站"关于开展水资源年度公报工作"等文件，1985年起每年分别进行上一年的年度水资源公报编制，其中1987年和1988年除完成1986年和1987年任务外，还完成1980—1983年水资源调查评价的内外业工作任务。

2001年2月20日，吉安市水文分局（吉安市水环境监测中心）向全市各级政府部门发布了第一期《吉安市水环境状况通报》。

2006年，受吉安市水利局委托，吉安市水文局（吉安市水环境监测中心）每年编制《吉安市水资源公报》，向社会公布吉安市水资源状况。

公报主要内容：全市降水、地表径流、地下水、泥沙和水质等方面的时空分布，主要洪涝或干旱情况，工农业耗水量及水资源的供需情况等，公报中各种有关水文数据均为各水文站实测值。工农业和城镇人民生活用水量，是依据市水利局、统计局等部门年报统计资料。对工业用水量大、自来水供水多的典型企业做了实地调查。同时还收集了气象、农业、水利工程管理等部门的有关资料。

公报依据的技术原则和要求：《江西省水资源年度公报工作提纲（修改稿）》及三个技术文件：水利部水文局颁发的《地表水工作提纲》；地表水及地下水《技术细则》；江西省水文总站编写的《径流还原计算工作要点》。

2010年4月6日，吉安市水文局（吉安市水环境监测中心）编制的第一个江西省县级水资源综合规划报告《吉安市青原区水资源综合规划报告》通过评审。

2016年开始，吉安市水文局（吉安市水环境监测中心）每年编制全市13个县（市、区）的县域水资源公报，为各级政府加强水资源管理提供技术依据。

第二节 水资源质量月报

1958年，棉津、峡江、渡头水文站增加水化学取样监测项目，开始了对水资源质量监测。随

后，水质监测站网不断扩大，截至1988年，水质监测断面增至37个。

1985年起，吉安市水文局每月定期对全市范围内的水体质量进行监测，监测站点多次调整，2016年，水质监测站点达117个，为历年最多的一年。2020年水质监测站点为80个。监测范围涉及地表水、地下水、饮用水、大气降水、污水及再生水、底质及土壤等六大类，监测网络覆盖全市江河水库。

2008年1月起，吉安市水文局（吉安市水环境监测中心）开始编制《吉安市水资源质量月报》，每月一期，全年共12期。

《吉安市水资源质量月报》主要内容：每月依据《地表水环境质量标准》（GB 3838—2002）及《地表水资源质量评价技术规程》（SL 395—2007），采用单因子评价方法，对全市水资源质量进行评价。采用湖泊（水库）营养状态评价标准及分级方法，对水库营养状态进行评价。

《吉安市水资源质量月报》主要监测和评价断面：全市赣江干流及7条主要支流（遂川江、蜀水、孤江、禾水、泸水、牛吼江、乌江）、38个水质监测断面、52个地表水水功能区、18个主要城市供水水源地、17个市、县（市、区）界河交接断面、46座水库等。

根据2020年第12期《吉安市水资源质量月报》，全市赣江干流及7条主要支流38个监测断面水质均优于或符合Ⅲ类水，其中Ⅱ类水35个，占92.1%；Ⅲ类水3个，占7.9%。全市18个主要城市供水水源地，共18个监测断面，水质均合格。全市17个市、县（市、区）界河交接断面（其中市界断面2个、县界断面15个），均优于或符合Ⅲ类水，其中Ⅱ类水15个，占88.2%；Ⅲ类水2个，占11.8%。

《吉安市水资源质量月报》均报送市委书记和分管副书记、市政府市长和分管副市长、市人大主任、市政协主席、省水利厅、市人大农工委、市人大城环委、市政协人资环委、市政协农业和农村委、省水利厅水资源处、省水文局、各县（市、区）委书记、各县（市、区）长、各县（市、区）水利局等。

第三节　地表水功能区划

水功能区划是水资源保护规划和水体纳污总量控制管理的前提和基础。《江西省地表水（环境）功能区划》（以下简称《省区划》）对江西省境内主要江河湖库进行了功能区划定，其中吉安市境内划定一级区39个，二级区28个。

按照水利部制定的《水功能区划技术大纲》和水利部所属流域机构制定的《水功能区划技术细则》要求，为加强对吉安市各水域的管理，根据省水利厅、省环境保护局联合下发的《关于印发江西省地表水（环境）功能区划的通知》（赣水资源字〔2007〕第19号）要求，吉安市水务局委托吉安市水文局编制《吉安市地表水功能区划》报告。

吉安市水文局依据有关规程，在遵从《省区划》成果的基础上，对吉安市境内集水面积在50平方千米以上河流、中型以上水库及重要饮用水源的小型水库等，进行水功能区划的进一步细化划分，编制完成《吉安市地表水功能区划》。

2010年8月16日，吉安市人民政府以吉府办字〔2007〕第204号文批复同意了《吉安市地表水功能区划》，并要求认真组织实施。

水功能区划范围：本次区划范围为吉安市辖区内的流域面积大于50平方千米的河流，中型以上水库、重要饮用水水源的小型水库（《省区划》中已区划的不在此列）。

水功能区划分类：水功能区划采用两级分区体系，即一级区划和二级区划。一级区划主要为解决地区之间的用水矛盾，二级区划主要为解决行业部门之间的用水矛盾。

一级区划分为四个区，分别为：保护区、保留区、开发利用区、缓冲区。

二级区划分为7个区，分别为：饮用水源区、工业用水区、农业用水区、渔业用水区、景观娱乐用水区、过渡区、排污控制区。

一级水功能区划结果：

全市一级水功能区196个，其中保护区7个、保留区170个、开发利用区19个（表8-2-1）。

表8-2-1　　吉安市一级水功能区划结果统计

水系分区	保护区/个		保留区/个		开发利用区/个		缓冲区/个		合计/个	
	省区划	市区划	省区划	市区划	省区划	市区划	省区划	市区划	省区划	市区划
赣江	1		6	55	6	1			13	56
遂川江		1	3	13	2				5	14
蜀水	1	1	1	6	1				3	7
孤江		1	1	14					1	15
禾水	1	1	7	40	4	1			12	42
乌江			3	16	2				5	16
水库				5		2				7
总计	3	4	21	149	15	4			39	157
	7		170		19		0		196	

《省区划》划定一级水功能区39个，总长度1416.3千米（不计水库），其中：保护区3个，占《省区划》总个数的7.7%，长度57千米，占区划总长度的4.0%；保留区21个，占区划总个数的53.8%，长度1177千米，占区划总长度的83.1%；开发利用区15个，占区划总个数的38.5%，长度182.3千米，占区划总长度的12.9%。

《吉安市地表水功能区划》划定一级水功能区157个，总长度3901.5千米（不计水库），其中：保护区4个，占区划总个数的2.5%，长度65.8千米，占区划总长度的1.7%；保留区149个，占区划总个数的94.9%，长度3827.3千米，占区划总长度的98.1%；开发利用区4个，占区划总个数的2.6%。

二级水功能区划结果：二级水功能区划在一级水功能区划中的开发利用区中划分。全市二级水功能区32个，其中饮用水源区19个、工业用水区12个、过渡区1个（表8-2-2）。

表8-2-2　　吉安市二级水功能区划结果统计

水系分区	水功能区/个										合计/个	
	饮用水源区		工业用水区		农业用水区	渔业用水区	景观娱乐用水区	过渡区		排污控制区		
	省区划	市区划	省区划	市区划				省区划	市区划		省区划	市区划
赣江	7	1	6					1			14	1
遂川江	1		2								3	
蜀水												
孤江												
禾水	4	1	2								6	1
乌江	2		2								4	
水库	1	2									1	2
总计	15	4	12	0				1	0		28	4
	19		12		0	0	0	1		0	32	

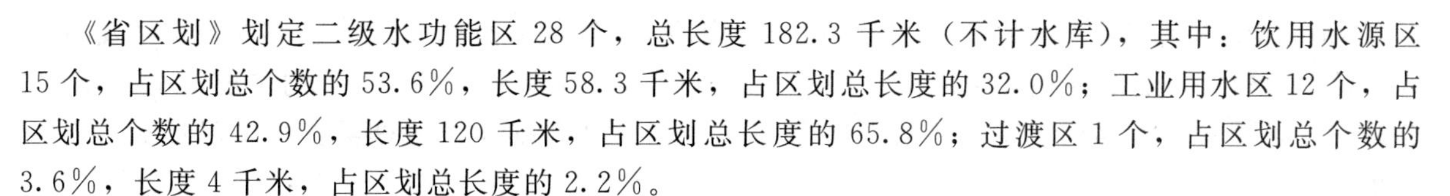

《省区划》划定二级水功能区28个，总长度182.3千米（不计水库），其中：饮用水源区15个，占区划总个数的53.6%，长度58.3千米，占区划总长度的32.0%；工业用水区12个，占区划总个数的42.9%，长度120千米，占区划总长度的65.8%；过渡区1个，占区划总个数的3.6%，长度4千米，占区划总长度的2.2%。

《吉安市地表水功能区划》划定二级水功能区4个，均为饮用水源区，其中水库2个，分别为井冈山市三角塘和足山小（1）型水库；河流2个，分别为小江河井冈山市龙市河段和泝江峡江县水边河段。

第四节　水资源评价

1981年年底，省水文总站布置各地（市）开展地表水、地下水资源评价工作，其中水质污染调查评价由省水文总站水质监测队负责。

水资源调查评价以水电部颁发的《全国水资源调查评价工作要点》《地表水资源调查统计分析工作提纲》《地表水资源调查和统计分析技术细则》《地下水资源技术细则》《地下水资源调查和评价工作提纲》《地下水资源调查和评价工作技术细则》和《江西省水面蒸发折算系数点面关系分析》《径流还原计算工作要点》《鄱阳湖湖区产水量计算》等技术文件为指导，同时要求为地、县级农业区划工作提供有关水资源调查计算成果。

第一次全国水资源调查评价

1982年年初，吉安地区水文站安排人员，研究与布置了各水文（位）站开展工作，全区有棉津、栋背、吉安、峡江、新干、南溪、行洲、茅坪、永新、千坊、彭坊、伏龙口、上沙兰、赛塘、新田等站为当地农业区划提供了有关水资源的分析成果，同时组织部分测站进行1956—1979年全区水资源调查评价工作，于1984年年底完成，调查计算成果由省水文总站汇编成《江西省水资源》（第一次全国水资源调查评价）一书，此后根据省水文总站“关于开展水资源年度公报工作”等文件，1985年起分别进行上一年的年度水资源公报，其中1987年和1988年除完成1986年和1987年任务外，还完成1980—1983年水资源调查评价的内外业工作任务。

第二次全国水资源调查评价

根据水利部、国家计委发布的《关于开展全国水资源综合规划编制工作的通知》（水规计〔2002〕第83号），以及省水文局的统一安排，2004年完成吉安市1956—2000年水资源调查评价成果，按照统一的水资源分区，收集了水文、气象、水质等方面的基础资料，延长了水文系列并进行系列代表性与合理性分析，在分析的基础上，对包括水资源量及其时空分布特征、河湖天然水化学状况以及水域现状水质等内容的现状条件下的水资源数量与质量做出评价。为了更好地反映水资源量的时空分布特征，以及解决大区和小区之间的水量频率组合问题，按照《江西省水资源调查评价技术细则》，统一采用三级区套地级行政区及水资源流域四级分区为计算单元，计算降水量、天然径流量、降水补给地下水量和水资源总量的45年系列成果（第二次全国水资源调查评价）。对于实测径流已不能代表天然状况的水文站实测资料均进行水量还原计算，提出系列一致性较好、反映近期下垫面条件下的天然年径流系列，作为评价地表水资源量的依据。考虑地下水补给、排泄条件及地表水与地下水之间转化关系的变化，按近期条件评价地下水资源和水资源总量。地下水资源量基本按水文地质单元进行评价然后将成果归入水资源分区和行政分区。根据2000年前期水质监测资料，对河流、湖泊、水库和地下水的水质进行评价。成果上交省水文局汇总，形成《江西省水资源综合规划报告》。

2001 年编制的《吉安水系》，主要内容为吉安市 74 条集水面积大于 100 平方千米河流的河源河口地理位置，流域面积，主河长度，主河道纵比降，流域平均高程、平均坡度、平均宽度，流域长度，形状系数等流域特征参数及每条河流的相关文字描述，汇总至省水文局形成《江西水系》。

2006 年开始，每年编制《吉安市水资源公报》，主要内容为行政分区及流域分区当年降水量、地表水资源量、地下水资源量，水库蓄水动态，水资源开发利用供水、用水、耗水情况，河流、水库水质状况，大事记等。

2009 年根据省水利厅、省水文局统一安排，完成《江西省河湖大典》吉安市部分内容。主要记述了全市流域面积 200 平方千米以上的河流和流经县城的河流、大型水库和部分有特色的中、小型水库，其中：河流条目 43 篇、水库条目 23 篇。

2010 年，吉安市水文局编制《吉安市水量分配细化研究报告》，关于年底通过省水利厅组织的专家评审。

2016 年开始，每年编制全市 13 个县（市、区）的县域水资源公报，为各级政府加强水资源管理提供技术依据。

第三次全国水资源调查评价

2018 年根据省水文局统一部署，完成吉安市 1956—2016 年水资源调查评价（第三次全国水资源调查评价），按照流域四级区、县级行政区为计算单元，计算分析评价降水量、蒸发量、地表水资源量、地下水资源量、水资源总量、水资源质量、水资源开发利用情况，上交省水文局汇总形成《江西省第三次水资源调查评价成果报告》。

2020 年根据省水文局统一部署，完成吉安市 10～50 平方千米河流普查工作。以 1∶1 万和 1∶5 万国家基础地理数据、高分卫星影像、奥维影像为主，野外实地调查作业为辅复核河流名称、位置以及河流河源、河口位置，河流走势等自然特征。形成流域面积 10～50 平方千米河流长度、流域面积、河流平均比降、多年平均年降水深、多年平均年径流深成果表及 GIS 图层。上交省水文局汇总形成《江西省 10～50 平方千米河流特征调查成果报告》。

评价范围及方法

第一次水资源调查评价主要依据水电部 1981 年颁发的《地表水资源技术细则》，1982 年颁发的《地下水资源调查和评价工作提纲》《地下水资源调查和评价工作技术细则》，应用了雨量站、蒸发站、径流站、泥沙站、水化站几十年的观测资料，分地表水、地下水和水质污染三部分对成果进行了综合平衡分析。

第一次水资源调查评价主要以降水量、蒸发量及河川径流，以及水文测站所搜集的资料为依据。由于全市水文测站多数为 1956 年以后布设，因此水资源计算从 1956 年开始，下垫面的变化和人类活动，通过外业调查而得，对全市各水文站的径流量进行了还原计算。

全市主要河流有赣江中段和赣江一级支流遂川江、禾水、蜀水、乌江、孤江。赣江中段以棉津和峡江为控制站，在还原计算时，采用了栋背、吉安站以及各主要河流控制站的资料为依据，计算出全市水资源总量及各年径流量。遂川江（又名右溪）干流以滁洲站、一级支流左溪以南溪站、禾水干流以上沙兰、一级支流泸水以赛塘站、乌江以新田站，孤江以渡头站、蜀水以林坑站为代表站，进行了全市水资源计算。此外，分别对棉津、栋背、吉安、峡江、南溪、滁洲、千坊、彭坊、永新、上沙兰、赛塘、渡头、新田、木口、鹤洲等 15 站进行了河川径流量还原计算以及地下水分割计算工作。

计算方法：地下水计算按省水文总站分割基流法，地表水计算按省水文总站地表水还原提纲进

行。在1956—1979年24年同步系列中，采用主要控制站的降水量及径流量排频率，选出20%、50%、75%、95%四种典型年，用这四种典型年的蒸发量和降水量算出农业用水定额，根据当年的灌溉水田面积，计算出农业用水量（旱作物按水田的1/3计算）。工业用水量和生活用水量是根据产值及人口计算，在计算还原水量时，采用了万安、白云山、老云盘、社上、枫渡五座大型水库和26座中型水库的资料，城市生活用水则按吉安市中心城区计算。

第三次水资源调查评价在第二次水资源调查评价、第一次水利普查、水资源公报成果等基础上，延长了资料系列。评价范围水资源分区涉及水资源三级区3个，四级区8个。行政分区评价内容包括1个市级、13个县级行政区，采用截至2016年12月31日最新的行政区划。

降水量选取了63个具有1956—2016年61年长系列资料的代表站分析计算。分区面降水量计算方法在各单站降水量统计分析基础上，采用泰森多边形法计算县级行政区套水资源四级区1956—2016年降水量系列，并汇总各级水资源分区、行政分区1956—2016年降水量系列；在长系列代表站中选取23个站点，分析计算统计参数（均值、C_v值、C_s/C_v值）及不同频率（$P=20\%$、50%、75%、95%）的年降水量及月分配；分析降水量空间分布规律和特征。

蒸发量选取了7个具有1979—2016年这38年资料系列的水文站点和6个具有1980—2016年这37年的资料系列的气象站点分析计算。气象部门目前主要使用20厘米口径蒸发皿，水文部门使用比较普遍的是E601型蒸发器。采用折算系数统一换算为E601型蒸发器的蒸发量，分析吉安市蒸发量空间分布，年际、年内变化、干旱指数等。

地表水资源量选取了代表性的水文站及控制水文站共6个，这些测站用于测量农业耗水量、大中型水库蓄变量、工业及城市生活用水耗水量（只统计地表水部分），并按年进行还原，得出天然年径流系列。根据控制水文站的逐年天然河川年径流量，按水文比拟法修正为该计算单元的逐年地表水资源量。在单站径流分析计算的基础上，分析计算各水资源分区和行政分区的1956—2016年天然年径流系列，并对地表水资源的年际变化趋势进行分析。

地下水资源量选取了用于计算天然河川基流量的水文站，由于全市为山丘区，采用了简化的计算方法，即山丘区地下水资源量等于降水入渗补给量，即河川基流量，通过采用分割基流法计算各水文站基流模数，再应用面积加权法计算各单元地下水资源量，并将其汇总形成各流域分区和行政分区地下水资源量，以分析地下水资源量的变化情况。

水质评价按照国家颁发的“饮用水”“地表水”“渔业用水”“农业灌溉用水”及“工业废水最高允许排放标准”等标准进行。根据这些标准，水质被划分为五个等级。

一级：水质良好。符合生活饮用水、渔业用水水质标准。

二级：较轻污染。符合地面水水质卫生标准。

三级：较重污染。符合农用灌溉水质标准。

四级：重污染。在pH值、氯化物、五毒（酚、氰、砷、汞、铬）不超过标准时，可作农业灌溉用水。

五级：严重污染。在pH值、氯化物、五毒（酚、氰、砷、汞、铬）不超过标准时，可作农业灌溉用水。

评价成果

吉安市属东南季风气候区，据1956—2016年资料统计，全市多年平均年降水量为1567毫米，最多的2002年为2140.1毫米，最少的1963年为1037.3毫米。区域内降水分布特点是东西山地多于中部平原，由山地向平原逐渐递减。全市多年平均年降水量最大的地区是遂川县上洞站，达到2104.0毫米（资料系列1993—2016年）；而万安县栋背站则最小，仅为1404.2毫米（资料系列1957—2020年）。沿赣江两岸之吉泰盆地雨量较少，降水量为1300～1400毫米，年内分配多集中于

4—6 月，约占年降水的 44.5%；7—9 月降水显著减少，往往酿成秋旱。伏秋干旱期间，6 月 1 日至 10 月 31 日连续 50 天最小降水量为 0～50.4 毫米（其中万安县涧田站 2004 年 9 月 10 日起、吉水县白沙站 1974 年 8 月 22 日起、吉安县天河站 1967 年 9 月 9 日起、永丰县鹿冈墟站 1974 年 8 月 24 日起连续 50 天无降水）、连续 70 天最小降水量为 2.4～184.1 毫米（最小为吉安县青山站 2.4 毫米，开始时间为 1992 年 8 月 23 日）、连续 90 天最小降水量为 11.4～255.5 毫米（最小为吉安站 11.4 毫米，开始时间为 1992 年 8 月 1 日）。

截至 2016 年，全市多年平均地表径流深 898.5 毫米，占降水的 57.3%，经径流还原计算后，1956—2016 年同步系列平均产水量为 227.04 亿立方米，但五大支流及时空分布有显著不同，山区河流的产水量大于平均河流产水量，而且中水年与枯水年相差 2～3 倍。

吉安市多年平均地表径流成果见表 8-2-3。

表 8-2-3　　吉安市多年平均地表径流成果

统计年限	年数	统计参数			不同频率年地表水资源量/亿立方米			
		年均值/亿立方米	C_v	C_s/C_v	20%	50%	75%	95%
1956—2016 年	61	227.04	0.29	2.0	279.80	220.71	179.87	130.63
1956—2000 年	45	224.2	0.3	2	277.94	217.51	175.97	126.13
1980—2016 年	37	241.88	0.25	2	290.75	236.86	198.82	151.72

地下水资源量，山丘区浅层地下水资源量，以单站基流量为代表，在计算河川流量时已包括各站基流量，而计算地下水资源时又将基流计算，所以地表水、地下水之间有互为转化的重复计算情况，应以扣除。

吉安地区 1956—2016 年平均年总水资源量成果见表 8-2-4。

表 8-2-4　　吉安地区 1956—2016 年平均年总水资源量成果

统计年限	次数	多年平均总水资源量/亿立方米			
		河川径流量	地下水资源量	地下水与河川径流重复量	总水资源量
1956—2016 年	61	227.04	49.24	49.24	227.04

第五节　水资源论证

建设项目水资源论证

1993 年 12 月，吉安地区水文分局编制的《安福县水资源调查评价》成果，获省水文局优秀成果奖。

2005 年 10 月 9 日，省水利厅发布文件（赣水资源字〔2005〕第 20 号），批准并公布吉安市水文局为“建设项目水资源论证乙级资质单位”，有 10 余人参加了水利部举办的“建设项目水资源论证培训班”，获得水利部颁发《建设项目水资源论证上岗培训证书》。

2014 年 9 月 5 日，吉安市水文局编制的《万安县自来水公司一水厂和二水厂水资源论证报告》在吉安市水利局召开的专家评审会中通过审查。

2016 年 5 月 28 日，吉安市水文局编制的《遂川县龙洞一级水电站水资源论证报告》和《遂川县龙洞三级水电站水资源论证报告》通过专家评审，被评为优秀。

2005—2020 年吉安市水文局共编制完成了 23 个《水资源论证报告书》。

建设项目防洪影响评价

2005 年开始，吉安市水文局陆续编制了《建设项目防洪影响评价报告》。2005—2010 年，吉安市水文局共编制完成 8 个《建设项目防洪影响评价报告》。

第三章　水文资料应用服务

水文资料是一切与水相关联的国民经济建设的重要基础信息和决策依据，是国家的基础资料，存储形式有《水文年鉴》、国家水文数据库。吉安市水文局及各水文测站每年向各级领导机关、水利水电工程等单位提供了大量的水文资料。

服务范围

水文资料分析计算与成果是涉水工程设计、论证与水文分析、计算及水资源评价、水工程建设和管理的基础资料。

吉安市水文局为涉水工程设计、论证与水文分析、计算及水资源评价等需要单位提供了大量的水文资料服务。

服务内容

水文资料服务以水位，流量，泥沙颗粒级配，水温，降水量，蒸发量的日、月、年成果表的形式，供服务对象选择使用。

吉安市水文数据库承载着基础水文数据共享存储、交换、管理及服务，运用水文数据库检索查询系统，平均每年对外提供水文原始资料或分析成果资料数据 80 多站年项、计 30000 余条水文数据，有效地为地方经济建设提供了水文技术服务。

第四章　水　文　经　济

吉安水文经济起步于20世纪80年代。根据水利部水文司提出的利用水文部门的业务、技术、人才、设备优势开展有偿服务和综合经营的要求，吉安市水文局按照“立足水文测报整算工作质量，主攻水文社会化服务市场，搞好种植养殖加工业等站园经济”的方针，围绕“业务达标、行业脱贫、职工致富”这一目标，以市场为导向，以效益为中心，利用业务技术和人才设备优势，积极开展技术咨询和综合经营，实行水文专业有偿服务，大力发展水文经济。实践证明，开展技术咨询和多种经营，搞活水文经济，是水文改革和发展的必由之路。

1988年9月，水利部水文司下发《水文部门要大力开展技术咨询服务和综合经营》。

1993年，按照“稳住一头，放开一面”和“一手抓水文业务达标，一手抓人员分流创收”的方针，开展分流创收工作，允许水文职工“下海”（指个人请假外出从事创收活动）经商。人员分流创收采用6∶2∶2的比例（即60%的职工开展水文业务工作，20%的职工开展综合经营，20%的职工开展技术咨询服务创收）。据统计，1994年，全区有16人分流外出从事流通、运输、服务业等创收工作。

2008年9月，全市水文系统实行参照公务员法管理后，分流“下海”创收人员已全部返回各自工作岗位。

1994年，按照省水文局提出的“两手抓”（抓水文业务、抓水文经济）、“两个目标”（管理目标、创收目标）一起上的工作思路，制定创收目标，抓好水文经济。1994年，吉安地区水文分局制定水文经济工作目标：一是水文创收人均达800元；二是开展多种经营和科技咨询服务；三是开办种植业、养殖业、加工业、商品流通、服务行业、技术咨询、经济实体等。

1994年4月18日，省水文局下发《关于下达目标管理的通知》（赣水文办字〔94〕第007号），将水文经济纳入目标管理，下达吉安地区水文分局水文经济目标是：机关人均收入1000元，测站（队）人均收入800元。

1996年，按照省水文局提出的“一干（做好本职工作），二要（政策、投入），三挣（技术咨询、综合经营、分流创收）”工作思路，大力开展技术咨询、综合经营、分流创收工作。

1998年，按照省水文局提出的“立足水文保防汛，跳出水文求发展”工作思路，大力发展水文经济。

1999年2月3日，江西省人民政府印发《江西省人民政府关于加强水文工作的通知》（赣府发〔1999〕第6号），通知指出：“水文部门应根据国家政策规定，积极开展水文专业有偿服务和技术咨询服务，各级领导应予以大力支持。”

2001年9月19日，水利部下发《关于公开提供公益性水文资料的通知》（水文〔2001〕第377号），通知指出：“地质、水文、气象、社会经济等水利工程设计的基础资料，凡不涉密的，要向社会公开，实行资料共享。”

2004年11月24日，财政部、国家发展改革委下发《关于同意将水文专业有偿服务费转为经营服务性收费的复函》。鉴于目前水文机构按照“自愿有偿”原则为各类社会主体提供水文专业服务，具有市场经营服务特征，不再体现政府行为。因此，同意将水文专业有偿服务费转为经营服务性收费。水文机构为党、政、军领导机关组织防汛、抢险、抗洪、救灾而提供水文情报预报，以及向社会公开提供实时报汛资料、经过整编的国家基本水文测站的基本水文资料等公益性水文资料不得收费，自 2005 年 1 月 1 日起执行。

第一节 组 织 机 构

吉安地区水文站测量队

1985 年 11 月，成立吉安地区水文站测量队。吉安地区水文站测量队隶属吉安地区水文站，是吉安地区水文站首个开展水文创收服务的机构。主要职责是负责对外开展地形地籍等测量工作。11 月 2 日，吉安地区水文站发布文件（吉地水文党字〔85〕第 13 号），任命李正国为吉安地区水文站测量队队长。

吉安地区水文站专业技术咨询服务小组

1988 年 4 月 6 日，吉安地区水文站发布文件（吉地水文站字〔88〕第 9 号），成立“吉安地区水文站专业技术咨询服务小组”，由郭光庆、彭柏云、肖寄渭、李笋开、邓红喜等 5 人组成，郭光庆任组长，彭柏云任副组长，负责全站专业技术咨询服务的组织工作。

吉安地区水文站劳动服务公司

1989 年 6 月 28 日，吉安地区劳动局发布《关于同意吉安地区水文站成立劳动服务公司的批复》（吉地劳就〔1989〕第 02 号），同意成立吉安地区水文站劳动服务公司。吉安地区水文站劳动服务公司隶属吉安地区水文站，吉安地区水文站任命李正国为劳动服务公司经理，负责管理此项工作，对内对外开展提供水文资料、水资源、水文计算、水质分析化验、水文仪器检修、水文测验、水文情报预报服务，以及地形地籍测量等业务。公司没有固定资产和资金，也没有固定人员，由机关科室抽调人员参加。

吉安地区水文站技术咨询服务科

1990 年 2 月 27 日，吉安地区水文站向吉安地区清理整顿公司办公室报告吉安地区水文站成立劳动服务公司情况，拟将吉安地区水文站劳动服务公司更名为吉安地区水文站科技咨询服务科。

1990 年 5 月 8 日，吉安地区水文站下发《关于印发〈吉安地区水文站站务会议纪要〉的函》（吉地水文站字〔90〕第 10 号）。决定成立技术咨询服务科（暂定名），由李正国、彭柏云、李笋开 3 人兼职负责全区的多种经营和技术咨询服务工作，李正国任负责人。

1991 年 8 月 10 日，吉安地区水文站下发《关于启动咨询服务科印章的函》（吉地水文站字〔91〕第 33 号），决定成立“吉安地区水文站咨询服务科”。2006 年 6 月 20 日，省编委办公室下发《关于调整省水利厅部分直属事业单位内设机构的批复》（赣编办文〔2006〕第 94 号）批复：增设技术咨询服务科为副科级机构。

吉安地区水文技术咨询服务部

1992 年 12 月 10 日，吉安地区水文站发布《关于成立吉安地区水文技术咨询服务部的通知》（吉地水文站字〔92〕第 58 号），决定成立江西省吉安地区水文技术咨询服务部，主要职责是开展水文技术咨询和综合经营等第三产业服务。李正国任吉安市水文技术咨询服务部主任。

2007 年 10 月 19 日，吉安市水文局发布《关于注销吉安市水文技术咨询服务部的函》，决定从

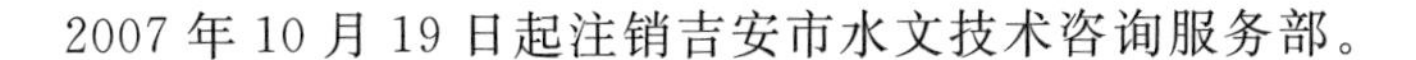

2007 年 10 月 19 日起注销吉安市水文技术咨询服务部。

吉安地区水文分局测绘队

1996 年 5 月 8 日，吉安地区水文分局印发《关于印发〈局务会议纪要〉的通知》（吉地水文字〔96〕第 07 号）。决定从 1996 年 5 月起，成立吉安地区水文分局测绘队，测绘队隶属吉安地区水文分局，归口技术咨询服务科管理。主要职责是负责对外开展测绘工作。涂春林任队长，王贞荣、肖晓麟任副队长。

吉安市井冈测绘院

2003 年 5 月 8 日，吉安市水文分局发布《关于成立吉安市井冈测绘院的批复》（吉市水文发〔2003〕第 15 号），批复咨询服务科，经省测绘局审核批准、吉安市工商行政管理局注册，同意成立吉安市井冈测绘院。井冈测绘院隶属于吉安市水文分局，归口咨询服务科管理。井冈测绘院依法自行招聘人员，财务独立核算，自负盈亏。“井冈测绘院”获省测绘局颁发丙级测绘证书，其前身为吉安地区水文分局测绘队。

2011 年 5 月 11 日，吉安市水文局下发《关于注销吉安市井冈测绘院的通知》（吉市水文发〔2011〕第 12 号），因吉安市水文局列入参照《中华人民共和国公务员法》管理，决定注销井冈测绘院。

第二节　水文专业有偿服务

1985 年 6 月，水电部在对当前水文改革的意见文件中，要求水文部门逐步开展有偿专业服务。

1985 年 12 月 25 日，省水文总站印发《开展有偿水文专业服务和水文科技咨询收费标准及分成试行办法》，1986 年 1 月 1 日起试行。根据试行办法，吉安地区水文站从此开展有偿水文专业咨询服务。

1990 年 4 月 14 日，吉安地区水文站制定《吉安地区水文站综合经营及咨询服务管理办法》（吉地水文站字〔90〕第 07 号）。

1992 年 5 月 22 日，水利部颁发《关于转发有关“水文专业有偿服务收费”文件的函》（水文综〔1992〕第 40 号）。转发国家物价局、财政部关于水文专业实行有偿服务的规定。

1994 年 6 月 27 日，水利部颁发《水文专业有偿服务收费管理试行办法》（水财〔1994〕第 292 号）和《水文专业有偿服务收费标准》。

1994 年 12 月 6 日，吉安地区水文站制定《水文技术咨询服务管理办法》（吉水文字〔94〕第 44 号）。

2003 年 9 月 22 日，吉安市水文分局印发《吉安市水文服务工作条例》（吉市水文发〔2003〕第 26 号），并将执行条例情况纳入站（队）、科（室）目标管理。

服务资质

1988 年 5 月 9 日，江西测绘局发布《关于发放我省第二批〈测绘许可证〉的通知》（赣测字〔88〕第 040 号），吉安地区水文站获第二批测绘许可证。6 月 1 日，吉安地区水文站领取了由省测绘局颁发的《测绘许可证》（证件编号：201）。

1993 年 3 月 4 日，省水利厅下发《关于批准首批申领水文水资源调查评价证书的批复》（赣水水政字〔1993〕第 008 号），吉安地区水文站取得水文水资源调查评价乙级资格证书，栋背、吉安、峡江、上沙兰、赛塘、新田、彭坊、千坊、茅坪、行洲、泰和、新干、永新等水文水位站和遂川水文勘测队取得水文水资源调查评价丙级资格证书。

1997 年 5 月 6 日，省测绘局发布《关于“行政区域界线”测绘资格审查批准的通知》（赣测字〔1997〕第 18 号），吉安地区水文分局具有“行政区域界线”测绘资格，并领取《行政区域界线测绘资格证书》。

1994 年 3 月 19 日，省编委办发布文件（赣编办发〔1994〕第 10 号），同意吉安地区水文分局增挂“吉安地区水环境监测中心”的牌子。

1998 年，吉安地区水环境监测中心通过了国家计量认证水利评审组的考试和考核，正式通过国家级计量认证，获得《中华人民共和国计量认证合格证书》。

2003 年 5 月，经省测绘局、吉安市工商行政管理局审核批准，吉安市水文分局在吉安市工商行政管理局注册成立吉安市井冈测绘院，并获省测绘局颁发的《测绘资质证书》（丙级）。

2005 年 10 月 9 日，省水利厅发布文件（赣水资源字〔2005〕第 20 号），批准并公布吉安市水文局为“建设项目水资源论证乙级资质单位”。

服务管理

1984 年 11 月，省水文总站颁发《江西省水文系统对外开展水文咨询综合服务收费暂行办法》。

1985 年 12 月，省水文总站制定《开展有偿水文专业服务和水文科技咨询收费标准及分成试行办法》。

1988 年 4 月 6 日，吉安地区水文站印发《专业技术咨询服务试行办法》（吉地水文站字〔88〕第 9 号），成立“吉安地区水文站专业技术咨询服务小组”，由郭光庆、彭柏云、肖寄渭、李笋开、邓红喜等 5 人组成，郭光庆任组长，彭柏云任副组长，负责全站专业技术咨询服务的组织工作。

1988 年 12 月，省水利厅批复省水文总站发布《水文专业服务和科技咨询服务收费标准》，转报省物价局核准，吉安地区水文站从吉安地区物价局领取收费许可证，从财政部门领取统一印制监章的行政事业单位收款收据。

1989 年 11 月 15 日，吉安地区水文站印发《吉安地区水文站机关综合经营和专业技术咨询服务试行条例》（吉地水文站字〔89〕第 28 号）。

1990 年 4 月 14 日，吉安地区水文站印发《吉安地区水文站综合经营及咨询服务管理办法》（吉地水文站字〔90〕第 07 号）。

1992 年 5 月 22 日，水利部颁发《关于转发有关“水文专业有偿服务收费”文件的函》（水文综〔1992〕40 号），转发国家物价局、财政部《关于发布中央管理的水利系统行政事业性收费项目及标准的通知》（价费字〔1992〕第 181 号），明确水文专业有偿服务收费原则精神。

1994 年 4 月 6 日，省水文局下发《关于当前深化我省水文改革的意见》（赣水文办字〔94〕第 005 号）（以下简称《意见》）。《意见》认为，当前深化全省水文改革主要是建立水文经济构架，要开拓水文咨询服务市场，发展水文综合经营。

1994 年 6 月 27 日，水利部印发《水文专业有偿服务收费管理试行办法》（水财〔1994〕第 292 号）和《水文专业有偿服务收费标准》，自 1994 年 7 月 1 日起执行。从此，水文专业有偿服务收费管理走上正轨。

1994 年 12 月 6 日，吉安地区水文分局印发《水文技术咨询服务管理办法》（吉地水文字〔94〕第 44 号）。

1996 年 9 月 12 日，吉安地区水文分局印发《水文综合经营管理办法（试行）》（吉地水文字〔96〕第 11 号）。

2000 年 9 月 13 日，吉安市水文分局印发《吉安市水文分局水文技术咨询服务实施办法》（吉地水文综经发〔2000〕第 001 号）。

2004 年 11 月，财政部、国家发展改革委下发《关于同意将水文专业有偿服务费转为经营服务性收费的复函》。鉴于目前水文机构按照“自愿有偿”原则为各类社会主体提供水文专业服务，具有市场经营服务特征，不再体现政府行为。因此，同意将水文专业有偿服务费转为经营服务性收费，自 2005 年 1 月 1 日起执行。

2008 年 1 月 18 日，吉安市水文局印发《吉安市水文局机关技术咨询服务实施办法》（吉市水文发〔2008〕第 3 号），从 2008 年 1 月 1 日起执行。

2008 年 3 月 28 日，吉安市水文局印发《水文测验质量检验标准（标五：水文服务）》（吉市水文发〔2008〕第 7 号），将水文服务质量标准纳入考核。

2008 年 9 月，吉安市水文局参照《中华人民共和国公务员法》管理，职工各种贴补到位后，水文专业有偿服务的费用实行收支两条线管理。

服务范围

1985 年 12 月，省水文总站制定《开展有偿水文专业服务和水文科技咨询收费标准及分成试行办法》（以下简称《试行办法》）。《试行办法》主要内容有服务项目、收费范围、收费标准、分成比例和管理办法。主要项目包括：①提供水文资料及分析计算成果（含水资源公报）；②水文情报预报（含长、中、短期预报和专业要求预报）；③承接中小型水利水电工程水文分析计算；④各种水准、陆上、水下地形测量；⑤水质采样、化验分析，预测水源污染趋势（含水质监测公报）；⑥各种专用水文测站建站和观测；⑦修理、检定水平仪、经纬仪、自记雨量计、水位计、钟表等；⑧微型电子计算机租用，代研制软件；⑨承担水文测报设施设计（含过河设施），水文专业人员培训；⑩各种水文科技咨询。强调各级水文站都要广开门路，扩大服务范围，开发服务项目，应在保证完成本单位水文正常业务及确保成果质量前提下，开展有偿水文专业和水文科技咨询服务，自 1985 年 12 月 1 日起试行。

1994 年 6 月，水利部下发《水文专业有偿服务收费管理试行办法》（以下简称《试行办法》）和《水文专业有偿服务收费标准》，自 1994 年 7 月 1 日起执行。《试行办法》第三条水文专业有偿服务收费范围按以下原则确定：①水文部门为工农业、交通运输业、地质矿产、环境保护、水利、电力等行业的企事业单位和个体从业者以及党、政、军领导机关所属企、事业单位提供服务均按《水文专业有偿服务收费标准》（本办法附件）收费；②水文部门为党、政、军领导机关组织防汛、抢险、抗洪、救灾而提供的决策性水文情报不实行有偿服务，只收电信费；③国际交换资料按对等原则或双方签订的合同执行。第四条专业服务项目包括：①水文勘测与测验；②水文资料审查、水文分析计算、水资源调查评价；③水文情报预报；④水质监测、分析；⑤资料与成果；⑥水文自动测报系统及常规仪器维修。第五条水文收费标准以生产水文勘测产品所耗费的材料费、燃料动力费、工资、管理费、其他费用为基础，考虑使用频率、更新周期、技术处理费用等因素确定。第七条水文部门向使用水文资料单位提供的水文勘测资料只供该单位使用，未经负责该项资料观测和整理的水文部门同意，不得转让给第三者使用。第八条水文单位从事水文专业有偿服务工作时必须先与委托方签订任务合同书。第九条各级水文部门应加强对水文有偿服务收费的管理，不得擅自提高收费标准。

服务内容

开展水文专业有偿服务是全市水文创收主要“产品”之一。全市各级水文组织发挥人才、技术和设备优势，努力开拓技术市场，全方位开展水文科技咨询有偿服务。主要服务内容有以下几种：

地形地籍测量　对外承接地形地籍测量业务，承接城镇地籍调查测量和数字化测图，承接农业综合开发、土地整理项目和县级勘界测量业务，承接防洪高程测量、吉安华能电厂水文测量，范围涉及全省 40 多个县市及广东、湖南、江苏、福建、浙江等省。

在建工程水情服务　为在建铁路、公路、水利电力工程建设提供水文情报预报服务；承接水库水文预报、水文报汛，重要堤防、水利水电工程报汛服务。

资料分析计算　从提供原始资料的做法，转变为提供水文资料分析成果。承接与水文相关的水文计算等。

水质监测评价　在全市各水文水位站主要河段设立取水断面例行常规监测，在取排水口实施定点监测，为取水许可证发放及年审提供监测服务。

水资源论证和评价　承接建设项目水资源论证报告、建设项目防洪影响评价报告的编制，编制水功能区划、水量分配细化研究报告等。

山洪灾害调查评价　承接山洪灾害调查工作，开展了遂川县、永丰县、安福县、万安县、泰和县、吉水县、永新县、井冈山市，以及萍乡市莲花县、新余市渝水区的山洪灾害调查工作，编制完成了《山洪灾害调查评价报告》。

技术咨询

技术咨询和综合经营服务主要内容是：一是工程水文服务，为水利工程施工，铁路、公路建设，城镇防洪，电厂建设，设立专用水文站等提供水文分析计算；二是水文情报预报服务，设计洪水水面线分析，防洪预案分析，水库水文预报和报汛，重要堤防、水利水电工程报汛和预报；三是水文资料服务，为水电及交通工程设计等提供资料分析成果；四是水资源调查评价、水资源论证服务，编制水资源公报、城市防洪规划，防洪影响评价，水环境监测评价和水质化验；五是测绘服务，跨省、跨地市、跨行业承接地形地籍、河道、蓄滞洪区测量；六是遥测技术服务，承担全市水利系统水文自动测报工程建设。

历年来，吉安市水文局每年为各级防汛部门、大中型水库、沿河两岸城镇提供了大量的水情咨询服务。

1993年4月8日，吉安地区水文分局决定：从1993年1月1日起，对吉安地区水库水文站实行专业技术咨询有偿服务，服务项目有：接收委托代办水文站，水文测验业务技术咨询，水文资料整编业务技术咨询，水文情报预报业务技术咨询，提供仪器设管等服务。

2001年2月20日，吉安市水文分局（吉安市水环境监测中心）向全市各级政府部门发布了第一期《吉安市水环境状况通报》。

2002年12月，吉安市水文分局完成万安、峡江、宁冈、莲花四个重点区域的入河排污口地表水资源质量评价调查任务。

2003年5月，受吉安市水务局委托，吉安市水文分局完成《赣江中游防洪能力与万安水库运行调度分析报告》。

2008年，吉安市水文局在全省率先设立38个县、市界河断面水质监测点，加强界河水质监测和饮用水水源地的监测工作，取得显著成果。

2012年，吉安市水文局开展了安福县、遂川县和永丰县3个县的山洪灾害调查评价工作。

2014年，吉安市水文局开展了万安县、泰和县、吉水县、永新县和井冈山市5个县（市）山洪灾害调查评价工作。

2015年9月20日，吉安市水文局抽调技术骨干组成两个调查组，赴新余市渝水区开展山洪灾害调查评价外业调查工作。

2019年10月，汇编完成《吉安市山洪灾害调查评价报告》和《吉安市山洪灾害调查评价图表集》。

地形地籍测量

1985年11月，吉安地区水文站成立测量队（1996年改测绘队），对外开展地形地籍等测量工作。

1990 年，吉安地区水文分局完成的吉安县城地籍测绘成果获国家土管局科技应用成果奖三等奖。

20 世纪 90 年代，吉安地区水文分局测绘队在全省率先进军浙江瑞安、嘉兴，广东等地进行地籍测量，测量的速度、质量得到当地土地管理部门肯定。随后，赴北京、广东、湖南、江苏、福建、浙江承接地籍调查、测量等业务。承接并完成了本省修水、鹰潭、寻乌、莲花、万安、安福、宁岗、吉安、井冈山、泰和等地的地形地籍测量任务。

1991 年 6 月，吉安地区水文站技术咨询服务科负责人李正国获省测绘局、省人事厅“全省测绘行业先进工作者”荣誉称号。

1996 年 3 月，吉安地区水文分局组织 5 个测量小分队分赴修水、寻乌、安远、广昌和广东南海县大沥镇开展地形、地籍测量业务。

1997 年 5 月，根据江西省勘界工作领导小组办公室发布文件（赣勘办字〔1997〕11 号），吉安地区水文分局承担泰（和）永（新）、泰（和）遂（川）勘界任务。

1998 年 10 月，遂川水文勘测队完成江苏省常熟市虞山镇、昆山市石牌镇数字化地籍测量。

1999 年，吉安地区水文分局测量小分队分赴江苏、浙江、福建省及本省井冈山市、泰和县、万安县承接测量业务。

2000 年，吉安地区水文分局测量小分队奔赴鄱阳湖，参加鄱阳湖分蓄滞洪区数字化地形测量，与上饶、南昌、鄱阳湖水文分局一道完成了鄱阳湖蓄滞洪区 420 平方千米地形测量。

2000 年 8 月 29 日，由吉安地区水文分局承担完成的赣江吉安段河道地形测量成果上交吉安市城市建设投资开发公司，成果质量受到好评。

2000 年 12 月，吉安市水文分局测量队完成丰城泉港分蓄洪区新街、太阳、八景、刘公庙、建山、经楼 6 个乡（镇）116 个村庄的地形测量外业任务，历时一个半月。

2002 年 3 月 8 日，吉安电视台到吉安市水文分局拍摄水文为国民经济建设搞好测绘服务的新闻，并在吉安电视台播出。

2002 年 3 月，应吉安市政府城市规划办公室、市土管局的要求，吉安市水文分局测量队提前 10 天完成吉安老飞机场 2.6 平方千米的地形测量任务。

2003 年 2 月 13 日，浙江省杭州市建德测绘大队一行 4 人到吉安市水文分局，考察水文测量资质、测绘仪器设备和人员结构情况，表示愿意长期合作。

2003 年，井冈测绘院成立后，采用数字化测图技术，承接地形测量、河道疏浚测量、县域勘界、公路监理测量和城镇地籍调查测量。承接项目范围涉及江西省 40 多个县（市）及广东、湖南、江苏、福建、浙江等省。

2004 年 2 月 18 日至 3 月 20 日，井冈测绘院完成吉安市青原区天玉镇 2.6 平方千米工业开发地形测量任务。

2004 年 8 月，井冈测绘院完成河北省石家庄市 3.2 平方千米地籍测绘任务。

2004 年 9 月 5 日至 10 月 22 日，井冈测绘院协助宜春市水文分局赣西测绘院，完成万载县近 100 个烟花鞭炮厂安全布局的测绘任务。

2005 年 10 月，吉安市水文局井冈测绘院副院长熊春保获省人事厅、省测绘局“全省测绘行业先进工作者”荣誉称号。

2006 年，吉安市水文局咨询服务科（井冈测绘院）获“省级青年文明号”荣誉称号。

2011 年 5 月，受吉安市民政局委托，井冈测绘院开展永丰、万安、吉州、青原等四个县（区）界线勘定工作。

综合经营

1988 年，水利部水文司倡导水文部门要大力开展技术咨询服务和综合经营。

20 世纪 90 年代，按照省水文局提出的“立足水文保防汛，跳出水文求发展”的工作思路，吉安地区各水文站掀起了开展技术咨询服务和综合经营的热潮。

吉安地区水文分局机关利用空置平房和场地，与吉安市包装办印刷厂合作兴办吉安市包装办印刷厂。

万安栋背水文站自筹资金，自学技术，经营粮食加工；同时利用小鱼塘养鱼；在房前屋后栽种柑橘；为核电站选址开展水文观测等。

遂川水文勘测队自己开办面条厂，开展面条生产经营；与遂川县职业中学联合办学，开办 3 个班，开设农机、电脑两个专业；与当地签订土地长期租赁合同，开发荒山荒坡，栽种板栗树。

吉安水文站组建水电安装维修队；开发临街店面，招标租赁。

峡江水文站开办种植柑橘果园基地，发展水文经济。

吉水木口水文站种植、养殖并举，开展养牛、猪、鸡、鸭、狗、鱼等；与当地签订土地租赁合同，开发荒山荒坡，栽种板栗树。

吉水白沙水文站租赁临街店面，开展猪沼果工程。

吉安赛塘水文站垦荒栽种经济作物。

安福彭坊水文站与当地企业联办木材加工厂。

伏龙口水文站开办小型养鸡场等。

附　　录

附录一　水文相关法规文件

国务院法规

中华人民共和国国务院令

（第 496 号）

《中华人民共和国水文条例》已经 2007 年 3 月 28 日国务院第 172 次常务会议通过，现予公布，自 2007 年 6 月 1 日起施行。

总理　温家宝

二〇〇七年四月二十五日

中华人民共和国水文条例

（2007 年 4 月 25 日中华人民共和国国务院令第 496 号发布　根据 2013 年 7 月 18 日《国务院关于废止和修改部分行政法规的决定》第一次修正根据 2016 年 2 月 6 日《国务院关于修改部分行政法规的决定》第二次修正根据 2017 年 3 月 1 日《国务院关于修改和废止部分行政法规的决定》第三次修正）

第一章　总　　则

第一条　为了加强水文管理，规范水文工作，为开发、利用、节约、保护水资源和防灾减灾服务，促进经济社会的可持续发展，根据《中华人民共和国水法》和《中华人民共和国防洪法》，制定本条例。

第二条　在中华人民共和国领域内从事水文站网规划与建设，水文监测与预报，水资源调查评价，水文监测资料汇交、保管与使用，水文设施与水文监测环境的保护等活动，应当遵守本条例。

第三条　水文事业是国民经济和社会发展的基础性公益事业。县级以上人民政府应当将水文事业纳入本级国民经济和社会发展规划，所需经费纳入本级财政预算，保障水文监测工作的正常开展，充分发挥水文工作在政府决策、经济社会发展和社会公众服务中的作用。

县级以上人民政府应当关心和支持少数民族地区、边远贫困地区和艰苦地区水文基础设施的建设和运行。

第四条　国务院水行政主管部门主管全国的水文工作，其直属的水文机构具体负责组织实施管理工作。

国务院水行政主管部门在国家确定的重要江河、湖泊设立的流域管理机构（以下简称流域管理机构），在所管辖范围内按照法律、本条例规定和国务院水行政主管部门规定的权限，组织实施管理有关水文工作。

省、自治区、直辖市人民政府水行政主管部门主管本行政区域内的水文工作，其直属的水文机构接受上级业务主管部门的指导，并在当地人民政府的领导下具体负责组织实施管理工作。

第五条 国家鼓励和支持水文科学技术的研究、推广和应用，保护水文科技成果，培养水文科技人才，加强水文国际合作与交流。

第六条 县级以上人民政府对在水文工作中做出突出贡献的单位和个人，按照国家有关规定给予表彰和奖励。

第七条 外国组织或者个人在中华人民共和国领域内从事水文活动的，应当经国务院水行政主管部门会同有关部门批准，并遵守中华人民共和国的法律、法规；在中华人民共和国与邻国交界的跨界河流上从事水文活动的，应当遵守中华人民共和国与相关国家缔结的有关条约、协定。

第二章 规划与建设

第八条 国务院水行政主管部门负责编制全国水文事业发展规划，在征求国务院有关部门意见后，报国务院或者其授权的部门批准实施。

流域管理机构根据全国水文事业发展规划编制流域水文事业发展规划，报国务院水行政主管部门批准实施。

省、自治区、直辖市人民政府水行政主管部门根据全国水文事业发展规划和流域水文事业发展规划编制本行政区域的水文事业发展规划，报本级人民政府批准实施，并报国务院水行政主管部门备案。

第九条 水文事业发展规划是开展水文工作的依据。修改水文事业发展规划，应当按照规划编制程序经原批准机关批准。

第十条 水文事业发展规划主要包括水文事业发展目标、水文站网建设、水文监测和情报预报设施建设、水文信息网络和业务系统建设以及保障措施等内容。

第十一条 国家对水文站网建设实行统一规划。水文站网建设应当坚持流域与区域相结合、区域服从流域，布局合理、防止重复，兼顾当前和长远需要的原则。

第十二条 水文站网的建设应当依据水文事业发展规划，按照国家固定资产投资项目建设程序组织实施。

为国家水利、水电等基础工程设施提供服务的水文站网的建设和运行管理经费，应当分别纳入工程建设概算和运行管理经费。

本条例所称水文站网，是指在流域或者区域内，由适当数量的各类水文测站构成的水文监测资料收集系统。

第十三条 国家对水文测站实行分类分级管理。

水文测站分为国家基本水文测站和专用水文测站。国家基本水文测站分为国家重要水文测站和一般水文测站。

第十四条 国家重要水文测站和流域管理机构管理的一般水文测站的设立和调整，由省、自治区、直辖市人民政府水行政主管部门或者流域管理机构报国务院水行政主管部门直属水文机构批准。其他一般水文测站的设立和调整，由省、自治区、直辖市人民政府水行政主管部门批准，报国务院水行政主管部门直属水文机构备案。

第十五条 设立专用水文测站，不得与国家基本水文测站重复；在国家基本水文测站覆盖的区域，确需设立专用水文测站的，应当按照管理权限报流域管理机构或者省、自治区、直辖市人民政

府水行政主管部门直属水文机构批准。其中，因交通、航运、环境保护等需要设立专用水文测站的，有关主管部门批准前，应当征求流域管理机构或者省、自治区、直辖市人民政府水行政主管部门直属水文机构的意见。

撤销专用水文测站，应当报原批准机关批准。

第十六条　专用水文测站和从事水文活动的其他单位，应当接受水行政主管部门直属水文机构的行业管理。

第十七条　省、自治区、直辖市人民政府水行政主管部门管理的水文测站，对流域水资源管理和防灾减灾有重大作用的，业务上应当同时接受流域管理机构的指导和监督。

第三章　监 测 与 预 报

第十八条　从事水文监测活动应当遵守国家水文技术标准、规范和规程，保证监测质量。未经批准，不得中止水文监测。

国家水文技术标准、规范和规程，由国务院水行政主管部门会同国务院标准化行政主管部门制定。

第十九条　水文监测所使用的专用技术装备应当符合国务院水行政主管部门规定的技术要求。

水文监测所使用的计量器具应当依法经检定合格。水文监测所使用的计量器具的检定规程，由国务院水行政主管部门制定，报国务院计量行政主管部门备案。

第二十条　水文机构应当加强水资源的动态监测工作，发现被监测水体的水量、水质等情况发生变化可能危及用水安全的，应当加强跟踪监测和调查，及时将监测、调查情况和处理建议报所在地人民政府及其水行政主管部门；发现水质变化，可能发生突发性水体污染事件的，应当及时将监测、调查情况报所在地人民政府水行政主管部门和环境保护行政主管部门。

有关单位和个人对水资源动态监测工作应当予以配合。

第二十一条　承担水文情报预报任务的水文测站，应当及时、准确地向县级以上人民政府防汛抗旱指挥机构和水行政主管部门报告有关水文情报预报。

第二十二条　水文情报预报由县级以上人民政府防汛抗旱指挥机构、水行政主管部门或者水文机构按照规定权限向社会统一发布。禁止任何其他单位和个人向社会发布水文情报预报。

广播、电视、报纸和网络等新闻媒体，应当按照国家有关规定和防汛抗旱要求，及时播发、刊登水文情报预报，并标明发布机构和发布时间。

第二十三条　信息产业部门应当根据水文工作的需要，按照国家有关规定提供通信保障。

第二十四条　县级以上人民政府水行政主管部门应当根据经济社会的发展要求，会同有关部门组织相关单位开展水资源调查评价工作。

从事水文、水资源调查评价的单位，应当具备下列条件，并取得国务院水行政主管部门或者省、自治区、直辖市人民政府水行政主管部门颁发的资质证书：

（一）具有法人资格和固定的工作场所；

（二）具有与所从事水文活动相适应并经考试合格的专业技术人员；

（三）具有与所从事水文活动相适应的专业技术装备；

（四）具有健全的管理制度；

（五）符合国务院水行政主管部门规定的其他条件。

第四章　资料的汇交保管与使用

第二十五条　国家对水文监测资料实行统一汇交制度。从事地表水和地下水资源、水量、水质监测的单位以及其他从事水文监测的单位，应当按照资料管理权限向有关水文机构汇交监测资料。

重要地下水源地、超采区的地下水资源监测资料和重要引（退）水口、在江河和湖泊设置的排污口、重要断面的监测资料，由从事水文监测的单位向流域管理机构或者省、自治区、直辖市人民政府水行政主管部门直属水文机构汇交。

取用水工程的取（退）水、蓄（泄）水资料，由取用水工程管理单位向工程所在地水文机构汇交。

第二十六条 国家建立水文监测资料共享制度。水文机构应当妥善存储和保管水文监测资料，根据国民经济建设和社会发展需要对水文监测资料进行加工整理形成水文监测成果，予以刊印。国务院水行政主管部门直属的水文机构应当建立国家水文数据库。

基本水文监测资料应当依法公开，水文监测资料属于国家秘密的，对其密级的确定、变更、解密以及对资料的使用、管理，依照国家有关规定执行。

第二十七条 编制重要规划、进行重点项目建设和水资源管理等使用的水文监测资料应当完整、可靠、一致。

第二十八条 国家机关决策和防灾减灾、国防建设、公共安全、环境保护等公益事业需要使用水文监测资料和成果的，应当无偿提供。

除前款规定的情形外，需要使用水文监测资料和成果的，按照国家有关规定收取费用，并实行收支两条线管理。

因经营性活动需要提供水文专项咨询服务的，当事人双方应当签订有偿服务合同，明确双方的权利和义务。

第五章 设施与监测环境保护

第二十九条 国家依法保护水文监测设施。任何单位和个人不得侵占、毁坏、擅自移动或者擅自使用水文监测设施，不得干扰水文监测。

国家基本水文测站因不可抗力遭受破坏的，所在地人民政府和有关水行政主管部门应当采取措施，组织力量修复，确保其正常运行。

第三十条 未经批准，任何单位和个人不得迁移国家基本水文测站；因重大工程建设确需迁移的，建设单位应当在建设项目立项前，报请对该站有管理权限的水行政主管部门批准，所需费用由建设单位承担。

第三十一条 国家依法保护水文监测环境。县级人民政府应当按照国务院水行政主管部门确定的标准划定水文监测环境保护范围，并在保护范围边界设立地面标志。

任何单位和个人都有保护水文监测环境的义务。

第三十二条 禁止在水文监测环境保护范围内从事下列活动：

（一）种植高秆作物、堆放物料、修建建筑物、停靠船只；

（二）取土、挖砂、采石、淘金、爆破和倾倒废弃物；

（三）在监测断面取水、排污或者在过河设备、气象观测场、监测断面的上空架设线路；

（四）其他对水文监测有影响的活动。

第三十三条 在国家基本水文测站上下游建设影响水文监测的工程，建设单位应当采取相应措施，在征得对该站有管理权限的水行政主管部门同意后方可建设。因工程建设致使水文测站改建的，所需费用由建设单位承担。

第三十四条 在通航河道中或者桥上进行水文监测作业时，应当依法设置警示标志。

第三十五条 水文机构依法取得的无线电频率使用权和通信线路使用权受国家保护。任何单位和个人不得挤占、干扰水文机构使用的无线电频率，不得破坏水文机构使用的通信线路。

第六章 法 律 责 任

第三十六条 违反本条例规定，有下列行为之一的，对直接负责的主管人员和其他直接责任人员依法给予处分；构成犯罪的，依法追究刑事责任：

（一）错报水文监测信息造成严重经济损失的；

（二）汛期漏报、迟报水文监测信息的；

（三）擅自发布水文情报预报的；

（四）丢失、毁坏、伪造水文监测资料的；

（五）擅自转让、转借水文监测资料的；

（六）不依法履行职责的其他行为。

第三十七条　未经批准擅自设立水文测站或者未经同意擅自在国家基本水文测站上下游建设影响水文监测的工程的，责令停止违法行为，限期采取补救措施，补办有关手续；无法采取补救措施、逾期不补办或者补办未被批准的，责令限期拆除违法建筑物；逾期不拆除的，强行拆除，所需费用由违法单位或者个人承担。

第三十八条　违反本条例规定，未取得水文、水资源调查评价资质证书从事水文活动的，责令停止违法行为，没收违法所得，并处5万元以上10万元以下罚款。

第三十九条　违反本条例规定，超出水文、水资源调查评价资质证书确定的范围从事水文活动的，责令停止违法行为，没收违法所得，并处3万元以上5万元以下罚款；情节严重的，由发证机关吊销资质证书。

第四十条　违反本条例规定，使用不符合规定的水文专用技术装备和水文计量器具的，责令限期改正。

第四十一条　违反本条例规定，有下列行为之一的，责令停止违法行为，处1万元以上5万元以下罚款：

（一）拒不汇交水文监测资料的；

（二）使用未经审定的水文监测资料的；

（三）非法向社会传播水文情报预报，造成严重经济损失和不良影响的。

第四十二条　违反本条例规定，侵占、毁坏水文监测设施或者未经批准擅自移动、擅自使用水文监测设施的，责令停止违法行为，限期恢复原状或者采取其他补救措施，可以处5万元以下罚款；构成违反治安管理行为的，依法给予治安管理处罚；构成犯罪的，依法追究刑事责任。

第四十三条　违反本条例规定，从事本条例第三十二条所列活动的，责令停止违法行为，限期恢复原状或者采取其他补救措施，可以处1万元以下罚款；构成违反治安管理行为的，依法给予治安管理处罚；构成犯罪的，依法追究刑事责任。

第四十四条　本条例规定的行政处罚，由县级以上人民政府水行政主管部门或者流域管理机构依据职权决定。

第七章　附　　则

第四十五条　本条例中下列用语的含义是：

水文监测，是指通过水文站网对江河、湖泊、渠道、水库的水位、流量、水质、水温、泥沙、冰情、水下地形和地下水资源，以及降水量、蒸发量、墒情、风暴潮等实施监测，并进行分析和计算的活动。

水文测站，是指为收集水文监测资料在江河、湖泊、渠道、水库和流域内设立的各种水文观测场所的总称。

国家基本水文测站，是指为公益目的统一规划设立的对江河、湖泊、渠道、水库和流域基本水文要素进行长期连续观测的水文测站。

国家重要水文测站，是指对防灾减灾或者对流域和区域水资源管理等有重要作用的基本水文测站。

专用水文测站，是指为特定目的设立的水文测站。

基本水文监测资料，是指由国家基本水文测站监测并经过整编后的资料。

水文情报预报，是指对江河、湖泊、渠道、水库和其他水体的水文要素实时情况的报告和未来情况的预告。

水文监测设施，是指水文站房、水文缆道、测船、测船码头、监测场地、监测井、监测标志、专用道路、仪器设备、水文通信设施以及附属设施等。

水文监测环境，是指为确保监测到准确水文信息所必需的区域构成的立体空间。

第四十六条 中国人民解放军的水文工作，按照中央军事委员会的规定执行。

第四十七条 本条例自 2007 年 6 月 1 日起施行。

水 利 部 文 件

一、水文管理暂行办法

关于发布《水文管理暂行办法》的通知

（水政〔1991〕第 24 号）

部直属各单位，各省、自治区、直辖市水利（水电）厅（局）：

现发布《水文管理暂行办法》，自发布之日起施行。

水利部

一九九一年十月十五日

水文管理暂行办法

第一章 总 则

第一条 水文工作是开发水利、防治水害，保护环境等经济建设和社会发展的重要基础工作。为加强水文行业管理，特根据《中华人民共和国水法》制定本办法。

第二条 凡在中华人民共和国陆地领域内从事水文勘测、水文情报预报、水资源评价与水文计算等活动，均应遵守本办法。

第三条 水利部是全国水文行业主管机关。水利部所属流域机构承担部授权的水文行业管理工作。

省、自治区、直辖市水行政主管部门是所管辖范围内的水文行业主管机关。其所属水文机构负责实施具体管理，包括水文资料的审定、裁决、汇总管理和水资源调查评价的归口管理等。

第四条 水文专业规划要适应开发水利、防治水害、保护环境等经济建设和社会发展的需要，水文工作要适当超前进行。

水文专业规划应包括水文勘测、水文情报预报、水资源评价、水文计算、科技发展、专业教育、站队结合和队伍建设等内容。

水利部负责组织编制全国水文专业规划，报国务院批准后组织实施。

流域机构应组织编制本流域指定范围内的水文专业规划，报水利部批准后组织实施。

省、自治区、直辖市水行政主管部门应组织编制所管辖范围内的水文专业规划，报同级人民政府批准后组织实施。此项规划在报批的同时，应报水利部备案。

第五条　水文机构所需的经费，按隶属关系，分别由中央财政和地方财政列支。

水文建设应纳入水利基建计划。在水利水电基建投资中，每年应划出一定数额，用于发展水文事业。

水文机构专为防汛、水资源管理和保护而进行的工作，依其内容，其经费可分别在相应经费中适当安排。

第六条　各级水行政主管部门应努力提高水文现代化的水平，并会同科学研究主管部门将水文科学研究项目纳入科学研究的规划和计划。

第七条　水利部负责会同有关部门组织制订水文技术标准，并监督实施。

第八条　水行政主管部门对从事水文工作的单位实行资格审查认证制度，经过审查，取得水文工作资格认证书的单位，才能承担规定范围内的水文工作任务。

水文工作单位资格审查证制度的实施办法由水利部制定。

第九条　水文工作单位应当做好社会公益服务工作。同时应开展技术咨询和有偿服务，其实施办法另定。

第二章　水　文　勘　测

第十条　本办法所称水文勘测，其内容包括地表水、地下水的水质等项目的观测、调查和资料整编。

第十一条　国家基本水文站网由水利部组织统一规划，由省、自治区、直辖市水行政主管部门和水利部所属流域机构组织实施。

国家基本水文站网中重要测站的迁移、改级、裁撤，应报经水利部批准；其他测站的迁移、改级、裁撤，由有关省、自治区、直辖市水行政主管部门或流域机构审批，报水利部备案。重要测站的划分标准由水利部制定。

第十二条　专为防汛、水资源管理和保护而需要增加专用水文测站或在基本站上增加专用观测项目者，由使用资料单位提出要求，水文机构统一组织实施。

为其他专门目的服务的专用水文测站，由使用资料单位自行或委托水文机构设立和管理，但不应与基本水文站网重复。

专用水文测站设立和撤销时，应由其主管机关报省、自治区、直辖市水行政主管部门核查备案。

第十三条　专用水文测站或基本站为专用目的增加的观测项目，其基本建设、运行管理、大修折旧费用由使用资料单位承担。

第十四条　兴建水工程时，应将须迁移或新建的水文测报和管理设施列入工程基建计划，并按要求完成。

第十五条　国家基本水文测站和水文行业管理机关指定的专用水文测站的资料，均应按规定整编并报送省、自治区、直辖市水行政主管部门、流域机构。

第十六条　为保证水文资料的可靠性，对下列资料实行审定制度：

（一）工程规划设计所依据的基本水文资料；

（二）水事纠纷、水行政案裁决所依据的水文资料；

（三）重要的取水、排水的水量资料和排污口设置、改建、扩建所依据的水文资料；

（四）其他作为执法依据的水文资料。

审定工作由有关省、自治区、直辖市水行政主管部门或流域机构负责。

对所使用的水文资料有争议时，在省、自治区、直辖市范围内的，由省、自治区、直辖市水行政主管部门负责裁决；跨省、自治区、直辖市的，由有关流域机构或水利部指定的单位负责裁决。

第十七条 除水利部另有规定者外，水文机构向其他单位所提供的水文资料，只供该单位使用；未经负责该项资料的水文测验和资料整编的水文机构同意，使用单位不得将其转让、出版或用于以营利为目的的活动。

第三章 水文情报预报

第十八条 向各级人民政府防汛抗旱机构和水行政主管部门报告雨情、水情、墒情、地下水、水质、蒸发等情况的水文测站，由水利部和省、自治区、直辖市水行政主管部门统一规划，组织实施。

第十九条 向各级人民政府防汛抗旱机构报汛所需的通信设施，由各级人民政府防汛抗旱机构会同有关部门予以解决。

第二十条 各级水行政主管部门或其水文机构应及时向同级人民政府及上级领导机关报告雨情、水情以及地下水、水质等情况。

第二十一条 各级人民政府防汛抗旱机构、水行政主管部门或其授权的水文机构负责向社会发布水文情报预报，其他部门和单位不得发布。

第二十二条 水文单位向各级人民政府防汛抗旱机构提供水文情报预报的报汛费，按有关规定负担。水文单位向企事业单位提供水文情报预报，实行有偿服务。

第四章 水资源评价与水文计算

第二十三条 水资源评价的内容包括水资源总量、地表水和地下水的水量水质规律分析及水资源问题的预测和对策等。

全国的和跨省、自治区、直辖市的水资源评价，由水利部组织，有关水文机构会同有关部门进行。国家确定的重要江河流域的水资源评价，由流域机构组织，其水文机构会同有关部门和地区进行。省、自治区、直辖市的水资源评价，由其水行政主管部门组织，其水文机构会同有关部门进行。局部范围的水资源评价由提出任务的单位组织或委托有资格的单位进行。

第二十四条 对于制定全国、流域、区域或城市的水资源开发利用规划、水的长期供求计划、水资源保护规划及调水、供水方案等所依据的水资源评价成果，实施审定制度。

全国的和跨省、自治区、直辖市的以及国家确定的重要江河流城的水资源评分成果，由水利部组织审定。省、自治区、直辖市范围内的水资源评价成果，由其水行政主管部门组织审定。

第二十五条 工程规划设计的水文计算应充分使用已有水文资料，保证计算成果可靠。

水文计算成果，应按工程等级管理权限，报相应的水行政主管部门组织审定。

第五章 测报设施保护

第二十六条 水文测站的测验设施、标志、场地、道路、照明设备、测船码头、地下水观测井、传输水文情报预报的通信设施，受国家保护，任何单位和个人不得侵占、毁坏和擅自使用、移动。

第二十七条 水文测报设施和院落房屋、专用道路、测验作业的占地，应由其主管机关按照有关规定和实际情况，提出管理范围，向当地土地管理部门办理手续。由土地管理部门确认其使用权，核发证书。

水文测站的管理范围，任何单位和个人不得侵犯。

第二十八条 水文测站的主管机关应根据水文测验技术标准，分别在测验河段的上下游和气象观测场周围，划定保护区，报经县或县以上人民政府批准，并在河段保护区上下界处设立地面标志。

未经水文测站主管机关的同意，严禁在保护区内进行下列活动：

（一）植树造林、种植高秆作物、堆放物料、修筑房屋等建筑物；

（二）在河段内取土采石、淘金、挖沙、停靠船舶、倾倒垃圾废物；

（三）在水文测验过河设备、测验断面、气象观测场上方架设线路；

（四）其他对水文测验作业或资料有影响的活动。

第二十九条 在保护区内，在水文设施建立后设置的妨碍水文测验及管理的障碍物，参照《中华人民共和国河道管理条例》第三十六条关于清除河道管理范围内的阻水障碍物的有关规定处理。

第三十条 确因国家重大建设需要，在水文测验河段保护区内修建工程的，或在其上下游修建工程影响水文测验的，应征得其省、自治区、直辖市主管部门或流域机构的同意。对向国家防汛总指挥部报讯以及依据国际协议向国外提供水文信息的水文站，应报水利部批准。由此而需要迁移水文站站址或改建测报设施的，迁移或改建的全部费用应由工程建设单位承担。

第三十一条 在通航河道中进行水文测验作业时，应设置示警标志，除测验作业船只以外的其他船只应减速绕道行驶。

第六章 附 则

第三十二条 各省、自治区、直辖市水行政主管部门可以根据本办法的规定，结合本地区的实际情况，制定实施细则。

第三十三条 本办法由水利部负责解释。

第三十四条 本办法自发布之日起施行。

二、关于加强水文工作的若干意见

关于加强水文工作的若干意见

（水文〔2000〕第336号）

各流域机构，各省、自治区、直辖市水利（水电、水务）厅（局），各计划单列市水利（水务）局，新疆生产建设兵团水利局：

水文是保障国民经济建设和社会发展的一项重要的基础工作。目前，全国已建成各类水文站点3万多处，形成包括水位、流量、雨量、水质、地下水、蒸发、泥沙等项目齐全，布局比较合理的水文站网；造就了一支具有较高技术水平、敬业爱岗、无私奉献、总数3万多名职工的水文专业队伍；每年收集6亿多条水文水资源数据，积累了大量宝贵的水文资料。历年来，水文部门为各级政府防汛指挥机构的正确决策、合理调度和抗洪抢险工作提供了科学依据，取得了巨大的社会效益和经济效益；在水利规划设计、水资源开发利用管理和保护等方面发挥着十分重要的作用。

但是，水文工作的现状与国民经济和社会的持续健康发展的要求还不相适应，还存在一些亟待解决的问题。一是一些省、自治区、直辖市水文行业管理职能不够明确，以致一些不具备水文资格的单位各自从事水文业务活动，重复设站，造成国家人、财、物的浪费，损害了水文资料的权威性，影响了水资源的统一管理。二是目前还有部分省、自治区、直辖市的地市级水文机构的规格与承担的任务不相适应，在组织协调工作方面有较大的困难，影响了水文工作在经济建设和社会发展中充分发挥作用。三是水文经费投入不足，水文基础设施标准不高，站队结合、开展巡测滞后，现代化水平低。四是水文服务领域不宽，站网发展不平衡，水质监测、地下水监测工作薄弱，很不适应建设现代化水利的要求。

为进一步加强水文工作，提出如下意见：

一、加强水文行业管理

各省、自治区、直辖市水文水资源（勘测）局是省级水行政主管部门领导下行使水文行业管理职能的机构。各地要认真执行我部有关规定，切实加强水文行业管理：1、凡从事水文勘测、水文情报预报、水文分析计算及水资源调查评价的单位，均需依据我部《水文管理暂行办法》和《水文、水资源调查评价资格认证管理暂行办法》的规定，经资格认证，取得资格者方可进行相应的工作；2、水行政主管部门要做好水文行业发展规划，按规划部署水文工作，避免重复建设；为防汛、抗旱、水资源管理和保护需要增加专用水文测站或在基本水文站上增加专用观测项目者，使用资料单位应提出要求，由水文机构统一组织实施；水文自动测报系统的建设与管理，应纳入水文行业管理，充分发挥水文系统的作用；3、水文、水资源、水质监测工作必须执行有关的国家标准和行业标准，省级水文机构要加强对水量、水质监测的监督管理，建立和规范水文资料的审定和裁决制度；4、各级水行政主管部门要把水文监测和分析计算的水量、水质数据作为水事纠纷时技术仲裁和调（供）水的依据；在水资源管理中，发放、审批、审验取水许可证时，必须有水文部门出具对水量、水质的核定意见。

二、理顺水文管理体制

（目前）省级机构改革已经开始。各流域机构，各省、自治区、直辖市水利（水电、水务）厅（局）在机构改革中应高度重视加强水文工作。要抓住机遇，理顺水文管理体制：1、当前水文管理体制应以各省、自治区、直辖市水利（水电、水务）（局）管理为主，同时，建立省级与地（市）、县（市）级水文工作的双重计划财政体制；为地（市）、县（市）防汛抗旱、水资源管理与保护以及为当地经济建设服务所需要的基建投入与业务经费，应纳入所在地（市）县（市）的基建计划和财政预算；省、地（市）水文单位的领导应为同级防汛指挥机构办公室的成员；改革中，必须确保全省（自治区、直辖市）的基本水文站网及其测验和资料的统一管理；水文情报预报作为水文工作的重要内容，设在其他部门的应在这次机构改革中调整理顺。2、根据水文工作的特点、性质和任务，建议各省，自治区、直辖市水利（水电、水务）（局）按照1992年我部向中央机构编制委员会报告的意见，在机构改革中，努力争取解决好省级水文机构和地（市）级水文机构的名称与规格问题，使之与水文工作的特点、性质和承担的任务相适应。

三、完善水文投入机制

各地要从以下几个方面做好工作，切实解决水文经费问题：1、做好水文行业发展规划，并纳入水利发展总体规划和年度计划；2、要继续贯彻落实1987年国家计委、财政部、水利电力部联合下发《关于加强水文工作意见的函》的要求，在水利基本建设经费中划出一定比例用于水文基础设施建设。要认真执行1999年财政部、水利部《特大防汛抗旱补助费使用管理办法》，从特大防汛费、水利基金中安排水文项目，保证水毁水文测报设施的及时修复；3、在编制水利工程建设计划时，必须包含水文项目，新建、改建水利工程，必须包括水文站、水文设施、信息网络等建设和改造（即“工程带水文”），其前期工作要同步进行，要抓紧制定水文设施建设标准；4、根据水资源管理和保护的具体任务和实际情况，从省、地、县收取的水资源费中安排一定的经费用于水文水资源监测与评价工作；5、制定水文设备运行维护管理办法，争取在财政预算中核定水文设施运行维护管理经费的；6、要加强对水文经费的管理，严禁挤占、挪用和浪费，严格执行基建程序、财务管理制度。

四、扩展水文工作内涵，加快水文现代化建设

各地要根据实际需要，发挥水文行业的技术优势，积极扩展水文测报和服务的内涵。建设和完善各类站网，扩大信息源。要按照我部颁发的《关于加强水文基础设施建设的实施意见》（水资文〔1999〕第38号），认真组织实施。加快推广应用现代新技术，加强水文预报研究和软件开发，提高水文测报的质量和时效。在2005年前，普及应用发达国家90年代末广泛采用的水文先进技术，配合国家防汛指挥系统建设，完成水情分中心建设。加快建设水文信息采集、传输、处理、存储、服务一体化的水文信息服务系统。

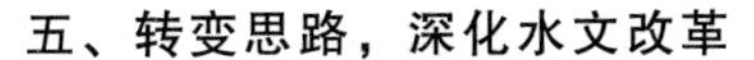

五、转变思路，深化水文改革

各流域机构，各省、自治区、直辖市水利（水电、水务）厅（局）要进一步加强对水文工作的领导。要切实转变水文工作思路，从重点为防汛抗旱服务向在继续为防汛抗旱工作服好务的同时，为水资源的开发、利用、管理和保护以及国民经济可持续发展提供全方位服务转变；从重视水量监测向水量、水质、地表水、地下水监测并重转变；从重水文技术业务向在抓好技术业务的同时加强政策法规、科学管理转变；从小打小闹、修修补补、穷于应付向重整体规划、长期发展转变；从拼人力、拼设备向提高人员素质、加强技术创新转变。总之，从传统水文向现代水文转变。

党的十五届三中全会《决定》已明确提出“进一步健全气象、水文、防汛服务体系”。各地要认真研究水文工作中的突出问题，采取有效措施加以解决，逐步实现“技术先进、精兵高效、管理科学、全面服务”的水文发展目标，使水文工作更好地适应国民经济和社会发展的需要。

水利部办公厅
2000 年 8 月 4 日印发

三、水文监测环境和设施保护办法

中华人民共和国水利部令

（第 43 号）

《水文监测环境和设施保护办法》已经 2010 年 12 月 16 日水利部部务会议审议通过，现予公布，自 2011 年 4 月 1 日起施行。

部长　陈雷
二〇一一年二月十八日

水文监测环境和设施保护办法

（2011 年 2 月 18 日水利部令第 43 号发布根据 2015 年 12 月 16 日《水利部关于废止和修改部分规章的决定》修正）

第一条　为了加强水文监测环境和设施保护，保障水文监测工作正常进行，根据《中华人民共和国水法》和《中华人民共和国水文条例》，制定本办法。

第二条　本办法适用于国家基本水文测站（以下简称水文测站）水文监测环境和设施的保护。

本办法所称水文监测环境，是指为确保准确监测水文信息所必需的区域构成的立体空间。

本办法所称水文监测设施，是指水文站房、水文缆道、测船、测船码头、监测场地、监测井（台）、水尺（桩）、监测标志、专用道路、仪器设备、水文通信设施以及附属设施等。

第三条　国务院水行政主管部门负责全国水文监测环境和设施保护的监督管理工作，其直属的水文机构具体负责组织实施。

国务院水行政主管部门在国家确定的重要江河、湖泊设立的流域管理机构（以下简称流域管理机构），在所管辖范围内按照法律、行政法规和本办法规定的权限，组织实施有关水文监测环境和设施保护的监督管理工作。

省、自治区、直辖市人民政府水行政主管部门负责本行政区域内的水文监测环境和设施保护的监督管理工作，其直属的水文机构接受上级业务主管部门的指导，并在当地人民政府的领导下具体负责组织实施。

第四条 水文监测环境保护范围应当因地制宜，符合有关技术标准，一般按照以下标准划定：

（一）水文监测河段周围环境保护范围：沿河纵向以水文基本监测断面上下游各一定距离为边界，不小于五百米，不大于一千米；沿河横向以水文监测过河索道两岸固定建筑物外二十米为边界，或者根据河道管理范围确定。

（二）水文监测设施周围环境保护范围：以监测场地周围三十米、其他监测设施周围二十米为边界。

第五条 有关流域管理机构或者水行政主管部门应当根据管理权限并按照本办法第四条规定的标准拟定水文监测环境保护范围，报水文监测环境保护范围所在地县级人民政府划定，并在划定的保护范围边界设立地面标志。

第六条 禁止在水文监测环境保护范围内从事下列活动：

（一）种植树木、高秆作物，堆放物料，修建建筑物，停靠船只；

（二）取土、挖砂、采石、淘金、爆破、倾倒废弃物；

（三）在监测断面取水、排污，在过河设备、气象观测场、监测断面的上空架设线路；

（四）埋设管线，设置障碍物，设置渔具、锚锭、锚链，在水尺（桩）上拴系牲畜；

（五）网箱养殖，水生植物种植，烧荒、烧窑、熏肥；

（六）其他危害水文监测设施安全、干扰水文监测设施运行、影响水文监测结果的活动。

第七条 国家依法保护水文监测设施。任何单位和个人不得侵占、毁坏、擅自移动或者擅自使用水文监测设施，不得使用水文通信设施进行与水文监测无关的活动。

第八条 未经批准，任何单位和个人不得迁移水文测站。因重大工程建设确需迁移的，建设单位应当在建设项目立项前，报请对该水文测站有管理权限的流域管理机构或者水行政主管部门批准，所需费用由建设单位承担。

第九条 在水文测站上下游各二十公里（平原河网区上下游各十公里）河道管理范围内，新建、改建、扩建下列工程影响水文监测的，建设单位应当采取相应措施，在征得对该水文测站有管理权限的流域管理机构或者水行政主管部门同意后方可建设：

（一）水工程；

（二）桥梁、码头和其他拦河、跨河、临河建筑物、构筑物，或者铺设跨河管道、电缆；

（三）取水、排污等其他可能影响水文监测的工程。

因工程建设致使水文测站改建的，所需费用由建设单位承担，水文测站改建后应不低于原标准。

第十条 建设本办法第九条规定的工程，建设单位应当向有关流域管理机构或者水行政主管部门提出申请，并提交下列材料：

（一）在水文测站上下游建设影响水文监测工程申请书；

（二）自行或者委托有关单位编制的建设工程对水文监测影响程度的分析评价报告；

（三）补救措施和费用估算；

（四）工程施工计划；

（五）审批机关要求的其他材料。

第十一条 有关流域管理机构或者水行政主管部门对受理的在水文测站上下游建设影响水文监测工程的申请，应当依据有关法律、法规以及技术标准进行审查，自受理申请之日起二十日内作出行政许可决定。对符合下列条件的，作出同意的决定，向建设单位颁发审查同意文件：

（一）对水文监测影响程度的分析评价真实、准确；

（二）建设单位采取的措施切实可行；

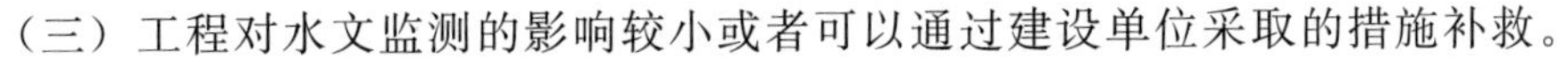

（三）工程对水文监测的影响较小或者可以通过建设单位采取的措施补救。

第十二条　水文测站因不可抗力遭受破坏的，所在地人民政府和有关水行政主管部门、流域管理机构应当采取措施，组织力量修复，确保其正常运行。

第十三条　在通航河道中或者桥上进行水文监测作业时，应当依法设置警示标志，过往船只、排筏、车辆应当减速、避让。航行的船只，不得损坏水文测船、浮艇、潮位计、水位监测井（台）、水尺、过河缆道、水下电缆等水文监测设施和设备。

水文监测专用车辆、船只应当设置统一的标志。

第十四条　水文机构依法取得的无线电频率使用权和通信线路使用权受国家保护。任何单位和个人不得挤占、干扰水文机构使用的无线电频率，不得破坏水文机构使用的通信线路。

第十五条　水文监测环境和设施遭受人为破坏影响水文监测的，水文机构应当及时告知有关地方人民政府水行政主管部门。被告知的水行政主管部门应当采取措施确保水文监测正常进行；必要时，应当向本级人民政府汇报，提出处置建议。该水行政主管部门应当及时将处置情况书面告知水文机构。

第十六条　新建、改建、扩建水文测站所需用地，由对该水文测站有管理权限的流域管理机构或者水行政主管部门报请水文测站所在地县级以上人民政府土地行政主管部门，依据水文测站用地标准合理确定，依法办理用地审批手续。已有水文测站用地应当按照有关法律、法规的规定进行确权划界，办理土地使用证书。

第十七条　国家工作人员违反本办法规定，在水文监测环境和设施保护工作中玩忽职守、滥用职权的，按照法律、法规的有关规定予以处理。

第十八条　违反本办法第六条、第七条、第九条规定的，分别依照《中华人民共和国水文条例》第四十三条、第四十二条和第三十七条的规定给予处罚。

第十九条　专用水文测站的水文监测环境和设施保护可以参照本办法执行。

第二十条　本办法自2011年4月1日起施行。

江西省政府文件

一、江西省保护水文测报设施的暂行规定

江西省人民政府
关于印发《江西省保护水文测报设施的暂行规定》的通知

（赣府发〔1985〕第113号）

各行政公署、省辖市人民政府，各县（市、区）人民政府、省政府各部门：

现将《江西省保护水文测报设施的暂行规定》印发给你们，请认真贯彻执行。

江西省人民政府
1985年12月8日

江西省保护水文测报设施的暂行规定

一、为了妥善保护各种水文测报设施，保证水文测报工作的正常进行，特根据国务院发布的《测量标志保护条例》和《江西省河道堤防安全管理条例》的精神，制定本暂行规定。

二、水文是国家建设中一项重要的基础工作。水文观测的测验河段、观测场地和仪器、设备、过河设施、通信线路、测量标志等，均属水文测报设施，应严加保护。任何单位或个人不得损毁、侵占或擅自移动。

三、水文测验河段由设立的地面标志显示，在此范围内，除正常航道养护及港口码头建设外，不得在河岸及河床内取土、捞沙、倾倒土石杂物及新建河工建筑物。

四、严禁在水文站已征用的水文测验场地修路、取土、建窑、建房。不准进行任何妨碍水文测报的活动，不得干预、阻挠水文工作人员执行公务。

五、水文工作人员必须坚守工作岗位，管好用好测报设施，耐心向群众宣传保护水文测报设施的重要性，坚决同一切危害水文测报工作的行为作斗争。发现偷盗、破坏行为，应及时报告当地政府或司法机关进行查处。

六、对认真保护水文测报设施的有功单位和个人，水利主管部门应当给予奖励。对违反本规定者，有关部门应协同水利主管部门按情节和性质，分别进行批评教育、纪律处分或赔偿经济损失，情节严重的，由司法机关依法处理。

七、本规定自 1986 年 1 月 1 日起施行，解释权授予省水利厅。

二、江西省人民政府关于加强水文工作的通知

江西省人民政府关于加强水文工作的通知

（赣府发〔1999〕第 6 号）

各行政公署，各省辖市人民政府，各县（市、区）人民政府，省政府各部门：

水文工作是国民经济和社会发展中一项重要的基础工作，一切与水利水资源有关的国家公益事业和国民经济建设都有赖于它提供科学依据。水文工作在防洪减灾、水环境监测以及水资源分析评价、开发利用、管理保护等方面发挥了重要作用。仅 90 年代以来，水文部门提供及时、准确的水文情报预报，即为我省减少洪涝灾害经济损失 130 多亿元，对国民经济和社会发展作出了很大的贡献。但是，目前我省水文普遍存在测报设施陈旧落后和老化失修、测洪能力低、“站队结合”基地建设进展缓慢、资金投入渠道单一、水文职工工作生活条件较差等问题，严重影响水文工作的开展。为进一步加强我省水文工作，充分发挥水文工作的作用，特作如下通知：

一、明确水文部门管理职能，切实加强对水文工作的领导。省水文局是省水行政主管部门领导下行使水文行业管理、水资源勘测、分析、评价和水环境监测、保护的职能机构。各级政府要切实加强对水文工作的领导，把水文现代化建设规划纳入当地经济建设和社会发展规划，帮助解决工作中的实际困难。各有关部门要从水文行业的特点出发，支持水文部门统一管理水文资料的收集、汇总、审定、裁决，确保水文资料的完整性和准确性。各地有关国民经济和社会发展规划及工程设计、水利执法裁决和水事纠纷排解等涉及水文资料的，一律依据水文部门提供的正式资料。

二、加强对水文测报设施的保护。保障水文设施正常工作是发挥水文作用的重要一环，各级政府要根据需要及时制定相应规章或发布公告，加强对水文测报设施的保护。各类水文站（队）的测验设施、标志、测验码头、地下水观测井、报汛通信设施，任何单位和个人不得侵占、毁坏或擅自移动。各级水文主管部门应根据水文测验技术标准，在水文测验河道的上下游和观测场周围划定保护区。在划定的保护区内，未经水文主管部门许可，禁止种植有碍观测的植物和新建房屋等建筑物；禁止在保护区河段内取土采石、淘金挖沙、停靠船舶、倾倒垃圾余土；在水文测验过河设备、测验断面、观测场地上空架设线路或从事其他有碍水文测验作业的活动。水文观测场地、院落房屋、专用道路、测验作业等方面用地，由县级以上土地行政管理部门依法确权、登记、发证。要保

持水文站的相对稳定，以确保水文资料的连续性和完整性。因建设确需搬迁水文站和水文设施的，事前应与水文部门协商并按有关规定报批，并由建设单承担搬迁、重建费用。

三、加大对水文工作的扶持力度。水文工作是社会公益事业，主要为当地防汛减灾服务。各地和有关部门要加大对水文工作的投入，建立国家、地方、社会分级负责的投资体系。各级政府要把水文设施建设列入基建计划。计划、财政、水利部门在安排水利事业费时，对水文事业费要适当给予倾斜。各有关部门在收取水文测量船舶、防汛交通工具等规费时要按有关规定实行优惠或减免政策。对水文部门防汛电话费按国家统一收费项目的标准收取，免收程控电话初装费，适当减免邮电业务附加费。供电部门要尽可能保证水文测报用电。对新建、扩建水文设施和水文站队结合基地建设所需用地，经有关部门审定后，由当地政府和土地行政管理部门支持解决。水文测站需要新增生产、生活设施用地，应向县级以上土地管理部门依法申请使用国有土地，生产用地可以采取划拨土地使用权方式提供，生活设施用地除法律法规规定应出让的以外，可采取划拨土地使用权方式提供，但不得转让、出租和擅自改变用途。加快站队结合基地建设步伐，实现水文测站管理体制和生产方式的转变。水文部门应根据国家政策规定，积极开展水文专业有偿服务和技术咨询服务，各级领导应予以大力支持。

四、努力改善水文职工的工作和生活条件。水文基层测站大部分坐落在江河湖畔，地处偏僻，工作和生活艰苦。各级政府和有关部门要采取切实措施，进一步改善水文职工的工作和生活条件。在水文职工的医疗和养老保险以及子女上学、就业安置等方面要与当地职工同等对待。新建水文站或站队结合实施过程中的征地、基建、职工及家属户粮关系转迁等，酌情实行优惠。对委托代办水位、雨量站的农民观测员，可减免农田水利基本建设劳动积累工和农村义务工。

江西省人民政府
一九九九年二月三日

三、江西省水文管理办法

江西省人民政府令

（第 209 号）

《江西省水文管理办法》已经 2013 年 12 月 30 日第 17 次省政府常务会议审议通过，现予公布，自 2014 年 4 月 1 日起施行。

省长　鹿心社
2014 年 1 月 8 日

江西省水文管理办法

第一条　为了加强水文管理，发展水文事业，服务防灾减灾、水资源管理、水环境保护和公共基础设施建设，促进经济社会可持续发展，根据《中华人民共和国水法》《中华人民共和国防洪法》《中华人民共和国水文条例》等法律法规，结合本省实际，制定本办法。

第二条　在本省行政区域内从事水文站网规划与建设，水文水资源监测与预报，水资源调查评价，水文水资源监测资料汇交、保管与使用，水文水资源监测环境与设施的保护等活动，应当遵守本办法。

第三条 水文事业是国民经济和社会发展的基础性公益事业，水文工作应当把公益性水文服务放在首位。

县级以上人民政府应当加强对水文工作的领导，将水文事业纳入本级国民经济和社会发展规划，加快水文现代化建设，充分发挥水文工作在政府决策、经济社会发展和社会公众服务中的作用。

省人民政府财政部门将水文事业所需经费纳入省级财政预算。设区的市、县（市、区）人民政府应当关心和支持水文工作，对水文为地方服务所需的运行、维护经费予以补助。

第四条 省人民政府水行政主管部门主管全省水文工作，其直属的水文机构（以下简称省水文机构）具体负责组织实施管理工作。

全省水文机构按照流域管理和行政区域管理相结合的原则合理布局。驻设区的市、县（市、区）的水文机构在省人民政府水行政主管部门和当地人民政府的领导下，具体负责组织实施管理其管辖范围内的水文工作，为当地经济建设和社会发展提供水文服务，同时接受当地水行政主管部门的指导。

省水文机构所辖的鄱阳湖水文机构具体负责组织实施管理鄱阳湖湖区的水文工作。

第五条 县级以上人民政府发展和改革、财政、国土资源、住房和城乡建设、环境保护、交通运输、气象、电力、公安等有关部门应当在各自职责范围内关心和支持水文工作。

第六条 水文事业发展规划是开展水文工作的依据。省人民政府水行政主管部门应当根据全国水文事业发展规划、流域水文事业发展规划，组织编制全省水文事业发展规划，在征求省人民政府有关部门意见后，报省人民政府或者其授权的部门批准实施，并报国务院水行政主管部门备案。

修改水文事业发展规划，应当按照规划编制程序经原批准机关批准。

第七条 本省对水文站网建设实行统一规划。省水文机构应当根据全省水文事业发展规划，组织编制全省水文站网建设规划，报省人民政府水行政主管部门批准实施。

水文站网建设应当遵循布局合理、功能齐全、有效利用、防止重复、兼顾当前和长远需要的原则。

省人民政府水行政主管部门应当加强与国土资源、环境保护、交通运输、气象、电力等有关部门在规划建设同类监测站点方面的协商合作，推动相关规划的对接和监测站点的共建，避免和减少重复建设。

第八条 水文站网建设应当按照国家固定资产投资项目建设程序组织实施。

为水利、水电等基础工程设施提供服务的水文站网的建设和运行管理经费，应当分别纳入工程建设概算和运行管理经费。

新建、改建、扩建水利工程需要建设水文测站或者配备水文水资源监测设施的，应当与主体工程同时设计、同时施工、同时投入使用。

第九条 水文测站分为国家基本水文测站和专用水文测站。在国家基本水文测站覆盖的区域，确需设立专用水文测站的，应当符合《中华人民共和国水文条例》的规定。

第十条 县级以上人民政府应当加强水文水资源监测能力建设，支持水文机构加快监测研究基地、实验室等基础设施和水文测站监测设备的更新改造。

水文机构应当完善水文水资源监测手段，加强监测人员专业技术培训，开展防汛抗旱、城市水文、生态水文、农村饮用水安全保障等重点领域的科学研究，提高水文公共服务水平。

水文机构设在农村偏远地区承担水文水资源监测任务的站点，可以委托单位或者个人代管。

第十一条 水文机构应当对水文水资源进行动态监测，为防汛抗旱、水资源管理、水环境保护等提供监测资料。

省人民政府水行政主管部门应当会同国土资源、环境保护、气象、电力等部门，建立相关监测信息共享制度，相互通报监测数据和情报预报信息，定期开展交流与整编工作。

第十二条　县级以上人民政府应当组织水行政主管部门、水文机构及有关部门建立防汛抗旱监测预警体系，加强对重要河段区域性洪水、中小流域突发性山洪和重点旱区旱情的监测与预警，提高防灾减灾能力。

承担水情信息采集和水文情报预报任务的水文测站，应当及时、准确地向县级以上人民政府防汛抗旱指挥机构和水行政主管部门提供实时水情信息及水文情报预报。

第十三条　省人民政府防汛抗旱指挥机构应当组织水文、气象机构建立防汛抗旱信息协商工作机制，协调水文、气象机构根据水文、气象监测站网分布情况，共同确定信息共享监测站点并统一有关技术标准，为防汛抗旱决策提供统一的情报预报。

水文情报预报由县级以上人民政府防汛抗旱指挥机构、水行政主管部门或者水文机构按照国家和本省规定的权限向社会统一发布。

广播、电视、报纸和网络等新闻媒体，应当按照国家有关规定和防汛抗旱要求，及时播发、刊登水文情报预报，并标明发布机构和发布时间。

第十四条　水文机构应当建立与水资源管理要求相适应的水资源监测评价体系，加强对水功能区、饮用水水源地、行政区交界断面的水量、水质监测和重要江河湖库水土流失的泥沙监测，并将监测数据和分析评价结果报送同级人民政府水行政主管部门。

水文机构应当加强对农村饮用水水源地水量、水质监测，为保障农村饮用水安全提供服务。

第十五条　水文机构应当建立健全水文水资源应急监测机制，编制应急监测预案。

发现被监测水体的水量、水质等情况发生变化可能危及用水安全的，水文机构应当立即启动应急监测预案，加强跟踪监测和调查，及时将监测、调查情况和处理建议报所在地人民政府及其水行政主管部门；发现水质变化，可能发生突发性水体污染事件的，应当及时将监测、调查情况报所在地人民政府水行政主管部门和环境保护行政主管部门。

第十六条　水文机构应当根据所在地经济建设和社会发展需要，拓宽水文服务领域，发挥水文技术优势，为农业生产、城市排涝、工业园区建设和重大建设项目等提供水文服务。

第十七条　鄱阳湖水文机构应当加强对鄱阳湖湖区的水量、水质、水生态监测，定期开展湖区水功能区纳污能力核定、湖泊健康评价、湖流与水质监测、水资源调查评价等工作，编制鄱阳湖水资源质量报告，为鄱阳湖水利枢纽工程建设和运行提供技术支撑，服务鄱阳湖生态经济区建设。

第十八条　省人民政府及其水行政主管部门应当加快推进鄱阳湖水文生态监测研究基地建设，完善基地功能，搭建解决湿润地区湖泊水文生态科学前沿问题的监测研究与学术交流平台。

省水文机构应当加强与国内外科研院所、高等院校的科研合作，依托鄱阳湖水文生态监测研究基地，开展鄱阳湖湖流特征、水环境演变、水生态保护等科学研究，为开发、保护、利用鄱阳湖提供科学依据。

第十九条　县级以上人民政府水行政主管部门应当根据经济社会的发展要求，会同有关部门组织相关单位开展水资源调查评价工作。

开展水资源调查评价，应当根据客观、科学、系统的原则，对水资源调查基础资料进行定量计算，分析水资源的供需关系，并预测其变化趋势。

水资源调查评价结果编入水文机构编制的水资源公报，定期向社会发布。

第二十条　实行水文水资源监测资料统一汇交制度。

凡在本省行政区域内从事地表水和地下水资源、水量、水质、水生态等水文水资源监测的单位，应当按照资料管理权限在每年三月底之前将整编后的上一年度水文水资源监测资料向有关水文机构汇交。

重要地下水源地、超采区的地下水资源监测资料和重要引（退）水口、在江河和湖泊设置的排污口、重要断面的监测资料，由从事水文水资源监测的单位在每年三月底之前向省水文机构汇交。

取用水工程的取（退）水、蓄（泄）水资料，由取用水工程管理单位在每年三月底之前向工程所在地水文机构汇交。

水文机构根据水文站网情况、水资源管理需要以及水文年鉴刊印需要确定具体的资料汇交项目和技术要求，书面通知有关单位汇交。

第二十一条 水文机构应当妥善存储和保管汇交的水文水资源监测资料，根据国民经济建设和社会发展需要对水文水资源监测资料进行加工整理形成水文水资源监测成果，予以刊印，并建立水文水资源数据库。

基本水文水资源监测资料应当依法公开，但属于国家秘密的除外。省水文机构应当建立水文水资源信息公开平台，为公众查询水文水资源监测资料提供便利。

国家机关决策和防灾减灾、国防建设、公共安全、环境保护等公益事业需要使用水文水资源监测资料和成果的，应当无偿提供。

第二十二条 水文水资源监测设施依法受到保护。任何单位和个人不得侵占、毁坏、擅自移动或者擅自使用水文水资源监测设施，不得使用水文通信设施进行与水文水资源监测无关的活动，不得干扰水文水资源监测。

未经依法批准，任何单位和个人不得迁移国家基本水文测站。

第二十三条 水文水资源监测环境依法受到保护。县级人民政府应当按照下列标准划定和公布水文水资源监测环境保护范围，并在保护范围边界设立地面标志：

（一）赣江、抚河、信江、饶河、修河干流或者其他集水面积三千平方公里以上的监测河段的保护范围，以基本监测断面上下游各一千米为边界，两岸为历史最高洪水位以下的河槽区域；其他河流以基本监测断面上下游各五百米为边界，两岸为历史最高洪水位以下的河槽区域。

（二）鄱阳湖水文水资源监测区的保护范围，以基本监测断面周围五百米为边界。

（三）水文水资源监测场地的保护范围，以监测场地周围三十米为边界。

（四）水文水资源监测设施的保护范围，以测验操作室、自记水位计井、水文缆道的支柱（架）、锚锭等监测设施周围二十米为边界。

水文水资源监测环境保护范围应当纳入当地城镇规划，任何单位和个人都有保护水文水资源监测环境的义务。

第二十四条 新建、改建、扩建工程应当避免影响水文水资源监测环境和迁移国家基本水文测站。

在国家基本水文测站上下游各二十公里河道管理范围内，新建、改建、扩建下列工程影响水文水资源监测的，建设单位应当在征得对该站有管理权限的水行政主管部门同意后方可建设，并采取相应措施保障水文测站的原有功能：

（一）水工程；

（二）桥梁、码头和其他拦河、跨河、临河建筑物、构筑物，或者铺设跨河管道、电缆；

（三）取水、排污等其他可能影响水文水资源监测的工程。

因工程建设致使水文测站改建的，所需费用由建设单位承担，水文测站改建后应当不低于原标准；因重大工程建设需要，经批准迁建的国家基本水文测站，由省水文机构按照水文设施建设标准先建后拆，所需费用由重大工程建设单位承担。

第二十五条 水文机构应当加强对水文水资源监测设施和监测环境的管护和巡查，发现监测设施、监测环境遭受人为破坏影响水文水资源监测的，应当告知当地人民政府水行政主管部门。被告知的水行政主管部门应当采取措施确保水文水资源监测正常进行；必要时，应当向本级人民政府汇报，提出处置建议。该水行政主管部门应当及时将处置情况书面告知水文机构。

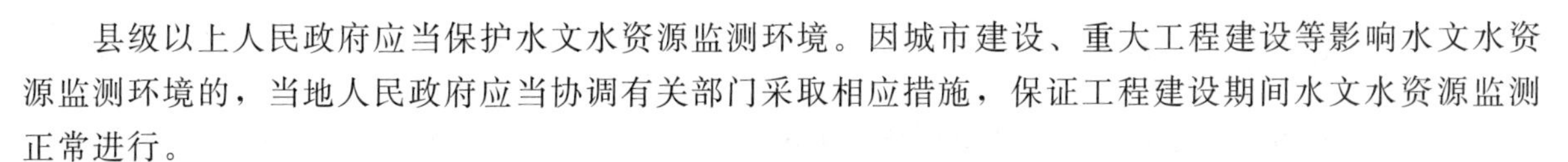

县级以上人民政府应当保护水文水资源监测环境。因城市建设、重大工程建设等影响水文水资源监测环境的，当地人民政府应当协调有关部门采取相应措施，保证工程建设期间水文水资源监测正常进行。

第二十六条 违反本办法规定，侵占、毁坏水文水资源监测设施或者未经批准擅自移动、擅自使用水文水资源监测设施的，由县级以上人民政府水行政主管部门责令停止违法行为，限期恢复原状或者采取其他补救措施，并可以按照下列规定处以罚款：

（一）对水文水资源监测设施的监测功能造成轻微损失的，处2千元以上1万元以下罚款；

（二）对水文水资源监测设施的监测功能造成较大损失的，处1万元以上3万元以下罚款；

（三）对水文水资源监测设施的监测功能造成严重损失的，处3万元以上5万元以下罚款。

县级以上人民政府水行政主管部门可以委托同级水文机构实施前款规定的行政处罚。

第二十七条 违反本办法规定，有下列行为之一的，对直接负责的主管人员和其他直接责任人员依法给予处分；构成犯罪的，依法追究刑事责任：

（一）错报水文水资源监测信息造成严重经济损失的；

（二）汛期漏报、迟报水文水资源监测信息的；

（三）擅自发布水文情报预报的；

（四）丢失、毁坏、伪造水文水资源监测资料的；

（五）擅自转让、转借水文水资源监测资料的；

（六）不依法履行职责的其他行为。

第二十八条 本办法自2014年4月1日起施行。

江西省水利厅文件

江西省水利厅关于加强水文工作的决定

（赣水办字〔2012〕第158号）

各设区市水利（水务）局、赣州市水保局：

水文在防汛抗旱、水资源管理、水工程建设和水生态环境保护等方面起着基础性作用，是经济建设、社会建设和生态文明建设的基础性公益事业。在全球气候变化加剧、极端天气日趋频繁的新形势下，进一步加强水文工作，切实增强水文支撑保障能力，对于加快水利改革发展，保障防洪安全、供水安全、粮食安全和生态安全，促进鄱阳湖生态经济区建设，实现江西科学发展、绿色崛起具有重要意义。根据《中华人民共和国水文条例》、《中共中央国务院关于加快水利改革发展的决定》（中发〔2011〕第1号）和《国务院关于实行最严格水资源管理制度的意见》（国发〔2012〕第3号）以及我省实施意见等文件精神，为支持和帮助水文做强做大，现就加强全省水文工作作出如下决定。

一、加快水文监测预报基础设施建设。协调落实项目建设资金和建设用地，加快推进鄱阳湖水文生态监测研究基地、省市两级水文预测预报中心、市县两级水文巡测基地、基层水文测站等水文基础设施重点项目建设。从2013年至2020年，筹措13.7亿元资金投入水文基础设施建设。2015年前，完成鄱阳湖水文生态监测研究基地建设；完成省级和赣州、抚州、九江、景德镇、上饶、吉安等7个设区市级水文预测预报中心；完成新余市级和修水、瑞昌、信丰、遂川等4个县级水文巡测基地建设。2020年前，完成宜春市水文预测预报中心建设；完成萍乡、鹰潭等2个设区市级和瑞金、于都、崇义、新干、奉新、鄱阳、崇仁、寻乌、永新等9个县级巡测基地建设，改建完善德兴、南丰、上高等3个水文巡测基地。适时推进其他县级水文巡测基地建设，提升基层水文测站自动化测报水平。

二、规范水利水电工程水文监测设施建设管理。建设水利、水电工程，应根据防洪保安和水资源管理需要，同时建设水文监测设施，并由工程主管部门列出专项运行管理经费。水文监测设施建设和监测活动应接受水文部门监督指导，监测数据全部进入相应的水文信息网络。

三、建立多渠道的水文投入机制。中央立项的水文建设项目，地方配套资金在省级水利资金中足额安排。推动建立水文监测设施设备运行维护投入机制，由省、市、县三级公共财政合理分担，并列入财政预算；在机制建立之前，协调省财政厅，自2013年起在省级及以上水利资金中落实水文监测设施运行维护经费1100万元（其中水环境监测设施运行维护费500万元），并协调市、县两级山洪灾害防治非工程措施运行维护费到位，切实保障水文设施良性运行。

四、加强水文行业管理和行政执法。加大《中华人民共和国水文条例》贯彻落实力度，严格执行水文资料汇交、裁决、审查、有偿服务制度和涉水工程审批制度。按规定应向水文部门汇交监测资料的，必须及时汇交。编制重要规划、进行重点项目建设和水资源管理等使用的水文监测资料，应当经省水文机构审查，未经审查的水文资料及其成果，不得作为涉河建设项目审批和水行政执法的依据。把水文行政执法纳入水行政执法工作重要内容，建立水文与属地水行政部门联合执法机制和水文执法联络员制度，支持水文机构依法履行职责，依法加强水文监测环境和监测设施保护。

五、推进水文科技创新。支持水文部门围绕我省面临的一系列重大水问题，开展水文水资源基础理论、科学应用研究，开展和参与水文预测预报、水资源管理、水生态建设和水环境保护等方面的研究，并在重大水利科研项目立项和推进中予以倾斜，不断提高水文水资源科技服务能力。

六、深化水文管理体制机制改革。按照事业单位分类改革的总体部署和流域管理为主的思路，健全完善市级水文管理机构，因地制宜建设县域水文机构。落实水文机构双重管理，推动市、县两级政府出台加强水文工作的政策，强化水文部门服务地方发展的意识和能力。探索建立符合水文事业持续发展的技术服务、科学研究体制，推动组建省水文局直属科研等事业单位。支持拓宽水文服务领域，全省各级水行政主管部门要支持、帮助水文，充分利用水文部门专业技术优势，水文部门具有资质承接的服务项目，优先交由水文部门承担。水文部门要积极主动做好衔接，提供优质服务。

七、建立挂点联系制度。省水利厅领导分片挂点联系设区市（鄱阳湖）水文局。市、县两级水行政主管部门要明确一位领导挂点联系同级水文机构。挂点联系领导和责任单位要经常深入所联系的基层水文站队，开展专题调研，给予专门指导，帮助解决基层水文的困难和问题。

八、探索建立干部双向交流制度。依据相关规定推进全省水文干部与厅机关和厅直单位的干部双向交流，加大厅机关和省水文局处级领导干部及后备干部下派上挂任职力度，适时选派设区市水文局干部到所在地水利（水务）局挂职锻炼。加强水文部门后备干部选拔、培养、教育和使用，注重培养长期在基层水文岗位工作的优秀水文干部。

九、加强水文队伍建设。健全完善水文人才培养激励机制、人才引进机制和聘用制度，推进用人制度创新。加大水文高层次科研、管理人才培养。积极组建省、市两级水文行政执法队伍。强化水文应急监测队伍建设，2013年前组建省级和赣州、吉安、上饶、南昌、鄱阳湖等6个应急抢测队伍，2015年前完成九江、宜春、景德镇、抚州4个应急抢测队伍建设。大力加强基层水文队伍建设，落实基层水文单位公务员招录等政策，加大基层急需的水文水资源专业人才培养和引进力度。加强水文职工教育培训，依托江西省水利水电学校开展基层水文专业技能人才教育，优化课题设置，提高人才培养针对性。坚持“站队结合”，着力改善基层水文职工的工作生活条件。

十、加强水文宣传工作。水文部门要做好“大水文”发展理念的宣传，各级水行政主管部门在宣传防汛抗旱、水资源管理等工作时，要主动宣传水文工作的作用与意义，不断扩大水文工作的社会影响，积极宣传“行业水文”向“社会水文”的转变，宣传新水文精神，为水文事业发展营造良好的社会氛围。

江西省水利厅
2012年12月27日

吉安市政府文件

吉安地区行政公署贯彻江西省人民政府关于加强水文工作通知的实施意见

（吉署发〔1999〕第12号）

各县市人民政府，行署各部门：

水文工作是国民经济和社会发展中一项重要的基础工作，也是一项重要的社会公益基础事业。长期以来，水文工作在我区防洪减灾、水环境监测、水资源勘测和合理开发利用、管理保护中发挥了重要作用。尤其是作为抗洪抢险的重要非工程措施，水文工作在保护人民生命财产安全和减轻自然灾害中发挥了不可替代的作用，作出了重要贡献。仅九十年代以来，水文情报，预报服务即为我区减少洪灾损失12亿多元。但是，由于我区洪灾频繁，水文测报设施屡遭洪水毁坏，加上水文投入渠道单一，设备简陋，科技含量不高，测洪能力低，水情信息传递不畅，严重制约着我区水文事业的发展。为了进一步贯彻《江西省人民政府关于加强水文工作的通知》（赣府发〔1999〕第6号），促进我区水文事业的发展，使水文工作更好地为我区经济建设和防汛抗旱服务，特提出如下实施意见：

一、提高对水文部门管理职能的认识，切实加强对水文工作的领导

1. 地区水文分局是负责本地区境内水文行业管理、水环境监测和水资源勘测、保护的职能机构，各县市的水文站、队是收集管理所在县市水文资料的专业部门；地区水文分局及其管辖的水文站、队负责本区域的水文情报预报工作。各县市要切实加强对水文工作的领导，把水文现代化建设规划纳入当地经济建设和社会发展规划。支持水文部门统一管理水文资料的收集、汇总、审定、裁决，确保水文资料的完整性和准确性。

2. 在发放取水许可证、审批有关工程、征收水资源费和保护水环境监督管理中，水文部门统一管理水量、水质的勘测、分析、评价。

3. 各地有关工程立项审查、水事纠纷调解、水行政案件裁决等涉及水文资料的，必须根据水文部门提供的正式资料进行审定。所提供的水文资料由水文部门出具水文资料审定意见书，并按水利部《水文专业有偿服务收费管理试行办法》的规定，收取相应的水文资料审查费。

二、加大对水文工作的扶持力度，使水文工作更好地为我区经济建设和防汛减灾服务

1. 各级计划、财政、水利部门每年在安排水利事业费和水利建设基金时，对水文事业费应作出专门预算安排，给予适当倾斜，并力求逐年有所增加。水利部门要负担水文部门的报汛费。

2. 各级政府和有关部门要把水文测报设施建设列入地方基本建设计划。凡水文部门争取到中央、省的基建项目投资的，各级政府应给予一定比例的配套资金补贴。

3. 地区和各县市编制水利水电建设综合规划，防洪规划，流域开发治理规划或其他规划时，应当根据水文事业发展要求，结合工程规划、工程建设、水环境保护、水资源开发、管理、利用的需要，将水文站网建设和设施改造纳入相应的建设规划，并与其他项目同步实施。

4. 各级政府要积极支持水文部门根据国家有关规定开展水文专业有偿服务和技术咨询有偿服务，支持水文部门依法开展多种经营，以弥补水文经费的不足。

5. 各有关部门在收取水文测量船舶、防汛交通工具等规费时要按有关规定实行优惠或减免政策。对水文部门防汛电话费按国家统一收费项目的标准收取，免收程控电话初装费，适当减免邮电业务附加费。供电部门要尽可能保证水文测报用电。

6. 对新建、扩建水文设施和水文站队结合基地建设所需用地，经有关部门审定后，由当地政府和土地行政管理部门按法规程序予以解决。水文测站新增生产、生活设施用地，应向县级以上土地管理部门依法申请使用国有土地，生产用地可以采取划拨土地使用权方式提供，生活设施用地除法律法规规定应出让的以外，可采取划拨土地使用权方式提供，但不得转让、出租和擅自改变用途。

三、加强对水文测报设施的保护

1. 保障水文设施正常工作是发挥水文作用的重要一环，各级政府要根据需要及时制定相应规章或发布公告，加强对水文测报设施的保护。各类水文站、队的测验设施、标志、测验码头、观测场地、地下水观测井、报汛通识设施等，任何单位和个人不得侵占、毁坏或擅自移动。

2. 各水文站、队要根据水文测验技术标准和《水法》、《水利部水文管理暂行办法》等法律法规的有关规定，在水文测验河段的上下游和观测场周围，经所在地的县市人民政府批准，划定保护管理范围，设立明显标志，任何单位和个人均不得在水文测验保护范围内从事有碍水文观测作业的活动，违者视情节轻重由公安机关给予相应的处罚，情节严重构成犯罪的，由司法机关依法追究刑事责任。

3. 水文观测场地，院落房屋，专用道路，测验作业等方面用地，由县级以上土地行政管理部门代表政府依法确权，登记、发证。

4. 凡兴建影响水文站正常工作以致需搬迁水文站和水文设施的工程，建设单位必须事先与水文部门协商，并按有关规定报批。其搬迁、重建费用由建设单位承担。

四、切实关心和改善水文职工的工作和生活条件

对在本地区范围内调动的水文干部职工及其随迁家属免收城镇增容费；驻地、县、市的水文工作人员，凡符合享受公费医疗待遇的，各地应将其纳入医疗保障统筹，享受与当地职工同等的医疗保障待遇；减免委托代办水位、雨量站的农民观测员的农田水利基本建设劳动积累工和农村义务工。

江西省吉安地区行政公署
一九九九年五月十七日

附录二 集体和个人荣誉

第一节 集 体 荣 誉

附表 2-1　　文 明 单 位

序号	获奖单位	获 奖 名 称	授奖年份	授 奖 单 位
1	吉安地区水文分局	市级文明单位	1999	中共吉安市委、市政府
2	吉安水文站	全省水文系统文明站队	1999	江西省水文局党委
3	遂川水文勘测队	全省水文系统文明站队	1999	江西省水文局党委
4	吉安地区水文分局	1999 年度地级文明单位	2000	吉安市文明委
5	吉安市水文分局	市级文明单位	2000	中共吉安市委、市政府
6	吉安市水文分局	“井冈之星”双文明单位	2001	中共吉安市委、市政府
7	吉安市水文分局	江西省第八届（2000—2001）文明单位	2002	中共江西省委、省政府
8	吉安市水文分局	2002—2003 年度全省水利系统精神文明建设先进集体	2004	江西省水利厅文明委
9	吉安水文站	全国文明水文站	2005	水利部水文局、水利部文明办
10	吉安赛塘水文站	全省文明水文站	2005	省水利厅、省水文局党委
11	吉安市水文局	全省水利系统（2003—2005 年度）文明单位	2006	江西省水利厅
12	吉安市水文局	市级文明单位（2010—2011）	2012	中共吉安市委、市政府
13	吉安市水文局	吉安市第八届文明单位（2014—2015）	2016	中共吉安市委、市政府
14	吉安市水文局	吉安市第九届文明单位（2016—2017）	2018	中共吉安市委、市政府
15	吉安市水文局	吉安市文明单位	2020	中共吉安市委、市政府

附表 2-2　　青 年 文 明 号

级别	单　位	年度	授 奖 单 位
省级	吉安市水文局咨询服务科	2005	江西省创建“青年文明号”活动组委会
省直级	遂川水文勘测队	2000	中共江西省直机关工委
省直级	吉安市水文分局咨询服务科	2002	中共江西省直机关工委
省直级	吉安市水文局测资科	2016	中共江西省直机关工委
厅直级	遂川水文勘测队	1998	江西省水利厅
厅直级	吉水白沙水文站	1999	江西省水利厅

附表 2-3　　先 进 党 组 织

序号	获 奖 单 位	荣誉称号	授奖时间	授 奖 单 位
1	吉安地区水文站党支部	1992 年度先进党组织	1993 年 3 月	中共吉安地直机关委员会
2	遂川水文勘测队党支部	1993 年度先进基层党组织	1994 年 6 月	中共遂川县直机关委员会

续表

序号	获奖单位	荣誉称号	授奖时间	授奖单位
3	遂川水文勘测队党支部	1994年度先进基层党组织	1995年6月	中共遂川县直机关委员会
4	吉安地区水文分局党支部	先进党支部	1995年7月	中共吉安地区直属机关工委
5	遂川水文勘测队党支部	1995年度先进基层党组织	1996年6月	中共遂川县委
6	遂川水文勘测队党支部	1995年度先进基层党组织	1996年6月	中共遂川县直机关委员会
7	吉安地区水文分局	先进基层党组织	2000年6月	中共吉安市直机关工委
8	吉安市水文分局	先进基层党组织	2001年	中共吉安市委
9	吉安市水文分局	党建工作先进单位	2001年3月	中共吉安市直机关工委
10	吉安市水文分局	先进基层党组织	2001年6月	中共吉安市直机关工委
11	吉安水文站党支部	先进基层党组织	2001年6月	中共吉州区直机关工委
12	吉安市水文分局	党建工作先进单位	2002年3月	中共吉安市直机关工委
13	吉安市水文分局	2001年“四好”机关	2002年3月	中共吉安市直机关工委
14	吉安市水文分局	2002年“四好”单位	2003年3月	中共吉安市直机关工委
15	吉安市水文分局	党建工作先进单位	2003年3月	中共吉安市直机关工委
16	吉安市水文分局	2003年“四好”单位	2004年3月	中共吉安市直机关工委
17	吉安市水文分局	纪念建党83周年先进基层党组织	2004年7月	中共吉安市直机关工委
18	吉安市水文分局	党建工作先进单位	2004年	中共吉安市直机关工委
19	吉安市水文局	2004年“四好”单位	2005年3月	中共吉安市直机关工委
20	吉安市水文局	党建工作先进单位	2005年3月	中共吉安市直机关工委
21	吉安水文站党支部	先进基层党组织	2005年6月	中共吉州区直机关工委
22	吉安市水文局	2005年“四好”单位	2006年3月	中共吉安市直机关工委
23	吉安市水文局	先进基层党组织	2006年3月	中共吉安市直机关工委
24	吉安市水文局	党建工作先进单位	2006年3月	中共吉安市直机关工委
25	吉安市水文局	2006年“四好”单位	2007年3月	中共吉安市直机关工委
26	吉安市水文局	党建工作先进单位	2007年	中共吉安市直机关工委
27	吉安水文站党支部	先进基层党组织	2007年6月	中共吉州区直机关工委
28	吉安市水文局	2007年“四好”单位	2008年3月	中共吉安市直机关工委
29	吉安水文站党支部	先进基层党组织	2008年7月	中共吉州区直机关工委
30	吉安市水文局	党建工作先进单位	2008年	中共吉安市直机关工委
31	吉安市水文局	2008年“四好”单位	2009年3月	中共吉安市直机关工委
32	吉安市水文局	2008年度党建工作先进单位	2009年3月	中共吉安市直机关工委
33	吉安市水文局	2009年“四好”单位	2010年3月	中共吉安市直机关工委
34	吉安市水文局	2009年度党建工作先进单位	2010年	中共吉安市直机关工委
35	吉安市水文局	全市先进基层党组织	2011年6月	中共吉安市委
36	吉安市水文局	先进基层党组织	2011年6月	中共吉安市直机关工委
37	吉安市水文局	2010年度党建工作先进单位	2011年6月	中共吉安市直机关工委
38	吉安水文站党支部	先进基层党组织	2011年6月	中共吉州区直机关工委
39	遂川水文勘测队党支部	先进基层党组织	2011年7月	中共遂川县直机关工委

续表

序号	获 奖 单 位	荣誉称号	授奖时间	授 奖 单 位
40	吉安市水文局	2011 年度党建工作先进单位	2012 年 4 月	中共吉安市直机关工委
41	吉安市水文局	先进基层党组织	2012 年 6 月	中共吉安市直机关工委
42	吉安市水文局机关第二党支部	先进基层党组织	2012 年 6 月	中共吉安市直机关工委
43	吉安市水文局	2012 年度党建工作先进单位	2013 年 3 月	中共吉安市直机关工委
44	吉安市水文局	2013 年党建目标管理先进单位	2014 年 3 月	中共吉安市直机关工委
45	遂川水文勘测队党支部	十佳基层党组织	2014 年 6 月	中共遂川县直机关工委
46	吉安市水文局	2014 年党建目标管理优秀单位	2015 年 3 月	中共吉安市直机关工委
47	吉安市水文局	党建目标管理优秀单位	2016 年 4 月	中共吉安市直机关工委
48	吉安市水文局	先进基层党组织	2016 年 7 月	中共吉安市直机关工委
49	吉安市水文局	党建目标管理先进单位	2017 年 4 月	中共吉安市直机关工委
50	吉安市水文局机关第一党支部	先进基层党组织	2017 年 6 月	中共吉安市直机关工委
51	吉安市水文局	党建目标管理先进单位	2018 年	中共吉安市直机关工委

附表 2－4　　先进共青团组织

获奖单位	荣誉称号	授奖时间	授奖单位
吉安市水文局团支部	五四红旗团支部	2011 年 5 月	共青团吉安市委

附表 2－5　　先进工会组织

获 奖 单 位	荣 誉 称 号	授奖时间	授 奖 单 位
吉安地区水文站工会	吉安地区先进基层工会	1981 年	吉安地区工会
吉安地区水文站工会	吉安地区先进基层工会、职工之家	1984 年	吉安地区工会
吉安地区水文站工会	吉安地区先进基层工会	1985 年	吉安地区工会
吉安地区水文站工会	先进职工之家	1988 年	吉安地区工会
吉安地区水文分局工会	目标管理达标工会	1994 年 3 月	吉安地直机关工会工委
吉安地区水文分局办公室工会小组	先进基层工会小组	1994 年 3 月	吉安地区工会办事处
吉安市水文局工会	2010 年度市直机关工会工作先进单位	2011 年 2 月	吉安市直机关工会工委
吉安市水文局水情科	工人先锋号	2011 年 9 月	吉安市总工会
吉安市水文局工会	2012 年度市直机关先进工会组织	2012 年 12 月	吉安市直机关工会工委
吉安市水文局工会	模范职工之家	2014 年 1 月	吉安市总工会
吉安市水文局工会	2013 年度先进基层工会	2014 年 2 月	吉安市直机关工会工委
吉安市水文局工会	2015 年度市直机关工会先进集体	2016 年 3 月	吉安市直机关工会工委

附表 2－6　　先进单位

序号	获 奖 单 位	荣 誉 称 号	授奖时间	授 奖 单 位
(1) 获省、部级表彰				
1	吉安一等水文站	全国农业水利先进集体	1956 年 4 月	全国农业水利先进单位表彰大会
2	吉安水文气象总站	全省工农业生产先进单位	1963 年 3 月	江西省人民委员会
3	吉水新田水文站	全省工农业生产先进单位	1963 年 3 月	江西省人民委员会
4	万安棉津水文站	全省工农业生产先进单位	1963 年 3 月	江西省人民委员会
5	峡江水文站	全省工农业生产先进单位	1963 年 3 月	江西省人民委员会

续表

序号	获奖单位	荣誉称号	授奖时间	授奖单位
6	吉安水文气象分局	1963年全省农业先进单位	1964年3月	江西省人民委员会
7	峡江水文站	1963年全省农业先进单位	1964年3月	江西省人民委员会
8	吉安水文气象分局	1964年全省贫下中农农业先进单位	1965年3月	江西省人民委员会
9	吉安水文气象分局	1965年全省贫下中农和农业先进单位	1966年2月	江西省人民委员会
10	井冈山地区水文站	第三次全省农业学大寨先进单位	1977年3月	江西省革命委员会
11	井冈山地区水文站	全国水文战线先进单位	1977年12月	水利电力部
12	吉安上沙兰水文站	全国水文战线先进单位	1977年12月	水利电力部
13	吉水新田水文站	全国水文系统先进集体	1983年4月	水利电力部
14	峡江水文站	全国水利电力系统先进集体	1984年12月	水利电力部
15	吉安地区水文站	全国水利系统财务工作先进集体	1990年11月	水利部
16	吉安地区水文站	1992年全省抗洪抢险先进集体	1992年9月	江西省人民政府
17	吉安水文站	1992年全省抗洪抢险先进集体	1992年9月	江西省人民政府
18	峡江水文站	1992年全省抗洪抢险先进集体	1992年9月	江西省人民政府
19	吉安地区水文站	1991—1992年全国水利系统水质监测优良分析室	1992年10月	水利部水文司
20	吉安地区水文站	通报表彰	1992年6月	国家防汛办
21	吉安水文站	通报表彰	1992年6月	国家防汛办
22	峡江水文站	通报表彰	1992年6月	国家防汛办
23	吉安地区水文分局	全国水利财务会计工作先进集体	1996年4月	水利部
24	吉安地区水文分局	干部档案工作三级单位	1997年2月	中共江西省委组织部
25	吉安地区水文分局	安全生产先进单位	1997年	水利部
26	吉安上沙兰水文站	全国水利系统水文先进集体	2002年3月	水利部
27	吉安市水文局	全国水利行业技能人才培育突出贡献奖	2009年12月	水利部
28	吉安市水文局	江西省园林单位	2013年3月	江西省人民政府
(2) 获市、厅级表彰				
29	峡江水文站	1966年度先进单位	1967年3月	吉安专员公署
30	吉安上沙兰水文站	1981年度测站竞赛评比先进集体	1982年3月	江西省水利厅
31	吉水渡头水位站	1981年度测站竞赛评比先进集体	1982年3月	江西省水利厅
32	遂川南溪水文站	1981年度测站竞赛评比先进集体	1982年3月	江西省水利厅
33	吉安水文站	先进集体	1983年	中共吉安地委、地区行署
34	峡江水文站	1983年先进单位	1984年3月	中共吉安地委、地区行署
35	吉安地区水文站	农业资源调查和农业区划先进集体	1987年	江西省农业区划委员会
36	吉安地区水文站	全省水文系统先进地、市站	1992年3月	江西省水利厅
37	吉安地区水文站测资科	全省水文系统先进机关科室	1992年3月	江西省水利厅
38	吉安水文站	全省水文系统先进水文站	1992年3月	江西省水利厅
39	莲花千坊水文站	全省水文系统先进水文站	1992年3月	江西省水利厅
40	吉安地区水文站	全省首届水文勘测工技术比赛优胜单位	1992年10月	江西省水利厅、省劳动厅
41	吉安地区水文分局水情科	全省水情工作先进集体	1997年4月	江西省防汛办、省水文局
42	吉水新田水文站	全省水文测验工作先进集体	1997年4月	江西省防汛办、省水文局

续表

序号	获奖单位	荣誉称号	授奖时间	授奖单位
43	遂川水文勘测队	全省先进水文站（队）	1997年4月	江西省防汛办、省水文局
44	峡江水文站	全省水情工作先进集体	1997年4月	江西省防汛办、省水文局
45	吉安市水文分局	吉安市普法依法治理工作先进集体	2001年10月	中共吉安市委、市政府
46	吉安市水文局	2004年度公民道德建设先进单位	2005年3月	中共吉安市直机关工委
47	吉安市水文局	2005年度公民道德建设先进单位	2006年3月	中共吉安市直机关工委
48	吉安市水文局	2007年度市科技进步三等奖	2007年	吉安市人民政府
49	吉安市水文局	吉安市园林单位	2009年3月	吉安市人民政府
50	吉安市水文局	2009年度市直单位社会主义新农村建设帮扶工作先进单位	2010年2月	中共吉安市委、市政府
51	吉安市水文局	全市抗洪抢险先进单位	2010年7月	中共吉安市委、市政府
52	吉安市水文局	2010年度市直机关计生工作达标单位	2011年4月	中共吉安市委、市政府
53	吉安市水文局	2010年度市直单位社会主义新农村建设帮扶工作先进单位	2011年4月	中共吉安市委、市政府
54	吉安市水文局	2011年度市直机关计生工作达标单位	2012年2月	中共吉安市委、市政府
55	吉安市水文局	2011年度全省水文先进集体	2012年4月	江西省水利厅
56	吉安市水文局	2014年度市直社区共建帮扶优秀单位	2015年1月	中共吉安市委、市政府
57	吉安市水文局	井冈山市脱贫攻坚工作“特别贡献奖”	2017年5月	井冈山管理局、中共井冈山市委、市人民政府
（3）获省水文局表彰				
58	峡江水文站	全省水文气象站标兵单位	1960年4月	江西省水文气象局
59	吉水新田水文站	省水文气象系统“五好先进单位”	1964年2月	江西省水文气象局
60	万安棉津水文站	省水文气象系统“五好先进单位”	1964年2月	江西省水文气象局
61	万安栋背水文站	省水文气象系统“五好先进单位”	1964年2月	江西省水文气象局
62	峡江水文站	省水文气象系统“五好先进单位”	1964年2月	江西省水文气象局
63	吉安地区水文站测资科	全省水文系统先进集体	1983年3月	江西省水文总站
64	吉水新田水文站	全省水文系统先进集体	1983年3月	江西省水文总站
65	峡江水文站	全省水文系统先进集体	1983年3月	江西省水文总站
66	吉安地区水文站测资科	全省水文系统先进集体	1984年3月	江西省水文总站
67	吉安水文站	全省水文系统先进集体	1984年3月	江西省水文总站
68	峡江水文站	全省水文系统先进集体	1984年3月	江西省水文总站
69	永新水位站	全省水文系统先进集体	1984年3月	江西省水文总站
70	吉水渡头水位站	全省水文系统先进集体	1984年3月	江西省水文总站
71	万安栋背水文站	1985年度全省水文系统先进集体	1986年4月	江西省水文总站
72	万安林坑水文站	1985年度全省水文系统先进集体	1986年4月	江西省水文总站
73	吉安地区水文站	1989年度全省水文资料工作先进单位	1990年3月	江西省水文总站
74	吉安地区水文站	全省1989年度水质资料整汇编第一名	1990年3月	江西省水文总站
75	吉安地区水文站	全国重点河段（南昌、万安）盲样跟踪考核第一名	1990年3月	江西省水文总站
76	吉安地区水文站	1991年度全省水文测验工作先进集体	1992年2月	江西省水文局
77	吉安地区水文站	1991年度全省水文资料工作先进单位	1992年9月	江西省水文局

续表

序号	获奖单位	荣誉称号	授奖时间	授奖单位
78	吉安地区水文站	全省首届水文勘测工技术比赛优胜单位	1992年10月	江西省水文局
79	吉安地区水文分局水质科	全省水质分析质控优秀科室	1993年4月	江西省水文局
80	吉安地区水文分局	1992年度资料整编达标先进单位	1993年9月	江西省水文局
81	吉安地区水文分局	1992年度水质监测资料整汇编工作先进集体	1993年11月	江西省水文局
82	吉安地区水文分局	1993年全省资料工作先进单位	1994年9月	江西省水文局
83	吉安地区水文分局	电算整编先进单位	1994年9月	江西省水文局
84	吉安地区水文分局	全省目标管理先进单位	1994年12月	江西省水文局
85	吉安地区水文分局	1994年全省水文思想政治工作先进集体	1995年5月	江西省水文局党委
86	吉安地区水文分局	1994年资料工作先进单位	1995年10月	江西省水文局
87	吉安地区水文分局	1995年测管工作先进单位	1995年12月	江西省水文局
88	吉安地区水文分局	全省水文数据库建设二等奖	1996年11月	江西省水文局
89	吉安地区水文分局	1995年度目标管理先进单位	1996年4月	江西省水文局
90	吉安地区水文分局	1996年全省水文资料整编工作先进单位	1997年6月	江西省水文局
91	吉安地区水文分局	1996年全省水质监测工作先进单位	1997年8月	江西省水文局
92	吉安地区水文分局	1997年全省水资源工作先进单位	1997年11月	江西省水文局
93	吉安地区水文分局	全省水文数据库建设二等奖	1997年11月	江西省水文局
94	吉水木口水文站	全省水文综合经营先进水文站	1996年	江西省水文局
95	吉安地区水文分局	1996年全省水文测验管理工作先进单位	1996年11月	江西省水文局
96	吉安地区水文分局	全省水文测验管理先进单位	1998年11月	江西省水文局
97	吉安地区水文分局	全省水环境监测先进单位	1998年11月	江西省水文局
98	吉安地区水文分局	全省办公室工作先进单位	1998年11月	江西省水文局
99	吉安地区水文分局	全省水资源工作先进单位	1998年12月	江西省水文局
100	吉安地区水文分局	1998年全省水文系统目标管理先进单位	1999年4月	江西省水文局
101	吉安地区水文分局	1998年度全省水文资料工作先进单位	1999年5月	江西省水文局
102	吉安地区水文分局	全省短期洪水预报方案汇编先进单位	1999年10月	江西省水文局
103	吉安地区水文分局	1999年全省水环境监测先进单位	1999年11月	江西省水文局
104	上沙兰水文站	1999年全省水文测验先进水文站	1999年12月	江西省水文局
105	吉安地区水文分局	全省水文宣传先进集体	1999年	江西省水文局党委
106	吉安地区水文分局	1999年全省水情工作先进单位	2000年1月	江西省水文局
107	吉安市水文分局	全省水文系统先进单位	2000年	江西省水文局
108	吉安市水文分局	全省水资源分析评价先进单位	2000年	江西省水文局
109	吉安市水文分局	全省水文测验管理先进单位	2000年	江西省水文局
110	吉安市水文分局	全省水环境监测先进单位	2000年	江西省水文局
111	吉安市水文分局	1999—2000年度全省水文系统先进单位	2001年2月	江西省水文局
112	吉安市水文分局	1999—2000年度全省办公室工作先进单位	2001年3月	江西省水文局
113	上沙兰水文站	全省水文系统仪器设备维修应用及维护使用好的先进站队	2001年11月	江西省水文局
114	吉安市水文分局	2000年、2001年全省水文宣传先进集体	2002年1月	江西省水文局党委
115	峡江水文站	2000年、2001年全省水文宣传先进站队	2002年1月	江西省水文局党委

续表

序号	获奖单位	荣誉称号	授奖时间	授奖单位
116	吉安市水文分局	全省水文系统2001年度先进单位	2002年6月	江西省水文局
117	吉安市水文分局	全省水文测验先进单位	2002年12月	江西省水文局
118	吉安市水文分局	全省水情工作先进单位	2002年12月	江西省水文局
119	吉安市水文分局	全省水资源工作先进单位	2002年12月	江西省水文局
120	吉安市水文分局	全省水环境监测先进单位	2003年1月	江西省水文局
121	吉安市水文分局	全省水文系统先进办公室	2003年3月	江西省水文局
122	吉安市水文分局	全省水环境监测先进单位	2004年1月	江西省水文局
123	吉安市水文分局	2003年全省水情工作先进单位	2004年1月	江西省水文局
124	吉安市水文分局	2002年、2003年全省水文宣传先进集体	2004年2月	江西省水文局党委
125	吉安水文站	2002年、2003年全省水文宣传先进单位	2004年2月	江西省水文局党委
126	峡江水文站	2002年、2003年全省水文宣传先进单位	2004年2月	江西省水文局党委
127	吉安上沙兰水文站	全省水文防汛抗洪先进集体	2005年8月	江西省水文局
128	吉安市水文局	2005年全省水文测验先进单位	2005年12月	江西省水文局
129	万安栋背水文站	2005年度全省水文测报质量评比优胜站	2005年12月	江西省水文局
130	吉安赛塘水文站	2004年、2005年全省水文宣传先进集体	2006年2月	江西省水文局党委
131	吉安市水文局	2004年、2005年全省水文宣传先进集体	2006年2月	江西省水文局党委
132	吉安水文站	2004年、2005年全省水文宣传先进集体	2006年2月	江西省水文局党委
133	峡江水文站	2006年度水文绩效考核年活动先进站	2006年11月	江西省水文局
134	吉安市水文局	2006年度全省水环境监测先进单位	2007年1月	江西省水文局
135	吉安上沙兰水文站	全省水文测验质量成果评比优胜站	2007年12月	江西省水文局
136	峡江水文站	全省水文测验质量成果评比优胜站	2007年12月	江西省水文局
137	吉安市水文局	2006年、2007年全省水文宣传先进集体	2008年12月	江西省水文局党委
138	吉安市水文局	2008年度全省水情工作先进单位	2009年2月	江西省水文局
139	吉安市水文局	全省水文系统学习教育年主题活动优秀组织奖	2009年2月	江西省水文局
140	吉安市水文局	全省水文测验工作先进单位	2010年	江西省水文局
141	吉安市水文局	2010年度全省水情工作先进单位	2010年12月	江西省水文局
142	吉安市水文局	全省水文机关效能年活动先进单位	2010年2月	江西省水文局
143	遂川水文勘测队	全省水文机关效能年活动先进集体	2010年2月	江西省水文局
144	吉安市水文局	2009年度全省资料整汇编工作先进单位	2010年3月	江西省水文局
145	吉安市水文局水质应急监测队	加强一湖清水保护工作中创建典型先进集体	2011年1月	江西省水文局
146	吉安市水文局	2009年、2010年全省水文宣传先进集体	2011年8月	江西省水文局
147	峡江水文站	全省水文测验绩效考核先进单位	2011年	江西省水文局
148	峡江水文站	2011年全省水文测验绩效考核优胜站	2012年1月	江西省水文局
149	吉安市水文局	2011年全省水情工作先进单位	2012年2月	江西省水文局
150	吉安市水文局	2012年全省水文测验工作先进单位	2013年1月	江西省水文局
151	峡江水文站	2012年全省水文测验工作优胜站	2013年1月	江西省水文局
152	吉安市水文局	2011年度全省资料整汇编工作先进单位	2012年	江西省水文局
153	吉安市水文局	2012年度全省资料整汇编工作先进单位	2013年	江西省水文局

续表

序号	获奖单位	荣誉称号	授奖时间	授奖单位
154	吉安市水文局	2012年度水情工作先进单位	2013年2月	江西省水文局
155	吉安水文站	2013年全省水文测验绩效考核优胜站	2014年1月	江西省水文局
156	吉安市水文局	2013年度水情工作先进单位	2014年2月	江西省水文局
157	吉安市水文局	2014年度全省资料整汇编工作先进单位	2015年3月	江西省水文局
158	吉安市水文局	2015年度全省资料整汇编工作先进单位	2016年	江西省水文局
159	吉安市水文局	2016年度全省资料整汇编工作先进单位	2017年	江西省水文局
160	吉安市水文局办公室	全省水文系统抗击新冠肺炎疫情先进集体	2020年12月	江西省水文局
（4）获县级表彰				
161	峡江水文站	全县先进单位	1965年	峡江县人民委员会
162	遂川滁洲水文站	水文服务工作先进集体	1965年	中共遂川县委、县人委
163	峡江水文站	1966年度先进单位	1967年2月	峡江县人民委员会
164	吉安上沙兰水文站	先进单位	1973年	吉安县革命委员会
165	莲花千坊水文站	先进单位	1973年	中共莲花县委、县革委
166	吉安鹤洲水文站	先进单位	1975年	吉安县革命委员会
167	吉安上沙兰水文站	吉安县先进单位	1977年	吉安县革命委员会
168	吉水渡头水文站	农业学大寨先进单位	1977年12月	吉水县革命委员会
169	遂川县南溪水文站	水文服务先进集体	1978年	遂川县革命委员会
170	峡江水文站	峡江县科学先进单位	1978年	峡江县革命委员会
171	莲花千坊水文站	先进单位	1978年	中共莲花县委、县革委
172	峡江水文站	先进单位	1979年	中共峡江县委、县革委
173	吉安地区水文站	县级农业资源调查和农业区划工作 全区农业区划先进单位	1983年5月	吉安地区农业委员会 吉安地区农业区划办公室
174	吉安地区水文分局	1993年治安承包优秀单位	1994年3月	中共吉安市委、市政府
175	吉安市水文分局	园林绿化先进单位	2000年5月	吉安市绿化委员会
176	吉安市水文分局	安全小区	2002年	吉安市社会治安综合治理委员会
177	吉安市水文局	2006年度市直单位社会主义新农村 建设帮扶工作先进单位	2007年3月	吉安市新农村建设小组
178	吉安市水文局	2006年度社会治安综合治理工作先进单位	2007年3月	吉安市社会治安综合治理委员会
179	吉安市水文局	2007年全市防汛抗旱先进单位	2007年10月	吉安市防汛抗旱指挥部
180	遂川水文勘测队	2007年全市防汛抗旱先进单位	2007年10月	吉安市防汛抗旱指挥部
181	吉安市水文局	平安单位	2008年	吉安市社会治安综合治理委员会
182	吉安市水文局	2007年度市直单位社会主义新农村 建设帮扶工作先进单位	2008年3月	吉安市新农村建设小组
183	吉安市水文局	2007年度社会治安综合治理 目标管理先进单位	2008年3月	吉安市社会治安综合治理委员会
184	吉安市水文局	2006—2008年普法治理工作先进单位	2009年6月	吉安市普法治理小组
185	吉安市水文局	2009年度政府信息公开工作优秀单位	2010年1月	吉安市政府信息公开工作领导小组
186	吉安市水文局	2009年度社会治安综合治理 目标管理先进单位	2010年2月	吉安市社会治安综合治理委员会
187	吉安市水文局	2009年度全省政府信息公开 工作目标考核（市直地区组）三等奖	2010年3月	吉安市政府信息公开工作领导小组

续表

序号	获奖单位	荣誉称号	授奖时间	授奖单位
188	吉安市水文局	2010年度社会治安综合治理目标管理先进单位	2011年4月	吉安市社会治安综合治理委员会
189	吉安市水文局	2011年度政府信息公开工作优秀单位	2012年2月	吉安市政府信息公开工作领导小组
190	吉安市水文局	2011年度社会治安综合治理目标管理先进单位	2012年5月	吉安市社会治安综合治理委员会
191	吉安市水文局	2011—2012年度全市普法先进单位	2013年1月	吉安市普法办
192	吉安市水文局	2012年度市直美丽乡村建设帮扶优秀单位	2013年3月	
193	吉安市水文局	2012年度市直定点扶贫工作达标单位	2013年3月	
194	吉安市水文局	2012年度计划生育工作达标单位	2013年3月	
195	吉安市水文局	2012年度社会管理综合治理目标管理先进单位	2013年6月	吉安市社会治安综合治理委员会
196	吉安市水文局	“六五”普法工作优秀单位	2013年9月	吉安市普法办
197	吉安市水文局	2016年度全市社会治安综合治理目标管理优秀单位	2017年3月	吉安市社会治安综合治理委员会

注：本表未统计获吉安市水文局和市水文局党组表彰的单位。

第二节　个　人　荣　誉

附表2-7　　享受特殊津贴人员

姓名	性别	出生年月	工作单位	技术职称	特贴类别	享受特贴开始时间
周振书	男	1940年2月	吉安市水文局	高级工程师	江西省人民政府	1992年10月

附表2-8　　省劳动模范

姓名	荣誉称号	授奖时间	授奖单位
郭光庆	江西省农业劳动模范	1982年12月	江西省人民政府
华典礼	江西省劳动模范	1990年5月	江西省人民政府

注：华典礼为万安柏岩雨量站代办员。

附表2-9　　获“五一”奖章人员

姓名	荣誉称号	授奖时间	授奖单位
刘铁林	全国五一劳动奖章	2009年4月	中华全国总工会
潘书尧	全省五一劳动奖章	2009年4月	江西省总工会

附表2-10　　文　明　职　工

姓名	荣誉称号	授奖时间	授奖单位
刘豪贤	全省水文系统文明职工	1999年12月	江西省水文局党委
康定湘	全省水文系统文明职工	1999年12月	江西省水文局党委
刘天保	全省水文系统文明职工	1999年12月	江西省水文局党委
康定湘	2000—2001度全省水利系统精神文明建设先进个人	2001年	江西省水利厅文明委
肖和平	第二届“感动新干”道德模范	2010年	新干县文明委

附表 2 - 11　　获党组织表彰人员

姓名	荣誉称号	授奖时间	授奖单位
杨海根	优秀共产党员	1984 年 7 月	中共峡江县委
李达德	全省先进思想政治工作者	1986 年 12 月	中共江西省委
周振书	1991 年优秀领导干部	1991 年 6 月	中共吉安地委
周振书	优秀党务工作者	1991 年 6 月	中共吉安地直机关党委
李慧明	先进党支部书记	1999 年 7 月	中共遂川县直机关工委
张书含	优秀共产党员	1999 年 7 月	中共遂川县直机关工委
郭光庆	优秀共产党员	2000 年 6 月	中共吉安市直机关工委
彭木生	优秀共产党员	2001 年 6 月	中共吉安市直机关工委
王贞荣	纪念建党 83 周年优秀共产党员	2004 年 7 月	中共吉安市直机关工委
解建中	优秀共产党员	2006 年 6 月	中共吉州区直机关工委
肖海保	优秀共产党员	2007 年 6 月	中共吉州区直机关工委
唐晶晶	优秀共产党员	2008 年 7 月	中共吉州区直机关工委
陈怡招	全市 2008 年十佳优秀党务工作者	2009 年 3 月	中共吉安市直机关工委
刘建新	十佳党建工作第一责任人	2010 年 3 月	中共吉安市直机关工委
解建中	全市抗洪抢险优秀共产党员	2010 年 6 月	中共吉安市委
唐晶晶	全市抗洪抢险优秀共产党员	2010 年 6 月	中共吉安市委
肖和平	抗洪抢险优秀共产党员	2010 年	中共新干县委
刘建新	2010 年度十佳党建工作第一责任人	2011 年 3 月	中共吉安市直机关工委
李慧明	2010 年度十佳创业服务标兵	2011 年 3 月	中共吉安市直机关工委
王贞荣	优秀党务工作者	2011 年 6 月	中共江西省水利厅直属机关党委
林清泉	优秀共产党员	2011 年 6 月	中共吉安市直机关工委
陈怡招	优秀党务工作者	2011 年 6 月	中共吉安市直机关工委
肖海宝	优秀共产党员	2011 年 6 月	中共吉州区直机关工委
刘桥生	优秀共产党员	2011 年 6 月	中共遂川县直机关工委
邓凌毅	2010 年度优秀共产党员	2011 年 7 月	中共江西省水文局党委
陈怡招	优秀共产党员	2012 年 6 月	中共吉安市直机关工委
彭柏云	优秀党务工作者	2012 年 6 月	中共吉安市直机关工委
孙立虎	优秀共产党员	2014 年 6 月	中共吉安市直机关工委
彭柏云	优秀党务工作者	2014 年 6 月	中共吉安市直机关工委
兰发云	优秀共产党员	2016 年 7 月	中共吉安市直机关工委
林清泉	优秀共产党员	2017 年 6 月	中共吉安市直机关工委
刘　辉	优秀党务工作者	2017 年 6 月	中共吉安市直机关工委

附表 2 - 12　　获工会组织表彰人员

姓名	荣誉称号	授奖时间	授奖单位
李正国	全国优秀工会积极分子	1988 年 10 月	中华全国总工会
周振书	优秀工会积极分子	1988 年	江西省总工会吉安地区办事处
郭光庆	工会积极分子	1989 年	江西省总工会吉安地区办事处
李正国	工会积极分子	1989 年	江西省总工会吉安地区办事处

续表

姓名	荣 誉 称 号	授奖时间	授 奖 单 位
周振书	积极支持工会工作行政领导	1989 年	江西省总工会吉安地区办事处
周振书	优秀工会积极分子	1990 年	江西省总工会吉安地区办事处
王贞荣	全省职工读书自学活动积极分子	1999 年 1 月	江西省总工会
熊春保	全省职工读书自学活动积极分子	1999 年 1 月	江西省总工会
周国凤	2012 年市直机关优秀工会工作者	2012 年 12 月	吉安市直机关工会工委
甘金华	2012 年市直机关优秀工会积极分子	2012 年 12 月	吉安市直机关工会工委

附表 2－13　　获共青团组织表彰人员

姓名	荣 誉 称 号	授奖时间	授 奖 单 位
杨海根	模范共青团员	1962 年 5 月	中共峡江县委、县人委
周振书	模范团员和“五好青年”	1963 年	共青团吉安地委
周振书	吉安专区社会主义建设青年积极分子	1964 年	共青团吉安地方委员会
周振书	“五好青年”	1965 年	共青团吉安地委
刘建新	省直优秀青年	1995 年	江西省直机关工委、省直机关团工委
刘建新	省直机关第一届“百名优秀青年”	1995 年 4 月	江西省直机关工委、省直机关团工委
刘铁林	省直机关第四届“省直优秀青年”	2002 年	江西省直机关工委、省直机关团工委
王贞荣	2002 年度省直机关优秀青年岗位能手	2003 年	江西省直机关团工委
刘铁林	2002 年度省直机关优秀青年岗位能手	2003 年	江西省直机关团工委
王贞荣	2003 年度全省青年岗位能手	2004 年	共青团江西省委、省劳动厅、省国资委
邓凌毅	2009 年度吉安市十佳优秀共青团员	2009 年 5 月	共青团吉安市委
龙　飞	江西省青年岗位能手	2017 年	共青团江西省委
刘午凤	江西省青年岗位能手	2019 年	共青团江西省委
郭文峰	江西省青年岗位能手	2019 年	共青团江西省委

附表 2－14　　获妇联组织表彰人员

姓名	荣 誉 称 号	授奖年份	授 奖 单 位
刘午凤	江西省巾帼建功标兵	2019	江西省妇女联合会

附表 2－15　　获“水文技术能手”等称号

序号	姓名	荣 誉 称 号	授奖年份	授 奖 单 位
1	熊春保	全省首届水文勘测工技术比赛第二名	1992	江西省水利厅
2	李慧明	全省首届水文勘测工技术比赛第三名	1992	江西省水利厅
3	王贞荣	全省首届水文勘测工技术比赛第五名	1992	江西省水利厅
4	熊春保	全国水文勘测工技术大赛第十一名	1992	水利部、劳动部、全国总工会、共青团中央
5	熊春保	1992 年江西省水文勘测工种技术能手	1992	江西省水利厅、劳动厅
6	王贞荣	第二届全省水文系统勘测工竞赛第一名	1997	江西省水利厅
7	熊春保	第二届全省水文系统勘测工竞赛第二名	1997	江西省水利厅
8	熊春保	全国水利行业职业技能竞赛二等奖（第四名）	1998	水利部、劳动和社会保障部
9	王贞荣	全国水利行业职业技能竞赛三等奖（第七名）	1998	水利部、劳动和社会保障部
10	谢小华	全省第三届水文勘测技能大赛第一名	2001	江西省水利厅

续表

序号	姓名	荣 誉 称 号	授奖年份	授 奖 单 位
11	刘铁林	全省第三届水文勘测技能大赛第二名	2001	江西省水利厅
12	刘铁林	省直机关第四届“省直优秀青年”	2002	省直机关工委
13	谢小华	第三届全国水利行业职业技能竞赛 水文勘测工二等奖（第四名）	2002	第三届全国水利行业职业技能竞赛组织委员会
14	刘铁林	第三届全国水利行业职业技能竞赛 水文勘测工三等奖（第五名）	2002	第三届全国水利行业职业技能竞赛组织委员会
15	刘铁林	全国水利技术大奖	2002	水利部、劳动和社会保障部
16	谢小华	全国水利技术大奖	2002	水利部、劳动和社会保障部
17	熊春保	全国水利技术能手	2002	水利部
18	刘铁林	2002 年度省直机关优秀青年岗位能手	2003	江西省直机关团工委
19	王贞荣	2002 年度省直机关优秀青年岗位能手	2003	江西省直机关团工委
20	王贞荣	2003 年度全省青年岗位能手	2004	共青团江西省委、省劳动厅、省国资委
21	王贞荣	江西省首届优秀高技能人才	2005	江西省人民政府
22	刘铁林	第四届江西省水文技能竞赛一等奖（第一名）	2006	江西省水文局
23	潘书尧	第四届江西省水文技能竞赛二等奖（第二名）	2006	江西省水文局
24	康成英	第四届江西省水文技能竞赛三等奖（第四名）	2006	江西省水文局
25	刘铁林	江西省水文技能标兵	2006	江西省水文局
26	潘书尧	江西省水文技能能手	2006	江西省水文局
27	康成英	江西省水文技能优秀	2006	江西省水文局
28	刘铁林	第四届全国水文勘测工大赛第一名	2007	第四届全国水文勘测工大赛组委会
29	潘书尧	第四届全国水文勘测工大赛第五名	2007	第四届全国水文勘测工大赛组委会
30	刘铁林	第四届全国水文勘测工大赛一等奖（第一名）	2007	水利部、劳动和社会保障部、中华全国总工会
31	潘书尧	第四届全国水文勘测工大赛二等奖（第五名）	2007	水利部、劳动和社会保障部、中华全国总工会
32	刘铁林	全国技术能手	2007	劳动和社会保障部
33	潘书尧	全国水利技能大奖	2007	水利部
34	刘铁林	2008 年度全市经济技术创新竞赛十佳能手	2009	吉安市劳动竞赛委员会
35	潘书尧	2008 年度全市经济技术创新竞赛先进个人	2009	吉安市劳动竞赛委员会
36	唐晶晶	第五届全省水文勘测工技能大赛二等奖	2011	江西省水利厅
37	冯　毅	第五届全省水文勘测工技能大赛三等奖	2011	江西省水利厅
38	龙　飞	第五届全省水文勘测工技能大赛三等奖	2011	江西省水利厅
39	冯　毅	江西省水文技术能手	2011	江西省水利厅
40	龙　飞	江西省水文技术能手	2011	江西省水利厅
41	唐晶晶	江西省水文技术能手	2011	江西省水利厅
42	潘书尧	第五届全国水文勘测技能大赛优胜奖	2012	水利部
43	冯　毅	江西省技术能手	2013	江西省人力资源和社会保障厅
44	唐晶晶	江西省技术能手	2013	江西省人力资源和社会保障厅
45	王贞荣	江西省技术能手	2013	江西省人力资源和社会保障厅
46	龙　飞	第六届全省水文勘测技能大赛一等奖	2016	江西省水利厅
47	冯　毅	第六届全省水文勘测技能大赛三等奖	2016	江西省水利厅

续表

序号	姓名	荣誉称号	授奖年份	授奖单位
48	刘午凤	第六届全省水文勘测技能大赛三等奖	2016	江西省水利厅
49	龙　飞	第六届全国水文勘测技能大赛优胜奖	2017	水利部
50	龙　飞	江西省技术能手	2017	江西省人力资源和社会保障厅
51	龙　飞	江西省青年岗位能手	2017	江西省人力资源和社会保障厅、共青团江西省委员会
52	郭文峰	江西省技术能手	2019	江西省人力资源和社会保障厅
53	刘午凤	江西省技术能手	2019	江西省人力资源和社会保障厅
54	刘午凤	江西省巾帼建功标兵	2019	江西省妇女联合会
55	刘午凤	江西省青年岗位能手	2019	江西省人力资源和社会保障厅、共青团江西省委员会
56	郭文峰	江西省青年岗位能手	2019	江西省人力资源和社会保障厅、共青团江西省委员会

附表 2-16　　先　进　个　人

序号	姓名	荣誉称号	授奖时间	授奖单位
（1）获国家级表彰				
1	郝文清	全国先进生产者	1956 年 4 月	中共中央、国务院
（2）获省、部级表彰				
2	杜玉根	1958 年江西省社会主义农业建设先进个人	1959 年 3 月	江西省人民委员会
3	郭光庆	全国水文系统先进个人	1983 年 4 月	水利电力部
4	匡康庭	全国水利系统财务先进工作者	1989 年 4 月	水利部、中国水电工会全国委员会
5	周振书	全国水文系统先进个人	1990 年 11 月	水利部
6	李慧明	全国水利系统水文先进工作者	2002 年 3 月	水利部
7	李笋开	2005 年全省防汛抗洪先进个人	2005 年 8 月	江西省委、省政府
8	潘书尧	全国水利抗震救灾先进个人	2008 年 7 月	水利部
（3）获市、厅级表彰				
9	周振书	农业科学技术先进工作者	1965 年 2 月	江西省吉安专员公署
10	郭光庆	1981 年度先进工作者	1982 年 3 月	江西省水利厅
11	何跃纯	1981 年度先进工作者	1982 年 3 月	江西省水利厅
12	龙友云	1981 年度先进工作者	1982 年 3 月	江西省水利厅
13	冯小平	1981 年度先进工作者	1982 年 3 月	江西省水利厅
14	赵海水	1981 年度先进工作者	1982 年 3 月	江西省水利厅
15	甘辉迈	1981 年度先进工作者	1982 年 3 月	江西省水利厅
16	杨生苟	1981 年度先进工作者	1982 年 3 月	江西省水利厅
17	邓红喜	1981 年度先进工作者	1982 年 3 月	江西省水利厅
18	李宪忠	1981 年度先进工作者	1982 年 3 月	江西省水利厅
19	李正国	全省测绘行业先进工作者	1991 年 6 月	江西省人事厅、江西省测绘局
20	刘建新	全省水文系统先进个人	1992 年 3 月	江西省水利厅
21	林清泉	全省水文系统先进个人	1992 年 3 月	江西省水利厅
22	宁正伟	全省水文系统先进个人	1992 年 3 月	江西省水利厅
23	雷全生	全省水文系统先进个人	1992 年 3 月	江西省水利厅
24	钟本修	全省水文系统先进个人	1992 年 3 月	江西省水利厅

续表

序号	姓名	荣誉称号	授奖时间	授奖单位
25	张以浩	全省水文系统先进个人	1992年3月	江西省水利厅
26	肖寄渭	全省水文系统先进个人	1992年3月	江西省水利厅
27	李笋开	全省抗洪抢险先进个人	1992年	江西省防汛抗旱总指挥部
28	毛本聪	全省抗洪抢险先进个人	1992年	江西省防汛抗旱总指挥部
29	刘和生	学雷锋活动先进个人	1993年	江西省水利厅
30	苏达纯	1998年全省万名专技人员下乡送科技进户活动工作突出奖	1999年3月	江西省人事厅、省人民政府科技工作办公室
31	王贞荣	全省水利系统先进工作者	2002年10月	江西省人事厅、江西省水利厅
32	李笋开	全省抗洪抢险先进个人	2003年	江西省防汛抗旱总指挥部
33	熊春保	全省测绘行业先进工作者	2005年10月	江西省人事厅、江西省测绘局
34	刘建新	2007年全省防汛抗旱先进个人	2007年10月	江西省防汛抗旱总指挥部
35	潘书尧	吉安市第七届职工职业道德建设十佳标兵	2009年	中共吉安市委宣传部、吉安市总工会、吉安市工业和信息化委员会
36	甘金华	2010年全市抗洪抢险先进个人	2010年7月	中共吉安市委、市政府
37	李笋开	2010年全市抗洪抢险先进个人	2010年7月	中共吉安市委、市政府
38	肖晓麟	2010年全市抗洪抢险先进个人	2010年7月	中共吉安市委、市政府
39	李　云	2010年全市抗洪抢险先进个人	2010年7月	中共吉安市委、市政府
40	李春桂	2010年全市抗洪抢险先进个人	2010年7月	中共吉安市委、市政府
41	李永军	2010年全市抗洪抢险先进个人	2010年7月	中共吉安市委、市政府
42	李慧明	2010年抗洪先进个人	2010年8月	江西省水利厅
43	班　磊	2010年抗洪先进个人	2010年8月	江西省水利厅
44	肖和平	2010年抗洪先进个人	2010年8月	江西省水利厅
45	兰发云	2010年抗洪先进个人	2010年8月	江西省水利厅
46	蒋胜龙	全省“五五”普法教育工作先进个人	2011年6月	江西省普法教育工作领导小组
47	李笋开	全省水文先进个人	2012年4月	江西省水利厅
48	解建中	全省水文先进个人	2012年4月	江西省水利厅
49	肖和平	百名优秀村第一书记	2017年5月	吉安市人民政府
(4) 获省水文局表彰				
50	尹承篙	全省水文气象系统“五好干部”	1962年	江西省水文气象局
51	旷一龙	全省水文气象系统“五好干部”	1963年	江西省水文气象局
52	周振书	全省水文气象系统“五好干部”	1964年2月	江西省水文气象局
53	黄长河	全省水文气象系统“五好干部”	1964年2月	江西省水文气象局
54	李达德	全省水文气象系统“五好干部”	1964年2月	江西省水文气象局
55	涂吉生	全省水文气象系统“五好干部”	1964年2月	江西省水文气象局
56	何跃纯	全省水文气象系统“五好干部”	1964年2月	江西省水文气象局
57	赵明荣	全省水文气象系统“五好干部”	1964年2月	江西省水文气象局
58	唐苇生	全省水文气象系统“五好干部”	1964年2月	江西省水文气象局
59	肖寄渭	全省水文气象系统“五好干部”	1964年2月	江西省水文气象局
60	周振书	水文气象系统“五好干部”	1966年	江西省水利电力厅水文气象局

续表

序号	姓名	荣誉称号	授奖时间	授奖单位
61	郭光庆	全省水文系统先进个人	1983年3月	江西省水文总站
62	罗金姑	全省水文系统先进个人	1983年3月	江西省水文总站
63	邓红喜	全省水文系统先进个人	1983年3月	江西省水文总站
64	何跃纯	全省水文系统先进个人	1983年3月	江西省水文总站
65	刘建新	全省水文系统先进个人	1983年3月	江西省水文总站
66	毛本聪	全省水文系统先进个人	1983年3月	江西省水文总站
67	李达德	全省水文系统先进个人	1983年3月	江西省水文总站
68	李达德	全省水文系统先进工作者	1984年3月	江西省水文总站
69	郭光庆	全省水文系统先进工作者	1984年3月	江西省水文总站
70	杨海根	全省水文系统先进工作者	1984年3月	江西省水文总站
71	周志国	全省水文系统先进工作者	1984年3月	江西省水文总站
72	邓红喜	全省水文系统先进工作者	1984年3月	江西省水文总站
73	欧阳涵	全省水文系统先进工作者	1984年3月	江西省水文总站
74	金文保	全省水文系统先进工作者	1984年3月	江西省水文总站
75	赵海水	全省水文系统先进工作者	1984年3月	江西省水文总站
76	涂春林	全省水文系统先进工作者	1984年3月	江西省水文总站
77	康定湘	1985年全省水文系统优秀水文站长	1986年4月	江西省水文总站
78	钟本修	1985年全省水文系统优秀水文站长	1986年4月	江西省水文总站
79	赵海水	1985年度全省水文系统先进工作者	1986年4月	江西省水文总站
80	王晓春	1985年度全省水文系统先进工作者	1986年4月	江西省水文总站
81	李春桂	1985年度全省水文系统先进工作者	1986年4月	江西省水文总站
82	曾慧萍	1985年度全省水文系统先进工作者	1986年4月	江西省水文总站
83	毛远仁	1985年度全省水文系统先进工作者	1986年4月	江西省水文总站
84	宁正伟	1985年度全省水文系统先进工作者	1986年4月	江西省水文总站
85	金文保	1985年度全省水文系统先进工作者	1986年4月	江西省水文总站
86	陈淅泉	1985年度全省水文系统先进工作者	1986年4月	江西省水文总站
87	王敏迅	1985年度全省水文系统先进工作者	1986年4月	江西省水文总站
88	张学铅	1985年度全省水文系统先进工作者	1986年4月	江西省水文总站
89	肖铁光	1985年度全省水文系统先进工作者	1986年4月	江西省水文总站
90	唐德安	1985年度全省水文系统先进工作者	1986年4月	江西省水文总站
91	罗　耀	1985年度全省水文系统先进工作者	1986年4月	江西省水文总站
92	刘培祥	1985年度全省水文系统先进工作者	1986年4月	江西省水文总站
93	张学亮	1985年度全省水文系统先进工作者	1986年4月	江西省水文总站
94	罗国纲	1985年度全省水文系统先进工作者	1986年4月	江西省水文总站
95	张以浩	1985年度全省水文系统先进工作者	1986年4月	江西省水文总站
96	李正国	1985年度全省水文系统先进工作者	1986年4月	江西省水文总站
97	毛远仁	1985年度全省水文系统先进工作者	1986年4月	江西省水文总站
98	苏达纯	1985年度全省水文系统先进工作者	1986年4月	江西省水文总站
99	邓红喜	1994年度全省水文思想政治工作先进个人	1995年5月	江西省水文局党委

续表

序号	姓名	荣誉称号	授奖时间	授奖单位
100	刘桥生	1994年全省水文宣传工作先进个人	1995年5月	江西省水文局党委
101	邓红喜	1996年、1997年度全省水文宣传优秀通讯员	1997年12月	江西省水文局党委
102	鄢玉珍	1996年、1997年度全省水文宣传优秀通讯员	1997年12月	江西省水文局党委
103	刘福茂	1996年、1997年全省水文宣传积极分子	1997年12月	江西省水文局党委
104	王循浩	1996年、1997年全省水文宣传积极分子	1997年12月	江西省水文局党委
105	李笋开	全省98特大洪水水文测报有功人员	1998年12月	江西省水文局党委、省水文局
106	张以浩	全省98特大洪水水文测报有功人员	1998年12月	江西省水文局党委、省水文局
107	林清泉	全省98特大洪水水文测报有功人员	1998年12月	江西省水文局党委、省水文局
108	康修洪	全省98特大洪水水文测报有功人员	1998年12月	江西省水文局党委、省水文局
109	鄢玉珍	全省水文宣传先进个人	1999年12月	江西省水文局党委
110	刘福茂	全省水文宣传先进个人	1999年12月	江西省水文局党委
111	刘福茂	2000年、2001年全省水文宣传先进个人	2002年1月	江西省水文局党委
112	康戌英	2000年、2001年全省水文宣传先进个人	2002年1月	江西省水文局党委
113	廖金源	2002年、2003年全省水文宣传先进个人	2004年2月	江西省水文局党委
114	刘福茂	2002年、2003年全省水文宣传先进个人	2004年2月	江西省水文局党委
115	林清泉	全省水文防汛抗洪先进个人	2005年8月	江西省水文局
116	甘金华	全省水文防汛抗洪先进个人	2005年8月	江西省水文局
117	刘天保	全省水文防汛抗洪先进个人	2005年8月	江西省水文局
118	胡玉明	全省水文防汛抗洪先进个人	2005年8月	江西省水文局
119	杨　羽	全省水文防汛抗洪先进个人	2005年8月	江西省水文局
120	彭木生	全省水文防汛抗洪先进个人	2005年8月	江西省水文局
121	宋宝生	全省水文防汛抗洪先进个人	2005年8月	江西省水文局
122	邓红喜	2004年、2005年全省水文宣传先进个人	2006年3月	江西省水文局党委
123	廖金源	2004年、2005年全省水文宣传先进个人	2006年3月	江西省水文局党委
124	刘福茂	2006年、2007年全省水文宣传先进个人	2008年12月	江西省水文局党委
125	甘金华	2006年、2007年全省水文宣传先进个人	2008年12月	江西省水文局党委
126	唐晶晶	2006年、2007年全省水文宣传先进个人	2008年12月	江西省水文局党委
127	唐晶晶	全省水文系统学习教育年主题活动学习标兵	2009年2月	江西省水文局
128	邓红喜	2009年、2010年全省水文宣传先进个人	2010年8月	江西省水文局党委
129	潘书尧	江西省水文局2010年抗洪先进个人	2010年8月	江西省水文局
130	肖忠英	江西省水文局2010年抗洪先进个人	2010年8月	江西省水文局
131	刘天保	江西省水文局2010年抗洪先进个人	2010年8月	江西省水文局
132	许　毅	江西省水文局2010年抗洪先进个人	2010年8月	江西省水文局
133	熊春保	江西省水文局2010年抗洪先进个人	2010年8月	江西省水文局
134	肖海保	江西省水文局2010年抗洪先进个人	2010年8月	江西省水文局
135	肖根基	江西省水文局2010年抗洪先进个人	2010年8月	江西省水文局
136	刘　辉	江西省水文局2010年抗洪先进个人	2010年8月	江西省水文局
137	刘天保	全省水文系统机关效能年活动“十佳职工”	2010年2月	江西省水文局
138	甘金华	2010年度优秀站长	2011年	江西省水文局

续表

序号	姓名	荣誉称号	授奖时间	授奖单位
139	李慧明	“防汛抗旱和应急水文测报中创建典型”先进个人	2011年1月	江西省水文局
140	李笋开	“防汛抗旱和应急水文测报中创建典型”先进个人	2011年1月	江西省水文局
141	邓红喜	“加强‘一湖清水’保护工作中创建典型”先进个人	2011年1月	江西省水文局
142	王贞荣	“服务经济社会建设中创建典型”先进个人	2011年1月	江西省水文局
143	周润根	“服务经济社会建设中创建典型”先进个人	2011年1月	江西省水文局
144	潘书尧	全省水文宣传暨文化建设先进个人	2014年11月	江西省水文局
145	刘海林	全省水文宣传暨文化建设先进个人	2014年11月	江西省水文局
146	班　磊	全省水文系统抗击新冠肺炎疫情先进个人	2020年12月	江西省水文局
147	潘书尧	全省水文系统抗击新冠肺炎疫情先进个人	2020年12月	江西省水文局
（5）获县级表彰				
148	龙友云	吉安市先进工作者	1974年	吉安市革命委员会
149	龙友云	吉安市先进工作者	1975年	吉安市革命委员会
150	刘根儿	吉安市先进工作者	1975年	吉安市革命委员会
151	刘根儿	吉安市先进工作者	1977年	吉安市革命委员会
152	何跃纯	万安县劳动模范	1977年	万安县革命委员会
153	甘金华	2007年全市防汛抗洪先进个人	2007年11月	吉安市防汛抗旱指挥部
154	张以浩	2008年度先进工作者	2009年2月	中共吉州区委、区政府
155	唐晶晶	2010年度先进工作者	2011年2月	中共吉州区委、区政府

注：本表未统计获吉安市水文局和市水文局党组表彰的个人。

后　记

1990 年，吉安地区水文站开展了《吉安地区水文志（1951—1990）》编纂工作，由于各种原因，编纂工作搁浅，未能正式出版。

2020 年 3 月，吉安市水文局决定启动《吉安水文志》编纂工作。2020 年 12 月，吉安市水文局正式启动《吉安水文志》编纂工作，决定由林清泉承担《吉安水文志》编纂日常工作。李慧明提出编纂水文志的总体构思并审定《吉安水文志编制大纲》。

2021 年 1 月，吉安市水文局升格为正处级单位，并更名为“赣江中游水文水资源监测中心”（以下简称“赣江中游水文中心”）。

本志主编是李慧明、林清泉，他们同时负责全稿校对、审定。本志概述、大事记、第一篇水文环境与特征、第七篇行业管理等四部分由李慧明主笔；第二篇水文监测、第三篇水文资料与分析、第四篇水文情报预报、第五篇水文科技文化、第六篇机构队伍、第八篇水文服务等六部分由林清泉主笔；附录部分由林清泉、罗晶玉主笔。本志诸多资料由刁桂英协助提供。本志插图由潘书尧、周润根、唐晶晶提供。本志大部分照片由罗晶玉、邓凌毅、万嘉欣提供。本志大事记、水文环境与特征、水文监测、水文资料与分析、水文情报预报、水文科技文化、机构队伍、行业管理、水文服务、附录等部分分别由张纯、高宇、罗晶玉、周国凤、唐晶晶、刘金霞、谢小华、班磊、郎锋祥等同志进行初校。

2023 年 11 月，赣江中游水文中心召开《吉安水文志》审查会，刘建新任审查委员会主任，审查委员会成员有胡勤、潘汉明、王永文、康修洪、廖莉蓉、李笋开、张纯、高宇。审查委员会对志书提出了诸多宝贵意见。

本志编纂工作得到了赣江中游水文中心各科室、各水文大队及吉安市档案馆的大力支持。在此向所有为本志修编工作提供过各种帮助和相关资料、关心和支持本志修编工作的单位部门和有关人士表示感谢！

由于编者缺乏经验、学识水平有限，且时间紧迫，本志内容难免存在错误、遗漏和不当之处，敬请批评指正。

编　者

2024 年 1 月